激光火工品技术

Technology of Laser Initiated Devices

鲁建存　贺爱锋　陈建华　**编著**

国防工业出版社

·北京·

内 容 简 介

激光火工品技术是火工品领域的一个重要发展方向,因采用光纤传输激光能量作用而具有高安全性,受到相关专业技术人员的关注与重视。本书较为全面地论述了该项新技术的发展过程、作用机理、起爆与点火性能以及各种激光火工品产品结构与性能、系统构成及其应用。内容上基本原理与系统技术相结合,具有由浅入深的特点,基本涵盖了激光火工品技术的主要内容及其发展状况。

本书可以为从事激光火工品研究、设计、生产、管理与应用的工程技术人员,以及相关高等院校和科研院所的师生提供技术参考。

图书在版编目(CIP)数据

激光火工品技术 / 鲁建存,贺爱锋,陈建华编著. —北京:国防工业出版社,2022.1
ISBN 978 - 7 - 118 - 12259 - 6

Ⅰ.①激… Ⅱ.①鲁… ②贺… ③陈… Ⅲ.①激光—火工品 Ⅳ.①TJ45

中国版本图书馆 CIP 数据核字(2021)第 257652 号

※

国防工业出版社 出版发行
(北京市海淀区紫竹院南路23号 邮政编码100048)
北京虎彩文化传播有限公司印刷
新华书店经售

*

开本 787×1092 1/16 插页2 印张45 字数1038千字
2022年1月第1版第1次印刷 印数1—1000册 定价220.00元

(本书如有印装错误,我社负责调换)

国防书店:(010)88540777　　书店传真:(010)88540776
发行业务:(010)88540717　　发行传真:(010)88540762

《激光火工品技术》

编审委员会

主　　　任：褚恩义

副 主 任：张广生　周胜利　刘举鹏

委　　　员：杨树彬　盛涤伦　白颖伟　张蕊　杨庆玲
　　　　　　崔卫东　胡亚平

编审组成员：叶欣　王凯民　曹椿强　井波　徐奉一
　　　　　　尹国福　马玥　刘彦义　徐苂　朱升成
　　　　　　漆莉莉　陈虹　轩伟　史春红　李芳
　　　　　　薛艳　王浩宇

编审单位：陕西应用物理化学研究所
　　　　　应用物理化学国家级重点实验室

序 PREFACE

火工品是武器装备及民用爆破器材的首发元器件,用于起爆炸药、点燃烟火药或启动装置做功等,并且随着其技术的不断发展,它已成为航空、航天系统不可缺少的重要组成部分。在常规战术武器、战略武器、航空航天及民用爆破等领域,均有大量的火工品应用。火工品既是做功的元件,也是装置作用过程的控制器件。随着任务需求的不断扩展,部分火工品又逐渐发展成为火工装置和火工子系统。由于这方面的任何意外,都有可能导致武器、装置的作用失效甚至重大事故,因此随着电子技术与高新武器的发展,对火工品的安全性和可靠性要求也越来越高。

20多年来,半导体桥火工品、冲击片起爆、激光火工品和爆炸逻辑网络是国内火工品领域的四大研究发展方向。激光火工品子系统是以激光器为发火能源,用光纤传输激光脉冲能量,使火工装置发火作用。由于光传输系统对电的绝缘性能,并且一般光很难耦合进光纤传输,所以激光火工品系统具有无可比拟的高安全性及长距离作用等特点。因此,激光火工品技术受到国内外广泛关注,发展很快。一些发达国家已经开始小批量生产激光火工品,并装备使用。激光起爆、点火技术是继冲击片起爆技术之后的一种应用前景广阔的火工品技术。

《激光火工品技术》是一本关于激光火工品技术的专著,首次全面地论述了激光火工品技术的发展,分析了激光起爆、点火作用机理,综述了激光点火、起爆过程的数值模拟;对激光火工品技术用固体激光器、半导体激光器、烟火泵浦激光器、锆氧灯泵浦激光器的结构与作用原理进行了论述;对激光火工品技术用光纤、分束器、光开关、聚焦透镜、自聚焦透镜、介质膜片、滤光片等光学元件的性能与用途进行了介绍;对激光能量的传输规律进行了分析研究,描述了光路隔断控制技术;系统地介绍了激光起爆、点火技术与各种激光起爆器、点火器产品的结构设计和性能;介绍了激光火工品多路系统与自诊断系统的构成与作用原理,分析了激光火工品的安全性与可靠性,描述了激光火工品的性能试验与参数检测;对激光火工品技术的应用进行了综合论述,并探讨了其发展方向。

该书几位作者是资深的火工品技术专家,曾在精密动力源火工品、钝感电爆管设计、激光火工品技术预研、标准编写等方面取得了大量成果;在多年从事激光火工品技术研究及推广应用工作中,积累了丰富的工作经验和专业技术知识,也收集到大量的国内外先进技术资料。

该书内容丰富,论述较为全面,具有国内领先技术水平和一定的理论深度。目前,尚未看到国内外有同类书籍出版。读者从该书中可以系统地了解激光火工品技术的发展和应用,学习相关技术知识。该书的出版对激光火工品技术在武器弹药和航天技术中的应用,具有很强的现实指导意义。

2021 年 6 月

前言

激光火工品技术的发展及应用始于20世纪60年代中期,该项技术在西方发达国家较为成熟,已经进入批量生产及应用阶段;国内该项技术正处于应用研究发展阶段。激光火工品是火工品领域中一个新的发展方向,至今没有一本综合性技术专著。作者根据多年从事激光火工品技术研究的知识积累,参考国内外发表的文献资料、公布的相关专利、论文和技术报告撰写出本书,较为全面地论述了激光火工品技术及其发展现状。

本书内容分为两大部分,第一部分(激光火工品原理及相关器件技术)内容包括第1~8章:第1章简要介绍了国内外激光火工品技术的发展情况;第2章分析了激光起爆、点火作用机理,综述了作用过程的数值模拟;第3章介绍了激光火工品技术常用的各种激光器,对固体激光器、气体激光器、半导体激光器、烟火泵浦激光器和锆氧灯泵浦激光器的结构与作用原理进行了论述;第4章介绍了常用光学元器件,对激光火工品技术用光纤、分束器、光开关、聚焦透镜、自聚焦透镜、介质膜片、滤光片等光学元件的性能与用途进行了叙述;第5章论述了激光能量的传输与控制技术,对传输规律进行了分析研究,描述了光路隔断控制技术;第6章较为详细地论述了激光起爆技术,介绍了激光起爆器的结构设计和性能;第7章较为详细地论述了激光点火技术,介绍了点火器类产品的结构设计和性能;第8章论述了常用激光火工品。第二部分(激光火工品系统技术)包括9~13章:第9章和第10章介绍了激光起爆、点火系统及其自诊断技术,论述了激光火工品多路系统与自诊断系统的设计与作用原理;第11章论述了系统的安全性与可靠性技术,分析了激光火工品的安全性与可靠性;第12章介绍了激光火工品技术常用仪器设备、试验装置、试验方法及其性能试验与参数检测;第13章叙述了激光火工品技术的应用,并探讨了发展方向。本书第1~8章、第10章和第12章由鲁建存编写;第9章和第11章由贺爱锋编写;第6章中6.6.2小节自聚焦激光起爆器设计和第13章由陈建华编写。

在本书写作过程中,作者得到陕西应用物理化学研究所领导的关心与指导,得到应用物理化学国家级重点实验室领导和同事们的支持与帮助:张广生研究员、周胜利研究员、刘举鹏研究员、褚恩义研究员、杨树彬研究员、张蕊研究员对书稿的撰写工作给予热情支持与关心;曹椿强、井波、徐奉一、尹国福、马玥、王浩宇、漆莉莉、刘彦义在技术校对等方面做了大量的工作;王凯民、盛涤伦、叶欣、崔卫东、史春红、胡亚平、王宗辉、徐苊、陈虹、轩伟、赵甲和第伍旻杰等在专业文献资料收集与翻译等方面给予积极支持;刘兰、李蛟、李慧、韩瑞山在文字校对方面做了许多工作;白颖伟、杨庆玲、朱升成、李芳、薛艳等给予多方面大力支持和热情帮助。在此一并表示衷心感谢!

北京理工大学焦清介教授、南京理工大学沈瑞琪教授对本书进行了审阅,提出了宝贵的改进意见,使我们受益匪浅;焦清介教授还为本书作序,在此表示特别感谢!

本书涉及的主要研究工作是在应用物理化学国家级重点实验室完成的,有实验室系统、专业的研究条件为保障,有激光火工品课题组全体同仁的刻苦钻研为基础,为本书提供了大量可靠的研究数据。陕西应用物理化学研究所及应用物理化学国家级重点实验室为本书的出版提供了资助,在此表示特别感谢!

限于作者水平及资料来源,书中的缺点、疏漏或不尽人意之处在所难免,衷心希望广大读者批评指正!

作 者

2021 年 6 月

缩略词或代号

	英文名称	中文名称
AP	Ammonium Perchlorate	高氯酸铵
BCTK	Boron/Calcium Chromate/Titanium/Potassium Perchlorate	硼/铬酸钙、钛/高氯酸钾混合物
BIT	Built-In Test	构建在内部的检测试验系统或自检系统
BNCP	Tetraamine-cis-Bis(5-Nitro-2H-tetrazolato-N2) Cobalt(Ⅲ)Perchlorate	高氯酸顺式双(5-硝基-2H-四唑-N^2)四氨络钴(Ⅲ)
CL-20	2,4,6,8,10,12-HexxaNitro-2,4,6,8,10,12-hexaaza-IsoWurtzitane(HNIW)	2,4,6,8,10,12-六硝基-2,4,6,8,10,12-六氮杂异伍尔兹烷(HNIW),又称CL-20
CP	1-(5-Cyanotetrazolato)pentaamine Cobalt(Ⅲ)Perchlorate chloropolyester	高氯酸1-(5-氰基四唑)五氨络钴(Ⅲ)含氯聚酯
DACP	2,6-DiAmino-4-Chloro Pyrimidine,[Co(NH$_3$)$_4$(N$_3$)$_2$]ClO$_4$	高氯酸·四氨·双叠氮基合钴(Ⅲ)
DDT	Deflagration-to-Detonation Transition	爆燃转爆轰
EBW	Exploding Bridgewire Device	爆炸桥丝火工品
EED	Electro-Explosive Device	电起爆火工品
EFI	Exploding Foil Initiator	爆炸箔火工品
FC	Ferrule Connector	一种光纤连接方式,其外部加强方式采用金属套,紧固方式为螺丝扣
FCDC	Flexible Confined Detonating Cord	柔性限制性导爆索
FPGA	Field-Programmable Gate Array	现场可编程逻辑门阵列
FTA	Flight Termination Assembly	飞行终止组件
FTS	Flight Termination System	飞行终止系统
FWHM	Full Width at Half Maximum	半高宽
GRIN	Gradient Index	渐变折射率或自聚焦(光学器件)
HMX	High Melting eXplosive,Octogen	高熔点炸药,奥克托今
HNS	HexaNitroStilbene	六硝基芪
KDP	Patassium dihydrogen phosphate	磷酸二氢钾
LD	Laser Diode	激光二极管
LDI	Laser Diode Initiation	激光二极管起爆
LEBW	Laser-driven Exploding Bridge Wire	激光驱动爆炸桥丝雷管
LFU	Laser Firing Unit	激光发火装置
LID	Laser Initiated Device	激光起爆器或激光雷管
LIOS	Laser Initiated Ordnance System	激光火工品系统

续表

	英文名称	中文名称
LIS	Laser Initiated Squib	激光点火器或激光点火管
NA	Numerical Aperture	数值孔径
OTDR	Optical Time Domain Reflectometry	光时域反射计
PC	Physical Connection	(光纤对接端面)物理接触
PETN	Penta Erythritol Tetra Nitrate	季戊四醇四硝酸酯,太安
PIN	Positive Instrinsic – Negative	(具有正、负和本征层的)光电二极管
PMT	Photo – Multiplier Tube	光电倍增管
PTFE	Poly Tetra Fluoro Ethylene	聚四氟乙烯
PXI	PCI eXtensions for Instrumentation	面向仪器系统的PCI拓展
QCW	Quasi – Continous – Wave	准连续(波、激光等)
RDX	Research Department eXplosives, Hexogen	研究部炸药,黑索今
S&A	Safe and Arm Device	安全保险装置
SCB	Semi – Conductor Bridge	半导体桥(火工品)
SMDC	Shielded Mild Detonating Cord	铠装柔性导爆索
ST	Straight Tip	直通式(光纤连接器)
TATB	Triaminotrinitrobenzene	三氨基三硝基苯
VISAR	Velocity Interferometer System for Any Reflector	任意反射体干涉测速系统
YAG	Yttrium Aluminum Garnet	钇铝石榴石(光学晶体)

目 录

第1章 激光火工品技术发展 ························· 1

1.1 国外研究状况 ··································· 1
1.2 国内研究情况 ··································· 7
1.3 国内外差距 ···································· 8
参考文献 ··· 10

第2章 激光火工品作用机理 ························· 12

2.1 激光与含能材料相互作用引发的效应研究 ················· 12
　2.1.1 激光光热效应对含能材料的作用 ··················· 13
　2.1.2 光化学反应对含能材料的作用 ···················· 13
　2.1.3 光冲量对含能材料的作用 ······················· 14
　2.1.4 电击穿对含能材料的影响 ······················· 14
2.2 激光火工品热引发作用机理 ························· 15
　2.2.1 激光热起爆过程分析 ························· 15
　2.2.2 激光热起爆临界能量计算 ······················· 18
　2.2.3 典型炸药激光热点火数值模拟 ···················· 23
　2.2.4 典型点火药剂激光热点火数值模拟 ·················· 25
2.3 激光爆炸箔起爆机理 ····························· 30
　2.3.1 EBW 起爆和 LEBW 起爆 ······················· 31
　2.3.2 LEBW 起爆能量的转变 ······················· 31
　2.3.3 多孔含能药粉的 LEBW 模型 ···················· 33
2.4 激光飞片冲击起爆机理 ··························· 34
　2.4.1 激光驱动飞片的 Lawrence – Gurney 模型 ············· 35
　2.4.2 激光飞片冲击起爆 ·························· 38
2.5 光化学起爆机理 ······························· 43
　2.5.1 试验现象与结果 ··························· 44
　2.5.2 反应机理模型分析 ························· 48

2.5.3 DACP 的光化学起爆 ... 50
参考文献 ... 52

第3章 激光器 ... 54

3.1 固体激光器 ... 56
3.1.1 固体激光工作物质 ... 56
3.1.2 自由振荡固体激光技术 ... 62
3.1.3 调 Q 激光技术 ... 73

3.2 气体激光器 ... 75
3.2.1 He-Ne 激光器 ... 76
3.2.2 CO_2 激光器 ... 76
3.2.3 等离子体激光技术 ... 81

3.3 半导体激光器 ... 81
3.3.1 半导体激光器工作原理 ... 81
3.3.2 激光火工品系统用半导体激光器 ... 100

参考文献 ... 106

第4章 光学元器件 ... 107

4.1 光纤 ... 107
4.1.1 光纤结构、分类、光传播与参数 ... 108
4.1.2 激光能量传输用光纤 ... 113

4.2 光缆及其连接 ... 126
4.2.1 光缆 ... 126
4.2.2 光纤接头 ... 127
4.2.3 光缆组件 ... 130
4.2.4 光缆连接 ... 133

4.3 合束器与分束器 ... 138
4.3.1 合束器 ... 138
4.3.2 分束器 ... 138

4.4 光开关 ... 146
4.4.1 机械/机电式光开关 ... 147
4.4.2 电光开关 ... 149
4.4.3 声光开关 ... 150
4.4.4 固体磁光开关 ... 150
4.4.5 激光驱动烟火光开关 ... 151
4.4.6 MEMS 光开关 ... 151

4.5 耦合元件 ··· 156
　4.5.1 聚焦类耦合元件 ··· 156
　4.5.2 窗口类耦合元件 ··· 158
4.6 通用光学元件 ··· 159
　4.6.1 玻璃基片 ·· 159
　4.6.2 介质膜片 ·· 159
　4.6.3 干涉滤光片 ··· 159
　4.6.4 角锥 ··· 159
4.7 光学衰减器 ·· 160
　4.7.1 光缆衰减器 ··· 160
　4.7.2 光衰减器 ·· 160
　4.7.3 光分束器 ·· 161
参考文献 ··· 161

第5章　激光能量传输与控制 ··· 163

5.1 光纤耦合传输 ··· 163
　5.1.1 光纤耦合方式 ·· 163
　5.1.2 光纤耦合的空间效应 ··· 164
　5.1.3 光纤耦合条件 ·· 166
　5.1.4 光纤耦合效率的影响因素 ···································· 166
　5.1.5 光纤连接器对耦合效率的影响分析 ······················· 169
　5.1.6 光纤连接工艺及最坏情况估计 ····························· 170
5.2 激光火工品系统光能传输 ·· 171
　5.2.1 激光能量传输规律 ·· 171
　5.2.2 温度对光缆器件耦合传输效率的影响 ···················· 172
　5.2.3 光缆弯曲半径对传输损耗的影响 ·························· 177
　5.2.4 激光波长对光缆耦合效率的影响 ·························· 180
　5.2.5 光纤端面角度对耦合效率的影响 ·························· 181
　5.2.6 光纤端面间隙对耦合效率的影响 ·························· 182
　5.2.7 光纤轴偏离对耦合效率的影响 ····························· 183
　5.2.8 振动对光缆连接耦合效率的影响 ·························· 185
　5.2.9 激光火工品系统光缆传输效率数学模型 ················· 185
　5.2.10 光缆传输数学模型的优化处理 ··························· 185
　5.2.11 光纤分束器耦合传输规律 ································· 188
5.3 激光能量隔断控制 ··· 194
　5.3.1 光开关隔断控制技术 ·· 195
　5.3.2 激光能量光开关的常温传输效率与导通时间 ·········· 195
　5.3.3 激光能量光开关的高低温传输效率 ······················· 197
　5.3.4 能量型光开关传输效率数学模型 ·························· 197

- 5.4 光缆耦合与传输损伤 ········ 197
  - 5.4.1 耦合与传输损伤现象探讨 ········ 197
  - 5.4.2 光纤端面损伤机理 ········ 199
  - 5.4.3 光纤端面损伤研究 ········ 201
  - 5.4.4 抗烧蚀光缆接头研究 ········ 202
- 5.5 激光能量传输、控制与损伤规律 ········ 203
  - 5.5.1 光缆传输规律 ········ 203
  - 5.5.2 光纤分束器的分束传输规律 ········ 203
  - 5.5.3 能量型光开关传输与隔断规律 ········ 204
  - 5.5.4 光纤器件的损伤规律 ········ 204
- 参考文献 ········ 204

第6章 激光起爆技术 ········ 205

- 6.1 固体激光引爆起爆药 ········ 206
  - 6.1.1 传统起爆药的激光起爆研究 ········ 206
  - 6.1.2 起爆药的激光感度 ········ 208
  - 6.1.3 紫外激光引爆起爆药 ········ 214
  - 6.1.4 新型起爆药的激光起爆 ········ 216
- 6.2 固体激光直接起爆炸药 ········ 220
  - 6.2.1 激光直接起爆炸药过程 ········ 220
  - 6.2.2 激光参数对炸药起爆的影响分析 ········ 222
  - 6.2.3 激光起爆炸药的高速摄影分析 ········ 224
  - 6.2.4 炸药单晶体的激光起爆 ········ 228
  - 6.2.5 掺杂活性物质炸药的激光起爆 ········ 229
- 6.3 激光爆炸箔起爆 ········ 234
  - 6.3.1 激光爆炸箔起爆过程 ········ 234
  - 6.3.2 激光爆炸箔起爆低密度炸药 ········ 236
  - 6.3.3 激光爆炸箔起爆 BNCP 与 CL-20 炸药的 DDT 过程 ········ 241
  - 6.3.4 激光烧蚀毛玻璃表面起爆炸药 ········ 246
  - 6.3.5 低能激光两段法起爆炸药 ········ 251
- 6.4 激光飞片起爆 ········ 254
  - 6.4.1 激光飞片起爆过程 ········ 256
  - 6.4.2 激光飞片起爆的关键技术 ········ 258
  - 6.4.3 光纤传输激光驱动飞片起爆高比表面积的 PETN 炸药 ········ 263
  - 6.4.4 低能激光飞片两段法起爆炸药 ········ 271
- 6.5 半导体激光起爆技术 ········ 273
  - 6.5.1 半导体激光引爆 CP 炸药 ········ 273
  - 6.5.2 半导体激光起爆 BNCP 炸药 ········ 273

6.5.3　激光焦点大小与加热速率对微量 BNCP 发火判据的影响 ………… 274
　　　6.5.4　半导体激光快速起爆 CP 与 BNCP 炸药 ……………………………… 278
　　　6.5.5　半导体激光起爆 DACP 炸药 …………………………………………… 282
　　　6.5.6　半导体激光起爆 HMX …………………………………………………… 282
　　　6.5.7　半导体激光引爆非密封 RDX 炸药 ……………………………………… 288
　6.6　激光起爆器设计 ………………………………………………………………… 292
　　　6.6.1　光纤耦合激光起爆器设计 ………………………………………………… 292
　　　6.6.2　自聚焦激光起爆器设计 …………………………………………………… 294
　　　6.6.3　薄膜光学起爆结构设计 …………………………………………………… 296
　6.7　激光爆炸螺栓技术 ……………………………………………………………… 298
　　　6.7.1　单路激光驱动爆炸螺栓 …………………………………………………… 298
　　　6.7.2　双路激光驱动爆炸螺栓 …………………………………………………… 301
　参考文献 ………………………………………………………………………………… 302

第 7 章　激光点火技术 ……………………………………………………………… 304

　7.1　烟火药的激光点火 ……………………………………………………………… 304
　　　7.1.1　固体激光引燃烟火药 ……………………………………………………… 304
　　　7.1.2　气体激光引燃烟火药 ……………………………………………………… 308
　　　7.1.3　半导体激光引燃烟火药 …………………………………………………… 316
　　　7.1.4　纳米含能材料的闪光照射点火 …………………………………………… 328
　7.2　推进剂的激光点火 ……………………………………………………………… 330
　　　7.2.1　固体推进剂的激光点火 …………………………………………………… 330
　　　7.2.2　液体推进剂激光脉冲点火 ………………………………………………… 334
　7.3　火炮发射装药的激光点火 ……………………………………………………… 336
　　　7.3.1　单根光纤多点点火 ………………………………………………………… 337
　　　7.3.2　火炮激光多点点火 ………………………………………………………… 338
　　　7.3.3　火炮激光多点点火系统结构设计与试验 ………………………………… 339
　7.4　激光点火器设计 ………………………………………………………………… 342
　　　7.4.1　光纤耦合式激光点火器设计 ……………………………………………… 343
　　　7.4.2　透镜式激光点火器设计 …………………………………………………… 344
　　　7.4.3　激光隔板点火器设计 ……………………………………………………… 346
　7.5　激光点火微推冲技术 …………………………………………………………… 349
　参考文献 ………………………………………………………………………………… 354

第 8 章　激光火工品 ………………………………………………………………… 355

　8.1　激光起爆器 ……………………………………………………………………… 355
　　　8.1.1　光学窗口式激光起爆器 …………………………………………………… 356

8.1.2　透镜式激光起爆器 ……………………………………………… 366
　　　8.1.3　光纤耦合式激光起爆器 …………………………………………… 373
　　　8.1.4　激光爆炸箔起爆器 ………………………………………………… 382
　　　8.1.5　激光飞片起爆器 …………………………………………………… 384
　　　8.1.6　其他结构形式激光起爆器 ………………………………………… 387
　8.2　激光点火器 ……………………………………………………………… 389
　　　8.2.1　光学窗口式激光点火器 …………………………………………… 389
　　　8.2.2　透镜式激光点火器 ………………………………………………… 392
　　　8.2.3　光纤耦合式激光点火器 …………………………………………… 394
　　　8.2.4　激光雷管起爆的隔板点火器 ……………………………………… 401
　8.3　动力源激光火工品 ……………………………………………………… 401
　　　8.3.1　激光推销器 ………………………………………………………… 401
　　　8.3.2　激光拔销器 ………………………………………………………… 403
　　　8.3.3　光机定序器 ………………………………………………………… 403
　　　8.3.4　光纤缆切断装置 …………………………………………………… 404
　　　8.3.5　激光点火驱动阀门 ………………………………………………… 404
　　　8.3.6　激光点火推冲器 …………………………………………………… 405
　　　8.3.7　激光驱动爆炸螺栓 ………………………………………………… 405
　　　8.3.8　激光驱动烟火光开关 ……………………………………………… 406
　　　8.3.9　激光点火子弹 ……………………………………………………… 407
　参考文献 ……………………………………………………………………… 408

第9章　激光火工品系统 …………………………………………………… 411

　9.1　激光火工品系统设计 …………………………………………………… 411
　　　9.1.1　激光火工品系统的组成与性能设计 ……………………………… 412
　　　9.1.2　基于激光能量传输的系统设计 …………………………………… 414
　9.2　激光起爆系统 …………………………………………………………… 415
　　　9.2.1　固体激光起爆系统 ………………………………………………… 415
　　　9.2.2　烟火泵浦激光起爆系统 …………………………………………… 425
　　　9.2.3　半导体激光起爆系统 ……………………………………………… 429
　9.3　激光点火系统 …………………………………………………………… 440
　　　9.3.1　固体激光点火系统 ………………………………………………… 440
　　　9.3.2　烟火泵浦激光点火系统 …………………………………………… 444
　　　9.3.3　半导体激光点火系统 ……………………………………………… 447
　　　9.3.4　激光隔板点火系统 ………………………………………………… 450
　9.4　动力源激光火工品系统 ………………………………………………… 452
　　　9.4.1　激光点火驱动推销器系统 ………………………………………… 452
　　　9.4.2　激光点火驱动拔销器系统 ………………………………………… 453

  9.4.3 激光点火驱动阀门系统 ………………………………………… 453
  9.4.4 激光点火驱动爆炸螺栓系统 ……………………………………… 453
参考文献 ……………………………………………………………………………… 455

第10章　激光火工品系统自诊断技术 …………………………………………… 457

 10.1 系统光路检测概述 ……………………………………………………… 457
 10.2 自诊断技术原理 ………………………………………………………… 458
  10.2.1 激光火工品系统功能分析 ……………………………………… 458
  10.2.2 激光火工品系统自诊断工作原理 ……………………………… 459
  10.2.3 光检测路径 ……………………………………………………… 460
  10.2.4 自检光功率与时间的函数关系 ………………………………… 462
 10.3 系统自诊断技术 ………………………………………………………… 463
  10.3.1 内置式自诊断系统技术 ………………………………………… 463
  10.3.2 外置式自诊断系统技术 ………………………………………… 469
  10.3.3 单波长自诊断技术 ……………………………………………… 475
  10.3.4 双波长单光纤自诊断技术 ……………………………………… 475
  10.3.5 双波长双光纤自诊断技术 ……………………………………… 476
  10.3.6 光致发光自诊断系统技术 ……………………………………… 477
  10.3.7 编码调制式自诊断技术 ………………………………………… 478
  10.3.8 高灵敏度自诊断技术 …………………………………………… 491
 10.4 激光火工品自诊断设计 ………………………………………………… 497
  10.4.1 光学反射式自诊断 ……………………………………………… 498
  10.4.2 光致发光式自诊断 ……………………………………………… 499
 10.5 多路自诊断激光火工品系统 …………………………………………… 500
  10.5.1 3路自诊断激光火工品系统 …………………………………… 501
  10.5.2 多路数字式自诊断激光火工品系统 …………………………… 501
参考文献 ……………………………………………………………………………… 504

第11章　安全性与可靠性技术 …………………………………………………… 505

 11.1 激光火工品系统的安全性 ……………………………………………… 505
  11.1.1 安全性分析 ……………………………………………………… 506
  11.1.2 保险与解除保险 ………………………………………………… 510
  11.1.3 半导体激光起爆系统的安全性设计 …………………………… 523
 11.2 激光火工品系统的可靠性 ……………………………………………… 529
  11.2.1 可靠性检测 ……………………………………………………… 529
  11.2.2 系统性能与可靠性技术的发展 ………………………………… 531
  11.2.3 激光多路点火系统的冗余设计 ………………………………… 538

11.2.4　激光火工品系统的可靠性分析 …… 540
　　　11.2.5　半导体激光起爆系统的可靠度计算 …… 540
　11.3　激光起爆系统的可靠性模拟 …… 546
　　　11.3.1　激光起爆系统及其可靠性影响因素 …… 547
　　　11.3.2　激光起爆系统可靠性建模 …… 547
　　　11.3.3　系统可靠度模拟计算及结果分析 …… 549
　　　11.3.4　分析与讨论 …… 551
　11.4　激光火工品系统的环境安全性与作用可靠性试验 …… 552
　　　11.4.1　半导体激光起爆系统环境性能试验 …… 552
　　　11.4.2　ARTS激光弹药的部件与系统试验 …… 555
　　　11.4.3　法国卫星用激光二极管火工品系统试验 …… 566
　11.5　激光火工品的质量保证 …… 570
　　　11.5.1　激光火工品组装环境要求 …… 570
　　　11.5.2　质量一致性要求 …… 570
参考文献 …… 571

第12章　激光火工品试验与检测 …… 573

　12.1　激光火工品试验仪器与设备 …… 573
　　　12.1.1　激光源 …… 573
　　　12.1.2　检测仪器 …… 576
　　　12.1.3　试验设备 …… 583
　　　12.1.4　工艺设备 …… 586
　12.2　光学参数的测试 …… 588
　　　12.2.1　光谱分析与测量 …… 588
　　　12.2.2　激光脉冲宽度测量 …… 591
　　　12.2.3　激光功率/能量测定 …… 594
　　　12.2.4　光纤缆传输效率测量 …… 595
　　　12.2.5　分束器耦合传输效率测定 …… 597
　　　12.2.6　OTDR测量 …… 599
　　　12.2.7　光束观察分析 …… 601
　　　12.2.8　非接触干涉测量 …… 602
　　　12.2.9　自聚焦透镜镀膜性能试验 …… 602
　　　12.2.10　光开关参数测定 …… 603
　　　12.2.11　药剂的激光反射率测定 …… 605
　12.3　激光火工品试验装置 …… 609
　　　12.3.1　固体激光火工品试验装置 …… 609
　　　12.3.2　半导体激光火工品试验装置 …… 618
　　　12.3.3　锆-氧灯及烟火泵浦激光试验装置 …… 625

12.4 激光火工品试验 ·· 627
    12.4.1 激光感度试验方法 ································· 627
    12.4.2 药剂的激光感度试验 ······························· 629
    12.4.3 激光火工品试验 ··································· 629
参考文献 ·· 637

第13章 激光火工品技术应用 ······························ 640

13.1 激光火工品技术的应用方向 ····························· 641
    13.1.1 飞机、导弹和航天方面的应用 ······················· 641
    13.1.2 水下武器方面的应用 ································ 641
    13.1.3 地面武器方面的应用 ································ 641
    13.1.4 石油工业与矿业方面的应用 ························· 642
    13.1.5 其他用途 ··· 642
13.2 激光火工品在飞机逃生系统中的应用 ·················· 643
    13.2.1 F-16A战斗机弹射逃生系统弹射试验 ··············· 643
    13.2.2 激光点火逃生系统新概念设计 ······················ 645
    13.2.3 V-22鱼鹰倾转旋翼飞机逃生系统 ···················· 646
    13.2.4 F-18 C/D战斗机的舱门切割 ························ 646
    13.2.5 T-6A TexanⅡ联合训练基本飞行器 ················ 647
13.3 半导体激光火工品系统在商业卫星中的应用及近期进展 ··· 648
    13.3.1 在法国商业卫星中的应用 ··························· 648
    13.3.2 法国航天署激光火工品的发展 ······················ 653
13.4 激光火工品系统在宇宙飞船中的应用 ·················· 659
    13.4.1 概述 ··· 659
    13.4.2 非爆炸装置 ··· 659
    13.4.3 激光起爆系统 ······································· 660
    13.4.4 ARTS试验操作 ···································· 660
    13.4.5 LFU的安全与保险 ································· 661
    13.4.6 LFU 接口 ·· 661
    13.4.7 LFU的构造 ·· 662
    13.4.8 LFU用激光二极管 ································· 663
    13.4.9 ETS的结构 ·· 663
    13.4.10 LIS的结构 ·· 663
    13.4.11 LIOS性能数据 ···································· 664
    13.4.12 能量预算确认 ····································· 665
    13.4.13 可靠性预测 ······································· 665
    13.4.14 阶段Ⅱ的工作 ···································· 666
13.5 激光火工品在小型洲际弹道导弹中的应用 ············· 666

13.5.1　小型洲际弹道导弹(Small ICBM)项目 …………………………… 666
　　13.5.2　系统构造及功能 ……………………………………………………… 667
　　13.5.3　LFU 与输出线束 ……………………………………………………… 669
　　13.5.4　ETS ……………………………………………………………………… 669
　　13.5.5　LIOS 的系统试验 ……………………………………………………… 670
　　13.5.6　飞行试验项目 …………………………………………………………… 670
　　13.5.7　可生产性研究 …………………………………………………………… 670
　　13.5.8　研究成果及重要环节 …………………………………………………… 671
13.6　激光火工品在区域反导导弹中的应用 ……………………………………………… 671
13.7　激光火工品在战术导弹中的应用 …………………………………………………… 672
13.8　LIOS 在运载火箭上的应用 ………………………………………………………… 673
　　13.8.1　FTS 的一般特性 ………………………………………………………… 674
　　13.8.2　LIOS/FTS 系统的技术途径 …………………………………………… 676
13.9　激光点火在火箭发动机自毁中的应用 ……………………………………………… 678
13.10　热电池的激光点火 …………………………………………………………………… 680
13.11　硬目标航弹用激光起爆装置 ………………………………………………………… 680
13.12　激光火工品在陆军武器中的应用 …………………………………………………… 681
　　13.12.1　炸药爆炸产生激光对常规弹药推进剂的点火 ……………………… 681
　　13.12.2　车载大口径火箭弹的激光点火发射 ………………………………… 682
　　13.12.3　火炮的激光多点点火系统 …………………………………………… 683
　　13.12.4　激光点火发射子弹的枪械 …………………………………………… 688
13.13　激光起爆技术在军火销毁处理中的应用 …………………………………………… 690
　　13.13.1　军火销毁处理系统的组成 …………………………………………… 690
　　13.13.2　销毁废旧弹药起爆应用 ……………………………………………… 692
13.14　激光起爆技术在石油射孔系统中的应用 …………………………………………… 693
13.15　激光火工品技术的进展 ……………………………………………………………… 695
13.16　激光火工品技术发展前景 …………………………………………………………… 696
　　13.16.1　激光火工品应用技术分析 …………………………………………… 696
　　13.16.2　发展前景 ……………………………………………………………… 697
参考文献 ………………………………………………………………………………………… 697

后　记 …………………………………………………………………………………………… 699

第 1 章

激光火工品技术发展

随着电子技术迅速发展的同时,电磁环境对武器装备带来的危害也日趋严重。航天运载火箭、导弹武器、弹药在生产、储存、运输和发射过程中,多次发生重大事故,使人们认识到提高火工品安全性、可靠性的重要性。为了解决起爆、点火系统的电磁兼容等关键技术问题,逐步发展了滤波器、射频衰减元件、静电泄放(Electro - Static Discharge,ESD)通道、1A1W钝感电起爆器、隔板起爆器、爆炸线雷管(Exploding Bridgewire Device,EBW)、爆炸箔起爆器(Exploding Foil Initiator,EFI)、激光火工系统(Laser Initiated Ordnance System,LIOS)等高新技术。

激光火工品技术的发展经历了理论研究、制造工艺技术研究与推广应用研究等过程。激光起爆、点火技术的发展历程可以分为4个阶段:第一阶段为1965—1980年,主要是激光点火基本概念的原理性研究,取得了常用火工药剂的一系列基础性数据,如激光感度等;第二阶段为1981—1990年,科研人员使用已发展的低损耗光纤和小型化激光器,针对飞机逃生系统、洲际导弹及空空导弹等实际项目进行应用研究,研制出可以应用的激光起爆、点火子系统;第三阶段为1991—2005年,这一时期发展了半导体激光起爆、点火系统技术,建立了点火系统的使用标准和验收规范,开始生产、推广和使用激光火工品技术;第四阶段为2005年至今,激光火工品开始小批量生产,使这一系统技术进入工程化、小型化、自诊断、模块化、集成化发展阶段。今后激光火工品技术将会向采用微机电系统(Micro Electro Mechanical Systems,MEMS)技术实现光电一体化集成的方向发展。

1.1 国外研究状况

国外早在20世纪50年代就研究了光起爆技术,Bowden 和 Yoffe 在《固体炸药的快速反应》一书中系统地描述了强闪光起爆炸药技术的研究[1],所采用的光源是气体放电和电子闪光灯等;对几种起爆药的光起爆现象进行了探索性研究,并对起爆机理进行了分析。1960年,Theodore Harold Maiman 在美国加利福尼亚州马里布的休斯研究实验室,将螺旋闪光灯缠绕在指尖大小的红宝石晶体棒上,获得了激光振荡输出,而发明了世界上第一台固体激光器,自此开启了激光新时代。

由于激光具有单色性好、相干性好、方向性强、发散角小、光亮度高等特点,受到全世界广泛关注,因此激光器件新技术的发展非常迅速。国外从20世纪60年代中期开始研究激光起爆、点火技术。美国喷气推进实验室(Jet Propulsion Laboratory,JPL)、空间军械系统公司

(SOS)、匹加汀尼兵工厂以及瑞典国防研究局和苏联相关研究机构,用红宝石、钕玻璃、YAG(Yttrium Aluminium Garnet 钇铝石榴石(光学晶体))等工作物质的自由振荡激光器与调 Q 激光器作为发火能源,利用光导纤维束传输激光能量,先后研究了起爆药和猛炸药的激光感度、光敏化剂的作用和起爆机理;成功地进行了 Ti/KClO$_4$、TiH$_x$/KClO$_4$ 等点火药激光点火试验[2-3],以及光纤束耦合、分束传输效率技术和激光起爆器(LID)、点火器(LIS)的产品结构设计等新技术研究。

20 世纪 70 年代初,以 JPL 为首的研究机构都致力于固体激光器的小型化研究工作。L. C. Yang 研制成功 5.1cm×7.6cm×12.7cm、质量 0.7kg、脉冲宽度 1.5ms、输出 2.8J 的小型钕玻璃激光器,能量/质量比为 3.3J/kg,能够同时起爆 10 发掺锆粉 PETN(Penta Erythritol Tetra Nitrate 季戊四醇四硝酸酯,太安)、RDX(Research Department eXplosive,Hexogen 研究的炸药,黑索今)炸药 DDT(Deflagration – to – Detonation Transition 爆燃转爆轰)雷管或含 PbN$_6$(叠氮化铅)、LTNR(Lead 2,4,6 – TriNitro Resorcinate,2,4,6 – 三硝基间苯二酚铅,斯蒂酚酸铅)起爆药雷管,也能同时点燃 4 个激光烟火装置[4]。SOS 研制成功 9.5cm×15.8cm×33cm、质量 6.2kg、脉宽 20ns、输出 6J 的小型调 Q 激光器[5]。美国恩锡比克福特航天防卫公司(Ensign Bickford Aerospace & Defense Company Company,EBAD)设计出了通用的 FIRE-LITE 固体激光火工系统(LIOS),如图 1 – 1 所示[6]。日本帝国火工品株式会社对激光火工品技术也展开了研究,水岛容二郎等用自由振荡、调 Q 红宝石激光器,对起爆药 PbN$_6$、雷汞、Tetracene(四氮稀)、DDNP(Diazo DiNitro Phenol,二硝基重氮酚)和猛炸药 PETN、TNT(Tri Nitro Toluene,三硝基甲苯)、RDX、Tetryle(特屈儿)等进行了激光起爆研究[5]。

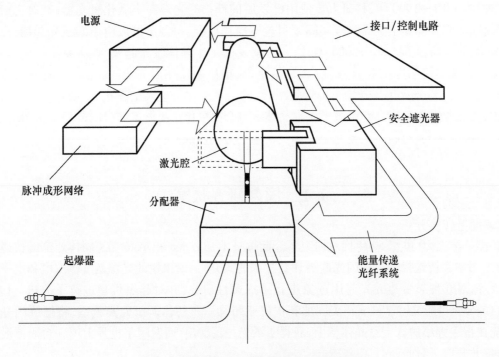

图 1 – 1　固体激光 7 路起爆系统装置示意图

从 20 世纪 70 年代后期开始,激光起爆技术走向应用阶段。但由于这一阶段的固体激光器受能量转换效率(通常为 1%~3%)低、体积与质量较大、效费比差等因素影响,使激光起爆技术的应用范围受到限制。与此同时,低衰耗光纤的发展又促使激光起爆、点火系统技术研究得到全面发展,越来越多的机构开始研究小型化、高效率、效费比高的激光起爆、点火系统。美国空军率先将激光火工品技术应用于小型洲际导弹(SICBM)的起爆、点火系统。美国 SOS 公司、匡蒂克公司(Quantic Industries,Inc. 于 2001 年并入 PSEMC)、能源部(DOE)桑迪亚国家实验室、SCOT 公司等相继研制成功了烟火泵激光远距离、多路军械引爆系统;激光引爆用小型自持 OEM 激光器,其尺寸为 8.9cm × 6.1cm × 2.8cm、质量 340g,输出功率达 100W[6];由高热锆泵浦激光器、2 分束或 4 分束光纤、爆燃转爆轰(DDT)雷管组成的小型高效激光多点起爆系统[7],以及由 7 只闪光灯泵浦的小型高效激光器、ϕ1mm 光纤和掺 3% 碳黑的 HMX(High Melting eXplosive,高熔点炸药奥克托今)激光雷管(LID)组成的多点起爆系统等[8]。美国曾在阿波罗宇宙飞船、洲际弹道导弹上,成功地应用了激光起爆、点火新技术[9]。

20 世纪 80 年代中期,由于激光器体积小型化、高性能光纤与光耦合技术的发展,激光火工品技术也得到迅速发展;科研人员陆续将该项新技术用于洲际弹道导弹、机载导弹、新型空空导弹发射,F16 战斗机舱盖抛放与座椅弹射,成功地试验了激光起爆、点火系统技术[9]。

美国 DOE 桑迪亚国家实验室从 20 世纪 60 年代起一直在进行激光点火/起爆技术研究,并将其作为直接光起爆计划的一个组成部分。研制出一种光起爆系统样机,用于确定在各种武器环境中的工作性能,同时也完成了对激光二极管起爆(LDI)技术的探索。研究主要集中于对 Ti/KClO$_4$ 和掺碳黑的 CP(1 − (5 − Cyanotetrazolato)pentaamine cobalt(Ⅲ)Perchlorate chloroplyester,高氯酸 1 − (5 − 氰基四唑)五氨络钴(Ⅲ)含氯聚酯)药剂进行了点火和起爆试验工作,证明了用一个激光二极管可以使 3 个元件(掺碳黑的 CP)同时起爆,用一个二极管阵列可以完成 7 个元件的同时起爆,作用时间介于 1.0 ~ 3.0ms。桑迪亚国家实验室对激光直接起爆猛炸药 HMX 的雷管进行了研究,主要缩短了该雷管的作用时间,据资料报道,其作用时间已降到 50μs 以下。

20 世纪 80 年代后期,激光火工品技术也逐渐成为各国发展的重点。美国航空航天局(National Aeronautics and Space Administration,NASA)所属公司和中心开始了研究工作,EBAD 已生产出供火箭使用的 LIOS[9],同时也完成了激光系统的安全性和性能试验要求的研究;麦道公司的导弹系统子公司完成了用于空空导弹激光点火子系统的设计[10],主要进行了激活电池、尾翼展开和定序推进系统的功能试验;Banta Barsara 研究中心与空军合作完成了 SICBM 的激光点火装置的工厂小批量生产;马歇尔航天中心完成了 48 英寸固体火箭发动机系统用的激光起爆、点火系统试验[11];在常规武器应用方面,美国海军军械部研发了激光起爆能量转换分系统;美国弹道研究所曾确定了一项名为"火炮、加农炮和坦克炮激光点火"的研究计划,以便使 LIOS 在先进的野战炮(AFAS)、坦克武器、加农炮系统(ATACS)和车载火箭弹点火发射上得到应用[9]。

在激光起爆装置中,由于使用光纤代替导线,从而实现了含能材料与电系统的隔离,对静电(ESD)、电磁辐射(EMI)等干扰钝感,所以激光起爆装置具有较高的安全性。激光点火、起爆技术逐步进入实用阶段后,所面临的最主要缺点是作用时间较长,且多路作用同步时间偏差较大,因而适合于除战斗部多点同步起爆外的其他火工品的所有使用功能。激光火工品对于航天系统特别有用,原因在于航天系统对作用时间精度要求不太苛刻,但对可靠性、安全性要求很高。激光火工品技术在 20 世纪 90 年代成为一个研究热点,美国国防部(DOD)、DOE 和 NASA 均将这一项目列入重点关键技术研究。美国 DOD 和 DOE 合作研究的飞机乘员逃生用激光点火子系统,已装备于 F-16A 飞机[7]。NASA 早在 1991—1996 年就已规划并完成 LID 和保险系统的设计试验与鉴定验收工作。由于新型高效固体激光器的体积小($152cm^3$)、质量轻(340g)、效费比高,因此可将激光火工品推广应用到激光制导灵巧炸弹以及硬目标导弹的发射与战斗部起爆等方面。在 1992 年召开的首届航天火工品会议上,绝大部分论文是关于激光点火与起爆技术研究的内容。美国火箭弹和导弹点火系统已经推广应用于以激光点火装置为基础的直列式点火系统,并且在美军标 MIL-STD-1901 中首次定义了激光点火,把激光点火器(LIS)用于直列式点火[12]。同期,日本的矢野裕等对 B/KNO_3 点火装置和激光工程雷管进行了研究。

激光二极管的出现为激光起爆和点火系统提供了另一种小型、轻便的理想激光源,于是国外开始侧重于发展激光二极管起爆、点火技术。激光二极管具有结构均匀、体积小、质量轻等特点,而且其能效比可达 30%,这些特点使半导体激光器起爆、点火系统能够适用于各种特殊系统。但由于在发展初期,激光二极管价格昂贵、输出功率小,因而没有很快走向应用研究。随着激光二极管输出功率和能量的提高,价格也在不断下降。其中,美国激光二极管(SDL)公司的脉冲二极管激光器产品 SDL-3450-P5 的连续激光输出功率为 10W,单次脉冲能量输出值已达 1J 以上,激光二极管列阵可达到更高的能量。工艺技术水平的提高,使激光二极管能很好地适应各种温度、冲击和振动环境,为激光二极管作为光源的起爆和点火系统的发展奠定了基础。主要关注起爆药、猛炸药、烟火剂、推进剂在激光二极管激发下的起爆和点火特性,包括药剂的感度和延迟时间。从当时收集到的资料看,激光二极管主要用于单点起爆和点火,而多点起爆和点火方面的研究受制于激光二极管的输出性能,尚未取得实质性突破。但是随着激光二极管输出功率和能量的提高,其在激光起爆和点火技术领域已经占据重要地位。激光起爆和点火系统之所以具有进一步发展的巨大潜力,不仅是因为激光器的发展迅速,而且光纤技术的发展也相当惊人。高强度、高质量的光纤大批量生产,且应用程度越来越高、应用范围越来越广,低衰减(每千米几分贝)光纤的发展使激光起爆成为现实。美国 DOE 桑迪亚国家实验室、海军军械站、海军 LITES、EG&G Mound 应用技术公司等单位,先后采用连续(Continous-Wave,CW)输出功率为 1W 的激光二极管作能源,用芯径为 $\phi100\mu m$ 的石英光纤传输激光能量,使掺杂 3.2% 碳黑的 CP 炸药由爆燃转变成爆轰,并进行了 $Ti/KClO_4$、$TiH_x/KClO_4$ 等点火药的激光点火试验[13]。此后,又采用平均输出功率为 10W、脉冲宽度为 5ms 的准连续(Quasi-Continous-Wave,QCW)激光二极管作能源,用芯径为 $\phi100\sim400\mu m$ 的石英光纤传输激光能量,使掺杂 3% 碳黑、装药密度为 $1.55 g/cm^3$ 的 HMX 炸药,由爆燃转变为爆轰;对 $B/KClO_4$、$Zr/KClO_4$、$Ba(NO_3)_2$、$TiH_{1.65}/KClO_4$、SOSl08、BCTK(Boron/Calcium Chromate/Titanium/Potassium Perchlorate,硼/铬酸钙/钛/高氯酸钾混合物)、奔奈火药和 Oxite 等点火药与烟火剂进行了激光点火试验,其中 $Zr/KClO_4$、$Ti/KClO_4$ 等点火药发火能量在 $2.8\sim3.3mJ$[14] 之间。从文献资料得知,当点火延迟时间为 10ms 时,B/KNO_3 的点火阈值为 15mJ;当点火延迟时间为 30ms 时,点火阈值为 12mJ。研制出了尺寸为 $\phi10mm\times30mm$ 的光敏化 CP、HMX 炸药 DDT 标准 LID[15],使 CP 炸药 DDT 的起爆阈值能量降低到 0.47mJ,掺杂 HMX 炸药的起爆阈值为 0.74mJ,作用时间均不超过 3ms。研究中除了用增强药剂对激光的吸收来降低药剂的起爆阈值外,还采用其他方法如减小热损失等来降低阈值。经过对光纤与炸药表面耦合技术研究得出,若用渐变折射光纤代替阶跃折射光纤传输激光,可降低引爆阈值能量约 30%;若在光纤和炸药表面之间置入厚 0.05mm 的聚对苯二甲酸乙酯(Mylar)片,也可以降低引爆阈值能量约40%[13];光纤头插入炸药之中等方式都能降低引爆能量阈值。几种降低激光引爆能量阈值措施的综合效果可达60%。用高功率列阵式 QCW 激光二极管,可使 36 个 CP 炸药 DDT 雷管同时起爆;小型高效锆热泵浦激光起爆、点火系统进入产品应用研究阶段。人们在研究中,围绕如何降低发火阈值做了大量的工作,同时也研究出起爆机理各不相同的起爆器。光纤作为传输能源光缆要与激光器耦合,作为点火传输光缆要与起爆器中的初级装药相耦合。光纤与起爆器的耦合可分为两种连接方式:一种连接方式为光纤直接置入式的 LID,就是把光纤直接封接在药剂中[14];另一种连接方式为光纤与激光火工品表面"光学窗口"相耦合[16]。采用自聚焦(GRIN)透镜高新技术,设计出了接插式 BNCP[Tetraamine – cis – Bis(5 – Nitro – 2H – tetrazolato – N2)Cobalt(Ⅲ)Perchlorate,高氯酸顺式双(5 – 硝基 – 2H – 四唑 – N^2)四氨络钴(Ⅲ)]LID。其中激光飞片起爆器可认为是一种特殊的"光学窗口"耦合起爆器,其起爆机理类似于爆炸箔起爆器,光纤输入光能将转变成高速飞行的飞片动能,直接起爆猛炸药。从美国产品介绍的资料上可看出,激光起爆、点火系统已小批量生产。美国 Ensign Bickford 航天公司可以生产出供火箭发射、点火、级间分离的 LIOS。麦道公司电子系统分公司已完成了 LDI 系统的保险装置设计,同时完成了激光系统的安全性和试验要求的研究,并已申请专利[17]。因而,今后的发展方向是用小型化的激光器研究非电起爆系统。

激光火工品技术的迅速发展,对激光起爆、点火系统的安全性、可靠性要求更高,在很多新式武器的点火系统中,要求各个子系统功能具备相当高的安全性、可靠性。以空间运载火箭系统为例,要求在发射前必须迅速对分系统进行功能完整性检测,因此发展了激光火工品分系统的自诊断技术。伴随光纤通信技术的发展,对 GRIN 透镜的需求不断扩大,GRIN 透镜加工制造技术开始成熟起来,其生产成本也大幅降低,并因其特殊的聚焦性能及其圆柱状外形,很快引起了激光火工品设计人员的兴趣。在 1990 年的欧洲和美国专利中[18-19],就出现了用 GRIN 透镜作为激光火工品传输窗口来起爆炸药装药的论述,其中应用的是一个节距为 1/2P 的 GRIN 透镜,可以通过在透镜端面镀膜的方式,实现点火系统的自检。这一时期,美国已经研制出 GRIN 激光火工品产品。美国桑迪亚国家实验室与太平洋科技含能材料公司(Pacific Scientific Energetic Materials Company,PSEMC)联合研制出一种准备应用在战斗机乘员逃逸系统的 GRIN LID,这就是典型的 GRIN 激光火工品[20]。

随着激光起爆点火技术的发展,研究人员发现 GRIN 激光火工品与构建在内部的检测试验(Built – In Test,BIT)系统结合的优势。法国航天局(CNES)下属的 Saint – Louis 研究所(ISL)对 GRIN 激光火工品研究起步也比较早。ISL 对 GRIN 激光火工品技术进行了研究,研制出一种符合 NASA 标准的 LIS 和激光点火的驱动飞片起爆炸药的雷管[21],通过在激光火工品中放置一片镀有分色滤光膜的介质膜片,实现光路自检。这两种 GRIN 激光火工品已经在 DEMETER 微型卫星上得到使用。Mark F. Folsom 的美国专利 USP 5914458 和 PSEMC 的双光纤 BIT 方法中,提出了应用 GRIN 激光火工品和双光纤结合,实现系统光路自检的方案。其中两种方案都是应用了两个节距为 1/4P 的 GRIN 透镜作为窗口耦合元件。2002—2006 年,美国先后公开了 ISL 申请的 3 个激光火工品专利,其中专利 USP 6539868 是以一种 GRIN 激光发火器作为首选方案进行介绍的,而专利 USP 6374740 和 USP 7051655 都是选择了采用 GRIN 透镜起爆器作为第二方案进行描述的。

除了直列式钝感 LIS 外,国外还研究了激光隔板起爆器、激光隔板点火器、激光驱动推销器和小型飞片雷管、激光保险/解除保险机构[22-23]、光机定序器、集成光学连接器、能量分配与传输编程控制和冗余系统等高新技术。激光隔板起爆技术是采用光纤传输激光能量,起爆施主装药产生冲击波,通过隔板起爆输出装药而作用的。由于光纤不受任何形式的电能作用影响,能从根本上解决火工品的电磁兼容安全问题,故能够成功地应用于战略导弹发动机点火与级间分离等作业。美国的激光 DDT 雷管,已经生产应用了多年,全部采用激光火工品的小型洲际弹道导弹 SICBM[24],成功地进行了两次飞行试验。《美国现代火工品汇编》中公布了 200 型 FIREFLY 武器激光起爆分系统[25],在《九十年代国外军民用火工烟火产品汇编》中公布了 5 种 LID、两种激光隔板起爆器、一种激光驱动的活塞作动器和 11 种弹载、机载、车载的固体、半导体激光单点、多点起爆子系统。美国 Hi-shear 公司采用模块化技术,集成出了小型化 YAG 固体激光器[26],用于 Paladin 洲际榴弹炮 LIOS,以及洛克希德·马丁公司的 X-33 可重复使用的运载火箭的定位解锁与 CRUSADER 新型号的起爆子系统。

NASA 的兰利研究中心的技术人员,在太空飞行器用烟火器材的备用装置报告中提出了 28 项计划,研究了 LIOS,一些工程项目涉及多种复杂的做功事件。LIOS 用光缆传输激光能量,从指令系统到烟火点火器或雷管之间替代电缆布线或线性传爆,用激光能量可以使典型的烟火装药直接点火。与现有的烟火系统相比,LIOS 在减少成本、质量、感度和受限制的水下定点操作等方面具有潜在优势。NASA 与 EBAD 合作,为固体火箭发动机点火技术和运载火箭飞行终止技术的发展,发起了 LIOS 的研究工作。Nike-Orion 在探空火箭和固定翼飞机的点火/终止演示试验等方面进行了研究,将 LIOS 用于第一级垂直翼 9 个信号弹的 3 次点火,把 LIOS 作为"STS-72 型斯巴达人"运载车的有效载荷,对激光启动的军械系统进行了太阳光暴露试验,获得了安全数据。海军研究实验室(NRL)开发了 LIOS,用试验证明在太空飞行器上使用先进的激光火工品完成释放功能的工艺技术的可行性。在 NRL 的相关研究中,由于采用 LIOS,使质量减小了 80%。美国桑迪亚实验室 M.W.Glass 等根据 DOE 合同要求,利用仿真和试验等手段,对激光起爆技术进展作了科学分析,认为激光火工品技术发展途径是采用固体激光器和半导体激光二极管作激光源,采用 CP、BNCP 炸药和高效吸热剂(如碳黑、金属化合物和染料)作雷管装药,并研制通用的高效光纤和接口连接器。

国外正在研究小型化、集成化的固体激光和高功率 QCW 激光二极管多点起爆、点火应用技术,致力于开发小型化高功率脉冲激光器件,如作用时间小于 $50\mu s$ 的 LID。发展不高于 $0.001dB/km$ 的超低损耗光纤、集成光学网络、MEMS 光开关和可编程定序器、外置式与内置式自诊断系统(BIT)技术、LIOS 可靠性技术、定序延期与同步控制起爆、系统环境性能设计和系统工程化,解决连接器对准、界面烧蚀、功率损失、安全性与可靠性等应用技术关键问题,并且正在积极发展烟火药燃烧、炸药爆炸产生高能激光等高新技术。美军标、美国航空航天协会和北约组织公布了与激光火工品相关的 MIL-STD-1901A 弹药火箭和导弹发动机的点火系统安全性设计准则[27]、NATO STANAG 4368 火箭及导弹发动机的点火和 LIOS 安全性设计要求[28]以及 AIAA-S-113 运载火箭和空间飞行器用爆炸系统及爆炸装置规范[29]等标准。其中推荐应用 LIS,要求点火药的感度不能高于 B/KNO_3,并将 B/KNO_3 作为唯一已批准的直列式许用点火药。尤其是在 AIAA-S-113 中,对激光火工品作出了较为具体的规定和要求。

激光火工品作为一种新型的火工品技术,其发展已经走过了半个多世纪的历程。随着高科技军事技术的迅速发展,武器系统对高安全性、高可靠性激光火工品的需求是一种必然趋势。火工品是武器弹药中较为敏感的部件,应用高安全性、高可靠性激光火工品,能够提高武器系统的安全性、突防性能和毁伤效果。激光起爆、点火系统技术也是一项军民两用技术,它在爆破、油田、航天等民用领域中也有极其广泛的用途。随着激光火工品技术的不断发展,以激光火工品替代一些重要装备的敏感型电火工品(EED)是必然趋势。

1.2 国内研究情况

20世纪60年代后期,中国工程物理研究院开始对激光火工品新技术进行研究。至20世纪70年代中期,国内已有陕西应用物理化学研究所、北京理工大学、国营庆华电器厂、武汉冶金安全技术研究所等单位相继开展了相关研究工作。20世纪80年代末,南京理工大学也加入了激光火工品的研究队伍。此后,又有国营川南机械厂、上海交通大学、西南科技大学等单位进行了有关激光火工品技术的方案论证与探索性研究。

1961年,我国第一台激光器在中国科学院长春光学精密机械研究所诞生。中国工程物理研究院流体物理研究所用40J自由振荡、10MW调Q钕玻璃激光器,最早研究了起爆药和猛炸药的激光感度、爆轰过程、光敏化剂作用、起爆机理;对PETN的激光发火感度及掺杂物的影响进行了试验,并且对激光点火的温度与感应时间[30]等参数进行了分析研究;对LTNR、硝化棉、黑火药、双基药等进行了激光点火试验[5]等。到20世纪80年代末,分别研究了36路、100路Zr/PETN雷管激光同步起爆技术。在20世纪90年代末期,用调Q激光器对激光飞片起爆新技术进行了研究,试制出了小型调Q激光飞片起爆系统。武汉冶金安全技术研究所在20世纪70年代初,曾经对激光起爆、点火技术在矿山开采中应用的可行性进行了调研与论证,得出的结论是激光火工品技术安全性高,能够在矿山开采中应用,但由于LIOS成本高,至今也未在矿山开采中使用。陕西应用物理化学研究所逐步建立了具有红宝石、YAG和钕玻璃激光器、功率计、Rj7200双通道数显激光能量计等仪器设备的激光火工品实验室,研究了PbN_6、羧氮化铅CMC PbN_6、D·S(由PbN_6与LTNR用共沉淀的合成方法得到的起爆药)共晶、S·SD(四氮烯–CMC PbN_6共沉淀起爆药)共晶等起爆药的激光感度、药剂表面的激光反射率与光敏化剂的作用,进行了LTNR激光点火试验,测定了几种常用药剂的激光反射率和发火感度[31-32],对激光起爆阈值能量进行了理论分析,对光纤束耦合与分束、起爆器结构设计、4点起爆等新技术进行了研究。在20世纪80年代中期研制出了带有1m长光纤束的单路、双路和4路激光起爆装置,进行了单路、多路起爆试验[33],含PbN_6的LID的最小发火能量为0.57mJ,作用时间为90~150μs。北京理工大学八系研究了强闪光灯起爆;激光大面积(ϕ65mm)起爆、调Q激光起爆猛炸药、激光起爆工程火焰雷管等技术;研制成功了人体尿道结石破碎用微型LID和火工品激光感度仪。南京理工大学从20世纪80年代末开始研究激光固相化学反应,用激光瞬态干涉技术,测定了激光引爆冲击波场、7种药剂的激光起爆过程;进行了火炮发射用固体激光多点点火技术与固体火箭发动机点火技术等研究。

陕西应用物理化学研究所先后开展了激光起爆控制技术、激光起爆与点火技术等研究工作:用Nd固体激光器和1.5W半导体激光器,对线性连接器设计、耦合效率进行了研究。在钕激光器脉冲宽度2.40ms条件下,用10.1mJ能量点燃了B/KNO_3点火药,其作用时间为

2.8ms；在脉冲宽度780μs条件下，对活性值高、粒度细的B/KNO₃进行了激光点火试验，其能量阈值达到5.33mJ。并设计研制出了通用型LIS、输入光纤和线性连接器。自行设计的线性连接器耦合效率平均值为58.9%，最高达到71.3%；采用标准FC/PC连接器，其耦合效率平均值达87.2%，最高达到94.7%。对光敏CP、BNCP、HMX、PETN炸药进行了起爆试验和DDT过程研究，研制成功带有1m长、$\phi 100\mu m/40\mu m$光纤的CP、BNCP LID，测定了主要性能参数。在Nd固体激光器作用下，CP炸药的发火能量最小达到0.50mJ，DDT作用时间为1.32ms，钢凹深度不小于0.67mm；BNCP炸药的发火能量最小达到0.23mJ、DDT作用时间为720μs、钢凹深度不小于0.67mm；B/KNO₃发火能量最小达到2.53mJ。当激光脉冲宽度缩短到780μs，在3mJ激光能量作用下：CP炸药LID的作用时间为40~130μs；BNCP炸药LID作用时间为28~100μs。在半导体激光器波长980ns、脉冲宽度10ms条件下，CP炸药的发火功率最小为162mW，DDT时间不多于1.04ms；BNCP炸药的发火功率最小为42mW，DDT时间不多于2.55ms；B/KNO₃的发火功率最小为205mW，作用时间不多于6.3ms。完成了小型半导体激光安全引爆系统样机研制，该样机体积不大于280cm³、质量不大于338g（不含灌封料）、系统作用时间不大于3ms，具有环境探测器、电脉冲安全保险控制和数码信号触发功能，其安全性与可靠性较高。在半导体、固体LIOS小型化方面取得了明显的技术进步，设计研制出了10多种激光火工品；小型化半导体激光单路、双路、3路起爆子系统；小型半导体激光单路点火系统及小型固体激光双路、7路起爆子系统等8种原理样机。

北京理工大学、南京理工大学在激光火工品技术领域也取得了许多成果。用500mW半导体激光器，对Zr/KClO₄的点火阈值、药剂组分、粒度、密度、密封状态和点火时间等参数进行了分析研究；用输出能量为2J的YAG激光试验装置，对火炮发射用固体激光3点点火技术[34]、弹载激光点火技术和固体发动机点火技术等进行了研究。西安航天动力技术研究所先后用CO₂激光器、YAG固体激光器、光纤束传输，研究了固体火箭发动机激光点火技术，并于1997年成功地进行了两次发动机推进剂激光点火试验。西南科技大学为了研究激光编码设备在工业雷管生产线上的应用安全性，对几种常用火工药剂在红宝石激光作用下，随药剂厚度、颗粒尺寸的爆燃变化情况作了一些试验研究。上海交通大学与南京理工大学协作，分析了固体含能材料光吸收的特点，用大功率固体YAG激光器，对常用黑药、枪药与发射药等含能材料进行了激光点火性能的试验研究。

虽然国内激光火工品技术研究起步较早，研究内容广泛，但LIOS与自诊断系统的工程化关键技术尚未攻克，因此，今后国内激光起爆、点火技术研究的主要工作将围绕：①LIOS与自诊断系统技术工程化；②半导体LIOS集成化、小型化；③小型高功率调Q固体激光起爆技术；④小型激光多点起爆技术；⑤大能量、高功率MEMS光开关技术；⑥激光光纤传输与激光火力控制系统新技术；⑦新型激光火工品终端设计技术；⑧激光火工品集成化与MEMS激光火工品高新技术等方面展开。

1.3 国内外差距

国内的激光火工品技术与国外先进技术水平相比，存在明显差距。国内外激光火工品技术水平对比如表1-1所列。

表1-1 国内外激光火工品技术水平对比(2016年)

项目	国外技术水平	国内技术水平
激光二极管 Laser Diode,LD	CW LD:100～7000W；QCW LD:单管≤20W、多管≤40W	CW LD:60～5000W；QCW LD:单管≤12W、多单管≤25 W
小型化半导体激光器	LIOS用半导体激光器体积50cm³/路	LIOS用半导体激光器体积100～200cm³/路
小型化固体激光器	小型化OEM激光器体积152cm³、质量0.34kg、输出100W；3种烟火泵浦激光器体积180cm³、脉冲宽度30ms、最大输出6J	①小型化A型固体激光器体积781cm³、质量0.8kg、波长1.06μm、脉冲宽度200μs、输出20mJ；②小型化B型固体激光器体积1016.8cm³、质量0.977kg、波长1.06μm、脉冲宽度200μs、输出160mJ；③烟火泵浦激光器体积172.5cm³、脉冲宽度5.74ms、输出97mJ；④高热锆烟火泵浦激光器体积200cm³、脉冲宽度35ms、最大输出6.9J
光纤	芯径φ100/125、NA(Numerical Aperture,数值孔径)0.22、损耗0.36dB/km；超低损耗光纤,损耗小于0.001dB/km；芯径φ50～φ1500mm、NA0.10～0.365等规格光纤	芯径φ50～φ1000mm、NA0.10～0.34、损耗1.2～3dB/km
连接器	集成光学回路连接器,主要指标未公布；FC(Ferrule Connector,一种光纤连接方式,其外部加强方式采用金属套,紧固方式为螺丝扣)/PC(Physical Connection,(光纤对接端面)物理接触)、SMA、ST(Straight Tip,直通式(光纤连接器))接头耦合效率不小于87%	FC/PC、SMA、ST等标准连接器,耦合效率不小于90%
分束器	多路分束器、集成光学产品	已研制出2、3路大能量半导体激光用分束器和2～12路高功率固体激光用分束器
光机定序器	光机定序器商品化,能设定传输顺序	已研制出8路程序控制器,能够设定传输顺序与延时；无光机定序器产品
自诊断分系统	激光火工品多路系统实现单、双光纤与波长等多种方式的光路故障自动诊断检测	已有LIOS自诊断技术原理样机,正在研究环境适应性与工程化技术
激光点火器	B/KNO_3 LIS发火能量12.5mJ；$Zr/KClO_4$ LIS脉冲宽度10ms、能量3.2mJ下,作用时间不大于3ms；$TiH_{1.6}/KClO_4$、$Ti/KClO_4$ LIS	①B/KNO_3 LIS；②通用LIS,发火能量6mJ、作用时间不大于10ms；③激光隔板点火器,发火能量为3.5mJ、作用时间不大于500μs；④GRIN激光点火器
激光起爆器	①CP LID,脉冲宽度10ms、能量3.5mJ下,作用时间小于3ms；②BNCP LID,产品结构设计有GRIN透镜；③HMX LID,脉冲宽度10ms、能量3.2mJ条件下,作用时间小于3ms；④SOS108 LID,未公布指标	①CP LID,脉冲宽度10ms、能量3mJ下,作用时间小于3ms；②BNCP LID,激光脉冲宽度10ms、能量3mJ,作用时间小于3ms；③接插式BNCP LID产品所需输入发火能量最小达到1.2mJ,作用时间为1.78ms,输出钢凹深为0.61mm；④GRIN LID
动力源激光火工品	激光驱动的开关、推销器、拔销器、爆炸螺栓产品	激光驱动的光开关、推销器、拔销器、爆炸螺栓样品,发火能量5mJ、作用时间小于20ms

续表

项目	国外技术水平	国内技术水平
安全性可靠性研究	采用 MIL-HDBK-217F 和 USAF-EWR 127-1 等标准研究了 LIOS 的可靠性。LID 的可靠度为 0.9999(置信度 0.95);系统的可靠度大于 0.999	激光器采取安全控制措施;用升降法、兰利法进行了激光发火感度测定;进行了环境试验,探索研究部件、系统的安全性与可靠性设计技术
集成化、MEMS 技术	①MEMS 光开关、集成化光分束器;②采用模块化集成技术,研究出了 YAG 固体激光起爆、点火系统	开始探索研究 MEMS 光开关技术,已有商品化器件
激光火工品标准	①MIL-STD-1901A 弹药火箭和导弹发动机的点火系统安全性设计准则;②NATO STANAG 4368 火箭及导弹发动机的点火和 LIOS 安全性设计要求;③AIAA-S-113 运载火箭和空间飞行器用爆炸系统及爆炸装置规范	①LID、LIS 及系统设计规范企业标准;②LIS 设计规范、测试方法行业标准
装备武器型号及应用种类	SICBM、新型空空导弹、F-16 飞机舱盖抛放与座椅弹射;车载火箭发射、机载导弹发射、SNL/LDI(Laser Diode Initiation,激光二极管起爆)武器系统、战略导弹发动机点火与级间分离;BLU-109、BLU-113 弹药;GBU-24、GBU-27、GBU-28 激光制导硬目标炸弹起爆;Paladin 火炮激光点火发射系统、X-33 重复使用运载火箭的定位解锁与 CRUSADER 新型号的起爆子系统	有 10 多种激光火工品样品;小型半导体激光 1~28 路程控与固体激光双路、7 路起爆、点火子系统及自诊断系统等原理样机,正在结合发动机点火、战斗机座椅弹射装备点火等开展应用

从表 1-1 所列的对比结果可以看出,国内 LIOS 技术已经发展到一定程度,研制出了 10 多种激光火工品和 9 种小型化半导体、固体激光多路起爆、点火系统样机。正在进行 LIOS 自诊断、环境适应性以及安全性与可靠性设计等新技术研究,推广应用激光火工品新技术的基本条件已经具备。由于自诊断检测存在环境适应性瓶颈技术,加之推广应用激光起爆、点火新技术难度较大,尚未在型号产品上得到应用。

参 考 文 献

[1] BOWDEN F P, YOFFE A D. Fast Reaction in Solids[J]. London Butterworths Scientific Publications, 1958.

[2] DONALD J LEWIS. 激光起爆的炸药装置系统[G]//西安近代化学研究所,译. 激光引爆(光起爆之二). 北京:北京工业学院,1978:62.

[3] YONG L D, NGUYUEN T, WASCHL J. 炸药、烟火药和推进剂的激光点火综述[J]. 丁大明,译. 火工情报,2007(2):45.

[4] YANG L C, MENICHELLI V J, EARNEST J E. 激光起爆的爆炸装置[G]//激光引爆(光起爆之二). 西安近代化学研究所,译. 北京:北京工业学院,1978:58.

[5] 曙光机械厂. 国外激光引爆炸药问题研究概况[G]//激光引爆(光起爆之二). 北京:北京工业学院,1978:20-32.

[6] Quantic 公司. 200 型 FIREFLY 武器激光起爆分系统[G]//王莹,彭和平,编译. 美国现代火工品产品汇编. 陕西应用物理化学研究所,1991:205.

[7] LANDRY M J. 飞机抛放系统使用的激光军械起爆系统[J]. 王凯民,译. 火工情报,1994(1):125-133.

[8] 贺树兴. 国外微电子火工品技术发展现状和趋势[R]. 情报研究报告,1993:30.

[9] Ensign Bickford 航天公司. FIRELITE 激光起爆系统[G]//九十年代国外军民用火工烟火产品汇编下册. 许碧英,王凯民,彭和平,编译. 陕西应用物理化学研究所,1996:825-827.

[10] SUMPTER D R. Laser-Initated Ordnamce for the Air-to-air Missiles[C]. 美国第一届航天火工品会议录,1992.

[11] ZIMMERMAN C J. Introduction of Laser Initation for the 48 inch Advanced Solid Rocket Test Motors at MSFC[C]. 美国第一届航天火工品会议录,1992.

[12] MIL-STD-1901 火箭弹和导弹发动机点火系统设计安全准则[J]. 许碧英,译. 火工情报,1994(1):17-26.

[13] DAVID W E,THOMAS M B. 低能激光二极管点火元件的点火试验[J]. 王凯民,艾鲁群,译. 火工情报,1994(1):96-108.

[14] 符绿化,王凯民. 激光点火技术的发展[R]//国外火工烟火技术发展现状、趋势与对策. 陕西应用物理化学研究所,1995:1-21.

[15] Pacific Scientific Co. 激光雷管[G]//九十年代国外军民用火工烟火产品汇编上册. 许碧英,王凯民,彭和平,编译. 陕西应用物理化学研究所,1996:135-137.

[16] FOLSOM M. 激光起爆器的光学窗口[J]. 王凯民,译. 火工情报,1994(1):120-124.

[17] STOLTZ B A. Laser Diod Apparatus for Initiation of Explosive Devices[P]. USP 5204490,1991-6-21.

[18] LOUGHRY B,ULRICH O E. Laser Ignition of Explosives[P]. USP4917014,1990-4-17.

[19] LOUGHRY B,ULRICH O E. Laser Ignition of Explosives[P]. EP0394562,1990-10-31.

[20] 徐苊. 用 BNCP 作为主要含能材料的激光雷管的初步审查结果[J]. 火工情报,2002(1):10.

[21] MOULARD H,RITTER A,DILHAN D. 太空用激光二极管起爆器设计与性能[J]. 徐苊,译. 火工情报,2005(2):33.

[22] STEVENS G L. 有保险-解除保险装置的光学起爆器[J]. 王文珆,译. 火工情报,1993(2):115-118.

[23] Hercules 公司. 一种激光解保/发火新概念[J]. 贺树兴,译. 火工动态,1993(4):22.

[24] ALOISE J. Small ICBM Laser Firing Unit[C]. 美国第一届航天火工品会议录,1992.

[25] 王莹,彭和平. 200 型 FIREFLY 激光起爆系统[G]//美国现代火工品产品汇编. 陕西应用物理化学研究所,1991:205.

[26] Hi-Shear 公司. 洲际榴弹炮激光起爆系统[J]. 彭和平,编译. 动态情报,2008(1):25-26.

[27] 弹药火箭和导弹发动机的点火系统安全性设计准则:MIL-STD-1901A[S],2002.

[28] 火箭及导弹发动机的电点火和激光点火系统安全性设计要求:NATO STANAG 4368[S],2002.

[29] 运载火箭和空间飞行器用爆炸系统及爆炸装置规范:AIAA-S-113[S],2005.

[30] 曙光机械厂. 激光引爆炸药的机理和实验[G]//激光引爆(光起爆之二). 北京:北京工业学院,1978:1-12.

[31] 鲁建存. 起爆药的激光反射率[J]. 激光技术,1987,11(1):51-54.

[32] 鲁建存. 起爆药的激光感度[J]. 兵器激光,1984(4):60-65.

[33] 鲁建存. 激光引爆装置[J]. 兵器激光,1982(2):12-20.

[34] 张小兵,袁亚雄,杨均匀,等. 激光点火技术的实验研究和数值仿真[J]. 兵工学报,2006(3):534.

第 2 章

激光火工品作用机理

激光火工品的作用机理其实质是激光与火工药剂等含能材料及换能材料的相互作用。含能材料不同于一般材料,是一类受到外界刺激后自身可以发生快速氧化还原反应并释放大量能量的物质。激光与含能材料的相互作用既包括激光对药剂的热作用,也包括含能材料自身通过化学反应及其产物对激光的反作用。因此,激光火工品的作用机理更为复杂。本章主要介绍典型激光火工品的作用机理。

2.1 激光与含能材料相互作用引发的效应研究

激光与材料相互作用时[1-2],材料表面吸收激光能量引起温度升高、熔融、汽化、喷溅等现象,具体过程与激光参数(能量、波长、脉宽、空间分布)、材料特征和环境因素密切相关,如图2-1所示,在不同的激光功率密度下,材料表面发生的物理现象也是不同的。

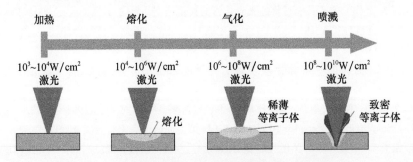

图 2-1 不同激光功率密度下材料表面物理现象

激光与含能材料的相互作用即含能材料的激光点火,激光束到达含能材料表层后,一部分被反射,另一部分被吸收。被吸收的激光与材料发生作用,激光的能量转化为材料的内能和化学能,并引起材料发生化学反应。激光作用于物体的效应有热、光化学、电击穿、冲击波、光压等作用。在激光与含能材料的相互作用下,主要发生的过程包括:含能材料对激光产生吸收和反射,一方面发生光物理和光化学过程,另一方面发生热物理和热化学过程。在光物理和光化学过程中,光子的辐射会消耗激光的能量,光化学过程会引起化学键的断裂,导致材料的化学反应直至点火或爆炸。在热物理和热化学过程中,激光对含能材料进行加热,含能材料发生熔化、汽化和烧蚀等过程,当激光能量足够高时,汽化和烧蚀产生的气体和分解产生的气体吸收激光形成等离子体。在所有这些作用下,材料温度升高,且反应速度越来越快,最终达到点火温度而发火。

按引起含能材料初始反应的效应机理可分为光热效应、光化学反应效应、电离作用效应和冲击起爆效应等。下面主要分析这些效应在激光与含能材料相互作用过程中引发含能材料反应的可能性。

2.1.1 激光光热效应对含能材料的作用

大量研究表明,激光光热效应在激光与含能材料作用过程中占据主导地位,激光光热效应就是含能材料表面在吸收激光能量后,形成无辐射跃迁导致的热效应,随着含能材料表面温度的升高,相继引发激光诱导的凝聚相热化学反应、含能材料的表面汽化和烧蚀、表面气相化学反应、激光等离子体的形成以及等离子体对激光的屏蔽等主要的化学和物理过程。由于激光良好的相干性,激光光斑面积很小,单位面积内激光功率密度较高,激光能量将在小面积范围内与含能材料表面薄层相互作用并被吸收,在含能材料内部这一小空间里,激光能转化为热能的速率远大于材料热扩散的速率,而形成含能材料内高温区域——"热点",最终达到着火温度。

2.1.2 光化学反应对含能材料的作用

在试验中常用钕玻璃固体激光器作为能源,光量子具有的能量与光的频率成正比,其关系式为[3]

$$\varepsilon = h\nu \qquad (2-1)$$

式中:ε 为光子能量(J);h 为普朗克常数,6.63×10^{-34},J·s;ν 为光波频率(s^{-1})。

由式(2-1)可得光子能量为 1.17eV,敏感起爆药 PbN_6 的热活化能为 1.04eV,激光辐射 PbN_6 产生光化学反应温度增加为

$$\Delta T = f \frac{Q_m}{C_m} \qquad (2-2)$$

式中:f 为产生化学分解的分子比例;Q_m 为含能材料的摩尔反应热(J/mol);C_m 为含能材料的摩尔热容(J/K·mol)。

产生光化学分解的分子比例为

$$f = r \frac{\alpha I(1-R_C)}{\frac{N_A}{M} \frac{hc}{\lambda} \rho} \qquad (2-3)$$

式中:r 为单光子效应概率;α 为含能材料对激光的吸收系数(m^{-1});I 为激光能量密度(J/m^2);R_C 为含能材料表面的激光反射系数;N_A 为阿伏伽德罗常量,$6.02 \times 10^{23} mol^{-1}$;$h$ 为普朗克常数,$6.63 \times 10^{-34} J \cdot s$;$c$ 为含能材料比热容(J/kg·K);λ 为光波长(nm);ρ 为含能材料密度(kg/m^3);M 为含能材料分子量。

对于用钕玻璃激光器辐照氮化铅,将各物理参数 $r=0.07$(对 f 值进行高估),$\alpha=10^3/cm$,$\lambda=1064nm$,$I=10^{34}J/cm^2$,$R_C=0.7$ 代入公式(2-3)得 $\Delta T \approx 0.2K$,显然不能引爆 PbN_6。所以,含能材料中不会发生单光子效应。

含能材料的吸收峰基本上在紫外波段,A. J. Th. Rooijers 等做了用紫外脉冲激光引爆起爆药的试验,用激发态基态复合物激光器产生波长为 249nm 的脉冲激光,起爆 PbN_6、LTNR、

二硝基重氮酚(DDNP),测定起爆作用时间,试验结果与 M. A. Schnader 等用热梯度法测得的作用时间相对比,发现二者具有完全相反的顺序。这可能表明,用紫外激光脉冲起爆,不是单纯的热点火机理,还存在光化学反应。但由于紫外激光器不易获得,因此离实用化还很远。此外,一般认为光活化能比热活化能大得多,对于多数含能材料来讲,激光光子能量不足以使分子键断裂,即不能发生直接的光解离。

2.1.3 光冲量对含能材料的作用

高功率激光加热固体靶,由于靶表面热流损失比靶内部大,加热的速度又大大超过靶体热扩散速度。因此在靶内某处会达到最高温度。当激光足够强时,该处就形成过热固体,产生很高的热压强,使靶表面物质溅射,并形成向靶内传播的应力波或冲击波,激光束照射含能材料表面时,产生的光压压强为

$$F = \frac{P}{C}(1 + R_C) \qquad (2-4)$$

式中:P 为激光束功率密度(W/cm^2);C 为真空中的光速(m/s);R_C 为含能材料表面的激光反射系数;F 为光压压强(kg/cm^2)。

由此可见,利用激光 - 冲击波效应的关键,在于靶材料对于激光有极高的吸收系数。这里有两种可能的途径。

(1)选择适合于含能材料吸收峰的激光波长。目前含能材料吸收峰基本上都在紫外波段,如氮分子激光器输出功率已达 10MW 量级,输出激光能量有数十毫焦耳,波长为 337.1nm,可供引爆试验使用。也可以使用倍频技术或可调谐激光器,得到更短波长的紫外激光,由于高功率紫外激光器商用化产品较少、技术不够成熟和体积较大,离实用化还有很大距离。

(2)通过选择或改进含能材料吸收光谱,以匹配现有的高功率固体激光波长(694.3nm 及 1064nm)。例如,利用镀金属膜的窗口或含能材料颗粒,在激光辐照下金属膜形成冲击波而引爆含能材料,这种方法在试验中已经获得成功。

理论计算和试验结果表明,当激光强度不大于 MW/cm^2 量级时,靶中冲击压力甚小,可以简单地作为热传导问题处理。在光强为 $10^2 \sim 10^3 MW/cm^2$ 的激光辐照下,金属靶中最大压力可达 $10^5 \sim 10^6$ 个大气压。但金属的光学吸收系数高达 $10^5 cm^{-1}$ 以上,一般含能材料在吸收峰处才有这么高的吸收系数,在其他波长处只是 $10 \sim 10^2 cm^{-1}$ 量级。激光辐照含能材料产生的应力波压力也小得多,达不到冲击起爆的要求。例如,敏感起爆药如 PbN_6,$R_C = 0.7 \sim 0.8$;采用强激光,$P = 10^{10} W/cm^2$,完全能够起爆 PbN_6,计算得到的 F 只有 $1kg/cm^2$ 量级,$1kg/cm^2$ 的压力无法引爆 PbN_6,试验中测得靶体的冲量比计算值高几千倍,这是激光在靶体中产生应力波引起的,所以光压对激光起爆含能材料的影响是可以忽略的。

2.1.4 电击穿对含能材料的影响

高功率激光束作用于电介质,造成强电场。由电动力学基本公式可得出含能材料表面的电场强度为

$$E = 12\pi \frac{P(1 - R_C)}{\sqrt{\varepsilon} C} 10^9 \qquad (2-5)$$

式中:P 为激光功率密度(W/m^2);R_C 为激光反射系数;C 为真空光速,$3.00 \times 10^8 m/s$;ε 为介电系数(F/m)。

还是以敏感起爆药 PbN_6 为例,取 $R_C = 0.7$、$\varepsilon = 3.5$,试验中激光脉冲宽度为 100ns、能量密度为 $0.1J/cm^2$,试验测得 PbN_6 的临界功率密度为 $1MW/cm^2$,PbN_6 的绝缘强度为 $10^5 V/cm$,计算得 $E \approx 5 \times 10^2 V/cm$,大大低于电击穿要求的场强。所以,激光引起电击穿而引爆含能材料的机理是不可能的。

通过分析上述 4 种激光对含能材料的作用机理,认为激光光热作用是最为主要的激光点火机理,光化学点火机理对激光波长要求极高,由于紫外激光技术尚未成熟,还无法深入研究,其余两种机理在激光与含能材料相互作用的过程中可以忽略。

2.2 激光火工品热引发作用机理

2.2.1 激光热起爆过程分析

含能材料对激光的吸收形式主要有两种,即特征吸收和晶格吸收(热吸收)。通过光谱仪采集含能材料的特征吸收波段,发现含能材料特征吸收波段一般在紫外段,对 400nm 以上可见光段的吸收能力很弱,而目前常用的激光输出波段一般在 500~1500nm,所以含能材料对该波段激光的吸收为晶格吸收(热吸收)。

激光火工品热点火理论从本质上属于热爆炸理论,即当体系化学反应的放热量等于体系的热损失时,达到燃烧的临界条件,由于激光与含能材料相互作用的快速性及复杂性,因此描述真实过程的数学仿真受到了限制。含能材料吸收光能后,温度升高,当达到燃烧温度时,会发生点火或燃烧转爆轰的过程。通常的热传导方程仍适用于含能材料的激光点火过程。

激光光束辐照含能材料在 z 方向温度分布的一维热流方程为

$$\rho c \frac{\partial T}{\partial t} = K \frac{\partial^2 T}{\partial z^2} + Q_L + Q_C \qquad (2-6)$$

式中:ρ 为含能材料密度;c 为含能材料比热容;K 为含能材料热导率;Q_L 为激光加热项;Q_C 为化学反应热项;T 为含能材料温度;t 为时间。

该方程表明,单位时间与单位体积的内能增加,等于热源释放出的能量减去热传导损失的能量,可近似简化为

$$升温 = 损失项 + 化学反应放热项 + 加热项$$

对于高能量脉冲,在吸收了临界量的能量后几乎立即开始爆炸(至少在很短时间内开始,约为 1ns)。对于低能量的、较长持续时间的闪光,如 Roth 所做的研究,首先温度与入射能量密度成比例地上升,在达到一定温度后,温度上升由于化学反应放热而加速。因此,对于不同功率的激光脉冲,引爆含能材料可能有以下两种状态形式。

(1)快速热点火形式。如果激光脉冲有足够高的能量,含能材料表面吸收激光能量后就已经被加热到发火温度,此时含能材料就会发火,而化学反应热对发火的影响是可忽略不计的。

(2) 感应热点火形式。如果激光脉冲没有给予足够的能量来使温度升高达到立即起爆所需的临界值,含能材料经过一个感应期后仍可能发火。在感应期间温度由于化学反应而快速上升。为此,必须达到一个足够高的温度(通称"发火温度")以使热量产生的速度高于热量损失的速度。

首先考虑反向辐射的热损失,但这个作用在研究的情况下是忽略不计的,Stefan 定律给出了纯粹反向辐射热损失速度 $R = \sigma e(T^4 - T_0^4)$。其中,$\sigma$ 是 Stefan - Boltzman 常数,等于 $5.67 \times 10^{-2} \text{W}/(\text{cm}^2 \cdot \text{K})$;$e$ 是表面放射率;T_0 是环境温度。取一个极端情况,$T = 10^4 \text{K}$ 和 $e = 1$,辐射热通量仍仅为 $6 \times 10^4 \text{W/cm}^2$。而所用的最低激光能量密度也比它高 10^3 倍。甚至在 10^{-6}s 中反向辐射的损失也只有 0.06J/cm^2。

人们所感兴趣的 Q 开关激光脉冲持续时间,具有代表性的是 $10 \sim 30 \text{ns}$,如最大取 25ns,在这样短的时间内热传导项也可以忽略。为了证明这一点,在没有热源时有效地改变一个给定初始温度分布的条件下,计算所需要的时间。如果这个时间比 25ns 大得多,就证明了忽略热传导项是正确的。

另一个需考虑的因素是爆炸传播到含能材料的相对表面所需时间。在离表面 0.0025cm 处的温度只有 130℃,不足以引起发火。掺入杂质的含能材料具有更高的 α,吸收甚至更靠近表面。对于接近阈值的入射能量密度,起爆可能仅在靠近表面的局部面积上发生,爆炸必须穿过含能材料传播到较远的一边。

在含能材料中稳定传播的爆轰速度,可以从每秒几百米到每秒几千米不等。通常,在起爆后不能立即达到稳定爆轰,而是在比起爆慢得多的燃烧速度下经过一段时间的爆燃转爆轰(DDT)才能达到稳定。Bowden 和 Joffe 认为,如果点火能源具有足够高的能量,这种 DDT 过程可以不发生,而是直接开始高速爆轰。Bowden 和 Mc Laren 发现 PbN_6 的爆轰反应区域厚度大约是 0.0075cm,在薄层 PbN_6 装药中沿着长的方向爆轰时,受装药厚度的影响,并得到在装药层薄于 0.2cm 时爆速急剧减小。由于热损失,0.003cm 厚的装药爆速降低到稍小于最大值的一半。以前的研究结果表明,沿着在 $0.01 \sim 0.02 \text{cm}$ 区域的装药长度的爆轰速度,随入射能量密度而有明显的变化,在所考虑的范围($1 \sim 10 \text{J/cm}^2$)内,这个速度接近 2000m/s,以这一速度穿过 0.003cm 的装药爆速要用 15ns。因此,可以看到穿过装药的爆轰速度和与之相应的爆轰传播,所产生的延迟是很不确定的,而且可能取决于点火能量。

在能量密度刚超过阈值时,起爆仅在靠近入射表面处发生,而且只能经过一个感应期(它也是入射能量密度的函数),在这期间化学反应使温度升高。在能量密度较高时,这种类型的起爆发生在深入含能材料的内部,但由吸收光能量而产生的直接起爆,在靠近表面的位置开始发生。对于更高的入射能量密度,含能材料上会发生直接起爆,不需要 DDT 过程而且根本看不到延迟。

运用质谱分析研究含能材料在激光作用下的化学反应过程,可以了解其燃烧或爆炸的机理。目前国内外通过运用飞行时间质谱方法(Time of Flight Mass Spectrometry,TOFMS)对 B/KNO_3 类点火药在激光作用下的反应过程开展了相关研究[4]。通过试验得到了激发状态下的正负离子飞行时间质谱图,并运用 X 射线电子能谱仪(X - ray Photoelectron Spectroscopy,XPS),分析确定了反应的终态产物,探讨了 B/KNO_3 类点火药在激光作用下的化学反应机理。

采用图 12 - 58 所示的试验装置原理,对 B/KNO_3 类点火药在激发状态下的飞行时间质谱进行分析研究。所用样品为 B/KNO_3 混合物,硼粉与硝酸钾组分的质量分数分别为 15/85、

20/80、30/70 和 40/60 这 4 种配比。将原料充分混匀后,在 200MPa 压力下压成片状。试验所用激光能量为 10mJ、15mJ、20mJ,脉冲激光在脉冲加速电场之间的时间延迟为 0μs、20μs、40μs。在 10mJ 能量下,得到部分试验样品的典型正负离子飞行时间质谱图如图 2-2 所示。

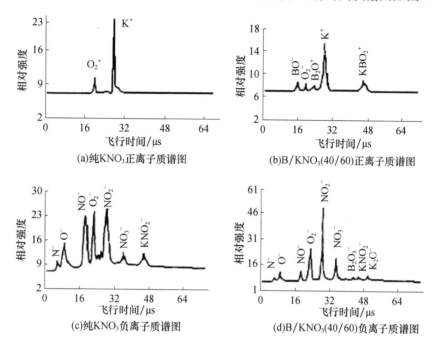

图 2-2 部分样品的正负离子质谱图

从图 2-2 中可以看出,正离子质谱图比较简单,而负离子质谱图则要丰富得多。对于纯 KNO_3,其正离子归属为 O_2^+、K^+,负离子可归属为 N^-、O^-、NO^-、O_2^-、NO_2^-、NO_3^-、KNO_2^-;对 B/KNO_3 体系,其正离子可归属为 BO^+、O_2^+、B_2O^+、K^+ 和 KBO_2^+,负离子可归属为 N^-、O^-、NO^-、O_2^-、NO_2^-、NO_3^-、$B_2O_3^-$、KNO_2^- 和 K_2O^-。改变脉冲激光和脉冲加速电场之间延迟时间,测定它们的飞行时间谱,发现一些如 N^-、O^-、NO^-、O_2^- 等的离子强度有明显增加,说明了 KNO_3 的分解是多步的,而 BO^+、B_2O^+ 及 KBO_2^+ 等减弱或消失,也说明了这些离子的寿命很短,极易与其他离子复合而形成较稳定的物质。

图 2-3 是配比为 15/85 的 B/KNO_3,在 20mJ 能量下的飞行时间质谱图。与图 2-2 相比,N^-、O^-、K^+ 离子的强度有明显的增强,说明增加激光强度可使 KNO_3 的分解速度提高。

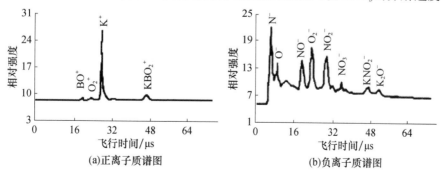

图 2-3 离子质谱图

通过质谱图可以分析激光诱导的固体化学反应过程,大致可描述为激光入射到固体表面被吸收后,经光致加热发生相变,并经多光子过程而形成等离子体,进而形成大量的中性产物(包括激发态原子或分子)、离子产物、电子以及较大的团簇或多聚体。

KNO_3 的化学结构式为 K—O—N=O,其中 N 与两个 O 形成了 3 中心 4 电子的大 π 键 π_3^4,在较低的激光能量下,这个大 π 键不易被解离,放氧量减少,表现为 B/KNO_3 点火药的可反应性降低。当提高了激光能量后,增加了大 π_3^4 键的解离,使放氧量增加,从而提高了 B/KNO_3 点火药的可反应性。因此,KNO_3 分子的分解程度决定了 B/KNO_3 类药剂的反应性。

用 XPS 仪对经激光照射后的样品进行分析,确定了终态固体产物为 B_2O_3、K_2O。但从飞行时间质谱图上看,B_2O_3 的谱峰强度并不高,这主要是由于硼在高温下易形成较稳定的低价态的硼氧化物,在进一步冷却过程中形成 B_2O_3。

点火药在激光作用下,经过热的吸收产生温度很高的等离子体。各种粒子之间的相互碰撞以及等离子体内存在大量的自由电子,为化学反应的实现提供了可靠的保证。通过研究 B/KNO_3 在激光作用下产生的正负离子产物,可以了解其反应过程和机理。因此,应用 TOFMS 研究点火起爆等快速化学反应过程,具有重要的实际意义。

2.2.2 激光热起爆临界能量计算

一般情况下,激光起爆含能材料属于热分解起爆机理。激光束照射含能材料表面,当激光功率密度较小(小于 $10^6 W/cm^2$)时,含能材料吸收的激光能量主要转化为热能,使材料温度升高。激光加热含能材料表面层达到一定温度后,含能材料热分解释放出的热量超过由热传导等原因造成的热损失,使温度急剧上升,当满足爆炸反应条件时,形成热爆炸过程,这就是激光热起爆机理。激光起爆的热机理过程涉及激光光学参数、含能材料参数及二者耦合关系等。热爆炸一般要经过延滞期(或称感应期)开始燃烧,进而转变为低速爆轰,在一定约束条件下才会发展成为高速爆轰,在本书后续章节的试验中进一步证实了这一机理,根据热爆炸理论计算出的结果与试验相符。

研究热爆炸的方法在于根据实际条件,提出相应的近似假设,设计出数学模型[5-20],运用多种数学方法,求得具体条件下的解,以适应各种目的和要求,并讨论所取得的结果与试验一致程度。因此,热爆炸理论要回答的问题是爆炸能否发生和要经过多长时间才能发生,前者是爆炸的判据,后者是爆炸延滞期(或称爆炸感应期)。

1. 一维激光热点火模型

在激光起爆模型中,假定光纤中的热性能是相似的,光纤直径的影响可以忽略;假定含能材料充满半无限空间($z \geq 0$),初始温度 T_0,含能材料表面($z=0$ 处)绝热,没有含能材料颗粒的机械运动;除热传导外不考虑其他热损失。含能材料发生一级化学反应,反应速度满足阿伦尼马斯(Arrhenius)方程,即

$$K_r = Ze^{-E/RT} \quad (2-7)$$

式中:K_r 为化学反应速度(mol/s);Z 为频率因子(1/s);E 为活化能(J/mol);R 为气体常数(J/(K·mol));T 为绝对温度(K)。

反应中不计反应产物损耗对浓度的影响和含能材料对激光的吸收以及其化学动力学诸参数(因为都是常数),同时还令含能材料的反射系数 $R_c = 0$,不影响计算结果在数量级上的正确性。运用热流的能量平衡方程来描述,即

$$\rho c \frac{\partial T}{\partial t} = K \frac{\partial^2 T}{\partial z^2} + \rho Q z e^{-\frac{E}{RT}} + I(t)\alpha e^{-\alpha z} \qquad (2-8)$$

$$(\text{I}) \qquad (\text{II}) \qquad (\text{III}) \qquad (\text{IV})$$

式中:ρ 为含能材料密度(kg/m^3);c 为含能材料比热容($J/(kg \cdot K)$);T 为时间(s);K 为含能材料的热导率($W/(m \cdot K)$);Q 为含能材料的化学反应热(J/kg);$I(t)$ 为含能材料表面处激光能量密度(J/m^2);α 为含能材料的光吸收系数(m^{-1});z 为含能材料光吸收层厚度(m)。

式(2-8)中左边项(I)为含能材料微元升温所需的热量;右边第一项(II)是含能材料微元向周围环境散失的热量;右边第二项(III)是化学反应释放出来的热量;右边第三项(IV)是激光辐射产生的热量。

初始条件为

$$t = 0, T = T_0 \quad (z > 0) \qquad (2-9)$$

边界条件为

$$z = 0, \partial T/\partial z = 0 \quad (t > 0) \qquad (2-10)$$

为求解方便,可将激光照射含能材料分为两个阶段,即激光加热阶段和含能材料反应阶段。在激光加热阶段,含能材料反应放热项只是在温度 T 相当高时才有明显作用,可以不予考虑,将式(2-8)简化为

$$\rho c \frac{\partial T}{\partial t} = K \frac{\partial^2 T}{\partial z^2} + I(t)\alpha e^{-\alpha z} \qquad (2-11)$$

假设激光呈矩形脉冲,能量密度 $I = K\alpha A$,脉冲宽度 t_0,先引入无量纲参数,即无量纲时间,为

$$\tau = \frac{K\alpha^2}{\rho c} t \qquad (2-12)$$

无量纲激光通量,为

$$f(\tau) = \frac{I(t)}{K\alpha} = A[H(\tau) - H(\tau - \tau_0)] \qquad (2-13)$$

式中:$H(\tau)$ 是 Heaviside 函数,定义为

$$H(\tau) = \begin{cases} 1 & (\tau > 0) \\ 0 & (\tau \leq 0) \end{cases} \qquad (2-14)$$

在激光加热阶段,令 $U = T - T_0$、$\xi = \alpha z$,将无量纲参数代入基本方程(2-11),得

$$\frac{\partial U}{\partial \tau} = \frac{\partial^2 U}{\partial \xi^2} + f(\tau)e^{-\xi} \quad (0 < \tau \leq \tau_0; \xi > 0) \qquad (2-15)$$

边界条件为

$$\tau = 0, U = 0 \quad (\xi > 0) \qquad (2-16)$$

$$\xi = 0, \frac{\partial U}{\partial \xi} = 0 \quad (\tau > 0) \qquad (2-17)$$

对式(2-15)进行拉普拉斯变换,求出含能材料表面($\xi = 0$ 处)温度变化为

$$U(0,\tau) = \begin{cases} A\left[\dfrac{2}{\sqrt{\pi}}\sqrt{\tau} - 1 + Y_0(\sqrt{\tau})\right] & (0 < \tau \leq \tau_0) \\ A\left[\dfrac{2}{\sqrt{\pi}}(\sqrt{\tau} - \sqrt{\tau - \tau_0}) + Y_0(\sqrt{\tau}) - Y_0(\sqrt{\tau - \tau_0})\right] & (\tau > \tau_0) \end{cases} \quad (2-18)$$

其中：

$$Y_0(x) = e^{x^2} \cdot \frac{2}{\sqrt{\pi}} \int_x^\infty e^{-u^2} du \quad (2-19)$$

$$Y_0(x) \approx 1 - \frac{2}{\sqrt{\pi}} \frac{x}{1 + \frac{\sqrt{\pi}}{2} x} \quad (2-20)$$

在含能材料反应阶段，含能材料表面绝热，温度最高，此阶段内需考虑 $\xi = 0$ 处含能材料温度变化。在式(2-8)中，热流损失项 $K\dfrac{\partial^2 T}{\partial z^2}$ 用激光加热阶段的求解式(2-18)作近似，则有

$$\frac{\partial^2 T}{\partial z^2} = \frac{\rho c}{K} \frac{dU(0,\tau)}{d\tau} \quad (2-21)$$

由拉格朗日(Lagrange)公式，即

$$\frac{1}{T} = \frac{1}{T_S} - \frac{1}{T_S^2}(T - T_S) = \frac{1}{T_S^2}(2T_S - T) \quad (2-22)$$

再对式(2-8)中的 $-E/RT$ 进行变换，得出

$$-\frac{E}{RT} = -\frac{E}{RT_S^2}(2T_S - T) \quad (2-23)$$

式中：T_S 为激光加热阶段结束时含能材料表面温度，即

$$T_S = U(0, \tau_0) + T_0 \quad (2-24)$$

又令：

$$\theta = \frac{E}{RT_S^2}(T - T_S), \quad B = \frac{EA}{RT_S^2}, \quad \delta = \frac{Q\rho ZE}{KR\alpha^2 T_S^2} e^{-\frac{E}{RT_S}} \quad (2-25)$$

方程式(2-8)可简化为

$$\frac{d\theta}{d\tau} = \frac{B}{A} \frac{dU(0,\tau)}{d\tau} + \delta e^\theta \quad (\tau > \tau_0) \quad (2-26)$$

初始条件为

$$\tau = \tau_0, \theta = 0 \quad (2-27)$$

当 $\tau \gg \tau_0$ 时，利用式(2-18)有

$$\frac{dU(0,\tau)}{d\tau} \approx -\frac{A\tau_0}{\sqrt{\pi}} \tau^{-1/2} = g(\tau) \quad (2-28)$$

方程(2-26)的解为

$$e^\theta = \frac{\exp(\int Bg\, d\tau)}{1 - \delta \int_0^\tau \exp(\int Bg\, d\tau)\, d\tau} \quad (2-29)$$

若化学反应能够无限进行下去，温度无限增长，即当 $\tau \to +\infty$ 时、$\theta \to +\infty$，就发生了爆

炸。由式(2-29)可知,发生爆炸的临界条件为

$$\delta \int_0^\tau \exp(\int Bg \mathrm{d}\tau) \mathrm{d}\tau = 1 \tag{2-30}$$

即 $\pi\delta/2B^2\tau_0^2$。加热基本发生在吸收层内,$T_S - T_0 \approx It_0\alpha/\rho c$,由式(2-30)导出的临界条件为

$$T_S^{(cr)} - T \approx \frac{E}{R}\left[\ln\frac{\pi Q\rho ZR}{2KE\alpha^2}\right]^{-1} \tag{2-31}$$

式中:$T_S^{(cr)}$ 为临界含能材料表面温度。从式(2-18)和式(2-20)可导出

$$T_S - T_0 = \frac{\alpha I}{\rho c}\left(1 - \frac{\alpha}{2}\sqrt{\pi D t_0}\right) \tag{2-32}$$

式中:热扩散系数 $D = K/\rho c$。

将式(2-32)代入式(2-31)中,得到激光起爆含能材料的临界点火能量密度公式为

$$I_{cr} \approx \frac{\rho c}{\alpha} T_S^{(cr)}\left(1 + \frac{\alpha}{2}\sqrt{\pi D t_0}\right) \tag{2-33}$$

由式(2-33)可知,影响激光临界点火能量密度的因素很多,如含能材料各种特性参数 E、Q、Z、K 等值。式(2-33)不能解决感应时间的问题。下面用简单的模型估算自激光照射起至含能材料点火开始的感应时间 t_i。

设含能材料的平均温度为 $\bar{T}$,含能材料处于绝热环境中。化学反应放热,含能材料平均温度上升可用以下方程描述,即

$$C\frac{\mathrm{d}\bar{T}}{\mathrm{d}t} = QZ\mathrm{e}^{-\frac{E}{RT}} \quad (t > t_0) \tag{2-34}$$

初始条件为

$$\begin{cases} t = t_0 \\ \bar{T} = T_S^{(cr)} \end{cases} \tag{2-35}$$

由式(2-23),得

$$C\frac{\mathrm{d}\bar{T}}{\mathrm{d}t} = QZ\mathrm{e}^{-\frac{E}{RT_S^2}(2T_S - \bar{T})} \tag{2-36}$$

积分得

$$t = t_0 + \frac{T_S^{(cr)2}}{ZT_A T_R}\exp\left(\frac{T_A}{T_S^{(cr)}}\right)\left\{1 - \exp\left[-\left(\frac{\bar{T} - T_S^{(cr)}}{(T_S^{(cr)})^2}\right)T_A\right]\right\} \tag{2-37}$$

式中:$T_A = E/R$;$T_R = Q/C$。

根据谢苗诺夫临界判据,取 $\frac{\bar{T} - T_S^{(cr)}}{(T_S^{(cr)})^2} \times T_A = 1$ 为点火开始的标志。代入式(2-37),引用式(2-31),得出临界点火的感应时间为

$$t_i^{(cr)} = t_0 + t_\infty(1 - \mathrm{e}^{-1}) \tag{2-38}$$

其中:

$$t_\infty = \frac{\pi}{2}\frac{1}{D\alpha^2}\left(\frac{T_S^{(cr)}}{T_A}\right)^2 \tag{2-39}$$

当激光超临界引爆时,激光加热所达到的温度很高,不能引用上述的判据和模型。恩尼格(J. W. Enig)和费里曼(M. H. Friedman)对绝热条件下的试验和计算,得出温度同感应时间具有以下关系,即

$$\ln t_i = \frac{E}{RT_S} + A \tag{2-40}$$

式中:

$$A = \ln \frac{CRT_S^2}{QZE} \tag{2-41}$$

由式(2-37)、式(2-38),得感应时间为

$$t_i = t_i^{(cr)} \exp\left[-\frac{\alpha E}{\rho CR (T_S^{(cr)})^2}(I - I_{cr})\right] \tag{2-42}$$

式(2-42)是激光起爆感应时间 t_i 和激光能量密度 I 的关系表达式。

2. 准三维激光热点火模型

在一维模型中已假定温度沿径向的变化率与温度沿轴向的变化率之间不相关,这种模型论述的结果不依赖于光纤直径,感应时间在其他参数不变时,只与入射激光辐射的能量密度有关,无法考虑激光束半径对含能材料激光点火性能的影响及温度场的三维分布,而激光能量密度阈值和功率密度阈值实际上随光纤直径的变化而变化,因此需构建准三维激光热点火模型,突破一维模型自身的局限性。

设定炸药药柱为圆柱形,一端用激光束照射使其点火,可以用热传导方程描述,求解时引入一些假设以简化模型。假设激光照射的端面与周围介质发生热交换,无激光照射的表面(包括一个端面和圆柱侧面)为绝热边界;药剂的密度、热容及热传导系数是常数,即不考虑其随温度的变化,而且各向同性;不考虑含能材料的相变热。于是得到式(2-43),式中,右边第1项表示热传导所造成的热能增率;第2项表示含能材料热分解时释放的化学反应热;第3项表示激光在药柱内部的传播系数;D 表明在激光束半径范围内才有激光能量输入。

$$\rho c \frac{\partial T}{\partial t} = K\left(\frac{\partial^2 T}{\partial x^2} + \frac{\partial^2 T}{\partial y^2} + \frac{\partial^2 T}{\partial z^2}\right) + \rho Q Z e^{-\frac{E}{RT}} + D(1 - R_C)\alpha I_0 e^{-\alpha x} \tag{2-43}$$

$$D = \begin{cases} 1 & (y^2 + z^2 < r^2) \\ 0 & (R_L^2 > y^2 + z^2 > r^2) \end{cases}$$

式中:ρ 为药剂的密度(kg/m^3);c 为药剂的比热容($J/(kg \cdot K)$);K 为含能材料的热导率($W/(m \cdot K)$);Q 为含能材料的化学反应热(J/kg);Z 为频率因子(s^{-1});E 为含能材料的活化能(J/mol);R_C 为含能材料表面的激光反射系数;α 为含能材料的光吸收系数(m^{-1});I_0 为入射激光功率密度(W/m^2);T 为温度(K);t 为时间(s);r 为激光束半径(m);R_L 为药柱半径(m);R 为气体常数($J/(k \cdot mol)$)。

这是一个三维抛物型方程,利用柱坐标将其简化成二维方程。取柱坐标(r,θ,z),由于轴对称性,故与 θ 无关,从而简化为仅与 (r,z) 有关的二维方程,变换后为

$$r\rho C \frac{\partial T}{\partial t} - K\frac{\partial T}{\partial r} - Kr\frac{\partial^2 T}{\partial r^2} - Kr\frac{\partial^2 T}{\partial z^2} = r\rho Q Z e^{-\frac{E}{RT}} + Dr(1-R_C)\alpha I_0 e^{-\alpha x} \tag{2-44}$$

运用向前差分格式解上述方程,令 $\Delta r = \Delta z = \mathrm{d}l$,则有以下公式,即

$$\frac{\partial T}{\partial t} = \frac{T_{i,j}^{n+1} - T_{i,j}^n}{\Delta t} \tag{2-45}$$

$$\frac{\partial^2 T}{\partial z^2} = \frac{T_{i+1,j}^n - 2T_{i,j}^n + T_{i-1,j}^n}{(\mathrm{d}l)^2} \tag{2-46}$$

$$\frac{\partial T}{\partial r} = \frac{T_{i,j+1}^n - T_{i,j}^n}{\mathrm{d}l} \qquad (2-47)$$

$$\frac{\partial^2 T}{\partial r^2} = \frac{T_{i,j+1}^n - 2T_{i,j}^n + T_{i,j-1}^n}{(\mathrm{d}l)^2} \qquad (2-48)$$

差分格式的稳定条件为

$$h = \frac{K\Delta t}{\rho c (\mathrm{d}l)^2} \leqslant \frac{1}{2} \qquad (2-49)$$

初始条件为

$$T_i = 0 = T_0 \qquad (2-50)$$

边界条件的样品坐标参见图 2-4。

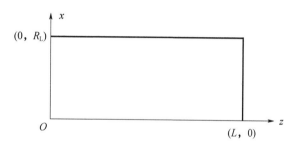

图 2-4 样品坐标示意图

在无激光照射的表面为绝热边界条件,有

$$\left.\frac{\partial T}{\partial r}\right|_{r=R} = 0 \qquad (2-51)$$

$$\left.\frac{\partial T}{\partial z}\right|_{z=L} = 0 \qquad (2-52)$$

在轴心处($r=0$)属于非边界,需要给出人为设定的边界条件,即

$$\left.\frac{\partial T}{\partial r}\right|_{r=0} = 0 \qquad (2-53)$$

在激光照射端面与周围介质存在热交换,有

$$-K\left.\frac{\partial T}{\partial r}\right|_{z=0} = k_0 (T - T_0)\left.\right|_{z=0} \qquad (2-54)$$

式中:k_0 为热交换系数;T_0 为初始温度。

将式(2-46)离散化为

$$T_{i,j}^{n+1} = \left(h + \frac{h}{j}\right) T_{i,j+1}^n + h T_{i,j-1}^n + h T_{i+1,j}^n + h T_{i-1,j}^n + \left(1 - 4h - \frac{h}{j}\right) T_{i,j}^n +$$
$$D \frac{h(\mathrm{d}l)^2}{K} (1 - R_C) \alpha I_0 \exp(-\alpha i \mathrm{d}l) + \frac{h(\mathrm{d}l)^2}{K} \rho Q Z \exp(-E/8.314 T_{i,j}^n) \qquad (2-55)$$

2.2.3 典型炸药激光热点火数值模拟

基于上述准三维激光热点火模型,分别计算 RDX、HMX、PETN 和改性 B 含能材料等在激光照射下的点火延迟时间,4 种含能材料的物理性质和热力学参数如表 2-1 所列。当激光功率密度为 $1.25 \times 10^9 \mathrm{W/m}^2$ 时,计算结果如表 2-2 所列。

表2-1　含能材料的物理及热力学参数

炸药	RDX	HMX	PETN	改性B
密度/(kg/m³)	1638	1791	1593	1660
反射率	0.36	0.34	0.35	0.25
比热容/(J/(kg·K))	1570	1163	1088	1251
热导率/(W/(m·K))	0.292	0.502	0.421	0.2623
吸收系数/m^{-1}	5×10^4	5×10^4	5×10^4	8×10^4
频率因子/s^{-1}	2.02×10^{18}	5×10^{19}	6.3×10^{19}	6.54×10^{18}
活化能/(J/mol)	198740	220497	197000	205831
反应热/(J/kg)	2092000	2092000	1255200	1710608
点火温度/K	527	560	475	536
热交换系数/(W/(m²·K))	45	45	45	45

表2-2　点火延迟时间模拟结果

炸药	点火延迟时间/μs	文献[13]试验值
RDX	13.64	—
HMX	14.82	<20
PETN	7.40	<10
改性B	9.51	—

计算结果还给出药柱在激光照射处表面温度的成长过程，图2-5以HMX为例给出了在相同脉宽(1.2ms)、相同光束半径(0.5mm)时，以不同激光能量水平照射样品时的温度成长曲线。

图2-6表明，激光能量水平越高，含能材料点火延迟时间越短，说明入射激光能量水平对含能材料点火延迟时间有较大的影响。当激光能量水平低于32mJ时，含能材料将不能被引爆。这个临界值是HMX在给定条件下的激光起爆能量阈值。因此，在上述激光输出参数条件下，HMX的起爆能量阈值为32mJ。当入射激光能量水平接近点火阈值时，温度变化曲线出现双峰，这是由于含能材料自身热分解热量累积造成的，这种现象得到了试验的验证。

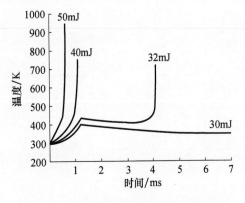

图2-5　HMX药剂表面温度成长曲线

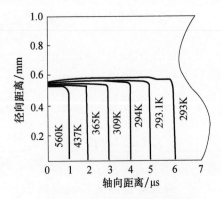

图2-6　HMX表面等温线图

同时，还计算出经过一段时间后药柱内部温度场的二维分布情况，见图2-6。从图2-6可以看出药柱内部温度场的分布。在激光照射的端面上，激光光斑范围内的药剂表面最先升高到点火温度,这个端面只是在很薄的厚度内(约 $5\mu m$)有明显的升温,而侧面和非照射端面温升极小,所以假设它们为绝热边界是合理的。

在相同的激光输出功率不同的光束直径和脉宽条件下,HMX 的点火能量阈值如图 2-7 所示。保持激光输出功率不变,随着光束直径的增加,相当于减小了光束的功率密度。所以含能材料表面温度成长速度降低,从而使含能材料的点火能量阈值增大,也就是说,点火能量阈值随着光束直径的增大而增大。另外,激光脉冲宽度越小,激光束的功率密度也就越大,因而点火能量阈值就越小。这些都可以从图 2-7 反映出来。

含能材料的激光点火感度还有另一个重要的影响因素,就是含能材料对激光的吸收系数。在激光脉宽为 $1.2\mu s$、光束半径为 $0.5mm$ 时,不同的光吸收系数,HMX 点火能量阈值如图 2-8 所示。

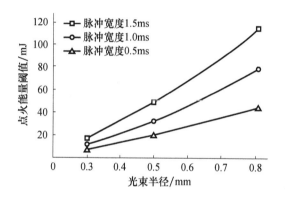

图 2-7 HMX 能量阈值与光束半径的关系

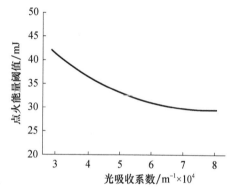

图 2-8 HMX 吸收系数与能量阈值的关系

光吸收系数表征了光能转换成热能的效率,吸收系数越高,激光点火感度也越高。为此可在含能材料中掺入碳黑以提高其激光吸收系数,从而提高含能材料的激光感度。激光的波长对吸收系数也有影响,波长越长,其热效应越高,所以可采用远红外 CO_2 激光器(波长 $10.6\mu m$)作为点火激光器。

通过在不同激光输出参数条件下,对含能材料样品温度成长过程、温度分布和点火延迟时间的仿真,可以得到:入射激光能量水平越高,含能材料的点火延迟时间越短;当激光能量水平接近某一临界值时,药剂表面温度成长曲线出现双峰现象;低于此阈值时,含能材料不能被引爆;含能材料点火能量阈值与激光束的半径、脉宽有关;含能材料在激光照射下,温升主要发生在被照射表面,如图 2-6 所示。由图 2-8 可知,含能材料对激光的吸收系数越高,其感度也越高。

采用的准三维模型考虑了激光能量输入、热传导、热分解 3 个因素,仿真结果比较符合试验结果,这说明该准三维模型能较好地反映含能材料激光点火的行为特性。另外,由于一维模型自身的局限性,无法考虑激光束半径对含能材料激光点火性能的影响及温度场的三维分布,准三维模型则较好地解决了这个问题。

2.2.4 典型点火药剂激光热点火数值模拟

1. $Mg/NaNO_3$ 药剂激光点火过程数值模拟

这里以 $Mg/NaNO_3$ 药剂为研究对象,开展了激光点火过程模拟计算研究,并通过计算分析激光脉宽、光束半径、材料热导率、浓度吸收等因素对点火的影响。Mg/NaNO$_3$ 药剂的物理、热力学参数见表 2-3。

表 2-3 Mg/NaNO$_3$ 药剂物理、热力学参数

配比	58% Mg + 42% NaNO$_3$
密度/(kg/m^3)	1650
反射率	0.71
比热容/(J/(kg·K))	1000
热导率/(W/(m·K))	4.4
吸收系数/m^{-1}	3.1×10^4
频率因子/s^{-1}	7.1×10^{17}
活化能/(J/mol)	1.48×10^5
反应热/(J/kg)	8.4×10^4

图 2-9 所示为 Mg/NaNO$_3$ 在脉冲宽度为 10ms、光束直径 1mm、不同功率时的含能材料 Mg/NaNO$_3$ 表层温度成长过程。功率较大时,含能材料表层温度上升迅速,点火时间短。随着功率的降低,含能材料的表层温度上升变慢,低于 3.06W 时不能发生点火。可以认为 Mg/NaNO$_3$ 在激光脉冲宽度为 10ms、光束直径 1mm 时的点火临界功率阈值是 3.06W,则相应的临界点火能量和临界参量密度分别为 30.6mJ、3.89J/cm^2。而用一维模型计算出的临界点火能量密度和临界功率为 3.42J/cm^2、2.68W。相比之下,准三维 P-R 模型计算结果与相关文献中的试验结果更接近。主要原因是一维模型忽略了含能材料径向热损失,从而有利于热量的积累,致使计算点火能量偏小。以下分析均采取准三维模型。

图 2-10 所示为脉宽在 0.5~50ms 之间、光束半径为 0.5mm 时,Mg/NaNO$_3$ 的临界点火能量密度。图中坐标为对数坐标。脉冲宽度在 1ms、10ms、20ms 时,计算的临界点火能量密度分别为 1.71J/cm^2、3.89J/cm^2、5.42J/cm^2。可见脉冲宽度较小时热损失小,有利于热量的积累,从而临界点火能量密度较小。随着点火脉宽的增加,临界点火能量密度随之增加,这与相关文献报道的试验结果一致。

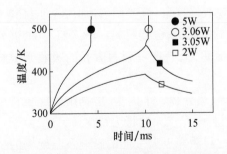

图 2-9 功率对材料表面温度成长的影响　　图 2-10 激光脉冲宽度与临界点火能量密度的关系

图 2-11 所示为功率 3W、光束半径在 0.3~0.6mm 之间材料表层温度变化过程。光束半径较小时,材料单位面积吸收的能量多,表面的温度成长较快。光束半径在 0.3mm 时,表层温度增加到 500K 所需时间为 2.17ms;随着光束半径的增加,材料单位面积吸收的能量减少,材料表面的温度增加变慢,在光束半径为 0.6mm 时,表层温度增加到 500K 所需时间变

为 18.95 ms。因此,在不提高入射激光功率的情况下,减小光束半径可缩短点火时间和降低点火能量。

图 2-12 所示光束半径为 0.5mm,在不同热导率($K_1 = 2.2\text{W}/(\text{m} \cdot \text{K})$、$K_2 = 4.4\text{W}/(\text{m} \cdot \text{K})$、$K_3 = 8.8\text{W}/(\text{m} \cdot \text{K})$)下,$Mg/NaNO_3$ 的点火能量密度和点火时间的关系。在点火时间为 1ms、热导率为 k_1、k_2、k_3 时,点火能量密度分别为 2.38J/cm^2、184J/cm^2、1.52J/cm^2,表明热导率越大,热散失越快,点火能量密度随之增加。在点火时间为 1ms、热导率增加 1 倍时,点火能量密度增加约 30%;而在点火时间为 10ms 时,点火能量密度增加约 46%。由此可见,点火时间越短,热导率的变化对点火影响越小。

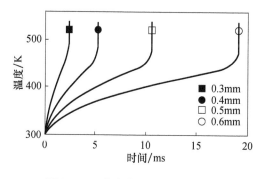

图 2-11 光束半径对点火的影响

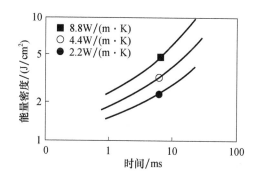

图 2-12 热导率对点火能量密度的影响

图 2-13 是光束半径为 0.5mm、不同吸收系数时($\alpha_1 = 15500/\text{m}$、$\alpha_2 = 31000/\text{m}$、$\alpha_3 = 62000/\text{m}$),点火能量密度与点火时间的关系。在点火时间为 1ms、材料吸收系数为 α_1、α_2、α_3 时,对应的点火能量密度分别为 2.82J/cm^2、1.84J/cm^2、1.29J/cm^2。这表明含能材料吸收系数越小,点火能量密度越大。吸收系数 α 反映了激光能量在含能材料内的分布,它取决于材料的组分和入射光波长,一般与激光光强无关。含能材料吸收系数越小,激光能量在含能材料中的分布越均匀,表面温度上升越缓慢,点火能量密度也越大。若吸收系数增大一倍,在点火时间为 1ms 时,点火能量密度减小约 30%;而在点火时间增大到 10ms 时,点火能量密度减小约 23%。可见,点火时间较短时,吸收系数的变化对点火能量密度的影响较大。随着点火时间的延长,图 2-13 中 3 条曲线逐渐靠拢,说明吸收系数对点火能量密度的影响逐渐减小。

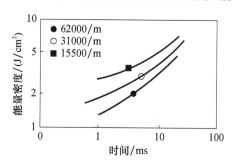

图 2-13 吸收系数对点火能量密度的影响

激光功率密度是影响含能材料点火特性的主要因素,它直接影响点火延迟时间和点火能量密度,因此可通过提高激光器输出功率、缩短脉冲宽度、增加材料光吸收比和减小光束半径等手段来缩短点火延迟时间、降低点火能量密度。材料的吸收系数在功率较大、点火时间较短时,对点火影响较大;相反在功率小、点火时间长时,对点火影响较小。通常靠掺杂碳黑粉末来增加光吸收率,但会增加材料的热导率,使临界点火能量密度增大、点火时间延长,不利于点火。所以,对不同种类的药剂都有最佳掺碳黑比例可选。

2. B/KNO_3 药剂激光点火过程数值模拟

B/KNO_3 药剂是一种用于直列式点火系统的新型药剂,具有燃烧热值高,点火能力强;安全钝感,能够保证生产、加工、后勤以及使用过程的安全等显著优点,美军标 MIL-STD-1901A 中把 B/KNO_3 作为火箭发动机直列式点火系统用典型点火药。本小节以 B/KNO_3 药剂为研究对象,采用准三维激光热点火模型对激光点火过程开展仿真计算研究,并通过计算分析激光脉冲宽度、光束半径、材料热导率、浓度吸收等因素对点火的影响。B/KNO_3 药剂的物理、热力学参数见表 2-4。

表 2-4 B/KNO_3 药剂的物理、热力学参数

配比	$B\ 38\% + KNO_3\ 57\% +$ 酚醛树脂 5%
密度/(kg/m^3)	1468
反射率	0.86
比热容/$(J/(kg \cdot K))$	1023
热导率/$(W/(m \cdot K))$	24.45
吸收系数/m^{-1}	1.2×10^5
频率因子/s^{-1}	3.0×10^{10}
活化能/(J/mol)	6.96×10^4
反应热/(J/kg)	7.732×10^6

图 2-14 模拟了不同入射激光能量下的 B/KNO_3 药剂表面温度,激光能量小于 26mJ 时,药剂点火不能进行,可判定药剂的激光点火感度约为 27mJ,功率密度为 $2133W/cm^2$,准三维模型由于加入了径向热损失,所以在模拟过程中发现必须提高入射激光能量才能达到 B/KNO_3 点火温度。

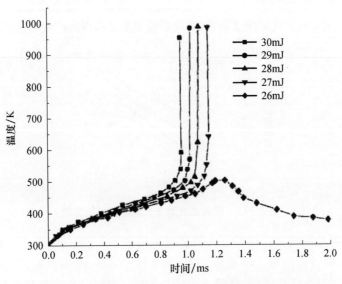

图 2-14 不同激光能量下 B/KNO_3 药剂表面温度曲线

图 2-15 是在激光能量为 27mJ 时，B/KNO$_3$ 药剂表面达到点火温度时药剂内部温度的三维图，图 2-16 是图 2-15 的平面等温线图。从图中可以看出，高温区集中在表面 20μm 后的区域，约为 B/KNO$_3$ 总厚度的 2.5%，当超过这个厚度后药剂的温度变化很小。药剂的温升厚度与激光吸收系数有关，当吸收系数为 1.2×10^5/m、深度为 20μm 时，衰减为 90% 左右。在轴向上温度升高主要是在激光光斑区域内，因此可认为参与反应的体积小于 $10^6 \mu m^3$，这也说明点火现象主要是在表面进行的。

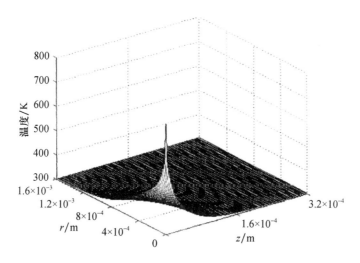

图 2-15 B/KNO$_3$ 药剂内部温度三维图

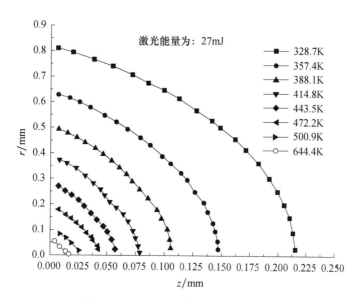

图 2-16 B/KNO$_3$ 药剂内部等温线图

B/KNO$_3$ 药剂表面的温度成长在不同热导率下的分布如图 2-17 所示。热导率越大则热损失越大，导致点火延迟时间变长。图 2-18 是不同光斑直径下药剂表面的温度成长，光斑直径越大，点火延迟时间越长。当光斑直径超过 0.7mm 时，药剂无法点火。这是由于在相同的激光能量下，光斑直径越大，激光能量密度越小，所以点火延迟时间越长。

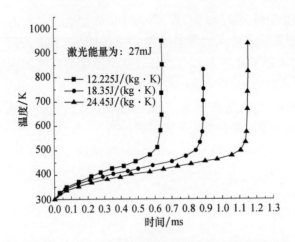

图2-17 B/KNO$_3$药剂表面温度在不同热导率下的分布

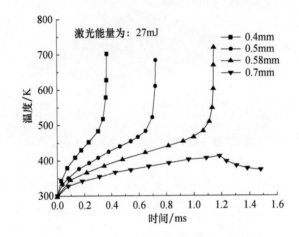

图2-18 不同光斑直径下药剂表面温度成长

2.3 激光爆炸箔起爆机理

"曼哈顿计划"时期,由劳斯阿拉莫斯国家实验室(LANL)发明的EBW已经得到了广泛的研究和使用。后来,在EBW装置的DDT两个物理过程的基础上,衍生并研究出一种激光爆炸箔起爆装置(LEBW),它的起爆性能与EBW一样。使用激光干涉仪和快速扫描照相机来观察Cutback试验,对在EBW中的起爆机理提供了新的视点。这些测量方法与Xu和Stewart以前开发的从压缩到起爆的DDT模型和从冲击到起爆的DDT模型有关联。为了仿真整个过程,将DDT模型整合成一个高分辨、涵盖多种材料的模型;讨论了模型方程和模型建立问题所要描述的测试数据。

本节描述了当前EBW和一种新开发的LEBW的起爆机理[21],这对模型的状况和理解是一种新的尝试。在试验观察和使用一个指定的连续光谱描述爆燃到爆轰模型的基础上,对基本过程进行了分析。

2.3.1 EBW 起爆和 LEBW 起爆

在 LANL,尝试使用爆炸桥丝原理开发设计了一种标准的 LEBW,取代以前的标准雷管。所进行的试验工作是去发现在临近起爆源的低密度 PETN 药粉起爆开始时的特性,图 2 – 19 和图 2 – 20 显示了相关的尺寸构造。图 2 – 19 显示的是爆炸桥丝起爆器结构,在塑料顶盖上紧贴着直径为 $\phi38\mu m$、长度大约为 1mm 的一根金丝。从一个电容放电元件释放电流将会使金丝汽化,根据电流的大小金丝将会汽化成膨胀的等离子体,或是在较低的电流水平条件下,断裂成不同的几部分金丝散布在等离子体产物中间。金丝爆炸产物的作用传送到低密度($0.88g/cm^3$)PETN 药粉层,正如从顶盖开始测量(用虚线显示),观察到起爆进入 PETN 药粉层的深度是 $0.9 \sim 1mm$。图 2 – 20 显示的是激光驱动爆炸箔雷管(Laser – driven Exploding Bridge Wire, LEBW)的构造。激光是通过一个直径 $400\mu m$ 的光纤进行传送的,它穿过 0.5mm 石英玻璃后传送到其上沉积的 $0.25\mu m$ 厚的钛膜层,通过钛合金层进行激光的吸收和传送。汽化的钛金属产物和激光被传送到低密度的 PETN 药粉层,从顶盖界面观察起爆形成的深度大约是 1mm(用虚线显示)。

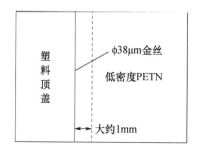 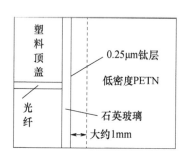

图 2 – 19　EBW 起爆构造示意图　　　图 2 – 20　LEBW 起爆构造示意图

试验描述了距离顶盖/药粉界面固定距离的激光速度干涉仪(Velocity Interferometer System for Any Reflector, VISAR)系统所测得的粒子速度。在图 2 – 21 中显示了 EBW 起爆的结果,在图 2 – 22 中显示了 EBW 和 LEBW 起爆的对比结果。结论是起爆过程是在多孔活性 PETN 药粉内部的一个从爆燃到爆轰的转变,在接近顶盖的位置(0.655mm,0.914mm)观察斜坡波曲线,可见它与密实波的结构是一致的。在 1.181mm 处测量的速度显示出,在多孔 PETN 药粉中达到严格定义的起爆,也就是说,保持并传播穿过剩余的药粉使高密度输出药柱达到起爆。

2.3.2 LEBW 起爆能量的转变

对于两个系统来说,在顶盖/药粉界面处能量转变的机理是不同的。EBW 汽化动作是一个柱状爆炸波,是从直径 $38\mu m$、长度 $1000\mu m$、长宽比率 26∶1 的金丝上开始的。然而 LEBW 换能转变动作的发生,是通过 $\phi400\mu m$ 的金属箔片(大约比 $38\mu m$ 金丝宽 11 倍)进入 PETN 药粉中的圆形爆炸波,形状是随起爆源几何形状不同而不同的。在 PETN 药粉层中,更主要的是从起爆源开始的爆炸产物转变反应的初始化。EBW 从 $38\mu m$ 中心散射出高速爆炸的柱状冲击波,进入 PETN 微粒层(颗粒层的公称直径是 $5\mu m$),从金丝开始爆炸持续 $20 \sim 40ns$。早期的爆炸相包括 PETN 微粒的冲击,开始的分解产物是金丝爆炸产物的撞击和混合。对于 LEBW 来说,有辐射加热和金属钛层的熔蚀加热,发送金属爆炸产物进入 PETN 微粒中,PETN 微粒同样要进行辐射吸收和传送,激光脉冲持续的时间大约是 10ns。

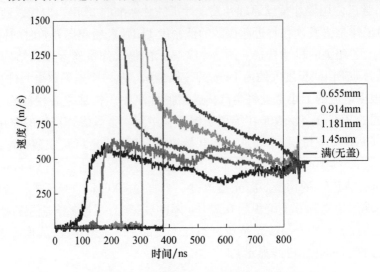

图 2-21　EBW 在不同深度条件下的速度数据(彩插见书末)

(注:用压装密度 0.9g/cm³ 的 PETN 进行反向冲击试验)

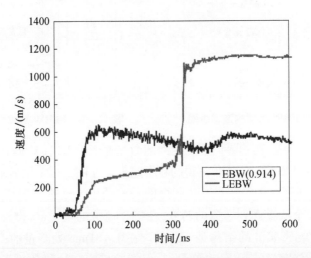

图 2-22　EBW 和 LEBW 在 0.9mm 处速度数据的对比(彩插见书末)

(注:EBW 与激光起爆均采用密度 0.9g/cm³、长度 0.9mm 的 PETN 装药进行试验)

在这两种结构中开始的爆炸是非常明显的,同时在金属内部产生极高的压力,使金属达到汽化或熔融。估计在熔融、汽化的金属内部,金属的加速度在 10ns 内可以达到 1.8mm/μs,模拟的最大压力约 170GPa。接受爆炸的分界面区域状态截然不同,它是一个产物混合区和分解反应区,这个区域可以用特征和厚度的边界层(热点)的模型来描述。也就是说,通过一个次级模型精确描绘 PETN 微粒与爆炸产物之间的相互作用。远离这个界面,爆炸作用消失并被非均相介质吸收。

图 2-22 中显示的差别,有助于了解汽化是在初始能量沉积的薄层中发生的,这些细节对于建立模型来说是非常重要的。特别是确定一个恰当的热点"初始条件",能够与连续体模型一起描述在药粉中的反应情况。下面简单描述连续体模型的性质,并描述模型如何给

出起爆过程,以及对整个 DDT 动作本质的理解。首先简单介绍这些模型的结构。

2.3.3 多孔含能药粉的 LEBW 模型

1990 年,作为 LANL 资助安全性计划项目的一部分,LEBW 模型是在多孔含能药粉的 DDT 模型基础上,进行更加深入地研究。本节描述了两相连续体混合模型的对比研究,也就是描述了固相和气相,并设想它们是共同存在的。这样的模型不能说明详细的相互反应,它的变化只代表大多数微粒的平均变化。最简单的模型是针对现象假定一个混合物状态式 $e(p,\rho,\phi,\lambda)$,这里 e 是内能,p、ρ、ϕ、λ 分别是混合压力、密度、压缩变量和反应程度。对于 $e(p,\rho,\varphi,\lambda) = (1-\lambda)es(p/\varphi,\rho/\phi) + \lambda eg(p,\rho)$ 构成的独立的固相和气相状态来说,内能可用简单重量插值法表示。对于单个流体来说,标准守恒定律与两个额外的速度规律(反应速度规律和压缩速度规律)应符合式(2-56)~式(2-60):

$$\frac{\partial \rho}{\partial t} + \frac{\partial (\rho u)}{\partial x} = 0 \tag{2-56}$$

$$\frac{\partial (\rho u)}{\partial t} + \frac{\partial}{\partial x}(\rho u^2 + p) = 0 \tag{2-57}$$

$$\frac{\partial}{\partial t}\left[\rho\left(e + \frac{u^2}{2}\right)\right] + \frac{\partial}{\partial x}\left[\rho u\left(e + \frac{u^2}{2}\right) + up\right] = 0 \tag{2-58}$$

$$\frac{\partial \rho\phi}{\partial t} + \frac{\partial (\rho u\phi)}{\partial x} = \rho r\phi \tag{2-59}$$

$$\frac{\partial \rho\lambda}{\partial t} + \frac{\partial (\rho u\lambda)}{\partial x} = \rho r\lambda \tag{2-60}$$

图 2-23 显示了 DDT 模型的特征,通过式(2-56)~式(2-60)描述了颗粒状 HMX 药层对冲击的影响。此过程比在 EBW 结构和 LEBW 结构中慢很多,但是验证了模型的特征。一束 300m/s 的一次压缩波,撞击进入初始的低密度药粉并使其压缩到 TMD 的 90%。然后活塞界面附近的燃烧区形成,这个燃烧区扩大产生一个完全致密的"活塞"。活塞区压力的增加使容积内药粉反应开始,在致密的材料中开始起爆,爆轰传播下去进入初始药剂中,而反向波冲击速率为 100m/s 则穿过活塞的残留部分。

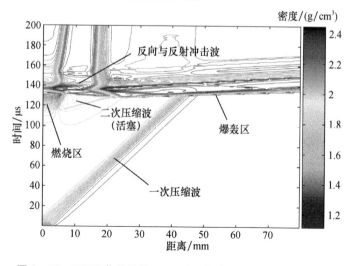

图 2-23 HMX 药粉层的 DDT 过程的密度记录(彩插见书末)

总之，在 LEBW 中，DDT 始于多孔的、在反应中被压缩的药剂中。在试验过程中，观察到多相模型可以描述材料的大多数特征。还需要进行更多的试验去描述药粉的压缩速率和反应速率的特性。

2.4 激光飞片冲击起爆机理

激光驱动飞片技术的研究始于 20 世纪 70 年代中期，最初是为了找到一种方法，使其能够达到足够高的速度来引发热核反应。随着强激光技术的迅速发展，激光驱动飞片技术逐渐成为一种重要的动态高压加载技术，是目前产生太帕量级动态高压最重要的初始能源。本节主要论述了激光飞片冲击起爆机理，对作用机理和飞片速度进行了理论分析及数值仿真[22-24]。

激光驱动飞片起爆就是利用激光烧蚀物质产生的高温高压等离子物质推动飞片，通过加速膛高速飞行，利用飞片的动能撞击含能材料使其爆炸。激光驱动飞片起爆试验装置的激光驱动，就是利用激光烧蚀物产生的高温高压物质推动物体高速飞行。激光驱动飞片的试验装置如图 2-24 所示，靶片的入射面不是自由面，而被透明窗口材料或传输激光的光纤所覆盖。当光强不十分高时（$10^9 \sim 10^{11}$ W/cm^2），窗口能暂时阻挡等离子体膨胀，提高了冲击压力和飞片（靶片烧蚀后的剩余部分）的速度。这类装置可用来模拟高速撞击，测量材料高压冲击绝热数据，或制成安全性很好的激光飞片冲击起爆雷管。

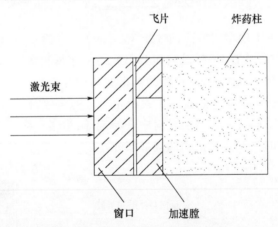

图 2-24 激光驱动飞片起爆试验装置

激光驱动飞片起爆的过程比较复杂，大致可以分为以下几个阶段：激光通过透明基底材料入射到金属膜表面；金属膜表层被加热、汽化并在基底与金属界面处形成等离子体，等离子体继续吸收后续的激光能量从而升温和膨胀；剩余金属膜层或飞片金属膜层被高速驱动释放出去形成飞片；飞片撞击含能材料使其爆炸。

激光驱动飞片具有独特的优越性：可以极大地提高飞片的速度，最高可达到每秒几十千米；可以产生 TPa 量级的冲击压力，具有装置简单、成本低等特点。正因为如此，将激光驱动飞片技术广泛应用于高压物理学、空间科学、材料科学以及含能材料的快速起爆等研究中。

2.4.1 激光驱动飞片的 Lawrence – Gurney 模型

激光驱动飞片的整个作用过程,包括材料的烧蚀、汽化、部分电离,直至完全电离。由于过程的复杂性,想用完整的理论描述是困难的。因此,人们在研究中提出了一些假设,忽略过程中的一些次要因素,发展了一些简单的解析模型,获得了较好的计算结果。Lawrence – Gurney 模型是爆炸力学中,用于估算含能材料驱动的金属飞片终极速度的一种解析方法,该方法适用于任何含能材料/金属体系。设定 Gurney 能是含能材料的特征量,表示由含能材料的化学能转变为动能部分的能量,可以得到最终的飞片速度为

$$v_f = f(E, M/C) \tag{2-61}$$

式中:E 为 Gurney 能;M 为总金属质量;C 为总含能材料质量。

1989 年,Lawrence R J 等通过一个假设试验,得到辐射产生的冲量,辐射与靶的相互作用细节无关。按照这一结论,无需考虑辐射与靶相互作用时的复杂细节,只需考虑整个过程中的能量和能量守恒,即可得到过程中产生的冲量。

由于飞片的直径远大于厚度,因此可以认为作用是一维效应。在一维情况下则有

$$\rho_f x_d E = \left(\frac{\rho_f}{2}\right)(x_0 - x_d)^2 + (\rho_f/2)\int_0^{x_d}\left(v_f \cdot \frac{x}{x_d}\right)^2 dx \tag{2-62}$$

式中:E 为 Gurney 能量;ρ_f 为密度;x_d 为激光烧蚀厚度;x_0 为初始厚度;v_f 为飞片速度。

式(2-62)右边第一项为飞片的动能项,第二项为等离子体动能。

假设在汽化产物中粒子速度分布是线性的,有

$$v(x) = \frac{v_f}{x_d}x \quad (0 \le x \le x_d) \tag{2-63}$$

将式(2-63)代入式(2-62)并求解得

$$v_f = \left[\frac{3E}{\frac{3x_0}{2x_d}-1}\right]^{\frac{1}{2}} \tag{2-64}$$

因此,只要求得 Gurney 能 E 和烧蚀厚度 x_d 就可以得到飞片速度 v_0。假设激光沉积能量呈指数分布,如图 2 – 25 所示。

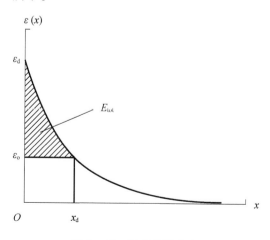

图 2 – 25　激光能量分布

$$\varepsilon(x) = \mu_{\text{eff}} F_0 (1-r) e^{-\mu_{\text{eff}} \rho_f x} \quad (2-65)$$

式中：F_0 为入射光能量；r 为有效能量损失（包括反射和辐射损失）；μ_{eff} 为有效吸收系数。

设材料的汽化能为 ε_d，由于 $\varepsilon(x_d) = \varepsilon_d$，得到

$$x_d = \frac{1}{\mu_{\text{eff}}} \ln \frac{\mu_{\text{eff}} F_0 (1-r)}{\varepsilon_d} \quad (2-66)$$

设在靶面处超过汽化能的能量部分为 E_{tot}，则有

$$E_{\text{tot}} = \int_0^{x_d} [\varepsilon(x) - \varepsilon_d] dx \quad (2-67)$$

由以上两式可得

$$E_{\text{tot}} = \frac{F_0 (1-r)}{\rho_f} - \frac{\varepsilon_d}{\mu_{\text{eff}} \rho_f} \left[1 + \ln \frac{\mu_{\text{eff}} F_0 (1-r)}{\varepsilon_d} \right] \quad (2-68)$$

Gurney 能为

$$E = \frac{E_{\text{tot}}}{x_d} \quad (2-69)$$

脉冲的有效吸收系数为

$$\mu_{\text{eff}} = \frac{\mu_a}{1 + k \mu_a \rho_f (\alpha \tau)^{1/2}} \quad (2-70)$$

式中：μ_a 为吸收系数；α 为热扩散系数；τ 为激光脉冲宽度；k 为调节系数。利用上述方程可以得到飞片的最终速度。

定义飞片的动能耦合系数为飞片的动能与激光输入能量的比值，即

$$f = \frac{\rho_f (x_0 - x_d) v_f^2}{2 F_0} \quad (2-71)$$

脉冲耦合效率定义为飞片动量与激光脉冲能量比值，即

$$\frac{I}{F_0} = \frac{\rho_f (x_0 - x_d) v_f}{F_0} \quad (2-72)$$

只有当超过某个阈值，飞片的气化和运动才会发生，该阈值可以令式(2-66)中 $x_d = 0$，得到

$$F_{\text{th}} = \frac{\varepsilon_d}{\mu_{\text{eff}} (1-r)} \quad (2-73)$$

假设 $x_d \ll x_0$，当 $F_0 \approx F_{\text{th}}$ 时，由式(2-64)~式(2-69)可得

$$v_f \approx \left[\frac{2 F_0 (1-r)}{\rho_f} \right]^{\frac{1}{2}} \quad (2-74)$$

仿真计算中要用到的铝材料的相关参数如表 2-5 所列，假设激光脉冲宽度为 12ns，利用表 2-5 中数据代入式(2-70)中计算得到有效吸收系数 $\mu_{\text{eff}} = 1.578 \times 10^3$，同时假设激光束聚焦后照射至飞片层上光斑直径为 1mm，根据式(2-64)计算可得到铝飞片层烧蚀厚度 x_d 随激光能量的变化关系如图 2-26 所示。

表 2-5 计算中用到的铝材料相关参数

密度 ρ /(g/cm³)	汽化能量 /(kJ/g)	热扩散系数 α /(cm²/s)	吸收系数 μ_a /(cm²/g)	调节系数 k	有效损失 r
2.7	12.0	0.8	4.4×10^5	0.253	0.6

由图 2-26 中计算结果可知,随着激光能量密度的增加,飞片层的烧蚀厚度增加。激光脉冲变化范围为 50~500mJ,计算飞片层烧蚀厚度范围为 0.29~0.88μm,因此烧蚀厚度小于 1μm。飞片层厚度选择应大于激光烧蚀层厚度,而常应用于激光冲击片起爆试验研究的飞片厚度范围为 3~6μm。

根据 Lawrence 发展的 Gurney 模型,假设激光脉冲能量为 200mJ 时,照射至飞片层光斑直径为 1mm,飞片厚度范围为 3~8μm,计算得到飞片速度随飞片厚度的变化关系如图 2-27 所示。

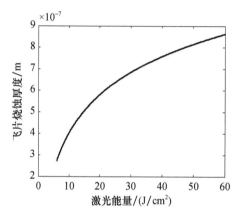

图 2-26 计算烧蚀厚度随激光能量密度变化关系

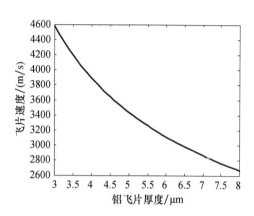

图 2-27 计算飞片速度随飞片厚度的变化关系

计算结果表明,当激光脉冲能量一定时,飞片速度随着飞片厚度的增加而下降。单位面积飞片层的动能为

$$E_k = \frac{1}{2}\rho_f(x - x_d)v_f^2 \qquad (2-75)$$

激光脉冲及飞片材料确定时,随着激光能量的增大,输出飞片的动能随着飞片厚度的增加而增大。假设激光脉冲能量范围为 50~500mJ,辐照至 5μm 厚的铝飞片层,根据式(2-64)计算得到不同能量条件下的飞片速度如图 2-28 所示。

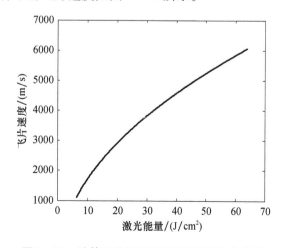

图 2-28 计算飞片速度随激光能量的变化关系

由图 2-28 中计算结果表明,当铝飞片的厚度一定时(大于激光烧蚀厚度),随着激光能量的增大,输出飞片的速度不断增大。由前节可知,随着激光能量的增大,产生等离子体的动能增大。同时,由于激光引起的烧蚀厚度在不断增大,剩余飞片层的厚度减小,二者均有利于提高飞片速度。

综上分析,当激光照度一定时,形成的烧蚀厚度一定,飞片速度随飞片厚度的增加而降低,而飞片的速度是影响激光飞片冲击起爆能力的主要因素,因此在激光照度一定的条件下,减小飞片厚度以获得更高的飞片速度有利于提高飞片的起爆能力。本理论计算基于飞片被切割且保持完整的理想状态下,实际在激光作用形成等离子体产生高温高压的条件下,厚度为微米量级的薄膜很难保证完整性,影响形成飞片冲击起爆能力。

2.4.2 激光飞片冲击起爆

飞片窄脉冲能否引爆炸药由两个主要因素决定:一个因素是施主(飞片),提供引发能量,包括飞片形状、面积、厚度、撞击炸药速度等参数;另一个因素是受主(炸药柱),对引发能量的响应,包括药剂种类、粒度及粒度分布、纯度、密度、直径、药高等参数。飞片是炸药接受能量的载体,是能否起爆炸药的关键因素。在非均质炸药的冲击起爆中,飞片的撞击压力激发炸药化学反应所产生的压力增长与稀疏波造成的压力下降因素的相互竞争,决定了炸药的起爆与否和起爆程度。飞片厚度决定背面稀疏波的影响,飞片面积决定侧向稀疏波的影响。炸药的化学反应释能与稀疏波耗能达到某个临界条件,会产生自持热分解反应,稳定爆轰才能建立。这个临界条件就是炸药起爆的阈值。非均质炸药内部存在空隙、晶位、气泡、杂质等,飞片撞击炸药柱端面会产生冲击波。在冲击波压缩下炸药内部加热不均匀,上述区域的温度比周围高得多而形成热点。形成热点的可能途径有:炸药内部空隙和气泡经冲击波绝热压缩(由于气体的比热容比炸药晶体的比热容小,所以被压缩的气泡的温度较晶体的高);炸药内部颗粒在冲击波的压缩作用下产生摩擦;空隙或气泡经绝热压缩后,表面能转化为热能;炸药晶体内存在位错和缺陷,在冲击波压缩作用下,放出位错带的能量而转化为热能。

飞片起爆器的典型装药为Ⅳ型六硝基芪(Hexa Nitro Stilbene,HNS),因此此处以 HNS-Ⅳ为例进行分析,其他装药如 PETN、HMX 等的分析与本过程类似,仅某些参数发生变化。飞片撞击 HNS-Ⅳ药柱端面时的动能为

$$E_k = \frac{1}{2}mv_f^2 \quad (2-76)$$

式中:E_k 为飞片动能;m 为飞片质量;v_f 为飞片速度。

$$m = A_f d_f \rho_f \quad (2-77)$$

式中:A_f 为飞片面积;d_f 为飞片厚度,即剩余箔层厚度;ρ_f 为飞片密度。

飞片撞击 HNS-Ⅳ药柱端面激起冲击波,压缩药柱,炸药内部质点会向前移动,假设

$$v_f = r' u_p \quad (2-78)$$

式中:u_p 为 HNS-Ⅳ炸药质点统计平均速度;r' 为速度线性系数。

将式(2-77)、式(2-78)代入式(2-76),则飞片动能为

$$E_k = \frac{1}{2} A_f d_f \rho_f (r u_p)^2 \quad (2-79)$$

假设飞片撞击 HNS-Ⅳ 药柱端面过程为完全弹性碰撞,没有能量损失,为一理想状况。飞片撞击药柱前,HNS-Ⅳ 药柱状态如图 2-29(a)所示,未产生冲击波。故其速度 D_e 为零,炸药质点速度 u_p 也为零,HNS-Ⅳ 药柱初始密度为其压药密度 ρ_e;飞片撞击 HNS-Ⅳ 药柱端面激起冲击波,其速度为 D_e,HNS-Ⅳ 药柱状态如图 2-29(b)所示。冲击波压缩药柱,压缩区炸药质点速度各不相同,这里取其统计平均速度 u_p,冲击波压缩区炸药密度增加 ρ'_e。试验所用 HNS-Ⅳ 药柱密度均选择 90% TMD,密度很高。HNS-Ⅳ 药柱密度超过 90% TMD 后,压力升高带来的密度变化不大,计算时假设 ρ'_e 近似等于 ρ_e。

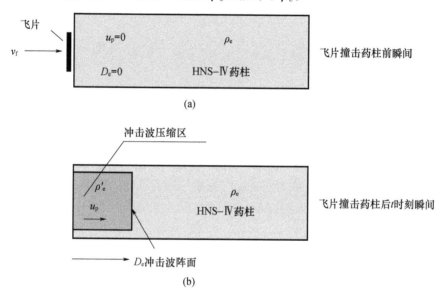

图 2-29 飞片撞击 HNS-Ⅳ 起爆示意图

由动量定律可知,飞片撞击 HNS-Ⅳ 药柱端面产生的冲量等于炸药质点动量的变化量,炸药质点初始速度为零,撞击后速度取其统计平均速度,这里假设 HNS-Ⅳ 药柱冲击波压缩区域横截面积等于冲击片面积,则有

$$pA_f t = A_f \underbrace{\underbrace{D_e t}_{\text{位移}} \rho_e}_{\substack{\text{体积}\\\text{质量}}} u_p \qquad (2-80)$$

式中:p 为冲击脉冲压强;A_f 为飞片面积;t 为飞片撞击作用时间;D_e 为药柱内冲击波速度;ρ_e 为炸药密度;u_p 为炸药质点平均速度。

式(2-80)左端为飞片撞击药柱端面产生的冲量,右端为炸药质点统计意义下的动量变化量。

式(2-80)简化为

$$p = D_e \rho_e u_p \qquad (2-81)$$

飞片撞击 HNS-Ⅳ 药柱产生的冲击波在药柱内传播速度可以表示为

$$D_e = C_e + au_p \qquad (2-82)$$

式中:C_e 为 90% TMD 密度 HNS-Ⅳ 药柱内声速;a 为其 Hugoniot 系数。这里假设 HNS-Ⅳ 药柱内部冲击波速度与炸药质点速度为线性关系,将式(2-82)代入式(2-81),则有

$$p = \rho_e (C_e + au_p) u_p \qquad (2-83)$$

由力学作用力与反作用力定律，飞片受到药柱的反作用压力等于药柱受到的冲击脉冲压力，所以对于飞片，根据动量定律，有

$$pA_f t = A_f \underbrace{\underbrace{\underbrace{D_f t}_{\text{位移}} \rho_f}_{\text{体积}} u_f}_{\text{质量}} \qquad (2-84)$$

式中：D_f 为飞片中冲击波速度；u_f 为传入飞片质点速度。将式(2-84)化简可得

$$p = D_f \rho_f u_f \qquad (2-85)$$

冲击波在飞片中的速度可以表示为

$$D_f = C_f + b(v_f - u_f) \qquad (2-86)$$

式中：C_f 为飞片中的声速；b 为其 Hugoniot 系数。将式(2-86)代入式(2-80)，可得

$$p = \rho_f [C_f + b(v_f - u_f)](v_f - u_f) \qquad (2-87)$$

从飞片撞击 HNS-Ⅳ 药柱端面开始，飞片和 HNS-Ⅳ 炸药界面上的压力和质点速度是连续的，即在冲击波后面传入炸药的压力和质点速度等于传入飞片中的压力和质点速度，即 $u_p = u_f$，且由式(2-83)和式(2-87)可得

$$\rho_e(C_e + a u_p) u_p = \rho_f [C_f + b(v_f - u_p)](v_f - u_p) \qquad (2-88)$$

式中：a 和 C_e 由飞片材料决定，b 和 C_f 由冲击引爆炸药种类及装药密度决定。

v_f 可由 Gurney(格尼)能公式计算得出，u_p 可以通过求解式(2-87)计算出来，得到

$$u_p = \frac{\sqrt{B^2 - 4AC} - B}{2A} \qquad (2-89)$$

其中

$$A = \frac{\rho_f b}{\rho_e} - a$$

$$B = C_e + \frac{C_f \rho_f}{\rho_e} + \frac{2 b v_f \rho_f}{\rho_e}$$

$$C = \frac{C_f \rho_f}{\rho_e} + \frac{b v_f^2 \rho_f}{\rho_e}$$

将 u_p 代入式(2-85)可以计算出飞片撞击 HNS-Ⅳ 药柱端面产生的冲击脉冲压力 p。其持续时间为

$$\tau = \frac{2 d_f}{D_f} \qquad (2-90)$$

式(2-84)可以改写为

$$u_p = \frac{p}{D_e \rho_e} \qquad (2-91)$$

将式(2-91)代入式(2-79)，则有

$$E_k = \frac{1}{2} A_f d_f \rho_f \left(\frac{rp}{\rho_e D_e}\right)^2 \qquad (2-92)$$

由式(2-90)，可得

$$d_f = \frac{\tau D_f}{2} \qquad (2-93)$$

将式(2-93)代入式(2-92)，可得

$$\frac{E_k}{A_f} = \frac{\rho_f D_f}{4\rho_e D_e} r^2 p^2 \tau \qquad (2-94)$$

式中:$\rho_f D_f$ 和 $\rho_e D_e$ 分别为飞片和 HNS-IV 药柱的冲击阻抗。假设它们相等,则有

$$\frac{E_k}{A_f} = \frac{1}{4\rho D} r^2 p^2 \tau \qquad (2-95)$$

式中:左端为单位面积飞片动能;ρD 为 HNS-IV 药柱的冲击阻抗,若此时的飞片动能 E_k 恰好等于 HNS-IV 药柱的临界起爆能量,则单位面积上的临界起爆能量为

$$E_c = \frac{E_k}{A_f} = \frac{1}{4\rho D} r^2 p^2 \tau \qquad (2-96)$$

当 HNS-IV 药柱参数确定后,冲击阻抗 ρD 为常数,令 $\mu = r^2/(4\rho D)$,公式(2-96)可以表示为

$$E_c = \mu p^2 \tau \qquad (2-97)$$

式(2-97)即为 Walker 和 Wasley[25] 提出的非均质炸药的冲击起爆临界能量,当飞片传递给炸药的能量高于炸药的冲击起爆临界能量时,就会产生爆轰。式(2-80)中假设飞片速度与质点速度为线性关系,实际上当飞片速度很高时,该关系可能为指数关系,所以式(2-97)的一般形式可以表示为

$$E_c = k p^n \tau \qquad (2-98)$$

要确定式(2-98)中的 n,需要不同厚度飞片起爆 HNS-IV 的临界起爆阈值。n 的一般范围为 2~3,典型值为 2.5。

计算参数如表 2-6 所列,激光能量为 200mJ,脉冲宽度 10ns。

表 2-6 计算所需材料的 Hugoniot 关系

材料	密度/(g/cm³)	C_f/(km/s)	b
HNS-IV	1.56	1.43	2.63
Al	2.7	5.3	1.39

根据式(2-98),影响飞片冲击起爆阈值的因素包括冲击作用压强 p 和冲击持续时间 τ。冲击片产生的压强 p 由式(2-87)表示,主要由飞片的速度决定,根据式(2-90),持续时间 τ 主要由飞片的厚度和飞片的速度决定。根据 Gurney 模型可知,当飞片材料一定时,激光能量和飞片层厚度决定飞片速度,因此同样影响冲击持续时间 τ。

当激光能量一定时,引起的烧蚀层厚度不变,因此箔片层厚度决定剩余飞片层厚度,根据式(2-85)计算得到冲击持续时间 τ 随飞片层厚度的变化关系如图 2-30 所示。由计算结果可知,冲击持续时间 τ 与飞片层厚度 d 呈近似线性关系。随着飞片层厚度的增加,冲击持续时间延长。

假设铝飞片层厚度一定,利用 Gurney 模型计算得到飞片的速度代入式(2-90)计算,得到冲击持续时间 τ 随激光能量的变化关系如图 2-31 所示。由计算结果可知,随着激光能量的增加,烧蚀层厚度随着激光能量的增大而增加,飞片厚度则随之减小,同时飞片速度增大,导致冲击持续的时间下降。

假设铝飞片层厚度为 5μm,利用 Gurney 模型计算得到输出飞片的 $p^n\tau$ 随着激光能量的变化关系如图 2-32 所示。

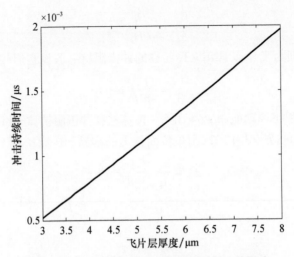

图 2-30　飞片层厚度对冲击持续时间 τ 的影响

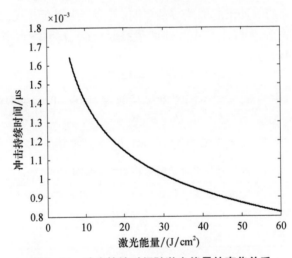

图 2-31　冲击持续时间随激光能量的变化关系

（注：激光脉冲宽度 10ns，计算能量范围 50~500mJ，飞片层为 5μm 厚铝飞片）

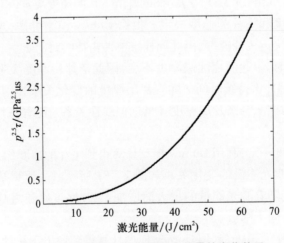

图 2-32　计算飞片 $p^n\tau$ 随激光能量的变化关系

（注：激光脉冲宽度 10ns，计算能量范围 50~500mJ，飞片层为 5μm 厚铝飞片，$n=2.5$）

根据图 2-32 中计算结果可知,随着激光能量的增大,输出飞片的 $p^n\tau$ 在不断增大。由前节计算分析可知,随着激光能量的增大,飞片产生冲击持续的时间在减小,但输出飞片的 $p^n\tau$ 值增大,说明影响激光飞片冲击起爆能量的最关键因素,即飞片产生冲击的强度,由飞片的速度决定。

当激光脉冲能量一定时,飞片层的材料确定后,飞片层的厚度同时影响输出飞片的速度及持续时间。假设飞片材料为铝,激光脉冲能量为 200mJ,飞片厚度范围为 3~8μm,计算飞片的 $p^n\tau$ 值随飞片层厚度变化关系如图 2-33 所示。

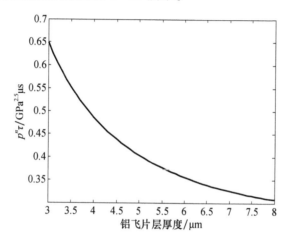

图 2-33　计算 $p^n\tau$ 随飞片层厚度的变化关系

(注:激光能量 200mJ,飞片层材料为铝,$n=2.5$)

由图 2-33 所示的计算结果表明,当激光能量一定时,输出飞片的 $p^n\tau$ 值随着飞片层厚度的增加而降低。由前述结论可知,当激光能量一定时,飞片越薄、飞片的速度越大,则产生的压强越大,虽然压力脉冲持续时间随着飞片厚度的减小有所减小,由于压强 p 存在指数 n 的关系,但总体计算得到的 $p^n\tau$ 值是增加的。因此,影响飞片起爆能力的最重要因素是飞片的速度,提高飞片的起爆能力应尽量选择薄的飞片。

上述结论,是基于 Lawrence 发展的 Gurney 模型得到的理论计算结果。在 Gurney 模型的假设中,当飞片层的总厚度大于激光引起的烧蚀厚度一定量值时,剩余的飞片层在运动过程中是完整的。而实际上剩余飞片层在高温高压等离子体的驱动下高速飞行过程中很可能会产生破裂,特别是当剩余飞片层过薄时容易出现。因此,上述结论只能是理想状态的计算结果,而实际可能要求飞片层厚度要大于激光引起的烧蚀层厚度。飞片层的厚度应选择合理,既要保证飞片层的能量转化效率,同时又要尽量减少飞片破损的可能性。由冲击片起爆理论判据式(2-98)分析可知,飞片的起爆能力与面积无关。但实际上当飞片面积小于一定的尺寸时,可能会影响其起爆炸药的能力。

2.5　光化学起爆机理

激光火工品是提高武器系统安全性与可靠性的重要途径之一。该类火工品要求药剂具有对输入激光刺激能敏感,而对环境(如机械、热等)刺激能钝感的特性,称为药剂激光特征感度。

虽然药剂对不同形式的外界能量已经表现出很大的选择性，甚至在同一类型能量刺激中也存在选择性。例如，对机械感度，四氮烯＞LTNR；而对火焰感度，四氮烯＜LTNR。对于热作用，火焰加热时，LTNR＞四氮烯；而直接加热时，LTNR（282℃，5s）＜四氮烯（160℃，5s）。但是，药剂感度选择性的机理与规律还不十分清楚，传统的"热点"起爆理论已很难全面地解释药剂对激光能具有的感度选择性现象。在检索的国外文献中，没有发现有关药剂激光感度选择性的专门报道。对激光起爆、点火药剂的研究，主要集中在药剂性能、激光热反应机理、热点火模型与判据等方面。

本节通过试验了解含能材料的光学性能，激光与热激发化学反应的现象和感度规律，用量子化学理论分析化合物结构与激光感度之间的内在联系，激光刺激能与含能化合物之间的能量交换，进而提出药剂激光感度可选择性的机理[26]。测试了配位化合物起爆药、含能材料光吸收波谱，对比了不同波长下含能化合物的激光感度。结果表明，高氯酸·四氨·双叠氮基合钴（Ⅲ）（2,6 - DiAmino - 4 - Chloro Pyrimidine，DACP），化学式（Co(NH$_3$)$_4$(N$_3$)$_2$）ClO$_4$，在紫外～可见光波段有连续吸收，用635nm的激光作用，可显著提高激光感度。在532～1060nm光波段，没有发现BNCP感度与波长有相关性。多种新型配位化合物对915nm激光显示较高的感度。根据试验现象和结果认为，激光波长不同，将导致化合物激发反应机理不同。如果激光是可见光～紫外波段，光量子能量有利于选择性地激发分子的电子能级，或破坏化合物中弱键而诱导化学反应发生，化合物属于光致分解机理、引发弱键断裂机理；如果激光是红外波段，化合物表现的是热分解机理。

2.5.1　试验现象与结果

1. 起爆药与含能材料光谱分析

用分光光度计和球形积分仪，测定了BNCP、DACP及几种含能材料光吸收性能，见图2-34、图2-35和表2-7。试验表明，BNCP、DACP配位化合物为有色含能材料，在紫外～可见光、近红外光区均有特征吸收峰。HMX、RDX等白色含能材料，仅在紫外与近红外有吸收，并且吸收度很低，吸收度顺序为HNS＞PETN＞HMX＞RDX。

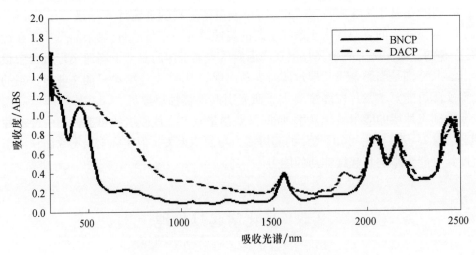

图2-34　BNCP、DACP的光学吸收性能

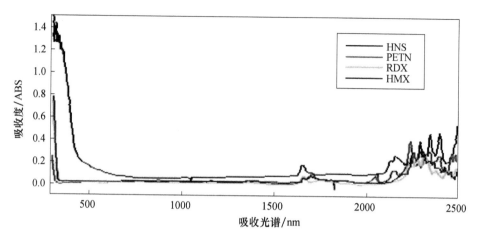

图 2-35 几种含能材料的光学吸收性能(彩插见书末)

表 2-7 常用含能材料吸收波长和吸收度

炸药	吸收波长和吸收度
BNCP	紫外光：未标出；可见光：455.4nm；近红外光：1561.5nm、2054.6nm、2162.1nm、2432.4nm。吸收度大于0.4
DACP	紫外光：有连续吸收；可见光：527.8nm、642.0nm；近红外光：1556.9nm、1865.6nm、2036.9nm、2164.4nm、2467.0nm。吸收度大于0.4
PETN	紫外光：303.8nm；近红外光：1163.7nm、1664.4nm、1707.4nm、2239.7nm、2340.3、2390.2nm。吸收度在0.4以下
RDX	紫外光：324.6nm；近红外光：1658.3nm、2230.4nm、2272.7nm、2312.6nm。吸收度在0.3以下
HMX	紫外光：316.2nm；近红外光：1379.5nm、1691.3nm、1659.8nm、2250.4nm、2286.5nm。吸收度在0.3以下
HNS	紫外光：未标出；近红外光：1648.3nm、2127.5nm、2157.5nm、2288.8nm、2341.8nm、2394.0nm、2491.6nm。吸收度在0.6以下

2．起爆药激光感度

（1）用波长为635nm和915nm的激光器测定DACP和BNCP激光感度，见表2-8。试验表明，在635nm波长下，直接合成的DACP激光感度比在915nm波长作用下和掺杂碳黑的BNCP都要敏感一个数量级。表明单质药激光感度在其固有吸收波段比其他波段要高得多。有关PETN的试验也已证实，PETN在紫外303.8nm有吸收峰。当波长大于355nm时，约束有助于热点成长而起主导作用，使PETN的激光感度增加。但在266~308nm时，感度不受约束作用的影响，说明PETN是紫外辐射的强吸收体，光致分解反应首先出现。激光器波长的选择如与含能材料的某一吸收光谱带相一致，则发火临界能量很低，资料表明，所需的能量仅为其他相同条件的1/60。

表 2-8 纯 DACP 的激光感度

名称	激光波长 /nm	50% 发火能量密度 /(J/cm²)	99% 发火能量密度 /(J/cm²)	0.01% 发火能量密度 /(J/cm²)	标准偏差 /(J/cm²)
DACP(纯药)	635	1.45	2.12	0.79	0.22
BNCP(掺杂)	635	10.66	12.12	9.82	0.65
DACP(纯药)	915	12.24	22.12	2.35	2.50

(2)测定了 BNCP 和掺杂 BNCP 的激光感度。数据统计方法为 Langlie,结果见表 2-9。

表 2-9 BNCP 在 4 种波长下的发火能量

名称	激光波长 /nm	50% 发火能量密度 /(J/cm²)	99% 发火能量密度 /(J/cm²)	0.01% 发火能量密度 /(J/cm²)	标准偏差 /(J/cm²)
BNCP(纯药)	532~1064	—	—	—	—
BNCP(6μm、掺5%碳黑)	532	42.60	44.93	40.26	0.753
	635	10.66	12.12	9.82	0.650
	915	21.25	23.07	19.43	0.460
	1064	1.22	1.57	1.02	0.154

BNCP 在 500~1400nm 内没有明显吸收峰。试验表明,在低功率激光条件下,纯 BNCP 在波长 532~1064nm 范围内不能发火,掺碳黑后才会发火。BNCP 激光感度与波长没有对应关系,感度阈值变化无规律。

(3)采用 915nm 半导体激光器,研究了 10 种新型配位化合物的纯药试样和掺杂碳黑 5% 时的激光感度,并与 BNCP 做了相应对比。

① 配阴离子类(4 个四唑配体,比 BNCP 多):NaCuNT、NH₄CuNT、NaFeNT、NaCuAT,这些药剂的激光感度试验结果见表 2-10。从表中可看出,配阴离子化合物不掺碳黑时均可以被激光起爆,而 BNCP 在不掺碳黑情况下不能够起爆。掺碳黑时,这几种配阴离子化合物的激光发火能量与 BNCP 相当,但发火延期时间短。说明这些新化合物激光感度比 BNCP 高。

表 2-10 新型配阴离子化合物的激光感度

名称	纯药			掺杂碳黑5%		
	功率 /W	功率密度 /(W/cm²)	是否爆炸/延迟 /ms	功率 /W	功率密度 /(W/cm²)	是否爆炸/延迟 /ms
NaCuNT	1.69	2261	爆	0.69	921	爆/200
	0.56	749	不爆	0.49	653	不爆
NH₄CuNT	0.89	1189	爆	0.69	921	爆/208
	0.49	653	不爆	0.49	653	不爆
NaFeNT	1.09	1457	爆/820	0.69	921	爆/228
	0.69	921	不爆	0.49	653	不爆
NaCuAT	1.69	2261	爆	1.29	1725	爆/960
	0.89	1189	不爆	1.09	1457	不爆

续表

名称	纯药			掺杂碳黑5%		
	功率/W	功率密度/(W/cm²)	是否爆炸/延迟/ms	功率/W	功率密度/(W/cm²)	是否爆炸/延迟/ms
BNCP	1.69	2261	不爆	0.69	921	爆/396
	0.89	1189	不爆	0.49	653	不爆
	0.69	921	不爆			

② 配阳离子类:(1~2个四唑配体)BNNP(Ⅲ)、NTCuP(Ⅱ)、NTZnP(Ⅱ)、NTCP、ATCP、ACP,这些药剂的激光感度试验结果见表2-11。从表中可看出,配阳离子化合物不掺碳黑时,仅有BNNP、NTCuP和ACP能够起爆。掺碳黑时,ACP激光发火能量比BNCP低,说明ACP的激光感度比BNCP稍高。通过性能的对比筛选发现,在配阴离子类化合物中对激光敏感的化合物有3种:NaFeNT(放热峰:261℃);NaCuNT(放热峰:261℃,268℃);NH4CuNT(放热峰:260℃,268℃)。在配阳离子类化合物中对激光敏感的化合物也有3种:ACP(放热峰:193℃、275℃);NTCP(放热峰:297℃、309℃);NTCuP(放热峰:292℃)。

表2-11 新型配阳离子化合物的激光感度

名称	纯药			掺杂碳黑5%		
	功率/W	功率密度/(W/cm²)	是否爆炸/延迟/ms	功率/W	功率密度/(W/cm²)	是否爆炸/延迟/ms
BNNP	1.3	1725	爆/260	—	—	—
	0.9	1189	不爆			
NTCuP	0.79	1055	爆/780	—	—	—
	0.69	921	不爆			
NTZnP	0.89	1189	不爆	—	—	—
	1.29	1725	不爆			
	1.69	2261	不爆			
NTCP	0.89	1189	不爆	0.69	921	爆
	1.7	2261	不爆			
	1.7	2261	不爆	0.59	787	不爆
ATCP	0.89	1189	不爆	1.29	1725	不爆
	1.69	2261	不爆	1.69	2261	不爆
	1.69	2261	不爆	1.69	2261	不爆
ACP	0.69	921	不爆	0.49	653	不爆
	0.89	1189	爆	0.59	787	爆
BNCP	0.69	921	不爆	0.69	921	爆
	0.89	1189	不爆	0.59	787	不爆
	1.69	2261	不爆	0.49	653	不爆

试验表现出的规律：基团 NT 越多，激光感度越敏感；带有 N_3^{-1} 基团的化合物激光感度最为敏感；基团 NT 比基团 AT 的激光感度敏感；中心金属离子也影响激光感度，Cu^{+n}、Ni^{+n} 比 Co^{+3} 敏感。

2.5.2 反应机理模型分析

1. 紫外~可见光的光致分解机理

化合物基态分子吸收光能，使轨道电子跃迁到空轨道，处于光致电子激发态。通常，分子吸收光能时，只能发生最高占据轨道（HOMO）与次最高占据轨道（NHOMO）、最低空轨道（LUMO）与次最低空轨道（NLUMO）之间的跃迁。其能级差 ΔE 为化合物光活化能，其范围对应于紫外到近红外波长（200~1000nm）光量子能量的爱因斯坦值（120~598kJ/mol）。这一数值范围对应了常见起爆药、配位化合物起爆药和敏感类含能材料的表观活化能。例如，PbN_6 的活化能为 100.35kJ/mol（1.04eV），BNCP 的活化能为 180.30kJ/mol（1.87eV），DACP 的活化能为 203.10kJ/mol（2.10eV），PETN 的活化能为 198.78kJ/mol（2.06eV）。因此，单色紫外光到近红外波长激光在量子效应和效率匹配的情况下，通过单光子效应诱发含能材料的光化学分解是可能的。光谱分析表明，BNCP、DACP 配位化合物在紫外光、可见光有多重特征吸收峰，表观活化能也与此相对应，存在光致分解机理。而 HMX、RDX 等为白色含能材料，仅在小于 320nm 的紫外与大于 1200nm 近红外有吸收，并且吸收度很低。但是大于 1000nm 的红外光由于光量子能量的爱因斯坦值小（小于 120kJ/mol），不足以激发含能材料的电子跃迁，不存在光致分解机理。所以，在短波长的紫外光、可见光的激光诱发起爆药产生光化学反应比猛炸药更容易。

因此，含能材料产生激光化学反应的条件：只有被药剂体系中分子或官能团所吸收的激光，同时能够激发产生电子跃迁，才能够产生含能材料激光化学反应，即所用激光器的光量子能量应该与化合物主要吸收波谱相对应，含能材料基态与激发态的能量跃迁活化能与激光波长的爱因斯坦值相近。其中，光量子能量规律符合 $\Delta E = h(c/\lambda)$，反应判据是量子产率 ϕ 接近或大于 1（宏观为表观活化能），见图 2-36。

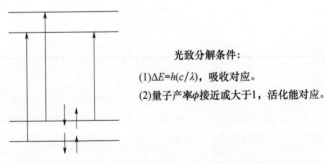

图 2-36 紫外光与可见光的光致分解机理描述示意图

有时含能材料被吸收的光虽然有光谱吸收，但并不能都产生光化学反应。原因是量子产率不够，光仅通过分子运动转变成热或吸收后自然释放。

基于上述机理有以下结论。

(1) 含能材料光致分解受到化合物跃迁选择定律限制。DACP 的激光感度试验证明，如果激光波长与含能材料吸收波相对应，能够引起药剂电子吸收跃迁时，起爆感度成倍降低。

(2) 由波谱图和活化能数据推测,在当前可见光至近红外半导体激光器波长作用下,有色起爆含能材料可以产生光致分解,敏感于猛炸药。而猛炸药吸收光后,仅产生热效应。

(3) 紫外波长激光器是值得开发的火工品新刺激能源。其波长短,光量子能量高,有利于引起化合物的电子跃迁。而事实上,大多数含能材料在紫外波段均有强吸收。

(4) 配位化合物吸收光谱随着中心金属(M)和配体(L)的不同而形成多种变化。从前线分子轨道分析,M、L均可以形成定域轨道和空轨道,分别对应了不同的光化学性能。因此,光谱吸收带谱线丰富,且可变可调。BNCP、DACP结构相似,仅是配体(L)不同,紫外~可见吸收光谱也不相同。因此,从过渡金属配位化合物中寻找激光特征感度药剂的研究方向是正确的。

2. 紫外和可见光的引发弱键断裂机理

激光的特点是高强度、单色性好、脉冲短、能量集中。利用特定波长的激光激活含能材料分子中某一特定的键,就有可能选择性地诱发化学分解反应。

常见含能材料中化学键键能值变化很大,范围在 $150 \sim 950 \text{kJ/mol}$。其中最弱的键有:O—O,为 146kJ/mol;N—N,为 159kJ/mol;N—O,为 230kJ/mol;C—N,为 305kJ/mol。而红外以及近红外激光提供的光子能量均小于化学键的断裂能。因此,有以下结论。

(1) 只有波长在 800nm(爱因斯坦值为 149.5kJ/mol)以下的激光,才有可能引发含能材料的弱键断裂。弱键断裂仅发生在紫外~可见波长的激光区,红外光不能使含能材料产生弱键断裂。

(2) 含能材料中 N—N、N—O、C—N 是化学键中最薄弱的键,断裂键能最低。在三唑、四唑、叠氮及硝基类化合物中,寻找激光特征感度药剂的方向是正确的。

通过 BNCP 以及以 NT 为配体的新型化合物的激光感度实验,均说明了这一事实。在目前 $530 \sim 915 \text{nm}$ 半导体激光器的作用下,这类化合物表现的激光感度最为敏感,并且化合物中含这类薄弱键越多,化合物的激光感度越敏感。

3. 红外光的化学热分解机理

红外激光器的光子能量小于化合物的活化能,也小于化学键的断裂能。例如,$11.6 \mu m$ 的光子,它的能量(爱因斯坦值)为 11.28kJ/mol,仅为化学反应活化能或一般含能材料键能的 $1/10$。因此,红外激光器与含能材料的作用机理主要是化学热分解机理,BNCP 仅在掺杂情况下才起爆也说明了这一点。先前的试验现象与规律也证实了红外激光是化学热分解机理,在 $1.06 \sim 10.6 \mu m$ 激光的作用下,深色比浅色化合物的激光感度敏感;激光发火阈值与药剂表面"黑度"的次序相同;化合物的激光感度与光热吸收度、传递速度成正比。

激光热分解机理符合热化学定律。药剂热感度的基础是含能材料热爆炸理论,有多种模型与方程,但无论哪种模型,从经典热点火理论出发,对于药剂的物理化学性能而言,均反映出下列函数关系,即

$$E_{\text{ign}} = f\left(\frac{\rho, C, \lambda, T_{\text{ign}}, E_{\text{a}}}{\alpha, \eta, H}\right) \quad (2-99)$$

表明含能材料点火能量与材料吸收比 α、光热转换效率 η、激光功率密度函数 H 成反比,与材料密度 ρ、比热容 C、热导率 λ、临界点火温度 T_{ign}、活化能 E_{a} 成正比。因此,药剂的性能对激光感度影响主要有两个方面:① 化合物的热物理性能,包括比热容、热导率、光吸收系数、光热转换效率;② 化合物的热化学性能,包括发火温度、活化能、反应生成热。

所以,改善含能材料的化学热分解性能,寻找发火温度或活化能低的化合物,有助于降低药剂的激光发火能量,提高激光感度。但是,化合物的热、机械感度一般也随着提高,这是激光特征感度药剂所不需要的。在安全钝感的前提下,改善化合物的光学性能和热物理性能是寻找激光特征感度药剂的有效途径。

激光与药剂相互作用和普通热起爆的不同之处在于,药剂对于激光具有高度的波长选择性。激光波长不同,将导致激发反应机理、规律、判据不同。

对于激光,如果是可见光与紫外波段,其光量子能量高,可以选择性地激发分子的电子能级,或者破坏化合物中弱键而诱导化学反应发生。如果是红外波段,大部分物质分子的振动吸收频率与之相匹配,其光量子能量主要是选择性地激发化合物分子的振动,而进行光热转换。红外激光更有利于药剂对光的热能的吸收,易于进行化学热分解。

所以研究激光器紫外~可见波长与药剂吸收光谱之间的匹配技术,是提高激光特征感度的有效途径之一。激光敏感药剂的感度选择性可以通过化合物辐射跃迁的选择定律和弱键分解机理来实现。化合物的光学性能和药剂的表面热物理特性对激光感度有很大的影响。在激光特征感度药剂设计时,应考虑化合物本身的折射率、比热容、热导率等光热参数。

通过以上诸多试验现象和机理分析,药剂的"低能"激光感度可选择性机理主要分为光致分解机理、引发弱键断裂机理和热分解机理。针对紫外~可见波长激光器,可通过药剂的分子结构设计实现激光感度的可选择性。对任何激光器,可通过选择光热物理性能优良的含能材料、惰性吸热物质和敏化剂掺杂,以及粒度细化来实现药剂激光特征感度的设计方案。

2.5.3 DACP 的光化学起爆

DACP 是陕西应用物理化学研究所试制出的一种新型含能材料,本节主要论述 DACP 含能材料的量子化学计算与光分解机理[27],对 DACP 的晶体结构进行了分析。

经过德国 Bruker AXS 的 SHELXTL 程序计算,DACP 晶体属于单斜晶系,空间群为 P-1。晶体学参数:$a = 0.74229(9)$ nm、$\alpha = 93.244(2)°$;$b = 1.21273(14)$ nm,$\beta = 100.074(2)°$;$c = 1.8124(2)$ nm,$\gamma = 98.033(2)°$。晶胞体积 $V = 1.5851(3)$ nm^3,晶胞分子数 $Z = 6$,计算密度 $D_C = 1.952$ mg/mm^3。

根据晶体结构分析所获得的键长、键角的结构参数,进行 DACP 的量子化学计算,DACP 化学结构见图 2-37。

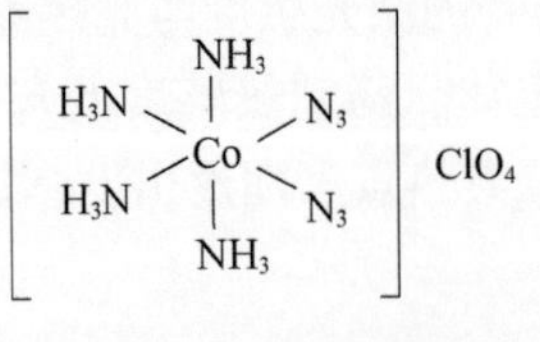

图 2-37 DACP 的化学结构

对 DACP 的原子编序与电子密度、分子轨道能级、分子体系总能量、结合能、前线分子轨道能量等参数进行了量子化学计算,并用量子化学密度泛函 BLYP/DNP 计算了 DACP 的理论红外光谱,取得了许多理论计算数据。

从对 DACP 的电子密度计算结果分析可知,NH$_3$ 的 N$_{2-5}$ 原子电子云密度最高,达到

$-0.784 \sim -0829$;其次是 N_3 上的 N_{6-11} 原子,达到 $-0.120 \sim -0.264$,它们形成了强亲核中心;而 C_1 原子为 $+1.096$,Co 原子为 $+0.498$,H 原子为 $+0.361 \sim +0.373$,它们形成了强亲电子中心。

通过 DACP 官能团的电荷密度分析,可见以上官能团为 DACP 的敏感性基团。

根据 DACP 分子与轨道能级计算,DACP 的最高占据轨道为 72 号,最低空轨道为 81 号。

根据分子轨道理论,前线轨道 HOMO 和 LUMO 及其附近的分子轨道对物质的活性(感度)影响很大,HOMO 具有优先提供电子的作用,LUMO 具有接受电子的重要作用。认识 DACP 的前线轨道及其分布有助于确定各种基团的活性部位,探索激发反应机理。

从 DACP 的 HOMO 和 LUMO 前线轨道分布的对比可知,DACP 外层电子是由两个 $-N_3$ 上的 N 原子向 $-ClO_4$ 基团转移,与 BNCP 分子相反。这一能量跃迁是分裂的,HOMO 被分裂成能级相似的 8 个轨道,LUMO 被分裂为能量相似的两个轨道。

最低能量差(72 与 80)为 699.89nm;(79 与 80)为 2056.1nm。在 340.99~699.89nm 之间存在多重能级跃迁。

通过以上量子化学计算与分析可以得出以下两点。

(1) DACP 在紫外~可见光 340.99~699.89nm 区域中有连续的强吸收峰,该波长范围的激光更容易引起 DACP 的激发反应,激光感度将更高。

(2) 影响 DACP 感度的官能团是叠氮根和高氯酸根。

DACP 激光光致分解机理模型为

$$[Co(NH_3)_4(N_3)_2]ClO_4 \xrightarrow[\lambda=340.99-699.89nm]{h\nu(3.63eV-1.771eV)} ClO_4^{\ominus} + N_3^{\oplus} + Co^{3\oplus} + NH_3$$

$$\xrightarrow{\text{氧化还原反应}} CoCl_2 + N_2 + CO_2 + NH_3 + H_2O$$

用 635nm 和 915nm 两种半导体激光器作为发火光源,测定了 DACP 和对比样品 BNCP 的激光发火感度,取得试验结果见表 2-12。从表中数据看出,在半导体激光 635nm 波长下,直接合成 DACP 的激光发火感度,比在 915nm 波长作用下,细化掺碳黑 BNCP 要敏感一个数量级;单质药激光感度在其固有吸收波段比其他波段要高得多。

表 2-12 DACP 和 BNCP 的激光感度

名称	激光波长 /nm	50%发火能量密度 /(J/cm²)	99%发火能量密度 /(J/cm²)	0.01%发火能量密度 /(J/cm²)	标准偏差 /(J/cm²)
DACP(纯药)	635	1.45	2.12	0.79	0.22
BNCP(掺碳)	635	10.66	12.12	9.82	0.65
DACP(纯药)	915	12.24	22.12	2.35	2.50

依据激光特征感度机理,激光特征敏感化合物的设计,可以先通过量子化学方法计算光化学的能级跃迁,从而预估化合物的激光敏感的波长与感度。经过对典型钝感起爆药 DACP

的量子化学理论分析与验证,说明影响 DACP 感度的官能团是叠氮基和高氯酸根,并且 DACP 外层电子是由 $-N_3$ 上的 N 原子向 $-ClO_4$ 基团转移。DACP 的前线轨道能量是分裂的,在激光波长的紫外、可见光范围内存在连续吸收。这说明 DACP 对 340.99~699.89nm 的激光更容易引起激发反应,激光感度将更高。量化理论计算的 DACP 的红外光谱与实测值的趋势相符,系统校正系数多数在 0.95 以上。DACP 的量子化学理论计算与光谱分析、激光感度验证都取得了一致的结果,DACP 可以作为激光特征敏感化合物优良样品之一,应用于激光点火与起爆装置。

参 考 文 献

[1] 孙承纬,陆启生,范正修,等. 激光辐照效应[M]. 北京:国防工业出版社,2013.

[2] 陆建,倪晓武,贺安之. 激光与材料相互作用物理学[M]. 北京:机械工业出版社,1996.

[3] 曙光机械厂. 激光引爆含能材料的机理和实验[G]//激光引爆(光起爆之二). 北京:北京工业学院,1978:1-7.

[4] 孙同举,张崇伟. B/KNO₃ 点火药在激光作用下的飞行时间质谱研究[G]//优秀学术论文集. 西安:陕西应用物理化学研究所. 1998:254-256.

[5] 崔卫东. 激光引爆控制技术研究[D]. 北京:北京理工大学,2000.

[6] 程守洙,江之永. 普通物理学(第三册)[M]. 北京:人民教育出版社,1979.

[7] SZTANKAY Z G,HARRACH R J. 直接引爆含能材料薄片以防止激光伤害眼睛的研究[G]//激光引爆(光起爆之二). 北京工业学院 84 教研室,译. 北京:北京工业学院,1978,11:76-95.

[8] 鲁建存. 起爆药的激光感度[J]. 兵器激光,1984(4):60-61.

[9] 沈瑞琪,叶迎华,戴实之,等. 激光与含能材料互作用的化学反应过程[J]. 激光技术,1997,21(4):191-195.

[10] 胡艳,沈瑞琪,叶迎华. 激光点火过程的一维差分模型比较[J]. 火工品,2000(3):1-5.

[11] 高东升. 激光与含能材料相互作用机理研究[D]. 南京:南京理工大学,2006.

[12] 周霖,刘鸿明,徐更光. 含能材料激光起爆过程的准三维有限差分数值模拟[J]. 火药含能材料学报,2004,27(1):16-19.

[13] 李金明,李文钊,丁玉奎. 含能材料激光点特性研究[J]. 军械工程学院学报,2002(14):22-23.

[14] YONG L D. 含能材料、烟火药和推进剂的激光点火综述[J]. 丁大明,译. 火工情报,2007(2):59-67.

[15] 朱升成,鲁建存,孙同举,等. 含能材料对激光点火感度的影响[J]. 火工品,2000(4):19-22.

[16] 项仕标,冯长根,华光,等. 粒度对激光感度的影响分析[J]. 兵工学报,2000,21(1):80.

[17] 冯长根,项仕标,王丽琼,等. 激光强度对含能材料点火的影响[J]. 应用激光,1999(4):153-155.

[18] EWICK D W. 激光二极管点火元件的有限差分模拟[J]. 王凯民,符绿化,译. 火工情报,1994(1):84-95.

[19] 孙同举. 激光点火过程的数值模拟[G]//陕西应用物理化学研究所优秀学术论文集,西安:陕西应用物理化学研究所,1998:229-231.

[20] GILLARD M R. 烟火剂的激光二极管点火 第一部分:数字模拟[J]. 叶欣,译. 火工情报,2000(2):55-66.

[21] SCOTT S D,KEITH T A,CLARKE S,et al. 爆炸箔激光起爆器的起爆机理[J]. 轩伟,译. 火工情报,2008(2):106-112.

[22] LAWRENCE R J,TROTT W M. A Simple Model for the Pulsed-Laser-Driven Thin Flyers[J]. Suppl. Su

Journal de Physique Ⅲ,1991,1,October.

[23] 王宗辉. 激光冲击片起爆技术[D]. 西安:陕西应用物理化学研究所,2012.

[24] 同红海. 爆炸箔冲击片雷管装药设计及其规律研究[D]. 西安:陕西应用物理化学研究所,2009.

[25] WALKER F E,WASLEY R J. Critical Energy for Shock Initiation of Heterogeneous Explosives[J]. Explosivestoffe,1969,17(1):9 – 13.

[26] 盛涤伦,朱雅红,陈利魁,等. 激光与含能化合物相互作用机理[J]. 含能材料,2008,16(5):481 – 486.

[27] 盛涤伦,王燕兰,朱雅红,等. DACP 的量子化学与光分解机理[J]. 含能材料,2010,18(6):665 – 669.

第 3 章

激光器

激光器是 LIOS 最基本的单元,它为系统提供发火所需要的能量。自 1960 年世界上第一台激光器(红宝石激光器)问世以来,激光以其优良的单色性、方向性、相干性和高亮度性能引起国内外普遍重视,多种多样的工作物质和谐振腔结构相继被开发出来,激光器技术也得到了突飞猛进的发展,并很快在生产和科研中得到广泛应用。用于激光发火的激光器,主要从波长特性、工作方式和输出特性等方面来进行选择。

对激光波长特性的研究主要是基于对含能材料点火机理的考虑。激光与含能材料相互作用的过程包含热效应、等离子体效应、光冲击、光化学反应等多种复杂作用。不同的含能材料对不同波长的激光具有不同的吸收效果,因而表现出不同的激光感度。大多数含能材料在红外波段均具有较好的吸收效果,因此用于激光点火的波长一般选择在红外波段,根据不同的工作物质具体确定。

对激光器工作方式的研究主要集中在连续波激光器和脉冲式激光器这两大类。连续波激光器是早期激光点火和起爆领域应用最广泛的激光器,而脉冲式激光器以其可实现超短脉冲和超高峰值功率的独特优势,对增大激光功率密度从而缩短激光点火、起爆时间具有重要意义,因此在激光点火机理试验研究和应用中具有良好的前景。

激光器输出特性的研究包括激光输出的能量、功率、功率密度等,对激光点火、起爆具有最直接、最基本的意义。不同工作物质的激光器具有不同的输出特性,适用于不同的研究或应用背景。用于激光火工品技术研究及其应用的激光器类型,按照激光工作物质区分,主要有固体激光器、气体激光器和半导体激光器。

20 世纪 60 年代中期,激光点火、起爆技术的研究刚刚起步,主要是基于红宝石、钕玻璃、YAG 等工作物质的固体激光器以获得高功率,以及利用 He – Ne、CO_2 等气体激光器进行药剂的激光发火感度测定。在 70 年代中期,以 JPL 为首的研究机构开始研究固体激光器的小型化,致力于研制出小型化、高效率、高效费比的固体激光点火起爆系统[1]。进入 80 年代后,激光器的进一步发展使激光点火技术进入实用阶段,激光二极管点火技术成为激光点火、起爆领域中最有发展前景的一项技术,如美国空军和 DOE 对 LIOS 的研究,就反映了这一历史过程(表 3 – 1)[2]。形成这种局面的原因主要有两个因素:一是连续波激光二极管的光学输出功率迅速提高,价格也在不断降低,市场上已有连续波功率非常高的激光二极管列阵器件出售;二是在增加炸药细化或光敏化剂对激光点火感度方面的研究有了突破性进展。自 1985 年以来国内外发表的有关激光点火研究的文献中,有 70% ~ 80% 都是关于激光二极管点火、起爆的,这直接反映了激光火工品技术的发展方向。对几种常见的固体、气体半导体激光器的性能及对比见表 3 – 1 和表 3 – 2[2]。

表 3-1 美国空军和 DOE LIOS 中激光器特性

系统	类型				波长 λ /nm	发射脉冲	
	激光棒		激光泵浦	谐振腔形式		能量 /mJ	脉冲宽度
	掺杂物	工作物质					
美国空军 SICBM	钕	钇-钪-镓石榴石（GSGG）	闪光灯	CC-PL	1060	300	0.12ms
F-16A 战斗机	钕	玻璃	PZP	PL-PL	1053	6000	10ms
空空导弹（AAAM）	钕	玻璃	PZP	PL-PL	1053	4000	10ms
高技术发射系统（ALS）	钕	YAG	闪光灯	PL-PL	1064	100	连续波
美国 DOE 桑迪亚国家实验室（SNL/DDI）	钕	玻璃	闪光灯	PL-PL	1053	300	25ns
（SNL/DDI）	钕	铬:GSGG	闪光灯	PR-PR	1061	250	16ns
激光二极管起爆装置（SNL/LDI）	铝	镓铝砷（GaAlAs）	—	PL-PL	820	10	10ms

注：PZP—高热锆泵浦；CC-PL—角锥镜-平面镜谐振腔；PL-PL—平面镜-平面镜谐振腔；PR-PR—波罗棱镜-波罗棱镜谐振腔。

表 3-2 常用激光器主要性能参数

激光器	介质状态/泵浦模式	波长/μm	效率/%
YAG	固体/光	1.06	1~4
钕玻璃	固体/光	1.06	1~3
红宝石	固体/光	0.694	0.4~1
CO_2	气体/TEA 放电	10.6（远红外）	10~20
半导体	固体/直流电	0.630~1.550	30
烟火泵	固体/光	1.06	1~4

从表 3-3 对各种激光器的性能对比可以看出：①半导体、烟火泵激光器具有体积小、重量轻、能量转换效率高等特点，在激光火工品子系统中有很好的应用前景；②YAG 固体激光器的性能较为优越，是目前在激光火工品多路系统中应用较多的一种固体激光器；③在早期的激光点火、起爆技术原理研究中，通常用红宝石、钕玻璃固体激光器来测定药剂的激光发火感度，或通过光纤束传输使起爆、点火装置发火；④CO_2 激光器主要用于推进剂的激光点火感度测定以及推进剂的激光点火技术研究。

表 3-3 常用激光器的性能对比

项目	YAG	钕玻璃	红宝石	CO_2	半导体	烟火泵
转换效率	好	好	中	优	优	好
能量阈值	好	好	中	优	低	好
使用温度范围	好(~75℃)	好(~75℃)	中(~30℃)	好(~75℃)	-20~75℃	-40~75℃
光纤传输性能	优	优	优	中	优	优

续表

项目	YAG	钕玻璃	红宝石	CO_2	半导体	烟火泵
固有可靠性	优	优	优	优	优	优
硬度/坚固性	优	优	优	好	优	优
设计灵活性	优	优	优	中	优	优
简单性	优	优	优	中	优	优
技术数据库	好(固体)	好(固体)	好(固体)	差(气体等离子)	好(固体)	好(固体)
密实性	优	优	优	中	优	优
维护性	好	好	好	中	好	好
尺寸/重量	中/中	中/中	中/中	大/重	更小/更轻	小/轻

3.1 固体激光器

在激光起爆、点火技术中使用的固体激光器,按工作方式可分为自由振荡激光器和调 Q 激光器两种类型。自由振荡激光器是采用 CC – PL(角锥镜 – 平面镜)、PL – PL(平面镜 – 平面镜)或 PR – PR(波罗棱镜 – 波罗棱镜)固定式谐振腔,使激光工作物质产生的光子在谐振腔中来回反射,形成自由振荡放大,由谐振腔的前端镀有反射 50% ~95% 介质膜的半反射镜输出激光。自由振荡激光器的输出功率通常在数百瓦至数千瓦、脉冲宽度在微秒至毫秒量级。调 Q 激光器是采用后端全反射镜高速旋转谐振腔,或者在激光工作物质输出端与谐振腔前端的半反射镜之间插入电光开关、染料盒、染料片,用主动或被动方式控制谐振腔光路导通,产生振荡放大输出激光。主动调 Q 激光器后端的全反射镜与前端的半反射镜平行时刻、电光开关的导通与闪光灯发光时间有最佳匹配关系,应调配同步。调 Q 激光器的输出功率较高,通常在数兆瓦至数十兆瓦、脉冲宽度在数纳秒至数十纳秒量级。常用固体激光器若按泵浦方式区分,则有闪光灯泵浦激光器、半导体泵浦激光器、烟火药激光器、锆氧灯泵浦固体激光器和炸药泵浦激光器等。

3.1.1 固体激光工作物质

能实现激光振荡的固体激光工作物质多达数百种,在激光火工品技术中常用的材料主要有红宝石、钕玻璃、钇铝石榴石、钕矾酸钇等。下面分别进行介绍[4-6]。

1. 红宝石

红宝石的化学表示式为 $Cr^{3+}:Al_2O_3$,其激活离子是 3 价铬离子(Cr^{3+}),基质是刚玉晶体(化学成分是 Al_2O_3)。红宝石是在 Al_2O_3 中掺入适量的 Cr_2O_3,使 Cr^{3+} 部分地取代 Al^{3+} 而成。掺入 Cr_2O_3 的最佳量一般在 0.05%(质量比)左右,相应的 Cr^{3+} 密度为 $n_{tot} = 1.58 \times 10^{19} cm^{-3}$。红宝石属六方晶系,是红色透明的负单轴晶体。晶体的生长方向大致有 3 种:生长轴与光轴 C 平行的 0°红宝石;生长轴与光轴 C 垂直的 90°红宝石;还有 60°红宝石。

红宝石的光谱特性主要取决于 Cr^{3+}。原子 Cr 的外层电子组态为 $3d^54s^1$,掺入 Al_2O_3 后失去外层 3 个电子成为 3 价铬离子(Cr^{3+}),Cr^{3+} 的最外层电子组态为 $3d^3$。红宝石的光谱特

性就是 Cr^{3+} 的 3d 壳层上 3 个电子发生跃迁的结果。通过试验和理论分析,确定红宝石中 Cr^{3+} 的工作能级属 3 能级系统。红宝石工作物质的离子能级跃迁如图 3-1 所示,图中 Cr^{3+} 受激跃迁,一部分 Cr^{3+} 直接回到 1 级;另一部分 Cr_2O_3 无辐射到 2 级;Cr_2O_3 回基态时发射光子。红宝石的吸收光谱如图 3-2 所示。

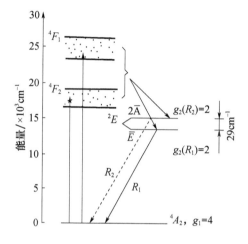

图 3-1 红宝石的能级结构

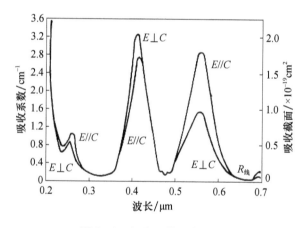

图 3-2 红宝石的吸收光谱

红宝石激光工作物质通常只产生 0.6943μm 的受激辐射光。优质红宝石产生偏振光的偏振度很高,基本上接近于线偏振光,适合作电光调 Q 器件。红宝石突出的缺点是阈值高(因是 3 能级)并且性能易随温度变化。红宝石的优点也很多:机械强度高,能承受很高的激光功率密度;容易生长成较大尺寸;亚稳态寿命长,储能大,可得到大能量输出;荧光谱线较宽,容易获得大能量的单模输出;低温性能良好,可得到连续输出;红宝石激光器输出的红光(0.6943μm),不仅能为人眼可见,而且很容易被探测接收(大多数光电元件和照相乳胶对红光的感应灵敏度较高)。因此,红宝石仍属一种优良的工作物质,得到了广泛应用。

2. 钕玻璃

钕玻璃是在某种成分的光学玻璃(硅酸盐、磷酸盐、氟磷酸盐、硼酸盐等)中掺入适量的 Nd_2O_3 制成的。用得最多的是硅酸盐和磷酸盐钕玻璃。钕玻璃是光学各向同性材料,能够非常均匀地掺进浓度很高的其他杂质,能够做成衍射限光学质量的大块成品。玻璃中激活离子可能很高,这与很多晶体不同,浓度越高,荧光寿命以及受激发射的效率就越低。

图 3-3 所示为钕玻璃的简化能级图,玻璃中的 Nd^{3+} 离子属 4 能级系统。图中所示的上激光能级位于 $^4F_{3/2}$ 之下,其自发发射寿命为几百微秒。终端激光能级是 $^4I_{11/2}$ 多重态下面的一个能级。图 3-4 所示为硅酸盐钕玻璃的吸收光谱,它与 Nd:YAG 的吸收光谱相似,但吸收带较宽,有 3 条明显荧光谱线,中心波长为 $0.92\mu m$、$1.06\mu m$、$1.37\mu m$。通常硅酸盐钕玻璃只产生 $1.06\mu m$ 的激光振荡。

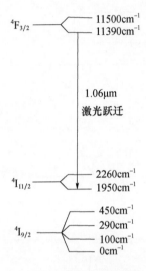

图 3-3 钕玻璃的能级图

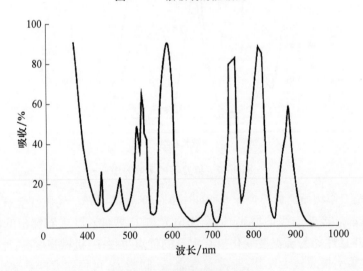

图 3-4 钕玻璃的吸收光谱

钕玻璃荧光寿命长,有高储能的特点,可用于高功率激光器中。钕玻璃的荧光线宽很宽,适于制作超短脉冲锁模器件。其主要缺点是热导率低(约为 Nd:YAG 的 1/10),热膨胀系数大,不适于连续和高重复频率工作,在应用时要特别注意防止钕玻璃棒破裂。

3. 钇铝石榴石

掺钕钇铝石榴石($Nd^{3+}:Y_3Al_5O_{12}$)常简写为 Nd:YAG,是在作为基质的钇铝石榴石 $Y_3Al_5O_{12}$ 晶体中的部分 Y^{3+} 被激活的离子 Nd^{3+} 取代而形成的。在 Nd:YAG 中,三价钕替换了三价钇,因此不需要补偿电荷。Nd:YAG 激光器是激光火工品子系统中最常用的一类固体激光器。YAG 晶体颜色为淡紫色,基质很硬,光学质量好,热导率高。YAG 属立方晶系,是各向同性晶体。有利于窄的荧光谱线,从而产生高增益、低阈值的激光效应。Nd^{3+}:YAG 的光谱特性随温度变化较小,试验发现,当晶体由 4.2K 升高到 300K 时,吸收光谱峰值波长移动一般不大于 1nm,1.06μm 附近的荧光线向长波移动约 1nm。在室温或略高于室温的范围内,1.06μm 处的荧光线宽、荧光寿命和量子效率随温度升高不发生显著变化。

Nd:YAG 激光器为 4 能级系统,其简化的能级图如图 3 – 5 所示,波长为 1.06μm 的激光跃迁始自能级的 R_2 分量,终止于 $^4I_{11/2}$ 能级的 Y_3 分量。由于 Nd^{3+}:YAG 属 4 能级系统,量子效率高,受激辐射截面大,所以它的阈值比红宝石和钕玻璃低得多。又由于 Nd^{3+}:YAG 晶体具有优良热学性能,因此非常适合制成连续和重频器件。

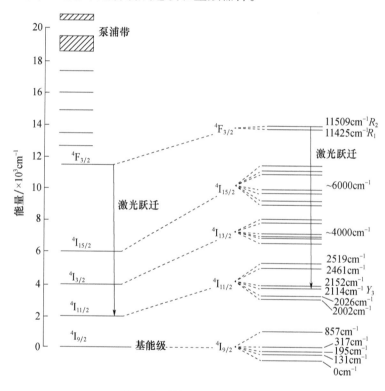

图 3 – 5　Nd:YAG 的能级图

Nd:YAG 的吸收光谱(300K)如图 3 – 6 所示。对激光有贡献的主要吸收带有 5 条,其中心波长为 0.53μm、0.58μm、0.75μm、0.81μm、0.87μm。各吸收带带宽约为 30nm,其中以 0.75μm 和 0.81μm 为中心的两个吸收带的吸收最强。

在室温下,Nd:YAG 在近红外区有 3 条明显的荧光谱线,其中心波长分别为 0.946μm、1.06μm、1.35μm。其中以 1.06μm 处的荧光谱线最强。Nd:YAG 有很高的荧光量子效率(大于 99.5%),室温下为因晶格热振动引起的均匀加宽。它是在室温下连续工作的唯一实用的固体工作物质。在中小功率脉冲器件中,应用 Nd^{3+}:YAG 的量远远超过其他固体工作物质。Nd^{3+}:YAG 连续器件的最大输出功率已超过 1000W,5000 次/s 的重复频率器件的峰值功率已达 1kW 以上,每秒几十次的重复频率调 Q 器件的峰值功率已达几百兆瓦。Nd^{3+}:YAG 也可用作倍频器件和锁模器件,它是迄今实用化程度最高的激光晶体。

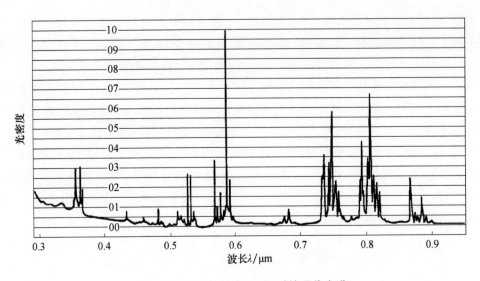

图 3-6 Nd:YAG 在 300K 时的吸收光谱

4. 钕钒酸钇

掺钕钒酸钇常简写为 $Nd:YVO_4$，它有几种光谱特性特别适合于激光二极管泵浦。两个突出的特点是：受激发射截面大，比 Nd:YAG 的大 5 倍；对 809nm 波长存在很强的宽吸收带。$Nd:YVO_4$ 作为一种重要的激光材料，其潜力在 20 世纪 80 年代中期就已经被认可。然而该晶体在生长中，存在散射中心和吸收色心等缺陷。事实证明，它不可能作为闪光灯泵浦所需大尺寸的高质量晶体，这是影响其继续发展的主要障碍。

钒酸钇是自然双折射晶体，激光输出沿着特殊的 π 方向呈线性偏振。自然双折射有一个优点，避免了多余的热致双折射。在这种单轴晶体中，泵浦吸收与偏振有关。若泵浦光的偏振方向与激光辐射方向相同，对泵浦光的吸收最强。即在 π 方向上，$Nd:YVO_4$ 的吸收系数为 $37cm^{-1}$。宽的吸收峰意味着激光输出能量，对受温度影响的泵浦 LD 波长的漂移不灵敏。根据吸收光谱线，最佳泵浦波长中心在 808nm，泵浦带可适当地展宽（峰值的 50%）为 800～820nm，带宽为 20nm。类似地，Nd:YAG 最佳泵浦波长中心在 808nm，泵浦带宽只有 5nm。$Nd:YVO_4$ 与 Nd:YAG 的吸收光谱比较如图 3-7 所示。$Nd:YVO_4$ 的主要缺点是受激态的时间比 Nd:YAG 短，就热导率而言，$Nd:YVO_4$ 只有 Nd:YAG 的 50%。

5. 其他固体工作物质

为了适应固体激光器件小型化的需要，科研人员发展了一些高掺杂浓度的激光晶体，如属于磷酸盐系的五磷酸钕（NdP_5O_{14}，代号 NdPP）晶体，其特点是 Nd^{3+} 既是基质的一部分又是激活离子，掺钕浓度可以很高，最佳掺钕浓度比 Nd^{3+}:YAG 高出 30 倍，而浓度猝灭很小。这种晶体具有发射截面大、效率高、阈值低等优点。另外，磷酸锂钕也是一种高掺杂的激光晶体。据报道，其增益系数比 Nd^{3+}:YAG 高出 28 倍，也是一种很有前途的小型化激光晶体。

研制成功的激光晶体材料还有硅酸氧镧钙 [$CaLa_4(SiO_4)O$，代号 SOAP]，其热性能略逊于 YAG。但由于掺入了高浓度的 Nd^{3+}，而得到高效率、高储能的激光晶体（Nd^{3+}:SOAP），具有中等增益，适用于调 Q 器件。掺钕铍酸镧（$Nd:La_2Be_2O_5$，代号 Nd^{3+}:BEL）也是一种中等增益的激光晶体，其储能能力、激光效率以及抗激光损伤能力等均高于 YAG，输出 $1.070\mu m$ 和 $1.079\mu m$ 两种线偏振光。这种晶体的荧光线宽约为 $30cm^{-1}$，比 YAG 具有更好的锁模特性。$Nd^{3+}:Gd_3Ga_5O_{12}$（代号 $Nd^{3+}:GGG$）系立方晶体石榴石结构,掺 Nd^{3+} 浓度比 YAG 高。双掺晶体 Nd Cr:GSAG 和 Nd Cr:GSGG 是分别在 $Gd_3Sc_2Al_3O_{12}$ 晶体和 $Gd_3Sc_2Ga_5O_{12}$ 晶体中掺入 Nd^{3+} 和 Cr^{3+},Cr^{3+} 为敏化离子,它能吸收 Nd^{3+} 不能吸收的泵浦光能,并把能量转移给 Nd^{3+},可明显提高泵浦效率。

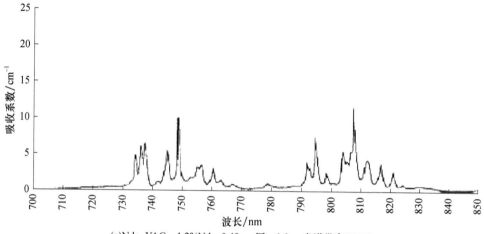

(a)Nd: YAG, 1.2%Nd, 0.49cm 厚, 0.3nm 光谱带宽(SBW)

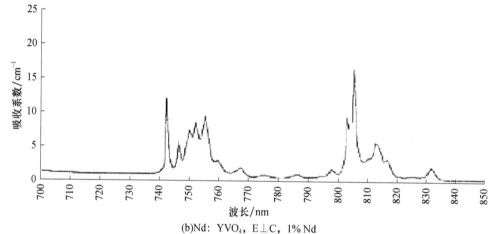

(b)Nd: YVO_4, $E \perp C$, 1% Nd

(c)Nd: YVO_4, $E \parallel C$, 1% Nd

图 3-7　Nd:YVO_4 的吸收光谱对比

通过以上对几种主要固体激光材料性能的对比分析,结合用于 LIOS 激光器的实际要求,可选用 Nd:YVO$_4$ 作为小型固体激光器的工作物质。

3.1.2 自由振荡固体激光技术

1. 自由振荡激光器的结构与工作原理

用红宝石、钕玻璃、YAG 晶体等固体工作物质制成的激光器统称为固体激光器,它的主要特点是激光输出功率高、能量大。固体激光器主要由工作物质、光泵浦源、聚光腔、光学谐振腔和控制电源等组成,其结构如图 3-8 所示[7]。

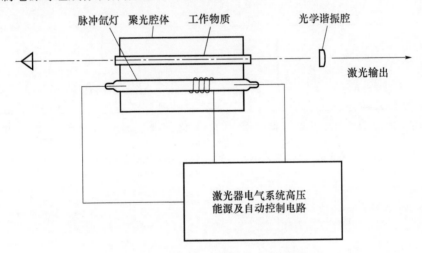

图 3-8 固体激光器的结构示意图

固体激光器通常采用高压脉冲氙灯、氪灯或半导体激光靶条作为光泵浦能源。固体激光器的工作原理是光泵浦源发出的强光照射工作物质,使工作物质中的掺杂离子从低能态被激发到高能态,离子从高能态跃迁到低能态时发出光子,在光学谐振腔中经过振荡放大产生激光输出。固体激光器的电源主要由晶闸管调压器、高压变压器、高压整流电路、储能电容、高压点火线圈和控制仪等构成,其基本电路如图 3-9 所示[4]。电路工作原理是电源接通后,晶闸管调压器受到控制仪中的脉冲扫描电路控制,开始自动逐渐增加电压,由高压变压器升压后,经高压整流电路变为直流高压向储能电容充电;当储能电容充电电压达到设定值后,控制仪自动关闭高压电源;当控制仪的触发开关闭合时,自动触发电路开始工作,控制高压点火线圈产生的上万伏高压脉冲,使闪光灯电离,储能电容向闪光灯放电发出强光,泵浦工作物质产生激光。

2. 影响激光增益的因素

激光器内影响增益的主要因素[5]概括如下。

(1) 工作物质材料。工作物质材料具有宏观的机械、热和光学特性,以及独特的微观晶格特征。固体工作物质材料大致分为晶体和玻璃两类。在选择适合于作激光离子的工作物质的晶体时,晶体的晶格位必须能够接受掺杂离子,其局部晶体场必须具有对称性和感应出期望的光谱特性所必需的强度。一般情况下,位于晶体工作物质内的离子应该有长的辐射寿命,截面接近于 1020cm^2。要能生长出大尺寸的掺杂晶体,同时又要维护好的光学质量和高的产出。

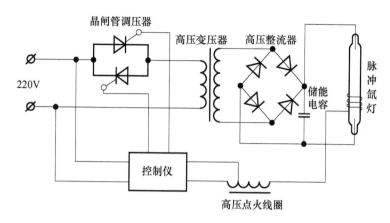

图3-9 固体激光器的电路原理

(2)激活/敏化离子。激光工作物质中的激活/敏化离子有独特的电荷状态和自由离子、电子结构,有利于产生激光跃迁的能级结构。

(3)光泵浦源。光泵浦源具有特殊的几何结构、发射光谱与工作物质吸收光谱匹配及时间等特性。

(4)聚光腔。聚光腔具有特殊的几何结构、光反射效率、光聚焦耦合特性。从提高激光效率出发,改善聚光腔反射系数和结构设计是很有意义的。

(5)谐振腔。谐振腔具有特殊的几何结构、光反射、振荡放大、调 Q 及输出特性。这些因素相互影响,因此为了得到所需要的系统性能,必须使所选择的各种因素相互匹配。

3. JPL 实验室小型闪光灯泵浦固体激光器

20 世纪 70 年代初,美国 JPL 的 L. C. Yang 采用钕玻璃棒、氙闪光灯、镀金银箔包裹式聚光腔、碳化硼衬里、PL-PL 谐振腔、小型电解电容器、直流升压电路及触发电路[1],设计研制成体积为 $5.1cm \times 7.6cm \times 12.7cm = 492.3cm^3$、质量为 0.774kg、脉宽为 1.5ms、输出 2.8J 的小型钕玻璃自由振荡脉冲激光器如图 3-10 所示。该激光器在约 50s 充电时间中需要 10W 平均直流输入功率,电解电容器为 520V、1200μF,尺寸为 $\phi 5.08cm \times 11.9cm$,质量 340g。该激光器的体积小、质量轻、效率高、输出能量大,适用于小型固体激光多路起爆、点火系统,可同时引爆 10 个 LID 或点燃 4 个激光烟火装置。

L. C. Yang 研制的另一台激光器输出 16J,外形尺寸为 $4.0in \times 5.9in \times 10.0in(1in = 2.54cm)$,质量 11.3lb(1lb≈0.45kg)。不久又在这台激光器上加了一个质量约 57g 的电光晶体 KDP Q 开关,输出调 Q 激光能量 6J、脉宽 30ns。研制该激光器的目的是引爆猛炸药雷管。

储能电容器是激光器小型化的主要关键问题,L. C. Yang 指出,铝电解电容器(耐压 500V)的能-质比为 440J/kg,铝-聚酯薄膜电容器(耐压 5kV)的能-质比为 275J/kg。电子部件(高压换流器及触发电路)的质量不超过 70g。自由振荡钕玻璃激光器的比效率(即输出能量与整机质量的比值)已达 3.3J/kg,体积比效率已达 $0.005J/cm^3$。在最先进技术水平下,比效率还可提高 1 倍。

4. 匡蒂克公司 200 型 FIREFLY 武器用激光器

美国匡蒂克公司设计制造的 200 型 FIREFLY 激光器[8]是一种高级、小型自持 OEM 激光源,通过长距离光纤起爆各种激光火工装置,该激光器如图 3-11 所示。典型的火工装置包括雷管、电爆管、驱动器、爆炸驱动阀门、点火具和能使用各种普通起爆药的火帽。匡蒂克公司备有各种 LID 产品一览表,经验丰富的武器研制人员能设计特殊用途的多种装置。备有 FIREFLY 配用的 100m 光纤(最短)和符合用户特殊需要的重要构件、缓冲器、外壳和颜色。该激光器的波长为 1064nm,输出能量为 100W,工作温度为 32～100°F,尺寸为 3.5in × 2.4in × 1.1in = 9.24in³ = 152cm³,质量为 340g。

FIREFLY 是一种激光器件,必须连接通往武器装置的光纤后方可使用。错误使用这种产品,即直射或反射输出耦合器的激光可导致眼睛严重损伤。

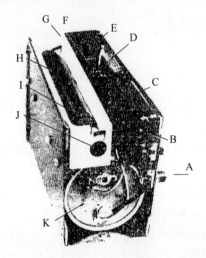

图 3－10　小型高效率脉冲钕玻璃固体激光器的内部结构

A—直流输入;B—保险丝;C—直流高压转换器;D—触发电容器;E—触发电源;F—触发变压器;G—碳化硼腔体;H—镀金的银反射器;I—线性氙闪光灯;J—钕玻璃棒;K—电容器。

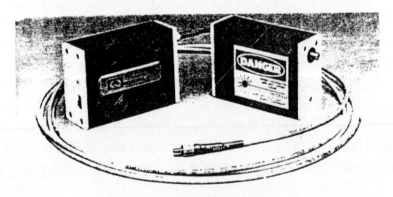

图 3－11　200 型 FIREFLY 激光器

5. 半导体泵浦固体激光器

在 20 世纪 60 年代后期,出现了利用 GaAs 半导体二极管激励 Nd:YAG 的激光器,当时的 LD 存在着可靠性差及寿命短等问题。随着 LD 输出功率的提高和寿命延长,把 LD 激励固体激光器作为激励源,引起了人们的高度重视。进入 20 世纪 80 年代,由于量子阱结构半导体激光器的出现,LD 的阈值电流减小,连续或准连续的输出功率有了明显的提高,因而激光二极管泵浦固体激光器的研究工作有了很大的进展。用半导体激光二极管泵浦的固体激光器是 20 世纪 90 年代激光发展的主要方向之一。这里主要论述半导体泵浦固体激光器的工作原理、结构设计及样机试制等[5]。

1）工作原理

激光二极管泵浦固体激光器的种类很多,可以是连续、脉冲、调 Q 以及倍频、混频等非线性转换等。工作物质的形状有圆柱和板条状的,泵浦的耦合方式分为直接端面泵浦、光纤耦合端面泵浦和侧面泵浦3种结构。现以侧面泵浦为例说明激光器的工作原理,如图3-12所示。

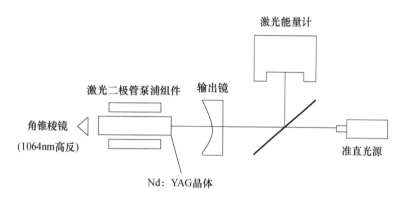

图3-12 激光二极管侧面泵浦示意图

图3-12中泵浦所用的激光二极管或激光二极管阵列射出的泵浦光,耦合到Nd:YAG晶体棒上。在晶体棒的泵浦耦合面上,为了提高谐振腔的振荡放大效率而设有角锥棱镜,其端面镀有对810nm波长的增透膜。同时,该端面也是固体激光器的谐振腔的全反端,因而端面的膜也是 $1.06\mu m$ 的激光谐振腔,起振后产生的 $1.06\mu m$ 激光束由输出镜耦合输出。

小型固体激光器应用于多种起爆、点火系统,要求能够在一定的恶劣环境下正常工作,所以对激光器的各个部件及支撑进行了加强设计,以达到能够适应环境,同时对体积、质量要求非常严格。需要解决的重点问题:要求在非常有限的体积内,设计出能够满足严酷环境的所有技术指标的二极管泵浦小型固体激光器。

2）激光器的结构设计

这里的激光器采用高峰值功率、准连续环形结构的激光二极管靶条,紧贴YAG棒侧面泵浦,其结构如图3-13所示。

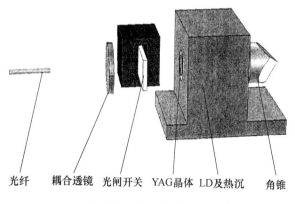

图3-13 小型固体激光器结构示意图

LD 通过导热材料与热沉接触,热沉下面是半导体制冷器,半导体制冷器与散热器相接,通过对散热片强迫风冷将热量散掉。谐振腔的输出膜直接镀在 YAG 晶体上,全反镜使用角锥棱镜代替,用这样构成的免调谐振腔产生激光脉冲,通过耦合透镜聚焦使激光进入光纤传输。

3) 光泵浦系统

固体激光器采用光泵浦方式工作,泵浦光源包括惰性气体放电闪光灯、金属蒸气放电闪光灯、半导体二极管、白炽灯和太阳能泵浦系统。小型固体激光器最有效的泵浦光源是半导体激光。激光二极管泵浦与传统灯泵浦固体激光器比较,具有以下优点。

(1) 转换效率高。如图 3-14 所示[13],因半导体激光的发射波长与固体激光工作物质的吸收峰相吻合,加之泵浦光模式很好地与激光振荡模式相匹配,从而光-光转换率很高,已达 50% 以上。

其整机效率也可以与二氧化碳激光器相当,比闪光灯泵浦固体激光器高出一个数量级。而且二极管泵浦固体激光器可省去笨重的水冷系统,具有体积小、质量轻、结构紧凑、系统易于集成、性价比高等特点。

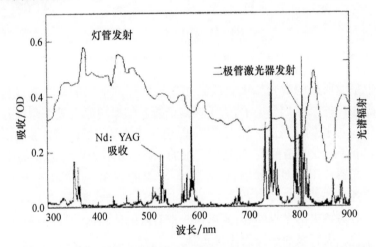

图 3-14 激光二极管和泵浦灯的发射光谱及 YAG 晶体的吸收光谱

(2) 性能可靠、寿命长。激光二极管的寿命大大长于闪光灯,达 15000h 以上,而闪光灯的寿命只有 300~1000h。激光二极管的泵浦能量稳定性好,比闪光灯泵浦高一个数量级,性能可靠,可制成全固化器件。运行寿命长,作为至今为止唯一无需维护的激光器,尤其适用于大批量生产。

(3) 输出光束质量好。由于二极管泵浦固体激光的高转换率,减少了激光工作物质的热透镜效应,大大改善了激光器的输出光束质量,激光光束质量已接近理论极限值,即 $M^2 = 1$。

(4) 增大了脉冲重复性。准连续激光二极管除了具有闪光灯和连续弧光灯的低重复率和连续运转特性外,还能允许固体激光器在几百赫兹到几千赫兹的重复频率范围内产生脉冲运转。

(5) 有利于健康。由于没有弧光灯泵浦中出现的高压脉冲、高温和紫外辐射,所以激光二极管泵浦的系统是有利于环保的。此外,闪光灯泵浦系统的大量紫外线与高泵浦光强,使泵浦腔和冷却水出现衰变,进而使系统功能衰退,产生了维护要求。而激光二极管泵浦源从根本上消除了这些问题。

(6) 实现了激光系统的紧凑性、多功能性。与灯泵浦源不同的是，激光二极管输出光束的方向性强和发射角小，使得有可能设计出新型固体激光器，如端面泵浦系统、微芯片激光器和光纤激光器等。激光二极管泵浦源输出光束在形状和向激光介质传播上的灵活性，为创造新型泵浦结构和设计提供了极好的机会。

(7) 有利于新型激光材料的应用。大多数激光二极管泵浦的激光材料也能够用于闪光灯泵浦。然而，很多非常有用的材料如 $Nd:YVO_4$、$Nd:YAG$ 和 $Tm:YAG$ 等，只在激光二极管的泵浦作用下才能显示出优势。

4) 小型固体激光器

(1) 固体激光器（A 型）。它采用半导体泵浦、$Nd:YVO_4$ 晶体棒、角锥全反射镜、光闸安全控制、透镜组聚焦耦合、光纤输出、直流 28V 电源等技术，完成了小型固体激光器（A 型）设计。在试制过程中，解决了半导体靶条泵浦器件与光纤耦合输出等技术难题，完成了小型固体激光器（A 型）样机试制，并完成了小型固体激光器（A 型）优化设计与试制。小型固体激光器（A 型）样机如图 3-15 所示。

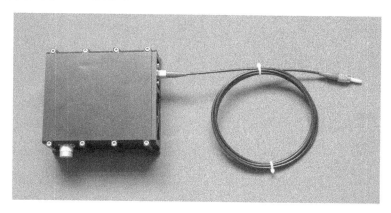

图 3-15 小型固体激光器（A 型）样机

该样机的体积为 $12.5cm \times 12.5cm \times 5.0cm = 781cm^3$，质量为 800g，输出能量为 20mJ，脉冲宽度为 $200\mu s$，脉冲上升前沿不大于 $10\mu s$，其主要性能指标基本达到要求。该激光器主要用于小型固体激光双路起爆、点火系统。

(2) 固体激光器（B 型）。对小型固体激光器（B 型）进行了设计，在试制过程中，解决了半导体泵浦大能量、新器件、光纤耦合输出等关键技术，完成了小型固体激光器（B 型）样机试制，并对小型固体激光器进行了优化设计与试制。小型固体激光器（B 型）样机如图 3-16 所示。

该样机的体积为 $15.2cm \times 15.2cm \times 4.6cm = 1016.8cm^3$，质量为 977g，输出能量为 160mJ，脉冲宽度为 $200\mu s$，脉冲上升前沿不大于 $10\mu s$，其主要性能指标基本达到要求。该激光器主要用于小型固体激光多路起爆、点火系统。

6. 烟火药泵浦固体激光技术

国外从 20 世纪 60 年代末期开始研究烟火泵浦固体激光技术，用 EBW 点燃烟火剂发光，激发工作物质而产生激光，在 1971 年 9 月公布了专利。烟火泵浦固体激光器结构如图 3-17 所示[9]，该激光器是由击发点火管、泵浦发光药剂、YAG 晶体棒、P-P 谐振腔、缓冲光学元件、金属壳体和输出窗口等构成。

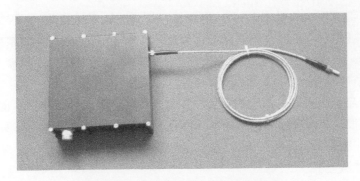

图3-16 小型固体激光器(B型)样机

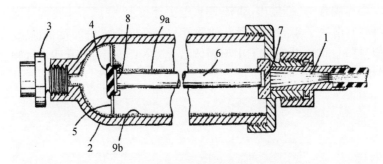

图3-17 烟火药泵浦固体激光器原理结构

1—锥形光耦合器;2—激光器壳体;3—击发点火管;4—全反射镜座;5—支架;6—YAG晶体棒;7—半反射镜;8—全反射镜;9a—涂覆在晶体棒上的火药;9b—涂覆在激光器壳体内壁上的火药。

工作原理:由手动击发机构刺激火帽发火,引燃点火器的输出装药,点火器输出的火焰经小孔点燃激光器前端内壁和YAG晶体棒上的点火药。点火药燃烧发光,泵浦激光工作物质产生光量子振荡放大而输出激光。

在国内,陕西应用物理化学研究所从2003年开始进行烟火药泵浦固体激光技术研究。

(1)工作物质的特性分析。烟火泵浦激光器用激光工作物质与3.1.1节中固体激光器的基本相同。结合烟火泵浦激光器特点,对钕玻璃、磷酸盐玻璃、YAG晶体的光学特性进行了对比分析,选择激发振荡阈值较低的YAG晶体棒作为烟火泵浦固体激光器的工作物质。

(2)烟火激光泵浦药剂研究。烟火药剂的发光光谱与激光工作物质吸收光谱相匹配,是烟火泵浦固体激光器设计的技术关键之一。对$Zr/KClO_4$、$Zr/Mg/Ba(NO_3)_2/BaO_2$、Zr/HMX、$Ti/KClO_4$等4种烟火泵浦药剂进行了发光光谱测定,其发光光谱曲线如图3-18~图3-21所示。

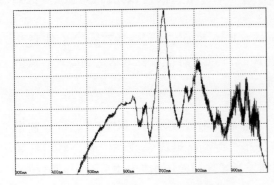

图3-18 $Zr/KClO_4$的发光光谱曲线

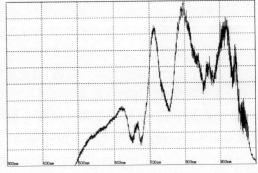

图3-19 $Zr/Mg/Ba(NO_3)_2/BaO_2$的发光光谱曲线

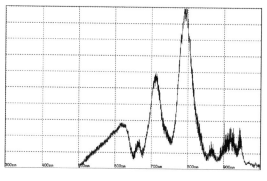

图3-20　Zr/HMX的发光光谱曲线

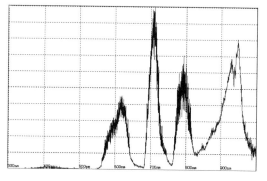

图3-21　Ti/KClO$_4$的发光光谱曲线

从图3-14所示的YAG激光工作物质的吸收光谱与图3-18~图3-21所示的烟火药剂发光光谱曲线可以看出，Zr/HMX与Zr/Mg/Ba(NO$_3$)$_2$/BaO$_2$的发光光谱最强点，在钕玻璃和Nd:YAG晶体棒的强吸收峰0.81μm处，Zr/KClO$_4$的发光光谱次强点在钕玻璃和Nd:YAG晶体棒的强吸收峰0.81μm处，Ti/KClO$_4$在785nm处有一定的发光强度，但并非主峰。因此，采用Nd:YAG晶体棒作为激光工作物质，与Zr系烟火泵浦药剂匹配，能够获得激光能量输出。

（3）烟火泵固体激光器试制。应用物理化学国家级重点实验室为了使烟火泵激光器主要部件能够重复利用、降低试验成本，以及减小火药燃烧产生的气体压力对激光器内部结构的破坏，采用了排气措施，对烟火泵固体激光器的结构进行了优化设计。烟火泵固体激光器的外形如图3-22所示。

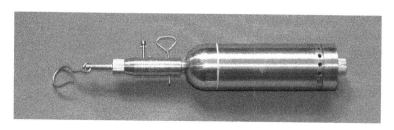

图3-22　烟火泵固体激光器

（4）烟火泵激光输出。从烟火泵浦固体激光技术研究结果分析，只有采用激光振荡阈值低的工作物质、燃烧速度快、烟和残渣少的泵浦药剂才能提高烟火泵激光器的输出能量。因此，采用Zr系泵浦药剂、ϕ6mm×100mm的YAG晶体棒作为工作物质，并且对烟火泵固体激光器传火系列中引燃药的涂覆方式、药量进行了优化改进，进行了烟火泵激光输出试验，取得试验结果如表3-4所列。

表3-4　YAG工作物质与Zr系药剂试验结果

序号	激光物质	谐振腔参数	泵浦药剂	输出能量/mJ	脉冲宽度/ms
1	YAG棒	前反 $T=5\%$	Zr系混合药	41.6	6.12
2		前反 $T=10\%$		56.2	5.75
3		前反 $T=20\%$		97.0	5.74
4		前反 $T=30\%$		37.8	2.09

从试验结果可以看出,采用燃速快、烟和残渣少的 Zr 系新药和 YAG 晶体棒设计成的烟火泵激光器获得的输出能量较大,达到 97mJ,脉冲宽度为 5.74ms。该烟火泵激光器能够用于 3 路起爆系统。

7. 锆氧灯泵浦固体激光技术

国外从 20 世纪 60 年代末期开始研究高热锆泵浦固体激光技术,到 20 世纪 90 年代初锆氧灯泵浦固体激光器已商品化。美国 Scot 公司设计研制的锆氧灯泵浦固体激光器原理结构[10]如图 3-23 所示。机械触发式锆氧灯泵浦固体激光器[11],如图 3-24 所示,产品尺寸为 $\phi 44mm \times 190mm$,体积为 $180cm^3$,脉冲宽度为 30ms,输出能量为 6J。电触发式锆氧灯泵浦固体激光器如图 3-25 所示,电发火双路激光器尺寸为 $\phi 34mm \times 114mm$,脉冲宽度为 30ms,输出能量为 $1.7J \times 2$;电发火激光器尺寸为 $\phi 26mm \times 114mm$,脉冲宽度为 30ms,输出能量为 2.1J。此外还有气压触发锆热泵浦激光器等。

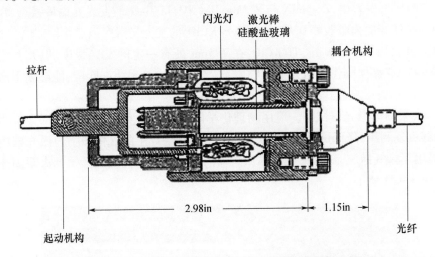

图 3-23 机械触发式锆氧灯泵浦固体激光器结构示意

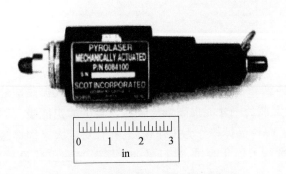

图 3-24 机械触发式锆泵固体激光器

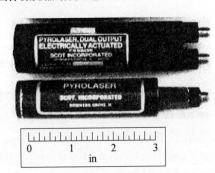

图 3-25 电触发式锆泵固体激光器

机械触发式激光器是由机械击发机构、击发触发器、锆氧闪光灯、磷晃玻璃棒、前后反射镜、聚焦耦合器和直径为 1mm 的输出光纤构成。当弹簧式触发机构撞击每一闪光灯触发端安置着有击发药的薄壁触发器时,7 支锆氧灯被同时点燃,发出强闪光激励其中心磷晃玻璃棒产生激光,输出能量约 1J、脉冲宽度 12ms、波长 $1.06\mu m$ 的激光束,经聚焦组件和光纤缆向雷管点火药传输约 30mJ 的激光能量,使 LID 可靠发火。

锆氧灯泵浦固体激光器的输出端含有聚焦耦合装置与标准接头,用于接收和输出激光束。接头使光纤和聚焦透镜准确定位,将 $\phi 4.5mm \times 44mm$(光耦合长 38mm)激光棒输出的激光束,耦合进 $\phi 400\mu m$ 的光纤中输出。这几种小型锆热泵浦固体激光器,主要用于 F-16 战斗机仓盖抛放、飞行员座椅弹射逃生系统等方面。

应用物理化学国家级重点实验室对锆氧灯泵浦激光技术进行了研究,通过协作设计试制出了锆氧灯泵浦激光试验装置,对锆氧灯泵浦激光器进行了不同设计方案的输出性能试验。

1)锆氧灯泵浦激光试验装置设计

采用 $\phi 6mm$ 的 Nd:YAG 晶体作为激光工作物质、4 支锆氧灯作为泵浦光源、镀金聚光腔、前反镜透过率 $T = 10\% \sim 30\%$ 谐振腔的技术方案,设计试制出锆氧灯泵浦激光试验装置,如图 3-26 所示。

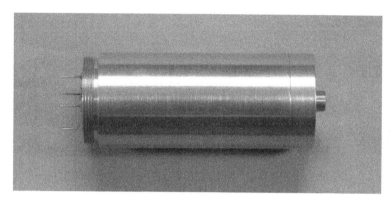

图 3-26 锆氧灯泵浦激光试验装置

2)锆氧灯泵浦激光输出试验

(1)4 支锆氧灯泵浦激光试验。对双路高压脉冲发火源进行了技术改进,每路能够可靠地点燃 1~3 支串联锆氧灯。用 4 支锆氧灯泵浦激光装置进行了不同谐振腔参数的激光输出试验。成功地进行了锆氧灯泵浦固体激光输出试验,所取得的数据如表 3-5 所列。获得的激光输出能量不小于 3J,典型的激光输出波形如图 3-27 所示。

表 3-5 锆氧灯泵浦激光输出试验数据

锆氧灯激光器编号	前反镜透过率 /%	输出激光能量 /J	激光脉冲宽度		备注
			硅光电池探头 /ms	DET 探头 /ms	
2008-1-1	$T=10$	≥2.00	46.3	—	
2009-1-1	$T=10$	1.14	47.3	24.6	
2009-1-2	$T=20$	1.20	65.3	14.0	4 支锆氧灯泵浦
2009-1-3	$T=10$	2.53	37.6	35.2	
2009-2-1	$T=10$	3.35	—	48.8	

注:(1)激光工作物质为 YAG 晶体,尺寸为 $\phi 6mm \times 100mm$;

(2)2009-1-3、2009-2-1 试验时,在硅光电池探头与 DET 探头前加波长为 $1.064\mu m$ 滤光镜。

从表 3-5 的试验数据可看出,锆氧灯泵浦固体激光器的技术关键已经突破,激光输出能量最高达到 3.35J,可以满足飞机逃生系统对激光器的输出能量要求。由于每支锆氧灯的发光持续时间不同、发光强度分布不均匀,导致锆氧灯泵浦固体激光器的输出能量偏差较大。造成上述偏差的主要原因：试制出的锆纤维丝粗细不均匀，直径在 $\phi 0.035 \sim 0.140 mm$ 之间，散布较大；每支锆氧灯内装填的锆纤维丝空间分布不均匀。锆纤维丝加工、锆氧灯试制与锆氧灯泵浦固体激光器技术的优化设计、非电固体激光多路起爆系统等正处在设计研制中。

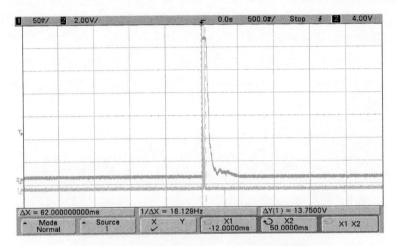

图 3-27　锆氧灯泵浦激光输出波形（彩插见书末）

(2) 6 支锆氧灯泵浦激光试验。在研究过程中，通过技术调研发现，对于 $\phi 6mm$ 的 YAG 晶体，输出能量达到 3J，已接近其损坏极限。根据激光晶体棒的特性，大体积的激光棒可产生较高的输出能量。为提高输出能量和可靠性，采用 $\phi 7mm$ 的 Nd:YAG 晶体棒；并对锆氧灯优化设计后，进行了锆氧灯泵浦固体激光试验，取得的输出结果见表 3-6。从表中的试验数据看出，采用 $\phi 7mm$ 的 Nd:YAG 晶体棒的锆氧灯泵浦固体激光器，输出能量最高达到 6.93J，这已达到国外文献资料报道的水平。

表 3-6　锆氧灯泵浦激光输出试验数据

激光器编号	前反镜透过率/%	输出激光能量/J	激光脉冲宽度/ms	备注
2010-2 3 号	$T=10$	6.93	29.0	—
2010-3 1 号	$T=10$	5.57	34.1	重复利用 YAG 棒

(3) 锆氧灯泵浦固体激光器。采用手动击发机构、保险销、启动销、高效压电晶体、锆氧灯泵浦、Nd:YAG 晶体棒、P-P 谐振腔等技术，设计试制出的锆氧灯泵浦固体激光器如图 3-28 所示。

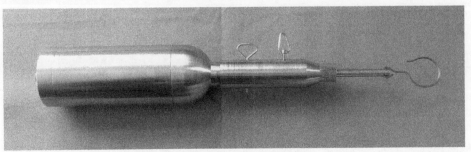

图 3-28　锆氧灯泵浦激光器

图 3-28 所示手动击发高热锆烟火泵浦固体激光器,可以组装成 4 支或 6 支锆氧灯泵浦固体激光器。4 灯激光器输出能量不小于 3J,脉冲宽度不大于 40ms;6 灯激光器输出能量不小于 6J,脉冲宽度不大于 40ms。该类型激光器可以在航空、航乘员应急逃生系统中得到推广应用。

3.1.3 调 Q 激光技术

1. 调 Q 激光器的结构与工作原理

调 Q 激光器主要由工作物质、光泵浦源、聚光腔、半反射镜、转镜或插入谐振腔中的电光、声光、染料调 Q 器件、控制电路及电源等组成,其结构如图 3-29 所示[12]。

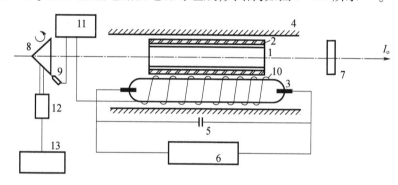

图 3-29 调 Q 激光器的结构示意图

1—钕玻璃激光棒 ϕ20mm×500mm;2—硬质玻璃套管;3—脉冲氙灯 MX24-500;4—聚光腔;
5—脉冲电容器 MY5-140(共 1680μF);6—充电器;7—多层介质膜半反射镜;8—调 Q 全反射镜;
9—磁头;10—触发线;11—延迟触发器;12—电机(15000r/min);13—电机电源。

在转镜上有一粒小磁铁,旁边的磁头是作磁电信号传感器用的。当转镜转动时,磁头拾取磁电信号输入到延时触发器,将信号延迟 Δt 以后输出脉冲高压触发氙灯,使激光棒内储能的极大值恰恰同时使转镜与谐振腔的半反射镜平行,即 Q 值最大时能得到最大的激光输出。

如图 3-30 所示,磁头给出信号,t_3 是转镜和半反射镜平行时刻,t_1 延迟 Δt 到 t_2 时输出脉冲高压触发氙灯,经过 400~700μs,棒内储能到极大值(即 t_3)时,输出高能激光。

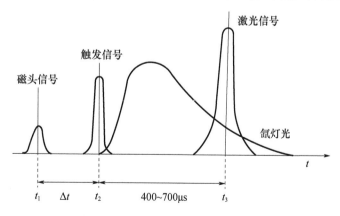

图 3-30 调 Q 激光器的信号延迟控制示意图

氙灯作为一个强光源对激光棒泵浦,将棒中低能态粒子激发到高能态,当转镜和谐振腔尚未平行,此时属"高损耗—粒子积累"阶段。虽然粒子数积累到一个很高水平,但在 Q 值很低的情况下,尚未达到振荡所需的粒子反转数。当转镜使谐振腔平行时,Q 值最高。此时,激光棒内的粒子反转数远远超过振荡阈值,获得了激光巨脉冲输出,即达到"低损耗—光子输出"阶段。从"高损耗—粒子积累"到"低损耗—光子输出",这就是调 Q 激光器的基本原理。

2. 典型小型调 Q 固体激光器

用于起爆炸药的小型调 Q 固体激光器如图 3-31 所示。该图是 SNL001 2 号激光器,这种标准的 Nd:GSGG 激光器是由 Hughes 设计制造的[13]。该激光器能够输出 250mJ、16ns 的调 Q 脉冲激光。激光头长 15cm,体积 360cm^3。这个典型的 SNL001 2 号激光器样机,可以满足以下环境技术要求:①低冲击(500g、1ms);②高冲击(无);③随机振动与激光器操作说明书规定(11.2g、40s)一致;④正弦振动(2g、10~2000Hz);⑤运输振动(6.4g、30min);⑥温度循环 10 次(-65~165°F);⑦射线(无)。

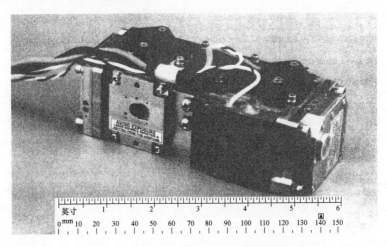

图 3-31　SNL001 2 号小型调 Q 固体激光器

激光头主要由闪光灯泵浦源、Nd Cr:GSGG 晶体棒、屋脊棱镜、波罗棱镜、脉冲宽度扩展器、Brewster 输出耦合器、LiNbO$_3$ Q 开关、偏振屋脊棱镜等部件构成。波罗棱镜将光路折射成 4 级光学谐振腔,在激光晶体棒的粒子数反转达到峰值时,打开 Q 开关,产生调 Q 巨脉冲激光输出。该小型调 Q 固体激光器的光学谐振腔如图 3-32 所示。

要使调 Q 固体激光器进一步小型化,就需要寻找新型激光材料,或者开发提高材料的激光转换效率。效率更高、体积更小的固体激光器,不能通过简单地增加钕玻璃、YAG 或 GSGG 晶体中 Nd^{3+} 离子浓度的方法来发展。在 YAG 或 GSGG 晶体中增加 Nd^{3+} 离子浓度,会导致以下问题:①晶体质量降级;②由于激光能量上限而产生发光自淬灭;③这样做,对辐射幅度叠加和现行的掺杂吸收光谱范围并没有出现令人兴奋的增大。用 Cr:GSGG 共掺稀土的石榴石晶体新材料正在研究之中,其转换效率的增加已经超过 Nd:YAG。这种更高效率的吸收带在 700~900nm,是由于共掺杂 Cr^{3+} 造成的。GSGG 晶体材料的性能比绿宝石(Nd、Cr:BeAl$_2$O$_4$)更好。另外,通过量子化学计算出的材料,像 Nd$_x$P$_5$O$_{14}$、Nd$_x$La$_{1-x}$P$_5$O$_{14}$、Nd$_x$Y$_{1-x}$P$_5$O$_{14}$ 等,其 Nd^{3+} 离子浓度可达 Nd:YAG 的 30 倍。相关研究已初步显示出这些材料在小型高功率激光器中更具有应用前景。这种材料具有宽吸收带,峰值接近 800nm,允许采用 LEDs 或激光二极管等高效率泵浦器件,产生的激光短于 50ns。这些通过量子化学计算出的材料,在应用于 LIOS 之前需要进行开发研究。

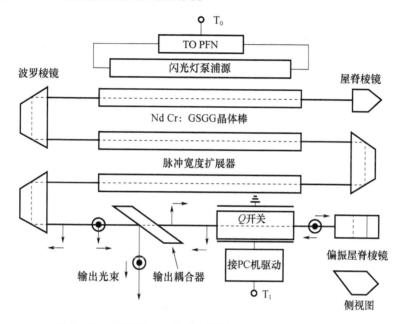

图 3-32　小型调 Q 固体激光器的光学谐振腔结构示意图

此外,欧洲专利 EP292383 报道了一种调 Q 固体激光器[14],如图 3-33 所示。

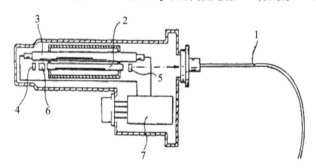

图 3-33　调 Q 固体激光器
1—输出光纤缆组件;2—激光棒;3—直管闪光灯;4—全反射镜;5—半反射镜;6—Q 开关;7—电子组件。

激光棒采用掺杂 Nd^{3+} 离子的玻璃材料,工作波长为 $1.06\mu m$,与输出光纤缆的耦合窗口波长一致。在两个反射镜之间插入被动调 Q 染料盒或 Pockels 电光主动调 Q 开关,以保证激光器触发作用。输出的激光脉冲近似高斯形,用饱和吸收染料盒调 Q 输出的激光能量约 75mJ,使用 Pockels 电光调 Q 输出的激光能量约 150mJ。

3.2　气体激光器

在早期的激光起爆、点火技术研究中,经常使用的气体激光器有两种:一种是 He-Ne 激光器;另一种是CO_2激光器。在后期的激光武器研究中,涉及炸药爆炸泵浦与烟火药爆燃泵浦的是等离子体激光技术。现分别介绍如下。

3.2.1 He-Ne激光器

氦-氖(He-Ne)激光器是1961年首先出现的气体激光器,典型的He-Ne激光管如图3-34所示。它属于原子激光器类,能产生许多可见光与红外光的激光谱。He-Ne激光器是用He、Ne混合气体作为工作物质,其中产生激光跃迁的是Ne气,He是辅助气体,用以提高Ne原子的泵浦速率。He-Ne气体由电离激励产生波长为632.8nm的红光,通常采用连续工作方式。其输出功率较小,一般为毫瓦量级。

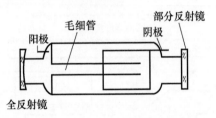

图3-34 He-Ne激光管的结构示意图

He-Ne激光器的结构形式很多,但都是由激光管和激光电源组成。He-Ne激光管由储气玻璃管、放电毛细玻璃管、电极和光学谐振腔组成。在20世纪70年代,上海海光玻璃制品厂生产的HG-2型He-Ne激光器,如图3-35所示。在早期的激光起爆、点火试验装置中,主要用He-Ne激光器作光路指示。

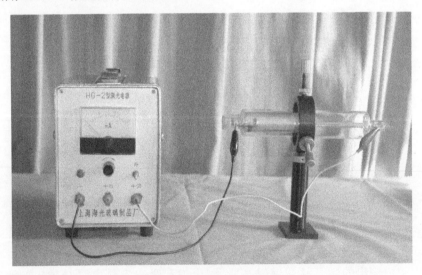

图3-35 He-Ne激光器

3.2.2 CO_2激光器

自从20世纪60年代中期由Patel第一个研制成功CO_2激光器后,流动型、横向激励型、高气压型、气动型、波导型、射频激励型等各种CO_2激光器相继出现,发展极为迅速[4],应用也越来越广泛。CO_2激光器之所以被人们如此重视,原因是其具有很多明显的优点。例如,

CO_2激光器既能连续工作又能脉冲工作,而且输出大、效率高,它的能量转换效率高达20%～25%,连续输出功率可达万瓦量级,脉冲输出能量可达上万焦耳,脉冲宽度可压缩到毫秒至微秒量级。

CO_2激光器发射的波长为10.6μm和9.6μm,此波长正好处于大气传输窗口,非常有利于制导、测距以及作为激光武器。在早期的激光点火技术研究工作中,主要用CO_2激光器推进激光点火;CO_2激光还可以用作传输光纤端面的熔融抛光加工。火药燃烧时的气产物中含有大量的CO_2、CO、N_2和水蒸气,与CO_2激光气体主要成分基本相同,因而用火药激励的CO_2激光器是很有发展前景的一种技术。

CO_2激光器是用CO_2气体作为工作物质,CO_2气体在谐振腔内循环流动,以气体电离激励产生波长为10.6μm远红外光的一种激光器。这种激光器的转换效率达10%～20%,输出功率较高,能够连续工作。其缺点是CO_2激光器体积大、笨重,输出为波长较长的远红外光,难以用普通光纤传输。

CO_2激光器可以用热激励、化学激励和放电激励,其中放电激励用得最多。放电激励又可分为纵向放电激励和横向放电激励两种。纵向放电激励主要用于低气压激光器,可采用直流、交流辉光放电,或采用脉冲和高频放电。横向放电激励主要用于高气压激光器。

本节除重点讨论用得较多的纵向放电激励的封离型CO_2激光器外,对射频激励的CO_2激光器和波导CO_2激光器也作一定的介绍。

1. CO_2激光器的工作原理

CO_2激光的能级如图3-36所示,其中只画出了与产生激光有关的能级,CO_2属于4能级系统。CO_2分子可能产生的跃迁很多,但其中最强的有两条,一条是$00^01 \rightarrow 10^00$跃迁,辐射出波长约为10.6μm的激光;另一条是$00^01 \rightarrow 02^00$的跃迁,辐射出波长为9.6μm的激光。其跃迁过程:外部的能量将CO_2分子从基态激发到激光上能级00^01,00^01向10^00或02^00跃迁时辐射光子。

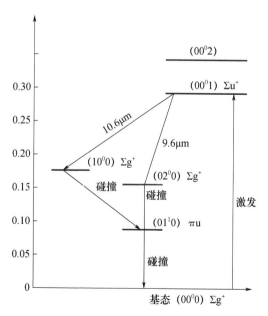

图3-36 CO_2分子部分能级跃迁图

由于 CO_2 激光器的激光跃迁是在同一电子态中的不同振动能级之间,激光上、下能级的能量差比其他气体激光器都要低,因此,量子效率比较高。可以积累比较多的粒子反转数,能得到较高的激光输出功率。

2. 纵向放电激励的封离型连续 CO_2 激光管结构

尽管 CO_2 激光管的结构形式各异,但一般都是由储气玻璃管、工作气体、放电毛细玻璃管、放电电极、谐振腔构成。纵向放电封离型 CO_2 激光管的结构如图 3 – 37 所示。

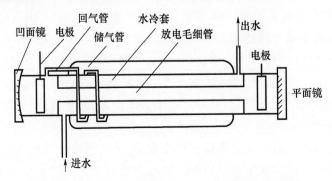

图 3 – 37 纵向放电封离型 CO_2 激光器的典型结构

1) 放电管

放电管大多采用硬质玻璃(如 GG_{17})制成,只有少数有特殊要求(如要求输出功率稳定性好或频率稳定性好)的器件,才采用石英玻璃。放电管的内径和长度变化范围很大,小型 CO_2 激光器放电管的内径一般为 $\phi 4\sim 8mm$,长度在 1m 以下。大功率激光器的内径一般大于 $\phi 10mm$,长度达几十米。为了防止内部气压和气压比的变化而影响器件寿命,放电管外加有储气管。为了防止发热而降低输出功率,加有水冷装置。水冷套的间隙一般为 $5\sim 10mm$,间隙太小,虽流速大,但水流阻力大;间隙太大则水的流速低冷却效果不好。放电管一般采用多层套管结构,气体放电管、水冷套管和储气管三者制成共轴套筒,称为三重套激光管。也可将储气套旁轴放置,水冷套和放电管同轴放置,称此为二重套旁轴激光管。

封离型 CO_2 激光器的放电电流很小,所以与 He – Ne 激光器一样,放电管的阴极也多采用冷阴极,一般是用金属材料制成,形状为圆筒形,电极由与圆筒焊在一起的钨棒引到管外。圆筒的材料一般是用钼片或镍片,圆筒的面积随工作电流的增大而增加。例如,长 1m、内径 20mm 的管子,工作电流为 $30\sim 40mA$ 时,圆筒面积约 $5cm\times 10cm$。圆筒可以与放电管同轴放置,也可旁轴放置。前者结构紧凑,但电极发热会影响激光输出的稳定性;后者制造方便,且电极溅射不会污染谐振腔反射镜,激光输出较稳定。

2) 气体成分和气压的影响

试验发现,CO_2 激光器中含有适量的 N_2、CO、He、Xe、Ne、H_2、H_2O 等气体时,能显著提高输出功率;而含有 Ar、N_2O 时,能大大降低激光器的输出功率。为了提高输出功率,CO_2 激光器都充入辅助气体。以充入主要辅助气体的成分不同,可分为含 N_2 组分和含 CO 组分两种。含 N_2 组分主要充入 $CO_2 + N_2 + Ne + Xe + H_2$,含 CO 组分主要充入 $CO_2 + CO + He + Xe$。后者的输出功率略低于前者,但它对提高封离型器件的寿命有利。

充气压的混合比对输出功率也有很大影响,放电管粗时,N_2、He 的含量要求高些;管径细时,N_2、He 的含量要低些。Xe、H_2 的含量要很低,分别为 CO_2 含量的 $30\%\sim 60\%$、$5\%\sim$

10%。当放电管内径小到 $\phi 6 \sim 7\text{mm}$ 时，CO_2 的含量将高于 N_2。表 3-7 中列出了两种典型器件的气压比。顺便指出，对最佳气压比的要求并不十分严格，相差一点影响不大。

表 3-7　典型器件气体混合比例

放电毛细管内径/mm	$CO_2 : N_2 : Ne : Xe : H_2$ 混合气体比例
$\phi 20$	1 : 2.7 : 12 : 0.6 : 0.1
$\phi 14$	1 : 1.5 : 7.5 : 0.3 : 0.05

下面介绍各种气体成分的作用。

(1) 氮气。N_2 是 CO_2 激光器中主要的辅助气体，它的作用主要是增大 CO_2 分子 00^01 能级的激发速率。加入适量的 N_2 后，输出功率有明显提高。但 N_2 的含量不能太高，因为在总气压一定时，N_2 含量高，CO_2 含量则会相应降低。放电时，CO_2 离解出的氧原子会与 N_2 分子发生化学反应，生成 N_2O 和 NO，它们对 CO_2 分子的 00^01 能级有消激发作用。试验表明，含有少量的 N_2O(40Pa) 就会明显地降低输出功率。因此，CO_2 和 N_2 有最佳配比关系。

(2) 一氧化碳气体。CO 不仅能增大 CO_2 分子 00^01 能级的激发率，而且还有增加 01^10 能级的弛豫速率的作用，但太高时会使 00^01 消激发。

(3) 氦气。在 $CO_2 + N_2$ 混合气体中加入适量的 He(含量比 CO_2 或 N_2 大几倍)可以大幅度提高输出功率。原因如下：He 原子质量轻，所以热导率高，He 的热导率比 CO_2 和 N_2 高出约一个数量级。因此，加入 He 后能降低工作气体温度，增加输出功率；He 对激光下能级 10^00、02^00、01^10 的弛豫作用比对激光能级 00^01 的弛豫作用影响大得多，这有利于粒子数反转，即有利于提高输出功率。此外，He 还可缓冲 CO_2 向管壁扩散，减少 00^01 态 CO_2 分子与管壁碰撞的消激发作用。在高气压 CO_2 激光器中 He 的主要作用是改善气体放电的均匀性，因为 He 可发射紫外光，使放电管内的气体电离。

(4) 氙气。$CO_2 + N_2 + He$ 混合气中再加入少量的 Xe，可使输出功率进一步增加，能量转换效率提高 10%~15%。因为 Xe 的电离电位低，加入后可增加放电气体中的电离度，使得 E/N 值降低，从而提高激光器的效率。氙气的含量有最佳值，一般它的分压强在 107~160Pa 之间。氙的含量不能过多，因为含氙量过多后，虽使电子密度增多，但电子碰撞机会也增多，使电子温度降低。

(5) 水蒸气和氢气。在 $CO_2 + N_2 + He$ 混合气中再加入少量的水蒸气(或氢气)，能提高 CO_2 激光器的输出功率，并且还有延长器件寿命的作用。水蒸气之所以能提高输出功率，主要是因为 H_2O 分子对 CO_2 的 10^00 能级的弛豫速率很大，水蒸气的振动能级与 CO_2 的 10^00 和 01^10 很接近，10^00 和 01^10 态的 CO_2 分子极容易把能量转移给 H_2O 分子，而 H_2O 分子振动能级寿命很短，很快就回到基态。H_2 的作用与水蒸气相同，因为在放电时 CO_2 会离解出氧，氢与氧合成水蒸气。H_2 在常态下是气体，其充入量比水蒸气好控制，因此常用 H_2 代替水蒸气。

水蒸气和 H_2 的含量一般在 13.3~40Pa 之间，不能太高，因为它们除了对 10^00 和 01^10 泵浦很有效外，对激光上能级 00^01 的消激发作用也很显著。水蒸气能延长 CO_2 激光器的寿命，原因是放电时 CO_2 会分离出 CO 和 O，水能催化它们再还原成 CO_2。

3) 谐振腔

由于 CO_2 激光器的放电毛细管比 He-Ne 激光器的粗，为了增加输出功率，一般采用大曲率半径的平-凹谐振腔($R \geq 2L$),甚至采用非稳腔以达到增大模体积的目的。这样虽然调整精度要求高些,但由于 CO_2 激光的增益高。CO_2 激光器的输出功率高,输出波长较长($10.6\mu m$),它的谐振腔反射镜与 He-Ne 的结构形式有一定差别。中小型 CO_2 激光器的全反射镜一般用玻璃磨制而成,表面镀金。金对 $10.6\mu m$ 波长光的反射率可达 98% 以上,其化学性质也比较稳定。高功率 CO_2 激光器的全反端常采用金属反射镜,基板用不锈钢或黄铜,抛光后再镀上金膜。金属反射镜热性能好,也便于通水冷却。

输出端反射镜有几种形式,较为简单的形式是在一块镀金反射镜的中心开一个合适的小孔,外面再密封一块能透过 $10.6\mu m$ 波长光的红外材料,激光通过小孔输出到腔外,称为小孔耦合输出。也可以直接用红外材料磨成反射镜,表面镀金膜,而中心留一个小孔不镀金。这种小孔耦合法的优点是结构简单,缺点是输出容易出现 TEM_{01} 或 TEM_{10} 模,输出的激光束强度分布不均匀。

3. 电源

CO_2 激光器通常是由 CO_2 激光管和电源所组成,如图 3-38 所示。由电源提供高压直流电,施加在激光管的电极上,使激光管中放电毛细玻璃管内的 CO_2 气体电离,在谐振腔的前端产生 $10.6\mu m$ 波长的激光输出。

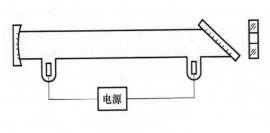
(a) CO_2 激光器原理示意图

(b) 美国Coherent公司的 CO_2 激光器[15]

图 3-38 CO_2 激光器

连续 CO_2 激光器的电源大多采用直流辉光放电电源,电源的原理电路如图 3-39 所示。

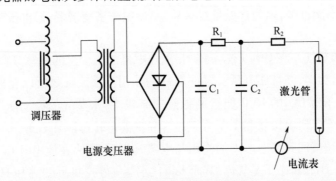

图 3-39 CO_2 激光器电源简图

该电源能供给几千伏到上万伏的直流电压。由于辉光放电的负阻特性,必须串接限流电阻才能使放电稳定。限流电阻的值约为放电管等效内阻的几分之一,限流电阻越大,放电越稳定,但功率损耗增大。当放电管比较长时,需要分段进行激发,这时容易出现各段不能同时均匀放电的现象。为了解决这个问题,设计电路时要有电压自动调节装置。

3.2.3 等离子体激光技术

当炸药被引爆后,爆轰波会在药筒内传播。采用适当的装药结构及合理地布置波形整形器时,能使爆轰波同时沿内圆柱和外环形腔均匀地向前推进。环形体积压垮并形成一动态密封。密封处以炸药爆速运动,驱动具有强大压力的冲击波到工作气体中。被激发成高速约20km/s和高电导率的等离子体。试验证明,炸药能量的25%~50%可被转换到等离子体中。以炸药爆速运动的等离子体汇聚到腔的端部,铝活塞进一步激励这个已形成的等离子体,驱动到MHD发电通道去发电。爆轰等离子发电MHD技术的优点是等离子体密度大、速度高、电导率高。运用该项MHD技术发电,可使输出功率达1.05×10^{10}W、电流5.5MA、电压2kV、脉冲宽度$1\mu s$。显然,它具有重要的军事用途,如定向释能武器、高功率激光和电磁武器等。

国外正在积极发展炸药爆炸产生大能量激光、氧碘化学激光、氟化氘/氟化氢化学激光、二氧化碳气动激光、自由电子激光等高能激光战术与战略新武器等多种高新技术。

在反传感器方面,美国陆军对光学弹药的可行性进行了研究,它是一种利用爆炸能量产生强闪光或激光,是使人眼、光电传感器暂时失明的弹药。洛斯·阿拉莫斯国家实验室已验证了各向同性辐射器和定向辐射器方案,利用爆炸冲击波加热惰性气体,产生宽带强可见光。美国海军研究了舰船自卫用的激光弹药,采用口径为127mm的火炮发射,利用炸药爆炸的能量产生激光束,致盲反舰导弹的敏感光学系统。英国国防部研制了一种名为"复仇女神"的定向红外干扰系统,用于干扰敌方的远程红外制导导弹,并为自己的飞机提供主动防御。美国花费1亿美元从俄罗斯引进了联盟-3烟火磁流体发电装置(MHD),安装在波音747飞机上,作为定向释能武器能源。

战术激光武器是一个很重要的发展方向。国内虽然已有单位在研究高能化学激光、固体激光武器技术,但尚未开始"烟火等离子体产生高能激光新技术"的研究。利用该技术可研发以化学含能材料爆燃作为初始能源,具有不同功率及能量密度的烟火激光装置,发展各种类型的激光武器,如小型化战术激光武器,用于毁伤敌方坦克、战车、飞机、军舰的光学观瞄器材与导弹的光学制导设备以及直接毁伤飞机与导弹等。如果发展成激光枪、激光炮,则可以使敌方人员致盲或毁伤人员。高功率、高能量的等离子激光器可以用作反导及其他战术激光武器,用于现代局部战争、反恐战争以及防暴等方面。

3.3 半导体激光器

半导体激光器是最有吸引力的一种激光器,它的体积小、对电源要求低,输出的近红外激光可以有效地在石英光纤中传输。其功率、能量水平(1~10W)能满足激光单路点火和分路不多的点火子系统,以及对起爆作用时间、同步性要求不太严格的起爆子系统,因此,这类激光器已被应用于弹药的激光起爆和点火中。本节主要论述半导体激光器基本工作原理、器件结构、电源设计和器件性能等[16]。

3.3.1 半导体激光器工作原理

1. 基本工作原理

半导体激光器简称为LD,通常将它称为"注入式激光器",这是因为它发射的激光是电流(电子)"注入"所产生的。因此 LD、注入式激光器等都是指半导体激光器。半导体激光器和侧面发光二极管在结构上十分相似。所不同的是,半导体激光器有高反射率、相互平行的前后端面形成光学谐振腔,而侧面发光的 LED 管则没有,如图 3-40 所示。

半导体激光器的光学谐振腔是由一对相互平行,且具有较高反射率的前后出光端面所构成。谐振腔提供光反馈,使光在谐振腔内来回反射产生振荡得到放大。在适当的条件下(注入电流超过阈值电流),就会出现受激辐射发出激光。激光二极管芯片结构如图 3-41 所示[17],条状相控阵列激光二极管如图 3-42 所示[18]。

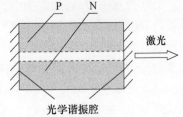

图 3-40 高反射率、相互平行的前后端面形成光学谐振腔

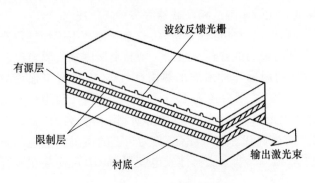

图 3-41 激光二极管芯片结构

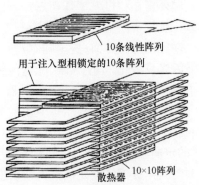

图 3-42 条状相控阵列激光二极管

众所周知,受激辐射是由于某种原因,比如用光泵浦或者用电子注入的方法发生,电子可能会激发到高能态 E_1。但是,处于高能态(受激态)的电子是不稳定的,它会从高能态 E_1 跌落到低能态 E_0,而多余的能量则以光的形式辐射输出。如图 3-43 所示,辐射分为两种,一种是自发辐射,另一种是受激辐射。

如果在没有任何外界干扰的情况下,经过一段时间,处于高能态 E_1 的电子自己"自发地"掉下来而发出光子 $h\nu$,那么这种光辐射就称为自发辐射,如图 3-43(a)所示。

自发辐射的产生是随机的、偶然的、无规则的,它发射出的光波彼此之间无固定的相位关系,这种光是非相干光;另一种辐射则不同,它是由于受到入射光的影响,在入射光的"感应"下或"诱发"下,使高能态 E_1 的电子跌落到低能态 E_0 而辐射出光束,这种辐射称为受激辐射,如图 3-43(b)所示。

受激辐射产生的光波和入射光同频率、同相位,是相干光,它们彼此之间有固定的相位关系。激光器谐振腔提供的光反馈,使光在有源区内来回反射。于是,有可能感应产生出越来越多、越来越强的受激辐射,光在这一过程中不断产生振荡、放大而发出强激光束。对于半导体激光器,高能态的电子,实际上就是指导带中的电子。

与一般的气体、液体、固体激光器的谐振腔不同,半导体激光器的谐振腔实际上是利用晶体的两个解理面自然形成的。对所有晶体而言,组成它的原子都具有规则的空间位置排列,解理面就是沿着晶体晶面断开的表面。可以利用两个解理面,自然构成一对相互平行的反射面。另外,由于 GaAs 晶体的折射率很高,故光在 GaAs 晶体与空气分界的这两个解理面上的反射率也相当高。于是这一对解理面实际上就构成了半导体激光器的谐振腔。

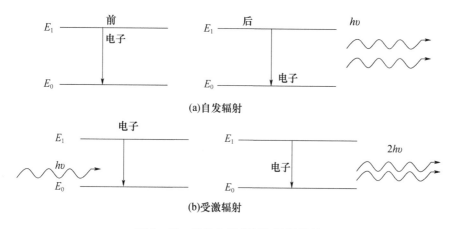

图 3-43 光的自发辐射和受激辐射

激光二极管的简化模型如图 3-44 所示[19]。模型显示,激光半导体结位于 P 型材料和 N 型材料之间。半导体结的物理特性决定了它所产生的光子波长。在视图中给出了这些光子在反射镜构成的腔体里共振,从二极管边缘或末端输出激光束。

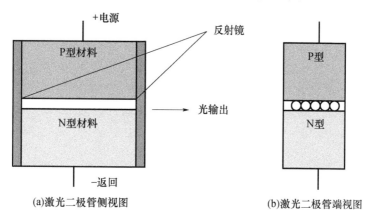

图 3-44 激光二极管的简化模型

激光器谐振腔就是一个法布里-帕罗干涉仪,因此又称它为法布里-帕罗谐振腔。需要说明的是,并不是任何波长的光都能在谐振腔内谐振,而是只有一些特定波长的光才能在光学谐振腔内谐振或共振,产生光放大。这些特定波长的光必须满足这样的条件:当它在谐振腔内来回反射一次而回到原出发点时,应该和原来发出的光波同相位,或者说,相位只能相差 2π 的整数倍。

假设谐振腔长为 L,那么,波长为 λ 的光来回反射一次所产生的相位改变为

$$\Delta \phi = 2\pi \frac{2L}{m} \tag{3-1}$$

根据上述条件,只有当相位改变 $\Delta \phi$ 为 2π 的整数倍时,即应当满足

$$\Delta \phi = 2m\pi \tag{3-2}$$

时,波长的光才可能产生共振。由式(3-1)和式(3-2)得到在腔长为 L 的谐振腔内能产生共振的光波长为

$$\lambda_m = \frac{2L}{m} \tag{3-3}$$

式中：m 为整数。

或者，用相应的频率 ν_m 表示，即

$$\nu_m = m\frac{c}{2nL} \qquad (3-4)$$

因为 $\lambda_m = c/n\nu m$。式中，c 为真空中光速，n 为材料折射率。

满足式(3-3)、式(3-4)的这些波长或频率的光，称为谐振腔或激光器的纵模，也有人称为轴模。

半导体激光器一般做成条形结构，即在 PN 结平面内，有源区只在一窄条范围内有电流流过，除此之外的其他区域不允许电流流过。需要说明的是，条形结构是指在 PN 结平面内对有源区的宽度进行限制，它和在垂直于 PN 结平面方向上采用双异质结结构形成的载流子限制和光波导限制是两回事。

由于半导体激光器发出的激光是相干光，其方向性比 LED 好得多，大大提高了光源和光纤的耦合效率。但是，由于光波本身的衍射效应，半导体激光器所发出的光束仍有一定的发散。输出光束和光纤的耦合问题是一项专门的技术，具体工艺结构可参阅有关资料，这已超出本书论述范围，不再详述。

2. 半导体激光器的工程参数

前面介绍了半导体发光器件的发光原理，这对于更好地掌握 LIOS 中使用半导体光源是有帮助的。但是在 LIOS 设计中，具体使用时更关心的是光源的各种工程参数，如半导体激光器的阈值电流、输出光功率、光束的发散角、光谱的谱线宽度等，而很少去谈光源究竟是怎么发光的。当然，光源器件的发光机理、光源的工程参数和 LIOS 设计紧密相关，了解发光机理，对于加深理解和合理运用这些参数无疑是有好处的。下面对一些参数进行解释和说明。

1) 阈值电流

阈值电流是半导体激光器最重要的参数之一。阈值电流是使半导体激光器产生受激辐射所需要的最小注入电流。也就是说，小于这个电流，半导体激光器不会发出激光，这时发出的光是自发辐射发出的荧光。只有不小于阈值电流，半导体激光器才会发出激光。图 3-45 给出了半导体激光器输出的光功率 P 与正向注入电流 I 之间的关系，即 $P-I$ 曲线。图上同时还给出加在激光器两端的电压 U 与注入电流 I 之间的关系，即 $U-I$ 曲线（虚线，最小刻度为 0.5V）。

从图 3-45 所示的 $P-I$ 曲线可以清楚地看出，当正向电流小于阈值电流时，输出光功率随电流的增加变化较小；而在阈值电流处，曲线出现一个拐点；当电流超过阈值电流时，激光器输出的光功率随电流的增加而急剧上升。当电流超过阈值电流以后，还伴随着一个现象，就是激光器所发出的光的光谱宽度急剧减小。也就是说，这时发出的光的光谱更"纯"。因而在阈值电流以下，它发出的光是"非相干光"，而超过阈值电流时，就由自发辐射变为受激辐射，发出"相干光"。当电流超过阈值电流以后，它所发出的光束的发散角也相应减小，这是由于激光的空间相干性很好，因而光束有相当好的方向性。

阈值电流和许多因素有关：如与器件的结构形状有关，合理地设计器件的结构形状、改善器件的散热条件，可降低阈值电流；再如和器件的工作寿命有关，激光器的阈值电流是随温度的升高呈指数上升的。

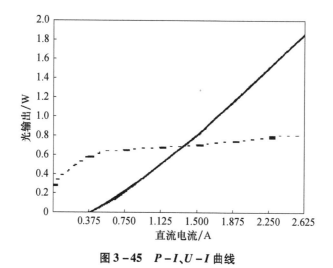

图 3-45　$P-I$、$U-I$ 曲线

正是由于阈值电流和 PN 结的结温有很密切的关系,因此在连续工作时,激光器的阈值电流比脉冲工作时的阈值电流要高。而在脉冲工作时,脉冲的占空比(脉冲的持续时间与脉冲的重复周期之比)越小,则阈值电流越低。

2) 输出光功率

输出光功率是指半导体光源器件所发射的全部光功率。有的光源尽管它输出的光功率很大,但这并不意味着它能够耦合入光纤中的光功率也可以很大,这里还涉及光源的发光面积和光源所辐射光束的发散角等问题。开始时,光输出功率随驱动电流的增加几乎是线性增加。但是,当驱动电流达到一定值后,光输出功率将不再随驱动电流增加而增加,即出现"饱和"现象。这是由于半导体光源 PN 结的结温随驱动电流增加而升高。从而使它的内量子效率降低而造成的。在使用半导体光源时,不能单纯地靠增加驱动电流提高光源的输出光功率,驱动电流过大会导致半导体光源 PN 结损毁。

3) 辐射率

辐射率或者光源的亮度是指从光源器件的单位发光面积发出的进入单位立体角内的光功率,单位是 $W/(cm^2 \cdot sr)$。对于从事激光点火研究与应用的技术人员来说,辐射率与输出光功率同样有意义。因为,虽然一个光源的输出光功率很大,但若它的发光面积很大,光束发散角也很大,由于光纤直径很小,数值孔径(NA)有限(数值孔径反映了光纤接收光的角度大小),这样的光源所发出的光,实际能耦合到光纤中去的光功率并不一定大。而采用辐射率这一指标,就能较好地说明问题。辐射率和方向有关,反映了光源发光的方向特性。

4) 光束发散角

光束发散角指光源所发出的光束半极大值点之间的角度。对于半导体激光器,在垂直于 PN 结平面方向上的光束发散角 $\theta_\perp$ 和沿着平行于 PN 结平面方向上的光束发散角 $\theta_\parallel$ 是不同的。典型的光束发散角在垂直于 PN 结平面的方向上,光束发散角 $\theta_\perp$ 为 45°,而在平行于 PN 结平面方向上,其光束发散角 $\theta_\parallel$ 为 90°。前面讲过,当驱动电流超过阈值电流时,半导体激光器就会发射激光,激光是一种高度相干的光,它的空间相干性很好,所以方向性很好。对于 LIOS 光源的光束发散角是一个非常重要而有意义的参数。光束发散角越小,光源所发出的光越容易耦合进光纤,实际得到的有用光功率越大。一般情况下,光束发散角反映了光源的远场辐射花样,光束发散角越小,所得到的光源最大辐射率越大。

5) 峰值波长

光源的峰值波长也就是光源的工作波长，在这一波长下，光源的输出最大。输出波长为 980nm 的半导体激光器的光谱如图 3-46 所示。

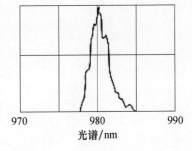

图 3-46　半导体激光器光谱分布

光纤的损耗是和波长有关的。如果在某些波长区，正好碰上杂质的吸收，损耗就很大。这些高损耗是可以避免的，应当在低损耗区传输光信号。因此，要求光源所发射的峰值波长正好在光纤的低损耗区。半导体光源发射的峰值波长和温度有关。当 PN 结区的温度发生变化时，峰值波长也要随之改变。半导体光源输出的峰值波长既和半导体内的复合辐射光谱有关，也和半导体内的吸收特性有关。所得到的半导体光源输出的峰值波长，是复合辐射光谱与半导体吸收特性两者的综合效果。

6) 光谱宽度

当波长偏离峰值波长时，光源发射的光功率将随之减小。50% 功率点（即 3dB 点）之间的波长间隔，定义为光源的光谱宽度。由于光谱宽度是半功率点之间的光谱间隔，所以有时又称为半极大值全宽，有的简称为发射半宽。发射半宽并不是宽度的一半，而是半极大值的全宽。光源光谱宽度反映了光源的光谱纯度，光谱宽度越窄，光越"纯"。不同波长的一个光脉冲经过光纤传输后，脉冲将展宽。为了减小这种因光波波长不同引起的脉冲展宽，光源的光谱宽度越窄越好，或者说光谱越纯越好。特别是对于 $0.8 \sim 0.9 \mu m$ 波段区，这点特别重要。光源的光谱宽度与温度有关。当温度升高时，光谱宽度会增加。半导体激光器的光谱宽度和它的驱动电流有密切的关系。当驱动电流小于阈值电流时，半导体激光器并不发出相干激光，而是自发辐射。光源的光谱分布很宽，与发光二极管（LED）类似。而当驱动电流超过阈值电流以后，光谱宽度迅速变窄。电流进一步增加时，输出光功率越来越集中到几个纵模之内。

7) 寿命

光源器件的寿命是 LIOS 研究人员非常关心的问题。在正常工作情况下，当驱动电流一定时，光源输出的光功率会随着使用时间的增加而越来越小。直到它降到最初工作时输出光功率的 50% 时为止，则器件的这段工作时间，定为器件的工作寿命。光源退化的原因很复杂，其中热问题是一个非常关键的问题。散热不好就会加速器件的老化。另外，在使用时要尽可能降低驱动电流。对于激光器需制造低阈值电流器件，以便延长器件的寿命。造成半导体激光器损坏的另一个重要原因是光损伤。激光器与发光二极管的不同点是激光器有谐振腔，是将半导体的解理面作为谐振腔的反射镜面。由于激光光束的光能密度非常大，很容易引起反射解理面的烧毁而毁坏谐振腔。用提高温度的方法预测光源的工作寿命，这就是加速老化试验，用来预计光源的平均失效时间 MTTF。光源器件的老化，除了表现在输出光功率越来越小外，还表现为输出的光谱宽度越来越宽。即谱线变得不纯，这对激光起爆、点火系统也是不利的。

3. 激光火工品系统用半导体激光源

激光起爆、点火技术在近期的发展中，很大程度上取决于低损耗的光纤和性能良好的激光器件。在半导体激光起爆、点火系统中，长寿命、高可靠性、使用方便的半导体激光器光源是保证系统可靠工作的关键。对半导体激光光源要求如下。

1) 发光峰值波长

众所周知，石英光纤存在有短波长 $0.85 \mu m$，长波长 $1.31 \mu m$、$1.55 \mu m$ 等 3 个低损耗窗口,因此光源发射波长必须与此相适应。

2）输出光功率

光源的输出光功率足够大,而且稳定。

3）工作可靠性高

由于激光火工品的要求,所以对光源的工作寿命要求较高,同时光源应具有较好的温度特性,这样才不会影响整个系统的可靠性。

4）光谱宽度要窄

光源单色性要好,这样可以减小光纤的材料色散对 LIOS 的影响。

5）低功率驱动(低电压、低电流)

电/光转换要满足一定的要求,若效率太低,激光器本身消耗能量大,则发热严重、寿命短。

6）光纤与光纤的耦合效率要高,还要防止使用一段时间后耦合光纤发生位移现象。

7）体积小,质量轻,安装方便

4. 半导体激光器控制及驱动电路设计

1）电源的基本要求

LIOS 中使用的小型半导体激光器的工作电流一般只有十几毫安到数安,结电压小于几伏;然而对于作为光泵浦源的大功率半导体激光器,它的工作电流可达数十安以上,结电压相应增加。对半导体激光器电源的基本要求如下。

(1)半导体激光器是依靠载流子直接注入而工作的,注入电流的稳定性对激光器的输出有直接、明显的影响。因此,要求半导体激光器的电源是一个恒流源,应当具有很高的电流稳定度(至少应小于 10^{-3})和很小的纹波系数,否则激光器的工作状态就会受到影响。

(2)半导体激光器作为一种结型器件,对于电冲击的承受能力很差(尤其是大功率半导体激光器),有时甚至会仅仅由于同一电网中的日光灯,在开关时产生的 EMI 而损坏。因此,在半导体激光器的电源中,必须具有特殊的抗电冲击措施和保护电路。

(3)体积小,耗电量低,电源中无高压,安全性好。

理想情况下,稳流电源的输出一旦确定,就不会因为其他因素的变化而改变。但实际上,稳流电源的输出除了与设定电压有关外,还受到输出电压、负载电压、环境温度和噪声电压的影响,只有尽可能地消除上述因素的影响,才能提高输出电流的稳定度。

(4)电源稳定性的指标。通常,可用以下指标衡量稳流电源的稳定性。

① 电压调整率 S_V。定义为输出电流相对变化量与输入电压相对变化量的比值,即

$$S_V = \frac{\Delta \dfrac{I_o}{I_o}}{\dfrac{\Delta V_i}{V_i}} \tag{3-5}$$

② 负载调整率 S_I。定义为输出电流相对变化量与输出电压相对变化量的比值,即

$$S_I = \frac{\dfrac{\Delta I_o}{I_o}}{\dfrac{\Delta U_o}{U_o}} \tag{3-6}$$

③ 稳定度 γ。定义为输出电流的相对变化量，即

$$\gamma = \frac{\Delta I_o}{I_o} \tag{3-7}$$

2) 稳定电源的组成和工作原理

半导体激光器的电源由以下部分组成：精密基准电压源、电压－电流转换器和电流放大器，如图 3－47 所示。如果要求对激光器输出光进行调制，则还应包括波形发生器或外调制输入接口。

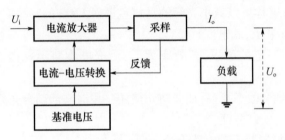

图 3－47　半导体激光电源的构成

首先由基准电源产生一个基准电压，然后用电位器对基准电压进行取样，并将取样值送入电压－电流转换器，产生受取样电压控制的稳定电流。由于电压－电流转换器所产生的稳定电流值较小（一般为数毫安），故需要用电流放大器对其进行放大，以达到使用要求。为提高稳定度，从电流放大器的输出电流中取样并送回电压－电流转换器与基准电压进行比较，将差值放大后，推动电流放大器，使得输出电流维持在设定值上不变，其调节模式如图 3－48 所示。

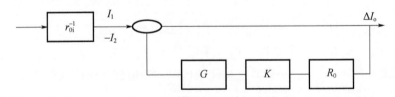

图 3－48　半导体激光电源调节模式

r_{0i}^{-1}—系统开环内阻；G—电流放大器跨导；K—误差放大电压增益；R_0—采样电阻。

当电源电压变化 ΔU_i 时，由于电流放大器有较大的动态电阻，因而回路中的电流变化比放大器短路时要小得多。假定 ΔU_i 在放大器上的变换电流为 ΔI_1，当 ΔI_1 作用到取样电阻 R_0 上时，反馈网络在反馈终端将产生一个抵消电压，该抵消电压经放大器转换为抵消电流 ΔI_2，减少了输出电流的变化。在系统达到稳态时，回路中仅有一个极小的电流静差 ΔI_o，环路的增益越大，电流静差越小。同样，当负载变化时，为了保持电流恒定，输出电压必须发生相应的变化，这个变化由反馈回路的终端提供。为此，反馈回路的始端必须存在一个较小的电流信号维持终端电压输出。显然，环路的增益越高，这个偏差电流就越小。因此，一个性能良好的恒流电源实际上是一个具有自动调节功能的闭环系统。由稳流电源的自动调节模式可以得出其性能指标的表达公式（其中 E_g 为基准电源）为

$$S_V \approx \frac{U_i}{r_{0i} G K E_g} \tag{3-8}$$

$$S_I = \frac{\Delta R_i}{r_{0i} G K R_0} \quad (3-9)$$

$$\gamma = \frac{\Delta U_i}{U_i} S_I + \frac{\Delta R_i}{R_i} S_I \quad (3-10)$$

由上述分析可知,电源电压 U_i 和基准电压的精确程度直接影响到恒流电源的稳定性,因此正确设计电源电路和基准电压源是非常重要的。电源电压部分中应采用效果良好的稳压电路和滤波电路,如高稳定度、低噪声的三端稳压器和 Π 型滤波网络,以保证电源电压 U_i 有很高的稳定度和很低的噪声与纹波。此外,在电源变压器的原边,最好采用进线滤波器和压敏电阻消除电网浪涌。图 3 – 47 所示的基准电压源所采用的是一种常用的形式,其中的核心元件是一个稳压对管(如 2DW237),采用稳压对管的好处在于通过调整 R 的阻值,可以使稳压对管工作在温度系数几乎为 0 的工作点上(2DW237 为 6.2V),从而最大限度地减少温度变化对基准电压的影响。稳流电源中的元件应选用温度稳定性良好的元件,是确保稳流电源工作可靠的另一重要因素。

3) 半导体激光电源

半导体激光器的应用范围越来越广泛,半导体激光器驱动电源的需求量也越来越大,对其性能、工艺、可靠性的要求也越来越高。驱动电源的性能不良或保护措施不当,很容易损坏激光器。在半导体激光器电源中,保护措施比较复杂,从电耗损电路的设计考虑不易推广。国外一些指标高的电源采用了比较完善的保护技术,但其性能价格比较高。

由于试验中半导体激光器的价格还比较高,因而如何保护半导体激光器、延长半导体激光器的寿命,是设计研制半导体激光器驱动电源的重要问题。主要应考虑以下几个方面。

(1) 半导体激光器及其驱动电源的开关应分开,只有在驱动电源的工作状态稳定、波形满足要求后,才允许半导体激光器启动工作;半导体激光器关闭时,其正负两极应短接。

(2) 在预置及改变驱动电流时,能在预置负载上完成,半导体激光器此时可脱离驱动电流源回路而关闭。

(3) 半导体激光器的启动及关闭时间可根据具体情况而定。

(4) 脉冲驱动电流的前沿有一定的上升时间,同时脉冲波形上无高频干扰。

(5) 小型半导体激光电源分为 4 个模块,即供电模块、FPGA 数字模块、激光驱动控制模块和模拟控制器,其原理结构如图 3 – 49 所示。

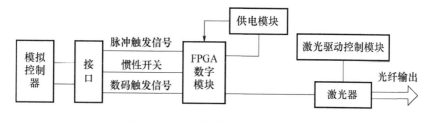

图 3 – 49 半导体激光电源结构框图

① 供电模块。供电模块采用三端集成稳压器,其电路如图 3 – 50 所示。图中的电容器 C_1 和 C_2 用来减少输入和输出电压脉动,并改善负载的瞬态响应。为了输出更大的电流,采用了两个 W7805 并联。

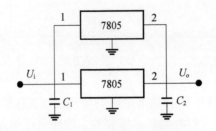

图 3-50　供电模块结构框图

② FPGA 数字模块。数字模块电路结构如图 3-51 所示。

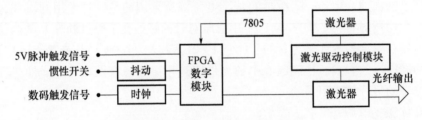

图 3-51　FPGA 数字模块结构框图

③ 激光驱动控制模块。半导体激光电源的驱动电路分线性驱动电路和脉冲驱动电路，LD 驱动电路主要有两类，即单管驱动电路和射极耦合开关。驱动电路的作用就是供给恒定的偏流以及触发的电信号。对有的半导体激光器，需采用自动功率和温度控制电路使平均光功率保持恒定。图 3-52 是一种激光驱动控制模块，其中两路信号分别来自电源控制、数码触发开关。

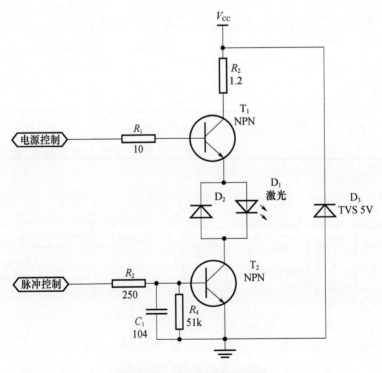

图 3-52　激光驱动模块电路

5. 半导体激光器防护措施

在正常条件下使用的半导体激光器有很长的工作寿命,然而在不适当的工作或存放条件下,会造成性能的急剧恶化乃至失效。半导体激光器的突然失效,可由 PN 结被击穿或用作谐振腔面的解理面遭受破坏而造成,视击穿或破坏的程度表现为输出功率减少或无输出。半导体激光器的核心是一个 PN 结二极管,具有和普通电子学中的二极管相似的特性,一旦 PN 结被击穿,自然无法产生非平衡载流子和辐射复合。超过破坏阈值的光功率可以使解理面局部或全部损伤,而导致激光输出功率的下降或变成发光二极管,甚至失效。因此,除了正确设计激光电源外,还要考虑激光器的保护电路设计。通常对半导体激光器采取的主要防护措施如下[10]。

1)半导体激光器的保护电路

在半导体激光器的使用过程中,出现比较多的电冲击是开启或关断电源时产生的电压、电流浪涌冲击和工作过程中由于电网波动或其他大功率电器启动而产生的电压、电流浪涌冲击。为了消除这些电冲击对半导体激光器的破坏作用,除了采用进线滤波器和 Π 型滤波网络外,在电路中对半导体激光电源采取以下两种防护措施。

(1)短路保护开关。将一个接触电阻很小的开关与半导体激光器并联在一起,即构成短路保护开关。当半导体激光器电源需要启动时,短路保护开关一直是闭合状态,这样开机时产生的冲击电流就不会通过半导体激光器;当电源工作稳定后短路保护开关打开,将偏置电流逐渐加在半导体激光器上。当需关断电源时,同样应首先将短路保护开关闭合。实践证明,这种方法对于消除开关电源时产生的浪涌冲击是行之有效的。

当半导体激光器关闭时,其正负两极应该短接,也就是当惯性开关按钮、5V 脉冲触发开关依次依时按下时,半导体激光器正负两极断开,分别接入驱动电路;若此时按下数码触发开关,则激光器输出激光;若此时间超过 1min,再按数码触发开关,则激光器自动恢复到短接状态。根据此设计的电路如图 3-53 所示。图中采用这一技术措施的半导体激光器电源包括电流源回路和保护回路两部分,具有以下特点:触点 5、6 同半导体激光器的负、正两极相连,因为触点 2、4 是常闭的。而在触发开关关闭时,触点 2、4 分别和触点 5、6 相接,所以激光器正、负两极短接;触点 1、3 接驱动电流源回路。半导体激光器的启动则由数码触发控制开关 K_1(图 3-54)控制,此开关和驱动电流源的电源开关 K 分开,以实现半导体激光器和电流源的启动不同步。

当控制开关 K_1 断开半导体激光器的 LD-(负)和 LD+(正),同触点 2、4 相接,而实现短接;当继电器的控制开关 K_1 闭合半导体激光器的 LD-(负)和 LD+(正),同触点 1、3 相接,即接入电流源回路,半导体激光器开始工作。二极管 D 的作用如前所述,是避免半导体激光器两端承受过大的反向压降。电容 C(数十皮法)的作用是滤掉流过半导体激光器电流波形上的高频干扰。

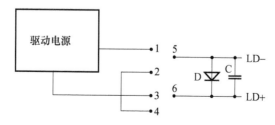

图 3-53 半导体激光器短路保护原理

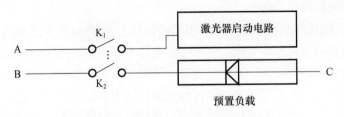

图 3-54 半导体激光器预置电路原理

图 3-54 所示接线图电路是实现了半导体激光器在其驱动电流预置或改变其驱动电流时,脱离电流源回路,由于使用继电器而变得简单。

使用一组开关 K_1、K_2,其工作状态是当 K_1 闭合时 K_2 断开;反之,当 K_2 闭合时 K_1 断开。这里 A 端接电源,B、C 端分别接继电器的触点 1、3,当电源驱动电流需要预置或改变时 K_2 闭合,这时预置负载 F(内阻及工作电流同半导体激光器相同的二极管,内阻为 1Ω)接入驱动电流源回路进行电流预置,当预置完成后需要半导体激光器工作时 K_1 闭合 K_2 断开,继电器线圈有电流通过,常闭触点 2、4 和触点 5、6 断开,触点 5、6 则分别和触点 1、3 接通,使半导体激光器接入驱动电流源回路,使其工作在预置电流下,从而实现在用户预置电流或改变电流时对半导体激光器的保护。

试验证明,采用保护措施的半导体激光器驱动电源非常可靠,所要求的脉冲前沿上升时间、缓启动时间、慢关闭时间和脉冲波等性能容易实现,电路比较简单,性价比高,值得推广。

(2)电流浪涌保护。统计表明,半导体激光器突然失效,有一半以上的概率是由于浪涌击穿。浪涌是一种突发性的瞬态电脉冲,使半导体激光器瞬时承受过电压而可使 PN 结击穿,在瞬态过电压下的正向过电流所产生的光功率可以使解理面损伤。即使在数纳秒的时间内超过半导体激光器最大允许电流 I_{max},也会使其破坏、受损。半导体激光器损伤的程度或半导体激光器承受浪涌冲击的能力,取决于激光器本身的材料参数(如介电常数)和器件结构(特别是结面积)。

① 产生浪涌的原因分析。产生浪涌的原因是多方面的,根据其强度和持续时间的差异,对半导体激光器产生的影响和表现形式也不尽相同。下面给出一些常见的产生浪涌的现象、原因分析和防止浪涌的措施。

a. 半导体激光器驱动电源,在没有慢启动措施的情况下接通和断开电路时,会在电路中形成一个过渡过程。即在开启时,驱动电流出现幅度很大的过冲,随后经过过渡过程才趋于稳定。这种驱动电流的过冲容易使 PN 结出现电击穿,使解理面遭光损伤或破坏。即使浪涌的强度或持续时间不至于在第一次开启电源时使激光器完全失效,但在多次浪涌的冲击下也会加速半导体激光器性能的退化和最后失效。因此,半导体激光器的驱动电源,应采取后面将讨论的缓启动措施。图 3-55(a)和图 3-55(b)所示为采取缓启动措施前后,半导体激光器驱动电流 I_0 随时间 t 的变化曲线。

b. 半导体激光器的管脚不是通过焊接而是直接插入管座中,以方便更换,这是用户常采用的一种方式,也是半导体激光器制造厂在测试器件时所采取的方式。如果管脚与插座接触不良,会造成时通、时断而产生接触过电压浪涌过程。为此,要确保半导体激光器管脚与管座有良好且可靠的电接触。

c. 在半导体激光器的缓启动电路中,与半导体激光器相并联的电容器的容量过大或对电容的充电电压过高,则在关断电源时,电容放电会引起半导体激光器过冲电流,使其 PN 结发生击穿,解理面损坏。

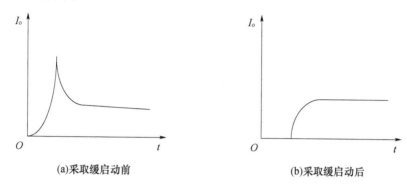

图 3-55　驱动电流与时间的关系曲线

d. 与半导体激光器驱动电路相并联的外电路,可能产生浪涌(如驱动电路接入照明电源线后,与之并联的日光灯开或关时,会产生 1000V 左右的浪涌)串入驱动电路,造成激光器击穿。为此,不应将半导体激光器驱动电路并接于启动频繁、含有较大电容或电感负荷的线路上。或者应在二者之间,采用能抑制浪涌、噪声的滤波器进行隔离。

e. 有些用户需对半导体激光器频繁和间断使用,同时需用电位器调节激光器驱动电流和输出功率。若电位器滑动触点在滑动过程中出现机械或尘屑引起的接触不良,则将导致浪涌危害激光器。因此,要检查与选择好电位器,同时为防止调节过程中不慎失误,使驱动电流超过允许的额定电流而损坏激光器,应与电位器串接一个限流电阻,即使调节电位器过冲至最小阻值处,仍有固定电阻限定其电流在允许值范围内。

f. 当需用电烙铁将半导体激光器管脚与驱动电路焊接时,如电烙铁漏电,其浪涌会使激光器损坏。为此,应使用外壳(也包括烙铁头)有可靠保护接地措施的电烙铁,最好使用烙铁头无电泄漏、不发生感应电位且接地的电烙铁,也可使用蓄电池式烙铁。为慎重起见,还可待烙铁工作到正常温度后,断开电源,立即焊接。为防止电烙铁功率过大或焊接持续时间过长而使半导体激光器产生热击穿,应使用小功率(小于 8W)电烙铁,烙铁头温度不高于 250℃,焊接时间不宜超过 5s。同时采取下面将谈到的防 ESD 措施后,手持镊子夹持靠近管壳部位的引线,以减少焊接过程中烙铁对半导体激光器内部芯片的过热影响。

② 浪涌电流消除电路。虽然短路保护开关可以有效地消除电源开或关时产生的浪涌冲击,但无法消除外电路产生的浪涌冲击的影响。外电路产生的浪涌冲击通常具有以下特点。

a. 浪涌电流是由外界因素产生的,因此随机性强,无法预测。

b. 浪涌电流和电压一般表现为尖脉冲,脉冲宽度很窄,但峰值较高。消除浪涌冲击的方法在于提高电源的整流、滤波电路性能,如增加进线噪声滤波器、压敏电阻与 LC 滤波电路等。另外,还可以在半导体激光器的两端并联电容或串联电感。

在设计半导体激光电源时,上述两种保护电路可以同时使用。

2)缓启动电路

采用缓启动电路能够使半导体激光器不会受到电源开启或关断时而产生的电冲击的影响。图 3-56 是一个利用 RC 充电原理实现缓启动的电源电路。电源接通几毫秒后,才给激光器供电;同样,关闭几毫秒后,才给激光器的电压断电。图中 T_1、T_2、R_1、C_3、C_4 构成电压缓升电路。电源启动后,电流经 R_1 向 C_3、C_4 充电,直到电路端电压达到 1.3V 后,才使晶体管 T_1、T_2 逐渐导通。L_1、C_1、C_2 与 L_2、C_5、C_7 分别构成两个 Ⅱ 型滤波电路,主要作用是防止电流突变。采用这样的电源电路后,半导体激光器上的电压是逐渐加上的,不会产生电冲击破坏。

缓启动过程可以由计算机控制实现,这种电源的可靠性高、稳定性好,当然价格也比较高。实际上,对普通的半导体激光电源的控制电路加以改进,就可以实现缓启动功能。

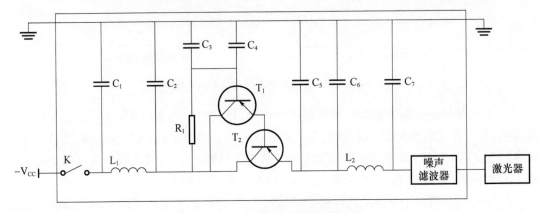

图 3-56 一种缓启动电源电路原理

3) 激光器限流保护

激光器限流保护电路如图 3-57 所示,限流电阻为 R_1,为保证电流的稳定性,并联了一个稳压管,以维持 LD 的恒压。

4) 反向冲击电流保护

为了防止光源受到反向冲击电流或电压的破坏,一般在 LD 上并联一路肖特基二极管,在图 3-57 中,D_2 就是起反向冲击电流保护作用的。因为肖特基二极管的结电容小,反向恢复时间短,故不影响光源的高速工作。当反向冲击电流或电压出现时,肖特基二极管 D_2 迅速导通泄放,从而保护了 LD。

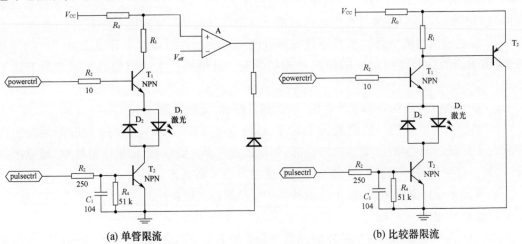

(a) 单管限流　　　　　　　　　　　　(b) 比较器限流

图 3-57 半导体激光器限流保护电路

5）其他保护电路

在 LIOS 中为了更加安全、可靠,可采用下面几种保护电路。

（1）LD 过热保护。图 3-58 是 LD 过热保护电路原理。若由于某种原因使 LD 制冷电路出现故障或环境温度太高,使 LD 工作温度超过允许值。此时温度传感器 R_t 值大大减小,其对地电压也减小。将此值与电位器 W 所产生的参考电压比较,并经运放 A_2 放大后去控制 G_1,使 G_1 导通,从而使 LD 偏置电流 I_b 降低,LD 停止工作。以免在高温下继续工作而受损伤,甚至烧坏。

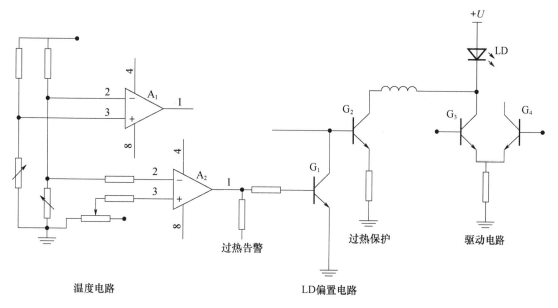

图 3-58　LD 过热保护电路

（2）过热告警。LD 过热告警,可从上面 LD 过热保护的运放 A_2 的输出端,再引出一路信号作为 LD 告警信号即可。告警指示和告警信号输出与下面介绍的无光告警、LD 寿终告警相同。

（3）无光告警。图 3-59 所示为无光告警电路,当输入信号中断,发送电路故障或激光器失效时,光发送无光输出,使 $U_1 < U_2$,A_2 输出正电压使 G_1、G_2 导通。G_1 导通输出 0.4V,即 TTL 低电平。G_2 导通,告警指示发光管点亮,即无光指示灯亮,同时送出一个告警信号(TTL 低电平)。

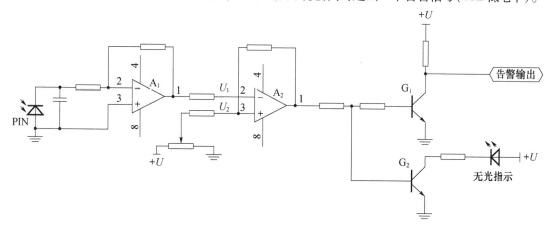

图 3-59　LD 无光告警电路

(4) LD 寿终告警。图 3-60 是 LD 寿终告警电路原理。

通常把 LD 阈值电流 I_{th} 增加到原来的 1.5 倍时,作为激光器寿命终止,由于 LD 偏流 $I_b \approx I_{th}$,因此把 $I_{b1} > 1.5 I_b = U_2$ 时定为寿终告警。当 $U_3 < U_2$,G_3、G_4 导通,寿终告警指示发光管亮,即无光指示灯亮,G_3 送出一个告警信号(0.4V 相当 TTL 低电平)。

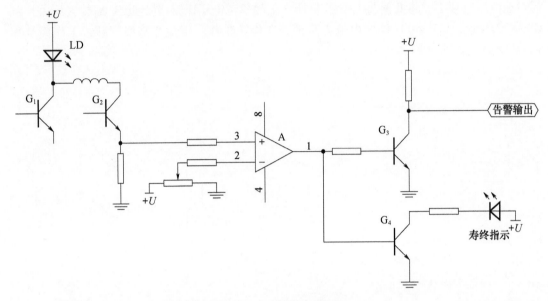

图 3-60　LD 寿终告警电路

这里设计的小型半导体激光器电源是低压直流电源,惯性开关只有在加速度不小于 $25g$ 条件下才能闭合,惯性开关与 5V 脉冲开关连锁启动才能开启激光电源,然后在控制系统的触发命令下才能使激光器发出光脉冲。只有几个开关条件同时具备,而且在足够的电流强度和时间约束条件下,才能使半导体激光器正常输出光能量,因此该激光电源具备了较高的安全性。另外,对电源也采取了保护措施,将半导体激光器及其驱动电流源的开关分开,只有驱动电流源的工作状态稳定、波形满足要求后才能允许半导体激光器启动工作。该电路在多次的试验中,脉冲波形无高频干扰、稳定可靠,满足 LIOS 的安全性和可靠性要求。

半导体激光器遭受损伤和破坏,是通过半导体激光器特性变化和典型故障分析判别的。因此,可根据该光电二极管的光电流或外部探测器显示情况,选取工作可靠的半导体激光器。

6. 半导体激光器温度补偿技术

为了保障半导体激光火工品子系统的环境适应性能,应用物理化学国家级重点实验室研究了半导体激光器温度补偿技术,论述如下[20]。

半导体激光器中的激光二极管,是一个对温度变化较敏感的元件,理论和试验都表明,在恒定输出功率的条件下,随着激光二极管工作温度的升高,所需的工作电流增大;当激光二极管的工作温度降低时,所需工作电流减小。另外,在恒定电流条件下,激光二极管在温度降低时输出功率升高,若输出功率超过激光二极管的上限值,则可能烧坏激光二极管。根据 PSEMC 的研究,在从高温到低温这一过程中,激光二极管的性能差异要远大于军械系统的性能变化。所以,应对激光二极管进行温度补偿,以获得较为稳定的输出功率。

1) 常见半导体激光器驱动电路的工作方式

对于连续工作的激光二极管,激光二极管的电源通常以两种方式工作:一种是恒定电流工作方式;另一种是恒定光功率工作方式。在恒定电流工作方式中,常采用半导体致冷器,通过控制流过致冷器电流的大小和方向,对激光二极管进行制冷或加热。从而控制激光二极管的工作温度,得到较为恒定的输出。在恒定光功率工作方式中,由于电流的变化,很难实现好的温度控制。所以必须内置与反馈回路相连的监测光电二极管或其他外部功率探测器,用采集的信号对驱动电流进行控制。这种工作方式的缺点是当激光器的温度漂移时,可能造成激光波长变化和产生模式跳跃。

在半导体 LIOS 中,激光二极管以单脉冲方式工作,与装备配套使用时,其工作环境温度会经常变化,为确保 LID 可靠工作,应使激光二极管保持输出恒定。遗憾的是,不能简单地将连续激光二极管的功率反馈控制电路移植到这里,因为各种探测器件的反应和反馈控制电路的作用都是滞后的,这种滞后对于单脉冲驱动方式的影响是不能忽略的。

2) 激光二极管的温度特性

半导体激光器中激光二极管波长 $\lambda = 980$nm,尾纤输出功率为 1.5W。在进行半导体激光器的温度补偿试验之前,先通过试验测得其温度特性曲线。当温度变化范围为 $-40 \sim 60$℃(其实际可工作的温度范围更宽些)时,调节激光二极管工作电流使输出功率恒定为 $P_0 = 1.5$W,测得驱动电流 - 温度曲线如图 3 - 61 所示。

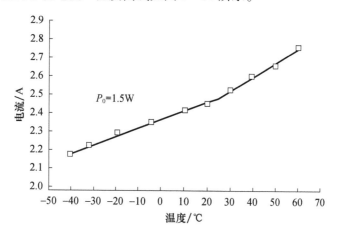

图 3 - 61 激光二极管的电流 - 温度特性

由图可见,若要求激光二极管输出功率保持为 $P_0 = 1.5$W,当环境温度由 -40℃升高至 60℃时,其所需驱动电流由 2.17A 增大至 2.76A,并且在这一变化过程中,驱动电流与环境温度间基本上呈线性关系。

3) 半导体激光器的温度预补偿原理

图 3 - 62 所示为半导体激光器的温度补偿控制原理框图,温度探测器将激光二极管所处的实际环境温度转换成调节量,作为温度预补偿模块的输入,温度预补偿模块对电流幅值调节后,由脉冲发生与控制装置产生电流脉冲,作用于激光二极管,使半导体激光器输出功率在不同温度下保持恒定。采用预补偿模块,避免了输入电流过大造成的破坏作用,从而有效保护了半导体激光器;又能够实现瞬态工作补偿,使 QCW 半导体激光器的输出功率保持稳定。图 3 - 63 所示为温度预补偿模块的工作原理。

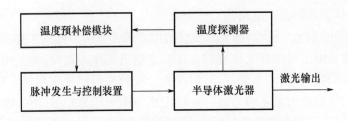

图 3-62　半导体激光器温度补偿控制原理框图

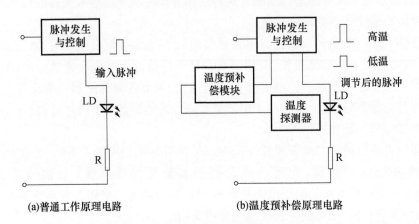

(a)普通工作原理电路　　　(b)温度预补偿原理电路

图 3-63　温度预补偿模块的工作原理

图 3-63(a)所示为普通工作原理电路,由脉冲发生与控制装置给出的电流脉冲直接施加给激光二极管;图 3-63(b)中采用了温度预补偿模块,由温度探测器的转换量对电流脉冲进行处理,保持脉冲宽度不变,只对电流进行调整。当环境温度升高时,增大电流值;反之,当环境温度降低时则减小电流值。这样就可确保激光二极管的驱动电流与由图 3-61 给出的电流-温度特性曲线相一致,从而可以得到较为恒定的输出功率。

4) 半导体激光器温度补偿试验装置

本试验是在恒温箱中进行的,试验装置如图 3-64 所示。为使激光二极管达到试验环境温度,在每个试验温度点恒温1h。试验过程中,将半导体激光器及温度预补偿模块置于恒温箱内,激光器尾纤引出恒温箱外,以便用激光功率计测量输出功率,将不影响半导体激光器温度特性的模拟控制器等装置也置于恒温箱外,便于操作。

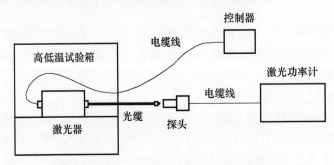

图 3-64　半导体激光器温度补偿试验装置

5) 半导体激光器温度特性试验

在未采用温度预补偿措施前,对半导体激光器进行了温度试验,此试验温度范围为

−45~65℃,高温部分 20~65℃是在 WGP-600 隔水式电热恒温培养箱中进行的,低温部分 −45~15℃是在 WK1 480/15 型高低温试验机中进行的。另外,考虑到不采用补偿措施时,半导体激光器的输出功率波动较大,为确保激光二极管安全,调整控制电路使其在常温下 20℃的输出功率为 1W。试验结果如图 3-65 所示,由图看出半导体激光器的输出功率-环境温度曲线波动较大,在 −45~65℃温度范围内,其功率变化为 0.287~1.406W。可见在电流恒定的条件下,未采用温度补偿措施时,半导体激光器的输出功率受环境温度影响变化很大。半导体激光器的这种温度特性,使其在低温环境下不能为起爆系统提供足够的功率或能量。

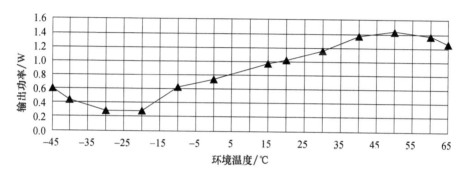

图 3-65 半导体激光器温度试验曲线

6) 半导体激光器的温度补偿设计试验研究

为了提高输出功率的稳定性,必须对半导体激光器进行温度补偿。在半导体激光器驱动电路中采用前文所述温度预补偿模块后,在 −45~65℃温度范围内进行试验,高温部分 20~65℃在 WGP-600 隔水式电热恒温培养箱中进行;低温部分 −45~15℃在 WD701 超低温试验箱中进行。另外,为确保激光二极管安全和便于跟未采取补偿措施的情况进行比较,仍然调整控制电路使其在常温下 20℃的输出功率为 1W。补偿试验结果如图 3-66 所示。

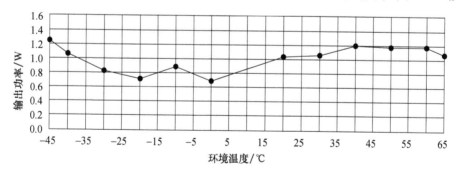

图 3-66 半导体激光器温度补偿试验曲线

从图 3-66 中可以看出,采用温度预补偿模块后,激光二极管的功率输出波动得到改善。在 −45~65℃温度范围内,输出功率变化为 0.695~1.221W。但是这样的结果只是起到了一定的补偿作用,仍不够理想。因为当提高其输出功率水平时,若要求其在 +20℃输出功率 $P_0 = 1.4W$ 时,半导体激光器的输出功率因波动可能会超过上限值而损坏。

7) 半导体激光器温度补偿优化设计

为了达到较为理想的补偿效果,使半导体激光器在较高的输出功率水平上保持稳定,采用 LD 组件内部温度探测、工作电流动态补偿等技术,对驱动电路进行了优化设计,以提高温度补偿性能。采用优化设计后的半导体激光器,在 $-40\sim60$℃温度范围内进行试验,试验所用恒温装置为 WK1 480/15 型高低温试验箱,调整激光二极管在常温下的输出功率为 1.4W,试验结果如图 3-67 所示。

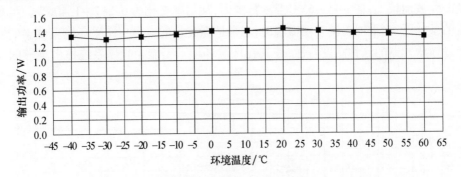

图 3-67 半导体激光器温度补偿优化设计后试验曲线

从图 3-67 中的试验结果可以看出,对补偿驱动电路进行优化设计后,半导体激光器输出功率的稳定性大大提高,在 $-40\sim60$℃温度范围内,其功率变化为 $1.31\sim1.41$W,起到了较好的补偿作用。达到这样的温度补偿效果是非常有意义的,因为 1.5W 的 QCW 半导体激光器可以在环境温度 $-40\sim60$℃的情况下,稳定地工作在高达 1.4W 甚至更高的功率水平,这样就可以满足半导体 LIOS 的环境温度使用要求了。

综上所述,在 QCW 半导体 LIOS 中,不能采用与以 CW 方式工作的半导体激光器相同的反馈式温度补偿措施。从脉冲半导体激光器的特殊性出发,研究出了较为实用的瞬态温度补偿方法,并进行了环境温度试验,结果证明了以下几点。

(1)采用温度预补偿模块,可有效改善半导体激光器输出功率随环境温度的波动。

(2)温度预补偿模块可有效保护激光二极管免受过大电流而破坏。

(3)对驱动电路进行优化设计后,半导体激光器输出功率的稳定性明显提高。

(4)经优化设计后的温度补偿电路,可实际应用于对输出稳定性要求较高的半导体 LIOS。

当然,激光二极管的工作温度的变化,会导致其输出波长和模式的波动。由于这种变化较小,并不会影响使用者最终得到的能量,因为应用多模光纤传输技术,通过恰当地选择与激光二极管耦合的传输光纤,这些问题是可以得到解决的。

3.3.2 激光火工品系统用半导体激光器

1. 小型半导体激光器设计与研制

1) 原理样机设计与试制

(1)陕西应用物理化学研究所与华中理工大学协作,采用 2W 的 CW LD 组件、二进制数字编码触发,解决了电压过冲、电流浪涌等技术关键。设计、研制出了小型 QCW 半导体激光器,如图 3-68 所示。该半导体激光器主要用于早期的半导体激光起爆、点火技术研究。

(2)陕西应用物理化学研究所自行设计、研制小型化半导体激光器,进行了电源电路设计,解决了电流浪涌、杂散信号干扰等技术难题;与西安电子技术公司协作,完成了模拟控制器单片机、半导体激光电源单片机控制软件开发,研制出1.5W小型半导体激光器初样机,如图3-69所示。经调试尾纤输出功率达到1.42W,尺寸为8.0cm×4.4cm×4.0cm,体积为140.8cm³、质量为208g(不含灌封料)。与图3-68所示样机相比,体积减小了120cm³,质量减小了100g。

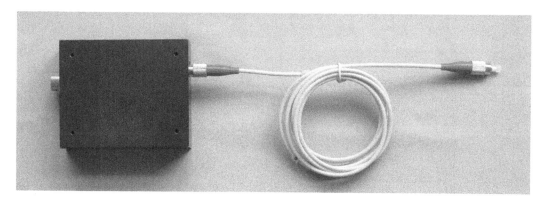

图3-68　QCW 1.5W小型半导体激光器

2)小型半导体激光器优化设计

陕西应用物理化学研究所采用新型单片机、温度补偿、贴片元器件电路和程序控制等高新技术,对小型半导体激光器进行了优化设计。完成了新型单片机驱动电路试验件、壳体加工以及程序控制软件开发,装配、调试出两套小型温度补偿半导体激光器样机。

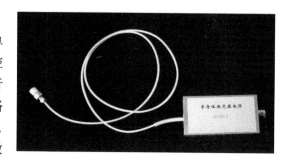

图3-69　小型半导体激光器初样机

样机的体积为3.6cm×3.6cm×5.8cm=75.2cm³,质量为132g,输出功率为1.5W,脉冲宽度10ms,体积和质量比早期研制的样机减小约12%。

2. 半导体激光器的环境性能研究

1)半导体激光器加固设计

对半导体激光器模块用填充材料进行灌封,并采用有缓冲材料层的光缆,可以提高半导体LIOS样机的抗冲击过载与密封性能。常用灌封材料有含硅石环氧树脂、聚苯乙烯泡沫塑料、硅橡胶和聚氨酯等。含硅石环氧树脂和聚氨酯填充材料,常用于耐高冲击过载的炮弹电子引信灌封;聚苯乙烯泡沫塑料与硅橡胶,常用于导弹、火箭弹等低冲击过载的电子引信灌封。由于含硅石环氧树脂和聚氨酯填充材料,在灌封固化过程中的收缩应力、膨胀张力较大,容易对电子元件电路造成损坏,故初步选定硅橡胶作为半导体激光器模块的灌封填充材料,以提高半导体LIOS样机的抗冲击过载与密封性能。

2)环境性能试验

对半导体激光器依据相关标准,进行了高温、低温、恒定湿热、冲击、振动和电磁环境试验。主要试验条件如下。

(1)高温:在(60±2)℃、2h条件下,按GJB 150.3A—2009《军用装备实验室环境试验方法 第3部分:高温试验》规定的方法,进行高温试验。

（2）低温：在（-40±2）℃、2h 条件下，按 GJB 150.4A—2009《军用装备实验室环境试验方法 第4部分：低温试验》规定的方法，进行低温试验。

（3）恒定湿热：在温度 40℃、相对湿度 90%～95%、试验时间 48h 条件下，按 WJ 1883 第4章规定的方法进行恒定湿热试验。

（4）冲击：按 QJ 1184.8 规定方法（表3-8），进行冲击试验。

表3-8 冲击试验条件

试验方向	波 形	峰值加速度/(m/s²)	持续时间/ms	冲击次数/次
+X、+Y、+Z	半正弦波	18g	11	3

（5）振动：按 QJ 1184.12 规定方法（表3-9），进行振动试验。

表3-9 振动试验条件

扫描频率/Hz	15～50	50～2000
振动量级	1.0mm	10g(m/s²)
振动方向	产品输出端向上、向下、水平	
扫描时间	每个方向 12 min	

（6）电磁：按 GJB 1515.3.18 RS103 和 GJB 152 要求方法进行试验。

半导体激光器在上述环境试验条件下，未出现意外解除保险或意外输出激光，结构未出现损坏。试验后，半导体激光器作用正常。证明半导体激光器具备所需的基本环境适应性能。

3. 典型半导体激光器

1）便携式激光发火装置

EBAD 设计生产的便携式半导体激光发火装置[21]如图3-70 所示。其零部件号为 P/N 62090ADR。便携式半导体激光发火装置具有两个激光二极管，作用重复性为±5ms，可单次或同时输出，最大输出为 2W，脉宽为 20ms；需要独立的解除保险和发火命令，有可遥控解除保险和发火接口、二极管并联保险/解除保险以及安全性开关内锁。可由 Ni-Cad 电池块内部充电（每次充电可使用 100 次），发火装置质量为 2.27kg、体积为 5740cm³。

2）飞行质量型战术半导体激光器

EBAD 设计生产的飞行质量型战术半导体激光器发火装置[22]如图3-71 所示。其零部件号为 P/N 62091ADR。飞行质量型半导体激光器具有 4 个独立的激光二极管，最大输出功率为 2W、脉宽为 20ms。主能量通道有两个静态安全开关，具有简单的断停安全性功能，可防止干扰作用（ESD、EMI 及闪电引入的能量）。系统电源为直流 28V，有激光发火件接口、独立的解除保险及发火功能。发火装置体积为 328cm³，质量为 454g。

3）激光二极管发火装置

激光二极管发火装置[23]是 PSEMC 的一项研究与发展项目，为工业、航天及国防应用研制并演示 LDI 的保险/解除保险技术。图3-72 所示为这种激光发火装置，是使用激光二极管和固态电子电路通过光纤传输光能量起爆的军械装置。它有 BIT 可进行光纤通道的端-端测试。这种激光二极管发火装置展示了单光纤和双光纤的两种 BIT 结构。由于固定安装了激光二极管和光纤，LD 具有对中可靠性。

图3-70 便携式激光发火装置

图3-71 飞行质量型战术半导体激光器

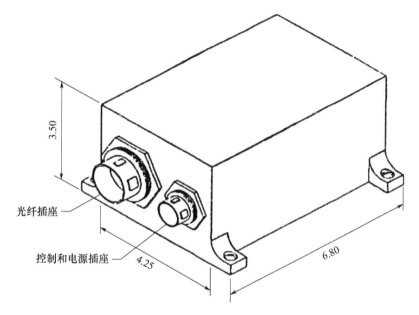

图3-72 激光发火装置外形

该装置工作电源为直流28V,尺寸为6.8in×4.3in×2.9in(1390cm³)。激光器4路输出可扩展到24路输出,每路使用ϕ100μm、NA0.37的光纤,可提供904nm、10ms、1.0W的激光脉冲。

4)1.5W QCW 半导体激光器

陕西应用物理化学研究所用波长980nm、功率1.5W的LD组件、单片机、贴片电子元器件、标准接插件、温度补偿、安全控制、数码触发电路、程序控制和硅橡胶灌封填充等技术,完成了1.5W QCW 小型半导体激光器样机设计与试制。该半导体激光器的输出脉冲能量为15mJ、脉冲宽度为10ms,可以用于半导体激光双路起爆或单路点火系统。

5)2W/450μW QCW 半导体激光器

陕西应用物理化学研究所用波长980nm、功率2.5W的LD组件、单片机、贴片电子元器件、标准接插件、温度补偿、安全控制、数码触发电路、程序控制、大小工作电流切换和硅橡胶灌封填充等技术,完成了2W/450μW QCW 小型半导体激光器样机设计与试制,如图3-73所示。

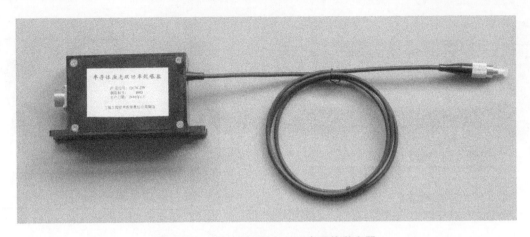

图3-73 2W/450μW QCW 半导体激光器

该半导体激光器在大电流工作状态下,输出发火功率为2W、脉冲宽度为10ms;在小电流工作状态下,输出检测功率450μW、脉冲宽度4s可用于半导体激光器3路起爆或双路点火、自诊断系统。

6) 4W QCW 双波长半导体激光器

陕西应用物理化学研究所采用波长980nm、功率4W与波长650nm、功率4mW的两种管芯的LD组件,对小型半导体激光器电源、半导体控温与模拟控制器电路以及控制程序软件进行了设计研究。完成了双波长4W QCW 小型半导体激光器组装与调试,设计试制出原理样机。对半导体激光器及其控制电路进行了优化,并对控制程序软件进行了改进,设计出双波长半导体激光器及控制器,实现了稳定输出,4W 双波长半导体激光器如图3-74所示。该半导体激光器原理样机的主波长为980nm、QCW 脉冲宽度为10ms、输出能量达到44.9mJ、输出功率不小于4.4W;检测激光波长650nm、功率为2mW。为半导体激光器起爆、点火系统与自检技术研究提供了双波长激光光源。

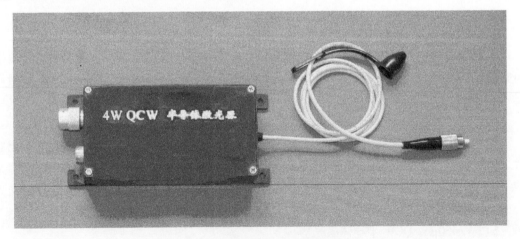

图3-74 双波长 QCW 半导体激光器

7) 5W 程控半导体激光器

陕西应用物理化学研究所采用波长980nm、功率5W的LD组件,设计开发出小型半导体激光器电源、半导体控温与8路模拟控制器电路以及8路程序控制软件等,进行了半导体激光器程控起爆技术研究。完成了5W QCW 小型半导体激光器组装与调试,该半导体激光器主要用于 8 路程序控制起爆原理试验系统,具有多次程控输出功能。

8) 8W 程控半导体激光器

陕西应用物理化学研究所采用波长 980nm、功率 8W 的 LD 组件,对小型半导体激光器电源、半导体控温与 8 路模拟控制器电路以及 8 路程序控制软件进行了优化设计研究。完成了 8W QCW 小型半导体激光器组装与调试,设计试制出的样机如图 3-75 所示。

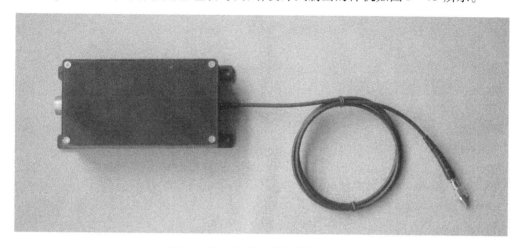

图 3-75　8W 程控用半导体激光器

该半导体激光器主要用于 8 路程序控制起爆系统,具有多次程控输出功能,提高了发火能量裕度与作用可靠性。

9) 法国卫星用半导体激光器

CNES 下属的 Toulouse 空间中心的 Denis Dilhan 等设计研制出用于卫星的半导体激光器[24],如图 3-76 所示。

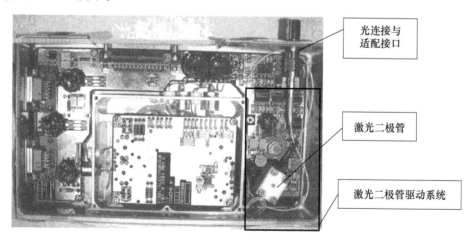

图 3-76　法国卫星用半导体激光器

该半导体激光器的驱动系统是 EGCU(卫星有效载荷的监控装置)的子配件。按照规定,这种子配件应向激光二极管提供 2A/20ms 的电流脉冲,其工艺结构以带 3 个电子安全保险的激光爆炸发火装置的设计为基础。

参 考 文 献

[1] YANG L C,MENICHELLI V J,EARNEST J E. 激光起爆的爆炸装置[G]//激光引爆(光起爆之二). 西安近代化学研究所,译. 北京:北京工业学院,1978:58.

[2] 贺树兴. 国外微电子火工品技术发展现状和趋势[R]. 西安:陕西应用物理化学研究所,1993(2):26.

[3] Talley/Univ Propuision Co. 激光武器系统[G]//九十年代国外军民用火工烟火产品汇编下册. 许碧英,王凯民,彭和平,编译. 西安:陕西应用物理化学研究所,1996:836-838.

[4] 刘敬海,徐荣甫. 激光器件与技术[M]. 北京:北京理工大学出版社,1995.

[5] 王鹏飞. 小型化固体激光器[R]//新品实施方案报告. 华北光电技术研究所,2003:1-32.

[6] 曹椿强. 激光隔板点火系统技术[D]. 西安:陕西应用物理化学研究所,2006.

[7] 上海无线电十三厂. 固体激光的电气系统[M]. 上海:上海人民出版社,1972.

[8] 王莹,彭和平. 200型FIREFLY武器激光起爆分系统[G]//美国现代火工品产品汇编. 陕西应用物理化学研究所,1991:205.

[9] BAKER R L. Pyrotechnic Pumped Laser for Remote Ordnance Initiation System. USP3618526[P/OL]. 1971-11-09.

[10] YONG L D. 炸药、烟火药和推进剂的激光点火综述[J]. 丁大明,译. 火工情报,2007(2):63-64.

[11] LANDRY M J. 飞机抛放系统使用的激光军械起爆系统[J]. 王凯民,译. 火工情报,1994(1):130.

[12] 曙光机械厂. 激光引爆炸药的实验装置和测试技术[G]//激光引爆(光起爆之二). 北京:北京工业学院,1978:13-19.

[13] LANDRY M J. Laser Used as Optical Sources for Initiating Explosives[C]. Proceedings of the 16th International Pyrotechnics Seminar,1991:631-635.

[14] EP292383. 光起爆装置和光起爆序列[J]. 孙丕强,译. 火工情报,1994(1):55-57.

[15] Coherent inc. 产品目录,2009-2010:73.

[16] 朱升成. 激光点火控制技术研究[D]. 西安:陕西应用物理化学研究所,2001.

[17] KEISER G. 光纤通信. 3版[M]. 李玉权,崔敏,蒲涛,等译. 北京:电子工业出版社,2002.

[18] 许碧英,王莹. 武器新型安全引爆系统的比较与选择[G]//国外火工烟火技术-发展现状、趋势与对策. 西安:陕西应用物理化学研究所,1995:127.

[19] FAHTY W D,CARVALHO J E. 激光(二极管)起爆系统的光内置式检测(BIT)[J]. 叶欣,译. 火工情报,2003(1):148.

[20] 贺爱锋. 小型半导体激光多路起爆系统优化设计[D]. 西安:陕西应用物理化学研究所,2006.

[21] Ensign Bickford航天公司. 便携式激光发火件[G]//九十年代国外军民用火工烟火产品汇编. 许碧英,王凯民,彭和平,编译. 西安:陕西应用物理化学研究所,1996:830.

[22] Ensign Bickford航天公司. 飞行质量型战术激光器[G]//九十年代国外军民用火工烟火产品汇编下册. 许碧英,王凯民,彭和平,编译. 西安:陕西应用物理化学研究所,1996:831.

[23] Pacific Scientific Co. 激光二极管发火装置(LFU)[G]//九十年代国外军民用火工烟火产品汇编下册. 许碧英,王凯民,彭和平,编译. 西安:陕西应用物理化学研究所,1996:834-835.

[24] DILHAN D,WALLSTEIN C,CARRON C,et al. 卫星激光二极管起爆系统[J],徐蓂,译. 火工情报,2005(2):48.

第 4 章

光学元器件

本章详细介绍了激光点火、起爆过程中常用的光学元器件的原理及用途。

在激光火工品技术中,光学元器件作为激光传输、聚焦、耦合的载体具有至关重要的作用。常用的光学元器件有光纤、光缆、连接器、合束器与分束器、光开关、耦合元件、光学元件、光衰减器等。

光纤是 LIOS 中最基本的光学元器件,用于激光能量的传输,将激光器输出的能量耦合进光纤,通过光纤传输至火工品,从而实现含能材料的点火或起爆。在一根或多根裸光纤外面加内护套管、芳纶与外护套管,以增加强度对光纤进行保护,这就构成了光缆,在光缆两端装上接头又构成了光缆组件。

在激光多路点火、起爆系统中,可通过光纤分束器与合束器将激光分配、传输至多发产品中,从而实现多路点火、起爆的网络化和信息化控制。

光开关是一种具有一个或多个可选择的传输窗口,可对光传输线路或集成光路中的光信号进行相互转换或逻辑操作的器件,可用于激光点火、起爆光路的保险与解除保险。光开关主要有机械挡板/机电光开关、电光开关、声光开关、固体磁光开关、激光驱动烟火光开关、MEMS 光开关等。

在 LIOS 中的光学耦合元件主要用于不同介质中激光能量的耦合,包括将激光二极管输出的能量耦合进光纤中,或将光纤中的能量耦合到含能材料表面,可分为具有光路聚焦等特性的聚焦类耦合元件和只进行简单光传输的窗口型光学耦合元件两大类。

LIOS 常用的光学元件还包括玻璃基片、介质膜片、干涉滤光片、角锥、光衰减器等,主要用于固体激光点火、起爆试验系统的外光路组合、光电检测和谐振腔。

4.1 光 纤

光纤是光能的传输介质,是激光起爆、点火系统中很重要的组成部分。光纤作为传输能源光缆要与激光器的输出相耦合,作为点火光缆要与火工品中的初级装药相耦合。也就是在输入端要与激光器相连接,将激光器输出的能量耦合进光纤。经过光纤网络传输后,在输出端通过连接器将光能耦合到激光火工品中。因此,正确地认识和选择光纤,对提高光缆耦合效率,进而促进激光点火控制系统具有十分重要的意义。

4.1.1 光纤结构、分类、光传播与参数

1. 光纤结构

光纤就是一根玻璃纤维丝,但它和普通的玻璃纤维有所不同的地方是它由纤芯和包层两部分组成。纤芯的折射率比包层的折射率高一些,其目的是在纤芯与包层的界面上形成全反射,将光线束缚在光纤纤芯内传播,并引导光波沿着光纤轴线方向传播。光纤的典型结构为双层或多层同心圆柱体,一般是由折射率较高的纤芯、折射率较低的包层以及涂敷层构成,光纤的结构如图4-1所示[1]。纤芯的作用是传导光波,包层的作用是将光波封闭在光纤芯中传播,涂敷层的作用则是隔离杂散光、提高光纤强度、保护光纤等。用于激光起爆、点火系统技术的光纤,其直径一般都为 $\phi100 \sim \phi400\mu m$,光纤不仅直径小,而且对其构成的材料纯度要求极高,对结构尺寸折射率要求也非常严格。为了达到传导光波的目的,需要使纤芯材料的折射率 n_1 大于包层的折射率 n_2,为了实现纤芯和包层的折射率差,就必须使纤芯和包层的材料有所不同。实用的光纤主要是石英系光纤,其主要材料是石英,如果在石英中掺入折射率高于石英的掺杂剂,就可作为纤芯。同样,如果在石英中掺入折射率比石英低的掺杂剂,就可以作为包层材料,经这样掺杂和进行适当工艺加工,就可以制成所需要的光纤。

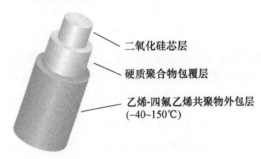

图4-1 光纤结构示意图

（二氧化硅芯层；硬质聚合物包覆层；乙烯-四氟乙烯共聚物外包层 (−40~150℃)）

广泛使用的掺杂剂主要有二氧化锗(GeO_2)、五氧化二磷(P_2O_5)、三氧化二硼(B_2O_3)和氟(F)等。前两种用于提高石英材料的折射率,后两种用于降低石英材料的折射率。

光纤是LIOS中光传输网络的基本组成部分,其材料是经复杂的工艺处理、拉制而成的光波导纤维丝。设纤芯和包层的折射率分别为 n_1 和 n_2,光能量在光纤中传播的必要条件就是 $n_1 > n_2$。

2. 光纤分类

光纤的种类很多,可以用不同的方法进行分类[2]。光纤按传输模式可分为单模光纤和多模光纤,按折射率分布可分为阶跃式光纤和渐变式光纤。阶跃式光纤纤芯的折射率和保护层的折射率都是一个常数,在纤芯和保护层的交界面,折射率呈阶梯形变化;渐变式光纤纤芯的折射率随着半径的增加按一定规律减小,在纤芯与保护层交界处减小为保护层的折射率,纤芯折射率的变化近似于抛物线。

在LIOS中主要采用多模石英玻璃光纤,用渐变和阶跃两种不同的光纤进行试验。下面分别简单介绍在激光起爆、点火控制技术研究中,最常用的两种光纤,如图4-2[3]所示。

(1) 阶跃型光纤。阶跃型光纤简称SIF,其折射率分布如图4-2(a)所示。它的特点是纤芯的折射率是均匀的(为 n_1),而包层的折射率为 n_2。在纤芯和包层之间的分界面上,折射率有一不连续的阶跃性突变。

(2) 渐变型光纤。渐变型光纤简称 GIF,其折射率分布如图 4-2(b)所示。它的特点是纤芯的折射率是在轴线上最大(为 n_1),而在光纤的横截面内沿径向方向折射率逐渐减小,形成一个连续渐变的梯度或坡度,如一抛物线,最后达到包层的折射率 n_2;在纤芯和包层之间的分界面上,折射率是渐变的,而不像阶跃型光纤是突变的。

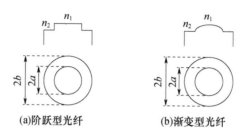

图 4-2 光纤的横截面、折射率分布

3. 光传播

光纤传输模式可分为单模光纤和多模光纤,按折射率分布可分为阶跃型光纤和渐变型光纤,光纤中的光传播[2]如图 4-3、图 4-4 所示。在阶跃型光纤中,纤芯的折射率 n_1 和包层的折射率都是一个常数,在纤芯和包层的交界面,折射率呈阶梯形变化;而在渐变型光纤中,在整个光纤的纤芯内,折射率是沿径向不断变化的,光纤纤芯的中心折射率最高为 n_1,从中心沿径向逐渐降低,最后达到包层的折射率 n_2。其规律一般认为呈幂函数分布。不同折射率和模式的光纤,光线在其中的传播路线也不同。

1) 全反射传播

光纤实际上是一种新型的光波导元件,其外径一般为 $\phi(125\pm2)\mu m$,光纤是利用全反射原理传导光能的,它是由折射率 n_1 较高的纤芯和折射率 n_2 较低的包层构成,纤芯的折射率 n_1 大于包层的折射率 n_2 以形成全反射,在光纤弯曲的曲率半径不是很小时,可以导引光线沿光纤转弯,此时光也不会跑到包层上去。

(1) 阶跃型光纤的光传播。为了说明光在光纤中是怎样传播的这个问题,首先讨论在均匀折射率纤芯中的传播。图 4-3 表示阶跃型光纤的轴向截面和光线传播[4]。阶跃型光纤是纤芯有均匀的折射率 n_1,高于包层的折射率 n_2,纤芯和包层的折射率分布有明显的界面,光线在此界面上产生全反射,光线按照几何光学方式传输。

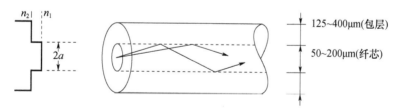

图 4-3 阶跃型多模光纤中光的传输方式

(2) 渐变型光纤的光传播。渐变型光纤纤芯的折射率分布不均匀,在其截面上折射率连续变化,轴中心折射率最大,沿纤芯半径方向折射率按抛物线规律减小,在边缘的折射率最小,迫使光线在纤芯内传输,自动地向轴线方向靠拢(聚焦)光线,形成蛇形曲线传播,如图 4-4 所示[4]。同样,当光线入射角小于该渐变光纤的数值孔径角 θ_0 时,这些光线都将被束缚在光纤纤芯中以蛇形传播,这里 n_1 是纤芯的最大折射率。

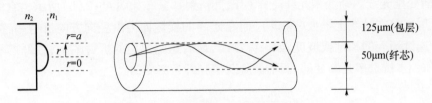

图4-4 渐变型多模光纤中光的传输方式

综上所述,光纤之所以能导光,就是利用纤芯折射率最高的特点,这样落在数值孔径锥角以内的光线都能被收集到光纤中,并在纤芯与包层的边界上形成全反射,从而达到将光线约束在光纤纤芯内部传输而不泄漏。然而要构成优良的光波导,除了必须具备纤芯的折射率比包层折射率高这一最基本条件外,还要求光波导本身的损耗小。这就要求光纤必须由纯度极高的材料构成,根据不同要求,光纤各部分必须具有严格的几何尺寸和折射率分布规律,以满足不同传输参数的要求。

2) 波动传播

光纤传输的基本理论主要包括光线理论和波动理论。光线理论是把光看作射线,引用几何光学中的反射和折射原理解释光波在光纤中的物理现象,而波动理论是把光波当作电磁波,把光纤当作波导,用电磁场分布的模式解释光纤的传输特性。这就涉及光纤的模、光纤的归一化频率等,这里只概括介绍光纤的传输,对波动理论不作讨论,具体可参考有关书籍。

4. 光纤参数

光纤的主要参数有NA、模及归一化频率、色散及损耗等,现分别介绍如下[2]。

1) 光纤的数值孔径

光纤的NA是光纤的重要参数之一,光纤的NA反映了光纤收集光的能力,从几何光学的观点看,并不是所有入射到光纤端面上的光线,都能进入光纤内部进行传播。即都能从光纤入射端进入,从出射端射出。而只有入射角度等于或小于某一个角的光线,才能在光纤内部传播;入射角大于某一个角的光线则进入皮层造成损失,传播原理如图4-5所示[5]。入射角与光纤轴之间的夹角的正弦值就定义为光纤的NA。

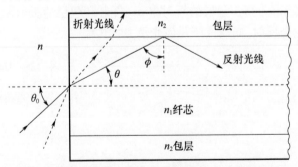

图4-5 光线在阶跃型光纤端面入射及传播示意图

由此可见,光纤的NA总是小于1的,对于一般的多模光纤其NA可为0.17~0.60甚至更大。光纤的NA的大小由光纤纤芯和包层的折射率n_1、n_2决定,可以表示为

$$\text{NA} = \sqrt{n_1^2 - n_2^2} \tag{4-1}$$

式中:n_2是包层的折射率,而n_1对于阶跃型光纤是纤芯的折射率,对于梯度型光纤是光纤中

心的折射率,即光纤纤芯中最大的折射率。因此,只要知道光纤纤芯和包层的折射率,就可以计算出光纤的 NA。光纤的 NA,既反映了光纤的入射性质,也反映了光纤的出射性质。

从上面的分析可见,只有光从空气射入光纤端面时的入射角小于 θ_0 时,光线才能在光纤中以全反射的形式向前传播,称 θ_0 为在光纤中形成全反射的光线在空气中最大的入射角,即为光纤接收射线的最大入射角,通常用 θ_{max} 表示,它的正弦用下式表示,即

$$\sin\theta_{max} = \sqrt{n_1^2 - n_2^2} = n_1\sqrt{2\Delta} = NA \tag{4-2}$$

NA 定义为光纤的数值孔径,θ_{max} 越大,则光纤接收光的能力越强。从立体的观点看,$2\theta_{max}$ 是一个圆锥角,从光源发出的光,只有入射在该圆锥角以内的光才能在光纤中形成全反射而向前传播,根据 CCITT 规定,在国内当取 NA = 0.2 ± 0.02,对应的 θ_{max} 角的范围为 9°~15°。

渐变型光纤的光线端面入射及传播也遵循 NA 的规律,如图 4-6 所示[5]。

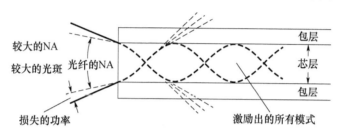

图 4-6 光线在渐变型光纤端面入射及传播示意图

2) 光纤中的模及归一化频率

光纤中的模是指光纤中光波电磁场的结构、电磁场的状态。众所周知,光波实际上是一种电磁波,光波在光纤中的传播,实际上是电磁场在光纤中的传播。光纤中的模指的就是电磁场在光纤中可能的存在方式,可能的传播方式。

光纤最重要的结构参数就是光纤的归一化频率 V,一般表示为

$$V = Kn_1 a \sqrt{2\Delta} = \frac{\omega}{C} n_1 a \sqrt{2\Delta} = \frac{2\pi}{\lambda} n_1 a \sqrt{2\Delta} \tag{4-3}$$

式中:$K = 2\pi/\lambda$ 为光在真空中的传播常数;ω 为光波的频率;C 为真空中光速;a 为光纤纤芯半径;n_1 为纤芯中最大折射率;Δ 为光纤纤芯中的最大相对折射率差。正是由于 V 值是一个无量纲参数,又与光波的频率成正比,因此被称为光纤的归一化频率。下面将会看到一根光纤 V 值的大小,将决定它能够传输模的数目。

光纤的另一个重要结构参数是最大相对折射率差,一般用 Δ 表示,其定义如式(4-3),n_1 和 n_2 分别是纤芯的最大折射率和外包层的折射率。一般多模光纤的 Δ 值约为 0.01,而单模光纤的 Δ 值约为 0.0035。这也是一个无量纲的参数。

其他结构参数还有折射率的径向分布 $n(r)$,其归一化形式为 $g(r)$,$g(r)$ 为光纤的折射率分布函数,也是一个无量纲的参数,即

$$g(r) = \frac{n^2(r) - n_2^2}{n_1^2 - n_2^2} \tag{4-4}$$

光纤的几何参数除常用的光纤纤芯半径 a、光纤外径 d 之外,还有第 j 个内包层的外径 C_j,其无量纲形式为

$$C_j^1 = \frac{C_j}{a} \tag{4-5}$$

3) 光纤的色散

(1) 色散的概念。光纤的色散是光在光纤内传输时差的概念,这种传输时差是因不同模式的光线沿轴向 Z 传播的平均速度不同所造成的。例如,$\theta_0 = 0$ 的光在光纤中传播最快,而全反射角越大的光线,其延轴向 Z 传播速度越慢。若输入一个光脉冲,则由于色散效应,光纤输出脉冲的脉宽将被加宽。

(2) 色散的表达式。最慢和最快两光线的时差即色散 τ,τ 一般仅为千分之几,用相对折射率差(相对折射率差的严格定义如前面所述)表示,则有

$$\tau = t_{慢} - t_{快} = \frac{n_1 z}{C} \cdot \Delta \tag{4-6}$$

(3) 色散与 NA 的关系。色散分为模式色散与材料色散,阶跃折射率光纤中主要是模式色散,梯度型折射率光纤中主要是材料色散。材料色散是因为电磁波在介电材料中传播的速度是波长的函数,不同波长的光在同一材料中传播引起光脉冲展宽所致。光源的光纤色散与 NA 的关系,就是随 NA 的增大,色散增大。例如,当 NA = 0.15 时,梯度型折射率光纤预期展度为 0.2ns/km,而阶跃型折射率光纤则超过 10ns/km。阶跃型折射率光纤色散的增加主要是模式色散所致,NA(即 β)越大,则模式色散越严重。

(4) 色散与带宽。光纤色散 τ 与传输带宽(表征光纤的容量)Δf 成倒数关系,即

$$\tau = \frac{1}{\Delta f} \tag{4-7}$$

也即传输光线时差越大,则带宽越窄,光纤容量越小,可传输的信息量越少。若输入为光脉冲时,输出可能因脉宽展宽(色散造成)而使光脉冲互相混叠。

光纤色散理论表明:相对折射率差减小时,光纤的色散 τ 减小,而传输带宽 Δf 增大,对理想的单模光纤,因 θ_0 单一、波长单一,则 τ 趋向于 0,所以 Δf 趋向于无穷大;随着传输距离 z 的增大,$t_{快}$ 增大,光纤的色散 τ 增大,传输带宽 Δf 减小,即光纤容量随 z 的增大而减小。

4) 光纤的损耗

光纤的损耗机理如图 4-7 所示。由图可知,光纤的损耗主要由材料的吸收损耗和散射损耗确定[4]。

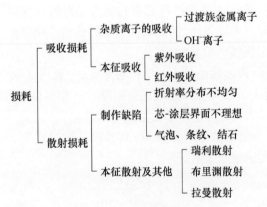

图 4-7 光纤的损耗机理

(1) 光纤的传输损耗。光纤中的传输光强为 I,即

$$I = I_0 e^{-\alpha z} \tag{4-8}$$

式中:I_0 为 $z=0$ 处的初始光强;α 为光强衰减系数;z 为传播的纵向距离。

引起光纤传输损耗的影响因素,主要有材料吸收、散射、弯曲及对接等。由于散射在分布式光纤传输中的重要作用,所以下面简单介绍几种典型的散射损耗。

① 瑞利散射。由玻璃材料分子的无序分布和高温凝聚所致的材料密度不均匀性(即静态密度波动),以及玻璃材料中氧化物组分的浓度变化等造成。因瑞利散射与 λ^4 成反比,故损耗随波长变短而剧烈增大。为此,研制长波长光纤是光纤的发展方向之一。

② 布里渊散射。在传输强光时,光纤出现热声子,这是一种传播性的动态密度的波动,是由于玻璃材料的温度高于绝对零度所引起的。这种动态密度的波动将造成布里渊散射,而且是一种非线性过程。

③ 拉曼散射。拉曼散射是原子振动能级和转动能级的吸收和再发射引起的光散射,也是在强光条件下才会产生,而且是一种非线性过程。

(2)损耗率的定义。光纤中光强的损耗率是以每 1 km 损失的分贝数定义的。在传播距离为 1 km 时,损耗率定义为

$$损耗率 = -10\lg\left(\frac{I_z}{I_0}\right) \tag{4-9}$$

式中:I_0、I_z 为分别为入射初始光强和 $z=1$ km 处的光强。

即每千米损耗率等于以 10 为底的光功率(光强)比的对数的 10 倍。例如,若 $I_z/I_0 = 0.5$,即 1 km 处光强下降到初始光强的 50%,则该光纤损耗率为

$$-10\lg 0.5 = 3.01, \text{dB/km}$$

(3)光纤的光谱特性。光纤的损耗与所使用的材料密切相关,不同材料光纤的光谱特性差别较大,美国 Thorlabs 公司光纤的典型光谱特性如图 4-8 所示[1]。

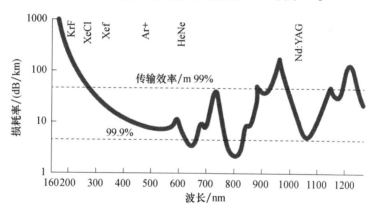

图 4-8 光纤损耗的光谱特性

4.1.2 激光能量传输用光纤

1. 常用光纤

由于激光火工品用半导体激光器和固体激光器的输出光束是多模、大功率、高能量激光,所以采用高纯度石英玻璃多模光纤。通过对国内外光纤生产厂家的产品进行技术调研分析,结果表明,美国、德国的光纤厂家产品的几何尺寸偏差小、质量稳定、性能可靠,但价格较高;国产 $\phi 100\mu m/140\mu m$、NA0.275、渐变型光纤生产工艺较为成熟,传输损耗低,其他 5

种阶跃型光纤为国内新研制产品,性能与国外同类产品相当,价格较低。上述光纤可以满足激光火工品技术研究的需要,LIOS通常采用的光纤规格、牌号如表4-1所列。

表4-1 激光火工品常用光纤一览表

序号	规格/μm	NA	折射类型	生产厂商
1	φ62.5/125	0.275	渐变	美国Corning公司
2	φ100/125	0.220	渐变	美国Corning公司
3	φ100/140	0.220	渐变	美国Corning公司
4	φ100/140	0.294	渐变	美国Corning公司
5	φ100/140	0.365	阶跃	美国3M公司
6	φ100/140	0.275	渐变	北京玻璃研究所
7	φ105/125	0.220	阶跃	北京玻璃研究所
8	φ200/240	0.220	阶跃	美国3M公司
9	φ200/240	0.220	阶跃	美国Thorlabs公司
10	φ200/480	0.220	阶跃	德国Fibertech公司
11	φ250/275	0.220	阶跃	北京玻璃研究所
12	φ280/308	0.220	阶跃	北京玻璃研究所
13	φ360/396	0.220	阶跃	北京玻璃研究所
14	φ365/400	0.220	阶跃	美国Thorlabs公司
15	φ400/440	0.220	阶跃	北京玻璃研究所
16	φ400/480	0.220	阶跃	德国Fibertech公司
17	φ550/600	0.220	阶跃	美国Thorlabs公司
18	φ600/750	0.160	阶跃	美国3M公司
19	φ910/1000	0.220	阶跃	美国Thorlabs公司

2. 飞片起爆用光纤

激光飞片起爆已经发展到能够用调Q YAG激光器使猛炸药撞击起爆,其发射的飞片速度接近6km/s,新型光纤元件用于传递从激光器到雷管的调Q激光脉冲能量。这里主要论述激光飞片起爆用新型光纤元件[6]。

发射这些具有足够高速的飞片,需要注入的激光能量密度达到35J/cm²,这样的高能量密度超过了大多数光纤的破坏极限。这种破坏是因为在输入面吸收激光时,抛光表面不理想而造成的。对多种具有很高质量输入面的光纤,进行了注入量达到50J/cm²的测试,同时对它们的破坏极限和光束外形也进行了测量。

用在这个系统中的标准光纤是一个低羟基含量,芯部直径是φ400μm的硅光纤,使用CO_2激光抛光光纤的端面。此外,对光纤的芯部直径变细到φ300μm和φ200μm的两种光纤进行了研究,作为增加系统效率的一种方法,连同机械抛光光纤端面一起进行了研究。

使用光学起爆装置,可以使雷管的意外爆炸可能性降低。使用光学点火信号能够使炸药与它们所处环境的电信号进行隔离,通过隔离和不兼容性达到增加安全性的目的。在武器系统中或是可靠性事故情形中,可以发现光信号与其他的所有能量信号本质上是不兼容的。

对于猛炸药的迅速起爆,通常有两种类型的 LID,分别是激光爆炸箔雷管和激光飞片雷管。激光爆炸箔雷管需要低密度的初始炸药装填,因为它依靠激光产生的等离子体的膨胀去起爆炸药,非常像爆炸桥丝雷管。激光飞片雷管则使用一束激光驱动飞片,去撞击起爆炸药。本节对使用光纤传输激光能量在 LID 中的应用进行了研究。

1) 操作过程

高能激光脉冲与一个光纤耦合连接在一起,激光能量经过光纤传输到雷管中,入射到沉积在一个透明衬底之上的金属薄膜上。提供的激光脉冲具有足够大的能量和持续时间,薄膜的一部分发生汽化,在基底和金属膜之间形成具有极高吸收性的等离子体,进一步吸收激光能量,导致等离子体的快速膨胀,这就加速了剩余膜层形成飞片,穿过一个小加速膛或是药筒传递到炸药上。炸药是高密度的,并具有高比表面积,如 HNS。飞片具有极高的压力撞击炸药,就会导致猛炸药迅速起爆。

在 LID 的设计过程中,通常需要考虑光纤的限制因素。据 Honig 的报道,在一个连接光纤的 16 个雷管系统中,用 1J 的激光能量成功地起爆了 PETN 炸药。假设光的效率是 70%,转变成全发火能量密度是 $35J/cm^2$,这个能量刚好超过了多数光纤破坏极限要求。

2) 光纤的连接

高能激光脉冲与光纤连接有两种不同的方法:一是必须使激光束通过一个透镜系统直接聚焦到光纤上,因此,在输入端面所具有的能量密度不小于输出端面的能量密度;二是光纤锥形定位在透镜系统与传递光纤之间,这个锥形或许是传递光纤或是分束光纤的一部分。具有锥形的光纤输入端芯径大,随着输出端直径的减小,光纤对脉冲能量密度聚集逐渐增大。因此,在输入端面的能量密度比输出端面所需要的能量密度要小。这种变直径光纤具有显著减少点火能量的潜在功能。

(1) 传输效率。光纤的传输效率是通过许多因素确定的,这些因素包括输入端面和输出端面的表面抛光(如划痕、凹点和瑕疵)、光纤内部杂质的化学含量。大多数光纤是不能够承受高能量耦合传输要求的,因此,必须使用具有极高纯度和非常高的表面质量的光纤。对于短光纤,光纤内部的衰减过程可以忽略,在每个空气 – 玻璃界面能量损失光大约为 4%,因此理论上的传输效率受到限制,给出的理论传输效率最大为 92.2%。

(2) 空间外形。传统起爆炸药飞片的极限是随着飞片弧度的增大而增加的,在 LID 中也观察到了相同的效果。通过调整激光束的外形,确定激光驱动飞片的平面。激光束中的能量热点,会使飞片起波浪而破裂。可以通过多种方法产生均匀的激光束分布,包括使用多模激光器、几米长的光纤合并成直径是 100mm 的环引入光纤中。在光束分布中增加光的均匀性,可以提高光纤内部高阶模式的效果。光束的分布检测,是用一个 CCD 照相机连接一个光束分布软件产生的三维光束图像进行测量的。通过"平顶因数"可以进行空间外形的定量,定义为

$$F = \frac{\sum_{f=1}^{pk-1} \frac{E_f + E_{f+1}}{2}}{pk} \quad (4-10)$$

$$E(f) = \sum_{1=pk}^{f} \frac{i_N}{\text{total}} \quad (4-11)$$

式中:E 为包含在注入量值和峰值之间的部分能量;F 为注入量值;pk 为注入量峰值;total 为

光束中的总能量；N 为具有 i 值的像素数；f 为平顶因数（top hat factor），为了完全统一外形，$f=1$。

（3）轴向光纤和径向光纤的连接。通过对光纤的设计和传递机理分析，光纤本身与雷管体轴向连接在一起，光纤轴向是光的出口，这就限制了雷管的整体结构设计。现在通过商业途径，可以获得"侧边发火"的光纤元件，可改变雷管的轴向输入结构，以便设计紧凑的雷管。在输出面上的"侧边发火"光纤具有微型加工的斜面，这个斜面可以导致光束延光纤轴向转 $90°$ 的方向传播。这就为 LID 中的光纤从侧边进入提供了一种新的设计方法，这正好与光纤从前部沿轴线进入雷管的设计相反。

3）高能传递光纤前期研究情况

在确定能够传输高能的 Nd:YAG 激光脉冲所用的光纤方面，已经进行了很多研究工作。将不同研究者所获得的研究结果汇总于表 4-2 中。

表 4-2 以前的研究结果

波长 /nm	脉冲宽度 /ns	纤维类型	直径 /μm	能量 /mJ	注入能量密度 /(J/cm²)	连接方式
1064	8	光子晶体	22	0.45	118	10倍显微镜接物镜
1064	13.5	高 OH⁻ 浓度熔融硅	365	89	85	50mm 透镜
1064	12.2	高 OH⁻ 浓度熔融硅	365	89	85	聚焦光学镜片+15mm 透镜
1064	16.3	高 OH⁻ 浓度熔融硅	400	100	80	100mm 透镜
1064	11.5	高 OH⁻ 浓度熔融硅	400	72	57	—
1047	15	没有指定	400	30	38	聚焦光学镜片+透镜
1064	12	高 OH⁻ 浓度熔融硅	1000	200	25	170mm 透镜（真空）
1064	9	中空波导	400	27	21	160mm 透镜
532	5	没有指定	1500	143	8	均化器+150mm 透镜
532	5	没有指定	400	7	6	

从表 4-2 中的试验数据可以看出，大多研究的是直径较大（$\phi 400\mu m$）的熔融硅光纤。劳斯阿拉莫斯的 Setchell 等人对这些光纤使用一个衍射光学元件去消除穿过光纤输入端面注入量的干扰，试验达到最高注入能量密度为 $85J/cm^2$。用短焦距的透镜聚焦使光束进入光纤内部，以确保大能量的光束耦合入光纤内。

4）试验方法

在这些研究中所有测试的光纤都是由 Ploymicro Jechnologies FIP 生产制造的系列光纤，这些光纤是一种低 OH⁻ 浓度的熔融硅光纤。开始的研究是在裸纤维上进行的，没有连接器或是套管。这些研究允许去定义基础光纤，然后移动到有连接器的光纤组件上进行研究。基础光纤的芯径是 $\phi 400\mu m$，包层直径是 $\phi 440\mu m$，外壳直径是 $\phi 480\mu m$。输入端面和输出端面先用机械抛光，然后用的是 CO_2 激光抛光，以确保最高的光洁度质量。光缆使用直径是 $\phi 3mm$ 的 PVC/Kevlar 套管进行保护。为了测试这些光纤，提供了一套标准检查程序。另外，对机械抛光的相同数量的光纤进行了测试，用试验结果评价激光抛光光纤缆的性能。

调查研究了 3 种新型光纤，并评价了它们对 LID 的适用性。有侧边发火光纤、锥形光纤和光纤分束器，侧边发火光纤在后面另行描述。锥形光纤中包含一个短光纤锥形熔融体，而成一个两端芯径不同的光纤器件。光纤分束器则是由两根光纤熔合而成一个有锥形的光纤器件。

可使用两种方法把激光和光纤连接起来,这两种方法都用了一个 $f=100\text{mm}$ 的平凸透镜聚焦。第一种方法是在聚焦点之后放置光纤,目的是在空气中产生光束收敛。第二种方法是在聚焦点之间放置光纤,目的是确保错位发生时光束不会耦合进包层里。光纤与 X 轴和 Y 轴保持一致,其目的是使几毫焦的能量达到耦合传输的最大值,在光纤输出端使用一个激光能量计进行测量。

通过旋转立方形光束偏振器之前的半波片,将激光脉冲分离成 p 形偏振光和 s 形偏振光。这有可能减弱脉冲能量,但对光束的空间分布是没有影响的。然后使用一个非偏振光束分离片,使部分脉冲能量传输到激光能量计上,以确保对激光脉冲能量的监控。

在光束聚焦点之后安装了一个显微镜物镜,光束外形照相机用于确定光束大小。一旦达到所需光束的大小,使用装配在五轴调节架上的光纤取代它。以前所使用的输入光束的大小是纤维芯部直径的 75%~80%,目的是防止激光束照射到光纤包层和外壳上。为了获得输出光纤的空间外形,把光束外形照相机移动到光纤的输出端。试验用激光器的参数见表 4-3。

表 4-3 使用的激光器参数

材料类型	激光器类型	制造商	波长/nm	能量/mJ	脉冲宽度/ns
裸光纤	Nd:Glass	Lumonics	1053	1000	19
具有连接器的光纤缆	Nd:YAG	Litron	1064	180	12

5) 对光纤的评价

光纤的特征有 3 个,即破坏极限、光束质量、传输效率。Honig 得出起爆所需的注入能量密度是 35J/cm^2,这个值已经被用作这些光纤适用性的一个指导值。光纤输出端所需的注入能量密度依赖于光纤的传输效率,因此在光纤输入端面不得不承受更高的注入能量密度。

光束质量难以定量,也不知道光束质量对起爆的影响。然而,基本的撞击物理学建议用飞片减少炸药中的撞击发散,使运行距离最小。由于飞片撞击炸药的时间极短,激光束对驱动飞片的影响就变得非常重要。因此,光纤应尽可能地具有均匀的输出分布,以便通过光束分布形态确定飞片类型。

例如,传输效率虽然不是一个关键特征,但传输效率很低的光纤,可能会减小破坏极限。如果光纤传输效率的减小是由于吸收的增加,那么提高光纤的传输效率会使系统的整体效率增加,就会造成更低的激光能量和更小的发火点尺寸,这对许多系统是非常重要的因素。

绝大多数试验中,光束的焦点位置都是在光纤端面之前的空气中。对排除光纤内部光束收缩的影响也进行了研究,并分别进行了分析讨论。

(1) 破坏极限。由于形成了等离子体,光纤端面的破坏是通过在另一面出现明亮的闪光,并伴随着很大的破裂声而出现。将破坏之前传输的最大注入能量定义为发射之前的注入能量,在那里会先观察到破坏。通常可以观察到随着光纤破裂的同时,能够传输相同的或更高的注入能量。在发射试验中,没有出现光纤端面破坏。在图 4-9 中给出了这个过程的实例。这是由于光纤端面的"退火"或是预处理,在光纤端面的不完整位置发生熔化,使光纤端面的质量提高了。

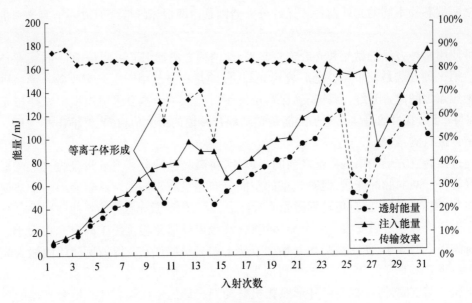

图 4-9 光纤预处理后的效果

在大多数情况下,观察到开始出现破坏是在光纤前端面。一旦这个面已经被预处理了,则破坏出现在后端面。研究发现如果较严重的破坏发生在前端面,通常不能够观察到传输的光束轮廓,光纤也不能传输能量。然而,如果在后端面上发生严重的破坏,通常能够观察到传输的光束轮廓,在这种情况下,光纤要么不能传输后续的激光脉冲,要么传输能量会急剧地降低。在光纤内部未观察到任何破坏,这得益于光纤材料具有极高的纯度。

图 4-10 显示了预处理之后测试的每一根光纤传递的最大注入量。可见,裸光纤比有连接器的光纤具有更长的脉冲长度。不应该直接用这些结果进行对比,因为光纤分束器的稀缺性和高成本,不能将光纤分束器用于破坏性试验。所有其他的光纤元件,也是直到出现高能量失效或是不能再增加激光能量了才进行试验。

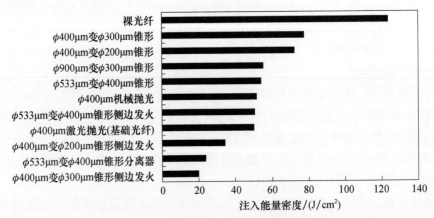

图 4-10 光纤预处理之后的破坏极限

(2) 有连接器的 $\phi 400mm$ 光纤。基本光纤($\phi 400\mu m$ 激光抛光)传输的平均注入能量密度是 $43.8J/cm^2$;相反地,测试的机械抛光的光纤传递的平均注入能量密度是 $50.7J/cm^2$。这一限制对激光抛光的光纤所进行的测试并没有获得特别明显的好处。这很可能是由于形成的非高能量破坏等离子体产生的条件所致。这是由于少量光纤所获得的试验结果的缘故，或由于机械抛光的方法不同造成的。据 Setchell 报道，使用 CO_2 激光抛光工艺可以使破坏极限增大 19%。

(3) 激光抛光的 ϕ400mm 裸光纤。裸光纤传递的平均注入能量密度是 93.8J/cm^2，最大值是 183.8J/cm^2(参考图 4-9)。未经预处理的光纤明显能够传递最大能量，超过其他所有的测试光纤，见图 4-10。裸光纤的破坏极限显示出更大的变化性。

研究了光纤长度的影响和光纤环对输出光束质量的影响。对试验结果进行了检查分析，看这些因素是否也影响破坏极限。正如图 4-11 中所示，从这些因素中没有观察到系统化的影响。

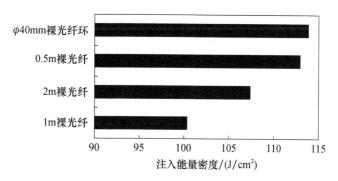

图 4-11 光纤长度和环线形状对破坏极限的影响

引入了一个直径为 40mm 的裸光纤环，因为在环内部应力产生微小的裂缝，所以这种类型的光纤比指定的失效值小 6mm，以期减小破坏极限。然而，并没有观察到端部的破坏有所减少(图 4-12)，在这个研究过程中超出所用的短时间计量刻度，因此这一结果没有实际意义。

(4) 带连接器的锥形光纤。对开始为 ϕ533μm 的输入端面，缩减成 ϕ400μm 的输出端面的核心光纤元件，并进行了评价。锥形输入段希望与基本光纤在具有相同输出面的光纤中能够传输更高的注入能量密度。然而试验得出的破坏极限值为 53.9J/cm^2，本质上不比基本光纤高。在出现任何破坏之前对能量密度的传输都是非常相似的，这就表明在这些光纤中的限制因素是输出端面。

为了证实这一点，对直径分别为 ϕ300μm 和 ϕ200μm 的两种锥形光纤(这两种纤维的输入端面直径是 ϕ400μm) 又进行了试验。根据分析，对于具有更大锥度的光纤，希望在相同积分能量密度的条件下，这些光纤将发生失效。因此，这对具有理想光束分布外形的光纤的传输，可以提供一个近似的额度。然而对于试验的 7 根光纤，只有一根在输出端面遭到严重破坏，剩余的破坏是在输入端面。这两种直径的光纤传递的最大能量密度是相同的，大约是 75J/cm^2。对于大多数不合格的输入端面的光纤，在输出面之上能够传输的能量密度比基本光纤更低，这表明没有达到输出面传输能量密度的限度。锥度光纤的设计会对部分能量产生抑制作用，造成输入面的破坏，正在计划对不同锥度的设计进行研究。

最终对一个 ϕ900μm 变化到 ϕ300μm 的有锥度的光纤进行了评价，研究了使用它作为光约束光纤的可能性。得出它的破坏极限比预期的要低，大约是 60J/cm^2。如果使用这种锥形光纤，就能够耦合更多的能量给其他的光纤，这样光束均匀性将被极大地提高了。

（5）传输效率。传输效率是指输出能量与输入能量的比率，没有规定该参数的界限。在使用低传输效率的光纤元器件时，一般是通过增加输入激光能量来满足输出能量的要求。然而，这会增加所需的激光能量，因而也增加了光纤被破坏的可能性。不同光纤元件的传输效率如图4-12所示。

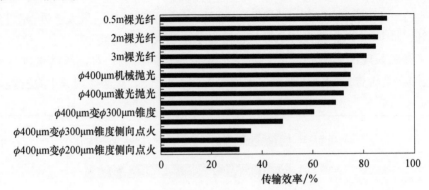

图4-12　不同光纤元件的传输效率

① 激光抛光的 $\phi 400\mu m$ 裸光纤。在这个研究中，如果不考虑光纤长度和结构的影响，则裸光纤比其他所有光纤都具有更高的传输效率，可以达到86%以上，如图4-13所示。大量的发射试验取得的数据中，几乎没有噪声或是分散分布。其传输效率值并不依赖于光纤的长度，这就意味着光纤传输特性主要是由输入端面和输出端面的特征所决定的。因为光纤设计和制造的目的是使其具有非常高的传输效率，研究中虽然考虑了光纤长度因素，但对在传输过程中光纤长度对系统传输效率没有产生影响也是合理的。

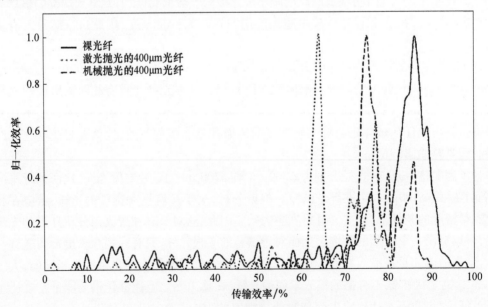

图4-13　直光纤的传输效率

② 环状缠绕对裸光纤的影响。把光纤缠绕成环状常用于提高光束的质量，对直径为 $\phi 40mm$ 的环状缠绕光纤其传输的影响进行了研究。对直的光纤和环状的光纤，输入和输出的能量密度进行了测定和记录，结果显示在图4-14中，可以从这些值中确定传输能量密

度。直光纤传输的测试结果如图4-14中曲线A所示,测量出它的传输能量密度低于破坏极限的积分能量密度;对直径为40mm的环状光纤的破坏极限进行测试,其结果如图4-14中曲线B所示,光纤没有遭受永久的破坏;然后重新把它折直测量其传输的能量密度,比光纤环的破坏极限的能量密度低,如图4-14中曲线C所示。由此可以看出,由于光纤缠绕成了环状,其传输能量密度并没有明显减少。

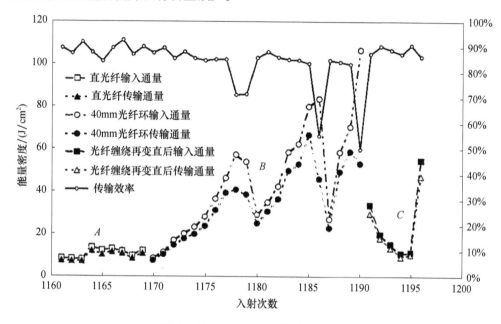

图4-14 ϕ40mm 环对传输的影响

如果输入光纤的是多模光,那么任何的曲率将会使更高阶模式的光,随着入射和反射角度变小而消失,使得芯-包层接触面上的光线角度超过临界角,造成传输量损失增大。然而,对于模式较少的光,曲率将会提高更低阶模式,因此产生模式混合。在试验的光纤中,由于光纤系统的低NA值限制,并不能耦合入大量模式的光,因此没有观察到传输效率损失。存在着一个弯曲直径范围界限,在这个弯曲直径界限内,这些更低阶的模式将会消失。对于这些光纤,有可能达到这个弯曲直径界限之后将会失效。ϕ40mm 的光纤环,比这些光纤失效的临界直径 ϕ46mm 要小些。

③ 具有连接器的 ϕ400μm 光纤。相对于机械抛光的光纤的传输效率75%,典型的激光抛光的基本光纤的传输效率是72%,机械抛光光纤可以比得上裸光纤的传输效率。除了抛光方法外,这些光纤之间的主要差别是连接器。激光抛光光纤在光纤端部使用一个玻璃套管帮助热量散失,机械抛光光纤使用一个沉孔套圈,使得光纤不能在输入端与任何材料接触。认为玻璃套管可以增加光纤内部的损失,但这也可能减少了端部的破坏。裸光纤是激光抛光的,表明抛光方法对传输效率并没有明显影响。

④ 有锥度和连接器的光纤。传输特征范围从 ϕ400μm 变到 ϕ200μm 锥度大约是48%的传输量,ϕ533μm 变到 ϕ400μm 锥度和 ϕ900μm 变到 ϕ300μm 锥度大约是74%的传输量,相对于基本光纤在性能上具有更高的传输锥度。由于对这些光纤施行的射入次数少,观察到的分散程度很大。

当光束发散进入到光纤中,传输随着输入直径与输出直径比率的增加而减小。这是由于一些光线的光束角度,使得锥形壁超过了临界角度而入射到光纤外部,从而减少了传输。除了 $\phi900\mu m$ 变到 $\phi300\mu m$ 锥度的光纤以外,这种趋势通常都可以观察到。相信这个光纤比其他的光纤具有更长的锥度。这将会减少光束与锥形壁的角度,因此降低了传输的损失。Clarkin 等报道当输入 NA 和与之连接的松散光纤 NA 失配时,光纤内部本身就会有损失。显示了光纤的 NA 可以通过两个直径比率来减小。例如,纤芯直径和输入直径。然而,对于系统输入光的 NA 比光纤的要小很多,因此没有观察到这个效果。

6)输出光束质量

表 4-4 所列归总了所有光纤的优质光束外形的"帽形顶"状因数,结果有很大的变化。YAG 激光器比钕玻璃激光器具有更大的空间连贯性,进行试验的光纤输出的光束分布与 YAG 激光器输出的光束均用斑点进行表示(图 4-15)。具有连接器的光纤输出的光束分布,在用激光抛光和机械抛光两种之间,并没有显示出很大的差别。研究了裸光纤长度和绕成环状对光束质量的影响。

表 4-4 "帽形顶"因数

光纤类型	典型的"帽形顶"因数
$\phi400\mu m$ 变为 $\phi200\mu m$ 锥度	0.635
$\phi400\mu m$ 变为 $\phi300\mu m$ 锥度	0.540
$\phi400\mu m$ 机械抛光	0.273
$\phi400\mu m$ 激光抛光	0.211
$\phi533\mu m$ 变为 $\phi400\mu m$ 锥度	0.215
$\phi533\mu m$ 变为 $\phi400\mu m$ 锥度侧边发火	0.119
$\phi533\mu m$ 变为 $\phi400\mu m$ 锥度分束器	0.579
$\phi900\mu m$ 变为 $\phi300\mu m$ 锥度	0.544
裸光纤	0.654

为了提高光纤输出光束外形,研究了缠绕成环状光纤的影响。对直径分别是 $\phi40mm$、$\phi80mm$、$\phi120mm$ 和 $\phi240mm$ 的光纤环进行了试验。图 4-15 显示了试验结果。

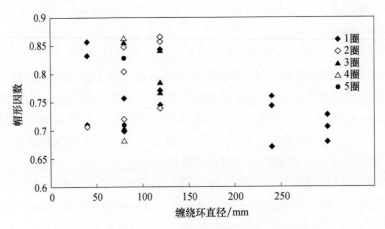

图 4-15 3m 长的光纤环对光束外形的影响

需要声明的是,对这些光纤环,$\phi40mm$ 比推荐的临界环直径 $\phi46mm$ 要小。$\phi240mm$ 环对光束外形没有大的影响,这里使用的"帽形顶"因数是合格的。对于较小的环直径,似乎并没有看出环直径、圈数和帽形顶因数之间有较大的联系。后续研究中采用了 $\phi 80mm$ 3 圈方式进行试验。

7) 连接方法对光纤性能的影响

光束聚集点之后放置了大量的研究光纤,可降低由于在光纤中的聚焦而造成损坏的机会。把光纤移动到聚焦点的另一边,如聚焦于光纤中。用这种结构试验了 3 种类型的光纤,分别为 $\phi 400\mu m$ 激光抛光的基础光纤、$\phi 400\mu m$ 变为 $\phi 200\mu m$ 锥度光纤、$\phi 400\mu m$ 变为 $\phi 200\mu m$ 锥度侧边发火光纤。

(1) 连接方法对传输的影响。正如前面所解释的通过移动聚焦点到光纤内部,期望看到随着穿过锥形壁能量损失的减少。有锥度的光纤传输量增加了,图 4 - 16 表明了这种情况。

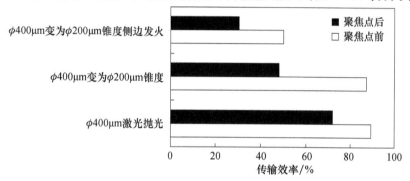

图 4 - 16　连接方法对传输效率的影响

从图 4 - 16 中可以看到,对于 $\phi 400\mu m$ 变为 $\phi 200\mu m$ 锥形的情形,当移动聚焦点到光纤内部时,增加的传输几乎是标准光纤传输的 2 倍。把聚焦点移动到光纤内部对于激光抛光的基础光纤,也可以明显地观察到传输增加到接近理论的最大值。更早些的结论是光纤四周的玻璃套管的输入诱导了光纤外的连接。随着聚焦点移动到光纤内部,很有可能光纤接触不到套管的镀层区。$\phi 400\mu m$ 变为 $\phi 200\mu m$ 锥度侧边发火光纤也可以观察到传输的增加,尽管传输增加得不是很剧烈。很明显,连接方法并不影响通过侧边发火部分传输的损失。

(2) 光束连接方法对损坏极限的影响。将光束聚焦点移动到光纤内部可以降低损坏极限,随着光束聚集可以增加能量密度,这个能量密度超出了光纤可承受的限度。在图 4 - 17 中这个现象是很明显的。

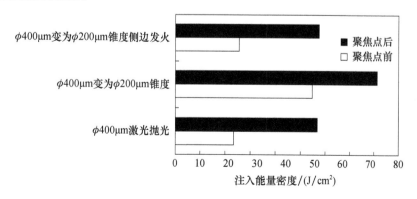

图 4 - 17　连接方法对损坏极限的影响

在试验中可以看到,损坏极限大约是50%,这个效果比有锥度的光纤损坏极限更小,有锥度的光纤损坏极限大约是33%。这或许是由于试验光纤的数量有限,与传输随着连接方法增加稍微有些不一致有关。而由于光纤内部聚集产生的破坏比由于在锥面上能量损失而产生的破坏更严重。

从上述大量的不同种类光纤设计的特征分析,确定了激光冲击片起爆中使用的基本光纤。测量了裸光纤和具有连接器的基础光纤的损坏极限,并在这个领域公布了其他的一些测试结果。

侧边发火光纤试验也表明其具有适当的损坏极限和光束质量。更大的侧边发火并不适合激光冲击片起爆,因为它们的输出光束直径的变化,会使发火能量超过光纤能够传递的限度。更小的光纤不能承受足够大的能量水平,但可以极大地提高光束外形,认为这是由于机械加工和输入锥形面的设计所致。期望这个设计能满足要求,并证明是适合使用的。这将会极大地增加激光冲击片起爆器的多方面适用性,也可以为其他的应用,如对微加工等提供帮助。

更大锥形面光纤的试验显示,锥形光纤并不会降低损坏极限。这些光纤上采用更大的输入面,作用并不明显,虽然可以使用,但也增加了成本。虽然小的光纤比基本光纤和大的锥形光纤传输效率低,但它们能够为起爆传输足够多的能量。大的锥形光纤传输试验显示,可以设计一个锥形而使传输不损失。

研究结果表明,机械抛光的具有连接头的光纤,可以提供很好的损坏极限、传输和光束外形。裸光纤比它们更好,但一根裸光纤不便于使用,难以对准或与另一根光纤连接。同时,试验了连接方法对光纤性能的影响,对于光纤更大的损失是在输入端面,如玻璃套管光纤和锥形光纤。通过移动聚焦点到光纤内部有可能增加传输能量密度。然而随着传输能量密度的增加,会使端面破坏临界点降低。由此在同样能量水平下,也对光纤分束器进行了试验。这种光纤分束器可以使用,但没有突出的性能优点。

3. 侧向点火光纤

常用光纤是从前端沿轴向进入雷管体的,根据应用情况,或许需要光纤从侧边进入雷管体。为了方便测量光纤与机械加工的输出端面,在与光纤轴线大约成90°的位置设计一个输出,这就构成了侧向点火光纤元件。

1)末端侧向点火光纤

光纤端头按一定倾斜角度加工成斜面,可使光线离开光纤轴向改变传播方向,如图4-18所示,从而实现侧向点火与扩大光束面积的功能[7]。

在大多数光纤端头侧向点火设计中,这种在光纤中传输的光对于斜端面会沿光纤轴向下反射90°。光纤末端的最佳倾斜角度是38°~42°。如果采用45°角,一部分光将不能被反射到侧面,而是通过轴向传输损失掉。侧向点火的光纤端头密封在一个玻璃壳中,可以提高它的机械强度、使用寿命,并防止污染。这种在光纤末端的侧向点火技术,具有创新性应用前景,如点燃烟火药、薄片材料的切割、烧蚀与穿孔以及泌尿外科的微创手术等。

2)锥形侧向发火光纤

对侧向发火光纤的研究是在激光飞片起爆用锥形光纤研究的基础上进行的[6]。在有锥度光纤的输出端,设计、微加工出一个斜面,就构成侧向发火光纤。这种光纤会导致输出光束与光纤轴线大约呈90°,对$\phi 533\mu m$变到$\phi 400\mu m$的光纤,在输出端会附带一个锥形,然后

经过 CO_2 激光抛光端面。对 $\phi 400\mu m$ 变到 $\phi 300\mu m$ 的光纤及 $\phi 400\mu m$ 变到 $\phi 200\mu m$ 的光纤的输出端面,采用机械抛光方法进行加工。

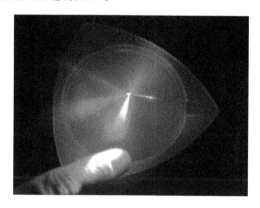

图 4-18 光纤端头侧向传输激光

$\phi 533\mu m$ 变到 $\phi 400\mu m$ 的侧向发火光纤与基本光纤有相同的损坏极限。这些光纤的破坏主要是在输出端,可知侧向发火方法不能从本质上减小损坏极限。然而,值得注意的是这些光纤比预期的要大,大约是 $\phi 700\mu m$。由于在输出端上有一个锥形,不能准确地知道这会对损坏极限造成什么影响。

输出端 $\phi 200\mu m$ 和 $\phi 300\mu m$ 的侧向发火光纤不是激光抛光的,因此,不能直接进行性能对比。在所有试验的光纤中,这些光纤是具有最低的破坏极限。$\phi 300\mu m$ 光纤平均传输能量密度为 $18J/cm^2$,$\phi 200\mu m$ 光纤平均传输能量密度为 $30J/cm^2$。这样的激光能量密度,对冲击片起爆是不够的。因此,考虑用一个可行的替代品之前,有必要对这种光纤作进一步的优化设计。

3) 侧向发火光纤的传输效率

图 4-19 所示为侧向发火光纤的传输效率[6],由于发射量少,所以可以观察到很大的分散。

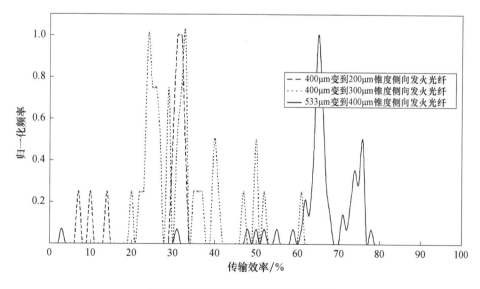

图 4-19 侧边发火光纤的传输效率

从图4-19中可以看出,有两个明显的群体。一个具有直径为 $\phi 533\mu m$ 输入面的光纤,所具有的传输只比模拟锥形光纤的传输少点。这个光纤在微加工斜面之前具有一个向上的锥形,观察到一小部分能量存在于光纤的轴线上,这个锥形对转变方向非常有效。相反地,$\phi 400\mu m$ 输入面的光纤在微加工斜面之前,并没有一个向上的锥形,这样一大部分能量存在于光纤轴线上,会极大地降低效率。

4) 侧向发火光纤输出光束

由于光纤连接器结构的原因,使得有锥度的侧向发火光纤的光束外形很难测量,对于更小的侧向发火光纤尤其困难,对于最大的侧向发火光纤($\phi 533\mu m$ 变为 $\phi 400\mu m$)只能获得一个帽形平顶,光束外形的实例如图4-20所示[6]。机械加工成斜面之前,$\phi 533\mu m$ 变到 $\phi 400\mu m$ 侧向发火光纤与一个向上的锥形合并在一起的目的是增加右角度转向的效率。这些光纤的光束外形都是超尺寸的,而且光束均匀性很差。

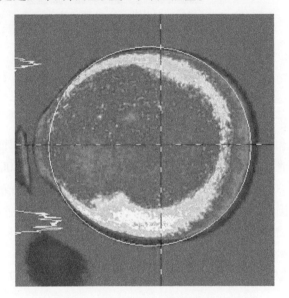

图4-20 侧发火光纤的光束(彩插见书末)

4.2 光缆及其连接

4.2.1 光缆

由于裸光纤使用不方便,需要在它外面加内护套管、芳纶与外护套管,这样可以增加强度并对光纤进行保护,这就构成了光缆。此外,还有包含多根光纤的光缆,称为多芯光缆。在光缆传输原理技术研究中发现,采用通信光缆结构设计试制出的光缆,不能满足LIOS低温环境使用要求。因此,应采用新材料优化设计光缆结构,试制出符合激光火工品光能传输要求的光缆。光缆结构是采用A型渐变光纤、B型、C型或 $\phi 200/240\mu m \sim 400/440\mu m$、NA为 0.22~0.37 大功率阶跃光纤,$\phi 0.9mm$ PVC内护套管、芳纶缓冲层与聚氨酯外护套管构成,如图4-21[8]所示;光缆的截面结构如图4-22[9]所示。

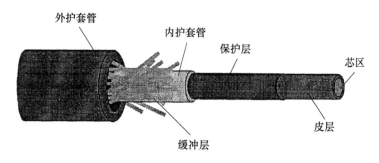

图 4-21 光缆结构示意图

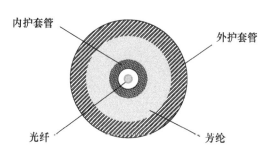

图 4-22 光缆结构剖面

在研究方案中已经确定将光纤芯径为 $\phi 100/140\mu m$ 的多模渐变光纤作为能量传输光纤。而激光器尾纤选择的是芯径为 $\phi 100/140\mu m$、NA 为 0.29 的光纤,为了降低光纤差异带来的损耗,传输光缆也采用 NA 为 0.29 的光纤。由于激光火工品特殊的应用背景,要求其能量传输系统具有较高的强度与韧性,裸光纤不可能满足这种要求,因而要将光纤加工成特制的光缆。LIOS 传输光缆常用的结构包括:芳纶加外护套管两层保护结构;内护套管、芳纶、外护套管 3 层保护结构与铠装结构。内、外护套管应选用耐温性能较好、收缩率低的套管。其中铠装缆强度最好,适合外场使用,但缺点是体积大、质量大。两层保护结构与 3 层保护结构相比,3 层保护结构具有良好的强度与韧性,并且抗冲击震动性能及耐高低温性能也比较出色。最终传输光缆结构确定为光纤、内护套管、芳纶、外护套管 3 层保护结构。

4.2.2 光纤接头

为了便于实现光缆连接,需要采用标准光纤接头。光纤接头可以用金属或陶瓷材料。光纤接头的外圆切削工艺和精密微孔工艺,参照国外光纤连接器设计与加工方法。接插式光纤接头的连接和断开只需插和拔,它与 FC 型光纤连接器的最大区别在于它的连接方式是插拔式,可自动锁定,不需要旋转螺母锁紧,操作十分方便,特别适用于比较大的光缆通信系统和光电混合的插接件中。将插拔式与螺母旋转锁紧技术相结合,就构成了 FC 型、SMA 型光纤连接器。该类连接器的特点是连接比较方便、插入损耗低、互换性和重复性好、结构合理、连接牢固、力学性能稳定,常用于激光起爆、点火系统。

1. 陶瓷接头

陶瓷连接器是国外连接器发展的新潮流,陶瓷连接器是指连接器中的插针和开口套筒是用氧化锆陶瓷制作的一种连接器。其中,陶瓷插针采用精密微内孔 $\phi 125\mu m$、$\phi 140\mu m$,外径 $\phi 2.5mm$ 结构,如图 4-23[10]所示。

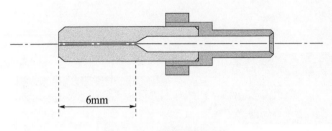

图 4-23 陶瓷插针结构

1）陶瓷接头的优点

（1）具有极好的温度稳定性、机械耐磨性和抗腐蚀能力。

（2）由于陶瓷材料与石英光纤性能接近，两者结合在一起不会由于热胀系数不同而导致光纤出现断裂。

（3）陶瓷插针的微孔与光纤外径配合间隙很小（一般小于 0.001mm），而微孔的长度很长（一般为 10mm）且同心度很好（一般小于 0.0005mm），因而在经过光学加工后，光纤与插针端面严格垂直，光纤端面与插针端面处于同一平面，并保持不变。

（4）在插拔过程中，不容易因磨损而产生污染物。

用新型陶瓷材料、先进加工工艺技术和国际标准制作而成的陶瓷连接器，可与 IEC 推荐的 FC 系列连接器通用，可互换，各项指标均为国际先进水平。

2）主要技术指标

（1）插入损耗：$\alpha \leqslant 0.6 \text{dB}$。

（2）插入损耗典型值：$\alpha \leqslant 0.3 \text{dB}$。

（3）互换性：$\Delta\alpha \leqslant 0.2 \text{dB}$。

（4）温度适用范围：$-30 \sim 80 ℃$。

（5）允许插拔次数：10000。

因此，陶瓷连接器已成为光纤连接器今后发展应用的主要方向。

2. 金属接头

在 LIOS 中通常采用大芯径多模光纤传输高功率、大能量激光，在 LID、LIS 设计中，可以根据产品结构、光纤芯径、光纤散热、抗烧蚀或 SMA905 接头需求，设计金属光纤针。美国 3M 公司在产品样本中公布了一种金属光纤接头设计，如图 4-24 所示[11]。

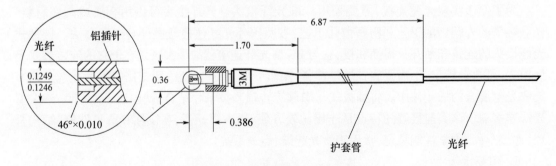

图 4-24 金属插针结构（单位：in）

用金属光纤插针制成的光纤接头，由于连接时两个接头的光纤同轴度稍差，故插入损耗比陶瓷插针接头稍大。

3. 光纤接头分类

依据光纤活动接头的结构和形状,将激光火工品子系统中常用单芯光纤接头分为 FC、SC、ST、SMA 等几种,FC 光纤接头按端面形状又可分为 PC 型、SPC 型、APC 型和 UPC 型。其中 FC 是英文单词缩写,表明其外部加强件是采用金属套,紧固方式为螺丝扣;PC 表示其对接端面是物理接触,即端面呈微球面结构。

1) FC/PC 型接头

FC/PC 型接头如图 4-25 所示,主要技术指标如表 4-5 所列[2]。

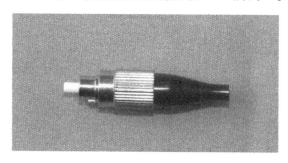

图 4-25 FC/PC 型接头

表 4-5 FC/PC 型光纤接头主要技术指标

指标	类型	
	多模	单模
插入损耗/dB	<0.8, $X=0.3$	<1.0, $X=0.4$
反射损耗/dB	>27	>27
重复性/dB	<±0.1	<±0.2
互换性/dB	<±0.1	<±0.2
光纤直径/μm	$\phi 50\sim100/125\sim140$	$\phi 8\sim10/125$
温度适用范围/°C	-20~70	
寿命	>2000 次插拔	

FC/PC 型光纤连接器按照国家标准设计,FC/PC 型接头的端面研磨抛光成微球面。FC/PC 型光纤连接器的特点在于它的插针体端面是弧状的,反射很小。因此,该器件特别适用于高速光通信系统。此外,凡是要求反射小的光纤系统,均应采用 FC/PC 型光纤连接器。FC/PC 型光纤连接器的特点是插针体可用不锈钢、陶瓷等材料制成,耐磨性强、反射小、插入损耗低、互换性和重复性好、结构合理、力学性能稳定可靠。

2) FC/APC 型光纤接头

FC/APC 型光纤接头的插针有两种:一种是圆锥形插针;另一种是圆台形插针。

(1) 圆锥形 APC 接头。圆锥形 FC/APC 接头如图 4-26 所示,其前端有一个小圆锥体平端面,一方面在端面形成 8°倾角,另一方面还要在端面形成一定曲率($R=20\sim50$ mm)的微球面。该类接头的特点是回损小,即在连接介面上反射回到输入光纤中的激光能量很少。这一特点对于光学系统的 OTDR 检测和在 LIOS 的自诊断较为重要。

(2) 圆台形 FC/APC 接头。小圆台形 FC/APC 型接头如图 4-27 所示,其前端有一个 $\phi 1.1\times 1.6$ 的小圆台,一方面在端面形成 8°倾角,另一方面还要在端面形成一定曲率($R=$

20～50mm)的微球面。该类接头的特点与圆锥形 FC/APC 接头相同。

图 4-26　FC/APC 型圆锥形接头

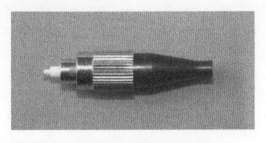
图 4-27　FC/APC 型圆台形接头

3) FC/SPC 型光纤接头

FC/SPC 型光纤接头的端面应研磨成凸球面,球面半径为 20mm。

4) FC/UPC 型光纤接头

FC/UPC 型光纤接头的端面研磨成平面,为超平面连接。

5) ST 光纤接头

圆柱形 ST 光纤接头的结构与 FC 型接头基本相同,区别在于 ST 光纤接头无定位键,在外壳上像电缆接头一样有两个定位卡槽。连接时将 ST 光纤接头插入 ST 型适配器端头的小孔内,将外壳上的卡槽对准适配器端头的锁定销,压紧并右旋锁定。

6) LC 光纤接头

通信系统的 $\phi1.25$mm 陶瓷插针 LC 接头如图 4-28 所示,该陶瓷插针的特点是体积小、质量轻。如果设计成类似 FC/PC、SMA905 结构且体积更小的接头,则在小型化 LIOS 中有潜在的应用前景。

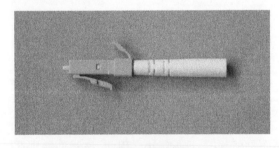
图 4-28　$\phi1.25$mm 陶瓷插针 LC 接头

图 4-29　SMA905 型光纤接头

7) SMA905 型光纤接头

在 LIOS 中,当采用的光纤芯径不小于 $\phi200\mu$m 时,通常会采用 SMA905 型光纤金属接头。典型的 SMA905 型接头如图 4-29 所示。

8) SMA906 型光纤接头

国外激光火工品文献也有报道采用 SMA906 型光纤接头,其插针的前端有一个小圆柱体,如图 4-30[12] 所示。

图 4-30　SMA906 型光纤接头

4.2.3　光缆组件

在光缆两端装上接头的器件叫做光缆组件。光缆组件的接头装配,是先剥掉外护套管,剪去多余长度的芳纶,将石英光纤除去内护套管及涂覆层后套上尾套、压螺,插入陶瓷/金属接头的小孔中,用胶将光纤芯与接头插芯黏结,装弹簧、内管、尾管,调整定位键位置后装垫圈、外管,用卡环将芳纶固定,用收缩环将外护套管固定后装尾套。然后将光纤接头端面研磨、抛光,装上保护帽。采用优化设计的光缆组件,在低温环境下耦合传输损耗变化较小。

1. FC/PC 标准光缆组件

在光通信领域中普遍使用的 FC/PC 标准光缆组件如图 4-31 所示[9],它主要由通信光缆与标准接头组成。该类光缆组件用于 LIOS 信号传输及其检测试验。

2. 激光能量传输光缆组件

1) F-16A 伞盖抛放试验用光缆组件

图 4-32 是一根 F-16A 伞盖抛放试验用光缆[13]。连接器可以使多根光纤进入单根光缆中,但光纤的尺寸和外壳的内径限制了光纤的数目。连接器常用于使多根光纤进入一个雷管,或者从自诊断检测的发火单元中引出许多雷管。图 4-32 所示为 $\phi 400\mu m$ 的光纤缆,它是光路主要传输光缆。这些光纤的 NA 是 0.22,将弯曲半径控制到 $R \geq 12.7mm$,可以使弯曲损失保持最小、结构保持完整、消除短光纤的疲劳。掺硅的光纤成本低,已商品化,而且能够承受典型的锆热泵浦激光器的输出 6J 的能量。

图 4-31　FC/PC 标准光缆组件　　　图 4-32　F-16A 伞盖抛放试验用光缆组件

2) FC/PC 接头光缆组件

用大芯径多模渐变光纤/阶跃光纤,$\phi 0.7mm$ PVC 内护套管、芳纶保护层与聚氨酯外护套管,FC/PC 标准接头,以及军品光缆加工工艺,制作而成的传输能量专用光缆器件,如图 4-33 所示。

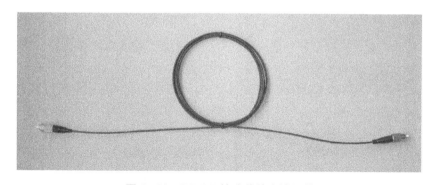

图 4-33　FC/PC 接头传输光缆组件

主要技术指标:光纤芯径 $\phi 100/140\mu m$、NA = 0.275;内护套管 $\phi 0.7mm$;外护套管 $\phi 2.2mm$;连接器为标准 FC/PC;光缆长度为 1～10m;线性耦合效率≥87.2%。

3) FC/APC 接头光缆组件

采用 FC/APC 标准接头以及军品光缆加工工艺,制作而成的传输能量专用光缆器件,如图 4-34 所示。

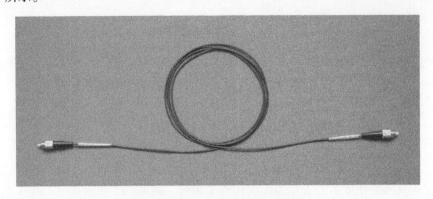

图 4-34 FC/APC 接头传输光缆

4) SMA 905 接头光缆组件

采用渐变、大功率阶跃光纤,ϕ0.9mmPVC 内护套管、芳纶保护层与聚氨酯外护套管,或抗烧蚀 SMA905 标准接头,以及军品光缆工艺,制作而成的大功率光缆器件,如图 4-35 所示。

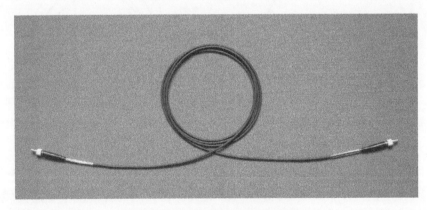

图 4-35 SMA905 接头传输光缆

3. 双光纤光缆组件

陕西应用物理化学研究所设计试制出的双光纤光缆[9]如图 4-36 所示。双光纤光缆是将两根光纤插入同一个接头的插针中使用。为了避免光纤差异造成的能量损失,采用芯径 ϕ100/140μm 的相同规格渐变光纤或 ϕ105/125μm 阶跃光纤。为了满足强度要求,双光纤光缆采用与传输光缆相同的内护套管、芳纶、外护套管 3 层保护结构。为了把两根光纤制成双光纤光缆,首先要将两根光纤的一部分并入一根内护套管、芳纶、外护套管 3 层的保护结构中,形成双光纤光缆的输出部分。两根光纤剩下的部分分别放入另外两根内护套管、芳纶、外护套管 3 层的保护结构中,分别作为能量输入端和反射光接收端。两根光纤分开的部分由于光纤不能完全在套管内部,这部分采用热缩管进行加固,然后用环氧树脂将这部分封在一根短的粗套管中,进一步加强保护。双光纤光缆同样选择 FC/PC 连接器与传输光缆对接。双光纤光缆输出端剖面如图 4-37 所示[9]。

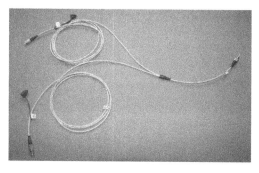

图4-36 双光纤光缆

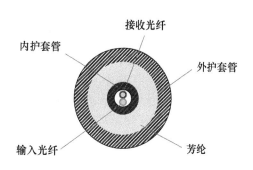

图4-37 双光纤光缆输出端剖面

4.2.4 光缆连接

光缆间的连接一般采用光纤连接器,在激光火工品子系统中常用的是FC、SMA类连接器。

1. 光纤连接器的结构与分类

光纤连接器从结构上分为单芯光纤连接器和带状多芯光纤连接器,在LIOS中使用最多的是单芯光纤连接器。按照不同的分类方法,光纤连接器可以分为不同的种类[14]。按传输介质的不同可分为单模光纤连接器和多模光纤连接器;依据光纤活动接头的结构和形状,常将单芯光纤连接器分为FC、SC、ST、D4、DIN、Biconic、MU、LC、MT、SMA等各种形式;按连接器的插针端面可分为FC、PC、UPC和APC;按光纤芯数分还有单芯、多芯之分。在实际应用过程中,一般按照光纤连接器结构的不同加以区分。

光纤连接器的型号通常表示为XX/YY,XX表示接头的连接方式,YY表示光纤连接器端面的形状。例如,FC/PC表示为金属套、螺纹紧固方式、微球面插头连接;SC/UPC则表示插拔式超平面连接。表4-6介绍了几种单芯光纤连接器。

表4-6 单芯光纤连接器种类

插头型号	直径/mm	连接方式	最早的开发商
FC	φ2.5	螺纹式	日本NTT
ST	φ2.5	卡口式	美国AT&T
SC	φ2.5	插拔式	日本NTT
SMA	φ3.18	螺纹式	美国Amphenol
BC	锥形	螺纹式	美国AT&T
D4	φ2.0	螺纹式	日本NEC
APT系列	φ1.78	插拔或螺纹式	荷兰Philips

光纤连接器是光纤与光纤之间进行可拆卸(活动)连接的器件,它是把光纤的两个端面精密对接在一起,使发射光纤输出的光能量能最大限度地耦合到接收光纤中去,并使其介入光链路而对系统造成的影响减到最小,这是光纤连接器的基本要求。在一定程度上,光纤连接器也影响了光传输系统的可靠性和各项性能,是体现耦合方式的实体。光纤连接器有两类,即光纤固定接头和光纤活动连接器。光纤固定接头是一种永久性的连接器。在LIOS中,除了在激光器和LIS中光纤与点火药是永久性配合外,在光纤与激光、光纤与光纤、光纤与分束光纤等耦合界面上,光纤的连接都是活动的,并且可以拆卸和维护。本节只讨论活动

光纤连接的情况。

光纤的活动连接器的设计要求:插入损耗小,性能稳定,插拔重复性好,互换性好,连接牢固和成本低等。为此,在设计连接器时应考虑到光纤表面处理、连接器耦合方式、连接器定位和锁定等。其中,重复性是指同一对插头,在同一只适配器中多次插拔之后,其插入损耗的变化范围,单位用 dB 表示,重复性一般应小于 0.1dB。互换性是指不同插头之间,或者不同适配器任意转换后,其插入损耗的变化范围,其值一般应小于 0.2dB。

1) 光纤连接器的基本构成

大多数光纤连接器由三部分组成,即两个配合插头和一个耦合管。两个插头装进两根光纤尾端;耦合管起对准套管的作用。另外,耦合管多配有金属或非金属法兰盘,以便于连接器的安装和固定。

2) 光纤连接器的对准方式

光纤连接器的对准方式有两种,即用高精密组件对准和主动对准。高精密组件对准方式是最常用的方式,这种方式是将光纤穿入并固定在插头的支撑套管中,将对接端口进行打磨或抛光处理后,在套筒耦合管中实现对准。插头的支撑套管采用不锈钢、镶嵌玻璃或陶瓷的不锈钢、陶瓷套管、铸模玻璃纤维塑料等材料制作。插头的对接端进行研磨处理,另一端通常采用弯曲限制构件支撑光纤或用光纤软线以释放应力。耦合对准用的套筒一般是由陶瓷、玻璃纤维增强塑料(FRP)或金属等材料制成的两半合成的、紧固的圆筒形构件做成的。为使光纤对得准,这种类型的连接器对插头和套筒耦合组件的加工精度要求很高,需采用超高精密铸模或机械加工工艺制作。这类光纤连接器的插入损耗在 0.18~3.0dB 范围内。

主动对准连接器对组件的精度要求较低,可按低成本的普通工艺制造。但在装配时需采用光学仪表(显微镜、可见光源等)辅助调节,以对准纤芯。为获得较低的插入损耗和较高的回波损耗,还需使用折射率匹配材料。

2. 常用连接器

1) FC 型光纤连接器

FC 型光纤连接器,采用外圆切削工艺和精密的微孔工艺,按国家标准设计,可与 IEC 推荐的 FC 系列连接器互换。它的特点是连接方便、插入损耗低、互换性和重复性好、结构合理、力学性能稳定可靠。其主要技术指标如表 4-7 所列[2]。

表 4-7 FC 型光纤连接器主要技术指标

指标	类型	
	多模	单模
插入损耗/dB	<0.8, $X=0.3$	<1.0, $X=0.5$
重复性/dB	<±0.1	<±0.2
互换性/dB	<±0.2	<±0.3
光纤直径/μm	$\phi 50\sim100/125\sim140$	$\phi 8\sim10/125$
温度适用范围/℃	-20~70	
寿命	>2000 次插拔	

FC 型光纤连接器为圆形的螺纹式结构,接头插入法兰盘后,插头中的定位键落入法兰盘的键槽中,再用螺纹拧紧,接触的光端面不产生转动。光纤端面经研磨、抛光处理,靠套筒

的高精度内圆与插针的高精度外圆紧密配合进行轴心对准。FC 型插针的外径为 $\phi2.5\text{mm}$，可使用金属、玻璃、陶瓷等材料，但应用最多的是氧化锆陶瓷材料，比较常见的 FC 光纤连接器如下。

(1) FC/FC 型光纤连接器。FC/FC 型光纤连接器最早是由日本 NTT 研制，这种结构如图 4-38 所示[5]。该连接器的前一个 FC 是缩写词，表明其外部加强件采用金属套，紧固方式为螺纹扣；后一个 FC 表明接头的对接方式为平面对接。此类连接器结构简单、操作方便、制作容易，但光纤端面对微尘较为敏感，且容易产生菲涅尔反射，若要减少回波损耗较为困难。以 NTT 的 FC/FC 型光纤连接器为例，其部分参数分别为：插入损耗最大为 1.0dB，平均为 0.5dB；重复性偏差（即机械耐力）最大为 0.3dB，平均为 0.06dB；互换偏差最大为 0.5dB，平均为 0.2dB。最常见的 FC/FC 型（即圆柱套筒型）光纤连接器的基本结构是采用套筒对中和微孔插针配合的。

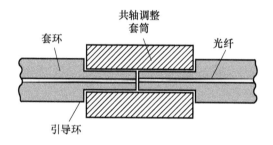

图 4-38　FC/FC 型连接器结构示意图

它由一只开口套筒和两只带光纤的插针组成。插针是一只套管，其外径为 $\phi2.499\text{mm}$，内径为 $\phi0.125\text{mm}$，把直径为 $\phi0.125\text{mm}$ 的光纤固定（用 EPOXY 胶）在插针内孔。开口套筒的内径为 $2.48\sim2.49\text{mm}$，与两只带光纤的插针精密配合，完成两根光纤的对中，两个插针的端面则通过两侧的保持弹簧保证其端面紧密接触。

(2) FC/PC 型光纤连接器。FC/PC 型光纤连接器是 FC/FC 型光纤连接器的改进型，其中的两个光纤接头采用微球面连接，以减小后向反射、增大回损。FC/PC 型光纤连接器如图 4-39 所示。该连接器普遍使用在 LIOS 中。

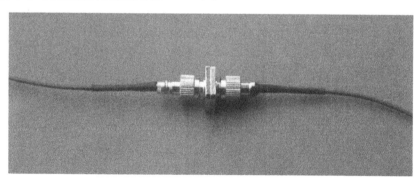

图 4-39　FC/PC 型光纤连接器

2) ST 型光纤连接器

ST 型光纤连接器为圆形卡口式结构，接头插入法兰盘压紧后，旋转一个角度便可使插头固定牢固，并对光纤端面施加一定的压紧力。ST 型光纤连接器如图 4-40 所示[8]。

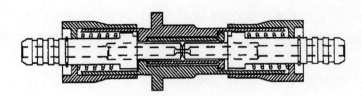

图4-40　ST型光纤连接器

3) SC型光纤连接器

这是一种由日本NTT公司开发的模塑插拔耦合式单模光纤连接器。其外壳采用模塑工艺,用铸模玻璃纤维塑料制成,呈矩形。插头套管(也称插针)由精密陶瓷制成,耦合套筒为金属开缝套管结构,其结构尺寸与FC型相同,端面处理采用PC或APC方式,端面为倾斜的球面形研磨方式。紧固方式采用插拔销闩式,不需旋转。此类连接器价格低廉,插拔操作方便,插入损耗波动小,抗压强度较高,安装密度高。据有关样本资料介绍,单体型的SC连接器,其平均插入损耗值为0.06dB,标准偏差为0.07dB。采用PC技术时,回波损耗平均值为28.4dB,标准偏差为0.6dB。采用APC技术时,平均值为46.1dB,标准偏差为2.7dB。另外,日本NTT已将这种连接器开发成一个系列型产品,包括4种型号的SC连接器(单体型、双体F(扁平)型和H(高密度)型、高密度四孔型),适用于书架式单元中印制电路板与底座之间多路光连接的底座光连接器、固定衰减器、SC型插座、测量插座和光纤连接器清洗器等。

4) DIN47256型光纤连接器

这是一种由德国开发的连接器[15],DIN是德国工业标准的表示,其后面的数字为标准号。这种连接器采用的插针和耦合套筒的结构尺寸与FC型相同,端面处理采用PC研磨方式。与FC型连接器相比,其结构要复杂些,内部金属结构中有控制压力的弹簧,可以避免因插接压力过大而损伤端面。另外,这种连接器的机械精度较高,因而插入损耗值较小。据有关样本资料提供的数据,插入损耗标称值为0.55dB的连接器,其实测最大值为0.14dB,平均值为0.088dB。

5) 双锥形连接器

这类光纤连接器中最有代表性的是由美国贝尔实验室开发研制,由两个经精密模压成形的端头呈截头圆锥形的圆筒插头和一个内部装有双锥形塑料套筒的耦合组件组成,如图4-41所示[5]。据有关资料介绍,其最大插入损耗值为0.7dB,平均为0.28dB。已见报道的商用型号为2016。

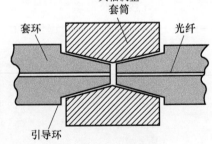

图4-41　双锥形连接器

6) 扩束连接器

扩束连接器是利用一个透镜将施主光纤的发散光束变换到平行光,再由另一个透镜将平行光束聚焦到受主光纤,其结构示意见图4-42[3]。扩束光纤的主要优点是大大减小了连接器对横向失准的敏感性,这是由于透镜之间的光束宽度远大于对接式连接器的光纤束宽度。光束的面积也远大于光纤截面,因此减小了表面污染的影响。但是扩束式连接器的损耗大于对接式的损耗,这是因为扩束式连接器与对接式相比较,在耦合路径上附加了两个透镜,透镜引起了损耗增加。

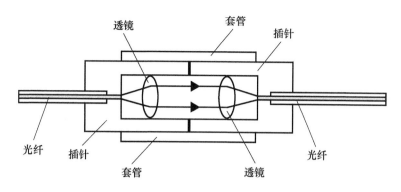

图 4-42 扩束式连接器

7) SMA 型光纤连接器

SMA 型光纤连接器为圆形的螺纹式结构,接头插入法兰盘后,用压螺的内螺纹拧紧。光纤端面经研磨、抛光处理,靠法兰盘套筒的高精度内圆与插针的高精度外圆紧密配合进行轴心对准,常用于芯径不小于 $\phi 200 \mu m$ 光纤缆连接。SMA 型光纤连接器有两种,即 SMA905、SMA906。LIOS 中常用 SMA905 连接器,典型的连接如图 4-43 所示。SMA906 连接器如图 4-44[8] 所示。

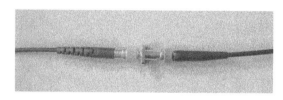

图 4-43 SMA905 光纤连接器

图 4-44 SMA906 光纤连接器

8) ITT 炮用双路光纤连接器

AIAA-2001-3635 文献中,报道了 ITT 火炮采用低 OH^- 光纤的双路光纤连接器[16],如图 4-45 所示。该光纤连接器具有连接牢固、密封性好、抗冲击振动及便于脱离等特点。

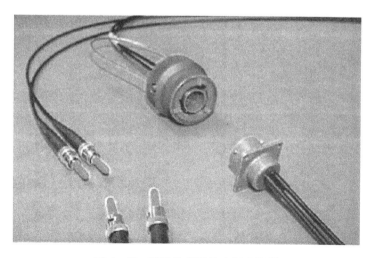

图 4-45 ITT 炮用双路光纤连接器

4.3 合束器与分束器

4.3.1 合束器

陕西应用物理化学研究所与相关单位协作,设计试制出了合束器[9]。合束器是将两束光合为一束光的无源耦合器件。其制作工艺是通过光纤熔接机将两个光纤熔接为一根,通过特殊的工艺控制,实现合束功能,其内部结构如图 4-46 所示。

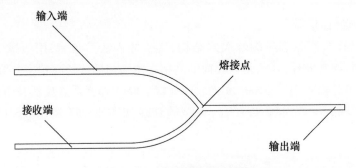

图 4-46 合束器结构示意图

试制出的合束器如图 4-47 所示。同样,为了减少光纤差异造成的能量损耗,合束器全部采用芯径 $\phi 100/140\mu m$,$NA=0.29$ 的渐变光纤。为了保证其强度,合束器制作时每一端也都采用内护套管、芳纶、外护套管 3 层保护结构,在熔接点处,采用一个特殊盒式结构加以保护,在其中注入环氧树脂填充空隙,起到固定和保护作用。合束器的输入与输出端也是采用 FC/PC 型连接器。合束器的合束比可以设计成 9∶1,主要用于具有自诊断功能的 LIOS。

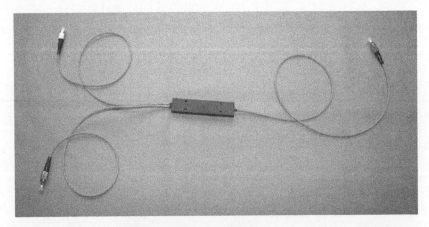

图 4-47 合束器

4.3.2 分束器

在激光多路起爆、点火系统中,可采用光纤分束技术,利用光纤分束器与传输光缆将激光分配、传输至多发产品中,有利于实现网络化和信息化控制。在光纤通信领域中,2 路、3

路光纤分束器的制造工艺比较成熟,但由于通信技术中用光纤分束器传输信号光,其传输的光能量要低得多,所以不能将光通信用分束器直接引用到激光多路火工品系统中,应专门设计试制大功率光纤分束器。陕西应用物理化学研究所与相关单位协作,对专用分束器技术进行了研究。

1. 光纤分束技术

激光起爆、点火系统中的激光能量是通过光纤网络传输的。为了实现多路点火,在光路上会用到无源分束耦合器。在激光起爆或点火装置中,为了使某些钝感起爆器的作用时间较短,常采用功率较大的固体激光器作为能源,由于激光功率较高,采用芯径 $\phi 100/140\mu m$ 掺锗渐变多模光纤制作的两分束器,在连续工作十几次后可能会发生内部损坏的现象,能量传输效率明显降低。渐变光纤传输网络不适合高功率固体激光器使用。通过对上述因素的分析研究,对激光能量分配、传输用光纤分束器进行了优化设计。

1) 光纤类型对分束器的影响

用掺锗渐变多模光纤制作的两分束器在输入激光功率较高时,会发生内部损伤,其原因可从以下两个方面解释[3]。

(1) 材料的微观特征分析。掺锗渐变多模光纤是在石英芯中掺入一定量的锗元素,形成特殊的晶格类型。在晶格中,局部晶体结构的一种不规则性(周期性的破坏)叫点缺陷。它包括空位与填隙基质原子,空位有肖脱基缺陷和弗仑克尔缺陷两种,如图4-48所示。

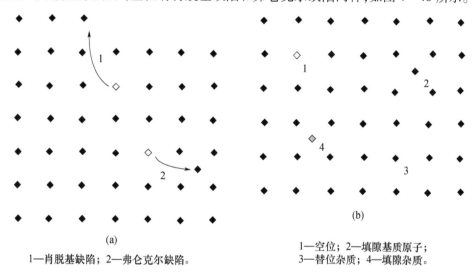

(a)
1—肖脱基缺陷;2—弗仑克尔缺陷。

(b)
1—空位;2—填隙基质原子;
3—替位杂质;4—填隙杂质。

图4-48 点缺陷的类型

而能吸收光的点缺陷称为色心。渐变光纤中掺有锗元素,这是形成折射率渐变的手段,掺锗的光纤纤芯中含有GeO,用一定波长的强光照射时,由于纤芯内的GeO错误吸收紫外光造成色心,从而改变了光纤的吸收光谱,造成光纤折射率的变化。因此,一般通过增加纤芯中的锗含量使折射率发生变化。所以,对于渐变折射率光纤,越往纤芯轴线处,锗含量越高,以达到折射率从边缘向中心逐渐变大的目的。

但是,如果光功率过高,加之渐变光纤的聚焦作用,会将光纤轴线处的锗元素电离,破坏其原有的色心,使折射率发生变化,变得杂乱无章,甚至诱导产生 iE' 色心,在宏观破坏前,这种色心含量随激光功率密度、辐照脉冲数呈线性增长,从而使光纤内部产生损坏,降低传输效率。如果采用纯石英玻璃芯材料制作的光纤,不含有任何掺杂元素,将不存在上述现象,这样就可以实现高功率的激光传输。

(2)光线的传播方式。光纤传输中由于在各模式之间存在光束群速度的差异,光束传输过程中将形成色散。色散程度为:阶跃多模光纤 > 渐变多模光纤 > 单模光纤。色散的结果是导致光脉冲传递时,脉冲宽度发生展宽现象。其衡量指标为 ns/km,即每千米脉冲宽度扩展的时间宽度。

在多模光纤中,不同角度 θ 的光线代表不同的模,它们在光纤中所走的路程长短不同,如图 4-49 所示,在渐变光纤中,光线是一些长度不同的类似于正弦曲线和螺旋曲线,但光波在每个局部的群速度是不同的,它和该点的局部折射率成反比。

因此,越是偏离轴线,尽管路程长,但光的群速度越大,所以总的渡越时间并无明显差别,这就大大减小了脉冲展宽。这在通信领域中是优点,但在激光点火中,特别是使用大功率激光的时候,会使光功率过度集中,而且理论分析表明,当折射率分布沿径向呈平方率分布时,具有 GRIN 特性,更加重了功率的集中,使光纤产生内部损坏现象,从而降低传输效率。在阶跃型光纤中,光纤芯的折射率 n_1 是均匀的,因此,不同的路程就代表了不同的渡越时间。所以,同一束光在阶跃型光纤传播中就由于模间色散而引起脉冲展宽较大,使光功率在传输中得以分散,从而降低了对光纤的损伤。研究结果表明,渐变型光纤分束器适合小功率激光耦合、分配、传输使用;阶跃型光纤分束器适合高功率大能量激光耦合、分配、传输使用。

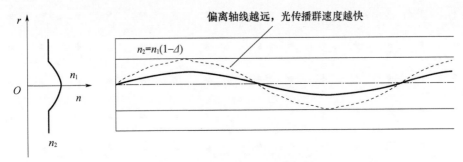

图 4-49 渐变光纤中光线的传播

2)光纤分束器设计及试制方法

一方面,材料本身的性质起重要作用。渐变光纤中掺有锗元素,这是形成折射率渐变的手段,掺锗的光纤纤芯中含有 GeO,用一定波长的强光照射时,由于纤芯内的 GeO 错误吸收紫外光,造成色心,从而改变了光纤的吸收光谱,造成光纤折射率的变化;另一方面,在渐变光纤中,光波在每个局部的群速度是不同的。而且,用渐变光纤设计试制出的光纤分束器,分束均匀性较差。

大功率光纤分束器的制作方法:选取数根 A 型或 B 型多模裸光纤,先在其中部位置去除涂覆层或同时去除涂覆层和石英包层,置于光纤熔融拉锥设备上,用 H_2-O_2 气体燃烧产生 800~900℃熔融时,对上述光纤实施双向拉锥,并在中部位置形成光纤耦合区,直至分束比达到要求时,将光纤耦合区退出加热区并停止拉锥;给光纤耦合区加保护外壳并灌胶固定,并在光纤耦合区的输入端保留一根光纤,输出端保留全部数量的光纤;按照工艺规定给光纤分束元件的一个输入端和多个输出端的光纤加装内护套管、芳纶保护层、外护套管,并在所有的光纤端口上安装标准 FC/PC 光纤接头,制成两分束器与三分束器。

3) 渐变型光纤分束器

(1) Corning 渐变折射光纤分束器。用 Corning 公司 $\phi 100/140\mu m$、NA = 0.29 的渐变折射光纤,制成三分束光纤无源耦合器;用波长为 980nm 半导体激光器,对耦合效率、分束比参数进行了测定,取得试验结果如表 4-8 所列。

表 4-8 Corning 渐变折射光纤三分束器的主要性能参数

分束器编号	输入能量 /mJ	输出端编号	分束参数			总耦合效率 /%
			输出能量 /mJ	耦合效率 /%	分束比 /%	
3-03	7.78	A	1.51	19.41	32.55	59.64
		B	1.56	20.05	33.62	
		C	1.57	20.18	33.84	

从表 4-8 的测定结果可看出,Corning 公司的渐变折射光纤制成的三分束器,总耦合效率偏低,仅达到 59.64%,分束均匀性较好。

(2) 国产渐变型光纤分束器。利用光纤通信领域的高新技术,采用国产 $\phi 100/140\mu m$、NA = 0.275 渐变折射、低损耗光纤,陶瓷芯 FC/PC 标准接头,进行了激光能量分配耦合用二分束、三分束光纤无源耦合器的设计与试制工作。在解决大芯径光纤熔接、激光能量分束均匀性、高耦合效率等关键技术后,经过多次试验,试制出两分束器、三分束器样品。用波长为 980nm 半导体激光器,对国产渐变折射光纤二分束、三分束无源耦合器的耦合效率、分束比参数进行了测定,取得试验结果如表 4-9 所列。

表 4-9 国产渐变光纤分束器的主要性能参数

分束器编号	输入能量 /mJ	输出端编号	分束参数			总耦合效率 /%
			输出能量 /mJ	耦合效率 /%	分束比 /%	
2-01	13.84	A	5.49	39.70	50.32	78.90
		B	5.42	39.20	49.68	
2-02	13.82	A	5.27	38.13	49.44	77.13
		B	5.39	39.00	50.56	
3-01	13.78	A	3.75	27.21	35.85	75.90
		B	3.15	22.86	30.11	
		C	3.56	25.83	34.03	
3-02	13.71	A	2.81	20.50	33.22	61.71
		B	2.87	20.93	33.92	
		C	2.78	20.28	32.86	

从表 4-9 所示测定结果可看出:①国产渐变折射光纤二分束无源耦合器的耦合效率较高,分束均匀性好,2-01 号的分束比达到了 50.32/49.68,总耦合效率达到 78.90%,2-02 号的分束比达到 49.44/50.56,总耦合效率达到 77.13%;②三分束无源耦合器的耦合效率较高,分束均匀性较好,3-01 号的分束比达到了 35.85/30.11/34.03,总耦合效率达到

75.90%，3-02号的分束比达到33.22/33.92/32.86，总耦合效率最高达到61.71%。总耦合效率随着分束路数的增多而降低。这两种渐变光纤分束器，能够在半导体激光多路起爆系统中实际使用。

4) 大功率光纤分束器

在激光起爆装置中，为了起爆某些钝感起爆器或获得较短的作用时间，常采用功率较大的固体激光器作为能源，由于激光功率较高，采用芯径$\phi100/140\mu m$掺锗渐变多模光纤制作的两分束器，在多次工作后会发生损坏的现象，使激光能量传输效率显著降低。在阶跃光纤中，光纤芯的折射率n_1是均匀的，因此，不同的路程就代表了不同的渡越时间。所以，同一束光在阶跃型光纤传播中，由于模间色散而引起脉冲展宽，使光功率在传输中得以分散，从而降低了对光纤的损伤。通过对上述因素的分析，为了提高传输光缆网络系统的传输功率，避免内部损伤的现象，对光分束器进行了优化设计。采用相同规格的$\phi105/125\mu m$、NA = 0.22阶跃折射纯石英多模光纤，设计试制了大功率光纤二分束、三分束无源耦合器。

(1) 国产$\phi105/125\mu m$阶跃光纤分束器。在光纤传输网络中，耦合传输效率主要与光纤的结构、传输模式、数值孔径匹配、接头中光纤端面的光洁度、同轴度与端面垂直度等因素有关。理论分析与试验表明，同种规格光纤或规格相近光纤的耦合效率较高。陕西应用物理化学研究所与相关单位协作，将激光多路起爆系统中的光纤分束器优化设计为全部采用国产$\phi105/125\mu m$同种规格阶跃光纤，制成LIOS的光纤分束器。初步试验结果如表4-10所列，表中激光能量输入光缆与两分束器之间的总耦合效率提高到86.5%~91.5%。比早期用进口光纤与国产光纤组成的混合光纤分束器的耦合效率提高了22.7%。该类型光纤分束器能够满足固体激光二路、三路起爆系统实际使用要求。

表4-10 国产$\phi105/125\mu m$阶跃光纤分束器的主要性能参数

分束器编号	激光波长/μm	输出端编号	分束参数		总耦合效率/%
			耦合效率/%	分束比/%	
BS06-2-01	1.06	A	44.8	51.3	87.3
		B	42.5	48.7	
BS06-2-02	1.06	A	46.2	50.5	91.4
		B	45.2	49.5	
BS06-3-01	1.06	A	28.9	33.3	86.5
		B	28.2	32.6	
		C	29.4	34.0	
BS06-3-02	1.06	A	31.2	34.2	91.2
		B	30.0	32.9	
		C	30.0	32.9	
BS06-3-03	1.06	A	30.4	33.2	91.5
		B	30.6	33.4	
		C	30.5	33.3	

(2) THORLABS$\phi105/125\mu m$阶跃光纤分束器。采用进口美国THORLABS公司的$\phi105/125\mu m$大功率光纤，设计试制出二分束、三分束无源耦合器。用固体激光器对主要性

能参数进行了测定,取得试验结果见表4-11。从测定结果看出,用THORLABSϕ105/125μm大功率光纤,制成的二分束、三分束器的耦合效率较高,达到90%,分束均匀性较好。这种光纤分束器,能够在固体激光多路起爆系统中使用。

表4-11 THORLABS光纤分束器的主要性能参数

分束器编号	激光波长/μm	输出端编号	分束参数		总耦合效率/%
			耦合效/%	分束比/%	
TS06-2-01	1.06	A	49.0	49.7	98.5
		B	49.5	50.3	
TS06-2-02	1.06	A	50.1	50.4	99.5
		B	49.4	49.6	
TS06-3-01	1.06	A	30.7	33.0	93.2
		B	30.8	33.1	
		C	31.6	33.9	
TS06-3-02	1.06	A	31.7	34.6	91.6
		B	29.3	32.0	
		C	30.6	33.4	
TS06-3-03	1.06	A	26.5	31.0	85.6
		B	29.1	34.0	
		C	30.0	35.0	

2. 常用光纤分束器

1)激光飞片起爆用光纤分束器

在激光飞片起爆技术研究中,使多个点同时起爆对于应用是很重要的,有时还需要按时序起爆。多点同时起爆或按时序起爆,就需要使用光纤分束器。除了2∶1的光纤分束器外,还需要更高的分束比如4∶1或是8∶1的光纤分束器。通过试验得出结果和评价方法,以满足调Q YAG激光脉冲的传输需要。最终使用的是2∶1的光纤分束器进行试验,第一步先使两发激光飞片雷管能够同时发火。它包括一个ϕ533μm到ϕ400μm的锥形光纤和熔接在一起的两根ϕ400μm光纤。在这个能量水平上,使用光纤分束器没有发现任何损坏,因此,对继续使用它不持怀疑态度。由于特种光纤的高成本和稀缺性,不能对这个光纤分束器进行破坏性试验。但是它的传送量达到24J/cm^{2}时,没有出现损坏的迹象。相信这种光纤分束器具有与基本光纤相同的损坏极限,正如光纤分束器不会出现有害的影响一样。

通过光纤分束器传输的能量,明显比通过每一根光纤单独传输的能量要低。然而,如果将这些ϕ533μm有锥度的光纤加起来,可以看到其传输能量比最接近的可比光纤的传输能量要低10%。很明显,这是由于在光纤分束器接触面上的能量损失造成的这种现象会形成一个能量的积累并在接触面产生破坏。

2)国产光纤二分束器

陕西应用物理化学研究所与相关单位协作,采用国产ϕ100/140μm渐变折射、ϕ105/125μm阶跃或THORLABSϕ105/125μm阶跃光纤,设计试制出的光纤二分束器如图4-50所示。

3) 国产光纤三分束器

采用国产 $\phi100/140\mu m$ 渐变折射、$\phi105/125\mu m$ 阶跃或 THORLABS$\phi105/125\mu m$ 阶跃光纤,设计试制出的光纤三分束器如图 4-51 所示。

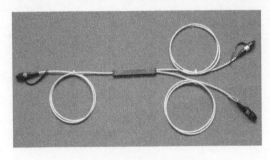
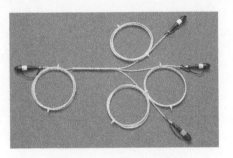

图 4-50　光纤二分束器　　　　　图 4-51　光纤三分束器

4) 大功率光纤多路分束器

大功率光纤 7、8 路分束器的制作方法:选取 7 根或 8 根大功率阶跃多模光纤裸纤,先在其中部位置去除涂覆层和石英包层,通过夹具使数根光纤基本上沿圆周方向紧密排列;夹具置于光纤熔融拉锥设备上,用 H_2-O_2 气体燃烧产生的高温火焰直接对光纤中部位置加热;在温度达到 800~900℃熔融时,对上述光纤实施双向拉锥熔接;将熔接区切割后,再熔接输入光纤,加保护管;输出端保留 7 路或 8 路光纤;按照工艺规定给光纤分束元件的一个输入端和输出端的光纤加装内护套管、芳纶保护层、外护套管,并在输入光纤端安装 SMA905 接头或 FC/PC 大孔接头,所有输出光纤端口上安装标准 FC/PC 光纤接头,对接头进行研磨、抛光、清洗等工艺加工,而制成多路分束器。

(1) 7 路光纤分束器试制。陕西应用物理化学研究所与相关单位协作,研究了七分束光纤无源耦合器技术。采用国产与进口大功率光纤进行七分束器高新技术研究,试制出了七分束光纤无源耦合器,如图 4-52 所示。

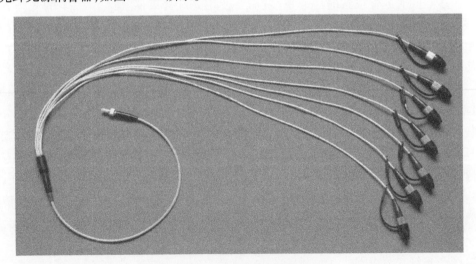

图 4-52　七分束光纤无源耦合器

采用小型固体激光器(B 型)正样机与七分束光纤无源耦合器组成固体激光 7 路传输系统,对七分束光纤无源耦合器的分配、耦合参数进行了测定,取得的试验结果如表 4-12 所列。

表4-12 光纤七分束器的耦合效率测试结果

编号	分束端口							总耦合效率	分束均匀性
	1	2	3	4	5	6	7		
CY05003	12.4	12.4	12.6	12.5	12.4	12.4	12.3	87.1%	$\frac{+1.55}{-1.40}$
CY05005	12.8	13.0	12.8	12.8	12.7	12.6	12.9	89.6%	$\frac{+2.16}{-1.28}$

从表4-12可以看出,七分束光纤无源耦合器的总耦合效率、分束均匀性较高,能够用于小型固体激光7路引爆系统。

(2)8路光纤分束器。为了解决短间隔大能量激光脉冲可靠传输技术关键,提高多路激光火工品的发火可靠性与作用一致性,研究多路程序控制起爆系统技术。陕西应用物理化学研究所与相关单位协作,采用输入与输出不同芯径的光纤,融熔拉锥熔接工艺,设计出高效均匀分束的8路光纤无源耦合分束器,其设计结构如图4-53所示,样品如图4-54所示。

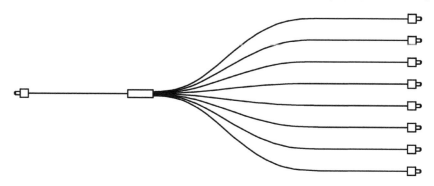

图4-53 8路光纤无源耦合器设计原理

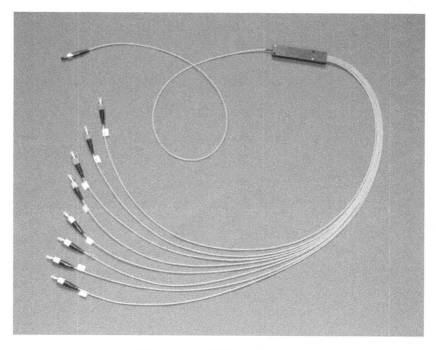

图4-54 8路光纤分束器样品

采用小型 YAG 固体激光器,对其耦合分束参数进行了测试,取得试验结果如表 4-13 所列。从试验结果看出,大能量八分束器的总耦合效率不小于 78%、分束均匀性可以达到不大于 5% 的要求,能够满足 8 路 LIOS 使用。

表 4-13 8 路光纤分束器的参数测试结果

编号	输出端口	输入能量/mJ	输出能量/mJ	耦合效率/%	总耦合效率/%	分束比/%	均匀性/%
064602 20-8 号	1	41.00	4.15	10.12	78.75	12.85	+2.80 -3.84
	2	41.00	4.13	10.07		12.79	
	3	41.16	4.14	10.07		12.78	
	4	41.13	4.00	9.73		12.36	
	5	41.13	4.00	9.72		12.34	
	6	41.10	4.07	9.91		12.59	
	7	41.13	3.89	9.47		12.02	
	8	40.97	3.96	9.67		12.27	
06456 08-2 号	1	41.03	4.29	10.46	82.90	12.62	+8.64 -5.52
	2	41.03	4.31	10.50		12.67	
	3	41.09	4.63	11.26		13.58	
	4	40.81	4.16	10.19		12.29	
	5	40.87	4.00	9.79		11.81	
	6	40.81	4.09	10.01		12.08	
	7	40.74	4.09	10.03		12.10	
	8	40.97	4.37	10.66		12.86	

4.4 光开关

光开关是一种具有一个或多个可选择的传输窗口,可对光传输线路或集成光路中的光信号进行相互转换或逻辑操作的器件。光开关性能参数有多种,如切换速度、隔离度、插入损耗、对偏振不敏感及可靠性高,不同领域对它的要求也各不相同。依据不同的光开关原理,光开关可分为机械光开关、热光开关、电光开关和声光开关。依据交换介质区分,光开关可分为自由空间交换光开关和波导交换光开关。

国外已开展了激光点火用微光开关、MEMS 光开关的研究。文献[17]报道了激光点火微安保系统,采用半导体激光器作为光源,执行器为高强度电热型,工作电流可达 120mA、功率为 5280mW,光学效率为 88%,当输入光功率为 1930mW 时,输出光功率为 1690mW,开关速率为 40ms,隔离度为 55dB。国内也有单位对 MEMS 光开关新技术进行了探索性分析研究。

在 LIOS 技术研究中,常用的光开关主要有机械挡板光开关、机电光开关、MEMS 光开关、热光效应光开关、液晶光开关、电光开关、声光开关、SOA 光开关等。

4.4.1 机械/机电式光开关

1. 挡板式机械光开关

机械式光开关发展比较成熟,可分为移动挡板、光纤、套管、准直器、反光镜、棱镜或耦合器等多种形式。传统的机械式光开关插入损耗较低、隔离度高、不受偏振和波长的影响,开关寿命不少于 1×10^7 次。机械式光开关性价比较高,是其他类型光开关无可比拟的。机械式光开关的导通时间较长,不能用于 LIOS 的自动控制,但是可以用于光路的安全控制。LIOS 用典型的挡板式机械光开关如图 4-55 所示[18]。

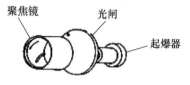

图 4-55 机械式光开关

2. 机电式光开关

机电式光开关发展相对比较成熟,一般采用电子继电器、步进电机和压电元件等驱动挡板、棱镜、反射镜、光纤、套管、移动准直器或耦合器实现光路的切换。由于有移动的机械部件,机电式光开关在开关切换时间、重复稳定性和寿命等性能方面,有先天不足的缺陷。另外,机电式光开关的体积、质量一般较大,端口数目较少。但正因为机电式光开关大多采用较为简单的几何光学原理,其优点也是很明显的。机电式光开关具有插入损耗较小、隔离度高、不受偏振和波长的影响,适应波长范围较宽、串扰小、容易实现自保持功能(即光开关在断电后,保持先前的开关状态)等特性。机电式光开关性价比较高,也是其他类型的光开关无法比拟的。比较领先的机电式光开关,其插入损耗低于 0.5dB、开关时间在 5ms 内、开关重复性小于 0.02dB、开关寿命不少于 1×10^7 次,体积也比早期产品有明显的减小[19]。机电式光开关的这些特性,使其在光纤网络、光纤设备的备份保护或 DWDM 系统中的可重构上下路插分复用(ROADM)等装置中有大量应用,多端口的机电式光开关也常用在测量系统中。在激光起爆、点火系统中应用机电式光开关,具有耦合传输效率高、传输激光能量大、响应时间短、工作可靠性高等特点。

在光纤通信机电式光开关的基础上,可以进一步开发出适合 LIOS 使用的大功率、高能量型光开关。

1) 工作原理

根据 LIOS 传输大功率、高能量激光的特点,设计、研制能量型光开关,其工作原理如图 4-56[20] 所示。由于 $1/4P$ 的 GRIN 透镜的特殊性质,采用两个 $1/4P$ 的 GRIN 透镜可以加工成微光元件组[21],在光路中,由光纤输入的光锥经过第一个透镜后扩束,成为准直的平行光束,然后经过第二个透镜后聚集,成为可以与光纤耦合的光锥。通过在平行光束中插入挡板,并用机电元件控制其开合,就形成了一个机电式光开关。

2) 光开关结构设计

激光能量型光开关由输入光缆、准直与聚焦 GRIN 透镜、控制继电器、可移动挡板及输出光缆组成,开关结构如图 4-56 所示。其中,第一个 GRIN 透镜将输入光调制成平行光,第二个 GRIN 透镜将平行光聚焦耦合入输出光缆。插在两个 GRIN 透镜之间的挡板,由小型继电器驱动实现光路通断控制。为了防止激光火工品的意外发火,保证其安全性,光开关应处于"常闭"状态,即在无控制信号时光开关处于"隔断"状态,在直流 5V 驱动信号的控制作用下处于"导通"状态。

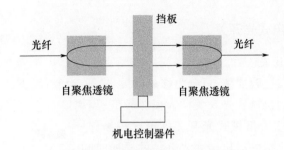

图 4-56　机电式光开关工作原理

(1) 激光能量型光开关。采用渐变光纤、大能量 GRIN 透镜、驱动挡板的机电式光开关技术,设计研制的 1×1 激光能量光开关如图 4-57 所示。激光能量型光开关主要用于半导体激光起爆、点火系统中,作为安全控制或光通道控制元件。

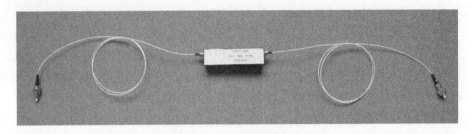

图 4-57　激光能量型光开关

(2) 激光功率型光开关。固体激光起爆、点火系统具有激光功率高、响应时间短等特点,对光开关的要求就是要有高耦合、高传输效率、高传输功率、响应时间短及高可靠性等。采用大功率阶跃光纤、大能量 GRIN 透镜、驱动挡板的机电式光开关技术,设计研制的 1×1 激光功率型光开关如图 4-58 所示。激光功率型光开关主要用于固体激光起爆、点火系统中,作为安全控制或光通道控制。

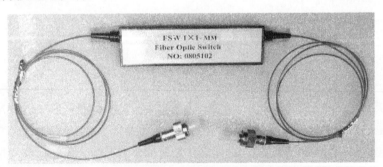

图 4-58　激光功率型光开关

3) 机电式光开关组件

激光能量光控元件即光开关应能够实现对激光能量的可靠隔离与导通,确保在激光火工品发火前处于隔离状态,在需要发火时处于导通状态。根据对光开关技术现状的调研,采用 1×1 机电式光开关能够实现无"串音"干扰、可靠隔离与导通。应用物理化学国家级重点实验室在激光能量光路中,采用了 8 个机电式光开关组件设计方案。按照 8 个光开关安装在一个光开关控制器中的方案,试制出了 8 路光开关组件,如图 4-59 所示。光开关控制器通过多芯控制电缆与程序控制器连接。光开关控制器受主控单片机控制,根据不同的起爆要求,按照任选、同时、顺序或延时方式控制光开关导通。使八分束器输出端的激光能量按预定方式传输到激光火工品中,实现多路程控起爆或点火。对 8 路机电式光开关组件进行了联调,结果表明光开关控制器对光开关组件能够实现程序控制光路导通。

图 4-59 机电式光开关组件

3. 新技术光开关

除了一些用电磁装置、步进电机等驱动的机电式传统光开关外,还有一些新技术光开关的发展值得注意[22]。英国的 Polatis 推出了一款 32 端口的新型光开关,采用了压电晶体致动器的驱动装置和光束扫描技术。光束在致动器和反射装置控制下,被导向各输出端口的光纤,它可以非常灵活地构成不同形态的光开关,如 1×31、2×30 直至 16×16,或双重的 1×15 和四重的 4×4 的光开关。所有的变换可通过面板上的触摸屏或网管遥控快速完成。美国 Optiworks(翔光)推出的 1×50 光开关,利用有定位功能的直流电机驱动反射镜,控制光束在自由空间扫描,达到了小于 2ms 的开关时间、0.8dB 以下的插入损耗,并且具有端口数达 200 以上的潜力。这些都是机电式光开关中的前沿产品。很多厂商正在不断探索新技术,提高机械化、自动化水平,改善产品的质量稳定性。

4.4.2 电光开关

电光开关是开关时间能够达到亚微秒,甚至纳秒量级的为数不多的光开关技术之一[19]。电光开关有两种,即直接电光效应与间接电光效应原理开关。直接电光效应是利用材料的 Pockels 效应与 Franz-Keldysh 效应,即通过电场改变材料的折射率。这类器件具有很快的电光响应速度,一般情况下开关时间小于 1ns。通常这类器件的波导材料(如 $LiNbO_3$、Ⅲ-Ⅴ化合物等)有较高的电光系数。Fuji-Xerox 公司研制出了掺镧钴钛酸铅(PLZT)电光波导开关,PLZT 电光效应系数大,比 $LiNbO_3$ 大一个数量级,因此,可取得较低的半波电压。PLZT 波导采用固相外延技术制作,其优点是响应速度快,开关速度为 20ns、开关电压为 10V,可以制成 $1 \times 2 \sim 1 \times 8$ 开关。利用间接电光效应的光开关一般为半导体材料光开关,如利用半导体材料的等离子色散效应,通过注入电流实现折射率调制。由于受半导体材料中载流子寿命的限制,开关时间一般为微秒或亚微秒量级。人们对载流子注入式的电光开关做了大量研究,制作了多种半导体材料,如 InP、GaAs 与 Si 基底的波导光开关。电光开关的另一种用途是作为固体激光器的调 Q 器件。

4.4.3 声光开关

声光开关[19]利用的是介质的声光效应,其基本原理是通过控制电信号,经声学换能器后产生一定频率的声表面波,在声光介质(如铌酸锂)中传播,使介质折射率发生周期性变化,形成一个运动的衍射光栅;输入光波沿内部有声波的波导传输时,其偏振在波长与声波 Bragg 光栅匹配时将发生变化,从而利用偏振分束器就可以实现波长选择,并在此基础上实现开关功能。利用声光效应制作的光开关,类似于声光可调谐滤波器。该类器件的消光比主要取决于横电(TE)模和横磁(TM)模的转换效率,一般小于 20dB。由于器件的模式转换是通过满足 Bragg 条件实现的,因此声光开关的波长相关性(WDL)比较高。利用此技术可以实现波长选择开关与波长可调谐滤波器。声光技术可以方便地制作端口数较少的光开关。其复杂而昂贵的控制电路限制了声光开关的大规模发展。由于声光开关没有机械运动部分,所以可靠性高。1×2 开关的开关速度比较快,为微秒量级,缺点是插入损耗较大且成本高。国外 Gooch and Houscgo PLC、Light Management group、Brimcom Inc 等开发研制了声光开关。

4.4.4 固体磁光开关

磁光开关是应用磁光介质,如稀土铋系钇铁石榴石等材料的法拉第偏振旋光效应,通过电流控制施加或取消磁场,进而改变输入光的偏振面和传输路径,从而实现光开关的技术[19-20]。利用磁性材料的双稳态、非线性以及饱和磁场效应,还可以实现光偏振旋转状态的锁定。即当控制电流脉冲信号消失后,光的偏振旋转状态保持不变。磁光开关这种自锁特性,可以显著降低开关的功率消耗,使开关作用安全可靠。1×2 磁光开关的作用原理如图 4-60 所示。磁光开关一般都采用微光学分立元件结构,$P_x(x=i、o、e)$ 为线性偏振器;F 通电加磁时,是非互易的法拉第 90°旋转器,不通电时,相当于相位延迟器;B 为线性双折射器。

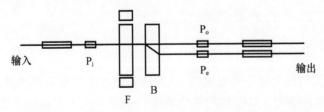

图 4-60 1×2 磁光开关原理图

给光开关通电加磁时,输入的光线经过 B 折射后,由偏振器 P_e 输出;不通电时,输入的光线通过 B 时不经过折射,由偏振器 P_o 输出。1×2 磁光开关的插入损耗小于 1dB,隔离度可以达到 50dB,开关的速度为 100μs 量级。由于驱动线圈物理尺寸的限制,使得这种磁光开关只用于端口数较少的开关结构中。新型多功能磁光开关采用全固态结构,器件内没有可移动部件,这样的结构消除了传统机电式光开关存在的回跳抖动和重复性较差的问题(机电式开关重复性小于 0.10dB,新型磁光开关的重复性小于 0.02dB)。而且不存在因部件运动造成的机械损耗和结构老化,使它的工作寿命要远超过传统的机电式光开关。磁光开关的状态转换速度只与外加磁场的变化有关,因此,常规磁光开关的转换速度在 0.5ms 之内,而传统的机电式光开关的转换速度在 10ms 之内。两者相比,其结果是显而易见的。新型多功能磁光开关具有优异的电气性能,常规产品的开关直流电压只有 4.5~5.5V、开关电流一般小于 70mA。状态转换时只需要一个电脉冲,驱动电流脉冲宽度约 0.5ms,无需持续供电,具有功耗低的优点。相对于其他非机电式光开关,它具有驱动电压低、串扰小和体积小等许多优势。

山东招远光电子公司推出的固体磁光开关,开关时间在 0.5ms 之内,并能根据用户的不同需求,批量生产响应时间微秒量级、工作电压为直流 0.5~5V 的磁光开关,有自保持功能,断光隔离度可达 10dB 以上,寿命不少于 20×10^9 次。成功解决了同类光开关通光时光路不可逆、断光时隔离度低的问题,并且在其他性能上均已达到或超过机电式 1×1 光开关。该种类型的固体磁光开关,在产品众多的开关市场上引人注目,显示出广阔的应用前景。

虽然有人提出了在磁性薄膜的表面利用光刻技术形成环形金属线路,在平面型波导的基础上进行磁光开关技术研究,以便实现光开关的平面波导集成化。但需要解决磁场驱动、隔离与波导偏振相关性等技术难题。在国外,磁光开关的制造商有 FDK、Primancx、Agiltron 等公司。

4.4.5 激光驱动烟火光开关

将激光点火技术与机械式光闸相结合,可以设计研制出激光驱动的烟火光开关。激光驱动烟火光开关的构成与作用原理详见本书 8.3.8 节。

4.4.6 MEMS 光开关

1. MEMS 光开关技术[20,22,23]发展

MEMS 光开关是指在平面波导或半导体材料上,采用深刻蚀、浅扩散工艺制作悬臂梁,作为光开关的可动部分,使微镜或光闸产生机械运动,从而改变光的传播方向,实现开关功能。其驱动方式有静电驱动、电磁驱动、光功率驱动、热驱动等。

1)MEMS 光开关工作原理

移动光纤对接型 1×1 MEMS 光开关工作原理如图 4-61 所示。当输入光纤的活动部分没有受到推力的作用时,光开关处于隔离状态;在微推力的作用下,当输入光纤的活动部分运动到与输出光纤准直时,光开关导通使光线进入输出光纤。在双光纤准直型光开关中,光纤的轴线对准,对激光传输效率的影响比较大,可能引起耦合损耗的主要因素有光纤的纵向偏移、横向偏移和角度偏移,如图 4-62 所示。

2)仿真分析

采用美国焦点公司开发的综合光学设计软件(ZEMAX)对光纤的耦合效率进行了仿真计算,目的是为激光点火用光纤连接型微光开关的设计提供依据。

(1)光纤连接型微光开关的建模。设定光源为理想高斯光束;光纤为多模石英光纤,其 NA 为 0.26、芯径为 $\phi 500/550\mu m$。为了只计算光纤的耦合效率,而不考虑光纤传输损耗,发射光纤和接收光纤的长度均取 10mm。采用 10 万条波长为 $1.064\mu m$ 的光线进行追迹模拟。

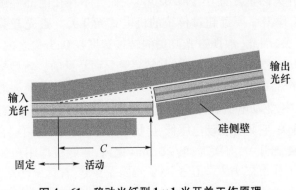

图 4-61 移动光纤型 1×1 光开关工作原理　　图 4-62 双光纤偏移示意图

(2) 纵向偏移距离对耦合效率的影响。纵向偏移对激光耦合的影响如图 4-63 所示。仿真中纵向距离在 $10\sim1500\mu m$ 内变化。而光的耦合效率只在 91.5% 附近波动,原因是 ZEMAX 软件每次对光线的追迹都是一个随机过程,本仿真中使用的光源为理想情况下的高斯光束,并且没有考虑功率的影响。

从图 4-63 中可以看出,纵向偏移对光纤耦合效率的影响比较小,因此设计时不用过多关注光纤纵向偏移的影响。在后续的仿真分析中,固定两条光纤的纵向偏移为 $100\mu m$。

(3) 横向偏移对耦合效率的影响。微光纤开关的横向偏移引起的影响如图 4-64 所示。当然微光纤开关存在正负两个方向的偏移,它们对纵轴是对称的。在真正的使用过程中,光纤开关可能存在横向正负方向的抖动。从图 4-64 可以看出,横向偏移达到 $250\mu m$(纤芯半径)时,耦合效率只有 54%,其后耦合效率下降较快。

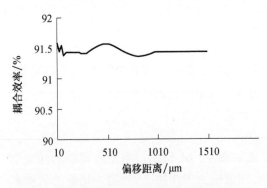
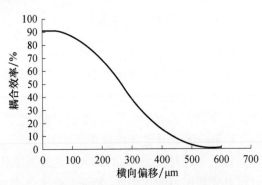

图 4-63 纵向偏移对光纤耦合效率的影响　　图 4-64 横向偏移对激光耦合效率的影响

(4) 角度倾斜对耦合效率的影响。双光纤准直型光开关中,光纤的轴线对准对激光传输效率的影响比较大,可能引起耦合损耗的主要因素有光纤的纵向偏移、横向偏移和角度偏移。

光纤端面角度倾斜也会对光开关的耦合效率造成损失,采用 ZEMAX 仿真分析得到的角度偏移光纤追迹示意如图 4-65 所示。从图中可以看出,由于两个连接面的倾斜,光纤中的很大一部分激光会漏出光纤芯,或者在光纤中传播一段有限距离后泄漏掉。

从图 4-66 中可以看出,当光纤的倾角超出 ±10° 后,光纤的耦合效率骤然下降。可以分析得出,光纤耦合中光纤倾角和光纤横向偏移对光纤耦合效率的影响比较大,对输出光的功率密度分布影响也比较大。因此,在设计和制造中要特别注意这两个方面的指标。

图 4-65 光纤倾斜光线仿真追迹示意图

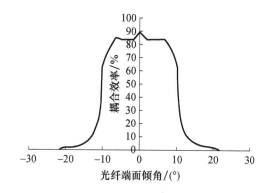

图 4-66 微光纤开关光纤端面倾角对耦合效率的影响

3) 关键参数的确定

当光开关在导通状态时,希望有尽可能大的输出效率,这就要求要有足够小的横向位移偏差和角度倾斜。根据上面对 $\phi500/550\mu m$ 的大芯径的阶跃折射石英光纤在理想情况下进行仿真试验的结果可以得出,在设计制造中的连通状态下,光纤的最大偏移不能大于其纤芯的半径,其角度偏移应该小于 7°。

当横向偏移 $250\mu m$、角度偏移 11.2° 时,光纤两端的耦合效率只有 50%,这只是一种最理想情况下仅限于两根光纤最近端的最大耦合效率。由于在激光点火中激光功率比较高、光纤端面有损伤、在光纤传播中的非线性效应等各种影响,当激光传输一段距离后其能量损耗非常大。

图 4-67 所示曲线 1~6 所对应的入射光斑直径分别是 $\phi300\mu m$、$\phi322\mu m$、$\phi345\mu m$、$\phi367\mu m$、$\phi389\mu m$、$\phi411\mu m$。此项试验中的激光器为调 Q Nd:YAG 激光器,输出激光脉冲能量接近 300mJ,激光脉宽 10ns,近似看成高斯光束。所用光纤为塑料包层石英光纤,所有样品光纤长度皆为 1m、NA 约为 0.25、芯径 $\phi500\mu m$,基本与本书中的光纤模型参数吻合。从中可以看出,经过 1 m 长的光纤后只有 40% 左右的能量输出。在横向偏移 $250\mu m$,考虑到角度偏移时光纤损耗增大的情况下,也只有大约 20% 的能量输出。因此,在光开关的设计中要综合考虑各个方面的影响。比如,在反射型光纤的微光开关中,要考虑到反射膜的材料对反射效率的影响,在 1300nm 波长的激光下,金、镍和硅反射镜的光学参数分别为 97.5%、72.1%、63%。为了保证微光开关"保险"状态的可靠性,要求输出能量在门限 5% 以下。因此,可以通过计算此微光开关的光纤倾斜角度在 17° 的时候,能量传输率只有 4%;或者横向位移在 $500\mu m$ 时,能量传输率只有 3.4%。在设计此保险装置时,不仅要考虑最佳耦合效率,还要考虑到保证"保险"状态安全的最小偏移量。

在直接连通结构的微光开关中,悬臂式输出光纤或接收光纤均可构成一个光学开关,微执行器的设计应该能够产生 1.9mN 的力推动输出光纤或接收光纤的活动部分。但是由于静电驱动作用,使其有一个横向的抖动。横向的抖动产生的角度偏移,可以通过一个预置角度补偿,使其减小。一般横向的抖动距离(横向偏移)不是很大,只有数微米至数十微米,通过图4-64可以看出对光纤的耦合效率的影响也不是很大,可以通过相应的工艺方法实现对抖动的控制。

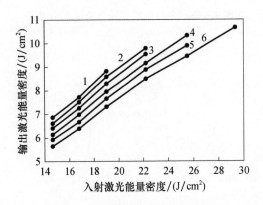

图4-67 光开关输出能量密度随入射能量密度的变化关系

通过 ZEMAX 对光纤和光源进行合理的建模,由于 ZEMAX 在非序列模块中充分考虑了光纤之间的散射和衍射等效应,对模拟光纤连接耦合问题具有一定的真实性和可靠性。通过仿真分析,得出光纤的横向偏移和角度倾斜对耦合效率的影响比较大,纵向偏移距离的影响不明显;得出了制造激光点火用的微光开关的设计和制造关键参数,为光纤连接型微光开关的设计和工艺实现提供了依据。特别是在高亮度激光传输中,提高激光耦合效率的意义重大。本节对激光点火中的激光高功率因素考虑较少,在以后的研究工作中应逐步完善。

2. 典型 MEMS 光开关

1) 移动光纤对接型 1×1 光开关

激光起爆、点火中的微光开关主要为大功率光纤准直连接型,通过移动输出光纤或接收光纤均可构成一个光学开关[24],双光纤准直连通型微光开关如图4-68所示。1×1 MEMS 光开关及执行器的电镜放大照片如图4-69所示。

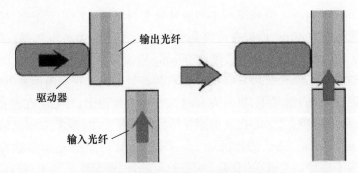

图4-68 双光纤准直连通型微光开关

2) 具有锁定功能的光纤型 1×1 光开关

K. R. Cochran 等报道了具有锁定机构的光纤型 1×1 光开关,如图4-70所示。该光开关的工作过程:锁定执行机构移出滑块上定位槽,开关执行机构推动输入光纤触头与输出光纤准直,锁定执行机构移入滑块下定位槽,光开关稳定导通。

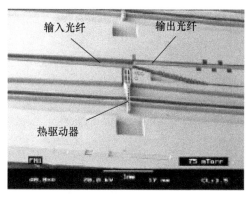
(a) 光纤 MEMS 光开关

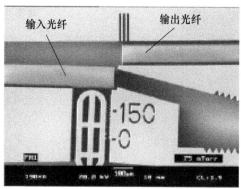
(b) 准直执行器

图 4-69 移动光纤对接型 1×1 光开关照片

3) 双光纤反射连通型微光开关

双光纤反射连通型微光开关如图 4-71 所示。双光纤反射连通型的分析和双光纤直接连通型是一致的,但在设计和制造中要考虑到微反射镜对耦合效率的影响。

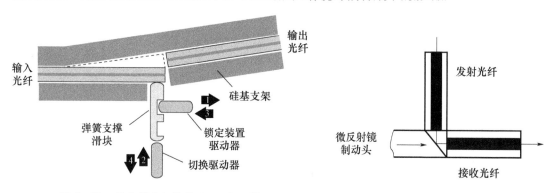

图 4-70 具有锁定机构的 1×1 光开关　　图 4-71 双光纤反射连通型微光开关

在反射传输结构中,由于存在反射镜,影响了传输效率,可以通过镀金等手段提高反射率。另外,还增加两根光纤之间的一个固有距离,最小距离为光纤的直径大小。由图 4-63 所示的仿真分析结果可知,纵向的偏移距离对耦合效率的影响比较小,其他分析和直接连通结构类似。在微执行器的设计中,要注意其移动偏差可能造成的光纤横向对准误差。图 4-72 所示微反射镜驱动器引起的移动偏移距离 d,导致光纤的横向偏移为 d。因此,在设计中要使微反射镜驱动器的横向移动偏差越小越好,比如要保证有 50% 以上的耦合效率,则要求 $d < 250\mu m$。同样由于接收光纤和发射光纤不垂直造成的倾斜,也会引起角度偏移损耗。因此,在制造过程中,固定两根光纤的 V 形槽之间的角度要尽量保持为 90°。

4) 移动光纤对接型 1×4 光开关

美国加州大学戴维斯分校研制出了一种具有代表性的二维移动光纤对接型光开关[25],如图 4-73 所示。该图是一个二维 1×4 光开关,利用光纤的移动和对准实现光信号的切换,插入损耗大约为 1dB。与以微镜为基础的光开关相比,它采用晶体硅或 LIGA 工艺,制造结构和制备方法较为简单。可采用电磁驱动,驱动精度要求低,系统可靠性和稳定性好,稳态时几乎不耗能。缺点是开关速度低,大约为 10ms 量级。

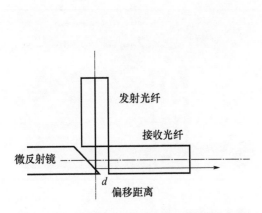
图 4-72 反射型光纤光开关对准偏移示意图

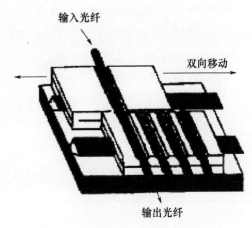
图 4-73 移动光纤对接型 1×4 光开关

4.5 耦合元件

在 LIOS 中常用的光学耦合元件主要包括具有光路聚焦等特性的聚焦类耦合元件和只进行简单光传输的窗口型光学耦合元件，具体包括球透镜、双球面透镜、半球透镜、圆柱体平板窗口、锥体平板窗口、光纤插针、GRIN 透镜、光锥耦合器和透镜组件等。

4.5.1 聚焦类耦合元件

1. 平凸透镜

用普通光学玻璃及镀膜工艺设计、加工成的平凸透镜，如图 4-74 所示。该类透镜的焦距一般为 100~800mm，常用于固体激光起爆、点火技术研究中的外光路的光束聚焦。

2. 双凸透镜

用普通光学玻璃及镀膜工艺设计、加工成的双凸透镜，如图 4-75 所示。该类透镜的焦距一般为 50~500mm，常用于固体激光起爆、点火技术研究中外光路的光束聚焦。

图 4-74 平凸透镜

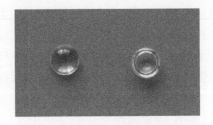
图 4-75 双凸透镜

3. 球透镜

用折射率较高的光学玻璃及镀膜工艺设计、加工成的球透镜，如图 4-76 所示。该类透镜的焦距较短，一般略大于球透镜的半径，常用于固体 LID、LIS 中的光束聚焦。

4. 半球透镜

用折射率较高的光学玻璃及镀膜工艺设计、加工成的半球透镜，如图 4-77 所示。该类透镜的焦距较短,一般将焦点设计在输出端面上。该透镜对平行入射光的聚焦效果好,主要用于固体 LID、LIS 中的光束聚焦。

图 4-76 球透镜

图 4-77 半球透镜

5. 光纤插针组件

采用光纤和金属插针可以设计试制出光纤插针组件,如图 4-78 所示。用作 LID、LIS 光学耦合元件。其主要特点是耦合效率高,输出端光斑尺寸小。

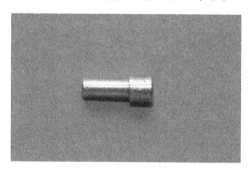

图 4-78 光纤插针组件

6. GRIN 透镜

利用梯度折射及皮层折射率低于纤芯的原理,可以设计、试制成 GRIN 透镜,如图 4-79 所示。该类透镜主要用于激光火工品的光耦合、光开关及光学测量中。

(a)1/4 节距透镜

(b)1/2 节距透镜

图 4-79 GRIN 透镜

7. 光锥耦合器

用普通光学玻璃及镀膜工艺设计出的光锥耦合器,如图 4-80 所示。该类光学器件主要用于烟火泵固体激光器的光纤耦合输出。光束经光锥耦合器聚焦后，其 NA 会变大。但由于固体激光器的输出光束发散角很小，只要注意光锥耦合器的输出 NA 与光纤的输入 NA 匹配，则聚焦耦合效果较好，其光路稳定性也好。

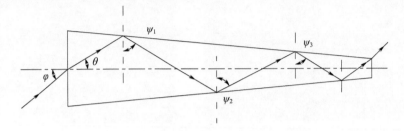

图 4-80　光锥耦合器

8. 激光耦合器

采用双透镜组或三透镜组合结构及镀膜工艺，通过光路设计，可以制成激光耦合器。商品化的双透镜激光耦合器如图 4-81 所示，该激光耦合器中有两个透镜。

耦合器的金属壳体的一端有螺纹接口，可与激光器的输出端相连；另一端有 SMA905 标准输出接口，可与输出光缆连接。可以实现三维调节，即两透镜的间距可调节、输出焦斑的二维位置可微调。该类光耦合器可以用于高功率、大能量固体激光器的光纤耦合输出，其耦合效率不小于 80%。

图 4-81　双透镜激光耦合器

4.5.2　窗口类耦合元件

1. 平板窗口

用有机玻璃、光学玻璃或蓝宝石可设计成平板窗口，如图 4-82 所示。该类元件常用于固体激光起爆、点火技术研究，作为试样产品的光学窗口。该类型的普通光学窗口元件的成本较低。

2. 锥形窗口

用有机玻璃、普通光学玻璃或蓝宝石设计成的锥形窗口，如图 4-83 所示。该类元件常用于固体激光起爆、点火技术研究中，作为试样产品的光学窗口。该光学窗口的承压密封性较好，普通光学窗口元件的成本较低。

图 4-82　平板窗口

图 4-83　锥形窗口

4.6 通用光学元件

4.6.1 玻璃基片

用光学玻璃设计、加工成的玻璃基片如图4-84所示。在激光火工品技术研究中,该类光学元件主要用于固体激光起爆、点火试验系统的外光路组合。用其两个表面约8%的低反射率特性分束,取得较弱的激光探测信号;或者作为高透过率镜片保护光电探头、功率计探头、能量计探头与贵重光学部件。

4.6.2 介质膜片

在玻璃基片的一个表面镀上不同层的金属氧化物膜,就构成对不同波长具有不同透过率的介质膜片,如图4-85所示。在激光火工品技术研究中,该类光学元件主要用于固体激光起爆、点火试验系统的外光路组合。用来调整光路透过率、反射率,或调节激光发火能量。

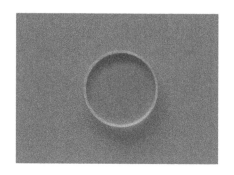
图4-84 玻璃基片

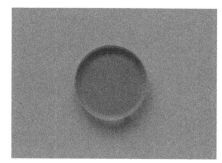
图4-85 介质膜片

4.6.3 干涉滤光片

在玻璃基片的一个表面镀上不同层的金属氧化物膜,就构成对不同波长具有干涉作用的滤光片,如图4-86所示。在激光火工品技术研究中,该类光学元件主要用于固体激光起爆、点火试验系统的光电探测。用来滤掉干扰光波,获得真实的激光波形信号。

4.6.4 角锥

利用光线入射角不小于42°,可在光学分界面上形成全反射的几何光学原理,采用光学玻璃可以设计、加工成角锥,如图4-87所示。角锥主要用于固体激光器工作物质的后端,作为全反射镜。用角锥与前反射镜构成的激光谐振腔,其特点是降低了对激光谐振腔平行度的要求,免调谐、光学稳定性好,能够提高激光输出效率。

图4-86 干涉滤光片

图4-87 角锥

4.7 光学衰减器

在许多试验或产品测试中,可能需要测量高电平光信号的特性。如果电平太高,如光放大器的强输出,则需要在测量前对光信号进行精确衰减,这样做是为了避免仪器损坏或测量过载失真。光衰减器允许用户降低光信号水平。例如,在特定波长上经过精确的处理步骤,最高衰减能达到60dB(相当于10^6)。野外使用的快速测量仪器(与磁带盒大小相当),其衰减范围的精度能达到0.5dB就可以了,而实验室内使用仪器的衰减精度需要达到0.001dB。

4.7.1 光缆衰减器

商品化的光缆衰减器如图4-88所示,该光学衰减器的两端有FC/PC或SMA905标准接口,壳体的中间有间距调节机构。主要利用增大两个光纤接头之间的距离,减小接收光纤端面上能量密度的方法,实现光缆传输衰减的无级调节。

4.7.2 光衰减器

美国相干公司生产了3种光衰减器[26],型号有VARM、C-VARM、UV-VARM。光衰减器的结构可分为转盘式光衰减器与插片式光衰减器两类,主要用于各种光信号衰减的试验。

1. 转盘式光衰减器

VARM型转盘式光衰减器如图4-89所示,衰减器上有3个转盘,每个转盘上有4个圆形光学衰减片。工作波长为380~7200nm,衰减范围是$4\times10^5:1$~$1:1$。

图4-88 FC/PC光缆衰减器

图4-89 转盘式光衰减器

2. 插片式光衰减器

C-VARM 型插片式光衰减器如图 4-90 所示,衰减器上有 3 个光学衰减插片。C-VARM 型衰减器的工作波长为 380~2200nm,衰减比的范围为 $10^7:1$ ~ $3000:1$;UV-VARM 型衰减器的工作波长为 190~1100nm,衰减比的范围为 $1×10^5:1$ ~ $300:1$。

4.7.3 光分束器

美国相干公司生产了两种光学分束器,如图 4-91 所示[26],型号有 BCUBE、UV-BCUBE。BCUBE 型分束器的工作波长为 380~2200nm,分束比范围为 $50:1$ ~ $10:1$;UV-BCUBE 型分束器的工作波长为 190~2200nm,分束比范围为 $50:1$ ~ $10:1$。主要用于各种光路分束或改变分束传输方向的试验。

图 4-90 插片式光衰减器　　　图 4-91 光学分束器

参 考 文 献

[1] Thorlabs inc. Multimode Fiber:Graded Index[EB/OL]. Tools of The Trade,V17,2004:853. http://www.Thorlabs.com.
[2] 朱升成. 激光点火控制技术研究[D]. 西安:陕西应用物理化学研究所,2001.
[3] 曹椿强. 激光隔板点火系统技术[D]. 西安:陕西应用物理化学研究所,2006.
[4] 廖延彪. 光纤光学[M]. 北京:清华大学出版社,2000.
[5] KEISER G. 光纤通信[M].3 版. 李玉权,崔敏,蒲涛,等译. 北京:电子工业出版社,2002.
[6] BOWDEN M D,DRAKE R C,SINGLETON C A. 激光雷管用新型光学纤维的特征[J]. 轩伟,译. 火工情报,2008(2):74-93.
[7] ZHOU J,SHANNON J,CLARKIN J. Optical Fiber Tips and Their Applications. Polymicro Technologies[R],A Subsidiary of molex,2010:4. http://www.explore the capabilities.com//techsupport//techsupport-whitepapers.htm.
[8] ANDREWS L A,WILLI R J. Characterization of Commercial Fiber Optic Connectors-Preliminary Report[R]. SAND98-1951,September,1998.
[9] 陈建华. 自聚焦激光火工品技术研究[D]. 西安:陕西应用物理化学研究所,2010.
[10] SEIKOH GIKEN. SFZ-3A Fiber Optic Connectors[J]. Fiber Optics Product Catalogue,2006:3.
[11] 3M Innovation. 3M Power-Core Fiber Products,1995:i-19.
[12] SMA906 接头[EB/OL]. http://www.hi1718.com/company/43241/products/images-show/20119818423937.html.

[13] LANDRY M J. 飞机抛放系统使用的激光军械起爆系统[J]. 王凯民,译. 火工情报,1994(1):130.

[14] 贺爱锋. 小型半导体激光多路起爆系统优化设计[D]. 西安:陕西应用物理化学研究所,2006.

[15] DIN47256 型光纤连接器. 常见光纤连接器,Datasheetmax,http://www.Datasheetmax.com.

[16] BLACHOWSKI T J,OSTROWSKI P P. Update on the Development of a Laser/Fiber Optic Signal Transmission Systemfor the Advanced Technology Ejection Seat(ATES)[R]. AIAA-2001-3635:3-4.

[17] 叶欣,商弘藻,谢高第. 美国 MEMS S&A 装置进展[G]. 国外火工烟火技术发展研究报告文集,西安:陕西应用物理化学研究所,2005:142-154.

[18] 贺树兴. 激光保险-解除保险发火系统[R]. 国外微电子火工品技术发展现状和趋势研究报告. 西安:陕西应用物理化学研究所,1993:32、93.

[19] 金晓峰,丁宗福,杜柏林. 光开关技术与市场简评[G]. 光纤连接器、光纤耦合器、光开关专题资料. 上海:中电科技集团公司第23所,2005:169-173.

[20] 宋金声. 光纤无源器件的技术概况和发展趋势[J]. 光纤通信,1998(3):11-15.

[21] 北京凯普林光电. 2010-2011产品目录,2010:33.

[22] 吴国锋. 基于 MEMS 技术的光开关及新趋向[G]. 光纤连接器、光纤耦合器、光开关专题资料. 上海:中电科技集团公司第34所,2005:173-175.

[23] 赵兴海,高杨,程永生. 激光点火用微光开关的耦合特性仿真分析[J]. 传感技术学报,2006,19(5):1796-1799.

[24] COCHRAN K R,FAN L,DEVOE D L. High-Power Optical Microswitch Based on Direct Fiber Actuation [EB/OL]Sensors and Actuators A 119(2005)512-519. http://www.elsevier.com/locate/sna.

[25] 赵继德,李庄良. 全光网络中的 MEMS 光开关[G]. 光纤连接器、光纤耦合器、光开关专题资料. 上海:中电科技集团公司第23所. 2005:186-188.

[26] Coherent. Laser Measuremet and Control[EB/OL],2009. catalog:68. http://www.Coherent.com.

第 5 章

激光能量传输与控制

针对民用爆破器材、油田井下作业和特种装备等应用要求,在 LIOS 技术的研究中,应掌握激光能量传输与隔断原理,包括光缆的耦合传输损耗机理、光纤分束耦合传输机理与光路隔断原理等技术。建立光纤传输、分束与隔断设计方法,得到 LIOS 光能传输规律与隔断的技术途径及样品。给出传输激光能量的光纤、分束器与隔断元件特性参数与效率关系数据,为 LIOS 技术的发展与应用提供技术支持,是十分重要的。应用物理化学国家级重点实验室进行了激光能量传输与控制技术研究,分别介绍如下。

5.1 光纤耦合传输

在光纤传输网络中,耦合传输效率[1]主要与光纤的结构类型、材料纯度、传输模式、NA 匹配,以及接头中光纤端面的平面度、粗糙度、端面垂直度、同轴度与透过率和光缆的曲率等因素有关。高纯度的石英玻璃光纤具有十分低的传输损耗特征。激光起爆、点火系统中的光纤连接和耦合导致的损耗占整个光纤传输系统的 30%。连接与耦合的效率或损耗在很大程度上决定了系统的光传输效率和系统的总体性能。精心设计耦合方式和装配光纤器件,可以很大程度地减小激光起爆、点火系统中的能量损耗。

5.1.1 光纤耦合方式

连接光纤的基本方式主要有光纤端面对接和透镜扩束连接两种。视系统要求,对接式连接可以采用光纤熔融焊接、固定连接或活动连接。

衡量光纤连接性能的重要指标是光纤的连接损耗。若通过光纤的透射率为 T,则光纤的连接损耗表示为

$$\varGamma = -10\lg T \qquad (5-1)$$

式中:$\varGamma$ 为连接损耗;T 为光纤连接的透射率。

另一种表示空间耦合效率或损耗的指标为有效面积比 EAR。有效面积比定义为接收光束的光纤芯线面积与输入到接收光束的光纤端面上的光斑面积之比,其表达式为

$$\mathrm{EAR} = \frac{受光有效面积}{光纤芯面积} \qquad (5-2)$$

与连接损耗类似,用 $\varLambda$ 表示面积损耗,即

$$\varLambda = -10\lg \mathrm{EAR} \qquad (5-3)$$

面积损耗小于连接损耗。因为 Γ 包含了在耦合区域的其他损耗,如表面反射损耗、吸收损耗、光入射角超过数值孔径角的损耗等。但是面积损耗可以简明地反映光纤的空间耦合效果。

光纤的连接损耗是由被连接光纤的结构参数(内部损耗因子)或连接质量(外部损耗因子)导致的。光纤的内部因子包括纤芯的光学性能、纤芯质量和折射率分布等因素。外部因子包括光纤的端面质量、光纤的横向/纵向和角度的偏移(空间偏移)以及折射率匹配等因素。光纤的内部损耗在光纤选定后也就确定了,对于高品质的光纤,内部损耗是很低的,最多不超过几个分贝。影响连接损耗的重要因素在于光纤连接的外部因子。若采用端面为镜面的同类型光纤,光纤的连接损耗主要由耦合空间的偏移,即空间效应确定。

5.1.2 光纤耦合的空间效应

在光纤的输入端,只有进入光纤一定孔径角内的光线才能被有效接收和传播。用 NA 表示的接收角可用下式表示,任何大于孔径角(接收角)的光线在传播过程中都会被损耗掉。

$$\varphi_c = \arcsin\left(\frac{\mathrm{NA}}{n_0}\right) \tag{5-4}$$

阶跃折射光纤成像原理是平面镜反射,光纤输出端的最大发散角也就是数值孔径角。光纤耦合中存在各种空间偏移。施主光纤(输入光能的光纤)形成的光斑与受主光纤(接收光能的光纤)之间的耦合有两种形式,施主光纤的光斑包含在受主光纤端面和施主光斑覆盖受主光纤端面,如图 5-1 所示。

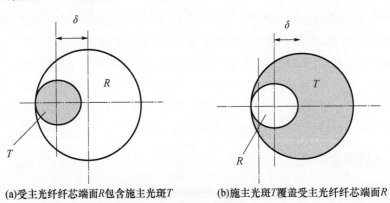

(a)受主光纤纤芯端面R包含施主光斑T (b)施主光斑T覆盖受主光纤纤芯端面R

图 5-1 施主和受主光纤的耦合方式

1. 受主光纤纤芯端面 R 包含施主光斑 T

与聚焦光束聚焦到受主光纤端面必须满足的条件相类似,保证施主光斑全部落入受主光纤受光面的条件为

$$\frac{d_R}{2} = \delta_{\max} + \frac{D_T}{2} \tag{5-5}$$

$$\delta \leqslant \delta_{\max}$$

式中:D_T 为施主光斑直径;d_R 为受主光纤纤芯直径;$\delta_{\max}$ 为最大偏心距;δ 为偏心距。

当施主光斑的偏心距满足式(5-5)的条件时,光纤间的耦合不会因为耦合的径向偏移导致耦合损耗;否则导致偏移耦合损耗。这种耦合形式的有效面积比为

$$\mathrm{EAR} = \begin{cases} 1 & (\delta \leqslant \delta_{\max}) \\ <1 \text{ 和 } >0 & (\frac{(d_R + D_T)}{2} > \delta > \delta_{\max}) \\ 0 & (\delta \geqslant \frac{(d_R + D_T)}{2}) \end{cases} \quad (5-6)$$

2. 施主光斑 T 覆盖受主光纤纤芯端面 R

保证受主光纤的纤芯端面处于施主光斑区域,耦合应满足:

$$\frac{d_R}{2} + \delta_{\max} = \frac{D_T}{2} \quad (5-7)$$

$$\delta \leqslant \delta_{\max}$$

当受主光纤纤芯的偏心距满足式(5-7)的条件时,光纤间的耦合不会因为耦合的径向偏移导致耦合损耗;否则会出现偏移耦合损耗。这种耦合形式的有效面积比的表达式为

$$\mathrm{EAR} = \begin{cases} \dfrac{d_R^2}{D_T^2} & (\delta \leqslant \delta_{\max}) \\ <\dfrac{d_R^2}{D_T^2} \text{ 和 } >0 & (\dfrac{(d_R + D_T)}{2} > \delta > \delta_{\max}) \\ 0 & (\delta \geqslant \dfrac{(d_R + D_T)}{2}) \end{cases} \quad (5-8)$$

3. 施主光纤与受主光纤的相交耦合

施主光(入射光)的光斑与受主光纤的纤芯截面相交,如图 5-2 所示。相交区的面积、有效面积比由下式计算,即

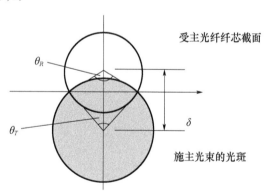

图 5-2 施主、受主光纤相交情况

$$\begin{cases} S = \dfrac{[D_T^2(\theta_T - \sin\theta_T) + d_R^2(\theta_R - \sin\theta_R)]}{8} \\ \mathrm{EAR} = \dfrac{4S}{\pi D_T^2} \\ \delta = \dfrac{(d_R + D_T)}{2} - \left[d_R \tan\left(\dfrac{\theta_R}{4}\right) + D_T \tan\left(\dfrac{\theta_T}{4}\right)\right] \end{cases} \quad (5-9)$$

式中:θ_R 为受主光纤纤芯圆心角(rad);θ_T 为施主光束光斑圆心角;δ 为偏心距;d_R 为受主光纤纤芯直径;D_T 为施主光束光斑直径;S 为相交区面积。

5.1.3 光纤耦合条件

光纤与光纤的对接耦合应满足下列条件。

(1) 受主光纤纤芯端面 R 包含施主光斑 T,耦合应满足:

$$\Delta \leq \delta_{\max}, \delta_{\max} = \frac{d_R}{2} - \frac{D_T}{2}, \mathrm{EAR} = 1 \qquad (5-10)$$

(2) 施主光斑 T 覆盖受主光纤纤芯端面 R。保证受主光纤的纤芯端面处于施主光斑区域,耦合应满足:

$$\Delta \leq \delta_{\max}, \delta_{\max} = \frac{D_T}{2} - \frac{d_R}{2}, \mathrm{EAR} = \frac{d_R^2}{D_T^2} \qquad (5-11)$$

5.1.4 光纤耦合效率的影响因素

影响光纤耦合效率的主要因素[2,3]是光纤与光纤耦合和光纤端面,都体现在插入损耗这个参数上,减小插入损耗是提高光纤耦合效率的方法之一。插入损耗是指由于连接器的引入而导致的链路功率损耗,定义为连接器的输出功率与输入功率之比的分贝数。对影响光纤耦合效率的因素分别论述如下。

1. 影响光纤耦合效率的几种因素

影响光纤耦合效率的因素主要有纤芯尺寸失配、NA 失配、折射率分布失配、端面间隙、轴线倾角、横向偏移或同心度、菲涅尔反射和端面粗糙度。前 7 种影响因素如图 5-3 所示。

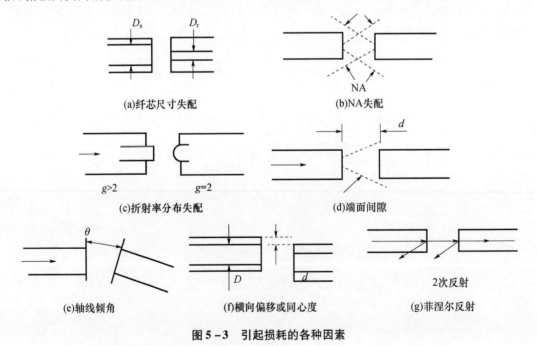

图 5-3 引起损耗的各种因素

2. 影响因素分析

1) 纤芯尺寸失配

纤芯尺寸失配如图 5-3(a)所示,对于多模光纤,设模式均匀分布在整个纤芯,发射光纤和接收光纤的纤芯直径分别为 D_s 和 D_r,并且 $D_s > D_r$。光线在两种纤芯中的传播如图 5-4 所示。

在直径为 D_s 的光纤中的光线,在传到直径为 D_r 的光纤的交界面时,由于纤芯变小,有部分光线入射到包层里,故而造成损耗。

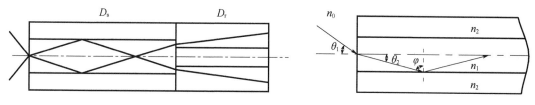

图 5-4 纤芯尺寸不同的光纤耦合示意图　　　图 5-5 光纤的 NA

2) NA 失配

在研究多模光纤耦合效率原理时,通常引入 NA 的概念。光纤的 NA,是表征多模光纤受光能力大小的重要参量,如图 5-5 所示。两种不同 NA 值的光纤进行连接时,若输入光纤的 NA 确定,如图 5-6 所示,接收光纤 NA 值较小时,则会出现部分光线进入包层,造成传输损耗增大,从而降低耦合传输效率;反之,若 NA 大的光纤作为接收光纤,由于能够全部接收输入光线,从而具有较高的耦合传输效率,并可以降低光纤对接时垂直度的要求。

NA 失配产生的插入损耗如图 5-3(b)所示。在图 5-5 中,空气介质的折射率为 n_0,光纤纤芯和包层的折射率分别为 n_1、n_2,且 $n_1 > n_2$,当 $\varphi = \varphi_c$ 时,在纤芯-包层界面发生全反射,此时对应的 $\theta_1 = \theta_a$,这样,凡是落入半锥角为 θ_a 的圆锥内的入射光线,均可在光纤中形成传导光线。定义表达式为

$$\mathrm{NA} = n_0 \sin\theta_a = (n_1^2 - n_2^2)^{1/2} \tag{5-12}$$

3) 折射率分布失配

折射率分布失配产生的插入损耗如图 5-3(c)所示。光线由纤芯折射率小(即 NA 小)的光纤进入纤芯折射率大的光纤时,只有反射损失;反之则有附加损耗。

4) 端面间隙

端面间隙如图 5-3(d)所示,多模光纤端面间隙产生的损失与间隙距离 d、纤芯半径 a、光纤 NA 和间隙内介质折射率 n_0 有关。光线在传输至光纤端面处时,由于有间隙,即有空气存在,使光线向外发散,如图 5-7 所示,光线在传输到对接光纤时,已经入射到包层甚至更外的地方,故而引起损耗,间隙距离 d 越大,损耗越大。只要端面间隙控制在 1μm 以内,这种损耗可以忽略不计。其损耗值 L_F 可由下式求得,即

$$L_F = -10\lg\left[\frac{a}{(a + d\tan\theta_c)}\right]^2 \tag{5-13}$$

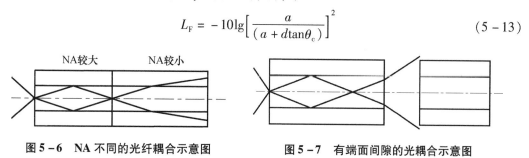

图 5-6 NA 不同的光纤耦合示意图　　　图 5-7 有端面间隙的光耦合示意图

在做产品感度试验时,需要调出不同的激光能量输出。在利用分束器将能量分束衰减后,用调节两个光纤接头端面之间的距离实现激光能量微调。可从试验数据看出端面间隙对输出激光能量的影响,数据如表 5-1 所列。

表 5-1　光纤端面间隙对耦合效率的影响

间距/mm	0	0.2	0.4	0.6	0.8	1.0	1.2	1.4	1.6
输出激光能量/mJ	6.31	5.14	3.37	1.82	0.89	0.61	0.43	0.21	0.09

5) 轴线倾角

轴线倾角如图 5-3(e) 所示,多模光纤轴线倾角产生的损耗与光纤 NA、折射率 n_f 和轴线倾角 θ 有关。如图 5-8 所示,由于两光纤之间有轴线倾角,从前端光纤出射的临界全反射光线经过空气后向外发散,假定发散角度为 β,所以到达对接光纤时的入射角 $\alpha = \theta_0 - \theta - \beta$,其中 θ_0 为全反射临界角,很明显,$\alpha < \theta_0$,所以光线会入射到包层而造成损耗。

6) 横向偏移或同心度

多模光纤横向偏移产生的插入损耗是偏心量 x 和纤芯直径 D_f 的函数,如图 5-3(f) 所示。在图 5-3(f) 中,多模光纤的纤芯直径为 $50\mu m$,单模光纤的模场半径为 $5\mu m$,相对折射率差 $\Delta = 0.3\%$。

光纤插针位置 1~4 如图 5-9 所示,表 5-2 所列为光纤插针同轴性与耦合效率关系的试验结果。试验中使用 FC/PC 型连接激光器尾纤与被测插针,首先将光纤插针的位置 1 与光纤连接器的凹槽对齐,用 LPE-1B 型激光功率/能量计测试连接前激光器尾纤的输出能量 E_0 和连接后光纤插针的输出能量 E_1,则光纤插针在位置 1 处的耦合效率为

$$\eta_1 = \frac{E_1}{E_0} \tag{5-14}$$

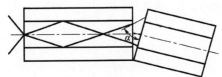

图 5-8　有轴线倾角的光耦合示意图　　图 5-9　光纤插针位置示意图

按照同样的方法,可测得光纤插针在位置 1~4 处的耦合效率试验结果见表 5-2。

表 5-2　光纤插针同轴性与耦合效率的关系

插针编号	1 位置 耦合效率/%	2 位置 耦合效率/%	3 位置 耦合效率/%	4 位置 耦合效率/%
01	48.0	51.2	23.9	51.2
02	80.1	80.1	80.3	80.4
03	73.4	74.1	77.2	76.3
04	49.9	47.4	46.4	48.1
05	81.0	79.2	76.7	77.9
06	81.7	81.5	82.0	82.7
07	82.8	82.7	82.6	82.9
08	66.9	51.4	65.0	66.5
09	42.5	42.1	40.5	42.4
10	61.7	63.1	62.6	61.8
11	69.2	69.2	68.9	69.5

由表 5-2 可以看出,由于加工的差异,编号为 02、03、05、06、07、10、11 的光纤插针同轴性较好、光纤端面质量较好,在 4 个位置所测耦合效率值十分接近且耦合效率较高;编号为 04、09 的光纤插针同轴性较好,在 4 个位置的耦合效率值十分接近,但光纤端面质量差,耦合效率偏低;编号为 01、08 的插针加工质量较差,导致某一位置处的耦合效率较其他位置低得多。

7) 菲涅尔反射

菲涅尔反射是光在光纤与空气交界面产生反射的一种物理现象,通过计算可知,大约为 0.32dB,如图 5-3(g)所示。如果两个光纤端面实际上完全接触,则此项损耗不存在。但是两个光纤端面完全接触时,会相互擦伤甚至挤碎,因而不可取。在现实中,通过对端面进行合理设计,在加工中采取恰当的工艺,可以保证合理的光纤端面与插针体端面的相对位置。一般要求光纤端面的凹凸量 $U = (0 \pm 0.05)\mu m$。另外,菲涅尔端面的曲率半径在 $R10 \sim 25mm$ 间为佳。

菲涅尔反射损耗 Γ_{gap} 的计算式为

$$\Gamma_{gap} = -10\lg\left[\frac{4n_g n_{co}}{(n_g + n_{co})^2}\right](dB) \quad (5-15)$$

式中:n_g 为端面间隙材料折射率;n_{co} 为纤芯轴线处材料折射率。

当 $n_g = 1$(空气)、$n_{co} = 1.47$ 时,菲涅尔反射损耗 $\Gamma_{gap} = 0.32dB$;当 $n_g = 1.33$(水)、$n_{co} = 1.47$ 时,$\Gamma_{gap} = 0.02dB$。可见,若有必要,在光纤端面之间充以折射率匹配液(如硅油),可以降低菲涅尔反射损耗。

8) 端面粗糙度

众所周知,光线只能在透明介质中传输,当起传输作用的光纤端面粗糙、有裂纹或被污染,其透明度下降时,必然会影响光线的传输,降低耦合传输效率。所以,耦合的光纤端面必须光滑、平整、洁净,并且端平面与光纤轴线垂直。为了获得光滑、平整和垂直的端面,一般采用刻痕折断法和研磨抛光法两种方法。由于激光聚焦后的能量密度很高,端面的粗糙度和裂纹均会进一步损伤光纤表面,或在表面处形成等离子体屏障,严重地影响光的耦合效率。所以,在光纤连接之前,一定要抛光、清洗端头使光纤端面保持光洁。

5.1.5 光纤连接器对耦合效率的影响分析

光纤连接器与光纤插针一起构成光纤接头,将不同的光纤部件连接在一起,这样便于按需求组成不同类型的光纤传输网络。但是光路中每增加一个连接器就会引入一个光学界面,从而引入一定程度的光损耗,所以应尽量减少光纤连接器的数量。另外,光纤连接器的加工精度对光纤的耦合效率影响也是比较明显的[1],如果连接器内孔偏大,则会导致光纤连接的错位、间隙,从而降低光纤的耦合效率。

1. 插入损耗

插入损耗是在光缆插入连接器时引起的有用光功率降低的数值,这个数值以分贝(dB)表示,插入损耗的表达式为

$$L = -10\lg\frac{P_{out}}{P_{in}}(dB) \quad (5-16)$$

式中:P_{out} 为输出光功率;P_{in} 为注入被测连接器输入端的光功率。

2. 回波损耗

在同一光路中传输光,在光纤连接处或其他光学元件的表面,由后向反射所引起的损耗称为回波损耗,其表达式为

$$L_r = -10\lg\frac{P_{in}}{P_r}(dB) \tag{5-17}$$

式中:P_{in}为传输光功率;P_r为反射光功率。

由于$P_{in} > P_r$,所以L_r为负值,一般要求越小越好,以减小反射光对光源器件的影响。

5.1.6 光纤连接工艺及最坏情况估计

对光纤连接工艺及最坏情况的分析,如下所述[3]。光纤接头用于将激光器输出光缆中的光纤与引爆装置的输入光纤连接,从而完成将激光器能量传输给火工装置的目的。从连接类别上,可分为单光纤与单光纤连接和单光纤与多光纤连接。文献所报道的连接结构有两种。第一种使用ST型卡式连接器。瑞典国防局N. B. Roman等在进行激光二极管点火试验时,采用STD – 3140 – 2151型卡式连接器,将芯径为$\phi100\mu m$、外径为$\phi140\mu m$的输入光纤和输出光纤相连。该连接器参数:①衰减为$(0.56 \pm 0.20)dB$;②插孔特征数据为0.144mm;③工作温度范围为 – 40 ~ 80℃。这种光纤 – 光纤连接件易于操作使用且有低衰耗和可靠性高的特点。第二种使用两个SMA型插头与一个共用连接器连接。美国Alliged信号航空公司的P. E. Kligspron分别将两根光纤,插入比其直径稍大的两个SMA906接头中,然后将这两个配对的接头再插入共用连接器内。假设光纤在接头中完全准直时,考虑接头插入连接件所出现的几种最坏情况,如图5 – 10所示。装配区长度L_0及连接件内径D与接头外径d之间的偏差,基本上决定了两根光纤对接的准直程度。

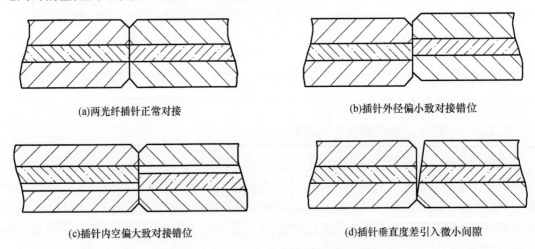

(a)两光纤插针正常对接　　　　　　(b)插针外径偏小致对接错位

(c)插针内空偏大致对接错位　　　　(d)插针垂直度差引入微小间隙

图5 – 10 光纤插针对接示意图

根据两光纤共用面积占光束进光纤面积的比率,确定其传输效率。当光纤耦合传输效率要求在98%以上时,对两光纤中心的偏差要求小于$6.4\mu m$。同理,可以确定单根输入光纤与多根输出光纤之间的传输效率。当使用$\phi400\mu m$单根输入光纤与两根$\phi200\mu m$输出光纤连接时,其传输率分别为41%或55%。实际上,光纤芯与包覆层之间的同轴偏斜也会影响光纤与光纤的准直性。Scot公司在对接两根$\phi400\mu m$光纤时,制造商给出的耦合传输效

率阈值为87%,对应总偏斜为20μm,其中10μm是光纤与连接件之间的偏差,另外10μm是光纤芯与光纤包覆层之间的偏差。

5.2 激光火工品系统光能传输

5.2.1 激光能量传输规律

影响 LIOS 用光缆器件耦合与传输损耗的主要因素有光纤、环境温度、光缆弯曲半径、光纤轴偏离、光纤端面间隙和光纤端面倾斜角度等。对上述影响因素进行了分析、研究与试验,进行的研究工作如下。

1. 激光能量传输用光纤

在激光火工品光能传输与隔断原理研究中,使用的半导体激光器和固体激光器的输出光束是多模、大功率、高能量激光,所以在激光火工品技术研究与应用中均采用多模光纤。对国内外光纤生产厂家的产品进行技术调研分析,结果如表4-1所列。本节试验用光纤主要有以下4种类型:A 型——国产 $\phi100/140\mu m$ 渐变光纤;B 型——国产 $\phi105/125\mu m$ 阶跃光纤;C 型——进口 $\phi105/125\mu m$ 阶跃光纤;D 型——国产 $\phi280/308\mu m$ 阶跃光纤。

2. 光能耦合传输基本规律研究

1) 不同规格光缆的耦合传输效率研究

分别采用980nm、1064nm 波长激光器,测定了表4-1所列举的几种不同规格光纤制成的光缆耦合传输效率,取得试验结果如表5-3、表5-4所列。

表5-3 不同规格传输光缆对980nm 激光耦合效率试验结果

序号	输入参数		传输光缆		耦合效率/%	备注
	光纤规格	能量/mJ	规格	输出/mJ		
1	$\phi100/125\mu m$ 渐变 NA0.220	13.62	$\phi62.5/125\mu m$ NA0.275、渐变	5.06	37.2	国产
2		13.65	$\phi100/140\mu m$ NA0.365、阶跃	12.28	90.0	
3		13.59	$\phi100/140\mu m$ NA0.294、渐变	11.35	83.5	
4		13.61	$\phi100/140\mu m$ NA0.275、渐变	8.14	59.8	
5		13.58	$\phi100/125\mu m$ NA0.220、渐变	11.84	87.2	
6	$\phi100/140\mu m$ 渐变 NA0.275	8.61	$\phi100/140\mu m$ NA0.275、渐变	7.52	87.4	
7		8.64	$\phi100/140\mu m$ NA0.365 阶跃	8.13	94.0	
8	$\phi100/140\mu m$ 阶跃 NA0.365	12.02	$\phi100/140\mu m$ NA0.365 阶跃	10.37	86.3	3M
9	$\phi100/140\mu m$ 渐变 NA0.275	2.22	$\phi100/140\mu m$ NA0.294、渐变	1.92	86.3	Corning
10		2.20	$\phi100/125\mu m$ NA0.220、渐变	2.09	95.2	
11		2.24	$\phi100/140\mu m$ NA0.365、阶跃	2.22	99.3	

表5-4 不同规格光缆对1064nm激光耦合效率试验结果

序号	输入参数		传输参数		耦合效率/%	备注
	光纤规格	输入能量/mJ	光纤规格	输出能量/mJ		
1	φ105/125μm 阶跃 NA0.220	10.28	φ105/125μm　NA0.220、阶跃	9.9	96.7	北玻所
2	φ250/275μm 阶跃 NA0.220	126.95	φ200/240μm　NA0.220、阶跃	76.3	60.1	3M
3		118.30	φ250/275μm　NA0.220、阶跃	100.0	84.5	北玻所
4		126.95	φ280/308μm　NA0.220、阶跃	97.0	76.4	北玻所
5		126.95	φ360/396μm　NA0.220、阶跃	100.3	79.0	北玻所
6		124.25	φ400/440μm　NA0.220、阶跃	98.3	79.1	北玻所
7		118.30	φ400/480μm　NA0.220、阶跃	114.8	96.6	德国
8		124.25	φ600/750μm　NA0.220、阶跃	87.3	70.3	3M

2) 光纤NA对光缆的耦合传输效率影响

对具有不同NA数据值的光纤缆，进行了耦合传输效率试验，取得结果如表5-5所列。通过对表5-3~表5-5的试验研究，可以得出激光火工品光能传输特性的基本规律如下。

(1) 相同规格光缆的耦合效率较高。

(2) 接收光纤芯径小于输入光纤芯径时，耦合效率低；接收光纤芯径不小于输入光纤芯径时，耦合效率高。

(3) 接收光纤NA大的光纤耦合效率较高，接收光纤NA小的光纤耦合效率较低。

表5-5 不同NA光纤缆耦合效率试验结果

序号	输入能量/mJ	传输参数		耦合效率/%	备注
		光纤规格	输出能量/mJ		
1	13.58	φ100/125μm　NA0.220、渐变	11.84	87.2	Corning
2	13.65	φ100/140μm　NA0.275、渐变	8.61	63.1	北玻所
3	13.59	φ100/140μm　NA0.294、渐变	11.35	83.5	Corning
4	13.65	φ100/140μm　NA0.365、阶跃	12.28	90.0	3M

注：①激光器波长980nm；②输入光缆为Corning φ100/125μm、NA0.220渐变折射光纤。

5.2.2 温度对光缆器件耦合传输效率的影响

1. A型光纤缆传输损耗

在-45~65℃环境条件下进行了温度对A型渐变光纤缆传输损耗的影响试验，试验的考核对象包括光缆和接头，取得温度与耦合效率的试验关系曲线，如图5-11所示。

从图5-11可以看出，在-10~65℃温度范围内，光缆的耦合传输效率基本不变。低于-10℃后，耦合传输效率明显下降。经分析，主要原因是光缆的光纤芯、成缆包覆材料以及光缆接头的收缩率不同，由于护套管收缩率高、光纤收缩率低，在温度应力作用下，引起光纤芯微弯曲增多，导致传输效率下降。加之FC/PC光缆接头各零部件之间相对位移，使光纤芯同轴性、光纤端面接触面积、光纤端面之间的间隙发生变化，使光缆耦合效率下降。

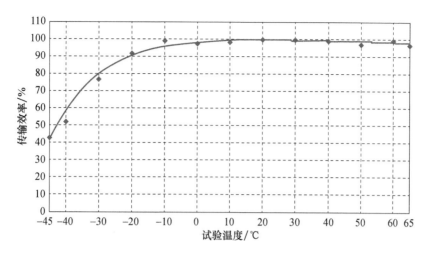

图 5-11　A 型光纤缆的温度与耦合传输效率关系曲线

对取得的试验数据经数学处理,得到 A 型光纤缆在温度 -45~65℃范围内,对耦合传输效率影响的半经验公式为

$$\eta_{T(A)} = f(T) = \frac{A + BT + CT^2}{1 + DT + ET^2} \tag{5-18}$$

2. 不同规格光纤缆传输损耗

经分析,用不同规格、不同厂家的光纤制成的光缆,在低温下耦合传输效率会有不同的变化。对 A 型光纤缆、B 型光纤缆和 C 型光纤缆,在低温 -45~20℃下进行了耦合传输试验,考核对象包括光缆和接头,取得试验结果如图 5-12 所示。

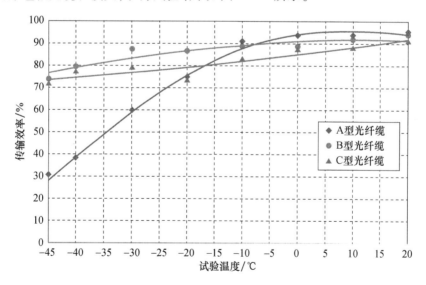

图 5-12　低温对 3 种规格光缆耦合传输效率影响对比曲线

从图 5-12 可以看出,B 型光纤缆与 C 型光纤缆性能相近,在 -45~20℃温度范围内,耦合传输效率下降了约 20%。而 A 型渐变光纤缆在此温度范围内的耦合传输效率下降了 65%,温度对耦合传输效率影响显著。

对试验数据经数学处理后,得到低温对 3 种规格光纤缆耦合传输效率影响的半经验公

式分别为

$$\eta_{T(A)} = f(T) = \frac{A + BT}{1 + CT + D2T^2} \quad (5-19)$$

$$\eta_{T(B)} = f(T) = \frac{A + BT + CT^2}{1 + DT + ET^2 - FT^3} \quad (5-20)$$

$$\eta_{T(C)} = f(T) = \frac{A - BT}{1 - CT} \quad (5-21)$$

3. 温度对光纤缆的传输效率影响

从上述试验看出,温度对带接头的光缆耦合传输效率有一定影响,接头装配工艺与所使用的材料在低温下的变化导致耦合效率下降。为了进一步研究光缆的组成部件在低温下的性能变化,在 $-45 \sim 20$℃ 环境条件下,进行了温度对 A 型渐变光纤、B 型和 C 型阶跃光纤制成的光缆传输损耗的影响试验。温度试验的考核对象为由光纤芯、芳纶缓冲层和内、外护套管组成的光缆,不包括接头。取得试验结果如表 5-6、图 5-13 所示。

表 5-6 低温对光纤缆传输损耗的影响试验结果

温度 /℃	传输效率/%		
	A 型渐变光纤缆	B 型阶跃光纤缆	C 型阶跃光纤缆
20	97.1	87.3	82.6
10	97.3	90.8	81.8
0	97.3	90.6	79.2
-10	95.3	89.8	79.8
-20	92.9	89.5	79.8
-30	87.0	86.6	80.3
-40	73.4	83.8	75.5
-45	68.7	82.1	62.6

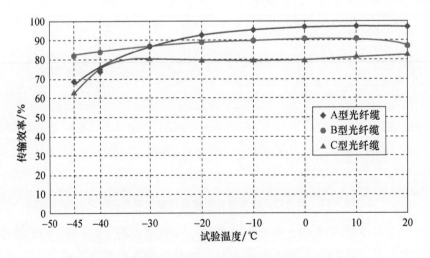

图 5-13 低温对 3 种规格光纤缆传输效率影响对比曲线

从图 5-13 可以看出,3 种规格的光纤缆在 -20℃ 以后,耦合传输效率出现了不同程度的下降。其中,B型阶跃光纤缆传输效率下降了约8%,C型阶跃光纤缆传输效率下降了约20%,而A型渐变光纤缆在此温度范围内的耦合传输效率下降了约30%,温度对光纤缆耦合传输效率影响显著。经分析,主要原因是内外护套管在低温下收缩导致光纤芯弯曲增多,造成传输损耗增大。

用表5-6所列的试验数据,经数学处理,得到低温对3种规格光纤缆耦合传输效率影响半经验公式分别为

$$\eta'_{T(A)} = f(T) = \frac{A + BT}{1 + CT + D4T^2} \quad (5-22)$$

$$\eta'_{T(B)} = f(T) = \frac{A - BT - CT^2}{1 - DT - ET^2} \quad (5-23)$$

$$\eta'_{T(C)} = f(T) = \frac{A + BT + CT^2}{1 + DT + ET^2 - FT^3} \quad (5-24)$$

4. 温度对光纤缆接头的耦合传输效率影响

从图5-11与图5-12对比可见,在低温下,接头对光纤缆的耦合传输效率影响明显,为了进一步分析研究接头对光纤缆耦合传输效率的影响,进行了光纤缆的锥形FC/PC接头、SMA905接头低温对比试验,试验结果如图5-14所示。

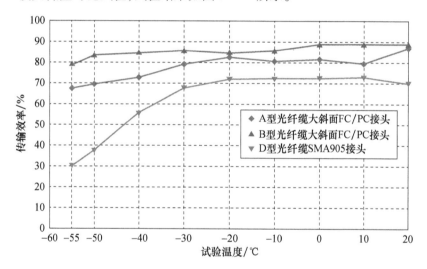

图5-14 温度对3种光纤缆接头耦合效率影响对比曲线

如图5-14所示,接头种类不同,在低温条件下对光纤缆的耦合效率有不同程度的影响。B型阶跃光纤、锥形FC/PC接头在低温条件下,耦合效率变化不大,减小了约20%;D型阶跃光纤、锥形FC/PC接头在低温条件下,耦合效率变化较小,减小了约10%;SMA905接头在低温条件下,耦合效率变化较大,减小了约40%。

5. 温度对裸光纤的耦合传输效率影响

为了进一步分析在低温条件下芳纶缓冲层和外护套管对光纤缆传输效率的影响,进行了A型渐变光纤、B型阶跃光纤、C型阶跃光纤和3Mϕ100/140μm、NA=0.365阶跃光纤等4种规格裸光纤的低温传输试验(试验不包括光纤接头),取得试验结果如图5-15所示。

如图5-15所示,在低温下,裸光纤的传输效率比较稳定。说明光缆的护套管和接头对光纤缆的传输效率影响较大,应根据元器件的使用条件设计研制专用光缆组件。

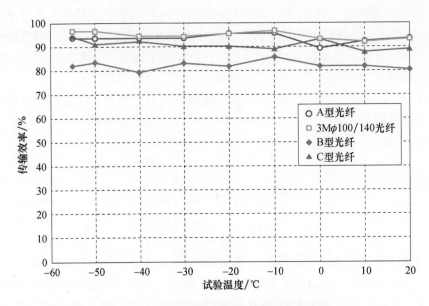

图 5-15 4 种裸光纤低温传输损耗变化曲线

6. 温度对优化设计光纤缆的耦合传输效率影响

采用军品器件制作工艺,优化设计研制出 A 型、B 型、D 型光纤缆,在 -55~70℃ 温度范围内进行了光纤缆的耦合传输试验,取得结果如图 5-16 所示。

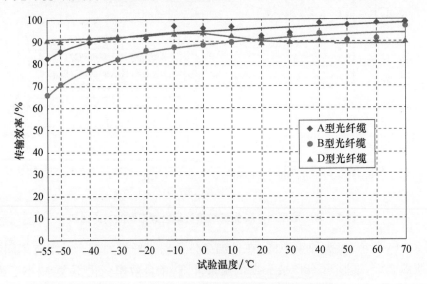

图 5-16 优化设计光纤缆的高低温传输试验结果

如图 5-16 的试验结果所示,经过优化设计后:①A 型渐变光纤缆器件,基本满足 -40~70℃ 环境温度范围的使用要求;②B 型阶跃光纤缆器件,仅可以满足 -20~70℃ 环境温度范围的使用要求,有待进一步优化设计;③D 型阶跃光纤缆器件,可以满足 -55~70℃ 环境温度范围的使用要求。

对图 5-16 所示的试验数据经数学处理,得到温度对 3 种规格优化改进光纤缆耦合传输效率影响半经验公式分别为

$$\eta_{T(\text{AJ})} = f(T) = \frac{A+BT}{1+CT} \qquad (5-25)$$

$$\eta_{T(\text{BJ})} = f(T) = \frac{A+BT}{1+CT} \qquad (5-26)$$

$$\eta_{T(\text{DJ})} = f(T) = \frac{A-BT+CT^2}{1-DT+ET^2} \qquad (5-27)$$

5.2.3 光缆弯曲半径对传输损耗的影响

1. 光缆弯曲传输损耗机理

通过光纤中心轴的任何平面都称为子午面,位于子午面内的光线则称为子午光线。显然,子午面有无数个。根据光的反射定律:入射光线、反射光线和分界面的法线均在同一平面,光线在光纤的芯-皮分界面反射时,其分界面法线就是纤芯的半径。因此,子午光线的入射光线、反射光线和分界面的法线三者均在子午面内。这是在直光纤内子午光线传播的特点,如图 5-17 所示。图中,n_1、n_2 分别为纤芯和包层的折射率;n_0 为光纤周围介质的折射率;a 为纤芯半径。如图 5-17 所示,子午光线传播时,单位长度内的光路长 L' 和全反射次数 q 分别为

$$L' = \frac{1}{\cos\theta} = \frac{1}{\sin\psi} \qquad (5-28)$$

$$q = \frac{\tan\theta}{2a} = \frac{1}{2a\tan\psi} \qquad (5-29)$$

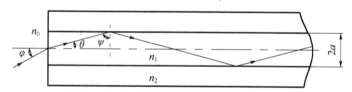

图 5-17 子午光线的全反射

在实际使用中,光纤经常处于弯曲状态。这时其光路长度、NA 等参数都会发生变化。图 5-18 所示为光纤弯曲时光线的传播情况[4]。

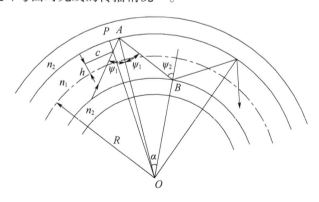

图 5-18 光纤弯曲时光线的传播

设光纤在 P 处发生弯曲、光线在离中心轴 h 处的 c 点进入弯曲区域,两次全反射点之间的距离为 AB。利用图 5-18 中的几何关系可得

$$L'_0 = \frac{\sin\alpha}{\alpha}\left(1 - \frac{a}{R}\right)L'_{子} \qquad (5-30)$$

式中:a 为纤芯半径;R 为光纤弯曲半径;L'_0 为光纤弯曲时单位光纤长度上子午光线的光路长度。

由于 $(\frac{\sin\alpha}{\alpha}) < 1$,$(a/R) < 1$,因而有 $L'_0 < L'_{子}$。这说明光纤弯曲时子午光线的光路长度减小了。与此相应,其单位长度的反射次数也变少了,即 $q_0 < q_{子}$。q_0 的具体表达式为

$$q_0 = \frac{1}{\frac{1}{\eta_{子}} + \alpha a} \qquad (5-31)$$

利用图 5-18 所示的几何关系,还可求出光纤弯曲时孔径角 φ_0 的表达式为

$$\sin\varphi_0 = \frac{1}{n_0}\left[n_1^2 - n_2^2\left(\frac{R+a}{R+h}\right)^2\right]^{1/2} \qquad (5-32)$$

由此可见,光纤弯曲时,其入射端面上各点的孔径角不相同,是沿光纤弯曲方向由大变小的。

由上述分析可知,光纤弯曲时,由于全反射条件不满足,逃出纤芯的光子数增多,其透光量会下降。这时既要计算子午光线的全反射条件,又要推导斜光线(光纤中不在子午面内的光线)的全反射条件,才能求出光纤弯曲时透光量和弯曲半径之间的关系。相关研究表明,当 $R/2a < 50$ 时,透光量已开始下降;当 $R/2a \approx 20$ 时,透光量明显下降,说明大量光子已从光纤包层逸出,造成传输效率明显下降。

2. 光纤的微观弯曲损耗

光波导中另一种形式的辐射损耗源于模式耦合,它是由光纤的微观随机弯曲造成的[5]。微观弯曲是指光纤轴上曲率半径的重复性小尺度起伏,如图 5-19 所示。它的产生是由于光纤生产过程中的不均匀性和光纤成缆时受到不均匀的压力,称为光缆损耗或封装损耗;或者在使用过程中光缆受到环境温度、老化的影响,内、外护套管收缩变短所致。微观弯曲之所以会引起信号衰减,是因为光纤的弯曲导致了导波模与漏泄模或非导波模之间的重复性能量耦合。

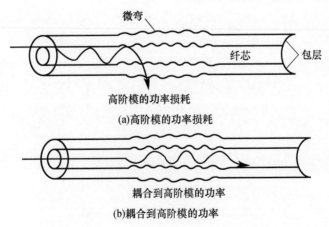

图 5-19 光纤轴上曲率半径的小尺度扰动导致微观弯曲损耗示意图
(注:微观弯曲使高阶模漏出并使得低阶模的功率耦合到高阶模上,导致损耗增大)

为了减小微观弯曲损耗,一种方法是在光纤表面压一层弹性保护套,当受到外力作用时,护套发生变形而光纤仍可保持相对直线状态,如图5-20所示;另一种方法是在光纤成缆时,选择温度系数较小的内、外护套管,以减小因护套管收缩而引起的光纤微弯曲损耗。对于多模梯度折射光纤,如果纤芯半径为a,外半径为b(不包括护套),折射率差为Δ,有护套的光纤其微观扭曲损耗α_m要比无护套的低F倍,F由式(5-33)给出,即

$$F(\alpha_m) = \left[1 + \pi\Delta^2 \left(\frac{b}{a}\right)^4 \frac{E_f}{E_j}\right]^{-2} \quad (5-33)$$

式中:E_f为护套弹性模量;E_j为光纤的弹性模量。一般护套材料的弹性模量在20~500MPa之间,熔融石英玻璃的弹性模量在65GPa左右。

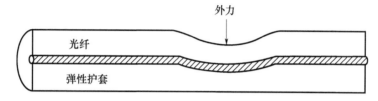

图5-20 光缆的弹性保护套减小了因外力作用而产生的光纤微观弯曲示意图

3. 光缆弯曲传输损耗试验

对A型光纤缆、B型光纤缆、C型光纤缆、3Mϕ200/240μm NA0.220阶跃光纤缆、ϕ250/275μm NA0.220阶跃光纤缆、D型阶跃光纤缆和ϕ360/396μm NA0.220阶跃光纤缆等7种光缆的弯曲半径与传输效率的影响进行了试验,取得试验结果如图5-21所示。

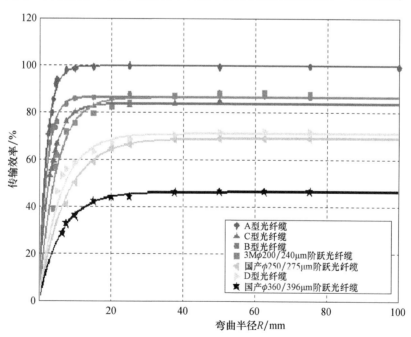

图5-21 光缆弯曲半径与传输效率关系曲线(彩插见书末)

如图5-21的试验结果所示,当A型、B型、C型3种光纤缆弯曲半径$R \leqslant 15.0$mm时,3Mϕ200/240μm、ϕ250/275μm两种阶跃光纤缆弯曲半径$R \leqslant 25.0$mm时,D型、ϕ360/396μm

两种阶跃光纤缆弯曲半径 $R \leqslant 37.5\text{mm}$ 时,光纤缆的传输效率开始下降。随着光纤芯径的增大,光纤缆弯曲损耗增大对应的 R 值呈增大趋势,这与理论分析研究结果基本一致。

对取得的试验数据经数学处理,得到光缆弯曲半径与传输效率关系的半经验公式,分别为

$$\eta_{R(A)} = f(R) = A(1 - e^{aR}) \quad (5-34)$$

$$\eta_{R(B)} = f(R) = A(1 - Be^{-cR}) \quad (5-35)$$

$$\eta_{R(C)} = f(R) = A(1 - Be^{-cR}) \quad (5-36)$$

$$\eta_{R(200)} = f(R) = A(1 - e^{-bR}) \quad (5-37)$$

$$\eta_{R(250)} = f(R) = A(1 - e^{-bR}) \quad (5-38)$$

$$\eta_{R(D)} = f(R) = A(1 - e^{-cR}) \quad (5-39)$$

$$\eta_{R(360)} = f(R) = A(1 - e^{-bR}) \quad (5-40)$$

5.2.4 激光波长对光缆耦合效率的影响

光纤的传输损耗随波长的变化是光纤的固有特性之一,如图 5-22 所示[6]。

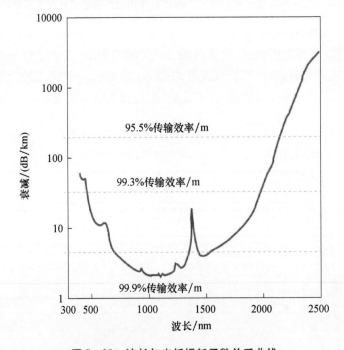

图 5-22 波长与光纤损耗函数关系曲线

对于激光火工品常用的激光光源,其波长通常在 600~1100nm 之间。本书主要针对 808nm、980nm、1064nm 等 3 种波长的激光影响规律进行了研究,得到基础试验数据与研究规律如下。

用 A 型、B 型、C 型和 D 型光纤缆,对 3 种波长(808nm、980nm、1064nm)激光能量传输效率进行了试验,取得试验结果如表 5-7 所列。从表中试验结果看出,激光波长对耦合传输效率的影响不明显,但在一定范围内随着波长的增加,光缆的传输损耗变小,耦合传输效率呈增大趋势。

表 5-7 不同规格光纤缆对 3 种波长激光耦合传输效率试验结果

规格	传输效率/%		
	808nm	980nm	1064nm
$\phi 100/140\mu m$、NA0.275 渐变光纤缆	92.81	95.14	96.01
$\phi 105/125\mu m$、NA0.220 阶跃光纤缆	98.68	87.20	98.63
THORLABS$\phi 105/125\mu m$ NA0.220 阶跃光纤缆	93.11	93.90	97.31
$\phi 280/308\mu m$ NA0.220 阶跃光纤缆	78.64	77.85	83.73

对表 5-7 的试验结果进行数学处理后,得到波长对光缆传输的影响公式,分别为

$$\eta_{\lambda(A)} = f(\lambda) = -A + B\lambda \tag{5-41}$$

$$\eta_{\lambda(B)} = f(\lambda) = A - B\lambda \tag{5-42}$$

$$\eta_{\lambda(C)} = f(\lambda) = A - B\lambda + C\lambda^2 \tag{5-43}$$

$$\eta_{\lambda(D)} = f(\lambda) = A - B\lambda + C\lambda^2 \tag{5-44}$$

5.2.5 光纤端面角度对耦合效率的影响

光纤端面与其中心轴不垂直时,将引起光束发生偏折,这是研究工作中应注意的一个实际问题。图 5-23[7] 是入射端面倾斜的情况,α 是端面的倾斜角,γ 和 γ' 是端面倾斜时光线的入射角和折射角。

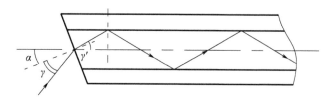

图 5-23 入射端为倾斜面时光纤中的光路

由图 5-23 中几何关系得出:

$$\sin\gamma = \left[1 - \left(\frac{n_0 \sin\alpha}{n_1}\right)^2\right]^{1/2} \left[1 - \left(\frac{n_2}{n_1}\right)^2\right]^{1/2} - \frac{n_0 n_2}{n_1^2}\sin\alpha \tag{5-45}$$

式(5-45)说明,当 n_1、n_2、n_0 不变时,倾斜角 γ 越大,接收角 α 就越小。所以光纤入射端面倾斜后,要接收入射角为 α 的光线,所需孔径角要大于正常端面的孔径角。而光纤规格选定后,其孔径角为一固定值。端面有一定倾斜角的光纤比垂直端面光纤能够接收到的光线少,所以耦合传输效率降低。同样,光纤出射端面的倾斜会引起出射光线的角度发生变化,而影响连接耦合效率。

用 B 型光纤加工成 2°、4°、6°、8°、10°、12° 斜面插针接头的光纤缆组件,进行了光纤插针端面角度对耦合效率的影响试验,取得试验结果如图 5-24 所示。其中试验 1 输入光纤缆采用 B 型光纤,其光纤插针端面为平面;试验 2 输入光纤缆采用 A 型光纤,其光纤插针端面为平面。

从图 5-24 所示的试验结果可以看出,随着端面角度的增大,光纤缆的耦合传输效率总体呈下降趋势。对试验数据进行数学处理后,得到光纤端面倾斜角度对耦合传输效率影响的半经验式分别如下:

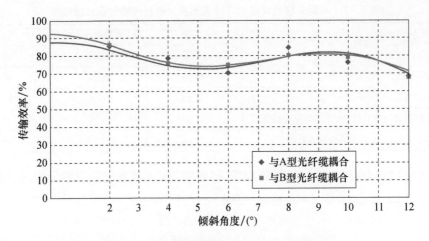

图 5-24 光纤缆端面斜度对耦合效率的影响

与 A 型光纤缆耦合时,有

$$\eta_{\gamma(A)} = f(\gamma) = A + B\cos\left(\frac{C(\gamma-2)\pi}{180}\right) - D\sin\left(\frac{E(\gamma-2)\pi}{180}\right)$$
$$- F\cos2\left(\frac{0.296(\gamma-2)\pi}{180}\right) - G\sin2\left(\frac{H(\gamma-2)\pi}{180}\right) \tag{5-46}$$

与 B 型光纤缆耦合时,有

$$\eta_{\gamma(B)} = f(\gamma) = A + B\cos\left(\frac{C(\gamma-2)\pi}{180}\right) + D\sin\left(\frac{E(\gamma-2)\pi}{180}\right)$$
$$+ F\cos2\left(\frac{G(\gamma-2)\pi}{180}\right) - H\sin2\left(\frac{I(\gamma-2)\pi}{180}\right) \tag{5-47}$$

5.2.6 光纤端面间隙对耦合效率的影响

由于加工误差或制造工艺等因素的影响,相连接的两光纤端面沿轴线方向可能会出现间隙,如图 5-25 所示。而在与光纤轴线垂直的方向即横向是对准的。

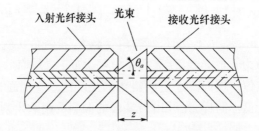

图 5-25 光纤接头端面存在间隙时的对接情况

文献[8]给出了存在端面间隙情况下,两光纤对接的耦合效率,即

$$\eta_z = f(z) \approx \frac{16n^2}{(1+n)^4}\left[1 - \left(\frac{z}{4a}\right)n\,(2\Delta)^{1/2}\right] \tag{5-48}$$

式(5-48)中,假设光功率在光纤截面上的分布是均匀的,光强的角分布和偏振分布是均匀的,光纤的折射率分布也是均匀的。式中:z 为端面间隙;$n = n_1/n_0$,n_1 为纤芯的折射率,n_0 为周围介质的折射率,若在光纤两端面之间加了匹配液 $n=1$,光纤两端面处于空气中时

$n=1.46$；$\Delta=(n_1-n_2)/n_1$ 为芯包折射率差；n_2 为光纤包层的折射率；a 为光纤芯的半径。

根据式(5-48)，随着两光纤端面间隙 z 的增大，两者间的耦合效率 η_z 是线性下降的。所以，可通过改变两光纤端面间隙 z 量值的方法，实现对光纤传输系统的激光能量定量调节。

但是，由于式(5-48)是讨论通信用光纤的连接损耗时提出的，所以 z 的适用范围较小。若取 $n=1.46$，$\Delta=0.7\%$，$a=50\mu m$，那么按式(5-48)，当

$$z=\frac{4a}{n(2\Delta)^{1/2}}=\frac{4\times 50}{1.46\times(2\times 0.007)^{1/2}}=1083(\mu m)$$

时，耦合效率 η_z 为 0，这显然是不可能的。因为两光纤是轴向对准的，沿光纤轴线传播的光线总是可以入射到接收光纤中的。因此，需要针对 LIOS 光纤能量传输情况，建立光纤端面间隙耦合效率计算新模型。

首先假设光功率在光纤截面上的分布是均匀的，光强的角分布和偏振分布是均匀的，光纤的折射率分布也是均匀的，且两光纤的规格相同。对于图 5-25 所示的一对光纤接头，端面间隙为 z，入射光纤输出端面的激光能量为 E，光束半径为 a，则激光能量密度 $W_1=\frac{E}{\pi a^2}$。此光束到达接收光纤的输入端面时，光束半径扩大为 $a+z\tan\theta_a$，此时激光能量密度为 $W_2=\frac{E}{\pi(a+z\tan\theta_a)^2}$。其中，$\theta_a$ 为孔径角。由于两光纤的规格相同，根据几何光学光路可逆性原理，接收光纤可以接收入射到其端面上的光束。两光纤间的耦合效率为

$$\eta_z=f(z)=\frac{a^2}{(a+z\tan\theta_a)^2} \tag{5-49}$$

由式(5-49)可知，当端面间隙 z 逐渐增大时，两光纤间耦合效率 η_z 逐渐降低，且 $z\to\infty$ 时，耦合效率 $\eta_z\to 0$，这与实际情况相吻合。

用 A 型和 B 型光纤缆，进行了光纤端面间隙对耦合效率的影响试验，结果如图 5-26 所示。从图 5-26 可以看出，对于 A 型渐变折射光缆，端面间隙在 0~300μm 时，传输效率较高，没有明显变化。端面间隙大于 300μm 后，随着光纤端面间隙的增大，其耦合传输效率逐渐趋近 0；对于 B 型阶跃折射光纤缆，随着光纤端面间隙的增大，其耦合传输效率逐渐趋近 0。

定义误差函数为

$$\text{erfc}(x)=\frac{2}{\sqrt{\pi}}\int_x^\infty e^{-u^2}du \tag{5-50}$$

对图 5-26 所示的试验数据经数学处理，得到 A 型和 B 型光纤缆端面距离对耦合传输效率影响的半经验公式，分别为

$$\eta_{z(A)}=f(z)=A+\frac{B}{2}\text{erfc}\left[\frac{-\ln\left(\frac{z}{C}\right)}{-D\sqrt{2}}\right] \tag{5-51}$$

$$\eta_{z(B)}=f(z)=A+\frac{B}{2}\text{erfc}\left[\frac{-\ln\left(\frac{z}{C}\right)}{-D\sqrt{2}}\right] \tag{5-52}$$

5.2.7 光纤轴偏离对耦合效率的影响

设光纤芯半径为 a，两光纤轴偏离为 x，这时只有两纤芯重叠部分才有光通过。通过一

定计算可得其耦合效率[8]为

$$\eta_x = f(x) \approx \frac{16n^2}{(1+n)^4} \frac{1}{\pi} \left\{ 2\arccos\left(\frac{x}{a}\right) - \frac{x}{a}\left[1-\left(\frac{x}{a}\right)^2\right]^{\frac{1}{2}} \right\} \quad (5-53)$$

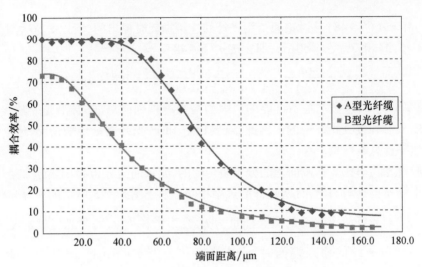

图 5-26　光纤端面间隙对耦合效率的影响曲线

采用 A 型光纤缆、B 型光纤缆和 C 型光纤缆,研究了轴偏离对不同规格光纤缆耦合效率的影响,将试验数据制成曲线图,如图 5-27 所示。

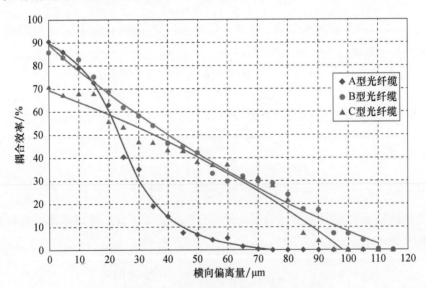

图 5-27　光纤轴偏离与耦合效率的关系曲线

如图 5-27 所示,只有当 $x/a < 0.2$,即两光纤轴偏离小于芯径的 1/10 时,才能使耦合损失小于 1dB(即 20%)。

试验数据经数学处理,可以得到光纤轴偏离对耦合传输效率影响的半经验公式,分别为

$$\eta_{x(A)} = f(x) = -A + \frac{B}{\pi}\left[\arctan\left(\frac{x-C}{-D}\right) + \frac{\pi}{2}\right] \quad (5-54)$$

$$\eta_{x(B)} = f(x) = -A + \frac{B}{\pi}\left[\arctan\left(\frac{x+C}{-D}\right) + \frac{\pi}{2}\right] \tag{5-55}$$

$$\eta_{x(C)} = f(x) = -A + \frac{B}{\pi}\left[\arctan\left(\frac{x-C}{-D}\right) + \frac{\pi}{2}\right] \tag{5-56}$$

5.2.8　振动对光缆连接耦合效率的影响

按《海防导弹环境规范　弹上设备振动试验》QJ 1184.12—87 中表 2 随机振动 A 级要求,对两组 A 型渐变光纤缆、FC/PC 连接器,在振动试验台上进行了振动对光缆连接耦合效率的影响试验。从试验结果看出,两组光缆连接组件在经过水平与垂直振动后,光缆的耦合传输效率没有出现明显变化,表明光缆和 FC/PC 连接器能够满足激光火工品系统使用要求。

5.2.9　激光火工品系统光缆传输效率数学模型

通过上述研究,影响激光火工品用光纤器件耦合与传输损耗的主要因素有光缆弯曲半径、光纤端面间隙、光纤轴偏离、环境温度和光纤端面倾斜角度等。通过理论分析与试验研究,建立的 LIOS 用光缆传输效率数学模型,即

$$\eta = \prod_{i=1}^{8} g_i = g_R \cdot g_z \cdot g_x \cdot g_T \cdot g_\gamma \cdot g_\lambda \cdot g_r \cdot g_L \tag{5-57}$$

式(5-57)是 LIOS 用光缆器件传输效率数学模型,其耦合效率是 8 个影响因子关系函数之积。考虑到某种影响因子试验测定值中,同时包含了其他因素的影响,故该影响因子的表达式为

$$g_i = \frac{\eta_i}{\eta_{i\max}} \quad (i = 1, 2, \cdots, 6) \tag{5-58}$$

式中:$\eta_R = f(R)$ 为传输效率与弯曲半径的函数关系;$\eta_z = f(z)$ 为耦合效率与光纤端面距离的函数关系;$\eta_x = f(x)$ 为耦合效率与光纤轴向偏离的函数关系;$\eta_T = f(T)$ 为光缆耦合效率与环境温度的函数关系;$\eta_\gamma = f(\gamma)$ 为耦合效率与光纤端面倾斜的函数关系;$\eta_\lambda = f(\lambda)$ 为光缆耦合效率与激光波长的函数关系。

若 $g_r = [f(r)]^j$ 表示耦合效率与光纤接收端面反射的函数关系,j 为耦合界面数;设接收光纤端面对激光的反射率为 r(一般取 4%),则有

$$g_r = f(r) = 1 - r = 96\% \tag{5-59}$$

式(5-57)中,$g_L = f(L)$ 表示传输效率与光缆单位长度的函数关系,对于国产光缆,长度在 1000m 处的传输损耗为 3dB(50%),因此 $g_L = f(L) = 1 - 0.0005L$。

根据 LIOS 在不同条件下所用光缆的种类、数量及其参数,将光纤器件半经验公式代入式(5-57)、式(5-58)对应项,可得到 LIOS 光缆器件耦合传输效率的公式。

5.2.10　光缆传输数学模型的优化处理

1. 关于相关性的讨论

根据激光火工品光能传输网络的研究实际,在式(5-57)的 8 个影响因素中,存在独立与相关的两种影响因素,经分析认为有以下几点:

(1)独立因素有 λ、r、L、z、x、γ;

(2)T 对 λ、r、L、z、x、γ 等因素是有影响的,但影响程度较小,可以忽略;

(3) T 与 R 之间的相关性较强；

(4) 由于上述因素的非独立性的存在,在式(5-57)中,采用各影响因子乘积的形式是不够完善的,应通过进一步研究进行优化改进。

因此,对相关性较强的温度与弯曲双因素对光缆的传输影响进行了试验研究,取得结果如图 5-28、图 5-29 所示。

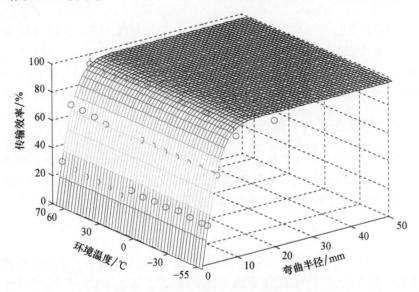

图 5-28　温度、弯曲双因素对 A 型光纤缆的影响

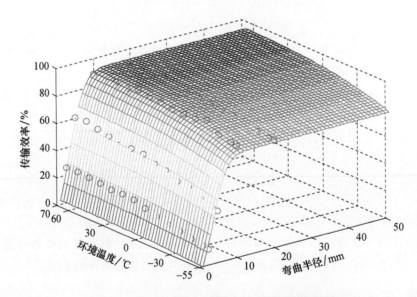

图 5-29　温度、弯曲双因素对 B 型光纤缆的影响

经过进一步数据处理,得到 T 与 R 双因素对 A 型、B 型光纤器件的耦合传输效率的影响半经验公式分别为

$$\eta_{A(R,T)} = f(R,T) = -A + BT + C\left(1 + \mathrm{erf}\left(\frac{R+D}{E\sqrt{2}}\right)\right) \qquad (5-60)$$

$$\eta_{B(R,T)} = f(R,T) = -A + B\left(1 + \mathrm{erf}\left(\frac{T+C}{D\sqrt{2}}\right)\right)\left(1 + \mathrm{erf}\left(\frac{R-E}{F\sqrt{2}}\right)\right) \qquad (5-61)$$

考虑到上述 T 与 R 双因素的影响,式(5-57)可优化为式(5-62)、式(5-63),即

$$\eta = g_{R,T} \cdot g_z \cdot g_x \cdot g_\gamma \cdot g_\lambda \cdot g_r \cdot g_L \qquad (5-62)$$

其中

$$g_{R,T} = \frac{\eta_{R,T}}{\eta_{R,T\max}} \qquad (5-63)$$

2. 关于重要影响因素的讨论与公式的简化

基于已经得到的光缆耦合传输效率数学模型,应用田口玄一博士创立的两阶段参数设计思想(首先进行减少波动的稳健性设计,然后再进行目标值的调整),选用内外(正交)表直积法求出在一定波动条件下,18×18 个方案的信噪比和灵敏度。根据信噪比和灵敏度的方差分析,将可控因素分类:①对信噪比影响显著的因素;②对灵敏度影响显著的因素;③对信噪比和灵敏度均影响显著的因素;④对信噪比和灵敏度均无显著影响的因素。求出不显著因素的期望值,作为常数出现在公式中。保留显著因素的函数关系,建立包含显著因素的传输效率数学模型。优化、简化上述光缆耦合传输效率的数学模型,使复杂问题简单化,以得到工程化、实用化的传输效率数学模型。

选用 $L18(2-1,3-7)$ 型正交表,如表 5-8 所列,进行静态特性计算,得到影响光缆耦合传输各因素的 SN 比趋势图和灵敏度趋势图,分别如图 5-30、图 5-31 所示。

表 5-8 静态特性计算正交表

	1	2	3	4	5	6	7	8
1	1	1	1	1	1	1	1	1
2	1	1	2	2	2	2	2	2
3	1	1	3	3	3	3	3	3
4	1	2	1	1	2	2	3	3
5	1	2	2	2	3	3	1	1
6	1	2	3	3	1	1	2	2
7	1	3	1	2	1	3	2	3
8	1	3	2	3	2	1	3	1
9	1	3	3	1	3	2	1	2
10	2	1	1	3	3	2	2	1
11	2	1	2	1	1	3	3	2
12	2	1	3	2	2	1	1	3
13	2	2	1	2	3	1	3	2
14	2	2	2	3	1	2	1	3
15	2	2	3	1	2	3	2	1
16	2	3	1	3	2	3	1	2
17	2	3	2	1	3	1	2	3
18	2	3	3	2	1	2	3	1

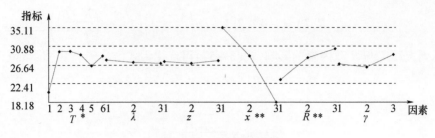

图 5-30　SN 比趋势图

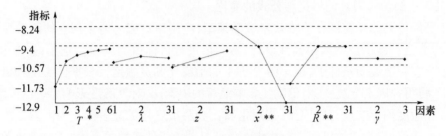

图 5-31　灵敏度趋势图

根据信噪比和灵敏度的方差分析可以看出,对信噪比和灵敏度影响显著的因素有 T、x 和 R,其他因素为次要因素。

按照上述建模原理与方法,建立包含显著因素的传输效率数学模型为

$$\eta = k \cdot g_{R,T} \cdot g_x \quad (5-64)$$

$$k = E(g_z) \cdot E(g_\gamma) \cdot E(g_\lambda) \cdot E(g_r) \cdot E(g_L) \quad (5-65)$$

5.2.11　光纤分束器耦合传输规律

1. 光纤分束器耦合传输效率研究

1)渐变光纤分束器耦合传输效率

完成了渐变光纤的二、三分束无源耦合器 5 件试制,采用渐变光纤作为半导体激光器的输出光纤,测定了分束耦合、传输效率等参数,取得试验结果如表 5-9 所列。

表 5-9　A 型光纤分束器的主要性能参数

分束器编号	激光波长/nm	输出端编号	分束参数		总耦合效率/%
			耦合效率/%	分束比/%	
BG05-2-01	980	Ⓐ	41.0	48.3	84.8
		Ⓑ	43.8	51.7	
BG05-2-02	980	Ⓐ	43.8	49.2	89.1
		Ⓑ	45.3	50.8	
BG05-2-03	980	Ⓐ	41.7	49.2	84.8
		Ⓑ	43.1	50.8	
BG05-3-01	980	Ⓐ	24.8	35.0	70.9
		Ⓑ	24.6	34.7	
		Ⓒ	21.5	30.3	

续表

分束器编号	激光波长/nm	输出端编号	分束参数		总耦合效率/%
			耦合效率/%	分束比/%	
BG05-3-02	980	Ⓐ	23.3	33.5	69.5
		Ⓑ	23.8	34.2	
		Ⓒ	22.4	32.3	

2)阶跃光纤分束器耦合传输效率

采用阶跃光纤作为激光器的输出光纤,完成了阶跃光纤的二、三分束无源耦合器5件试制。测定了分束耦合传输效率等参数,取得试验结果如表5-10所列。

表5-10 B型光纤分束器耦合、传输效率参数

分束器编号	激光波长/μm	输出端编号	分束参数		总耦合效率/%
			耦合效率/%	分束比/%	
BS06-2-01	1.06	Ⓐ	44.8	51.3	87.3
		Ⓑ	42.5	48.7	
BS06-2-02	1.06	Ⓐ	46.2	50.5	91.4
		Ⓑ	45.2	49.5	
BS06-3-01	1.06	Ⓐ	28.9	33.4	86.5
		Ⓑ	28.2	32.6	
		Ⓒ	29.4	34.0	
BS06-3-02	1.06	Ⓐ	31.2	34.2	91.2
		Ⓑ	30.0	32.9	
		Ⓒ	30.0	32.9	
BS06-3-03	1.06	Ⓐ	30.4	33.2	91.5
		Ⓑ	30.6	33.4	
		Ⓒ	30.5	33.3	

3)$\phi105/125\mu m$光纤分束器耦合传输效率

采用阶跃光纤作为YAG激光器的输出光纤,对$\phi105/125\mu m$光纤试制而成的FC/PC接头二、三分束无源耦合器的耦合、传输效率进行了测定,取得基础数据如表5-11所列。

表5-11 C型光纤分束器耦合、传输效率参数

分束器编号	激光波长/μm	输出端编号	分束参数		总耦合效率/%
			耦合效率/%	分束比/%	
TS06-2-01	1.06	Ⓐ	49.0	49.7	98.5
		Ⓑ	49.5	50.3	
TS06-2-02	1.06	Ⓐ	50.1	50.4	99.5
		Ⓑ	49.4	49.6	

续表

分束器编号	激光波长/μm	输出端编号	分束参数		总耦合效率/%
			耦合效率/%	分束比/%	
TS06-3-01	1.06	Ⓐ	30.7	33.0	93.2
		Ⓑ	30.8	33.1	
		Ⓒ	31.6	33.9	
TS06-3-02	1.06	Ⓐ	31.7	34.6	♦91.6
		Ⓑ	29.3	32.0	
		Ⓒ	30.6	33.4	
TS06-3-03	1.06	Ⓐ	26.5	31.0	85.6
		Ⓑ	29.1	34.0	
		Ⓒ	30.0	35.0	

从上述试验结果看出,用渐变光纤试制成的二分束器、用 $\phi105/125\mu m$ 阶跃光纤试制而成的二、三分束器的耦合传输效率较高。

4)阶跃光纤八分束器耦合与传输效率

采用阶跃光纤作为YAG激光器的输出光纤,对阶跃光纤八分束器的耦合、传输效率进行了测定,取得基础数据,见表5-12。

表5-12 八分束器耦合效率参数测定结果

分束器编号	输出端编号	分路耦合效率/%	分束比/%	均匀性/%	总耦合效率/%
06456081#	1	9.31	12.13	+5.68 -5.58	76.76
	2	9.63	12.55		
	3	10.12	13.18		
	4	9.69	12.62		
	5	9.31	12.13		
	6	10.14	13.21		
	7	9.06	11.80		
	8	9.50	12.38		

表5-12中八分束器的耦合效率较高,其均匀性达到了6%以内,能够满足激光8路起爆和点火系统使用要求。

2. 温度对光纤分束器耦合传输效率影响研究

1)温度对渐变光纤分束器耦合传输效率的影响

在-55~20℃环境条件下,进行了温度对渐变光纤两分束器的耦合传输效率、分束比等参数的影响试验。从试验结果可以看出,温度对A型光纤两分束器的耦合传输效率、分束比等参数的影响不大,基本能够满足-40℃以上环境温度的使用要求。

2)温度对阶跃光纤分束器耦合传输效率的影响

在-55~20℃环境条件下,进行了温度对阶跃光纤二分束器、三分束器的耦合传输效率、分束比、分束均匀性等参数的影响试验。从试验结果可以看出,低温对阶跃光纤二分束器、三分束器的耦合传输效率、分束比、分束均匀性等参数的影响比较明显,仅能满足-20℃以上环境温度的使用要求,需要根据实际使用环境条件设计研制实用型阶跃光纤分束器件。

3) 温度对优化改进光纤二、三分束器的耦合传输效率影响

采用优化设计工艺制成渐变、阶跃光纤分束器,在-55~70℃温度范围内,进行了优化改进后的光纤二分束器、三分束器的分束耦合传输试验。

将试验结果与前文中有关温度对优化改进后渐变、阶跃光纤缆耦合传输效率影响试验数据相结合,进行数学处理,可以得到温度、分束器分束支数(光缆的分束支数可认为是1)与优化改进后渐变、阶跃光纤器件耦合传输效率关系的半经验公式,即

$$\eta_{T,N(AJ)} = f(T,N) = \frac{1}{N}(A - BT + CN - DT^2 - EN^2 + FTN + GN^3 - HTN^2) \quad (5-66)$$

$$\eta_{T,N(BJ)} = f(T,N) = \frac{1}{N}(A + BT + CN - DT^2 - EN^2 - ETN - FN^3 + GTN^2 - HT^2N) \quad (5-67)$$

虽然光纤分束器的分束支数不是连续变量,但是为了便于观察光纤分束器的分束传输性能随分束支数和温度的变化趋势,可以假设光纤分束支数为自然整数变量,就能将上述光纤二分束器、三分束器的试验结果处理成三维图形,如图5-32、图5-33所示。以便观察、分析分束支数与温度的变化对光纤器件耦合传输效率的影响。

从图5-32、图5-33可见,随着光纤分束器分束支数的增多和温度的降低,分束耦合传输效率呈下降趋势;采用优化分束器设计与工艺,试制出的渐变光纤分束器,能够满足半导体LIOS -40~70℃高低温环境使用要求;优化设计后阶跃光纤分束器在-20~70℃高低温环境下的分束、传输性能较普通工艺光纤分束器有所提高,基本满足固体LIOS使用要求。

4) 温度对8路光纤分束器的耦合传输效率影响

采用多路光纤分束器制作工艺,设计研制成功8路光纤分束器。在-55~70℃温度范围内,对8路光纤分束器进行了分束耦合传输试验。将试验数据进行数学处理,可以得到温度对8路光纤分束器每分支的平均传输效率关系的半经验数学方程,即

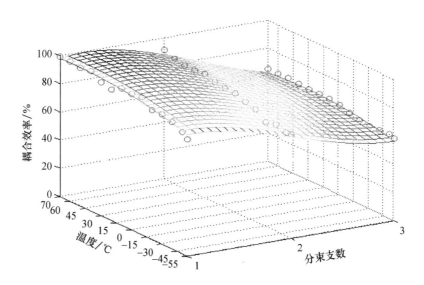

图5-32 优化改进后温度对渐变光纤分束器传输效率的影响

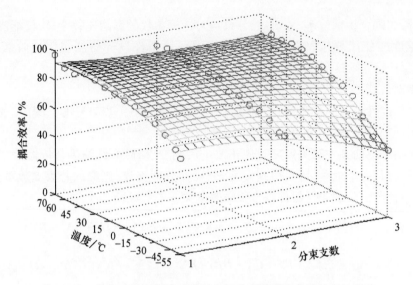

图 5-33 优化改进后温度对阶跃光纤分束器耦合传输效率的影响

$$\eta_T = f(T) = \frac{A - BT}{1 - CT} \tag{5-68}$$

3. 波长对光纤分束器耦合传输效率影响研究

1) 波长对 A 型渐变光纤分束器耦合传输效率影响研究

采用 808nm、980nm、1064nm 等 3 种不同波长的激光,进行了波长对 A 型渐变光纤二分束器、三分束器的耦合传输效率、分束比、分束均匀性等的影响试验。将三分束器的试验结果处理成三维图形,如图 5-34 所示。

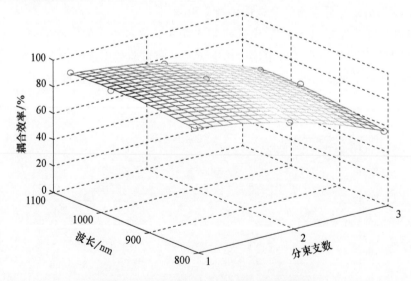

图 5-34 波长对 A 型光纤分束器的影响

从试验结果可以看出,渐变光纤二分束器在一定波长范围内,随着波长增大,分束耦合传输效率有所提高;随着分束支数增多,分束耦合效率有所下降。渐变光纤二分束器可以在 980nm、1064nm 波长的 LIOS 中使用。

与前文中有关波长对渐变光纤缆耦合传输效率影响试验数据相结合,进行数学处理,可

以得到波长、分束支数与渐变光纤器件传输效率关系的半经验公式,即

$$\eta_{\lambda,N(A)} = f(\lambda,N) = \frac{1}{N} \times 100 \times (-A - BN + C\lambda - DN^2 + E\lambda N) \quad (5-69)$$

2) 波长对阶跃光纤分束器耦合传输效率影响研究

采用 808nm、980nm、1064nm 等 3 种不同波长激光,进行了波长对 B 型和 C 型阶跃光纤二分束器、三分束器的耦合传输效率、分束比、分束均匀性等参数的影响试验,取得试验结果如图 5-35、图 5-36 所示。

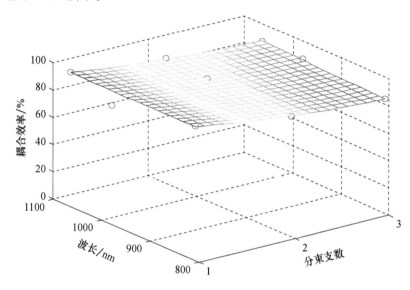

图 5-35 波长对 B 型光纤分束器的影响

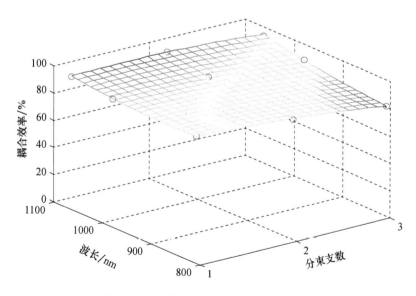

图 5-36 波长对 C 型光纤分束器的影响

从试验结果可以看出,B 型和 C 型阶跃光纤二分束器、三分束器,在一定波长范围内,随着波长增大,分束、耦合效率提高;随着分束支数增多,分束、耦合效率有所下降。基本上能够满足 980nm 和 1064nm 波长的 LIOS 的使用要求。

将阶跃光纤分束器的试验结果，与前文中有关波长对阶跃光纤缆耦合传输效率影响的试验数据相结合，进行数学处理，可以得到波长、分束支数（光缆的分束支数为1）与 B 型、C 型阶跃光纤器件传输效率关系的半经验数学方程，即

$$\eta_{\lambda,N(B)} = f(\lambda,N) = \frac{1}{N}(A - BN - C\lambda + DN^2 + E\lambda N) \quad (5-70)$$

$$\eta_{\lambda,N(C)} = f(\lambda,N) = \frac{1}{N}(A - BN - C\lambda - DN^2 + E\lambda^2 + F\lambda N) \quad (5-71)$$

4. 光纤二分束器的冲击和振动试验

按 QJ 1184.12—87《海防导弹环境规范　弹上设备振动试验》中表2 随机振动 A 级要求，对 A 型光纤二分束器，在 DMA - 3HB/308V/GR2552 振动试验系统上，进行了振动对光纤二分束器分束耦合的影响试验；按 QJ 1184.8—87《海防导弹环境规范　弹上设备冲击试验》中表2 的 1 级要求，在 SM - 110 - MP 冲击试验机上进行了冲击对光纤二分束器分束耦合的影响试验。

从试验结果可看出，光纤两分束器在经过振动与冲击试验后，其分束耦合传输参数没有出现明显变化，表明光纤两分束器能够满足 LIOS 基本使用要求。

5. 光纤分束器的分束均匀性

对分束器在不同温度、波长及振动条件时的试验数据进行分析，可以看出分束器的分束均匀性在各种条件下基本保持不变，通过对二、三、八分束器的分束传输数据处理，可以得到不同分支数分束器的均匀性数学表达式，即

$$\delta = \frac{1}{A - BN} \quad (5-72)$$

6. 光纤分束器传输效率数学模型

通过上述研究，影响 LIOS 用光纤分束器的耦合传输损耗的主要因素有输入与输出光缆弯曲半径、光纤芯轴偏离、环境温度、光纤分束器的分束均匀性。通过理论分析与试验研究，建立 LIOS 用光纤分束器每路的分束传输效率数学模型，经优化处理后，结果为

$$\eta = k \cdot g_R \cdot g_x \cdot g_T \cdot g_\delta \quad (5-73)$$

其中

$$g_\delta = \frac{1 \pm \delta}{N} \quad (5-74)$$

$$k = E(g_z) \cdot E(g_y) \cdot E(g_\lambda) \cdot E(g_r) \cdot E(g_L) \quad (5-75)$$

根据 LIOS 光纤器件在不同条件下所使用光纤、分束器的种类、数量及其参数，将光缆、光纤分束器相关半经验公式代入式(5-73)～式(5-75)的对应项，即得到 LIOS 用光纤分束器件耦合传输效率的半经验数学公式。这种半经验数学公式可以用于 LIOS 设计。

5.3　激光能量隔断控制

激光光路隔断研究的主要目的是解决 LIOS 的安全、保险与控制问题。发展该项技术，应考虑光学隔断与解除隔断的响应时间、大功率激光能量隔断的特殊性、光路隔断的可靠性以及光学系统的小型化等因素。根据技术调研的结果，可借鉴光通信领域用光开关技术，通过专项研究，实现 LIOS 的激光能量传输光路的物理隔断控制。

5.3.1 光开关隔断控制技术

在通信领域,光学开关按实现形式可分为三大类,即光调制开关、波导调制光开关和机电式光开关[9]。光调制开关主要采用 Mach – Zehnder 干涉型、非线性光学环路镜(NOLM)、非线性波导定向耦合器等结构,利用控制光与信号光进行交叉相位调制,调节(干涉耦合的)输出信号光相对相位关系,以实现光开关通断;或者通过外部输入控制光,调制半导体光放大器(SOA)的折射率,来调节(干涉耦合的)输出信号光相对相位关系,以实现光通断。波导调制光开关是 $LiNbO_3$、Ⅲ~Ⅴ族或者其他化合物半导体等材料,采用传统的定向耦合器、Mach – Zehnder、BOA 等干涉型或者 DOS、全内反射等数字型结构,利用各种电致折射率效应(或者辅助光致折射率效应)实现光信号切换。机电式光开关一般借助电子继电器、步进电机和压电元件等驱动挡板、棱镜、反射镜或光纤移动实现光路的切换。

光调制光开关和波导调制光开关可使开关时间达到皮秒量级,但串音干扰大、光损耗大、技术不够成熟且价格昂贵,尚未在光通信领域中得到应用。这些技术还不能满足 LIOS 大能量激光隔断和可靠性等要求。

国内外技术发展较为成熟的是机电式光开关,该技术已经在光通信领域广泛应用。其价格合理、串音干扰小、光损耗小,且采用机电式光路隔断,可靠性较高。其缺点是开关时间偏长(15ms),体积偏大。根据 LIOS 进行大功率、高能量传输的特点,经优化设计后,机电型光开关能够满足 LIOS 的隔断控制需要。

国外在 20 世纪 90 年代中期开始研究 MEMS 光开关技术,该类技术是改进、完善传统机电式光开关的理想化高新技术。针对该技术的研究,用 MEMS 技术制作出的光开关,不仅可以保持传统机电式光开关的诸多优点,还可使光开关集成化,以提高开关速率(可达到不大于 10ms),实现大批量生产,降低成本。采用 MEMS 技术的光开关,利用移动光纤或微镜反射原理进行光路切换,其驱动方式包括电磁驱动、形状记忆合金驱动、热驱动和静电力驱动等。MEMS 光开关还具有便于实现光、机、电系统集成化、小型化等优点。

上述通信领域的光开关,主要用于传输低功率光学信号,进行通信光路控制。因而不能直接用于 LIOS 大能量、高功率激光传输与隔断控制。

在 LIOS 中,通常是采用挡板、光闸或光开关对光路进行隔断控制的。光开关是起到物理隔断作用较好的器件,能够进一步提高 LIOS 的可靠性与安全性。同时,由于在系统中加入了激光多路分束器、可控制通断的光开关,通过程序控制器可以使 LIOS 真正实现用一台激光器,完成多重任务(如在运载火箭系统中,LIOS 就可以通过一台激光器实现火箭发动机点火、级间分离、整流罩分离等任务),这样就进一步减小了系统的体积。光开关主要有机电式和非机电式两种,由于机电式光开关能够实现可靠隔离,所以在 LIOS 中,一般采用电驱动的机电式光开关实现光路隔断控制。

5.3.2 激光能量光开关的常温传输效率与导通时间

采用 1.5W 脉冲半导体激光器、808nm 的半导体激光器、激光能量计、TDS5054 示波器与光电探头等,对所研制的渐变型与阶跃型光纤光开关,进行了常温下的传输效率与导通时间测试,取得试验结果如表 5 – 13、表 5 – 14 所列,典型的激光能量型光开关导通波形如图 5 – 37 所示。

表 5-13 渐变型光纤光开关常温检测结果

开关编号	监测系数	监测能量 /mJ			输出能量 /mJ			耦合效率 /%	导通时间 /ms
0805113	1.110	5.22	5.20	5.26	4.52	4.51	4.47	77.6	6.48
0805114		5.25	5.25	5.26	4.61	4.62	4.65	79.3	5.48
0811101	0.968	5.89	5.86	5.89	5.67	5.68	5.67	93.4	9.00

表 5-14 阶跃型光纤光开关常温检测结果

开关编号	监测系数	监测能量 /mJ			输出能量 /mJ			耦合效率 /%	导通时间 /ms
0704101	1.121	5.42	5.40	5.42	3.91	3.85	3.97	64.9	4.56
0805101		5.37	5.41	5.35	4.77	4.77	4.79	79.3	5.76
0805102		5.38	5.39	5.39	3.99	4.08	3.98	66.5	6.60
0805103		5.45	5.47	5.48	4.21	4.25	4.19	68.8	4.64
0805105		5.46	5.40	5.43	4.44	4.45	4.42	72.9	5.76
0805106		5.43	5.45	5.43	4.65	4.74	4.76	77.4	4.44
0805107		5.37	5.34	5.34	5.01	5.06	5.01	83.8	5.32
0805108		5.38	5.38	5.39	4.39	4.49	4.50	73.9	4.60
0805109		5.45	5.45	5.44	4.40	4.39	4.39	72.0	4.72
0805110		5.42	5.32	5.44	5.29	5.31	5.26	87.4	5.04
0805111		5.45	5.43	5.43	4.66	4.65	4.62	76.2	5.36
0805112		5.44	5.42	5.43	4.27	4.29	4.29	70.4	6.12

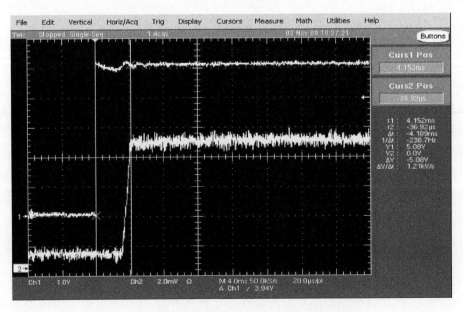

图 5-37 激光能量型光开关导通时间典型测试波形

如表 5-13、表 5-14 与图 5-37 所示,激光能量型光开关在常温下的耦合传输效率达到不小于 64.9%,导通波形稳定,导通时间小于 9ms,基本能够满足 LIOS 的传输与隔断使用要求。

5.3.3 激光能量光开关的高低温传输效率

在 -55 ~ 70℃ 条件下,分别对渐变型、阶跃型激光能量光开关进行了耦合传输效率测试,从试验结果看出,渐变型光开关的耦合传输效率随温度的变化较小;阶跃型光开关的耦合传输效率随温度的变化较大。经过试验结果的分析与数学处理,可得到温度对光开关耦合效率的影响关系公式,即

$$\eta_{AT} = f(T) = \frac{A - BT}{1 - CT} \qquad (5-76)$$

$$\eta_{BT} = f(T) = \frac{A - BT}{1 - CT} \qquad (5-77)$$

5.3.4 能量型光开关传输效率数学模型

能量型光开关的输入端与输出端,采用了 LIOS 的常用光缆,因此,影响光开关的耦合与传输损耗的主要因素有输入与输出光缆弯曲半径、光纤芯轴偏离、环境温度。通过理论分析与试验研究,建立了 LIOS 用光开关的耦合传输效率计算公式,经优化后为

$$\eta = k \cdot g_R \cdot g_x \cdot g_T \qquad (5-78)$$

$$k = E(g_z) \cdot E(g_\gamma) \cdot E(g_\lambda) \cdot E(g_r) \cdot E(g_L) \qquad (5-79)$$

5.4 光缆耦合与传输损伤

5.4.1 耦合与传输损伤现象探讨

1. 光纤内部传输损伤分析

渐变折射光纤的纤芯材料中掺有锗元素,当用一定波长的强光照射该光纤时,由于纤芯内的 GeO 吸收紫外光,造成色心并改变了光纤的吸收光谱,从而造成光纤折射率的变化。因此,可通过增加纤芯中的锗含量提高折射率。对于渐变折射率光纤,越往纤芯轴线处其锗含量越高,由此使折射率从边缘向中心逐渐变大。在传输激光能量过程中,如果激光功率过高,由于渐变光纤的聚焦作用(图 5-38),使光纤轴线处激光能量密度增大,会将光纤轴线处的锗元素电离,破坏其原有的色心,使折射率变得杂乱无章,甚至诱导产生 E′色心(SiO_2 受辐照产生的点缺陷结构)[1]。在宏观破坏前,这种色心含量随激光功率密度提高、辐照脉冲强度增大,而在光纤轴线处增高,使光纤内部产生损坏,导致传输效率降低。因此,渐变折射光纤不适合传输大功率光能量。

在固体激光 2 路起爆试验过程中,发现采用 $\phi 100/140 \mu m$ 渐变光纤制成的光缆和二分束器,进行大功率固体激光传输时,出现了光纤内部损伤现象。因为渐变光纤有 GRIN 效应,光纤中心的激光能量密度较高,当激光功率不小于 20W 时,光纤中心掺锗色心改变,导

致传输损耗增大,甚至使光纤纤芯出现内部损伤,造成渐变光纤缆损坏。

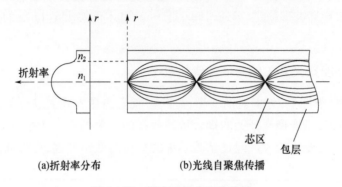

(a)折射率分布　　　　(b)光线自聚焦传播

图5-38　渐变光纤中光线传播

2. 耦合介面损伤与烧蚀

在固体激光多点起爆、点火系统中,存在着许多界面,能量传输损耗比较大。为了保证系统起爆、点火的可靠性,通常采用提高激光器输出能量的方法,弥补激光能量的传输损耗。如果激光能量过大,势必使激光功率较高,激光束对光纤和光纤接头有明显的烧蚀作用,光纤接头与烧蚀结构如图5-39所示[10]。

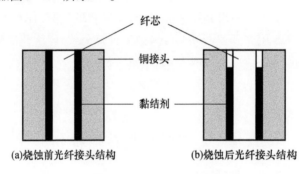

(a)烧蚀前光纤接头结构　　　　(b)烧蚀后光纤接头结构

图5-39　光纤端头结构

光纤除去包层后插入加工好的金属接头中,光纤与接头通过环氧树脂黏结,光纤端面通过精密光学抛光形成镜面。激光对接头的烧蚀主要发生在黏结剂区域或纤芯端面的污染区,部分发生在金属接头端面。烧蚀产物的炭微粒污染光纤端面,形成阻碍光透过的膜层,降低光透过率,并且由热积累造成光纤端面烧蚀。

在LIOS中,因为传输激光能量大、功率高,通常采用FC/PC或SMA型平面接头的光缆。但接头的端面加工为平面时,对微尘较为敏感,在连接过程中,由于两端面接触和摩擦,容易出现损伤。在固体激光多路起爆系统中,曾发现有的光缆输出端面与LID输入端面有污染、损伤现象。这种典型的界面损伤现象如图5-40所示。由于光纤端头未清洗干净,或在连接过程中有微尘粒子夹在光缆输出端面与LID输入端面之间,在大功率激光耦合传输时,会造成端面损伤,使耦合效率显著下降,甚至可能导致瞎火。

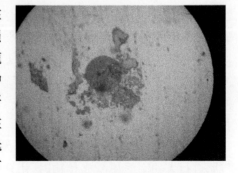

图5-40　光缆接头的端面损伤

在固体激光2路起爆试验过程中,发现激光器尾纤输出端面与传输光缆输入端面有烧蚀现象。这种典型界面烧蚀现象如图5-41所示。

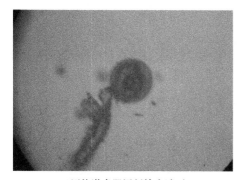
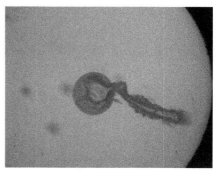

(a) 固体激光器尾纤输出端面　　　　(b) 传输光缆输入端面

图5-41　光缆耦合界面烧蚀现象

如图5-43所示,在连接过程中有较大的杂质粒子,夹在激光器尾纤输出端面与传输光缆输入端面之间形成污染层。在大功率激光耦合传输时,激光能量被杂质粒子层吸收,造成热积累,使端面严重烧蚀。

5.4.2　光纤端面损伤机理

对光纤端面损伤机理进行了分析[10],通过初步研究认识到造成光纤端面损伤因素如图5-42所示。

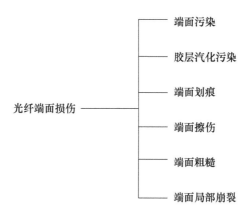

图5-42　光纤端面损伤因素分析

对图5-42所示的光纤端面损伤因素进行分析研究,情况如下。

(1) 光缆通过连接器连接时,如果光纤头端面不洁净或掉入杂质,两光学端面被杂质污染后,当大能量、高功率激光脉冲通过该耦合界面时,透过污染层进入光纤的光强度较小。光纤端面上的杂质污染层对激光的衰减,可以由下式表示,即

$$I = I_0 e^{-\sigma h} \tag{5-80}$$

式中:σ 为污染物质的光吸收系数(1/cm);h 为污染层厚度(cm);I_0 为入射到光纤端面上的光强度(J/(cm²·s));I 为透过沉积膜进入光纤的光强度(J/(cm²·s))。

当污染物质的光吸收系数较高、污染层较厚时,绝大部分激光能量被污染物质层吸收。

由于热积累作用使光纤端面局部产生高温,导致光纤端面烧蚀损伤。

(2)在光缆装配生产过程中,是将石英光纤除去内护套管后,插入FC/PC标准陶瓷接头的小孔中,用环氧树脂胶将光纤芯与接头黏结。固化后,将光纤接头端面研磨、抛光加工而成,光纤接头的纤芯与小孔内壁之间有薄胶层。这种类型接头的光缆,在耦合传输中、小功率半导体激光能量时可以正常使用。但在耦合传输高功率、短脉冲YAG固体激光能量时,激光对接头的烧蚀,首先会发生在黏结剂区域。光纤端面周围的胶层烧蚀形成的微粒产物会污染光纤端面,形成阻碍光透过的沉积膜层,从而降低透光率。激光束每次烧蚀光纤连接头时,都会进一步加深黏结剂区域的烧蚀深度,烧蚀层距离光纤端面的距离P也随着加大,烧蚀产物在光纤端面上的浓度降低,成膜能力下降。假设沉积膜在每次烧蚀时形成的膜厚度与烧蚀产物浓度成正比,并且每次烧蚀的厚度相等,则有

$$\frac{\mathrm{d}h}{\mathrm{d}l} = \beta C \quad (5-81)$$

$$C = \frac{m}{S_{ab}P} = \frac{m}{S_{ab} \cdot kl} \quad (5-82)$$

式中:S_{ab}为烧蚀面积;l为烧蚀次数;C为烧蚀产物浓度;m为每次烧蚀的汽化质量;β、k为常数;P为烧蚀层距光纤端面的距离。

随着烧蚀面积S_{ab}的增大、烧蚀次数l增多、烧蚀产物浓度C增大、烧蚀层距光纤端面的距离P变小,光纤端面被污染的现象愈发严重。激光能量被污染层吸收产生热积累作用,使光纤端面烧蚀。

第l次作用时,光纤耦合输出激光能量由下式表达,即

$$E_{\mathrm{out}} = S_{\mathrm{f}} W_{\mathrm{in}} l^{-\tau} \text{ 或 } \eta = l^{-\tau} \quad (5-83)$$

$$\tau = \frac{\sigma\beta m}{S_{ab}k} = \sigma\beta\rho \quad (5-84)$$

式中:η为耦合效率;ρ为被烧蚀材料的密度;S_{f}为光纤纤芯截面面积(cm^2);W_{in}为入射到光纤接头端面上的激光能量密度($\mathrm{J/cm}^2$)。

增大单位面积的烧蚀质量(m/S_{ab})和烧蚀程度(k)、增大烧蚀产物在光纤端面上的沉积效率(β)均会降低激光束与光纤耦合的耦合效率。增加激光重复作用的次数(l)和提高激光束入射的能量密度,也会降低耦合效率。增加光纤芯径(S_{f})将导致耦合入光纤的能量提高。

(3)光纤端面上有划痕时,将会增大耦合损失。划痕严重时,当大能量、高功率激光脉冲通过该耦合界面过程中,由于划痕处透过率降低,光吸收增大,热积累作用会造成光纤端面出现线状烧蚀现象。

(4)光缆接头在通过连接器连接时,容易出现光纤端面擦伤。光缆的耦合效率随着光纤端面擦伤面积的增大而减小。当大能量、高功率激光脉冲通过该耦合界面时,由于擦伤处透过率降低、光吸收增大、热积累作用,也会造成光纤端面出现片状烧蚀。

(5)光纤端面通常加工成镜面或镀增透膜,以提高透过率。若光纤端面粗糙,轻则会增大耦合损耗,重则会烧蚀光纤端面。

(6)光纤端面在加工过程中容易出现崩裂,光缆的耦合损耗与光纤端面崩裂面积成正比。

5.4.3 光纤端面损伤研究

应用物理化学国家级重点实验室对光纤传输大功率、高能量激光,出现的端面烧蚀情况进行了分析研究。

1. 大功率激光耦合传输烧蚀研究

图 5-43 所示为在固体激光输出光纤耦合端面传输过程中,出现严重烧蚀情况的照片,烧蚀造成的耦合传输效率变化试验数据如表 5-15 所列。

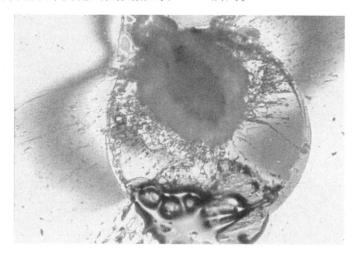

图 5-43 光纤端面多次烧蚀后显微照片

表 5-15 光纤端面多次烧蚀试验结果

烧蚀次数	输入/mJ	输出/mJ	烧蚀层厚度/μm	备注
0		20.7	0	—
1	21.79	10.7	2.3	—
2		0.4	20.7	烧蚀坑深 16.5μm

由表 5-15 可知,在第一次固体激光传输中,虽然耦合效率较高,但是大功率激光将 FC/PC 接头端面的胶层汽化,造成端面污染,使第二次传输时耦合效率下降,并且加剧了污染程度。在第三次继续传输大功率激光时,耦合传输效率急剧下降。烧蚀层厚度随着传输次数急剧增大,并且在烧蚀层上出现了深度为 16.5μm 的凹坑。

上述烧蚀试验数据表明,FC/PC 光缆接头不适合传输大功率激光,应专门进行抗大功率激光烧蚀的光缆接头设计。

2. 用干涉测量法对光缆端面烧蚀的分析

采用 Daisi 非接触干涉测量仪分别对因为污染造成输出端面和连接界面烧蚀现象的光缆接头端面进行检测,取得试验结果如图 5-44、图 5-45 所示。

如图 5-44 所示,光纤芯与陶瓷插针球面顶点基本重合,但光纤芯的端面低于陶瓷芯端面大约 160nm,因光纤端面污染或缺陷,造成光纤端面轻微烧蚀。如图 5-45 所示,光纤芯与陶瓷插针球面顶点基本重合,因光纤端面污染缺陷,造成光缆对接界面出现了严重烧蚀,烧蚀深度大于 1750nm。

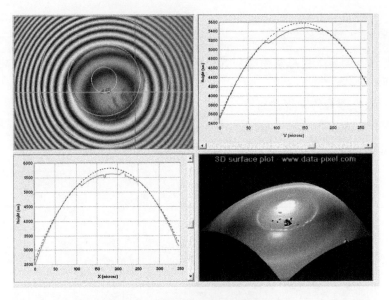

图 5-44 光缆输出端面轻微烧蚀现象

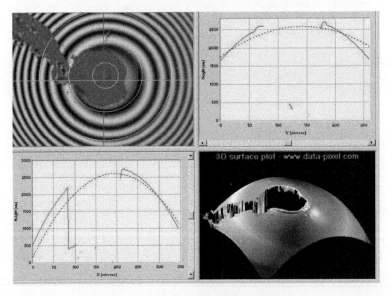

图 5-45 光缆接头端面严重烧蚀现象

5.4.4 抗烧蚀光缆接头研究

为了解决大功率、高能量激光传输过程中光缆接头烧蚀问题,在分析研究烧蚀原因的基础上,应用物理化学国家级重点实验室确定了两种抗高功率激光烧蚀方案,采用了锥坑式与凹坑式的接头设计,如图 5-46 所示。

由于抗烧蚀接头结构中露出的光纤芯为石英玻璃,熔点较高,周围没有环氧树脂胶,在光纤连接耦合传输过程中,因光纤偏心等因素造成的未被耦合进接收光纤的部分激光,在凹坑内光束发散,并经过多次反射,使其功率密度降低。因而具有抗烧蚀功能,能够传输大功率激光。采用 1000W 固体激光,对图 5-46 所示两种结构进行试验验证,表明均能避免接头端面激光烧蚀。

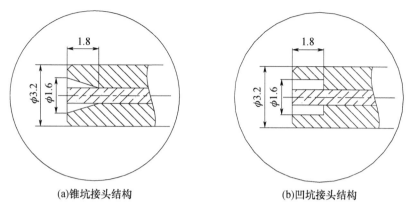

(a)锥坑接头结构　　　　　　(b)凹坑接头结构

图 5-46　抗烧蚀接头结构

5.5　激光能量传输、控制与损伤规律

5.5.1　光缆传输规律

(1) 在 LIOS 中,相同规格光缆的耦合效率较高,应采用同规格的光缆设计激光传输网络。

(2) 在低温条件下,光纤器件的耦合传输效率有所下降,优化改进后光缆的温度性能较好。其中渐变型光缆,基本能满足 LIOS 的环境温度 -40~70℃ 的使用要求;阶跃型光纤光缆,基本能满足激光火工品系统环境温度 -20~70℃ 的使用要求。

(3) 在光纤光缆弯曲半径小到一定程度时,其传输效率随弯曲半径呈指数规律下降,在实际使用时,应避免光缆布线时出现过小 R 的弯曲,导致损耗明显增大。

(4) 激光火工品常用半导体和固体激光器的波长,对光缆的传输、耦合效率的影响不明显。

(5) 随着光纤端面角度的增大,阶跃光纤缆的耦合传输效率总体上呈现下降趋势,在光缆接头加工时,应控制垂直度参数。

(6) 相互耦合的光纤间存在端面间隙时,会造成耦合效率下降。且间隙越大,耦合损失越大,故在光缆对接时应确保可靠连接,避免该类耦合损失。

(7) 两根相互耦合的光纤存在轴偏离时,会造成耦合效率下降,且偏离量越大,耦合损失越大,故应在光缆接头加工时,采用专用检测设备,控制光纤接头的同轴度指标,避免该类耦合损失。

(8) 渐变光纤缆和 FC/PC 连接器能够通过 QJ 1184.12—87《海防导弹环境规范　弹上设备振动试验》中表 2 随机振动的 A 级振动试验,满足 LIOS 使用要求。

5.5.2　光纤分束器的分束传输规律

(1) 光纤分束器的分束均匀性随着分支数增多有变差的趋势。

(2) 在低温条件下,光纤分束器的分束传输效率有所下降,优化改进后分束器的温度性能较好,其中渐变型分束器基本满足 LIOS 的环境温度 -40~70℃ 的使用要求,阶跃型分束器基本满足 LIOS -20℃~70℃ 的使用要求。

(3)在一定波长范围内,随着波长增大,分束器的耦合效率提高;随着分束支数增多,分束器的耦合效率有所下降。

(4)渐变光纤两分束器能够通过 QJ 1184.12—87《海防导弹环境规范 弹上设备振动试验》表2中的 A 级随机振动试验与 QJ 1184.8—87 表2中的1级冲击试验,满足 LIOS 的使用要求。

(5)渐变光纤分束器适合分束路数较少、低功率的半导体激光起爆、点火系统使用;阶跃型光纤分束器适合分束路数较多的固体 LIOS 使用,用来分配、耦合传输大功率激光能量。

5.5.3 能量型光开关传输与隔断规律

(1)渐变光纤的光开关的耦合传输效率随温度的变化较小,阶跃光纤光开关的耦合传输效率随温度的变化较大。

(2)激光能量型光开关在常温下的耦合传输效率可达到不小于65%,导通波形稳定,导通时间达到不大于10ms。基本上能够满足 LIOS 的隔断要求。

5.5.4 光纤器件的损伤规律

(1)由于渐变光纤具有 GRIN 效应,所以该类光纤在传输激光能量时,光纤中心线附近的激光能量密度较高,当激光功率不小于20W时,可能会导致光纤芯出现内部损伤。因此,渐变光纤适合传输小功率激光。需要传输大功率激光时,应采用阶跃型光纤。

(2)光缆的端面损伤,主要是因为相连接的光纤端面间存在灰尘等杂质粒子引起的。在进行光缆对接时,应仔细清洁光缆接头端面与侧面,必要时辅以专用检视设备。

(3)光缆耦合存在轴偏离现象时,在多次传输过程中,光纤与接头之间胶层的汽化产物对光纤端面的污染,容易造成光纤端面损伤。

(4)在 LIOS 系统中,光缆、分束器与隔断元件的光纤接头在采取抗烧蚀措施的情况下,能够实现大功率、高能量激光的传输与隔断控制。

参 考 文 献

[1] 曹椿强. 激光隔板点火系统技术[D]. 西安:陕西应用物理化学研究所,2006.
[2] 贺爱锋. 小型半导体激光多路起爆系统优化设计[D]. 西安:陕西应用物理化学研究所,2006.
[3] 朱升能. 激光点火控制技术研究[D]. 西安:陕西应用物理化学研究所,2001.
[4] 惠宁利,鲁建存,贺爱锋,等. 光缆弯曲对激光能量传输效率的影响[J]. 光子学报,2008,37(12):2439-2442.
[5] KEISER G. 光纤通信[M].3版. 李玉权,崔敏,蒲涛,等译. 北京,电子工业出版社,2002.
[6] THORLABS INC. Multimode Fiber:Graded Index[EB/OL]. Tools of the Trade,V17,2004:853. http://www.Thorlabs.com.
[7] 廖延彪. 光纤光学[M]. 北京:清华大学出版社,2000.
[8] 贺爱锋,鲁建存,刘举鹏,等. 光纤轴偏离对激光火工品系统的影响[J]. 火工品,2008(6):42-44.
[9] 宋金声. 光纤无源器件的技术概况和发展趋势[J]. 光纤通信,1998(3):11-15.
[10] 叶迎华,沈瑞琪,戴实. 光纤界面的烧蚀问题[J]. 火工品,2001(3):1-3.

第 6 章

激光起爆技术

　　激光作为一门新技术的出现,为炸药光起爆的实际应用开拓了广阔的前景。激光起爆技术按照起爆的药剂种类可分为激光引爆起爆药、激光引爆炸药;按起爆光源种类可分为固体自由振荡激光起爆、调 Q 激光起爆与半导体激光起爆;按起爆炸药的方式,可分为激光直接起爆、激光爆炸箔起爆和激光飞片起爆。本章主要介绍固体激光引爆起爆药、固体激光直接起爆炸药、激光爆炸箔起爆、激光飞片起爆、半导体激光起爆以及 LID 优化设计和激光爆炸螺栓设计等相关技术。

　　固体激光引爆起爆药技术研究,主要是利用红宝石自由振荡激光器、钕玻璃自由振荡激光器、调 Q 钕玻璃激光器等固体激光器对传统起爆药,如 PbN_6、叠氮化镉(CA)、LTNR、硝酸肼镍(NHN)、D·S 共晶、四氮烯等进行了激光起爆感度试验。并通过对激光感度曲线进行分析,获得了常用起爆药的激光感度规律。从炸药与辐射场之间的相互作用方面考虑,波长短的紫外激光比红宝石、钕玻璃激光更有效,通过紫外激光脉冲引爆常见起爆药的试验,测得 AgN_3、雷汞和 DDNP 的激光起爆感应时间、临界能量。通过对新型起爆药 CP 与 BNCP 的激光起爆性能试验,得到二者激光起爆的基础性能数据。

　　固体激光直接起爆炸药相关研究,主要是为了满足多用途、快速作用和高可靠性引信的需求及钝感弹药标准的需求。同时介绍了激光直接起爆炸药的过程,并详细阐述了激光直接起爆 PETN、HNS 和 RDX 等炸药的参数数据。

　　激光爆炸箔起爆方面,对低密度炸药进行激光爆炸箔起爆,介绍了激光爆炸箔雷管及起爆试验结果,分析了激光爆炸箔起爆 BNCP 与 CL-20 炸药的 DDT 过程,对激光烧蚀毛玻璃起爆炸药的技术进行了阐述,介绍了低能激光两段法起爆炸药的原理及方法。

　　激光飞片起爆是利用激光与物质作用产生的高温高压等离子体驱动飞片,飞片高速飞行撞击炸药,并引发炸药产生爆轰。论述了激光飞片起爆的过程与激光飞片起爆的关键技术,如激光器技术、高功率脉冲激光与光纤的耦合技术、激光飞片换能元技术、装药技术与飞片速度测量技术等,介绍了光纤传输激光驱动飞片起爆高比表面积的 PETN 炸药的作用原理和试验结果。

　　半导体激光起爆方面,介绍了半导体激光引爆 CP 炸药、BNCP 炸药的试验参数与结果,分析了激光焦点大小与加热速率对微量 BNCP 发火判据的影响。论述了半导体激光快速起爆 CP 与 BNCP 炸药的技术途径,对半导体激光起爆 DACP、HMX 和非密闭 RDX 炸药的试验与结果进行了分析。

　　LID 的设计包括输入光纤式 LID 设计和光纤耦合元件式 LID 设计,为减小 LID 中热损失,分析了介质膜片对 LID 发火感度和作用时间的影响。由于 GRIN LID 是目前应用最广泛的技术之一,主要介绍了自聚焦 LID 的设计,包括 GRIN LID 结构设计、装药设计、GRIN LID

的试制方法等。对于薄膜光学起爆新结构设计,进行了简单介绍。激光爆炸螺栓技术方面,介绍了单路激光驱动爆炸螺栓和双路激光驱动爆炸螺栓的设计方法,从材料选取、爆炸螺栓承载能力计算、输入端密封性设计、性能试验及优化设计等方面进行了讨论。

6.1 固体激光引爆起爆药

严格地说,光辐射也属核辐射范畴。由于现代科学技术的发展,有越来越多的爆炸性物质和装药被用于核辐射的环境下,这就使得从20世纪20年代开始的爆炸性物质对核辐射感度的研究,更具有现实意义了。当然,研究炸药物质的核辐射感度的目的,是预测它们在经过核辐射环境(如经过射线无损检验)后的易损性和储存寿命。而起爆药激光感度的研究,则是以实用目的为出发点,进而设计出符合军用和民用要求的激光起爆装置。

激光起爆感度试验还没有统一的方法和仪器,仅就以前和近期的研究情况作一介绍。

6.1.1 传统起爆药的激光起爆研究

由于激光能发出极高的脉冲功率,并且具有定向性好等优点,所以各国对以激光为能源起爆炸药(特别是猛炸药)进行了广泛研究[1-2]。俄罗斯的 Brish 等使用调 Q 开关钕玻璃激光器起爆了 PbN_6 和 PETN。试验将炸药压入透明塑料管壳内(密度约 $1.0g/cm^3$),其激光脉冲功率峰值达 10MW、脉冲宽度为 $0.1\mu s$(能量 0.5J)、光束直径为 15mm。PbN_6 起爆所需的表征功率密度为 $0.08MW/mm^2$(能量 0.1J),点火延滞期在 $10^{-8} \sim 10^{-4}s$ 范围内的起爆能量保持不变,在延滞期大于 $10^{-4}s$ 时,发火所需能量随点火延滞时间的增长而增大。在 PETN 中没有发现这种效应,它的起爆需要高得多的功率密度。Brish 等还研究了激光起爆可能存在的机理,包括由光产生冲击压力、电击穿、光化学离子和热过程等。通过对 PbN_6 和 PETN 的试验结果的分析表明,只有热起爆理论能够解释这些数据。在这种情况下,光能转化成冲击波能,继而起爆了炸药。

法国 Vollrath 和 L. Ast 等发表了使用功率为 100MW、脉冲时间为 30ns 的调 Q 钕玻璃脉冲激光($1.064\mu m$)试验时起爆药的性质。当最大能量为 3J 时,DDNP 燃烧、二硝基苯并氧化呋咱钾(KDNBF)爆燃或爆轰。用 PbN_6、CA 和 LTNR 做出的试验结果如表 6-1 所列。从表中试验数据可看出,PbN_6 的激光起爆感度较高。

表 6-1 3种起爆药的激光起爆能量

起爆药	平均能量密度/(mJ/cm²)	
	不起爆	100% 起爆
PbN_6	1.5	10
CA	30	110
LTNR	100	1200

用功率为 50MW、脉冲时间为 25ns 的调 Q 红宝石激光器(694.3nm)进行试验,Vollrath 得出的结果是,在波长为 694.3nm 时,PbN_6 和 CA 的激光感度要比波长为 1064nm 时更钝感,而 LINR 则更敏感。

美国匹克汀尼兵工厂的 Kessler 等,用 Q 开关和自由振荡红宝石激光器做起爆试验。发现起爆取决于能量施加速度,用调 Q 开关激光器作为起爆光源时,试样的点火延滞期大大缩短。用一台非聚焦激光器在距离 3 英尺处,用 0.25J 的能量就可以起爆 LTNR。而起爆 PbN_6 则必须聚焦,当能量为 0.0005J、聚焦面积为 $0.007cm^2$ 时即可发火。用校准的激光束,当能量为 0.3J 时,距离 80 英尺外的红色安全火柴可点火、蓝色安全火柴在 120 英尺外可点火、糊精 PbN_6 可在 250 英尺外起爆。火柴点火试验说明,蓝色表面对红色激光具有较强的吸收能力,所以激光发火感度较高。

俄罗斯的 Aleksandro 等研究了 PbN_6 在非聚焦钕玻璃激光辐射场中的安定性,以阐明它在起爆物理过程中的性质,测得的细结晶 PbN_6 的临界起爆功率密度是 $(3.8 \pm 0.4 \times 10^{-3})$ J/cm^2。其研究表明,由于在 10^{-5} cm 以下范围内,能量吸收极不均匀,所以使得 PbN_6 具备极低的激光起爆阈值、短延滞时间,并且温度对激光起爆影响微弱。

SOS 的研究人员用钕玻璃激光器($1.064\mu m$)测定了 5 种药剂的激光极限点火能量密度,其中部分起爆药剂的激光感度顺序如表 6-2 所列。从表中试验数据看出,LTNR 的激光起爆感度较高。

表 6-2 起爆药激光发火感度的顺序

序号	药剂	平均点火能量密度/(J/in^2)	调整后点火能量密度/(J/in^2)[①]
1	LTNR	8.4	2.4
2	PVA PbN_6	21.0	12.8
3	糊精 PbN_6	21.9	3.1
4	ALCLO-1	28.5	4.9
5	ALCLO-2	44.0	3.9

① 调整后的点火能量密度 = 点火能量密度 - (反射率 × 点火能量密度)。

从部分国外文献资料中,查阅到一些常用起爆药的激光发火感度数据,如表 6-3 所列。从表中试验数据看出,PbN_6 与 LTNR 的激光起爆感度较高,PbN_6 的临界点火能量为 5.4mJ、能量密度为 $0.4J/cm^2$;LTNR 的临界点火能量密度为 $1.3J/cm^2$。

表 6-3 国外常用起爆药的激光发火感度数据统计

数据来源	引爆光源	炸药	临界点火条件	备注
Z. G. Szlansky	调 Q 钕玻璃激光器(脉冲宽度 10~30ns)	PVAPbN$_6$ 薄膜	$0.1J/cm^2$	用于激光防护镜
А. А. Бриш	调 Q 钕玻璃激光器(脉冲宽度 50ns)	PbN_6(松装药) PbN_6	$0.4J/cm^2$ $0.082J/cm^2$	经过换算
水岛容二郎	调 Q 钕玻璃激光器(脉冲宽度 19~30ns)	PbN_6(松装药) 雷汞 四氮烯 DDNP	5.4 mJ 8.9mJ 71mJ 220mJ	50% 发火激光能量
	自由振荡红宝石激光器(脉冲宽度 0.4ms)	PbN_6(松装药) 雷汞 四氮烯 DDNP	—	全部未发火

续表

数据来源	引爆光源	炸药	临界点火条件	备注
日本帝国火工品株式会社	自由振荡红宝石激光器	DDNP	1.7J	—
V. Menichelli, L. C. Yang	自由振荡钕玻璃激光器（脉冲宽度0.45~1.50ms）	PVAPbN$_6$ 糊精PbN$_6$ LTNR	3.26J/cm^2 4.42J/cm^2 1.30J/cm^2	—

6.1.2 起爆药的激光感度

1. 起爆药的激光感度试验

曙光机械厂用调Q激光试验装置、自由振荡钕玻璃激光试验装置、红宝石激光试验装置，对常用起爆药的激光起爆感度进行了试验[1]，激光引爆起爆药的临界能量密度试验结果见表6-4。

表6-4 起爆药光引爆试验结果

引爆光源	炸药	临界点火能量密度I_{cr}/(J/cm^2)
调Q钕玻璃激光器（脉冲宽度80ns）	PbN$_6$	0.11
	LTNR	0.40
	DDNP	2.80
	乙炔银·硝酸银(SASN)	0.02~0.04
	导电药	0.06
	D·S共晶药	0.03
钕玻璃自由振荡激光器（脉冲宽度1ms）	PbN$_6$	2.20~4.60
红宝石自由振荡激光器（脉冲宽度1ms）	PbN$_6$	3.50
	LTNR	14.00

从表6-4中的试验数据可以看出，两种自由振荡激光的试验结果相近，并且比调Q开关激光的试验结果大一个数量级。激光直接引爆起爆药，光束都不必聚焦。引爆PbN$_6$最低激光能量约1mJ。激光束直径大于0.5mm，引爆只和光束能量密度有关，与总能量无直接关系。

曙光机械厂通过理论计算，给出PbN$_6$的临界点火感应时间$t_i^{(cr)}$值为

$$\frac{\ln\left[\frac{t_i^{(cr)}}{t_i}\right]}{I - I_{cr}} = \frac{aE_{活}}{\rho CRT_s^{(cr)2}} = 2.3 \qquad (6-1)$$

试验测定出PbN$_6$的临界点火感应时间$t_i^{(cr)} \approx 0.39\mu s$，小于理论计算值。

图6-1表明，超临界引爆PbN$_6$的感应时间t_i同激光能量密度I，基本符合式(2-42)。若另行测量试验样品的激光吸收系数α和临界点火的表面加热温度$T_s^{(cr)}$，则根据式(6-1)可以求得炸药的活化能$E_{活}$，这对于化学动力学研究是有意义的。

北京理工大学为了便于将起爆药的激光感度与冲击感度、火焰感度进行比较，采用在火帽壳中压装起爆药作为试验样品，如图6-2所示，对起爆药的激光感度进行了测试[3]。

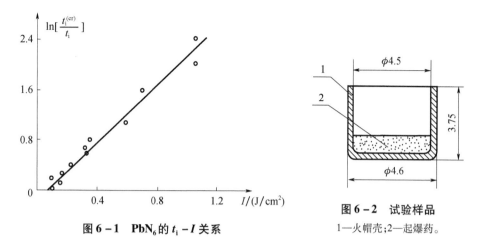

图 6-1　PbN_6 的 t_1-I 关系

图 6-2　试验样品
1—火帽壳；2—起爆药。

各种起爆药分别称量 20mg，装入火帽壳中，压药压力为 400kg/cm²。样品不密封，药面直接对准激光束聚焦点，光斑直径 ϕ1.6mm，其面积约为 2mm²。而火帽壳的内径为 ϕ4.5mm。这样激光能量可全部照射到药面上，保证样品接收能量的一致性。要使激光脉冲宽度保持不变，就必须保证充电电压、电容量和放电回路的电感不变。激光能量的增减，是通过光学玻璃衰减片的加减进行调节的。每种药剂的样品在不同激光能量下做 5 组试验，每组打 10 发样品。据试验结果得出不同能量下样品爆炸的百分数，以激光能量和爆炸百分数作图，求出对应于 50% 爆炸所需要的能量值。在每种药剂的样品进行试验之前，先通过预备试验找出各种药剂的 100% 爆炸和不爆炸的区间。参照这一区间确定试验采用的能量水平。为了使激光能量输出波动变化小些，每间隔 2min 做一次试验。

对 5 种起爆药的 9 个样品进行了试验，取得的试验结果如表 6-5 所列。各种起爆药对激光的感度数据说明，PVA PbN_6 和糊精 PbN_6 由于达到 100% 爆炸所需要的激光能量超出辐射计的测量范围，只能做到 90% 和 80% 爆炸。试验条件是充电电压 1300V、电容 704μF。表中 7 种样品的激光能量的感度与国外公布的感度排列顺序基本上是一致的。

表 6-5　各种起爆药对激光能量的感度

炸药	100% 爆炸		不爆炸		50% 爆炸	
	能量 /mJ	能量密度 /(J/cm²)	能量 /mJ	能量密度 /(J/cm²)	能量 /mJ	能量密度 /(J/cm²)
1 号酸式乙炔银	6.18	0.31	3.54	0.18	4.35	0.22
15 号酸式乙炔银	12.82	0.64	5.24	0.26	8.80	0.44
LTNR	9.42	0.47	5.21	0.26	7.35	0.37
酒二硝 D·S 共晶	21.00	1.05	6.79	0.34	8.80	0.44
雷汞	19.40	0.97	6.05	0.30	12.50	0.63
结晶 PbN_6	21.48	1.07	8.12	0.41	14.20	0.71
酒羧 D·S 共晶	22.60	1.13	5.50	0.28	17.00	0.85
PVA PbN_6	19.50(90%)	0.98(90%)	8.75	0.44	18.00	0.90
糊精 PbN_6	28.50(80%)	1.43(80%)	12.10	0.61	22.00	1.10

陕西应用物理化学研究所进行了激光起爆技术研究工作,初步进行了 PbN_6、硝酸肼镍(NHN)、D·S 共晶、四氮烯 4 种起爆药的 50% 激光发火能量测定试验;对 PbN_6、D·S 共晶两种起爆药压药压力与发火能量之间的关系进行了试验[4]。从试验结果看出,D·S 共晶、四氮烯两种起爆药的激光感度较高;PbN_6 的压药压力增大时激光感度有所降低,D·S 共晶的压药压力增大时激光感度有升高的趋势。

(1) PbN_6、NHN、D·S 共晶、四氮烯 4 种起爆药的激光起爆试验。该试验用逐步升高充电电压和衰减片调节的方法,改变激光能量进行起爆试验,取得的试验数据见表 6-6。从表中数据看出,四氮烯的激光感度较高,所需要的发火能量较小。四氮烯的 5s 延时爆发点为 154℃,是起爆药中爆发点最低的一种药剂,且冲击感度较高。在激光束的热效应和冲击效应作用下,容易形成"热点"而爆炸,所以它的激光感度比较高。但四氮烯的起爆威力小,不能单独作起爆药用。NHN 的激光感度较低,未能测出最小发火能量。

表 6-6 4 种起爆药的发火能量数据

序号	药剂	数量/发	最小发火能量/J
1	PbN_6	21	0.42
2	DS 共晶	22	0.23
3	四氮烯	23	0.17
4	NHN	20	—

注:起爆压药压力均为 $500kg/cm^2$;NHN 在激光器最大能量 0.7J 下,只有个别雷管爆炸。

(2) 从上述试验发现,激光束直径是 $\phi 5mm$,而雷管的透光窗口直径只有 $\phi 4mm$,部分光能没有直接作用到起爆药上;而且因光束直径大,照射到药剂表面上的激光能量密度低,起爆需要的激光发火能量大。从热起爆机理分析,知道"热点"的尺寸通常是在 $10^{-3} \sim 10^{-5} cm$ 之间,光斑的直径只要能够满足"热点"形成就可以。如果用聚焦透镜将激光束聚焦,提高能量密度,可以大大降低发火总能量。所以,改进了试验装置,在光路中加入一块焦距为 600mm 的平凸透镜,将激光束聚焦,光斑直径在 $\phi 1mm$ 左右,将雷管放在焦点位置进行试验。用 Bruceton 升降法,对 PbN_6、LTNR、D·S 共晶、四氮烯 4 种常用起爆药进行了激光起爆感度试验。测定了 50% 激光发火能量,取得试验数据见表 6-7。从表中列举数据看出,D·S 共晶和四氮烯对激光作用敏感,需要的发火能量小。值得注意的是,表 6-7 中激光感度次序和冲击感度的次序排列基本相同。

表 6-7 4 种起爆药的感度数据

序号	药剂	数量/发	压药压力/MPa	爆发点/℃	冲击感度/400(g·cm)		50% 发火能量/J
					上限	下限	
1	LTNR	15	20	275	11.5	36.0	0.079
2	PbN_6	11	50	340	10.0	33.0	0.072
3	D·S 共晶	11	50	304	5.0	16.0	0.063
4	四氮烯	17	20	154	3.0	6.0	0.063

起爆药的物理性能对激光发火能量有一定的影响,对 PbN_6 和 D·S 共晶两种药剂的压药压力与发火能量之间的关系进行了试验,分别叙述如下:

(1) PbN_6 的压药压力与发火能量的关系。用升降法测定了 PbN_6 4 种不同压力的 50% 激光发火能量,取得数据如表 6-8 所列。从表中数据看出,PbN_6 的激光发火能量随着压药压力的增加而变大。为了便于分析讨论将数据作成图,如图 6-3 所示。

表 6-8 PbN_6 不同压力的发火能量

序号	压药压力/MPa	数量/发	50% 发火能量/J
1	30	18	0.047
2	40	21	0.055
3	50	11	0.072
4	60	15	0.078

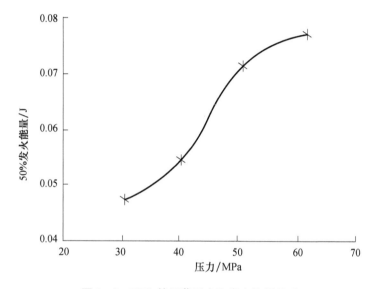

图 6-3 PbN_6 的压药压力和发火能量关系

(2) D·S 共晶压药压力与发火能量的关系。D·S 共晶起爆药是 20 世纪 70 年代国内重点研究的一种起爆药,它综合了 PbN_6 和 LTNR 两种药剂的优点。D·S 起爆药的火焰感度高,爆轰成长期短,冲击感度高,起爆威力大,爆发点稍低。该药表面呈橘红色,有利于吸收光能。用上述方法做了 D·S 共晶起爆药 8 种不同压力的激光起爆试验,测定了 50% 发火能量,取得试验数据如表 6-9 所列。从表中数据看出,D·S 共晶药的发火能量随压药压力升高而降低。为了便于讨论这个现象,将表中数据制成发火能量与压药压力的关系曲线,如图 6-4 所示。随着 D·S 共晶起爆药压药压力的增大,所需要的激光发火能量减小,其激光感度提高。D·S 共晶起爆药的压力试验结果与 PbN_6 正好相反,是因为它本身的特殊理化性质起主导作用所致。D·S 共晶起爆药表面呈橘红色,它本身对光能的吸收率较高。另外,该种药的结晶颗粒较粗,当压药压力增大时,窗口表面药剂的粗糙度变化不大,所以在起爆过程中光反射率不是主要影响因素。然而,由于压药压力增大,D·S 共晶起爆药的密度增加,药颗粒之间仍有小空气间隙存在。在激光热效应、冲击效应的作用下,对气泡的绝热压缩和药粒之间的摩擦有利,容易形成"热点"而起爆。所以,D·S 共晶起爆药的激光感度,随压药压力的增大而有所提高。

表6-9　D·S共晶药不同压力的发火能量

序号	压药压力/MPa	数量/发	50%发火能量/J
1	20	20	0.062
2	30	16	0.059
3	40	13	0.039
4	60	20	0.048
5	70	20	0.053
6	80	14	0.043
7	90	20	0.033
8	100	20	0.034

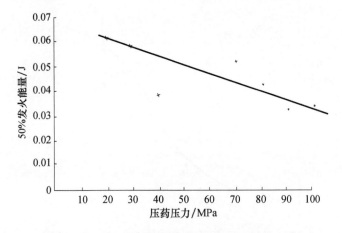

图6-4　D·S共晶药的压药压力与发火能量的关系

从试验结果看出，D·S共晶和四氮烯这两种起爆药的激光感度比较高，其中以四氮烯最为敏感，用透镜将光束聚焦缩小光斑、提高能量密度，可以大大降低激光发火能量。

2. 激光感度曲线分析

陕西应用物理化学研究所基于激光热起爆理论，着重研究了细结晶 PbN_6、CMC PbN_6、S·SD、D·S共晶和LTNR 5种起爆药的临界激光起爆能量，即激光发火感度[5]。

1）感度曲线

在钕玻璃激光器最大输出能量1.7J、脉宽2.2ms、输出稳定度在4%～22%与YAG激光器最大输出能量0.8J、脉冲宽度400μs、输出稳定度为3.9%～14.5%的两种条件下，测定了5种起爆药的激光感度曲线，试验结果如图6-5和图6-6所示。

5种起爆药对脉冲持续时间较长的钕玻璃激光的感度曲线分布与脉冲时间较短的YAG激光感度曲线分布并不完全相同。前者散布大、精度差，曲线有相互交叉与重叠现象，感度排列次序难以分辨；而后者感度曲线散布较小，精度高，感度次序排列基本清楚。造成上述现象的主要原因：起爆药的临界激光发火延迟期虽然不同，但一般都比较短，大约在数百微秒量级。但是钕玻璃激光器的脉冲持续时间约2.2ms，比起爆药临界点火延迟期长的那部分激光能量没有得到利用，造成测出的激光起爆能量值大于发火时实际利用的激光能量值，使感度曲线分布出现交叉与重叠现象。从上述分析看出，在测定起爆药的激光感度工作中，使用脉冲持续时间比敏感药剂的临界点火延迟期短的激光器较为合适。

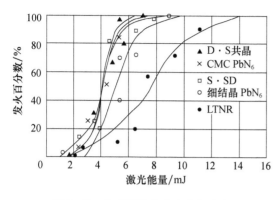

图6-5 钕玻璃激光感度曲线分布

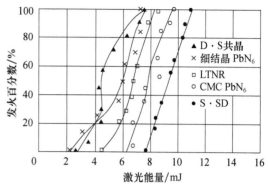

图6-6 YAG激光感度曲线分布

2) 激光起爆能量密度

通常药剂的激光感度值用临界起爆能量密度表示,可先用图解法求出50%发火能量,再根据照射在样品表面的光斑面积,计算出50%发火能量密度。5种起爆药的发火能量密度值及其他感度参数值如表6-10所列。从表中数据看出,D·S共晶和S·SD共沉淀药的激光感度较高。D·S共晶是PbN_6和LTNR共结晶药,既有LTNR爆发点低、热感度高的优点,又具有PbN_6光化分解作用明显、爆轰成长期短、起爆威力大等特点,而且药剂表面呈橘黄色,对波长为1.06μm激光的反射率低,有利于吸收激光能量,故激光感度较高。S·SD共沉淀药的表面虽然呈白灰色,对激光的反射率稍高,但其中含有少量四氮烯,其爆发点仅为154℃,受热时容易分解,冲击感度比雷汞还高。差热分析表明,四氮烯在134℃时,就开始急剧分解放出热量。由于激光与物质相互作用时,热效应和冲击效应显著,所以S·SD的激光感度也比较高。

表6-10 5种起爆药的激光感度对比数据

药剂	爆发点 /℃	火焰感度 /cm	冲击感度/cm		钕玻璃激光感度 /(J/cm²)	YAG激光感度 /(J/cm²)
			下限	上限		
LTNR	275	54.0	11.5	36.0	0.884	0.902
细结晶PbN_6	354	10.0	10.0	33.0	0.715	0.778
CMC PbN_6	349	12.4	17.0	37.8	0.534	1.059
D·S共晶	304	24.0~32.0	5.0	16.0	0.473	0.655
S·SD共沉淀药	337	15.8	2.0	10.0	0.395	0.886

3) 激光感度的理论计算值与实测值对比分析

细结晶PbN_6与LTNR的激光临界发火能量参数如表6-11所列。

表6-11 两种起爆药的临界激光发火能量数据

药剂	计算值		钕玻璃激光试验值		YAG激光试验值	
	总能量 /mJ	能量密度 /(J/cm²)	总能量 /mJ	能量密度 /(J/cm²)	总能量 /mJ	能量密度 /(J/cm²)
细结晶PbN_6	4.07	0.587	4.96	0.715	5.75	0.778
LTNR	2.79	0.341	7.22	0.884	6.66	0.902

从表 6-11 对比数据看出,临界激光起爆能量的计算值与实测结果不一致。由简化热起爆理论公式,算出的 LTNR 临界起爆能量比细结晶 PbN_6 要小,即 LTNR 的激光感度应比 PbN_6 高。但是,试验测出的数据表明,无论是对钕玻璃还是 YAG 激光,其 PbN_6 的激光感度都高于 LTNR,这个结果与国内外有关报道一致。说明了用单纯的热起爆机理,并不能完全解释激光起爆过程中发生的某些现象。因为在自由振荡激光起爆过程中,激光束与起爆药表层的相互作用主要是激光加热过程,但同时还伴有光量子冲击和光化分解反应放热作用。虽然,LTNR 的爆发点低、热感度较高,但是,由于 PbN_6 的冲击感度高,光分解作用明显,在激光起爆过程中由光化学分解和光量子冲击作用放出的热量比 LTNR 多,故 PbN_6 的激光感度较高。所以,在用热起爆数学模型分析起爆药的激光感度时,应当考虑到光化学反应放热、光量子冲击、热损失等因素的影响。

通过激光感度曲线分析,可以得到以下结论。

(1)起爆药的激光发火感度比炸药、烟火药高几个数量级,有些起爆药的激光感度比较接近。所以,在激光感度测定研究工作中,用脉冲持续时间较短的激光器做起爆光源比较合适。

(2)自由振荡激光引爆起爆药的机理,是以激光加热作用为主,同时也伴有一定的光量子冲击、光化分解放热作用的热起爆机理。

(3)本试验没有测定药剂的临界点火延迟时间,对药剂临界点火时间与激光脉冲持续时间的匹配,即能量利用效率问题,没有进行深入的分析和探讨。

6.1.3 紫外激光引爆起爆药

Brish 等首次报道了激光起爆炸药后,激光起爆技术一直是一些研究团体感兴趣的课题。当时,在所有试验中一直用红宝石(694.3nm)和钕玻璃(1064nm)激光器作为起爆源,而且炸药起爆机理的基础都是热效应。因为炸药在紫外波段有强吸收峰存在,所以许多研究者期待用紫外激光器起爆炸药,从而证实光化学分解起爆机理。

激发态基态复合物激光器能够产生紫外激光脉冲,可以用来进行激光起爆炸药试验,国外文献首次报道了用紫外激光脉冲引爆起爆药的试验结果[6]。因为,在光谱的紫外区,大多数炸药有强吸收峰,从炸药与辐射场之间的相互作用方面考虑,波长短的激光比红宝石、钕玻璃激光更有效。炸药与辐射场之间的耦合作用越有效,则炸药的临界能量越小,并且感应时间也越短。

研究的目的是通过监测炸药发出的辐射和分解产物,分析探讨起爆药的分解机理,确定到底是光化学还是光物理过程在炸药起爆中起作用。

以 1kN 或 10kN 的压力压装炸药样品,并以非聚焦紫外激光束照射,测得的感应时间数据(表 6-12)。用 KrF 脉冲激光照射 PbN_6 和 LTNR 样品后,获得的典型光电曲线结果如图 6-7 和图 6-8 所示。

注意图 6-7 和图 6-8 中时间坐标的不同,两者感应时间的差异非常显著。观测到氮化物的感应时间最短,约为 500ns;雷汞的感应时间最长,为 3.5ms。可以看出感应时间随着样品密度减小而变短,其中 DDNP 的变化最大,其中感应时间降低了 10 倍多。雷汞样品能够起爆的压药压力非常小,随着样品压药压力增大到 10kN,雷汞装药密度增大,没有观测到发火放射出的光信号。众所周知,雷汞的压死效应很明显,此现象即意味着样品的压药压力增大,降低了化合物的起爆感度。显然,激光起爆过程同样存在压死现象。

表 6-12 用两种不同压力压装起爆药的感应时间

起爆药	压力 1kN 的感应时间/μs	压力 10kN 的感应时间/μs
PbN_6	0.5	1.5
AgN_3	0.5	1.5
LTNR	220	750
DDNP	15	210
雷汞	3500[①]	—

① 雷汞药柱的压药压力低于 100N。

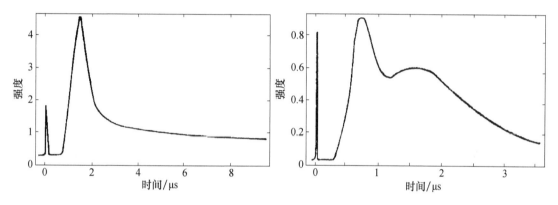

图 6-7 用 KrF 脉冲激光照射 PbN_6 的光电曲线　　图 6-8 用 KrF 脉冲激光照射 LTNR 的光电曲线

表 6-12 列举了压装 PbN_6、AgN_3、LTNR、雷汞、DDNP 等起爆药的感应时间。其感应时间差异较大,如氮化物为 500ns,而雷汞为 3.5ms。样品压药压力的增大使感应时间显著延长。例如,随着 DDNP 密度的增大,其感应时间从 15μs 增长到 210μs。在试验误差范围内,激光脉冲的能量密度不影响起爆药的感应时间。

试验现象表明,氮化物的爆轰效应比 LTNR 和 DDNP 更强烈。氮化物的爆炸声音较大,样品全部消耗。药柱的密度对反应的剧烈程度也有一定影响。对于高密度的 DDNP,仅仅在表面照射层有分解,样品没有发生爆炸;而低密度的 DDNP 反应剧烈,药剂全部分解。

对于非聚焦激光束起爆,照射样品整个表面的临界激光能量密度(样品点火所需要的最小能量密度)为 PbN_6 0.2kJ/m^2、AgN_3 0.4kJ/m^2、LTNR 0.6kJ/m^2。低于这个临界能量,则不能发生点火。

如果能量密度从临界能量增大到最大能量 1.5kJ/m^2,则在本试验误差范围内,感应时间与激光脉冲能量无关。对 LTNR,在样品前面放置聚焦透镜进行了某些试验。聚焦后光点尺寸约为 1.5mm×3mm,能量密度约为 100J/m^2,其感应时间约为 550μs,比不用透镜得到的感应时间大约短 25%。临界能量随光点尺寸不同而变化明显,非聚焦光束为 0.6kJ/m^2 时,则聚焦光束为 4kJ/m^2。图 6-9 所示的试验结果,显示出 LTNR 的感应时间与压药压力的函数关系,其感应时间随着密度增大而急剧增长,直至达到最大值。

Brish 等首次报道了 AgN_3、雷汞和 DDNP 的激光起爆感应时间、临界能量等试验数据。然而,PbN_6 和 LTNR 的试验数据,可以同别人的试验结果相比较。T. D. Andrews 和 E. A. Robinson 报道了用非聚焦钕玻璃调 Q 激光(脉冲宽度 20ns)照射 LTNR 后的感应时间在 100~250μs 之间;临界能量是 1.6kJ/m^2,样品是压装的 LTNR。此报道结果与本书的试验结果相似。

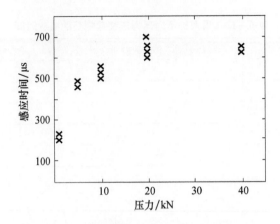

图 6-9 LTNR 感应时间与压药压力的函数关系

E. I. Aleksandrov 等报道了用钕玻璃激光起爆细结晶 PbN_6 的感应时间为 $1.0\mu s$,临界能量密度为 $40J/m^2$。J. T. Hagen 和 M. M. Chandri 用脉冲宽度为 80ns 的红宝石激光起爆 PbN_6 晶体,观测到感应时间在 $100\sim300\mu s$ 之间,临界能量密度约为 $15J/m^2$。显然,所得到的有关 PbN_6 的感应时间和临界能量密度的试验数据有点不一致。这个差别可能是由于 PbN_6 的成分不同,或氮化物的结晶形状的差异造成的。

M. A. Schnader 等用热阶梯法测量了起爆药对热脉冲的响应,发现热脉冲感应时间,按 $DDNP < LTNR < AgN_3 < PbN_6$ 的顺序增大。而本节的研究结果发现了一个相反的顺序,这可能表明用紫外激光脉冲起爆不是单纯的热点火机理。应进一步深入研究紫外脉冲起爆炸药化合物的激光起爆机理,并提供更多的验证结果。

6.1.4 新型起爆药的激光起爆

1. 激光起爆 CP 药剂

众所周知,在适当约束下 CP 炸药能够经历 DDT 过程,在国外该炸药主要用于油田起爆作业和武器系统中。由于 CP 炸药的 DDT 特性,也广泛应用于激光引爆技术研究之中。本节主要介绍陕西应用物理化学研究所对 CP 炸药的固体激光、半导激光起爆研究与试验结果[7]。

1) 固体激光引爆能量最小值试验

用图 12-61 试验装置,在 Nd 固体激光波长 $1.06\mu m$、脉冲宽度 2.2ms 的条件下,对掺杂 3% 碳黑的细化 CP 炸药,进行了 DDT 起爆技术研究,取得试验结果如表 6-13 所列。

表 6-13 固体激光引爆能量最小值试验结果

序号	药剂名称	总药量/mg	激光能量/mJ	作用时间/ms	钢凹深度/mm	备注
1	CP	560	22.30	—	0.75	爆炸
2			3.31	—	0.74	
3			0.72	1.45	0.75	
4			0.50	1.32	0.67	
5			0.41	—		未爆炸

(1) 光敏细化 CP 炸药的固体激光引爆能量最小为 0.50mJ,达到国外文献报道的 0.47mJ

水平。

(2) DDT 作用时间为 1.32ms、钢凹深度不小于 0.67mm。

(3) 表明 CP 炸药在低能量激光作用下,实现了 DDT 转换,钢凹输出参数也证明该装药达到爆轰。

2) 短脉冲激光引爆试验

若采用短脉冲固体激光器,提高激光功率,能够使 LID 作用时间变短。用改进后的壳体和装药工艺,分别试制出了装掺杂 3% 碳黑 CP 引爆药和 HMX 炸药的 LID 样品。用图 12-61 所示试验装置,在脉宽 780μs 条件下,进行了激光引爆试验,取得试验结果如表 6-14 所列。从表中试验结果看出,采用短脉冲激光器,优化设计 LID 产品装药条件,能够使 CP 炸药 LID 的 DDT 时间降低到 200μs 以下。

表 6-14 短脉冲 Nd 激光引爆试验结果

序号	引爆药/mg	松装药/mg	输出药/mg	激光能量/mJ	作用时间/μs	钢凹深度/mm	备注
1	光敏CP 30	HMX 35	HMX 185	2.90	—	1.10	爆轰
2				3.04	—	0.99	
3				3.02	—	0.95	
4				3.07	40	0.98	
5				3.07	130	0.91	

3) 分析与讨论

通过对光敏 CP 炸药的固体激光起爆研究,可以得出以下结论。

(1) 用波长 1.06μm、脉宽为 2.2ms 的 Nd 固体激光,通过 ϕ100/140μm 渐变折射光纤引爆光敏 CP 炸药的探索性研究表明,其引爆能量最小可达到 0.50mJ、DDT 时间为 1.32ms、钢凹深不小于 0.67mm。

(2) 用波长 1.06μm、脉冲宽度为 780μs 的 Nd 固体激光,通过 ϕ100/140μm 渐变折射光纤、输入 3mJ 能量引爆光敏 CP 装药 LID 时,其作用时间可以缩短到 200μs 以下。

2. 激光起爆 BNCP 药剂

陕西应用物理化学研究所对 BNCP 炸药的固体激光感度进行了研究,分别介绍如下[8]。

1) 不同粒度药剂的感度对比试验

用图 12-61 所示试验装置,在 Nd 固体激光脉冲宽度 2.2ms 条件下,对不同粒度的光敏 BNCP 细化炸药装配的 LID 产品,进行了激光引爆试验,取得试验结果如表 6-15 所列。

表 6-15 不同粒度药剂的试验结果

药剂	平均粒径/μm	激光能量/mJ	作用时间/ms	钢凹深度/mm	试验结果
光敏 BNCP	20	2.63	0.72	1.07	爆炸
		1.20	—	—	未爆炸
		0.39	—	—	未爆炸
	2	0.53	0.20	0.65	爆炸
		0.35	0.16	0.68	爆炸
		0.23	—	0.67	爆炸

从试验结果看出,平均粒度为2μm的光敏BNCP炸药的激光感度较高,其发火能量最小达到0.23mJ。药剂细化到2μm后,其比表面积较大,活性值高,故激光感度比粒度20μm的药剂高。

2) 短脉冲Nd固体激光引爆试验

用改进后的壳体和装药工艺,分别试制出了装光敏BNCP引爆药和HMX输出炸药的LID样品,用图12-61所示试验装置进行了激光引爆试验,取得试验结果如表6-16所列。从表中试验结果看出,在固体激光能量3mJ、短脉冲宽度780μs条件下引爆时,光敏细化BNCP炸药LID作用时间不大于100μs、钢凹深度不小于0.93mm。由于光敏BNCP的起爆威力比光敏CP大,故光敏BNCP炸药的LID作用时间比光敏CP炸药的LID作用时间短,其钢凹输出深度也略高于光敏CP装药。

表6-16 短脉冲Nd激光引爆试验结果

序号	引爆药/mg	松装药/mg	输出药/mg	激光能量/mJ	作用时间/μs	钢凹深度/mm
1	光敏BNCP 30	HMX 35	HMX 185	3.20	100	0.95
2				2.99	40	1.02
3				2.91	28	1.00
4				3.04	50	0.93
5				2.95	90	—

3) 小型化YAG固体激光起爆试验

用图12-62所示试验装置,在小型化YAG固体激光器脉冲宽度200μs、输入激光发火能量2mJ的条件下,对上述BNCP LID进行了发火试验,测定了作用时间,取得结果如表6-17所列。从表中结果看出,在YAG固体激光发火能量2mJ、脉冲宽度200μs条件下,BNCP LID的作用时间较短,可以达到不大于50μs的应用要求。

表6-17 光敏BNCP LID作用时间测定结果

序号	产品编号	输入激光发火能量/mJ	作用时间/μs	钢凹深度/mm
1	2004-3-4#	2.07	9	0.66
2	2004-3-5#	2.03	—	0.64
3	2005-1-23#	2.03	10	0.70
4	2005-1-24#	2.00	12	0.65
5	2005-2-13#	2.02	12	0.65
6	2005-2-14#	2.00	12	0.60
7	2005-2-16#	1.99	12	0.60

3. BNCP与CP的激光起爆性能比较

CP LID是一种单一装药DDT LID。它利用CP炸药特有的性能使雷管可使用较钝感的单一装药,有较短的爆燃转爆轰时间,简化了LID设计,提高了安全性。但是,由于CP炸药合成困难、毒性大、成本高,加之DDT时间较长,所以在实际应用中该LID的作用时间、体积等均存在一定的问题。高氯酸·四氨·双[2-(5-硝基四唑酸根)]合钴(Ⅲ),简称BNCP,是一种与CP炸药类似的配位化合物,为黄色结晶。与CP炸药相比,它在制备过程中不使用致癌物或有毒气体,中间产物很容易处理,无环境污染;在相似约束条件下,它的 DDT 时间更短,而其撞击感度与 RDX 相当。

BNCP 与 CP 的物理性能参数可见表 6-18,输出性能参数可见表 6-19,从表中的数据可对 CP 与 BNCP 进行比较[9]。

表 6-18 BNCP 和 CP 的物理性能

名 称	BNCP	CP
密度/(g/cm^3)	2.03	1.98
气体容积(计算)/(cm^3/(g·m))	739	718
在 98% RH 下吸水性:细粒~35μm	0.90%(质量比)	0.25%(质量比)
粗粒 40~80 目	0.35%(质量比)	雷管级
爆热/(cal/g)	1053	971
撞击感度/cm(2kg,10% 发火水平)	50	55~70 高可靠
摩擦感度阈值/g	600	>100
ESD 感度/RV		
美国桑迪亚国家实验室严格考核:(410pF,3600Ω 串联 0.6μH)	>30	>30
标准考核:(600pF,5000Ω 串联)	>25	>25
松散 炸药	4.8(79% TMD)	5.2(82% TMD)
约束(炸药)0.20 间隙	8.5(89% TMD)	8.0(86% TMD)
差示扫描量热法(DSC)(20 ℃/min)		
温升 开始/℃	269	289
温升 峰值/℃	276、301	333

表 6-19 BNCP 输出性能

试验	BNCP(80% TMD)	CP(76% TMD)
钢凹深度/in	0.026	0.018
VISAR 试验/(mm/μs)	3.2	2.7

由表 6-18 可见,BNCP 的撞击摩擦感度比 CP 稍敏感,ESD 感度类似于 CP。BNCP 优于典型起爆药:在小规模无限制条件下,明火点火试验中,BNCP 并不作用。在 20 ℃/min 下 BNCP 的 DSC 起始分解温度比 CP 低 20 ℃,这可能稍不利于 BNCP 热丝雷管的不发火特性,但是有利于热丝全发火特性和激光起爆的应用。BNCP 的两种粒度在 158 ℃ 下的敞开体系的失重已经测量并描述如图 6-10 所示,并和细颗粒雷管级 CP 相比较。

BNCP 的爆炸输出数据由钢凹试验确定,如表 6-19 所列。BNCP 在刚性材料限制下比 CP 经历更迅速的 DDT 过程和更短的 DDT 距离。BNCP 在 80% 的最大理论密度下,可在钢验证板上产生深 0.026in(0.066cm)的凹痕,爆速为 3.2mm/μs,而 76% 最大理论密度下的 CP 产生的凹痕深度仅为 0.018in(0.045cm),爆速为 2.7mm/μs。

最初 CP 与粗、细 BNCP 样品相比较,表现出了良好的耐热性。然而在短期之后,粗 BNCP 比 CP 表现了较好的耐热失重。细的 BNCP 起初表现出由 DSC 数据证实的特性,但是经过一段延长的时期,它与 CP 比较表现了改善的失重特性。这很可能是由于它与大颗粒材料比较,细颗粒具有更少的表面成核区。一般情况下,高比表面积的材料比低比表面积的材料,显示出较低的分解活化能。这一点通过粗和细的 BNCP 热失重数据得到证实。CP 在较长时间过后显示较差的热失重性能,可能与在 CP 中氰基有较大的水合作用有关,而在 BNCP 中相应位置是硝基的原因。

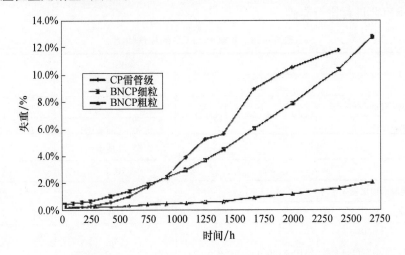

图 6-10　高氯酸钴(Ⅲ)络合物在 158 ℃(316 ℉)时间与累积失重关系曲线

6.2　固体激光直接起爆炸药

推动炸药激光发火研究的动力是多用途、快速作用和高可靠性引信,满足钝感弹药标准的需求。因而在激光器出现不久,就开始使用激光进行炸药发火的研究。使用的激光波长通常介于 $0.266\sim1.06\mu m$ 之间,用低于 10J 的激光能量达到起爆或发火。辐射能量(J)、辐射通量(J/cm^2)和辐射强度(W/cm^2)是常用的激光参数。除操作高强度激光器时需要对人进行安全保护外,了解激光器的优缺点也是极为重要的。输出激光辐射能量分布、光束发散性和脉冲宽度都能极大地影响输出能量。为克服这些缺点,在使用具有固定输出的激光器时,建议用一个介质膜片或衰减器改变目标上的光束强度。

用固体激光直接起爆猛炸药的研究,是早期激光起爆技术研究的主要内容。炸药序列中以激光为初始能源,可以取消起爆药,从而提高了它的安全性和可靠性。PETN 是对激光最敏感的一种猛炸药,在 $5000lb/in^2$($1lb/in^2=0.07kg/cm^2$)压药压力下,它所需的最低起爆能量为 1.0J,压药压力提高,起爆需要的能量也随之提高。美国匹克汀尼兵工厂 Feltman 实验室的 Barbarisi 和 Kessler 等研究了用红宝石激光器(694.3nm)直接起爆猛炸药的可能性。激光器采用自由振荡和调 Q 开关两种工作方式,试验的猛炸药包括 PETN、HMX、RDX 和特屈儿。试验结果用概率统计方法处理,得到 PETN 的平均起爆能量密度分别是 $0.1486J/mm^2$(自由振荡激光)和 $0.0250J/mm^2$(调 Q 开关激光)。

6.2.1　激光直接起爆炸药过程

对激光直接起爆炸药过程论述如下[10]。在这一起爆方法中,激光直接作用于炸药。炸药通常被压入一具有窗口的孔内,试验用激光直接起爆炸药装置如图 6-11 所示。当作用时,窗口可提供约束。已经报道了 PETN、HNS、HMX 和 RDX 激光直接起爆时的起爆感度,相关参数包括密度、粒度、比表面积、掺杂物、波长、脉冲宽度、光束直径、约束及约束材料等。

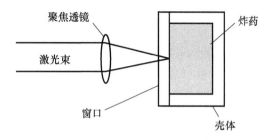

图 6-11 激光直接起爆炸药装置示意图

Byknalo 等使用 YAG 激光器(波长 1.06μm),对高密度的 PETN 炸药进行了直接起爆试验。PETN 的密度为 1.7g/cm³,最大激光功率为 10^5GW/cm²。所建立的一维模型计算结果表明,炸药在受到入射功率 10^3GW/cm² 的激光照射时,其表面的压力将达到 500GPa。由于真实相互作用并不是一维的,所以这种计算被认为过于乐观。

但无论如何,在 10^3GW/cm² 和光点尺寸约 1mm 时成功地引爆了 PETN。不过同时也发现,当光点尺寸小到 250μm 的量级时,在 10^3GW/cm² 时,也未出现爆轰。类似于失效直径效应的临界光点尺寸被认为是个原因,PETN 的失效直径不大于 300μm。当使用波长为 1.06μm 的 YAG 激光器时,对密度为 1.0g/cm³、比表面积为 2.1m²/g 的 PETN 炸药点火所发射的激光,属于最低能量。当典型光点尺寸为 0.5mm 和脉宽为 10~25ns 时,辐射功率的量级为 1GW/cm² 时,使用蓝宝石窗口需要的起爆能量最低。其他人已经证明 PETN、RDX 和 HMX 都具有相同的密度效应。

Tasaki 等已经报道了 PETN 炸药,在 1.06μm 和几毫秒脉宽时的类似密度效应。当使用 YAG 激光器并在 0.532μm、0.995μm 和 1.06μm 波长作用时,发现 PETN 的起爆能量几乎与波长无关。使用两个较短的波长时,起爆能量为 7mJ;而使用最高波长(即 1.06μm)时,起爆能量为 10mJ,每种情况下的辐射密度均约为 0.2GW/cm²。但当使用 0.308μm 波长的受激准分子激光器时,起爆能量就会升到 75mJ,对应的辐射强度为 0.15GW/cm²。需要指出的是,受激准分子激光器的光点尺寸较大,且脉宽较长。使用 0.308μm 的受激准分子激光器和 0.694μm 的红宝石激光器,成功地起爆了 RDX。但未提供有关 RDX 炸药类型的详细情况,也未报道 RDX 的其他起爆情况。即使用比表面积为 13m²/g 和辐射强度为 10GW/cm² 的激光时,也未能使纯 HNS 炸药起爆。

掺杂物可以提供改变光吸收率的性能需求,但对 HNS 炸药直到掺杂到 10% 的石墨时,在波长为 0.266~1.06μm 范围内,也未能将激光辐射强度阈值降到 5GW/cm² 以下。但是在波长为 1.06μm 时,掺 Zr 粉的 PETN 却明显提高了激光发火感度。在波长 1.06μm 和长脉宽(几个毫秒)时,掺 1%~2% 碳黑却能提高 PETN 的激光发火感度。激光直接起爆炸药通常表现出较长的传递时间(t_e)(以 100ns 为单位测量),当接近阈值起爆能量时,t_e 值也增加。对高能炸药的冲击、撞击起爆也有类似的趋势,只是 t_e 值较小些。对光直接起爆而言,炸药需要经过爆燃转爆轰,被认为是 t_e 较长所致。

当波长大于 0.355μm 时,约束能使激光发火感度增加。Ostmark 对 PETN 和 RDX 的试验,证明了点火辐射能量随压力增加而降低(用波长 1.06μm 和大于 1ms 脉宽时)。Paisley

认为,约束要求与起爆过程所存在的机理有关。也有人认为在波长 0.266μm 和 0.308μm 时不需要约束,原因是 PETN 是紫外辐射的一个强吸收体,作为吸收结果而发生光分解的可能性已经出现。当波长较长时,起爆被认为是一种热现象(自然状态时),具有约束时就有助于从出现的热点成长为爆轰。

Renlund 等认为,当接近 PETN 的吸收带时,激光穿透深度将降低,炸药表面形成约束直到出现自持的对流燃烧。在这一阶段,燃烧转爆轰也许能继续下去。这种观点的证明是 0.308μm 时点火相对不受约束影响,但约束却能使 t_e 值减小。通过增加起爆压力及改变 DDT 的层-层爆燃阶段而使 t_e 降低是可能的。

激光直接起爆炸药研究最简单、最重要的是详细地探测分解过程,已经对 RDX 和 PETN 炸药进行了这种研究。激光照射之后,在这些炸药样品的表面上已经观察到毫米大小的凹坑,由此认为这是可能的反应通道。

6.2.2 激光参数对炸药起爆的影响分析

在激光引爆猛炸药的试验中,只有聚焦激光束才能引爆猛炸药。激光束的能量密度较难准确测量,许多试验只测量激光能量。激光引爆猛炸药的效果也有燃烧或爆燃、燃烧发展为爆轰及瞬时转变为爆轰等多种现象。还找不出这种爆轰发展过程对激光参数明显的依赖关系。早期文献报道的激光引爆猛炸药试验结果如表 6-20 所列[1]。

激光引爆猛炸药达到瞬时高速爆轰的,只有苏联 A. A. Бриш 等及美国 L. C. Yang 的试验。但 A. A. Бриш 等报道的炸药样品结构及试验细节并不具体。

表 6-20 国外激光引爆猛炸药试验结果

数据来源	引爆光源	炸药	能量密度或总能量	备注
A. A. Бриш	调 Q 钕玻璃激光器 (脉冲宽度 50ns)	PETN(松装药)	0.5 J	瞬时爆轰
		PETN	12.3J/cm²	经过换算
M. J. Bararisi, E. G. Kessler	调 Q 红宝石激光器 (脉冲宽度 50ns)	PETN	(2.5±1.8)J/cm²	感应期不大于 25μs
		HMX	—	引爆
		Tetryle	—	引爆
	自由振荡红宝石激光器 (脉冲宽度 0.9ms)	PETN	(14.86±11.49)J/cm²	激光开始后 50~ 100μs 内起爆
V. Menichell, L. C. Yang	自由振荡钕玻璃激光器 (脉冲宽度 0.45~1.50ms)	PETN、RDX	7.75J/cm²	引爆
		Dipam、HNS	232J/cm²	有无窗口均未爆
L. C. Yang	调 Q 红宝石激光器 (脉冲宽度 25ns)	PETN	0.8 J	镀膜窗口 均瞬时爆
		RDX	0.8~1.0 J	
		Tetryle	4.0 J	
L. C. Yang	自由振荡钕玻璃激光器 (脉冲宽度 1.5ms)	PETN	3.1J/cm²	临界点火
		RDX		
水岛容二郎	调 Q 钕玻璃激光器 (脉冲宽度 19~30ns)	PETN	0.53 J	发火概率 50%, 不能确定引爆
		TNT	0.66 J	
		RDX	0.65 J	
		Tetryle	0.51 J	

北京理工大学对 PETN 和 Tertyle 炸药进行了激光起爆试验[3]。试验中所使用的炸药 LID 与钢套筒样品如图 6-12、图 6-13 所示。

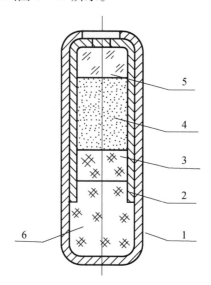

图 6-12　激光起爆猛炸药雷管

1—管壳(内径 ϕ6.3mm)；2—加强帽(内径 ϕ5.6mm)；3—猛炸药(150mg)；
4—猛炸药(细结晶 PETN 100mg)；5—有机玻璃片(厚度 3mm)；6—猛炸药(120mg)。

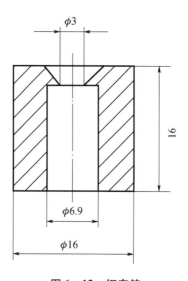

图 6-13　钢套筒

装药工艺：①把有机玻璃片放入加强帽内，再装入 100mg 猛炸药，压药压力为 500kg/cm^2；②在管壳底部先装入 120mg 猛炸药，压药压力为 600kg/cm^2；③在管壳内松装 150mg 猛炸药后，把压装药的加强帽放入管壳内，以压力 500kg/cm^2 压合，最后收口。但是仅用这种样品，激光只能使其局部引燃而不能爆轰，即在薄壁壳体中不能实现 DDT 过程。为此要想实现爆轰，就需要在这种雷管的外面加一个厚壁钢套筒(图 6-13)。把压好的雷管装入钢套内，在一定的激光能量作用下，迅速发生爆轰输出，使 4mm 厚的铅板炸出一个大于雷管直径的孔。试验结果如表 6-21 和表 6-22 所列。

表 6-21 PETN 在激光器不同工作电压下的起爆感度

激光电容/μF	工作电压/V	试验数量/发	爆炸数量/发	爆炸百分数/%
697	2200	6	6	100
	2150		4	67
	2100		3	50
	2000		1	17
	1900		0	0

表 6-22 Tetryle 在激光器不同工作电压下的起爆感度

激光电容/μF	工作电压/V	试验数量/发	爆轰数量/发	点燃数量/发	爆轰百分数/%	发火百分数/%
1360	2000	6	6	0	100	100
	1900		5	1	83	100
	1800		5	1	83	100
	1700		4	2	67	100
	1500		1	2	17	50
	1400		1	0	17	17

在 20 世纪 70 年代中期,利用激光能量引爆炸药是一项新技术。该项工作刚开展时,有很多问题需要仔细、认真研究。如炸药对激光能量的感度问题,当时就存在着激光能量测量没有统一标准的难题。测量方式不同、接收激光能量的器件也不同,有碳斗式能量计、铜斗式能量计、光电二极管式能量计等。因此,所测出的激光能量差别较大。但是不论何种方法测量,炸药对激光能量的感度顺序大致是相同的。本节试验测得的炸药对激光感度的数值仅供参考。

6.2.3 激光起爆炸药的高速摄影分析

曙光机械厂进行了激光直接引爆炸药试验[11]。试验用起爆器样品结构如图 6-14 所示。通常用高速摄影方法测量爆轰发展过程及有关时间参数。样品管壳侧面开有宽 1~3mm 的狭缝。输入窗口用厚 5~8mm 抛光透明的有机玻璃或一般光学玻璃制作。

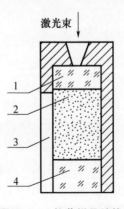

图 6-14 炸药样品结构

1—窗口;2—装药;3—侧狭缝;4—有机玻璃塞。

1. 激光临界点火能量密度

用功率为 100MW 级的调 Q 钕玻璃激光器,成功引爆了多种炸药,如 PETN、RDX、Tetryle、2 号、7 号、10 号、海莱特(662)等。表 6-23 所列为一些炸药的 I_{cr} 值,除 RDX 和 PETN 外,其余各种炸药测量精度不高,仅供参考。

表 6-23 常用炸药的 I_{cr} 值

序号	炸药	临界点火能量密度 $I_{cr}/(J/cm^2)$	备注
1	PETN	4~5、11	未聚焦
2	RDX	8~26	
3	Tetryle	30~70	
4	2 号炸药	≤100	
5	7 号炸药	≤100	
6	10 号炸药	≤100	
7	662 炸药	10~20	

对照表 6-20 和表 6-23 的试验数据,可见 I_{cr} 的数量级和顺序是一致的,这是激光引爆炸药热机理的有力证据。激光引爆性能最好的猛炸药是 PETN,依次为 7 号炸药和 662 炸药。用直径 $\phi0.5$mm、能量 0.03J 的调 Q 激光束引爆 PETN 样品(压药压力 600kg/cm^2),全部试验成功,即比例为 10/10。把光束能量降为 0.02J,引爆成功比例仍有 3/40。

式(2-38)适用于调 Q 激光场合($t_{cr} \approx 10^{-7}$s),若用于自由振荡激光时($t_{cr} \approx 10^{-3}$s)得到的 I_{cr} 值相差不大。但这两种激光引爆的试验结果差别较大,如表 6-24 所列。

表 6-24 自由振荡与调 Q 激光试验结果的比较

序号	炸药	调 Q 激光临界点火能量密度 $I_{cr}/(J/cm^2)$	自由振荡激光临界点火能量密度 $I_{cr}/(J/cm^2)$
1	PbN$_6$	0.11	2.2~4.6
2	PETN	1.04	~34

再观察一下引爆过程的示波器光电信号记录图 6-15(a)、图 6-15(b),自由振荡激光引爆炸药时,真正为炸药所利用的激光能量(如在爆轰发生之前输出的光能)只是其总能量中很小一部分。而测量仪器只测总能量,这就造成了表 6-24 的数据出现矛盾。按照有效利用能量的比例,去修正表中自由振荡激光的 I_{cr} 试验值,理论计算和试验结果就会比较一致。

2. PETN 炸药的爆轰发展过程

以下几组试验结果说明,激光加热 PETN 炸药,经过 $10 \sim 40 \mu s$ 的感应期后发生点火,炸药开始燃烧。燃速逐渐加快,由层流燃烧发展为对流燃烧(图 6-16 上显示出"撕裂"的阵面)。随着燃烧产物压力的不断增加,燃烧转变为速度 $u_1 = 2 \sim 3$km/s 的低速爆轰。如果装药结构允许爆燃产物的压力上升到 10^4bar(1bar = 0.1MPa)范围(如厚壁壳体、大直径药柱等),低速爆轰就转变为速度 $u_h = 7 \sim 8$km/s 的高速爆轰。同时在转变处出现朝爆轰产物中传播的反向冲击波,即构成"三叉点"的波形,整个爆轰发展过程如图 6-16 所示。

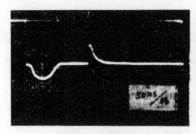

(a) 调Q激光引爆的波形　　　　(b) 自由振荡激光引爆的波形

图 6-15　两种激光器引爆炸药的光电波形

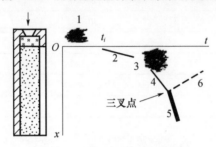

图 6-16　猛炸药的爆轰过程

1—激光信号；2—层流燃烧；3—对流燃烧；4—低速爆轰；5—高速爆轰波；6—反向冲击波。

3. 约束条件的影响

在少数试验中,感应时间只有 $2\sim3\mu s$,几乎不经过燃烧及低速爆轰发展阶段,就迅速转变为高速爆轰。这些试验的机理尚不完全清楚,还不能有效地予以重复。试验使用的功率均为 100MW 级的调 Q 钕玻璃激光器。

1) 薄壳装药

药柱直径 $\phi 6mm$、高 20mm,压药压力 $1000 kg/cm^2$,黄铜管壳壁厚 5mm(侧面开有宽度为 1mm 的观测狭缝),5 发样品试验都只停留在低速爆轰阶段(表 6-25 和图 6-17)。原因在于管壳厚度不够,稀疏波过早侵入的缘故,导致爆炸产物中的压力上升不高,就不能转变为高速爆轰。试验中激光束能量密度约为 $100J/cm^2$,总能量约 3J。

表 6-25　薄壳装药的试验结果

爆轰参数	1号	2号	3号	4号	5号	平均值
$t_i/\mu s$	7.6	25.6	16.6	14.8	15.5	16.6
$u_i/(km/s)$	2.00	2.64	2.11	2.95	2.75	2.49

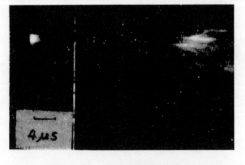　　

图 6-17　薄壳装药试验波形　　　　图 6-18　厚壳装药试验波形

2) 厚壳装药

药柱直径 $\phi 6mm$、长 27mm，压药压力为 50～140MPa，钢壳壁厚为 15mm（侧面开有宽 3mm 的观测狭缝）。4 发样品试验都实现了由低速爆轰到高速爆轰的转变。试验结果如图 6-18 和表 6-26 所列，从波形照片上能明显看出爆轰转变处的"三叉点"结构。

表 6-26 厚壳装药的试验结果

爆轰参数	1 号	2 号	3 号	4 号	平均值
$t_i/\mu s$	39.8	32.0	30.0	28.0	32.5
$u_i/(km/s)$	2.61	2.00	2.50	2.20	2.33
$u_h/(km/s)$	7.71	7.60	7.40	7.90	7.60
"三叉点"药柱长	15.5	20.0	12.5	18.7	16.8

注：试验中激光束能量密度约 $24J/cm^2$，总能量约 3J。

3) 快速 DDT 试验结果

药柱直径 $\phi 4mm$、长 22mm，压药压力为 120MPa，黄铜管壁厚 5mm（侧面有 0.75mm 的观测狭缝）。几发样品的试验结果是：$t_i = 2.94\mu s$、$u_i = 2.64\ km/s$、$u_h = 7.34\ km/s$，"三叉点"药柱长约 2.8mm。激光参数与一般薄壳装药试验相同，试验波形如图 6-19 所示。此外，在药柱直径为 $\phi 6mm$、$\phi 10mm$ 的样品试验中，也得到过类似结果。但为数极少，而且不能有效地加以重复。

4. 掺钛粉样品的试验

药柱直径 $\phi 10mm$、长 33mm，压药压力 50MPa，钢管壳壁厚 10mm。在装药的最表面薄层中掺有 1.1% 纯钛粉，其颗粒直径小于 $10\mu m$。3 发样品试验平均感应时间 $t_i = 2.6\mu s$，$u_i = 3.2km/s$，$u_h = 6.15\ km/s$，"三叉点"处药柱长 1mm。试验波形如图 6-20 所示。试验用激光参数与厚壳装药的试验相同，也有部分同样结构样品的试验，未实现高速爆轰，说明掺杂后爆轰发展过程很复杂。

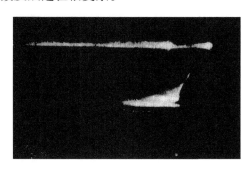 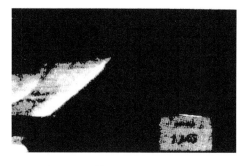

图 6-19　快速转变为高速爆轰的试验波形　　图 6-20　掺钛粉样品的试验波形

5. 2 号炸药的试验

2 号炸药样品结构及试验用激光参数与厚壳 PETN 装药的试验相同，但大部分未达到高速爆轰。试验结果如表 6-27 所列，试验得到的高速摄影照片如图 6-21 所示，He-Ne 激光的散射如图 6-22 所示。

表6-27　2号炸药的试验结果

爆轰参数	1号	2号	3号	4号	平均值
$t_i/\mu s$	26.9	27.0	27.8	28.2	27.4
$u_i/(km/s)$	2.1	2.3	1.6	1.5	1.9
$u_h/(km/s)$	7.9	—	—	—	—
"三叉点"药柱长	18.25	—	—	—	—

6. 光纤束传输激光引爆炸药的试验

调Q钕玻璃激光经过直径$\phi 1.0\sim 1.5mm$的光纤束传输,引爆了PbN_6等数种起爆药样品。由于光束传导输出的激光束发散达30°以上,光强衰减很大。如激光直接引爆PbN_6所需能量小于1mJ,若通过光纤束引爆则增大到2~3mJ。发散角造成的光强衰减比光纤束的传输损失还要大些。以1m长光纤束传导为例,这两种损失加在一起,使激光引爆能量增大8倍左右。

用透镜把激光束会聚后输入光纤束,再引爆PETN炸药样品,也获得了成功。例如,光纤束直径$\phi 5mm$、长度79cm,透过率为17%。输入激光束功率10MW、能量6J,引爆PETN样品达到低速爆轰。光纤束的输出激光平均能量密度只有$5.5J/cm^2$,但光强的角分布是不均匀的(图6-22),最强部分仍可达到引爆所需的要求。

图6-21　2号炸药的试验波形　　　图6-22　He-Ne激光通过光纤束后的散射

6.2.4　炸药单晶体的激光起爆

弄清炸药晶体中产生的热点或起爆点的微观机理很重要,先形成一个"热点",起爆后使反应区的体积增大,并传播化学反应到剩余的炸药中,最终产生爆轰。只有对单晶体中热点的机理予以确定,才能全面理解爆燃转爆轰的发展过程。另外,如果能够确认产生热点的因素(如晶体的位错及其他缺陷),那么,将有可能更好地控制起爆位置的形成,这些就是处理爆炸的安全条件。炸药的微粒是由炸药单晶体组成,下面论述的是在卡文迪什实验室进行的RDX炸药的单晶体起爆和点火研究结果[12]。

用一束能量密度为$1270J/cm^2$、脉宽为$300\mu s$的钕玻璃激光,聚焦照射到RDX单晶的(210)生长表面。用高速快照拍下起爆区或热点的位置。已发现这些位置的尺寸为20~$30\mu m$,它们在远离入射光束的晶粒边缘形成,并以$75m/\mu s$的速度扩展。最后,爆燃传播到整个晶体表面。图6-23所示为一张激光聚焦照射$2mm\times 4mm\times 2mm$ RDX单晶的高速快照,其光点尺寸为1mm、能量密度为$1270J/cm^2$。每幅与每幅时间间隔为$20\mu s$,激光束照射

10μs 后开始拍照。图 6-23 中第 1 幅照片中的闪亮点被确信为起爆位置已经形成,它们处于晶粒边缘和光束的中心;80μs 后的第 4 幅照片,能看到中心亮点正在扩大传播到晶体的剩余部分;直至第 7 幅照片,反映照亮了整个晶体。

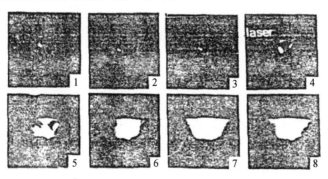

图 6-23 激光脉冲能量辐射 RDX 晶体(2mm×4mm×2mm)的高速摄影照片

为了弄清楚在晶体表面和晶体边缘的聚焦点之间的光束内部反射作用,是否能形成起爆点,进行了多种试验,但答案是否定的。无需用光学显微镜分析起爆点,原因是很容易从高速快照上看出起爆点。光能量密度正好在临界值下时,晶体几乎完整无损。但那些起爆点位置总是与非常细密的网状裂纹有关。

6.2.5 掺杂活性物质炸药的激光起爆

1. 掺碳和铝的 PETN 炸药的激光起爆

本节主要论述卡文迪什实验室有关含能材料的激光起爆研究[12]。将 5mg PETN 炸药置于 φ5mm、深 1mm 的有机玻璃小孔中进行试验。为了增加 PETN 的完整性,在实验室中使它重结晶。先利用 He-Ne 激光将样品与光纤输出的激光束对准,再进行激光起爆试验。临界能量定义为首次观察到的炸药点火的激光能量值,研究的爆炸装药为 PETN 等。变化不同的物理参数,如炸药粒度、碳黑、铝掺杂物的百分比及炸药的密度,可以找到最佳的激光起爆条件,即在某些条件下起爆的能量密度为最小值。

1) 掺杂百分数与临界起爆能量密度的关系

对不同粒度 PETN 炸药掺碳和铝的百分数及临界激光起爆能量密度的关系,进行试验所取得的曲线如图 6-24、图 6-25 所示。

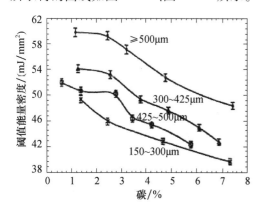

图 6-24 掺碳百分比与激光阈值能量关系

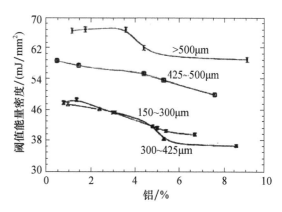

图 6-25 掺铝百分比与激光阈值能量关系

使用的活性炭粒度约 1μm，结块后产生直径约 10μm 的微粒。而铝粉由大小 50μm × 50μm、厚几微米的碎片组成。从尺寸对应的曲线上可以看到临界能量约等于 c_i^n，这里 c 和 n 都是常数，并且 $n = 2/3$，这表示燃烧表面积和体积比与单个炸药粒度有关。炸药粒度越小，临界能量密度越低，尽管感应燃烧和反应强度也将减少，即减小了爆燃转爆轰的可能。把碳和铝添加到适当的量，可减小临界起爆能量。这些就是激光起爆最适合的炸药条件。

2) 不同粒度炸药与压药压力关系

图 6-26 所示为两种不同粒度的 PETN 炸药的临界能量密度与 3.5% 碳掺杂的压药压力关系曲线。可以看出，粒度较小的炸药，对使用的压药压力更敏感，这是因为小粒度比大粒度的压实性好，能量密度随压药压力增大，主要是因为晶体密实度越高，燃烧的有效面积与体积比就越小；同时也影响到多孔性，从而影响火焰的扩散速度和表面对激光的吸收率。

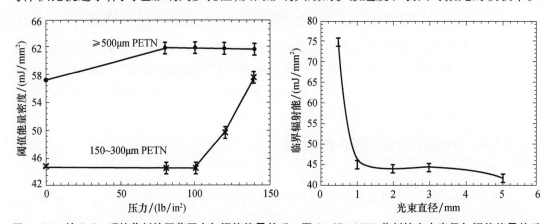

图 6-26　掺 3.5% 碳的药剂的压药压力与阈值能量关系　　图 6-27　MTV 药剂的光束直径与阈值能量关系

3) 不同含能材料药剂的激光起爆

炸药的激光起爆常作为感度试验的一种手段，用于比较不同炸药的临界激光起爆能量密度。从中可以得到关于一种特定炸药起爆的详细知识，如 MTV 药剂。卡文迪什实验室用前边提到的钕玻璃激光器，进行了炸药临界能量密度试验，取得结果如表 6-28 所列。

表 6-28　激光发火阈值随点火温度变化对比

炸药	点火温度/℃	平均粒径/μm	发火阈值能量/(mJ/mm²)
Tetryle	185	10~100	87
PETN	202	150~300	75
RDX	230	20~70	56
苦味酸	270	20~400	66
TNT	290	2~40	285
TNB	305	10~250	153

表中给出了点火温度和平均粒径，激光发火能量走向大体上与点火温度走向一致，与粒径大小无关。这一点表明炸药的激光发火也依赖晶粒完整性、炸药多孔性等其他因素。激光照射 MTV 药剂时，临界的辐射密度与光束直径的关系如图 6-27 所示。由不同孔径辐射测量点火所需的激光能量。假使穿过光束的能量密度不变且已知光束的总能量，就可确定

到达样品的实际能量。对光束的空间剖面进行测量,可发现这一近似值与在试验中用的直径范围基本一致。如图6-27所示,临界辐射能量对较小光束直径剧增,表明对起爆而言存在着一个最小直径,这与起爆点形成所需的临界尺寸有关。

激光对炸药辐射已证明是一种有用的感度试验工具。可得到炸药起爆过程中一些基础物理过程的信息,以便与不同炸药的能量和性能参数进行比较,对研究和发展激光起爆炸药应用有极大的潜力。

2. 掺锆粉 PETN 炸药的激光起爆

激光直接引爆 Zr/PETN 炸药主要属于热机理,曙光机械厂根据有利于热点形成的观点,采用在炸药中掺杂使炸药敏化,通过试验获得了较好的结果[13]。

1) PETN 炸药的敏化

(1) 敏化作用。敏化作用可分为光学敏化和化学敏化两种,光学敏化是指加入的光敏化剂与炸药结合成一体,使炸药原有的吸收光谱峰延伸到新的波长。本节所指是化学敏化,加入的敏化剂是混合在炸药颗粒中。据国外报道,PETN 炸药的光谱强吸收峰在紫外波段。曾做过 PETN 溶液的吸收光谱试验,结果是一样的。经过化学敏化后,PETN 炸药的吸收光谱范围并不发生变化。

由激光引爆炸药装药的一维热流方程可知,单位时间、单位体积的内能增加,等于热源释放出的能量减去热传导损失的能量。当装药被激光加热时,所增加的内能远远大于热传导损失的能量。考虑炸药吸收激光时的温度分布,直到点火时为止,光化学反应项也可以忽略。在忽略热传导和光化学反应时,一维热流方程可简化为

$$\frac{dT}{dt} = \frac{(\alpha_B + \alpha_i)}{\rho c} I(t) e^{-(\alpha_B + \alpha_i)z} \qquad (6-2)$$

由式(6-2)可知,当激光入射强度一定时,装药的温度升高仅与吸收系数有关。由于大多数猛炸药对激光是透明的,其吸收系数很小,一般在 $0.1 \sim 10/cm$ 之间[7];而敏化剂选择对激光不透明,吸收系数高达 $10^4/cm$ 量级的高熔点金属粉。当激光作用于装药时,因为 $\alpha_i \gg \alpha_B$,根据式(6-2),首先是敏化剂的温度迅速升高,形成高温的金属热点,以热传导方式使邻近的炸药加热,同时自身产生汽化、离子化,等离子体的膨胀将产生压力很高的冲击波又作用于周围的炸药。另外,炸药吸收激光后,温度的升高使活化能有了较大的降低,在敏化剂形成的冲击波作用下,就会很快使炸药达到爆轰。

(2) 炸药敏化工艺。在容器中放入粒状炸药,注入合适的溶剂,然后加入金属粉,用超声波进行振荡,使金属粉成功地黏覆在炸药颗粒上,这样可减少热量传递中的损耗。典型的金属粉黏覆在炸药颗粒上的情况如图6-28所示,可以看出大颗粒是 PETN 晶体,细颗粒是锆粉。

图6-28 锆粉黏覆在 PETN 炸药的晶粒上

2) 敏化剂的温度和压力估算

根据文献报道,可以把炸药中的敏化剂看作一个理想的导热球,用有限热导率和无限大的复合固体介质中的热流方程求解。如果计入给炸药的热流项,根据 R. W. Hopper 的结果,经适当的因式分解成部分分式,并作拉普拉斯变换,可得出敏化剂温度的表达式为

$$\bar{T} = \frac{3\varepsilon\lambda JR_i}{2C_{vi}D_c m}\left\{(q-m)^{-1}\left[1-\exp\left(\frac{D_c t(q-\pi)^2}{4R_i^2}\right)\mathrm{erfc}\frac{q-m}{2R_i}(D_c t)^{\frac{1}{2}}\right] - \right.$$
$$\left.(q+m)^{-1}\left[1-\exp\left(\frac{D_c t(q+m)^2}{4R_i^2}\right)\mathrm{erfc}\frac{q+m}{2R_i}(D_c t)^{\frac{1}{2}}\right]\right\} \quad (6-3)$$

式中:$\bar{T}$ 为金属粒子升高的平均温度;$\varepsilon\lambda$ 为光谱发射率;J 为激光通量;t 为脉冲时间;C_{vi} 为金属杂质的热容量;R_i 为颗粒的半径;$q = 3C_{vc}/C_{vi}$,$m = [q(q-4)]^{1/2}$;D_c、C_{vc} 分别为炸药的热扩散率和热容量。对理想导热的铂金杂质,在通量为 0.7J/(cm^2·ns)、脉冲时间为 30ns 的情况下,计算结果如图 6-29 所示。

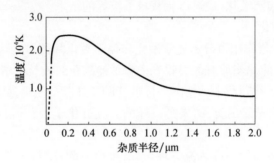

图 6-29 温度与杂质半径关系

在处理上述杂质颗粒的热传导损耗时,忽略了杂质与炸药界面的传导热阻,实际上金属杂质颗粒不可能都与炸药接触得很好,其间隙与炸药温度的关系可表示为

$$T_{针药} = \frac{3\varepsilon\lambda JR_i^2}{2C_{vi}(R_i+x)_c D_m}\left[(q-m)^{-1}\mathrm{erfc}\frac{x}{2(D_c t)^{\frac{1}{2}}} - (q-m)^{-1}\cdot\right.$$
$$\exp\left(\frac{(q-m)x}{2R_i} + \frac{(q-m)^2 D_c t}{4R_i^2}\right)\mathrm{erfc}\left(\frac{x}{2(D_c t)^{\frac{1}{2}}} + \frac{(q-m)(D_c t)^{\frac{1}{2}}}{2R_i}\right) -$$
$$(q+m)^{-1}\mathrm{erfc}\frac{x}{2(D_c t)^{\frac{1}{2}}} + (q+m)^{-1}\exp\left(\frac{(q+m)x}{2R_i} + \frac{(q+m)^2 D_c t}{4R_i^2}\right)\cdot \quad (6-4)$$
$$\left.\mathrm{erfc}\left(\frac{x}{2(D_c t)^{\frac{1}{2}}} + \frac{(q+m)(D_c t)^{\frac{1}{2}}}{2R_i}\right)\right]$$

式中:x 为杂质边界到所研究点的径向距离。

计算结果如图 6-30 所示。

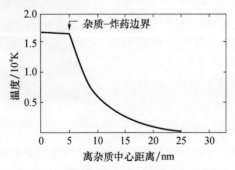

图 6-30 离杂质中心不同距离与温度的关系

(注:铂杂质尺寸为 5μm)

随着炸药与杂质间隙的增加,炸药温度下降,经过金属杂质与炸药黏覆工艺的改进,炸药与金属杂质之间的间隙可控制在 0.02μm 左右,预计这个杂质的温度可达 10^4 K 以上。

在计算压力时,因为在高强度激光脉冲期间,杂质颗粒所受到的压力和温度的极端情况下,缺少适当的状态方程的知识。因此,考虑直接用杂质颗粒的温度计算其内部的压力。经估算,铂的临界温度约为 10^4 K,这一数值说明在导致铂杂质被破坏的激光条件下,杂质温度(或大颗粒情况下的表面温度)是在临界温度范围内。假设由其他各种液体导出的相应的状态方程式对杂质材料适用的话,就可以估计杂质内部的压力。对于铂杂质的情况,其压力计算值为

$$p \approx 9.14T \quad (\text{kg/cm}^2) \tag{6-5}$$

3) 试验结果

在 PETN 炸药中加入敏化剂进行了激光引爆试验,取得试验数据如表 6-29、表 6-30 所列。

表 6-29　不同敏化剂对激光起爆阈位能量的影响

炸药状态	敏化剂	起爆阈值能量/mJ
细结晶 PETN	无	200
2μm 结晶 PETN	锆粉	71
	铝粉	100
	镍粉	165
	钛粉	165
	钼粉	165
	铂粉	85

表 6-30　雷管窗口镀铝膜对激光起爆能量的影响

炸药状态	膜层厚度/nm	起爆能量/mJ
纯 PETN	50	166
	100	122
	120	130

从试验结果看出,加其他光敏化剂的 PETN 炸药的激光起爆能量,都比加锆粉的要高。由于用锆粉作光敏化剂的效果最好,因此对锆粉的粒度与起爆能量的关系进行了试验,其结果如图 6-31 所示。从图中试验结果看出,在炸药中加入光敏化剂可明显地提高激光发火感度,锆粉的光敏化效果最好。锆粉的粒度有一个最佳值,大致在 1~3μm 范围内。

4) 结果讨论

(1) 通过对各种金属敏化剂试验表明,锆粉颗粒度为 1~2μm 最好,其次是铂粉、铝粉、镍粉、钛粉,钼粉稍差。试验也曾表明,石墨及碳黑也可以降低激光起爆能量,但不如金属粉。然而在同样条件下,氨基黑及苏丹红这些染料不能起到光敏化的作用。在 PETN 炸药中同时加入锆粉及高氯酸钾,虽然可以降低激光起爆能量,但爆轰成长期长达几十微秒。

(2) 上述研究表明,加入金属敏化剂或窗口镀膜的激光起爆机理,是加热和冲击的复合作用过程。金属敏化剂对激光的吸收系数要比炸药的高几个数量级,在激光的作用下,最先

形成高温热点。炸药在激光和金属热点作用下温度上升,有利于降低活化能,在敏化剂产生的冲击波作用下引起爆轰。另外,尚未达到汽化的金属敏化剂还对冲击波产生反射,形成局部高温区,也有利于爆轰的形成。

(3)炸药中加入敏化剂以后,起爆阈值能量有了很大降低,但还不能满足某些工程应用的实际要求。因此,对敏化机理的探讨和对敏化剂的优选,有必要作进一步研究。

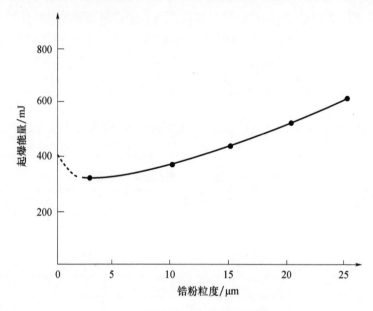

图 6-31　锆粉颗粒度与起爆能量的关系

6.3　激光爆炸箔起爆

根据国外相关文献报道,利用硼、碳、镁、铝、硅、铬、锰、铁、钴、镍、铜、锌、锗、钼、银、铟、锡、铂、金、铅、铋等金属或非金属,在玻璃基片上镀成几十纳米厚的薄膜;把它放在玻璃窗和炸药之间,利用调 Q 激光照射,就可以很容易地用数 J/cm^2 量级的激光能量,在金属薄膜上产生数吉帕(GPa)的冲击应力,从而起爆 PETN 和各种猛炸药。例如,可以利用一个能量为 0.05J(或能量密度为 $5J/cm^2$)的调 Q 钕玻璃激光器,使一个装有 PETN($1.0g/cm^3$)的爆炸装置立即起爆。JPL 的 Menichelli 和 L. C. yang 做了详尽的试验,定量测量了调 Q 激光脉冲在金属薄膜里产生的冲击应力,以及薄膜的峰值冲击应力与薄膜材料、厚度及激光能量之间的关系[6]。试验证明,峰值应力与薄膜材料、厚度的关系不大。对 5 种猛炸药进行了测定,使用了调 Q 红宝石激光器,激光能量范围为 0.5~4.2J,脉冲宽度 25ns,试样的激光窗口一侧镀有 100nm 的铝膜。5 种炸药的激光感度排列顺序:①PETN;②RDX;③Tertyle;④HNS;⑤二氨基六硝基联苯。

6.3.1　激光爆炸箔起爆过程

图 6-32 所示为激光爆炸箔起爆器,由玻璃、窗内表面上的金属薄膜和所接触的炸药组

成。在激光照射时,约束窗口上的金属膜层爆炸,产生等离子体冲击相邻的炸药起爆,这种起爆途径也叫 LEBW 模式。Yang 和 Menichelli 研究了冲击产生情况及金属箔厚度在 0.004~1μm 范围内,位于两玻璃板之间的 26 种不同材料与激光束的作用。对激光爆炸箔起爆过程论述如下[10]。

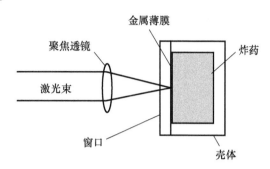

图 6-32 激光爆炸箔起爆炸药示意图

(1)应力脉冲宽度约为激光半高宽(Full Width at Half Maximum,FWHM)的两倍。

(2)应力峰值随辐射能量呈线性增长,14J/cm² 时应力峰值为 2GPa,可预测 56J/cm² 时应力峰值为 8GPa。Sheffieid 和 Fislz 报道辐射量为 10J/cm² 时压力范围为 1~10GPa。

(3)峰值压力与薄膜材料无关,这与 King 观点相同。

(4)除使用高热导率的金属薄膜和低辐射能量时,一般而言,压力峰值与薄膜厚度无关。

(5)产生冲击的薄膜厚度量级为几十纳米。

(6)在所研究的辐射能量范围内,激光能量的 10% 转换为应力能量。其余被反射、传递或用于薄膜的烧蚀与电离。

如果约束玻璃片中的一个被疏松炸药替代,那么空气的低阻抗趋向于减少峰值应力。但炸药内产生的局部应力依赖于炸药结构和等离子体的膨胀速度,而与空气存在无关。

通过这种起爆手段,评估了高能炸药 PETN、RDX、Tetryle 和 HNS。当在窗口上使用 1μm 厚的铝薄膜时,对粗粒(大于 100μm)PETN($\rho = 1.64 g/cm^3$)进行点火的试验表明,位于传播距离 24.5mm 后才具有较强的 DDT 转换能力。在最大激光辐射强度为 9GW/cm² 时,对粗粒 RDX 未观察到爆炸。

与粗粒 PETN 相比,小于 40μm 细粒、低密度的 PETN($\rho = 1.58 g/cm^3$)和低密度 RDX($\rho = 1.18$ 与 $1.52 g/cm^3$)却出现了相当短的 DDT 转换距离。在许多情况下,也都出现了爆轰波形成的证据。结果表明,当炸药密度增加时,辐射强度阈值也将增加,并发现 PETN 的阈值辐射强度小于 RDX,其辐射强度分别为 1.4GW/cm² 和 5GW/cm²。较高密度的 RDX 以及较低密度的 Tetryle 和 HNS,直到辐射强度达 9GW/cm² 时也不能爆轰。

Renlund 等使用 YAG 激光器(1.06μm)和 0.5μm 镀铝窗口,使高比表面积、低密度 PETN(1.2 g/cm³)出现了爆轰。需要的辐射强度约为 1GW/cm²,这略低于使用窗口时的能量。其最小 t_e 值为 15ns。已经对薄膜厚度与起爆阈值能量的关系进行了研究,发现当膜层较薄时,需要的辐射能量较低。可以认为较薄的膜在与炸药直接接触处形成了等离子体。热等离子体加热相邻的炸药,并认为随后的反应是基于热分解。但并不是较厚薄膜的全部被转变成等离子体,所以热等离子体与炸药被隔离。在这种情况下,可认为起爆是由初始薄膜爆炸产生的冲击波引起的。这似乎对起爆机理的理解不够全面,所以尚需进一步研究。

6.3.2 激光爆炸箔起爆低密度炸药

L. C. Yang 等在调 Q 激光起爆炸药试验中,采用的爆炸装置如图 6-33 所示[14]。图中,外壳的壁在窗口前端延长,其口部可以接上光学纤维,透镜安放在光学纤维的端部和窗口之间,以使激光能聚焦于金属膜上,也可以采用其他任何形状的外壳。

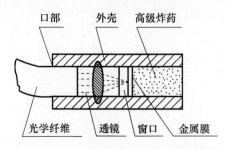

图 6-33 调 Q 激光起爆试验用爆炸装置

爆炸装置主要有一外壳,内装高级炸药,外壳材料为能装炸药的材料,如钢、玻璃及类似物。外壳有一个玻璃材料制成的透明窗口,窗口的内表面有金属膜。金属膜可由不透明、激光脉冲易于蒸发的金属制成。如铝膜厚度为 100nm,用小于 1 J 的激光脉冲即可蒸发。也可以采用合适厚度的碳或铋等材料作为爆炸箔。

虽然未测定最理想的金属及其厚度,但发现金属膜的厚度必须在全部蒸发前能吸收所有的激光能。而且金属膜厚度超过一定尺寸没有好处,多余的质量在激光吸收阶段蒸发时,会产生温度和压力较低的等离子体。由窗口进入的激光脉冲直接蒸发金属膜,生成迅速膨胀的等离子体,产生冲击波压力使炸药在 $0.5\mu s$ 内爆炸。

就 L. C. Yang 公布的试验结果进行统计,列于表 6-31[1]中。其中以 PETN 炸药性能最好,但普通窗口达到瞬时爆轰的机理尚不清楚。当 RDX 压药压力大于 10^4 lb/in^2 后,不能被激光引爆,有压死现象。Tetryle 也只是在镀铝膜窗口、低装药密度条件下才会爆轰。

表 6-31 L. C. Yang 试验结果统计

炸药	窗口	激光能量/J	瞬时爆轰率	燃烧/爆燃率	失败率
PETN	普通	0.5~4.0	4/5	1/5	0/5
	镀铝膜窗口		5/11	4/11	1/11
RDX	普通窗口	1.0~4.6	1/9	3/9	5/9
	镀铝膜窗口		10/43	19/43	14/43
Tetryle	普通窗口	3.0~4.0	0/2	1/2	1/2
	镀铝膜窗口		1/5	2/5	2/5

由此可见,虽有镀膜窗口在解决激光引爆猛炸药的困难方面起一定作用,但并未完全解决达到瞬时高速爆轰的问题。镀膜窗口的 LID 结构虽已有专利出现,但是否已经完全达到实用要求,尚不可全信。

另外,在激光引爆猛炸药的试验中,都把激光束很好地聚焦于炸药表面,达到极大的功率和能量密度。这时,有可能存在更复杂的效应,如布里渊散射造成的超声波破坏。这种精确聚焦的要求增加了激光引爆技术实用化的难度。

劳斯阿拉莫斯国家实验室(LANL)在研究一系列的直接光起爆(DOI)雷管,研究这些雷管的最初目的,是当面临由电源造成的意外起爆时,能达到一个较高的安全级别。这些试验的目的,是确定起爆这些雷管中低密度起爆装药的最小激光点的尺寸。掌握这个信息,就能设计和制造出一种更好的光学起爆雷管。本节将对这些试验进行分析讨论[15]。首先,使用一组具有不同能量射入级别的小直径光纤进行试验,以便找出进行可靠起爆所必需的最小能量;其次,使用一组不同孔径的窗口,并调小激光点的尺寸,使之在保证可靠起爆的前提下达到最小发火能量值。这个信息将帮助理解 DOI LID 的起爆判据,是否由能量密度、总能量或这些判据的某种组合完成。

(1)激光爆炸箔雷管。该实验室已经设计了一系列光直接起爆的雷管,这些光起爆雷管有效地消除了因电传输导线造成的雷管意外起爆事故。在光起爆雷管中,传统的电起爆雷管中的电导线已经被不导电的光纤取代。这种光纤传输使雷管起爆猛炸药的激光功率大约为 2GW。光起爆雷管有一层钛金属薄膜,它被激光烧蚀进入压装的 PETN 炸药中(图 6 – 34)。激光起爆的基本机理虽然不十分清楚,但可确定烧蚀的钛金属膜产生的冲击和等离子体驱动能量,会进入低密度 PETN 炸药中产生爆轰。这种起爆出现的位置,在距离钛金属膜表面 1mm 以内。

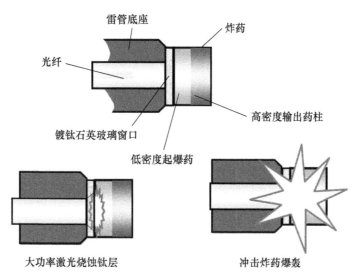

图 6 – 34 激光爆炸箔雷管起爆示意图

这些光起爆雷管中的一个重要的技术问题,是作为苛刻的发火条件,需要高激光能量(一条 $\phi 400\mu m$ 光纤中输出 25mJ)。在这种苛刻的发火条件下,能够使雷管可靠地发火,并且允许在输出计量中有小的差异。这些高级别的能量密度,很难传输到可烧蚀的钛金属膜表面。损耗可能出现在光纤传输通道的任何点,包括光纤输入端面(输入损耗与光纤中的损耗相关)、光纤输出面和终端光学元件等。在保证可靠一致起爆的前提下,最小化这些高级别能量密度是这个试验研究的主要目的。

对于激光爆炸箔起爆,假设存在一个临界光点直径,且存在一个有限的能量,必须在临界光点上进行能量的积累才能可靠起爆,这个临界光点直径称为爆轰传输失效临界直径。爆轰失效直径与稳定态爆轰速度的减少有关,直到炸药中爆轰不再维持,它是由反应的边界损耗造成的。假设起爆光点临界直径低于这个临界直径的激光点,则必须存储更多的能量,以使激光点在炸药中扩展,同时保持足够的起爆能量。低密度 PETN 的爆轰失效临界直径大约是 300μm。注意,爆轰失效临界直径与炸药在空气中的能量释放有关。由于起爆区域被未反应炸药所限制,故边界损耗释放的能量较少。如果存在起爆临界直径,那么当起爆激光点直径小于 300μm 时,应该看到起爆能量阈值或能量密度阈值会增加。炸药爆轰的临界直径,通常不被炸药在空气中的扩展所约束或是最小限度的约束。已起爆的炸药被起爆区域周围的未反应猛炸药所约束,这样的结构应该能减小边界损耗和起爆激光点临界直径。

设计的起爆器(ER-459 和 ER-462 LID)要求按严格的发火条件可靠起爆。在 φ500μm 激光点中的能量大约为 25mJ,略小于 φ450μm 激光点中的起爆能量阈值(50% 发火值)约 9mJ。这个较小的激光点直径,是由于在起爆激光点直径中的空间能量不是理想均匀分布所致。在阈值水平条件下,激光点的发火入射能量级别低于钛烧蚀级别。在这些试验中,使用不同芯径的光纤和高能窗口,起爆激光点直径在 φ200~800μm 之间变化。该试验的目的是确定能量、能量密度和激光点直径在起爆中的重要性。希望能结合其他试验中获得的数据,如激光点直径、瞬时脉冲宽度、烧蚀层厚度及材料等,优化 LANL 的光直接起爆雷管,并减少对起爆能量的要求。作为优化激光直接起爆雷管研究的一部分,在这里报道了一系列评价激光点直径和发火能量阈值相互影响的试验。

(2)试验结果。图 6-35 所示为一根 φ275μm 芯径光纤大约在能量阈值处的一个典型钛烧蚀激光点图像。图 6-36 所示为间隔 40ns 的 3 幅条纹图。试验结果如图 6-37 和表 6-32 所列。

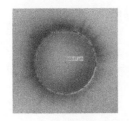
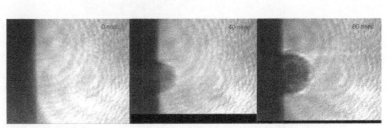

图 6-35　钛烧蚀激光点图像　　图 6-36　间隔 40ns 钛烧蚀的条纹图(使用 φ400μm 光纤)

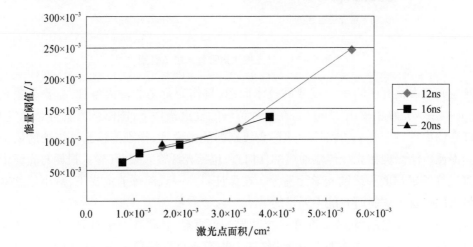

图 6-37　激光点面积与能量阈值的关系曲线

表6-32　起爆能量阈值数据

光纤芯径/μm	能量阈值/J	激光点面积/cm²	能量密度阈值/(cal/cm²)	激光脉冲宽度/ns
400	8.8×10^{-3}	1.6×10^{-3}	1.3	12
600	11.9×10^{-3}	3.2×10^{-3}	0.9	12
800	24.7×10^{-3}	5.5×10^{-3}	1.1	12
200	6.3×10^{-3}	0.7×10^{-3}	2.0	16
275	7.8×10^{-3}	1.1×10^{-3}	1.7	16
400	9.3×10^{-3}	2.0×10^{-3}	1.1	16
600	13.6×10^{-3}	3.8×10^{-3}	0.8	16
400	9.2×10^{-3}	1.6×10^{-3}	1.4	20

一旦确定了每种光纤直径的能量阈值，入射到无猛炸药的镀钛窗口的能量接近能量阈值。测量钛烧蚀点的图形，确定烧蚀激光点的直径（图6-35）。然后用这个激光点直径确定储存进低密度PETN的能量密度。条纹图是一种图形化的密度梯度分布，可以用来很好地理解传输给炸药的压力脉冲，典型的条纹图如图6-36所示。

图6-37和表6-32所示试验结果表明，随着钛薄膜上激光点面积减小，能量阈值减小；改变激光脉冲宽度，对这个变化的影响较小。数据表明，起爆能量阈值和低于$4.0 \times 10^{-3} cm^2$的激光点面积之间是线性关系。$\phi 800 \mu m$光纤的数据不遵从这个趋势，对这个数据点进行了重复试验，证明是可靠的。图6-38所示数据表明，当激光点面积减小到低于$0.003 cm^2$时，能量密度阈值会增大。

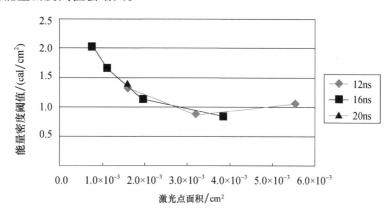

图6-38　激光点面积与能量阈值的关系曲线

如图6-37和表6-32所示，在激光点大小和能量阈值之间，有一个明显的线性关系。这个曲线图表明缩小激光点大小，将减小起爆能量阈值。数据还表明，最小热力学能量阈值大约为5mJ。5mJ的起爆阈值相当于大约15mJ的可靠发火能量。当然，把这个数量的能量传输进这样小的激光点大小（直径小于$\phi 50 \mu m$），能量密度应该超过$90 J/cm^2$。这样高的能量密度，几乎可以造成任何标准传输介质的损坏。如果仅通过改变光纤芯径控制烧蚀激光点大小，那么降低起爆能量阈值过程中，一个因素的改变都会使光纤破坏。条纹图表明，一根$\phi 400 \mu m$的光纤可以传输超过100mJ的能量，这个相当于大约$63 J/cm^2$的光纤破坏阈值。试验表明，具有适当预防措施的COTS（Commercial off the shelf，商品化的产品）光纤的破坏

阈值大约为 $30J/cm^2$。表 6-33 所列为不同发火条件下各种芯径光纤的对比结果。这些限制和其他的能量图谱表明，$\phi400\mu m$ 光纤是最佳选择。如果用光学元件调整激光点的大小，把激光点大小减到最小是可行的。用光学元件调整激光点大小，到最小化较大芯径的光纤设计是一个折衷的方案。在这个试验期间，将相同芯径的光纤用于不同的激光器上，可以观察到不同的激光点大小。较长脉冲光束表现出的是激光点直径比光纤芯径增加大约 $100\mu m$，这就对应一个大约 $6°$ 的发散角；较短脉冲射束对应一个大约 $3°$ 的发散角。这些发散角与两个激光器的不同入射光学元件相一致。通过较多注入光纤的高阶模式，入射光学元件上的较短聚焦长度将增加光纤输出的发散图像，并导致更多的能量耦合进激光点的外径中。

表 6-33 不同发火条件下各种芯径光纤的对比

光纤芯径/μm	全发火能量/mJ	激光点直径/μm	能量密度/(J/cm^2)	破坏限制/($30J/cm^2$)
200	18	250	36.7	超过限制
275	22	325	26.5	没有图谱
400	30	450	18.9	限制条很好

在这些试验范围内，激光脉冲长度和起爆阈值之间似乎没有相互关系。较早的试验和模拟结果表明，在大于 10ns 的脉冲中，钛烧蚀跟随着激光脉冲的前沿。起爆可能出现在这个激光脉冲的任何地方。如果起爆出现于该脉冲的早期，那后续的脉冲能量可以不需要，这些记录的起爆阈值可能高于实际利用的阈值。在短脉冲长度或较小激光点大小处，能量阈值和能量密度阈值的改变变得很明显。

如表 6-33 和图 6-38 所示，能量密度阈值正随着的激光点面积减小而增加。这是一个简单的几何因素，还是减小的激光点面积需要一个较高的能量密度，并不十分清楚。实际能量阈值随着激光点面积的减小而减小。但这个减小与激光点面积的减小不成比例，因此能量密度阈值增加。这个能量密度阈值的增加与一个临界起爆激光点大小是一致的。由于起爆激光点大小的减小低于临界值，就必须提供更多的能量，所以当继续保持充足的能量起爆时，输入面积要不小于临界值。Cooper 的文章中报道低密度 PETN 的冲击起爆能量大约为 $2cal/cm^2$。

在激光点尺寸较大时具有的渐近关系，使人们相信激光起爆主要取决于能量密度，而不是能量，不过还需要更多的数据确定在较大激光点处能量密度阈值是真正渐近的。

输入脉冲空间的和瞬时的特性可以在起爆阈值中起到重要作用。一个方脉冲将保持一个更一致的能量密度，同时一个曲线脉冲将会有边缘能量损失。图 6-36 显示了每隔 40ns 钛膜烧蚀的条纹图。能看到在这些时间范围以外，在接近兰伯特源图谱中，输入脉冲幅度和输入压力脉冲正在发散，这些图谱随着脉冲扩展进入空气中而产生。还需要时间间隔更短与更多的数据，以及扩展进入到距离炸药更近的介质中的情况。

在试验测试的激光点大小的范围内，随着激光点面积的减小，能量阈值会减小，同时能量密度阈值会增加。在增加的激光点大小处这个趋势是渐近的，这与在低密度 PETN 起爆后能量密度成为驱动力是相一致的。还需要进行更多的研究和试验，以便确定最小起爆激光点的特性。

注意到两个不同的激光具有不同的激光点的大小。关于这一点，还不清楚是否与瞬时分布图、入射光学元件、光束质量或一些未知变化有关，还要进一步研究瞬时分布图对各种因素的影响，尽可能找出是什么因素在激光起爆雷管的起爆阈值中起决定作用。将收集更多、较大的激光点处的参数,进一步完善能量密度阈值曲线的特征描述。还将更多地记录较早时间的条纹图,以便更好地描述输入脉冲的空间和瞬时特征。通过这些研究工作,希望能明白起爆阈值参数的相互关系,进一步优化设计激光起爆雷管。

6.3.3　激光爆炸箔起爆 BNCP 与 CL–20 炸药的 DDT 过程

对雷管的光学起爆试验进行评估,是由于其固有的安全性与这种装置相联系,同时对起爆现象的评价来说,也是提供替代装置的一次机会。因此,开始了新型 LEBW 装置的研究。激光爆炸箔起爆装置对 ESD 显示出固有的安全性,这是由于对电能的隔离和与炸药接触面相连材料的隔离,吸引了使用者的注意。另外,证明了传统的 EBW 装置是一个非常好的平台。从炸药与接触面之间的相对起爆研究看出,激光爆炸箔起爆雷管比传统的 EBW 更易于自检。这些装置名义上和功能上都展示出与电子驱动装置相对应的部分相同,所不同的是能量传输与转换到驱动介质(如 EBW 桥丝)中的方式,它是光子吸收的方式而不是电子的焦耳加热的方式。从参考的角度看,不像爆炸桥丝起爆装置那样,LEBW 装置具有极高的激光强度。即相对于非常低的(kW/cm^2 至 MW/cm^2 量级)激光功率来说,高能激光爆炸箔装置使用的是几百 MW/cm^2 至几千 MW/cm^2 的激光功率。对于两种装置的基本差异的描述,与起爆极限条件有关系。爆炸桥丝起爆装置的本质是热量,而 LEBW 装置有一个冲击部件,可提高起爆动能。

对激光起爆装置的评价已经成为一个非常热门的领域,因为这些体系相对于传统的电爆炸装置,具有更高的安全性。这些装置相对于传统的爆炸装置,具有的一个特别重要的特性就是它本身对 ESD 感度非常低。这是因为与电能的隔离和与炸药接触面连接材料的隔离,使得其 ESD 感度非常低。本节主要介绍美国桑迪亚国家实验室的爆炸部门研究工作进展情况[16],主要是评价激光驱动爆炸箔雷管的起爆和从爆燃到爆轰过程的特性;还将会对激光爆炸箔装置压装 CL–20 和 BNCP 炸药的特性进行分析与讨论。

1. 试验计划与起爆药特征

对压装了 CL–20 或 BNCP 炸药的 LEBW 雷管的起爆与性能特征,进行了试验及性能检测。正如研究工作显示出的一些约束条件那样,选择 BNCP 是由于它能够迅速进行 DDT,而选择 CL–20 是为了进一步研究炸药 DDT 的效应。在 LEBW 雷管中压装炸药与传统的 EBW 装置压装炸药在本质上是相同的,对于起爆压装 TMD 的含量和输出的增量与含能材料的数量是一样的。表 6–34 所列为起爆压缩(IP)或是 DDT 增量的主要方面,表中显示所考虑的两种材料具有相同的粒度大小。为了这个试验,使用的输出药柱是一个直立的圆柱形 CL–20 药柱,药柱的额定密度为 $1.83g/cm^3$。

表 6–34　装药特征参数

炸药	粒径/μm	密度/(g/cm³)
BNCP	31.89	1.0
CL–20	26.07	1.0

LEBW 试验雷管包含一个可连接光缆的 SMA 接头、一薄层镀金属的光学窗口、一个包含 IP 和输出药柱的炸药壳。在某些情况下,用光学方法可观测到炸药壳里面,用快速扫描照相机或是分幅照相机测量法,可方便地跟踪反应区的发展。图 6–39 所示为 LEBW 试验装置,图 6–40 所示为雷管的装药结构。

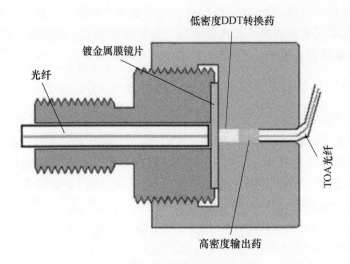

图 6-39 LEBW 起爆试验装置

（注：BNCP 或 CL-20 炸药压装在一个透明壳体中，能够对压缩过程进行光学观测的 LEBW 雷管）

窗口上镀了一层金属膜，其中包括一个激光的吸收点，其激光入射方式和以前的报道相同。激光脉冲内部的光子能量在这个膜层被吸收并转变成热量。这种快速的能量分解促使金属膜转变成一种高压的等离子体状态，用这种等离子体冲击起爆炸药，这些作用过程都是在融蚀端面之上进行的。从根本上分析，薄的金属膜增强了分界面药粉的密度，而不是依赖于杂质和场效应增强分界面药粉的密度。这些场效应能够表明在药粒内部形成了介质电击穿，同时也表明在一个非吸收爆炸媒介或是较差的吸收爆炸媒介中发生起

图 6-40 雷管的装药结构

爆。Renlund 等做了相同的试验工作，他们研究了不同 PETN 药粉的起爆特性。在此研究过程中，试验了两种条件：药粉的直接起爆与厚度是 50nm 铝膜的辐射起爆。试验发现薄铝膜使得起爆能量减少了 30%，减少了 30% 的这个起爆能量，可以定义为测量到最短的额外传送时间的起爆能量条件。Renlund 等也报道了极限起爆能量值，极限的定义是达到起爆条件时最低的起爆能量水平。

L. D. Yong 研究了在真空熔融的材料中产生压力波的现象，这种材料是用一种脉冲宽度为 15ns 的调 Q 红宝石激光器进行照射的。考虑了不同的材料，包括铝、铬、钛和镍，其中研究的铝膜厚度是 25~1000nm。对于一个厚度是 200nm 的膜，测量的峰值压力呈线性增加，从 $2J/cm^2$、250MPa 增加到 $12J/cm^2$、2GPa。需要说明的是，确定这些测量方法时，使用的是一种铝沉积在一个硼硅酸盐窗口上的多层膜结构。镀了铝膜的硼硅酸盐窗口依次反向压缩一个厚度是 1.27mm 的 X 形切口石英晶体，能够进行应力测量。非常有趣的是，L. D. Yong 发现小的峰值应力变化量与材料或厚度相关。从上面的数据可以看出，对于起爆过程必须考虑这些应力波的冲击问题，另外还要考虑在汽化金属内部存在的热能与含能炸药粉是相邻的。

对两种结构起爆的平均能量极限的判断，是通过 Neyer 串联测试进行的。对于一个给定的起爆炸药的结构，这个试验允许有 DDT 作用的一般特征。即确定 DDT 进行与不进行对

比的简单方法,看是否存在剧烈的反应。需要声明的是,"剧烈反应"是定性反应,并不是起爆发生的必要条件。这里对进行的极限测试的分析,主要是考虑对两种炸药的发火能量对作用时间变化的影响。另外,用条纹照相机和分幅照相机进行测量,对 DDT 作用过程的反应区发展提供了一个更连续的追踪,同时也是为了更好地理解 DDT 过程。

2. 临界点测试结果

对 IP 装有 CL-20 或是 BNCP 的 LEBW 装置,经过换算的发火能量与作用时间的对比试验结果如图 6-41 所示。在临界点测试过程中,每种 IP 爆炸材料能量值的折算,是通过装置的平均点火能量判断的。通过比较矫正数据是一个简单的方法,用这些数据制成图形,就可以观察到作用时间在最小发火值条件下呈现平稳变化。这里对 BNCP 和 CL-20 能量条件的评估,与过去的变化趋势相互一致。在形成的这些数据中,呈现出令人好奇的差异,是作用时间如何随着起爆能量的变化而变化。能更好地解释对 DDT 过程、不同含能材料的特定敏感度或是微粒形态产生的影响。

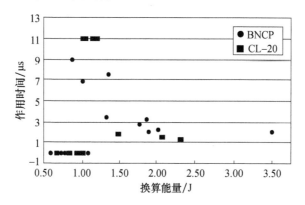

图 6-41 作用时间与换算能量之间的对比

正如前面所讨论的,作用时间变化的本质在于能量条件,但并不能导致"前进"或是"剧烈反应"。对于 BNCP,在测量作用时间作为确定其发生反应(或功能失效)的过程中,可以发现,结果随施加能量的增加可以相差 4 倍。这个现象表明,压力敏感反应轨迹要求剧烈的 BNCP 爆燃。也就是说,在边界条件下能量影响是减小的。在 BNCP 药粉内部,产生一个持续的、更弱的爆燃直到成为一个点。在这个点中,反应刺激辐射作用不能够自持传播。有一种可能,就是由于薄的金属膜的汽化使得药粉层被压实。随着金属膜上入射能量的增加,在点火区内更多的作用在 IP 之上,这将会导致摩擦产生热和药粉层压实,从而导致一个更受约束的环境,进而导致在点火核心区域内产生更高的局部压力,引起在 BNCP 药粉层内更剧烈的反应。

图 6-41 所示为在高能量、短作用时间条件下,发现 CL-20 作用时间与 BNCP 中所出现的数据相同。不过,开始作用时间与能量对比的数据的收集,使用的是一个 $20\mu s$ 长的数据采集窗口,这个窗口不能捕获起爆药真正的作用时间。

在条纹照相机测试过程中,这个判断是根据之后收集的数据进行的。在低能量条件下,显示超过 $300\mu s$ 的作用次数。因此,在临界点附近有 5 个能量条件,正如图 6-42 中所显示的具有 $11\mu s$ 的作用次数。对于这些试验条件,装置在 $20\mu s$ 收集窗口之外或是 TOA 光纤的干扰产生的作用时间,要短于 IP 的自由面光爆炸探测到的作用时间。

CL-20 对于 BNCP 内部重要反应,呈现出相对较长的作用时间。这表明是由于两种炸药化学特性之间的基本差异,或者是由于不同药粉之间存在形态差异造成的影响。形态差异将极大地影响 IP 基底的强度,因此,冲击加速了燃烧过程,但那只是在这个点上的推测。在过去的有关 PETN 热起爆的研究工作中,显示出由于粒子直径和形状特征,可以导致燃烧过程出现极大的变化。没有额外的试验试图单独考虑形态,不能够得出形态对于化学特性的影响的量化作用。为了获得对 CL-20 特征的进一步理解,进行了附加试验,将会在后面进行讨论。

3. 条纹照相机和分幅照相机测量结果

对压装了 CL-20 并允许光达到炸药柱的 LEBW 试验装置,同时用条纹照相机和分幅照相机进行了几次试验。

在前面的论述中,讨论了形成短的和长的作用时间的能量条件,并进行了分析评估,现在尝试去更好地描述这个现象。在试验期间内,LEBW 发射产生的数字条纹照相原始数据如图 6-42(a)所示。薄的发光区用来判断反应区的空间位置(垂直轴线),并把它作为时间的一个函数(水平轴线)。这个 $x-t$ 数据可以用于反应区的速度和加速度的定量分析。如前所述,数字条纹图像使用的是美国桑迪亚国家实验室开发的分析软件包,简化处理成 $x-t$ 数据图,这种类型数据的应用将在下面进行讨论。在空间位置处开始具有高强度轨迹,用来判断光与炸药接触面的位置,在这个位置,IP 被压缩在金属化窗口的一面。在图 6-42(b)中显示了数字图像的显著特征,即反应区像膝盖形状的轨迹。表明在开始穿过 IP 的过程中的极短时间内,反应区正处于两个空间位置。蒸发的金属扩散开,然后开始聚集热,导致点燃 IP 柱。反应波传播穿过炸药颗粒形成一个起爆核心区,DDT 过程中的一部分物理过程,仍然不能进行定量试验测定。在图 6-42(a)中显示了这个起爆核心区,产生了一个球形展开的不稳定起爆波,就是反应区的 $x-t$ 曲线记录过程中独特的"膝盖"形结构。

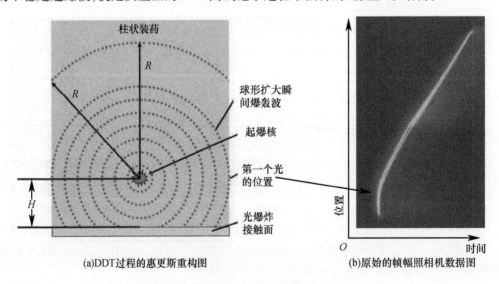

(a) DDT 过程的惠更斯重构图 (b) 原始的帧幅照相机数据图

图 6-42 条纹照相机和分幅照相机记录图

这个球形扩大描述图是一个应用数据进行三角转换的方便模型,这个模型能够精确地确定过去产生的速度。转换使用的是惠更斯转换,图中所呈现的模型与光的衍射特性之间具有相似性,正如光穿过一个孔之后的弯曲和传播一样。对惠更斯转换数据进行的精确分析,是用适当的球形扩大描述图来表示的。但是希望这能够合理地确定在低密度条件下,含能材料所给定的拐角转向性能。

从图6-43所示的数据关系可以推导出一个简单的三角变换式,也就是惠更斯转换关系式(6-6)。式(6-6)允许将在外部爆炸柱之上的 $x-t$ 的原始数据,由固定坐标转变成沿着装药中心线的坐标。

$$Y_{CL} = \left[\left(\frac{\phi}{2}\right)^2 + (Y-H)^2\right]^{1/2} + H \tag{6-6}$$

式中:ϕ 为 IP 的直径;Y 为从原始数据产生的反应区的位置;H 为起爆核到达装药内部的高度。另外的研究是,H 值是通过惠更斯变换传导到起爆波之上,并在输出药柱的自由表面的爆裂确定的,H 描述为起爆的表观中心。

图6-43报道了通过查找边缘运算法则,对CL-20装药在换算能量是1.9J的条件下产生的原始 $x-t$ 数据和惠更斯变换 $x-t$ 数据。由图6-43可以看出,在1.9J能量下,增加激光脉冲能量将会使作用时间产生微小的变化。图6-43显示了在50%TMD条件下,CL-20的一个倾斜轨迹(密度),它是IP的密度。从图6-43可以推断出的一个主要方面是起爆核心的高度是确定的,长度超过一个平稳起爆所达到的长度,这是转变的本质。CL-20在这个能量条件下起爆核心的高度是确定的,大约是0.3mm,这是根据起爆速度3.9m/μs转变成一个稳定起爆所必要的长度。

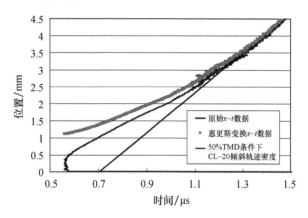

图6-43 简化的 $x-t$ 数据和惠更斯变换数据图
(注:该图采用美国桑迪亚国家实验室查找边缘软件生成)

图6-44显示的是分幅照相机在极限/作用时间测试过程中,观察到在换算能量1.13J条件下,将会导致收集窗口的作用时间超过20μs。由于本项研究的装药仅有IP,所以图6-44的图像与其他研究报道的图像存在显著差异。由于在计时上的不确定性,所收集的8次连续的30μs曝光窗口的数据,比激光开始照射到金属化的窗口上提前了约125ns。因此,在图6-44中的第1张照片显示了激光的闪光,但是接下来的3张照片的显示没有反应,第5、6张照片显示的是在IP中的发光度,随着每张分幅照片逐渐加强。最后一张照片中,在IP药柱中呈现出两个明显的高强度反应区。发生这个现象的一种可能性,是在这种能量条件下,通过激光脉冲产生了一种相对弱的爆燃。在大约210μs之后,反应转变成一种不稳定的爆炸,穿过IP(在图6-44中的发光区之上)继续传播。同时爆炸波反向传播,进入到在最初反应的210μs内产生的部分氧化物内部。

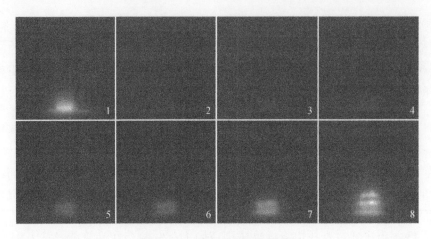

图 6-44　高速分幅照相图片

如果是这种情况,在之前已经报道了爆轰结构的这种类型。在热量点燃炸药的过程中经受了点火和反应过程,最初是通过传导进行控制的,然后是通过对流和压缩现象进行控制的。然而,条纹照相机的第 8 张显示这个冲击的计时动作照片被错过了。另外,在最初的 7 张照片中,由于光信号的低光强度水平,照相机胶片的感光度太低,不能记录这个动作。准备用另外附加的试验,更好地表征这些低能条件下的反应特征。

本节对压装了 CL-20 与 BNCP 始发药柱的 LEBW 装置,在爆炸动作过程中进行了对比,并记录了它们之间的差异。通过对 BCNP 作用时间与换算能量之间的对比,可以发现作用不会先于样品内部持续剧烈反应的停止而提前发生。另外,可以观察到 CL-20 在较低能量条件下,具有非常长的 DDT 作用时间,在稍晚些的时间可以导致一个双重起爆波结构穿过 IP 进行传播。

6.3.4　激光烧蚀毛玻璃表面起爆炸药

日本福冈九州大学的 Y. Kotsuka 等对激光烧蚀毛玻璃起爆炸药的技术进行了研究[17]。试验中发现,当用激光对毛玻璃表面进行烧蚀时,有小玻璃碎片爆裂的现象。由于激光烧蚀而形成宏观颗粒产物是毛玻璃的固有特性,所以在金属或聚合物烧蚀中没有观察到类似的现象。这样,没有额外的金属镀层就能进一步增加激光脉冲的吸收。已经对脉冲激光照射毛玻璃,使用了 X 光摄影照片研究这种现象,发现颗粒爆裂几乎与毛玻璃表面垂直。通过使用 Nd:YAG 激光器脉冲(100mJ/ns 量级),发现颗粒的速度为 0.5~1.0km/s。毛玻璃的 SEM 观测表明,毛玻璃表面覆盖着几微米深的裂缝,这可能是造成宏观颗粒产物的原因。因此,不论是粗糙表面还是光洁表面,对于玻璃的烧蚀现象都很重要。毛玻璃表面对激光束的吸收能产生分裂现象似乎是合理的,就像大量的等离子体产物一样,这些等离子体可能是加速玻璃碎片爆裂的原因。用这种现象对 PETN 粉末炸药进行点火,发现仅通过玻璃颗粒的运动就能使 PETN 炸药发火。虽然它发火所需的激光能量密度有时要高于表面粗糙的合金材料。但从这项研究可以看出,移动的小玻璃颗粒对点火和炸药内部有显著影响。

已经研究了当目标材料表面被有意粗糙化时,可以增强激光脉冲的吸收。通过这种处理,减小了激光烧蚀产生等离子体产物的临界能量密度,用脉冲 X 光摄影照片可以证明这种现象。粗糙表面上的薄金属膜镀层,将进一步增强激光的吸收。当然,太厚的金属膜会导致在烧蚀诱发冲击波区域后粒状结构的出现。这是由于输入的激光能量一定时,不足以使金属膜层汽化、电离并形成等离子体流所致。因此,需选择合适的金属膜层厚度,以便有效地利用激光能量。

根据已有的吸收增强与粗糙度的函数关系表明,与微米级粗糙度相比,非常细微的纳米级粗糙度能够减小烧蚀阈值,但效果有限。这种现象已经成功地应用在了两个方面:①显微外科工具,在生命组织内产生重复的短压力脉冲;②通过激光烧蚀产生的等离子体流起爆 PETN 炸药。装药密度为 $0.7 \sim 1.2 g/cm^3$ 的 10mg PETN 炸药,可以用穿过聚甲基丙烯酸甲酯(PMMA)有机玻璃圆片的聚焦光束点火,可以改变 PMMA 有机玻璃圆片聚焦表面粗糙度、铝层厚度、聚焦光束直径、激光能量等。甚至是装在 PMMA 有机玻璃套管中的直径 1mm 的柱状 PETN 装药也能被点火,自发光阵面速度条痕记录结果表明几乎是稳定爆轰。

增强激光脉冲的吸收取决于多种试验参数,也包括材料。就像后面所描述的,玻璃的激光烧蚀,特别是毛玻璃表面与其他材料有很大的不同。在该节中,将提供由于激光烧蚀玻璃表面而形成颗粒产物的证据,并描述应用这种现象使没有任何金属镀层的 PETN 炸药点火的情况。

1. 在毛玻璃表面的激光烧蚀

对毛玻璃的激光烧蚀起爆 PETN 炸药进行了试验研究,图 6-45 所示为毛玻璃表面亮度的典型图像照片。

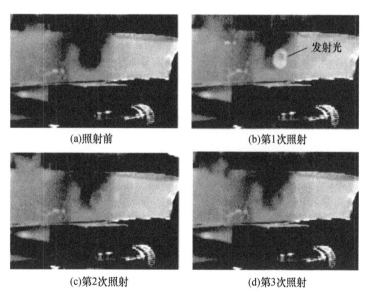

图 6-45 激光照射下发光点的图像

首先注意到,当脉冲激光束照射到毛玻璃表面时的自发光情况,甚至没有激光照射也出现这种现象。这种试验的典型条件:Nd:YAG 或 KGW(KGd(WO_4)$_2$)脉冲激光器;脉冲周期 10ns 或 7ns;脉冲能量 150mJ 或 50mJ;光束直径 ϕ6mm 或 ϕ3mm;波长 1064nm 或 1062nm。

对比图 6-45(a)和(b),发现图 6-45(b)的白点仅出现在激光照射的画面中。如图 6-45(b)~图 6-45(d)所示,随着多次激光照射,亮度减小,这种现象也可以用目视观察到。在烧蚀时能听到一种噪声,有时也能观察到从激光照射区域发散的烟雾状现象。对于任何毛玻璃表面,这些现象都是十分普遍的。当然,观察聚合物表面,甚至它的表面是粗糙的,没有出现过以上现象。

通过这个试验,可以认为这种现象是玻璃表面所特有的。通过粗糙表面试验,表明激光能量的吸收与材料有关。在试验中,激光束从透光面到毛面穿过玻璃材料时,有这种现象;当激光束方向颠倒时,也观察到了类似现象。图6-46所示为激光烧蚀后这种毛玻璃表面的SEM图片,上面一幅是毛玻璃表面的全图。激光束聚焦在直径约为1mm的中心圆形区域中,点B就属于这个区域。可以观察到激光束作用出了更大的圆形区域。这是由于激光束从光学系统发出,经过了长的光通路衍射衰减造成的。在这个区域中,点C具有代表性。点A代表未被作用区域表面。后面的3幅图片是点A、B、C附近区域的放大图片,称为图A、B、C。从图6-46A中可以看出,毛玻璃表面未作用区域有许多尖棱或尖峰和凹沟,许多白线表示这些尖峰,同时也有许多分裂表面。换句话说,毛玻璃表面结构不仅具有表面结构功能,同时在表面有许多微小的裂纹,这些裂纹的深度有几微米。从图6-46B、图6-46C可以看出,激光烧蚀使这些尖峰从表面消失。人们可以观察到分裂表面、粗糙表面的粗糙度或特性长度比烧蚀前更长。对比图6-46B、图6-46C发现,强激光聚焦会使表面分裂加剧。

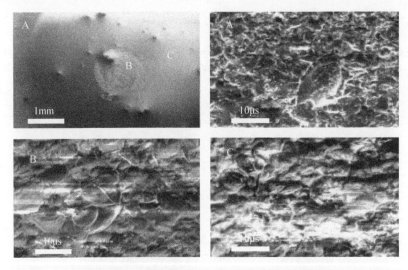

图6-46 典型毛玻璃下斑点表面的SEM图片

图6-47是连续时间延迟的典型照片。激光脉冲从右侧聚焦穿过毛玻璃,图6-47中的黑色区域是毛玻璃片,能够清楚地看到一个喷雾状黑色区域从毛玻璃表面喷射出来,材料的这种喷射与表面垂直,它能优先激发空气冲击波阵面。

毛玻璃表面的烧蚀能量密度阈值比光学平面玻璃表面要低得多。当照射玻璃表面的能量密度接近$20J/cm^2$时,两种玻璃片表面都能产生空气冲击。喷出的黑色区域中含有玻璃颗粒,这可以在等离子体流形成以前,用PMMA有机玻璃圆片直接捕获得到证明。玻璃颗粒的喷射与玻璃表面垂直,并逐渐扩散成蘑菇状,并激发一个冲击波。随着时间的推移,它们也必然会被空气流减速。很明显,起初喷射的玻璃颗粒的大小有一些固定的分布状态。较大、较重的颗粒几乎不能被减速,它们是冲击激发的原因,而较轻的颗粒会随着时间增长很快减速。在一些更长延迟时间的照片中,冲击波阵面不再尖锐,原因是一些较重的颗粒超过了起初产生的冲击波阵面。在这种情况下,一个小的圆锥形冲击波几乎附属于这些颗粒。当聚焦激光能量密度大约为$20J/cm^2$时,能观察到这种现象。

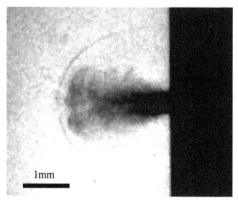
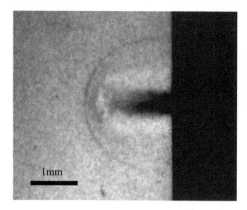

(a) 能量密度16J/cm²、延迟时间2μs　　　　(b) 能量密度16J/cm²、延迟时间14μs

图6-47　高速摄影机记录的毛玻璃激光烧蚀

（注：激光束从右边向毛玻璃左表面聚焦）

聚合物材料（如PMMA有机玻璃）的烧蚀没有发现相似现象，因此，这种现象是玻璃材料特有的。对于聚合物材料而言，激光能量的吸收可能引起分子链的断裂，但不能产生宏观大小的聚合物颗粒。聚合物的烧蚀现象类似于加热。聚合物材料特有的、相对较长的应力张弛时间，可以解释它与玻璃烧蚀现象有所不同。对于毛玻璃而言，SEM图片表明在玻璃表面有大量裂缝。激光能量能被不同的表面吸收，包括裂缝处，并在每一裂缝处产生小的烧蚀等离子体流，产生的等离子体可以使裂缝扩大、打开并产生玻璃碎片。可以预测多种有毛表面的脆性材料有类似情况，进一步的研究希望能分析这一现象的物理机理。

2. 通过毛玻璃的激光烧蚀使PETN炸药起爆

如果用防水砂纸有意粗糙透明基片（如PMMA有机玻璃）的一边，然后再通过真空汽化法镀铝膜，就能发现激光能量吸收有相当大的增加。通过烧蚀能产生一个非常强的空气冲击波。现在已经研究了利用烧蚀等离子体的高温、高压状态起爆少量的PETN炸药。

与具有粗糙表面的薄金属层相比，对毛玻璃烧蚀的激光能量的转换是不同的。对于毛玻璃，部分激光能量转换成了高速玻璃颗粒动能。在这项研究中，已经对这种动能点燃猛炸药的可行性进行了验证。原先使用PMMA有机玻璃片，将粗糙的一面放置在PETN炸药上进行起爆试验；现在用一个单面粗糙的玻璃片替代PMMA有机玻璃片进行起爆试验。对在毛玻璃表面镀铝膜层的作用效果、性能也进行了研究（试验中使用的是厚度为2.8mm的商品毛玻璃）。

3. PETN炸药装置

在激光烧蚀毛玻璃表面起爆炸药试验中，使用的点火装置如图6-48所示。当激光束聚焦到毛玻璃片粗糙表面的薄金属膜层时，烧蚀产生的高速玻璃颗粒动能或等离子体，使塑料片孔中的PETN炸药爆轰，可以通过底部的PMMA有机玻璃片进行观测。

图6-48　PETN点火装置示意图

4. 试验结果

典型的试验条件和结果如表6-35所列。毛玻璃表面铝层的厚度为100~300nm，发现在所有较厚铝层的情况下,都能观察到PETN的爆轰。在这些情况下,对于PMMA有机玻璃和玻璃两种基片材料,能量转换成金属等离子体的机理是相似的。

如表6-35所列,从序号5~8试验可以看出,通过毛玻璃表面的激光烧蚀,没有高温等离子体的帮助,PETN炸药也能点火。这就是说,通过玻璃颗粒对PETN炸药颗粒的碰撞也能简单地诱发点火。这也证明了玻璃颗粒云团的动能之大,足以使猛炸药点火。PETN炸药的激光发火能量密度阈值,要高于等离子体辅助点火的值。在这项研究中,观测到通过玻璃烧蚀点火的激光能量密度为11J/cm²或更高些。试验发现,在等离子体辅助起爆方法中,仅9号试验没有爆轰。它使用的铝层厚度为100nm,激光能量密度较低,为5.4J/cm²。这个结果不具有重现性,而且能量密度可能接近这个试验条件的阈值。图6-49显示了超高速扫描摄影机拍的样本纹影照片。

表6-35 试验条件和结果

序号	装药密度/(g/cm³)	能量密度/(J/cm²)	爆轰(Y/N)	延迟时间/ns	铝层厚度/nm
1	0.94	5.4	N	—	0
2	0.93	7.5	N	—	0
3	0.73	10.0	N	—	0
4	0.65	11.0	N	—	0
5	0.81	11.0	Y	—	0
6	0.83	13.0	Y	—	0
7	0.95	13.4	Y	330	0
8	1.10	13.4	Y	750	0
9	0.90	5.4	N	—	100
10	0.87	7.5	Y	860	100
11	0.93	13.4	Y	750	100
12	0.90	13.0	Y	250	300

注:Y—是;N—否。

(a) 表6-35中的7号试验(仅毛玻璃)　　(b) 表6-35中的12号试验(毛玻璃镀铝层厚度300nm)

图6-49 两种状态下PETN爆轰的光辐射纹影照片

最早的明显闪光是毛玻璃表面激光烧蚀产生的辐射。一些断裂后的长的发光纹影表明是PETN爆轰产生的辐射。光亮区域逐渐向摄影机光阑处传播。由于这个光亮区域的斜度与爆轰传播速度有关,逐渐改变的斜度表明反应阵面的加速接近稳定爆轰。

在激光和爆轰辐射之间的这一段断裂时间,称为点火延迟时间。表6-35所列为爆轰发生状态的点火延迟时间。图6-50所示为点火延迟时间与激光能量密度的关系以及相关的铝膜厚度。

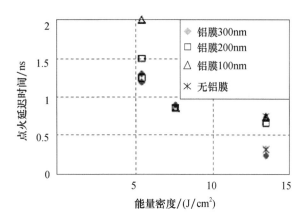

图 6-50 激光能量密度与点火延迟时间的关系

虽然现有试验中点火延迟时间不具有重现性,但可以看出较厚的铝层和较高的激光能量密度能缩短延迟时间。对毛玻璃的烧蚀已经进行了详细的试验研究,证明了烧蚀能产生小的玻璃颗粒,这可以解释相对低的激光能量密度的烧蚀所产生的闪光。认为毛玻璃的烧蚀物理机理与其他材料有很大的不同。在基片表面上,小玻璃球体的激光相互作用现象的相似性、非相似性可以成为今后的研究课题。从现在的研究成果看,玻璃颗粒的作用可能具有重要的功能,可以应用在起爆猛炸药方面,因为它们有能力使邻近的、未反应的猛炸药点火。

6.3.5 低能激光两段法起爆炸药

一些国外研究者一直致力于从事用较低能量密度的激光对猛炸药起爆实现爆轰,这种方法称为两段法[18]。它将爆炸装置分成起爆段和传递段,是以早期采用热丝点火的爆燃转爆轰装置为基础发展而成的,这种光学两段起爆装置的基本结构如图 6-51 所示。

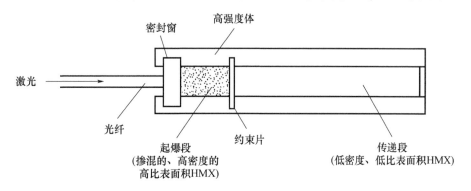

图 6-51 激光起爆的两段式 DDT 装置

起爆段被限定在一端是密封窗、另一端是约束片的范围内,炸药吸收激光后开始在这个被限定的范围内燃烧,燃烧产生的压力与约束片的强度相关。接下来,约束片破裂导致压力迅速进入 DDT 传递段,在这里形成冲击波并发生爆轰。这两段中的炸药应该易于压装,并能分别起到它们应有的作用。起爆段炸药应掺入少量的碳黑或石墨,以改善它们对激光波长的吸收性。多数报告中都提到了在两段中均采用 HMX 炸药,用固态自由振荡激光器对 HMX 炸药进行起爆。在研究中,对运用固态自由振荡激光器在起爆猛炸药中实现爆轰的两段起爆方法,在一些细节上已进行了检测。

这项工作的最基本目的是在用光学两段装置而无需用调 Q 激光器起爆的情形下,检测在猛炸药内整体作用时间缩短的程度。运用试验研究方法,通过对起爆、反应成长、冲击波形成和爆轰传递等影响时间的不同变量参数的检测,可以实现想要达到的目的。在最初的一系列试验中,所用的装置只有起爆段,其终端是一个快速响应的压电晶体压力传感器。使用脉冲式的自由振荡钕玻璃、YAG 和蓝宝石激光器,试验改变输入光功率与作用时间的变化关系。在掺有石墨的 HMX 起爆段,对不同波长下的压力增长进行了及时记录,这些试验结果在第二批的一系列试验中可用作参考。并且在试验装置中将压力传感器换成了钛合金片约束片,这些约束片厚度各有不同,后面放着的便是 HMX 传爆药柱或其他类似的药剂。在传爆药柱的末端有一个压电晶体装置,用它记录生成的冲击波或爆轰波。传爆装置最后被沿纵向剖开,以观察传爆药柱直径随其长度的变化。试验表明,总体作用时间小于 $50\mu s$,通过对不同参数的研究,发现还能进一步缩短作用时间。本节将介绍起爆段试验并归纳其结果,然后介绍传递段及其试验结果,在最后将对试验结果进行分析讨论[18]。

在研究爆轰传递过程时,采用了如图 6-52 所示的试验装置。具有不同厚度的钛合金(Ti-6Al-4V)约束片装在起爆段炸药柱的末端。$\phi2.5mm$ 直径的传爆药柱通常装有低密度的精细颗粒或粗颗粒 HMX 药剂。在最初的一些试验中,传爆药柱中装了一些惰性原料(NaCl),以便观察约束片破裂的时间。此外,还用低密度的 PETN 作为传爆药做了几个试验。传爆药柱长 16.5mm,用一种"到达时间"式压电探测器进行密封,以确定全部作用时间。在传爆药柱支撑体带有螺纹的一端有两个固定孔,可以从此处用扳手将支撑体固定在传爆试验系统装置上。起爆段药柱长度一直固定在 8.0mm,尽管这一长度会使得到达最大压力的时间变得较长,但认为用较大量的起爆段药剂,能够更有效地驱使破裂的约束片进入到传递段炸药中。此外,只用了 YAG 和蓝宝石激光器;与起爆段试验一样,激光输出的校准部分既要朝向能量计,也要朝向光电探测器;用数字示波器记录光电管及位于传爆药柱一端的压电装置的输出信号。

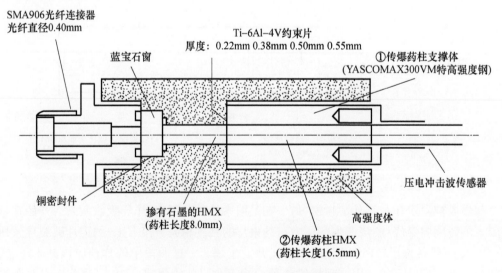

图 6-52 完整的 DDT 起爆试验装置

用图 6-52 所示的装置进行了一系列初步试验,在传爆药柱中装了 6mm 长的 NaCl 粉末,密度约为 $1.0g/cm^3$;"到达时间"式压电传感器插在传爆药柱的支撑体里;使用了不同厚度的约束片。当约束片引起的压缩波运动到达 NaCl 粉末的端头时,探测器会提供相应的时间信号;声速在这种介质中的传播参数值,可估计约束片开始运动的时间。约束片破裂时间的最快值代表了随着约束片厚度增加的预期增量,对于每种约束片厚度来说,在这个值上特有的耗散都是非常大的。

在完整的传爆试验中,使用了两种 HMX 药剂,第一种是精细颗粒的,通过粒子大小测定表明,其平均直径为 $12\mu m$,整体直径范围为 $2 \sim 40\mu m$。含有这种成分的混合物装药密度为 $1.24 g/cm^3$,约束片厚度分别为 0.22mm、0.50mm、0.66mm,用 YAG 激光器起爆时 DDT 爆轰失败。所有炸药都明显地爆燃了,但传爆药柱支撑体没有表现出任何发生过爆轰的迹象。由于意识到将这样精细颗粒的药剂压装到这样的密度时很难产生爆轰,所以就没有进行更多的此类试验。第二种 HMX 药剂的颗粒则要粗得多,平均粒子大小为 $150 \sim 200\mu m$,直径范围为 $50 \sim 350\mu m$,传爆药柱壳体内所装的这种药剂密度为 $1.16 g/cm^3$。除了一例之外,用这样的药剂进行试验,在传爆药柱壳体上都出现了严重的膨胀,这表明爆轰已经发生了。对这些试验结果进行了汇总,如表 6-36 所列。

表 6-36　DDT 试验结果

序号	激光器	约束片厚度/mm	传爆药	作用时间/μs	备注
T_1	蓝宝石	0.38	HMX	45.2	爆轰
T_2	YAG	0.38	HMX	45.6	
T_3	YAG	0.50	HMX	52.0	
T_4	蓝宝石	0.50	HMX	—	未爆轰①
T_5	YAG	0.50	PETN	56.8	爆轰
T_6	YAG	0.66	PETN	63.4	
T_7	蓝宝石	0.66	HMX	65.4	
T_8	YAG	0.66	HMX	110.4	

① 因激光输出功率低而瞎火。

从表 6-36 中的试验结果看出,约束片厚度较薄的装置,其 DDT 作用时间较短;两发传爆药比表面积为 $4000 cm^2/g$、密度为 $1.0 g/cm^3$ 的 PETN 试验均达到了爆轰。T_4 试验是由于传输到起爆段的激光能量仅为正常输出能量的一部分,激光发火功率低而导致瞎火。

完整的传爆试验显示出了几个很有意义的趋势。正如可以从整体的冲击敏感特性中预料到的那样,具有相对较大粒子(密度为 $1.16 g/cm^3$)的 HMX 药剂,在实现爆轰方面,要比粒子精细的(密度为 $1.24 g/cm^3$)的 HMX 药剂有利得多(后者在 16.5mm 长的传爆药柱上,根本没有表现出发生爆轰的迹象)。Dinegar 用热丝在两段装置中,对密度为 $0.8 g/cm^3$ 和 $1.0 g/cm^3$ 的 HMX 进行了起爆试验,发现只有低密度的药剂产生了爆轰。Ewick 通过使用激光二极管,在两段装置中成功地起爆了密度为 $1.0 g/cm^3$ 和 $1.2 g/cm^3$ 的 HMX 药剂,但却发现在较大密度时,作用时间要略长些。显然,在这方面还需要进行更多的研究,建立起一个最佳的粒子尺寸和压装药密度条件。Dinegar 还用不同材料、不同厚度的约束片做了试验,并且发现在 HMX 中,只有用最薄的约束片时才能实现爆轰。在研究中,使用最薄的约束片(0.38mm)时,获得了最短的作用时间。而且很明显,随着约束片厚度的增加,作用时间也趋于增加。从这个趋势可以看出,使用 0.22mm 厚的约束片(使用别的装药而不是粗颗粒的 HMX),可以得到比已观察到的作用时间更短的结果。此外,最短作用时间既可以用蓝宝石激光器实现,也可以用 YAG 激光器实现。这表明蓝宝石激光器具有较高输入能级,虽然能够缩短感应时间,但对爆轰的产生是没有什么意义的。从结果中观察到蓝宝石激光器的 T_4 试验瞎火,于是产生了这样一个问题:在较长时间点上(大于 $15\mu s$)输入的激光能,是否会对起爆段最终的压力增长产生重大影响。若需要进一步对这个问题进行研究和确定,可以通过在全脉冲周期内,在适当的时候关闭 YAG 激光器的入射光脉冲进行试验。

试验后,对传爆药柱支撑体进行的检查,表明了曾在试验中出现了严重的膨胀,据此判断发生了爆轰。用这些厚壁的固定装置上的特高强度钢壳体,对低密度的 PETN 做了两个试验,表现出了更快的传递速度(因为这种药剂具有较高的冲击感度)。在试验后所做的相应检查发现,在更接近约束片的位置处,出现了比用 HMX 炸药做试验时更大的膨胀直径。对固定 HMX 的装置进行的检测表明,这是一个随着距离逐渐膨胀的过程,与其相对较慢的爆轰传递过程是相一致的。出现在紧固孔区域的严重变形,妨碍了获得最后的 HMX 传递性能的清晰照片。紧固孔区域固定装置的膨胀,在所有爆轰试验中都是类似的,即便是在作用时间最慢的 HMX 状态下(T_8),也能发生最大变形。

研究表明,运用自由振荡脉冲固体激光器,在一个装有 HMX 或者 PETN 的两段式装置里,爆轰可以在小于 $50\mu s$ 的时间内发生。用蓝宝石激光器可获得最佳总体效果,但用一个简单的 YAG 激光器可实现最佳作用时间。通过参数研究得出了这样一个结论,缩短起爆药柱的长度和降低约束片厚度,可以获得较短的作用时间。此外,对混有掺杂剂的起爆段炸药和传递段炸药进行优化,同时改善起爆段的压力密封,能进一步缩短作用时间,并将它们的变异性降至最低。

6.4　激光飞片起爆

飞片雷管又称为爆炸箔冲击片起爆器,其概念最早在 20 世纪 60 年代中期由劳伦斯利弗莫尔实验室的 Stroud 提出。激光驱动飞片技术的研究始于 20 世纪 70 年代中期,最初是为了找到一种方法,使其能够达到足够高的速度引发热核反应。爆炸箔加速飞片可以起爆猛炸药,飞片雷管作为武器起爆系统的一个关键部件,可以满足传统起爆系统难以达到的各种战术应用要求的快速作用、时间精度及安全性。飞片雷管的特点:金属箔、绝缘飞片和加速膛与始发药完全隔离;始发药的理论密度是其最大理论密度的 90%,比爆炸丝雷管始发药的密度高得多(爆炸丝雷管很难起爆这么高密度的猛炸药);作用时间短,引爆阈值范围窄,重复性和同步性好;结构紧凑,具有良好的抗振、抗冲击和抗过载能力;起爆装置设计简单,容易制造;点火需要特殊的能量脉冲(低电感、大电流和短脉冲作用时间),对 ESD 和 EMI 有很好的抗干扰能力等。随着高功率激光器件技术的发展,美国的一些公司开发了激光飞片雷管,应用领域涉及石油开采、战略与战术导弹、水中兵器及卫星等[19]。

激光起爆高能炸药唯一可靠的途径是通过激光驱动的飞片撞击炸药,激光驱动飞片的研究也已证明能够成功地使 HNS 瞬时爆轰。但是,对与其相配激光器的质量、尺寸和能量要求太高,因而只能应用于昂贵的武器或航天系统。可以这样认为,激光起爆炸药不是近期实用引信的选择方案。激光对药剂的起爆研究正趋向于两个主要的方面:一是药剂粒度对激光能量的感度测量(材料的物理作用及化学特征);二是实用的 LIOS 的设计和试验。

激光飞片起爆是利用激光与物质作用产生的高温高压等离子体驱动飞片,飞片高速飞行撞击炸药,并引发炸药产生爆轰。激光驱动飞片通常的方法,是利用调 Q 固体脉冲激光器产生激光短脉冲(脉冲宽度约为 10ns,功率密度为 $10^8 \sim 10^{10} \text{W/cm}^2$),照射附着在透明窗口上的金属膜。烧蚀一部分膜层,产生高温高压等离子体,利用等离子体产生的高压驱动剩余的膜层高速飞行。这种技术的物理基础就是用强激光辐照,引起靶物质的汽化和烧蚀。与其他驱动方式相比,激光驱动飞片具有独特的优越性,不但可以驱动金属飞片,而且可大大提高飞片的速度,产生极高的压力。例如,利用这项技术可以将厚度为微米量级、直径为毫米量级的金属飞片在几十纳秒内驱动到 $1\sim10\text{km/s}$ 的高速,在炸药样品中产生极高的压力和应变率。

Krehl 发现只需要 10mJ 的能量就能将铝膜表层电离,产生的等离子体驱动飞片可用于起爆炸药。Dennis L. Paisley 等提出了激光驱动飞片专利,其设计思想是直接在光纤尾纤端面上镀上金属膜层形成飞片靶。

L. D. Yong 系统地总结了前人在激光引爆炸药方面的各种引爆机制,深入研究之后得出的结论是激光驱动飞片冲击起爆具有响应速度快、时间控制精确、抗 EMI、钝感等优点,起爆 HNS 的可靠性高,能满足现代引信的应用需求。美国桑迪亚国家实验室对激光驱动的飞片薄膜进行了研究,并通过试验发现复合薄膜比单一纯铝膜作撞击物更利于炸药的起爆。这种复合薄膜是一层铝薄膜、一层 Al_2O_3 薄膜和一层铝箔。对比试验中,在中等激光能量下,复合薄膜能一致地使高能炸药起爆,但极薄的箔片在相当大的激光能量下也存在起爆失效现象。Trott 已证明,在低入射能量下,复合薄膜可以比纯铝箔加速到更高的速度。在理解和实施激光起爆炸药时,将飞片速度特征化是极其重要的。激光驱动飞片具有加速快(约 10^{10}m/s^2)的特点,并在 20ns 内达到峰值速度的 90%。在传统的 VISAR 内,光电倍增管的数字记录仪的时间分辨率有限,所以不能用它准确测量这些飞片的速度。美国劳伦斯利弗莫尔国家实验室和桑迪亚国家实验室合作,在 VISAR 系统中使用一种摄像机记录数据,这种改进系统具有瞬时分辨性,能准确测量加速过程和速度。用这种系统可以观察到 Al_2O_3 中介层,虽不能阻止飞片箔层材料的熔化和等离子体穿透,但能极大地延迟热扩散效应从等离子层向飞片层作用的过程,Al_2O_3 层在加强飞片性能方面具有重要的作用。

S. Watson 等利用铝飞片成功引爆了 PETN。Dennis L. Paisley 试验分析了激光光束与飞片的匹配关系,试验分析了 FWHM 和飞片材料声速的往返时间的比率、飞片厚度对飞片加速过程的影响。

英国的 M. D. Bowden 等使用芯径为 $\phi1\text{mm}$ 的 PMMA 有机玻璃圆片作为激光传输介质,将调 Q Nd:YAG 激光器输出的能量传输耦合进激光飞片雷管,产生的飞片的速度超过 4km/s,产生的瞬间高压超过 30GPa,激光驱动铝飞片冲击起爆了 HNS 和 PETN 两种炸药。结果显示,HNS 受撞击面积的影响较小,比 PETN 更易起爆,而且 HNS 的起爆阈值更低。另外,他们还用 $P^n\tau$ 判据和 James 判据对激光驱动飞片冲击起爆过程进行了判别,该结果可用于对不同厚度和速度飞片的冲击起爆进行预判。

Goujon 等介绍了一种同步多点激光驱动飞片起爆系统,用该系统起爆了 HNS Ⅳ。结果发现,有 4 个支路的起爆器在 7 次试验中,各支路起爆时间差异在 50ns 左右;而从 4 个支路中任意挑选两个支路同时起爆 HNS Ⅳ,在 5 次试验中两个支路的起爆时间平均差异大约在 41ns。

6.4.1 激光飞片起爆过程

对激光飞片起爆过程论述如下[10]。激光飞片起爆炸药试验装置设计类似图 6-32 所示的激光爆炸箔起爆器,但不同点是炸药样品与金属层之间使用空气间隙隔离(即加速膛),激光飞片起爆炸药试验装置结构如图 6-53 所示。

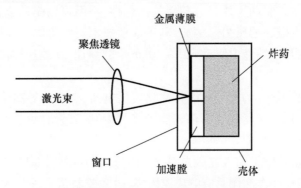

图 6-53 激光飞片起爆炸药示意图

发射激光驱动飞片的概念,最初源于核聚变反应研究与材料内高辐射应力波的研究。在这些研究中,已报道的辐射强度达到了 $10^5 GW/cm^2$。尽管这种高辐射强度远大于典型用于向高能炸药发射飞片的 $10GW/cm^2$ 值,但是激光与金属相互作用的过程基本相同,因此,并不是新原理。

高强度光束与金属表面反应的深度,依赖于光波长和飞片材料。当用波长 $1.06\mu m$ 激光照射铝飞片时,表面深度为 $5\mu m$。Krehl 等认为达到离子化,然后将这样小的飞片加热到几个电子伏特的温度,仅需要约 10mJ 的激光能量。所以,当用功率几 GW/cm^2、脉冲宽度小于 10ns、远小于毫米量级的光点尺寸的激光束对金属膜层进行照射时,将在激光发射后立即形成一个极强的高温等离子体。

所产生的等离子体密度已超过临界密度,所以将保护飞片不再受激光辐射($1.06\mu m$)的进一步作用。在等离子体的前表面,其余的激光辐射通过转换成韧致辐射,被吸收到一个薄层内。在此,等离子体频率与激光光频率接近。由于区域内的非线性参数不稳定,所以等离子体密度大于临界密度。

在金属飞片的激光照射过程中,产生的等离子体绝热膨胀并向剩余的飞片材料发出冲击。已研究出几个模型预测激光与材料的相互作用。Ripin 等已证明烧蚀的等离子体提供了类似火箭一样的推冲力,且初始运动在激光脉冲峰值之前 8ns 就开始了。尽管当辐射能量下降时,初始运动仍在脉冲周期后段开始。随着接近峰值,推冲速度或喷出速度也连续增加。通过对飞片材料的速度变化观察也符合这种趋势。

对于薄飞片而言,当加速薄片的位移和直径几乎相同时,由于随后的热传递而导致烧蚀不完全是一维情形,似乎是激光能量正传递到与辐射区相邻的非辐射飞片区域。这样其结果就是烧蚀材料的有效直径大于激光光点尺寸,且降低了烧蚀材料的厚度。这些边缘效应,对于用在激光起爆高能炸药的薄飞片的最佳设计而言是极其重要的。在此,较薄的飞片将提供撞击高能炸药的较短冲击持续时间,冲击持续时间是冲击起爆过程的一个相关参数。

产生飞片的性能已经是许多研究者关注的项目,飞片的辐射表面的强约束或强装填将使所产生的压力从 1GPa 上升到 10GPa(辐射强度为 $1GW/cm^2$),并能增大压力脉冲的持续时间。这将导致飞片被推进到较高的速度。Sheffield 等已报道了作为约束的一个直接结果,即可使速度上升 430%。

当辐射能量大于 $10J/cm^2$ 时,发现最终的飞片速度依赖于激光辐射能量的平方根。根据这一理论,可推导出一个简单的动力学能量关系,即飞片峰值速度与飞片厚度的平方根成反比。这一模型的有效性范围为飞片厚度小于 $66\mu m$、直径小于 1mm。当辐射能量近似为 $25J/cm^2$ 时,降低脉冲宽度可进一步增加峰值速度。尽管在中等和高的辐射能量时,峰值速度对脉冲宽度较为钝感。脉冲宽度对飞片加速度有很大的影响。当脉冲宽度降低时,峰值增大的最新解释是与激光能量耦合进飞片的动力学能量的速度极限有关。对脉冲宽度 4~8ns 而言,所达到的最大耦合效率为 40%。

在高能炸药的激光飞片起爆中,发射的飞片最终撞击高能炸药样品。所以,炸药的起爆是通过飞片的冲击、撞击而实现的。由于飞片的质量和激光辐射不均匀而引起的飞片速度不均匀及流动的不稳定性,将影响高能炸药对飞片撞击的响应情况。

已用激光驱动的飞片,对密度为 $1.4g/cm^3$ 的 PETN 炸药和密度为 $1.6g/cm^3$ 的细粒 HNS 炸药进行了起爆。激光源是钕玻璃激光器,波长为 $1.06\mu m$。铝飞片厚度为 $66\mu m$,并以 $2.5mm/\mu s$ 速度撞击 HNS。对应的光束光点尺寸为 1.5mm,脉冲宽度和辐射强度分别为 16ns 和 $11GW/cm^2$。

较小尺寸的飞片(厚度小于 $10\mu m$、直径小于 1mm)可被发射到 $5mm/\mu s$ 速度以上,并具有高度平整性。通过改进早期技术,即在紫外-熔融石英玻璃基底上蒸发沉积金属层,而提供固体药剂装填达到这一性能。产生的飞片直径为 $\phi 400\sim 1000\mu m$,远大于所使用的小于 $10\mu m$ 的目标厚度。在这种情况下,边缘效应显然对飞片的完整性无影响。

通过在金属化沉积层内沉积一个介质层,增加飞片的峰值速度,可以使激光烧蚀停止在介质层,从而控制真实的飞片厚度。已有报道称,这种飞片的改进,导致的效率为 50%(飞片的动力学能量/飞片上的激光能量)。进一步的优化设计,应是将金属化飞片直接装配在传输光纤的末端,这一样品已由实验室得到。在引信实际应用时,第一步要改进的就是激光驱动飞片。目前,已成功地用激光驱动飞片起爆了比表面积为 $14m^2/g$ 和密度为 $1.6 g/cm^3$ 的细粒 HNS 炸药。尽管辐射强度显然是小于 $4GW/cm^2(1.06\mu m)$,但没有给出真实数值。飞片速度为 $1.8mm/\mu s$ 时,提供的撞击压力约为 8GPa、冲击脉冲小于 $1\mu s$。

比较电起爆飞片和激光驱动飞片的不同阈值条件,非常有意义。尽管激光驱动飞片撞击时的压力略高,但脉宽要小一个量级以上。这说明对短持续冲击起爆而言,起爆准则中压力占的比例大于冲击脉冲时间。

在理解和实施激光起爆炸药时,对飞片速度特性描述是一个重要方面。激光驱动飞片具有快加速(约 $10^{10}m/s^2$)特点,并在约 20ns 内达到峰值速度的 90%。使用标准的 VISAR 技术,不能准确测量这种飞片的速度。在传统的 VISAR 仪器内,光电倍增管和数字记录仪限制了测量系统的时间分辨率。如果 VISAR 数据记录在一个条纹摄像机上,那么就可用这种改进系统(称为ORVIS)提供一个改进后的瞬时分辨率,可以得到激光驱动飞片的准确加速度和速度测量。

6.4.2 激光飞片起爆的关键技术

随着强激光技术的迅猛发展,激光驱动飞片技术逐渐成为一种重要的动高压加载技术,可产生太帕(TPa)量级的冲击压力,产生的高速飞片可起爆炸药,可以真正实现猛炸药(甚至是钝感炸药)的瞬时起爆。

在20世纪90年代,中国工程物理研究院流体物理所对小型激光器驱动飞片引爆安全炸药技术进行了探索性的研究工作,获得了一些很有价值的研究成果。中国工程物理研究院流体物理研究所在国内首次利用小型调Q激光器驱动飞片技术,成功引爆PETN炸药。王春彦的论文中利用脉冲宽度60ns、功率密度$2.5 \times 10^8 \text{W/cm}^2$的激光束驱动厚度为0.07mm的Mylar膜,获得了2.7km/s的平均速度。谷卓伟的博士论文中利用脉宽10ns、能量300mJ的激光束驱动了$5.5\mu m$的铝膜,获得了近7km/s的飞片速度。高杨等介绍了激光起爆引信的关键技术,同其他先进引信用起爆方式相比,激光驱动飞片冲击起爆具有一定的综合优势,几种技术对比如表6-37所列。

表6-37 先进起爆方式及其性能比较

起爆方式	装药	弹药结构	可靠性	抗干扰性
低电能热丝起爆	敏感	简单	很低	差
1A/1W电雷管	敏感	复杂	一般	一般
电爆炸箔飞片雷管	钝感	复杂	较高	较强
半导体飞片雷管	钝感	复杂	较高	较强
激光飞片雷管	钝感	较复杂	很高	很强
激光直接起爆	钝感	简单	很高	很强

表6-37所列为先进引信可能使用的起爆方式及其特点,显示了激光起爆技术的优势,激光起爆可用于多点起爆系统的定向战斗部、爆炸成型弹丸、多点同步起爆、精确起爆等先进的常规武器领域。从表中的比较无法看出激光飞片起爆比激光直接起爆的优势。实际上,激光飞片起爆应用的装药一般采用HNS炸药,是MIL-STD-1316规定直列式起爆系统的"许用炸药",要比激光直接起爆装药更钝感,因此安全性更高。尽管国内已探索研究了激光飞片起爆技术,试验获得了成功,但关于激光飞片雷管的应用没有报道。激光驱动飞片技术在超高速碰撞、材料动态力学性能等研究方面,都具有极其重要的应用价值。此外,激光驱动飞片技术在武器安全起爆、点火系统以及航天领域实验室模拟太空环境中的高速粒子碰撞等方面,也具有广阔的应用前景,因此该技术成为世界各国的研究热点。应用物理化学国家级重点实验室对激光飞片起爆技术进行了研究,分别介绍如下。

1. 激光飞片起爆雷管设计

激光飞片起爆雷管设计原理如图6-53所示,它与LEBW式结构类似,只是炸药样品与金属层之间使用空气隙隔离。当强度为GW/cm^2量级的激光束照射在玻璃窗口后表面上的金属膜上时,沉积的激光能量将烧蚀金属膜前表面部分,产生等离子体驱动金属膜的其余部分,形成飞片撞击炸药起爆。对于激光飞片起爆雷管而言,激光的辐射强度约为$10GW/cm^2$。

高强度光束与目标金属反应的趋肤深度,依赖于激光波长和目标材料。当用 $1.06\mu m$ 波长辐射铝目标时,趋肤深度约为 $5\mu m$。Krehl 等认为,为了达到离子化,将小飞片加速到具有一定动能,所需要的激光能量约为 10mJ。因此,当使用小于 $\phi 1mm$ 的光点尺寸、短于 10ns 脉冲宽度、功率为数 GW/cm^2 的激光对目标金属进行照射时,将立即生成一个极强的高温度等离子体。所产生的等离子体绝热膨胀并向剩余的目标材料发出冲击而产生飞片,这种烧蚀的等离子体提供了类似火箭一样的推冲力,而且初始运动在激光脉冲峰值之前就开始了。随着接近峰值,飞片速度将逐渐增大。

在研究激光驱动飞片的过程中,发现在设计 LID 时需要注意以下几个问题。

(1) 对于薄飞片而言,当加速薄片的位移和直径几乎相同时,由于随后的热传递而导致烧蚀不是严格的一维情形。显然,激光能量传递到与辐射区相邻的非辐射目标区域,这样产生的结果就是烧蚀材料的有效直径大于激光光点尺寸,且降低了烧蚀材料的厚度。这些边沿效应,对于用在激光起爆高能炸药的薄飞片的最佳设计而言,是极其重要的。在此,较薄的飞片将提供撞击高能炸药的较短冲击持续时间,而冲击持续时间是飞片冲击起爆过程的一个重要参数。

(2) 对产生飞片的目标的辐射表面实施强约束或强装填,将会使其所产生的压力从 1GPa 上升到 10GPa(辐射强度为 $1GW/cm^2$),并能增大压力脉冲的持续时间。这将导致飞片推进到较高的速度,Sheffiele 报道了由于约束造成的直接结果,是速度增加了 430% 的实例。

(3) 当飞片厚度小于 $66\mu m$、直径小于 $\phi 1mm$ 时,在辐射能量大于 $10J/cm^2$ 时,最终飞片速度与飞片厚度的平方根成反比。辐射能量达到 $25J/cm^2$ 时,降低脉冲宽度可使峰值速度增加,这可能与激光能量耦合到飞片的动能速度有关,脉冲宽度为 $4\sim 8ns$ 时,最大耦合效率为 40%。

在高能炸药的激光起爆中,发射飞片的目标是最终撞击高能炸药,并使之发生冲击起爆。影响冲击起爆的因素是飞片速度不均匀及运动不稳定(飞片质量和激光辐射不一致)。S. A. Sheffield 等使用钕玻璃激光器(波长 $1.06\mu m$、光点尺寸 $\phi 1.5mm$、脉冲宽度 16ns、强度为 $11GW/cm^2$、铝飞片厚度 $66\mu m$)使 $1.40g/cm^3$ 的 PETN 和 $1.69g/cm^3$ 的细粒 HNS 成功起爆。

通过改进早期技术,在紫外 - 熔融的石英玻璃基底上,用物理蒸发沉积金属膜层达到固体密度,可使较小尺寸飞片(厚度小于 $10\mu m$、直径小于 1mm)的速度达 $5mm/\mu s$ 以上,并且具有高度平整性。另外,产生飞片直径为 $\phi 400\sim 1000\mu m$ 远大于所用飞片厚度(小于 $10\mu m$),从而使边沿效应对飞片完整性无影响。

在实际设计中,为控制飞片厚度和提高飞片速度,可在金属沉积层之间再加一个介质层(小于 $0.25\mu m$),这样将会使激光烧蚀在介质层上停止,使能量利用效率达到 50%(激光能量/飞片动能)。为了使这种实验室原理样品过渡到实际引信的应用,改进激光驱动飞片撞击炸药的第一步是将金属飞片层直接装配在光纤的末端。D. L. Paisley 等用辐射强度小于 $4GW/cm^2$(波长 $1.06\mu m$)的激光驱动飞片,使比表面积为 $14m^2/g$、密度为 $1.6g/cm^3$ 的细粒 HNS 起爆。所得飞片速度为 $1.8mm/\mu s$,撞击压力约为 8GPa、冲击脉冲宽度小于 $1\mu s$。与电起爆飞片相比,激光驱动飞片撞击的压力略高,但脉冲宽度要小一个量级以上。说明起爆压力的比例大于冲击脉冲时间。

虽然激光驱动飞片能立即成功起爆 HNS,但在大多数飞片起爆炸药系统中,对所用激光器的尺寸、成本和能量要求太高。今后激光器件技术的发展,将确保激光起爆能成为一种实用的引信方案。但可以认为激光起爆将不会成为唯一的引信方案,激光飞片雷管将是另一种可供选择的方案,选择何种起爆方式将依赖于特定的引信要求。

2. 激光飞片起爆涉及的关键技术

激光飞片起爆的关键技术有激光器技术、高功率脉冲激光与光纤的耦合技术、激光飞片换能元技术、装药技术与飞片速度测量技术等,分别论述如下[20,21]。

1)激光器技术

激光器是激光起爆的关键部件,激光器的选择取决于激光器件的发展水平、炸药起爆阈值、体积要求、应用环境要求等。LIOS 的小型化研究,应用激光二极管做发火源是一种发展趋势。对于脉冲激光二极管阵列,其峰值功率为 50W、120W、1500W、4800W 不等,输出峰值功率为 350kW 的脉冲式激光二极管阵列也已出现。激光二极管难以应用于激光飞片起爆、点火系统,主要原因是激光功率低。激光飞片起爆需要的光功率密度大于 $1GW/cm^2$,因此,一般都采用调 Q Nd:YAG 固体激光器,虽然使用的调 Q 固体激光器满足了起爆的光功率密度要求,但体积比半导体激光器体积要大得多,无法应用于常规武器中。因此,调 Q 激光器的小型化成为急需解决的问题。随着激光器技术的发展,调 Q 激光器的小型化问题可以解决。

2)高功率脉冲激光与光纤的耦合技术

在激光起爆、点火系统中,光纤是激光能量传输的通道。起爆钝感炸药需要较高的点火阈值能量和阈值功率,激光飞片起爆需要的光功率密度大于 $1GW/cm^2$,如此之高的激光功率密度对激光注入光纤的耦合和传输造成很大的困难。美国 DOD 对激光发火用光纤的要求是峰值功率可达 $10GW/cm^2$、使用寿命不小于 10 年、抗拉强度为 $52.5kg/cm^2$、损耗为 6dB/km、接头损耗为 1dB/个。

国外在激光驱动飞片技术研究中,使用的光纤多为芯径数百微米的大芯径多模石英光纤。激光发火阈值能量的增加与光纤的直径不呈线性关系,而是波长、脉冲宽度、炸药特性、光纤直径等综合因素的函数。通常使用的光纤直径越大,激光能量密度就越小,激光点火阈值能量就越大。因此,在不考虑光纤传输损耗的情况下,使用大芯径光纤会增大起爆阈值。光子晶体光纤传输的能量较小,但较小的芯径可传输很高的功率密度,在高功率密度激光传输中的发展潜力巨大。光子晶体光纤可传输高功率单模脉冲激光,与传统阶跃式单模光纤相比,传输能量密度要高一个数量级。采用损伤阈值高的光纤是必然的选择,同时光纤端面的处理同样对于损伤阈值有影响,光纤端面的激光损伤阈值约为其内部损伤阈值的 1/3,用 CO_2 激光对光纤端面进行熔化抛光处理,可使光纤端面的激光损伤阈值提高 3~4 倍。

将激光耦合入光纤,通常采用的方法是利用一个短焦距凸透镜。从光纤传输效率的角度考虑,将光纤输入端面置于经透镜聚焦后的光斑焦点前,就可以提高光的传输效率。但在焦点处激光的功率密度最大,对光纤的损伤也是最严重的。研究表明,光纤位于耦合透镜焦点前与焦点后位置处,对传输效率的影响并不显著,但对光纤的损伤阈值影响却十分显著。分析原因是由于光纤输入端面位于焦点前时(即焦点在光纤内),光路中功率密度最大处位于光纤内,大大提高了光纤的内部损伤概率。此外,激光束与光纤的同轴度、光纤的 NA,对光纤的传输效率都有重要影响。通过提高光纤的能量传输效率、减小光学元件的插入损耗,从而减小了系统的激光输入能量发火阈值,是从系统角度实现激光起爆、点火系统小型化和实用化的关键。

3) 激光飞片换能元技术

激光飞片换能元技术包括换能元飞片靶材选择及其制备技术，这是激光飞片雷管的关键技术。激光飞片靶金属膜厚度与激光参数要求匹配，要保证激光产生的等离子体高温、高压物质能将飞片从飞片靶膜层上剪切下来，高速驱动出去；同时保证金属膜层不被全部熔化烧蚀，飞片靶膜厚与激光参数的匹配关系非常重要。飞片的膜厚对飞片的终极速度、飞片的加速过程有影响。优化换能飞片的膜层厚度与激光参数的匹配关系，可以提高激光能量转化为飞片动能的效率，从而提高整体的能量转化效率，使最小激光起爆能量阈值降低。

选择激光飞片靶的制备方法的同时会决定飞片的结构性能参数，因此，对产生的飞片形态及完整性有重要影响。董洪建等试验测定了场致热扩散、涂层黏膜、磁控溅射镀膜和胶黏剂黏膜4种膜层制备方法产生的飞片。试验结果显示，磁控溅射镀膜制备的飞片太脆，会完全破碎；用黏合剂黏结法制备的飞片，光强中心处呈现撕裂状，这是由于激光光强分布不均所致；只有场致热扩散和涂层黏膜两种方法可以获得比较完整的飞片。然而，应用最广泛的飞片靶的制作方法，却是真空磁控溅射法，这是因为该方法制作的飞片厚度容易控制，操作比较简单，可以按照需要制得各种单层或多层膜，并能保证飞片各层膜的纯度。

飞片靶材结构主要包括单层膜结构和多膜层（复合膜）结构。图6-54所示为单层膜结构飞片起爆炸药装置的结构示意图，图6-55所示为复合膜飞片结构示意图。

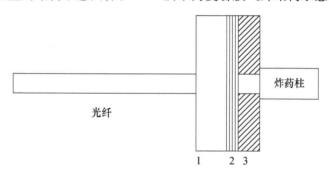

图6-54 激光单层膜飞片侧面结构示意图

1—光学窗口；2—飞片靶；3—加速膛。

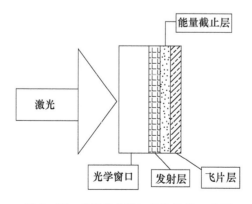

图6-55 典型复合膜飞片靶结构示意图

在图6-54中，1为光学窗口，同时作为反射层，主要作用是阻碍等离子体逆向膨胀，增强能量耦合和增强飞片的冲击动量耦合。作为约束层，首先应该对相应波长的激光透射率要高,其材料大多选用 Al_2O_3 玻璃、BK7 玻璃、石英玻璃或蓝宝石等。约束层要保证足够的强度,可以通过增加窗口的强度和厚度的方法保证。2 为飞片靶,典型为铝箔,是产生飞片的来源。3 为加速膛,起限制和切割飞片的作用,使得产生的飞片具有更高的速度。

图 6 - 54 所示为最简单的飞片换能元结构示意图,激光通过光纤传输至光学窗口,由于激光的作用使得金属箔的部分汽化,产生等离子体。并且,其余的激光能量被等离子体吸收迅速膨胀,整个过程在几十纳秒的时间内发生,瞬间压强达太帕量级。由于光学窗口的限制与反射作用,等离子体膨胀只能向加速膛方向做功,使剩余的金属箔形成飞片并产生加速度。在通过加速膛的飞行过程中,使得飞片速度达到最大,出膛速度达 3~10km/s。当飞片达到这样高的速度时,可以直接撞击起爆对短脉冲敏感的猛炸药。

试验研究表明,与简单的单层膜结构相比,复合膜得到的飞片能量耦合效率更高,飞片的速度相比单层膜提高了约 30%。高杨在介绍激光飞片起爆技术时,总结了复合飞片靶的结构(图 6 - 55),包括发射层、能量截止层和飞片层 3 层结构。发射层的作用是吸收转化激光能量并向截止层释放;能量截止层的作用是反射激光和发射层产生的光和热,保护飞片层的完整。

4) 装药技术

炸药的冲击起爆阈值不仅与冲击压力有关,而且与压力脉冲持续时间及加载面积有密切关系。压力脉冲持续时间越长,加载面积越大,冲击起爆的阈值越低,并逐步趋于稳定值。这就是平面一维持续脉冲冲击起爆的情况,随着压力、脉冲持续时间的缩短,不同加载面积的冲击起爆阈值压力曲线逐渐趋向平面一维短脉冲冲击起爆阈值压力曲线,即 $P^n\tau$ = 常数。飞片雷管对始发药的起爆,属于小直径、短脉冲冲击起爆。

激光飞片冲击起爆用的始发药有 PETN、HMX、RDX、HNS 等猛炸药。美、英、法、俄等国研制的飞片雷管,大多采用比表面积为 8~10m^2/g 的 HNS 炸药。始发药的选择必须满足:对持续脉冲冲击钝感、对短脉冲冲击敏感,爆轰输出性能好、起爆阈值分散度小、爆轰成长周期短和热安定性好。

美国 DOE 所属劳伦斯利弗莫尔实验室的观点,是用 PETN 或 HNS 敏感始发药剂,可以使点火装置输出激光能量减少,从而减小点火装置的质量和尺寸,有利于产品小型化。而美国 DOE[1] 规定,常规战斗部装药序列的始发药不允许采用 PETN 炸药,而主张采用 HNS 炸药。将 HNS(特别是亚微米颗粒的 HNS IV)作始发药许用配方,是各方面都能接受的。HNS 是 MIL - STD - 1316 规定直列式起爆系统的"许用炸药"。HNS 炸药最大的优点是具有良好的热安定性,但它毕竟属于较敏感的炸药配方,若将它作为钝感炸药系统的始发药,需通过飞片层起爆钝感传爆药,以实现装药序列的安全匹配。始发药和传爆药之间通过飞片传递爆轰,不仅对安全有利,也可以改善爆轰传递性能。

5) 飞片速度测量技术

激光飞片的速度测量是一个重大的技术难题,飞片测速使用最多的方法是光学干涉法,其中最典型的是 VISAR 和光学记录激光速度干涉仪(ORVIS)。它们可以记录飞片的瞬时速度。VISAR 的优点是条纹常数可记录较大的速度范围,入射光束质量高,得到的速度精度也高。VISAR 的响应时间主要由光电倍增管及数字示波器决定,而光电倍增管及数字示波器的采样率还不能完全满足使用要求。因此,利用 VISAR 测量激光驱动飞片的速度时,经常会发生"丢波"现象。当飞片直径过小(小于1mm)时,VISAR 等仪器必须借助相应的光学辅助装置,将激光束光斑控制在飞片直径区域内,才能对飞片的速度进行实时测量。这直接增加了试验成本和系统调试的难度,而且光学系统的瞄准精度还可能影响到速度测量的准确性。国外应用较多的是超高速扫描相机,利用超高速扫描相机记录整个碰撞过程,可以非常清楚地看到产生的飞片飞行过程,从而进行飞片的平面性和完整性分析。

激光飞片起爆作为一种先进起爆方式,具有抗电磁环境干扰能力强、时间精确控制、高安全性和可靠性等特点,在先进武器系统中有重要的应用价值。激光飞片起爆的关键涉及基础理论研究及总体设计技术,具有先进的火工品技术与激光、光纤光学、能量光电子学、微精密加工等多学科交叉的特点。激光直接起爆炸药已在一些先进武器中得到了应用,但激光飞片起爆技术还未实际应用,面临一些急需解决的瓶颈问题,主要包括激光器小型化和高功率脉冲激光的光纤耦合、传输等。随着科学技术的发展,这些限制瓶颈问题必将会得到解决。

6.4.3　光纤传输激光驱动飞片起爆高比表面积的 PETN 炸药

光起爆装置的应用可减少雷管意外点火的可能性,它通过对电隔离和不兼容提高了安全性能。光信号与所有其他能量信号不兼容,使用光发火能使炸药与其所处的电环境绝缘。而这些电能量信号是造成意外发火事故的可能因素之一,存在于武器系统或可靠性事故发生的环境中。

大家熟知的两种 LID,即激光爆炸箔雷管和激光飞片雷管,是利用冲击作用瞬时起爆猛炸药。激光爆炸箔雷管要求填充低密度的初始炸药,因为它是依靠激光诱导的等离子体膨胀起爆炸药,非常像爆炸桥丝雷管。Akinci 等基于这个原理,研制出一种靶场射击用雷管。本节主要描述利用激光飞片起爆 PETN 炸药所进行的研究[22]。

利用 Nd:YAG 调 Q 的激光器发射飞片的系统,飞片的发射速度超过 4 km/s。这些飞片在亚毫微秒的持续时间内,产生超过 30GPa 的撞击冲击。通过撞击有机玻璃窗口和利用超高速扫描照相机记录产生的光,对飞片的平整性和完整性进行研究。数据分析证实了一个关键的机理认知,能够对系统特征进行控制和优化,以实现炸药的起爆。针对比表面积为 12700~25100 cm^2/g 的 PETN 炸药进行了试验,考查了在极短的冲击稳定期时比表面积对点火阈值的影响,得出明显的最小点火比表面积的大小。在激光脉宽接近粒度的级数时,观察一些点火过程中的局部反应,并试图用作用原理对其进行解释。随后,针对激光驱动飞片起爆 PETN 的 $p^2\tau$ 进行求值,将计算出的临界能量与已发表的数据进行比较,并对类似系统进行了分析与讨论。

1. 作用原理

高功率激光脉冲耦合到一个大的光纤纤芯里,激光能量经过光纤传输到输出端面,在这里它入射到一个沉积在透明基底上的金属薄膜上。加载的激光脉冲有足够高的功率和持续时间,该金属膜一处较薄的部分发生了汽化,形成高吸收等离子体,被限制在基底和金属模层之间。进一步吸收激光能量致使等离子体发生高速膨胀,对剩余的薄膜产生加速而形成飞片。飞片穿过一个间隔件或加速通道形成的小间隙,抵达药柱的炸药面。这个炸药是高密度、高比表面积的装药,如 PETN 炸药。飞片给予炸药极高的压力和短暂冲击,导致炸药瞬间爆轰。

已发表的关于利用激光驱动飞片起爆猛炸药的研究不多,Honig 曾经报道多种 LID 系统中 PETN 炸药的起爆研究。利用衍射光和光纤产生光能,1J 的激光能量足以点燃 16 个雷管。Watson 利用激光直接照射直径为 1mm 的飞片，飞片带有接近 300mJ 的能量起爆 PETN 炸药。Greenaway 利用激光驱动飞片（不通过光纤传输），携带几分之一焦耳的能量起爆 HNS 炸药。

2. 试验用的 PETN 炸药

为了评价 PETN 炸药比表面积对激光起爆阈值的影响，研究了 4 个批次的 PETN 炸药。对这些药剂利用 BET 方法，测量出比表面积范围在 12700 ~ 25100cm^2/g 之间。试验用的药剂与测量结果如表 6 – 38 所列，这些批次药剂的电子扫描显微镜图像见图 6 – 56 ~ 图 6 – 59。

表 6 – 38 试验用 PETN 药剂

批次	比表面积/(cm^2/g)
A3U	25100
A4	20600
A6	12700
C2	15300

图 6 – 56 MF83/A3U 试样

图 6 – 57 MF83/A4 试样

图 6 – 58 MF83/A6 试样

图 6 – 59 MF83/C2 试样

一般地讲，图像的目视检查与所测量的比表面积相一致。例如，低比表面积药剂的结晶较大；反之亦然。药剂被压制成药柱，装配进雷管壳里。药柱直径为 ϕ6mm，长度 3mm，密度是 1.6g/cm^3。

3. 光纤与激光飞片起爆器

传输高功率激光脉冲使用了大芯径光纤，光纤芯尺寸的 75% ~ 80% 用来输入光束，以防止光纤包覆层和光纤套暴露在激光束中。图 6 – 60 所示为激光束的剖面，光纤输出光束的典型剖面如图 6 – 61 所示。

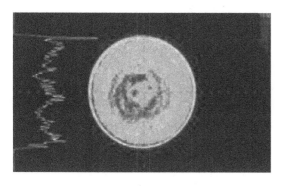

图 6-60 激光束的剖面

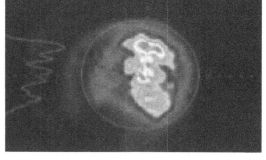

图 6-61 光纤的输出光束剖面

为了最大限度地传输高功率激光,同时尽量减少光纤受损害的危险,需要先在低能量下校准光纤,随后将该能量增加至期望的水平,并进行 3 次发射,以测量该光纤的输出,进而可以计算出激光能量传输到雷管上的实际值。然后将光纤连接到雷管上,光纤连接雷管的结构如图 6-62 所示。图中利用一个标准 ST 接口将光纤装配到雷管上,随后将一个带透明基底的金属层覆盖在光纤末端,聚酰亚胺加速膛将金属覆层基底与炸药柱和光纤分隔开。

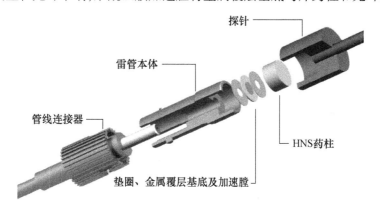

图 6-62 光纤传输激光驱动飞片起爆器示意图

(注:图中使用标准 ST 接口将光纤连接至雷管,带有金属箔层的透明
基体位于光纤尾端处,加速膛将附有金属箔的基体与炸药柱分开)

ϕ1mm PMMA 有机玻璃发光体,安装在靠近药柱输出面的位置,以提供爆轰波抵达的时间数据。这个发光体用光纤与快速光电二极管相连接,这个快速光电二极管和位于光纤输入面的光电二极管,通过数字化示波器进行记录。提供激光脉冲到达雷管时和当药柱爆炸时的数据,就可以计算出雷管的作用时间。

如果用 PMMA 有机玻璃窗取代炸药柱,这一试验还可以用来研究飞片的特性。撞击飞片和窗口之间的空气绝热压缩并产生了强烈的闪光,使用 Optronis 公司的超高速摄像机进行记录,通常以 10ns/mm 的扫描速度运行。分光器可使一小部分的激光脉冲输入摄像机,完成飞行时间的计算。在非线性扫描速度的情况下,运行在 100MHz 的快速开关启动二极管激光器,提供了一个校准光源。

4. 试验结果

采用图 6-62 光纤传输激光驱动飞片起爆器,进行了激光驱动铝飞片起爆 PETN 装药的批次试验。这些飞片给予炸药的冲击持续时间小于 0.7ns,大大短于一般电飞片雷管。这些试验中选择的激光脉冲长度约为14ns,所有能量已经标准化。这增强了光纤的损伤阈值,并使得更多的能量传输给雷管。

1)飞片平整性和完整性分析

利用飞片撞击挤入聚甲基丙烯酸甲酯的窗口,并利用高速条纹摄像机研究了撞击过程。一个典型的撞击如图6-63所示,并且标记了有关特征。正如预期的那样,一旦加速膛的长度超过一定值,由于等离子体开始穿过飞片"燃烧",飞片开始显现衰减迹象。在这些试验中,可以选择适当加速膛的长度,尽量减少飞片破裂的概率。保守估算,在观察到的飞片发生破裂过程中,这种情况大约占到近50%。图6-63表明试验系统产生的飞片非常平整,飞片撞击时间的横向变化不到1ns。早先的试验表明,飞片平整和光纤输出光束的外形之间有直接关系。因此,要确保光纤输出横向光束剖面的均衡性。

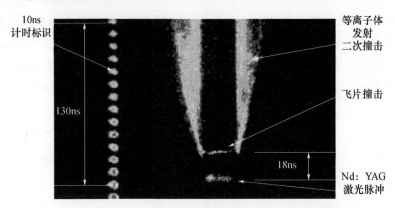

图6-63 飞片撞击PMMA有机玻璃窗的高速条纹照片(彩插见书末)

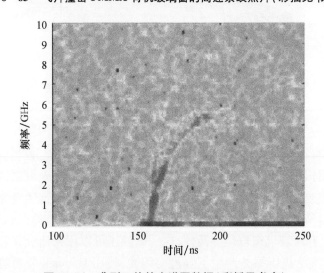

图6-64 典型飞片的光谱图数据(彩插见书末)

2)依据能量测定飞片速度

利用外差式测速仪测量了飞片速度,图6-64所示为典型的飞片光谱图数据。这个光谱图数据转换为速度与时间的关系曲线,如图6-65所示。

进行这些试验采用的加速膛长度,明显长于确认飞片完整性中使用雷管的加速膛长度。因此,可以估计出在激光能量作用下冲击速度的阈值,如图6-66所示,并且可以计算出冲击压力和持续时间。

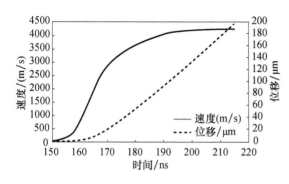

图 6-65　典型的飞片速度随时间变化曲线

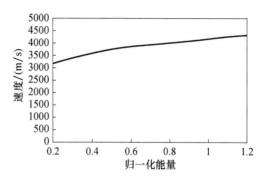

图 6-66　冲击速度与能量的关系曲线

5. 比表面积对阈值的影响

表 6-39 所列为 PETN 每个批的阈值数据,这些值绘制在图 6-67 中。可以看出,随着炸药比表面积的增大,起爆阈值降低。

表 6-39　PETN 批次阈值

PETN 批次	比表面积/(cm^2/g)	能量阈值/J	δ	估计的飞片速度阈值/(km/s)
A3U	25100	0.64	—	3.89
A4	20600	0.75	0.03	4.00
A6	12700	1.29	0.16	4.38
C2	15300	1.11	—	4.27

对于给定的炸药,显示出点火过程占优势的长冲击载荷的起爆阈值,随比表面积减小而降低。对于短冲击,点火阈值是由爆炸成长过程和稀疏波造成反应猝灭之间的结果所决定的。为了克服稀疏波效应,通过提高冲击压力和炸药的比表面积能够加速反应过程成长。因此,在某个冲击持续时间下,具有较高比表面积的细炸药粉剂比粗粉末的点火阈值低。

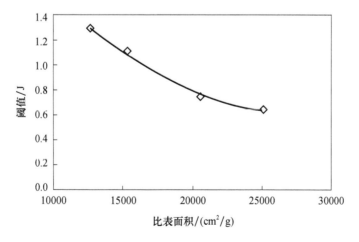

图 6-67　比表面积与阈值的关系

6. 发火能量对作用时间和爆速的影响

假设飞片尺寸在临界直径以上,为了使非均质炸药通过飞片成功地冲击起爆,反应必须在来自飞片边缘或者后面的稀疏波熄灭反应之前达到爆轰。本节所描述的试验中飞片的尺寸、速度和冲击速度等参数,表明来自飞片背后的低压区决定该条件阈值。

可以计算出在受冲击炸药中,冲击持续时间和冲击速度给予炸药最大的一维冲击。在此基础上,可以计算出爆炸运行距离必须小于5μm,并随冲击速度的不同而变化,而冲击速度取决于飞片速度。对于给定的PETN批次,作用时间随着飞片的速度不会有显著变化,如图6-68所示。爆炸的运行距离约5μm,可以将药柱的总长度减少到3mm,爆炸成长时间的差异与整个作用时间相比显得微不足道。爆炸成长距离短及相应的运行时间短,能使爆炸速度由整体作用时间参数进行精确测定。

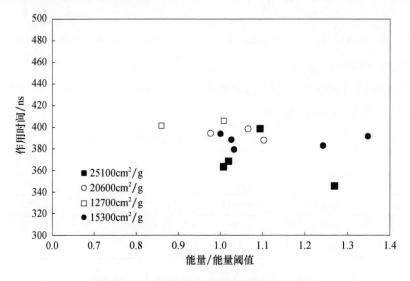

图6-68 作用时间与能量/能量阈值的关系

非均质炸药"无限"持续期冲击起爆的条件阈值,由点火过程决定。即必须传递给炸药足够的能量,以点燃爆炸物和建立爆轰反应"成长",反应与从燃烧成长到爆轰花费的时间是不相关的。对于短期冲击发火,反应的成长很重要,因为反应必须在爆轰稀疏波平息反应以前发展成爆轰。因此,由于反应速率随炸药比表面积的增加而增加,非均质炸药的短冲击起爆使用了高比表面积的炸药粉末。在此基础上,观察到意料之中的爆速随比表面积的增加而增加。测量的爆轰速度如表6-40所列,与PETN在密度1.6g/cm³时公布的值7.75 km/s是一致的。

表6-40 作用时间和爆速

PETN 批次	比表面积/(cm²/g)	爆速/(km/s)	作用时间/ns
A3U	25100	8.14	368.72
A4	20600	7.62	393.53
A6	12700	7.44	403.30
C2	15300	7.75	387.04

7. 激光飞片雷管中的部分反应

对填充了批号6炸药的雷管进行测试时,取得了一些不同寻常的结果。这是试验批次中具有最高阈值的一批。观察到,一些发火似乎是局部反应。没有感觉到爆炸反应的声响,并且药柱输出端的计时光纤没有任何发光记录,但在检查已发火的雷管时,炸药柱的破坏显而易见,而且发现这些发了火但未爆炸的雷管壳体是完整的,这意味着反应强度低而且熄灭。

有一次发火尤其值得深入探讨,雷管壳体经过反应被分裂为两部分,如图6-69所示。似乎持有计时探测光纤的端头对压力已加载了足够的约束,造成了雷管机构的重大破坏。然而,炸药柱基本上保持完整,对其进行了激光照射后的现象分析,显而易见在该药柱的中心处有一个接近飞片大小的小孔,认为反应已经从这里开始,但没有得到发展。可能是在前面的飞片发射中,没有提供足够的约束来构建起冲击压力,因此,只有炸药柱本身被破坏。

图6-69 爆炸后裂开的雷管

Wasch 在对具有类似比表面积的 PETN 粉末用小的电驱动飞片起爆时,注意到了一些点火导致过长 DDT 作用时间和较低一级反应的类似结果。没有回收任何完整的炸药证据,虽无法作出详细的评估,但他提出了起爆临界直径的问题。

当受到冲击的载荷面积低于临界点火尺寸时,被破坏药柱的残余 PETN 中的孔洞是 HNS 和 TATB 成分特性的反映。然而,从其他系统(较低比表面积的 PETN 批次的电飞片起爆)可知,作为 A6 批,激光飞片不可能在临界尺寸以下。

可以看出,A6 批是这些研究中阈值最高的一个批次。在这些能量状态下,飞片的完整性受到等离子侵蚀或烧伤,导致跨越整个撞击区域的不同的冲击持续期,这有可能导致在该压紧的炸药区域看到作为迅速引爆的冲击持续期不够,不能支持爆轰的成长,使爆炸反应传播失败。

8. 炸药 PETN 和 HNS 阈值的比较

M. D. Bowden 在爆轰会议上发表了对 HNS LID 的研究工作。在这篇文章中,测量了一系列 HNS 炸药粉剂的发火阈值,使用的试验配置可与本节的介绍相比较。这使得可以将在此试验配置下 HNS 和 PETN 的起爆阈值进行比较,如图6-70所示。对比表面积范围的研究,可以看出,与 HNS 相比,PETN 的阈值明显较高。也可以看出,小的比表面积范围的 PETN 阈值显示出非常大的差异。

应当指出的是,与在研究电飞片雷管中所用的炸药相比较,在这一范围内的 HNS 炸药比表面积($4 \sim 15 m^2/g$)表明,药剂的粒度不是特别精细。然而,PETN 炸药的比表面积就非常高,大大高于电飞片雷管所用的 PETN 炸药粉(约 $8000 cm^2/g$)。

为了将 PETN 炸药的激光起爆阈值减小到与 HNS 炸药相当的水平,或低于 HNS 炸药的激光起爆阈值,很可能要求其比表面积超过 $30000 cm^2/g$。这种高比表面积的药剂有不稳定的老化期,也带来了细化加工处理的工艺问题。

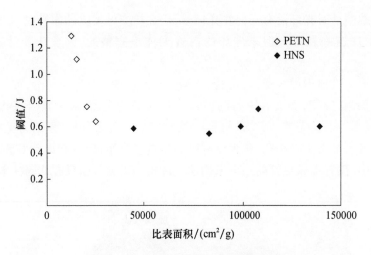

图 6-70　PETN 和 HNS 的阈值比较

9. 求解 $p^2\tau$ 的值

Walker 和 Wasley 定义了作为冲击点火发生必须超过的临界能量通量，该临界能量通量为

$$E_c = \frac{p^2\tau}{\rho_0 U} \tag{6-7}$$

式中：p 为对炸药的撞击压力；τ 为冲击持续时间；U 为冲击速度。利用飞片速度（在阈值的）和蓝金 – 雨贡纽方程，可以求得临界能量通量的值。

PETN 炸药 4 个批次的临界能量通量数据如表 6-41 所列，临界能量通量与比表面积的曲线如图 6-71 所示。对于 PETN 和比表面积所考虑的范围，临界能量通量随比表面积的增加而减少。正如前面几节讨论的一样，这一结果将反应率随比表面积增加而增长合理化。Cooper 公布了这个密度的 PETN 数值 $0.167(\text{GPa}^2 \cdot \mu s)/(g \cdot cm^{-3} \cdot km \cdot s^{-1})$。然而，如上所示，$E_c$ 依赖于比表面积以及其他因素。此外，据报道 E_c 还依赖于压力。但 Cooper 并没有详细说明试验条件，所以本节的试验结果和 Cooper 的试验结果无法进行比较。

表 6-41　飞片临界能量通量计算结果

PETN 批次	比表面积 /(cm²/g)	飞片速度 阈值/(km/s)	p /GPa	τ /μs	冲击速度 /(km/s)	$E_c/((\text{GPa}^2 \cdot \mu s)/(g \cdot cm^{-3} km \cdot s^{-1}))$
A3U	25100	3.89	29.66	0.0006964	7.61	0.0503
A4	20600	4	30.98	0.0006901	7.76	0.0533
A6	12700	4.38	35.70	0.0006694	8.28	0.0644
C2	15300	4.27	34.30	0.0006753	8.13	0.0611

对基于激光发射高速金属飞片的系统进行了改进和特性优化研究。飞片的飞行速度超过 5km/s，并且非常平整，飞片撞击时间变化小于 1ns。当受到的冲击载荷小于 1ns 时，用激光飞片系统测量了几个批次 PETN 的起爆特性。

人们发现，比表面积范围在 $12700\sim25100\text{cm}^2/\text{g}$ 内的起爆阈值和临界能量通量，随比表面积的提高而减小。该结果与反应速率随比表面积的增加而增大相一致。对于这里试验的炸药，影响起爆阈值的炸药性质似乎仅仅是比表面积。

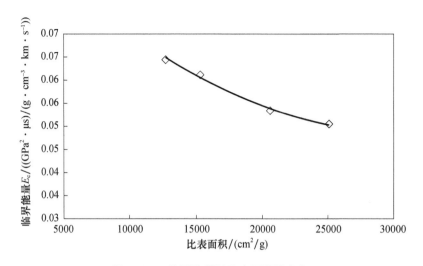

图 6-71 临界能量随比表面积的变化

将获得的 PETN 炸药的起爆阈值与以往对 HNS 的研究工作进行了比较,发现相对于以前电飞片雷管的研究结果,在这个试验系统中,发现 HNS 更容易被起爆。当能量阈值上升时观察了局部的反应,并且由此提出了一种作用机理。与先前的研究不同是在于能够检测到飞片雷管的发火作用点,并检查了发火地点。

6.4.4 低能激光飞片两段法起爆炸药

本节介绍一种激光引爆驱动飞片起爆炸药的两段起爆装置[18-23],第一段是用激光达到热起爆,第二段用于冲击转爆轰。激光引爆第一段炸药物质产生的爆燃压力,剪切位于两段炸药物质之间界面上的金属片,形成一个相当于活塞高速运动的飞片,该飞片撞击、压缩在第二段多孔炸药上并引起爆轰。因为有壳体约束,起爆是冲击转爆轰的过程。这种原理的缺点与使用冲击转爆轰的过程有关,必须使用一种低密度(1.1g/cm³)炸药,事实上,是一种具有高孔隙度和大颗粒度的接近于压实密度的炸药;增加了药剂组分的敏感度,对小组分装药的重复性不利;第二段炸药物质要有足够的长度,以便达到爆轰成长,这样就明显地加大了炸药的使用量。采用两段式冲击转爆轰的光学起爆技术,可以避免上述缺点。

在光学冲击转爆轰型两段起爆雷管中,光纤的一端与激光器连接,另一端插入一个连接器中,与第一段的炸药物质邻接,其输出端有一个金属箔。金属箔的一个面与第一段烟火药接触,另一面与加速膛相接。第二段压装有炸药物质的装置与第一段装置成一直线,两段之间由加速膛空间分隔。

当光纤向装药物质传递激光辐射时,由于第一段炸药爆燃产生的有效压力,使金属箔片通过加速膛以很高的速度撞击到第二段炸药物质的端面上。飞片撞击时,触发炸药物质由冲击转爆轰。该冲击转爆轰两段起爆装置较短,含炸药物质少,稍钝感,再现性更好,作用时间比 6.3.5 节描述的要短。

加速膛的直径最好要比第二段炸药物质的直径大,与腔体毗邻的第二段炸药物质的端面最好与组成腔体的端面一致。撞击时,金属飞片同时与炸药物质和腔体的端面相撞,使冲击波集聚在炸药物质上。

1. 球透镜聚焦的光学两段起爆

球透镜聚焦的光学两段起爆装置的剖面如图 6-72 所示，该图显示的是冲击转爆轰的两段光学起爆装置。

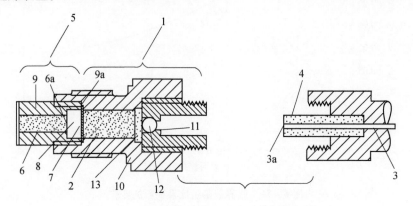

图 6-72　球透镜聚焦的两段光学起爆的示意图

1—激光点火驱动段；2—爆燃炸药；3，3a—光纤；4—连接器；5—飞片冲击起爆段；6，6a—冲击起爆炸药；7—金属箔片；8—加速膛；9，9a—输出密封壳体；10—输入密封壳体；11—窗口；12—球透镜；13—光敏点火药。

该装置的第一段中装有炸药物质 2、聚焦球透镜 12 和光纤 3。光纤的一端与激光器（如激光二极管）连接；另一端插入连接器 4 中与炸药物质 2 毗邻，用来向炸药物质 2 传递激光辐射。装置的第二段 5 中装有炸药物质 6，与第一段的炸药物质 2 成一直线，两个炸药物质之间用一个加速膛空间 8 隔开。两个密封部件 9 和 10 是用螺纹连接在一起的。

金属箔片 7 是用钢带制成的，其厚度为 $100\sim250\mu m$。激光能量传递到第一段装置 1 中的炸药 2 上，使炸药点火产生的压力，以不小于 $500m/s$ 的速度将金属片推进到加速膛腔体 8 中。金属飞片撞击起爆第二段炸药装置产生爆轰输出。

第一段装置中的炸药 HMX 的密度为 $1.65g/cm^3$，颗粒尺寸为 $3\mu m$，将 HMX 与 1% 的超细碳黑混合以提高在近红外区内的激光吸收率。第二段装置中的炸药物质最好是密度大于 $1.4g/cm^3$ 的颗粒状 HMX 或 RDX。

2. 渐变折射聚焦的光学两段式起爆

图 6-73 所示为用 GRIN 透镜的另一种光纤接头光学雷管，光纤连接部件的剖面与图 6-72 相同。图 6-73 所示的第一段装置主要由光纤、GRIN 透镜、炸药物质、金属箔片、连接构件和第一段装置组成；第二段装置则与图 6-72 中的第 5 部分相同。

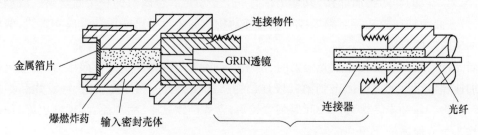

图 6-73　渐变折射聚焦的光学起爆部分剖视图

图 6-73 所示装置对光纤输入的激光是用 GRIN 透镜聚焦到炸药物质上的，其他元器件、装药和壳体结构以及作用过程则与图 6-72 所示相同。

根据以上特性可生产出装少量炸药的短雷管,这种雷管稍钝感,稳定性好,比本节开始提到的装置短。光学两段雷管的炸药物质总量明显减少了,特别是当两段式光学雷管用在宇宙飞船的运载火箭级间分离指令执行机构时,同时还减小了传递到飞船中爆炸冲击的干扰强度。

6.5 半导体激光起爆技术

随着半导体激光器件技术的迅速发展,LD 的输出功率达到了 1W 以上,其电转换效率达到 20%~30%,LD 组件坚固、光纤输出方便。所以,半导体激光器很快被用于激光起爆技术研究,作为发火能源使用,促进了半导体激光起爆技术的迅速发展。

6.5.1 半导体激光引爆 CP 炸药

陕西应用物理化学研究所研制成带输入光缆的光敏 CP 炸药 LID,进行了半导体激光引爆试验,取得结果如表 6-42 所列。

表 6-42 半导体激光起爆 CP 试验结果

序号	药剂名称	总药量/mg	激光能量/mJ	作用时间/ms	钢凹深度/mm	备注
1	CP	215	7.00	—	—	爆炸
2		320	1.62	1.04	0.76	
3		445	1.06	—	—	未发火
4		580	0.62	—	—	

从表 6-42 初步试验结果可看出,光敏细化 CP 炸药的半导体激光引爆能量最小达到了 1.62mJ,DDT 作用时间为 1.04ms、输出钢凹深度 0.76mm。试验表明,CP 炸药的激光起爆感度较高,在低功率半导体激光作用下,CP 炸药也能够实现 DDT 转换,其 LID 具有较强的输出威力。

6.5.2 半导体激光起爆 BNCP 炸药

陕西应用物理化学研究所设计研制成带光缆的光敏 BNCP LID,进行了半导体激光引爆试验,取得结果如表 6-43 所列。从表中试验结果看出,半导体激光起爆感度较高,发火能量最小达到 0.42mJ;激光发火能量减小,其作用时间有变长的趋势。

表 6-43 半导体激光起爆 BNCP 试验结果

序号	药剂名称	总药量/mg	激光能量/mJ	作用时间/ms	钢凹深度/mm	备注
5	BNCP	250	6.90	—	—	爆炸
6		271	1.03	0.265	0.89	
7		320	0.42	2.55	0.96	
8		450	0.26	—	—	未发火
9		590	0.16	—	—	

陕西应用物理化学研究所用 $\phi100/125\mu m$ NA0.22、$\phi100/140\mu m$ NA0.25、$\phi100/140\mu m$ NA0.29 渐变型和 $\phi100/140\mu m$ NA0.365 阶跃型折射 4 种不同规格光纤，对光敏 BNCP LID 的最小发火能量进行对比试验，取得结果如表 6-44 所列。

表 6-44　不同规格光纤对激光发火感度的影响试验结果

序号	光纤规格	LID 产品编号	激光能量/mJ	钢凹深度/mm	备注
1	$\phi100/125\mu m$ NA0.22 渐变折-射光纤	2002-2-01	0.94	1.06	爆炸
2		2002-2-05	0.58	—	未发火
3		2002-2-02	0.42	—	
4	$\phi100/140\mu m$ NA0.25 渐变折射光纤	2002-1-02	0.42	1.00	爆炸
5		2002-1-05	0.32	—	未发火
6		2002-1-04	0.29	—	
7		2002-1-03	0.18	—	
8	$\phi100/140\mu m$ NA0.29 渐变折射光纤	2002-2-10	0.74	0.77	爆炸
9		2002-2-06	0.59	—	未发火
10		2002-2-07	0.41	—	
11	$\phi100/140\mu m$ NA0.365 阶跃折射光纤	2002-2-11	0.88	0.92	爆炸
12		2002-2-12	0.66	—	未发火
13		2002-2-14	0.42	—	

表 6-44 中的试验结果表明，用 $\phi100/140\mu m$、NA0.25 渐变型光纤制成的 BNCP LID 的起爆感度最高，比用 $\phi100/140\mu m$、NA0.365 阶跃型光纤制成的 BNCP LID 高一倍。光纤的输出模式，与光纤的材料、结构、NA 等参数密切相关。$\phi100/140\mu m$、NA0.365 阶跃型光纤输出端，$\phi100\mu m$ 端面上的光强度分布较为均匀，光束发散角为 42.8°。而 $\phi100/140\mu m$、NA0.25 渐变光纤输出端，$\phi100\mu m$ 端面上的光强度呈高斯型分布，中心光强度高，边缘光强度低；光束发散角为 30.5°。故用 $\phi100/140\mu m$、NA0.25 渐变型光纤制成的 BNCP LID 的起爆感度较高。

6.5.3　激光焦点大小与加热速率对微量 BNCP 发火判据的影响

本节论述的 LDI 试验，是为了研究激光点大小尺寸和加热速率对微量炸药点火判据的影响[24]。临界温度的定义：在炸药中化学能释放和热传导作用的损失达到能量平衡时的温度。众所周知，临界温度视激光点尺寸大小而定，当然它也受加热速率的影响。然而研究这些影响的试验一般是在大的激光点尺寸、相对低的加热速率情况下进行的。最近的发展趋势是针对爆炸装置的小型化，强调在激光点小尺寸、高加热速率情况下对炸药临界温度的影响。

用图 8-24 所示 LID 和一种高功率激光二极管，在微秒量级时间范围内起爆 BNCP 炸药。在功率密度 $0.2 \sim 4.5 MW/cm^2$、激光点大小 $\phi40 \sim 200\mu m$ 条件下，进行了 40 多次发火试验。从试验结果分析研究功率密度(加热速率)和激光点尺寸大小对发火延迟的影响。

1. 不同脉冲宽度试验

在进行不同脉冲宽度的试验时，使用了高激光功率密度和小尺寸的激光点。这些试验的目的就是要确定,一旦反应开始,在炸药中促进自持反应(定义为耗尽起爆装药和 DDT 装药的一种反应,称为"发火")所需要的激光能量是多大。这些试验使用了可能的最高功率密度,以确保不计热损失,该热损失是从二极管激光直接加热的炸药区域传导出去的热量。与最高功率密度 4.5MW/cm^2(这是实际供给炸药的额定功率密度)一起使用的最小激光点为 $\phi40\mu m$。第 1 次试验的脉冲宽度设定为 $3\mu s$,然后一直减小到激光不能在炸药中自持反应起爆。

图 6-74 所示为典型的试验数据。这个试验的激光脉冲宽度是 $2\mu s$。10MHz 的光电探测信号说明反应在 270ns 后发生。高温计的 700nm 信号几乎立即开始抬升,在大约 670ns 以后有个明显的折点,在这以后信号急剧增大。在 $4.18\mu s$ 后探测出输出信号。

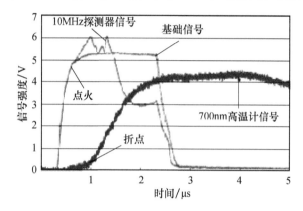

图 6-74 脉冲宽度 $2\mu s$ 的 Crowbar 试验波形

共做了 9 次试验,脉冲宽度变化从 250ns 至 $3\mu s$,结果如表 6-45 所列。所有脉冲宽度超过 450ns 的试验结果是"发火",而脉冲宽度小于 450ns 的试验是"不发火"。使用 450ns 脉冲宽度的两个试验结果是一个发火、一个不发火,说明脉冲宽度阈值接近这个水平。

表 6-45 Crowbar 数据

脉冲宽度 /μs	能量 /μJ	结果	未放大的 PD		700nm 高温计		$t_{输出}$
			$t_{点火}$/μs	$E_{点火}$	$t_{自持点火}$	$E_{自持点火}$	
3.00	198.0	发火	0.25	8.0	0.75	40.7	4.24
2.00	124.0	发火	0.27	8.9	0.67	32.1	4.18
1.00	65.0	发火	0.28	9.6	0.62	31.1	4.22
0.50	33.0	发火	0.24	7.7	0.64	28.8	4.35
0.50	33.0	发火	0.26	8.4	0.80	32.3	4.38
0.45	32.0	发火	0.38	15.8	0.68	30.1	4.17
0.45	32.0	不发火	—	—	—	—	—
0.40	28.0	不发火	—	—	—	—	—
0.25	17.5	不发火	—	—	—	—	—
平均			0.28	9.7	0.69	32.5	4.26
标准偏差			0.05	3.0	0.07	4.2	0.09

对于所有试验,光电探测器信号偏离基线需要的时间 $t_{点火}$,平均为 $0.28\mu s$,相对低的标

准偏差为 0.05μs。对于 700nm 高温计通道的数据,整理起来有点困难。在某些情况下,在激光作用后,信号就立即开始增大;而在另一些情况下,在未放大光电探测器的信号偏离基线时刻,信号开始增大。在所有情况下,信号都有一个折点,它从较陡的倾斜部分中分离开了较缓的部分,虽然在一些试验中折点比其他试验更加明显。可以推理出拥有较缓倾角的信号起始部分,是炸药中碳黑的加热所致。700nm 通道的任何信号都表明,至少炸药的一部分被加热到了极高的温度。试验中高功率密度加热碳黑如此之快,以至于炸药的温度升高,或者至少炸药的有效部分滞后于碳黑的温度升高,这是可能的。那么,在炸药重要部分的临界温度达到之前,有一个明显的延迟,结果是信号强度持续增大,并形成了曲线较陡的倾斜部分。在任何速率的情况下,到达折点所需要的平均时间为 0.69μs,标准偏差为 0.07μs,如表 6-45 所列。

每个试验的输出时间 $t_{输出}$ 非常一致,平均为 4.26μs,标准偏差为 0.09μs。这说明一旦炸药发火,拥有相对长脉冲宽度试验的过量激光能量几乎不能加速爆燃过程。这说明与化学能释放相比,激光脉冲给已开始反应的炸药输入的那部分能量是可以忽略的(或是没有效果的)。

对每个试验都进行了计算,以确定未放大光电探测器信号而偏离基线所需要的激光能量,以及 700nm 通道信号到达折点处时的能量供给,这些结果也如表 6-45 所列。未放大光电探测器信号而偏离基线所需的平均能量为 9.7μJ。700nm 高温计通道信号到达折点时,所需的平均能量为 32.5μJ。有意思的是,现在的能量与最短脉冲供给的完成点火和持续反应的能量是一致的(脉冲宽度 450ns、能量 32μJ)。这意味着,一旦反应开始,没有所需的促进自持反应的附加激光能量,反应将会熄灭,这是有可能的。在这种特殊的能量供给速率(如功率密度)下,显然 32μJ 是完成自持反应所需要的能量。

2. 不同功率密度和激光点大小的试验

使用不同功率密度与不同大小的激光点,共进行了 37 发试验,对于每种功率密度和激光点大小的组合,多半都做了 5 发试验。只是由于 φ50μm 光学装置的短缺,仅对 0.74MW/cm² 功率密度和 φ50μm 激光点大小的组合进行了两次试验。所有的试验都使用 5μs 的脉冲宽度。当然,不同脉冲宽度试验的平均数据也包括在这一组中,仅有 6 个"发火"试验的数据,但证实了不同脉冲宽度不影响发火、自持点火或输出时间。

应该注意到,拥有 1.0MW/cm² 功率密度和较低的 700nm 高温计信号的试验,没有显示出折点(图 6-75)。事实上,所进行的 1.0MW/cm² 功率密度的 5 个试验中的 4 个,在 700nm 通道信号方面没有实质性的增大,过一定时间之后信号简单地迅速向上倾斜,如图 6-75 所示。这预先揭示了 700nm 通道曲线中实质的增大是由高温碳黑造成的,它比相邻的炸药颗粒具有明显的、更高的加热速率。1.0MW/cm² 功率密度的试验数据揭示了这个功率密度是完成这个现象的临界值。所有低于 1.0MW/cm² 功率密度,优先达到自持反应的 700nm 高温计信号中,实质的增大是不明显的。试验没有显示出这种实质性的增大,自持点火时间被看作首次增大信号所需的时间,如图 6-75 所示。

如前所述,对每个试验都计算了发火和自持点火所需求的能量,然后把能量除以试验中使用的光学装置的激光点的面积而规范化,产生的能量密度通常用单位 nJ/μm² 表示。试验结果与计时数据如表 6-46 所列。注意,针对每个试验条件的数据是平均的,包括所有在一种条件下进行的试验。

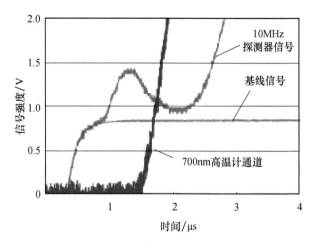

图 6-75 $D=50\mu m$ 的试验波形

(注:$q_0=1.0MW/cm^2$)

表 6-46 试验数据汇总

q_0 /(MW/cm²)	D /μm	$t_{点火}$ /μs	$E_{点火}$ /(nJ/μm²)	$t_{自持点火}$ /μs	$E_{自持点火}$ /(nJ/μm²)	$t_{输出}$ /μs
0.20	200	1.98	3.5	2.13	3.8	5.32
0.20	100	2.10	4.0	3.56	7.0	6.62
0.50	100	0.75	2.9	1.40	5.9	4.47
0.50	50	0.68	2.5	1.16	5.1	4.38
0.75	100	0.44	2.4	1.10	7.4	4.15
0.75	50	0.54	3.0	1.22	7.0	4.54
1.00	50	0.53	3.7	1.31	11.2	4.89
2.50	50	0.30	4.3	0.66	12.7	4.10
4.50	40	0.28	7.7	0.69	25.9	4.26

注:表中数据为平均值。

理论上,在功率密度和激光点大小的一个大的范围内,发火所需的能量密度 E 应该是恒定的。假定功率密度大到足以排除点火区域显著的热传导,小到足以避免炸药表面的烧蚀;并且大到足以排除与炸药相关的许多关键问题,该炸药在发火发生前必须加热到临界温度。那么当对比数据时,寻找发火所需的能量不同的密度,以及努力建立这些不同能量密度与激光点大小、功率密度(加热速率)及其他因素的影响之间的关系,是十分有意义的。

通常,功率密度在 0.2~0.75MW/cm² 内变化,发火能量密度和自持点火能量密度是相当恒定的,除了在 0.2MW/cm² 功率密度、$\phi 200\mu m$ 激光点下做的试验产生了不寻常的密度。对于 0.5~0.75MW/cm² 的功率密度,激光点大小对于发火能量密度和自持点火能量密度都没有显著影响。对于 1.0MW/cm² 或大于它的功率密度,发火能量密度和自持点火能量密度都明显高于低功率密度。

在 0.2MW/cm² 功率密度、$\phi 200\mu m$ 激光点下进行的试验,形成例外的低自持点火能量密度很难解释。特别是发火能量与其他的 0.2~0.75MW/cm² 功率密度下试验的一致。起初推测这种较低的自持点火能量密度,仅仅是从 $\phi200\mu m$ 激光点到达 700nm 高温计通道的较强信号造成的。而且通过这个 $\phi200\mu m$ 激光点的平均输出时间($t_{输出}=5.32\mu s$)与 $0.2MW/cm^2$ 功率密度、$\phi100\mu m$ 激光点的平均输出时间($t_{输出}=6.62\mu s$)的对比,也证明了这两个激光点之间有明显的不同。可以看出,增大的激光点能降低临界温度,但没有充分的数据得出一个明确的结论。当然,点火区域传导出的热量影响试验是可能的,尤其是要注意 $0.2MW/cm^2$ 这一最低功率密度的试验。今后,若使用了更先进半导体激光器件进行试验,可能具有研究这种较高功率密度的优势(对于目前的半导体激光技术和 $\phi200\mu m$ 激光点而言,$0.2MW/cm^2$ 是可达到的最高功率密度)。

起初,高功率密度下发火能量和自持点火能量密度显著增大,似乎在暗示较高加热速率时的临界温度明显较高。重要的是,注意到起爆装药是含有碳黑和 BNCP 的混合药。碳黑可以看成一种光吸收介质,而 BNCP 则是一种非吸收介质。这说明当受到激光辐射时,碳黑颗粒加热,然后把那种热能传递给炸药颗粒。如果碳黑给炸药的热传递速率几乎与激光的加热速率相一致,那么实际上能够把材料看成均匀的。在高激光功率密度情况下,希望碳黑应该以一个比碳黑到炸药热传递速率更高的速率进行加热。在这种情况下,炸药的平均温度应该明显滞后于碳黑的平均温度。

这个现象解释了为什么发火和自持点火能量密度在相对高的功率密度下趋于增大是很可能的。较高的能量很可能是加热碳黑到远远超出点火所需温度而浪费掉的能量。实际上,这是可能的,甚至可能是激光把碳黑汽化。如果是这种情况,过剩的激光能量能够在这一阶段改变速率产生一个增大的能量,而取代碳黑的温度增大。这种现象间接地暗示,为了自持反应开始,炸药的某些重要部分必须加热到或超过临界温度。如果这个问题减小到单一的球形炸药颗粒被均匀围绕在它周围的高温碳黑颗粒加热,就能推测应该出现在炸药这部位的温度增减率,作为时间的函数是与碳黑颗粒接近的。在一些给定的时间点,炸药的有效部分将被加热至支撑化学分解的水平、足以加热相邻炸药颗粒和其他炸药颗粒以支撑自持反应的水平。那么,伴随着较高加热速率,临界温度正在增大。这是由于在激光直接加热的炸药区域中的微尺寸传导在这种点火现象中起着重要的作用。

所做的试验表明,不考虑微尺寸点火判据的影响,用激光二极管发火可以达到很短的点火延迟。在所有试验中,BNCP 的起爆时间小于 $2\mu s$,用最高功率密度可以达到 300ns 的点火延迟。

本节所做的激光二极管发火试验,是为了研究激光点尺寸大小和加热速率对炸药临界温度的影响。发现在最低功率密度(如最低加热速率但有最大激光点)下,用 $\phi200\mu m$ 激光点比 $\phi100\mu m$ 激光点起爆炸药所需的能量密度低;当然,在较高功率密度下,激光点的大小不能影响能量密度。当功率密度为 $1.0MW/cm^2$ 或以上时,发现起爆炸药所需的能量密度比低功率密度的要高。这是由于与炸药相比,碳黑的不均匀加热造成的,结果是炸药的温度增加滞后于碳黑。这间接地表明,在自持点火发生前,存在一个炸药的关键量,即必须要加热到或超过临界温度。

在所有试验中,炸药在 $2\mu s$ 或更短的时间内被起爆,用最高功率密度进行试验的点火延迟时间为 300ns。

6.5.4　半导体激光快速起爆 CP 与 BNCP 炸药

猛炸药的 LDI 成为了一种最有希望的新技术。在标准 LDI 系统中,激光二极管输出经光纤耦合传输到炸药中。这种方法去掉了常用电爆炸系统中的桥丝,使含能材料与发火装置完全电隔离,由于不受与桥丝、电引线有关的特殊危害,所以大大提高了装置的安全性。这些危害包括 ESD 和 EMI。

遗憾的是,以前的研究表明 LDI 装置的作用时间一般在毫秒量级,相对慢的作用时间限制了 LDI 仅能在作用时间要求范围较宽的装置中使用,如作动器和点火器。美国桑迪亚国家实验室最近的工作集中在激光二极管快速起爆器的研制上,试图将 LDI 雷管的作用时间从毫秒量级降至微秒量级。一旦达到这个目标,就可以将这种装置看作常规快速起爆装置,如 EBW、半导体桥(SCB)、爆炸箔起爆和飞片起爆等装置的替代品。

与常规起爆器相比,LDI 装置具有高安全性优点,但使用受限制,主要是因为其不能快速起爆炸药。研究人员为将 LDI 装置作用时间降低至微秒范围进行了预先研究。为了实现此目标,将入射激光的功率密度增大,使其达到 $1MW/cm^2$ 量级。对 CP 和 BNCP 炸药的 8 种不同药剂的结构进行了研究,目的是确定平均颗粒尺寸、碳黑掺杂百分比和密度,对点火延迟期和作用时间的影响。

本节介绍了这项研究工作的初始结果,包括技术途径、试验结果和结论[25]。起爆试验表明,由于用同种药剂结构进行的多次试验得到的是不可重复数据,说明密封方面的问题和激光光点尺寸的问题所产生的结果也不一致。所以,不可能得出有关平均颗粒尺寸、碳黑掺杂百分比和密度影响的结论。但是,两种装置显示的作用时间,比过去研究中获得的作用时间要快得多。有关作用时间将在后面进行详细讨论。

1. 技术途径

LDI 与其他起爆原理相同,主要是一个点火的热起爆过程。在达到自持点火温度以前,激光器输出的光能直接将含能材料的照射区域加热,然后达到点火和反应的自持传播。由于激光点火是通过吸收光能加热,而不是冲击加热(如用 EBW 和 EFI)发生的。为了达到爆轰,则炸药首先是达到最低自动点火温度,开始燃烧。然后必须经受 DDT 过程,最终炸药应快速实现 DDT。过去的 LDI 研究表明,CP 和 BNCP 是 LDI 装置中使用最好的选择药剂,CP 和 BNCP 的自持点火温度都相对较低(大约分别为 280℃ 和 250℃),而且最容易达到 DDT。遗憾的是,这两种材料几乎都容易被大功率激光二极管辐射的近红外光穿透(约 800nm),因此,必须给 CP 和 BNCP 掺杂合适的吸收剂(如碳黑)来提高药剂的光吸收性能。

R. G. Jungst 在美国桑迪亚国家实验室的研究,得出阈值曲线如图 6-74 所示。该曲线显示了激光起爆装置的主要特征。在相对低密度时(Ⅰ区),未发生点火,在该区有大量的热从照射区传递,照射区最初被加热。但是最终这种热和其被吸收时一样被快速传导,而照射区达到稳定态温度。由于这种稳定态温度比自持点火温度低,所以不能达到点火。在Ⅱ区,传导仍然起一定作用,但炸药是在稳定态温度以前达到自持点火温度的,所以发生了点火。由于功率密度在Ⅱ区增大,使照射区的热传导效率降低。其原因很简单,即功率密度越大,炸药的加热就越快。因此,在自持点火温度达到以前热传导的时间就短,由于热传导"消耗"的能量少,则点火需要的能量也少。在功率密度增大的同时,点火能量继续下降直至达到最小能量。能量达到最低点以后,基本上保持恒定(Ⅲ区)。在Ⅲ区的点火是发生在适当量的热传导以前,因此点火区的热传导消耗的能量非常小。

很显然要想优化 LDI 系统,最主要是要辨别所推荐的系统在图 6-76 中属于哪一个区。因为任何一个给定参数的作用,都可能随着区域的不同而变化。

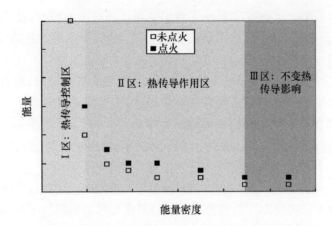

图 6-76 掺 1% 碳黑 CP 的激光二极管点火阈值数据

假定这种程序的目的是将 LDI 装置的作用时间降至微秒级,其研究工作在Ⅲ区进行,该区域最重要的参数是功率密度和吸收率。很显然,在增大功率密度的同时仍应保证光点尺寸足够大,从而将足够大体积的材料(和相应的质量)加热至自点火温度。在增大吸收率的同时,应保证含能材料不会由于添加了非含能掺杂物而被稀释。以这些原则和过去对 LDI 的研究为基础,使入射激光光源的功率密度增加至最大可能的能级;同时又保持使光点尺寸不小于 30μm。另外,为试验性研究确定了临界参数。将以前的研究作为基础,选择了 CP 和 BNCP 炸药的平均颗粒尺寸、碳黑掺杂百分比和药剂压装密度 3 种不同参数进行研究。

2. 试验结果

获得了几种不同炸药结构的最基础的试验数据,由于仅测试了有限的几个装置。所以不可能用统计的方法对可靠性作出结论。但是此处所介绍的数据,可以证明激光二极管起爆雷管能够达到微秒级的作用时间。

LID 由含始发装药(IP)的炸药柱、DDT 药柱和输出药柱组成。始发装药由炸药与碳黑混合物组成,接受激光能量。在试验装置中,DDT 药柱与输出药柱是一样的。在开始的试验中,将炸药装进壳体后,用紧固螺母将药柱与光学装置固定,这样做的目的是防止将药剂直接压到光学装置上。如果药剂与光学装置接触,可能会破坏窗口或者使光学装置偏离。遗憾的是,试验证明这种装置不能为起始装药提供足够的密封。因为有些装置经受激光脉冲照射而不发火,事后研究分析时发现,这些装置没有明显的燃烧反应,认为是密封不严而导致的瞎火。另外,还认为对作用时间非常慢的装置(毫秒量级),密封不好可导致作用时间增长。

通过试验测定出了试验炸药的临界光点尺寸,不发火的光学元件都产生了 $\phi 30 \sim 35 \mu m$ 的光点尺寸,而大部分发火的光学元件产生了 $\phi 35 \sim 40 \mu m$ 的光点尺寸。这表明,在该范围有最小的有效光点尺寸。但是用密封的问题也难以解释这些现象,自然不能得到有说服力的结论。

本节提供的结果是快速作用装置的试验结果,这种密封性好、有光点尺寸的试验装置,仅有两个装置符合这种范畴。一个装置用的是平均颗粒尺寸为 25μm、1% 碳黑、用 80% TMD(CP 和 BNCP 约为 $2.0 g/cm^3$)压的 CP;另一个装置用的是平均颗粒尺寸为 2μm、4% 碳黑、用 60% TMD 压药的 BNCP。图 6-77 显示的是从 CP 炸药试验装置中的光电二极管和Ⅱ靶脉冲开关收集到的数据。受实验室背景光的影响,用光电探测器记录的主要信号能级大约为 0.8V。当炸药受到激光辐射时,信号急剧上升,在基本达到 1.3V 恒定能级以前有轻微振荡。在这个阶段,达到炸药自持点火温度以前将照射区加热。紧接着炸药开始反应产生发光,使光电探测器输出的电压增大,信号随之急剧衰减。之后,输出爆轰波到达Ⅱ靶探针开关,导致图 6-77 所示开关曲线出现电压峰值。分析认为,光输出超过爆轰输出的锐角,是由于炸药反应中形成的等离子体的宽带吸收造成的。

从图 6-77 所示数据中可以看出,从激光输出到炸药反应的点火延迟期时间是 13.9μs,从激光输出到爆轰输出的作用时间是 17.8μs。这意味着,通过 IP、DDT 药柱和输出药柱的传导时间需要 3.9μs,输出药柱在钢凹块上产生了 0.345mm 的深坑,说明是爆轰输出。

图 6-78 所示为 BNCP 装置的光电信号和Ⅱ靶脉冲信号波形。BNCP 的光电二极管曲线,看上去与 CP 光电二极管曲线类似;但是,随着 BNCP 在点火延时区的加热,光电二极管的电压输出似乎稍有降低。当炸药反应时,光电二极管的电压急剧上升,但并没有达到 CP 装置所显示的平稳状态,而曲线的确显示了与以前 CP 装置爆轰输出一样的电压下降(由于两个试验使用的电源不同,因此这个装置的脉冲开关的电压输出较低)。钢凹测量结果证明是高速爆炸输出,表 6-47 所列为两种装置的重要参数。

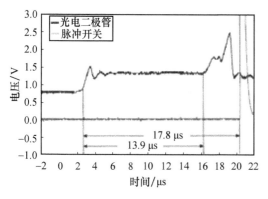

图 6-77 激光起爆 CP 的光电与Ⅱ靶信号波形
(注:CP 颗粒 25μm、1% 碳黑、密度 80% TMD)

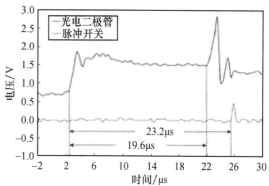

图 6-78 激光起爆 BNCP 的光电与Ⅱ靶信号波形
(注:BNCP 颗粒 2μm、4% 碳黑、密度 60% TMD)

表 6-47 雷管性能表述

特征项目	CP 药	BNCP 药
颗粒尺寸/μm	25	2
碳黑/%	1	4
密度/% TMD	80	60
功率/W	5.83	7.07
光点尺寸/μm	35.5	35.8
功率密度/(MW/cm^2)	0.59	0.70
t_{ign}/μs	13.9	19.6
t_{fxn}/μs	17.8	23.2
$t_{fxn-ign}$/μs	3.9	3.6
钢凹深度/mm	0.345	0.375

由于两种试验的差别,很难将两个装置的试验作比较,但还是观察到 CP 装置作用比 BNCP 装置稍快些。这多少有点出乎意料,因为 CP 的自点火温度比 BNCP 的自点火温度稍高些。而且,如所预计的那样,颗粒尺寸越小可能导致的点火延时时间就越短,与这些数据正好相反。像所预料的那样,由于 BNCP 的燃烧比 CP 快,其爆炸输出威力也大。所以,BNCP 装置从燃烧向爆轰输出的传递需要的时间就短(3.6~3.9μs)。因此,BNCP 装置在钢块上产生的凹痕比 CP 装置稍大。

本节对密封炸药的 LDI 进行了光学诊断试验。这些试验中使用的激光二极管,明显比以前工作中使用的功率密度高,作用时间也比预期的快。用该装置成功地测出了点火延迟时间,但估计压装药密封性问题对试验结果的可重复性有影响。

尽管存在这个问题,有试验表明,LDI 装置获得的作用时间在微秒量级范围。研究工作初步证明,CP 装置的作用时间是 17.8μs,BNCP 装置的作用时间是 23.2μs。为了与以前那些明显快得多的常规起爆器如 EBW、SCB 和 EFI 展开竞争,LDI 装置的作用时间仍然需要进一步降低。

由于对密封和激光光点尺寸的疑问,按照预计只对两个装置进行了试验。结果是有关改变颗粒尺寸、掺杂碳黑的百分比和装药密度对作用时间的影响,不可能用统计的方法可靠得出结论。在以后的装置中,为了保证密封问题,开始压药时应直接将药剂压装到光学装置的窗口上。另外,入射激光器光源的光点尺寸应保持在 $\phi35\mu m$ 或更大一些。这些问题得到解决以后,预计今后的激光起爆装置作用时间将达到 $10\mu s$ 以下。

6.5.5　半导体激光起爆 DACP 炸药

DACP 炸药是陕西应用物理化学研究所率先合成出的一种新型炸药,外观是紫黑色大结晶体,5s 延滞期爆发点为 214℃。其特点是爆速成长较快,在紫外光波段的激光感度比 BNCP 炸药高。为了研究 DACP 炸药的激光起爆性能,采用波长 980nm、脉冲宽度 10ms 的 QCW 半导体激光器,用 $\phi100/140\mu m$、NA0.25 渐变光纤传输激光能量,对 DACP 炸药进行了激光起爆试验,取得试验数据如表 6-48 所列。从试验数据看出,DACP 炸药的发火能量为 0.68 mJ,激光起爆感度略低于光敏化 BNCP 炸药。

表 6-48　DACP 炸药的半导体激光起爆试验结果

序号	激光发火能量/mJ	作用时间/ms	备注
1	1.18	5.01	爆炸
2	0.68	0.88	
3	0.64	—	未发火

6.5.6　半导体激光起爆 HMX

LDI 炸药的不断研究,成为 LDI 用猛炸药 HMX 可行性研究的依据。激光起爆元件相比传统热桥丝电爆装置具有许多优点,其中最主要的是通过炸药材料与发火元件的电隔离增加了安全性。使用激光起爆技术,会减小 ESD 或射频源产生杂波电流而引起的意外爆炸。另外,1A/1W 不发火和点火后的开路电阻等要求将会排除。尽管在 LID 中没有桥丝,腐蚀不再是一个问题,但需要进行相容性研究以保证关键的光学界面无退化。

激光二极管与小芯径光纤一起用来起爆 CP 和 BNCP 炸药，由于掺加少量石墨或碳黑可增加药剂的光吸收性，已经证明 LDI 用 CP 和 BNCP 混合物时，其临界起爆阈值能量会明显降低。HMX 炸药的自持燃烧温度相对较低（约 250℃），所以在电雷管中需要直径较粗的桥丝来保证 1A/1W 不发火水平。但不幸的是，大直径桥丝电雷管需要较高的全发火电流，不过低自持燃烧温度的 HMX 却适合用于低能量 LDI。所以，当给定合适的约束及对二极管激光波长有足够吸收时，低能 LDI 用 HMX 炸药比较合适。

本节论述用图 8-8 所示装置研究的 LDI HMX/石墨与 HMX/碳黑混合物的发火感度[26]。用 $\phi 100\mu m$ 光纤进行试验，得知比表面积为 15700cm^2/g 的 HMX 与 3% 质量比的碳黑混合物是最敏感的，且起爆功率阈值为 72mW。使用脉冲宽度为 10ms 的激光二极管脉冲，一直到能量为 880mW 时仍不能起爆未掺杂的 HMX 炸药。总之，HMX/碳黑混合物比 HMX/石墨混合物更敏感，HMX 的比表面积对感度有重大影响，光点尺寸增加一倍能使起爆阈值增加 2.7 倍。脉冲宽度从 10ms 增加到 100ms，不能显著地降低起爆所需的能量。用光声频谱仪比较 HMX 混合物的光吸收性，得到的吸收光谱很好地符合感度试验数据。

1. 光吸收率测量

用光声光谱仪比较纯 HMX 和 HMX/碳黑或 HMX/石墨混合物的吸收光谱。使用 EG&G 公司的一台 L6001 型光谱仪进行了测量。该仪器通过一个三光栅单色器对长弧氙灯进行光波长调节。当调节频率为 10～200Hz 时，产生的单色光波长范围在 200nm～2.6μm 之间。这个单色光会聚到固定在一密封光声光电管内的样品上。当调节光波被样品吸收时，样品温度就产生一个摆动，随之在光声管内产生摆动压力或声波。该声波通过一个传声器探测，并将其输出到一个锁定放大器中。这样当单色器扫描时，就会产生一种光谱曲线记录结果。所以，光声强度就是吸收光引起样品温度上升的结果反映。

试验得到了比表面积为 15700cm^2/g 的 HMX 及与掺入 3% 质量的碳黑或石墨混合物 HMX 的光声光谱曲线。这些药剂的光声光谱以费希尔 C-198 碳黑作参考，图 6-79 所示为重新处理后的光谱图。

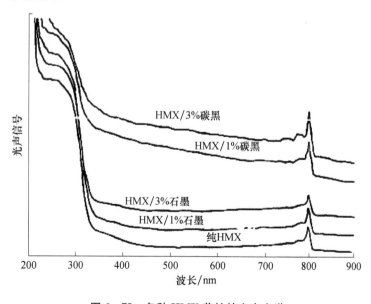

图 6-79　各种 HMX 药柱的光声光谱

由于单色器光栅具有可变性,所以样品结构本身产生吸附共振的波长范围在 750 ~ 800nm 之间。当波长在 220 ~ 800nm 之间时,可用 8nm 分辨率处理这些光谱曲线。当光谱范围在 800 ~ 900nm 时,可用 32nm 分辨率进行处理。在较低频率出现饱和效应时,用 500Hz 的调节频率降低幅度。

研究发现,纯 HMX 炸药透射大于 400nm 波长的光,但在紫外波段小于 340nm 时出现吸收峰。当掺杂物分别为 1% 石墨、3% 石墨、1% 碳黑及 3% 碳黑时,吸收光强信号呈增大趋势。如果 LDI 主要属热起爆机理,那么从吸收光强信号能预估起爆阈值也按相同次序下降,如 1% 碳黑在降低起爆阈值方面比 3% 石墨更有效。

2. HMX 炸药混合物的激光起爆试验结果

采用密度为 1.55g/cm^3、比表面积为 7460cm^2/g 的 HMX 进行试验,以确定所用激光二极管能否起爆纯 HMX。前面已讲过,从 ϕ100μm 光纤末端输出的 SDL – 2200 – H2 型激光二极管的最大功率为 1W,但线性 ST 接头则能使最大有效功率降低约 12%。

在 780mW 及 880mW 水平上,用 10ms 的激光二极管脉冲进行起爆试验时,发现两种功率不仅未能起爆 HMX,且试验后的药剂表面没有留下可见的反应痕迹。所以,正如光声光谱测量所显示的那样,未掺杂的 HMX 药剂似乎对二极管波长的光吸收很弱。

使用 10ms 的激光二极管脉冲,对比表面积为 15700cm^2/g 的 HMX 掺 1%、3% 碳黑(或石墨)的混合物进行起爆阈值的试验,同样的混合物也用于光声光谱研究。可用 10 发样品试验得到每种混合物的起爆阈值。所以,该阈值结果可看成一个趋势,并不完全准确。使用 Neyer 方法计算的均值及标准差如表 6 – 49 所列。

表 6 – 49　细粒 HMX 混合物的激光起爆阈值结果

掺杂物	功率平均值/mW	标准差/mW
石墨 1%	151	9
石墨 3%	114	7
碳黑 1%	84	2
碳黑 3%	72	0

细粒 HMX 炸药混合物的起爆阈值数据与光声光谱结果次序相同。掺 1% 和 3% 碳黑的数据与纯 HMX 炸药数据比较,至少可以表明感度增加的程度。掺 3% 碳黑的混合 HMX 炸药的 72mW 激光起爆阈值,比掺 1% 的激光起爆阈值约低 15%,这表明所加碳黑量多少对药剂的感度影响不是很大。同时,对掺 1% 碳黑的比表面积为 830cm^2/g 和 7460cm^2/g 的 HMX 混合物,也进行了起爆阈值的试验。使用 10ms 激光二极管脉冲对 830cm^2/g 的 HMX 混合物研究发现,它具有较高的起爆阈值 158mW。7460cm^2/g 的 HMX 混合物的起爆阈值为 110mW,该感度在较粗的 830cm^2/g 的 HMX 与较细的 15700cm^2/g 的 HMX 混合物的感度之间。掺 1% 碳黑的 HMX 的起爆阈值试验数据如表 6 – 50 所列,起爆阈值与比表面积的函数对应曲线如图 6 – 80 所示。

下面通过改变光纤直径研究光点尺寸对起爆阈值的影响。分别用 ϕ200μm 和 ϕ400μm 的光纤对比表面积为 15700cm^2/g 的 HMX 与 3% 碳黑混合物进行起爆阈值测试。当光纤直径为 ϕ200μm 时,该药剂的起爆阈值为 188mW,标准差为 19mW;当光纤直径为 ϕ400μm 时,起爆阈值为 516mW,标准差为 25mW。

表 6-50　掺 1% 碳黑的 HMX 起爆阈值数据

HMX 比表面积/(cm²/g)	功率平均值/mW	标准差/mW
830	158	0
7460	110	14
15700	84	2

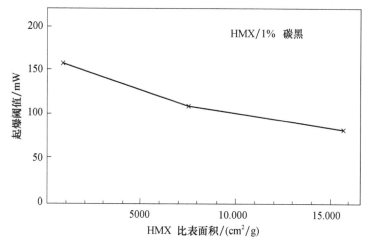

图 6-80　比表面积对 HMX 激光起爆阈值影响

图 6-81 所示为起爆阈值与光纤直径的函数关系，起爆阈值与功率密度的曲线如图 6-82 所示。图中表明，起爆阈值功率、功率密度与光纤直径之间既不是直线关系，也不是光纤直径的平方关系。某种程度上数据落在直线与平方关系之间，这个趋势与先前激光二极管对各种厚度窗口的含能材料的起爆研究结果一致。用氩离子激光束起爆烟火药的研究结果也是如此。避开 HMX 研究不谈，下列现象仍然十分有趣。当光点尺寸从 $\phi100\mu m$ 增大到 $\phi200\mu m$ 时，起爆阈值水平却增加到 2.6 倍；同样，当光点尺寸从 $\phi200\mu m$ 增大到 $\phi400\mu m$ 时，起爆阈值水平也增加到 2.7 倍。

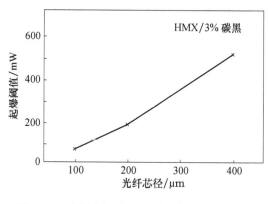 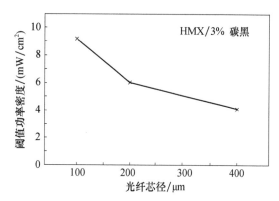

图 6-81　光纤直径对 HMX 激光起爆阈值的影响　　图 6-82　光密度与 HMX 起爆阈值的关系曲线

仍使用比表面积为 15700cm²/g 的 HMX 与 3% 的碳黑混合物，测定激光二极管脉冲宽度对起爆阈值和能量水平的影响。当脉冲宽度由 10ms 变到 100ms 时，观察阈值的变化情况。表 6-51 所列为两种激光二极管脉冲宽度的起爆阈值数据。值得注意的是，用 100ms 脉冲所得的起爆阈值(6.1mJ)约比10ms脉冲所得值(0.72mJ)大一个数量级。这说明在10ms脉宽时,在光纤与药剂界面的热传导非常接近于稳定态。

表6-51 脉冲宽度对起爆阈值的影响

脉冲宽度/ms	功率平均值/mW	标准差/mW
10	72	0
100	610	2

最后,为估计装配技术对起爆特征的影响情况,先使用光纤接头装配了10个试验装置,接着将药剂压装紧靠光纤。仍使用比表面积为15700cm^2/g的HMX与3%质量比碳黑混合物作为试验药剂。用传统的压装工艺,所得该药的起爆阈值为114mW;当采用药柱直接紧靠光纤的装配工艺时,测得的起爆阈值为128mW,后者仅略高一点。

本节研究证明掺少量(约3.0%质量比)碳黑或石墨的HMX混合物,能用于低能量LDI。碳黑/HMX混合物至少比纯HMX药柱的感度高一个量级,纯HMX用1W激光二极管都不能起爆。

3. HMX激光点火模型

通过辐射能对HMX(或任何其他含能物质)点火是由许多复杂过程决定的[27]。然而用简单的假定,减少问题的复杂性是很有用的(包括制定标准及用作有效计算)。对激光与炸药互相配合释放化学能量的关键特点,必须鉴定和数量化。主要过程可以大概归类为以下3个范围:①体积热吸收率(如通过炸药的激光能量的吸收系数);②化学分解以及相关的热生成;③在系统内的热流。

1) 吸收模型

一个系统的吸收特性,可以考虑通过在不连续粒子能级光的相互作用具体实现。对于HMX/碳黑这个系统,加工处理极其复杂,因为其含有高吸收和高密度的扩散粒子。但这一加工途径可以用一个更简单的(即依据有效光学性质)途径和方法取代。

根据吸收分布原理的Beer-Lamber法则,不能认为是很合适的,这是由于光传播要穿过介质,所以光是逐渐被吸收的。这方面将在第二部分中讨论,把一薄层碳黑涂在HMX的颗粒上并且在分散的区域将出现光的吸收。根据这一观察结果,研究出下列模型。

理想的压装装药可以认为是由相同尺寸、按次序排列在一个分层结构中的HMX颗粒,并覆盖有碳黑材料而组成的。一个更简单的形式,是允许将每个装药当作一系列碳黑和HMX的交替层。假定HMX的吸收系数变化忽略不计,其吸收系数被看作1。

通常认为用碳黑掺杂的HMX的吸收效率是在小于1的范围内。根据第二部分的观察结果,假定这一范围是相同和近似的(这是在通过比较与计算交叉部分碳黑与HMX的比表面积后得出的)。计算结果建议,比表面积范围为27%和84%,分别相对于1%和3%的碳黑掺合物。假设当部分覆盖HMX颗粒被压在一起,个别的碳颗粒将最大限度范围地掺和。例如,带有27%碳黑单一范围的HMX颗粒会形成一个压块,在此压块中内部的HMX颗粒会有54%的有效相对范围。

给定功率值和炸药后,总吸收的能量可以用所测量到的炸药光反射率参数计算。应用计算出的有效范围数值,可把在碳黑层中吸收的能量划分开。

假设激光束不能在炸药里面散射,而且只有碳黑与光纤相配合吸收光能量。这个吸收过程可由一连串体积热产生值表示,即对每个碳黑层为1。

2) 化学分解动力学

关于 HMX 的分解已有广泛的报道,并且现在仍有大量的论述。更准确地说,点火时间数据的热模型已经显示出 HMX 的分解能通过 3 步流程描述,如表 6-52 所列。

表 6-52 HMX 分解流程

第①步	HMX(s)	⟶	环状生成物	吸热反应
第②步	环状生成物	⟶	$CH_2O(g) + N_2O(g)$	放热反应
第③步	$CH_2O(g) + N_2O(g)$	⟶	最终产物(g)	特别放热

表中的描述是相当准确的。对于筛选过的 HMX 混合物在密闭条件下的点火,是通过 Belcher 等人的这个流程的动力学参数确定的。

3) 几何模型

绘出一个二维圆柱体对称的空间立体试验样品模型(图 6-83),每层 HMX 的厚度等于 HMX 中等颗粒的直径。碳黑层的厚度假设为:①估算碳黑颗粒直径的计算有效覆盖范围小于 100%;②如果大于 100% 时(如用两种 HMX 颗粒在大于 50% 有效覆盖范围时被压装在一起),按计算的有效覆盖范围比例放大估算碳黑颗粒直径。

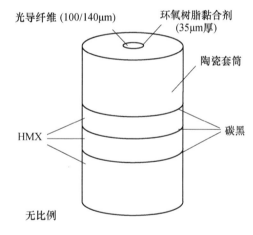

图 6-83 激光点火模型简图

考虑到块状样品密度,然后调整分层的密度,以免碳黑完全被覆盖。

4) 数字模型

碳黑的热特性数值和点火圆柱体组分可取自数据库,对于 HMX 数据可从相关参考文献中找出。热特性、吸收和 HMX 热分解模型都被编入合适的几何网格中(1 为每种掺杂物)。应用二维有限成分和反应热流标准 TOP AZ2D 完成数学模型。在模型内部的热转换因热导率的影响会很慢,热开始超出控制范围时被用作热点火的判断标准。

5) 能量和功率阈值计算

关于 HMX 和碳黑混合炸药的试验和计算的阈值都能很好地吻合。显然,当功率水平超过 0.1W 时,在计算数据和试验数据之间有很好的一致性。这个模型导出一个好的预测,即研究了用更高、更短的持续时间的激光脉冲产生的最小激光点火能量阈值。这些渐近线的趋势主要由配方的光吸收和化学分解特性决定。因此,测试数值与计算数值之间的一致性(图 6-84)说明了选择研究的模型吸收和分解过程是有效的。

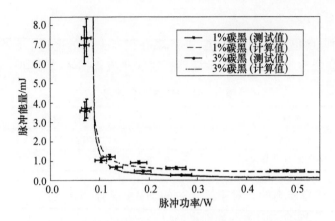

图 6-84 激光点火阈值的计算值与试验结果的比较曲线

然而,该模型似乎没有进行低于 0.1W 功率水平的分析,没有对每种混合炸药点火所需功率进行研究。低于点火阈值计算的全部问题揭示出 HMX 分解成半成品,以及其中的生成物和在"光吸收"碳黑元素周围的有效数量有关。在实际系统中,与空气流穿过这个压药块相同,将引起局部压强的增加。有许多资料证明,HMX 的分解率与压强相关,且同样在局部增加压强对提高分解率、促进和便于热扩散是能够起到作用的。进一步的模型研究,计划要应用 ALE3D(用于对热流量和对化学动力学有关的压强进行研究的装置,使用三维的任意拉格朗日-欧拉的流体动力学规则)论述这些关系。

考虑了在 HMX/碳黑混合炸药内部的碳黑的空间分布而研究出的一个简单的吸收模型,只需要样品的反射系数和了解 HMX 与碳黑颗粒尺寸参数。用这个吸收模型及 HMX 的动力学分解模型,计算因激光脉冲持续时间作用而产生的点火阈值。测试阈值与计算阈值之间的一致性与吻合程度,证明了模型计算方法是合理的。

6.5.7 半导体激光引爆非密封 RDX 炸药

自从激光被作为含能材料的点火源引入火工品技术之后,大量的有关爆燃和爆轰的激光点火研究已经完成和公开发表。这些研究的目的是从点火和分解过程,对各种类型 LIOS 的结构进行理论研究。然而到目前为止,没有或只有少数是针对用激光二极管、光纤对非密封猛炸药进行激光点火研究的。对此项研究不感兴趣的原因至少有两种,一个可能是当建立 LIOS 时,密封炸药的点火研究是很有用的;另一个可能性起因于在点火阈值能量的早期研究中,显示出的高压力函数关系。因此,在非密封的大气压下,点燃猛炸药所需的激光能量是很高的。

本节主要论述了半导体激光引爆非密封 RDX 炸药的研究[28]。在研究中使用了一种利用光纤和加压的非密封猛炸药的试验装置,对两种不同的 RDX 药剂进行了激光点火试验获得成功。该研究注重压力、光纤端头和炸药样品对临界点火能量密度的影响。对上述药剂的研究表明,存在一个最小的有效光照面积阈值。在光照面积小于阈值时,临界点火能量密度主要取决于压力、光纤端头与样品之间的距离;而在光照面积超过阈值时,临界点火能量密度与压力、光纤端头与样品之间的距离没有完全的函数关系。

在绝大多数这类试验中,使用的炸药是 RDX(平均颗粒尺寸为 $20\mu m$),RDX 添加有质量比 1.8% 的碳黑(100 号筛下)。该组分配方设计为 RDX 98.2%/碳黑 1.8%,已被确定为后面试验的标准参照。其他用于对比研究的炸药组分和在图 6-85 中已给出的 RDX 是添加了 0.5% 的碳黑和 1.0% 的石蜡,通常已知的 RDX/碳黑/石蜡的配比是 98%/1%/1%(平均颗粒尺寸为 190μm)。RDX 组分用一恒定压力(39MPa)压入一个 ϕ5mm 的黄铜环中,在样品中总的炸药量大约是 20mg。

1. 试验结果

在测量炸药的可点火性能时,需要使用临界激光点火能量密度 ε(J/cm^2)、恒定的激光功率 P 及恒定的脉冲宽度 τ。ε 按下式计算:

$$\varepsilon = \tau_{\text{init}} \cdot \left(\frac{\bar{E}_m}{\tau_P} \right) \cdot \left(\frac{1}{A_i} \right) \approx \tau_{\text{init}} \cdot P_{\text{laser}} \cdot \left(\frac{1}{A_i} \right) \tag{6-8}$$

式中:τ_{init} 为已测得的点火时间(时间范围为 8~100ms);$\bar{E}_m$ 为测量到总激光脉冲能量平均值;A_i 为样品被光照的面积,使用简单的几何光学和光纤 NA 进行计算。

按式(6-8)在计算临界点火能量密度时,也应假设光束的断面是平面作为一个光纤的输出,它应是一个比较好的接近。对于所有已图示的曲线,每个数据的样品数量至少为 5 发。

如图 6-85 所示,临界点火能量密度是作为两种不同组分,即 RDX/碳黑/石蜡(98%/1%/1%)和 RDX/碳黑(98.2%/1.8%)的药室压力函数给出的。在样品和光纤头之间的距离为 0.25mm 或 1.5mm。在较短距离时有明显的压力函数关系,在低压力时导致大的 ε 值。所以,点火不是在 1MPa 时获得的。压力关系被大大降低,但仍然显示了较长的距离。对于两种组分,点火是在 1MPa 处获得的,而不是在大气压力(0.1MPa)处获得的。如图 6-86 所示,ε 是作为在光纤头和样品之间距离的函数被标出的,样品对应两种不同的压力,即 1.5MPa 和 4MPa。在较低压力时,有截然不同的距离函数关系。结果导致在短距离时有大的 ε 值。弱的依赖关系也被应用在较高压力的情况下。如图 6-87 所示,ε 是作为在光纤头和样品之间距离的函数被标出的,样品对应两种不同的入射角,入射角与样品表面有关。结果指出,对于不同的入射角,临界点火能量密度有不同的作用。如图 6-88 所示,在两种不同压力下,当在光纤头和样品之间处于恒定距离时,ε 是作为激光二极管输出功率的函数标出的。使用的范围在 0.8~3W 之间,ε 可认为与激光功率无关。

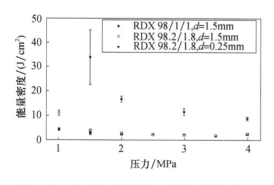
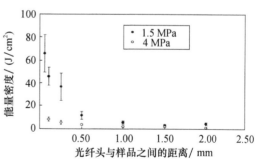

图 6-85 点火能量密度与充气压力的函数关系　　图 6-86 激光点火能量密度与光照距离的函数关系

图 6-85 所示光纤头和样品之间是两个距离(d)时,临界点火能量密度 ε 是压力的函数。平均激光脉冲能量是 141 ± 8mJ($d = 0.25$mm)或者 151 ± 5mJ。修正量边缘(中心点两边)代表标准的偏差。

图 6-86 所示两种不同压力时,临界点火能量密度 ε 是光纤头和样品之间距离的函数,平均脉冲能量是 151±5mJ。修正量边缘(中心点两边)代表标准的偏差。

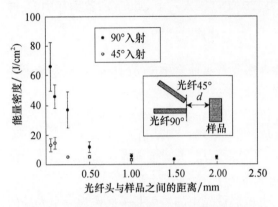 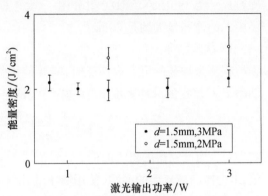

图 6-87 激光点火能量密度与光照角度的关系　　图 6-88 激光点火能量密度与输出功率的函数关系

图 6-87 所示充气压力 1.5MPa 时,临界点火能量密度 ε 是光纤和样品之间距离的函数。结果说明两种不同的入射角的影响。脉冲能量是 151±5mJ、修正量边缘(中心点边缘)代表标准的偏差。

图 6-88 所示光纤头和样品之间距离(d)恒定时,临界点火能量密度 ε 是激光输出功率的函数,并且相对于两种不同的压力。平均脉冲能量是 151±5mJ、修正量边缘(中心点边缘)代表标准的偏差。

2. 分析与讨论

由 Price 等提出用于硝铵炸药的多相点火模型,在这里引为参考。认为激光辐射加热后,凝聚相的炸药开始蒸发或分解成气体产物。该气体开始反应,并且在样品表面的前面形成一个反应区。能量从反应区被反馈到凝聚相的炸药中,因而能进一步增强分解。它们的稳定态数学表达式,用 x^* 表示反应区点火间距、E 表示能量反馈,用式(6-9)、式(6-10)的比例,可以进行推算(n 为反应顺序,通常为2),即

$$x^* \propto \frac{1}{p^n} \tag{6-9}$$

$$\ln E \propto \frac{1}{p^n} \tag{6-10}$$

因为稳定态在几秒之内可达到,所以这些表达式可用来解释图 6-85 所示的即在低压时所观察到的压力关系曲线。

O. Stmark 等进一步发展了基于 CO_2 激光对 RDX 点火试验力学模型中的这些设想。解释了在高压力情况下,减小对压力的依存关系,是由于在样品表面反应区崩溃的结果。认为在压力足够高时,可压缩气体产物。还认为对于有大的吸收深度的炸药,在低压力情况下降低了对压力的依存关系,是由于从反应区中产生的分解产物开始深入炸药内部。如图 6-85 所示,在低压力的情况下,对 RDX/碳黑/石蜡(98%/1%/1%)混合药观察到较低的临界点火能量密度 ε。可以通过密封来解释:这种密封要么是通过不同的添加物或颗粒尺寸增加了吸收深度后而发生的;要么是通过熔化石蜡层密封后而发生的。

对于图 6-87 所示 ε 的角依存关系,至少有以下两种可能的解释。

（1）气相反应区和反应产物吸收或扩散了部分激光能量。在大 x^* 的情况下，如在这里使用的 1.5MPa 的低压，45°入射角很可能降低吸收的激光能量数量，并因此缩短点火时间和此后的 ε。

（2）对两个入射角，在 ε 中观察到的差别可能与最小有效面积阈值有关，这可能是由于在样品中的扩散过程所导致的。

为了研究第②个解释，ε 在图 6-89 中是作为双入射以光照面积的函数被标出的。曲线表示 ε 对小光照是高度依赖面积的。然而当面积增加时，这种依赖关系或多或少会消失。这与所提出的第②个机理有很好的一致性。有效面积阈值的简单估算，从两条直线配合相交得出（图 6-89）。第一个配合与小面积有关，第二个配合与大面积有关。求出有效面积阈值是 0.5mm^2。

热点火过程主要是能量平衡问题，足够的能量必须提供给在一确定体积内形成由于扩散过程而损失掉的平衡（如质量和热量），扩散过程有一个特有的扩散长度。如果光照面积的半径与这个特有的长度相比较小时，辐射损失仍然会发生，但是现在来自有限的环状面积紧挨着样品光照部分的边缘。在已照明面积中心的周围，来自热和质量扩散的损失，也由于降低了温度和浓度梯度而得到降低。因此，只需供给更小的激光能量，就可以达到点火的目的。

最小有效面积的概念也能用于解释图 6-89 所示的结果，图中压力曲线的下降是由于光纤头和样品之间距离增加导致的（光照面积增加）。作为小的光照面积，扩散损失是很大的，并且从气相态反馈回的能量对点火过程将起主要作用。作为一个大的光照面积，扩散损失会减少，并且能量反馈的重要性也会降低。

图 6-89 所示为测试中的点火时间，从 70ms 相对应于最小激光能量（0.8W）下降到 15ms 相对应于最高激光能量（3W）不等。因为在这个激光功率范围，ε 似乎是与激光功率无关，并且由于在其他测试系列中，大量已测定的点火时间在这个时间范围内是下降的，所以 ε 作为点火阈值参数的选择似乎是恰当的。

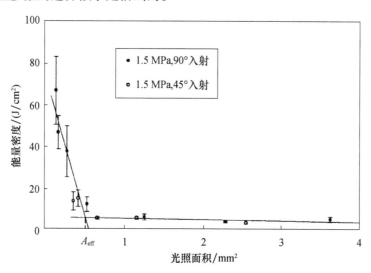

图 6-89 激光点火能量密度与光照面积的关系

（注：在恒定压力和两个不同入射角的情况下，临界点火能量密度 ε 是光照样品面积的函数）

O. Stmark 等已证明,存在着激光脉冲宽度阈值,但其影响低于所需点火能量密度 ε,ε 是一个常数。该阈值的存在可通过 CO_2 激光对烟火剂的点火理论和试验上给出说明。该阈值主要依赖于热扩散率 K,Mg/$NaNO_3$ 烟火剂的脉宽阈值是 2ms。Mg/$NaNO_3$ 的 K 值是 RDX 的 40 多倍($2.9 \times 10^{-6} m^2/s$ 与 $7.1 \times 10^{-8} m^2/s$ 相比),于是作为 RDX 合适的阈值应当更高。本节确定进行研究所用的激光脉冲宽度大概为相同的等量级。K 值是根据提供的热导率和热容量进行计算的。

在提出和整理的试验结果中,必须注意某些事项。当已测得的点火时间较短时,它的大部分时间可能贡献到了点火延迟期上,并因此会过高估计 ε 存在的影响。其影响随点火时间的增加而降低。除了图 6-89 所示的结果外,过高估计 ε 的错误,对试验结果的影响可以忽略不计。因为结论是由所研究参数中的不同 ε 值之间的大差值或所有 ε 数值中无差值确定的。长时间点火将导致大的 ε 数值;反过来也一样。于是,在两个 ε 值之间大的差值表示在点火时有大的差别。对 ε 数值的过高估计将缩小实际的差别,因为在较小的 ε 值中,误差可能会更大。然而,特别重要的是,由于过高估计了 ε 值将不会产生差别,因为对于相等的 ε 值,误差的影响是相同的。

以上试验采用光纤和非密封猛炸药对于激光二极管点火参数研究,已经揭示出 RDX 98.2%/碳黑 1.8% 混合药有关点火机理的某些重点论据如下:①在使用激光波长 804nm 时,样品周围气压是一个重要的点火参数;②存在一个最小有效照明面积阈值,在炸药中很可能起因于扩散过程,作为小的光照面积(小于有效照明面积阈值),临界点火能量密度 ε 随着光照面积增加而迅速降低,然而,如果光照面积比有效照明面积阈值大,ε 几乎为恒定值,有效照明面积阈值估计为 $0.5 mm^2$;③对于小的照明面积(小于有效照明面积阈值),存在非常强的压力关系,该关系对于大的光照面积(大于有效照明面积阈值)将被减小;④在周围压力低(小于 1.5MPa)和大光照面积的情况下,用波长为 804nm 的激光照射时,石蜡和碳黑作为添加物的 RDX 比只用活性炭作为添加物的 RDX 更敏感,然而,在周围压力更高时(不小于 2MPa)时,感度会趋于某一常数值。

6.6 激光起爆器设计

6.6.1 光纤耦合激光起爆器设计

LID 是接收激光能量并将其转化为炸药化学能,完成爆炸功能的一种装置。提高 LID 的发火感度,就可以降低对发火能量的要求,从而提高发火可靠性。应用物理化学国家级重点实验室对 LID 进行了优化设计。改进设计的目的,就是在以前理论研究与产品起爆试验的基础上,对 LID 产品进行优化,降低其发火能量阈值。

1. 输入光纤式激光起爆器设计

早期设计的 BNCP LID 产品如图 6-90 所示,它由不锈钢壳体、始发装药、输出装药、盖片构成的起爆器和带有 FC/PC 标准接头的输入光缆组成。

根据本书第 5 章分析的有关光纤耦合传输的理论,同类型规格的光纤相对接,其耦合效率较高。因此,要提高 LID 的发火感度,就应使产品光缆的类型与其前一级光缆的类型规格一致。本节选择光纤缆、光学元件的类型全部为 B 型。

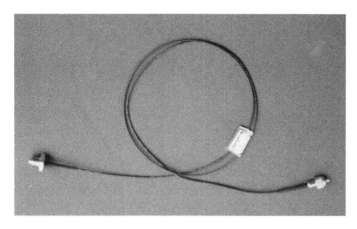

图 6-90　BNCP 激光起爆器

2. 光纤耦合元件式激光起爆器设计

输入光纤式 LID 存在以下不足。

(1) 在起爆试验中,发现由于炸药爆炸产生的高压作用,产品壳体与光纤接头之间有相对位移现象。

(2) 密封性差,为推广应用激光起爆技术,需提高 LID 的密封性。

(3) 产品光纤缆接头的设计不便于使用标准设备加工。

因此,对 LID 产品进行了以下优化设计:①在不锈钢壳体上设计了收口结构,采用收口灌封工艺,提高了 LID 产品作用后的密封性能;②在产品端光纤接头上设计了 $\phi 2.5 \mu m$ 连接段,便于使用抛光机磨平、抛光接头端面。

经试验验证,结构改进后的 LID 密封性较好。在光缆接头的加工过程中,可方便地使用标准设备进行磨平、抛光,有利于提高端面的光洁度、垂直度与平面度,提高光缆输出端与药剂的耦合效率。

3. 激光起爆器中减小热损失设计

LID 中的能量损失主要为热传导损失,当激光传输至光纤元件输出端面的药剂表面,光能转化为药剂的热能时,与药剂表面直接接触的光纤插针输出端会通过热传导损失一部分热量,影响到药剂的加热升温。在激光起爆元件中,发火药剂成为主要热源,当药剂吸收附近的红外激光辐射时,就有了热传导损失。然后,能量损失也会通过热传导到与发火药相接触的零部件表面,如光学窗口或接头套圈。当然,传导损失也能通过与点火药相接触的光纤反向传出。热损失会明显地影响 LID 的发火性能。

提高 LID 发火感度的措施之一,是有效地利用激光能量,减少激光能量的损失。如果在设计 LID 产品结构时,在产品光纤与炸药之间采用热导率较低的薄膜界面,则可以减少热损失,提高激光发火感度。美国 EG&G Mound 应用技术公司的 D. W. Ewick 等对比了包括光纤插针材料在内的几种物质的热导率,如表 6-53 所列[29]。经分析研究认为,采用聚酯薄膜实现这一设计效果会比较理想。

陕西应用物理化学研究所设计的 BNCP LID 产品,分别采用厚度为 0.02mm 和 0.05mm 的薄膜界面进行了激光发火试验。

表 6-53 光纤插针材料与聚酯薄膜材料的热导率

元件	材料	热导率/(W/(m·K))
光纤插针	铝	209.30
	氧化铝陶瓷	17.30~32.40
薄膜界面	Mylar膜	0.17~0.33

(1)介质膜片对 LID 发火感度的影响研究。用 BNCP LID 产品进行了厚度为 0.02mm 薄膜界面对激光发火感度的影响试验,取得试验结果如表 6-54 所列。

表 6-54 薄膜界面对激光发火感度的影响试验结果

序号	耦合方式	激光功率/mW	作用时间/ms	钢凹深度/mm	备注
1	直接耦合	42	4.8	1.00	爆炸
2		32	—	—	未发火
3		29	—	—	
4		18	—	—	
5	薄膜界面	62	≥8.0	0.94	爆炸
6		40	3.4	0.91	
7		33	—	0.96	
8		25	—	—	未发火

注:BNCP 装药量为 590mg,钢凹直径为 5.0mm。

表 6-54 中的试验步长选取采用了优选法。虽然产品数量有限,且激光功率计存在测量误差,但从有限的试验结果可看出,不采用薄膜界面时,LID 在 42mW 的能量水平下发火;在光纤与炸药之间采用薄膜界面时,LID 可以在 33mW 的能量水平下发火;薄膜界面可使 BNCP LID 产品的激光发火感度提高约 21.4%;与 2 号传爆管(代号为 B-2,装药量为 432mg)的输出威力相比,可以认为 LID 达到了爆轰。

(2)介质膜片对 LID 作用时间的影响研究。用 BNCP LID 产品进行了厚度为 0.05mm 薄膜界面对作用时间的影响试验,取得试验结果如表 6-55 所列。从表中看出,当激光发火能量较大时,在光纤与炸药之间采用薄膜界面对作用时间的影响不明显。

表 6-55 介质膜片对作用时间的影响试验结果

序号	介质膜片	发火能量/mJ	作用时间/μs	输出钢凹深度/mm
1	无	8.34	60.4	0.91
2	有	9.34	81.6	0.88
3	有	8.86	50.0	0.86

注:BNCP 装药量为 590mg,钢凹直径为 5.0mm。

6.6.2 自聚焦激光起爆器设计

GRIN LID 是指应用 GRIN 透镜作为激光耦合元件的 LID,它是 GRIN 透镜技术和激光火工品技术相结合的产物。欧洲和美国专利中,介绍了用 GRIN 透镜作为激光火工品传输窗口起爆炸药新技术,其中应用的是节距为 $1/2P$ 的 GRIN 透镜,以及通过在透镜端面镀膜的方式实现 LIOS 的光路自检等。这一时期美国已经研制出多种 GRIN LID 产品。美国桑迪亚国家实验室与太平洋科技公司联合研制了一种典型的 GRIN LID,准备应用在空勤人员逃逸系统。应用物理化学国家级重点实验室对 GRIN 激光起爆技术进行了研究,论述如下[30]。

1. GRIN 激光起爆器结构设计

GRIN LID 的设计主要包括三部分,分别是结构设计、装药设计及 GRIN 透镜封装工艺的选择。GRIN LID 的结构设计,以陕西应用物理化学研究所原有 C 型 LID 为基础,在此基础上进行改进,以实现零部件、压装模具的通用化。GRIN LID 结构设计保留原有的壳体设计,由于光缆采用的是 FC/PC 型连接器,因此,GRIN LID 采用 FC 型连接口与光缆对接。而主要改动的是用 GRIN 透镜代替原来的光耦合元件,重新设计的单透镜型和双透镜型 GRIN LID 的结构分别如图 6-91、图 6-92 所示。

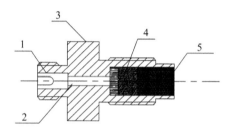

图 6-91 单透镜型 GRIN LID 结构
1—FC 连接器;2—1/2P GRIN 透镜;3—壳体;4—装药;5—密封盖片。

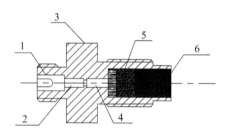

图 6-92 双透镜型 GRIN LID 结构
1—FC 连接器;2—1/4P 准直 GRIN 透镜;3—壳体;4—1/4P GRIN 透镜;5—装药;6—密封盖片。

为了减少发火能量损失,并且实现对检测光的反射,其中的 GRIN 透镜按设计参数进行镀膜。为了避免因为药剂受潮影响其输出性能,在产品装药的输出端加上铝箔盖片,通过收口工艺将盖片与输出端固定,并在输出端涂抹缩醛胶密封。

2. 装药设计

根据前人对 LID 的研究成果,LID 的装药主要分为激光始发装药、松装药和输出装药三部分。在研究装药设计时首先要选择合适的装药药剂,国内外在 LID 中最常用的一种炸药是 BNCP,因此本书中 GRIN LID 的始发装药选择 BNCP。下面对该药的特性及装药设计分别进行论述。

1) 始发装药

国内外的研究成果显示,纯 BNCP 药剂对近红外波长的激光几乎是透射的,吸收率很低。因此,必须给 BNCP 药剂掺杂合适的光吸收剂,以提高药剂的激光吸收性能。在细化后的 BNCP 中加入 1%~3% 的光吸收剂,制成的混合药具有较高的激光感度,能够用于 LID。最为常用的掺杂剂是碳黑,因此选用细化的 BNCP 掺杂碳黑作为始发装药。对于始发装药的装药方式通常有两种,即涂药头和压药。其中压药方式在工艺上易于控制,产品的一致性较好,因此产品始发装药采用压药方式。根据前人的研究经验,初步将始发装药的压药压力定为 50MPa,始发装药量初步定为 30mg。

2) 松装药和输出装药

松装药的作用主要是传递和放大始发装药的爆轰能量,使输出装药最终作用。输出装药的作用是为了实现起爆器输出威力。由于松装药和输出装药是 DDT 作用过程,因此不需要加入光吸收剂,所以这两部分装药选择粗结晶 BNCP 药剂,其流散性较好,便于装压药。在松装药和输出装药的设计上,装药量和压药压力采用了以前 BNCP 起爆器的工艺参数,最终确定了松装药的装药量是 60mg、压药压力为 60MPa,输出装药的装药量是 140mg、压药压力为 110MPa。

3. GRIN 激光起爆器的试制

完成了 GRIN LID 的设计工作,根据设计进行了样品试制,GRIN LID 如图 6-93 所示。

试制出单透镜型起爆器共 20 发,通过测量显微镜观察,有 4 发产品中透镜没有完全到位,透镜输入端面与光纤插针对接平面相差都超过 1mm,这种结果可能是由于透镜安置孔和透镜匹配不佳造成的。

图 6-93 GRIN 激光起爆器

通过测量显微镜检测,还发现 1 发产品也出现了透镜未到位的情况,但是相差较小,在 0.1mm 左右。这可能是在装配透镜时,没有完全到位造成的。另外,在产品试制过程中发现,由于双透镜型要封装两个透镜,其涂胶装配的工艺性较差,装配时环氧树脂胶容易污染透镜端面。因此,产品的成品率也不高,最终仅对两发样品进行了起爆试验。

本节 GRIN LID 设计采用了两种方案,分别是双透镜型和单透镜型 GRIN LID,其结构设计是以 C 型 LID 为基础的,保留了原有的壳体设计,改变了原有耦合元件的位置结构。完成了以光敏 BNCP 作为药剂的装药设计,并最终选择环氧树脂胶黏合工艺对 GRIN 透镜封装,根据设计方案试制出了 GRIN LID 样品。完成了单透镜型 GRIN LID 的自检性能试验,得出了在合束器连接传输光缆模式下,其接收效率与光路状况的对应区域。确定了当反射光接收率不小于 14% 时,光路处于正常状态,当反射光接收率不大于 2% 时,光路出现断路状况,并通过试验验证判定其正确性。完成了 GRIN LID 的发火性能试验,发现单透镜型 GRIN LID 的最小发火能量值为 0.37mJ,平均钢凹深度为 0.71mm,其作用时间随发火能量的增大而缩短,当激光发火能量到达 38mJ 时,作用时间缩短到 15μs 左右,而且具有较好的一致性。最后对两发双透镜型 GRIN LID 进行了发火试验,最小发火能量值为 0.73mJ。

6.6.3 薄膜光学起爆结构设计

低功率 LID 的应用范围是有限的,特别是针对激光二极管发火器件。例如,几种猛炸药 LID,就不适合用低功率 LID 起爆。然而,使用薄膜光学起爆器实际上扩大了它的应用范围,因为薄膜光学起爆器能有效地吸收激光能量和引爆猛炸药的输出装药。本节主要介绍薄膜光学起爆结构设计[31]。

薄膜光学起爆结构如图6-94所示。光学起爆的薄膜由透明的中性衬底(或窗口)、反应薄膜和反射薄膜的沉淀获得。反应薄膜包括光吸收材料层(如碳),反应薄膜可以由机炸药(CHNO)的交替层构成,如HNS、RDX、HMX、TATB或PETN,以及能充分吸收光的材料薄层(小于5μm)或烟火材料(为5~20μm厚)。反射薄膜可以是类似于铝这样的金属(为1~2μm厚)。反应薄膜包括很薄的预埋层,它是一个用碳之类的光吸收材料制成的共沉积层。反应薄膜吸收入射激光后被整体加热,然后引爆输出炸药,可提供比入射激光脉冲大5~20倍的能量输出。

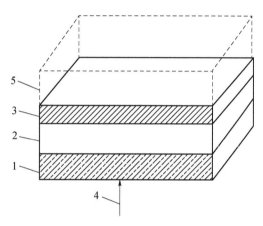

图6-94 薄膜光学起爆的膜层结构

1—透明中性衬底;2—反应薄膜(它可以是一个共沉淀单层混合物,或是炸药或烟火药的分层混合物以及光吸收材料);
3—反射薄膜;4—连接到低能量激光源的光纤(图中用箭头表示);5—输出炸药。

反射膜把输出装药和反应薄膜分开,并且封闭反应薄膜。可选用低能量激光二极管,通过光纤传输起爆。

大约20μm厚的反应薄膜还可以汽化沉淀在光纤的末端,然后用1~2μm厚的铝之类的金属反射薄膜进行密封,形成光学起爆薄膜。改良后的光纤端可以放入一个适用的壳体中,并和猛炸药的粒状输出装药直接接触。

光学起爆薄膜可以用现有低能量、商用1W激光二极管触发,应得到大约1mJ/ms的能量,并用于反应层的点火。选择合适的光点直径尺寸(ϕ0.1~1.0mm),即能确保光纤有足够的能量吸收。使用在反应薄膜2中重要的猛炸药密度大约是$1.8g/cm^3$。假定有一个厚10μm的反应薄膜和一个约为$10^{-3}cm^2$的光点尺寸,那么加热的薄膜质量大约是$1.8 \times 10^{-6}g$。因此,加热薄膜的爆炸能量将为8mJ。

可以用低能激光源给薄膜光学起爆器提供能量,当来自低能量激光器的相干光由反应薄膜或交替反应层和光吸收层吸收后,混合体的容积热表现相对一致。当炸药或烟火材料的温度能引起激烈反应时,反应薄膜引爆反射薄膜,引起反射薄膜破碎或熔化。接着,一旦该反射薄膜密封破裂,那么传递的能量就足以点燃输出装药。输出装药最好是粒状炸药,因为它可借助粒子碰撞和由反应薄膜点火引起的热膨胀气体形成对流换热的混合作用,从而引发起爆。

合成的薄膜光学起爆系统应包括连接到低功率激光源上的光纤、输出装药和起爆器壳体。因此,对薄膜光学起爆技术是有应用需求的,它可以放大低功率激光源的输出能量并起爆输出装药。反应薄膜使用的是相对不敏感的炸药或烟火剂,它们用传统的半导体器件生产工艺进行制造,并在今后的使用中可保证其稳定性。利用现有薄膜沉淀技术和设备制造低功率薄膜光学起爆器,这样可以大规模生产,而且起爆元件之间的一致性很好。总之,可通过采用薄膜起爆这种非常简单的结构大批量生产起爆器,将每批产品的误差减至最小。

在武器系统、轻武器、工业爆破、烟花爆竹以及重新利用激光能源的装置中,应用薄膜光学起爆技术都非常理想。此外,薄膜光学起爆技术还可应用于汽车自动作用的安全气囊、油田地震探测、建筑现场控制爆破及工程拆除等方面。

6.7 激光爆炸螺栓技术

应用物理化学国家级重点实验室在激光火工品技术研究的基础上,将激光点火新技术与较为成熟的爆炸螺栓技术相结合,发展了激光爆炸螺栓技术[32]。

6.7.1 单路激光驱动爆炸螺栓

单路激光驱动爆炸螺栓的结构设计如图6-95所示。激光驱动爆炸螺栓主要由激光隔板点火器、输出装药、活塞组件、螺栓壳体等部件构成。当半导体激光器输出的激光束通过光缆传输耦合到激光隔板点火器的施主装药时,由激光能量的热效应点燃施主炸药后,引爆施主炸药,完成DDT转换。其爆轰波通过隔板点燃受主发火药,利用消爆效应引燃输出装药,所产生的高温高压气体推动活塞做功,在螺栓连接结构的薄弱部位产生分离,完成预定输出功能。

1. 材料选取

在初步设计中,激光隔板点火器的输出端用1Cr18Ni9Ti。考虑到爆炸螺栓本体需要承受高温高压爆炸气体压力,其选用的材料是耐热钢1Cr11Ni2W2MoV,该材料具有良好的韧性和抗氧化性能,在淡水和湿空气中有较好的耐腐蚀性。其抗拉强度 $\sigma_b \geq 885\mathrm{MPa}$、剪切强度 $\tau_b = 630\mathrm{MPa}$。

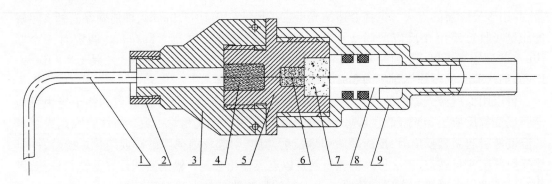

图6-95 单路激光驱动爆炸螺栓的结构设计示意图

1—发火光缆;2—接头组件;3—壳体;4—隔板施主装药;5—隔板;
6—隔板受主药;7—输出装药;8—活塞组件;9—螺栓。

2. 爆炸螺栓承载能力计算

螺栓本体的薄弱环节在活塞的推力作用下将会发生破坏,被活塞剪切掉,完成分离动作。薄弱环节的厚度为 2.2mm,活塞直径为 12mm,所以薄弱环节被剪切破坏的接触面积为

$$S = 2.2 \times \pi \times 12 = 82.942 (\text{mm}^2) \tag{6-11}$$

爆炸螺栓本体材料的剪切强度 $\tau_b = 630\text{MPa}$,根据材料力学原理,使此薄弱环节破坏的剪切力 F 应按下式计算,即

$$F \geq \tau_b \cdot S = 630 \times 82.94 = 52252(\text{N}) \tag{6-12}$$

故激光驱动爆炸螺栓的承载载荷达到

$$T \geq F/g = 52252/9.8 = 5331(\text{kg}) \tag{6-13}$$

式中:g 为重力加速度,$g = 9.8\text{m/s}^2$。

3. 输入端密封性设计

为了减小激光驱动爆炸螺栓用隔板点火器施主装药作用后压力对输入端的破坏作用,在优化设计中,采用了小孔挡板降低返压的结构,解决了 LIS 的输入端密封性问题。设计了带 $\phi 0.6\text{mm}$ 小孔的压螺挡板,以减小施主装药爆炸后的返压。

对采用小孔挡板结构的激光隔板点火器样品,进行了发火试验,取得的试验数据如表 6-56 所列。

表 6-56 激光隔板点火器的发火试验

产品编号	输入激光能量/mJ	作用时间/μs	结构完好性
1 号	5.99	97	完好
2 号	5.88	84	
3 号	5.91	100	
4 号	5.98	104	
5 号	5.72	144	

试验结果表明,采用小孔挡板结构的激光隔板点火器样品,作用后结构完好。证明采用小孔挡板结构能够解决激光驱动爆炸螺栓的输入端密封问题。

4. 单路激光驱动爆炸螺栓性能试验

采用 PXI 数据采集仪与通断靶,在 5mJ 发火激光能量下对一组激光驱动爆炸螺栓进行分离测试,试验结果如表 6-57 所列,得到的典型测试波形如图 6-96 所示。

表 6-57 激光驱动爆炸螺栓分离试验结果

产品编号	激光能量/mJ	耦合效率/%	分离时间/μs	分离同步性/μs
08-1 3 号	5.07	77.31	294	132
08-1 4 号	3.05	76.40	426	
08-1 7 号	5.00	74.58	353	

分离后的激光驱动爆炸螺栓样品如图 6-97 所示。利用高速摄影技术,在 20000 帧/s 速度下,拍摄到激光驱动爆炸螺栓的分离瞬间照片如图 6-98 所示,图中网格尺寸为 10mm × 10mm。

如图 6-98 所示,分离后螺栓体在 7 帧拍摄时间内飞行了 20mm,据此可计算激光驱动

爆炸螺栓的分离速度为

$$v = 20/(7 \times 1/20000) = 57000(\text{mm/s}) = 57(\text{m/s}) \tag{6-14}$$

试验后,称量飞出的螺栓体部分质量为 27.1g。根据动量守恒定律,得到

$$I = m\Delta v = 0.0271 \times (57 - 0) = 1.539(\text{N} \cdot \text{s}) \tag{6-15}$$

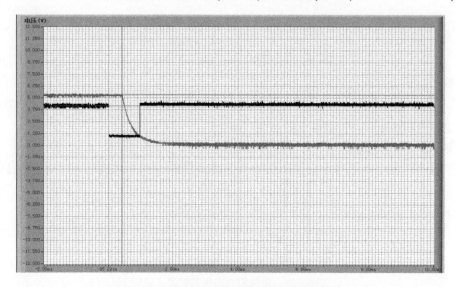

图 6-96　激光驱动爆炸螺栓的分离试验波形

图 6-97　激光驱动爆炸螺栓分离试验后的形貌

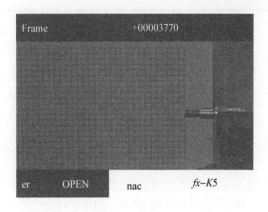

(a) 分离前　　　　　　　　　　　(b) 分离后

图 6-98　激光驱动爆炸螺栓分离状态高速摄影照片

如表 6-58、图 6-97、图 6-98 所示：①所研制的激光驱动爆炸螺栓能够实现爆炸分离功能；②在发火激光能量为 3mJ 时，螺栓分离时间不大于 426μs，分离同步性不大于 132μs；③激光驱动爆炸螺栓的输入端结构完好，表明输入端具有较高的密封性能；④实现分离作用后未发现火焰及碎屑泄漏，表明用活塞推动薄弱环节的分离结构设计能够实现无污染分离。

5. 单路激光驱动爆炸螺栓优化设计

在对激光驱动爆炸螺栓的初步性能试验研究中，发现个别产品的隔板点火器壳体与螺栓本体之间的连接结构出现了发火后脱离现象，经分析是由于连接螺纹强度与隔板本体材料强度较差等因素造成的。为提高连接强度，对隔板本体输出端结构做以下改进设计：①将连接螺纹由 M18×1 改进为 M18×1.5；②将隔板本体材料由 1Cr18Ni9Ti 改进为 1Cr11Ni2W2MoV。对优化改进后的激光驱动爆炸螺栓进行了发火试验，取得试验结果如表 6-58 所列。

表 6-58 优化设计后激光爆炸螺栓分离试验结果

产品编号	激光能量/mJ	耦合效率/%	分离时间/μs	分离同步性/μs	备注
2009-1 4号	5.02	94.59	269	48	结构完整无泄漏
2009-1 5号	4.93	91.96	234		
2009-1 6号	4.92	83.94	282		

试验结果表明，激光驱动爆炸螺栓具有较好的发火性能，而且试验后结构完整无泄漏。

6.7.2 双路激光驱动爆炸螺栓

1. 双路输入爆炸螺栓设计

在无污染小型爆炸螺栓技术研究的基础上，采用双路 LIS 取代电点火器，并对 LIS 装药与传火通道进行匹配设计，以减小装药序列作用后对发火件的返压，提高输入端密封性能。此方案的结构设计如图 6-99 所示。

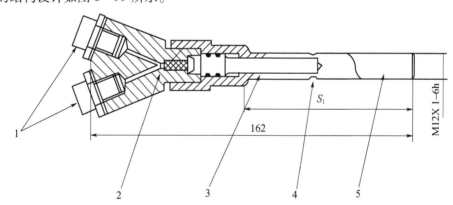

图 6-99 B 型激光驱动爆炸螺栓的结构设计示意图
1—LIS；2—火焰雷管；3—活塞组件；4—薄弱部位；5—螺栓体。

图 6-99 中激光驱动爆炸螺栓的作用过程：LIS 接收发火激光能量作用后，产生火焰输出，通过小孔通道引爆火焰雷管，驱动活塞组件运动，剪切定位销，在螺栓体的薄弱部位处产生分离，完成预定输出功能。

2. 主要性能试验

采用小型半导体激光器、光纤两分束器等，对两发双路激光驱动爆炸螺栓进行了单路、双路发火分离试验，并测试了主要性能参数，试验结果如表 6-59 所列，完成分离试验后的典型试验件如图 6-100 所示。

表 6-59 B 型激光驱动爆炸螺栓分离测试结果

产品编号	分束端	激光能量/mJ	耦合效率/%	分离时间/μs	备注
2009-1 4 号	A	5.03	94.10	440	分离正常，输入端结构完整
2009-1 5 号	A	5.05	93.00	380	
	B	4.92	92.70		

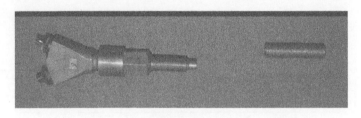

图 6-100 双路激光驱动爆炸螺栓分离试验结果

如表 6-59 与图 6-100 的试验结果所示，无论是单路发火还是双路发火，双路激光驱动爆炸螺栓都能够实现正常的无污染分离作用，分离时间不大于 440μs。因此，双路激光驱动爆炸螺栓设计原理试验获得成功。

参 考 文 献

[1] 曙光机械厂. 国外激光引爆炸药问题研究概况[G]. 激光引爆(光起爆之二). 北京:北京工业学院，1978:23-26.

[2] 艾鲁群. 国外火工品手册(药剂和试验)[R]. 北京:国家机械工业委员会兵器标准化研究所，1988:463-465.

[3] 北京工业学院 84 教研室. 炸药对激光能量的感度试验小结[G]. 激光引爆(光起爆之二). 北京:北京工业学院，1978:40-43.

[4] 陕西应用物理化学研究所. 激光起爆初步研究[G]. 激光引爆(光起爆之二). 北京:北京工业学院，1978:33-36.

[5] 鲁建存. 起爆药的激光感度[J]. 兵器激光，1984(4):60-61.

[6] TH. ROOIJERS A J，PRINSE W C，LEEUW M W，et al. 紫外激光引爆起爆药[J]. 鲁建存，译. 火工品，1986(2):16-18.

[7] 鲁建存，刘举鹏，刘剑，等. 激光起爆 CP 炸药[G]. 应用物理化学国家级重点实验室论文汇编. 西安:陕西应用物理化学研究所，2003:159-163.

[8] 鲁建存，刘剑. BNCP 激光起爆技术[C]. 中国科协 2000 年学术年会文集，北京:中国科学技术出版社，2000:287.

[9] 徐荩，鲁建存. 国外 BNCP 雷管设计研究[R]. 国外火工烟火技术发展情报研究报告文集. 西安:陕西应用物理化学研究所，2005:32-42.

[10] YONG L D. 炸药、推剂和烟火剂的激光点火与起爆[J]. 王凯民，译. 火工情报，1998(2):1-10.

[11] 曙光机械厂. 激光引爆炸药的机理和实验[G]. 激光引爆(光起爆之二). 北京:北京工业学院,1978: 7-11.

[12] RAMASWAMY A L,et al. 含能材料的激光起爆[J]. 景晓强,王凯民,译. 火工情报,1997(1):59-64.

[13] 陈旦鸣. 激光引爆掺杂敏化太安炸药的研究[J]. 兵器激光,1982(2):7-11.

[14] YANG L C. 光起爆装置[G]. 激光引爆(光起爆之二). 西安近代化学研究所译. 北京:北京工业学院,1978:67-69.

[15] AKINCI A A,CLARKE S A,THOMAS K A,et al. 光学起爆点大小对低密度 PETN 的影响[J]. 杨志强,译. 火工情报,2008(2):1-10.

[16] WELLE E J,FLEMING K J,MARLEY S K. 激光爆炸箔雷管从爆燃到爆轰的特征[J]. 轩伟,译. 火工情报,2008(2):94-105.

[17] KOTSUKA Y,NAGAYAMA K,NAKAHARA M,et al. 毛玻璃表面的脉冲激光烧蚀及其在猛炸药点火中的应用[J]. 杨志强,译. 火工情报,2006(1):53-60.

[18] SETCHELL R E,FROTT W M. 二级炸药的快速激光点火和爆轰传递[J]. 叶欣,译. 火工情报,2000(3):45-60、38.

[19] 王凯民,符绿化. 钝感点火引爆新技术研究[G]. 国外火工烟火技术发展研究. 西安:陕西应用物理化学研究所,1998:9-12.

[20] 王宗辉,褚恩义,贺爱锋,等. 激光冲击片起爆技术发展及其应用关键分析[C]. 火工烟火专业"十二·五"发展规划与学科发展学术研讨会论文集,2010:448-454.

[21] 王宗辉. 激光冲击片起爆技术研究[D]. 西安:陕西应用物理化学研究所,2012.

[22] BOWDEN M D,DRAKE R C. 利用光纤组合激光驱动飞片起爆高表面积的太安炸药[J]. 陈虹,译. 火工情报,2009(2):75-87.

[23] MOULARD H. 冲击转爆轰型两级光学雷管[J]. 徐蓉,译. 火工情报,2003(1):66-69.

[24] HAFENRICHTER E S,PAHL R J. 尺寸(激光点大小)和加热速率对激光二极管点火药微量点火判据的影响[J]. 杨志强,译. 火工情报,2006(2):61-77.

[25] HAFENRICHTER E S,BILL MARSHALL. JR,FLEMING K J. CP 和 BNCP 的快速激光二极管点火[J]. 徐蓉,译. 火工情报,2003(1):15-19、32.

[26] EWICK D W. 用低能激光二极管起爆 HMX[J]. 王凯民,译. 火工情报,1994(1):113-119.

[27] GOVE S G,DAKE R C,FIELD J E. 奥克托今与碳黑混合炸药的激光起爆研究[J]. 李军,译. 火工情报,2000(3):1-10.

[28] PETTERSSON A,PETTERSSON J,ROMAN N. 非密闭二级炸药的二极管激光点火——参数研究[J]. 李军,译. 火工情报,2003(3):130-137.

[29] 贺爱锋. 小型半导体激光多路起爆系统优化设计[D]. 西安:陕西应用物理化学研究所,2006.

[30] 陈建华. 自聚焦激光火工品技术研究[D]. 西安:陕西应用物理化学研究所,2010.

[31] ERICKSO K L. 薄膜光学起爆器[J]. 李军,译. 火工情报,2003(3):111-117.

[32] 贺爱锋,鲁建存. 激光驱动爆炸螺栓技术[R]. 陕西应用物理化学研究所研究报告. 西安:陕西应用物理化学研究所,2009:1-16.

第7章　激光点火技术

LIOS 用光纤取代了桥丝和引线,使电磁脉冲(EMP)、高功率微波(HPM)、强射频(RF)和静电等信号产生的危害不复存在,从根本上解决了常规 EED 的安全问题。同时也消除了因桥丝存在而伴随发生的锈蚀失效、点火后电阻(RAF)的变化及绝缘电阻等问题。大大简化了生产工艺和质量检验,不再需要对光学元器件与激光火工品进行射频、静电感度、绝缘电阻和桥丝可靠性检验等。另外,也简化了设计,不再需要对激光火工品考虑火花隙放电、法拉第屏蔽罩等;1A/1W 不发火要求也不必再考虑了。

激光点火的天然优势和工艺上的进步相结合,使激光点火技术在武器中的使用呈上升趋势,这种技术发展的速度和应用范围相当惊人。例如,激光二极管的功率正在成倍增加,价格却在逐渐降低,激光点火技术有望成为主要的点火技术。

本章在第 2 章激光点火机理的基础上,论述烟火剂、推进剂与发射药的激光点火,其中烟火剂的激光点火是重要内容,按点火激光源分为固体激光点火、气体激光点火和半导体激光点火。本章还对以烟火剂为主要装药的光纤耦合式、透镜式结构 LIS 技术以及激光点火微推冲技术进行了阐述,为第 8 章激光点火类火工品的产品实现提供技术依据。

7.1　烟火药的激光点火

烟火剂的激光点火可使用强度为 W/cm^2 量级的脉冲激光实现[1-8]。烟火剂点火具用便携式 LIOS 有了很大的发展,且具有一定的成熟性。激光点火的烟火剂点火具已经在型号产品中投入使用。

激光对烟火剂的点火技术研究正趋向于两个主要方面发展:一是烟火剂颗粒对激光能量的发火感度的影响(材料的物理作用及化学特征);二是实用的 LIOS 的设计和试验。激光器的种类包括红宝石、YAG、CO_2、钕玻璃、氩离子、激光二极管和烟火剂泵铺的钕玻璃等。同时,所研究的材料范围也极其广泛,包括典型点火具药剂、延期药、烟雾药、诱饵药和铝热剂。

7.1.1　固体激光引燃烟火药

美国 JPL 的 L. C. Yang 等用自由振荡钕玻璃、红宝石激光器,对 $Zr/KClO_4$、B/KNO_3、$Mg/$聚四氟乙烯、SOS108 烟火药和延期药进行了激光点火研究;日本"帝国火工品株式会社"用输出为 1.7J 的自由振荡红宝石激光器,未能点燃烟火药 $Al/KClO_4$,而用连续功率为

10~100W的CO_2气体激光器瞬间点燃了发射药。在国内,曙光机械厂曾以输出十几焦的自由振荡红宝石激光器,点燃了硝化棉、黑火药、双基药等烟火药剂及某些中间体。激光引燃烟火药早期的试验结果发表不多,一些综合资料数据如表7-1所列[1]。表中烟火药的临界点火的激光能量密度比起爆炸药大数倍。

表7-1 激光点燃烟火药试验结果

数据来源	引爆光源	烟火药	临界点火能量密度 $I_{cr}/(J/cm^2)$	备注
V. J. Menichelli, L. C. Yang	自由振荡钕玻璃激光器	$Zr/KClO_4$	1.27	脉冲宽度0.45~1.50ms
		SOS108	1.98	
		延期药176	2.18	
		延期药177	3.24	
		B/KNO_3	3.08	
		ALCLO No.1 铁	6.78	
		ALCLO No.2 铁	7.90	
		Mg/聚四氟乙烯	11.26	
	自由振荡红宝石激光器	SOS108	2.13	脉冲宽度1.1~1.6ms
M. J. Barbarisi	自由振荡红宝石激光器	50% KNO_3 + 25% Ni粉 + 25% Al粉	0.33 ± 0.15	脉冲宽度0.9ms
L. C. Yang	自由振荡钕玻璃激光器	Zr/NH_4ClO_4	0.93	脉冲宽度1.5ms
美国航空工艺周刊	自由振荡红宝石激光器	SOS108	3.08	脉冲宽度1.0ms 经过换算

V. J. Menichelli 和 L. C. Yang 按照点燃烟火药所需要的激光能量密度,对一些常用烟火药的激光发火感度进行了排序,如表7-2所列[8]。使用了自由振荡脉冲红宝石激光器和钕玻璃激光器,但是它们最大输出能量仅为15J。人们试图研究一些烟火药物理参数(如粒度和装药密度)对点火临界值的影响,但是没有确定的结果。对于激光脉冲持续时间对点火的影响,只记录到一个近似的不确定结果。然而,这个结果却证明了激光点火过程是热作用过程。这就证实了Brish等早期的研究,即炸药的激光点火是一种热作用过程,而不是由于光化学、电或光冲击的点火机理。

Kordel 使用YAG激光器研究了普通烟火点火药的激光点火,如B/KNO_3和黑火药。试验结果表明,在短脉冲持续时间情况下,激光点火特征通过能量临界值表征;而在长脉冲持续时间情况下,激光点火特性是通过功率临界值表征。对激光光斑直径的影响也进行了研究,随着光斑直径的减小,所需点火能量也减小(图7-1),这证实了对$Ti/KClO_4$的早期研究。

表7-2 烟火药激光点火感度的排序

序号	药剂	平均点火能量密度*/(J/in^2)	调整后点火能量密度/(J/in^2)
1	锆/氯化钾	8.2	7.1
2	SOS-108 混合药(钕玻璃激光)	12.8	11.4

续表

序号	药剂	平均点火能量密度*/(J/in²)	调整后点火能量密度/(J/in²)
3	SOS-108 混合药(红宝石激光)	13.8	12.3
4	176 延期药	14.1	9.5
5	B/KNO₃	19.9	18.6
6	177 延期药	21.0	12.7
7	ALCLO No.1 铅	44.0	43.7
8	ALCLO No.2 铁	51.2	51.0
9	镁/聚四氟乙烯	43.0	33.8

注：*为能量密度是试验平均值。

Refouvelet 等使用钕玻璃激光器(光斑直径为 $\phi1.6$mm)，对几种点火药(Al/CuO、$Zr/KClO_4$)和击发药($KClO_4/Sb_2S_3$/硫氰酸铅)的激光点火能量水平进行了测定。目的是证明任何口径武器采用激光点火装置的可行性。

Brochier 对 $Al/KClO_4$ 和 Zr/Cr_2O_3 两种烟火药进行了研究，试验结果证明了压药压力从 70MPa 增加到 180MPa 时，药剂的点火能量增大。

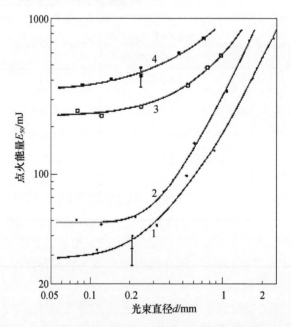

图 7-1　几种烟火药的 50% 点火能量与激光光点直径的关系
1—NKF-S-5360；2—B/KNO₃；3—S 2956；4—黑火药，脉冲宽度 50ms。

20 世纪 80 年代后期，出现了几篇有关固态激光器和激光二极管点火代替现行热桥丝点火的应用论文。所用的方法都是使用光纤将激光辐射从激光源传递到点火器中的烟火药上。

Ewick 等最初使用一台 YAG 激光器，通过 $\phi125\mu$m 光纤缆与点火器连接，测定了几种点火药的点火功率临界值，试验结果如表 7-3 所列。使用激光二极管(830nm)作为发火源，用同一种点火器对样品进行试验。对于 BCTK 药剂，在 18.3℃ 下的临界值能量为 648mW。

表 7-3　几种烟火药激光点火的临界值能量和功率

烟火药	50% 发火平均功率/W	标准偏差/W	试验数量/发	50% 发火平均能量/mJ
BCTK	485	0.079	19	9.7
Ti/KClO$_4$	387	0.061	20	7.7
Ti/KClO$_4$ +5% 石墨	384	0.060	20	7.7
Ti/KClO$_4$ +2% 石墨	385	0.088	20	7.7
B/KClO$_4$	302	0.051	15	6.0

注：Ti/KClO$_4$ 石墨为主要成分；脉冲持续时间 20ms。

Ewick 等使用一台 YAG 激光器，在脉冲持续时间为 20ms 的条件下，对采用添加物改进 Ti/KClO$_4$ 药剂的激光点火性能进行了试验。结果显示，添加不大于 5% 的石墨，对点火功率临界值没有任何影响。提出了造成这种"消极"结果的原因是添加石墨没有明显改变药剂表面的颜色。但是 Kunz 等的研究却不支持这一结论，他们报道了给一种 Ti/KClO$_4$ 药剂中只加入 0.5% 的石墨，结果造成最低点火能量由 2.6mJ 增加到 3.2mJ。经分析认为，这种情况是由于石墨作为一种散热物质，提高了药剂的热传导性并促进了热经 KClO$_4$ 颗粒的传递。作为第二种解释，石墨也作为一种稀释剂，以使钛颗粒较小的有效面积暴露在入射激光中。这是很重要的，因为钛颗粒在所使用的激光波长（830 ± 10）nm 下是高吸收材料。Ewick 使用波长为 1064nm 的 YAG 激光器，说明了石墨掺杂与点火能力变化的相关性。对于 Zr/KClO$_4$ 药剂，De Yong 和 Valenta 等记录了一个相反的试验结果，在给这种药剂添加 1% 的石墨时，最小辐照量从 3.3J/cm^2 减少到 1.0J/cm^2。

Rontey 做了掺杂物对于 Zr/KClO$_4$ 点火影响的详细研究。使用 YAG 激光器，在脉冲持续时间 150μs、光斑直径 4mm 的条件下，测定 50% 点火临界平均值。在 Zr/KClO$_4$ 药剂中掺杂石墨、碳黑、活性炭、氧化铬或硼，造成了所有样品的平均发火能量增加。然而，使用玻璃球（φ10μm 和 φ25μm）试图将激光聚焦成多倍强度的光，造成临界值辐照量由 5096 型玻璃珠的 1.7J/cm^2 明显减少到 5% 玻璃珠的 0.98J/cm^2、10% 玻璃珠的 0.82J/cm^2 以及 20% 玻璃珠的 1.45J/cm^2。

Rontey 发现用铪代替锆使辐照量临界值从 1.1J/cm^2（无铪）增加到了 12.1J/cm^2（100% 的铪），这是由于导热性、吸收深度和反射的变化造成的。通过减小样本密度（改变热扩散性）或者使配方燃烧剂富裕（金属颗粒光吸收和反应表面较大），也减小了临界值点火能量。

Ramadhan 等使用了一台 YAG 激光器，对 Mg/聚四氟乙烯/维通（MTV）药剂样本进行了点火试验，并测量出临界值辐照量在 3.60J/cm^2 和 6.11J/cm^2 之间。这种变化是由于药剂中所用镁的粒度不同造成的。还用相同的辐照度和激光脉冲持续时间，多次辐照 MTV 药剂样本，直到发生点火为止。已注意到每次辐照时，都会使样本表面的暗度增加，这就有可能导致辐射吸收增加和使发火的可能性增大。

Jungst 等也使用蓝宝石或钠玻璃窗口研制成一种密封 LIS。Ti/KClO$_4$ 点火结果显示，使用低热导率钠玻璃窗口点火器，测量出了最低的激光点火临界值。

对延期药的固体激光点火只进行了有限的研究，Brochier 使用一台钕玻璃激光器，选择 200μs 脉冲持续时间，研究了 Si/Pb$_3$O$_4$ 和 Sb/KMnO$_4$ 延期药，分别测出 50% 点火的辐照量为 725mJ/cm^2 和 3.5J/cm^2。

从理论与试验分析研究，可以得出含能材料的激光感度与药剂的反射率、热导率、光纤直径、激光功率及其密度等有密切的关系,随着激光功率的增大,含能材料的点火能量减小。当激光功率密度较小(不大于 $10^6\mathrm{W/cm^2}$)时,认为激光点火主要是热作用;而当激光功率(密度)很高(大于 $10^{10}\mathrm{W/cm^2}$)时,激光点火过程呈现出有待探讨的复杂性和多样性。

陕西应用物理化学研究所采用脚鞘式 LIS,按照实际使用状态压装 B/KNO_3 类药剂的 BPN-S 或 DBK-1 点火药,用钕玻璃固体激光器作发火能源,以 $\phi100/140\mu m$、NA0.26 渐变折射光纤传输激光能量,测定其激光发火能量最低点、作用时间和输出压力等主要参数[2]。采用图 12-61 所示的 Nd 玻璃固体激光火工品试验装置,在脉冲宽度 2.4ms 条件下,对 DBK-1 和 B/KNO_3 点火药分别进行了点火试验,取得试验数据如表 7-4 所列。进而可知,①DBK-1 是西安航天动力技术研究所试制的含有酚醛树脂的 B/KNO_3 点火药,药剂原料粒度粗,故所需发火能量高且感度差异较大。②B/KNO_3 是陕西应用物理化学研究所采用高活性值、粒度较细的原材料制成的标准点火药,故激光发火感度较高,其发火能量最小达到 2.53mJ。由于固体激光器的输出功率较高,故其作用时间不大于 3.6ms。

表 7-4 固体激光点火试验结果

序号	药剂名称	总药量/mg	激光能量/mJ	作用时间/ms	备注
1	DBK-1	600	37.76	—	发火
2			21.69	—	未发火
3			37.76	—	未发火
4	B/KNO_3	596	32.30	2.74	发火
5			19.40	3.40	
6			10.10	2.80	
7			5.80	2.60	
8			2.53	3.60	

7.1.2 气体激光引燃烟火药

1. CO_2 激光引燃烟火药

1) CO_2 激光点燃镁/氧化剂药剂

Holst 是最先使用二氧化碳激光($10.6\mu m$)研究烟火药点火的人员之一。为了达到质量控制的目的,使用了一台 1kW 的 CO_2 激光器来测量曳光药剂的点火时间。这种曳光药剂的主要成分为 $Mg/Sr(NO_3)_2$,使用一种 Mg/BaO_2/石墨/树脂酸钙混合点火药点燃曳光药剂。在 $350W/cm^2$ 辐照度、1s 脉冲持续时间的条件下,点火时间 t_{ign} 随压药压力(即药剂密度)的增加而减小,其关系曲线如图 7-2 所示。这种变化趋势与热点火理论的预测结果恰恰相反。还提出了样本表面的粗糙度和药剂中燃料/氧化剂的反射性对 t_{ign} 有影响,但是没有介绍这方面的研究结果。

Oestmark 等在论文中分析了影响 Mg/BaO_2 和 $Mg/NaNO_3$ 药剂激光点火性能的物理因素。相关参考文献报道了使用一种 300W 的 CO_2 激光器,通过改变作用于样本的能量入射角,在不同的预设脉冲持续时间下,测量点燃 $Mg/NaNO_3$ 样本所需的临界激光点火能量。结果显示,材料的总敏感度可由两种方式确定(图 7-3):在短脉冲持续时间下,敏感度是由临界点火能量密度描述的;在长脉冲持续时间下,点火是由点火功率临界值描述的。使用了经典的

热点火理论,推导出点火功率和点火能量的两个数学公式:

$$E_{\text{ign}} = \frac{\rho \cdot c}{\alpha}(T_{\text{ign}} - T_0) \tag{7-1}$$

$$P_{\text{ign}} = 2\lambda\omega\sqrt{\pi}(T_{\text{ign}} - T_0) \tag{7-2}$$

由式(7-1)得知,激光点火能量是由材料的内在特性(热容量、热传导等)决定的;而由式(7-2)得知,功率临界值取决于样本的面积以及样本的内部和外部参数。对于 Mg/$NaNO_3$ 临界能量值大约为 $2.1J/cm^2$,并且临界辐照度大约为 $100W/cm^2$。

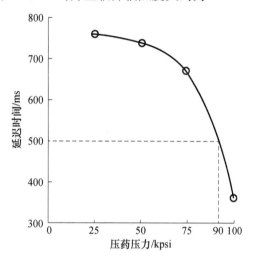

图7-2 Mg/BaO_2的压药压力对点火延迟时间曲线

(注:1psi = 0.006895MPa)

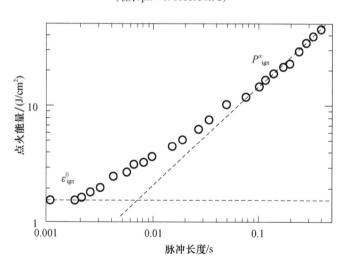

图7-3 Mg/$NaNO_3$的点火能量与脉冲宽度的关系

(注:两种点火方式中一种为长脉冲,一种是短脉冲)

在相关的参考文献中,Oestmark 使用相同的 300W CO_2 激光器,研究改变硝酸钠粒度以及 Mg/$NaNO_3$ 和 Mg/BaO_2 药剂中的镁粉类型所产生的影响。在激光光点直径为 1.8mm、脉冲持续时间被固定在 43ms 条件下,发现点火能量随粒度变大而增加,试验结果如表7-5和表7-6所列。

表 7-5　不同粒度 $NaNO_3$ 的 $Mg/NaNO_3$ 烟火药的点火能量临界值

$NaNO_3$ 粒度/μm	E_{ign}/J
≤38	2.49 ± 0.09
38 ~ 45	2.83 ± 0.04
45 ~ 63	2.94 ± 0.09
63 ~ 90	3.08 ± 0.13
90 ~ 125	3.11 ± 0.14
125 ~ 180	4.16 ± 0.09
180 ~ 355	4.62 ± 0.14

注：脉冲持续时间 43ms，光点为 $\phi 3.6mm$。

表 7-6　不同类型镁粉的 $Mg/NaNO_3$ 烟火药点火能量临界值

镁粉类型	E_{ign}/J
Mil-P	3.08 ± 0.13
NKA 4629	3.44 ± 0.10
Microw-16.2	4.96 ± 0.06

注：脉冲持续时间 43ms，光点为 $\phi 3.6mm$。

这种情况的原因归结于：要么改变了热导率，要么改变了与点火有关的物质传递过程的通道。通过研究分析，提出了不同镁粉的影响是由于热导率 k 的微小变化，以及 MgO 对氧化剂分解的催化作用论点。

2）CO_2 激光点燃铝热剂

Chow 和 Mohler 使用了一台 60W 的 CO_2 激光器（光点为 $\phi 1mm$）研究了铝热剂，测定了 t_{ign} 和激光辐照度之间的关系，即

$$t_{ign} = \rho^2 q_0^{-m} \tag{7-3}$$

式中：ρ 为样本密度；q_0 为入射的激光辐照度；m 为参数，对于 Al/Fe_2O_3，其 m 值在 1.2 ~ 1.4 之间，而对于 $Ti/2B$，其 m 值为 1.8。

在 25W 的激光功率下，Al/Fe_2O_3 的点火时间为 42ms。用提出热点火理论预测推进剂的 $m < 2.0$。还提出了含有铝粉的样本，由于高导热性和高反射性，导致难以点火。

3）CO_2 激光点燃聚四氟乙烯类药剂

De Yong 和 Valenta 使用了一台 400W 的 CO_2 激光器，以不同的预调制脉冲持续时间，对几种物理形式的 MTV 药剂的点火时间进行了测量。发现所研究的几种类型 MTV 药剂之间存在着实际的差异，并且把这些差异归结于所用镁粉粒度和比表面积改变，以及由于这种比表面积的改变，使得覆盖在镁颗粒表面的维通（MTV）厚度改变。图 7-4 所示为一些典型试验结果，是按照其最小辐照量对不同配方药剂进行激光点火感度排序的。MTV 药剂的激光点火感度，在大约 $13J/cm^2$ 下，明显高于许多其他烟火药（图 7-4）。在 $200W/cm^2$ 的辐照度下，MTV 药剂的点火时间为 60 ~ 70ms。

Fetheroff 等研究了 Mg/聚四氟乙烯和 B/Mg/聚四氟乙烯药剂（它们类似于火箭发动机的点火药）的激光点火性能，并且分析了硼的加入对激光点火和燃烧速度的影响。其结果显示，当硼的百分比增加时，点火时间减小；辐照度为 $700W/cm^2$ 时，点火时间 t_{ign} 从无硼含量的 70ms 减小到 10% 硼含量的 10ms；当硼含量在 35% 时点火时间大约为 2ms。这种结果被认为是由于硼对于热的高吸收性，以及随着硼含量的增加而使得热扩散性减小造成的，这就造

成了在样本表面的能量积累。

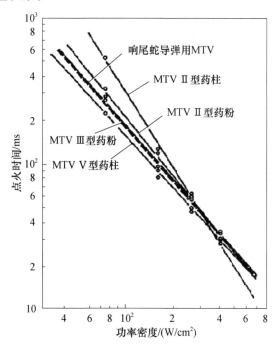

图 7-4　几种 MTV 药剂的点火时间和激光辐照度(功率密度)之间的关系

Holy 等通过研究证明了 Mg/聚四氟乙烯药剂的点火临界值,随着药柱的压力减小和气体压力的增加而减小,取得的试验结果如表 7-7 所列。

表 7-7　Mg/聚四氟乙烯点火临界值

样本	压药压力/MPa	气体压力/MPa	临界值功率/W
Mg/聚四氟乙烯	35.4	1.55	0.29
	82.7	1.55	>1.6
	82.7	5.64	1.2

注:脉冲持续时间 20ms、激光光点为 $\phi 65\mu m$。

4) CO_2 激光点燃彩色发烟药剂

De Yong 和 Valenta 使用一台 1kW CO_2 激光器,发现许多烟火药(包括彩色发烟药剂、延期药和点火药)对于辐照度有一种类似的相关性。提出了烟火药的激光点火性能特点,可通过一个最小或者临界的能量和临界辐照度表征(图 7-5)。比较了一定范围内烟火药点火的最小辐照量,并取得了彩色发烟药和延期药具有类似点火药的激光点火辐照量数据(表 7-8)。

表 7-8　几种药剂的最小激光点火能量密度

药剂		激光点火能量密度/(J/cm²)
点火药	A1A	1.2
	T-10	1.7
	G-11	2.3
	B/KNO_3	3.0
	$Zr/KClO_4$	3.3

续表

药剂		激光点火能量密度/(J/cm²)
发烟药	SK 354	4.9
	SK 338	3.7
	SK 356	3.9
	USV	11.9
	USG	4.0
	USY	2.5
	USR	3.1
	UKB	3.1
	UKG	3.1
	UKD	3.8
	UKR	3.9

彩色发烟药剂的激光点火最小辐照量在 3.1~6.9J/cm² 之间，还记录了紫色发烟药剂有一个异常高的临界值为 11.9J/cm²，如图 7-5 所示。发烟药剂常常显示点火的过程不稳定，并且燃烧持续的时间与样本被激光照射的时间一样长。在激光辐照度 200W/cm² 下，发烟药被点燃得很慢，点火时间 t_{ign} 在 200~300ms 之间。

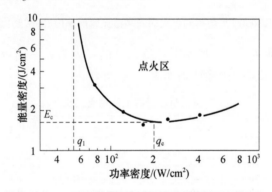

图 7-5 烟火剂的激光点火功率与能量密度的关系

q_1—最小辐照度；E_c—最小辐照量。

5) CO_2 激光点燃延期药

De Yong、Valenta 以及 Fetheroff 等研究了 T-10 药剂的激光点火，这是一种 B/BaCrO₄ 延期药，都是在 200W/cm² 的 CO_2 激光辐照度下，测量出点火时间为 10ms。Fetheroff 指出，在低辐照度下点火时间和批次之间存在明显的可变性。在 75W/cm² 辐照度下的点火时间在 80~200ms 之间。Fetheroff 等证明了点火时间与激光辐照度 q_{rad}、从样本表面到内部热扩散速度 q_{diff} 以及化学热生成 q_{chem} 有关，即

$$\frac{\partial T}{\partial t} = q_{rad} + q_{diff} + q_{chem} \tag{7-4}$$

证明了当把 3% 的硼加入 B/BaCrO₄ 药剂时，因为 q_{diff} 处于优势（硼的热扩散性几乎比铬酸钡的热扩散性大两个数量级），点火时间增加。但在硼含量大于 15% 时，q_{chem} 占主导地位且点火时间减小。

De Yong 和 Valenta 研究了改变 T-10 延期药密度(压药载荷)对点火的影响。发现当样本密度增大时,点火时间减小(图 7-6)。这种性质在低激光辐照度下是最明显的,而且和 Holst 试验所观察到的情况相类似。

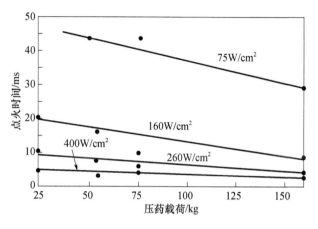

图 7-6 压药载荷对 T-10 延期药点火时间的影响

2. 氩离子激光引燃烟火药

许多高可靠性 1A/1W 电点火器,用一种主要成分为 Ti/KClO$_4$ 或 TiH$_x$ 的烟火药压装在桥丝上。由 LIS 取代 1A/1W 钝感装置,已经进行了用激光对这些药剂点火的许多研究。

Holy 使用波长为 514.5nm 的 CW 氩离子激光器,研究 TiH$_x$33%/KClO$_4$67%(H_x = 0.2、0.65 和 1.65)的点火。因为这套试验装置是为了精确模拟热桥丝装置而设计的,光点直径被调整到接近桥丝的 ϕ66μm,并且脉冲持续时间调整到 3ms(接近热桥丝装置的点火时间)。改变激光的能量测定点火的临界值能量、临界值功率。对样本的试验是在 0.79MPa 氩气压力下进行的,取得的试验结果如表 7-9 所列。

表 7-9 TiH$_x$/KClO$_4$ 的临界点火功率和能量

x	功率/mW	能量/μJ	中心功率密度/(kW/cm^2)	样本量/发
0.20	184.5 ± 2.5	554 ± 6	10.8	5
0.65	289.0 ± 2.0	866 ± 8	16.9	3
1.65	219.5 ± 7.5	657 ± 23	12.8	3

Holy 发现,使激光功率增加超过点火所需要的临界值后,对点火时间的影响很小。明确指出所记录的功率数值很低,并且只要很小的光点直径就能实现点火,从而保证了高辐照度。在光束的中心,辐照度具有 10kW/cm^2 的量级。环境压力也对点火过程有很大的影响;当压力从 0.45MPa 增加到 2.9MPa 时,点火时间会变短,并且点火过程变得更顺利、更可靠。药剂反应产生出的光强度,也随环境压力的增加而明显增强。Jungst 还研究了 Ti/KClO$_4$ 的点火,用波长为 820nm 的激光二极管,其尾纤输出功率为 1W。发现点火需要的最小功率为 0.35W,并且增加功率会使点火能量降低。这就产生了点火能量与功率之间的变化关系,如图 7-7 所示。

这些结果证实了 De Yong 和 Valenta 对 Zr/KClO$_4$ 和许多其他烟火药剂所描述的能量和功率之间的关系(图 7-5)。Kunz 等还根据不同脉冲持续时间确定了 Ti/KClO$_4$ 的两个点火

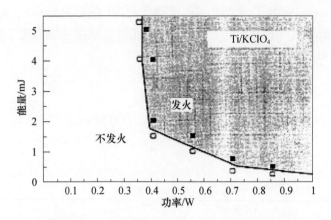

图 7-7 Ti/KClO₄ 烟火药的临界值点火能量和功率（脉冲宽度 10ms、φ100μm 光纤）

区间。在长脉冲持续时间和低功率条件下，能否点火受药剂临界体积的热损失速率支配。对于较短脉冲持续时间，当提供能量的速率（即功率）高时，只要有一个较小的功率值，点火就会发生。Jungst 等还证明了临界值点火功率随样本密度的增大而增加，并且激光光点直径是确定临界值能量和功率值的关键参数。光纤的直径越大、点火的临界值功率密度越小，所需临界能量值越大（图 7-8 和图 7-9）。研究发现，对于 Ti/KClO₄ 点火只能发生在光纤直径小于 200μm 的时候。这就导致在实际设计中要有一个折衷的选择，即大直径光纤增加了二极管和药剂之间的连接效率并能使用低功率二极管，但是较大的光纤直径却会增加点火能量的临界值。

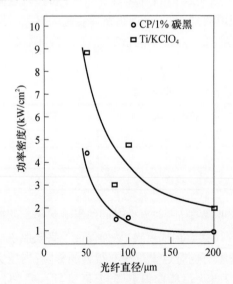

图 7-8 Ti/KClO₄ 烟火药临界值辐照度随光纤直径的变化（脉冲宽度 12ms）

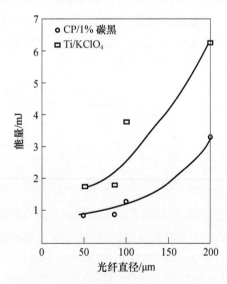

图 7-9 Ti/KClO₄ 烟火药临界值点火能量随光纤直径的变化（脉冲宽度 12ms）

对 TiH$_x$/KClO₄ 药剂的进一步研究证实，对于未经密封的装药容器中的样本，激光点火功率随压力（图 7-10）、激光脉冲持续时间（图 7-11）或者激光光点直径的增大（图 7-12）而减少。

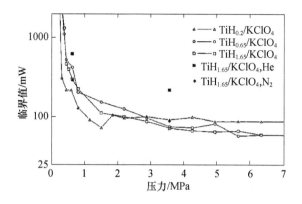

图 7-10 TiH$_x$/KClO$_4$ 点火功率临界值作为气体种类和压力的函数变化曲线(脉冲宽度 3ms)

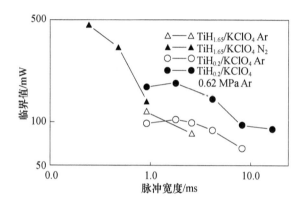

图 7-11 TiH$_x$/KClO$_4$ 临界值点火功率随激光脉冲宽度的变化曲线(光点直径 65μm)

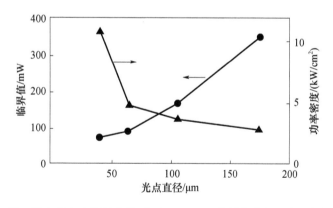

图 7-12 激光光点直径的变化对 TiH$_x$/KClO$_4$ 临界点火辐照度(功率密度)
和临界点火功率的影响(在 2.9MPa 氩气中试验)

在低压情况下,在不同的氮、氩或氦气体中,样本对点火功率的要求也存在明显的差异。在密封的装药容器中,激光点火临界值随激光束直径的增大及低氢化值的增加而变大(表 7-10)。药剂的表面特性(作为粗糙度函数的反射性、粒度、压药压力等)也被证明对于检验早期研究的发火能量和功率临界值是至关重要的。Holy 提到,这些药剂的表面对光的反射性,在激光辐射后的几微秒内会明显减小,这应该会使样本更有效地吸收激光能量。Ewick 等研究了压药压力对点火能量的影响,并发现当 ρ 从 1.6g/cm^3 增加到 2.2g/cm^3 时,激光点火能量从2.6mJ增加到3.5mJ。

表7-10 $TiH_x/KClO_4$的激光点火功率临界值

样本	光束直径/μm	功率临界值/W	中心功率密度/(kW/cm²)
$Zr/KClO_4/MTV/石墨$	$\phi 60$	0.20	14.1
	$\phi 125$	0.47	7.7
$TiH_{0.2}/KClO_4$	$\phi 60$	0.40	28.2
	$\phi 125$	0.72	11.7
$TiH_{1.65}/KClO_4$	$\phi 60$	0.57	40.3
	$\phi 125$	1.16	18.9

注：脉冲持续时间20ms，在一个密封窗装置内试验。

7.1.3 半导体激光引燃烟火药

随着半导体激光器件技术的迅速发展，半导体激光器很快用于激光点火技术研究，作为发火能源使用。半导体激光点火技术在航空、航天和军事领域有很好的应用前景。

瑞典国防研究局最早研制出了产生激光脉冲功率约1W的器件，且直接装有光纤输出端的二极管激光器。虽然在当时它的功率密度不高（最大为13kW/cm²），但在光纤中有极佳的传播性能，同时它的功率又足以点燃烟火药。由于半导体LD体积小、重量轻，把它用于LIOS系统是非常吸引人的。用高亮度激光二极管使$B/KClO_4$、$Ti/KClO_4$、$TiH_x/KClO_4$等烟火药点火。对激光点火机理的研究认为，它是药剂吸收激光能量，局部累积热分解，最后发生燃烧。增加药剂对光的吸收率，从而降低阈值点火能量，或者在光纤输出端与药剂之间加一层厚0.05mm的Mylar（聚对苯二甲酸乙酯）片也可以有效地降低激光发火阈值能量。

然而如何提高含能材料的激光感度，一直是激光点火技术研究中备受关注的问题之一。含能材料的激光点火过程，普遍认为是许多参数共同作用的结果，这些参数包括热导率、吸收光谱、光吸收系数、药剂组分、压药密度、药剂粒径、药剂添加物或掺杂比例与混合均匀性等，尤其是光吸收系数对激光点火感度有着至关重要的作用。

1. $Zr/KClO_4$的激光二极管点火

本节主要论述$Zr/KClO_4$的LD点火[3]。在LD点燃$Zr/KClO_4$的过程中，装药密度对药剂点火延迟时间的影响具有多样性。这是因为装药密度可改变药剂的导热、热容、空隙率、反射率等物理性能，同时也可改变点火感度、燃烧速度等化学性能。因此，很难从点火试验现象中得到适用于任何场合下的影响规律。Annu用LD对封闭体系的$Zr/KClO_4$和$Zr/PbCrO_4$进行激光点火试验发现，随着药剂空隙率增大，点火能量和延迟时间均显著降低。张慧卿和张沿杰分别用LD，在一定压药压力下，对封闭体系的B/KNO_3进行了激光点火试验规律研究，结果均表明，在一定压力下，延迟时间随压力增加而单调减少。安晓科用LD对开放型的两种药剂，在压药压力20～110MPa下进行激光点火试验，结果表明，B/KNO_3的延迟时间在30～36ms内，$Zr/KClO_4$的延迟时间在14～20ms内，随着压力增加出现不规律的波动。Holy和Girmann用氩离子激光器，对密闭的$TiH_x/KClO_4$进行了激光点火试验，结果认为点火延迟时间随压药压力增加而减小。孙同举对开放型的B/KNO_3进行了YAG激光器激光点火试验，所得结论恰好与有的文献报道相反。由于大多数人仅是分析压药压力与点火阈值能量、点火延迟时间的关系,而没有分析装药密度与点火延迟时间的关系,所以得出试验规律也有所不同。其主要原因是压药压力仅是外界施加的装药工艺条件,不是药剂内在的性能参数,药剂密度才是内在属性。而且压药压力和密度之间属于非线性关系,因而不能简单地通过装药密度随压药压力单调增加这一规律,得出对点火延迟时间影响规律的一般认识。

激光点火延迟时间和点火阈值能量,是激光火工品和激光敏感药剂设计的重要性能参数。影响激光点火延迟时间的因素有药剂的活化能、反应速率、反射率、配比、粒度、密度、导热系数、热容、反应热和掺杂等。其中装药密度是影响点火延迟时间的重要因素之一,常作为调整点火延迟时间性能的工艺参数进行优化设计。通过试验研究了装药密度和压药压力的关系、装药密度对激光点火延迟时间的影响规律,为激光火工品及其装药的设计提供参考依据。

采用光纤插入式 LIS 测定了 $Zr/KClO_4$ 点火药的装药密度和压药压力的关系及激光点火延迟时间和装药密度的关系,得出在压药压力 5~130MPa 范围内,对应的装药密度变化为 $0.94 \sim 1.39 \text{g/cm}^3$;在密度 $1.0 \sim 1.38 \text{g/cm}^3$ 范围内,对应的点火延迟时间变化为 $2.83 \sim 0.54 \text{ms}$。在装药密度不大于 1.25g/cm^3 时,点火延迟时间随密度变化较快,装药密度不小于 1.30g/cm^3 时,点火延迟时间随密度增加趋于稳定,最短点火延迟时间约为 0.54ms。在压药压力低于 30MPa、密度低于 1.07g/cm^3 时,对应试验数据散布较大。

1) 试验方案及原理

(1) 密度与压药压力的关系。为了测试装药密度和点火延迟时间的关系,需要预先测定装药密度和压药压力的关系。本试验采取容积法测定装药密度。具体做法:取内径 $\phi 5.29 \text{mm} \times 7.35 \text{mm}$ 管壳,用 0.01mm 精度卡尺测量每件管壳的内径和深度;用灵敏度为 1mg 的天平称量药剂、用手摇压力机压药、保压时间 3s,测量装药高度,按容积法计算装药密度。选定压药压力范围为 5MPa、10MPa、30MPa、70MPa、90MPa、110MPa、130MPa,包含了点火药常用压药压力范围(20~50MPa),每种压力下制作样品 3 发,试验后计算平均值,通过密度 – 压药压力曲线拟合,得出密度 – 压药压力关系。

(2) 试验用 LIS。试验用 LIS 的设计采用光纤插入式点火器,如图 7 – 13 所示。图中光纤芯径 $\phi 100 \mu m$,光纤材料为石英玻璃、阶跃折射率、NA0.22,光纤外有塑料防护层,外径 $\phi 1mm$。用环氧树脂胶将光纤与光纤插塞、管壳端面进行封接,光纤插塞组件先装入管壳,然后装药、压药、加垫片、收口、涂胶密封制成试验用 LIS。

在每种压力下制作 10 发样品,试验后计算平均值和标准偏差。通过曲线拟合,得出密度 – 点火延迟时间的关系曲线。由于对封闭装药体系要准确地测试点火延迟时间有困难,为了减少从药剂点燃到点火器输出火焰的时间差,通过尽量减小装药高度获得点火延迟时间测试的近似值。试验选择装药高度约 1mm。

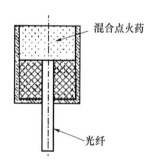

图 7 – 13 光纤插入式点火器

2) 试验结果

(1) 装药密度和压药压力的关系。装药密度和压药压力关系曲线的测试结果如图 7 – 14 所示。根据 $Zr/KClO_4$ 压药压力与密度的关系,拟合出的曲线为指数函数,即

$$\rho = 1.39 - 0.53 \times 0.97^p \tag{7-5}$$

式中:p 为压药压力(MPa);ρ 为装药密度(g/cm^3)。相关系数为 0.993。

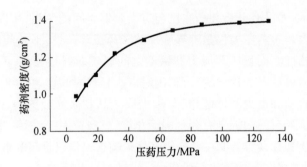

图 7-14 Zr/KClO₄ 压药压力与密度的关系曲线

如图 7-14 所示,压药压力在 5~130MPa 范围内改变时,对应的装药密度变化为 0.94~1.39g/cm³。压药压力低于 60MPa 时,装药密度随压药压力增加而显著增大,压力超过 90MPa 时,装药密度随压药压力增加而趋于稳定,最大装药密度约为 1.39g/cm³。

(2)激光点火延迟时间和装药密度的关系。对上述光纤插入式点火器样品进行了装药密度和点火延迟时间关系的试验,取得试验结果如图 7-15 和图 7-16 所示。

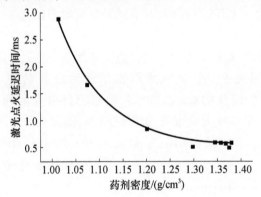

图 7-15 Zr/KClO₄ 密度与点火延迟时间的关系

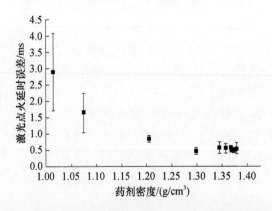

图 7-16 Zr/KClO₄ 密度与点火延迟时间误差的关系

根据试验结果拟合出关系曲线的公式为负指数函数,即

$$t_i = 0.47 + 44917\exp(-\rho/0.10288) \qquad (7-6)$$

式中:t_i 为点火延迟时间(ms);相关系数为 0.994。

如图 7-15 所示，Zr/KClO$_4$ 的激光点火延迟时间，随密度增加而呈负指数函数规律减小。在装药密度 1.0~1.38g/cm^3 范围内，对应的延迟时间变化为 2.83~0.54ms；在装药密度不大于 1.25g/cm^3 时，点火延迟时间随装药密度变化较快；装药密度不小于 1.30g/cm^3 时，点火延迟时间随装药密度增加而趋于稳定，最短点火延迟时间约为 0.54ms。由图 7-16 所示点火延迟时间误差带的分布可见，在密度较高（大于 1.20g/cm^3）时，试验数据散布较小；装药密度较低（小于 1.07g/cm^3）时，试验数据散布很大。

以上分析表明，欲获得较短的点火延迟时间或要提高延迟时间精度，则需要提高装药密度；在低装药密度下试验数据散布较大。

2. 常用点火药的半导体激光点火

陕西应用物理化学研究所采用脚鞘式 LIS，按照实际使用状态压装 Ti/KClO$_4$、Zr/Pb$_3$O$_4$、B/KNO$_3$ 等常用点火药。用半导体激光器作发火能源，用 ϕ100/140μm、NA0.26 渐变折射光纤传输激光能量，测定了激光发火能量最低点、作用时间和输出压力等主要参数[4]。

1）半导体激光点火能量最小值试验

在半导体激光器脉冲宽度为 10ms 的条件下，对 Ti/KClO$_4$、Zr/Pb$_3$O$_4$、B/KNO$_3$、Mg/Te/TeO$_2$、TiH$_x$/KClO$_4$ 5 种点火药进行了激光点火阈值试验，取得试验数据如表 7-11 所列。因试验采用最大输出为 2W 的半导体激光器，因此对 Mg/Te/TeO$_2$、TiH$_x$/KClO$_4$ 的试验受到限制，未能点火。

表 7-11 半导体激光点火阈值试验

序号	药剂名称	药量/mg			激光能量/mJ	作用时间/ms	备注
		点火药	松装药	总药量			
1	Ti/KClO$_4$	30	200	230	7.75	2.92	发火
2					6.33		
3		30	200	230	4.58	—	未发火
4					1.82		
5	Zr/Pb$_3$O$_4$	50	200	250	7.63		发火
6					4.96		
7		30	200	230	3.99		未发火
8					1.80		
9	B/KNO$_3$	50	80	596	8.50		发火
10					2.05	6.26	
11		30	80	440	1.19		未发火
12					0.79		

2）半导体激光点火压力测试

激光点火压力测试装置如图 12-60 所示，试验采用 ϕ100/140μm 渐变折射光纤，连接器为自行设计，LIS 中的点火药有 Mg/Te/TeO$_2$、Zr/Pb$_3$O$_4$、Ti/KClO$_4$、TiH$_x$/KClO$_4$、B/KNO$_3$，分别装在不同的点火器中，其输出药皆为同类型松装药。对 5 种点火药进行了半导体激光点火压力试验，取得试验结果如表 7-12 所列。测试得典型的压力曲线，如图 7-17 和图 7-18 所示，其余几种药剂因未发火，没有测得压力曲线。

表 7-12　半导体激光点火压力试验结果

序号	药剂名称	药量/mg			激光能量/mJ	作用时间/ms	备注
		点火药	松装药	总药量			
1	$Mg/Te/TeO_2$	30	200	230	7.92	—	未发火
2	Zr/Pb_3O_4	50	200	250	7.63	—	发火
3	$Ti/KClO_4$	30	200	230	7.75	2.92	发火
4	$TiH_x/KClO_4$	30	200	230	8.72	—	未发火
5	B/KNO_3	30	80	260	8.96	4.12	发火

从表 7-12 所列试验结果可以看出,在半导体激光能量 7.75mJ 条件下发火后,230mg $Ti/KClO_4$ 点火药的输出最大压力为 27.0MPa、峰值作用时间为 2.92ms。

由于点火药的粒度小、比表面积大、容易燃烧,故燃烧速度快、输出压力曲线峰值高,适合作为快速作用的激光作动器、阀门等器件的输出装药。

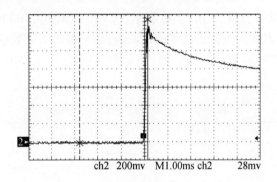

图 7-17　$Ti/KClO_4$ 输出 $p-t$ 曲线

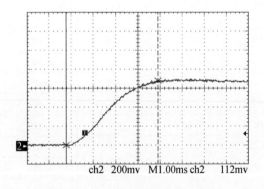

图 7-18　B/KNO_3 输出 $p-t$ 曲线

从图 7-18 所示试验结果可以看出,B/KNO_3 在半导体激光能量 8.96mJ 条件下发火后,260mg B/KNO_3 装药的输出最大压力为 13.7MPa、峰值作用时间为 4.12ms。由于 B/KNO_3 点火药的粒度小、比表面积大、容易燃烧,故燃烧状态稳定、输出压力曲线特性好,适合作为 LIS 装药。

上述从理论与试验两方面的分析研究,可以得出以下结论。

(1)含能材料的激光感度与药剂的反射率、热导率、光纤直径及激光功率密度等有密切关系;随着激光功率的增大,含能材料的点火能量减小;当激光功率密度较小时(不大于

$10^6 W/cm^2$),认为激光点火的主要作用是热作用;而当激光功率密度很高时(大于 $10^{10} W/cm^2$),激光点火的微观机制呈现出有待探讨的复杂性和多样性。

(2)用波长为980nm、脉冲宽度为10ms的半导体激光器点燃 B/KNO_3 的最小点火功率为205mW,作用时间为6.26ms。

(3)用波长为980nm、脉冲宽度为10ms的半导体激光器点燃 Zr/Pb_3O_4 的最小点火能量为7.63mJ。

(4)采用输出能量为1.5W半导体激光器,当波长为980nm、脉冲宽度为10ms时,点燃 B/KNO_3 的最小点火能量为2.53mJ,作用时间为3.60ms。

(5)点火药 $Mg/Te/TeO_2$、$TiH_x/KClO_4$ 的激光点火感度除受激光强度的影响外,还受到诸如激光的波长,材料的密度、粒度、组分及配比或掺杂等因素的影响。由于条件的限制,试验只对几种密度、粒度的无掺杂药剂进行了点火试验,使得理论分析与试验有一定的局限性。

3. 热电池材料的激光二极管点火

本节介绍了热电池材料——$Fe/KClO_4$(FK)烟火药的激光二极管点火[5],该混合药由实验室制得。铁粒子的平均尺寸接近1.6μm,高氯酸钾平均颗粒尺寸约为24μm。将上述两种成分用轨道运动混合器混合。此后,将混合物放入模具中压制成药柱。用光学装置(由能将发散的激光束修正平行的一个透镜和能将平行的激光再聚焦的第二个透镜组成)和光纤传输,将激光束聚焦在烟火药柱上。将蓝宝石窗口放置在后一个透镜和烟火药之间,以防光学设备损坏。激光二极管可提供输出功率为7W、最大脉冲为300ms的激光能量。

为了将能量集中在炸药的表面,激光二极管可以和光纤一起使用,也可使用透镜聚焦耦合。为了点燃烟火混合物 $Fe/KClO_4$,表征其点火性能(点火延期时间 t_i 和点火阈值能量 E_{50}),在试验中使用了透镜聚焦。

集中研究了一些试验参数(激光能量、激光束直径、空隙度 q、碳黑粉的比例和 $Fe/KClO_4$ 的含量等),对点火能量阈值 E_{50} 以及点火延期时间 t_i 的影响。整个试验是在激光能量密度为 $2.2kW/cm^2$ 的条件下进行的。研究结果表明,所有这些参数都显示 t_i 趋于增加,而 E_{50} 趋于降低。试验中给出了最小点火能量的激光斑点直径。

1)激光功率的影响

功率密度对 E_{50} 和 t_i 数值影响的分布,如图7-19所示。注意到功率密度增加时,阈值点火能量和 t_i 降低。就能量阈值 E_{50} 而言,可以看到,增加功率使 E_{95} 点火和 E_{05} 不点火之间的差值缩小。采用高功率密度可以忽略材料的非均匀性问题。

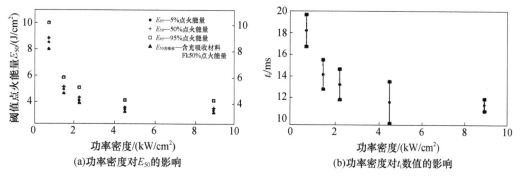

图7-19 随激光功率的变化 E_{50} 和 t_i 的数值和分布

图 7-19 所示的结果是用烟火药 FK 获得的,其氧化剂/还原剂的百分比为 38/62。药剂是以低空隙率为 25.9% 的药柱形态,通过在起爆试验装置上聚焦而点火。研究选用的光斑直径为 $\phi 186\mu m$。

就光照时间而言,当功率增加时,数值的散布趋于降低。功率密度必须达到 $8kW/cm^2$ 以上,使这种降低的分布敏感,就低功率密度而言,可以看到散布不会随着光照时间 t_i 而变化。

2) 激光斑点直径的影响

对组分 FK 进行了激光斑点直径影响的研究。混合物的比例仍是 38/62,改变光斑的直径 D,用恒定的功率密度 $2.2kW/cm^2$ 进行不同的照射。激光斑点直径 D 对沉积能量密度的影响如图 7-20 所示。当激光束的直径 D 从 $\phi 154\mu m$ 改变到 $\phi 436\mu m$ 时,能量密度从 $9J/cm^2$ 降低到 $1J/cm^2$。如图 7-21 所示,所有的结果与激光斑点直径的增加有关,激光斑点直径 D 的增加导致激光束加热区域的活性点的数量增多。

激光斑点直径的增加使 t_i 缩短,其关系为 $t_i = -1.13 \times 10^{-2} D(\mu m) + 15.35$。光照时间 t_i 增加,可能是受点燃活性点(小 D 值)的传热时间控制;反之,对于大直径的激光斑点 D 值而言,与更多的活性点与激光加热有关。在这种情况下,组分 FK 光照时间的缩短是因激光加热区域各活性点之间的协同作用所致。

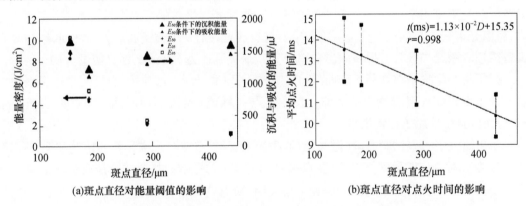

(a) 斑点直径对能量阈值的影响   (b) 斑点直径对点火时间的影响

图 7-20 斑点直径对能量阈值和点火时间特征的影响

3) 空隙率的影响

在两种不同功率 $P = 0.6W$ 和 $P = 2.372W$ 下,空隙率对激光点火阈值能量的影响如图 7-22 所示。随着空隙率的变化,变更激光功率不会改变 E_{50},但是激光功率的降低不会增加空隙率对能量阈值 E_{50} 的影响。图 7-22 所示为相同间隔的空隙率,激光源用 2.372W 时,E_{50} 是从 $7.75J/cm^2$ 到 $4J/cm^2$ 不等;反之,激光源用 0.6W 时,点火阈值是从 $10.4kW/cm^2$ 到 $4kW/cm^2$。

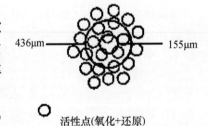

图 7-21 激光束对点火过程的影响

随着空隙率的改变,烟火药吸收并导致点火的能量不同(图 7-22),该能量由药柱表面吸收率(试验测定)与沉积的能量相乘计算(图 7-23)。应注意当空隙率增加时,烟火药组分表面的辐射率也呈增加趋势;图中曲线绕过空隙率 22% 位置的这一最大数值。在 22% 之后,表面的辐射率下降极缓慢。试验进一步证实,受空隙率影响时,光学参数不应被忽视。

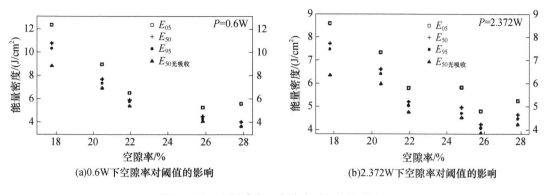

(a) 0.6W下空隙率对阈值的影响　　(b) 2.372W下空隙率对阈值的影响

图 7-22　不同功率下空隙率对阈值的影响

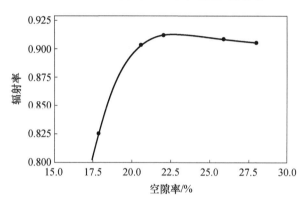

图 7-23　药剂空隙率与辐射率的关系曲线

如图 7-24 所示,随着空隙率的不同,激光功率变化对光照时间的影响不明显。因此,在不同功率下,光照时间 t_i 是随着空隙率的变化而降低,点火时间随空隙率增加趋于稳定。

4) 碳含量的影响

观察加入碳黑对混合物的影响,就试验而言,所用 $Fe/KClO_4$ 的比例是 62/38,碳黑的加入量为 0.75% ~2.5%,药柱的空隙率为 17.8% ~25.8%。斑点直径保持在 $\phi186\mu m$。测得了碳黑量对药柱表面辐射率的影响。图 7-25 所示为辐射率随着 3 种不同碳量空隙率而变化的曲线。碳黑有助于增加药柱表面的辐射率。图中的结果显示药柱表面空隙率的降低,导致了碳黑对辐射率增长的影响。例如,当碳黑的比例为 0~2.5% 时,药柱的辐射率(a = 17.8%)从 0.825 增加到 0.97,而药柱的辐射率(ε = 25.8%)从 0.91 增加到 0.94。

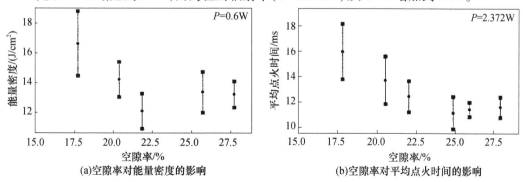

(a) 空隙率对能量密度的影响　　(b) 空隙率对平均点火时间的影响

图 7-24　空隙率对能量密度/平均点火时间的影响分布

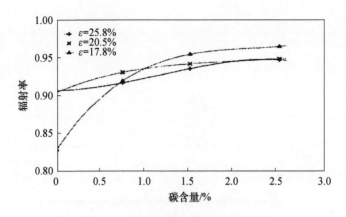

图 7-25 辐射率随碳含量的变化曲线

图 7-26 所示的曲线显示出空隙率对烟火组分 FK 中加入碳黑的有效性影响。对 3 种不同空隙率(25.8%、20.5% 和 17.8%)的参数 E_{50} 和 t_i 进行了测量,图 7-26 说明在阈值降低时空隙率影响所加碳黑的效果。空隙率越大、碳黑的影响越小,甚至没有变化。例如,ε = 17.5%,碳的比例为 0~2.5% 时,能量密度阈值从 11J/cm² 降到 6.5J/cm²;而当 ε = 25.8% 时,能量密度阈值没有变化。

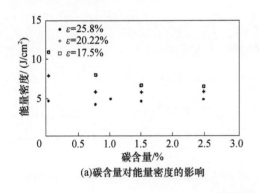
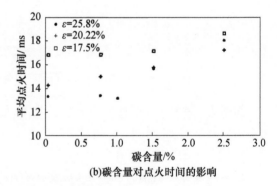

(a)碳含量对能量密度的影响　　(b)碳含量对点火时间的影响

图 7-26 碳含量对阈值和点火时间的影响

随着碳黑含量的增加,空隙率的增高将会加速光照时间 t_i 的增长。值得注意的是,碳黑含量大于 2.5% 时,无论空隙率如何变化,组分 FK 的光照时间几乎是一样的。这种影响似乎与阈值能量的从属关系类似。

这项试验结果不符合由 Gillard 和 Roux 用数值模拟确定的碳黑对光照时间的影响规律。当然,这显示出吸收系数的增加(即碳黑含量的增加)导致光照时间 t_i 降低。将数值模拟研究和试验结果进行比较,显示出加入遮光剂对光照时间的影响不仅仅是光学的,Gillard 和 Roux 进行了该项研究,事实上有效吸收能量的影响低于上述的影响。

5) 铁含量的影响

在这一小节中,FK 组分压为药柱(空隙率 ε = 25.8%),点火能量 ε = 2.37W,激光斑点直径 ϕ185μm。图 7-27 显示烟火混合物中铁的比例对点火阈值 E_{50} 和光照时间 t_i 的影响很大。

图 7-27 强调了 FK 混合物中铁百分比的增加,将使 E_{50} 和 t_i 值降低。铁含量高时,点火阈值和光照时间值减小。铁的比例将大大改善由 E_{50} 和 t_i 获得的分散系数。图 7-27 所示结果显示出,在选择试验条件下,铁含量的增加使 E_{50} 和 t_i 的分散系数降低。也就是说,还原剂

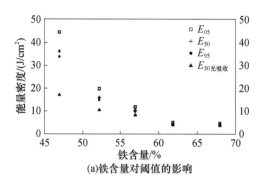 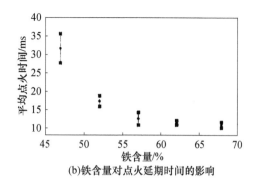

(a)铁含量对阈值的影响　　　　　　(b)铁含量对点火延期时间的影响

图 7-27　铁含量对阈值和点火延期时间的影响

铁的作用类似于一种点火促进剂,当铁的百分比增加时,分散系数降低,点火趋于稳定。鉴于此种原因,认为稳定的点火有助于将大量热点限制在还原剂金属附近,从而使光照时间、点火阈值和相关的分散作用降低。铁含量的增加支持了热点的形成,增加了活性点点火的概率。

参数不仅可以改变阈值和点火时间,而且还具有以下 3 个特征。

(1)图 7-27 所示为吸收能量(用吸收能量可推导出反射率)的有关规律,当铁含量为 47% 时,药柱表面只能吸收 48% 激光能量;铁含量为 68% 时,激光吸收能量接近 92% 。因此,反射率在点火时起着重要作用。

(2)热性能导致不同的性能,在药柱内侧传递热。降低铁的百分比含量,热扩散从 2×10^{-5} 降低到 2×10^{-7} 。改变铁的含量,以一种有效的方式改善热扩散率,从而能够获得不同的 E_{50} 和 t_i 值。

(3)混合物的反应性,化学计算方法的变更,改变了化学动力学性能。

该项研究强调一些参数对能量阈值和点火延期时间的影响。分析这些试验结果,说明参数 E_{50} 和 t_i 对物理现象的潜在影响有热效应、化学动力学、药柱表面对激光的吸收以及多相效应(主要强调斑点直径研究)。

上述特征说明,烟火混合物的反应曲线是随着激光加热而变化的,特别是铁含量增加到阈值的 10 倍时更加明显。研究表明,为了确定烟火药点火的最佳特性,必须选择含有大量还原剂的大空隙率的混合物,从而使分散和能量阈值趋于最小。为了防止辐射损失和降低非均相效应,最佳斑点直径大约为 $\phi 180 \mu m$ 。

4. 药剂组分对激光点火感度的影响

有关激光感度的研究表明,通过改变材料的密度、粒度组分配比或掺杂物等途径,可以改变含能材料的激光感度。本小节仅就掺杂对含能材料激光点火感度的影响作定性分析,并同试验结果进行比较[4]。

1)锆粉含量对 $Zr/KClO_4$ 点火的影响

对烟火药剂 $Zr/KClO_4$ 按不同的质量比进行混合(锆粉颗粒度为 $1\sim2\mu m$),其激光点火的阈值能量不同,即呈现不同的激光发火感度。图 7-28 所示为通过不同配比的 $Zr/KClO_4$ 的激光二极管点火能量试验得到的关系趋势图。

从图 7-28 可看出,$Zr/KClO_4$ 的质量比为 1∶1 时,药剂的激光感度最高。从氧平衡角度计算,此时的药剂属正氧平衡。在这种情况下,高氯酸钾分解释放的氧足够使锆氧化,从而增加了反应的剧烈性;从掺杂的角度看锆的加入,对光的吸收系数影响不显著,但却对激光点火阈值的影响有明显作用。

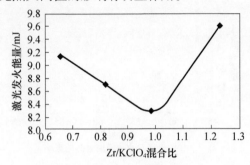

图 7-28　Zr/KClO$_4$ 不同配比与
激光发火能量的关系

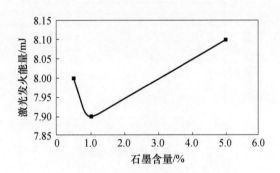

图 7-29　Zr/KClO$_4$ 激光点火能量与
石墨掺杂比例的关系

2) 石墨对 Zr/KClO$_4$ 点火的影响

在 Zr/KClO$_4$ 点火药中按重量比加入石墨后,对该点火药进行了激光点火试验,其激光点火能量与掺杂比例的关系趋势如图 7-29 所示。从图中看出,当不同比例的石墨加入 Zr/KClO$_4$ 后,该点火药的激光点火能量阈值呈现不同值,并且有最佳值。加入 1% 的石墨时,其激光点火需要能量最小,激光发火感度最高。

3) 钛粉含量对 Ti/KClO$_4$ 点火的影响

将颗粒度为 1~2μm 的钛粉与颗粒度为 7μm 的 KClO$_4$ 按不同的配比混合制成 Ti/KClO$_4$ 点火药,在装药密度为 2.0g/cm^3 时,进行了激光点火试验,其激光点火阈值与混合比的关系趋势如图 7-30 所示。从图中可看出,随着钛粉比例的加大,激光点火的能量呈现上升的趋势,虽然钛粒子是高吸收率材料,但并不是越多越好,而是要掌握一定的比例。

4) 石墨对 Ti/KClO$_4$ 的影响

在配比为 33/67 的 Ti/KClO$_4$ 中掺入不同重量比的石墨后,对该点火药进行了激光点火试验,其点火阈值变化趋势如图 7-31 所示。从图中可看出,在 Ti/KClO$_4$ 中掺入 0.5% 石墨后,使最高点火能量从 3.0mJ 增加到 3.2mJ,这是由于石墨的掺入对增强光吸收系数没有明显影响;虽然石墨作为一个散热体,增加了药剂的热导率且推进了热从 KClO$_4$ 粒子的转移,但同时起到了类似于散热剂的作用,从而使热点反应区中传出的热损失增大,反而有加大阈值能量的趋势。

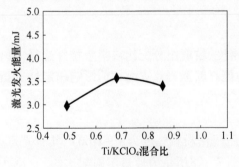

图 7-30　钛粉比例与激光
点火能量关系趋势

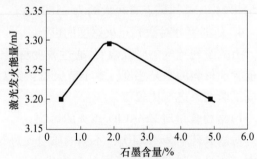

图 7-31　Ti/KClO$_4$ 石墨比例与
激光点火能量关系趋势

从上述理论与试验两个方面的分析可以得出以下几点。

(1) 含能材料的激光感度与掺杂成分有密切的关系,掺杂不一定都有利于增加药剂对光的吸收能力,从而改变激光感度。理论分析结果与试验数据的差别,一方面是理论推导做了较多的近似;另一方面还取决于诸如激光脉宽、压力、温度、光纤芯径等因素的影响。

(2) 当激光功率密度较小(不大于 10^6W/cm^2)时,认为激光点火的主要作用是热作用,而当激光功率密度很高(大于 10^{10}W/cm^2)时,激光点火的微观机制呈现出复杂性和多样性。由于本试验用的是 QCW、1.4 W 的半导体激光器,其激光输出功率较低,对试验的深入研究有一定的局限性。

(3) 改善 LIOS 中药剂的激光感度,掺杂是有效的方法,但不是最好的;而细化点火药的原料粒度,对提高药剂激光感度的作用是明显的。

5. 纳米含能材料 Al/MoO_3 的激光点火

亚稳态分子间复合材料(MIC)是首先被研制成功并投入试用的一类纳米含能材料。亚稳态分子间复合材料是以纳米级反应物的紧密结合为基础的,颗粒尺寸在纳米范围内。这种含能材料明显影响着点火和比冲量等性能,它可以通过改变含能材料的粒径,改变感度、能量释放速度和力学性能等,同时具有比较大的能量密度。美国已经使用溶胶-凝胶化学方法、超声分散法制备铝热剂型含能材料,如 Al/MoO_3、Al/Fe_2O_3 等。已将纳米铝热剂 Al/MoO_3 首次应用于枪弹底火。含能材料的粒径可以通过制备方法的控制进行纳米级调整,同时在制备工艺中要求低成本、无毒、无害、无污染。纳米铝热剂型含能材料具有高的能量密度、小的临界直径、高的能量释放速度和大的比表面积等性能。纳米铝热剂型含能材料是代替含铅火工药剂的一个可能的选择。一旦被点火,铝热剂反应是一种自持反应,放出大量的热量,即铝热剂具有很大的能量密度。因此,研究绿色环保型纳米铝热剂含能材料的性能,对于微型火工品技术的研究是十分必要的。本节主要论述 Al/MoO_3 纳米含能材料的半导体激光点火性能[6]。

1) 电镜分析

通过扫描电镜(SEM)可获得原料和产物的形貌,纳米铝粉和纳米含能材料 Al/MoO_3 的扫描电镜图片如图 7-32 所示。

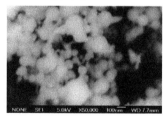

(a)纳米铝粉的电镜照片　　(b)纳米Al/MoO_3的电镜照片

图 7-32　扫描电镜照片

纳米铝粉外表形貌呈球状,粒径在 100nm 左右,纳米铝粉的团聚现象不是很严重。可以看出,经过超声分散混合后,纳米 Al 嵌入到纳米 MoO_3 中,形成了纳米含能材料 Al/MoO_3 的混合物。

2) 激光点火试验

纳米含能材料 Al/MoO_3 表现出较好的激光点火性能,图 7-33 所示为在激光能量 3.27mJ 刺激条件下纳米含能材料 Al/MoO_3 的点火燃烧过程曲线。

它反映了从激光能量照射到药剂表面,药剂点火以及火焰熄灭全过程所需要的时间。根据采集系统仪器的测定,在 3.27mJ 条件下,含能材料 Al/MoO_3 燃烧火焰持续时间大约为

45ms。点火作用时间是指从激光输入到药剂自持燃烧所需的时间。点火作用时间是反映激光点火性能的重要参数,与吸收的激光能量大小直接相关。点火作用时间的测量装置图与激光发火能量装置基本相同,不同的是多了一套同步测定作用时间的信号采集系统。图 7-34 所示为含能材料 Al/MoO₃ 的点火作用时间曲线,在激光能量 3.27mJ 下的点火作用时间为 1.859ms。

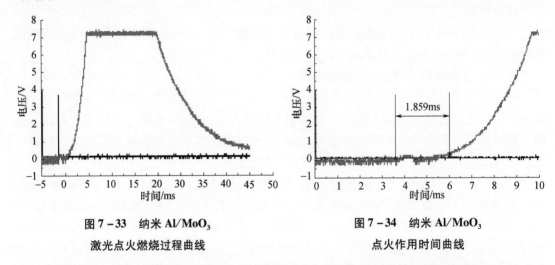

图 7-33 纳米 Al/MoO₃
激光点火燃烧过程曲线

图 7-34 纳米 Al/MoO₃
点火作用时间曲线

通常认为含能材料的激光点火是一个光能转换为热能的过程。含能材料吸收光能后,温度升高,当达到燃烧温度时,就会发生点火或燃烧的过程,是一种完全自持式传播反应。激光作用于药剂表面时,一部分光能被反射;另一部分光能照射到药剂里面,并且在大约几微米的表面药层被吸收。增加药剂的吸收系数和减小药剂的热导率,有利于药剂内部的能量积累,从而有利于点火的发生。纳米含能材料 Al/MoO₃ 发火能量大约为 3mJ,作用时间小于 10ms。纳米级含能材料的激光点火能量,低于微米级的激光点火能量。微米级的含能材料的反射系数比较大,反射损失的光能也是较多的。根据激光点火起爆机理分析,以及激光点火试验说明纳米含能材料 Al/MoO₃ 具有"黑体吸收"性质。

上述试验表明,Al/MoO₃ 是纳米尺度的含能材料,有较好的激光感度,点火延迟时间短。纳米含能材料 Al/MoO₃ 就是代替含铅化合物的一种可能的选择。含能材料 Al/MoO₃ 的激光点火试验结果证实,该纳米含能材料发展前景广阔,但是还需要全面、深入地进行研究。纳米含能材料 Al/MoO₃ 在改进火工药剂性能方面有一定的发展潜力。这些性能的进一步研究改进,会使亚稳态分子间复合材料有更多的应用范围,如环保底火、电点火器和起爆器等。

7.1.4 纳米含能材料的闪光照射点火

迄今为止,一般含能材料的光学点火只能通过激光完成,因为激光具有高能、脉冲持续时间短、波长短以及可瞄准小目标面积的特殊性质。LLNL 研究了一种纳米光学点火与起爆含能材料的方法,采用普通辐射光束直接作用在目标药剂或是含有吸收粒子的药剂上,使普通闪光有可能成为激光光源的替代物。

该项研究工作第一次证实了经传统的闪光灯照射含能材料的纳米管点火过程[7]。含能材料与碳纳米管是松散接触,这样易于光-热的活动性。在纳米管中的吸收粒子是反应本身的加热地点,对应的局部高温区域被认为是"热点",热点的增长与相互作用是含能材料点火与起爆所必需的。将单壁碳纳米管(SWNTs)与苯胺纳米纤维材料,暴露在普通的照相机闪光下出现的点火现象,促使人们进一步研究纳米含能材料。利用普通的摄影闪光灯发出的闪光,对 PETN 等几种不同化合物的样品与商业上可购买到的 SWNTs 进行了光点火试验。点火与燃烧过程有明亮的火焰与发光,如图 7-35 所示,这只是 SWNTs 的一个典型样品试验。

图 7-35 用照相机闪光照射样品的燃烧

在所有的试验中,燃烧过程是根据重量测量结果来判定 PETN 是否完全燃烧的。然而 SWNTs 重量损失大约是它原来质量的 1/3,未能完全燃烧。进一步试验证明,从爆燃过程到实际的起爆过程的转变经过与炸药 K-6 光学触发的过程相同。这些试验第一次证明了含能材料与纳米管混合物经传统的光学触发点火与爆燃的可能性。试验结果表明,以 GW/cm^2 量级的激光照射在 0.5mm 的材料样品上,可以达到含能材料的光学点火爆燃。所报道的这个结果确定了在一个更大目标面积的材料样品上,仅需要几 W/cm^2 的光源就可以达到光学点火。这说明含能材料与具有光学活性的纳米管结合在一起,对于光学触发装置的应用具有更好的前景。

在特定波长试验条件下,碳纳米管对于光-热反应性能并不特殊,由于镀金的纳米外壳具有可调谐共振吸收的性质,将碳纳米管与镀金的外壳结合在一起,研究了烟火混合物点火与含能材料爆燃过程的可能性。碳纳米外壳直径是 60nm,其表面镀金层的厚度在 6~20nm 之间,不同镀金层厚度的碳纳米管对激光波长的一种特殊吸收峰光谱如图 7-36 所示。今后,这种碳纳米管应用于含能材料的远距离光学点火或许会成为现实。

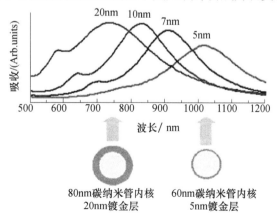

图 7-36 镀金层对激光发出的特殊波峰进行吸收

7.2 推进剂的激光点火

7.2.1 固体推进剂的激光点火

为了解有关的技术,对固体推进剂的激光点火的试验研究进行了分析[8]。此时,分清能量传递到推进剂表面的两种不同形式是很重要的。在辐射点火方式中,到达推进剂表面的能量流保持恒定,同时表面温度上升到点火临界值。在热传导点火方式中,表面温度保持恒定,而进入推进剂内的能量流随时间减小。对于规定的点火时间,热传导点火的表面温度远远低于辐射点火的表面温度。

1. 点火曲线分析

点火事件的过程顺序可被综述在点火状态分布中,图 7-37 显示了辐射加热时间对数和辐照度对数之间关系的点火曲线,认为推进剂经受一个与图 7-37 中的竖线相对应的固定辐照度。

在短时间内,表面温度的上升不足以引起任何明显的反应。如果终止辐射加热,推进剂似乎将不会有大的改变。如果辐射加热继续进行,推进剂表面温度将上升到推进剂汽化反应的一个爆燃点数值。在性质上的这种突然改变,决定了"最初作用",即气体放出边界,表示为 L_{1a} 边界。它通常是凝聚相化学过程的结果,并且与压力无关。这个边界的位置和辐照度相关的性能已由热点火理论描述。持续的表面分解反应引起气体放出和热量释放,会使这一过程记录到红外信号,这就指示了边界 L_{1b}。这个边界没有 L_{1a} 精确,因为它取决于红外探测器的敏感度。然而,它是气相中火焰形成开始的征兆。当辐照继续时,达到了下一个边界 L_{1c},在此处火焰基本上形成。因为气相火焰形成是一个连续的过程,不是经过急剧变化的过程,边界 L_{1a} 和 L_{1b} 只用于解释火焰发展速度和它与点火参数的相关性。

持续辐照会引起下一个由试验的通/止性能确定的明显边界,这被定义为自持点火线 L_{1d}。当越过这个边界时,即使辐照取消,推进剂仍会自持燃烧。应注意,越过边界 $L_{1a} \sim L_{1c}$ 就不能保证在停止辐照后推进剂会继续燃烧。L_{1d} 的位置与压力有关,它反映了达到稳定火焰特性的气相火焰的时间。模型可用于预测 L_{1d} 边界的位置和性能。通常,L_{1d} 是增加辐射时间所遇到的最后一个限制,再延长辐照会导致持续燃烧。当然也有一些例外情况,其中持续辐照导致火焰变成稳定状态,这种稳定状态是通过外部辐照,人为施加一个与无辐照的稳定状态相比的较高速度燃烧。

某些推进剂(如非催化双基推进剂)的持续燃烧,经受不住辐照突然终止造成的干扰。当辐照停止时,推进剂就会熄灭,其方式非常像给它迅速减压,这产生了终止边界(L_2)。某些非理想状态(如推进剂透光性)可能会严重影响这个边界。

通常许多推进剂的点火曲线比图 7-37 所示要简单得多,边界 $L_{1a} \sim L_{1d}$ 可压缩成一个单独的边界 L_1,而 L_2 往往可能不存在。使用高压力可简化通/止试验中的点火过程,点火曲线缩小成一条单线,在线上方自持燃烧会产生,即自持燃烧界限 L_{1d} 与最初气体放出界限 L_{1a} 重合。这个 L_1 边界的位置和斜率受3个因素影响,即表面反射、规定深度的消光系数与推进剂的反应能力。

图 7-38 给出了更通用的点火过程描述。它确定了 3 个区域,即不起化学反应的加热区域、预点火区域和自持燃烧区域。这 3 个区域由最初气体生成曲线和通/止点火曲线分离。

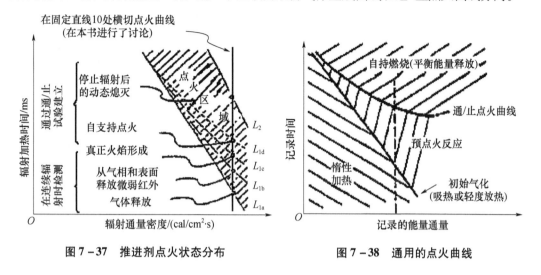

图 7-37　推进剂点火状态分布　　　　图 7-38　通用的点火曲线

2. 硝胺推进剂点火试验结果

下边的例子展示了在硝胺推进剂样本点火过程中发生的现象。对于给定的辐照度(图 7-38 中的虚线),当样本经受这种辐照作用时,一系列的事件在不同的时间发生。对于某一初始时间,似乎不会发生任何事情。如果辐照此时被终止,不会观察到接受照射的表面有任何明显分解。

如图 7-39(a)所示,在最初汽化前一段时间,硝胺推进剂样本经受 $836J/cm^2$ 的辐照。正如由光敏二极管检测到的最初的发光所证明的那样,只有在达到最初的汽化时间时,样本才开始有明显分解。辐照在固体中建立和深化了热效应,直至达到表面发生明显烧蚀/表面的分解温度为止。对于辐照稍微长于这个初始汽化所需时间的情况,样本会继续汽化,但不会按照传统的点火观念点火,即如果辐照被取消,样本会停止汽化,固体中的热效应会消失,样本将不会再燃烧。在表面显示发生某种分解的最初汽化(由最初发出的光作为证明)之后,图 7-39(b)所示样本经受 $836J/cm^2$ 辐照的情况。图 7-39(c)所示为在相同条件下,在刚刚小于通/止点火所需的时间内,对另一个样本进行的辐照情况。虽然这个样本显示了明显的分解,但直至达到与图 7-38 所示的通/止点火曲线有关的辐照条件时才发生点火。这时需要更长的辐照时间样本才会被点燃,即如果停止激光辐照时样本会自持燃烧。

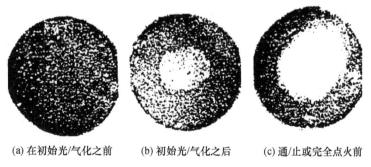

(a) 在初始光/气化之前　(b) 初始光/气化之后　(c) 通/止或完全点火前

图 7-39　在激光辐照度 $836J/cm^2$ 下硝胺基推进剂样本的试验结果

还存在另一个被称为"过载燃烧"的区域,它与较高的辐照度和陡峭的热剖面有关,在这个区域停止辐照会造成样本燃烧熄灭。但必须注意,推进剂点火不应简单地看作一种以与固体表面温度有关的临界温度为基础的转换。即如果满足这些条件,从不发生反应的固体瞬间变为一种稳定状态的燃烧,并且产生足够的反应气体。预点火区域是重要的,因为在这个区域内固体分解为反应中间物,即高温分解产物。但这些物质还没有反应成为最终产物,因此还没有达到自持燃烧。在低辐照度和高压力条件下试验的 AP 复合推进剂,显示出在通/止和最初汽化之间差别很小或者观察不到的差别。相反,硝胺基推进剂在类似情况下有明显的预点火特性。

通过增加辐照度和减小试验压力,在 AP 基推进剂中可显示出预点火特性。已经提醒不要使用光辐射(即使是在红外区域)作为点火标准,因为在激光加热时压力增加和光亮度读数之间没有任何相关性。作为推进剂包覆材料石墨颗粒的燃烧和发热,是在观察到压力增加之前发现发光区域产生。为此,单基推进剂 BTU 85 的可靠点火,被认为只有在达到 10MPa 压力时才能发生。

3. 高氯酸铵(AP)的激光点火

在推进剂混合物中,AP 是最常用的氧化剂,本节主要论述 AP 的激光点火[9]。固体推进剂主要包括氧化剂和燃烧剂两种组分,即使在没有空气或其他氧化剂时,也能迅速燃烧。在许多武器系统中,推进剂用于产生推动力,如火箭、枪炮及吸气式推进系统以及气袋产生高压、高温气体以连接重要电缆等。重要的商业和军事应用,使得发展钝感推进剂成为解决安全问题的主要手段。意外的撞击、ESD、热和冲击刺激使这种钝感组分的点火可能性较小。对 AP 晶体在纳秒和皮秒时间量级上激光辐射,与推进剂燃烧时晶体分解的实际频率接近。

试验用纳秒和皮秒的激光束通过两个独立的 YAG 激光器获得(波长为1064nm),其分解可由 X 射线的光电放射光谱确定,与点火有关的表面分裂、机械变形,可用光学显微镜研究。如图 7-40 所示,用电子显微镜和原子显微镜可以观察到晶体表面的外部分裂。发现分裂方向与 AP 的结晶学和同素异形体有关。在纳秒激光辐射下,斜方晶系之下的岩盐立方晶系表面的开裂造成了晶体开裂。这种现象是 AP 同素异形体转变的结果。在240℃时,AP 晶体由斜方结构转变为岩盐结构。图 7-41 所示为皮秒激光损伤出现的分裂,仅仅是斜方结构的改变。虽然此处的温度可使岩盐类型发生改变。但是,激光辐射和晶体的加热时间太短,不能探测到许多重要相变。在毫微秒脉冲激光的照射下,岩盐结构中产生的分裂形成一个非常细而交错的网络,并显出 $1\mu m$ 尺寸碎裂的表面。由于较细的裂纹网对应很大的分解表面积,分解位置与表面分裂有关,这种晶体表面分裂与推进剂的燃烧相关。

4. 固体微推力药剂的半导体激光热分解

陕西应用物理化学研究所与西安航天动力技术研究所用 CW、QCW 半导体激光器,通过 $\phi100/140\mu m$、NA0.25 渐变折射光纤缆传输激光,在开放状态下,对固体微推力 A/IC 药剂进行了激光点火试验,并观察分析了药剂的分解状况。

1) 使用仪器

(1) 半导体激光器,波长 808nm、CW、QCW 脉冲宽度 10ms、光缆输出功率 1.1W。

(2) LPE-1B 激光功率/能量计。

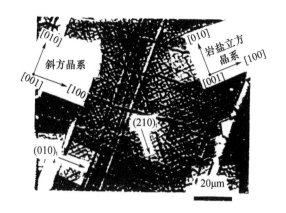
图 7-40 激光脉冲能量($14MW/mm^2$)在 AP 晶体(001)面上产生的晶体裂纹照片

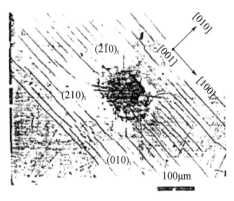
图 7-41 激光脉冲能量($9GW/mm^2$)在 AP 晶体的(001)面上产生的晶体裂纹照片

2) 试验项目与结果

(1) 常用 A/IC 药剂的 CW 半导体激光热分解。用 CW 1.1W 半导体激光器,在光缆输出端距离药面 0.5mm 处照射常用 A/IC 微推力药剂 3min,多次试验均未观察到药剂有分解现象。

(2) 细化 A/IC + 3%C 药剂的 CW 半导体激光热分解。用 CW 1.1W 半导体激光器,在光缆输出端距离药面 0.5mm 处照射细化 A/IC + 3%C 微推力药剂 30s,初期有热分解青烟产物;样品中心被烧蚀成约 ϕ1mm 小孔,内壁为黑色;光缆输出端面上有灰白色分解产物,可擦掉。

(3) 细化 A/IC + 3%C 药剂的 QCW 半导体激光热分解。用 QCW 脉冲宽度 10ms、1.1W 半导体激光,在光缆输出端距离药面 0.5mm 处,照射细化 A/IC + 3%C 药剂。试验时样品表面有热分解微烟产物,样品端面上形成了约 ϕ0.5mm 小坑,坑内表面颜色变深,有烧蚀痕迹。

(4) 20%A/80%IC + 3%C 药剂的 CW 半导体激光热分解。用 CW 1.1W 半导体激光,在光缆输出端距离药面 0.5mm 处,照射细化 20%A80%IC + 3%C 药剂 15s,药剂反应剧烈,有微弱火光,热分解烟多;样品中心被烧成约 ϕ4mm 的小孔,孔内表面发黑;光缆输出接头端面被烧毁。

上述试验表明,常用 A/IC 药剂的粒度较粗,表面呈浅黄色,对波长为 808nm 的激光吸收率较低,故用半导体激光器,在光缆输出端照射 A/IC 微推力药剂,多次试验均未发生分解。

对固体微推力药剂 A/IC 细化到粒度不大于 $3\mu m$,并且掺杂 3% 石墨粉混合后,其激光点火感度明显提高。用 CW 半导体激光器在光缆输出端照射时,有热分解青烟产物,样品中心被烧蚀成约 ϕ1mm 的小孔;当用 QCW 脉冲宽度 10ms 半导体激光在光缆输出端照射药剂时,试验样品表面有热分解微烟产物,样品端面上形成了约 ϕ0.5mm 的小坑,有烧蚀痕迹。

固体微推力药剂 A/IC 的组分对激光点火性能影响较大,当 A/IC 药剂中的 A 组分为 20% 时,经过细化处理,再加入 3% 碳黑混合后,用 CW 半导体激光,在光缆输出端照射药剂时,反应剧烈,有微弱火光,热分解烟多,样品中心被烧出约 ϕ4mm 的小孔。所有热分解反应均在半导体激光束停止照射后熄灭。

7.2.2 液体推进剂激光脉冲点火

本节主要论述液体推进剂的激光脉冲点火[10,11]，分别从点火原理、LIS、激光烧蚀点火方法及分析等方面论述。

1. 双激光脉冲(DLP)点火原理

基于激光的液体燃料点火方法，与常规激光-火花点火方法不同，它有许多特殊优点。最重要的是实现了燃料介质对激光器加热产生的击穿等离子体的有效耦合。首先，给燃料介质施加持续时间短、峰值能量高的激光脉冲，以点火激光-光子-吸收这一过程击穿等离子体。然后，施加第二个持续时间长和峰值能量低的激光脉冲，可以有效地将激光能量耦合到预先击穿的等离子体中，使等离子体持续到第二个激光脉冲宽度时间以上。不同脉冲宽度和不同峰值能量的两个激光脉冲的使用，可使燃料/氧化剂介质的点火能量减小；同时，在这个能量下被激光器的光主动加热的介质的燃烧持续时间明显增加。

2. 激光点火器

LIS必须适应飞机涡轮发动机的极端苛刻环境，这种点火器要经受相当大的加速度g、剧烈振动、极端温度以及在灰尘、温度和腐蚀物质(如燃料和燃烧残渣)中的暴露考验。LIS还必须在操作中耐受相当大的占空系数(脉冲宽度与周期之比)。除了现有的特点外，LIS必须小型化、有足够的能量输出、维修率低，相对于同等技术的点火器而言，效费比更高，特别是商用点火器。

激发激光器与激光器式点火器之间的光传递，是由芯径为$\phi 500\mu m$的多模光纤完成的。预计长10m或者小于10m光纤的标准传输效率大约为85%，光纤内的光能密度小于$300MW/cm^2$，这个值低于大约为$3GW/cm^2$的光纤芯内的光损坏阈值。

激光器式点火器由光纤输入端泵连接器、GRIN准直透镜、固态激光晶体、被动固态调Q开关、光学共振腔、输出聚焦透镜、输出窗口和壳体等部件组成，如图7-42所示。

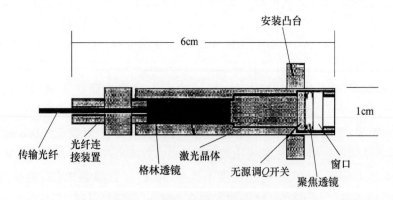

图7-42 小型耐用的激光燃料点火装置

共振腔中的反射元件由沉积在激光晶体与调Q转换开关上的反射膜层构成，这些组件安装固定在激光器壳体中。尽管有若干种类型的固态激光材料可以用作激光介质，在该激光器中，还是优先选择了增益和机械强度高的双掺Cr Nd：GSGG晶体棒作为激光工作物质。用遥控激发激光器的持续时间200ns、波长为808nm的光脉冲输出，激发这个点火激光器。用渐变折射GRIN透镜收集光纤输入的激光，并将光聚集到激光晶体的一端，泵浦激光晶体产生被动式调Q激光输出。

下面描述这种激光器产生双脉冲激光输出的机理。这种激发光的高峰值功率,可快速确定激光器腔体内能够漂白饱和调 Q 转换开关材料(Cr:YAG)的光子流量。在激发脉冲持续时间前的 LIS 输出中,可产生持续时间为几纳秒的调 Q 开关转换脉冲以及约 30mJ 的脉冲能量。当用输出透镜聚焦时,在焦平面上可获得足够的功率密度,能够产生激光火花。激发光随着调 Q 开关转换开关脉冲的输出,可继续激励光材料,以防调 Q 转换开关恢复到其最低透射状态。激光器以增益转换方式,在激光晶体内激发光脉冲剩余的持续时间内继续输出光,结果是产生了时间长度大约为 85ns(FWHM)和大约 60mJ 能量的激光脉冲输出。在峰-峰之间测量的两个脉冲的时间间隔为 100ns。这种有效的脉冲形状,正好是以该脉冲形状为基础的双脉冲点火器所要求的。

3. 激光烧蚀点火方法研究

在进行低温燃料点火试验之前进行了一系列的小型试验,以便确定能否用长持续时间、低功率峰激光器的光与光吸收材料表面的相互作用产生热,使燃料汽化羽烟而达到点火。起初的试验使用的是固态 Er:YAG 激光器,在 2.94μm 波长时,获得的长持续时间的激光脉冲(120ms FWHM)。Er:YAG 激光器以自由振荡方式工作,并提供 400mJ 的最大输出脉冲能量,激光器一般以 1Hz 的脉冲重复速率工作。在这个试验中使用的是多重横向空间模式,激光器的光直接射向 0.5m 长的聚焦透镜上,用这种透镜可以将激光器的光在该透镜的焦平面上聚焦出大约 ϕ1.0mm 的光点尺寸,用石英玻璃透镜传输这种波长的光。

为了热汽化羽烟的产生,将由能够吸收 2.94μm 激光器光的材料制成的靶标放在聚焦透镜的聚焦点上。调整靶标表面可与入射面相关的聚焦后的激光束近似垂直入射。对用于这种用途的若干种靶标材料进行了测试。根据材料汽化程度和产生的汽化羽烟的空间大小,用石墨、铁或铈的金属合金获得了极好的性能。在 400mJ 的激光脉冲能量时,汽化的材料产生了白色、热白炽羽烟,这种羽烟从靶标表面延长了 2～4cm。这种汽化羽烟从靶标表面以近似 90°的角度向靶标表面的入射面发散,并朝着光源方向传播。

采用商业涡轮喷气式飞机用的普通型双向、加压燃料喷射器,产生的 Jet-A 燃油气溶胶,评估了激光感应的蒸气云使燃油点火燃烧的能力。在燃油的环境温度下喷射器的工作压差为 20psi(1psi=6.895kPa)。要想使这种燃油点火,用使激光感应的汽化羽烟能够折射燃油云(图 7-43)的方法,将靶标材料放置在与燃油喷射器喷嘴邻接的地方即可。

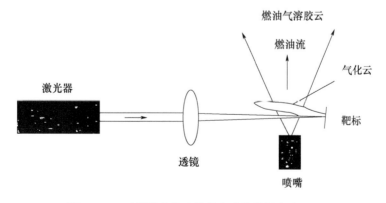

图 7-43 以烧蚀为基础的激光液体燃料点火原理

一般情况下,将烧蚀靶标放在离喷嘴喷射面 1.0cm 的地方,并且在激光束水平方向与喷嘴中心线交叉位置 1.0cm 的地方。在这个位置时，激光靶标正好位于燃料喷雾锥圆周以外的地方，以防与燃油喷雾束和靶标表面直接接触。定位好靶标后，用 50cm FL 透镜激光器输出的光束聚焦在靶标上，这就使得聚焦光束不得不通过燃料云。靶标材料的几何形状的直径为 1cm，石墨柱体厚 1cm。

在大范围的激光器脉冲能量内进行了点火试验。这些试验规定的极限时间，限制了点火试验只能用 50cm 的聚焦透镜。来自靶标表面的汽化羽烟可向燃料云中入射几厘米，并且与喷嘴喷射轴几乎成垂直入射。为折射相当部分燃料云截面的大范围汽化羽烟而设置 150mJ 脉冲能量或更大能量时，可使燃料 100% 的点火燃烧。一般情况下，将能量设置为进行 20 次激光感应点火试验，在每进行 20 次激光感应点火试验以后，应该将激光器入射光设置在靶标材料表面的一个新点上，这样做的目的是防止材料严重烧蚀。

根据观察，每次激光器点火以后，激光器的光可在靶标的表面上烧蚀出直径约 ϕ2mm、深 1mm 的圆孔，如果将激光器保持在材料表面一个位置聚焦，将会在材料中穿出一条窄长孔，这样就会使汽化羽烟的宽度从这个孔中发散，从而使后面的激光发射光变得更窄（由于孔壁热蒸气通道的原因），最终使点火器性能下降。为了防止由于这种机理而导致的汽化羽烟的变化，所以在每 20 次试验后，应该将激光器输出的光聚焦在靶材料表面的另一个新目标点上。

用相对简单的低脉冲能量、低峰值功率、固态激光器获得的点火方法，具有高可靠性。尽管靶标材料的烧蚀使点火器的使用寿命和对大部分燃料点火的应用受到限制，但对液体燃料点火非常有吸引力。这种点火方法，最适合于要求短发火作用时间和小激光器尺寸以及重量、功率和费用低的特殊用途的燃料点火。这种激光感应点火的使用寿命，可以通过选择靶标表面面积和用激光器的光照射另一个点，使材料烧蚀保持均衡而得到改进。相对于一个固定的激光束的焦点旋转移动靶标，是延长靶标烧蚀寿命的一种方法。这种激光烧蚀靶标的点火方法已申请专利。

7.3 火炮发射装药的激光点火

激光多点点火技术是将激光器发出的光能量，通过光纤及光纤网络引入到火炮炮弹的发射装药中，同时使预先埋设于药床中的各感光点点火。通过多个点火点引燃发射装药，达到整个药床均匀一致燃烧的目的。在高膛压、高装填密度的反坦克火炮装药结构中，使用激光多点点火系统，取代传统的底部点火和中心传火管结构的点火方式，有利于改善高膛压、高装填密度的火炮装药结构中的火焰传播特性，大幅度减少膛内压力波的传递与反射，提高火炮的射击安全性。在以模块组合装药技术为基础的远程先进加榴炮系统中，使用激光多点点火技术，可以有效地解决低药量装药造成的点火距离变化问题。在低药量装药射击条件下，如果装药模块滑向弹丸底部，则形成了较大的点火距离，用传统的底部底火点火不能保证稳定地点燃装药模块，用激光点火技术，无论点火距离如何变化也能容易地达到稳定点火。同时，激光点火技术完全去掉了自动装填系统中难以插入与拔出的底火，从而简化了点火系统的装填操作，解决了快速装填、速射和高射击精度对点火、传火系统的要求。另外，激光多点点火系统还具有结构简单、操作方便等特点，可进一步改善火炮装药系统的可靠性、简便性和安全性。激光多点点火技术在今后先进加榴炮和反坦克炮的装药结构中,具有广泛的应用前景。

国外早在20世纪60年代中期就开始了对激光点火技术的研究工作,并在105mm火炮装药的点火中成功地进行了激光多点点火系统的试验。最近的研究工作主要集中于光纤网络设计技术与火炮射击试验研究,以及激光多点点火系统在155mm加榴炮上的多元模块组合装药、液体装药和先进的140mm口径的火炮上的应用。国内到20世纪70年代中期才开始激光对火药及烟火药点火特性的研究,分析了点火能量及点火延迟时间的关系特性。将激光点火技术特别是多点点火技术引入到火炮装药结构设计中,已经进行了卓有成效的试验研究工作。本节论述了激光多点点火系统光纤网络结构、感光-点火点结构与材料选择等设计方案,以及在30mm口径火炮上进行的激光多点点火射击试验结果,分析了激光多点点火技术在固体火药装药结构中应用的可行性、可靠性以及对弹道性能的影响等[12,13]。

7.3.1 单根光纤多点点火

在1990—1991年,美国陆军研究实验室(ARL)进行了一项称为"光"计划的研究,其目的之一是确定用LIOS代替火炮原有点火系统的可行性,并希望能对火炮系统的性能予以改进,增加其安全性和生存能力。作为研究结果之一,Richard A. Beyerhe和Baltimore Md公布了一种单根光纤多点点火装置[14]。

采用分光或分束技术,将光纤传输的激光进行二次能量分配,制成了单根光纤多点点火装置,选用了一根细长的光纤,在光纤的有关点上敷以适当的含能材料,在光纤一端照射使激光进入光纤传播,并在具有含能材料的部位实施点火。该技术有望用于大口径火炮的点火系统,以达到减小膛内轴向应力波、提高发射安全性及发射精度的目的。该点火装置使用单根光纤替代多根光纤,就使一定数目的点火点的结构优于多根光纤结构,其多点点火结构示意图如图7-44所示。

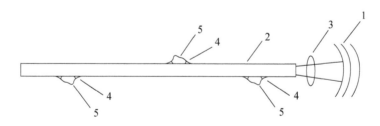

图7-44 单根光纤多点点火器
1—激光;2—光纤;3—透镜;4—光学胶;5—光敏药粒。

从激光器输出的光通过透镜与光纤相耦合,激光进入光纤,它将仅在光纤芯中传递而不透过光纤皮层,其原因是激光在其界面上产生全反射(对于石英光纤,该全反射角为22°)。透镜的目的是将光能最大程度地被耦合入光纤传输。在光纤所要点火的部位,用透明光学胶黏结足够的光敏药粒,选择该胶的原因是它可与光纤材料相匹配。光能在涂胶位置反射出光纤壁而进入涂胶中传递的原因,是在该局部位置不存在全反射的角度。另一个原因是折射率变化不大,含能材料吸收耦合出的光能之后将发火。如在点火位置处,使用相对尖细光纤或预弯曲光纤,使耦合传出的光强增大,最大可达到传输光强的一半以上。尖细光纤点火器如图7-45所示,预弯曲光纤点火器如图7-46所示。由于激光能以光速传播,所以各个点的发火几乎同时发生,一根 2m 长的 ϕ1mm 光纤大约在 10ns 内完成激光传递。但实际上发火点的同时性取决于所用材料的响应程度,使用直径为 2～3mm、质量为 10mg 黑火药的全点火时间大约在 1ms 内。该技术所给的 6 个点火点的试验结果,最长的发火时间为 0.7ms,这说明发火和点火几乎是同时进行的。在实际的系统中,可使用标准直径为 1mm、长度在 300～1000mm 之间的石英光纤,激光器选用波长为 1.06μm 的商用钕玻璃激光器,进入到光纤中的脉冲能量为 9J、脉冲宽度为 100ms,可通过 2 英寸透镜组聚焦于光纤中。光学胶可选用 Norland 公司产品。

图 7-45　尖细光纤点火器　　　　图 7-46　预弯曲光纤点火器

所使用材料的性能会影响点火同时性,用黑火药做的试验表明,在 1ms 时间内可以实现完全点火。图 7-47 所示为一种样品的点火轨迹,从图中可以看出,在不到 0.7ms 时间内发生了点火,光发射和点火基本上是在这个时间范围内同时进行的。

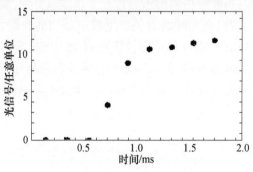

图 7-47　一种样品的点火轨迹图

该技术除了用于火炮发射点火外,还可用于其他商业目的。如在金属壳中对敏感材料施加强约束,其点火可将爆燃转变成爆轰,并能起爆炸药。在爆破等工程技术中,炸药的同时点火将是有利的。另外,由于是使用光纤而非电桥丝使炸药点火,所以具有安全性。

7.3.2　火炮激光多点点火

为了使用大功率 YAG 激光器产生激光,通过光学玻璃窗和光纤把激光能量传到火炮药床中点燃发射药,设计出了多点均匀点火模拟装置,并在点火管内实现多点同时点火。把激光单点点火、不同直径光纤多点激光点火试验结果与普通的电点火进行了比较分析,发现激光多点点火能达到抑制膛内异常压力波的作用。

激光多点均匀点火试验装置的结构如图 7-48 所示,点火模拟测试装置长 230mm,内径 ϕ16mm。由 YAG 激光器产生的激光,通过光纤经模拟装置底部的光学玻璃窗耦合到一束光纤中,从而由每根光纤把激光能量分配传输到所需点燃的各个点上,达到同时点火的目的。

由于激光直接点燃发射药很困难,而且点燃大颗粒火药时的散布较大,因此,需要在光纤头部做一个点火感度较高的激光点火头。在模拟装置轴向的4个不同位置上装有压电传感器,测量不同位置的压力-时间变化过程,通过压力-时间曲线分析判断不同点的点火同时性。对直径为 $\phi500\mu m$ 光纤的3点激光点火及直径为 $\phi900\mu m$ 光纤的3点激光点火进行了试验,其中3根光纤距光学玻璃窗的距离分别为15mm、115mm、170mm。

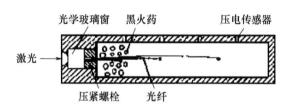

图7-48 激光多点点火装置示意图

结果表明:①使用大功率激光器能点燃发射药,并且能在点火管内实现多点同时点火;②激光通过光纤输送到不同的位置,能实现同时点火;③可以明显降低压力波(由45MPa降至25MPa),对高膛压火炮的安全性改进具有重要意义。

7.3.3 火炮激光多点点火系统结构设计与试验

火炮激光多点点火系统是将激光器发射出的激光能量,通过传输光纤输入到布置在装药床中的光纤网络中,依靠激光能量点燃光纤网络末端的多个感光-火点的点火材料,通过各感光-点火点再点燃火药并引燃整个药床装药,完成发射药的点火过程。因此,激光多点点火系统包括激光器、传输光纤、光纤网络、药室激光传输窗口、感光-点火点和点火药等,激光3点点火系统装置如图7-49所示。

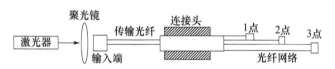

图7-49 激光3点点火系统配置

1. 激光器及激光传输系统

1)激光器

激光器是激光多点点火的能源,激光器参数包括能量、功率密度、脉冲长度、波长及重复率等。作为点火源的激光器主要有稀有气体放电激光器(准分子激光器)、CO_2激光器、红宝石或YAG固体激光器以及半导体激光器等。其中YAG激光器可以制成较小的形状,而且性能可靠、寿命长、价格低。特别是波长为$1.06\mu m$的激光,可以稳定地通过石英玻璃光纤传输,其环境适应性好、价格便宜,而且经过一段很长的距离传输后能量损失很小。因此,选定了YAG激光器作为激光点火能源。本试验使用的YAG激光器能够产生1~10ms的激光脉冲,单个脉冲输出能量约为1.8J,光束直径依赖于激光点火试验所用透镜的焦距可进行调节。

2)激光传输光纤

激光器发出的激光束通过透镜聚焦于一根直径为$\phi900\mu m$、长为8m的石英玻璃光纤。该传输光纤的作用是将激光器的输出光引入到试验装置的光学玻璃窗口,进而传入光纤点火网络。石英玻璃光纤的特点就是 YAG 激光器发出的激光经过它传输几乎没有能量损失。

3）激光传输窗口

传输光纤与光纤点火网络的连接,包括激光引入药室的窗口设计,从连接类型上可分为单光纤与单光纤的连接、单光纤与多光纤的连接。LIOS 中一个很难解决的问题就是研制出一种适当的炮闩窗口,它不仅要能够使激光顺利通过且能量损失很小,还要密闭膛内火药气体压力,同时使窗口污染降到最小。在火炮的炮尾上专门设计了一个石英玻璃窗口,传输光纤从外部插入,点火网络光纤则从内部插入药筒底火座上的插孔中。依靠网络光纤插头与药筒金属插座的黏结窗和炮闩石英窗,密闭膛内火药气体。传输光纤输出的激光,通过石英窗口照射在光纤网络的输入端上。光纤网络插头与金属插座之间的良好密封,可使炮闩石英窗避免严重污染,不必每次射击后清理炮闩石英窗。其结构示意图如图 7 - 50 所示。

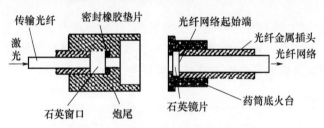

图 7 - 50 炮尾光纤连接窗口示意图

2. 光纤点火网络

光纤网络是指埋设于药床中的光纤点火系统,它一般由光纤网络插座、分支光纤和感光点火管等组成。

1）光纤网络

激光多点点火技术的关键是光纤网络结构设计,点火点的数目则取决于激光脉冲能量的大小。由于激光器输出激光脉冲能量的限制(1.8J),为了确保每个分支光纤都具有足够的激光能量,点燃其端点的点火药,仅设计了 3 个点的激光多点点火光纤网络,其材料为高纯石英光纤。

2）感光点火管

先期的研究工作已经证明,在激光器能量和脉冲持续时间很宽的范围内,黑火药都是很容易被点燃的。与其他烟火药相比,黑火药是火炮装药中较为广泛使用的点火药,具有较好的相容性、安定性和点火可靠性。因此,采用了 3 号小粒黑火药作为感光 - 点火点材料,外层则由硝化棉药管包裹,光纤网络分支的端点被固定在药管上,以保证激光准确作用在黑火药颗粒上,感光点火管的结构如图 7 - 51 所示。

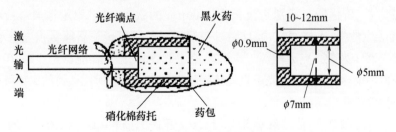

图 7 - 51 感光点火管结构示意图

3. 火炮激光多点点火试验

(1) 火炮激光点火装药结构如图 7-52 所示,该试验装置主要由炮栓输入光纤、耦合器、石英窗口、弹底窗口、传输光纤、感光点火管、发射装药弹丸和药筒构成。

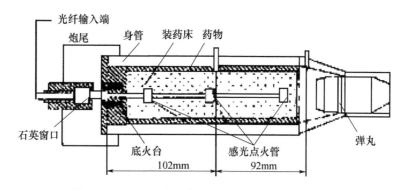

图 7-52　30mm 火炮激光多点点火装药结构示意图

当激光器输出激光脉冲能量,通过炮栓上的光纤输入时,激光能量经耦合器、石英窗口、弹底窗口、传输光纤到感光点火管,引燃发射装药使弹丸从炮口射出。

(2) 试验结果。共射击试验了 10 发,其中常规底部点火结构试验 6 发,激光多点点火结构试验 4 发,均为 3 点点火结构。表 7-13 所列为部分试验结果,图 7-53(a)~(d) 所示为实测的压力波曲线。

表 7-13　30mm 火炮激光多点点火部分试验结果

分组序号	产品序号	$p_1$① /MPa	$p_2$① /MPa	$-\Delta p_i$② /MPa	$\Delta p_1$③ /MPa	$t_{10}-t_{20}$④ /ms	$v_0$⑤ /(m/s)	点火
1	1	85.4	80.0	-5.50	2.30	0.18	665.3	底火
2	1	100.4	90.8	-1.90	—	-0.04	700.1	激光
	2	99.7	90.0	-0.30	—	-0.04	708.2	激光
	平均	100.1	90.4	-1.10	—	-0.04	704.2	激光
3	1	130.9	118.8	-5.19	11.18	0.24	798.0	底火
4	1	146.4	132.6	-1.72	0.84	0.06	840.1	激光

注:① p_1、p_2 为第一、第二测压孔的最大压力;② $-\Delta p_i$ 为最大负压差;③ Δp_1 为第一正压差;④ $t_{10}-t_{20}$ 为两个测压力曲线起始时间之差;⑤ v_0 为子弹初速度,弹质量 302g。

试验结果清楚地反映了弹底的底火点火和激光多点点火的不同传火特性。从药室内所测得的两条压力曲线看,底部点火结构的两条压力曲线的起始时间具有明显的差异,第二个测压孔压力开始上升时间约滞后 0.2ms,反映了压力波自底部向前的传播过程,而激光多点点火的两条压力曲线的起始部分几乎重合,即两条压力曲线几乎在同一时刻开始上升,这说明激光多点点火的感光-点火点的点火具有较好的一致性。图 7-53(a)(b) 所示为底部底火点火;图 7-53(c)(d) 所示为激光 3 点点火,给出了实测的压力曲线和压力波曲线。

从实测的压力波曲线也可以看出,由于激光多点点火具有较好的点火一致性,因此,它可以有效地降低膛内压力波的产生。特别是对压力波具有明显的推波助澜作用的第一负压差前的第一正压差,激光多点点火与常规底部点火相比有较明显地降低,甚至没有出现。这进一步说明了激光多点点火在装药床中具有良好的点火同时性,并与火炮装药结构具有较好的结构匹配。

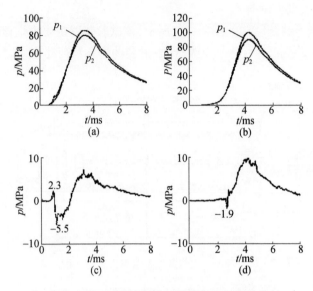

图 7-53 实测压力时间曲线和压力波曲线

在相同的装填条件下,激光多点点火比底部点火具有较高的初速度和压力,最大压力约提高了3%,初速度约提高了5%。这是由于底部点火的点传火结构,点燃装药的火焰主要来自底部。因此,药床内的压力和建立起稳定的点火药燃烧的时间存在着明显的差异,使得装药在以后的燃烧过程中也存在着明显的差异。而采用激光多点点火,点火火焰则来自均匀分布于药床内的多个感光点火管,可在药床内多处同时着火。与底部点火相比,可在较短的时间内迅速点燃整个装药,建立起稳定的燃烧和均匀的压力分布,以获得较高的压力和弹丸初速。

通过对火炮的激光多点点火射击试验研究,表明激光多点点火是一项很有发展前途的技术,可以完全取代传统的底部底火点火技术。大口径火炮 LIOS 的设计、研制,对解决装药床内可靠和稳定的火焰传播性能等有很大的发展潜力。特别是高膛压、高装填密度的反坦克火炮,对降低其由于底部点火而形成的较强的轴向压力波有明显的抑制作用。装药床中通过光纤网络所分布的激光能量,不仅能保证装药同时点火,而且由于从火药中去掉了所有的底火和点火剂,从而减少了整个系统的脆弱性。电子与工程技术的新发展已经生产出了适合用作点火具的小型高能激光器件。随着高新激光器件技术的发展,小型化高能激光二极管也能够很容易地点燃火药以及类似的含能材料,将会增大能量输出,适合于大口径火炮点火,从而保证火炮系统应用激光点火技术。激光多点点火系统的另一个重要应用,就是可以通过温度补偿或者用光纤网络能按程序传递激光等形式,使 LIOS 对火炮的内弹道性能产生影响,以便在不同的环境温度下,都可以达到战术技术指标要求。光纤材料的新发展可能会制造出含能或可耗掉的光纤,这样在火炮射击后就不会在膛内剩余残留物,并且能增强点火性能。因此,激光多点点火技术具有巨大的发展潜力,其应用研究领域也相当广阔。

7.4 激光点火器设计

LIS 的设计与研制是点火系统试验前的必经阶段,本节主要论述 LIS 的设计[15-16]。LIS

使用的点火药剂主要有 B/KNO_3、$Ti/KClO_4$、$TiH_{0.65}/KClO_4$、$TiH_{1.65}/KClO_4$ 及 BCTK 等。LIS 分为 3 类:第 1 类是光学窗口式结构;第 2 类是光纤耦合式结构,光纤直接与药剂接触;第 3 类是透镜式结构,透镜式结构可认为是可以实现光学聚焦功能的特殊光学窗口式结构。考虑到光学元件损耗将会降低入射到混合药剂上的激光能量,这些损耗包括反射损耗、光束分离器损耗、接触损耗及弯曲损耗等,需要较大的激光能量输入。

美国 Scot 公司在其激光军械起爆系统中,使用了 B/KNO_3 药剂的点火器,并将其用于 F-16A 飞机的乘员逃生系统。点火器分为两类:一类是光纤直接与 B/KNO_3 接触;另一类是使用 2mm 厚平板窗口。其激光点火阈值分别为 12mJ 和 25mJ(脉宽为 30ms 时)。在光纤或平板窗口的腔内压装成所需形状的 B/KNO_3 混合点火药。用环氧胶、玻璃封结或金属焊接方法,使 $\phi 400\mu m$ 光纤或 2mm 厚玻璃窗口与点火器的不锈钢圆柱形外壳固定。考虑到元件损耗将降低入射到炸药混合物上的激光能量,以最小安全系数 10 计算,引燃这些光学点火器至少需要 120mJ 的能量。Scot 公司的高热锆泵浦固体激光器可以输出 6J、30ms 的脉冲,该脉冲至少可以引燃裕度为 10 的 10 个 B/KNO_3 点火器。

LIS 的研制工作主要集中于 3 个方面:确定含能材料对激光能量的敏感性;点火器制造使用的密封工艺研究;LIS 的设计、制造和测试。由于点火器的强度较低,早期设计的 LIS 通常采用平板窗口元件结构。这种点燃结构简单,能起到密封作用,在当时的烟火药激光点火感度试验中经常采用。但平板窗口式的 LIS,由于平板窗口会发散光纤输入的激光束,所以会造成输出端面上的激光能量密度降低,使 LIS 的发火感度降低。随着光纤与透镜技术的发展,才出现了窗口为光纤与透镜结构的 LIS。LIS 的研究,集中在激光束对点火药剂的作用上,不同药剂对不同波长的激光有不同的反应。高安全性、高可靠度且点火阈值低的 LIS,是使整个系统实用化的前提之一。

7.4.1 光纤耦合式激光点火器设计

LIS 的密封性直接关系到器件能否正常作用,所以要求 LIS 要有极高的密封性。最初是采用环氧树脂黏结剂将光纤密封于不锈钢壳体中,但这种工艺技术未能制造出所需要的高密封性器件。之后,又出现了将光纤用低温焊接到不锈钢壳体中的封装工艺,但这一技术存在的缺点更多。如直接对光纤加热,将会使光纤损坏或退化;焊锡溶剂将会引起各种相容性及腐蚀问题;焊锡具有较低的熔化温度等。这些缺点限制了其应用范围,所以也未采用。

美国桑迪亚国家实验室的 R. G. Jungst 介绍了一种分级密封技术。由于光纤和不锈钢壳的热膨胀系数(分别为 $6 \times 10^{-7}/℃$ 和 $172 \times 10^{-7}/℃$)相差较大,所以可选用一种或几种附加材料,这些材料的热膨胀系数介于光纤与不锈钢之间。分级密封时,将光纤固定于氧化铝套管(热膨胀系数为 $70 \times 10^{-7}/℃$)的精密芯孔中,套管上部配有 7574 玻璃粉预制片(热膨胀系数为 $30 \times 10^{-7}/℃$),然后在套管与不锈钢壳体间加入 Cabal-12 玻璃密封环。将这些装好的材料放入 800℃ 的微氧化空间中,加热烧结 20min 之后,再抛光装药腔表面的光纤端头。这一技术虽然满足了密封要求,但结构复杂、备用材料较多,且工艺难以掌握。D. K. Kramer 发明的光纤-金属密封封接工艺简化了这一工艺。图 7-54 所示为光纤-金属密封封接工艺示意图。

图 7-54 中,在不锈钢壳底部开口处,用铜焊接铁锌合金帽管。将固体玻璃预制件放入壳体空腔。当将壳体放入炉内加热并使玻璃熔化 1min 后,通过开口和帽管将光纤插入熔融

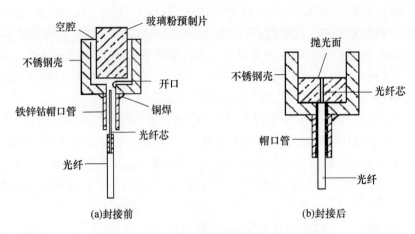

图 7-54 光纤-金属密封封接工艺示意图

玻璃内。待玻璃固化后,对插有光纤的输出端玻璃表面予以抛光。在光纤与封接玻璃之间和封接玻璃与结构件之间就形成了密封度极高的结合体。只有通过对封接玻璃的细心选择及对炉内参数及时间的精确控制,才能形成无漏气、无裂纹的封接。在对光纤两端抛光后,测量出光的传输率为 80%~85%。由于光纤径向、轴向不准直及端面反射的影响,典型的传输效率值在 80%~85% 范围内。这种工艺较为简单,能方便应用于光纤脚式点火元件的制造。

从点火元件制造结构看,可分为光纤直接置入元件和光纤脚元件两类,其共同点是制造工艺原理基本相同。直接将光纤置入元件是将含有一定长度的光纤密封在元件内,光纤一端放在原来"桥丝"的位置,同时另一端"引出"装置约几厘米或几米,然后与一激光器或另一接头连接。这类设计的主要优点:①元件与激光器之间的接头减少,使界面反射造成的损耗最小;②光纤密封在装置内,消除了准直性问题;③由于光纤密封前处于最终位置,所以能准确定位。

同上相反,光纤脚元件的制造是使用一段较短的光纤。光纤脚的作用与桥丝元件中的金属脚线相同。它的优点:①"脚"是光纤,这就意味着它们起波导作用;②无光纤引出端,若有光纤引出端可能会在操作中损坏;③这些元件可以设计成承受高压力。由于光纤的截面积较小,所以在作用过程中施加于"光纤脚"的压力峰值较低。主要缺点是它们必须与连接能量源的外接头匹配。由于两个小直径光纤(小于 $\phi 200 \mu m$)的准直困难,所以连接准直很关键。特别是当光纤密封在装置内时,这类连接通常也会导致传输信号损失(由于径、轴向的光纤不同轴和反射)。在点火过程中,要求元件不损坏时可以采用光纤脚元件,这类元件的耐压试验可采用零体积发火试验。

7.4.2 透镜式激光点火器设计

EG&G 设计的作动器 SC313LIS[17],是透镜式 LIS 的典型代表,如图 7-55 所示。其长度 0.625 英寸、输出端上的螺纹 0.375-24、输入端可连接标准 SMA906 连接器;装药腔直径为 0.169 英寸、深 0.150 英寸,输出装药量是 118mg、装填密度达到 2.1g/cm^3。这种设计增加了微型透镜,用 DOE 研究的玻璃陶瓷密封技术,将输出透镜密封到金属壳中,试验装置的装药腔发火后应保持密封。壳体本身由两部分组成,然后用激光焊接形成整体。

设计的目的是制造一种高可靠性的激光作动装置,能够有效地利用激光二极管与 $\phi 100\mu m$ 光纤传输点火。可有效地将大功率 InGaAs 的激光二极管输出的激光聚焦到点火药中。聚焦成的小光点使烟火材料中的温度迅速上升,使装置发火。作动器中使用的点火药剂是美国桑迪亚国家实验室研制,DOD 使用了多年的 $TiH_{1.65}/KClO_4$ 材料。在脉冲持续时间 10ms 条件下,用了 22 个试验装置,进行了环境临界发火试验。该装置的激光发火临界值为 226mW、标准偏差 12 mW。作动器

图 7 – 55 SC313 激光点火器

在 –65°F 和 176°F 时成功发火,在 $10cm^3$ 压力容器中产生的压力输出为 800psi。

SC313LIS 的光学聚焦系统由两个透镜组成:第一个透镜收集 NA0.22 或 NA0.37 光纤的输出光,并可提供近似平行的输出光束;第二个透镜接收近似平行光束,并将其聚焦成一个直径小于 $80\mu m$ 的光点。输入透镜用低损耗材料制成,并在用激光焊接之前,测量输入和输出之间的吸收率;第二个透镜用 DOE 研究的陶瓷密封技术,密封到金属壳体上。壳体材料是铬镍铁合金的 304 不锈钢或者耐盐酸镍基合金 C276。

要确定装药腔的密封强度,就要对装置在 10^5 psi 压力下进行流体静力学试验无泄漏。为进一步测试强度而装配一种试验装置,然后对该装置进行氦质谱检漏试验,用 $2×10^{-6}cm^3/s$ 标准大气压进行基础泄漏率检测,应无泄漏。清理试验装置后重新装配,并做 6 发点火器重新发火试验。试验后对点火器的氦质谱泄漏试验,仍然符合标准泄漏率要求。

无疑这种装置最重要的特性是密封,药腔相容、无焊料与焊缝等。这种类型的药腔可避免降解影响,材料的相容性与元件寿命相当。

装置中使用的烟火材料是低氢化钛与高氯酸钾混合药,混合的重量百分比是 33/67,平均压装密度是 $2.1g/cm^3$,这种特殊形态的钛粉不受 ESD 影响。而且用燃料制成的混合物比较钝感,这一点在电发火作动器中特别重要。但是,在激光点火器设计中不是很重要,因为装药腔中没有电导体。在生产点火器期间,药剂的操作比较安全,容易选择其他相关材料。如果用本节描述的烟火装置点燃其他烟火剂或者炸药,非氢化物烟火材料是最好的选择。

烟火剂装药腔的输出端用激光焊接密封片密封,作为对光学馈入的这种装置进行氦质谱泄漏检测后,并对用密封片焊接以后的装置再进行一次氦质谱泄漏检测,均应符合要求。

将点火器装进 $10cm^3$ 的密闭容器中进行测试,并采集输出压力波形,从图 7 – 56 中可以看到这些压力波形其中的一个试验结果。波形含传感器产生的高频振荡和安装传感器的通道,这个振荡快速衰减,按平均数计算产生的输出压力。

在开始的 5ms 内,作动器产生的平均压力大约是 $800lb/in^2$ ($1lb/in^2 = 0.07kg/cm^2$),压力脉冲的上升时间是 $60\mu s$。当在 782mW 作用时,该装置在 $353\mu s$ 内作用(从激光输出上升到第一次压力输出)。

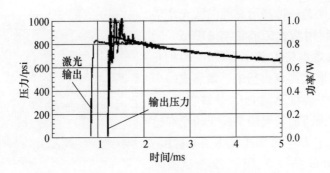

图7-56 作动器输出压力曲线

用 D. Neyer 优化感度试验方法,完成了22个装置在环境条件下的发火阈值试验,这些试验的结果如图7-57所示。

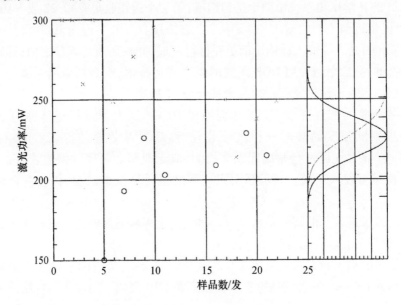

图7-57 环境条件的阈值试验结果

经统计分布,这22发试验的发火功率平均值是226mW、标准偏差为12 mW。试验是这样进行的:在将光纤连接到试验装置之前,测量两次光纤的输出能量;在功能试验期间,检测内部光电二极管的输出(测试前进行内部光电二极管的输出与激光二极管输出关系标定)。试验后也要检测激光二极管尾纤的能量输出,以确保输出没有变化。每次试验的脉冲持续时间均为10ms。

7.4.3 激光隔板点火器设计

激光隔板点火器是为解决 LIS 发火后耐受发动机等高返压问题而设计的一种特殊点火器。激光隔板点火器广泛用作固体火箭发动机的点火装置,也可用作卫星整流罩无污染分离装置,或用于载人飞船舱段间解锁机构及分离机构、航空救生火箭弹射座椅等系统中。

激光隔板点火器的设计原理及性能介绍如下[18]。

1. 设计原理

隔板点火器是一种通过内部隔板传递爆轰能量的点火器,其基本工作原理是施主装药在输入能量作用下产生爆炸,产生的冲击波通过金属隔板使其输出端装药发生燃烧而不损坏隔板,从而使组件密封,防止气体反向泄漏。隔板点火器的设计关键:①施主装药、受主装药的设计能够可靠传爆;②隔板的结构形状和尺寸;③隔板点火器的隔板不能损坏。

激光隔板点火器是将 LID 与隔板点火器相结合的一种新型点火器。它是利用激光作起爆能源,首先起爆施主装药,爆轰产生的冲击波通过隔板的传递与衰减,再点燃受主装药及输出装药,然后输出火焰。其传火序列可表示为:激光→炸药→隔板→点火药→火药。

2. 光纤与点火器的连接设计

激光隔板点火器与电发火隔板点火器的最大区别就是与点火器的连接设计,后者是用电极塞将施主装药压装在电桥上的,而激光隔板点火器则需要提供一个光学窗口,并且还要使光纤与点火器可以接插连接。该光学窗口是一个光学元件,这就要求与插针相接处的壳体内侧要有足够的光洁度与加工精度,以保证此光学元件与传输光纤同轴、耦合效率高,并要严格要求光学元件端面的洁净度,据此设计出光纤与点火器的连接结构,如图 7-58 所示。点火器内置光学元件用环氧树脂胶固定在点火器内,将外形设计成粗细不同的两个端头,这样就具有一个台阶,抵抗施主装药爆炸后的冲击波产生的反向压力。光学元件端面与施主装药紧密接触,以保证激光有效作用于药剂。需要连接光缆时,将传输光缆的末端插针插入到传输光纤插孔中并旋紧压螺固定,这样两个光学元件就会紧密接触,以达到激光能量正常传输。

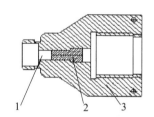

图 7-58 光纤与点火器的连接设计
1—传输光纤针插孔;2—点火器内置光学元件;3—点火器壳体。

3. 隔板结构设计

激光隔板点火器中的隔板结构设计通常有两种,如图 7-59(a)与图 7-59(b)所示。图中的 I 型是施主端与受主端均为平面的平板型结构。平行隔板的优点是起爆可靠性高;缺点是在传递爆轰波的过程中隔板的机械变形量大,作用后在隔板的根部容易出现裂纹而影响隔板的密封性,需要选择较厚的隔板尺寸。II 型是施主端与受主端均为球面的隔板结构。双球面隔板的优点是在传递爆轰波的过程中隔板的机械变形量小,作用后隔板的密封性好;缺点是起爆可靠性不如平行隔板,需要选择较薄的隔板尺寸。在激光隔板点火器中采用了 I 型结构设计。

4. 产品设计

经过以上初步分析研究,设计出的激光隔板点火器产品结构如图 7-60 所示。

工作时,将前、后两端的保护帽 1 和 13 取下,将传输光缆的末端光纤插针插入产品插孔中与内置光学元件 4 对接,并紧固。不能留有空隙,以减小激光的传输损耗。

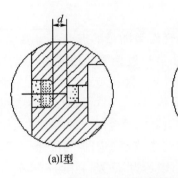

图 7-59 隔板结构示意图

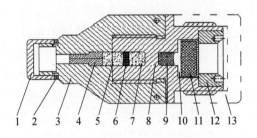

图 7-60 激光隔板点火器结构

1—输入端保护帽;2—密封圈;3—壳体;4—光学元件;5—激光起爆药;6—施主松装药;7—施主装药;8—隔板;9—受主发火药;10—松装点火药;11—装药加强帽;12—螺堵;13—输出端保护帽。

用小型固体激光器对激光隔板点火器进行发火试验,产品能正常发火,系统的作用时间不大于 67.8μs。从发火后的壳体状态看,两发产品的隔板都完好无损,说明隔板厚度适当。但是隔板点火器输入端结构损坏,光学元件飞出,导致输入端受到破坏。这说明从点火器的光学元件到隔板之间的结构存在问题,可能是两方面原因:①图 7-60 所示的光纤与点火器的连接设计存在耐压能力不足的问题,光学元件的材料是锌白铜,质地较软,经受不住冲击波的反向冲击,大的冲击波可能使其发生变形;②施主装药药量过大,导致产生的冲击波反压大。

5. 结构优化设计

根据上述试验及讨论情况,提出激光隔板点火器优化设计方案如下。

(1)在施主装药腔里增加一个小孔挡板,如图 7-61 所示,其作用是削弱冲击波反向压力。

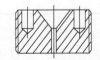

图 7-61 小孔挡板结构

(2)减少施主装药药量,改变装药组分,以降低爆压。

(3)为了可靠起爆,在药量减少的基础上,相应地减小隔板的厚度。

优化设计后的激光隔板点火器结构示意如图 7-62 所示。

在小型固体激光器激发下,对优化设计的激光隔板点火器进行了发火试验。两发产品在小型固体激光源激发下能正常发火,系统的作用时间分别为 131μs 和 126μs,两发产品的作用时间很接近。从发火后的壳体状态看,两发产品的隔板都完好无损,说明隔板厚度适当。点火器输入端结构、隔板结构完好无损,说明经过优化改进后的产品结构可以达到耐压、密封要求。

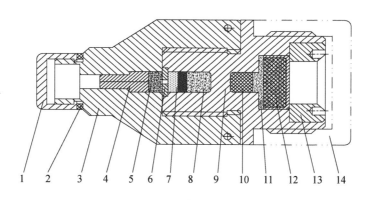

图 7-62 激光隔板点火器结构优化设计
1—输入端保护帽；2—密封圈；3—壳体；4—光学元件；5—激光起爆药；6—小孔挡板；7—起爆药；
8—施主装药；9—隔板；10—受主发火药；11—松装点火药；12—装药加强帽；13—螺堵；14—输出端保护帽。

7.5 激光点火微推冲技术

研究者对微型航天器越来越感兴趣，研究的动机是需要降低开发与发射航天飞机的成本，使用微型航天器群改进航天飞机执行任务的实际能力与冗余度。虽然几个实验室已经开发出 1~10kg 量级的微型航天飞行器模型，但是它们中的大多数都不具有推进系统。一种微型推冲器的小型推进系统就非常适合用于微型航天器，这种微型航天器能够执行编队飞行任务。因此，提出并开发了很多类型的微型推冲器。

AIAA2006-4494 报道了日本东京大学 Hiroyuki Koizumi 等对激光点火的微型推冲器设计研究的新进展[19]。目的是能够用于执行 20cm^3 微型航天器的快速移动操作，它能够使微型航天器围着主航天器轨道执行状态良好性检查。烟火剂安装在小燃烧室中，通过二极管激光器进行照射与点火。二极管激光器是非常轻且高效的一种装置，与微型推冲器很匹配。利用树脂空穴中的药剂燃烧，成功展示了激光点燃推冲器的工作过程。这个空腔具有非常轻的质量，所获得的发射冲量是 650mN·s；在 5cm×5cm×6cm 的容腔中，推进剂所提供的整个冲量是 30N·s。

这里主要介绍质量为 1~10kg、空间尺寸为 10~20cm^3、功率为 1~5W 的微型航天器，它被称为立方盐。最近，在几所大学已经成功地发射了这种微型航天器，而且吸引了世界上其他国家的强烈兴趣。然而在现阶段，这些微型航天器只能执行非常简单的任务；在下一阶段，这些微型航天器是能够提供足够大的推力去执行必要的编队飞行任务。试验任务是在有限的时间内，让微型航天器围绕其他类型的航天器运转，且定时与基站保持通信。这样一项任务对主航天器的状态良好性检查，或者是在遥远空间中对小行星的观察非常有用。假设 5kg 的航天器在 400s 内远离主航天器轨道 5m，需要的整个冲量是 5.6N·s。使用传统的推冲器，对于质量为 1~10kg 的微型航天器，要实现如此巨大的脉冲是非常困难的。

参考激光点燃微型推冲器技术原理，拟建立使用激光点燃烟火药柱的微型推冲器。对于推冲器在严格限制体积尺寸的范围内，为了实现巨大的总脉冲必须使用一个具有多阶段的固体火箭发动机。固体推进剂比冷的气体具有更高的能量密度，推进剂进给系统简单且超过双推进剂发动机。因此,固体推进剂的优点是在有限尺寸范围内实现高总脉冲,简单的推进剂进给系统无推进剂泄漏问题。固体火箭发动机的缺点是单次使用,不可重新再次启动。这个特点使得固体火箭发动机可以用激光点火技术,优化设计成一个新型紧凑的推进剂进给系统。烟火药柱被安装在独立的燃烧室中,通过半导体激光器的激光束照射点燃这些烟火药柱。采用烟火药的激光点火方法,除去了复杂的进给机构与电路设计。替代微型推冲器电点火的半导体激光器的质量仅为 1~2g,只需 1~2W 或更小的输出功率。

在这项研究过程中,设计与开发出的激光点火的微型推冲器,能够提供超过 $20N \cdot s$ 的高冲量。研究该微型推冲器的目的是验证激光点火推冲器的概念。所涉及的推冲器将被安装在 10kg 的微型空间航天器中,只有 $20cm^3$ 大小,质量是 5kg。推冲器的允许容积是 $5cm \times 5cm \times 10cm$ 的矩形空间。推冲器性能的目标是提供超过 $20N \cdot s$ 的总冲量,这个目标可满足有限的时间范围内(如 400s)使 5kg 微型航天器围绕主航天器或小行星轨道运行的脉冲推进的需求。

发火光源器件使用的是 1W 的半导体激光器,它具有的波长是 980nm,最大功率密度是 $700W/cm^2$。使用的 L9801E3P1 型 1W 多模半导体激光器,是由 Thorlabs 公司生产的。聚焦组件是由光学聚焦管 LT2302260P-B 组成,它包括一个 C230260P-B 镜头。通过改变两个透镜的位置调整焦距,这里通常用的焦距是 15.3mm。

使用了 3 种不同类型的烟火剂,即复合推进剂、双基推进剂和 B/KNO_3 药柱,试验激光点火的微型推冲器。图 7-63 所示为 3 种不同烟火剂。

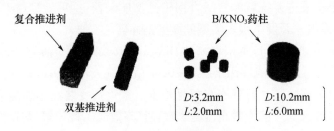

图 7-63 试验用烟火剂

在大气压条件下,利用二极管激光器照射,成功点燃所有的烟火剂。最初激光光束照射推进剂没有反应($t=0~400ms$),但在 500ms 之后,推进剂开始燃烧直到剧烈地燃尽,这个时间持续到 1000ms。然而,在真空条件下,复合推进剂与双基推进剂没有被点燃,也没有自持续燃烧,但是有几个小火花从激光烧蚀点散发出来。通常来说,烟火剂燃烧速度是随着环景压力的减小而降低的,几种烟火剂的自燃都具有一个极限压力。相反在环景压力是 $(1.4~3.0) \times 10^{-4}$ Torr($1Torr \approx 133Pa$)的条件下,成功点燃了 B/KNO_3。最初,激光束照射药柱一段时间($t=30ms$),然后药柱在激光束的焦点处开始燃烧($t=90ms$),燃烧波前沿传播超过药柱的表面后稳定燃烧,持续了一段时间(270~690ms)之后,燃烧变弱直到停止的时间大约在 1000ms。

对于使用激光器的推冲器,用镜头聚焦可能是一个关键问题。为了解决镜头聚焦问题,使用了一种专用激光传输模式,图 7-64 所示为燃烧室的原理。二极管激光器与光学系统沿着轴向被安装在推进剂药盘内部,激光光束沿着轴向发射通过立方棱镜被反射,穿过透明的入射窗口进入燃烧室。将烟火药柱装在燃烧室中,燃烧室具有与药柱相同的直径,比药柱高度略微高点。烟火剂的直径 $\phi 10.2mm$、长度 6.0mm、质量 1.02g。烟火剂燃烧产生的火烟，通过小喷嘴喷射到外面而被耗尽。图 7-65 所示为 8 个药柱安装在一个独立的圆盘中，两个装有推进剂药柱的圆盘叠放在一起。这里所指独立的圆盘作为推进剂的药筒，推进剂药筒模块累积能提供所需要的总冲量。

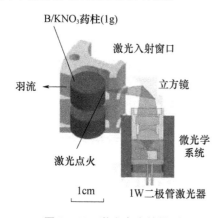

图 7-64　激光点火的微型推冲器的燃烧室示意图

图 7-65　双层推进剂药筒的堆积

推进剂药筒可由不锈钢、氨基甲酸乙酯树脂或环氧树脂制成。为了可重复使用，壳体设计选择不锈钢材料，以满足初始多次试验，后两种才是为了实际应用而使用的一次性材料。氨基甲酸乙酯树脂或是环氧树脂壳体的质量非常轻，分别是 8.6g 与 9.4g，然而这些药筒只能使用一次。入射窗口是由具有 2mm 厚的丙烯酸管制成。这些树脂孔穴最初是利用铸模复制而成的。通过这种方法能够使用合理的低成本去制造大量的带有孔穴的圆盘。图 7-66 所示为燃烧孔穴的尺寸，图 7-67 所示为环氧树脂与氨基甲酸乙酯树脂药筒的图片，图 7-68 所示为利用硅橡胶制作原始的 POM 孔穴的反向铸模。

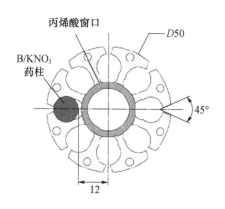

图 7-66　燃烧孔穴盘的尺寸

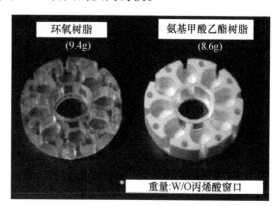

图 7-67　推进剂药筒零件

用图 12-79 所示的推进剂进给机构试验装置，对微型推冲器进行激光点火燃烧推进试验。首先进行以下的检查，使用立方棱镜反射进行激光点火，使用不锈钢药筒进行激光点火试验时，不能使相邻的药柱感应燃烧。结果最主要的问题是交叉点火燃烧，有时观察到泄漏的燃烧气体进入相邻的药室中，使得里面的药柱点火。使用环氧树脂黏结剂解决药筒缝隙的黏结与密封问题。在证实推进剂能够正常工作之后，使用推力试验台测量由燃烧喷射产生的推力。对于不锈钢药筒,单个药柱燃烧喷射的平均脉冲是 452mN·s。

接下来对氨基甲酸乙酯树脂圆盘与环氧树脂圆盘进行检查,最大的顾虑是树脂圆盘是否能够承受燃烧。结果是,氨基甲酸乙酯树脂圆盘显示出具有交互燃烧现象,燃烧后可以观察到氨基甲酸乙酯药筒之间有延伸缝隙,但是环氧树脂圆盘没有出现这种交互燃

图 7-68 利用硅橡胶制作原始的
POM 孔穴的反向铸模

烧。图 7-69 所示为使用环氧树脂药筒时,所产生的燃烧火舌。试验结果是,使用环氧树脂药筒更好,因为环氧树脂具有更高的耐久度、不易燃烧,而且与所使用的黏结剂具有更好的兼容性。

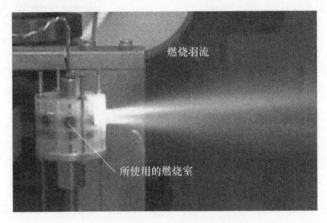

图 7-69 激光点火推冲器产生的燃烧火焰

观察环氧树脂推冲器内部的激光点火燃烧过程(使用透明的环氧树脂)。图 7-70 所示为观察到的激光点火过程。激光照射之后,最初观察到烟火药柱的侧边开始燃烧,在 720~760ms 内观察到最剧烈的燃烧,剧烈反应之后,燃烧一直持续到 1000ms。

使用这些树脂孔进行推力测量,对于环氧树脂弹药筒单个喷射的平均冲量是 655mN·s。图 7-71 所示为使用 SUS 孔所测量的推力结果。环氧树脂弹药筒具有更高脉冲的原因可能是弹药筒本身的烧蚀产生附加重量,反而使环氧树脂药筒产生的发射摆动也更大。对于 SUS 标准偏差是 21mN·s,对于环氧树脂标准偏差是 60mN·s。这个偏差可能是由于聚合物的烧蚀引起的。

使用激光点燃推进剂,其推进系统在 5cm×5cm×10cm 的容积范围内可以提供超过 30N·s 的总冲量。推进剂药筒的直径是 50mm,厚度是 10mm。6 个弹药筒的堆积高度是 60mm。对于旋转机构与半导体激光器组件,还可以使用剩余 40mm 的高度。

这项研究是为 20cm³ 微型航天器设计的一种激光点火微型推冲器。使用树脂孔穴成功地进行了激光点火推冲器的试验,且树脂孔穴具有非常轻的重量,适用于微型推冲器。所获得的单脉冲冲量是 650mN·s,在 5cm×5cm×4cm 的容积中,它所提供的总冲量 30N·s。得到的试验结果是,所拟建的系统在 5cm×5cm×4cm 的容积中将提供总冲量 30N·s,所消耗的功率接近 5W。该项新技术也可以用于导弹的弹道末端修正。

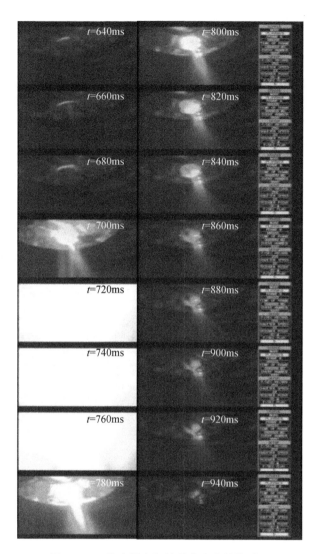

图 7-70 推冲器内部的激光点火燃烧过程

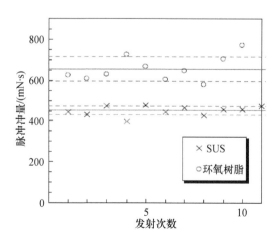

图 7-71 对燃烧室使用不同材料测量推力的结果

参 考 文 献

[1] 曙光机械厂. 国外激光引爆炸药问题研究概况[G]. 激光引爆(光起爆之二). 北京:北京工业学院,1978:22-23.

[2] LU J C, LIU J P, ZHU S C, et al. Research on Laser Igniting Properties of B/KNO_3[C]. Theory and Practice of Energtic Materials, (Vol. V), Part A. Science Press, Beijing/New York, 2003:517-521.

[3] 严楠,曾雅琴,傅宏. $Zr/KClO_4$的激光点火延迟时间与装药密度的关系[J]. 含能材料,2008,16(5):487-489.

[4] 朱升成. 激光点火控制技术研究[D]. 西安:陕西应用物理化学研究所,2001.

[5] OPDEBECK F. 铁/高氯酸钾烟火药的激光二极管点火实验和参数研究[J]. 彭和平,译. 火工情报,2003(2):131-137.

[6] 薛艳,张蕊,安琪,等. 纳米铝热剂的研究[C]. 中国(国际)纳米科技西安研讨会论文集,2006:264-267.

[7] MANAA M R, MITCHELL A R, GARZA R G, et al. 纳米管的光学点火—含能材料混合物[J]. 轩伟,译. 动态情报,2010(1):9-11.

[8] YONG L D. 炸药、烟火药和推进剂的激光点火综述[J]. 丁大明,译. 火工情报,2007(2):45-85.

[9] RAMASWAMY A L, et al. 含能材料的激光起爆[J]. 景晓强,王凯民,译. 火工情报,1997(1):59-64.

[10] OLDENBORG R, EARLY J, LESTER C. 最新点火和推进技术项目(上)[J]. 徐荩,译. 火工情报,2001(1):1-14.

[11] OLDENBORG R, EARLY J, LESTER C. 最新点火和推进技术项目(下)[J]. 徐荩,译. 火工情报,2001(2):99-111.

[12] 张小兵,袁亚雄,杨均匀,等. 激光点火技术的实验研究和数值仿真[J]. 兵工学报,2006,27(3):533-535.

[13] 王浩,黄明,邵志坚. 火炮中激光多点点火技术试验研究[J]. 兵工学报,2000,21(2):101-104.

[14] US5191167. 多点光学纤维点火器[J]. 孙丕强,译. 火工动态,1995(1):22-24.

[15] YONG L D. 炸药、推剂和烟火剂的激光点火与起爆[J]. 常红娟,译. 火工情报,1999(1):1-30.

[16] 王凯民,符绿化. 激光点火系统的设计研究[G]. 国外火工烟火技术发展研究,西安:陕西应用物理化学研究所,1998:26-30.

[17] BENNER D E, HAAS D J, MASSEY R J, et al. 激光点火作动器研究[J]. 徐荩,译. 火工情报,2002(1):35-38.

[18] 曹椿强. 激光隔板点火系统技术[D]. 西安:陕西应用物理化学研究所,2006.

[19] KOIZUMI H, INOUE T, KOMURASAKI K, et al. 使用激光点燃烟火药柱的微型推冲器的发展[J]. 轩伟,译. 火工情报,2010(1):40-49.

第 8 章

激光火工品

　　激光起爆、点火技术的不断发展形成了各种不同类型的激光火工品,这些激光火工品虽然作用效果不同,但其本质的作用原理是相同的,激光火工品都是由壳体、激光换能元、装药等组成,其利用光学传输通路传输激光能量,通过光学窗口,利用激光作用的热能直接加热激光敏感药剂,使其发生热分解,形成"热点"而发火,进而点燃输出装药完成始发作用。激光火工品根据产品的功能可以分为激光起爆器、激光点火器与激光动力源火工品3种类型。

　　激光起爆器是采用激光点燃起爆药或直接点燃猛炸药完成爆燃转爆轰。根据耦合窗口不同,可以分为光学窗口式激光起爆器、透镜式激光起爆器、光纤耦合式激光起爆器。根据激光起爆机理不同,又可以分为激光直接起爆和飞片冲击起爆两种。根据功能的不同可分为激光爆炸箔起爆器、激光飞片起爆器、带保险机构的光学传爆装置、防静电激光起爆装置等激光起爆器。本章以耦合窗口为主、以功能为辅进行分类描述。

　　激光点火器是采用激光点燃 B/KNO_3、Zr/NH_4ClO_4、$Zr/KClO_4$ 或黑火药等的火工品。与激光起爆器类似,根据其耦合窗口不同,可以分为光学窗口式激光点火器、透镜式激光点火器、光纤耦合式激光点火器等类型。另外,光纤耦合式激光点火器根据有无尾纤可以分为输入光纤式激光点火器、光纤元件耦合式激光点火器。

　　动力源激光火工品是用激光点燃药剂推动活塞做功的火工产品,用于远程导弹、运载火箭、空间飞行器与卫星的分离、排载、发动机燃料控制、光路控制,引信滑块与转子的锁定保险与解除保险,驱动开关与窗口开启以及子弹发射等。根据其做功原理,主要可以分为推销器、拔销器、切割器、定序器、光缆切断装置、阀门、开关、爆炸螺栓、微型推冲器、作动器及激光点火的子弹等。

8.1　激光起爆器

　　激光起爆器的结构及其装药比激光点火器复杂。激光起爆器的特点是要有稳定的爆轰输出,实现爆轰输出有两种途径:一种是采用激光点燃起爆药完成爆燃转爆轰,这种方法需要使用敏感起爆药,使其应用受到限制;另一种是采用猛炸药爆燃转爆轰结构,这种结构有利于安全生产和使用。激光起爆器使用的窗口有蓝宝石、红宝石、玻璃片以及透镜、光纤或自聚焦透镜等光学元件,使用较多的是自聚焦透镜窗口。

　　为了缩短激光起爆器的作用时间,利用蓝宝石和 YAG 等高功率激光器,可以使激光雷管的发火时间降低到 $50\mu s$ 以下。选择激光感度高、爆速成长快的药剂,采取减小点火药装药长度、密度和约束片的厚度及严格控制密封等措施,也可以起到缩短作用时间的效果。下面对常用激光起爆器分别介绍。

8.1.1 光学窗口式激光起爆器

1. 硼硅玻璃窗口式激光小雷管

第 10 届炸药和烟火剂会议文献报道,美国空间弹药系统公司早期试制了一种小型激光雷管,用于空间爆炸推进技术研究[1]。这是一种硼硅玻璃窗口式激光小型雷管,如图 8-1 所示。这种雷管是民用雷管的改型,改进之处是把焊有钨桥丝的电点火头换成同一尺寸的装有硼硅光学玻璃的金属密封件。

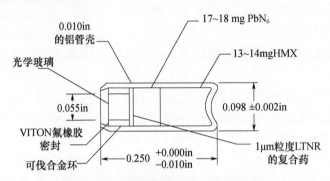

图 8-1 硼硅玻璃窗口式激光小型雷管

雷管中的可伐合金环内腔直径 $\phi1.40$ mm、长度 1.14mm,以安装玻璃窗口。玻璃端面与轴线垂直、表面抛光、无气泡,透光波长为 $1.064\mu m$。小型激光雷管装压药用自动化设备,装填的炸药序列是 LTNR、PbN_6、HMX,装药量为 4mg、13mg、19mg,PbN_6 和 HMX 用 $1.03\times10^8 N/m^2$ 的压力压装在铝管壳里,PbN_6 的密度为 $1.65 g/cm^3$,HMX 的密度为 $1.95 g/cm^3$。

用自由振荡固体激光引爆的阈值能量为 15mJ,比电引爆小型雷管的能量大几个数量级。因而,证明光起爆 LTNR 有充分的安全性。一般认为 LTNR 点火药对电能是很敏感的,并且易产生静电安全问题。用 M-3 灯泡进行的长脉冲光照试验,进一步证明激光起爆小型雷管是安全的。用调 Q 激光引爆时,激光小型雷管的作用时间在 $0.5\sim0.7\mu s$ 之间,同步时间差为 $0.2\mu s$。激光小型雷管使一些新的应用能够实现,如用分支光纤束实现多点起爆、产生平面爆轰波等。

2. 有机玻璃窗口式激光雷管

陕西应用物理化学研究所在早期的激光感度试验中,使用的激光雷管结构如图 8-2 所示,主要由镍铜管壳、铝加强帽、光学窗口、起爆药和输出炸药构成。激光雷管的通光孔径为 $\phi4mm$,窗口材料是有机玻璃圆片,尺寸为 $\phi5.6mm\times3mm$;铝加强帽内压装被试起爆药 60mg 和 PETN 炸药 50mg,压力在 $200\sim600$ kg/cm² 之间;镍铜管壳底部装 PETN 炸药 100mg,压力为 1000kg/cm²;松装 PETN 40mg,以 500kg/cm² 压力压合收口。

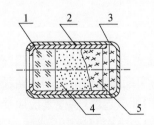

图 8-2 有机玻璃窗口式激光雷管结构

1—光学窗口;2—加强帽;3—镍铜管壳;
4—起爆药;5—PETN 炸药

3. 激光发火爆炸的起爆器

激光发火爆炸的起爆器主要由壳体、光学窗口、猛炸药等构成,如图 8-3 所示[2]。激光起爆器是所有起爆器中作用原理最简单的一种,它通过将高功率密度的光束能量耦合进敏感材料内,而直接起爆炸药。激光发火的起爆器不需要桥丝,所以对射频和杂散电流的干扰具有钝感性,只有把高强度激光传输给炸药发火时才能起爆。材料的吸收性和传输给它的光功率密度决定着它的起爆性能。

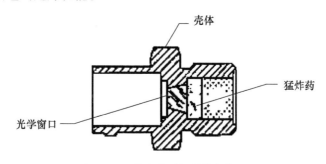

图 8-3 激光激励爆炸的起爆器

激光能量通过光纤传输到起爆器,通过低损耗接头起相互连接作用。激光发火的起爆器按输出要求不同,能提供不同爆轰冲击输出威力。激光起爆装置的最大优点是除了通过光纤通道传输的激光外,对所有其他刺激具有安全性。只有当激光达到所需要的激光功率密度时,它才会起爆。

4. 激光衰减隔板起爆器

美国专利 US5099761 中介绍了 3 种结构基本相同的激光衰减隔板起爆器,如图 8-4 ~ 图 8-6 所示[3]。

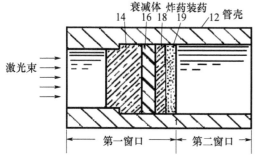

图 8-4 台阶式窗口的激光衰减隔板起爆器

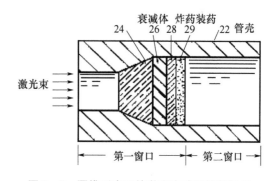

图 8-5 圆锥形窗口的激光衰减隔板起爆器

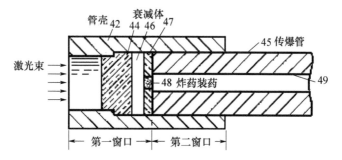

图 8-6 台阶窗口的空气隙式激光衰减隔板起爆器

图8-4、图8-5所示的激光隔板起爆器由管壳12与22、第一窗口元件14与24、冲击波衰减体16与26、第二窗口元件18与28、起爆药或猛炸药19与29组成。图8-6所示的衰减体可以是空气隙,也可以是环氧树脂。其炸药装药48位于第二窗口47轴心。第二窗口47外侧连接涂敷薄层炸药的传爆管45。

该起爆器可用于弹箭武器,采用弹上的激光源起爆。为防止管壳破裂,管壳为耐压容器。窗口和衰减体均用透光材料制成,可传递激光能量并衰减炸药爆轰后的冲击波能量而不损坏。激光雷管的装药是 PbN_6、LTNR、HNS、RDX、HMX 和 PETN 等。制造衰减体的材料有环氧树脂、混有合成橡胶的环氧树脂、聚丙烯树脂和聚碳酸酯。

5. 镀吸光层的激光雷管

利用激光脉冲点火起爆的雷管,已经得到广泛的试验和应用。但是,闪光泵浦产生的激光脉冲宽度虽然达到10~200ns,可是许多炸药对这种光具有强烈的反射作用,这就大大降低了炸药对光的吸收性,达不到起爆炸药所需要的激光能量密度。

为了解决炸药起爆能量密度不足的缺点,德国专利DE3542447A1提出,对处于激光光谱范围内的炸药加入适量的吸光物质,能提高激光的有效作用程度及改变其延迟点火时间,但结果仍不理想。为此,德国专利DE3838896A1在其原有结构的基础上,又对激光点火起爆装置的结构做了彻底改进。为了满足炸药点火起爆所需要的激光能量,保证炸药可靠点火,可预先在光输入耦合器和炸药之间设置一个吸光层。它把具有吸光能力强的多种金属、金属化合物(氧化物、硼化物、氮化物、碳化物、硅化物、碲化物)及颜料等材料,喷镀在光输入耦合器上。其标准层厚为 $0.05\sim5\mu m$,就层厚和吸收能力而言,至少可吸收70%的辐射光能。吸收层的主要功能是把光能转变为热能,并以热脉冲的形式传递给它后边的炸药。而且在能量转换过程中,可促使热脉冲随时间的增加而延伸(延伸系数大于100),这种较长的热脉冲对许多炸药都具有显著的起爆效果,可直接起爆部分猛炸药。

为了进一步完善和提高该装置的起爆性能,拟在光输入耦合器或在光输入耦合器与吸光层之间设置一个散射装置,通过化学和机械作用使光输入耦合器的内表面粗糙,并通过光的反射作用使吸光层获得充分的吸收,为炸药点火起爆提供更高的能量密度。德国专利介绍的激光脉冲点火起爆的雷管结构较为简单,如图8-7所示[4]。该雷管由钢管壳、光输入耦合器、吸光层、炸药、保护箔、钢帽等构成。

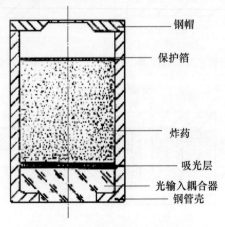

图8-7 激光点火起爆雷管

激光起爆雷管中的吸光层是氮化钽,厚0.08μm,由YAG激光点火起爆,其优点:①在激光脉冲延伸系数相同的条件下,有吸光层时起爆所需的激光能量,比没有吸光层时所需的激光能量小;②通过吸光层点火,大大提高了激光起爆装置的发火性能;③由于光耦合得到了确定,从而提高了发火极限的一致性,扩大了直接起爆猛炸药的能力和范围。

由于上述优点,今后激光发火起爆装置将会逐步得到完善,会替代机械能起爆、化学能起爆、电起爆或其他能量起爆。

6. HMX 激光起爆器

(1)第18届国际烟火学会议论文中介绍了一种窗口式激光起爆器,如图8-8所示[2]。目的是取代HMX装药的标准电爆管。其HMX装药量为150mg、密度为1.65g/cm³、比表面积约1000cm²/g。为增强对激光能量的吸收率,在HMX中掺有1%的碳黑。试验表明,添加碳黑后发火效果好。

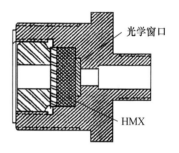

图8-8 HMX 激光起爆器

(2)PSEMC 设计、生产了件号为 P/N X51-9262 的HMX炸药激光起爆器[2],如图8-9所示。该起爆器配备了标准的 MIL-C-83522 SMA 光纤接头,既可由固体激光器起爆,也可由半导体激光器起爆。其末端输出装药可轴向或侧向起爆下一级军械装置。

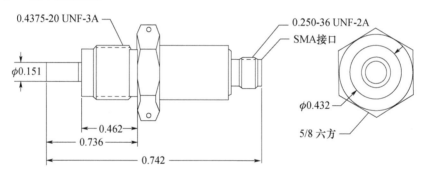

图8-9 HMX 炸药激光起爆器

(注:单位 in)

HMX 激光起爆器的主要性能参数如下。

① 壳体材料:不锈钢。
② 起爆装药:60mg 掺碳黑 HMX 炸药。
③ 输出装药:150mg HMX 炸药。
④ 输入光纤:ϕ100μm。
⑤ 全发火功率:320mW、10ms 脉宽。
⑥ 作用时间:不大于3ms(激光脉冲前沿至离子探针开关闭合时间)。
⑦ 钢凹深度:0.020in。
⑧ 密封性:氦质谱泄漏率不大于 1×10^{-6} cm³/s(在不小于7.8psi的压力下)。

7. CP 激光起爆装置

(1)美国 PSEMC 公布的 P/N X51-8572 型激光雷管,如图8-10所示[2]。这种激光雷管准备代替 SICBM 的 LID,它与 SICBM 激光起爆雷管有相同的装药序列,其窗口能够转换从激光二极管输入的起爆能量。该激光起爆雷管的输入端口,设计成用于连接标准的 MIL-C-83522 SMA 光纤接头;输出端可以用于下一级军械装置的端-端、侧-端起爆。

主要性能参数如下。

① 起爆药:CP 药 23mg。

② 输出药:CP 药 175mg。

③ 密封性:在压力不小于 7.8psi 下,氦质谱泄漏率不大于 $1 \times 10^{-6} cm^3/s$。

④ 光学性能:固体激光器、脉冲宽度 100μs、φ400μm 光纤的全发火能量 10mJ;激光二极管、脉冲宽度 10ms、φ100μm 光纤的全发火功率 350mW。

⑤ 发火特性:用典型固体激光器发火的作用时间不大于 12μs;用典型半导体激光器发火的作用时间不大于 3ms。

⑥ 输出性能:钢凹深度 0.020in。

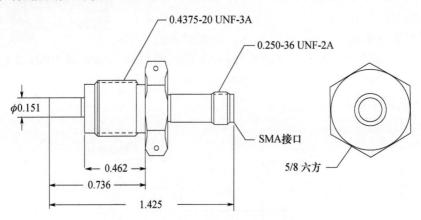

图 8-10 X51-8572 型激光起爆雷管
(注:单位 in)

(2) 美国 PSEMC 公布的 P/N X51-7144-2 型激光起爆装置[2]如图 8-11 所示。这种激光起爆装置用于 SICBM 项目,进行了两次飞行试验,并在 SICBM 项目结束之前进行了鉴定。这种激光起爆装置有完整的光纤缆接入 MIL-C-83522 SMA 接头,也可以按要求用其他的接入方式。

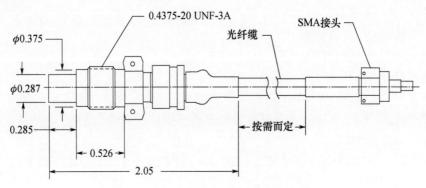

图 8-11 X51-7144-2 型激光起爆装置
(注:单位 in)

主要性能如下。

① 起爆药：CP 药 23mg。

② 输出药：CP 药 175mg。

③ 密封性：在压力不小于 7.8psi 下，氦质谱漏率不大于 $1\times10^{-6}cm^3/s$。

④ 光学性能：固体激光器、波长 $1.064\mu m$、脉冲宽度 $100\mu s$、发火能量 10mJ。

⑤ 发火特性：固体激光发火的作用时间不大于 $12\mu s$（从激光脉冲前沿到等离子开关导通的时间）。

⑥ 输出性能：钢凹深度为 0.015~0.025in。

8. 纳米光学隔板雷管

现在已经研制出了基于纳米感光起爆药——高氯酸·5 肼基四唑合汞（Ⅱ）（EC-2）的新型光学雷管[5]，如图 8-12 所示。在光学隔板雷管中，用一个金属壳体把提高了安全性的 EC-2 配方药和猛炸药分隔开。金属隔板厚 1.5mm，在施主腔压装约 30mg 的 EC-2 配方药，透明保护层覆盖在上面，再装入一铝帽。

同时已经合成了一系列新型感光含能材料（Ⅱ~Ⅴ），现在对于它们特点的研究有可能应用于光学起爆装置，包括新型光学雷管。探索性试验表明，EC-2 对钕激光器脉冲的感度超过了 PbN_6 的感度（0~80mJ）。在单脉冲起爆模式中，EC-2 装药的光学雷管爆炸的 50% 概率发生时的辐射能量为 20mJ；而在自由振荡模式中，辐射能量为 25mJ。所有方式的 EC-2 起爆的结果都会把爆轰传递给猛炸药，这样就研究和试验成功了一种新的安全光学雷管。

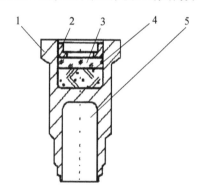

图 8-12　光学隔板雷管结构示意图
1—外壳；2—铝帽；3—透明窗口；4—EC-2 配方药；5—猛炸药。

9. CCU-134/A 激光雷管

美国印第安赫德海军水面武器中心（IHDW、NSWC）完成了各种空勤人员逃逸用光学雷管设计和试验的研究发展项目。本小节介绍这种雷管的设计、所有试验和分析结果以及这种雷管今后的发展计划[6]。

光学雷管接收的是波长为 $1.06\mu m$ 的激光输入刺激，产生的是一种完全扩大的冲击波输出，这种冲击波输出重现的是起爆铠装式柔性导爆索（SMDC），与海军中使用的其他爆炸元件具有相同的输出。根据这一试验要求设计了一种新的 CCU-134/A 激光雷管，如图 8-13 所示。BNCP 是这种雷管的主要含能材料，它还使用 HNS 炸药产生最终输出能量。这种雷管的功能试验还包括了在高低温环境条件下的 20 发 Neyer 感度试验，以确定该设计的起爆阈值和在 -65°F、70°F 和 225°F 下的性能。另外，在功能试验之前，对若干个雷管进行了 14

天和 28 天的环境应力试验,包括温度冲击、湿度和真空循环。对经过这些试验的雷管进行了"全发火"能量试验,试验结果满足在铝块上产生不小于 0.040in 凹痕的输出威力要求。在功能试验项目结束时,进行了鉴定试验。该雷管已成功地完成了这些试验,并且完全符合美国国防部(DoD)的使用要求。

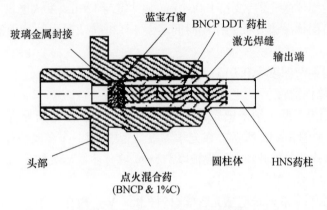

图 8-13　CCU-134/A 激光雷管

　　新雷管的设计用 BNCP 作起爆和 DDT 材料,设计中增加了 HNS 药柱用于实现导爆索的输出。BNCP 是能源部为满足各种特殊用途而研制的一种新含能材料,用 BNCP 炸药代替了原雷管设计中使用的 HMX 炸药,并提供能够满足所有已确立雷管性能要求的弹道能力。

　　这种雷管包括 BNCP/碳黑混合起爆药,BNCP DDT 药柱和 HNS 输出端。输出端起爆的爆炸组件是海军常用的线性爆炸品,如铠装式导爆索、限制性柔性导爆索和薄条炸药。逃逸系统中使用的这些线性爆炸品,将会被激光/光纤缆组件代替。

　　IHDW NSWC 对 20 发 CCU-134/A 光学雷管进行了 Neyer 点火感度试验。在该项试验中,有 13 发成功发火,7 发未发火,这种发火/不发火比率属 Neyer 测试系列可接受的范围。为了确定这种特殊设计的发火感度,IHDW NSWC 为每个雷管提供了在同一脉冲持续时间以外的不同量激光能量,最高不发火能量是 4.4mJ,最低全发火能量是 7.7mJ,得出以下参数值:①50% 发火能量 5.28mJ;②标准偏差 σ = 2.27mJ;③全发火(3σ)能量为 12.09mJ。

10. 小型洲际弹道导弹用激光起爆装置

　　主要介绍小型洲际弹道导弹(SICBM)用激光起爆装置,分别论述如下[7]。

　　Unidynamics 公司研制出了用于小型洲际弹道导弹的激光起爆装置(LID),其设计图如图 8-14 所示。LID 的结构包括光纤接头组件、与光学窗口烧结在一起的装药管及钢壳体。LID 接头组件通过几个四通道连接器与激光能量传递系统(ETS)相连。装药管内有大约 200mg 的 CP 炸药,CP 炸药是一种可爆轰的钝感炸药。

　　光学窗口表面镀有一层双向分色膜,这样的光学窗口可反射作为内置式检测(BIT)用的 LD 激光能量;光学窗的透射功能将不小于 95% 的高能激光功率传递给炸药发火。往 CP 中添加少量石墨粉后,炸药的吸光性增强,靠近光学窗输出端面上的薄层 CP 炸药对光具有较好的吸收性。4 个 LID 通过光缆连接组装,与传爆管、ETS 和 LFU 构成激光起爆子系统。

　　LID 的主要性能参数如下。

① 不发火能量:1mJ。

② 全发火能量:15mJ。

③ 作用时间:小于 150μs。
④ 输出钢凹深度:0.015~0.025in。

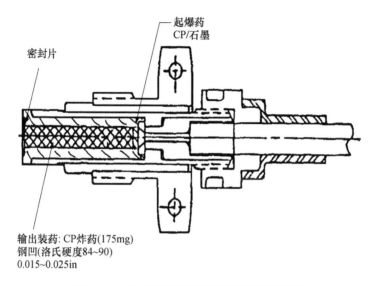

图 8-14 小型洲际弹道导弹用激光起爆装置

Unidynamics 公司已对所有的性能要求进行了论证,并完成了接口试验。每个 LID 都进行了射线(X 和 N 射线)探伤检验。此外,从制造的每批 LID 中抽取了样品进行批验收发火试验。

11. 舱盖抛放用激光起爆器

图 8-15 是舱盖抛放用的两种激光起爆器和两种雷管[8]。带有输入光缆的是激光起爆组件,右下方没有接输入光缆的是激光雷管。它们的输出等同于一个 SMDC 或 TLX 线的高速爆轰。输出端雷管用于 F-16 战隼战斗机的舱盖紧急释放线(ECRS),以及触发舱盖释放螺栓的起爆试验。由二合一接头的双输入雷管起动,足以使舱盖移动火箭发动机(CRRMS)点火。图 8-15 的左下方是一个等同于 NASA 标准起爆器的激光起爆器。可以按照应用需求,调整这个平板窗口激光起爆器的输出威力。图 8-15 的右上方是一个用在 F-16D 战斗教练机上的时间延迟起爆器,其延迟时间可随应用需要而改变。

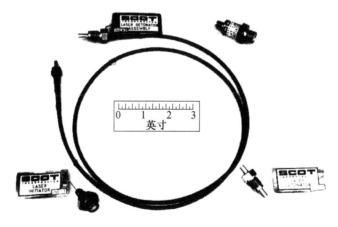

图 8-15 舱盖抛放试验用两种激光雷管和两种起爆器

光纤或平板窗口内壁是首发点火用混合药 B/KNO_3，该药被压装成所约束的形状。采用环氧胶或玻璃与金属的焊接工艺，将 $\phi 400\mu m$ 光纤或 2mm 厚平板窗口与起爆器的不锈钢圆柱形壳体固定。光纤输出端的 B/KNO_3 需要 12mJ 的激光脉冲发火能量，但在需要可靠引爆平板窗口式激光起爆器时，则需要 25mJ 的激光脉冲发火能量。为了 DDT 爆轰，将 B/KNO_3 点火起爆段滚焊在起爆器输出端的 Scot 雷管接头上。图 8-15 中左上方的雷管与左下方的起爆器类似。在不做改动时，该激光雷管的结构设计允许直接与 F-16A 战机上的舱盖抛放系统装置对接。

12. 纳米光起爆装置

20 世纪 80 年代末，美国 LANL 实验室研制出了高品质的纳米铝粉。到了 20 世纪 90 年代，该实验室又研制成功基于纳米铝粉的超级铝热剂即 MIC，从而使采用新型材料发展为初级含能化合物成为可能。通常，纳米材料至少是一种具有纳米尺度的材料，通常小于 200nm，最好小于 100nm。根据应用需求，MIC 由纳米金属粉和含有其他添加剂的固态氧化剂构成。亚稳态分子间复合材料，可以是一种诸如纳米铝粉的纳米金属粉与 MoO_3、Bi_2O_3 或 CuO 的混合物。其他基于纳米铝的含能材料，可以作为氧化剂的聚四氟乙烯（PTFE）。就一种含能材料而言，其组分中至少有一种成分是纳米级的，这种纳米尺度的材料称为"纳米"材料。尽管典型的含能材料是有机的，但上述新型材料可以是或者完全是无机的。与其他初级点火材料比较，MIC 反应的成分及产物通常是低毒性的。此外，MIC 反应通常被表征为具有高含能、高温反应、净产气量很低（取决于氧化剂和添加剂的选择）和可调整反应速度。

这里主要论述了纳米含能材料的光起爆装置[9]。WO/2006/137920 中报道的纳米含能材料的光起爆装置如图 8-16 和图 8-17 所示。纳米含能材料光起爆系统装置主要由纳米含能材料装置和激发这类材料燃烧的光脉冲辐射源构成。可以将光源与混合物分离，至少有一部分光源的辐射可透过窗口。激光起爆纳米含能材料具有许多优点：①对静电放电或射频引起的意外爆炸或过早起爆，较为钝感；②可以精确地测量起爆时间；③起爆它需要极低的能量和电量，并且具有一定的机械强度；④燃烧产生的副产物几乎是无毒的，且工艺成本低。

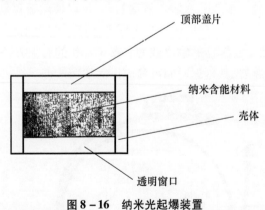

图 8-16 纳米光起爆装置

图 8-16 所示的纳米光起爆装置中，装有纳米含能材料，并且在壳体的顶部密封。由光源产生的辐射穿过透明窗口，激发纳米含能材料燃烧。至少有一部分与混合物隔离的光子源的辐射是可穿过透明窗口的。纳米含能材料可以与电辐射源绝缘，因而可被密封。光辐射源可以是紫外线、可见光、红外等波长或者是宽带光谱，并且可以激光、LED、频闪闪光灯、黑体源或以其他产生光子的方式辐射。可燃烧的纳米级混合物可以通过一个光波导器间接

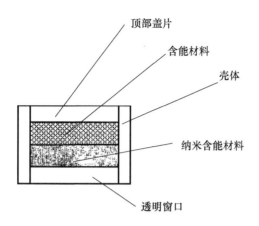

图 8-17 含输出药层的纳米光起爆装置

耦合,或通过透镜、反射镜及其类似的装置聚焦。透明窗口可以由光射线能够通过的丙烯酸酯、聚碳酸酯、玻璃或其他材料构成,也可以加工成一种能将光线聚焦到纳米含能材料上的透镜。

将粒度为 25nm 的氧化铜微粉与粒度为 $2\mu m$ 的铝粉在异丙醇分散体中混合,制成含能材料。将这种含能材料涂在多孔的纤维素衬底上,并且用热风枪干燥。将直径为 $\phi 1mm$ 的玻璃球放在涂层上面,用光源距离约 1cm 激发。不用玻璃球,材料也能被光子激发,但是使用玻璃球会使点火阈值降低约 75%。纳米氧化铜 CuO(黑色)是纳米级的反应物,而不是铝。通过用纳米铝替代 $2\mu m$ 铝可使激发材料需要的光能量阈值被进一步降低。

图 8-17 所示含输出药层的纳米光起爆装置,主要由含能材料构成,它靠近纳米含能材料。含能材料可以是一种炸药,如 PbN_6、HMX、TNT、塔克特(OCTOL),也可以是其他材料,如铝、铝热剂或可燃材料,如液态烃和燃料。壳体也含有纳米含能材料或其他类似材料,并且由光源点燃。壳体提供了一种密封空间,并且保护含能材料免受周围环境的影响,也为该装置提供了机械完整性。它也可以是一种圆柱体,并且由金属、塑料、玻璃、聚合物树脂或其他能提供结构完整性的材料构成。壳体可以用盖片盖在顶部,以便于为含能材料提供密封。

纳米含能材料至少由一种与反应剂混合的纳米金属构成,反应剂不限于氧化剂或还原剂。此外,金属或反应剂是在纳米尺度(至少朝一个方向)且具有高吸收性的。纳米金属可以是 Al、Zr、B、Mg、Si、Ti、Cr、Fe、Zn、Y、Sn、Ta、W、Bi 材料及其混合物。反应剂可以是一种氧化剂,如三氧化钼、氧化铋、氧化锡和氧化铜等,以便与纳米材料结合形成放热反应物质。在纳米光起爆装置中,将不同的材料成分与材料尺寸结合、变化,以调整特定的能量输出和具体的功率输出。较小的纳米铝粒子(50nm),其反应速度远远大于较大的纳米铝粒子(120nm)的反应速度。纳米金属材料通常对光的吸收能力很强,如微米级铝粉是亮灰色的,其松装的形式光反射率高;而纳米铝粉看上去是暗灰色或黑色的,所以具有较大的光吸收率。此外,纳米粉实质上具有明显低的热导率,所以不能很好地传递所吸收的能量。这就意味着如果加热时间周期延长,超过较大级别的材料时,纳米材料趋于保留热量,就加强了纳米材料的热反应性能。纳米材料的燃烧速度可由量值的大小(为 1cm/s ~ 1km/s)调整。由此使延期时间达到精确,从而使要求的延期时间数值得到调整。纳米含能材料的特效含能高,并且产生的温度更高。

纳米光起爆装置是一种用于激发含能材料的新型系统和新方法,纳米含能材料可以实现燃烧、爆燃或爆轰,消除了许多与诸如电桥丝有关的电激发装置、击发火帽的撞击起爆装置、冲击管与冲击起爆装置的缺陷。纳米光起爆可用于点火器、起爆器、雷管或替代用于击发弹药的火帽和底火。使用光纤传递光能激发纳米含能材料,也能用于冲击起爆装置。纳米光起爆技术是今后激光火工品技术的发展方向之一。

8.1.2 透镜式激光起爆器

1. 半球透镜式激光雷管与起爆装置

20世纪70年代末,陕西应用物理化学研究所在激光起爆技术研究的基础上,设计研制出了激光雷管与起爆装置,分别介绍如下。

激光雷管是整个起爆装置中的主要部件,设计时要从聚焦透镜、起爆药性能、装药工艺、雷管结构和起爆威力等方面考虑,早期所设计、研制的激光雷管如图8-18所示。通过常用起爆药激光感度对比试验和光敏化试验,选定了激光感度较高的石墨/S·SD作为雷管中的起爆药。在起爆药选定后,设计一种合适的聚焦透镜,把激光能量耦合于起爆药表面,也是很重要的。因为透镜聚焦后,焦平面尺寸的大小直接影响到起爆药表面得到能量密度,对雷管的激光感度影响较大。

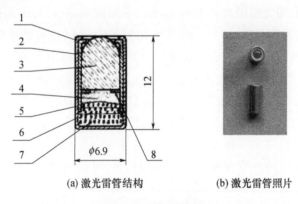

(a) 激光雷管结构　　　　(b) 激光雷管照片

图8-18　激光雷管

1—镍铜管壳;2—铝加强帽;3—聚焦透镜;4—石墨/S·SD;5—覆盖PETN(压力300kg/cm²);
6—松装PETN(压合压力500 kg/cm²);7—PETN(压力1000kg/cm²);8—铝隔离垫圈。

该雷管中的聚焦透镜是自行设计的一种半球形厚透镜,尺寸为$\phi 5.5mm \times 6.5mm$,焦距$f=3.70mm$,用BB6光学玻璃加工而成,透镜两端面镀红外增透膜。这种半球形厚透镜的聚焦点设计在输出端面上,对直接入射的激光束聚焦效果很好。当入射平行光束直径为$\phi 4mm$时,输出端面上的焦斑直径仅$\phi 0.2mm$。而用同样玻璃材料、工艺加工成相同直径的球透镜,当入射平行光束直径为$\phi 4mm$时,其输出端面上的焦斑直径为$\phi 1mm$左右。半球形厚透镜,对经过$\phi 3mm$、长1m的光导纤维束传输的激光聚焦效果较差,透镜输出端面上的焦斑直径约为$\phi 1mm$。由于该激光雷管采用半球形厚透镜聚焦,其结构比国外同类产品简单、光学界面少、光能损失小、聚焦效果好。雷管中的起爆药是石墨/S·SD,激光发火感度较高;第二装药是猛炸药PETN,压药压力依次递增,管壳材料是镍铜合金,机械强度高,有利于爆轰成长。雷管底部的PETN密度较大,具有一定的输出威力。用YAG自由振荡固体激光器,对激光雷管照射时的临界起爆能量为 0.57mJ,作用时间在 90～150μs 之间。

采用光导纤维束传输激光能量技术,利用激光雷管设计、试制出了一种具有输入与输出接口的激光起爆装置。壳体的外形如图 8-19 所示,带有输入光纤束的激光起爆装置结构如图 8-20 所示。该激光起爆装置由光纤束组件、激光雷管和壳体 3 个部件构成。

图 8-19　壳体

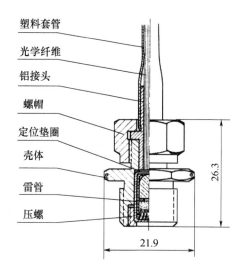

图 8-20　激光起爆装置结构示意图

在早期的激光起爆装置中,一般应选用排丝密度高、断丝少、透过率高和端面破坏阈值较高的光纤束传输激光能量。单股光纤束最好选用传像束,以保证输出光斑规则,有较高的能量密度。多分束光纤束的分束几何形状应该与输入端面的几何中心对称,以保证光能分配的均匀性,这对同时引爆多个激光起爆装置是很重要的。该激光起爆装置使用上海工业玻璃二厂早期生产的 $\phi3.0mm$、长 1m 的单股,$\phi4.6mm$、长 1m 的两分束和 $\phi6.0mm$、长 1m 的 4 路分束 3 种光纤束组件。它的光纤芯料是 F626 玻璃,端头用环氧树脂胶黏合固化后抛光。对波长 1.06μm 的 YAG 激光透过率在 41%～48% 之间。

对激光起爆器进行了环境例行试验后测定了主要技术参数,做了单路、多路起爆试验。用光纤束传输激光起爆时,其发火参数散布较大,激光发火能量在 44～166mJ 之间,作用时间在 88～238μs 之间;两组双路同步起爆试验获得成功,同步时间差分别为 24μs、50μs;一组 4 路同步起爆试验,仅起爆了 3 路,其中一路出现瞎火;另外 3 路同步时间差为 32μs。该光纤束 4 路分束组件的光透过率分别为 11.0%、11.0%、15.0%、7.5%,因其中一路的光透过率低、传输到激光起爆器上的激光能量小而造成瞎火。

2. 引信用光学雷管

美国专利 USP 6487971 公布了一种引信用光学雷管[10],如图 8-21 所示,此图显示的是光起爆雷管的剖面。

该光学雷管主要由壳体、透明窗口、薄层起爆药、反射层、绝缘片和起爆药构成。可用玻璃、石英或塑料透光片作为窗口,用银或铝箔作反射层。以石棉作绝缘片,绝缘片的直径比壳体的内径小。透镜和透明窗口可以用石英材料,因为石英在波谱的紫外区可传递更多的

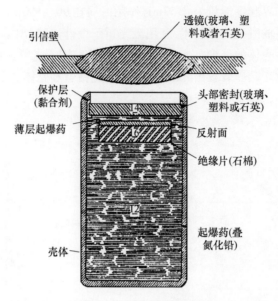

图8-21 引信用光学雷管

能量。有好几种炸药可用作起爆药,如 PbN_6、中性乙炔银($Ag_2C_2AgNO_3$)、LTNR、AgN_3、叠氮化汞(Ⅱ)($Hg(N_3)_2$)、乙炔化汞(Hg_2C_2)、雷酸银(AgONC)、雷汞(Ⅱ)($Hg(ONC)_2$)、乙炔化汞(Ⅱ)(HgC_2)、50%Zr 与 50% NH_4NO_3 的混合物。这些炸药在吸收到 200~2000nm 波长范围的辐射光能时,可快速起爆。

当激光通过透镜,穿过透明窗口聚焦在起爆药薄层表面时,用绝缘片与反射层将入射的激光能量集中在起爆药薄层区内开始爆炸反应。绝缘片的结构可以使爆炸冲击波从起爆药薄层传递给雷管中的压装炸药。通过去掉或者变换任一种绝缘材料、反射材料或聚焦透镜可以使雷管更钝感。

3. 高压密封激光起爆装置

欧洲专利 EP292383 公布了两种由以下各部分组成的新型光起爆装置[11]:①壳体部分包括盛放装药的空腔和供特定波长的高能光束通过的入口,用该光束能够引爆装药;②在入口和空腔之间的高能光束通道部分,有一个圆锥形透明隔板置于光束通道中,该透明隔板可抵抗装药作用时所产生的机械冲击力,它是由一种和光束波长相匹配的透明材料制成的,最好使用蓝宝石隔板。在锥形隔板与壳体之间有橡胶密封件。壳体与支座之间可用圆垫圈加以密封。爆炸时,在高压气体压力不小于 400kbar 的情况下不漏气。

由于采用了与高能光束波长匹配的圆锥形透明隔板和密封件,所以高能光束引爆装药时不受外界的侵蚀。此外,由于隔板能够承受装药作用产生的机械力,这样的结构在装药发火后隔板不会损坏,同时可以避免发火时有可能引起的气体泄漏。

(1)所设计的第1种激光起爆装置如图8-22所示,它有一个固定在支座上的壳体,壳体的一端是装药盒。

在这个结构图中,装药包括始发装药(起爆药)和扩爆药,始发装药压在固定长度的套筒内,与压在装药盒中的扩爆药组装在一起。用护套固定在壳体内预留的凸台上,用垫圈30密封。也可考虑其他的固定方法,如激光焊接等。护套有一变薄的部分,或者是一个金属帽,它在扩爆药爆炸时炸毁。当始发装药在激光器发出的光束作用下发火时,冲击波从这个

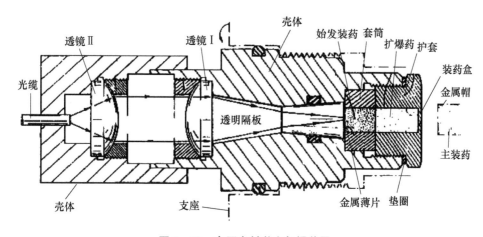

图 8-22 高压密封激光起爆装置

护套输出,首先穿过始发装药,然后经过扩爆药,在这里冲击波得到加强。扩爆药的爆炸使金属帽炸毁。这样,冲击波引爆装在支座中的主装药。支座在图 8-22 中用点画线表示。

用形状为圆锥体,两端的圆平面分别为 $\phi 4mm$ 和 $\phi 6mm$、长度为 10mm 的蓝宝石作透明隔板,经试验取得了满意的结果;还用长度为 8mm 的圆锥台体蓝宝石做试验,也取得了良好的结果。蓝宝石是氧化铝(Al_2O_3)的特殊晶体,有良好的耐高温性。软化点为 1800℃;与玻璃相比,B1664 玻璃的相变温度只有 559℃。蓝宝石很适合于这种用途,以便使透镜 I 输出的光聚焦,并在金属薄片上形成光纤输出的影像。光束在这里聚积引起金属薄片的击穿,于是在始发装药内部产生冲击波,从而使光起爆装置作用。

(2)图 8-23 表示了一种相类似的改进型起爆装置。但在这里聚焦透镜被取消,圆锥形透明隔板的前端面设计加工成球面,就像一个平凸透镜使来自透镜 II 的平行光会聚,使光束聚焦在金属薄片上。金属薄片是插在透明隔板和始发装药之间,这一金属薄片的厚度在几十至几百纳米之间。金属薄片的制作材料可以是铝、金、银、铌或铟。当用猛炸药作始发装药时,为了引爆这种猛炸药,需要很强的冲击波。可使光束在金属薄片上聚焦汽化,从而产生冲击波。

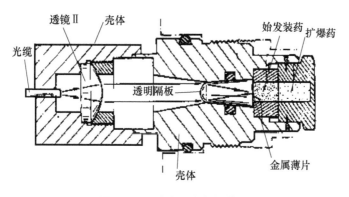

图 8-23 改进型光起爆装置

该类光起爆装置的优越性主要是对作用前的烟火装药和作用后的爆轰产物具有良好的密封性。因为透明隔板是用一种抗爆轰效应材料封闭和固定在壳体内部。另外,通过使用光学系统使安装操作、调整和定位都非常方便。两个透镜之间的距离不需要精确调整。

因为不论这个距离怎样变化,光束到达第二个透镜时仍然保持平行不变。然而,必须注意确定好各个不同元件的中心。这使光起爆装置的组成部分呈轴对称,做到这一点是比较容易的。

4. 试验用 BNCP 激光起爆装置

激光二极管起爆试验用 BNCP 起爆装置如图 8-24 所示[12],该激光雷管由聚光组件和装药组件构成。聚光组件把从芯径 $\phi 100\mu m$ 光纤发出的光校直成平行光束,并把光线重新聚焦到炸药表面所希望的激光点大小。装药管壳与聚光组件相连,把点火药直接压在蓝宝石窗口的顶上,该窗口与聚光组件相连。

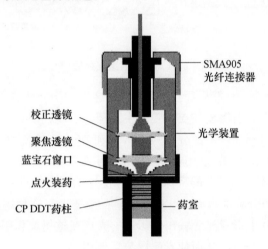

图 8-24 BNCP 激光起爆装置

在所有的试验中都使用了一个单独的点火装药结构,便于直接对比加热速率和激光点大小,同时避免了由于炸药类型、颗粒大小、装填密度等因素造成的潜在影响。选择了一种相对标准的混合点火药,它由冲击粉碎-沉淀制成的颗粒直径为 $25\mu m$ 的 BNCP 和 1%碳黑组成。BNCP 是一种钴配位化合物,它能被激光辐射迅速起爆,所掺杂的碳黑粒子能增加炸药对激光光谱的吸收。另外,如果恰当成形则 DDT 十分完善,是热能起爆炸药的必需特性。

药室为 $\phi 2.03mm$,使用 110MPa 的压力,把点火药压制为 25.91mm 标准高度。一种 CP DDT 药柱压制在点火装药的上面,它是由粗粒 CP 在 70MPa 压力下压成的。加入这种单独的 DDT 药柱,以确保激光引燃点火药后能够起爆这种 DDT 药柱。

5. 自毁用激光起爆器

自毁装药所需的 LID[13] 能提供爆轰输出。用于 DDT 型的 LID 使用钝感炸药,如 HNS 也能用激光直接使其爆轰。对于要求激光起爆事件超精确定时的应用,这种直接爆轰的方法是有效的。可以使用类似于 EFI 的机理,只是冲击起爆的飞片是由某种材料光汽化而产生的等离子体推动的,而不是由金属箔的高电流汽化所产生的等离子体推动的。用激光直接爆轰需要在很短的时间内,将很高的激光能传递给产生等离子体的材料,可由调 Q 开关激光器达到这种短脉冲、高能量要求。图 8-25 所示为 DDT LID 的基本结构。

在该 DDT 起爆器中,激光能量直接通过光缆、光纤/雷管接口、聚焦元件及作起爆装药用的烟火材料上的玻璃-金属封接,使烟火材料加热到它的自动点火温度。发火后的烟火

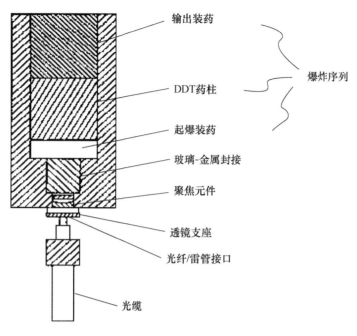

图 8-25 自毁用 DDT 激光起爆器

材料依次点燃能够实现 DDT 转换的第二级炸药材料药柱。这个 DDT 药柱必须足够被约束，以便可靠地使爆燃转为爆轰。然后，DDT 药柱起爆输出装药，它就是要被 LID 起爆的自毁装药的施主装药。

6. 低能激光起爆器

美国专利 US0096484 公布了一种低能激光起爆器，如图 8-26 所示[14]。低能激光起爆器主要由壳体，光纤连接器，光学聚焦件、点火药、爆燃炸药、约束片组成的部件，输出炸药部件等构成。

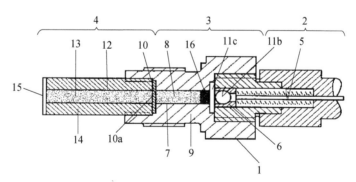

图 8-26 低能激光起爆器

1—壳体；2—光纤连接器；3—耦合起爆部件；4—输出炸药部件；5—光纤；6—透镜套筒；
7—燃烧装药腔；8—猛炸药；9—壳体；10—约束片；11b—球透镜；11c—玻璃盘；
12—装药腔；13—输出猛炸药；14—装药管；15—底部密封片；16—点火药。

点火药的厚度范围在 0.5～1mm 之间，可以由以下两种药剂组成，即包含铝和氧化铁的铝热剂和 ZPP 类型的药剂，即 52% 锆、42% 高氯酸钾、5% 黏合剂、1% 石墨所组成的混合药。通过这样的光学掺杂，再把激光聚集到 $\phi 50\sim 100\mu m$ 的一个点上，能够降低激光点火能量的临界值。因而用激光二极管在 10ms 的时间中,传递 1W 的激光能量,也能够确保炸药药剂被点燃。输出猛炸药是 HMX。

激光器发射的红外光通过光纤输入时,球透镜将激光束聚焦到点火药上,点火药通过吸收激光能量而被点燃,从而燃烧引爆猛炸药。猛炸药的爆燃剪切约束片,形成活塞片挤压、冲击引爆输出猛炸药,实现 DDT 转换。

7. 航天器逃逸用激光起爆雷管

这里主要介绍用于航天器逃逸系统,以 BNCP 作为主要含能材料的激光雷管[15]。激光雷管结构剖面如图 8-27 所示,由 SMA 接口、自聚焦透镜、壳体和 DDT 装药构成。直径为 1mm 的自聚焦(GRIN)透镜将输入激光照射到药剂表面,透镜可保持光纤输出端强度的放大系数约为 1.0,透镜能够有效使用的光纤芯直径在 $\phi 100 \sim \phi 600\mu m$ 之间,透镜上的透射膜层可以将通过此透镜的损耗减少到小于 0.5dB,透镜的外径镀金,可以焊接到透镜壳体中。雷管的密封性能由透镜体与 SMA 连接器、SMA 连接器与雷管壳体、壳体与输出装药部件之间的三处激光焊缝保证。设计的这种雷管的输出端与标准的 UNF-3A 铠装柔性导爆索(SMDC)末端孔连接,并为其传爆序列元件提供轴向或侧向起爆。

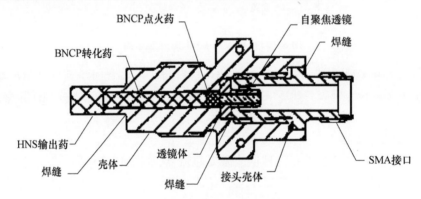

图 8-27 BNCP 激光起爆雷管剖面示意图

这种雷管中选择的是掺杂了 3% 碳黑的 BNCP,碳黑起光吸收作用,并将光能转换成热能。DDT 传递发生在点火药和 BNCP 传递装药中,在这种结构中,稳态爆轰波阵面发生在相当于两个药柱直径的长度位置处。输出装药选择的是 67mg 的 HNSⅡ。将 HNS 装进输出药壳中,然后用激光焊接到雷管壳上,形成有效密封。

8. 双光纤输入、双自聚焦透镜式激光起爆器

随着激光起爆技术的发展,研究人员开始发现将自聚焦激光火工品与 BIT 技术结合的优势,相继在美国 Mark F. Folsom 等的专利 USP5914458 和 PSEMC 的 LLC(PSQ)双光纤 BIT 方法中,提出了将自聚焦激光火工品和双光纤结合,实现起爆系统的自检技术方案。双光纤输入结构如图 8-28 所示,自诊断输入端口结构如图 8-29 所示,双自聚焦透镜式激光起爆器产品结构如图 8-30 所示[16]。其中两种方案都是应用了两个截距为 $\frac{1}{4}P$ 的自聚焦透镜作为窗口元件。PSEMC 的 LLC(PSQ)双光纤 BIT 检测方法中应用的激光起爆器,也是用了两个 $\frac{1}{4}P$ 的双自聚焦透镜式激光火工品。

图 8-28 双光纤输入结构

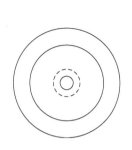

图 8-29 自诊断输入端口结构

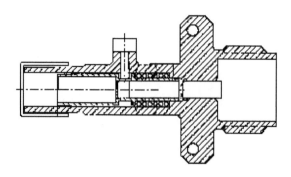

图 8-30 双自聚焦透镜式激光起爆器

8.1.3 光纤耦合式激光起爆器

1. 输入光纤式激光起爆器

1) 激光激发的起爆雷管

美国 Talley/Univ Propulsion 公司生产的一种激光激发起爆雷管[2]如图 8-31 所示。

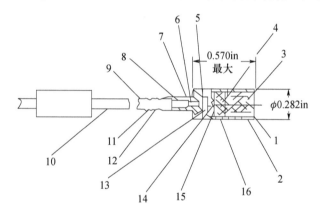

图 8-31 激光激发起爆雷管

1—壳体；2—套筒；3—输出药；4—PbN$_6$；5—护管座；6—光纤；7—套管；8—网状编织层；9—外护套；
10—光缆；11—卡口固定；12—涂 360°黏合剂；13—滤波片；14—窗口；15—SOS-108 点火药；16—输出端组件。

该起爆雷管主要由光纤连接器、输入光纤接头、滤波片、光学窗口、SOS-108 烟火药、PbN$_6$ 起爆药、输出炸药等构成。雷管的直径为 7.2mm、长度为 14.5mm。激光激励的起爆雷管能够提供类似电起爆雷管的爆轰输出，所以能直接取代现有的常规雷管（如 NSI-1）。

2) 输入光纤式 CP 激光起爆器

陕西应用物理化学研究所采用自制 B 型连接器、ϕ100μm 高纯石英渐变折射光纤、不锈钢壳体、光敏细化 CP 炸药、盖片等，设计试制出试验用光敏 CP 炸药 LID，如图 8-32 所示。CP 激光起爆器产品结构精巧、设计新颖，采用了光纤输出端面与药剂直接耦合方式，并考虑到尽可能减小侧向热损失对起爆感度的影响，以及产品的密封性能等。该产品主要用于激光起爆技术研究试验。

图 8-32 所示的 CP 炸药激光起爆器，其输入激光耦合效率较低。在输入端采用 FC/PC 标准光纤连接器，以提高输入激光耦合效率，改进后的 CP 激光起爆器如图 8-33 所示。

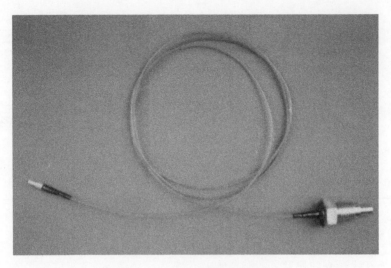

图 8-32 CP 炸药激光起爆器

主要性能参数如下。
① 尺寸:$\phi 10mm \times 28.3mm$。
② 发火功率最小值:300mW、10ms。
③ DDT 时间:不大于 3.0ms。
④ 钢凹深度:不小于 0.60mm。

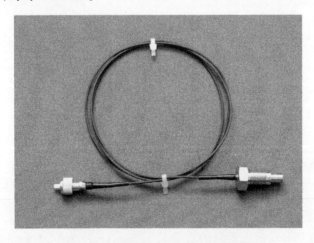

图 8-33 改进型 CP 炸药激光起爆器

上述装 CP 炸药的 LID 产品作用时间不大于 3ms。经分析主要是 CP 炸药的 DDT 过程所需时间长,而原设计 LID 全部装 CP 炸药 560mg,除掺杂碳黑的细化 CP 点火药 30mg 外,其余 530mg CP 装药长度为 20mm,故造成产品作用时间较长。对雷管而言,通常底部炸药达不到高速爆轰,其输出威力只要能可靠引爆传爆管或导爆药柱,就可以实际应用。故在激光雷管设计中,可采用激光感度较高的炸药作为引爆药,其松装药和输出药可选用爆轰成长较快的炸药,以及减少输出炸药的装药量等方法,缩短 LID 产品的作用时间。

为了研究上述缩短 LID 作用时间方法的可行性,将原 LID 壳体的长度由 28.3mm 改进设计为 18.3mm。装药工艺改为:引爆药分别是掺杂 3% 碳黑的细化 CP 炸药,松装药和输出药均选用60目以下PETN炸药。优化设计后的CP炸药激光起爆器如图8-34所示。

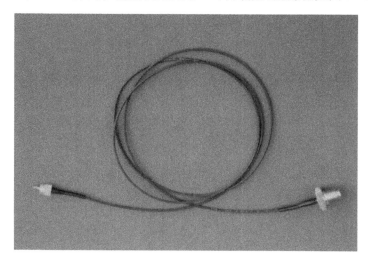

图8-34 优化设计的CP炸药激光起爆器

用改进后的短LID壳体,试制出了装掺杂3%碳黑CP炸药的LID样品,用图12-61所示试验装置进行了激光起爆试验,取得试验结果见表8-1。

表8-1 用PETN输出药试验结果

序号	引爆药/mg	松装药/mg	输出药/mg	激光能量/mJ	作用时间/ms	钢凹深度/mm	备注
1	CP	PETN	PETN	2.62	0.80	0.26	爆炸
2	30	50	240	2.60	0.64	0.26	

从表8-1的试验结果可看出,用CP炸药作为引爆药、PETN作为松装药与输出药,减少装药量,其复合装药LID的作用时间有变短的趋势;但减少输出药量后威力明显减小。

3) 输入光纤式BNCP激光起爆器

陕西应用物理化学研究所采用新技术,设计出带有输入光缆的BNCP激光起爆器,其产品结构简单、设计新颖,主要由光缆接头、光纤缆、不锈钢壳体、光敏BNCP炸药、盖片等组成,其产品外形结构如图6-90所示。该激光起爆器中的引爆药是光敏细化BNCP炸药,药量为30mg;输出炸药为HMX,药量为290mg。作用原理:激光能量通过光纤传输到BNCP炸药输入端面表层中,由热分解作用使其发火,引爆输出炸药。

主要性能参数如下。

① 尺寸:ϕ10mm×18.2mm。

② 质量:19.3g。

③ 发火功率最小值:42mW(10ms)。

④ DDT时间:不大于2.55ms。

⑤ 钢凹深度:不小于0.96mm。

4) 激光直接起爆RDX雷管

美国专利USP5179247描述了一种激光直接起爆RDX雷管,如图8-35所示[17]。

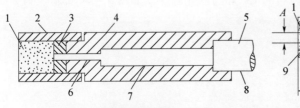 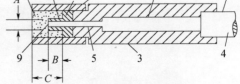

(a) 早期的激光雷管　　　　　　　　　　(b) 改进后的激光雷管

1—炸药装药；2—管壳；3—连接器；4—光纤外壳；
5—包覆层；6—光纤；7—隔离层；8—光缆护套管。

1—炸药装药；2—管壳；3—光纤外壳；4—包覆层；
5—光纤；6—隔离层；7—光缆护套管；8—薄壁附件；
9—抛光端面；10—改进连接器。

图 8-35　改进型插入式激光雷管

该激光雷管采用低能量激光源(最低只需 0.01J)直接起爆猛炸药装药。这种激光雷管的组成包括掺有添加剂的 RDX 炸药装药、管壳、金属薄壁附件、$\phi 400\mu m$ 的光纤、光纤外壳、光纤隔离层和光纤包覆层。配备金属薄壁附件的目的是防止在压装(压力可达 25kpsi)时损坏光纤,光纤插入装药的深度(B)约 0.09in、装药高度(C)约 0.22in、附件直径(A)约 0.07in。这种结构使光纤伸入装药室的距离约为装药高度的 10%～60%,具有全发火性能高、可靠、散热损失小和所需激光发火能量低等特点。

5) 激光起爆工业雷管

欧洲专利 EP289184 公布了日本的两种激光起爆工业雷管[18],图 8-36 是一种内加强管式激光起爆雷管的结构剖面图,图 8-37 是一种外加强管式激光起爆雷管的结构剖面图。

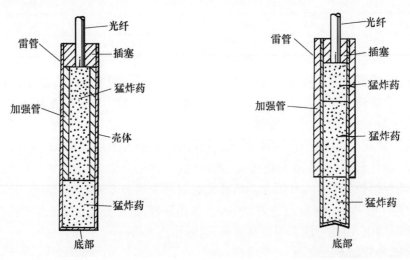

图 8-36　内加强管式激光工业雷管　　图 8-37　外加强管式激光工业雷管

图 8-36 所示的内加强管激光起爆工业雷管带有壳体,壳体有底部,壳体的上部装有含激光束吸收材料的猛炸药,下部也装有猛炸药。在这种情况下,加强管里面装有猛炸药,装在壳体的上半部分,并将其包围住;插塞的中间贯穿有一根光纤,插塞放在猛炸药的上面并将其盖住。也就是说,插塞正好能将壳体的上端封住,并保持这样一种封闭状态;穿透于插塞中间的光纤,其输出端部直接与猛炸药相接触。

图 8-36 所示的激光起爆雷管,具有下述技术参数和组配方式:铜壳体的外径为

ϕ7.6mm、厚0.3mm、长50mm,底部的厚度为0.3mm。猛炸药为PETN,它作为下部猛炸药装在壳体的底部,其装药密度为1.4 g/cm³,装药长度不超过10mm。加强管的材料为铁,内径为ϕ5.0mm、厚1mm、长30mm,它装在壳体内,与下部猛炸药相接触。用作上部猛炸药的PETN炸药含有激光吸收材料碳黑,它的比例为PETN重量的1%,其平均粒径为30μm,装在壳体的上部加强管中。插塞插入壳体中并与加强管接触,用胶固定在壳体上。石英光纤的衰减系数为6dB/km、长30m,且有一直径为ϕ0.8mm的孔,它连接在图8-36所示的激光起爆雷管上。

图8-37所示为外加强管式激光起爆雷管,它除了加强管固定在壳体外的上部及壳体底部呈凹锥形外,其他与图8-36相同。

当YAG激光器产生的波长为1.06μm、脉冲宽度为0.4ms、能量为2.5J的激光束,通过光纤传到激光起爆雷管上时,雷管可完全起爆。根据日本工业标准(JIS)K4806—1978进行的输出威力试验规定,应能穿透使用的铅板(40mm×40mm×4mm)。另外,该雷管能够完全起爆根据JIS进行的低爆速测试用的炸药(TNT,即三硝基甲苯70%/滑石粉30%)。它在70mm×70mm×30mm铅板上留下的炸痕与使用6号工业雷管留下的炸痕相同。

该激光起爆雷管具有以下优点。

(1)在传统的激光起爆雷管里,与光纤相接触的上部装药不含激光吸收材料。相反在该激光起爆雷管的设计中,与光纤相接触的上部装药含有激光吸收材料。因此该雷管中,上部装药能有效地吸收激光,而且易于由自由振荡脉冲激光器产生的脉宽为几微秒的小峰值输出功率的激光束可靠发火,或者被连续激光系统产生的激光束可靠发火。而不需使用带有调Q开关的激光系统产生的脉冲、脉宽为几十纳秒的具有高峰值功率输出的激光束起爆。

(2)上部的装药或第一燃烧室里的装药中含有激光吸收材料,该装药吸收激光能量并发火。其他部分的装药则不含激光吸收材料,因后者不含其他杂质成分,所以在起爆时释放出的能量较大。

(3)在传统的激光起爆雷管中,炸药装在第一燃烧室和第二燃烧室里,每个燃烧室上部装药密度高于下部装药密度。相反在该激光起爆雷管中,每个燃烧室下部装药密度要高于上部装药密度。不仅如此,第二燃烧室的装药密度还要高于第一燃烧室的装药密度。因而,上部装药易于爆燃,易于从爆燃转为爆轰(DDT),并能可靠起爆下部装药。

(4)在传统的激光起爆雷管中,第二燃烧室的周边全部被加强管壳包围着。相反在该激光起爆雷管中,只有上部装药周围或者上面及中间部分包围有加强管壳,下部装药则没有加强管壳约束,因而下部装药具有侧向起爆力,并能完全起爆需要引爆的爆炸物。

6) PETN激光工业雷管

日本《工业火药》报道了一种PETN激光工业雷管,如图8-38所示[19]。在点火药、起爆药和输出药这3层装药结构中,只在始发点火药层的PETN里添加了1%的碳黑作为激光吸收剂,而起爆炸药和输出药是无添加物的PETN。点火药密度为1.15g/cm³,起爆药密度为

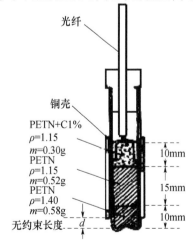

图8-38 PETN激光工业雷管示意图

1.15g/cm^3,输出药密度为 1.40g/cm^3。铜管壳外径 $\phi 6.8\text{mm}$、内径 $\phi 6.2\text{mm}$、长 55mm,铜管壳外用厚度 2mm 的铁管加强,移动该铁管,可以调节无约束长度尺寸 d。该激光工业雷管可用于矿山开采、工程爆破作业。

7) 激光起爆延期雷管

日本在特开昭 63-273800 号专利中公布的激光起爆延期雷管,是采用 YAG 振荡激光起爆的雷管,如图 8-39 所示[20]。该发明是用光纤传输的激光使其起爆的激光起爆延期雷管,是用低激光能量也能够可靠起爆的延期激光工业雷管。

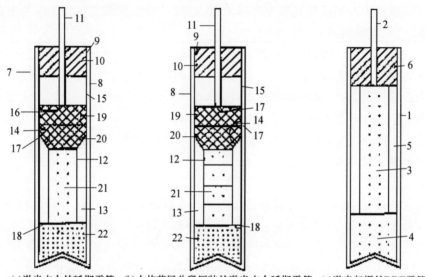

(a)激光点火的延期雷管 (b)上炸药层分段压装的激光点火延期雷管 (c)激光起爆的DDT雷管

图 8-39 激光起爆延期雷管

1—壳体;2,11—光纤;3—含光吸收物质的炸药;4—炸药;5,12—约束管;6—塞栓;
7—延期激光起爆雷管;8—管状容器;9—上部开口;10—塞栓;13—内管;14—约束管的上端面;
15—管状容器的内侧壁面;16—光纤的端面;17—约束管壁上端面边缘;
18—约束管的下端面;19—点火药层;20—延期药层;21—上炸药层;22—下炸药层。

在与光纤接触的上部,装填着具有以塞栓堵塞上部开口的管状容器。为了传输激光,光纤穿过塞栓引入到管状容器中。在管状容器内靠近光纤端面底下,设置了具有约束作用的内管。约束管的上端面,向上扩大开口面积形成漏斗状的环锥形面,且延伸至管状容器的内侧面。在管状容器内,自光纤端面一侧向着管状容器的底部依次装填着点火药层、延期药层、上炸药层及下炸药层。在点火药层装填着以氧化剂和还原剂为主要成分,其混合比范围为 $5/5 \sim 9/1$,显示黑色、灰色或褐色混合物组成的点火药。光纤端面对着点火药层的上表面,延期药层与下炸药层的界面上,位于约束管上端面靠近上边缘的位置。上炸药层由高性能的猛炸药组成,在内管中装填至约束管的下端;下炸药层由猛炸药组成,其装填密度比上炸药层装填密度大,以此为特征构成激光起爆延期雷管。

通过激光器输出的激光经光纤传输照射时,该激光起爆延期雷管上部装填的传火药加热、发火,接着下层的延期药发火。随着传火药、延期药的发火,约束管内的上层炸药发火,由爆燃转换为爆轰。随着上层炸药的爆轰,最下部的炸药也达到爆轰,由此达到起爆代那迈特、液体炸药等药剂的威力。一方面,上部装填的点火药容易用低能量的激光点火,同时使下层的炸药依次起爆;另一方面,通过点火药层、延期药层、上炸药层及下炸药层的结构,形成起爆作用的延时机构,而且通过约束管壁的上端在向外上方形成的斜锥体,使点火药及延期药对约束管内的炸药顺利点火。

对这种延期激光起爆雷管,插入 30m 光纤后,用 YAG 激光器以 0.2J 起爆,通过了 JISK4806 - 1978 中规定的铅板试验,并对规定的钝感炸药进行了起爆试验,结果显示出其输出威力大于 6 号工业火雷管。

2. 光纤元件耦合式激光起爆器

1)光纤插针式 HMX 激光起爆器

图 8 - 40 是用激光二极管对 HMX 进行试验时用的起爆器结构[21],该低能激光起爆器是在原有的热桥丝式 HMX 装置的基础上进行改进设计的。由于热桥丝结构形式对 HMX 提供了足够的约束,所以在激光起爆器中也采用同样的约束结构。

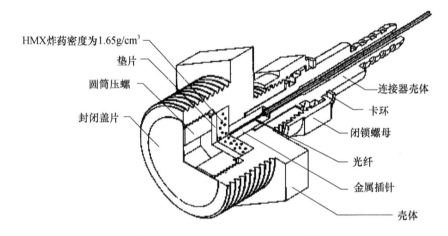

图 8 - 40　HMX 炸药低能激光起爆器

用激光起爆时没有必要使用电隔离体,电绝缘材料可以取消。相反,激光起爆装置则有一个用于连接光纤的接头,这个接头采用标准 SMA906 连接器。研究中使用的光纤为多模阶跃折射率光纤。该光纤芯径为 $\phi 100\mu m$,外径为 $\phi 140\mu m$。用标准的封装和抛光工艺将光纤装到 SMA906 接头中,这个接头中有一个从光纤技术公司购买的陶瓷套圈。

由于 HMX 是白色的,所以它不会有高的光吸收率。相关研究已证明加入少量的碳黑,能大大降低激光二极管起爆 HMX 药剂的临界阈值。比碳黑粒径较大的石墨也用来增加含能材料的吸收性,使用掺杂物增强 HMX 光吸收性是一个有效的技术途径。准备了几种 HMX/碳黑混合物,所用 HMX 的 3 种比表面积范围为 830 ~ 15700 cm^2/g。可用过筛网确定比表面积,碳黑或石墨的掺杂浓度范围为 1% ~ 3%。可用光谱仪比较这些混合物的光吸收特征。

试验装置中装入金属插件以取代光纤接头,尽管图 8 - 40 中标明 HMX 密度为 1.65g/cm^3,但实际使用较低的密度(1.55g/cm^3)装药,所以可选用该密度作为一种装药标准。在装置中压入 125mg 的药剂后,在其上放一个 0.89mm 厚的铝垫片,然后再用扭矩为 8.5N·m 的力,将一钢管套旋进,垫片和钢套能提供保持 HMX 燃烧爆炸的约束环境。

2)试验用激光起爆器

《AIAA 98 - 3782》报道了一种试验用 LID,如图 8 - 41 所示[22]。该激光起爆器主要由壳体、激光输入接口、光学耦合元件、$Zr/KClO_4$ 点火药、PbN_6 起爆药、PETN 炸药等构成。由于 $Zr/KClO_4$ 在 LIS 中的点火性能很好,所以该 LID 的发火药也选择了它,能够起爆由 PbN_6 和 PETN 炸药组成的输出药。

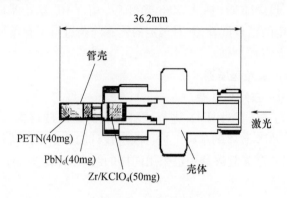

图 8 – 41 试验用 LID

3) 接插式激光起爆器

国外文献曾经报道接插式 LID 产品设计,采用了高新技术产品——自聚焦透镜,作为光纤与 BNCP 炸药之间的耦合元件,以提高 LID 产品的激光感度。在分析研究了国内、外激光新技术发展状况的基础上,陕西应用物理化学研究所提出了设计方案。采用标准连接器、渐变折射光纤元件、薄膜界面新技术,设计研制出接插式 LID 产品,如图 8 – 42 所示,它具有装配、运输、储存、使用方便的特点。

图 8 – 42 光纤型接插式 LID 产品

4) DACP 激光起爆器

DACP 炸药是陕西应用物理化学研究所在 BNCP 炸药的基础上,开发研究出的一种新型炸药,其激光感度与 BNCP 相当。采用新型 DACP 炸药,设计研制出的 DACP 激光起爆器如图 8 – 43 所示。

用 1.5W 半导体激光器,在波长 980nm、脉冲宽度 10ms 条件下,对 DACP 激光起爆器进行了发火能量最小值试验,结果测定出 DACP 激光起爆器的发火能量最小值为 0.68mJ。在

图 8-43 DACP 激光起爆器

3mJ 发火能量下,对 DACP 激光起爆器进行了主要性能试验,取得结果如表 8-2 所列。DACP 激光起爆器的作用时间为 160~640μs,输出钢凹深度不小于 0.61mm。

表 8-2 DACP 激光起爆器试验结果

序号	激光发火能量/mJ	作用时间/μs	钢凹深度/mm
1	3.03	170	0.61
2	3.02	160	0.68
3	3.05	640	0.71

5)激光隔板起爆器

国外从 20 世纪 60 年代开始对隔板起爆技术进行研究,同时研究了隔板传爆机理。隔板起爆器是一种通过内部隔板传递能量的起爆器,其基本工作原理是施主装药在输入能量作用下产生爆炸,冲击波通过金属隔板使其输出端的受主装药产生爆轰或燃烧而不损坏隔板,从而使组件密封,防止气体反向泄漏。隔板起爆器的设计关键与隔板点火器相同。隔板起爆器根据用途不同,可设计为非电起爆型和钝感电发火两大类。非电起爆型隔板起爆器可由燃气火焰、导爆索、导爆管或非电雷管引爆;钝感型电发火隔板起爆器,可由钝感电爆管引爆。使隔板起爆器满足 1A/1W 不发火的要求,其输出可设计为延时型和瞬发型两种。美国报道了一种隔板起爆器,首次研制出厚度小于 0.050in 的小型化隔板起爆器,并且具有足够的结构强度和抗振特性,可以使满足 MIL-STD-1316D 的钝感炸药作用。这种小型隔板只有不超过 0.05in 的厚度,是用一种老化变硬的含金属镍的合金加工制造而成的。这种镍合金中含镍成分的百分比为 50%~55%。隔板起爆器广泛用于固体火箭发动机的级间分离,也可用于卫星整流罩无污染分离装置引爆,或者用于载人飞船舱段间解锁机构及分离机构、航空救生舱盖抛放系统中,同时也能用于多个起爆同步性要求较高的起爆系统装置。当时设计出的隔板起爆器,主要用于土星 V 运载火箭。以后又有多种不同类型的隔板起爆器研制成功,应用于多种型号的航天飞行器中,如 EBAD 设计的隔板起爆器用于"爱国者"导弹和其他洲际导弹上、PSEMC 设计的隔板起爆器用于

"飞马"航天运载火箭等。到了20世纪80年代中期以后,随着大功率半导体激光器的发展,国外开始研制激光隔板起爆新技术,并称之为安全起爆系统。Betts等公布了3种结构基本相似的激光隔板起爆器[23]。该起爆器用于导弹与火箭,并使用弹箭上的激光器作发火源。窗口和衰减体均用透光材料制成,可传递激光能量,并衰减炸药爆轰后的冲击波能量而不损坏。通常激光发火管的装药是 B/KNO_3、$Zr/KClO_4$ 和黑火药一类烟火药,并在其上涂敷一层 HNS 以提高反应速度。激光雷管的装药是 PbN_6、LTNR、HNS、RDX、HMX 和 PETN 等。EBAD 生产了一种激光隔板起爆器,用在宇宙飞船上。

国内于20世纪70年代开始研究隔板起爆器,并用于某型号导弹发动机上,后来陆续研制出不同隔板厚度、不同输出能量方式的多种隔板起爆器,用于各种型号的航天飞行器上。陕西应用物理化学研究所从20世纪80年代初开始研究隔板起爆技术,已经有多种隔板起爆器型号产品应用于航空航天领域,如战术导弹、巡航导弹及运载火箭等。在电发火隔板起爆技术的基础上,设计研制出激光隔板起爆器,如图8-44所示。

图 8-44 激光隔板起爆器

8.1.4 激光爆炸箔起爆器

1. ER-459 激光爆炸箔雷管

EBW 雷管的激光模拟研究进展在第28届 IPS 会议上进行了介绍。当时的研究是设计一种在大规模试验发火现场使用的 ER-459 激光 EBW 雷管[23],如图8-45所示。

ER-459 在低密度 PETN 一侧将镀上钛金属的 0.5mm 厚的熔融硅片放在 SMA 适配器体的顶部,并夹在适配器与密封壳内。为了便于激光束的点火,设计 ER-459 时用的是 PETN 小颗粒尺寸的药粉。250nm 厚的钛膜在这种用途中是否为最佳选择尚待研究,研究数据表明,使用较厚的钛膜以后,发火能量有所降低,但需整个钛膜都能被激光脉冲烧蚀。用 400nm 厚的膜在试验中就不能完全被烧蚀(用闪光射线照相技术观察到,有碎片被驱动到 PETN 药层中),从而影响起爆性能。

发火源使用的激光器是通过电驱动闪光管泵浦、调 Q 的 Nd:YAG 或者 GSGG 激光器。脉冲波长为 1064(或者1061)nm,全宽度/半宽度的最大脉冲持续时间为 10ns,激光能量为 100mJ。激光器上装有可提供多路输出光束的分束器。因此,至少有一个以上的雷管可以用同一个激光脉冲发火。使用的试验模型装置的尺寸大约是一个雪茄烟盒大小。

经试验,ER-459 在激光能量 25mJ 下发火,作用时间为 330ns。

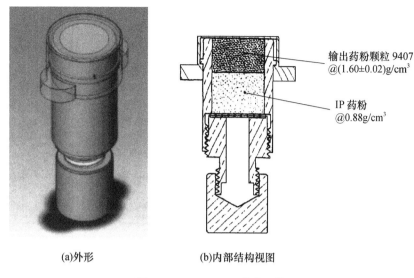

(a)外形　　　　　(b)内部结构视图

图8-45　ER-459激光雷管

2. 起爆点尺寸试验用激光爆炸箔起爆器

美国LANL实验室在第14届国际爆轰学术讨论会上,发表了"起爆点尺寸的作用研究"论文,报道了激光爆炸箔起爆点尺寸大小对起爆与临界直径的影响研究结果[24]。在试验中,使用了3种激光爆炸箔起爆器,如图8-46所示。

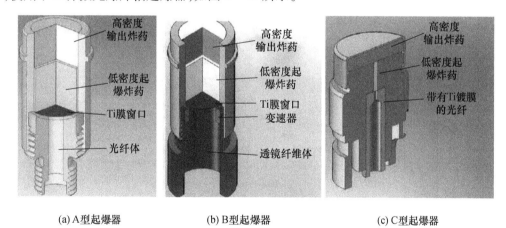

(a) A型起爆器　　　(b) B型起爆器　　　(c) C型起爆器

图8-46　激光爆炸箔起爆器

(注:A型为较大起爆点试验尺寸的起爆器,400~1000μm;B型为中等起爆点试验尺寸的起爆器,
250~600μm;C型为较小起爆点试验尺寸的起爆器,50~400μm)

起爆点尺寸试验用激光爆炸箔起爆器主要由壳体、光纤输入接口、Ti膜窗口、低密度起爆装药、高密度输出炸药及盖片组成。其中:A型起爆器用于起爆点尺寸ϕ400~1000μm试验;B型起爆器用于起爆点尺寸ϕ250~600μm试验;C型起爆器是将Ti膜直接镀在光纤输出端面上,用于起爆点尺寸ϕ50~400μm试验。

3. 侧向输入激光的LEBW起爆器

美国LANL实验室设计了一种侧向输入的LEBW激光起爆器,如图8-47所示[25]。该激光爆炸箔起爆器主要由底座、壳体、光纤输入接口、金属膜窗口、低密度起爆装药、高密度输出装药及盖片组成。金属膜直接镀在光纤输出端面上,光缆接头的前端向上倾斜一定角度,光缆由底座垂直于起爆器壳体的方向与底座连接固定。起爆装药是 PETN,以低密度压装。输出装药是以高密度压装在底帽内,中间是过渡炸药。该 LEBW 起爆器可用 2MW 高功率脉冲激光起爆。

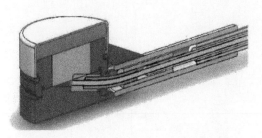

图 8-47 侧向输入 LEBW 激光起爆器

8.1.5 激光飞片起爆器

1. 低能激光飞片起爆雷管

法国 No. 2692346 专利公布了一种低能激光烟火飞片起爆雷管,如图 8-48 所示[26]。它可将低能烟火发生器用于光学雷管,烟火药燃烧所产生的压力引起飞片层的切割,冲击起爆猛炸药。这种雷管由雷管壳(其中装有猛炸药)、加速膛、构成飞片层的圆片、烟火药(用来驱动飞片)、套环和光学窗口组成。光学雷管能够引爆符合美军标 MII-STD-1316C 规定的炸药。

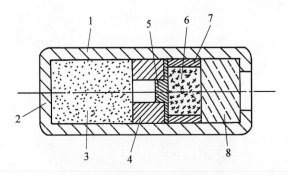

图 8-48 低能激光飞片起爆雷管

1—雷管壳;2—雷管底;3—猛炸药;4—加速膛;5—冲击层圆片;6—烟火药;7—套环;8—光学窗口。

这种雷管的作用过程:光束从激光器中传送到雷管一端的光学元件中的烟火药上,这样就向烟火药提供了点火所需要的光脉冲能量。在烟火药燃烧所产生的压力作用下,飞片层的圆片被加速膛切割,从圆环上脱落的飞片在加速膛中被加速飞行,然后冲击雷管底部的猛炸药,引起猛炸药爆轰。猛炸药可以从传统的药剂中选择,使得这种材料能够用高速轧机挤压成型,并能在极端温度下(-60~250℃)作用,以及能够承受大振幅的热冲击。

2. 激光复合飞片雷管

法国 FR-2669724-A1 专利公布了一种激光复合飞片雷管,如图 8-49 所示[27]。这种由激光引爆的复合飞片雷管,由以下几部分组成:入口玻璃,起约束作用;第一层薄膜,由在激光作用下能够汽化的材料组成;第二层薄膜,即飞片层,与第一薄层和加速膛紧密接触;装填密度高的猛炸药层,压在加速膛出口上;第一层薄膜为铝或铜,呈薄膜状,置于第二层薄膜上,其厚度在 0.01~1μm 之间;猛炸药受冲击区;第二层薄膜由导电或不导电的材料组成,其厚度在 0.1~100μm 之间。这种激光雷管的用途是引爆爆炸序列。

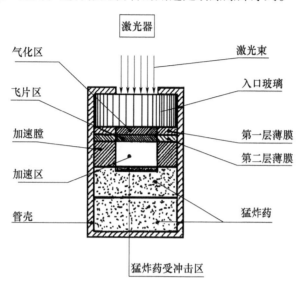

图 8-49 激光复合飞片起爆雷管

该设计的目的在于提供一种复合飞片起爆猛炸药技术,用激光使金属片汽化爆炸技术的新型雷管,即"激光飞片雷管",这样就能克服单纯飞片电雷管或激光雷管的固有缺陷。突出的特点是使猛炸药能保持正常的粒度,增强了装药密度,取消了光纤连接部分。具体优点:金属薄片的爆炸表面确定,这样就可以根据所要求的飞片效应,使其达到最佳状态;金属薄片的光爆炸规律一致,效率高;远距离传输激光发火能量,可避免发出或接收各种电磁干扰。

这种飞片雷管的具体作用过程:激光器产生的光脉冲穿过入口玻璃窗和第一薄层的闪光区,在这里发生汽化"爆炸",爆炸产生的压力切割和抛射第二层产生飞片,而该部分正好与闪光区相对应。被抛射的飞片穿过加速膛,撞击炸药引起爆炸。另外,爆炸层应该由在激光冲击下能够汽化的材料组成,如铝、铜、钽、钛、金、银等,即可用大多数能够加工成箔片的金属。对于激光雷管可以在绝缘材料中,选择聚酰亚胺或其他能制成薄片状的聚合物、陶瓷材料或其他氧化物作为飞片层。但也可以使用金属材料如铝、钛、镁或较重的金属如铁、铜、镍等。材料的种类和厚度要根据飞片抛射的弹道效率以及炸药对冲击的适应情况加以选择。另外,在某些情况下,爆炸层与飞片层可以结合为一体,条件是薄层厚度的部分汽化能够引起剩余部分的抛射形成飞片。例如,用铝薄片时,厚度为 10~50μm。

3. 激光自聚焦飞片起爆器

为了显著提高使用烟火元器件的引信工作子系统在发射运载火箭和卫星上的安全性能,法国 CNES 开始了长期合作项目 R&D。在这个项目中,要求 ISL 设计、研制、生产一种通过光纤传输激光触发起爆的光学烟火雷管。公认的太空用光学烟火起爆序列的优点,首先是对静电放电和电磁干扰或者电磁危害钝感。欧洲空间局航天武器发射台上使用的电发火起爆器是用电热桥丝发火作用的,并且在电雷管中必须使用起爆药。众所周知,当达到分解温度时起爆药不可避免地会转换成爆轰。这些敏感型电起爆器必须使用屏蔽电缆和序列隔断机械机构。因此,光学烟火起爆器的第二个优点是,除了安全性能外,非常重要的是减少了烟火元件引信工作系统在卫星上的总质量。这里描述的是由 ISL 研制,能满足 CNES 技术规范的光学烟火起爆器和雷管的主要设计特征和性能[28]。CNES 技术规范要求,光学烟火起爆器在安全性、质量、尺寸和费用上应具有挑战性,而且应保持目前的标准电起爆器在欧洲空间局航天武器发射台上使用时的原有动力和机械接口。有关系统集成和在航天飞行条件下,光学烟火起爆器项目首次生效的辅助信息,已在 CNES 另一篇文章中介绍。已经研制出一种符合 NASA 标准的自聚焦激光点火的飞片起爆雷管,如图 8-50 所示。

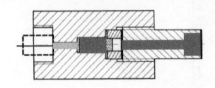 

(a)自聚焦激光点火驱动飞片起爆雷管示意　　(b)自聚焦激光飞片起爆雷管

图 8-50　激光飞片起爆雷管

这种自聚焦激光火工品已经在 DEMETER 微型卫星得到使用,并且在 2002—2006 年先后公布了该所申请的 3 个专利,其中 USP 6374740 和 USP 7051655 都是选择了自聚焦激光雷管作为替代产品。图 8-50(a)所示为以 SDT 为基础的两段式自聚焦激光点火驱动飞片起爆雷管剖面图,其光学接口是标准的 FC/PC 接头,第一段是 SNPE 生产的中等颗粒尺寸为 2.5μm、密度为 1.65g/cm³ 的 M-3 批细颗粒 HMX 炸药,HMX 炸药与 1%(质量分数)的碳黑混合。第二段是 SNPE 生产的密度为 1.6g/cm³、颗粒为 0~100μm 的 RDX 炸药。

用激光束使猛炸药直接由爆燃转爆轰,需要形成等离子体从而建立冲击波。也就是说,激光器的功率密度应达到 GW/cm² 量级。用光纤直径为 ϕ62.5μm 的 1W 激光二极管时,功率密度最高达到数十 kW/cm²,这种功率密度只能使猛炸药加热点火,由爆燃转换为爆轰。用激光源触发光雷管的设计有两个控制步骤:一是用激光光束达到快速燃烧起爆过程;二是爆燃转爆轰过程。

首次设计的激光雷管以 DDT 为基础。在第一种设计中,采用的是 DDT 技术,这是一种在 DDT 条件下可能作用的装 HMX 炸药的 ISL DDT 两段雷管,但是为了提高第二段的 DDT 过程,必须使用大颗粒尺寸(200μm)和低装填密度(1.2g/cm³)的 HMX 炸药。结果发现,使用大颗粒尺寸和低装药密度 HMX 炸药的第二段,其功能是更有前途的 SDT 过程。这种以 SDT(图 8-50(a))为基础的两段激光雷管的作用过程:第一段,激光束加热猛炸药,点火后快速燃烧;第二段,高压燃烧气体以高速推动膛内小金属圆柱飞片沿短加速膛推进,在加速膛的末端由金属圆柱撞击二段 HMX 装药,如果此时的撞击速度足够强烈,在 1μs 内接近 HMX 撞击表面的地方立刻发生 SDT。与 DDT 雷管相比较,这种设计的最大好处是用高装填密度、细颗粒尺寸装填的二段装药,对用激光二极管起爆雷管,可能会缩短总的作用时间并具有可重复性。图 8-50(b)所示为自聚焦激光飞片起爆雷管的外形照片。

应该注意的是,内弹道直径能够使小金属圆柱体同时撞击在第二段 HMX 药柱上和不锈钢外壳上。从基础研究可知,这种几何条件下的撞击,使冲击波压力增加 3 倍,这种效果源于结构材料之间的高阻抗失配,导致金属内弹道阈值、SDT 撞击速度均显著下降。但是加速腔的内弹道,必须避免可能影响聚焦效果的大的撞击倾斜,对这种现象进行了试验性检验。用 X 射线闪光和激光多普勒测速仪检测得出,第一段设计有效。因此,内金属弹在 3mm 飞行距离时的速度大于 700m/s,RDX 的 SDT 阈值速度相当于 480m/s。

4. 光纤传输激光飞片雷管

英国原子物理研究所的 M. D. Bowden 等研制出利用光纤作为传能介质的高能激光飞片雷管,如图 8-51 所示[29]。

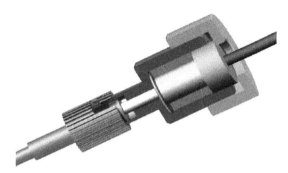

图 8-51　光纤传输的激光飞片雷管结构

该激光飞片雷管主要由标准 ST 光纤接头、金属箔层、加速腔、炸药柱和 PDV 输出探头等构成。当输入高能激光脉冲时,金属箔部分汽化产生高温高压的等离子体,推动剩余金属箔层通过加速腔,形成高速飞片撞击起爆炸药柱实现爆轰。用固体调 Q 激光器输出的 180mJ 单脉冲激光能量,成功地引爆了 HNS 和 PETN 炸药。利用安装在炸药柱输出端的 PDV 探头,测定爆轰输出压力。

8.1.6　其他结构形式激光起爆器

1. 带保险 – 解除保险机构的光学传爆装置

美国专利 USP4660472 公布了一种带有保险 – 解除保险机构的光学传爆装置[30]。当起爆冲量由输入传爆管传递至发光剂时,发光剂燃烧产生强光辐射能,光辐射能通过密封窗口的聚焦透镜照射传爆药并将其引爆,然后传爆药再引爆传爆管,利用这种原理设计出的光学传爆装置如图 8-52 所示,这是一种无保险机构的光学传爆装置。图 8-53 所示为改进后带保险 – 解除保险机构的光学传爆装置,只有机械隔板保险打开才能传爆。该光学起爆器由输入导爆索、装有发光剂的塑料腔体、机械隔板、透镜、装有传爆药的空腔以及输出导爆索组成。发光剂是反应温度高、辐射率高的 B50%/$KNO_3$50% 混合物。

在保险状态时,由于发光剂产生的光辐射通量被机械隔板挡住,不能引爆传爆药,也不能引爆输出导爆索;在解除保险状态时,允许光辐射通量通过起爆传爆药,再引爆输出导爆索。这种传爆装置的最大优点是结构简单,对电磁干扰钝感,适用于钝感弹药。

2. 防静电激光起爆装置

美国桑迪亚国家实验室研制的小型 MC4612 激光起爆装置,如图 8-54 所示[31]。该激光起爆装置主要由起爆器壳体、防 ESD 电路、激光二极管、聚焦球透镜系统、药剂及盖片组成。

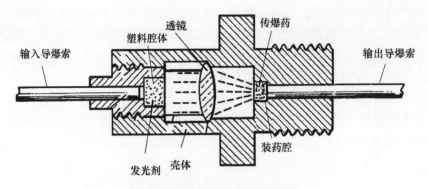

图 8-52 无保险机构的光学传爆装置

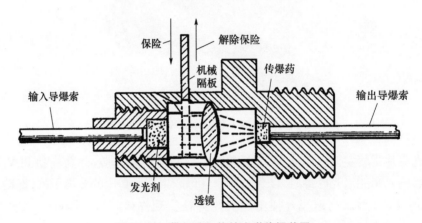

图 8-53 带保险机构的光学传爆装置

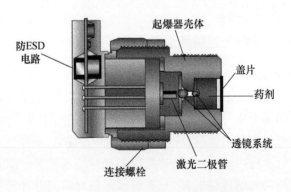

图 8-54 MC4612 型防静电激光起爆装置

John Weinlein 等采用图 8-55 所示的"费舍尔"电路模块模拟人体静电,验证了防 ESD 电路的有效性。"费舍尔"电路模块可提供 25kV、峰值电流 120A 的 ESD 脉冲。在防 ESD 设计中采取下列措施:①起限位作用的 TVS(瞬态电压抑制)元件;②MOSFET(MOS 场效应管)电路,如图 8-56 所示。将图 8-56 所示防 ESD 电路,在图 8-55 的"费舍尔"电路模块静电环境下进行试验。在试验中,未观察到施加到激光二极管上的电流。在所试验的 100 只激光二极管中,没有出现因 ESD 而造成损坏的现象。

上述防 ESD 电路与激光二极管一起在 2.5A/10ms 脉冲下进行 100 万次发火模拟试验,时间间隔为 10s,没有出现激光二极管元件退化,在 -65℉和 165℉下进行 10 万次发火模拟试验,也未发现显著的激光二极管元件退化。这些都表明了该设计在实用中具有较高的安全性和可靠性。

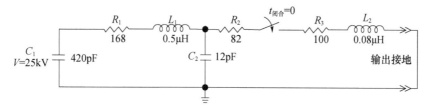

图 8-55 "费舍尔"模拟电路

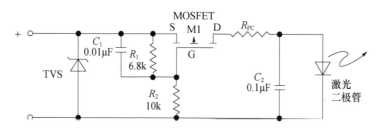

图 8-56 激光二极管的防 ESD 电路

8.2 激光点火器

激光点火器产品结构与激光起爆器基本相同,主要区别是装有光敏点火药与烟火剂。在激光能量的作用下点火燃烧后,输出火焰与高温高压气体,点燃下一级烟火药或推进剂。激光点火器主要有光学窗口式、透镜式、光纤耦合式和隔板式几种产品,分别介绍如下。

8.2.1 光学窗口式激光点火器

1. 钝感弹药用激光点火管

在北约钝感弹药技术研讨会议上,联邦德国的 D. G. Kordel 介绍了钝感弹药用激光点火系统的研制结果[3]。该系统激光源为 YAG 激光器,其调 Q 开关脉冲持续时间为 200ns,利用声光快门使其形成脉冲波。为提高激光束功率密度,激光器与装药之间设有光学窗口聚焦系统,并利用滤光镜调整激光波长,减小点火阈值能量。试验用点火管结构如图 8-57 所示,点火装药为掺 3% 石墨的 LTNR,输出药为 B/KNO_3、$Ba/(NO_3)_2$ 或黑火药等,装填压力约 350kg/cm^2。

2. 平板窗口激光点火管

庆华电器厂试验用激光点火管设计为光窗式结构,如图 8-58 所示[32]。这种结构本身作为传统的激光点火方式出现在各种有关激光点火的公开学术报道中。但是,作为一种工业化可实用的成熟结构设计,还有不小的距离。其次,光窗式结构对加工精度要求较高,管壳内部底面与光窗接触部分的平整度直接影响点火可靠度,在试验中曾出现因为加工精度不高,内底面与光窗接触部分存在缝隙,从而发生点不着火的现象。

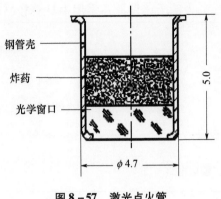
图 8-57　激光点火管

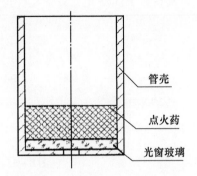
图 8-58　平板窗口激光点火管结构

3. 激光激发的衰减隔板点火器

在美国专利 US5099761 中，Betts 等介绍了一种激光激发的衰减隔板点火器，如图 8-59 所示[3]。

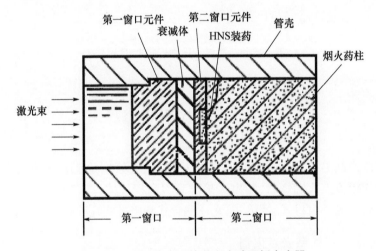
图 8-59　台阶式窗口的激光衰减隔板点火器

图 8-59 所示的激光隔板点火器由管壳、第一窗口元件、冲击波衰减体与第二窗口元件及炸药 HNS 组成；少量烟火药柱位于第二窗口元件外侧的中间，与烟火药柱接触；衰减体可以是空气隙，也可以是环氧树脂。

该点火器用于弹箭武器，用弹上激光源点火。为防止管壳破裂，管壳为耐压容器。窗口和衰减体均用透光材料制成，可传递激光能量并衰减炸药爆轰后的冲击波能量而不损坏。通常激光点火管使用 B/KNO_3、$Zr/KClO_4$ 和黑火药一类的烟火装药，并在其上涂覆一层 HNS 提高其反应速度。制造衰减体的材料有环氧树脂、混有合成橡胶的环氧树脂、聚丙烯树脂或聚碳酸酯等。

4. Zr/NH_4ClO_4 激光点火器

Zr/NH_4ClO_4 激光点火器如图 8-60 所示[33]，从图中可看出激光点火装置的优点。它的结构与典型的 1A/1W 不发火电爆管的尺寸相同，只是用光纤代替了电引线连接，玻璃密封窗代替桥丝与插塞，可经受发火时产生的高压力。

激光点火比 1A/1W 不发火的电热丝点火更为有效。典型的烟火剂混合物(Zr/NH_4ClO_4 为 50/50)的激光感度(脉冲宽度 lms)为 $0.93J/cm^2$。而典型的 1A/1W 不发火电爆管的毫秒量级的发火感度为 $6.0 \sim 9.3J/cm^2$,桥丝电阻约 1Ω,直径 $\phi 50\mu m$、长度 2.54mm。插塞(氧化铝)是热的良导体,它与桥丝相接触,热传导很有效。因而电发火时,需要较高的能量通量速率。

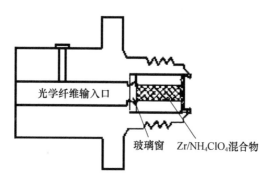

图 8-60 激光点燃烟火剂装置

5. 激光驱动药管

Hi-Shear 公司装备部设计研制出一种由激光束驱动的动力源火工品[34]。该产品是一种典型的激光驱动药管,如图 8-61 所示。主要由一个金属壳体、光纤束连接器、光窗、推进剂和盖片组成,壳中所含推进剂约占体积的一半。药腔后端封有金属盖片,前端由光学玻璃件密封,允许激光照射推进剂。由于没有电极、电极管座和桥丝,这种动力源火工品可避免静电、射频场的干扰,且不必用电能。

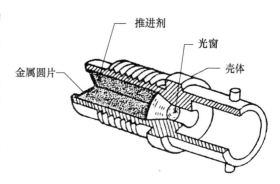

图 8-61 激光驱动的动力源火工品

用于起爆的激光束通过光纤束传输,光纤由一束约 250 根玻璃纤维丝组成,每根直径为 2.5mil(1mil=0.0254mm),装在一个柔性钢加强套管内。光纤束的端头涂有环氧树脂,置于直径为 0.125in 的钢管内,且磨平和抛光端头,以得到最好的光传输特性。用标准的卡口连接器把光纤束装配在激光器头部与药管之间。该系统的优点是它能接插光纤束,可提供多个输出,用于同时点燃几个药筒。激光发火药管是极可靠、安全的,它们常用于特殊要求,并且可以作为标准点火器、活塞作动器、压力药筒和气体发生器等。推荐用于引燃这种药管的激光器的波长为 $1.06\mu m$、脉宽为 $30 \sim 40\mu s$,输入电能量为 80J,输出激光能量为 $0 \sim 1.0J$。

6. $Zr/KClO_4$ 激光点火器

美国 PSEMC 在《九十年代火工品手册》中公布了零件号为 P/N X51-8397 的接插式 $Zr/KClO_4$ 激光点火器,如图 8-62 所示[2]。该激光点火器可作为 NASA 标准点火器(NSI)的替代装置,它可由固态激光器或激光二极管发火装置点火,而且采用了符合 MIL-C-83522 SMA 标准的光纤接口。

主要材料与技术指标如下。

① 壳体:304 不锈钢。

② 密封性:在 7.8psi 最小压力下,氦质谱漏率 $1 \times 10^{-6} cm^3/s$。

③ 烟火材料:$Zr/KClO_4$ 药量 115mg。

④ 光性能:全发火功率 320mW、脉冲宽度 10ms、$\phi 100 \mu m$ 的光纤。

⑤ 发火特性:作用时间小于 3ms(从激光脉冲前沿至第一压力峰)。

⑥ 输出性能:该装置在 $10cm^3$ 的压力弹中,产生 (650 ± 50)psi 的峰值压力;它有 150cal (1cal = 4.184J) 的热输出。

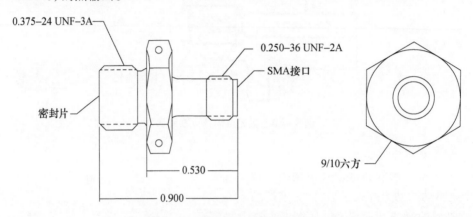

图 8-62 P/N X51-8397 激光点火器

(注:单位 in)

7. 激光激励的点火器

美国 Talley/Univ Propulsion 公司在《九十年代火工品手册》中公布了一种激光点火器,如图 8-63 所示[2]。激光激励的点火器能够提供类似电点火器的输出,所以能直接取代现有的常规点火元件(NSI-1)。

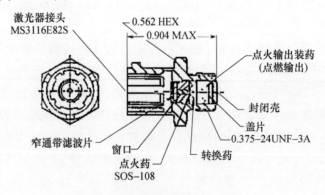

图 8-63 激光激励的点火器

(注:单位 in)

8.2.2 透镜式激光点火器

1. 炮弹用激光点火管

美国军械研究实验室的 Richard A. Beyer 等,在 ARL-TR-1864 中报道了两种用于

M230 小口径火炮的激光点火管,其结构设计分别如图 8-64 和图 8-65 所示[35]。图 8-64 所示的激光点火管主要由输入光纤、球形透镜窗口、TPP 点火药和 IB52 药剂构成。图 8-65 所示的激光点火管由壳体、窗口、球透镜、点火材料、IB52 药剂或 5 号黑火药、点火管、盖片及涂漆构成。激光点火管的发火能量水平为 0.2~0.5J,作用时间约 4ms。

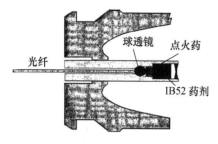

图 8-64 光纤输入式激光点火管

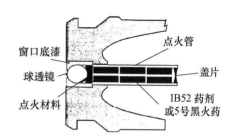

图 8-65 光束照射式激光点火管

2. 自聚焦激光点火器

法国 CNES 下属的 ISL 对自聚焦激光火工品研究起步较早,ISL 对自聚焦激光火工品技术进行了研究,研制出一种符合 NASA 标准的自聚焦激光点火器,如图 8-66 所示[28]。

这种自聚焦激光火工品,已经在 DEMETER 微型卫星上得到使用,并且在 2002—2006 年的美国专利中,先后披露了 ISL 申请的 3 种激光火工品专利,其中专利 USP 6539868 是以一种自聚焦激光点火器作为推广技术进行介绍的。

上述光学烟火点火器具有光学接口,其主要元件是 GRIN(梯度折射)自聚焦透镜,或者是微型透镜,其光学接口方便又经济,在民用方面用途也很广。这种光学接口有两种功能。

(1)它是一种强度很高的密封透明窗,对含能药粉的密封性很好。将 GRIN 棒在真空恒温箱中,用 Au-Sn 合金焊接到起爆器的不锈钢壳体上。用密闭爆发器在 10cm³、500MPa 的动态压力条件下,确定光学装置的机械强度和密封性。

(2)可聚焦 ϕ62.5μm 光纤的发散激光束。GRIN 棒在含能材料入口表面产生一个½P 的节距,将光纤输入图像放大 1 倍,因而输出端激光光点尺寸为 ϕ62.5μm。

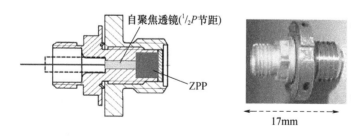

(a) 自聚焦激光点火器结构示意图   (b) 自聚焦激光点火器照片

图 8-66 自聚焦激光点火器

将 70μm 厚的涂覆了双色包覆层的 Kapton 片插入光学烟火装置中,然后用 20μW、波长 1300nm 的二极管激光作检测光,用反射度量法检测从激光源到含能材料完整光路的光学连续性,并可避免化学分解给含能材料造成的危害。ISL 设计的光学烟火点火器,可以与 NASA 的标准电点火器互换。外部机械接口相同,装 124mg 法国 Societe E. L. acroix 生产的细化 ZPP 混合点火药,在 10cm³ 密闭爆发器中可输出 (4.48±0.9)MPa 的压力脉冲。用 DSC

检测的 ZPP 药剂的分解温度接近于 400℃。光学烟火点火器成功地通过了标准 DES(25kV) 试验和烤爆试验。可以用小批量生产的光学烟火点火器,检验其在卫星工作温度范围 (-160~150℃)工作的能力。用激光二极管使点火器发火的中等光强度为 80mW;用 Bruceton 方法(30 次试验)得出的全发火激光功率值为 250mW,置信度 95% 时的可靠性达到 99.99%。

8.2.3 光纤耦合式激光点火器

1. 输入光纤式激光点火器

1)光纤埋入式点火管

光纤埋入式点火管的结构如图 8 - 67 所示[36],烟火材料压装在一个金属壳体中,且直径为 $\phi 100\mu m$ 的输入光纤通过铜或环氧树脂密封件,密封在金属壳体的一端上。铜密封件可以由密封区的铜粉组成,铜粉经过压缩而结块形成密封件;或者铜密封件也可以由位于密封区光纤上的铜套筒组成,铜套筒经过压缩而形成密封件。激光二极管脉冲的波长约为 860nm。光纤埋入烟火剂中 0.03~0.60in,烟火剂是 B/KNO_3 粉,它是 100% 通过 $25\mu m$ 筛网的筛下物。并且烟火剂中含有 2% 质量比的碳黑,可以加强对激光能量的吸收。将 B/KNO_3 药剂在 2000~3000psi 的压力下保压 1~10s,压装在埋入光纤的周围。装药腔是由一个非导电的绝缘片和一个不锈钢垫片密封的。不锈钢垫片是焊上去的,对组件进行泄漏检测以确保它的密封性。激光脉冲在小区域产生足够的热量,使点火约在 4ms 内发生。

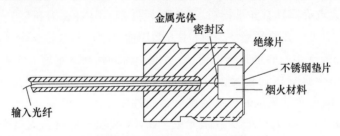

图 8 - 67 光纤埋入式点火器

研究发现,用埋入的光纤能够消除工作温度对点火延期的影响。即使药剂在极冷条件下很难点燃,电子仪器也能更加有效地提供更大的激光能量。同样,在极热条件下,药剂易点燃而电子仪器却不太有效。变量似乎能通过巧妙的温度变化范围,系统地平衡出或平衡掉点火延期时间的巨大差别。

将光纤直接埋入输出装药中的另一个优点,在于它符合 MIL - STD - 1901 规定,消除了对气体容器/机械转换系统的需要。利用非导电的光纤也消除了由 EMI 或 ESD 引起的任何意外发火的可能性。

该激光点火管可以应用在舰载武器的发射、工业爆破或者用在固体火箭发动机的点火等方面。

2)直插式激光点火管

第 18 届国际烟火学会议录中论文介绍了一种直插式激光二极管点火管,如图 8 - 68 所示[3]。该激光点火管主要由壳体、光纤、插塞、$TiH_{1.65}/KCO_4$ 点火药与盖片构成。

研制激光点火管的目的是取代桥丝式电点火管,用于点燃火药驱动器。其内装药为 $TiH_x/KClO_4$。所用半导体激光二极管的输出激光功率为 1W,通过光纤作用在装药面上的有效发火功率为 700~800mW,输入 10ms、7mJ 的激光脉冲能量使其激发。

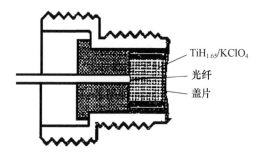

图 8-68 直插式激光点火管

3) 激光点火阈值试验用点火器

EG&G 芒德应用研究所设计出了一种典型的试验用激光点火器,如图 8-69 所示[7]。该装置主要由光纤连接器、光导管、壳体、烟火药和输出端盖片构成。

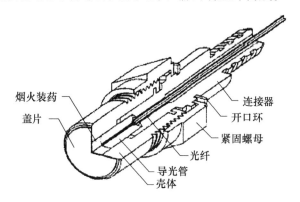

图 8-69 试验用激光点火器

把光纤嵌入到线箍或光纤连接器中,光纤的芯径一般在 $\phi 100\mu m$ 数量级上,抛光光纤端部以降低光损失。将烟火药装入壳体中,然后将光纤连接器与壳体装配连接,使光纤的端部与药粉紧密接触。然后将盖片焊接在装药壳体的输出端部,形成封闭整体。当烟火药剂吸收光纤传入的激光能量时就被加热了,加热使烟火药剂达到它的点火温度时,就实现了自持点火。用 0.25W 的激光二极管,以 800~850nm 的波长工作,对影响 $Ti/KClO_4$、TiH_x/KCO_4 ($x=0.65$、1.65) 点火的因素进行了研究。试验中使用的光纤直径为 $\phi 100\mu m$,脉冲持续时间为 10ms。图 8-69 所示为试验激光点火器的设计结构,对于密度 $\rho = 2.0 g/cm^3$ 的所有 3 种药剂,临界值点火能量在 2.8~3.1mJ 之间;与早期的研究结果不同,这 3 种药剂之间没有统计上的差异。

4) 输入光缆式激光点火器

陕西应用物理化学研究所的技术人员在早期激光点火新技术研究的基础上,采用输入光纤直接与点火药耦合方法设计研制出了 LIS,产品外形如图 8-70 所示。

该激光点火器主要由 $\phi 100/140\mu m$、NA0.26、渐变折射输入光缆、自制接头、不锈钢壳体、压装 Zr/Pb_3O_4、$Ti/KClO_4$、$Zr/kClO_4$、BPN-S 或 DBK-1 型 B/KNO_3 点火药、盖片等构成。

图 8-70 所示激光点火器用 $\phi 100\mu m$、NA0.26 渐变折射光纤输入激光能量,光纤输出端截面积小,中心光强度高;低热导界面耦合,减小了热损失;不锈钢壳体约束,有利于药剂燃烧。故测定出 B/KNO_3 的激光最小发火能量较低,更接近实际使用状态。

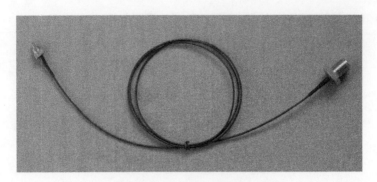

图 8-70 输入光缆式激光点火器

用活性值高、粒度较小的 B 粉、KNO_3 与黏合剂等原材料制成的 BPN-S 三元混合点火药,比表面积较大、单个质点接受能量绝对值增加,有利于实现点火。故激光发火感度较高,燃烧状态稳定、输出压力曲线特性好。

虽然 BPN-S 点火药的钕固体激光与半导体激光的最小发火能量基本相同,但由于固体激光脉冲宽度为 2.4ms,而半导激光脉冲宽度为 10ms,固体激光输出功率比半导体激光高 5 倍,所以钕固体激光点火作用时间比半导体激光短。从试验结果也可以看出,激光发火功率增大时,BPN-S 药的点火作用时间有变短趋势。

在图 8-70 所示激光点火器中测定出 B/KNO_3 类药剂的激光最小发火能量较低,更接近实际使用状态;B/KNO_3 药剂适合作为激光点火器装药;用 BPN-S 药剂制成的激光点火器,可以进行推广应用。

5) 光纤塞式激光点火管

庆华电器厂设计的光纤塞式激光点火管试验原理样机结构如图 8-71 所示[32],主要由壳体、光纤塞、隔热膜、点火药组成。埋入式结构受限于光纤的体积,进行装药操作时不方便。若进行分束多路起爆,操作将更为复杂。

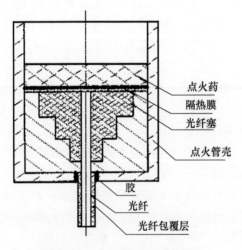

图 8-71 光纤塞式激光点火管

6) 炮用光纤耦合式激光点火器

从 20 世纪 80 年代中期开始,由于炮弹要求较高的点火速度和工作压力,从而带来了点火筒的完整性、密封性和维护问题,以及装药筒的快速性、可靠性等问题。为此,许多炮弹设计者开始对点燃推进剂的各种新方法进行了系统考察。美国 GEO - Center 公司及军械工程发展中心,也对坦克炮的激光点火进行了探索性研究,其设计的 4 种点火器结构如图 8 - 72 ~ 图 8 - 75 所示[38]。

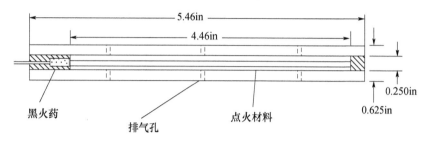

图 8 - 72　点火器结构 1

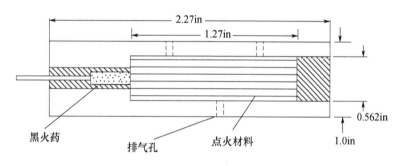

图 8 - 73　点火器结构 2

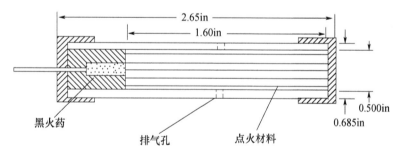

图 8 - 74　点火器结构 3

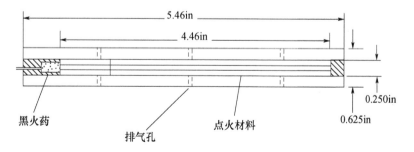

图 8 - 75　点火器结构 4

点火器中共有两种点火药,第一种为7号黑药,第二种为奔奈或Oxite药。可靠点燃第二种点火药的最佳黑火药量为0.06g。奔奈药主要用于点燃M30一类的推进剂;Oxite主要用于点燃新型的LOVA(低易损性)推进剂。对黑火药作为点火药时的能量阈值、脉宽及延时误差等进行研究后,得出以下几点结论:①长脉宽时,阈值较低;②脉宽增长时,点火延时也增长;③点火能量增大时,点火延时及误差减小。当要求作用时间较短时,在考虑利用长脉宽降低阈值的同时,应注意长脉宽对点火时间延迟的负作用。因此,对固定点火器而言,所用激光能量及脉宽应有一种最佳选择。

7)纳米 Al/MoO_3 激光点火管

激光点火管的点火能量是通过光缆传输的激光能量,因而不会受电磁场、无线电频率、电磁脉冲、静电放电的影响,具有抗干扰能力,且制作工艺简单,它避免了电点火头的人工焊接桥丝工艺,降低了人为因素对点火性能的影响。纳米含能材料 Al/MoO_3 激光点火管的结构如图8-76所示[37]。

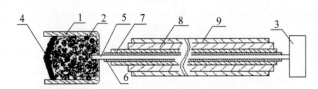

图8-76 纳米 Al/MoO_3 激光点火管的结构示意图

1—纳米含能材料 Al/MoO_3;2—U形壳;3—光纤连接器;4—防潮漆;
5—光纤;6—涂覆层;7—内护套管;8—芳纶加强保护层;9—外护套管。

光纤一端穿入U形管壳中,另一端与光纤连接器相连。将纳米含能材料 Al/MoO_3 与黏合剂混合而成的浆状药剂,涂敷到U形管壳中,U形壳管输出端的口部涂覆一层防潮漆。

采用YAG激光器发射的激光,通过光缆和标准连接器与激光点火头连接后,直接发火。对激光点火头进行了激光发火感度试验,测试结果如表8-3所列。从试验结果可看出,纳米含能材料 Al/MoO_3 的YAG激光发火感度的50%值为5.1mJ、标准偏差为0.24 mJ。

表8-3 纳米 Al/MoO_3 激光点火管的发火感度

样品	试验数/发	U_{50}/mJ	标准偏差/mJ
激光点火管	20	5.1	0.24

2. 光纤元件耦合式激光点火器

1)接插式激光点火器

陕西应用物理化学研究所的技术人员,在激光火工品技术研究的基础上,采用通信光纤缆FC/PC标准连接器、具有聚焦功能的光学组件、不锈钢壳体、B/KNO_3、$Ti/KClO_4$、Zr/Pb_3O_4、$Zr/kClO_4$等激光敏感点火药,设计研制出了接插式LIS,如图8-77所示。

2)通用激光点火器

陕西应用物理化学研究所采用标准FC/PC光缆连接技术、不锈钢壳体、密封垫圈以及 $M18×1.5$ 标准输出接口形式,设计研制出通用型 B/KNO_3 激光点火器样品,如图8-78所示。用4W QCW半导体激光器,对两发 B/KNO_3 通用激光点火器进行了激光发火试验,取得的试验数据如表 8 – 4 所列。从试验数据可看出，B/KNO$_3$ 在 5mJ 发火能量条件下，其点火作用时间不大于 5ms。

图 8 – 77　接插式 LIS

图 8 – 78　通用激光点火器样品

表 8 – 4　通用激光点火器发火结果

产品编号	激光发火能量/mJ	试验结果	作用时间/ms
2007 – 1 33 号	5.06	发火	4.23
2007 – 1 34 号	4.94	发火	4.35

3）激光隔板点火器

应用物理化学国家级重点实验室，通过对光纤与点火器的连接设计、隔板厚度的选择、装药品种的选用以及耐压结构和密封性的设计，完成了激光隔板点火器的设计与试制，其外形如图 8 – 79 所示。

主要性能参数如下。

① 接口尺寸：M18 × 1.5、长 11.2mm。

② 半导体激光发火能量：3.5mJ。

③ 作用时间：不大于 10ms。

④ 输出峰值压力：7 ~ 17MPa。

4）精密动力源用激光发火管

在精密动力源分离装置中，要求动力药管能够瞬时将压力升到规定值，以便切断燃烧后的固体火箭发动机壳体上的分离螺栓。要满足这些要求,最重要的是激光能量传递装置和发火药剂的选择。实际应用中,最理想的还是采用既小又轻的 LFU。精密动力源用 LIS 的结构设计如图 8-80 所示[39]。

图 8-79 激光隔板点火器外形

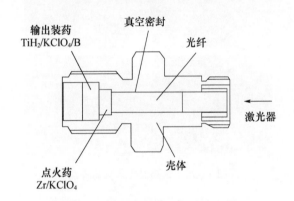

图 8-80 动力源用激光发火管(LIS)结构

动力源用激光发火管以 $Zr/KClO_4$ 作发火药、$TiH_2/KClO_4/B$ 作输出装药,当输入光纤的芯径为 $\phi 100\mu m$ 时,临界输入功率为 0.3W,100% 点火输入功率为 0.7W。在点火输入功率为 0.7W 时,在体积为 $7cm^3$ 密封容器中检测了压力增长的输出曲线,如图 8-81 所示,其输出特性与相关电发火动力源器件相同,可以替代使用。

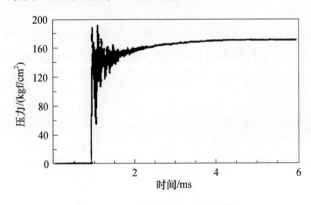

图 8-81 LIS 的压力输出曲线

8.2.4 激光雷管起爆的隔板点火器

由 Unidynamics 公司研制的用激光雷管起爆的 TBI 结构设计,如图 8-82 所示[7]。TBI 内在横跨隔板方向装有 PETN 施主装药和受主装药,以及 650mg 的 Ti/CuO 爆燃输出烟火药。爆炸序列能否由施主装药经隔板传递给受主装药,主要依赖于 PETN 的爆轰能力。起爆施主装药 PETN,需要有一个爆轰输入,这种爆轰输入可以由一个 LID 提供。

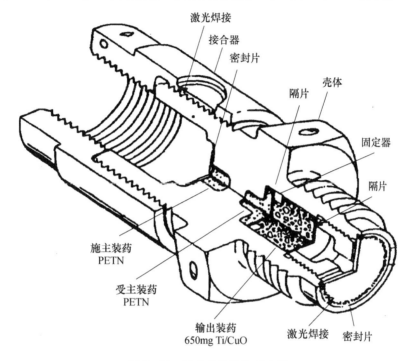

图 8-82 TBI 结构设计示意图

8.3 动力源激光火工品

动力源激光火工品主要有推销器、拔销器、切割器、阀门、开关、爆炸螺栓、微型推冲器、MEMS 作动器及激光点火的子弹等。用于远程导弹、运载火箭、空间飞行器与卫星的发射点火、分离、排载、发动机燃料控制、光路控制、引信滑块与转子的锁定保险与解除保险、驱动开关与窗口开启以及子弹发射等。

8.3.1 激光推销器

1. 激光点火的活塞作动器

美国 PSEMC 设计、生产了件号为 P/N X51-8284 的激光点火的活塞作动器[2],如图 8-83 所示。

这种小型活塞作动器主要用于能源部的保险与解除保险装置,其输出功能是移动一个隔板而打开传火序列的通道。这种高可靠性的激光活塞作动器能够防 ESD、EMI 和射频干

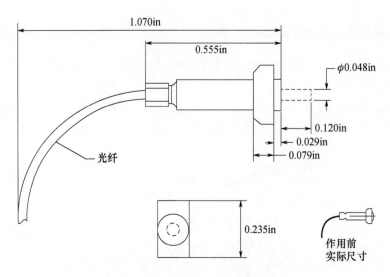

图 8-83　激光点火的活塞作动器

扰,作用期间不漏气。这种小型装置配有 $\phi100\mu m$ 光纤与标准型连接器,以适配各种接头。美国能源部继续在常规与激光军械装置领域探索新技术。

主要性能参数如下。

① 壳体材料:C250。

② 爆炸材料:点火/输出装药约 8mg。

③ 性能:冲程 3.05mm、作用时间不大于 2ms。

④ 光学元件:渐变光纤 $\phi100/140\mu m$、NA0.37,SMA 或 ST 标准接头。

⑤ 发火特性:全发火功率 320mW、可靠性 0.999。

2. 激光驱动推销器

应用物理化学国家级重点实验室的技术人员,在电发火活塞作动器技术研究成果的基础上,采用激光点火新技术设计研制出激光点火驱动的推销器,产品外形如图 8-84 所示[39]。

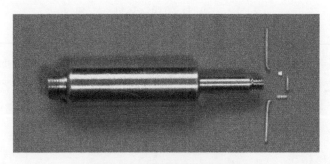

图 8-84　激光驱动的推销器

该激光推销器主要由壳体、FC/PC 光缆接口、光学耦合元件、点火药、烟火药、活塞等零部件构成。当通过光缆输入发火激光脉冲时,光学耦合元件将输入的激光能量聚焦在点火药上,引燃点火药与烟火药,药剂燃烧产生的高温高压气体推动活塞向前运动做功。激光推销器主要用于保险销切断、推动滑块或转子解除保险、驱动开关等。

主要技术指标如下。
① 尺寸:$\phi 12mm \times 48mm$。
② 半导体激光发火能量:3.5mJ。
③ 活塞行程:不小于10mm。
④ 峰值推力:3kN。
⑤ 推力峰值时间:不大于5ms。

8.3.2 激光拔销器

应用物理化学国家级重点实验室的技术人员,在电发火回缩式精密活塞作动器技术研究成果的基础上,采用激光点火新技术设计研制出激光拔销器,产品外形如图8-85所示[39]。该激光拔销器主要由壳体、FC/PC光缆接口、光学耦合元件、点火药、烟火药、反向运动活塞等零部件构成。当通过光缆输入发火激光脉冲时,光学耦合元件将输入的激光能量聚焦在点火药上,引燃点火药与烟火药,药剂燃烧产生的高温高压气体推动活塞做反向运动,使拔销器外露的销杆缩回。该激光拔销器主要用于引信滑块、转子的锁定保险与解除保险,以及释放装置的解锁等。

图8-85 激光点火驱动拔销器

主要技术指标如下。
① 尺寸:$\phi 10mm \times 30.5mm$。
② 半导体激光发火能量:6mJ。
③ 活塞回缩行程:不小于2mm。
④ 拉力峰值时间:不大于10ms。

8.3.3 光机定序器

美国Scot公司在飞机成员逃生系统的LIOS中,采用了一种光机定序器,如图8-86所示[8]。在允许第二个激光脉冲通过"门"之前,该装置需要第一个激光脉冲点火。这里的"门"是指直线相对的两个光纤插座口,插座中有GRIN透镜组,使激光束通过活塞空气隙对准的损失最小。它是一个用于定序光路中的逻辑器件,在常闭状态时是用活塞体截断来自光纤插座口通道的光束。当第一个激光脉冲进入顶端接头触发点火器,点火器发火后将安全销切断,挤压活塞下面的空间,活塞运动到其横向空间与两插座口之间的通道成一条直线的位置后,则允许第二个激光脉冲通过这个"门",起到光路逻辑控制作用。该装置的尺寸及重量,比通常用于F-16A战机逃生系统的光机定序器要小一个量级。该激光点火驱动的光机定序器主要用于激光火工品子系统的光路逻辑控制。

图 8-86 激光驱动的烟火型光机定序器

8.3.4 光纤缆切断装置

由 Unidynamics 公司设计研制的光纤缆切断装置(SD)如图 8-87 所示[7]。该装置包括与两个冗余军械传递组件(OTA)或 LIS 相连的接口、一个活塞切割器、一个钢砧和后盖。由接口输入的高能爆燃气体可以轻易地切断激光能量传输光缆系统(ETS)。由于 SD 被安装在导弹内部,大量的研究工作便集中在确保 SD 作用后、保持装置结构完好无损方面。因为在导弹内部不允许有爆炸碎片及火焰泄漏。

Unidynamics 公司按照飞行试验结构要求,制造了 64 件光纤缆切断装置。成功地对其中 30 件进行了多芯光缆切割试验,提供了 12 件进行激光点火系统飞行验证测试(OFS FPTs)和导弹飞行试验。

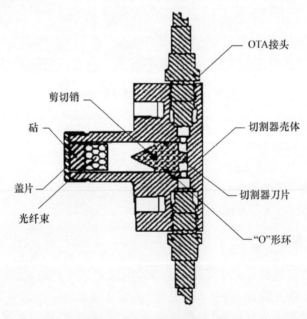

图 8-87 光纤缆切断装置

8.3.5 激光点火驱动阀门

激光点火驱动阀门是将激光点火技术与爆炸阀门技术相结合的一种高新火工品技术。陕西应用物理化学研究所的技术人员,在电发火活塞式阀门技术研究成果的基础上,采用激光点火新技术设计研制出激光点火驱动的常闭与常开阀门,产品外形分别如图 8-88、图 8-89 所示[40]。阀门由壳体、激光发火管、活塞、密封圈、切割器、油管接头等零部件组成。作用原理:采用激光器作为点火能源,利用光缆传输激光能量,通过光学换能元件耦合到激光敏感药剂上,使其作用产生高温、高压气体,推动活塞向前运动切掉阀门出、入口端盖,使流体导通;或利用活塞的运动使阀门通道封闭,切断流体。该类激光驱动的常开与常闭阀门主要用于火箭发动机燃油、润滑油的通断控制。激光发火能量不大于 5mJ,作用时间不大于 3ms。经激光发火试验证明,两种阀门均能正常作用,符合所设计的输出功能要求。

图 8-88 激光点火驱动的常闭阀门

图 8-89 激光点火驱动的常开阀门

8.3.6 激光点火推冲器

美国新墨西哥大学承担了 LPT 激光等离子体推冲器项目研究,目的是制造低轨道用的 5kg 发动机。此系统使用商用激光二极管,在足够的亮度下可进行连续循环工作。激光二极管发出的激光通过热交换(如 PUC 或聚酰亚胺之类聚合物的烧蚀)从材料表面提取出原子,然后通过蒸发和等离子的形成产生火花。微型等离子的喷射,能够产生推力。用 1W 的半导体激光器试验了两种结构,即反射和透射。推力功率比为 50~100N/MW,比冲量为 200~500N/(kg/s)。

8.3.7 激光驱动爆炸螺栓

应用物理化学国家级重点实验室采用光缆标准输入接口、激光换能元件、激光敏感发火药剂、隔板点火、输出装药、活塞做功和具有薄弱结构部位的螺栓壳体等新技术,集成设计出两种激光爆炸螺栓[41]。考虑到施主装药爆炸时产生的反向冲击,会对激光隔板点火器的输入端结构造成破坏,在隔板点火器的施主装药端优化设计了小孔挡板。按照激光驱动爆炸螺栓设计方案,试制成功了 A 型与 B 型两种激光驱动爆炸螺栓产品,如图 8-90 和图 8-91 所示。

图 8-90　A 型激光驱动爆炸螺栓

A 型激光爆炸螺栓的主要性能参数如下。
① 激光发火能量:不大于 5mJ。
② 分离时间:不大于 500μs。
③ 载荷:不小于 5000kg。
④ 平均分离冲量:不大于 2N·s。
⑤ 3 发同步性:不大于 50μs。

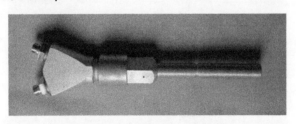

图 8-91　B 型激光驱动爆炸螺栓

B 型激光爆炸螺栓的主要性能参数如下。
① 激光发火能量:不大于 5mJ。
② 分离时间:不大于 500μs。
③ 两发同步性:不大于 50μs。
④ 载荷:不小于 2800kg。

8.3.8　激光驱动烟火光开关

激光驱动烟火光开关是将激光点火技术与精密机械做功机构集成创新而成的较为典型的动力源火工品,激光驱动烟火光开关由标准输入接口、激光换能元、装药、活塞运动机构、光学耦合机构等组成。该类型火工品采用小型化半导体激光器作为能源,用光纤传输激光能量。激光驱动烟火光开关利用激光的热效应,直接加热激光敏感药剂,使其发生热分解,形成"热点"而发火,点燃输出装药。输出装药燃烧时所产生的高温、高压气体,推动活塞向前或向后运动实现光路导通或隔断控制功能。应用物理化学国家级重点实验室研制的激光驱动烟火光开关[42]如图 8-92 所示,其具有耦合效率高(不小于85%)、作用时间短、导通波形振荡小、抗电磁干扰能力强等特点。

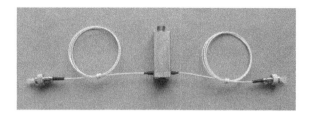

图 8-92　激光驱动烟火光开关

图 8-93 所示为常开式激光驱动烟火光开关试验波形图,其中曲线 1 为激光同步信号,计时起点为曲线 1 的上升沿,曲线 2 为激光驱动烟火光开关的光路由常开变常闭的输出信号。从图中可以看出,烟火光开关在关闭过程中无振荡,光开关的全关闭所需要的时间小于3ms。

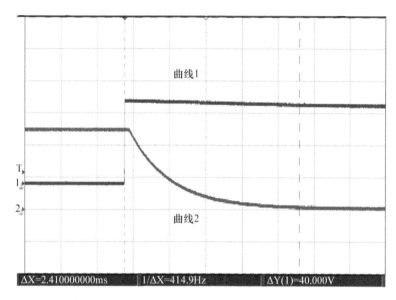

图 8-93　常开式激光驱动烟火光开关发火试验波形

8.3.9　激光点火子弹

1. 轴向点火子弹

美国专利 USP 5301448 公布了 John T. Petrick 等发明的一种轴向激光点火子弹,如图 8-94所示[43]。图 8-94(a)显示的是轴向激光点火子弹结构,主要由子弹壳、激光底火、发射药、子弹头构成。图 8-94(b)显示的是子弹的激光底火局部放大图。发射子弹时,激光脉冲通过窗口点燃火帽中的 $Zr/KClO_4$ 或 $Ti/KClO_4$ 点火药。点火药燃烧后产生的火焰再点燃发射药,将子弹头射出。

2. 侧向点火子弹

USP 5272828 中公布了 John T. Petrick 等发明的另一种侧向激光点火子弹,如图 8-95所示[44]。激光侧向点火的子弹主要由子弹头、弹壳、点火药、发射药构成。发射子弹时,激光脉冲通过弹壳中部的窗口先点燃混合点火药,依次点燃引燃药筒中的发射药,将子弹头射出。

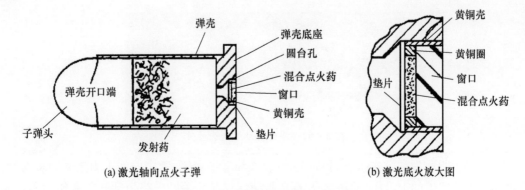

(a) 激光轴向点火子弹   (b) 激光底火放大图

图 8-94 激光轴向点火子弹结构

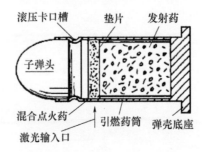

图 8-95 激光侧向点火子弹结构

参 考 文 献

[1] YANG L C. 激光引爆的微型雷管的特征性能[C]. 熊世渊,译. 维普资讯,http://www.cqvip.com.

[2] 许碧英,王凯民,彭和平,编译. 激光激励的爆炸起爆器(LEED)[G]. 九十年代国外军民用火工烟火产品汇编上册. 西安:陕西应用物理化学研究所,1996:135-145.

[3] 贺树兴. 国外微电子火工品技术发展现状和趋势研究报告[R]. 西安:陕西应用物理化学研究所. 1993:22-92.

[4] DE3838896A1. 激光点火起爆装置[J]. 单光有,译. 火工情报,1994(1):49-50.

[5] UGRJUMOV I A. 激光起爆系统中纳米感光起爆药的研究[J]. 杨志强,译. 火工情报,2004(2):93-95.

[6] BLACHOWSKI T J,et al. 空勤人员逃逸系统用光学 BNCP/HNS 雷管的发展[J]. 徐荙,译. 火工情报,2002(1):18.

[7] CHENAULT C F,MCCRAE J E JR,BRYSON R R,et al. The Small ICBM Laser Ordnance Firing System[R]. AIAA 92-1328:1-9.

[8] LANDRY M J,et al. 飞机抛放系统使用的激光军械起爆系统[J]. 王凯民,译. 火工情报,1994(1):126-131.

[9] WILSON D E. 纳米含能材料的光子起爆系统[J]. 彭和平,译. 火工情报,2009(1):1-10.

[10] ANDERSON M E. 光起爆雷管[J]. 徐荙,译. 火工情报,2003(2):122-123.

[11] EP292383 光起爆装置和光起爆序列[J]. 孙丕强,译. 火工情报,1994(1):51-57.

[12] HAFENRICHTER E S,PAHL R J. 尺寸(激光点大小)和加热速率对激光二极管点火药微量点火判据

的影响[J]. 杨志强,译. 火工情报,2006(2):61-77.
- [13] WILLIAMS M S,et al. 激光起爆的军械系统(一)[J]. 许碧英,译. 火工情报,1996(2):108-120.
- [14] MOULARD H,RITTER A,JEAN-MARIE B,et al. 低能光学雷管[J]. 轩伟,译. 火工情报,2007(1):17-25.
- [15] 徐苠,鲁建存. 国外 BNCP 雷管设计研究[R]. 国外火工烟火技术发展情报研究报告文集. 西安:陕西应用物理化学研究所. 2005:32-42.
- [16] FOLSOM M F,CALLAGHAN J D. Dual Fiber Laser Initiator and Optical Telescope US5914458 [P/OL], 1999-06-22.
- [17] US5179247. 改型插入式激光雷管[J]. 贺树兴,译. 火工动态,1994(2):24-25.
- [18] TASANKI Y,KUROKAWA K. 激光束起爆雷管[J]. 叶欣,译. 火工情报,1996(3):116-124.
- [19] 黑川孝一,田崎阳治. 激光起爆雷管研究[J]. 杜力,译. 火工情报,1998(1):14-22.
- [20] 中野雅司,池上孝,等. 延期激光起爆雷管[J]. 杜力,译. 火工情报,2001(2):64-69.
- [21] EWICK D W. 用低能激光二极管起爆 HMX[J]. 王凯民,译. 火工情报,1994(1):113-119.
- [22] IKAI T,YAMADA S,TSUNEYAMA T,et al. 激光起爆火工品的点火特性和输出特性[J]. 徐苠,译. 火工情报,2002(1):28-34.
- [23] MUNGER A C,et al. 试验-发火用激光雷管的研制[J]. 徐苠,译. 火工情报,2005(2):55-59.
- [24] CLARKE S A,AKINCI A A,LEICHTY G,et al. Investigations of Initiation Spot Size Effects[R]. LA-UR-10-1482,Los Alamos National Laboratory,2010:836.
- [25] MUNGER A,AKINCI A,THOMAS K,et al. Methods for Providing the Equivalency of Detonator Performance. Los Alamos National Laboratory[R],LA-UR-09-4428,Seminar,2009.
- [26] FR-2692346. 低能烟火发生器用光学雷管[J]. 孙丕强,译. 火工情报,1998(2):41-43.
- [27] FR-2669724-A1. 激光飞片雷管[J]. 孙丕强,译. 火工动态,1995(1):20-21.
- [28] MOULARD H,RITTER A,DILHAN D. 太空用激光二极管起爆器设计与性能[J]. 徐苠,译. 火工情报,2005(2):31-37.
- [29] BOWDEN M D,DRAKE R C. The Initiation of High Surface Area Pentaerythritol Tetranitrate Using Fiber-Coupled Laser-Driven Flyer Plates [C]. Proc. of SPIE,2007,6662:66620D.
- [30] US4660472. 有保险-解除保险装置的光学起爆器[J]. 王文玷,译. 火工动态,1993(4):20-21.
- [31] WEINLEIN J,SANCHEZ D,SALAS J. Electrostatic Discharge(ESD) Protection for a Laser Diode Ignited Act-uator[R]. SANDIA REPORT,SAND2003-2100:6-15.
- [32] 郭小斌,沈甫林. 一种基于激光驱动的多点起爆技术探讨[C]. 中国兵工学会火工烟火专业第十六届学术年会论文集. 北京:中国兵工学会,2011:101-105.
- [33] YANG L C,MENICHELLI V J,EARNEST J E. 激光起爆的爆炸装置[G]. 激光引爆(光起爆之二). 西安近代化学研究所,译. 北京:北京工业学院,1978:55.
- [34] BRAUER K O. 火工烟火装置和技术手册[J]. 常红娟,译. 火工烟火装置研制设计和应用,1999:43.
- [35] BEYER R A,HIRLINGER J M. 中型炮弹的激光点火:点火器对作用时间影响研究[J]. 徐苠,译. 火工情报,2000(3):27-38.
- [36] GB 230 288A 固态激光解除保险/发火装置[J]. 常红娟,译. 火工情报,1999(3):11-17.
- [37] 薛艳,任小明,解瑞珍,等. 纳米 Al-MoO_3 发火性能研[J]. 含能材料,2010,18(6):674-676.
- [38] 王凯民,符绿化. 激光控制点火技术研究[G]. 国外火工烟火技术-发展现状、趋势与对策. 西安:陕西应用物理化学研究所,1995:104-113.
- [39] 曹椿强. 激光动力源火工品技术[R]. 陕西应用物理化学研究所研究报告. 西安:陕西应用物理化学研究所,2009:1-30.
- [40] 漆莉莉,曹椿强. 激光驱动爆炸阀门技术[R]. 陕西应用物理化学研究所研究报告. 西安:陕西应用物理化学研究所,2012:1-26.
[41] 贺爱锋,鲁建存. 激光驱动爆炸螺栓技术[R]. 陕西应用物理化学研究所研究报告. 西安:陕西应用物理化学研究所,2009:1-16.
[42] 贺爱锋,曹椿强. 激光驱动烟火光开关[R]. 陕西应用物理化学研究所研究报告,2013:4-29.
[43] PETRICK J T, BRIDGEWATER B R, COSTELLO R L, et al. Firearm Safety System: US5301448 [P/OL], 1994-04-12.
[44] PETRICK J T, COSTELLO R L, WHILDIN E H. Combined Cartridge Magazine and Power Supply for a Firearm: US5272828 [P/OL], 1993-12-28.

第 9 章

激光火工品系统

激光火工品技术随着激光技术小型化、低成本化而日趋成熟,逐步进入实用阶段,为了能在武器系统中进一步得到应用,必然要结合系统要求,开展激光火工品系统技术研究,提高并完善激光火工品系统在时序控制、安全性、可靠性、环境适应性等方面的能力。20 世纪 90 年代,美国国防部、能源部和航天部均将激光火工品系统技术列入重点关键技术系列,极大地推进了激光火工品系统的应用进程。

激光火工品系统主要由激光器、光学安保装置、传输光缆、光集成器件和激光火工品终端按系统功能要求设计组合构成。美国能源部桑迪亚国家实验室最早使用固体激光器开展了激光点火/起爆技术研制工作。从 20 世纪 80 年代末到 90 年代,美国多家实验室逐步开展了对半导体激光火工系统可行性和安全性研究,目前激光火工品系统已在空空导弹、火箭、小型洲际弹道导弹、飞行终止系统等多型装备系统中得以应用。美国为了提高激光火工品系统安全性和可靠性,制定了多个激光点火系统设计规范和标准。1999 年,美国国防部颁布《空间飞行器用炸药系统和装置的规范》(MIL-HDBK-83578),明确指出激光火工品系统是传递激光能量输入给爆炸序列的首发元件,并提出应遵循的设计规范。2005 年,NASA 颁布《空间和发射飞行器中的爆炸系统标准》(AIAA S-113-2005),该标准给出激光点火系统的一般设计要求、裕度设计要求、系统设计要求、组件设计要求和校验的一般要求。

激光火工品系统根据功能分为激光起爆系统、激光点火系统和激光动力源系统,各种激光火工品系统在输入输出形式、作用时间等参数均不相同。在设计过程中,首先需要明确系统设计输入,根据需要选择不同种类的激光火工品系统,而后综合考虑系统环境、安全性、可靠性、检测覆盖性等指标要求,通过集成设计最终实现激光火工品系统。激光火工品系统技术涉及单项技术较多,本章重点讨论激光火工品系统点火、起爆等技术的设计与实现。激光火工品系统自诊断技术、安全性与可靠性设计及激光火工品系统试验与检测等技术的设计与实现将分别在第 10~12 章论述。

9.1 激光火工品系统设计

选择合适的固体激光器、半导体激光器或烟火泵激光器作为发火能源,用光缆与光纤无源分束器构成激光能量分配传输网络,以小型机电光开关或烟火光开关控制光路通断,配备需用功能的激光起爆器、点火器、活塞作动器、阀门、开关或爆炸螺栓等,就可以设计出激光火工品系统[1]。

9.1.1 激光火工品系统的组成与性能设计

1. 激光火工品系统组成

激光火工品系统由激光器、光纤能量传输器件、激光火工品终端及保险与解除保险装置等部分组成。

1) 保险与解除保险装置

激光器启动电压低,存在一定的安全问题。为了激光器不意外起动,需要安全控制子系统,该保险解除需由两个独立的安全性参数进行控制。它能适应于多点控制和顺序选择发火,并具有小型化、抗严酷环境等特点。系统中光纤只能以特定的 NA 将激光器输出的光能耦合进光缆传输。引爆装置的输入光纤及接头都要具有低损耗和抗严酷环境的特点。

2) 激光器

激光火工品系统所用的激光器以固体激光器和半导体激光器为主。

(1) 固体激光器主要是 YAG 激光器、蓝宝石激光器及用高温锆泵浦的磷酸盐玻璃激光器。激光谐振腔也由原来的平面反射镜 – 平面反射镜谐振腔,发展为角锥棱镜 – 平面反射镜谐振腔和波罗棱镜 – 波罗棱镜谐振腔。这些激光器都能产生较高的功率或能量密度的激光脉冲,以较大的点火能量点燃几个分系统。但这些激光器的能量转换效率还很低,只有 1% ~ 3% 的输入电能可变成有效输出光能,而且尺寸和重量太大、成本较高。

(2) 半导体激光器中的多异质结的条形阵列高功率激光二极管,最有希望成为新一代起爆、点火用激光器。由于激光二极管固态结构均匀、稳定,体积和重量均实现了小型化,因此它适用于各种温度、冲击和振动环境。

有关激光器原理及其选用可参考第 3 章相关内容。

3) 光纤能量传输器件

点燃烟火药的激光器必须具有较高的功率,而产生高功率(或高能量密度)脉冲的激光器,将激光脉冲聚焦耦合进光纤中,光纤间的连接以及激光在光纤中的高效传输等设计,可参考第 5 章相关内容。

4) 激光火工品终端

激光火工品系统终端产品的设计研制工作主要集中在 3 个方面:①确定含能材料对激光能量的敏感性及安全性;②元件制造中使用的密封封接工艺;③激光火工品的设计、制造和测试。激光火工品从种类上可分为激光起爆器、激光点火器、隔板点火器、作动器、分离螺栓、阀门、开关等。可参考第 6 ~ 8 章相关内容。

2. 激光火工品系统的性能设计

以激光点火系统为例,说明激光火工品系统的性能设计相关问题[2,3]。

1) 激光点火系统组成及性能

(1) 激光点火系统的组成。一个完整的激光点火系统由保险与解除保险装置、激光源、光耦合器、光缆、连接器、带输入光纤的点火装置等部分组成,其设计如图 9 – 1 所示。

由于激光器用低压电源起动,所以其本身就存在一个固有的安全性问题。为确保不发生激光器的意外起动,需要一种单独的电子控制与安全子系统。它适应于多点控制和顺序选择,具有小型化、抗严酷环境等特点,该保险系统的保险解除,需由两个独立的安全性参数进行控制。以 NA 接收输出光能的耦合光缆、引爆装置的输入光纤及接头,都要具有低损耗和抗严酷环境的特点,而引爆装置中所装填的药剂必须是钝感的烟火剂或炸药。

图 9-1 激光点火系统框图

(2)激光点火系统性能要求。在各种应用中,对系统及各元件的性能要求不同。表 9-1 列举了美国国防部、能源部、先进空空导弹、SICBM 等对激光起爆、点火系统的性能要求。

表 9-1 对系统和元件的性能要求

应用方向	系统			光缆				接头	引爆装置	
	振动/g	冲击/g	温度/℉	峰值功率/(GW/cm²)	寿命/年	抗拉强度/psi	损耗/(dB/km)	界面损耗/dB	密封度/(cm³/s)	可靠度
国防部	10.0	225(1ms)	—	0.4	7~10	—	≤6	≤1	<1×10⁶	
能源部	27.0	3000(1ms)	—	0.1-10	30	750	≤6	≤1	<1×10⁶	使用的可靠性大于0.999;测试的可靠性要大于0.9999
先进空空导弹	19.0	42	-65~160	—		750	≤6	≤1	<1×10⁶	
SICBM	18.7	15	-45~110	—		750	≤6	≤1	<1×10⁶	

注:1psi = 0.006895MPa。

从表中可看出,不同的应用对系统及各元件的性能要求也不同。美国的空空导弹、SICBM 和国防部对激光点火系统及各元件的性能要求是:振动 10~27g;冲击 15~225g (1ms);应用温度为 -65~160℉;所用光纤的峰值功率为 0.1~10GW/cm²;寿命在 10 年以上;光缆抗拉强度为 52.5kg/cm²;传输损耗≤6dB/km;接头损耗≤1dB/个;引爆装置的密封度不大于 $1×10^6$ cm³/s;使用可靠度大于 0.999、测试可靠度大于 0.9999。

2)激光点火元件的设计研究

激光点火元件从种类上可分为点火器和精密动力源两种,其应用目的也不相同。虽然也考虑了制造激光点火装置的几种设计结构,但已证明使用光纤脚和透明窗口两种设计是最有前途的。由于点火器强度较低,所以通常采用光纤脚结构;而要求密封性与强度较高的激光点火器,通常采用窗口密封结构。

3)驱动电路设计

驱动电路有线性驱动电路和脉冲驱动电路之分。线性驱动电路主要用于基带模拟信号和宽带多路模拟信号,如载波调制信号传输;脉冲驱动电路主要用于模拟脉冲调制信号和数字、数据信号传输。

数字和脉冲驱动电路(以下简称脉冲驱动电路)有 LED 驱动电路与 LD 驱动电路之分。二者最大的差别是,LED 需要的脉冲驱动电流峰值比 LD 要大,前者通常要 50~150mA,而后者则为 10~40mA。当然适于 LED 的高速脉冲驱动电路必定适用于 LD,只需将驱动电流适当调小即可,但适于 LD 的驱动电路就不一定适用于 LED 了。对脉冲驱动电路的基本要求是能响应脉冲的低电平、高速率和提供光源所需的足够的脉冲电流。

9.1.2 基于激光能量传输的系统设计

针对不同的装备应用需求,激光火工品系统应在满足装备功能与集成性要求的基础上,以激光点火及光学传输过程的激光能量为基本出发点进行详细计算。设计激光火工品系统时要考虑以下几点。

(1)点燃烟火剂宜采用自由振荡的脉冲长度为 $0.2\sim2.0$ ms 的钕玻璃或 YAG 固体脉冲激光器,最适合的是用脉冲长度为 $5\sim10$ ms 的 QCW 半导体激光器。

(2)假设烟火剂的激光点火感度为 $0.93J/cm^2$,则可采用如 Zr/AP(50/50)的混合物。

(3)在所有光学内表面上,如聚焦透镜表面和光纤端面等采用抗反射涂覆层,可使光的能量反射损失降低到忽略不计。

(4)为了更好地传输波长为 $1.06\mu m$ 的固体激光或其他波长的半导体激光能量,石英玻璃光纤比塑料光纤为好。传输系数的定义为

$$\frac{I}{I_0} = e^{-\alpha x} \quad (9-1)$$

式中:α 为衰减系数;x 为光纤的长度,以米计。

单丝芯径为 $\phi 100\mu m$ 的石英玻璃光纤的传输系数典型值为 $0.87/m$。

(5)为了有较好的可靠性并易于加工,早期石英玻璃光纤的最小芯径为 $\phi 100\mu m$。

(6)石英玻璃光纤的重量约为 $22.4g/m$,包括柔性金属护套。

(7)系统的相关量是能量通量密度,单位为 J/cm^2。通常为了增加起爆效率和补偿进入光纤时较大的损耗系数,激光束必须经过聚焦后再输入到光纤中。为了固定住激光束的发散,采用焦距较短的透镜和能量通量密度较高的聚焦点。然而实际上,焦距为 $12.7\sim25.4$mm 就可以与光纤的直径相匹配。焦点太锐会使光纤的输入端烧坏,使插入损耗增大,从而降低可靠性。通常可以调整透镜与光纤输入端之间的距离,使激光点与光纤芯径相匹配。在此条件下,平均能量通量密度可以假设为

$$I = \frac{E}{\phi} \quad (9-2)$$

式中:I 为平均能量通量密度;E 为能量;ϕ 为输入光纤的芯径,为 $\phi 100\mu m$,每个装置应用的单根光纤。

(8)多发装置多根光纤时为

$$I = \frac{E}{n\phi} \quad (9-3)$$

式中:n 为多发装置或分支光纤的数量。

(9)设计合理的脉冲钕激光器的比效率,单位质量或体积的激光能量输出分别为 $3.3J/kg$ 与 $0.005J/cm^3$。

(10)设计合理的固体激光器输出能量转换效率,应为在高压电容中储存电能的2%。

(11)激光器所需的直流电输入功率可估算为

$$P \approx \frac{1}{e}\frac{E}{t} \quad (9-4)$$

式中:e 为直流-高压转换器的效率系数,在合理设计转换器中,$e > 50\%$。

例如,已知装置的激光发火感度为 0.93J/cm², 3.05m 长光纤的传送系数约为 20%,要求同时使 3.05m 距离外的 4 个装置发火。则有以下结果。

(1) 光纤输入端的能量通量密度 $I = 0.93J/cm^2 \div 20\% = 4.65J/cm^2$。
(2) 所需的激光能量 $E = n\phi I = 4 \times \pi \times (1.65/2mm)^2 \times 4.65J/cm^2 = 0.4J$。
(3) 满足裕度系数 3 所需要的激光能量为 $0.4J \times 3 = 1.2J$。
(4) 激光器的质量为 $1.2J \div 3.3J/kg = 364g$。
(5) 激光器的尺寸为 $1.2J \div 0.005J/cm^3 = 240cm^3$。
(6) 光纤的质量为 $4 \times 3m \times 22.4g/m = 269g$。

上述计算方法、步骤可用于激光火工品系统的设计计算。

9.2 激光起爆系统

9.2.1 固体激光起爆系统

1. 概述

固体激光起爆系统装置主要由激光器、光纤缆、炸药装置三部分组成。它的主要优点[4]:①安全性高,由于爆炸装置上没有桥丝和引线,所以不受射频和静电干扰的影响,同时用 S/A(保险和解除保险)机构可以很容易地截断激光通道;②可直接起爆猛炸药,并可以通过光束分支同时起爆几个装置;③与电爆装置 EED 相比,在某些方面大大简化了生产工艺和质量检验试验;④便于维修和检测,由于激光起爆装置一般位于导弹和飞船的制导和控制部分,而且具有 BIT 功能,因此很容易进行检测。

在 20 世纪 70 年代初,美国对激光起爆系统装置存在的两个主要问题进行了研究,这两个问题:①激光器过大,不便于宇航空间使用;②传输激光能量的光纤束能量损耗太大(在 1.0dB 数量级上)。同时还研究了利用金属薄膜把激光能转变成冲击波能,从而降低猛炸药(主要是 PETN)的极限起爆能量等方面的工作。

美国加利福尼亚工艺研究院喷气推进实验室(JPL)研制出一种小型钕玻璃脉冲激光器(自由振荡模式),它包括光学系统、触发电路、高压转换器和电容器组。经 4~5 年的储存和数百次使用,证实了这种小型激光器的可靠性。JPL 又成功研制出一种小型调 Q 开关钕玻璃激光器,最大输出为 6J。对于激光起爆系统应优化设计这种激光器,还可以按能量/尺寸之比进一步缩小。

光导管又称光学纤维束,是把激光输出能量从激光器传输到爆炸装置上的中间传输器件。早期用光纤束作为激光起爆的能量传输元器件,主要存在两个问题:①光纤束及连接器的能量损耗问题;②光导管的机械强度问题。这也是光纤束作为信息通信技术方面应用上存在的主要问题,所以光纤束研究方面的进展,过去和将来都要取决于信息通信技术的发展状况。在 1973 年前后,纤维光导技术在降低能量损耗方面取得了重大进展,通过使用高纯度熔凝石英光纤芯和应用光学波导原理(即在芯和包层之间保持很小的折射率差),就可以得到低衰减效应。用可见光和近红外区光进行试验,其单根光纤的衰减为 2dB/km。而早期的多股光纤束的传输损耗为 20dB/km,新型光纤的传递系数要比常规纤维束高 2 倍以上。当时美国最好的连接器衰减可达 1dB,市场上可以买到衰减为 2dB 的连接器。

在机械强度方面,因为光纤缆是用来代替电缆的,所以它要满足对电缆所要求的全部勤务和环境要求。光纤工业对光纤缆的强度做了很大的改进。通过使用一种用 Kevlar 线强化的塑料套管,光纤缆的拉伸强度已接近电缆的拉伸强度(约 $70kg/mm^2$),弯曲半径可达 12.5mm,甚至更小。其他方面,如冲击、振动、碰撞和温度($-40 \sim 80$℃)的要求也可以满足。光纤的生产已经自动化,可以连续生产上千米的光纤,因此价格已大幅度下降,但光导管的端头以及分支仍要人工生产。

根据当时激光器和光导管技术的发展水平,已经可以制成具有几焦输出能量、在重量上也可以接受的固体激光器,同时也可以把由各种因素造成的能量衰减降低到 10dB 以下。这样整个激光起爆系统的可靠性,最终将取决于炸药装置的激光感度。对于实际应用,由于 PETN 的激光感度较高,所以一般都采用 PETN 作激光起爆装置的炸药。

2. 激光引爆炸药实用装置的研制状况

对激光引爆炸药实用装置的早期研制状况介绍如下[5]。苏联学者最早发表了激光引爆炸药的试验结果,但一直未见有关实际应用的报道。他们对激光雷管具体结构加以保密,说明其目的不单纯是基础研究。日本《工业火药》杂志报道东京大学宇宙航空研究所的秋叶研究室,研制了激光引爆装置,认为制成实用的系统整机是有希望的。

美国关于这方面的报道较多,相继公布了一些专利。如激光引爆装置原理性的描述,用球形透镜做激光雷管的窗口,雷管的第一装药用黑喜儿钾盐(KHND)等。很多专利是不切实际的设想,比较有参考价值的是 SOS 和 JPL 分别研制的两种样机。

由于纤维光导技术的进展,光纤束的透过率是相当高的(如每千米的衰减率已达 10dB 以下)。但组合成光导束后由于捆扎因数的影响,透过率能达到每米 80% 就很理想了。虽然从当时的技术上看,制成长度为 1km、透过率为 30% 的光导束是可能的,但其价格之高昂妨碍了实际应用。因此,当时的激光引爆装置主要应用于安全要求高的空间技术中,并不是普遍地取代电、火雷管。光纤的新品种有自聚焦光纤、高纯石英光纤以及单根光导管等,这些也可能在今后的激光引爆装置中得到应用。有的资料提到用激光倍频得到紫外激光引爆炸药的建议,还有资料报道用烟火灯泵浦的小型激光器,制成了激光引爆系统装置。

综上所述,用于起爆药或炸药的激光雷管的实用装置已趋于成熟,小型化的水平不低于爆炸桥丝雷管的电引爆装置。对于猛炸药激光雷管,无论从雷管本身还是激光器小型化方面考虑,都有许多问题亟待解决。

3. 空间军械系统公司小型固体激光 5 路引爆系统

20 世纪 60 年代中期,空间军械系统(SOS)公司发表了一篇文章,公布了一种准备用于阿波罗宇宙飞船上激光引爆装置的照片及激光雷管的示意图[5]。该文称激光器、保险装置、指令系统屏蔽设施和蓄电池等零部件可包括在 1 立方英尺体积中。这套装置具有 5 个红宝石激光器,最多能使 40 发激光雷管同时发火。SOS 公司设计研制的小型固体激光 5 路引爆装置,如图 9-2 所示,该装置能同步起爆 5 发激光雷管。文中还透露,几焦能量的激光脉冲可以在长达 30 英尺的光纤束中传播且损耗很低。作用于雷管的激光能量为 1J、时间 $1\mu s$、光束面积 0.01 平方英寸。激光引爆装置的电能源同爆炸桥丝雷管所用的很相似,又因激光火工装置有抗射频干扰的能力,不需要很笨重的屏蔽设施,整个装置的总重量比电引爆装置轻。

SOS 公司宣称,发展 LIOS 的主要目的是防止导弹及宇航飞行器系统的射频干扰问题(强大的电磁干扰来自核爆炸、无线电制导电台及雷达站等)。电磁干扰经常使电火花式雷管或爆炸桥丝雷管误爆或失效,必须加上很重的屏蔽设施。激光引爆装置用玻璃光纤束传输光能,能有效地防止电磁干扰、安全可靠。激光引爆炸药的技术可以应用于水下爆炸、油

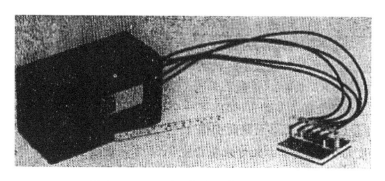

图 9-2　SOS 公司的小型激光引爆装置

井爆破作业、表面大面积起爆等方面,特别是应用于必须经得住核装置电磁脉冲干扰的武器系统,以及应用于要求严格控制普通炸药起爆的核装置等。

4. 小型钕玻璃固体激光引爆系统装置

美国 JPL 的 L. C. Yang 等在进行激光引爆试验的同时,大力开展了引爆系统装置样机的研制[5]。他们发布了两台小型化高效率的钕玻璃激光器的文献资料,用这种小型钕玻璃激光器,设计出了能够同时引爆 10 发激光雷管的多路激光引爆系统。若不考虑发火能量裕度,则最多可引爆 40 个激光雷管。所用光纤束质量(包括特制的金属保护软管在内)小于 22.4g/m,系统整机质量约 1.1kg。虽然激光能量转换效率不高(约 1.5%),但雷管中起爆面积较大,激光能量的利用率高,整个引爆系统的质量也有可能优于电引爆系统。

5. FIRELITE 固体激光 7 路起爆系统

美国 EBAD 设计出了 FIRELITE 激光起爆系统[6],用于火箭弹子弹撒布器、脉冲发动机点火、火箭发射器、自毁系统和 ECM 系统,能够使系统设计简化,而且具有新的准确性和安全性。该系统由激光源、控制电源、激光能量分配器、控制电路、光路安全隔断器、光纤缆、激光起爆器等模块组成。通过控制激光器、光路安全隔断器、分配器的作用,实现对 7 路激光点火器的发火控制。该系统能够以单次、齐发或非等间隔方式点火。这种设计方案的缺点是当时的固体激光器体积大、笨重。

6. SOS 的激光多路起爆系统

SOS 将 LIOS 作为一个系统对待并进行发展[7],第一次把军械装置作为完整系统来处理。在过去用灼热桥丝装置时,军械装置通常是一个附有另外电源系统或其他分配系统的装置,这对军械组件的设计和使用都不利。而且,也不能给予最佳性能与必须设计的环境适应性。LIOS 系统的最重要性能是它所固有的适应性,因为激光源可以把能量供给雷管、起爆器、点火器或作动器等。可以把这些都连接到共有的能源传输线上,共同使一个或多次激光输出脉冲发火。例如,一个多支输出光纤束可以发送系统全部装置的 50~100 个引出线,所有这些单个系统彼此之间是独立的,而且是电绝缘的。从一个能源上按程序控制并作用,这种能力在以前要求过,但在热丝或爆炸丝系统中未能实现。典型的激光多路起爆系统设计如图 9-3 所示。

LIOS 系统的电源可采用飞机、导弹及飞船上应用的一般电源,工作形式与爆炸丝系统类似。用低压电源即直流电池组或 400 周的交流电作为输入能量,升至高压并将电容器充电,电容器"放电"到光学泵浦源。光学泵浦源为氙气闪光灯,它使红宝石或钕玻璃棒产生所必要的粒子数反转,经谐振腔振荡放大产生激光脉冲输出。总地说来,该系统是由低电压升到高电压,能量存储,然后经电开关到闪光灯,再到激光工作物质的工作过程。

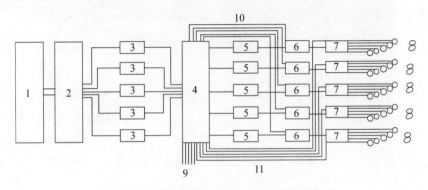

图 9-3 激光多路起爆炸药装置系统示意图

1—电源;2—高压发生器和控制系统;3—激光激发能源;4—能量顺序系统与发火控制元件;
5—集成激光组件;6—保险和待发装置;7—固体光开关;8—爆炸装置;9—激发光远距离控制;
10—保险-待发反馈系统;11—光学开关控制线。

因为同步性不是系统预备时间的函数,而是最终的装置工作相对时间的函数。显然,用激光系统可以从同一个能源起爆许多装置,从而在这方面显示了优越性。

爆炸丝起爆系统每一发雷管或起爆器需要各自的发火电源。LIOS 系统的同步性比爆炸丝的要差些,是由传输光路的效率差异所致。若采用高功率激光源,则 LIOS 系统的同步性也可以达到使用要求。爆炸丝系统每个装置的发火作用需要相对应的发火组件,不仅考虑反应的变量,还要考虑发火元件反应时间的变量。应用 LIOS 系统时,因为全部烟火剂是由同一个相干光源输出的能量所激励,所以只存在光路的传输效率、雷管或起爆器本身的反应时间这两种变量。应用等长和同一性能的光纤,系统性能是均一的,也可以应用不等长的光纤,匹配以不同光学性能的装置,使其产生同步性。

7. 宇宙飞船用激光起爆系统

EBAD 向航天工业部门提供了新一代发射飞船用的激光起爆装置系统[8]。激光/光纤起爆与传统电起爆相比具有以下几方面优点:质量小、改进性能、安全性增加、降低寿命周期成本、高可靠性。用先进的激光发火装置代替了多个电爆装置 EED 的保险/解除保险系统,以质量较小的光纤缆代替了屏蔽电缆或较重的约束型导爆索。用激光起爆钝感猛炸药或点燃烟火药的装置所使用的药剂符合 MIL-STD-1316C 的规定。激光起爆器的输出性能满足特定需要,激光能量分配器可以按照随机、定序或同时作用 3 种模式起爆较多数目的事件。传输激光能量用惰性光纤缆的强度高、损耗低、不受电磁干扰,激光器可直接利用导弹上的标准电源进行工作。该激光起爆系统中无敏感的起爆药,在安全性能方面可满足 MIL-STD-1576对电和机械保险的要求。激光起爆系统中的激光发火装置和能量传输系统可重复使用,其同步发火试验验证了总系统的使用能力。该激光起爆系统装置用于发射宇宙飞船的功能为起动电池、打开压力阀、载荷分离、各级推进剂的点火、射程安全性、助推器发动机点火、航向控制推冲点火、助推器发动机分离等。

8. 激光多路可寻址控制起爆军械系统

在 USP5404820 中介绍了一种激光多路控制起爆与自诊断系统装置的设计,如图 11-3 所示[9]。该系统含有控制器、固体激光器和激光电源、声-光反射器(AOD)和 RF 驱动电路、分束器和光纤缆、BIT的光学和电子学部件以及电-光(EO)保险与解除保险装置和它的驱动电子学等部件。

该系统装置的作用原理是随着发火信号的发出,激光器闪光灯同时发光,泵浦激光工作物质,并驱动位于谐振腔内的光偏振开关,使光偏振开关在特定时刻持续打开约 $200\mu s$,所产生的激光脉冲传到发火序列中的元件AOD。AOD是由RF信号控制调节的,将激光脉冲导向预先选定的发火通道。光通道在发火前可以快速自检,判定所选通道是否正常,也可以校正脉冲。一旦激光脉冲通过AOD,它便由透镜聚焦系统耦合进光纤中,然后将光脉冲能量传输给激光雷管或激光点火器。用分光装置实际上能够同时寻址2~20个爆炸事件。

9. 激光激励军械系统

美国Talley/Univ Propulsion公司采用微处理器、控制器、电源、稳压器、转换器、充电电路、触发器、储能电容、闪光灯泵浦激光器、自检装置、能量耦合装置、能量分配装置、能量传输器件与激光火工品等部件,设计出一种激光激励的军械系统,如图9-4所示[10]。该激光激励军械系统的工作原理是,给激光电源供电后,先由微处理器控制电源、稳压器,经转换器、充电电路,给储能电容充电。

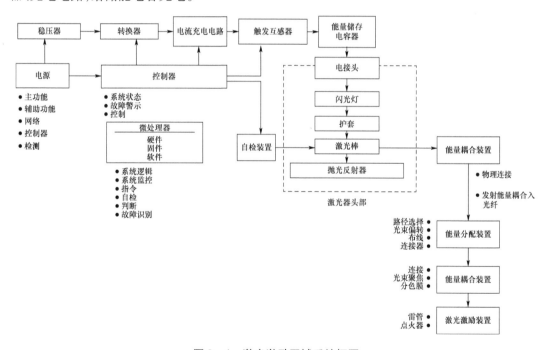

图9-4 激光激励军械系统框图

系统中的自检装置发出的检测光通过激光棒、能量耦合装置、能量分配装置、能量传输器件,到达激光雷管或激光点火器,先进行光路传输状态检测。正常后,再由微处理器控制触发器给出高压触发信号,使储能电容对闪光灯放电产生强光,经反射腔聚光泵浦激光棒,使激光器输出激光。再经过激光能量耦合装置、能量分配装置、能量传输器件,使激光火工品作用。

10. 小型洲际弹道导弹用激光发火装置

这里主要介绍美国小型洲际弹道导弹(Small ICBM)用激光发火装置[11],分别从装置设计原理、定序器组件、高电压电子器件与激光多路发火系统装置等几方面进行论述。

1) 装置设计原理

激光发火装置(LFU)由 Hughes Aircraft 下属的 Santa Barbara 研究中心(SBRC)研制。LFU 采用全冗余设计,并用 4 个减振装置固定在助推飞行器(PBV)的内部结构上。LFU 内部结构包括 3 个冗余组件:激光器和光学元件的定序器组件;高电压电子器件;内置式检测(BIT)。

LFU 通过两个连接器或两根电缆同制导与控制组件测试系统(GCATS)以及制导与控制组件(GCA)相连。GCATS 发出的指令由 USD 连接器传达给 USD,而 GCA 电缆则为 LFU 功率、指令及功能反馈电路提供传输通道。第三个电连接器与仪器和靶场安全系统(IRSS)相连,以监控 LFU 的内部状态。LFU 与光纤能量传递系统(ETS)之间,通过 22 通道的光纤束相连。此外,LFU 被设计成能重复进行子系统全部测试的结构,由此提高了置信度。当时,完成了 20 台激光发火装置的制造和测试。

2) 定序器组件

定序器组件包括:激光发射组件(LTM),即激光器、步进螺线管、菱形棱镜及光输出件。LTM 结构如图 9-5 所示,采用掺杂有钕和铬的 GSGG(镓钪钆石榴石)晶体作为激光棒,用一支氙闪光灯作为光泵浦源。GSGG 激光棒是一种能产生高效激光的晶体材料,它与闪光灯构成一个紧密包裹结构的整体。激光棒的一端镀有多层结构的部分反射膜,在另一端采用锥角棱镜作全反射,构成谐振腔。要求 LFU 的最小激光输出为 300mJ、波长 1.06μm。

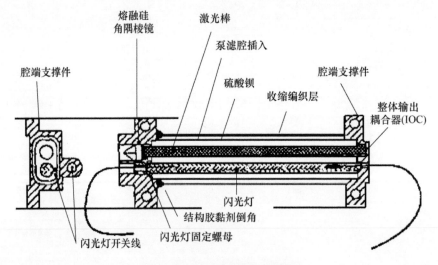

图 9-5 LFU 中 LTM 的结构

3) 高电压电子器件

高电压电子器件为氙闪光灯发射激光供给能量。电路包括:20μF 高压高能量密度电容器、45μH 的感应器、自动触发式变压器、晶闸管元件以及高压电源变压器和过电压保护晶体管。脉冲形成网络(PFN)在千伏电压范围内工作,它的最长充电时间为 1s,最长放电时间为 1.0ms。PFN 合并了多个电子组件,包括前面提到的电容器、感应器和晶闸管元件。高压电容器采用二氟化聚乙二烯电介质材料制造,这是专为应用于 LIOS 项目设计的。这种电介质材料所提供的能量密度比标准的电介质材料所提供的要大好几倍。触发变压器为氙闪光灯提供 8kV 的高压触发脉冲。

4）激光多路发火系统装置

激光多路发火系统如图 9-6 所示，带一面菱形棱镜的步进电机使 LTM 的输出发生偏转，偏向 LTM 激光光束轴周围等距离排列的 12 个轴向位置中的一个。第一个位置为中心位置（无连接），激光从这一位置输出。步进电机的每次步进，均由 GCA 发出的一个规格为直流 28V、3A、80ms 的电脉冲指令控制。在每个定序器位置处，输出光学元件将激光光束聚焦到整体 LFU 输出线束中一根芯径为 400μm 的光纤端面上。LFU 的冗余特性允许每个军械事件由独立的光纤连接，该激光多路系统装置的 12 个通道可按时序或选择发火。

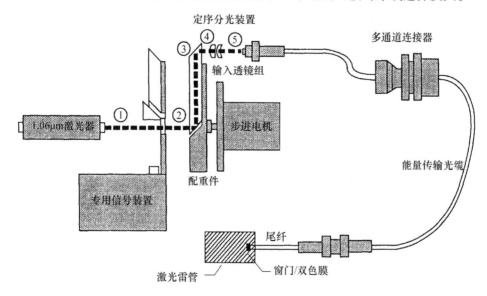

图 9-6 LIOS 中大功率激光发火光学通道示意图

11. 小型固体激光两路起爆系统装置

应用物理化学国家级重点实验室的技术人员在激光起爆技术研究的基础上，采用小型固体激光器（A 型）、国产光纤两分束无源耦合器、带 FC/PC 标准接头的光缆和改进后的接插式 BNCP LID 产品，设计、研制出了小型固体激光两路起爆系统样机，如图 9-7 所示。该样机满足以下指标：①直流电源 28V；②系统体积不大于 850cm³；③总质量 904g。

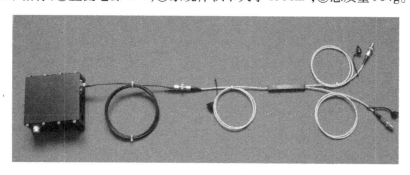

图 9-7 小型固体激光两路起爆系统样机

对图 9-7 所示的小型固体激光两路起爆系统初样机进行起爆试验，取得的试验数据如表 9-2 所列。从试验结果看出：①小型固体激光两路起爆系统的作用时间较短（不超过 70.1μs）；②接插式 BNCP 激光起爆器的输出钢凹深度不小于 0.65mm。

表9-2　小型固体激光两路起爆系统初样机试验结果

起爆系统类型	分束端编号	发火能量/mJ	作用时间/μs	输出钢凹深度/mm
小型固体激光两路起爆	A	3.78	14.0	0.65
	B	4.03	70.1	0.67

对用小型固体激光器（A型）正样机、Thorlabs $\phi105/125\mu m$ 大功率传输光纤、两分束无源耦合器和接插式 BNCP 激光起爆器组成的小型固体激光两路起爆系统，进行了两路起爆试验，取得数据见表9-3。从试验结果可看出：①小型固体激光两路起爆系统的作用时间较短（不超过15.47μs）；②接插式 BNCP 激光起爆器的输出钢凹深度不小于0.63mm。

表9-3　小型固体激光两路起爆系统正样机试验结果

起爆系统类型	分束端编号	发火能量/mJ	作用时间/μs	输出钢凹深度/mm
小型固体激光两路起爆	A	7.92	9.47	0.67
	B	7.16	15.47	0.63

12. 小型固体激光7路起爆系统装置

应用物理化学国家级重点实验室的技术人员采用小型固体激光器（B型）、国产大功率 $\phi250\mu m$ 光缆、七分束无源耦合器、Thorlabs $\phi105/125\mu m$ 大功率传输光缆和接插式 BNCP 激光起爆器，试制出小型固体激光7路起爆系统装置，如图9-8所示。

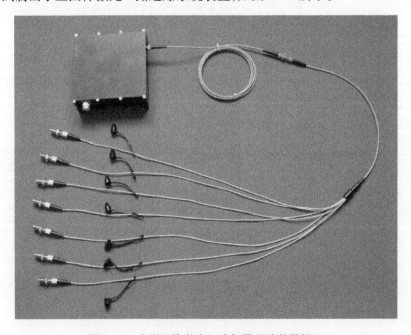

图9-8　小型固体激光7路起爆系统装置样机

该装置达到：①直流电源28V；②系统体积不大于1108cm^3；③总质量不大于1.3kg。完成了小型固体激光7路起爆试验，测定出主要参数，取得试验结果如表9-4所列。

由表 9-4 的试验结果看出：①小型固体激光 7 路起爆系统的作用时间不大于 120μs；②接插式 BNCP 激光起爆器的输出钢凹深度不小于 0.62mm。

表 9-4　小型固体激光 7 路起爆系统试验结果

起爆类型	分束端编号	发火能量/mJ	作用时间/μs	输出钢凹深度/mm
小型固体激光 7 路起爆	1	13.72	50	0.69
	2	13.63	120	0.64
	3	12.89	20	0.68
	4	15.02	20	0.69
	5	14.10	20	0.63
	6	15.27	20	0.62
	7	12.16	20	0.62

13. 小型固体激光 8 路起爆系统

应用物理化学国家级重点实验室的技术人员用小型固体激光器、八分束器、φ105/125μm 大功率传输光缆和 BNCP 激光起爆器，设计试制出了固体激光 8 路同时起爆系统装置，如图 9-9 所示。

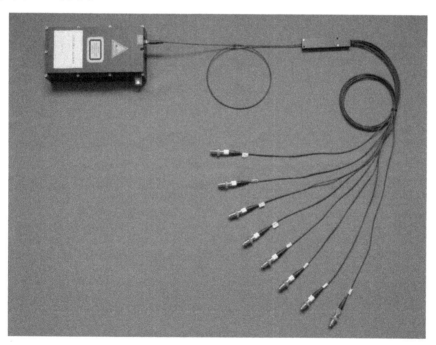

图 9-9　小型固体激光 8 路起爆系统装置

该装置达到：①直流电源 28V；②系统体积不大于 1200cm³；③总质量不大于 1.5kg。对小型固体激光 8 路系统进行了起爆试验，测定出了主要参数，取得试验结果如表 9-5 所列。从试验结果看出：①小型固体激光 8 路起爆系统的作用时间不大于 120μs；②接插式 BNCP 激光起爆器的输出钢凹深度不小于 0.62mm。

表 9–5 小型固体激光 8 路起爆系统试验结果

起爆类型	分束端编号	发火能量/mJ	作用时间/μs	输出钢凹深度/mm
小型固体激光 8 路起爆	1	13.72	50	0.69
	2	13.63	120	0.64
	3	12.89	20	0.68
	4	15.02	20	0.69
	5	14.10	20	0.63
	6	15.27	20	0.62
	7	12.16	20	0.62
	8	12.81	20	0.67

14. 固体激光网络 24 路起爆系统设计

采用输出能量 600mJ、脉宽 200μs 的小型固体激光器、传输光缆、三分束器、八分束器、激光起爆器，能够实现固体激光网络 24 路系统同时起爆。应用物理化学国家级重点实验室设计的 24 路起爆系统装置的结构如图 9–10 所示。

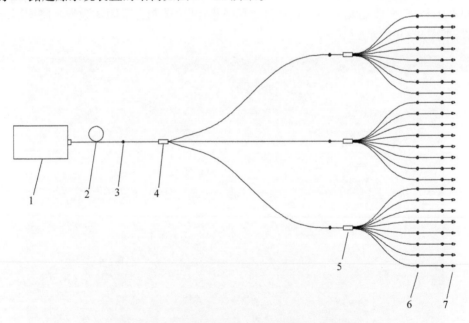

图 9–10　固体激光网络 24 路起爆系统示意图
1—激光器；2—传输光缆；3—SMA905 连接器；4—三分束器；
5—八分束器；6—FC/PC 连接器；7—激光起爆器。

该激光网络起爆系统的作用原理：当控制器给出解除安全控制信号后，固体激光器的电源开始通电，处于待发状态。固体激光器接收到发火指令后，产生输出能量不小于 600mJ、脉宽 200μs 的激光。经传输光缆耦合输入到大芯径三分束器中，均匀分为 3 束激光，传输到 3 个八分束器的输入端。再经 3 个八分束器分成 24 路激光，耦合传输到激光起爆器上。激光起爆器接收到激光能量后，耦合到始发装药表面，使其点火，引爆炸药，实现 DDT 转换，输出爆轰波,完成预定的输出功能。该系统具有抗杂散电流干扰、电磁安全性高、长距离控制多点网络起爆等特点,可以用于某些特殊多路起爆装备。

9.2.2 烟火泵浦激光起爆系统

1. 烟火泵浦激光双路起爆系统

美国从20世纪60年代末期开始研究烟火泵浦固体激光起爆技术,用钝感电爆管(EBW)点燃烟火药剂发光,泵浦激励工作物质产生激光,用于多路起爆。公布了专利USP3618526,其烟火泵浦激光双路起爆系统设计如图9-11所示[12]。

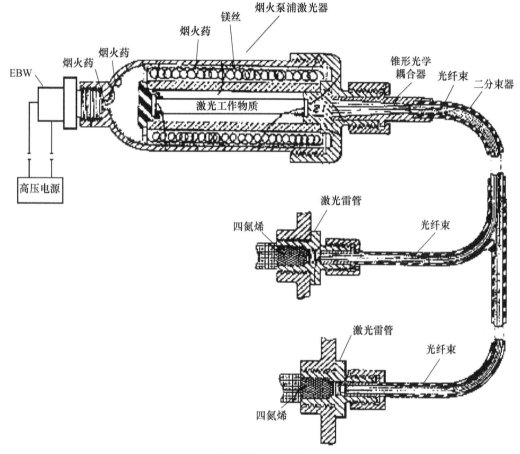

图9-11 烟火泵浦激光双路起爆系统示意图

该装置主要由EBW、烟火泵浦激光器、锥形光学耦合器、二分束器和四氮烯激光雷管构成。当给EBW施加直流电能发火时,引燃激光器内壁上的烟火药。由烟火药燃烧产生的火焰引燃缠绕在玻璃管上的细镁丝。镁丝燃烧时发出的强闪光泵浦激光工作物质,在两个平行反射镜之间产生光量子振荡放大,输出激光脉冲。经锥形光学耦合器将激光束耦合入光纤束分束器,分成两路传送到四氮烯激光雷管上,使其爆炸。在20世纪60年代末,曾经将这种烟火泵浦激光起爆技术用于军械远距离起爆系统。用钝感电发火管起动烟火泵浦固体激光器,通过光纤束长距离传输激光能量,可同时起爆两个四氮烯激光雷管。

2. 烟火泵浦激光多路起爆系统设计

应用物理化学国家级重点实验室的技术人员在 2003—2005 年期间,进行了烟火泵浦固体激光起爆技术研究。在激光起爆、点火技术研究的基础上,设计出了烟火泵浦固体激光多路起爆系统,其设计示意图如图 9-12 所示。该装置主要由手动激发的烟火泵浦激光器、光学耦合器、传输光缆、多路光纤分束器与激光起爆器构成。

通过对烟火泵浦激光技术的探索研究,采用混合烟火药爆燃发光泵浦技术,试制出了烟火泵浦固体激光 3 路起爆系统装置,如图 9-13 所示。系统中的烟火泵浦固体激光器的输出能量达到 100mJ、脉宽 6ms,能够使 3 路激光起爆器实现远距离起爆。

该烟火泵浦固体激光起爆系统装置由手动激发机构、发光烟火药、YAG 晶体棒、PL-PL 谐振腔、缓冲光学元件、不锈钢壳体、光学耦合器、输出光缆、光纤三分束器和激光起爆器等构成。其作用原理为手动激发机构刺激火帽发火,点燃激光器内壁上的点火药,点火药爆燃发光,泵浦 YAG 激光工作物质,由谐振腔产生激光振荡输出。通过光缆传输、分束、耦合到激光起爆器上,经光学换能元加热药剂使其爆炸。该系统能够实现非电激光起爆、点火的作用功能。

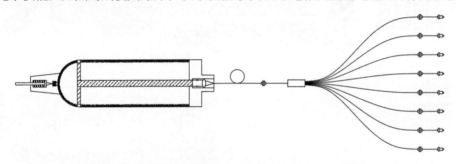

图 9-12 烟火泵浦固体激光多路起爆系统设计示意图

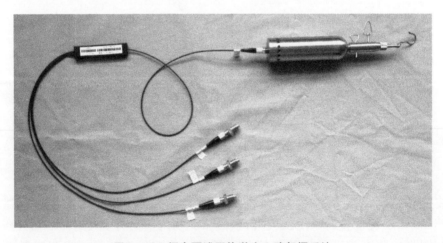

图 9-13 烟火泵浦固体激光 3 路起爆系统

3. 锆热泵浦激光双路起爆军械装置

Landry 等提出了一种用于飞机机组人员逃生系统的以光纤为基础的激光起爆系统[13]。研究了适合这种系统用的激光器,并概述了普通双路激光起爆系统原理设计,如图 9-14 所示。该系统由机械、气体或电触发的锆热泵浦固体激光器、安全控制隔板、聚焦透镜、光纤、分束器、连接器、激光起爆器、检测信号接收光纤和光电探测器构成。这是一种具有光路连续性检测功能的激光双路起爆系统。

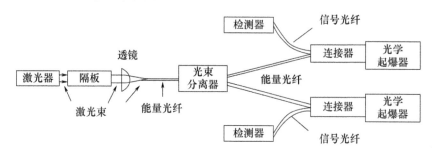

图9-14 烟火激光双路起爆装置示意图

根据对锆热泵浦钕玻璃激光器早期的研究,原型样机烟火药激光起爆系统具有以下特征:

(1) 机械操作单发(6个锆闪光灯泵浦激光)在30ms产生6J能量;
(2) 可用气体操作触发(与上述相同);
(3) 可用电驱动触发(4个锆闪光灯泵浦激光棒),产生2.1J能量,如果激光器设计成双路,则每路可产生1.7J的激光能量。

在伞盖抛放试验前,对锆热激光器3种触发方式及元件状态进行了试验,证明能可靠工作。

4. 抛放舱盖用激光军械起爆系统

F-16A飞机起动抛放舱盖所用的LIOS装置,见图9-15[13]。在一套完整F-16A舱盖抛放系统中,需要有用拉绳操作的机械锆热激光器、能分4路的2个光纤分束器、光机定序器及光雷管等。

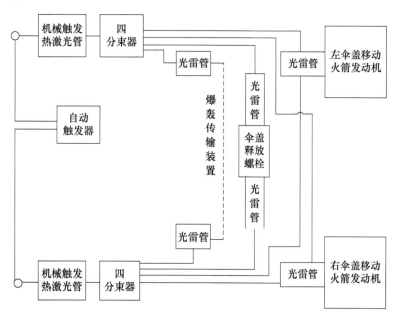

图9-15 F-16A雪上飞机舱盖抛放用激光起爆军械系统框图

在进行舱盖抛放试验时,以下3种装置要同时起动:①2个紧急舱盖释放线(ECRLs);

②1个舱盖触发释放螺栓(CARB);③2个舱盖移动火箭发动机(CRRMS)。一旦触发任意一个机械锆热激光器,分束器将光束分为4路。光纤将这些光束分配到军械装置中。在CARB任一端的光雷管都能起爆,ECRL每端的雷管也可被每个热激光器的脉冲起爆,ECRL的另一端连接着爆轰传输装置(DTA)。CRRM端的光雷管都可收到任何一个热激光器产生的激光脉冲,使用双光纤输入足以起爆每个CRRM雷管。2个雷管通过DTA线传到CARB,其中任何1个雷管通过DTA线可传到ECRL的每一端。

5. 锆氧灯固体激光8路起爆系统装置

应用物理化学国家级重点实验室的技术人员采用锆纤维丝在氧气中燃烧发光、泵浦YAG棒产生激光的原理,用手动激发的锆氧灯固体激光器、聚焦透镜组耦合器、大芯径传输光缆、多路光纤分束器、激光起爆器,设计试制出非电激光8路起爆系统装置,如图9-16所示。

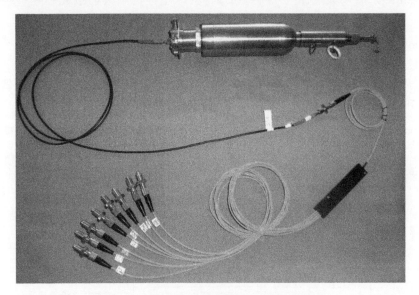

图9-16 锆氧灯泵浦固体激光8路起爆系统

对锆氧灯泵浦固体激光8路起爆系统成功地进行了发火试验,试验数据如表9-6所列。从试验数据可看出,锆氧灯泵浦固体激光8路起爆系统的作用时间较短,系统起爆作用时间小于300μs;每路的作用时间差异较小,其8路作用时间同步性较好,作用时间差最大为37μs。

表9-6 锆氧灯泵浦激光8路起爆试验数据

序号	耦合效率/%	作用时间/μs	钢凹深度/mm
1	97.13	223	0.65
2	97.79	209	0.70
3	96.88	212	0.67
4	95.97	241	0.63
5	98.15	223	0.67
6	95.66	246	0.64
7	96.36	224	0.69
8	97.40	224	0.69

9.2.3 半导体激光起爆系统

武器系统用半导体激光起爆系统比传统的 EED 具有许多优点,如减小总质量和体积、改进性能、增加安全性、可多次检测和高可靠性等。

激光发火件接收到标准电源的供电和控制信号后,可向战术导弹、发射飞船、卫星和飞机等提供具有军事规范安全性的全部军械事件的定序作用功能。将激光通过能量传输系统(高强度光纤与军用标准接头的结合)传递到起爆器,与现存的电起爆装置相比,激光起爆装置具有理想的结构和作用接口。

1. 国外半导体激光起爆系统

1)激光二极管起爆系统

EBAD 采用 2W 半导体激光器、传输光缆和激光起爆器设计出了激光二极管起爆系统装置[14],其外形如图 9-17 所示。该系统装置具有单个或多个激光二极管(2W、10ms)组件、系列或独立的命令接口、直流电源 28V、电安全性满足军标要求、设计须经受严酷环境、最小的体积和质量(最大 6 路输出时为 1lb)。能量传输系统使用 $\phi100\mu m$、$\phi200\mu m$ 和 $\phi400\mu m$ 硬壳石英光纤、MIL-C-38999 光纤接头、惰性光纤(对电磁干扰具有安全性)、光缆拉伸强度大于 500kpsi。激光起爆器可利用光纤脚或集成接头输入激光能量,激光火工品仅使用钝感炸药或标准烟火剂,能够在 $10cm^3$ 体积内,输出压力为 650psi。

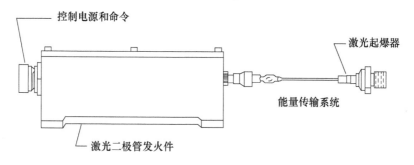

图 9-17 激光二极管起爆系统

2)美国桑迪亚国家实验室激光多路起爆子系统

桑迪亚国家实验室一直积极从事着烟火子系统的激光火工品技术的开发工作,在国际烟火学年会(IPS)上首次展示了激光起爆技术的研究结果[15]。其他一些参考文献也提到了有关激光点火方面的进展。开展此项工作的最初动机是为了替代低能电起爆的爆炸装置(EED),提供一种安全、能明显降低早爆可能性的技术途径。对含能材料采用激光点火,使得有可能在装药腔中不再使用桥丝及电极,从而将炸药与杂散电干扰隔离开。激光起爆装置对杂散电点火源钝感的特性,降低了对制造及勤务处理的安全要求,从而减少了装配工序与装配时间,最终反映为成本降低。关于光系统和电系统的比较如图 9-18 所示。

如图 9-18 所示,不管所用的激光源是什么,爆炸端的安全性能是有保障的。具有代表性的 EED 系统,需要供给 3.5A、10ms 的全发火电流。在使用激光二极管点火源时,同样是将 3.5A、10ms 的电流提供给激光二极管,使之产生点燃含能材料所需要的激光脉冲。于是,激光二极管就成了不能兼顾爆炸、点火与输出性能要求的现行 EED 系统的替代物。对炸药的激光起爆,可以用更高的能量完成,而这个更高的能量则可通过使用固体激光器实现。与

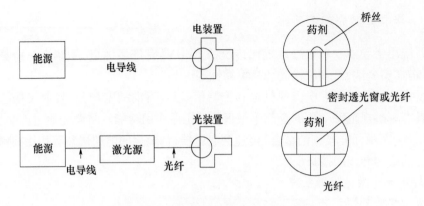

图 9-18 电系统和光系统的比较示意图

EED 系统不同的是,这些系统需要不同的电源驱动激光器,于是需要对有限的电源系统重新设计,以便用激光系统替代 EED 系统。

不管怎样,使用固体激光器增加输出能量,可以让这一技术在非最佳的或者存在传输损耗的环境中应用,如光纤很长或连接点很多。将这种高能激光用到炸药的 DDT 中,还可以减少 DDT 作用时间以及雷管作用时间差异,高能激光起爆炸药成为桑迪亚国家实验室的一个继续研究的方向。与激光二极管能源相比,固体激光器所产生的光能及功率都要更高些,而且更易于与光纤连接。出于这个原因,当需要进行多点同步起爆或点火时,首选固体激光器作为激发能源。如果点火的阈值足够低,而且系统中的光损失不太大的话,激光二极管以及激光二极管阵列也能够产生足够的能量对含能材料进行多点起爆或点火。

(1) 3 路同步起爆系统。图 9-19 是用激光二极管进行 3 点起爆的系统试验模式结构的示意图。激光二极管发出 1W、10ms 的脉冲,并通过 $\phi 100 \mu m$ 的光纤进行传输,该光纤被分束器分成 3 个 $\phi 100 \mu m$ 的输出光纤。在爆炸装置与这 3 个输出光纤连接之前,分别安装了光能量计,并测得 3 根光纤的输出能量分别为 2.13mJ、2.08mJ 和 2.03mJ。在爆炸装置与输出光纤连接之后,激光二极管再次输出 1W、10ms 的脉冲,3 个 CP 爆炸装置全部发火,作用时间分别为 1.63ms、1.80ms 和 0.89ms。

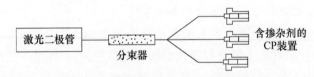

图 9-19 激光二极管 3 路同步起爆系统示意图

(2) 7 路同步起爆系统。在第二个演示试验中,用了一个从光谱二极管实验室(SDL)获得的 15W 激光二极管阵列器件,这一试验系统装置的结构如图 9-20 所示。二极管阵列的输入工作电流是 26A,激光二极管阵列的激光输出则为 8W,并用一根 $\phi 400 \mu m$ 的光纤进行传输,这根 $\phi 400 \mu m$ 光纤又与 7 根 $\phi 100 \mu m$ 光纤相连接,而这 7 根 $\phi 100 \mu m$ 光纤又分别与 7 个 CP 爆炸装置相连接。

在爆炸装置与 7 根光纤的连接点之前分别用了光能量计,并测得光纤输出端的能量分别是 2.74mJ、3.16mJ、2.79mJ、2.59mJ、3.10mJ、3.80mJ 和 2.85mJ。在爆炸装置与光纤输出端连接之后,激光二极管再次输出 8W、10ms 的脉冲。这一输出导致 7 个 CP 爆炸装置全部

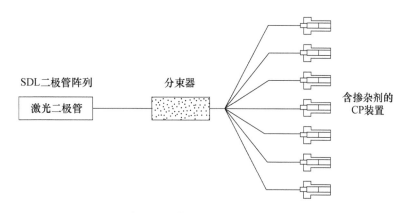

图 9-20 激光二极管阵列 7 路同步起爆系统示意图

发火,其作用时间分别为 3.00ms、2.10ms、2.40ms、3.26ms、1.81ms、1.73ms 和 2.11ms。

激光起爆系统的使用,被广泛地认为具有比使用 EED 系统更高的安全性,这一技术已被证明是切实可行的。然而,仍需继续深入研究试验光学火工品在人为点火刺激下的响应,以及在人工环境和自然环境中、意外能源刺激下的响应。本节对作为激光功率函数的 CP 发火性能进行分析。当在这种药剂中掺混入少量的碳黑,提高其光吸收性后,这种药剂在光学装置的应用中都表现出了良好的性能。同时成功地演示了半导体激光二极管和二极管阵列在多个 CP 爆炸装置同时发火中的应用。当温度范围在 -54～74℃ 内时,对 CP 爆炸装置进行了激光点火性能试验,没有发现什么问题。从统计阈值试验结果可知,在上述温度范围的热冲击和热循环不会引起激光点火阈值的明显改变。无论是对激光二极管还是对爆炸器件的 ESD 试验都表明,这一系统对 ESD 早爆作用是钝感的。此外,闪电模拟试验表明,即便是对混有掺杂剂的、具有相对低光学点火阈值的 CP 爆炸装置,接近闪电的雷击传输进光纤中的能量也不足以使其发火。光学火工品技术的应用前景,取决于人们对它的接受程度以及它有效地增强安全性的程度。应该认识到,激光起爆、点火技术在提高其安全性的同时,它所需要的经费也大大超过了 EED 类装置。为了让人们接受激光起爆、点火技术,必须在注意安全的前提下降低成本。要使此项新技术能够推广应用,还应继续进行有关性能和安全性方面的鉴定试验。

3)法国用于卫星的激光二极管起爆系统

在第 31 届 IPS 会议论文中,介绍了法国用于卫星的激光二极管起爆系统[16]。CNES 的 Toulouse 空间中心报道了激光起爆技术在宇宙飞船上的应用,研究了激光起爆器、雷管和激光发火装置,并有效地将"PYRO 激光器"用在 CNES 的 DEMETER 微型卫星飞行试验中。法国 Toulouse 空间中心设计研制出了半导体激光点火系统,用于微型探测卫星的缓冲分离机构。

(1)激光二极管起爆系统结构。

① 激光二极管功率输出要求。在 CNES 合同下研制的激光起爆器有下列特性。

a. 全发火光强度:在置信度 95%、可靠度 0.9999 时,激光功率为 250mW;温度范围为 -160～150℃。

b. "不发火"光强度:在置信度 95%、可靠度 0.9999 时,激光功率为 12mW。

c. 光脉冲持续时间:10ms。

d. 光纤直径:$\phi 62.5 \sim \phi 100 \mu m$。

(注：这些值在激光起爆器生产批中确认。)

所确定的激光二极管光强度计算结果,如表 9-7 所列。

表 9-7 激光二极管输出功率参数

界面	基准条件下的光损耗/dB	剩余功率/%	最恶劣条件下的光损耗/dB	剩余功率/%
激光源/卫星线束	0.500	89.1	1	79.4
SAFE/ARM 接口	0.500	89.1	1	79.4
线束/起爆器	0.500	89.1	1	79.4
光纤(不大于16m)	0.064	98.5	0.064	98.5
设计裕度	0.300	93.3	0.5	89.0
起爆器总接口	1.864	65.0	3.564	43.9

② 激光二极管驱动装置。商品化的激光二极管符合光强度要求,1W 的激光二极管需要 1.2A 的驱动电流。对输入直流电压为 28~32V 的卫星电池来说,与电爆炸发火装置传递的 140~200W 相比较,激光二极管发火时的瞬时电功率仅为 32W。

激光二极管驱动电源系统的设计不是最关键的,由于有了 MOSFET 技术,驱动电路可传递恒定电流。应该采取保护措施,以防开关转换时产生的瞬态电振荡冲击对激光二极管造成损坏。

(2) 激光二极管起爆系统设计。激光二极管多路起爆系统的设计与电爆炸系统相同,以每个起爆器使用一个激光二极管为基础的典型激光二极管多路起爆系统结构设计如图 9-21 所示。

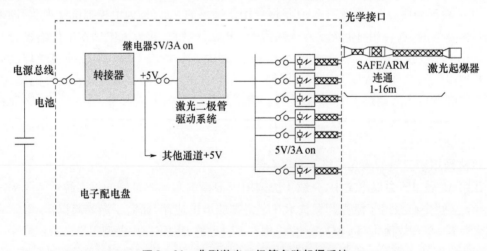

图 9-21 典型激光二极管多路起爆系统

如图 9-21 所示,该激光多路起爆系统是由专用的驱动电源和小功率激光二极管单路起爆模块阵列构成,采取控制激光二极管供电开关的方式,实现激光多路控制起爆。

(3) 根据上面的典型设计,还有其他两种优化设计。

① 第二种设计如图 9-22 所示,这种设计中利用高功率的激光二极管、光纤分束器,把 1 束高功率的激光利用光纤分束器分成 4 束,经光缆传输使火工品作用。

显而易见,这种设计暴露出很明显的缺点:a. 只能实现卫星上的 4 个火工品同时起爆,不能实现可选择或时序起爆火工品;b. 该系统所用的10W高功率激光二极管的价格比较昂贵。

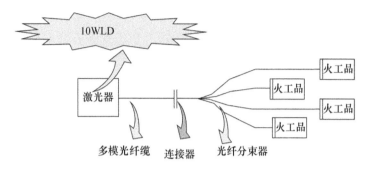

图9-22 高功率激光二极管4路起爆系统

② 第三种设计如图9-23所示,在这种设计方案中利用了中等功率激光二极管、光学开关和分束器,通过控制多路光学开关,使激光束耦合进不同的传输光缆,引爆预先设定的需要作用的火工装置。

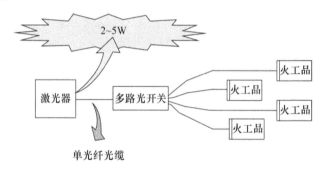

图9-23 中等功率激光二极管和光开关4路起爆系统

这种设计不但可以实现4个火工装置的顺序起爆,还可以实现有选择的起爆;减少了激光二极管的数量;降低了激光二极管的功率;用光开关可控制激光能量的传输,而且也减少了整个系统的成本和重量。但是这种设计也有缺点:a. 由于激光二极管的功率限制,所以不能实现4个火工装置的同步起爆;b. 这种光开关对空间环境(机械冲击、低气压温度)试验还在进行之中,其安全性与可靠性需要进一步研究和评估。这种结构的光学开关被看作卫星和发射装置上最具有吸引力的,光学开关还可以用作激光器的安全保障,但是仍需研究和评定。

4) 美国EBAD公司的激光二极管起爆系统

EBAD开拓了激光起爆装置领域,并保持行业中优先生产、具有航天品质的激光起爆系统,该公司设计研制的激光4路起爆系统见图9-24[17]。

EBAD的LIOS利用半导体激光二极管起爆雷管。EBAD的激光军械系统是一种独立的武器起爆系统,包括电子保险和解除保险、发火、监控和内置自诊断功

图9-24 EBAD公司的激光起爆系统

能。激光起爆的武器系统由于其内置的自诊断性能,使得系统的可靠性增强且运行灵活性提高。

EBAD 激光发火系统是第一个用半导体激光器替换固体激光器(闪光灯),完成飞行验证的系统。EBAD 的激光点火军械系统在 Vandenberg AFB、NASA DrydenFR.C 和 NASA Wallops Island SFC 一系列的安全应用中得到了验证,其激光点火的军械系统已成功地进入多空间飞行领域。

5) Sea Launch$_{SM}$ 起爆系统

该系统是美国波音商用空间公司设计的 Sea Launch$_{SM}$ 有效载荷整流罩分离系统[18],如图 9-25 所示,主要由冗余激光起爆系统组成。

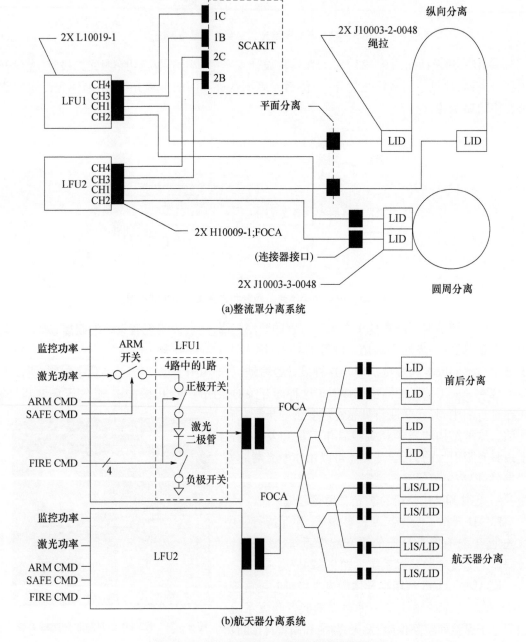

图 9-25 Sea Launch$_{SM}$ 激光起爆军械系统

该系统起动有效载荷整流罩的纵向或圆周形分离组件,使有效载荷分离。起爆系统有两个冗余激光发火装置(LFU)、光纤缆组件(FOCA)、激光起爆装置(LID)和激光发火管(LIS)。激光发火装置中包括4个高功率激光二极管、电子解除保险和自动恢复保险电路、发火用电流方脉冲整形电路及安全/发火开关监控电路。这种激光起爆系统提供了一种可靠的军械起爆手段,已经顺利地完成了系统试验。除了与发射平台上的军械装置对接外,还允许安装在前期的军械装备上。

6)激光起爆的飞行终止系统

火箭发动机用的飞行终止系统必须符合比一般操作系统更严格的集成要求,典型的激光起爆飞行终止系统(LIFTS)如图9-26所示[18]。该系统主要由双冗余LFU、LID和自毁装药(DC)组成。在这个例子中,激光发火装置提供传统的燃烧装置功能,以及保险/解除保险装置。在这个系统的激光发火装置中,有两个单元,每个单元都能从高功率激光二极管中提供起爆所需要的发火能量。在这种型号系统中,所有安全控制是全电子的,在任何一个军械装置或光能传输通道上均没有物理隔断。

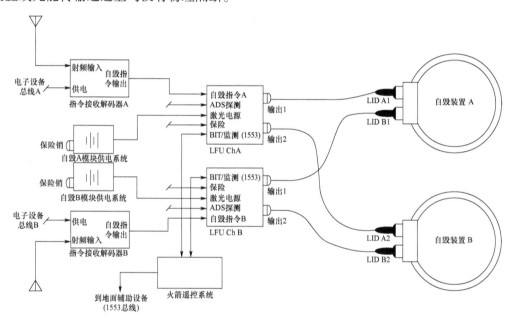

图9-26 激光起爆飞行终止系统(LIFTS)

在这个系统中有4个电子安保装置,只要系统采用一种大范围的试验程序作为安全性保障,那么用全电子安全控制是可以接受的。无论什么样的操作(包括人员演练)中,都必须证明激光发火装置对于故障与错误操作能够兼容。该激光起爆飞行终止系统,适合在飞行终止时需要切割壳体的小型、中等尺寸的火箭发动机上使用。简单地说,小而轻的激光起爆飞行终止系统,更适合那些区域反导系统装置,以及有火箭发动机推力终止功能的车载战术武器。

7)美国Perkin-Elmer公司与Quantic公司的激光二极管发火系统

Thomas J. Blachowski等在AIAA2001-3635报告中,介绍了Perkin-Elmer光电公司和Quantic工业公司设计制造的两种程序控制激光多路发火系统[19],分别如图9-27和图9-28所示。

这两种激光多路程控发火系统,都采用了工作波长接近$0.9\mu m$的2W激光二极管,发火装置的输出端配置有多个SMA905/906标准光纤连接器,用光缆传输激光能量。能够根据应用需要,可靠地使激光点火器和激光雷管发火。两种激光发火系统均完成了性能试验与评估,试验和评估结果已经在早期的出版物中公布。

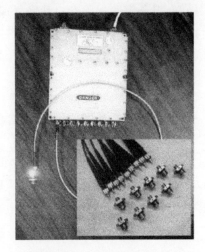

图 9-27 Perkin-Elmer 的
激光军械 9 路发火装置

图 9-28 Quantic 的
激光二极管 7 路发火装置

2. 半导体激光起爆系统设计

1) 工作原理

应用物理化学国家级重点实验室所设计的半导体激光起爆系统样机,其工作原理如图 9-29 所示。该系统主要由 1.5W QCW 小型半导体激光器、标准传输光纤缆与激光起爆器组成。

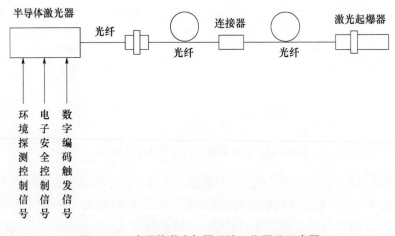

图 9-29 半导体激光起爆系统工作原理示意图

在半导体激光器的电源设计中,采用了环境探测器、5V 电脉冲安全控制与模拟编码信号触发控制新技术。该系统是用光纤传输激光能量,将光能耦合到药剂表面,使起爆装置作用,完成预定输出功能,因而具有高安全性、高可靠性。只有在两种安全控制条件完全满足的情况下,半导体激光器的电路才能开始通电工作,处于待发状态。当给出数字编码触发指令并经识别后,半导体激光器产生一束 QCW 激光,通过光缆传输、耦合到激光火工品装药表面,加热药剂使其爆炸。

2) 半导体激光单路起爆系统原理样机

应用物理化学国家级重点实验室按上述设计方案与相关单位进行技术协作,试制出了半导体激光单路起爆系统样机,如图9-30所示。该系统装置主要由1.5W QCW 小型半导体激光器、标准传输光缆与激光起爆器组成。

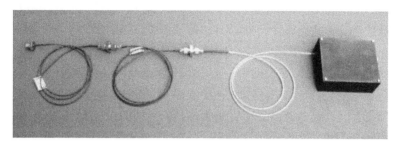

图9-30 半导体激光引爆系统原理样机

主要技术指标如下。
① 电源:直流28V。
② 激光二极管输出功率:1.5W。
③ 脉冲宽度:10ms。
④ 光纤芯径:$\phi 100/140\mu m$、长3m。
⑤ 连接器光耦合效率:87.2%。
⑥ 系统样机体积:不大于280cm^3。
⑦ 质量:不大于338g(不含灌封料)。
⑧ 系统作用时间:不大于3ms。

半导体激光器的电源中,采用了MEMS传感器、电子安全控制与数字触发等新技术。该系统又是用光纤传输激光能量,使起爆/点火装置作用,所以具有高安全性与可靠性的特点。

3) 半导体激光起爆系统初样机

半导体激光单路起爆系统原理样机的性能达到了设计要求,可以用来进行激光起爆、点火试验研究,但是原理样机的体积较大。从应用方面考虑,采用单片机技术对1.5W半导体激光器进行了改进,并且对传输光缆、激光起爆器也进行了技术改进。采用改进后1.5W半导体激光器、$\phi 100/140\mu m$ FC/PC传输光缆、光敏CP、BNCP激光起爆器等,试制出了小型化半导体激光起爆系统初样机,如图9-31所示。

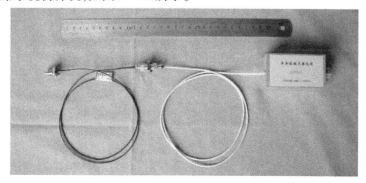

图9-31 小型化半导体激光起爆系统初样机

该样机具有惯性开关与电子安全控制、数字编码触发控制功能,使系统具有高安全性、高可靠性。样机体积不大于160cm³、质量不大于248g(不含灌封)、起爆系统作用时间不大于3ms。

3. 小型化半导体激光起爆系统

为了提高半导体激光起爆系统的环境适应性能,应用物理化学国家级重点实验室技术人员在上述系统初样机技术研究的基础上,又采用各种新技术对小型化半导体激光器、传输光缆、接插式激光起爆器等进行了优化设计。用1.5W QCW小型化半导体激光器、标准传输光缆、光敏BNCP接插式LID等,研制出小型化半导体激光单点起爆系统样机,如图9-32所示。该样机具有环境探测与5V脉冲信号安全控制、数字编码触发控制功能,系统具有高安全性、高可靠性及一定的环境适应性。经试验,该样机达到:①直流电源15V;②系统体积不大于106cm³;③总质量不大于225g(含灌封材料);④系统作用时间不大于100μs;⑤输出钢凹深度不小于0.86mm。

4. 半导体激光双路起爆系统

为了适应双路冗余起爆技术的发展,应用物理化学国家级重点实验室研究了半导体激光双路起爆系统技术。对BNCP LID产品的激光发火感度、二分束光缆耦合效率等参数分析研究后,认为用尾纤输出1.5W的半导体激光器能够实现两路起爆。用1.5W小型化半导体激光器正样机、二分束器、光敏BNCP LID等产品,研制出了小型化半导体激光两路起爆系统样机,如图9-33所示。该样机同样具有高安全性、高可靠性,主技术指标达到:①直流电源15V;②系统体积不大于134cm³;③总质量不大于296g(含灌封材料)。

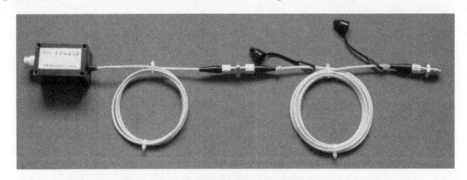

图9-32 小型化半导体激光单点起爆系统样机

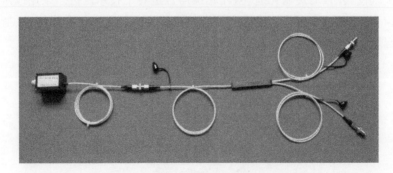

图9-33 小型化半导体激光双路起爆系统

在半导体激光器的电源中,采用了与单路系统相同的高新技术。该系统从能源到起爆器之间没有任何金属导线、电极和桥丝,是用光纤传输激光能量,将光能耦合到药剂表面使引爆装置作用,而完成预定输出功能。由于不受任何电磁干扰影响,故从根本上解决了火工品的电磁兼容问题。该系统只有在两种安全控制完全满足要求的情况下,半导体激光器的电源才能开始通电工作,系统处于待发状态。当给出数字编码触发指令时,半导体激光器发出一束准连续激光,通过分束器、光缆传输到激光起爆器,使其爆炸。半导体激光双路起爆系统具有高安全性、高可靠性、重量轻、体积小、多点输出、通用性好、储存期长和能够实现长距离控制引爆等特点。

对小型化半导体激光双路起爆系统进行了发火试验,试验数据如表9-8所列。从试验结果看出,两发 BNCP LID 产品爆炸,所产生的钢凹深度分别为 0.77mm 和 0.76mm;测定出其中一路的系统作用时间为 5.6ms,另一路试验数据因Ⅱ靶信号问题未记录上。

表9-8 半导体激光双路起爆试验结果

分束端编号	发火能量/mJ	作用时间/ms	输出钢凹深度/mm
A	3.91	5.6	0.77
B	3.64	—	0.76

5. 半导体激光3路起爆系统

1) 系统样机试制

由于光敏 BNCP 激光起爆器的不断改进,使半导体激光发火阈值有所降低;加之光纤分束器与传输光缆效率的明显提高,使得用 1.5W 半导体激光器同时起爆 3 发 LID 成为现实。应用物理化学国家级重点实验室技术人员用 1.5W 半导体激光器、高效传输光缆与三分束器、光敏 BNCP LID 等,试制出了小型半导体激光 3 路起爆系统样机,如图 9-34 所示。

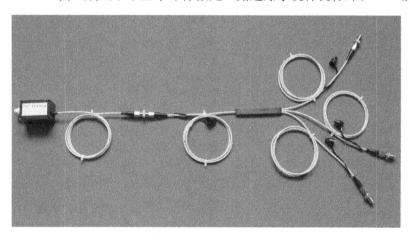

图 9-34 小型半导体激光 3 路起爆系统初样机

该样机具有环境温度自动补偿功能,同样具有环境探测与 5V 脉冲信号安全控制、数字编码触发控制功能,使系统具有高安全性、高可靠性,主要指标达到:①直流电源 15V;②系统体积不大于 162cm³;③总质量不大于 360g(含灌封材料)。

2) 起爆性能试验

用小型化半导体激光 3 路起爆系统,对 BNCP 激光起爆器进行了起爆试验,试验数据如表 9-9 所列。从试验结果看出:3 路系统起爆作用时间小于 300μs、输出钢凹深度不小于 0.57mm。

表 9-9　BNCP 激光起爆器 3 路起爆试验结果

分束端编号	发火能量/mJ	作用时间/μs	输出钢凹深度/mm
1	1.94	244.3	0.76
2	1.94	242.0	0.61
3	1.95	278.4	0.57

6. 半导体激光 8 路程控起爆系统

陕西应用物理化学研究所设计研制出半导体激光 8 路程控起爆系统装置,该系统装置主要由程序控制器、大功率半导体激光器、传输光缆、8 路光纤分束器、多路光开关组件和激光起爆器组成。具有 8 路任选、同步、等间隔或不等间隔延时起爆等功能。

9.3　激光点火系统

9.3.1　固体激光点火系统

1. 小型钕玻璃激光 4 路点火系统

美国 JPL 的 L. C. Yang 等在早期进行激光引爆试验的同时,大力开展了激光点火装置的研制,两台小型化高效率的钕玻璃激光器的资料显示:一台激光器输出 2.8J,外形尺寸为 2.0in×3.0in×5.0in,质量 1.7lb(包括激光头、电子部件和储能电容器,不包括化学电源);用这台激光器制成了一个可同时引燃 4 个装有烟火药的点火系统装置[1]。

试验所需的专用型号光纤束制成输入直径 $\phi 3.3mm$、4 个分开的相同输出直径 $\phi 1.65mm$ 的光纤束。每个烟火剂装置的全长为 3.05m,每根光纤束有同样随机 ±5% 的输出光损失,由光的输入分布所决定。烟火剂燃烧所产生的输出压力,采用与电爆装置相同的方法进行测定,该系统为 $1cm^3$ 的压力弹,配有 Kistler 压力传感器和电荷放大器。

在发射激光脉冲后,每一通路迅速上升的峰值压力时间均在 0.1ms 内,这种点火性能对烟火剂装置是非常理想的。与整个激光脉冲持续 1.5ms 相比较,2.8J 的激光能量可以完成 10 发装置发火。因此,对完成 3 发装置的发火系统,激光器可以进一步降低 50% 以上的尺寸和重量。

这里叙述的结果是指向宇航应用的烟火系统,该激光 4 路点火系统装置有 10 倍的发火裕度。其中点火装置的第一装药是 Zr/NH_4ClO_4(配比 50/50),激光感度为 $0.93J/cm^2$。光纤束质量(包括特制的金属保护软管在内)小于 22.4g/m,整机质量约 1.1kg。虽然激光能量转换效率不高(约 1.5%),但激光能量的利用率较高,整个激光点火系统的质量也可能优于电发火系统。

2. 火箭发动机用激光点火系统

Talley/Univ Propulsion 公司为火箭发动机设计的激光点火系统[10],如图 9-35 所示。该系统由激光电源、控制器、发火控制、钕玻璃固体激光器、自检发光二极管、自检光电管、机械闸门、光分束耦合器、传输光缆、光纤接头、现场接头、快速脱钩接口、窄带滤波器和烟火装置构成。在火箭发射时,首先由电源通过控制器给钕玻璃固体激光器供电,机械闸门打开。在控制器的作用下,自检发光二极管发出检测波长的光束,通过光分束耦合器、传输光缆、光纤接头、现场接头、快速脱钩接口到达烟火装置窗口的窄带滤波膜层。检测用特定波长的光束被窄带滤波膜层反射回自检光电管,判定传输光路连接的完整性。传输光路自检正常后,由发火控制部件给出火箭发动机点火信号,钕玻璃固体激光器输出大能量激光束。通过光分束耦合器、传输光缆、光纤接头、现场接头、快速脱钩接口到达烟火装置窗口,并通过窄带滤波膜层使烟火药燃烧,完成火箭发动机点火。

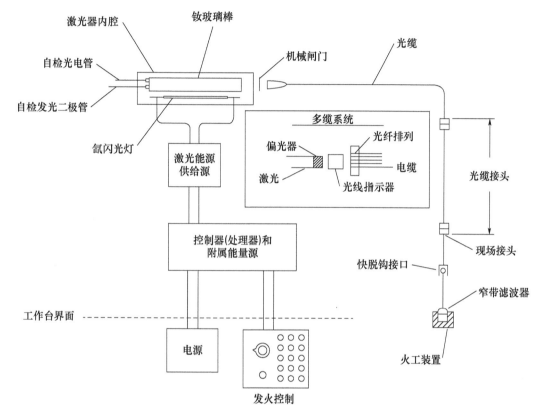

图 9-35 火箭发动机用激光点火系统

3. 大口径炮弹用激光多点点火系统

大口径炮弹的持续发展已经对点火系统提出了更高要求。实际上点火系统应该安全、可靠、快速,且适应于装药设计。为了减少或消除常规点火系统中可能产生的轴向压力波,可采用多点同时或按设计的时间顺序点火,而使火焰快速扩展,这样做同时能够改善整弹的内部几何结构。由于激光点火的固有优势,配合该高新技术而提出采用激光点火技术,于是研制了大口径炮弹用激光多点点火系统[20],图 9-36 所示为激光多点点火系统的示意图。

通用的石英光纤能够传输所需要的激光能量,使药剂点火。另外,这种光纤缆的强度和柔性都很好,能够满足安装的负载和柔性要求,使用方便。新型光纤由于密封包覆,而且寿命超过 20 年,适用性非常强。这些因素都预示了激光多点点火系统是一个可靠的、便于实际工作的系统,有可能成为适用性广泛的通用技术。

实施激光点火计划开始时,仅有 Apollo Model 35(阿波罗 35 型)激光器适用。它是一种钕玻璃激光器,其常规型脉冲宽度为250μs,且不可调节。后采用新的激光器,其脉冲宽度分别为1ms、2ms、3ms和5ms可调。为了减少点火装置的变异性且便于安装,采用7号黑药柱,在黑药柱上置一金属箔,激光能量照射该金属箔,快速加热使其蒸发,形成热金属蒸气或等离子,用这样的热金属蒸气或等离子使黑火药点火。当在1000μm光纤和药柱之间加上不锈钢箔片时,使药柱100%点火仅需2J的激光能。当激光脉冲宽度为1 ms时,使7号黑火药柱可靠点火所需的能量是0.3J(3倍阈值保险因数)。这个值与用窄脉冲所需能量相比是相当低的,这使得用市场上出售的激光器,就能很好地满足多路点火系统所需要的总能量。进而用奔奈火药或Oxite药剂作为点火过渡药,成功实现了推进剂点火。

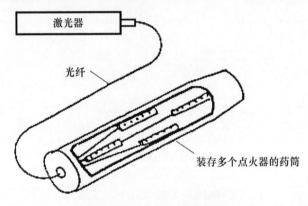

图9-36 激光多点点火系统

4. 激光7路点火系统

激光7路点火系统由一个激光器、多分支光纤及多个点火器组成[21],其系统概况如图9-37所示。实际应用中,单个点火器可以放置到需要点燃药室的任何一点位置上。

选择适合的激光器是实现多点点火的关键问题之一,可以从轻便、小型、输出功率及所需电源等实用观点出发进行选择。固体激光器能以较大的能量裕度发射足以点燃几个激光火工品的能量,而当时的激光二极管仅能点燃作用裕度系数为3的一个点火器。所以,首先选择使用具有最大效费比的固体激光器,如F-16A战斗机就采用了磷酸盐玻璃高热锆泵浦的固体激光器。

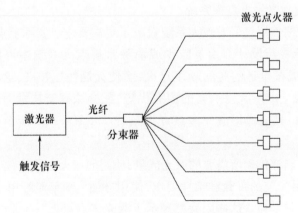

图9-37 激光7路点火系统装置示意图

光纤选择也是一个重要问题,应从操作时的强度、延展性及与激光器耦合的程度出发进行选择。即在有足够柔性的条件下,以保证光纤直径尺寸最小;同时在最方便与激光器连接的前提下,又要保证这个长度尺寸足够大。对于任何点火系统,至关重要的是了解整个点火系统的性能。多点点火系统的成功标准之一,是要求在推进剂底层内部达到统一的燃烧传播。其重要的特征是点火器之间具有良好的同时性。

5. 洲际榴弹炮激光点火系统

1) 激光点火系统装置

美国 Hi-Shear 公司为了替代对撞击敏感的常规底火药管,研制了这种典型的 Paladin LS 激光点火系统[22]。其中包括一种可重复使用的、具有高可靠性和安全性的激光点火源。模块化的榴弹炮激光点火系统装置如图 9-38 所示。

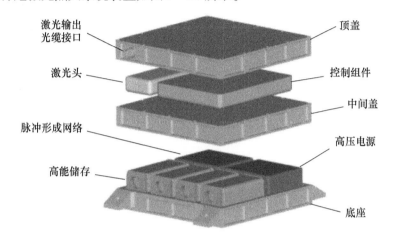

图 9-38 Hi-Shear 的榴弹炮激光点火系统装置

该系统是未经鉴定的,限定应用于 Paladin 洲际榴弹炮。该公司完成了所有的系统设计、集成装配和试验。这包括全部的电子器件设计和制造、软件研制和检验以及机械加工等。

在美国陆军亚马试验基地和科威特试验基地,Hi-Shear Paladin 激光点火系统试验成功,火炮用激光点火系统技术已经得到验证。最新的设计用于可重复使用的运载火箭 X-33 中的固定在位的解锁系统,并用于新型的 CRUSADER 先进的激光点火系统。

2) 系统主要性能

(1) 提供了用于可靠激发 Paladin 系统的通用药包装药。

(2) 双闪光灯 YAG 激光器,设计为每分钟能够产生 6 次以上的脉冲。

(3) 不需要冷却系统。

(4) 已经通过陆军试验验证,耐用的激光器经受得住高强度的冲击:$300g/12ms$(轴向)和 $75g/12ms$(横向)。

(5) 控制系统配备了已验证成功的进行激光点火的可靠保障。

(6) 在激光点火之前,自检功能为验证光纤线路连接的完整性提供了实时的信息反馈。

(7) 激光器和控制电子器件固定在一个单独的金属盒内,以便易于安装和维修。

(8) 控制软件与 RS-422、RS-232 或 MIL-STD-1553 通信总线兼容。

(9) 工作直流电压 28V 与 Paladin 推进装置的电源相适应。

(10) 激光器输出端配有直径为 $\phi 600\mu m$ 的光纤缆,可与 Paladin 炮尾部进行耦合连接。

6. 激光发火控制系统装置

Talley/Univ Propulsion 公司采用微处理机技术,设计研制的激光发火控制系统装置[10]如图 9-39 所示。

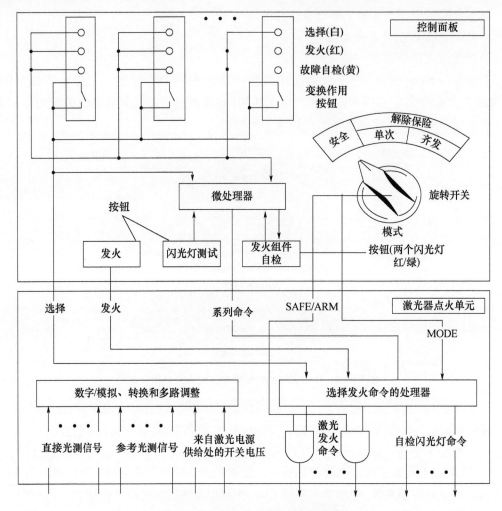

图 9-39 激光发火控制系统装置

9.3.2 烟火泵浦激光点火系统

本节主要论述烟火泵浦激光点火系统[13,23,24],分别从烟火泵浦固体激光器、机械触发热激光 4 路点火系统、气体触发热激光 4 路点火系统、电触发双输出热激光 4 路点火系统、机械触发热激光多路点火逻辑系统等几方面进行介绍。

1. 烟火泵浦固体激光器性能分析

将激光用于烟火药的点火系统或者用其作为研究工具,取得了显著的发展。除了广泛地研究影响许多烟火药的激光点火临界值的变化外,实用点火系统的设计也处于一个先进技术水平。虽然使用较贵的激光二极管系统,使其由于成本高难以很快得到大量的实际应用,但使用像烟火闪光灯泵浦激光器这种类型的激光点火系统,具有成本较低、体积与质量小的优点。

早期研究人员采用 Zr/KClO$_4$ 烟火药发光泵浦钕玻璃棒产生激光。使用 1g 的 Zr/KClO$_4$，在一个 18ms 脉冲中，输出的最大激光能量为 0.5J。L. D. Yong 等做了大量的技术改进，他们使用一些工业用锆/氧摄影闪光灯泵浦钕玻璃棒。烟火药泵浦与锆氧灯泵浦激光器的设计研究，在前文 3.1.2 节中有所叙述。与使用 Zr/KClO$_4$ 烟火药燃烧发光泵浦激光相比，锆氧灯泵浦激光的输出效率明显较高，试验结果如图 9-40 所示。锆氧灯激光器特别适合用于一次性作用的激光起爆、点火系统。

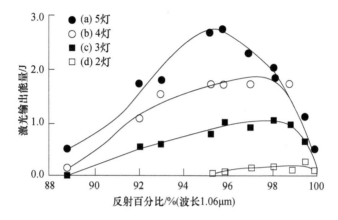

图 9-40　激光输出能量、闪光灯数量和输出镜反射率之间的关系

2. 机械触发锆氧灯激光 4 路点火系统

图 9-41 所示为机械触发锆氧灯激光 4 路点火试验系统的示意图，主要由机械触发锆氧灯激光器、光纤四分束器、传输光缆和光学点火器构成。

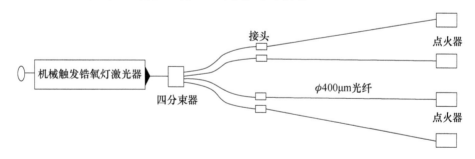

图 9-41　机械触发锆氧灯激光 4 路点火系统

机械触发锆氧灯激光器与用在伞盖抛放试验中的激光器相同，锆氧灯激光器的设计允许用现有的机械触发锆氧灯激光器直接进行改进，此装置可安装在座位与飞机之间。所有锆氧灯激光器的输出端，都与直径 ϕ400μm、长 2m 的光纤输入端耦合。光纤的另一端接 4 路或 2 路分束器，由连接器将分束器的输出与光学点火器或起爆器相连。

对机械触发锆氧灯激光器的试验，可手动进行锆氧灯激光器的起动操作，进行 4 路点火试验。

3. 气体触发锆氧灯激光 4 路点火系统

图 9-42 所示为气体触发锆氧灯激光 4 路点火系统的示意图。由 JAU-8/A25 起爆器提供的高压气体脉冲能，起动锆氧灯激光器。激光器发出的脉冲激光通过 4 路光纤分束器，可以点燃或起爆 4 个激光火工品。

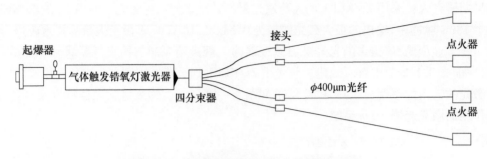

图 9-42　气体触发锆氧灯激光 4 路点火系统

4. 电触发双输出锆氧灯激光 4 路点火系统

图 9-43 所示为电触发双输出锆氧灯激光 4 路点火系统的验证试验系统,用该系统对电触发双输出锆氧灯激光器的试验,因点火器结构出现问题而失败。试验后点火器的中子射线底片说明,一根光纤端头已被拉动离开了 B/KNO_3 药剂界面;而另一根光纤则损坏了。制造工艺的改进纠正了这些问题,在后边的系统逻辑试验性测试和伞盖抛放测试中,所使用的激光点火器都采用了新的结构和工艺。

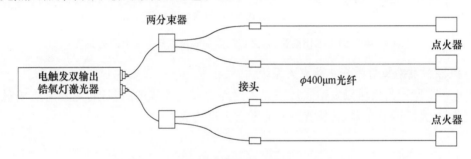

图 9-43　电触发双输出锆氧灯激光 4 路点火系统

5. 机械触发锆氧灯激光多路逻辑点火系统

图 9-44 所示为逻辑 LIOS 系统装置示意图,它是在后面描述的环境条件下进行试验的。施加一个拉力同时使机械触发锆氧灯激光器和有一定时间延迟的锆氧灯激光器触发点火。机械触发锆氧灯激光器的输出激光脉冲触发"与"门(或定序器),从而使延迟 1.0s 的另外一个锆氧灯激光器的传输通道打开。其输出通过 4 路光纤分束器分束,其中一路通过"与"门传输延迟 0.25s 使起爆器起爆;另一路则用于监测激光输出能量;第 3 路用于监测激光器作用时间;第 4 路没有使用。点火器安装在一个附有压力探测器的 $5cm^3$ 密闭容器中。起爆延迟时间定义为始于时间延迟热激光器发出脉冲到压力上升时为止。时间延迟锆氧灯激光器的延迟时间确定为始于加速计首次响应到时延脉冲开始为止。起爆器延迟时间落在 $0.25s \pm 15\%$ 范围即 $0.212 \sim 0.286s$ 内,延时锆氧灯激光器的延迟时间为 $0.99s$,激光器脉冲宽度为 30ms,这个试验成功地证明了用于完整抛放系统的 LIOS 逻辑元件。

图 9-44 所示的逻辑 LIOS 系统的试验是在用于 F-16A 的 LIOS 相似的环境条件下进行的。这些条件是:振动($22g$)、湿度 240h($84 \sim 160°F$)、100 次压力循环($14.7 \sim 0.7psi$)、50 次温度循环($-65 \sim 200°F$)及按 MIL-STD-510 除尘,主要关心的是试验对锆氧灯泵(PZPs)的影响,使它们按要求作用。装有锆氧灯泵浦灯的热激光器出现了小问题,改进设计

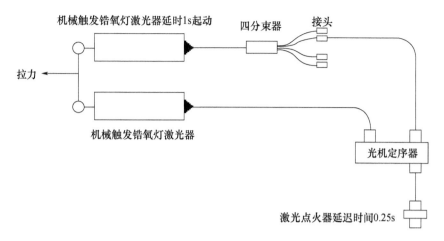

图 9-44　机械触发锆氧灯激光多路逻辑点火系统示意图

后解决了这些小问题。环境试验对光纤、点火器及光机定序器没有影响。

9.3.3　半导体激光点火系统

1. 美国 EBAD 公司的激光二极管点火系统

激光点火的武器系统应用激光二极管提供点火能量,通过光缆捆束传播该点火能量。EBAD 以此为基础,设计制造出运载火箭和导弹使用的 LIOS 系统[17]。EBAD 的 LIOS 系统经过了运载火箭飞行验证。该系统由其内置的自检测性能,以及连接到激光点火器上的对 EMI 免干扰的光缆通道所固有的安全性,允许用户以最简单的方法进行工厂生产、集成和检验。EBAD 公司的激光二极管点火系统与图 9-25 所示的起爆系统基本相同,只是在系统末端使用的是激光点火器。

EBAD 开拓了武器激光点火技术领域,并保持了行业中较早生产且具有航天品质的激光点火系统。EBAD 激光点火武器系统利用一种半导体激光二极管引燃点火管。EBAD 的激光点火武器系统是一种独立的武器用点火系统,包括电子保险和解除保险、发火、监控和内置式自检等功能。激光点火系统由于其内置的自检性能,使得系统的可靠性增强和运行灵活性提高。

2. 直列式激光点火系统

由于激光点火装置具有安全性,所以在其构成的点火序列或起爆序列中,可以不使用机械隔离件,即可采用直列式激光点火结构。原则上,EFI 使用的全电子保险装置也适用于激光点火系统。美国麦克唐纳·道格拉斯系统公司的 B. A. Stoltz 等发明了一种适应于激光二极管点火或起爆系统的保险/解除保险装置[24]。该装置除具有电子保险装置的功能之外,还考虑了激光火工系统需要在现场对光路完整进行性检测的要求,因而增加了光路连续性自检回路。

整个系统由电源、保险与解除保险控制电路、激光二极管、光耦合器及点火器 5 个部分组成。控制电路采用全电子固体元件。控制电路中具有完成 3 种功能的三个回路:第一个是预解除保险回路,由来自两个环境传感器的两个独立物理参量对一个半导体场效应管以开关形式作用,完成保险解除;第二个是连续性检测回路,使电源通过一限流自检装置驱动激光二极管产生远低于点火阈值的弱激光,弱光信号被点火器反射回光纤,并由与耦合器连接的探测器检测,最后将信号反馈于控制电路中;第三个是发火回路,当目标传感器信号使场效应开关管关闭后,电源驱动激光二极管使之产生高于点火阈值的大能量激光,使点火装置发火,完成整个系统的作用功能。根据上述功能要求的激光点火的作用原理系统如图9-45所示。

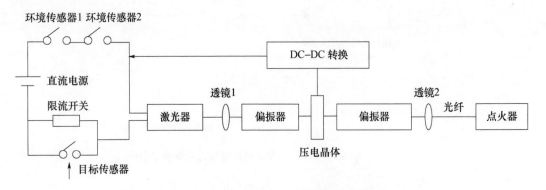

图9-45 直列式激光点火系统作用原理框图

光耦合器中增加了一个光学保险/解除保险装置。当控制电路准备点火时,向DC-DC转换器发送一个信号,使压电晶体偏振。第一个偏振器位于准直透镜与压电晶体之间,且只允许激光的水平偏振光通过。第二个偏振器位于压电晶体与聚焦透镜之间,只允许垂直偏振光线通过。当向压电晶体施加一个高压脉冲时,激光就能顺利通过,否则就不能通过。这就达到了防止激光器意外输出激光时,可能对系统造成的误作用。激光点火系统具备高级别的系统要求,要由两个独立的控制信号起动,并要按MIL-STD-1516和MIL-STD-1901两个标准的要求,设计系统安全性。总之,要为激光点火系统提供一个既不降低可靠性,又能减小危险性的安全设计。

3. 半导体激光点火原理试验系统

陕西应用物理化学研究所提出了设计方案,通过协作试制出的半导体激光点火系统原理试验样机如图9-46所示。该系统样机由模拟控制器、1.5W QCW 小型半导体激光器、$\phi100/140\mu m$ 标准传输光纤缆与激光点火器组成。半导体激光器的电源中,采用了环境探测器、5V电脉冲安全控制与模拟编码触发控制新技术。该系统是用光纤传输激光能量,将光能耦合到药剂表面,使点火装置作用完成预定输出功能。因而具有高安全性、高可靠性。只有在两种安全控制条件完全满足的情况下,半导体激光器的电路才能开始通电工作,处于待发状态。当给出数字编码触发指令时,半导体激光器发出一束QCW激光,通过光纤缆传输、耦合到激光火工品装药表面,加热药剂使其发火。

主要性能参数如下。

① 直流电源:28V。

② 激光二极管输出功率:1.5W。

③ 脉冲宽度:10ms。

④ 光纤芯径:$\phi100/140\mu m$、长2m。

⑤ 系统点火作用时间:不大于10ms。

4. 小型化半导体激光点火系统

应用物理化学国家级重点实验室采用多种新技术,优化设计试制出的小型化半导体激光点火系统样机如图 9-47 所示。系统主要由 1.5W QCW 小型化半导体激光器、φ100/140μm 标准传输光缆与激光点火器组成。

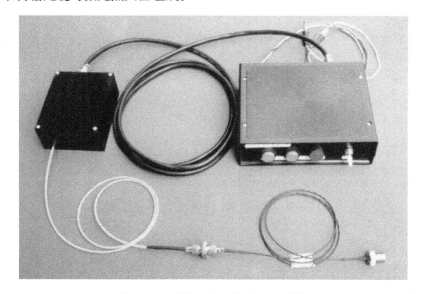

图 9-46　激光点火系统原理试验样机

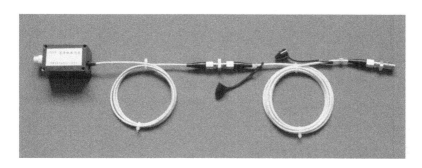

图 9-47　小型化半导体激光点火系统样机

主要性能参数如下。

① 直流电源:15V。

② 标准光缆:φ100/140μm、长 2m。

③ 系统样机体积:不大于 $116cm^3$。

④ 质量:不大于 270g(含灌封料)。

⑤ 系统作用时间:不大于 10ms。

5. 半导体激光远程双路点火系统

应用物理化学国家级重点实验室采用 4W QCW 半导体激光器、50m 铠装传输光缆、光纤两分束器、激光点火器,设计试制出半导体激光远程双路点火系统样机,如图 9-48 所示,该系统可以实现 50~500m 远程控制双路激光点火。

对远程双路点火系统进行了发火试验,试验数据如表 9-10 所列。从试验数据可看出:远程双路点火系统可实现 50m 长距离传输点火,能够在固体火箭发动机点火试验中进行应用;B/KNO_3 通用激光点火器在发火能量为 5mJ 时,点火作用时间不大于 5ms 的指标要求。

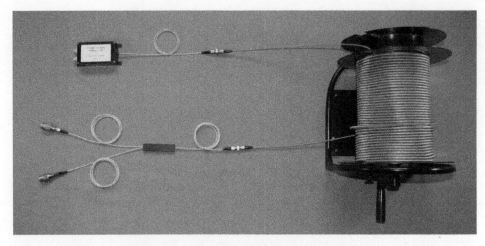

图 9-48　半导体激光远程双路点火系统样机

表 9-10　半导体激光远程双路点火系统试验结果

产品编号	激光发火能量/mJ	作用时间/ms	结果
081 1 号	5.02	1.99	发火
081 5 号	4.97	2.54	

9.3.4　激光隔板点火系统

本节主要论述激光隔板点火系统[25]，分别从激光隔板点火特点、系统组成和工作原理、固体激光与半导体激光双路隔板点火系统等几方面进行介绍。

1. 激光隔板点火系统特点

激光隔板点火技术是将激光起爆技术与隔板点火技术相结合的一种新技术，该系统用激光器作为起爆能源，利用光纤缆传输激光能量，直接起爆施主装药发生爆炸。所产生的冲击波通过隔板传递后起爆受主装药，利用消爆效应点燃输出烟火药而完成预定作用功能。发火作用之后，点火器的隔板完整无损，具有良好的密封性和安全性。与 EBW、EFI 等钝感火工品相比，激光隔板点火系统技术具有以下优点。

(1) 用光纤取代桥丝和引线，既可避免因电磁干扰信号产生的误点火，还可避免因桥丝带来的锈蚀、点火后电阻(RAF)和绝缘电阻的变化，以及长时间受到低于临界发火能量的射频作用而导致的瞎火等。

(2) 该装置的保险和解除保险系统非常简单且有效，因为沿光路放置任何不透明物体都可以有效地防止激光束通过而触发装药。

(3) 该系统容易实现多点点火，主要部件可重复使用。

(4) 利用此技术可实现猛炸药的 DDT。

(5) 除简单的直观观察外，不需要性能测试。

(6) 在生产过程中部件的装配是安全的。

(7) 利用隔板，使点火器具有很好的密封性能。

(8) 因为它们不导电，所以对射频、杂散电流，或任何感应电流完全钝感。

(9) 因为它们将所有活化能都加到化学反应的形成过程中,所以不需要补充电能。

(10) 由于不受电磁干扰作用,所以在生产、运输及勤务处理中更加安全。

采用激光隔板点火系统新技术,能够实现长距离控制点火,从根本上解决电火工品的电磁兼容问题。有利于提高武器装备对抗电子战的能力,使其具有更高的使用安全性与作用可靠性,而且储存寿命长、效费比高,对提高军队的战斗力、战场生存能力和实现国防现代化具有重要意义。

2. 激光隔板点火系统的组成和工作原理

1) 系统的组成

激光隔板点火系统是用小型固体激光器作能源,利用光纤传输激光能量,使隔板点火装置作用,完成预定输出功能的火工分系统。其组成原理框图如图 9-49 所示,主要由激光器、控制器、光纤传输网络和激光隔板点火器组成。

图 9-49 激光隔板点火系统组成原理框图

2) 系统的工作过程

控制电路部分主要是靠单片机控制实现的,按下电源开关后,只有环境开关、隔断控制开关、数码触发开关依次打开时,固体激光器才会加电并产生激光。小型固体激光器用于产生脉冲激光,主要由半导体泵浦器件、电源组件、激光组件、光闸、光耦合组件、SMA905 输出连接器等组成。光纤传输网络用于传输脉冲激光至激光隔板点火器,由激光器尾纤、光纤连接器、传输光纤、光分束器及输入光纤组成。激光隔板点火器的作用是接受脉冲激光能量并产生燃烧火焰输出,它主要由输入接口、产品壳体、光学耦合元件、施主炸药、受主炸药、点火药与输出烟火药组成。

激光隔板点火系统是与武器总体装备配套使用的,点火系统的电源由弹上提供,装备上的主控制程序根据需要给出控制信号,依次打开激光器的电源开关、电脉冲安全控制,激光器处于待发状态。需要点火时输出数码触发信号,从而使激光器产生激光脉冲,按需求经过不同形式的光纤传输网络传输到激光隔板点火器。隔板点火器接收到脉冲激光后发火,输出一定的压力波,使其下一级装置作用。

3. 固体激光双路隔板点火系统

应用物理化学国家级重点实验室设计的固体激光双路隔板点火系统,是由小型固体激光器、二分束器和激光隔板点火器组成的点火子系统,系统的外形如图 9-50 所示。进行了固体激光双路隔板点火系统试验,其点火作用时间达到 106μs;在容腔 27cm³ 下,输出峰值压力达 7.6MPa。

4. 半导体激光双路隔板点火系统

应用物理化学国家级重点实验室采用 1.5W QCW 半导体激光器、二分束器与激光隔板点火器,组成双路隔板点火系统,如图 9-51 所示。

该系统达到:工作直流电压 15V,系统体积不大于 780cm³,质量不大于 960g。对该系统进行了发火试验,试验结果如表 9-11 所列。试验数据表明,半导体激光双路隔板起爆系统的点火作用时间不大于 360μs,达到设计指标要求。

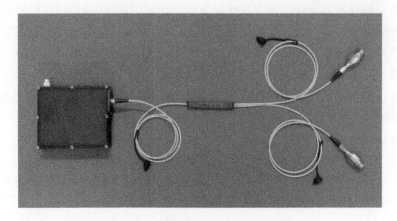

图 9-50　固体激光双路隔板点火系统

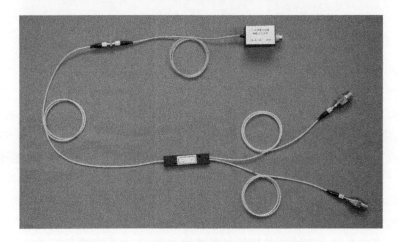

图 9-51　半导体激光双路隔板点火系统样机

表 9-11　半导体激光双路隔板点火试验结果

端口号	产品编号	激光发火能量/mJ	作用时间/μs	试验结果
1	2007-4 29 号	5.79	237	发火
2	2007-4 32 号	5.69	360	

9.4　动力源激光火工品系统

应用物理化学国家级重点实验室将激光点火、起爆技术与动力源火工品技术相结合,设计研制出多种动力源激光火工品系统,分别论述如下。

9.4.1　激光点火驱动推销器系统

半导体激光双路推销器系统,是由 1.5W QCW 小型半导体激光器、二分束器和激光驱动的推销器组成的一种做功子系统,系统的构成如图 9-52 所示。发火时激光推销器的活塞行程不小于 10mm,峰值推力为 3kN,推力峰值时间不大于 5ms。

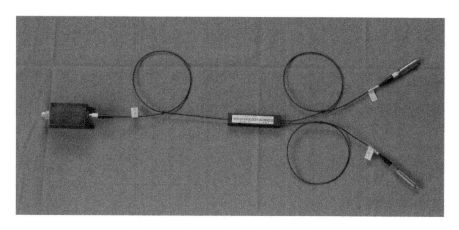

图 9-52 激光点火驱动双路推销器系统

9.4.2 激光点火驱动拔销器系统

半导体激光点火驱动双路拔销器系统是由 1.5W QCW 小型半导体激光器、二分束器和激光驱动的拔销器组成的一种做功子系统,系统的构成如图 9-53 所示。发火做功时激光拔销器的活塞缩回行程不小于 2mm,拉力峰值时间不大于 10ms。

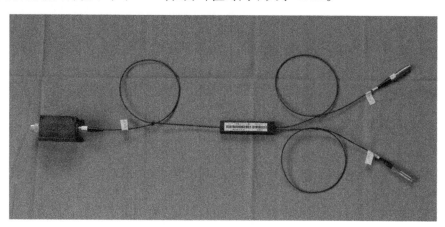

图 9-53 激光点火驱动双路拔销器系统

9.4.3 激光点火驱动阀门系统

激光点火驱动的双路阀门系统是由小型固体激光器、两分束器和激光驱动的常开与常闭阀门组成的一种做功子系统,其构成如图 9-54 所示。触发小型固体激光器输出激光脉冲,通过光纤缆、光纤分束器传输,使阀门上的激光点火器发火,推动活塞向前运动使阀门通道打开,使流体导通;或利用活塞的运动使阀门通道封闭,截断流体。

9.4.4 激光点火驱动爆炸螺栓系统

1. 激光点火驱动爆炸螺栓系统(A 型)

激光点火驱动的爆炸螺栓系统(A 型),是由小型固体激光器、二分束器和两发单路激光爆炸螺栓组成的一种爆炸分离子系统,其构成如图 9-55 所示。触发小型固体激光器输出激光脉冲,通过光缆、光纤分束器传输,使爆炸螺栓上的激光隔板点火器发火,推动活塞做功,在螺栓连接结构的薄弱部位产生分离,完成预定输出功能。

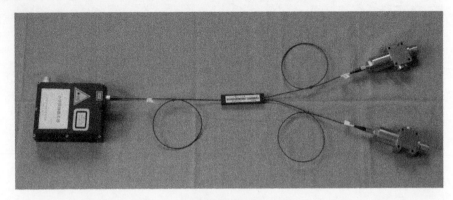

(a) 常开阀门系统

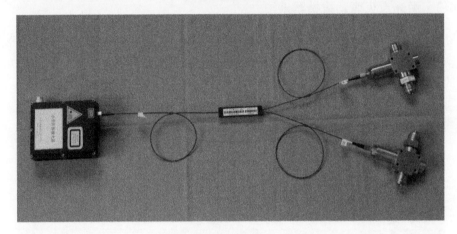

(b) 常闭阀门系统

图 9-54　激光点火驱动双路阀门系统

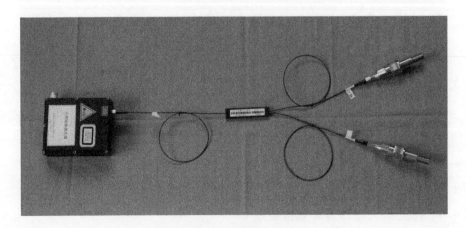

图 9-55　激光点火驱动爆炸螺栓系统(A 型)

2. 激光点火驱动爆炸螺栓系统(B 型)

激光点火驱动的爆炸螺栓系统(B 型),是由小型固体激光器、二分束器和两发双路激光爆炸螺栓组成的一种爆炸分离子系统,其构成如图9-56所示。该双路激光爆炸螺栓采用双激光点火器输入结构设计,使爆炸螺栓具有较高的发火可靠性。触发小型固体激光器输出激光脉冲,通过光纤缆、光纤分束器传输,使爆炸螺栓上的激光点火器发火,引爆螺栓中的火烟雷管。火烟雷管爆炸产生的高温高压推动活塞做功,在螺栓连接结构的薄弱部位产生分离,完成预定输出功能。

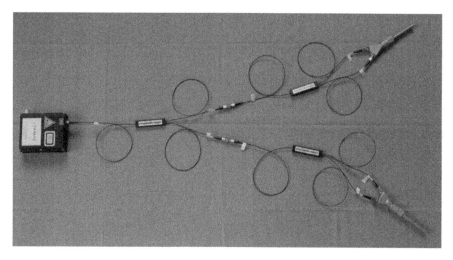

图9-56 激光点火驱动爆炸螺栓系统(B型)

参 考 文 献

[1] YANG L C,MENICHELLI V J,EARNEST J E. 激光起爆的爆炸装置[G]. 激光引爆(光起爆之二). 西安近代化学研究所,译. 北京:北京工业学院,1978:55-59.

[2] 王凯民,符绿化,杨志强. 激光点火系统的设计[G]. 西安:陕西应用物理化学研究所优秀学术论文集,1998:269.

[3] 王凯民,符绿化. 激光点火(起爆)系统的设计研究[G]. 国外火工烟火技术发展研究. 西安:陕西应用物理化学研究所,1998:18-38.

[4] 艾鲁群. 国外火工品手册(药剂和试验)[M]. 北京:国家机械工业委员会兵器标准化研究所,1988.

[5] 曙光机械厂. 国外激光引爆炸药问题研究概况[G]. 激光引爆(光起爆之二). 北京:北京工业学院,1978:25-27.

[6] Ensign Bickford 航天公司. FIRELITE 激光起爆系统[G]. 九十年代国外军民用火工烟火产品汇编下册. 许碧英,王凯民,彭和平,编译. 西安:陕西应用物理化学研究所,1996:824-827.

[7] LEWIS D J. 激光起爆的炸药装置系统[G]. 激光引爆(光起爆之二). 西安近代化学研究所,译. 北京:北京工业学院,1978:63-66.

[8] Ensign Bickford 航天公司. 先进的宇宙飞船用激光起爆系统[G]. 九十年代国外军民用火工烟火产品汇编下册. 许碧英,王凯民,彭和平,编译. 西安:陕西应用物理化学研究所,1996:824-827.

[9] USP-5404820. 激光起爆控制装置保险与解除保险状置[J]. 常红娟,译. 火工情报,1999(3):2-9.

[10] Talley/Univ Propulsion Co. 激光激励军械系统[G]. 九十年代国外军民用火工烟火产品汇编下册. 许碧英,王凯民,彭和平,编译. 西安:陕西应用物理化学研究所,1996:839-841.

[11] CHENAULT C F,MCCRAE J E JR,BRYSON R R,et al. The Small ICBM Laser Ordnance Firing System[R].

AIAA 92-1328:3-4.

[12] BAKER R L,CALIF G H. Pyrotechnic Pumped Laser for Remote Ordnance Initiation System. USP3618526[P/OL],1971-11-09[2013-03-28].

[13] LANDRY M J,et al. 飞机抛放系统使用的激光军械起爆系统[J]. 王凯民,译. 火工情报,1994(1):127-132.

[14] Ensign Bickford 航天公司. 激光二极管起爆系统[G]. 九十年代国外军民用火工烟火产品汇编下册. 许碧英,王凯民,彭和平,编译. 西安:陕西应用物理化学研究所,1996:832.

[15] MERSON J A,SALAS F J,HARLAN J G. 雷管和烟火作动器激光点火爆燃转爆轰(DDT)的发展[J]. 叶欣,译. 火工情报,2000(2):43-54.

[16] DILHAN D,WALLSTEIN C,CARRN C. 卫星激光二极管起爆系统[J]. 徐苠,译. 火工情报,2005(2):38-43.

[17] 贺爱锋,鲁建存,王可暄. 半导体激光起爆技术发展[C]. 火工与烟火技术未来发展研讨暨《火工品》期刊百期庆祝会学术论文集,2004:313-319.

[18] BARGLOWSKI M. Integrated System Test Methods for Laser Initiated Ordnance Systems[R]. AIAA 98-3325:2-8.

[19] BLACHOWSKI T J,OSTROWSKI P P. Update on the Development of a Laser/Fiber Optic Signal transmission System for the Advanced Technology Ejection Seat(ATES)[R]. AIAA2001-3635:2-3.

[20] 王凯民,符绿化. 激光控制点火技术研究[G]. 国外火工烟火技术发展现状、趋势与对策. 西安:陕西应用物理化学研究所,1995:13-14.

[21] 朱升成. 激光点火控制技术研究[D]. 西安:陕西应用物理化学研究所,2001.

[22] Hi-Shear Co. 洲际榴弹炮激光发火系统[J]. 彭和平,译. 火工动态. 西安:陕西应用物理化学研究所,2008(1):25-26.

[23] YONG L D. 炸药、推剂和烟火剂的激光点火与起爆[J]. 常红娟,译. 火工情报,1999(1):12-13.

[24] 王凯民,符绿化. 激光点火系统的可靠性检测与安全性分析[G]. 国外火工烟火技术发展研究. 西安:陕西应用物理化学研究所,1998:50-52.

[25] 曹椿强. 激光隔板点火系统技术[D]. 西安:陕西应用物理化学研究所,2006.

第 10 章

激光火工品系统自诊断技术

激光火工品系统自诊断技术旨在提高系统的作用可靠性,是将小型化半导体激光器或固体激光器、光纤无源耦合分束与传输、自诊断检测子系统、激光火工品等结合成一体的高新技术,与传统的激光起爆技术相比具有许多独特优点。采用含有自诊断功能的激光起爆、点火系统,能够在起爆或点火之前,实现对光路中所有光学组件进行检测与诊断,尤其可对光纤偏心、连接处松动、界面污染甚至崩纤等严重情况进行判断,确保激光源—光学组件—起爆器三者之间光路连接的连续性和完整性,保证激光火工品系统的发火可靠性。由于自诊断系统仍然使用光纤,所以具有不受电磁干扰、高安全性等特点,可以从根本上解决电磁兼容关键技术,这些优势无疑对提高战斗力、战场生存能力和实现国防现代化具有重要意义。

本章主要对系统光路检测的概念、检测程序和方法进行叙述。在激光火工品系统功能分析的基础上,阐述自诊断子系统的组成和工作原理,并对光检测信号流程、反射信号及自检光功率与时间的函数关系进行分析。对常见的几种系统自诊断技术进行介绍,包括内置式自检系统、外置式自诊断系统、单波长自诊断、双波长单光纤自诊断、双波长双光纤自检测技术、光致发光自诊断系统、编码调制式自诊断技术、高灵敏度自动检测技术等。针对激光火工产品,介绍光学反射式和光致发光式等两种具有自动检测功能的产品结构设计方案。对自诊断激光火工品系统,介绍应用物理化学国家级重点实验室研制的几种具有数显功能的多路自诊断激光火工品系统样机,对其系统组成、试验结果及性能参数等进行分析。

10.1 系统光路检测概述

随着武器系统复杂性和精密性的提高,对系统可靠性要求更加苛刻。激光火工品系统必须能够进行安全、可靠的光路自检,以满足整个系统的可靠性要求。从本质上说,激光火工品系统的自检就是对激光点火、起爆作用过程的一个预演,通过探测火工品耦合元件反射回的检测光,验证光路的完整性。

可靠地检查许多现代武器系统的火工品如热丝、爆炸丝及 CDF 等是很困难的,而 LIOS 系统可以实现光学检查全部的光纤、窗口、烟火剂或炸药表面的状况,一种检查方法就是把光射入传输光路中[1]。简单地讲,对 LIOS 系统的检查程序为:对全部装置应用复合输入方法,某些光纤用于传输激光脉冲到烟火剂装药,留少许光纤作检测;将检测用的光纤安装到可接受非相干光输入的位置,检测光照射到光纤上,并通过装置中的密封窗口进入烟火剂;

然后一部分光从烟火剂界面反射回去,经过窗口再通过光纤到达检测接收装置。

根据烟火剂的色彩(吸收光谱)或混有惰性指示剂后,在返回光纤输出端上用光电探测器可以读出反射情况。也可以采用 Sylvania 的小镁光灯泡、小功率 LED 灯和 LD 器件等类似方法,将自检测光源放在固体激光器谐振腔的全反端、半导体激光器的光学耦合输入端,以及光纤传输系统的输入端上,让检测光经光纤、光学元件传输到激光起爆器或点火器的药剂界面上。被反射的检测光,经过输入光纤或同束的其他光纤接收后再传输回来,即可获得自检测状态的正确指示。如果发生氧化、受潮或其他变化,可从反射光色彩的变化或光强度看出系统的"不良"状态。

如果检测光沿着它经过的光纤路径在任何一点上有破裂,可认为此系统失效,因为收不到返回的检测光。如果起爆器或雷管没有连接到光纤上,也没有检测光返回,表明系统存在中断。

应用这种检查系统,可以检查光纤对激光能量的传输能力、密封窗的透明状况和烟火剂装药表面的化学状态;也可以在发火前经常用非相干光源自检,了解烟火剂和整个系统的状况。当发射激光到发火装置时,在发火脉冲激励的时间内,允许少量光从窗口返回到检查光纤中。当烟火剂反应时,因各组分燃烧时放射光谱,而放出烟火剂的特性光,可在检查光纤中光的输出端上看到,可以将反应发光照相,为以后测定反应参数特性光谱分析提供资料。烟火剂发生反应后,窗口变黑或变暗,这是烟火剂发生了氧化反应的缘故,从而提供了发生反应的现实特征。

10.2 自诊断技术原理

10.2.1 激光火工品系统功能分析

激光二极管起爆、点火系统的构成与功能模型如图 10-1 所示[2]。其中有驱动作用的各种信号,如解除保险信号、发火信号、通道选择信号、电能等都被施加到激光发火装置(LFU)上。激光发火装置除了要向激光二极管提供电驱动信号外,还要对激光二极管提供保护作用,如 EMI/RFI、ESD 及 EMP 防护等。在激光能量耦合与传输部分是不受电干扰作用的,这是光纤传输的固有特性。但在这一部分需要光路自诊断,以保证传输光路的完整性。

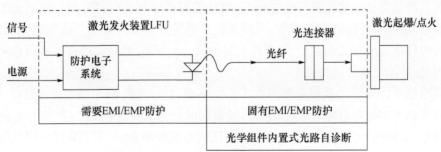

图 10-1 激光二极管起爆系统功能框图

激光二极管的输出一般要经过光纤接头,光纤接头通常是激光二极管组件中尾纤的一部分,激光输出经过一系列的光学连接器和几根光缆传输后,到达激光起爆器/点火器。尽管已经建立起一套可在电子器件内进行检测的方法,但对激光二极管输出以及从激光二极管到激光起爆器之间光传递完整性的检测方法还不十分成熟。要对这类系统进行高强度、高精度的内置式自诊断(BIT),成本相当高。而且,由于存在从电子器件到光学器件,又从光学器件到电子器件的介质变化,进行这样的检测也相当复杂。

简化的激光二极管功能框图如图10-2所示。简化框图中的激光二极管就好比一个能产生光子且光子进入到激光腔的二极管。激光腔的输出经光学透镜聚焦而进入光纤中传输,通过接头再将激光传送到系统中。

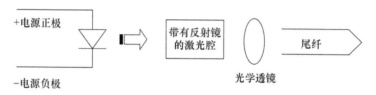

图10-2 激光二极管功能框图

一个有效的 BIT 系统,应该能够对从装置输入电能开始,到激光起爆器接收到光信号这个全过程进行监测。通过 BIT 对电子器件进行检验的技术方法,非常直接而且效果不错。但要检验激光二极管的性能以及与之相关的到达激光起爆器光路的连续性能,却相当困难。这里需要解决的问题是,激光二极管在检测试验过程中应处于工作状态,系统应能对激光起爆器是否能正确地接收到光信号进行验证,同时要求激光起爆器在接收到检测光信号时不会意外发火或使性能有所退化。

10.2.2 激光火工品系统自诊断工作原理

应用物理化学国家级重点实验室展开了激光火工品系统自诊断技术研究工作。激光火工品自检系统主要由5部分构成,即电源控制装置、激光器、光纤传输系统、激光火工品以及自检探测系统,激光火工品系统的自诊断工作原理是控制器控制激光器的供电、安全保险、自检和发火激光能量输出。激光器在得到控制器的供电指令后向激光器电源系统供电,在接到解除保险指令后打开电子保险。在接到自检指令后,控制激光器发出自检光信号,通过光纤传输系统到火工品中的光与药剂的耦合界面,经反射后回到自检探测系统,完成光路连续性检测。判定光路连接正常后,控制器发出点火指令,控制激光器输出发火激光脉冲。激光能量通过聚焦透镜耦合到光纤内,通过光纤传递到激光火工品中。激光火工品内装填有对激光敏感的药剂,在激光能量的作用下,完成起爆或点火作用,如图10-3所示。

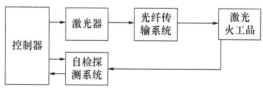

图10-3 激光火工品系统自诊断工作原理框图

10.2.3 光检测路径

在多数光 BIT 系统中,光检测信号的路径是检测光信号从光源到达起爆器,然后又从起爆器反馈回去,转换成电信号并与允许水平进行比较[2]。确定系统 BIT 光信号的好坏取决于系统差异。图 10-4 是典型的单光纤信号路径的简化框图,图 10-5 是典型的双光纤信号路径的简化框图。

图 10-4 单光纤检测信号路径框图

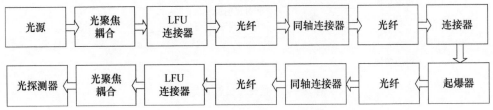

图 10-5 双光纤检测信号路径框图

图 10-5 上侧所示为发火能量到达起爆器的路径,并假设光源是激光二极管;反馈 BIT 信号的路径如图 10-5 的下侧所示。在 BIT 期间,上侧路径的任何变化都会在 BIT 信号中反映出来;同样,下侧路径上的任何变化也会在 BIT 信号中反映出来。问题是两条路径上都存在很大的差异,因而也增大了 BIT 信号的不确定性。表 10-1 给出了发火路径潜在的不确定性,无论采用何种 BIT 方法,也无论该 BIT 方法是否存在温度补偿,潜在不确定性大部分都与温度有关。表 10-2 对表 10-1 中的差异进行了扩展,并增加了不同 BIT 方法下回馈路径上的差异。表 10-2 中的数据是在假设可从探测器上的噪声中采集 BIT 信号的前提下产生的,对这种方法一直存在争议。

表 10-1 发火路径信号差异

方法		光源	光耦合	LFU 连接器	光纤	同轴连接器	光纤	起爆器/雷管输入	路径信号	百分比/%	比率
单色、无温度补偿	最大值	1.4	1	0.95	1	0.95	1	1	1.26	100	—
	最小值	0.7	0.9	0.85	1	0.85	1	1	0.46	36	2.8
单色、无温度补偿	最大值	1.4	1	0.95	1	0.95	1	1	1.26	100	—
	最小值	0.7	0.9	0.85	1	0.85	1	1	0.46	36	2.8
双色、无温度补偿	最大值	1.4	1	0.95	1	0.95	1	1	1.26	100	—
	最小值	0.7	0.9	0.85	1	0.85	1	1	0.46	36	2.8
高反射率、无温度补偿	最大值	1.4	1	0.95	1	0.95	1	1	1.26	100	—
	最小值	0.7	0.9	0.85	1	0.85	1	1	0.46	36	2.8
PSQ 双光纤、无温度补偿	最大值	1.4	1	0.95	1	0.95	1	1	1.26	100	—
	最小值	0.7	0.9	0.85	1	0.85	1	1	0.51	40	2.5

表 10-2 发火/BIT 路径信号差异

方法		光源	光耦合	LFU连接器	光纤	同轴连接器	光纤	起爆器/雷管输入	起爆器/雷管返回	光纤	同轴连接器	光纤	LFU连接器	光耦合	光探测	路径信号	百分比/%	比率
单色、无温度补偿	最大	1.4	1	0.95	1	0.95	1	1	1	1	0.95	1	0.95	1	1	1.14	100	—
	最小	0.7	0.9	0.85	0.85	1	1	0.9	1	0.85	1	0.85	0.9	0.25	0.07	6	17.1
单色、有温度补偿	最大	1	1	0.95	1	0.95	1	1	1	1	0.95	1	0.95	1	1	0.81	100	—
	最小	1	0.9	0.85	0.85	1	1	0.9	1	0.85	1	0.85	0.9	0.25	0.10	12	8.6
双色、有温度补偿	最大	1	1	0.95	1	0.95	1	1	1	1	0.95	1	0.95	1	1	0.81	100	—
	最小	1	0.9	0.85	0.85	1	1	0.9	1	0.85	1	0.85	0.9	0.5	0.19	23	4.3
高反射率、有温度补偿	最大	1	1	0.95	1	1	1	1	1	1	0.95	1	0.95	1	1	0.81	100	—
	最小	1	0.9	0.85	0.85	1	1	0.9	1	0.85	1	0.85	0.9	0.75	0.29	35	2.9
PSQ双光纤、有温度补偿	最大	1	1	0.95	1	1	1	1	1	1	0.95	1	1	1	1	0.86	100	—
	最小	1	1	0.85	0.85	1	1	0.9	1	0.9	1	1	1	1	1	0.59	68	1.5

PSEMC 的 LLC 双光纤 BIT 方法不需要使用光耦合器件,而且也不存在信号采集问题。因为该方法中的 BIT 信号是由激光二极管直接产生的一个 1kHz 的方波,其可被检测到的振幅是 BIT 响应的直接体现。在这样的系统中,光通路较为简单,差异也被大大缩小了,产生了较高品质的 BIT 信号。在表 10-1 和表 10-2 中,除了 PSQ 系统中的回馈路径采用了 ϕ200 μm 的光纤以外,均假设是 ϕ100 μm 的光纤系统。激光起爆、点火系统中光纤及连接器等光学组件,在光能传输过程中起着不可忽视的作用。弯曲、温度、湿度、人为因素都会对光纤的传输效率产生一定的影响。当发生崩纤、偏心、连接处松动、界面有污染甚至断裂等严重情况时,激光火工品在发火时就会完全失效,而且在发火前不易发现,更不能拆卸光纤连接检查。若要在发火之前对点火系统中光路的完整性做出判断,防止类似的事故发生,保证发火可靠性,就必须采用自诊断技术。如果能将具有自诊断检测功能的子系统建立在激光起爆系统中,则激光起爆系统的可靠性和适用性将大大提高。因此,国内外正在积极研究含有自诊断、高安全性与高可靠性功能的新型激光起爆系统,对光纤传输网络进行自诊断。

激光起爆、点火系统具有自诊断功能的优点:①检测的方式仍使用光纤,故不受电磁干扰的影响,从根本上解决了电磁兼容问题;②诊断具有实时性和高可靠性;③确定故障方式,便于有效地解决故障;④具有操作简便、质量轻、体积小等特点;⑤解决了火工品系统的光纤传输网络的检测问题,具有广阔的应用前景及经济效益。

国内外在激光起爆系统中,分别采用了内置式和外置式两种技术途径,解决激光起爆系统中光路自诊断的问题。这两种方式都是基于同一个思路,即在起爆之前先采用激光弱信号或另一种波长的微小功率 LED、LD 光信号进行光学回路连接性能的诊断,当控制器判断光学传输回路完好后,才能触发激光器产生激光,使起爆装置作用。但是,内置式和外置式在诊断的结构特点上有着很大的区别。

在实际的诊断中,根据探测器接收到的反射信号判断光路中是否存在缺陷。由激光在光纤中传输的固有性质可知,激光在光纤中传输通过光学界面时,会有向后的瑞利散射发生,而且光纤连接器、火工品壳体、药剂界面都会反射少量的激光,这样就会影响到探测反射回的检测光信号。由此,设置信号水平限度解决这一问题,如图 10 - 6 所示[3]。

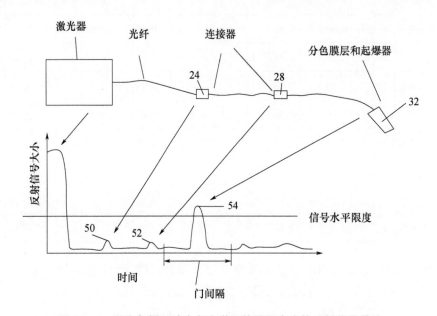

图 10 - 6　激光起爆系统中各光学组件界面产生的反射信号量值

激光器、光纤、连接器和分色膜层在不同时域,其反射检测光的量值也是不同的,信号(54)是分色膜层(32)反射的检测信号。根据经验,在低于信号(54)10% ~ 20% 处设置一个信号水平限度,在诊断过程中,如果信号(54)低于此水平限度,即认为光路中存在界面污染、光纤断裂或连接器损坏,因为检测光能在诊断过程中由于故障点的存在而引起部分损失。

10.2.4　自检光功率与时间的函数关系

实现激光火工品系统的光路连续性自诊断检测是一种重要的设计需求。无论用内置式(BIT)还是外置反射率计自检,无论是采用单波长、双波长还是采用调制频率信号进行自检,都应该预先设定自检光功率水平。早期的安全指导思想是确定为激光起爆器或点火器不发火水平的 1/100。任何自检方案的目的是,不允许比安全耗散更多的能量进入激光火工品的药剂中,使其分解而导致性能变化或意外发火。图 10 - 7 表明典型激光起爆器的最大可接受自检光功率水平,及其功率与时间的函数关系曲线[4]。EBAD 公司通用的 BIT 与工艺设计,不允许自检光功率水平大于含能材料的不发火水平的 1/500。

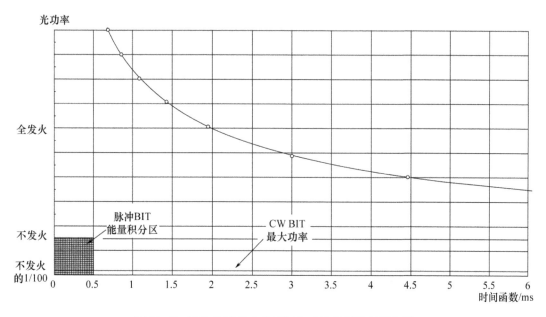

图 10-7 LID/LIS 的自检时间与功率的函数关系曲线

10.3 系统自诊断技术

10.3.1 内置式自诊断系统技术

1. 内置式自诊断技术

BIT 是将含有自诊断检测功能的子系统,建立在激光起爆系统内部的一种方式。一个最理想的内置式自诊断系统,应该能从控制器输入电能开始,到激光起爆器接收到光信号这一过程的全部信号进行诊断,判断出光纤网络完整性与可靠性[3]。在确定光路检测正常后,再给出发火指令,激光器输出发火激光脉冲。通过光纤传输激光能量,使激光起爆装置作用,完成预定输出功能。图 10-8 所示为理想的含有自诊断功能的激光起爆系统功能框图。

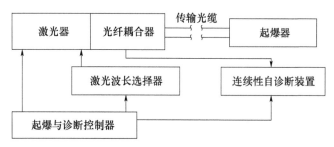

图 10-8 含有自诊断功能的激光起爆系统功能框图

采取必要的保护措施,能够保证激光二极管稳定、可靠地输出。在起爆、点火之前,经自诊断系统检测并判断光路完整、可靠后,再输出激光发火能量,经过一系列的光学连接器和光纤传输之后,到达激光起爆器使其作用。

基于以上的分析与考虑,国外开始研究光信号从光源到达起爆器,然后又从起爆器反馈回去,转换成电信号与某一参考值进行比较的自检方法,图10-4 所示为这种方案的信号路径框图。由框图可知,整个起爆系统的光路诊断没有使用电子器件,仍采用激光作为诊断工具,故不受电磁干扰,解决了电磁兼容等问题。

1)分色镜 BIT

专利 USP 4917014 中提到了一种内置式自诊断系统,其中指出利用分色滤镜反射一种波长的激光,用于诊断光源—传输网络—起爆器系统之间的光路连续性和完整性;而透射另一种波长的激光使起爆器发火[3]。图10-8 所示为这个系统的原理框图。

当起爆与诊断控制器工作在诊断方式状态时,它驱动波长选择器使激光器激发检测光,并向诊断装置发出指令,让其工作在待检测状态。检测激光通过光纤耦合器和传输光缆,到达起爆器,通过起爆器内部的反射装置,使得反射光返传到耦合器并到达诊断装置内,由此对激光火工品系统的光路完整性进行诊断。

2)固体激光点火系统 BIT

美国在早期的 SICBM 中,采用了具有 BIT 功能的 LFU[5]。其中包括电子逻辑电路,使得所有激光点火系统装置的内置式检测操作变得更加容易。BIT 包括以下3个校验 LIOS 工作状态的试验。

(1)独特信号设备(USD)步进电动机/码盘的局部步进试验。

(2)激光能量监控器(LEM)试验。

(3)光纤连续性试验。

LEM 试验和光纤连续性自检的示意如图10-9 所示。LEM 试验在激光光闸关闭的安全状态下进行。光闸关闭后,激光发射组件(LTM)和定序器之间用来传输高能激光的光学传输通道被切断。这样 LTM 发火的输出被阻断,并被一面棱镜偏转至光电二极管装置,检测 LTM 发火的输出。测量输出值并与预设阈值比较后,开始或中止的状态指示信号会反馈给 GCA。

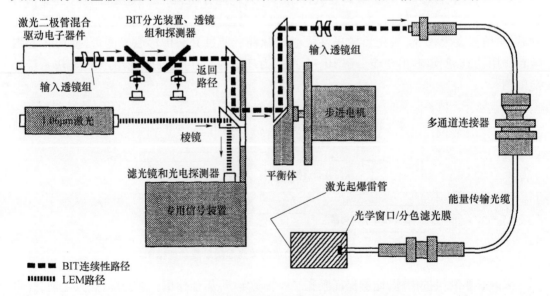

图10-9　LEM 试验和光纤连续性自检的示意图

检测用的激光二极管与它的混合驱动电子器件,提供与定序器光学准直的检测光输出。当光闸关闭时,二极管激光器发出的一束低功率检测光脉冲,通过定序器后依次到达 LFU 输出光耦合器、ETS 和每个 LID。每束脉冲的持续时间为 20ns、波长 850nm。LID 的光学窗表面镀有一层二向色膜,将 850nm 波长的光反射(但可通过波长 1.06μm 的发火光脉冲)回 LFU,这一过程由光电二极管组件监控。信号随后被整合、放大,并与预置阈值进行比较,然后便有开始或中止信号被反馈给 GCA。这一试验验证了在工作过程中光纤连接无损坏,且光纤连接器内的能量损耗程度在可接受范围内。

3) 半导体激光起爆系统自诊断

半导体激光起爆自诊断系统如图 10-10 所示,其作用过程是电源通过开关向保险/解除保险电路提供电能,保险/解除保险电路控制激光二极管的点火,控制电路可以完成电源、激光二极管控制及电路状态自检[6]。激光二极管输出的激光能量被光纤连接器耦合到光纤中,光纤将激光能量传输到起爆器使其发火作用;光学连接器还可接收从起爆器反射回来的检测激光信号,通过取下光纤的包层或加入分色镜,实现接收反射检测光并耦合到探测器上。探测器输出的电信号反馈给保险/解除保险电路,以监测光路的连续性。

图 10-10 半导体激光起爆自诊断系统

内置式系统检测精度高但较为复杂,在确保点火装置稳定发火的同时,也保证了激光二极管与起爆器之间光路连接完整性的检测,是一种对整个起爆系统的自检测。而且由于反馈信号在原光纤内返传,不需增加光纤的数量,故又不增加系统的体积,为小型化应用奠定了基础。

2. 半导体激光起爆系统的内置式自诊断

在一些复杂的起爆系统装置中,通常会选用激光二极管起爆系统。这些复杂装置往往会对起爆系统高可靠性、高安全性、质量轻、体积小、多点输出以及系统通用性好等方面提出要求,而且成本要低于以前的高电压起爆系统。采用激光二极管起爆系统,具备上述要求的全部特性,新一代系统还增加了高水平的 BIT 功能,用来对系统的性能进行验证。

本节对作用到激光二极管起爆系统上的发火裕度作了定义,对不同 BIT 方法的优缺点进行了论述,说明了用不同方法、从不同方面对系统发火裕度给予的保障[2],主要介绍的是能够确保激光起爆系统具有最大发火裕度的方法。对所采用的 BIT 方法作了图解说明,并提供了几种不同 BIT 方法计算上的系统偏差。激光起爆系统能够满足上述所有要求,而且新一代的激光起爆系统还增加了极高水平的内置式光路检测功能,用来对系统性能进行验证。

1) 检测光信号的功率

现行 BIT 安全控制准则是起爆器在 BIT 检验期间所处的功率水平,不得高于不发火水平的 1/100。对于全发火水平 150mW、不发火水平 50mW 的典型起爆器,在进行 BIT 时,到达起爆器/雷管的功率不得高于 0.5mW(500 μW)。除了要满足安全准则外,还希望通过光 BIT 探测激光二极管及其他光学器件在性能上的细小变化,这些变化有可能是系统存在潜在问题的早期显示。这就要求 BIT 对系统变化高度敏感,而且能够明确地检测到这些变化。尤其是在光性能方面要敏感地反映出这些细小的变化,并对光学连接器数量上的增减有一定冗余度。

发火裕度定义:在最坏情况下,传递到起爆器或点火器上的最小发火激光能量,除以该起爆器在置信度 95%、可靠度 99.9% 下的全发火水平。激光二极管的输出光能与温度有着极强的函数关系,某型号的激光二极管输出与温度的关系如图 10 – 11 所示。

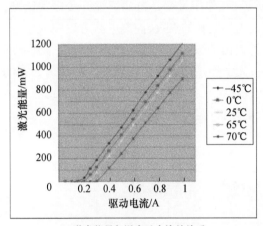
(a)激光能量与温度及电流的关系

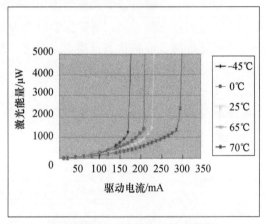
(b)激光能量与温度的关系"拐点试验"

图 10 – 11 激光二极管输出与温度的关系(彩插见书末)

如图 10 – 11 所示,在温度从 – 45℃ 变化到 70℃ 的过程中,光输出能量从略低于 0.9W 增加到近 1.2W,变化了约 33%。这种激光二极管在这一温度区间内的变化还是相对比较低,有些制造商生产的激光二极管,在温度从热到冷的变化过程中,其输出光能的差异甚至超过了 2∶1。根据这些数据,激光二极管系统最坏情况下的发火裕度通常是指激光二极管在最高工作温度下的情形。不过激光起爆器的感度在最高工作温度下几乎没有变化。在从冷到热的这一过程中,武器系统的性能变化要远远低于激光二极管的性能差异。

激光二极管是点火所需要的光能来源,但光能在系统的每个光接口处都会产生损失。为了计算方便起见,激光起爆器的接口损失通常不包含在这类损失中,因为这样的接口损失已包含在起爆器的全发火能量中。根据设计者的经验,光连接器的界面损失要远远大于电连接器。如果不使用定位键控制型连接器,那么界面损失作为专用连接器以及连接方向的函数,会有非常大的差异。已经有过界面损失超过 3dB 的经验,尽管典型的界面损失是在 0.5 ~ 1.0dB 这个数量级上,而且很大程度上取决于连接器的类型和光纤的粗细。

2)试验信息分析

将这些信息汇总如图 10 – 12 所示,从中可看出发火裕度和 BIT 差异。显然,都希望激光发火系统具有较高的发火裕度、较低的 BIT 差异,以确保获得最大的发火裕度。图 10 – 12 中概念性地给出了发火裕度的最大值和最小值,以及由 BIT 确保的发火裕度,最小化 BIT 差异可使发火裕度最优化。

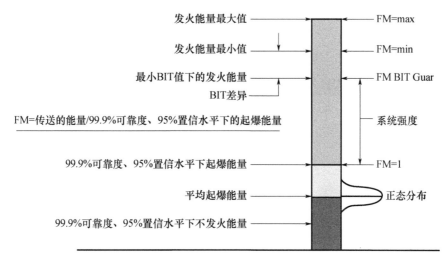

图 10-12　试验信息汇总

3) 双光纤单波长激光二极管自检起爆系统

PSEMC 设计的半导体激光发火装置与双光纤 BIT 系统结构原理如图 10-13 所示。

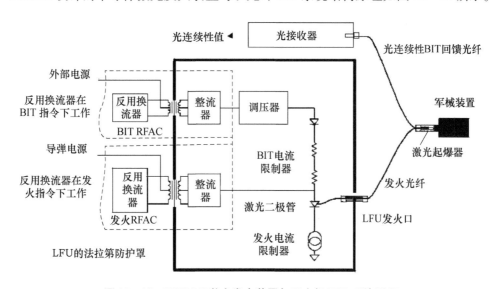

图 10-13　PSEMC 激光发火装置与双光纤 BIT 系统原理

表 10-3 综合了包括使用外部 OTDR 和干涉仪在内的 BIT 方法,并作了进一步的性能比较。外部 OTDR 系统可对整个系统是否连接完好进行验证,但无法检测出系统功能是否退化。比如存在受损的光纤,或者在测试结束、设备拆除后出现的功能退化。如果光纤断裂或连接处存在问题一般都可探测到,但对连接器或光纤界面损失的增大却难以察觉。在外部用干涉仪对连接器界面损失的分辨作用要强些,但对具有较长光缆系统的用处却不太大。此外,采用这样的检测手段,对验证系统光路的完整性也有一定困难,因为这种检验方式下系统是部分断开的,以便插入来自试验设备的信号。

表 10-3　BIT 方法的进一步比较

比较项	单光纤 OTDR	单光纤干涉仪	单色单光纤	双色单光纤	双光纤、正向	双光纤、反向
循环费用影响	不提供	不提供	中等	中等	低	低—中等
是否建立在系统内部	无 GTE	无 GTE	是	是	是	是
故障覆盖面	低	中等	低	中等	高	中等—高
可否检测出二极管缺陷	否	否	也许	也许	能	也许
伪正向电压	不确定	不确定	高	中等	低	低
试验置信度	低	低	低	中等	高	中等—高
试验期间系统是否处在发火状态	否	否	是	是	是	是
发火裕度的影响	无	无	估计 20%	估计 20%	5%	10%
光纤	1	1	1	1	2	2
光复合性	无	无	中等	中等—高	低	低
电子器件复杂性	无	无	中等	高	低	低—中等
系统尺寸影响	无	无	中等	中等偏高	低	低偏高
相对于不发火的试验水平	不确定	不确定	不确定	不确定	<1/500	<1/500
系统可靠性/置信度	低	低	低	中等	高	中等—高

单波长和双波长系统检验方法能探测出存在的大部分问题,却具有较多的界面损失,因为它们需要用某种方法将试验信号接插进去,然后再采集出来。这种检验方法中通常要使用耦合器与分光镜,先将注入的 BIT 信号合并到信号通路中,然后再将 BIT 信号从回馈信号通路中分离采集出来。这一方法存在的问题是,BIT 信号一直在信号通路中寻找可以反射的地方,而光通路上的任何一个器件都会产生反射,这些额外的反射增加了系统的噪声,必须由检测系统自行去分辨与克服。双波长检测系统在减小噪声方面有了改善,因为可用一种波长和另一种波长相比较。同轴连接器的使用增加了信号探测的难度。有建议认为,在起爆器/探测器上使用具有高反射率和颜色选择能力的复合膜层,可改善信噪比。但这样的系统通常要使用光学器件与许多电子器件才能从噪声中探测出自检信号。

图 10-13 和图 10-14 给出的 PSEMC 双光纤方法中的信号流程非常简单,对光路中的变化非常敏感。系统在检测工作过程中,激光二极管处于辉光态时,检测信号被注入系统中,如图 10-13 所示;检测信号被输入到连接在发火光纤上的起爆器中,如图 10-14 所示。发火光纤上有某一固定比例的光被用作反馈 BIT 信号进入回馈光纤。将这一信号与某一温度补偿参考值进行比较,确定系统通过了检测还是未通过检测。数字格式模拟信号的使用,可探测出 BIT 信号通路上的细小变化,从而判断出光通路是否损坏,如光纤弯曲、连接处松动、界面污染、结构损坏等。图 10-15 为激光二极管检测模式与发火模式示意图。

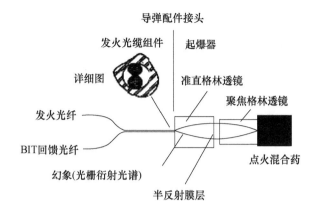

图 10-14　激光火工品中双光纤 BIT 光学器件的光路作用原理

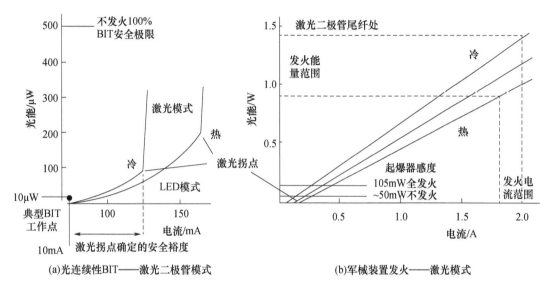

图 10-15　激光二极管检测模式与发火模式示意图

表 10-3 所列的双光纤反向方法,是指双光纤方法按照反向操作,在探测时将激光二极管作探测光源使用。这一方法虽然不错,但要增加电子器件的使用数量,而且不能直接验证激光二极管的工作状态。双光纤方法的不足之处在于它需要增加另一根光纤。这样做有可能引起伪失效问题,而且要求光纤按紧配合公差方式固定到起爆器上。双光纤 BIT 法的工作功率要低于不发火功率的 1/6000,这一系统在工作时可同步探测到 1kHz 信号,并提供非常好的信噪比,使系统能较容易地探测出光性能的变化,较清晰地分辨出杂散连续或低频光源。如果公差控制得好,而且包括激光二极管与光纤耦合处的回馈 BIT 信号性能不错的话,这样的系统使用起来相当方便。

10.3.2　外置式自诊断系统技术

陕西应用物理化学研究所对外置式自诊断技术进行了分析研究,分别介绍如下[7-8]。

1. 外置式自诊断技术

由于内置式自诊断系统复杂、技术难度较大、成本偏高,而且不能在含有分束器的多路起爆系统中采用。因此,国内外文献提出了外置式(简称 BOT)的自诊断方式,外置式与内置式最大的区别是,用于诊断的检测光没有耦合到原光纤内返传,而是通过专用的另一条回馈光纤,将检测光传输至探测器用于诊断。图 10-16 所示为外置式自诊断的原理框图。

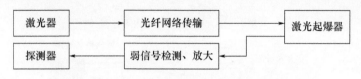

图 10-16 外置式自诊断的原理框图

相反,外置式系统在诊断光学组件的完整性时,主要是根据增加的反馈光纤探测反馈信号,通过探测器接收反馈信号判定光学组件中的缺陷。由于外置式增加了另一根检测光纤的体积,且检测光纤出现故障时,不能准确反映发火光纤通道的真实状态,所以整体可靠性不如内置式系统。然而,如果在确保了点火装置稳定、可靠的基础上使用外置式系统,则外置式系统的效果与内置式系统的效果是相同的。而且外置式自检测系统结构简单、成本较低,界面反射对自检信号的干扰小。此外,外置式还能方便地应用于激光多路起爆系统,对每路起爆通道都能进行自动检测,因此成为一种较为实用的自检技术途径,具有长远的发展意义。

2. 半导体激光外置式自诊断技术

激光起爆技术是用激光作为发火能源,利用光纤网络将激光能量直接传输到装药中,使其发生燃烧或爆炸而完成预定输出功能的一种新火工技术。为了保证发火可靠,激光火工品在装配之前,可以使用相应的仪器设备对光学通路的完整性进行检测。但当装配到总体上并处于待发状态时,就无法使用外接仪器进行光路检测。为此,国外在 20 世纪 70 年代就开始对激光火工系统光纤传输网络的连续性与完整性进行研究,先后提出了内置式和外置式两种自诊断技术。自诊断技术已应用于部分武器型号中,如麦克唐纳·道格拉斯导弹系统公司为空空导弹设计的激光起爆子系统就采用了外置式光路检测系统。本节论述采用双光纤探测对激光起爆系统进行外置式自诊断技术,设计光电检测电路并对半导体激光双路起爆系统进行试验。试验结果证明,该检测方法能够实现对半导体激光起爆系统进行自诊断的功能。

1) 外置式自诊断的组成

自诊断技术是指在发火前利用激光器产生弱激光信号,对光能传输网络进行无损检测的一种新技术。它分为内置式和外置式两种,内置式自诊断是将一根光纤同时用于发火和检测,技术难度大且不易实现;外置式自诊断是利用专用的一条或多条探测光纤接收反射激光,再由探测光纤传输至光电探测器进行诊断的一种方法。基于后者的优势和特点,设计了图 10-17 所示的外置式自诊断系统,以此对发火前的激光起爆系统进行检测。

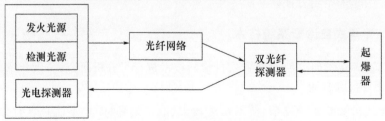

图 10-17 外置式自诊断系统的组成

图 10-17 所示外置式自诊断系统由发火光源、光纤网络、双光纤探测器、激光起爆器、光电探测器等组成,其中发火光源内含有检测光源。当处于诊断状态时,检测激光的能量很小,不能使起爆器发火,也不能破坏药剂性能以免降低发火可靠性。美国航空与航天协会相关标准指出,激光起爆装置处于自诊断时,检测激光的功率不能超过不发火功率的1/100。该试验采用的激光起爆器的检测激光功率符合标准要求。

2) 双光纤探测技术研究

(1) 双光纤探测的产品结构与原理。将两根同种规格的光纤并行排列,在输出端将两根光纤封装在一个包层中,并由特殊的插针壳体将其固定,形成双光纤探测接头。图 10-18 (a) 所示为双光纤探测器的输出端示意图,其中一根为发火光纤,另一根为探测光纤。输出端固定于激光起爆器内部,与药剂前端的介质膜片紧密相贴。如图 10-18 (b) 所示,双光纤探测起爆器的工作原理:半导体激光器产生 650nm 的检测激光,由发火光纤进行传输。当检测激光传输至药剂前端的介质膜片时,在其表面产生漫反射现象,从而将检测激光的一部分反射并耦合到探测光纤中,通过探测光纤传输至光电探测器进行能量阈值判断,完成光路的检测功能。当半导体激光器产生 980nm 的大能量脉冲激光时,由发火光纤进行传输激光能量耦合到起爆器的始发装药表面使其爆炸。具有双光纤探测功能的激光起爆器外形如图 10-19 所示。

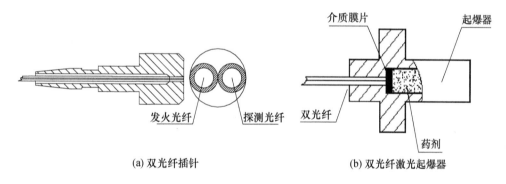

(a) 双光纤插针　　　　　　　(b) 双光纤激光起爆器

图 10-18　双光纤探测的激光起爆器结构示意图

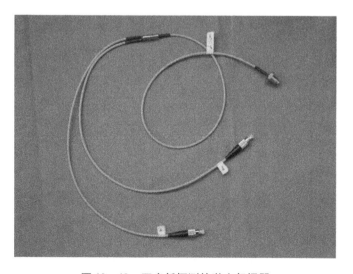

图 10-19　双光纤探测的激光起爆器

（2）介质膜片的影响分析。由于介质膜片的引入，需对膜片界面进行激光发火感度的影响试验，以保证发火状态下起爆器的可靠性。试验结果表明，在光纤与药剂之间采用介质膜片时，激光起爆器能够在 33mW 的能量水平下发火；不采用介质膜片时，激光起爆器在 42mW 的能量水平下发火，经过试验得出介质膜片可以使发火感度提高 21.4%。由此说明，介质膜片不仅没有降低激光的发火质量，而且在发火状态下，能够降低接头与炸药之间的热导率，减少热损失，提高激光发火感度。因而用介质膜片作为外置式自诊断中的反射元件是较为理想的。试验中采用厚度为 0.05mm 的介质膜片。

（3）反射比测定。在双光纤探测技术中，反射比决定了反射光的能量大小，为了提高反射激光的强度，使之达到稳定合适的量值，需对双光纤的反射比进行测定。反射比测定试验装置由半导体激光器、双光纤探测器、激光起爆器构成，其中反射激光由能量计在双光纤的 B 端探测，如图 10-20 所示。

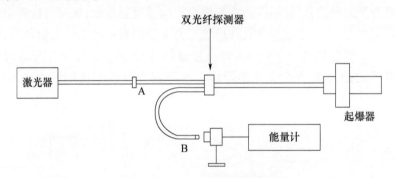

图 10-20　双光纤反射比测定试验

选取 $\phi 105/125\mu m$、$\phi 100/140\mu m$ 规格的双光纤探测器各两件，经试验，结果如表 10-4 所列。其中 A 端为激光器尾纤输出能量，B 端为反射激光能量。

表 10-4　双光纤反射比测定结果

双光纤	A 端能量/$\times 10^{-6}$J	B 端能量/$\times 10^{-11}$J	反射比 F
1 号($\phi 105/125\mu m$)	0.260	0.338	1.30×10^{-5}
2 号($\phi 105/125\mu m$)	0.260	1.121	4.32×10^{-5}
3 号($\phi 100/140\mu m$)	0.260	0.238	0.92×10^{-5}
4 号($\phi 100/140\mu m$)	0.260	0.469	1.81×10^{-5}

从表 10-4 所列测定结果可以看出，$\phi 105/125\mu m$ 阶跃型双光纤的反射比为 $1.30 \times 10^{-5} \sim 4.32 \times 10^{-5}$，而 $\phi 100/140\mu m$ 渐变型双光纤反射比为 $0.92 \times 10^{-5} \sim 1.81 \times 10^{-5}$，二者均达到了对检测激光的反射功能。但数据表明，双光纤探测器对检测激光的反射效率较低，需要设计高精度、低噪声的光电检测及高放大倍数电路，提高外置式自诊断的可靠性。

3）外置式检测电路的设计

为了检测到反射激光能量，提高自诊断的可靠性，设计了图 10-21 所示的外置式检测电路。

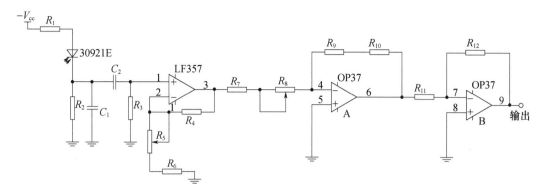

图 10-21　外置式检测电路原理

图 10-21 中选择了具有内部增益和放大作用的雪崩光电二极管 30921E 作为光电转换器件；采用 LF357 场效应管运算放大器作为前置运放，其具有低失调电流、高输入阻抗、高共模抑制比等良好性能。二级运放采取两个 OP37 级联的方式对弱信号进行放大，不仅减少了噪声，而且保证了测量放大倍数，达到了测量准确度的要求。

根据运算放大器虚短、虚断原理，图 10-21 中第一级运算放大器的放大倍数为

$$A_{u'} = \frac{U_3}{U_1} = \frac{R_4 + R_5 + R_6}{R_5 + R_6} = 1 + \frac{R_4}{R_5 + R_6} \tag{10-1}$$

式中：U_1、U_3 分别为 LF357 的输入电压与输出电压。虽然选择合适的电阻可使前级放大倍数设计得很大，但由于反馈电阻会引入热噪声而限制电路的信噪比，因此前级信号不能无限放大。

同理可得，第二、三级运算放大器的放大倍数分别为

$$A_{u''} = -\frac{R_9 + R_{10}}{R_7 + R_8} \tag{10-2}$$

$$A_{u'''} = -\frac{R_{12}}{R_{11}} \tag{10-3}$$

根据级联原理，3 个运算放大器的总放大倍数，即外置式检测电路的放大倍数为

$$A_u = A_{u'} A_{u''} A_{u'''} = \left(1 + \frac{R_4}{R_5 + R_6}\right)\left(-\frac{R_9 + R_{10}}{R_7 + R_8}\right)\left(-\frac{R_{12}}{R_{11}}\right) \tag{10-4}$$

选取合适的阻容元件，经试验测定后该检测电路能够对 10^{-12} J 量级的激光能量进行探测，并能驱动激光器的检测状态指示灯工作。

4）测试及结果分析

（1）检测试验。采用上述检测电路对双路激光起爆系统进行外置式自诊断检测试验，验证光电检测的有效性，试验方案如图 10-22 所示。

分别对阶跃光纤双路起爆系统和渐变光纤双路起爆系统进行试验，结果如表 10-5 所列。从测试结果可以看到，利用双光纤探测器对阶跃、渐变光纤双路起爆系统进行探测，可在检测端获得 $0.130 \times 10^{-11} \sim 0.589 \times 10^{-11}$ J 的反射激光能量；而且此量级的反射激光，能够利用上面所述的检测电路探测到。试验结果证明，采用双光纤探测器与自行设计的检测电路，能够对双路激光起爆系统进行检测，初步达到了自诊断要求。

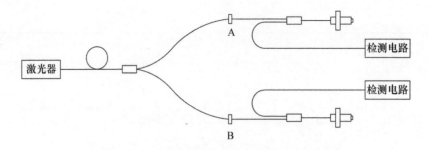

图 10-22　双路激光起爆系统外置式自诊断检测

表 10-5　双路起爆系统自诊断检测结果

序号	起爆系统类型	端口	反射能量/10^{-11}J
1	阶跃光纤双路系统	A	0.168
		B	0.589
2	渐变光纤双路系统	A	0.146
		B	0.130

(2) 讨论。

① 通过双光纤探测器对激光起爆系统外置式的检测试验可知,双光纤探测器能够对 650nm 的检测激光进行反射,但反射率比较低。试验测得 $\phi 105/125\mu m$ 与 $\phi 100/140\mu m$ 双光纤探测器的反射比分别为 4.32×10^{-5}、1.81×10^{-5}。

② 用高灵敏度的雪崩光电二极管和低噪声、高精度运算放大器所设计的检测电路,能够对激光起爆系统外置式的反射信号进行检测,该电路能探测出能量为 1×10^{-11}J 的微弱激光信号。

③ 用光电探测器对双路激光起爆系统进行外置式自诊断检测的数据表明,该探测器能够探测出反射的激光能量,达到了对光纤网络连续性与完整性的检测目的,实现了激光起爆系统的光路自诊断功能。

5) 自诊断检测样机试制与试验

在自诊断技术研究的基础上,设计试制出的半导体激光起爆系统自诊断原理样机,如图 10-23 所示。分别采用 5mW、808nm 与 5mW、650nm 激光二极管作为检测激光,经光纤传输至激光起爆器,用自行开发的半导体激光火工品系统自诊断原理样机,进行反射检测信号的测试。当连接光路完整时,指示灯为绿色;当光路有缺陷时,指示灯为红色。结果表明,该样机能够判断反射自检信号,具有初步的光路检测功能,能够实现对半导体激光火工品系统光路完整性的检测与判定。

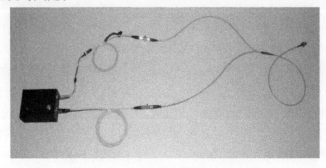

图 10-23　自诊断检测系统原理样机

10.3.3 单波长自诊断技术

激光起爆、点火系统的自诊断技术,一直以来都是系统设计与应用的难点之一。在半导体激光火工品系统中,单波长自诊断技术是指在发火前,通过控制使激光二极管产生微弱的荧光信号,对光纤传输网络进行无损检测的技术[9]。半导体激光起爆系统由控制系统、激光二极管、光纤网络、激光起爆器等组成。其中控制电路可以改变驱动半导体激光器的工作电流,在检测时输出低功率荧光,在发火时输出高功率激光。当系统自检时,半导体激光器发出功率很小的荧光信号,荧光信号通过发火光纤传输至激光起爆器。激光起爆器按照规定的比例将荧光信号反射耦合进入检测光纤,并传输至探测器。根据探测器接收的荧光信号的强弱,诊断光纤传输系统的完整性,该检测模式为定量判定检测。

Mark F. Folsom 的发明专利 USP 5914458 和 PSEMC 开发的光通路连续性检测装置系统中,均采用了双光纤、单波长的检测方法。检测信号是由激光二极管直接产生的一个 1kHz 方波,系统在自检的同时,可同步探测到 1kHz 信号并提供非常好的信噪比,将探测光纤的检测信号与某一参考阈值相比较,确定系统是否通过了检测,典型的单波长自诊断系统如图 10 - 13 所示。

在双光纤、单波长的自检模式中,检测激光和点火激光具有相同的波长,但要通过控制激光器的工作电流改变其发射功率。利用大电流驱动激光器发射大功率激光用于点火;用小电流驱动激光器发射小功率的检测激光,完成光路完整性检测。小功率检测激光远小于点火阈值,这种模式通常要在激光火工品的换能元件上镀部分反射膜实现自检。当系统处于点火模式时,由于 90% 的点火激光可以透过换能元件上的部分反射膜,因此不会影响正常发火;当系统处于检测模式时,小功率检测激光被部分反射膜(10% 的反射率)反射到检测回路,完成光路完整性自检。

这种检测方式的缺点在于需要增加一根光纤,这样就有可能引起伪失效。另外,系统处于检测状态时有检测光到达药面,虽然不会引起发火,但是长时间和多次照射可能对火工品中的激光敏感药剂有一定的影响。

10.3.4 双波长单光纤自诊断技术

Jacobs、Richard 在专利 USO5270537 中指出,采用两种不同波长的激光即可完成对传输网络的光路诊断,如图 10 - 24 所示[3]。

在发火方式下,激光器产生 1064nm 的脉冲激光,通过一系列的光学组件菱形棱镜、聚焦镜、光纤接头、光纤及尾纤传输到起爆器中,透过分色膜层并引爆含有药剂的起爆装置。在自诊断方式下,移动棱镜使检测激光通过光学组件传输到起爆器,并在分色膜层的界面上发生反射,使反射的检测激光耦合到尾纤并沿原路返传。在到达分束器时,大部分的检测光会反射到光电探测器中,从而实现检测功能。

若沿激光器的光轴转动光学组件(1、2),则可以实现对排列在圆周方向的多路起爆装置进行逐个检测。在检测模式下,不同波长的激光在分色膜层界面上会产生不同的透射率,如图 10 - 25 所示。

如图 10 - 25 所示,激光波长在低于 880nm 时,分色膜层的透射率很低,甚至可以说不透射,其相应的反射率会很高。故在此时选用低于 880nm 波长的激光作为检测激光,是不会使起爆器意外起爆的,也不会对药剂造成影响,具较高的安全性。当波长大于 880nm 时,分色膜层的透射率逐渐增高,到 1064nm 以上时,分色膜层的透射率达到 98%,基本处于透射状态,此时发火激光就可以通过并传输至激光起爆器内。

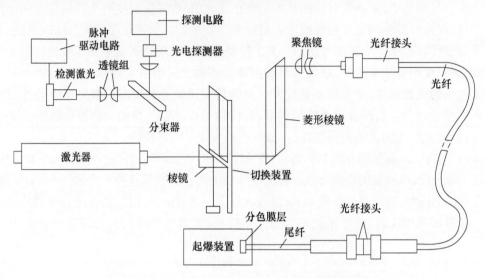

图 10-24　采用两种波长的 BIT 自诊断起爆系统装置

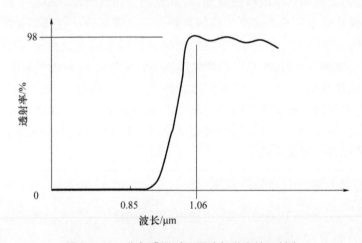

图 10-25　分色膜层对不同波长激光的透射率

10.3.5　双波长双光纤自诊断技术

在第一届 NASA 火工品会议上,McDonnell Douglas Missile Systems Company(MDMSC)为空空导弹设计了激光点火系统的双波长双光纤连续性检测系统[10],其结构如图 10-26 所示。

该方案是在激光棒后端放一闪光灯,通过激光棒和聚焦透镜辐射 880nm 的激光,并经过光纤缆到达火工品的分色镜窗口。该窗口镀有对波长敏感的膜层,该膜层将反射 880nm 波长的激光。从多根光纤中选用一根光纤作为返程光纤,用于收集来自邻近光纤散射的同步检测光能。该光信号将返传到探测器内,根据光信号是否存在及强弱判断光路是否完整。

值得注意的是,每种装置的分光窗口都位于靠内一侧。其原因是它在抛光光纤脚与反射表面之间具有一间隙,从而满足将光信号从传输光纤散射并返回接收光纤中;另一个原因是当装置起动发火后该涂层将燃烧完,并使检测功能失效。

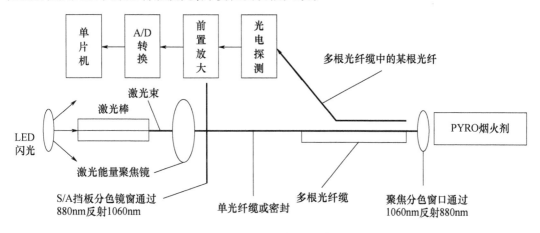

图 10-26　具有双波长双光纤检测功能的激光点火系统

10.3.6　光致发光自诊断系统技术

美国专利中提出了一种基于光致发光的自诊断(PBIT)方案[3],如图 10-27 所示。

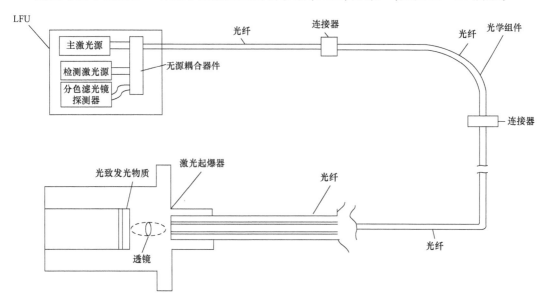

图 10-27　含有光致发光物质的内置式诊断系统结构

图 10-27 所示的激光发火装置包含主光源、检测光源和分色滤光镜探测器。主光源采用半导体工作物质,产生发火激光;检测光源则产生不同于主光源波长的检测激光,此激光不足以引爆起爆器。光纤尾端耦合于起爆装置,并且在起爆装置的连接处装有光致发光物质,光致发光物质在受到检测光源发出的激光照射后,会激发第三种波长的激光。此波长的激光通过激光起爆器内部透镜经原光纤返传到位于激光发火装置中的探测器内,探测器将接收到的光信号转换成电信号并与参考值进行比较,就可以判定出光纤网络连接的完整性。

在图 10-27 中,LFU 内含主激光源、检测激光源、分色滤光镜、探测器以及无源耦合器件;光学组件内含光纤、连接器。在光纤尾端连接有光致发光自检功能的激光起爆器,考虑到 PBIT 系统的实用性,如果光致发光物质能够透射主光源产生的激光,则主光源产生的激光就可以透过光致发光物质,并引爆腔体中的含能材料。此外,需要注意的是,光致发光物质产生的光和检测光源产生的激光均不足以引爆含能材料。此外,还指出在发火水平上,安全控制准则规定,起爆器在 BIT 检验期间所处的功率水平不得高于不发火水平的 1%。对于一个全发火水平 150mW、不发火水平 50mW 的典型激光起爆器,在进行光 BIT 时,到达起爆器的功率不得高于 500μW。

10.3.7 编码调制式自诊断技术

1. 编码调制式自诊断技术探索

应用物理化学国家级重点实验室进行了编码调制式自诊断技术研究,用于激光火工品系统自诊断检测的激光功率,通常规定为不发火功率的 1%。由于入射到激光起爆器上的自诊断检测激光信号能量小,反射激光信号很弱,需要采用高灵敏度光电探测器、高放大倍数的检测电路,才能检测到激光反射信号,因此带来较强噪声干扰问题。为了解决低噪声、高倍数信号放大的技术关键,自检用 650nm、2mW 功率的 LD 激光进行编码调制,使检测激光变成波特率为 9600 的二进制 10110101(B5H)编码数字电信号,其输入检测激光电信号如图 10-28 所示。该数字信号经激光起爆器装药界面薄膜反射后,采用高灵敏度光电探测器、高放大倍数的检测电路,检测到的反射电信号如图 10-29 所示。

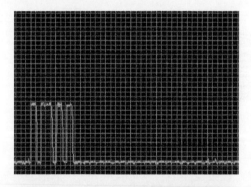

图 10-28 编码调制检测输入激光信号

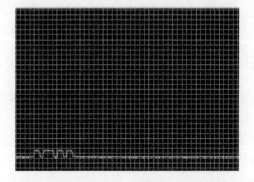

图 10-29 检测到的编码调制反射激光信号

该激光反射信号经放大、识别,驱动显示电路,可以实现激光火工品系统的自诊断功能。但由于反射信号很弱、编码调制信号占空比等因素的影响,该编码调制式自诊断原理装置只能达到对 10^{-6} W 量级的激光反射信号的检测。若采用不发火功率1%或更弱的检测光进行光路自检,则需要对编码调制式自诊断技术进行更深入的研究。

2. 编码调制式自诊断技术的优化研究

前面所述的激光起爆系统自诊断技术,是根据反射信号的阈值判断传输光路通断连续性的。由于检测激光通过光纤传输、双光纤探测器以及激光起爆器反射后会有较大的能量衰减,因而仅从反射信号的阈值判断是不可靠的,而且光电探测器产生的噪声与起爆系统外界环境的干扰均会产生影响,使信噪比大大降低。为了解决这一问题并提高自诊断系统的抗干扰能力,对编码调制式自诊断技术进行了优化设计[7]。利用单片机技术对检测激光进行调制,通过双光纤传输与接收反射光后,再利用光电探测器、单片机,对探测光纤输出的含有编码的反射信号进行放大与解调,最终由编码信号的识别来达到对传输光路的完整性检测。

1) 系统工作原理

该系统的基本工作原理主要是将单片机和光电检测技术相结合,其检测工作原理如图 10-30 所示。

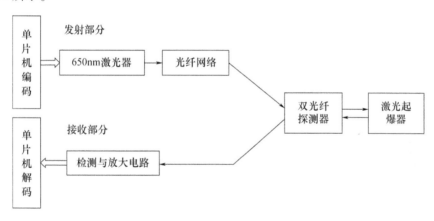

图 10-30 编码方式的自诊断原理框图

该系统利用单片机对电源进行控制。单片机根据程序中写入的固定编码,自动生成一串有序的电脉冲,用这种电脉冲控制650nm半导体激光器。这样由半导体激光器发射的检测激光便是一串激光脉冲波,而这一串激光脉冲载有特定的编码信号。当光电检测器检测到此激光信号波时,将其转化为一串连续的电脉冲波,但此时所得到的信号是非常微弱的。同时由于杂散光以及外部干扰的存在,转换后的电信号中还混有干扰信号。因此,必须通过前置放大电路将其进行放大和消噪,并将经过处理后的信号输入到接收部分的单片机内,进行译码及判别处理。单片机中的程序对编码信号进行比较与判断,当接收到检测激光并判断其编码正确时,驱动绿色LED指示灯发光,完成对起爆系统光学通路连续性的判断。与以前所述外置式检测方法的不同之处是,编码方式的自诊断检测是通过解调、识别载有特殊编码的反射信号,实现激光起爆系统光路自诊断。

在设计方案中,利用单片机对650nm波长的检测激光进行调制,使其发射出含有10101001二进制编码的激光脉冲信号。在双光纤探测器的探测光纤输出端,将反射回的检测激光进行光电转换并放大。通过单片机进行解调与识别,当判断接收到的检测激光中含有 10101001 编码信息时,驱动绿色 LED 指示灯亮。若接收到其他编码或者干扰时,不驱动 LED 指示灯发光。采用编码方式的自诊断技术主要从发射部分与接收部分两个环节进行设计:发射部分包括检测激光的调制与发射;接收部分包括反射信号的接收、探测与解调。

2) 检测激光的调制与发射

(1) 硬件电路的设计。激光调制一般是调制激光的频率或振幅,该电路中采用的是对检测激光调频的方式进行编码。系统中的单片机是对检测激光调制的重要器件,它直接影响系统的硬件及软件设计。此处选用 ATMEGA16L 单片机,是基于增强 AVR RISC 结构的低功耗 8 位 CMOS 微控制器。这种微控制器具有以下特点:在 16KB 的系统内可编程 Flash(具有同时读写的能力,即 RWW);512B EEPROM;1KB SRAM;32 个通用 I/O 口线;32 个通用工作寄存器;3 个具有比较模式的灵活定时器/计数器(T/C);可编程串行接口;低功耗空闲和掉电方式等。此外,ATMEGA16L 单片机可下载 Flash 存储器,通过 SPI 串行接口进行系统内重新编程(ISP),可以对后期的程序进行修改。

从 ATMEGA16L 的管脚(图 10 – 31)可以看出,PA0 ~ PA7、PB0 ~ PB7、PC0 ~ PC7、PD0 ~ PD7 为 I/O 口线以及对应的第二功能引线;RESET 为系统复位键;V_{CC} 与 GND 为电源与地线;XTAL 为时钟晶振的输入、输出;AVCC 是端口 A 与 A/D 转换器的电源,在不使用 ADC 时,该引脚应直接与 V_{CC} 连接,使用 ADC 时应通过低通滤波器与 V_{CC} 连接;AREF 为 A/D 的模拟基准输入引脚。ATMEGA16L 的 PD01 与 PD02 除了具有通用 I/O 口功能外,还具有异步串行通信接口 RXD 和 TXD,分别用于接收与发送编码。

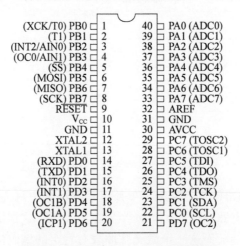

图 10 – 31　ATMEGA16L 的管脚位置

(2) 发射电路设计。由于 8 位编码 10101001 由程序写入单片机中,因而不需要键盘手动输入编码信号,只需一个发射键即可完成对编码信号的发射,发射电路设计如图 10 – 32 所示。

图 10 – 32 所示 S_1 为发射键,功能是发送含有 10101001 编码的信号;S_2 为系统复位键,功能是当持续时间超过最小阈值时间的低电平将引起系统复位。

由于机械开关触点的弹性,键从最初按下到稳定闭合,要经过 10ms 左右的抖动过程,开关断开时也有类似的抖动。可采用 RS 触发器去抖动电路,也可以用软件延时方法去抖动,即在检测到有键按下后执行一个不小于 20ms 的延时子程序,让抖动消失后再检测该键状态。

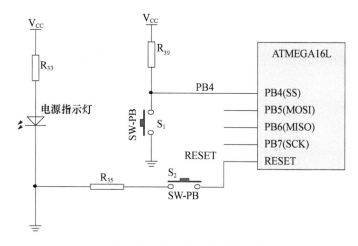

图 10-32　发射键与复位键电路

去抖动电路采用软件延时的方法去抖动,其程序如下:

```
 delay_ms(20);
//////////////////////////
void delay_μs( int time )//μs 级延时程
序如下:
{
do
time --;
while(time >1);
}
```

```
void delay_ms(unsigned int time)//ms
级延时程序如下:
{
while(time! =0)
{
delay_μs(1000);
time --;
}
}
```

(3)SPI 串行下载。传统的单片机编程方式必须要把单片机先从电路板上取下来,然后放入专用的编程器进行编程烧写,最后再放入电路板进行调试,开发效率相对较低。在此采用系统可编程软件(ISP),通过 ATMEGA16L 中的 SPI 串行方式下载程序。串行外设接口(SPI)总线系统是一种同步串行外设接口,允许单片机与各种外围设备以串行方式进行通信、数据交换。当 RESET 为低电平时,可以通过串行 SPI 总线对 Flash 及 EEPROM 进行编程,达到对单片机烧写的目的。串行接口包括 SCK、MOSI 及 MISO,表 10-6 所列为 SPI 串行编程时的引脚映射关系。

表 10-6　SPI 串行编程引脚映射

符号	引脚	I/O	说明
MOSI	PB5	I	连续数据输入
MISO	PB6	O	连续数据输出
SCK	PB7	I	连续时钟

SPI 分为主机和从机两种工作模式：主机和从机之间的 SPI 连接如图 10-33 所示。系统包括两个移位寄存器和一个主机时钟发生器。将需要控制的从机的$\overline{SS}$(—表示低电平)引脚拉低，主机启动一次通信过程。主机和从机将需要发送的数据放入相应的移位寄存器。主机在 SCK 引脚上产生时钟脉冲以交换数据。主机的数据从主机的 MOSI 移出，在从机的 MOSI 移入；从机的数据在从机的 MISO 移出，在主机的 MISO 移入。主机将从机的 SS 拉高实现与从机的同步。

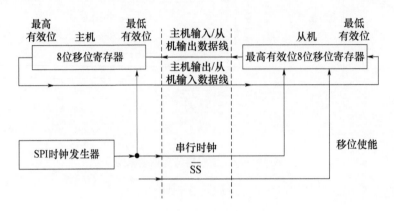

图 10-33 主机模式和从机模式的连接原理

配置为 SPI 主机时，SPI 接口不自动控制 SS 引脚，必须由用户软件处理。对 SPI 数据寄存器写入数据即启动 SPI 时钟，将 8bit 的数据移入从机。传输结束后 SPI 时钟停止，传输结束标志 SPIF 置位。如果此时 SPCR 寄存器的 SPI 中断，使用 SPIE 置位，中断就会发生。主机可以继续往 SPDR 写入数据，以移位到从机中去，或是将从机的 SS 拉高以说明数据包发送完成。

配置为从机时，只要 SS 为高电平，SPI 接口将一直保持睡眠状态，并保持 MISO 为三态。在这个状态下，软件可以更新 SPI 数据寄存器 SPDR 的内容。即使此时 SCK 引脚有输入时钟，SPDR 的数据也不会移出，直至 SS 被拉低。一个字节完全移出之后，传输结束标志 SPIF 置位。如果此时 SPCR 寄存器的 SPI 中断，使用 SPIE 置位就会产生中断请求。在读取移入的数据之前从机可以继续往 SPDR 写入数据，最后进来的数据将一直保存在缓冲寄存器里。

如图 10-34 所示，当向 ATMEGA16L 串行写入数据时，数据在 SCK 的上升沿得以锁存。从 ATMEGA16L 读取数据时，数据在 SCK 的下降沿输出。

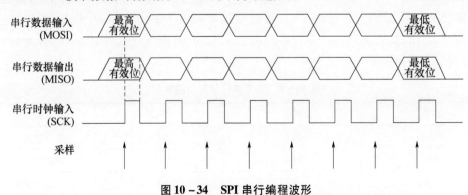

图 10-34 SPI 串行编程波形

ISP 与 ATMEGA16L 单片机的硬件连接如图 10-35 所示。

（4）编码信号的通信。ATMEGA16L 单片机里面包含了一个通用同步/异步、串行接收/发送（USART）模块，仅需两根引线就可完成编码信息的传送与接收，简化了外围电路的设计，具有高度灵活的串行通信功能。

其主要特点如下。

① 全双工操作（独立的串行接收和发送寄存器）。
② 异步或同步操作。
③ 主机或从机提供时钟的同步操作。
④ 高精度的波特率发生器。
⑤ 支持 5、6、7、8 或 9 个数据位和 1 个或 2 个停止位。
⑥ 硬件支持的奇偶校验操作。
⑦ 数据过速检测。
⑧ 帧错误检测。
⑨ 噪声滤波，包括错误的起始位检测以及数字低通滤波器。
⑩ 3 个独立的中断，即发送结束中断、发送数据寄存器空中断和接收结束中断。
⑪ 多处理器通信模式。
⑫ 倍速异步通信模式。

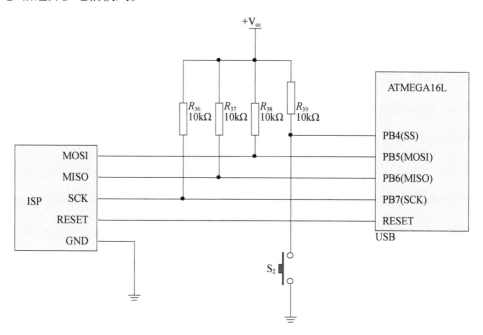

图 10-35　ISP 与 ATMEGA16L 的连接电路

在异步通信中，数据是不连续传送的，是以字符为单位进行传送的，各字符可以是连续传送，也可以是间断传送。每个被传送字节数据由四部分组成，即起始位、数据位、校验位和停止位，这四部分在通信中称为一帧。首先是一个起始位（0），它占用一位，用低电平表示；数据位 8 位（规定低位在前，高位在后）；奇偶校验位只占一位（可省略）；最后是停止位（1），停止位表示一个被传送字符传送的结束，它一定是高电平。接收端不断检测传输线的状态，若连续为1后,下一位测到一个0,就知道发送出一个新字符,应准备接收。由此可见,字符的起始位还被用作同步接收端的时钟,以保证以后的接收能正确进行。图10-36所示为异步传送数据格式。

St	起始位,总为低电平
(n)	数据位(0~8)
P	校验位,可以为奇校验或偶校验
Sp	停止位,总为高电平
IDLE	通信线上没有数据传输(RxD或TxD),线路空闲时必须为高电平

图10-36 USART的帧格式

异步传送数据帧格式以起始位开始,紧接着是数据字的最低位,以数据的最高位结束。如果使用了校验位,校验位将紧接着数据位,最后是结束位。当一个完整的数据帧传输后,可以立即传输下一个新的数据帧,或使传输线处于空闲状态。图10-36所示为可能的数据帧结构组合,括号中的位是可选的。

ATMEGA16单片机内部串口接收与发射逻辑框图如图10-37所示。USART分为3个主要部分,即时钟发生器、发送器和接收器。控制寄存器由3个单元共享。时钟发生器包含同步逻辑,用它将波特率与从机同步操作所使用的外部输入时钟同步。发送时钟(XCK)引脚只用于同步传输模式。发送器包括写缓冲器、串行移位寄存器、奇偶发生器以及处理不同的帧格式所需的控制逻辑。写缓冲器可以保持连续发送数据,而不会在数据帧之间引入延迟。由于接收器具有时钟和数据恢复单元,它是USART模块中最复杂的。恢复单元用于异步数据的接收,除了恢复单元外,接收器还包括奇偶校验、控制逻辑、移位寄存器和一个两级接收缓冲器(UDR)。接收器支持与发送器相同的帧格式,而且可以检测帧错误、数据过速和奇偶校验错误。可以明显地看出,发送部分和接收部分是共用一个波特率发生器(BAUD RATE GENERATOR)和同步逻辑(SYNC LOGIC)的,以达到在异步通信时的同步效果。因此,只要把串口的波特率和帧格式设置为相同的配置,那么接收端的单片机系统和发送端的单片机系统,可以准确无误地进行异步串口通信。

下面对硬件进行配置,其中帧格式和波特率可以通过软件ICCAVR的Application Builder设置,步骤如下。

第一步:晶振频率的设置,将工作频率设置成常用的3.6864MHz,如图10-38所示。

第二步:在ICCAVR程序编译器中对串口进行设置,如图10-39所示。

在进行编码通信之前,首先要对USART进行初始化。初始化过程通常包括波特率的设定、帧结构的设定以及使能接收或发送。图10-40所示为单片机发射部分的程序流程框图。

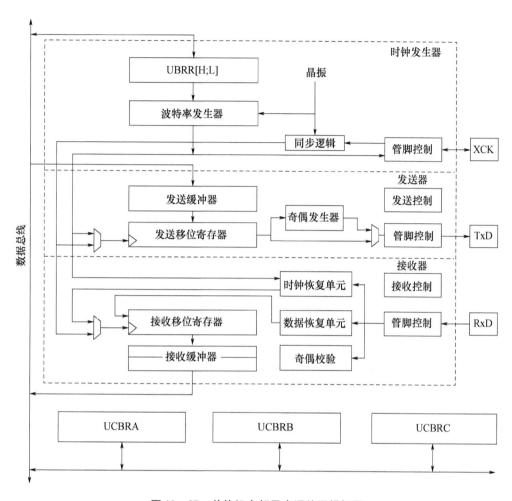

图 10-37　单片机内部异步通信逻辑框图

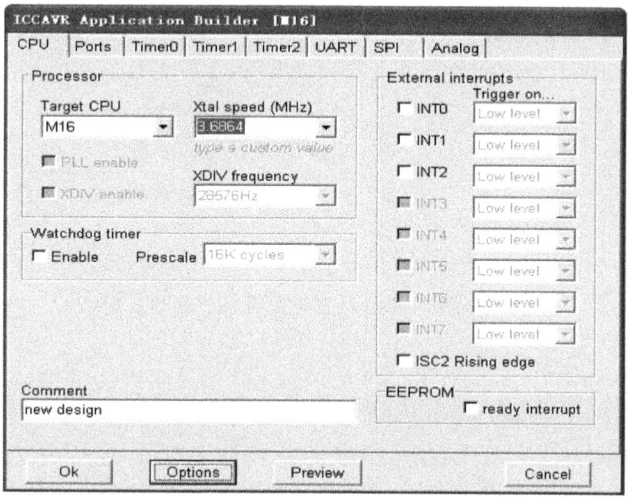

图 10-38　在 ICCAVR 中设置晶振频率

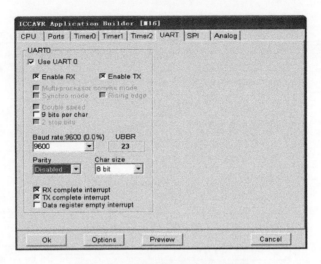

图 10-39　对单片机进行串口设置

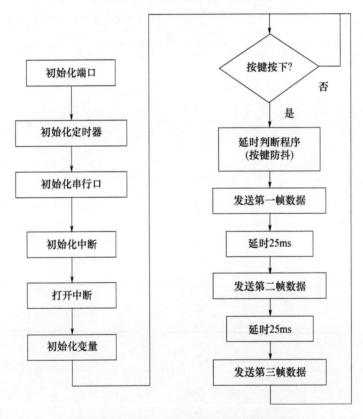

图 10-40　单片机发射部分程序流程框图

(5) 发射电路。发射部分电路原理如图 10-41 所示。从图中可以看出,电路把单片机的串口发射端 PD1(TXD)接到 NPN8050 三极管的基极,当 TXD 输出高电平时,NPN 管导通,集电极电压接近 0.7V,在 650nm 半导体激光器上产生 4.3V 的压降,因而产生检测激光;而 TXD 为低电平时,三极管截止,激光器两端电压为 0V,不发射激光。由此,根据写入的程序便可使检测激光按 10101001 编码发射出对应的调制激光了。发射部分电路板如图 10-42 所示。

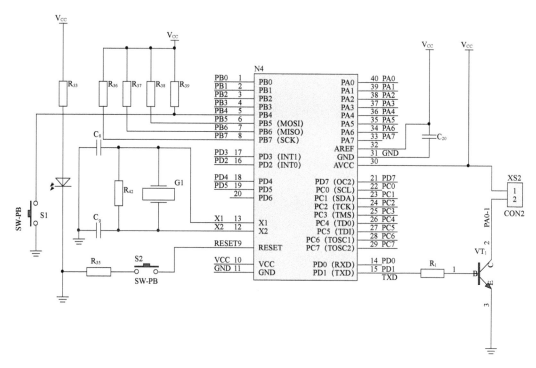

图10-41 发射部分电路原理

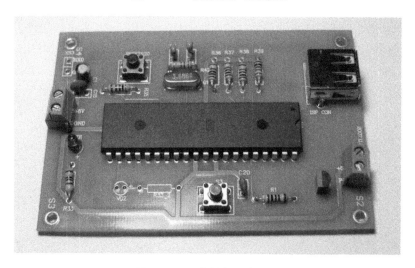

图10-42 发射部分电路板

3)编码的接收与解调

(1)编码的接收。通过异步串行口 USART 中的 TXD 将编码信号调制在检测激光上,通过光纤缆传输与激光起爆器的反射后,需在探测光纤端将含有编码的检测激光进行接收、放大与解调。放大部分采用前面所设计的外置式光电检测电路,解调环节使用单片机进行解调,在接收端仍采用 ATMEGA16L 单片机进行解码。在解调电路的设计上,前端接口接到光电检测电路,后端接口接到单片机的 USART 接收管脚 RXD 中,当接收到检测信号时,RXD 为高电平;反之为低电平,如图10-43 所示。其中 XS3 连接放大的电信号,当单片机识别到编码信号时,根据程序驱动 LED 绿色指示灯亮起。

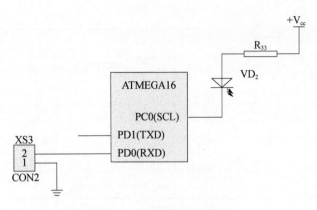

图 10-43　单片机接收连接电路

RXD 是异步串行口 USART 的数据接收引脚。当使用了 USART 的接收器后,置位 UC-SRB 寄存器的接收允许位(RXEN)即可启动 USART 接收器,使 RXD 的普通引脚功能被 USART 功能所取代,成为接收器的串行输入口。在进行数据接收之前,首先要设置好波特率、操作模式及帧格式,设置方法与发射部分的波特率设置相同。

一旦接收器检测到有效的起始位,便开始接收数据,而且起始位后的每一位数据都将以所设定的波特率进行接收,直至收到一帧数据的第一个停止位。接收到的数据被送入接收移位寄存器。

(2)编码的识别。在接收到编码后,编码的识别由 ATMEGA16L 中的程序判断。程序使用 C 语言进行源程序编写,由 ICCAVR 中的 Application Builder 进行软件编译并生成 HEX 文件,进而通过 ISP 传输到 ATMEGA16 单片机中。图 10-44 所示为单片机 ATMEGA16L 接收调制激光的程序流程框图。

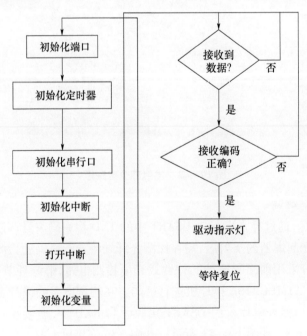

图 10-44　单片机接收调制激光流程框图

(3)接收电路。图 10-45 所示为接收电路原理,放大的编码信号经异步串行口 RXD 传输至单片机中,根据程序就可判断检测激光是否包含 10101001 编码。

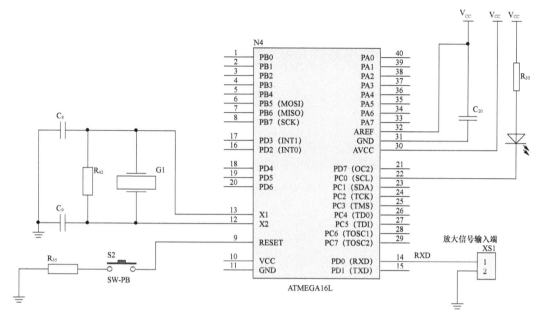

图 10-45　接收端电路原理

4)系统的调试

对以上设计的发射与接收系统进行试验。当按下发射键 S1 后,激光器在 50ms 内产生 3 个 10101001 的调制激光,如图 10-46 所示,其中发送端一个帧的波形如图 10-47 所示。

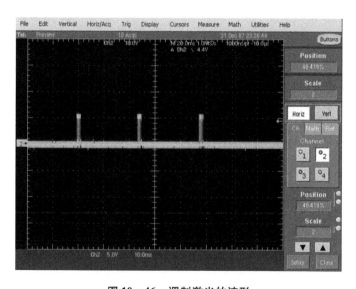

图 10-46　调制激光的波形

通过激光起爆系统光纤传输和双光纤探测器后,在接收端将反射信号放大,并利用示波器观察反射信号的波形,如图 10-48 所示。

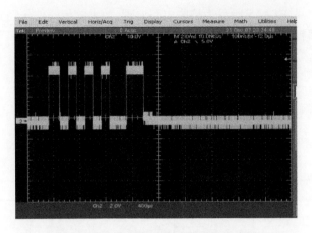

图 10 – 47　发射的检测编码信号的波形

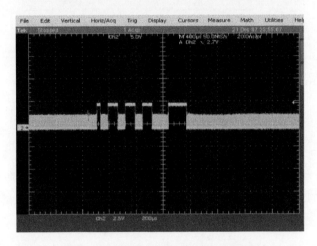

图 10 – 48　解调出的反射信号编码波形

从图 10 – 46 ~ 图 10 – 48 可以看出,含有编码调制的检测激光,在经过双光纤探测器组成的外置式检测系统后,能够利用单片机对其进行解码。当接收并判断出检测激光中的一个调制信号 10101001 时,驱动 LED 指示灯并使其处于点亮状态。对比图 10 – 47 和图 10 – 48 可以看到,接收端波形虽然含有较大的噪声干扰信号,但和发送端波形是一致的,这说明接收端接收到 10101001 编码时才驱动 LED 灯。

在实际调试中可以明显地看到,发送端每按键一次,接收端的 LED 灯会点亮,直到按复位键才会熄灭。因此,通过 LED 灯的闪亮与否,就可以对激光起爆系统进行光路连续性判断了。

5)结论

本节设计了编码调制式自诊断检测系统,单片机将检测激光调制成含有编码 10101001 的激光并进行传输,在双光纤的探测光纤中接收并将其放大,再利用同样的单片机进行解调,以此判断激光起爆系统传输光缆的光路通断状态。通过设计硬件电路和编写单片机程序,对检测激光进行调制。其检测试验结果表明,当按下发射键时,若起爆系统光路连续完整时,绿色 LED 指示灯亮,则完成了对激光起爆系统光路连续性判断。

10.3.8 高灵敏度自诊断技术

应用物理化学国家级重点实验室进行了激光火工品系统光路完整性高灵敏度自诊断技术研究[10],目的在于提高激光起爆与点火的可靠性,确保激光火工品的正常作用。开展此项工作,可以有效加强国内在该领域的技术储备,得到相关的技术参数指标及工艺参数,而且还能满足用户单位对于激光火工品系统自检功能的要求,对激光火工品系统的实际应用具有重要的意义。

由于激光火工品检测技术能够在火工品发火前对激光火工品系统的传输网路进行有效的检测,提高一次性发火的可靠度,所以国外早在20世纪80年代就开始了相关研究。以激光器的工作模式区分,国内外主要采用两种工作模式对激光火工品系统进行检测,一种是单波长工作模式检测,另一种是双波长工作模式检测。

NASA发布的《发射和空间飞行器用爆炸系统和装置鉴定》(AIAA-S-113)标准中,要求在激光火工品系统中采用嵌入式自诊断,而且检测激光脉冲与起爆激光脉冲的波长应有所不同。在相关文献和标准中提出,检测激光的功率必须小于激光火工品最大不发火功率的1%。其目的在于提高激光火工品系统的安全性。

国内在激光火工品自检技术的研究方面也取得了一定的进展。应用物理化学国家级重点实验室进行了激光起爆系统双光纤、双波长自诊断系统技术原理性的研究,以及具有自诊断功能的4W半导体激光多路起爆系统的研究。在自诊断技术上具有了一定的技术基础。但是其诊断系统存在抗电磁干扰能力弱、稳定性不好等缺点。

综上所述,在双波长工作模式的检测中,激光发火的能量要远大于检测激光信号的能量。同时使用激光火工品换能元件上的分色滤光膜完成检测,该膜对检测激光基本上完全反射,而对点火激光基本上完全透射。当系统处于检测状态时,光信号通过光纤传输到换能元件的分色滤光膜上,并被反射到检测回路中,实现系统光路完整性自检。由于采用了分色滤光膜,检测时发生误触发的概率大大降低,而且对激光火工品性能的影响较小。当系统处于发火模式时,点火激光器发出激光的98%以上,可透过该膜到达药面,几乎不会改变激光火工品点火阈值。不过双波长检测需用两个激光器,造成控制电路增多,进而导致抗干扰能力减弱,也使整个系统的体积增大。

经过对国内外激光火工品系统检测方法的分析与讨论,以及查阅相关标准的规定,将采用双波长双光纤工作模式的检测法。其原因在于以下两点:①双波长工作模式解决了因用单一波长既进行检测又进行发火而所造成的误触发,同时相对于单波长工作模式来说,双波长工作模式减小了检测激光对敏感性药剂的影响;②采用双光纤可以消除因用单光纤时,光纤通道中各个连接器对接界面对检测光的反射,进而消除了反射光信号与来自激光火工品本身的有效检测光反射信号的混合干扰,使自检探测系统信噪比大大提高。

1. 双光纤激光起爆系统

控制器发出触发信号,将检测激光源(650nm)输出小功率的检测光通过光纤、光纤连接器及衰减器传输到激光起爆器耦合窗口的分色滤光膜上,并将其反射到双光纤的回馈光纤中进行检测。如果能检测到回波信号存在,并且其功率不小于起爆光路完整时的功率(此数据经试验确定),可认为起爆光路不存在光纤折断、端面污染等情况,即起爆光路完整无损。

当起爆光路完整性检测完毕后,控制器发出另一触发信号,使激光器输出波长 980nm 的大功率激光完成起爆。双光纤结构激光起爆系统如图 10-49 所示,采用 650nm 的激光作为起爆系统的检测激光,980nm 的激光作为起爆激光,所以在格林聚焦透镜后端面镀对 650nm 的全反膜,而其他端面则镀对 980nm 增透的复合膜。该膜系设计采用了常用的冷光镜用膜系,用 12 层的 SiO_2/TiO_2 膜作为基础,其膜系为基底|(HL)6|空气。经试验测得分色滤光膜的透射率如图 10-50 所示。

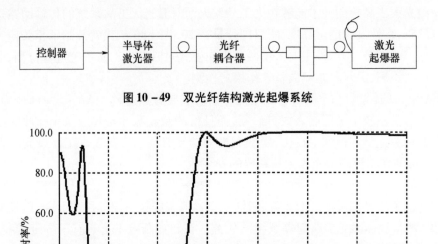

图 10-49 双光纤结构激光起爆系统

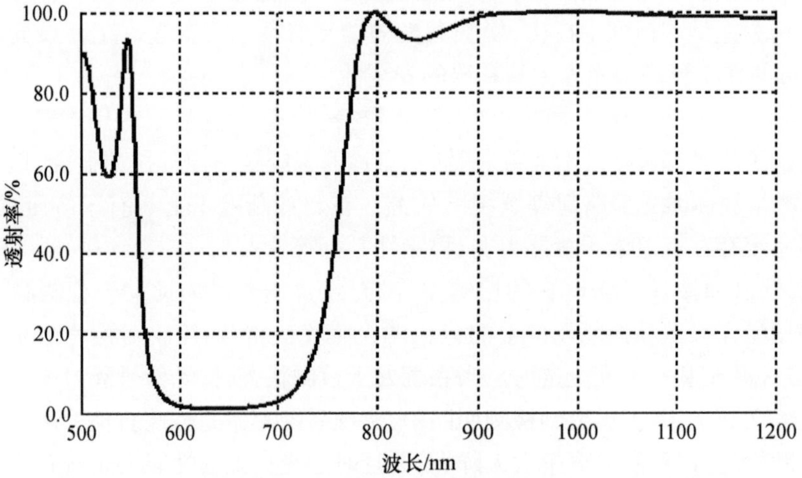

图 10-50 分色滤光膜透射率曲线

由图 10-50 中曲线可知,分色滤光膜对波长 650nm 的激光基本全反射,而对于波长大于 800nm 的激光基本为全透射。所以,这种分色滤光膜适合用波长 650nm 的激光检测,以波长 980nm 的激光作为起爆。

2. 微弱光信号的检测与处理分析

无论是单波长工作模式的检测还是双波长工作模式的检测,最终都要归结到对微弱激光信号的检测和处理。因为在检测阶段为防止激光火工品发火,检测激光的功率必须要远低于激光火工品的最大不发火功率。据相关标准和文献记载,检测激光的功率必须小于激光火工品的最大不发火功率的 1%。然而,激光火工品的最大不发火功率为 20mW,所以检测激光输出的功率最大也只能为 0.2mW。经试验,测得激光火工品输入窗口耦合元件,反射到双光纤中的反射率约为 $1/10^5$,如表 10-7 所列。那么,真正要检测的激光信号功率约为 1nW,所以微弱激光信号探测和处理,是激光火工品系统光路完整性检测的关键技术。

表 10-7 自聚焦透镜的反射率

P/2 单透镜	输入/mW	二端测试到的反射功率/nW			平均值/nW	接收效率/%	均值/%
1 号	5.46	314	294	289	299	0.0055	0.0052
2 号		211	202	212	208	0.0038	
3 号		186	183	185	185	0.0034	
4 号		755	723	765	748	0.0137	
5 号		207	194	215	205	0.0038	
6 号		284	375	384	348	0.0064	
7 号		203	215	211	210	0.0038	
8 号		201	180	185	189	0.0035	
9 号		196	196	213	202	0.0037	
10 号		230	218	221	223	0.0041	

3. 对数放大对微弱光信号检测与处理

1）光功率的对数放大

由于激光起爆系统自相关检测结构和互相关检测不同程度地存在上述问题，所以本节将从另一角度设计、分析激光火工品系统光路完整性检测方法。激光火工品系统光路完整性检测的关键之处，在于检测与处理系统中的微弱回波光信号。微弱光信号的检测方法比较多，可以检测微弱光信号的频率、相位、功率等参数，光功率的测量是比较常用的一种检测手段。在光纤通信中，对微弱光信号的探测与处理，通常是通过测量微弱光信号的功率实现的。随着光纤通信技术的不断发展与成熟，光纤功率计在光纤通信中的应用越来越频繁。例如，光功率计与稳定的激光源可以测量光纤的传输损耗和光纤连接器、光开关、分束器等无源器件的损耗等，所以光功率计得到了快速的发展。Yasushi Unno 等设计了能在短时间内根据所测量光功率范围大小快速变换测量范围的仪器，以满足对功率幅度瞬间变化较大的微弱光信号的测量，其工作原理如图 10-51 所示。

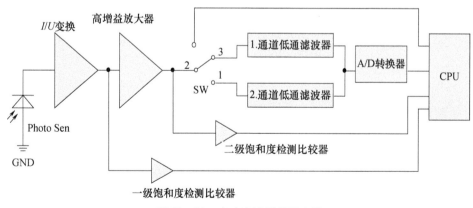

图 10-51 光功率计原理示意图

Tushi Ohta 与 Urath 等研制出一种具有幅度和带宽可调，以保证光信号不失真的光功率计，如图 10-52 所示。哈尔滨工业大学的祖晓明等利用高灵敏度和高可靠性的光学元件——光接收激光二极管 FU15PD，保证了接收光纤中光传输的可靠性，并选用了 16 位 A/D

转换器使光功率计算精度提高。Pie-Yau Chien 等设计出通过继电器控制放大倍数和带宽的光功率计,如图 10-53 所示。

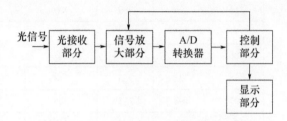

图 10-52　光功率计原理组成示意框图

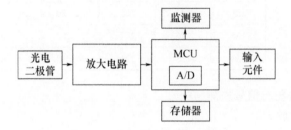

图 10-53　光功率设计原理框图

图 10-53 中的放大电路,如图 10-54 所示。

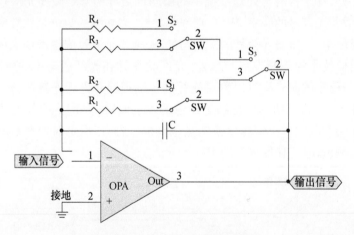

图 10-54　放大电路示意图

长春光学精密机械与物理研究所的赵丽等研发了一种新型的智能激光功率计。具有自动识别激光波长、实时激光功率显示功能,其自动化程度高,但只能对 0.1~100mW 或 1~5W 的激光功率进行精确测量,如图 10-55 所示。河北电力科学院设计了一种自动增益控制的光电检测系统,其原理如图 10-56 所示,从传感器(如光电二极管)输出的电流信号一般比较微弱,需先经 I/U 变换电路将电流信号转换为电压信号,再经运算放大器放大后才可以进入 A/D 转换器进行转换。由于在很多激光检测应用中,被测信号的幅度随应用场合不同及时间推移而不断变化。在采用单一的放大增益时,如果信号幅值过小会使有用信号丢失,信号幅值过大则会导致信号失真,甚至超出后续 A/D 转换器的输入电压范围,造成器件损坏满足不了现场检测的需求。

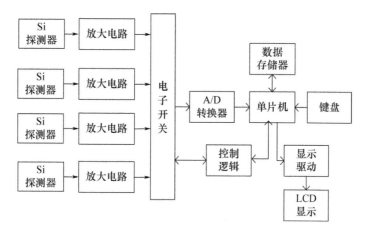

图 10-55　智能光功率计电路组成框图

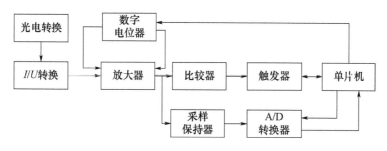

图 10-56　自动增益控制电路原理框图

由上述可知,传统的光功率计设计原理主要有两种:一是利用高带宽、低噪声的运算放大器对调制了的微弱光信号先进行 I/U 变换,再进行多级放大,经 A/D 转换器将模拟信号转换为数字信号,通过微控制器将其显示;二是利用光探测二极管(PIN)完成接收微弱光信号,产生与输入光功率成正比的电流信号,经 I/U 变换和程控放大等线性放大后得到一定的电压信号,然后再经 A/D 转换器转换成数字信号,送入微处理器对信号进行滤波、对数运算等数据处理与校准,最后得到被检测微弱光的对数值,并将其利用 LCD 显示出来,如图 10-57 所示。

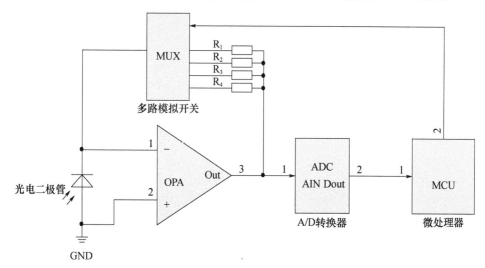

图 10-57　常见微光功率计设计原理图

通常情况下,要求光功率计测量有很大的动态范围。采用线性放大器时,输出的电压信号将远远超出 ADC 的输入范围。因此,需要对输入的信号进行分段放大,在小信号时采用较大的放大增益,在大信号时采用较小的放大增益,这样使放大器的输出电压保持在要求的范围内。具体来说,就是在同一波段内,随激光功率大小的变化,通过选择器改变电阻值,改变放大器的增益。

以上两种光纤功率计都存在以下不足之处。

① 采用线性放大器,可测量的动态范围有限。

② 要求使用高阻值精密电阻作为增益放大。

③ 要进行量程切换,存在换挡误差。

④ 在进行光功率计算时需要对数运算和量程切换,软硬件设计复杂,而且不适合多路光检测。

为了改进以上方案存在的问题,研究了一种基于对数放大器原理,对微弱光信号检测的光功率计设计方法,可以有效地改善动态范围和测量误差等。对数放大电路的实质是实现对数运算,即其输入信号与输出信号之间呈对数关系,实现了信号的非线性压缩。它对被测信号的动态范围,不需要像 AGC 系统那样提取输入信号的电平控制增益,其增益与信号的大小成反比。宽动态范围信号经过非线性压缩之后,使用较低分辨率的测量电路即可实现信号的精确测量。如果采用响应度为 0.8A/W 的 InGaAs - PIN 和对数放大器,将 nW 级的微弱光信号转换为 1mV ~ 10V,要求 1mV 时的分辨率为 1%,则 1V 时的分辨率就是 0.001%。假如采用线性放大器,则需要使用 17 位 D/A 转换器,才能完成模拟信号向数字信号的转换。但是,如果采用对数放大器,其输入动态范围为 3 个数量级,信号的分辨率保持 1%,则 A/D 转换器用 12 位就可以了。此外,电路采用对数比放大器不用切换量程,就避免了换挡误差,使测量精度有很大的提高。

2)检测系统硬件结构设计

激光火工品系统自诊断用微光功率计硬件结构示意图如图 10-58 所示,主要由光电转换器 PIN、对数放大电路(实现 I/U 转换)、二级电压运算放大电路、12 位的 A/D 转换器、数字信号采集和处理控制部分、微处理器以及控制键盘和 LCD 显示等组成。

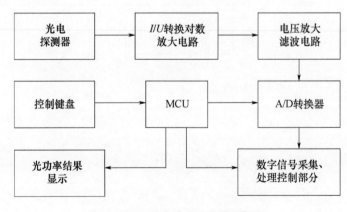

图 10-58 微光功率计的原理框图

3)激光多路起爆、点火系统自检工作原理

半导体激光器 3 路激光火工品自检系统工作原理,如图 10-59 所示。该系统主要由控制器、半导体激光器、光缆组件、三分束器、双光纤组件、激光火工品与检测光接收器构成。

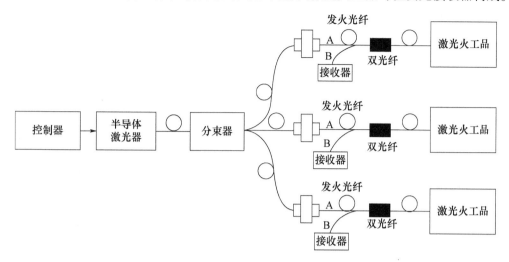

图 10-59 3 路激光火工品自检系统工作原理示意图

半导体激光器控制器发出控制信号,使激光器发出连续或调制的检测光信号(脉冲、重频等光信号),利用光纤耦合器将激光信号耦合到光纤中。激光信号经过光缆和连接器传输到三分束器,将其分为 3 路。每一路利用光纤缆和连接器将激光信号耦合到双光纤输入光路的 A 端,最终传输到激光火工品窗口的耦合元件上。该耦合元件上镀有对发火激光全透射(双波长工作模式)或部分透射(单波长工作模式),且对检测激光全反射或部分反射的分色滤光复合膜层。此分色滤光复合膜将检测激光反射到双光纤的另一端 B 端,B 端为检测激光的接收端,检测激光从此端口输入到检测系统的接收器中。利用对数放大原理,实现 3 路激光火工品系统的自检,其自检电路实物如图 10-60 所示。

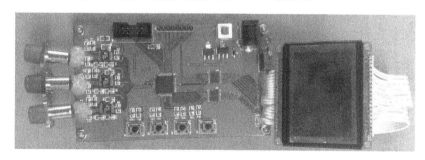

图 10-60 3 路激光火工品系统自检电路实物

10.4 激光火工品自诊断设计

为了与自诊断功能的激光火工品系统配套,应将激光火工品设计成具有自动检测功能的产品结构。根据光学检测信号的产生方式,国外主要采用了光学反射式和光致发光式两种设计方案[11]。

10.4.1 光学反射式自诊断

国外文献提出激光起爆器内部的反射装置可以用多种方案设计。USP 4917014 提出在自检激光起爆器、点火器的设计中,采用了圆锥体平板窗口,有利于承压密封,激光火工品结构如图 10-61 所示。

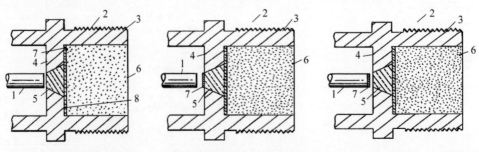

(a) 分色滤光膜镀在透明片结构　　(b) 分色滤光膜镀在玻璃窗口结构　　(c) 分色滤光膜镀在光纤尾端结构

图 10-61　分色薄膜的 3 种不同安装设计

1—光纤尾端;2—起爆器;3—起爆器腔体;4—隔离板;
5—玻璃窗口;6—含能材料;7—分色薄膜;8—透明圆片。

如图 10-61 所示,分色薄膜 7 分别镀在了透明圆片 8 与起爆药之间的界面上、圆台形玻璃窗口 5 的输入端面上以及光纤 1 尾端的界面上。3 种分色薄膜的结构均可以起到相同的效果,均可以将检测激光信号反射回光纤 1 中。在这 3 种结构方式中,图 10-61(a) 所示的结构最好,分色薄膜在光学系统与药剂的耦合界面上,自检光路中包括光学窗口与透明圆片。

对于双凸透镜式窗口结构激光起爆器的自诊断,如图 10-62 所示,在凸透镜的输入球面与输出球面上镀有环形反射膜层,反射中心位置上的光纤尾端输出的激光束,经环形反射镀膜层反射后从分色薄膜 7 处输出。如果是检测光,则分色薄膜将检测光信号反射并耦合回光纤 2 中反向传输;当选择发火时,大能量激光束通过分色薄膜 7 进而传向起爆器使其发火。该结构中双凸镜的镀膜技术难度较大。

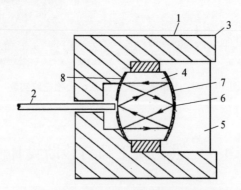

图 10-62　含有分色薄膜的凸形玻璃窗口设计

1—起爆器;2—光纤尾端;3—起爆器壳体;
4—玻璃窗口;5—含能材料;6—分色薄膜;7、8—反射膜。

在球透镜式激光起爆器的自诊断设计中,采用了球透镜聚焦、平板窗口的结构,如图 10-63 所示。球形透镜 6 和平板玻璃窗 7 将光纤尾端输出的检测光聚焦到分色薄膜 5 上,经分色薄膜反射后通过球形透镜返传到光纤尾端 1,最终传输到自诊断装置中,判断光路是否完好。当选择发火时,通过球形透镜 6 和平板玻璃窗 7 将光纤尾端输出的激光能量聚焦并透过分色薄膜 5,进而传向含能材料 4,使其发火。

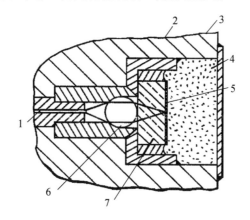

图 10-63　使用球形透镜的反射系统
1—光纤尾端;2—起爆器;3—起爆器壳体;4—含能材料;
5—分色薄膜;6—球形透镜;7—平板玻璃窗。

对于自聚焦透镜窗口激光火工品的自诊断,由于自聚焦透镜特殊的光学性能和其圆柱形结构,研究人员发现了自聚焦激光火工品与 BIT 系统结合的优势。自聚焦激光火工品的自诊断设计,是采用在自聚焦透镜输出端面上镀膜的方式,实现检测光反射的[9]。自聚焦激光点火器的双光纤发火与自检光路示意图如图 10-64 所示。

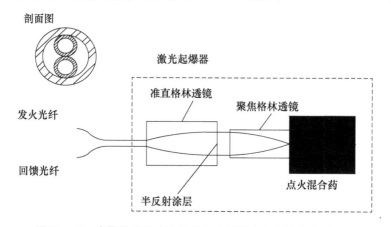

图 10-64　自聚焦激光点火器的双光纤发火与自检光路示意图

10.4.2　光致发光式自诊断

光致发光式自诊断方法需要在激光火工品[3]的透明窗口内侧镀一层光致发光薄膜物质,应用两种不同波长的光,一种作为 BIT 检测光,另一种作为发火激光。而 BIT 检测光照射到光致发光物质时,会发出第三种波长的光。由于光致发光的波长和 BIT 检测光不同,因此这种方法传递给 BIT 探测系统的光信号更容易识别,不会因为各个连接器及光纤端面对 BIT 检测光的多次反射,而影响到 BIT 探测系统对光路连续性的有效判断(主要是在单光纤系统中存在这种问题,双光纤系统中不存在这种干扰信号,下面将进一步分析)。这种光致发光物质与选择透过涂层一起使用,可以得到更好的自检效果。专利 USP5729012 中也对这种方法进行了详细的说明。虽然采用光致发光物质材料,有助于 BIT 系统对信号的判断,但是这种物质本身合成工艺比较复杂,而且价格也相对较高,性价比较低。另外,这种模式还引入了过多的介质膜片,所以使激光火工品的生产工艺变得复杂。虽然如此,这种方法还是一种比较有发展前景的新自检技术。随着合成工艺的不断提高与发展,这种方法会成为激光火工品实现自检的一种好的技术途径。

典型的光致发光式激光火工品如图 10-65 所示。激光火工品 1 由壳体 4 组成,壳体中包含装有含能材料 2 的腔体 5、密封校准光纤 6。光纤由包层 8、覆层 7 以及纤芯 9 组成。检测光源产生的激光通过纤芯 9 传输,由于光纤本身的性质,会有少许的光被光纤中的连接器反射,但是大部分的检测光仍在纤芯 9 中传输,并且进入到光学火工品 1 中。检测光进入壳体 4 并照射光致发光物质 3。光致发光物质 3 是一种能够吸收检测光(如 670nm)的材料,由含有 PVB(聚乙烯醇缩丁醛)矩阵载体的 NB 激光染色体组成,其中心密度为 7×10^{15} 个分子$/cm^2$。光致发光物质吸收检测光后,产生与主激光源和检测激光不同波长的第三种光,经反射片 11 反射耦合回光纤,进行光路完整性自诊断。

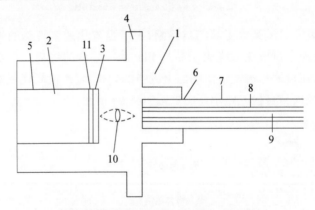

图 10-65　光致发光自检式激光火工品
1—激光火工品;2—含能材料;3—光致发光物质;4—壳体;5—腔体;
6—光纤缆;7—覆层;8—包层;9—纤芯;10—透镜;11—反射片。

10.5　多路自诊断激光火工品系统

应用物理化学国家级重点实验室侧重于研究激光火工品系统的自动检测技术。先后研究了半导体激光单波长、双波长、双光纤、合束器、反射片等自检技术,设计出了具有自检功能的反射片式和自聚焦透镜式激光起爆器、点火器;研制出了具有自检功能的半导体激光单路、双路、3 路起爆与自检系统样机,实现了激光火工品系统自诊断检测的智能化数字显示功能。

10.5.1 3路自诊断激光火工品系统

应用物理化学国家级重点实验室在4W半导体激光3路起爆系统、双波长、双光纤自检小型化技术研究等方面,进行了自检新技术调研、双光纤自检系统设计、检测放大电路改进、系统装置试制、调试等工作。研制出4W半导体激光3路起爆的双波长双光纤自检系统原理装置,如图10-66所示。

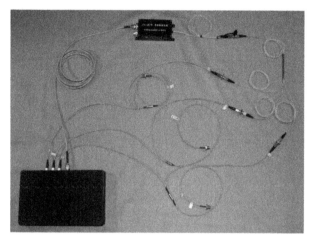

图10-66 半导体激光3路起爆双波长双光纤自检系统样机

该装置主要由控制器、双波长半导体激光器、三分束器、双光纤组件、带反射片的激光起爆器等构成。在自检工作状态下,给波长650nm的小功率LD施加小工作电流,检测激光二极管发出长脉冲检测激光信号。在系统的控制器中,设置了自检信号电平阈值。当每一光路连续性完好时,各自的绿色指示灯发亮;若光路连续性有故障时,各自的红色指示灯发亮。该样机具备了半导体激光3路起爆与自诊断系统的基本功能。

10.5.2 多路数字式自诊断激光火工品系统

1. 激光双路起爆双波长数显自检系统装置

在半导体激光多路起爆与单波长、双波长、双光纤自检系统技术研究的基础上,通过高灵敏度自诊断技术的研究,设计试制的双路双波长数字式自检系统装置如图10-67所示。

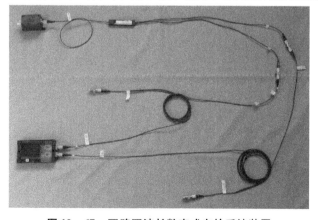

图10-67 双路双波长数字式自检系统装置

2. 激光3路起爆双波长数显自检系统装置

在4W半导体激光3路起爆与双波长、双光纤自检系统技术研究的基础上,通过高灵敏度自诊断技术的深入研究,设计试制了3路双波长数字式自检控制器(图10-68)、半导体激光3路起爆双光纤、双波长数显自检系统装置(图10-69)。

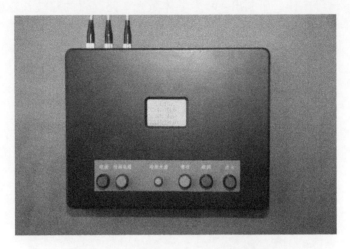

图10-68　3路双波长数字式自检控制器

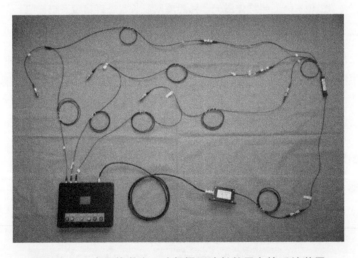

图10-69　半导体激光3路起爆双波长数显自检系统装置

3. 数显自检试验结果

试验方法包括两种：一种是基于双光纤、单波长工作模式的激光多路火工品系统的检测；另一种是基于双光纤、双波长工作模式的激光多路火工品系统的检测。

1) 单波长、双光纤系统工作模式的检测试验

采用980nm输出光功率可控的激光器为激光源,以小于激光起爆器最大不发火功率1%的小功率激光,对激光多路火工品系统进行检测。先利用光功率计测出双光纤输出$P_{out\,1}$(到达产品药面的光功率),然后利用多路检测系统测试不同激光起爆器所对应的双光纤反馈光纤输出的光功率$P_{out\,2}$。双光纤、单波长自检共试验12发产品,表10-8所列为6发典型产品的试验结果。

表 10-8 双光纤、单波长工作模式检测试验数据

波长/nm	双光纤 $P_{out1}/\mu W$	起爆器编号	检测通道	多路系统检测值 P_{out2}/nW					均值/nW	效率/%
980	147.8	2010-2-5号	CH1	0.75	0.76	0.77	0.75	0.76	0.76	0.00051
		2010-2-6号	CH2	0.77	0.77	0.77	0.77	0.77	0.77	0.00052
		2010-2-7号	CH3	0.84	0.84	0.83	0.84	0.83	0.83	0.00056
		2010-2-8号	CH1	0.77	0.78	0.78	0.78	0.78	0.78	0.00052
		2010-2-9号	CH2	0.77	0.77	0.77	0.77	0.77	0.77	0.00051
		2010-2-15号	CH3	1.55	1.55	1.55	1.55	1.55	1.55	0.00110

注：2010-2批15号产品的耦合用自聚焦透镜严重损坏。

从表 10-8 所列的双光纤、单波长系统自检试验结果可以看出：前面5发合格产品的自检试验值基本相同，其自检平均值为单波长自检合格判定阈值的确定，提供了一定试验的依据；试验中 2010-2 批 15 号产品因自聚焦透镜损坏，导致产品的自检试验值偏高，是正常产品的 2 倍多。

2）双波长、双光纤系统工作模式的检测试验

基于双光纤、双波长工作模式的激光多路火工品系统的检测试验，是用小于激光起爆器最大不发火功率 1% 的 1310nm 小功率激光，对多路火工品系统进行检测试验。测试出双光纤输出端口的光功率 P_{out1}，以及不同激光起爆器对应双光纤的反馈光纤输出光功率 P_{out2}。双光纤、双波长自检共试验 12 发产品，表 10-9 所列为 6 发典型产品试验结果。

表 10-9 双光纤、双波长工作模式检测试验数据

波长/nm	光纤 $P_{out1}/\mu W$	起爆器编号	检测通道	多路系统检测值 P_{out2}/nW					均值/nW	效率/%
1310	76.45	2010-3-4号	CH1	1.31	1.29	1.29	1.30	1.30	1.30	0.0017
		2010-3-5号	CH2	4.31	4.32	4.31	4.31	4.31	4.31	0.0056
		2010-3-6号	CH3	2.15	2.15	2.16	2.16	2.15	2.15	0.0028
		2010-3-7号	CH1	2.58	2.56	2.57	2.57	2.57	2.57	0.0034
		2010-3-8号	CH2	3.45	3.44	3.46	3.45	3.45	3.45	0.0045
		2010-3-15号	CH3	9.66	9.66	9.67	9.66	9.66	9.66	0.0126

注：2010-3批15号产品的耦合用自聚焦透镜严重损坏。

从表 10-9 所列的双光纤、双波长自检试验结果可以看出：前面5发合格产品的自检试验值在 1.30~4.31nW 之间，自检试验值有一定散布，但相差不大，其自检值为合格判定提供经验；试验中 2010-3 批 15 号产品因自聚焦透镜损坏，而导致产品的自检试验值偏高，是正常产品的大约 3 倍。

在 2010-2 批、2010-3 批产品装配时，在两发 15 号产品中人为地使用了损坏的自聚焦透镜，由于自聚焦透镜输出端裂碎、分色膜层损坏，导致自检反射增强。这种现象有待今后深入研究。

4. 多路自检系统性能参数

通过对多路自动检测系统的环境温度特性、电磁特性以及抗电磁干扰能力等一系列试验,可得出多路检测系统达到的主要性能参数,如表 10 – 10 所列。从表 10 – 10 中的性能参数看出:3 路数字式自动检测系统的检测灵敏度较高,达到 0.1nW;正常工作温度只达到 – 20℃,这是使用工业级的数显屏器件造成的,以后有待改进,其主要性能基本上达到半导体激光 3 路起爆系统的自检功能要求。表 10 – 10 所列的性能参数,可为今后激光火工品系统的自检技术研究与应用提供参考。

表 10 – 10 多路自检系统性能参数

名称	性能参数
波长范围	InGaAs 650 ~ 1550nm
工作波长	650mm、980mm、1310mm、1550mm
测量范围	0.1nW ~ 10mW
测量精度	±5%
功耗	200μW
工作温度	– 20 ~ 40℃
频率范围	0 ~ 15.9kHz

参 考 文 献

[1] LEWIS D J. 激光起爆的炸药装置系统[G]. 激光引爆(光起爆之二). 西安近代化学研究所,译. 北京:北京工业学院,1978:64 – 65.

[2] FAHTY W D,CARVALHO J E. 激光(二极管)起爆系统的光内置式检测(BIT)[J]. 叶欣,译. 火工情报,2003(1):147 – 156.

[3] JACOBS R. Laser Initiated Ordnance System Optical Fiber Continuity Test. US 5270537[P/OL],1993 – 12 – 14.

[4] BARGLOWSKI M. Integrated System Test Methods for Laser Initiated Ordnance Systems[R]. AIAA 98 – 3325:4 – 9.

[5] CHENAULT C F,MCCRAE JR J E,BRYSON R R,et al. The Small ICBM Laser Ordnance Firing System[R]. AIAA 92 – 1328:4 – 5.

[6] 王凯民,符绿化. 激光点火系统的可靠性检测与安全性分析[G]. 国外火工烟火技术发展研究. 西安:陕西应用物理化学研究所,1998:50 – 52.

[7] 周浩. 半导体激光起爆系统自诊断技术研究[D]. 西安:陕西应用物理化学研究所,2008.

[8] 周浩,鲁建存,刘彦义,等. 激光起爆系统外置式自诊断检测[J]. 火工品,2008(1):43 – 45.

[9] 陈建华. 自聚焦激光火工品技术研究[D]. 西安:陕西应用物理化学研究所,2010.

[10] 尹国福. 激光火工品系统高灵敏度自动检测技术研究[D]. 西安:陕西应用物理化学研究所,2011.

[11] LOUGHRY B,ULRICH O E. Laser Ignition of Explosives. EP 0394562[P/OL],1990 – 10 – 31.

第11章 安全性与可靠性技术

激光火工品技术的出现,为提高火工装置的安全性和可靠性提供了一种新的技术途径。激光点火与起爆产品,是一种光学刺激方式引发的火工烟火装置。在激光火工品系统中,光纤以各种方式将光能传输、耦合进药剂中,光束可以聚焦成一个很小的点,从而产生很高的能量密度,直接起爆炸药。在激光起爆、点火系统中用光纤代替电线,实现了火工烟火装置与电源之间的隔离。用光纤传输既是绝缘体,又是产品与外界唯一联系的通道,不受静电、放电、射频干扰等影响,因此是非常安全的。

对于具体的激光火工品系统来说,控制激光器的保险与解除保险装置,也从早期的可移动挡板、棱镜的结构阶段,发展到声-光控制发火能量与爆炸装置以及电子安保技术阶段。并且可以连续检测,保险装置的开启在微秒数量级,安全性与可靠性更高。国外不但实际应用了激光起爆、点火技术,而且已相继建立了有关标准。国内在固体激光起爆、点火系统中,采取了机电挡板光路隔断措施进行安保控制;在半导体激光起爆、点火系统中,采取了环境力解除保险、电子安全、数字编码触发与光开关控制等安保控制措施。随着该技术的进一步发展和完善,它必然会在航空、航天、军事和民用等领域中有更广泛的应用。

本章主要介绍激光火工品系统的安全性设计、可靠性设计、可靠性模拟与试验等安全性与可靠性技术,结合激光火工品及系统的质量控制,对其设计、研制、生产提出一定的建议。对于激光火工品系统的安全性,分别从系统工作原理、激光与电引爆系统对比、激光电源、激光器、光纤缆与连接器、激光火工品等方面进行论述。为了保证制造及使用中的高可靠性,需通过可靠性检测方法(如激光入射光纤表面损坏阈值试验、零体积发火试验、光路完整性试验等),同时对激光多路火工系统进行冗余设计,在建立失效分析模式和确定可靠性裕度的基础上,进行激光火工品系统的可靠性计算,从而达到激光火工品系统高可靠性的基础条件和根本保证。通过分析激光起爆系统及其可靠性影响因素,采用计算机模拟技术对激光起爆系统的可靠性建模,进行系统可靠性模拟计算及结果分析,为激光器的优化和激光火工品可靠性设计与评估提供依据和参考。结合 ARTS 激光弹药的部件与系统试验、法国卫星用激光二极管火工品系统试验,介绍了激光火工品系统的环境安全性与作用可靠性。针对激光火工品及系统的质量控制对激光火工品组装环境要求,以及在设计和生产激光火工品时,系统中使用的主要元器件应达到的技术指标要求,对激光火工品设计、研制、生产提出一定的建议。

11.1 激光火工品系统的安全性

在激光火工品系统中,从激光发射到始发药界面之间是光学耦合传导过程,不受电磁干扰作用,因而对电磁环境是安全的。系统中的激光源无论是固体激光器还是半导体激光器,都需要供电电源及电子控制。这一部分会受到电磁干扰的影响,是需要采取抗电磁加固防护措施的。另外,激光火工品中装有火炸药等敏感含能材料,其安全性与非电火工品的要求相同。因而需要对激光火工品系统进行温度、机械和电磁等环境安全性能的研究。在系统中采用保险与解除保险装置、数字编码触发、光路隔断等安全控制,或采用激光直列式起爆、点火技术,对于提高激光火工品系统的安全性效果非常显著,能够满足实际应用要求。

11.1.1 安全性分析

本节主要分析讨论激光火工品系统的安全性,分别从系统工作原理、激光与电引爆系统对比、激光电源、激光器、光纤缆与连接器、激光火工品等几方面进行论述[1-3]。

1. 系统工作原理

LIOS 的基本原理:在安全系统的控制下,激光器发出一定功率的光脉冲,通过光纤传输,使激光火工品产生热量,并达到点火或起爆所需要的热能,从而使点火与起爆装置发火,完成预定的输出功能。LIOS 的作用原理如图 11-1 所示。

图 11-1 LIOS 原理框图

由于 LIOS 中激光器用低压电源起动,为了确保激光器不发生意外起动,常采用全电子安全控制,并且采用分束器和光机定序器,适应于多点控制发火与顺序发火的功能选择。具有小型化、抗严酷环境等特点,其组成部分有环境传感器、状态控制电路和执行等部分。工作过程:①由传感器感受环境信息;②由状态控制电路识别环境信息和控制指令,确定装备所处的状态,做出点火或起爆的决策;③执行单元完成 LIOS 的适时点火或起爆。

2. 激光与电引爆系统对比

常规电爆、点火系统由发火电源和电引爆装置组成,电引爆系统装置中的金属导线既可成为静电泄放的导体,又可成为接收电磁波的天线。由人体静电、电磁脉冲、高功率微波和强射频产生的电磁辐射,会通过金属导线作用于火工品中,在与含能材料接触的桥丝中产生感应电流,从而引起意外发火危害。另外,由于电引爆装置中使用了敏感的起爆药,从而使电引爆装置的制造、储存及使用过程都存在着固有的不安全性,因此电引爆系统具有一定的不安全性。为了解决这些系统的电磁兼容技术关键,人们发展了滤波器、射频衰减元件、静电泄放通道、1A/1W 钝感电起爆/点火器、隔板起爆/点火器、EBW、EFI、LIOS 等高新技术。激光火工品系统主要由电源、激光器、传输光纤及引爆或点火装置 4 部分组成。LIOS 采用光纤传输能量,由于光纤既是绝缘体又是与外界的唯一联系,光引爆装置中含能材料所处区域无电导体,因而产生这些信号干扰的危险就不复存在了。从根本上解决了火工品的电磁兼容问题,提高了系统的安全性。加之激光二极管结构均匀、体积小巧,能适应一定的温度、冲击和振动等恶劣环境,其优势不言而喻,是各国竞相发展的一项安全技术。

虽然光纤的耦合传输特性与波长、NA 密切相关,光纤对不同波长光的耦合传输损耗差异很大，超出 NA 角的光是不能耦合进光纤传输的。但是在特殊情况下，像闪电一类的干扰光及其他杂散光能也可能与光纤耦合，对光装置形成新的威胁。同时，由于激光二极管驱动电压较低（远低于固态激光器），其系统电源能量与电引爆系统基本相同。所以，杂散电信号也有可能使激光二极管产生激光输出。此外，为了提高药剂对光的吸收性，在光引爆装置中使用了掺碳黑之类的混合药及其他药剂，其制造工艺中的安全性也需要考虑。这些都表明激光点火系统虽然比电引爆系统有着优越的安全性，但它本身也存在一些不安全因素，在实际应用时，应首先验证其安全性。

半导体激光起爆技术是一项新技术，且尚处于基础性应用研究阶段。所以，系统的安全性、可靠性分析，就是在对其可能经历的各种环境进行研究的基础上，参考相关标准或规范，对系统进行温度、机械和电磁等环境性能试验研究。在试验的基础上，进一步分析系统的安全性、可靠性，找出系统存在的不足之处，提出改进设计措施。

从已知资料看，半导体激光起爆技术的可应用范围较广。在使用过程中，可能经历地面车载、海洋舰载、空中机载、弹载与太空等多种环境。《航天火工装置通用规范》（GJB 1307A—2004）等标准规定了海防导弹的环境规范，主要涉及温度、振动、冲击等；《军用设备和分系统电磁发射和敏感度要求》（CJB 151A—1997）等标准规定了军用设备的电磁环境规范。在研究半导体激光火工品系统的安全性、可靠性技术时，主要依据火工品、引信行业的相关标准，在环境试验方面和理论上进行分析研究。

3. 激光电源的安全性

激光起爆与点火系统中，驱动激光器的电源是低压直流电，为了防止激光器发生意外起动，控制系统中除供给低压直流电源总开关外，还设置有脉冲开关、惯性开关、模拟编码触发开关等。只有惯性开关与脉冲开关连锁起动后，才能开启激光电源，然后在控制系统的触发指令下才能使激光器发出光脉冲。如果外界因素满足一个开关条件或者两个条件，都不能使激光器工作。即使几个条件同时具备，如果没有足够的电流强度和时间约束，同样不能使激光器正常输出光能量，因此，激光电源也具备了较高的安全性。另外，对电源也采取了保护措施，半导体激光器和其驱动电源的开关分开，只有驱动电流源的工作状态稳定、波形满足要求后，半导体激光器才能起动工作。半导体激光器的起动或关闭，可根据具体情况而定，脉冲驱动电流有一定的上升时间，同时脉冲波形上无高频干扰，充分保证只有在控制系统发出正确的指令后才正常工作。

4. 激光器的安全性

在激光火工品系统中，无论是用半导体泵浦的固体激光器，还是用大功率激光二极管，均可采用低电压的直流驱动电源，其体积小、性能高、成本也较低。国产半导体激光器已经有了实质性的突破，其输出功率已达到 10W 或更高，能量转换效率有了很大提高。使用这种半导体激光器，可以使多路激光火工品发火，为武器装备提供更多的使用空间。

影响激光发火装置安全性的因素除上述讨论的杂散光信号外，意外的信号还可能来自暴露于杂散电信号区域的激光电源本身。虽然点火装置本身对杂散电信号具有免干扰能力，但激光器，特别是低能驱动型激光二极管，却容易受杂散电信号的影响。因此，有必要研究静电曳放和类似雷达源的电磁辐射对未起动的激光二极管的影响。通过增加静电泄放试验装置电压的方法，调节干扰驱动激光二极管的电流，用快速响应探测器测定从激光二极管尾纤输出的光能量。根据试验结果可知，当输入到静电曳放试验装置的电压从 10kV 增加到

25kV 时,驱动激光二极管的峰值电流将从 60A 增加到 140A。当输入电压为 23kV 时,对应的最大驱动电流为 125A。激光二极管的输出功率峰值为 25W,但因干扰脉冲宽度非常短,对脉冲宽度时间积分后所对应的最大光能仅为 5μJ,这种能量比 CP 炸药点火能量低 20 倍。这说明静电曳放驱动激光二极管产生的光功率虽然能达到点火阈值以上,但由于光脉冲持续时间太短而不能点燃含能材料。另外,试验还表明激光二极管的驱动电流存在最大值,即光驱动电流高于该值时,激光二极管本身将开始衰变,对应的光功率也会明显下降。这说明激光二极管本身对静电曳放一类的尖脉冲具有一定的安全性。只有具有一定脉宽的驱动电流才能使激光二极管的输出能量起爆炸药。

电磁干扰试验是将未起动的激光二极管与装 CP 药的雷管置于电磁环境中进行的。美国 Wallops island 工厂使用 Q6 雷达进行了试验,该雷达峰值功率为 2.2MW、脉宽为 1ms,脉冲频率为 640Hz,平均功率为 1.44kW,功率密度为 $6.75mW/cm^2$。当上述装置暴露于雷达 1500 英尺范围内 5min 时,未观察到任何激光雷管发火和作用。这说明电磁干扰对激光二极管也未产生较大的影响。总之,激光二极管本身具有一定的安全性。

5. 光纤缆与连接器的安全性

石英玻璃光纤能承受严酷环境,且耐腐蚀,在盐水和地下环境中性能稳定。光缆由光纤芯、缓冲隔离层、内外包覆层和高强度外层组成,由于有很好的密封包覆和强度保护,因而有足够的机械强度。另外,光纤缆的传输损耗很低、寿命长。光纤对电磁危害(电磁干扰、静电泄放、射频、电磁波)钝感;光通路是非辐射性的,所以对探测钝感而且不与其他能量体系发生干涉。

光纤对武器装备非常适宜。光纤作为传输介质,在输入端要将激光器尾纤输出光能,通过连接器耦合到传输光纤中;在输出端,光纤作为点火光缆要与点火器中的药剂耦合。常采用的耦合方式是光纤置入式,即把一段端面经过抛光的光纤直接封接在药剂中。光纤缆与连接器仅限于耦合传输光能量,不与任何形式的电能发生作用,因而具有很高的安全性。

6. 激光火工品的安全性分析

对激光火工品的安全性分析论述如下[2]。在激光起爆、点火装置的制造过程中,影响安全性的主要因素是所使用药剂的感度。美军标 MIIL-STD-1901 中规定了激光点火系统所用点火药的感度要求,提出了唯一允许使用的一种点火药是 B/KNO_3,强调使用其他点火药时,必须将感度与 B/KNO_3 进行对比,保证其感度不高于 B/KNO_3。发展激光点火装置的主要原因,是大大降低了由杂散电信号引发的意外点火危险。当解决该问题后,制造过程中的药剂因机械等环境影响而具有危险性的问题,就显得比较重要。当对点火药感度有了标准规定之后,就基本上保证了制造过程中的安全性。在激光雷管制造中,为了加强一些炸药的光吸收性,对炸药进行掺杂是必要的。试验表明,掺杂物并不明显改变炸药的感度,这里感度指静电曳放、摩擦和撞击感度。美国桑迪亚国家实验室的 J. A. Merson 等对掺 1% 碳黑和未掺碳黑的 HMX、RDX、BNCP 和 CP 等药剂进行了静电火花感度对比试验。结果表明,在同一条件下,没有发生任何点火或起爆现象。对以上药剂样品进行了摩擦感度试验,掺碳黑的 CP 药剂比纯 CP 药剂的摩擦感度有轻微的增加,其余药剂的摩擦感度变化不明显。而且掺 1% 碳黑的 RDX 有钝化的倾向,这些试验都表明,掺杂物对静电与摩擦感度的影响不明显。对药剂的感度试验再次说明,激光起爆或点火装置在制造过程中具有安全性。在储存和使用中,影响激光点火装置安全的因素,主要来自光纤与闪电或杂散光源耦合的光能。首先确定闪电脉冲与光纤的耦合效率。用 200kA 放电电流产生的电弧表示自然发生闪电火花能量的 1%,并将模拟闪电脉冲的电弧固定于离光纤 1 英寸的位置。将 $\phi 400\mu m$ 光纤和部分 $\phi 100\mu m$ 光纤接到光电二极管探测器上,以测量从模拟闪电脉冲耦合进光纤的光能,剩余的 $\phi 100\mu m$ 光纤接到装 CP 药的雷管上。选用 CP 激光雷管的原因,是在已经使用的光学起爆装置中,它具有最低的发火阈值(即激光感度最高)。试验表明,没有任何 CP 激光雷管发火。对炸药界面的解剖分析结果也证明了暴露在闪电能量作用下的药剂表面没有变化。耦合进 $\phi 400\mu m$ 和 $\phi 100\mu m$ 光纤的光脉冲最大峰值功率达 22.4W 和 7.5W,但该脉冲具有瞬时上升到峰值并迅速衰减的特点,其光脉冲宽度只有约 300ns。这个光脉冲的能量极小,远低于引爆 CP 炸药的阈值能量。

杂散光源耦合进光纤也可能影响激光点火装置的安全性。尽管杂散光源的任何波长的光将对点火装置有潜在的影响,但石英玻璃光纤仅能传输波长范围为 $0.16 \sim 4.5\mu m$ 的光。可以基于辐射度理论,评估具有长脉冲持续时间的一些通用光源(如火焰)的影响。假设光源为黑体辐射模型,根据普朗克方程,将黑体的特定辐射率 N_λ 描述为波长的函数,即

$$N_\lambda = \frac{C_1}{\lambda^5 (e^{\frac{C_2}{\lambda T}} - 1)} \qquad (11-1)$$

式中:C_1 和 C_2 是固定常数,取温度 3600K 作为最坏的估计,对普朗克方程在波长 $0.16 \sim 4.5\mu m$ 范围内进行积分,就可得到光源的辐射率,并以此确定给定光纤直径的功率。对于激光点火系统常用直径 $\phi 100\mu m$ 光纤而言,当 NA = 0.6 时,该光纤从杂散光源耦合的最大功率为 60mW。在不考虑脉冲宽度时,点燃 CP 药剂的最小功率将大于 100mW,这说明杂散光源也不影响激光点火系统装置的安全。总之,在储存和使用中,闪电和杂散光源对激光点火装置的安全性没有影响。

7. 结论

如上所述,固体激光引爆装置和激光二极管引爆系统均具有较好的安全性。这种安全性使激光点火装置具有潜在的低成本与推广应用价值。由于常用的电引爆装置对电磁干扰敏感,所以不适合于高效自动化制造。而激光引爆装置不论是制造还是储存过程中,都具有较好的安全性。所以在希望得到安全性和可靠性增加的同时,从激光起爆装置所得到的最大收获是实现了高效自动化工艺,将会使成本下降。同时,这种安全性使激光起爆系统成为继冲击片雷管构成的直列式爆炸序列之后的一种新技术品种。与爆炸桥丝雷管和冲击片雷管构成的直列式引爆系统相比,这种新型系统的特点是能量低,因此属于低能直列传爆序列。美军标 MII - STD - 1901 推荐火箭弹和导弹点火系统采用激光直列式点火系统通过上述安全性分析与研究得出以下几点。

(1)由理论与试验两方面分析可以得出,激光起爆、点火系统比常规电起爆、点火系统在防静电、雷击、射频、杂散电流等方面的安全性有了根本改变。伴随着小型化激光器、光纤耦合等技术,在体积、成本、效能方面的迅速发展,这种安全性使 LIOS 具有潜在优势,可实现高效自动化生产工艺,并得到广泛应用。

(2)激光起爆装置和激光二极管对静电泄放、电磁辐射等电磁干扰具有钝感性,适用于构成安全性较高的直列式起爆、点火序列;随着钝感药剂的起爆技术和性能研究的发展,如果激光火工品中采用符合直列式爆炸序列的许用药剂,则 LIOS 就成为低能量激光直列式安

全系统。

(3)激光冲击片起爆技术对缩短作用时间,满足战略与战术武器装备的高安全性、高可靠性、高瞬发性要求,具有广阔的发展前景。

11.1.2 保险与解除保险

在激光火工品系统中,通常采用保险与解除保险技术保证系统的安全性。在固体激光起爆、点火系统中,一般采用机电式光闸、移动反射镜或电-光偏振等保险与解除保险机构;在半导体激光起爆、点火系统中,一般采用全电子安保、数字编码触发与光开关控制等保险与解除保险机构。全电子保险装置可用于激光发火装置的保险,使用全电子保险的激光起爆、点火系统具有安全性好的设计特点。

1. 固体激光解保与发火装置

常规的解除保险与发火装置(AFD)要求在 EED 和输出药、烟火剂之间有一个机械隔断,该机械隔断机构包括活动部件,而且结构上必须能使 EED 输出变换方向。

USP5002324 所描述的带有解除保险机构的固态激光点火装置,是以压电晶体驱动的激光点火装置。它是用压电晶体产生电脉冲,驱动锆氧闪光灯泵浦固体激光器,工作物质为钕玻璃激光棒。与常规的 AFD 一样,该装置也采用了机械保险机构[4]。该机构具体设计为一个装有弹簧的光闸组件打开光路;另一种方法是设计一个带孔的机械旋转盘(孔与转轴不在一条直线上),旋转轴使孔与激光器和烟火装置在一条直线上时解除保险。那么采用这种解除保险机构的激光点火装置,就可以消除位于 LIOS 和输出装药之间的那种类型的机械隔板和活动部件。

为了适应北约钝感弹药设计要求,美国 Hercules 公司设计研制了一种具有保险与解除保险机构的激光起爆系统装置,如图 11-2 所示。该系统装置由 4 个脉冲灯、1 根钕玻璃棒、1 个聚焦透镜、1 个光闸和 1 个起爆器组成。脉冲灯用于使钕玻璃棒产生激光脉冲,聚焦透镜用于使激光脉冲聚焦在点火药或光纤上,光闸起保险与解除保险作用。

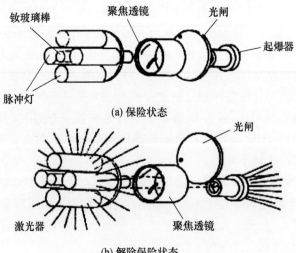

图 11-2 激光起爆/点火系统的保险与解除保险机构示意图

该系统装置的激光器用4只脉冲灯可产生脉宽为35ms、输出2J的激光脉冲；激光点火器的装药为B/KNO_3类点火药，通常两只灯输出的激光能量就可以点燃B/KNO_3类装药。为提高其可靠性，采用了冗余结构设计，即每两只灯为一组独立电路。该激光系统适用于遥控起爆或通过光纤同时点燃多个发射点火装药。美国已将该激光发火系统用于"麻雀"空空导弹的发射等方面，成功地取代了其原有的机电式发火装置。

这种保险与解除保险的激光发火装置，可用于地面和空中发射的"麻雀"空空导弹、多脉冲火箭发动机、F-16飞机弹射椅、火箭弹和120mm火炮系统。其性能符合MIL-STD-2105对钝感弹药的要求，可靠性高、成本低、质量小、无电连接、无电磁辐射和静电危害。

2. 电-光保险与解除保险装置

在保险与解除保险机构领域中，早先知道的唯一能为光学点火系统提供保险与解除保险作用的方法，是用可移动的棱镜或不可移动的饱和吸收光学器件作为保险装置。这些方法虽能提供合理的安全性，但因有移动部件而降低了可靠性，或者不能有效地监测它们的保险与解除保险状态。使用以前的保险与解除保险方案的激光二极管点火系统，易受静电释放、射频干扰或电磁干扰影响，这些干扰会增加意外爆炸的可能性。

这就需要另外设计一种保险与解除保险装置，它能够保证激光点火/起爆系统的安全性，方案中只有极少或者没有机械部件移动，而且能够考虑到保证安全性所需要的光路连续性监测和自检技术。

美国专利介绍了一种用于激光起爆、点火系统的电-光保险与解除保险机构[5]。设计该机构目的是提供一种保险与解除保险方案，它能直接通过发火光路进行连续性检测。保险与解除保险系统的可靠性与可检测性，会因无移动部件的结构设计而有所提高，且机内自检能在任何时候进行，不会发生偶然的发火、爆炸事故。鉴于上述要求，该设计通过激光束的声-光偏振技术，利用偏振隔离控制发火能量与火工烟火点火器、雷管分隔开。这种技术不需要移动部件，还能连续监测系统的保险与解除保险状态。

该LFU的组成：计算机控制器、固态激光器和激光源；一个声-光反射器(AOD)与RF驱动电路、分光器和光纤缆；BIT的光学和电子部件，以及电-光(EO)保险与解除保险装置及其驱动电子部件。在操作中，收到从控制模块或远程计算机飞行系统发来的BIT、解除保险、发火等指令信号。将作用/不作用和分离失效形式的BIT信息传给发火通道。BIT完成光路的连续性、激光损失检测；中间光学器件的激光指向位置测试，以及主要激光器上可输出能量的测定。在给出正确的解除保险指令后，装置的保险与解除保险机构就从保险状态变成解除保险状态。

当装置处于保险状态释能时，意外发火的可能性只有$1/10^8$。在保险状态，每个装置可以相互联系以确定它的电流状态。这种状态可以包括连续性、定向性、损失量和能量输出等。一旦系统给出它的状态完好，决定执行发火操作时，系统就可以解除保险。这种解除保险状态，是通过收到解除保险信号进行识别后，将这种解除保险信号传给激光器的电子控制器，当到达发火序列时，声-光反射器就将每个激光脉冲反射到序列的预定事件中。系统也可以在任何时候通过失灵信号的控制而失灵，干扰发火过程完成特殊事件(如自毁)。随着发火信号的发出，激光器闪光灯同时发光，驱动偏振开关。偏振开关持续打开约200μs，使激光脉冲传到发火序列中的一个元件AOD上。AOD是由RF信号驱动的，将激光脉冲导向特定的发火通道。光通道在发火前可以快速检测，证实所选通道是否正确,这样也可以校正脉冲。一旦脉冲通过 AOD,它便由聚焦透镜系统耦合进光纤中,然后由光纤将激光脉冲传给点火器或雷管。用分光器实际上也能同时控制 2~20 个点火/爆炸事件。

在说明中附有图表能具体地表示该装置,并有描述解释装置的作用过程、特点和优点。为了点燃激光起爆装置,激光源必须和要求的光纤通道连接,然后由光纤通道将激光能量传给起爆器,这样就构成了激光起爆系统。图 11-3 所示为激光起爆系统控制保险与解除保险设计方案的框图;图 11-4 所示为用 TeO_2 偏振装置得出的试验结果,其中反射角是 RF 频率的作用;图 11-5 所示为系统使用的激光泵浦腔和谐振器图;图 11-6 是激光起爆系统的控制器,具有保险与解除保险特性的主要光学装置;图 11-7 所示为 LFU 保险与解除保险控制电子仪器框图。

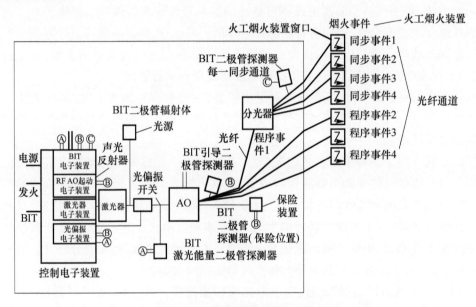

图 11-3　LFU 保险与解除保险控制电子仪器方框图

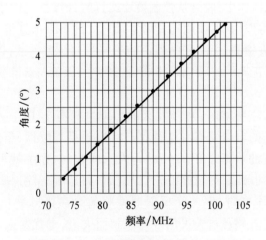

图 11-4　TeO_2 偏振装置得出的试验结果

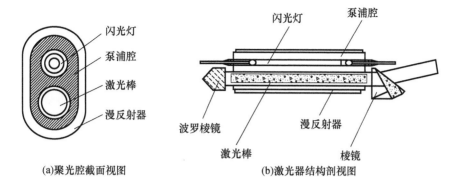

图 11-5 激光器的聚光腔与光学谐振腔结构图

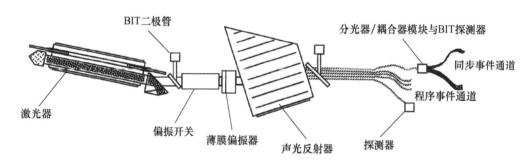

图 11-6 具有保险与解除保险的激光控制系统的光学装置

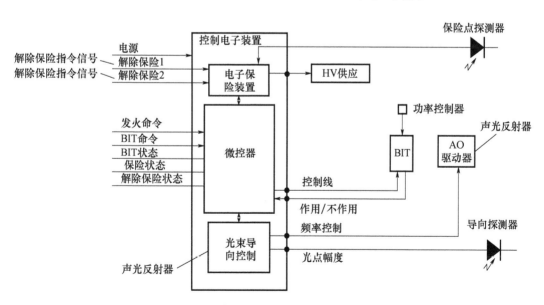

图 11-7 保险与解除保险的电子控制框图

在图 11-3 中,激光器用声-光程控器/反射器(AO)和光纤连接。起反射作用的组件,由一个 AO 反射器、AO 驱动电子装置和输入成像的光学装置组成。AO 反射器是一个偏轴的 TeO_2 器件,它的耦合系数高、反差比高、反射角大,能够将激光束耦合进多个光纤通道中。强度高的激光束被 AO 导进精确的角度位置。所有 AO 相互作用的基本机理,是光学材料内折射位置的变化,这种现象称为光弹性效应。通过 AO 的光弹性效应,能够在声波存在的情况下衍射出激光束。通过改变光学相位的时间,并以声速移动相位,声波就可以作为衍射光栅,而且声-光效应也可以被认为是光子作用,光子在碰撞中的能量和动量守恒。

AO 是旋光的,光可沿[001](晶轴方向)传播。两个偏振矢量的折射率是不同的,且光偏振面的旋转 R 可表示为

$$R = \frac{2n_0 \delta}{\lambda} \qquad (11-2)$$

式中:$\delta = n_1 - n_2/2n_0$。

用光弹效应的 TeO_2 装置得到的试验结果见图 11-4,反射角是 RF 频率的作用结果。装置对 36MHz 的频带反射角为 4.5°,其中 36MHz(即 100-74)的角度差为 4.5°(即 5°-0.5°)。用 85mrad 左右的反射角,激光源以 7mrad 的角度辐射,则可以将激光束耦合进 12 个光纤通道内。这使得现代航天器系统所要求的程序控制事件数,至少变成了 4 倍。用 AO 器件能减少其他耦合装置可遇到的技术难题,如效率低、扫描角小及环境温度变化的不稳定等。

所用的激光器是一个锥角的波罗棱镜谐振腔,这种谐振腔在苛刻的军事环境条件下,也能满足输出强度与可靠性要求。该谐振器能够控制环境效应引发的不对称性;否则不对称性会危及激光器的输出性能。激光器最好是闪光灯或是激光二极管泵浦,泵浦腔的结构设计如图 11-5 所示。它能提供高能耦合效率,帮助减少电源的重量、体积、电流与电压要求和热耗散。泵浦腔将闪光灯发出的光集中在激光棒 24 内。激光棒将闪光灯的能量转换成激光能。此泵浦腔的主要特点是,近处耦合的几何体与宽带内的漫反射器结合,棱镜可将激光束导向接收的光纤。

LIOS 的保险与解除保险(S&A)功能如图 11-6 所示。S&A 光学部件中的主要装置是激光器本身、偏振开关和声光反射器。这些装置中的每一个都能在不作用的条件下,提供 20~40dB 的衰减。每个都要求不同形式的能量作用。激光器要求两个独立的高压,且二者之间有精确的时刻控制,偏振开关也要求具有与激光器相当精确的电压和精确的时刻。声-光反射器则要求精确的、不连续的低压射频能量作用。在有间隔的时刻,使激光束到达可发火作用的光纤通道中。

信号间必须在几微秒内进行测试,偏振开关的电压必须控制在额定电压约 300V 之内。此外,加在声-光(AO)反射器上的 RF 和直流电压,必须使激光准确地到达预定事件的传输通道。而且这些功能的驱动电能,全部都由 S&A 电保护装置控制。

系统中的第 4 个无源部件,能以扫描的方式利用 AO 反射器的偏振旋转,提供额外 23dB 的隔离。这第 4 个部件是一个薄膜偏振器(TEP),光学 S&A 方案的基本前提是光偏振控制。激光器和 BIT 二极管是线性偏振,彼此正交。在不作用的条件下,偏振开关只通过 BIT 二极管偏振而阻止激光器偏振。当解除保险信号传给偏振开关时,激光器偏振通过而 BIT 二极管偏振阻塞。激光器可以用相应能量试验发火,以检测偏振开关和 AO 反射器是否都保险且安全。保险的检测是通过保险点处的探测器实现的,该探测器必须接受来自 BIT 二极管的能量,这只有在偏振开关处于保险状态,而 AO 反射器不反射时才是可能的。输入光束的偏振由 AO 反射器旋转,这样如果反射器不起作用,则激光就不能通过反射器。

给出正确的解除保险指令后,保险与解除保险装置开始起作用。即随着闪光灯的发光,

S&A 装置打开约 $200\mu s$,使激光脉冲通过装置。解除保险信号也能给激光源提供能量,并激发声-光反射器。当收到正确的发火指令时,反射器便移向预定事件的光通道。正确的光通道能够保证系统指向准确的位置。闪光灯的发火信号产生后,S&A 装置打开,激光器输出发火激光。激光脉冲通过 S&A 装置传递,AO 反射扫描器重新将光束导向准确的事件通道,激光被耦合进光纤内传输。在同步的事件通道中,光可被分成多个光路,激光能量脉冲沿光纤传递使烟火剂点燃。

LFU 硬件可使 4 个连续事件通道发火。如前所述,在这些通道中,一个分光器可以将光分成 4 个或多个同步的事件通道。多到 15 个连续事件的系统,可以考虑用反射扫描法或模数法实现。能实现同步事件的数目,是由激光器的输出能量和光纤连接损耗的大小所决定的。在实际使用中,一般限定同步事件为 20 个左右。

3 个光学 S&A 装置可以成对使用,以保证始终具有 60dB($1/10^6$)的最小安全范围。所有的光学部件在如前所述的严酷环境中,都具有足够的强度和可靠性;在高能激光损伤范围内(用于调 Q 激光的传输系统),也有很高的可靠性。

电子 S&A 装置如图 11-3 所示,它能控制加在激光器、光-电偏振开关和声-光反射器上的电压。声-光反射器能够控制光学元件的作用,防止激光能量到达烟火装置(除非系统已解除保险)。从图 11-7 可看出,要使系统解除保险,就要有两个独立的解除保险指令信号,并将声-光反射器转向预定事件通道。参照图 11-3,缺少这些条件中的任何一个,就要求将光束通过声-光反射器转向保险装置,而且激光器的闪光灯和电-光偏振开关都要接地。缺少这些条件中的任何一个,其他解除保险的条件就无法实现。

再参照图 11-3,LFU 中的控制电子装置与另一个系统电路板连通,它们能接收用户发出的信号,并将系统状态指示给用户。硬件可以通过 1553 数据总线接通,而不是与前面板控制器和指示器接通。AO 控制、S&A、BIT 及激光器闪光灯和偏振光闸中高压的产生,还有能源都可以由控制电子装置控制。微控制器系统周围的命令和逻辑控制,可以在 ADA 中编程。

分光器能够完成一个通道中的多个同步事件,分光器将单个事件通道中的光分成多个同步事件。通常,激光能量脉冲通过一个光纤通道,用分光器分成两个或更多光纤通道传输。简单分布的分光器、双相光栅、光纤分束器及组合分光器均可以用于这种目的,熟悉该技术的人都知道它们的优、缺点。

LFU 能够以作用/不作用的形式给通道提供 BIT 信息和故障隔离信息。BIT 能够实现光传递中的连续性、损失性和指向测试,并能测定主要激光器上的输出能量。LFU、BIT 系统监测激光器的输出,并能检查从 BIT 光源到每个火工烟火装置(与 LFU 系统耦合)的整个光路的完整性。光路的完整性检测是发送 910nm 的短脉冲辐射,通过 AO 反射器,使之进入光纤。光能从火工烟火装置窗口(有特殊的涂层反射 BIT 波长)反射并进行检测,然后与试验中选自其他光学表面的菲涅尔反射阈值进行比较。如果检测到超阈值脉冲或脉冲序列是在同步事件的光纤通道中,则要检查光路是否完整或通道是否正确。BIT 用 LED 在 10ns 脉冲内,释放出波长 910nm、1mW 的检测光,光能集中在直径为 $\phi 400\mu m$ 的光纤中然后平行射出。最后光束通过 AO 反射器导入想要到达的事件通道。装在目标事件上的光纤收集检测光能,并将它传给火工烟火装置中的窗口上。窗口具有特殊的膜层,能有效地反射 BIT 波长。反射回光纤的总能量产生返回脉冲,其能量远远大于光纤连接或中断光纤中发生的菲涅尔反射。检测光从光纤返回后,进入 BIT 光探测器中。电子装置中的比测器完成阈值控制,并将信号转换成 TTL 电平。如果目标指向单个光纤,那么只希望得到单个脉冲,强度超过阈值脉冲的检测会显示光纤不完整。BIT 能够保证点火系统在试验时,可靠完成它的发火功能。BIT 设计允许自检试验在任何时候进行,而烟火剂点火前的快速检测,能够使任务完成的质量比现有的点火系统都好。以前的发火系统不具有端-端测试功能,与之相比,现在的激光点火系统已经大有改进。

3. 激光起爆系统的保险/解除保险发火装置

在 20 世纪 80 年代中期,希谢尔公司为空军研制激光点火系统的保险/解除保险发火装置(LAFD),如图 11-8 所示[6]。该系统与 F-15 和 F-16 飞机中的现役储存管理系统是一致的。该 LAFD 设计用于点燃已经改装了激光点火器的"麻雀-Ⅲ"和"响尾蛇"式空空导弹的发动机,微处理器的系统能以齐射的方式在 1s 内使 15 枚导弹发射,也可按照任何编程顺序进行发射。由光纤编码器系统提供了确切位置的反馈信号,该 LAFD 备有 BIT 分系统,可检查每根连到激光点火器的光纤的连续性,以确保激光点火作用可靠。

图 11-8 空空导弹用激光保险/解除保险发火装置

4. 半导体激光保险/解除保险发火装置

激光点火技术作为新型火工技术,在航空、航天、军事和民用等领域中具有广泛的应用前景。对于半导体激光保险/解除保险发火装置,主要由保险与解除保险装置、半导体激光器、传输光纤缆、光纤连接器、带输入光纤的引爆装置 5 个部分组成[7]。

由于半导体激光器用低压电源起动,所以其本身存在一个固有的安全性问题。为了确保激光器不发生意外起动,需要单独的电子控制与安全机构,适应于多点控制和顺序选择及具有小型化、抗严酷环境等特点。系统的保险解除需由两个独立的安全性参数进行控制,引爆装置中的装药必须是钝感的烟火剂和炸药。不同的应用对系统及各元件的性能要求也不同,美国的空空导弹、SICBM 以及能源部、国防部对激光点火系统及各元件的性能具体要求是振动为 $10\sim27g$,冲击为 $15\sim225g(1ms)$,应用温度为 $-65\sim160°F$,所用光纤的峰值功率为 $0.1\sim10GW/cm^2$,寿命 10 年以上,抗拉强度为 $52.5kg/cm^2$,损耗为 $6dB/km$,接头损耗为 $1dB/$个,引爆装置的密封度小于 $1\times10^{-5}cm^3/s$,使用可靠度大于 0.999,测试可靠度大于 0.9999。

用激光二极管起爆武器是一种新型抗电磁辐射(HERO)的武器系统。它的控制电子电路与电子安全/解除保险系统(ES&A)兼容,用于火箭发动机点火、级间分离等装置中。2002年,美国颁布了军标《火箭弹和导弹的火箭发动机点火系统设计安全准则》(MIL-STD-1901A),其中规定了弹药推进剂系统中解除保险和发火作用的点火系统的设计安全要求。

特别提出了直列式烟火序列,定义了激光点火;并且规定了使用直列式烟火序列安全性的具体要求。这说明,随着激光技术在传统火工品中的发展和应用,将改变过去一贯使用的传火序列结构。激光起爆、点火与控制发火技术和带有保险与解除保险指示的装置,必将给军用武器点火、机组人员紧急逃逸、航天器的点火与起爆等系统,带来新的革命性变革。

可以将半导体激光解除保险/发火装置,理解为固体激光器解除保险/发火装置。它包括最初的电子开关(在接收到 ARM 信号时解除装置的保险)和第二个电子开关(接收到发火信号时,使装置发火并点燃烟火剂)。激光二极管与第二个电子开关连接,在接收到发火信号时产生激光脉冲。它还有传输光纤,一端与激光二极管光耦合;另一端埋在烟火剂中,这样使激光脉冲能够点燃烟火剂。另外,还包括一个直观的保险/解除保险指示器和一个法拉第屏蔽罩装置。还有一个自诊断测试装置,以检测激光二极管在不点燃烟火剂情况下的正常操作。以上装置点燃烟火剂的过程为将第一个电子开关与解除保险的信号相连,并把发火信号传给第二个电子开关。

图 11-9 所示为常规装置(AFD)的结构剖视图,图 11-10 所示为 LAFD 剖视图。LAFD 有和图 11-9 中一般电-机械(AFI)相同的电输入和压力输出,由电接口接收标准的发火与解除保险信号。

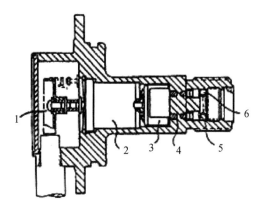

图 11-9　常规电安保、发火装置(AFD)
1—机械保险与解除保险指示器;2—电磁线圈式机电活动部件;
3—电雷管;4—施主装药;5—传爆药;6—输出装药 B/KNO_3。

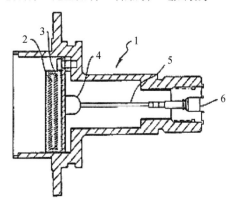

图 11-10　激光点火系统的解除保险/发火装置
1—电的和直观的保险与解除保险指示器;2,3—两个独立的电子开关;
4—激光二极管;5—光学耦合传输光缆;6—输出装药 B/KNO_3。

图 11 - 11 所示为 LAFD 电路,其中光学耦合器提供了电子保险与解除保险指示,6 为引线。光学耦合器代表第一个电子开关,能够起动发火电路。

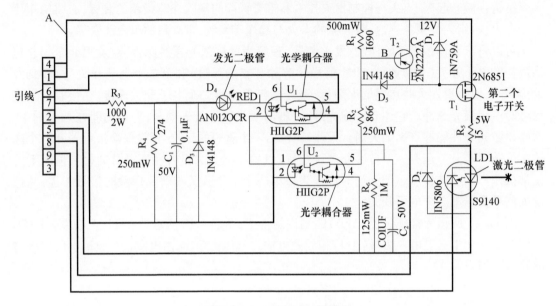

图 11 - 11 LAFD 电路原理

如果两个组件(发光二极管或光学耦合器)中任何一个发生故障,则解除保险作用就不能完成,直观指示器也不会作用。当 LAFD 解除保险时,便处于待发状态。接收到 A 处引线 4 和 1 的发火信号时,第二个电子开关关闭,电流才能够施加到激光二极管上。激光二极管的发光面产生波长 860nm 的激光脉冲,并将此激光耦合传输到 $\phi 100\mu m$ 的光纤中。图 11 - 12 所示 LAFD 电路图是图 11 - 11 电路的一种优化设计,它通过滤波器,分别加入了 ESD 保护和 EMI 保护电路。这种 LAFD 装置具有更高的安全性。

总之,LAFD 的另一大优点是激光器解除保险与发火装置能够进行自诊断测试,证明激光二极管工作正常。而在桥丝式的电发火系统中就无法做到这一点,因为给桥丝加电就会引起点火。LAFD 的另一个突出优点在于,它使用耐高压、耐高温的铜密封件,而不用制造过程复杂且成本高的玻璃 - 金属封接件。在常温下可使用环氧树脂胶密封,进一步降低了生产成本。

用激光器组成的解除保险发火装置中包括:响应 ARM 信号的第一个电子开关和第二个电子开关,能够使烟火装置发火并点燃输出烟火材料;以及两个用于连接激光二极管响应发火信号,产生激光脉冲的驱动电路部分。此结构已广泛用于武器、工业爆破或固体火箭发动机中。

5. 机电式保险与解除保险装置

机电式保险与解除保险装置(USD)是核武器系统所要求的,它由 Kaman 集团公司下属的 Raymond 工程有限公司设计研制[8]。图 11 - 13 所示为 USD 的结构示意图。

用于 LIOS 的 USD 安装在 LFU 内。USD 控制两个光闸组件的位置。当处于安全模式时,这两个光闸将主动切断大功率激光的传递通路。当光闸驱动电动机启动、闭锁凸轮开锁时,激光光束的双光闸便会移动至"开启"即解除保险位置。步进电动机的传动轴上附带有两组码盘。有当有预置脉冲序列进入螺线管时,编码探针才会释放码盘。如果编码错误,探针将锁住码盘,阻断解除保险的下一步进程。回转码盘或手动复位操作均可使 USD 复位。

除电子反馈外,USD 还可通过一个相干的光缆发出可视的保险与解除保险指示。通过读取色码和光闸上的印字,可在 PBV 的通道门处测定 USD 的状态。

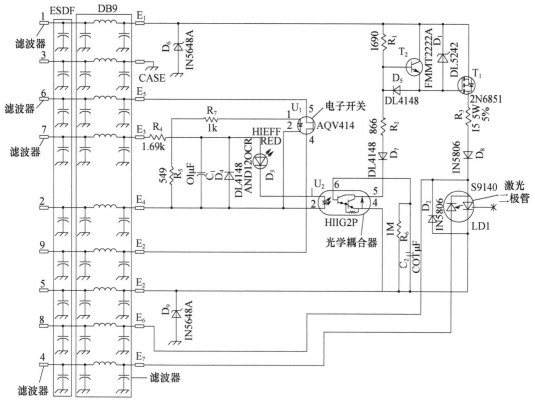

图 11-12 具有 ESD 保护和 EMI 保护功能的 LAFD 电路原理

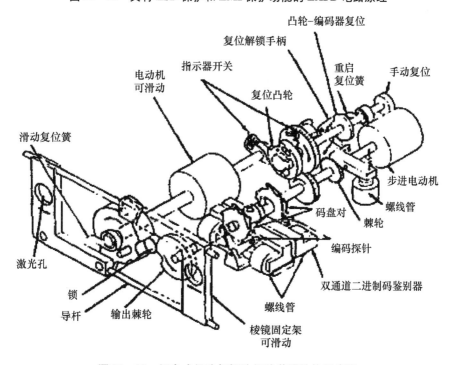

图 11-13 机电式保险与解除保险装置结构示意图

6. 直列式激光安全点火系统

由于激光起爆装置具有安全性,所以在其构成的点火序列或起爆序列中,可以不使用机械隔离件,即可以采用直列式结构。原则上爆炸箔起爆器使用的全电子保险装置,也适用于激光起爆、点火系统。美国麦克公司的 B. A. Stoltz 等发明了一种适应于激光二极管点火或起爆系统的保险与解除保险装置[9]。该装置除具有电子保险装置的功能外,还考虑激光系统需要现场测试光路完整性的要求,增加了光路连续性自检回路,其系统结构如图 11 – 14 所示。

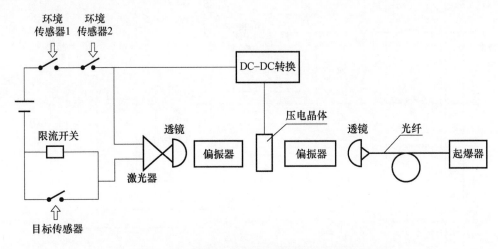

图 11 – 14　带有光学保险装置的激光起爆系统

整个系统由电源、保险与解除保险控制电路、激光二极管、光耦合器及起爆器五部分组成。控制电路采用全电子固体器件,控制电路中具有完成 3 种功能的 3 个回路。①预解除保险回路,用两个环境传感器的两个独立物理参量,对一个半导体场效应管开关作用,完成保险解除。②连续性检测回路,使电源通过一个限流自检装置驱动激光二极管,产生远低于起爆阈值的检测光;光信号被起爆器反射回光纤,并由与耦合器连接的探测器检测,最后将信号反馈于控制电路中。③含有发火回路,当目标传感器信号使场效应开关管闭合后,电源驱动激光二极管,使之产生一种高于起爆阈值的激光能量,使起爆装置发火,完成整个系统的输出功能。

B. A. Stoltz 等还在光耦合器中增加了一个光学保险与解除保险系统。当控制电路准备点火时,向 DC – DC 转换器发送一个信号,使压电晶体偏振。第一个偏振器位于准直透镜与压电晶体之间,且只允许激光的水平偏振光通过;第二个偏振器位于压电晶体与聚焦透镜之间,只允许垂直偏振光通过。当向压电晶体施加高压脉冲时,激光就能顺利通过;否则就不能通过。这样就达到了激光器意外输出时,防止对系统造成误发火的作用。激光点火系统具备最高级别的系统要求,需要两个独立的能量控制参数完成,并要求按 MIL – STD – 1516 和 MIL – STD – 1901 两个标准设计系统安全性。总之,激光点火系统设计提供了一种不降低可靠性,而且能减小危险性的安全设计。

7. 激光二极管保险/解除保险发火装置

PSEMC 为工业、航天及国防应用研制并演示了激光二极管起爆的保险与解除保险技术[10]。这种 LFU 如图 11 – 15 所示,使用了激光二极管和固态电子电路,通过光纤传输起爆武器装置。它有一个机内测试(BIT)系统,可进行光纤通道的端-端测试。这种LFU示范了单光纤和双光纤的两种BIT结构,LFU还包含LDSAM。由于固定安装了激光二极管和光纤,所以LDSAM具有对中可靠性,同时具有可移动隔板/挡板的安全可靠性。

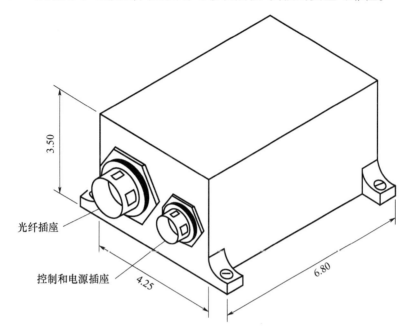

图11-15 激光二极管保险/解除保险发火装置

LFU具有以下特性。

1) LFU特性

(1) 尺寸:6.8in×4.3in×2.9in。

(2) 接头:MIL-C-38999,Ⅳ类。

(3) 电源输入:直流28V。

(4) 信号输入:对下列每个指令,接一对光电隔离的5V晶体管-晶体管逻辑电路(TTL):控制复位、测试/发射模式、预解除保险、解除保险、选择1、选择2、选择3或4及发火。

(5) 信号输出:连接一对光电隔离的锁合BIT通道和BIT失效状态输出的电子开关。

(6) 激光器输出:4路输出可扩展到24路输出,每路均使用$\phi 100\mu m$、NA0.37的光纤,可提供904nm、10ms、10W的激光脉冲。

2) LDSAM特性

(1) 输出:4路输出可扩展成24路输出。

(2) 光学通道:所有关键的光学元件均牢固地安装,以免在严酷环境中偏移。牢固安装的1W激光二极管和在准直透镜照射下牢固安装的聚焦镜和$\phi 100\mu m$光纤缆。

(3) 隔板/挡板:一个铝隔板用以隔断准直透镜和聚焦透镜之间的能量,一个螺线管转动安全和解除保险位置之间的隔板,用弹簧载荷可使隔板返回到安全位置。

(4) 监测器:电触头监视隔板的安全位置。驱动标记片和窗口的挡板目视可见,标记片标"S"代表安全,标"A"代表解除了保险。

(5) 安全锁:安装时有一个可拆卸的球扣形安全销,把隔板锁定在安全位置。

3) 机内测试系统

(1) 测试类型:LFU 和武器装置之间光纤线路的连续性;高功率激光二极管的发火;预解除保险电路操作;LDSAM 的操作。

(2) 单光纤:用另外的低功率激光二极管和光纤耦合器测试输出,简化内部连接,但增加了 LFU 的复杂性。

(3) 双光纤:按输出和军械装置上单个接头中的终端,使用两根光纤缆测试两种输出。LDSAM 的激光二极管通过 LDSAM 隔板安全位置中的高损耗孔,照射一根光纤;第二根光纤接收来自军械装置的反射光进行自检。这样就简化了 LFU 设计,但多用一根光纤增加了内部连接的复杂性。

4) 电子系统

(1) I/O 保护:对直流 5V、直流 15V 逻辑电路电源,直流 28V 电源、激光和解除保险电源,采用分开隔离的电源/接地供电系统。

(2) 逻辑类型:这种 LFU 采用冗余的 ACTEL 工厂可编程逻辑阵列芯片,代替微处理器。消除了研制和鉴定软件的费用和风险,而且具有足够的可靠性。

8. MEMS S&A 装置

MEMS S&A 装置通常指用于引信的微型保险与解除保险装置,也叫安全与解保装置。其作用是防止引信在勤务处理、发射(或投掷、布设)过程以及达到延期解除保险时间之前的各种环境条件下,解除保险或形成对主装药的爆炸输出。经过几十年的发展,S&A 装置已远远超出了引信的使用范畴,广泛应用于航空、航天等其他领域的火工系统中。

S&A 装置的体积一般为 10~30cm^3,将 MEMS 技术应用于 S&A 装置的优点,首先是明显减小了装置的体积,采用 MEMS 技术后,封装好的 S&A 装置的体积将小于 2cm^3,同时降低了制造成本,并且提高了系统的可靠性。传统的 S&A 装置,按工作原理主要可分为机械式、机电式和电子式三大类。同样,MEMS S&A 装置也可分为机械式和机电式。所谓机械式 MEMS S&A 装置,是指依靠惯性力完成解除保险功能的装置;而机电式则需要通过电信号向系统发出指令,并在电能作用下完成预定的机械位移,最终实现装置解除保险的功能。随着新技术的不断进步,又出现了集光、机、电子一体的光阻断式 MEMS S&A 装置。

光阻断式 MEMS S&A 装置的出现,从真正意义上实现了光、机、电一体化的微火工系统。在这样的系统中,用于激发火工品装置能量的最初形态是光。当系统处于解除保险状态时,光电转换装置将光能转换成电能激发火工品装置,如图 11-16 所示;或者直接由光能激发火工品装置。

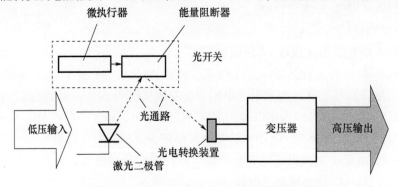

图 11-16 低压输入转高压输出的光能阻断器原理

这一系统的保险机构设置在光的传输通路上,如图 11 - 17 所示。激光二极管提供的光能耦合到源光纤中,当系统所处环境不能满足预定条件时,微执行器不动作,源光纤与接收光纤之间无法形成光传输通路,光传输通路保持断开,系统处于安全状态;当系统所处环境达到预定条件时(如满足预定的速度、冲击等条件),微执行器动作,将源光纤与接收光纤间的传输路径对正,系统解除保险光通路畅通。图 11 - 17 所示为三种不同的作用原理方式。

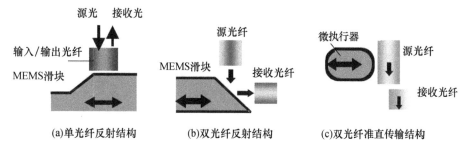

图 11 - 17　不同结构的光能阻断器作用原理

在这三种不同的作用方式中,MEMS 滑块或微执行器均可根据环境条件或指令进行左右移动,使系统或处于安全状态,或处于解除保险状态。第一种为单光纤反射结构,根据图中 MEMS 滑块所处的位置可以看出,通过 MEMS 滑块的平面反射部分,可将入射光反射回光纤中输出,此时光通路畅通,系统处于解除保险状态。如果滑块向右移动,将其斜面部分对准光纤,则根据光反射原理可知,入射光无法反射回光纤中输出,光路被阻断。第二种为双光纤反射结构,由于源光纤与接收光纤互成 90°,因而只有当 MEMS 滑块向右移动到特定的位置时,才能使光路畅通,系统解除保险。第三种为光纤准直传输结构,在安全状态时,源光纤与接收光纤相互错位,光路被阻断。当环境条件满足预定的条件或系统接到指令时,微执行器向右移动,推动源光纤使其与接收光纤对正,光通路畅通,系统解除保险。

经对比试验表明,这三种结构的光传输效率从高到低依次为双光纤准直传输结构、双光纤反射结构、单光纤反射结构。

有文献表明,这种光能阻断式 MEMS S&A 装置,已用于美国舰载反鱼雷鱼雷的安保机构中。采用了图 11 - 17 所示的第三种结构,即双光纤准直传输结构。当输入光能为 2000mW 时,其光传输效率为 87%。这种光能阻断式 MEMS S&A 装置,可用于激光火工品系统的保险与解除保险控制。

11.1.3　半导体激光起爆系统的安全性设计

半导体激光起爆系统技术具有保险与解除保险的设计思想,这一点与直列式安全起爆系统相似。国军标《引信安全性设计准则》(GJB 373A—97)中,规定了引信及作为引信系统的保险和解除保险装置的安全性设计准则。因此,可以参照该国军标规定,对半导体激光起爆系统的安全性进行分析与设计[1]。

半导体激光起爆系统技术的安全控制,主要体现在激光器的驱动电路中。因光纤传输系统具有很好的抗电磁干扰能力,比系统中其他部分具有更好的安全性。所以,本节讨论的安全系统,主要由半导体激光器和激光起爆器组成,重点研究半导体激光器的安全性。关于激光起爆器的安全性,应在有确切的应用背景后进行重点讨论,本节主要通过规定的环境试验予以证实。

半导体激光起爆系统的安全失效,主要表现为激光器意外解除保险输出激光,以及激光起爆器意外发火。半导体激光器的简化电路如图 11-18 所示,当 S_1、S_2、S_3 经触发依次闭合后,单片机 U_2 驱动 U_3,使驱动电流通过激光二极管产生激光。图中,U_1、R_1、R_2 组成稳压电路,R_3 与 LD 串联用于保护 LD。

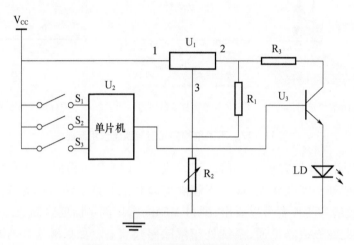

图 11-18 半导体激光器的简化电路

1. 满足 GJB 373A—97 保险要求情况研究

GJB 373A—97 中的 4.1 条,提出了引信安全系统应防止意外解除保险的要求。由于在预定发射前,半导体激光起爆系统的传感器,不能从所处环境中获取足够的力学能量解除保险,所以有防止意外解除保险的功能;系统在设计上采取了诸如各元件单独接地等措施,从而不易受共地失效的影响;系统在设计时使用多个保险元件,当任何一个元器件失效时,系统只可能进入故障状态而非安全失效状态,不会产生单点失效;对于所有引信环境失效,系统都有防止意外解除保险的作用,符合 GJB 373A—97 的规定。

1)冗余保险

GJB 373A—97 规定,引信安全系统至少应包括两个独立保险件,其中每个条件都应能防止引信意外解除保险。起动解除保险至少要从不同的环境力中,获得两个保险件的激励。引信的设计应尽量避免利用在发射周期之前,可能受到的环境和环境激励水平。这些保险器件中,至少有一个应依靠感觉发射周期内开始运动后的环境力而工作,或依靠感觉发射后的环境力而工作。如果起动发射的动作所产生的信号能够使弹药不可逆地完成发射功能,那么这个动作可以看成一种环境力作用。

半导体激光起爆系统中无机械隔断,为防止意外解除保险,至少需要由两个不同保险器件控制的能量隔断,即冗余保险。在半导体激光器驱动电路设计中,采取了 3 个控制开关。起动这 3 个开关的信号分别来自配套装备的运行力学环境和装备上的控制系统等不同环境,所有这些环境力在预定发射前都无法产生。这都说明了半导体激光起爆系统的设计满足(GJB 373A—97)有关冗余保险的规定。

2) 延期解除保险

由于半导体激光起爆系统在作用前,早已超出规定安全距离且一直处于保险状态,所以满足 GJB 373A—97 对延期解除保险的规定。

3) 手工解除保险

半导体激光起爆系统配置到武器装备后,其解除保险开关全部受配套装备控制,满足 GJB 373A—97 4.1.3 条的要求。

4) 电子逻辑功能

GJB 373A—97 规定,任何一种与引信安全性功能相关的电子逻辑部件,都应该置入固件或硬件中。固件不会被引信所能承受的环境所删除或改变。在半导体激光起爆系统的设计方案中,控制程序是写入微处理器硬件内部的,且必须由专用开发器件才能写入,外界环境无法修改或删除控制程序,满足 GJB 373A—97 的要求。

2. 安全系统失效率研究

1) 发射周期前安全性故障树

在发射周期前,半导体激光起爆系统尚未通电,其安全失效主要体现在杂散电、光信号对激光二极管、光纤传输系统及激光起爆器的意外作用,以及激光起爆器自身的安全性上。发射周期前安全性故障树如图 11-19 所示。

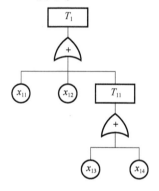

图 11-19 发射周期前安全性故障树

由于半导体激光起爆系统是新型系统,试验数据较少。对这类系统,《引信安全系统失效率计算方法》(GJB 346—87)4.3 条规定,故障树各底事件的概率值来自生产、试验及使用方面的统计数据。当此数据不足时可采取工程判断法,由引信专业的有关专家商定,或者由生产方和使用方共同确定。

按 GJB 346—87 规定,对图 11-19 所示系统发射周期前安全性故障树中各底事件采取工程判断法确定发生概率,计算顶事件 T_1 发生的概率,即

$$T_1 = (x_{11} + x_{12}) + T_{12} = (x_{11} + x_{12}) + (x_{13} + x_{14}) \tag{11-3}$$

将已知数据代入式(11-3)可计算出

$$T_1 = 4.0 \times 10^{-10}$$

2) 发射周期中安全性故障树

在发射周期中,半导体激光起爆系统已经通电,控制开关 S1、S2、S3、开关管以及微处理器等的安全性问题,可能会导致系统意外解除保险,使激光起爆器出现早炸。发射周期中安全性故障树如图 11-20 所示。

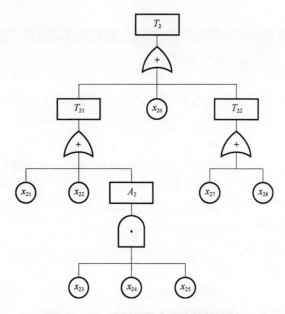

图 11-20　发射周期中安全性故障树

按 GJB 346—87 的规定,对图 11-20 所示系统发射周期中安全性故障树的各底事件采取工程判断法确定发生概率,计算顶事件 T_2 发生的概率,即

$$
\begin{aligned}
T_2 &= T_{21} + x_{26} + T_{22} \\
&= (x_{21} + x_{22} + A_2) + x_{26} + (x_{27} + x_{28}) \\
&= (x_{21} + x_{22} + x_{23} \times x_{24} \times x_{25}) + x_{26} + (x_{27} + x_{28})
\end{aligned}
\tag{11-4}
$$

将已知数据代入式(11-4)可计算出

$$T_2 = 5.0 \times 10^{-10}$$

3) 发射周期后安全性故障树

在发射周期后,半导体激光起爆系统已解除保险,导致系统在安全距离内出现早炸的主要原因是系统提前作用,其主要影响因素是意外的强光、电信号干扰。发射周期后安全性故障树如图 11-21 所示。

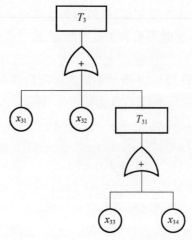

图 11-21　发射周期后安全性故障树

按 GJB 346—87 的规定,对图 11-21 所示系统发射周期后安全性故障树中各底事件采取工程判断法确定发生概率,计算顶事件 T_3 发生的概率,即

$$T_3 = (x_{31} + x_{32}) + T_{31}$$
$$= (x_{31} + x_{32}) + (x_{33} + x_{34}) \qquad (11-5)$$

将已知数据代入式(11-5)可计算出

$$T_3 = 4.0 \times 10^{-10}$$

通过对半导体激光起爆系统发射前、发射中、发射后 3 种故障树的分析,可知 3 种情况下安全失效概率都远小于 $1/10^6$,满足 GJB 373A—97 对安全失效率的要求。

3. 质量控制、检验和维护的设计

GJB 373A—97 对于质量控制、检验和维护作出了规定,主要是要求在设计中,确定对于安全引爆系统的安全性至关重要的设计特性;设计应便于进行检验和测试,以及固件的设计应便于维护,软件的设计符合高质量的软件开发程序。

在半导体激光起爆系统的设计中,传感器、微处理器和 3 个开关等是安全性的关键器件。系统的可检测性,在于可进行电子线路的外部测试。在控制程序的执行过程中,可使用示波器等电子仪器检测设计的正确性。系统的单片机控制程序可由计算机通过标准化的专用开发工具进行维护,可生成备份文件,便于以后查看和维护。由此可以看出,半导体激光起爆系统满足 GJB 373A—97 关于质量控制、检验和维护的设计要求。

4. 半导体激光起爆系统安全特性

1) 内储能

GJB 373A—97 规定,在发射周期开始后,当实用过程中可以获取外部环境能时,就不应利用内储能起动或解除保险。进入发射周期后,实际上由配套总体供电,满足 GJB 373A—97 关于内储能要求。

2) 相容性

GJB 373A—97 对于材料的相容性和稳定性作出了规定,并列出了 6 种不允许出现的现象。设计时采用的材料充分考虑了材料本身的稳定性及材料相互之间的相容性,不会出现这 6 种现象中的任何一种,满足相容性和稳定性的要求。

3) 未解除保险(完成)状态的保证

规定安全引爆系统具有在预定解除保险之前,应保证不解除保险的功能。这个功能有 3 个层次:防止装配成已解除保险的状态;确保安全引爆系统在装配过程中及完成后未解除保险;防止将已解除保险的安全引爆系统安装到弹药上。作为一种电子安全与解除保险装置,装配时是在整个装置不供电的情况下进行的,并且不自带电源,故满足第一点和第二点。同时,由于在安装到弹药的过程中,根本不可能出现半导体激光起爆系统解除保险所需要的力学环境,故根本无法解除保险,也满足第三点。

4) 目视标志

GJB 373A—97 要求对安全引爆系统的解除与未解除保险状态,采用目视标志。半导体激光起爆系统目前的设计方法,可使系统装配到武器总体之后,方便地实现目视标志。符合 GJB 373A—97 的要求。

5. 电磁环境

GJB 373A—97 要求进行安全引爆系统的电磁环境试验,半导体激光起爆系统需进行以

下 6 项电磁环境试验,其中电磁干扰试验已在本书的 9.2.3 节与 11.1.1 节中有所叙述,其他几个电磁环境试验有待下一步的工作继续研究。

(1) 按 GJB 1579 和 GJB 786 的要求,进行电磁辐射试验。

(2) 静电放电试验。

(3) 电磁脉冲试验。

(4) 按 GJB 151 和 GJB 152 的要求,进行电磁干扰试验。

(5) 雷电作用试验。

(6) 电源瞬变试验。

6. 安全距离之外的安全性

在需要保护友军的场合,还必须要求安全距离之外的安全性。GJB 373A—97 对此也作了相关规定。在半导体激光起爆系统中,解除保险程序里有一种控制是在敌方阵地目标区开始执行的,也可以满足对于安全距离以外安全性的要求。

7. 爆炸材料和爆炸序列

1) 导爆药和传爆药感度

GJB 373A—97 规定通过 GJB 2178—2005 试验的炸药,可以直接起爆战斗部主装药,无需隔爆;得到有关部门批准的炸药,还应装在安全引爆系统中进行安全性验证,确定是否适用于该种安全引爆系统;不能使用任何增加其机械感度的方法处理炸药。

半导体激光起爆系统使用的炸药是 BNCP(高氯酸·四氨·双[2 - (5 - 硝基四唑酸根)]合钴(Ⅲ))。美国印第安总部(IHDIV)、海军陆战部(NSWC)已完成了对 BNCP 的安全论证,结果是在 DOD 的各种应用中,BNCP 不受限制。DOE、海军等已经在导弹和乘员逃逸系统中应用了 BNCP。国内对 BNCP 炸药的研究较多,陕西应用物理化学研究所已经进行了 $300 \sim 500g$ 量级的所级批量生产鉴定。使用 BNCP 炸药装配的激光起爆器数量已超过 200 发,在中国工程物理研究院、航天部门与民爆行业中也有应用,从未发生过安全性问题。

2) 无隔断爆炸序列的控制

GJB 373A—97 对于无隔断爆炸序列的控制,分为从环境中聚积所有引发能的系统和不从环境中聚积所有引发能的系统,半导体激光起爆系统属于后者。对于这样的系统,GJB 373A—97 规定在正常发射被引信识别,且完成所要求的延期保险前,至少应用 2 个独立的能量隔断件(其中每个都由独立保险件控制)防止解除保险。此外,在某个或全部能量隔断漏装或误动作的情况下,引信不应解除保险。

半导体激光起爆系统的设计中采用了 2 种安全开关控制,只有在总体控制信号依次闭合 2 种开关时才会解除保险。任何一个或全部开关漏装,只会使整个半导体激光起爆系统进入故障保险状态,而不会解除保险,所以满足 GJB 373A—97 的规定。

8. 故障保险特性

GJB 373A—97 规定根据系统要求,引信应考虑故障保险特性。在半导体激光起爆系统的设计中,当安全性关键件失效时,如在控制信号给定后,S1、S2、S3 中任一开关因故障无法闭合,半导体激光器都无法产生激光。造成系统可靠性失效,进入故障保险状态,因而半导体激光起爆系统的安全性满足要求。

综上所述,半导体激光起爆系统的安全性较高,安全失效概率远小于 $1/10^6$,能够满足使用要求。

11.2 激光火工品系统的可靠性

11.2.1 可靠性检测

激光火工系统的实际应用首先要求极高的安全性,其安全水平要与采用了激光点火装置的全系统的安全水平相匹配;其次对于类似航天方面的应用,又要求整个点火系统有极高的可靠性。因此,激光火工系统的安全性直接关系到能否应用,而可靠性又是应用成功的保证。本节主要介绍激光火工系统在制造和使用过程中,所用的可靠性检测方法[9](如激光入射光纤表面损坏阈值试验、零体积发火试验、光路完整性试验等),给出系统的失效分析步骤和可靠性裕度系数及安全系数。最后对用于激光引爆装置的微型光电子保险与解除保险技术进行研究。

激光点火系统的使用不仅依赖于安全性的增强,而且也依赖于可靠性的提高。为了保证制造及使用中的高可靠性,应采用可靠的检测手段,也需要建立失效分析模式和确定可靠性裕度。这些都是达到高可靠性的基础条件和根本保证。

1. 激光火工装置的可靠性检测方法

激光火工装置制造中的质量控制首先是光纤的质量。由于光纤是向含能材料传输发火能量的唯一途径,所以它的质量影响着装置的可靠性。制造火工装置时,将光纤元件抛光后密封于管壳中,也可以先密封于管壳内再进行抛光处理。由于含能材料点火所需功率密度达 $2\sim3GW/cm^2$,所以传递如此高功率密度的光纤,就要求其端部有很高的抛光质量。在光纤的端面上,超过一定尺寸的凹坑和划痕,将形成与激光脉冲相关的电场强度,缺陷区域的电场强度值是光纤-空气界面附近平均值的 $2\sim3$ 倍。当传递能量密度达 $2\sim3GW/cm^2$ 时,该值将达到光纤介质的介电强度极限,从而导致光纤端面损坏。

激光点火装置制造中另一个重要的工艺是光纤或窗口的封接工艺。在多数情况下,不仅要求封接具有相当高的密封度,而且要求具有相当的强度。为了测试封接工艺是否具有承受高压和维持结构完整的能力,美国芒德研究所对激光点火装置进行了耐压作用测试。当用激光二极管发火时,所测的典型试验结果见图 11-22,该激光点火装置达到的最大压强为 1100MPa,曲线轨迹说明该元件成功地维持了压力,表明其光纤封接耐压工艺的可靠性较高。

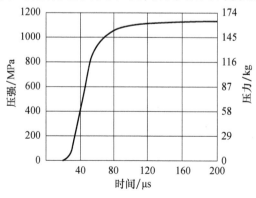

图 11-22 典型输出 $p-t$ 曲线试验结果

2. 激光点火系统的可靠性检测

对激光点火系统的光路完整性进行现场检测,是这种新型系统的一大特点,通过自诊断技术可以提高激光火工品系统的可靠性。设计同步式自检系统,不必拆开光路连接处就可以进行间接检查。这种光路连续性同步测试检查,是指从激光棒到火工品的整个光路(包括光纤和接头在内)的完整性。美国 MDMSC 公司为空空导弹设计的激光点火系统,就有这种光路连续性自检系统。具有连续性光路自检功能的激光点火系统如图 11-23 所示。

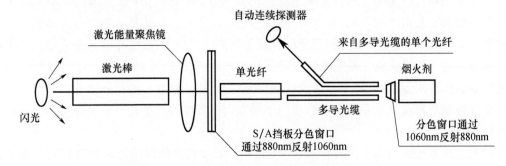

图 11-23　具备连续性光路检测功能的激光点火系统

在激光棒后面放一闪光灯辐射波长 880nm 的检测光,通过激光棒和聚焦透镜耦合到传输光缆中,并经过光缆到达火工品的分色窗口。该窗口镀有对波长敏感的膜层,该膜层将反射波长 880nm 的检测光,而透射波长 1064nm 点火激光。多导光缆中的一根光纤作为返回光纤,用于收集来自邻近光纤散射的检测光能。该光能将返传到探测器内,根据反射检测光能判断光路是否完整。

应注意的是,每种装置的分光膜都位于靠窗口的内侧面,其中一个原因是它在抛光光纤脚与反射表面之间具有一个间隙,从而满足从传输光纤输出端射出的检测光能量散射,并返回到单个返程光纤中;另一个原因是当装置起动发火后,该涂层将燃烧完并使检测功能失效。Santa Barsara 研究中心为 SICBM 设计的激光点火系统,使用 YAG 激光器作为引爆装置的能源,光路测试光源使用的是激光二极管。通过使用四边形棱镜,将检测光源的光折射进通向引爆装置的主光路。但这一光路到达对波长敏感的窗口时将会反射,返回的光能沿整个光路返回。在靠近激光源处的光分束器反射检测光,最后收集到探测器内。通过将其返回信号水平与前置水平相对比,就能确定光路的完整性。在激光二极管点火系统中,可通过光学耦合器接收从点火器反射回来的激光能量。将光纤包覆层去掉,可以实现接收起爆器的反射光,并将反射光对准探测器。当自检时,激光二极管在低能量下激发工作,其输出的能量不足以点燃烟火剂。从起爆器反射回的光线被探测器检测处理后,将指示出光路是否完整。

3. 系统的失效分析模式

当整个系统作用失效时,可建立以下失效模式:①发火系统的输出不够或无输出,从而使点火器得不到足够的能量;②光纤接头存在冷凝水或污染,导致损耗增高;③点火器缺陷,如光纤折断或光纤与药剂界面上有外来材料。

在重新试验前应首先确定激光源的输出是否正常,排除激光源失效原因后,应注意点火器光纤与发火系统在室外连接时,清洁接头用的甲醇中的残留水分可能会在低温下冷凝,以及接头光纤端面的污染等原因,造成接头界面能量衰减。若排除接头原因后,应考虑起爆器的输入光纤是否折断、光纤与药剂界面是否有薄环氧树脂胶黏结层或其他杂质材料片。制造工序首先要求所有元件都要清洗;其次在装药之前,应对元件增加一次质量控制检查,检验光学元件表面的污染情况;最后在外壳与光纤套装配之前,应对分元件进行第二次光纤损耗校验。在光学元器件装配的过程中,应设法保证连接界面洁净、无杂质。

4. 系统高可靠度时的裕度确定

由于实际应用时要求系统的使用可靠度大于0.999,如 SICBM 用激光点火系统就规定了可靠度大于0.999。尽管有关标准规定,实际发火可靠度要根据阈值测量的统计结果确定。但在高可靠度下,无法准确外推刺激能量值。根据国内外经验,高可靠度刺激量的确定是采用裕度系数完成的。激光起爆系统的裕度系数是考虑系统的光纤损耗、接头损耗与耦合损耗之后激光源的能量裕度,表示为激光源输出能量与点火阈值之比,通常又称为安全系数。

对激光点火装置而言,通常人为地取发火裕度系数为3;对电引爆装置而言,裕度系数通常取2。对一种简单的激光起爆系统的安全系数,可按以下方法进行估算。激光二极管出口与光纤耦合最大损耗取为3.0dB(折合能量裕度系数为2);激光器在20年寿命期内,随时间、温度、热、机械等环境能量损耗取为3.0dB(折合能量裕度系数为2);激光器的输出与接头之间、接头与点火装置之间的两段光纤的能量损耗各取0.1dB(折合能量裕度为1.01);接头的损耗取为0.8dB(折合能量裕度系数为1.2);而点火装置可靠发火的能量裕度为3(折合能量裕度系数为4.8dB)。这样分析后,耦合前激光二极管的能量必须是药剂点火阈值的15倍,相当于发火作用时系统的总损耗为11.8dB。如 HMX/C 混合药的发火阈值为70mW,那么在高可靠度要求下发火时,就需要1W以上的激光二极管。因此,通常将激光点火系统的安全系数取15。

在激光点火装置制造中,可以用激光入射光纤表面损坏阈值试验,评价所用光纤的质量。使用零体积发火试验,检验光纤在壳体中的封接强度,从而达到质量控制;对整个系统可以采用连续性检测试验,确定整个光路的完整性。另外,为保证发火的高可靠度,能量裕度系数取3,系统的安全系数取15。

5. 分析与讨论

通过上述对激光火工品系统可靠性检测技术的分析研究,可以得出以下几点:①在激光引爆或点火装置的制造中,可以通过零体积试验和激光输入光纤最大损坏阈值试验进行质量控制,使用现场的系统光路完整性可通过连续性自诊断予以验证;②高可靠性激光能量的确定,可将裕度系数和安全系数转换成实际作用指标,为达到高可靠点火,输入到含能材料的激光能量应是该材料点火阈值的3倍(即裕度系数为3),同时激光器的输出能量应该是相应点火阈值能量的15倍(即安全系数为15);③在整个系统中,还需要考虑光路完整性自检试验设计,使用全电子保险系统的激光火工子系统,具有可靠性高的设计特点。

11.2.2 系统性能与可靠性技术的发展

在电起爆系统中,电能从电源传递到含能器件的过程是安全的、可控制的,并在这一过程中将电能转换成热能。通常情况下,激光起爆系统比电起爆系统的效率要低,因为前一系统要增加一个能量转换过程,即从电能转换成光能。激光起爆器由于对杂散电能非常钝感,因而引起了关注系统安全性的研究者们的注意。电能转换成光能的过程是发生在激光二极管内部,而且转换效率在10%~30%。这样的激光二极管限制并影响了整个 LIOS 系统的结构。光电子领域取得的进展,极大地改善了 LIOS 装置的性能,使得所有 LIOS 系统的效率超过了最好的 EBW 系统。EBAD 的激光起爆系统,具有比以前更好的工作裕度和可靠性水平。将激光二极管技术、起爆器结构、含能材料合成以及光学连接器件方面取得的成就结合在一起,使得系统性能裕度大大加强。LIOS 整体性能的改进增强了现有系统的设计裕度,也使得新设计的系统性能得以优化。本节将介绍 LIOS 关键元器件的研制进展,并对整个系统结构模型以及不同武器系统的相关性能裕度加以论述[11]。随着光电子技术的进步,可用于 LIOS 的一些器件的性能也有了很大的提高。下面分别对这些器件性能的改进进行介绍。

1. 激光二极管

1) 激光二极管来源

光电行业一直向市场提供性能指标不断提高的激光二极管。激光二极管技术在膜生长、模件连接方法、光耦合以及其他处理工艺方面取得的新进展,使得其性能大有改进。每过 12~24 个月,便会出现一些性能指标更高的新产品。迅猛发展的无线电通信市场,带动了光电子工业的发展。这样的市场发展趋势,也迫使需求量较少但对可靠性要求较高的用户们,不断地更新他们的系统设计,以适应新器件的发展。因为与旧器件相关的处理工艺和操作工具会越来越少。遗憾的是,激光二极管的制造商们并不愿意对需求量较少但却通常是在 LIOS 应用中所必需的产品加大投资力度。因而只好在现有的商用产品中,层层筛选并加以修改,使之适应主机系统的需求。这样的市场发展趋势,同时也增强了人们充分利用新型激光二极管各项性能优势的愿望,并促使这类器件的工作性能指标不断向前发展。另外一项在性能指标和可靠性方面都取得巨大成效的技术,是高功率激光二极管阵列器件的设计、研制成功。高功率激光二极管阵列器件具有各种不同的功率水平、更好的脉宽特性,并且易于与多根光纤束相耦合,因而很有可能替代航天应用中的固体激光器。EBAD 已经对可用于 LIOS 系统中的新型高功率激光二极管进行了鉴定。下面将介绍这一新装置在性能方面已取得的进展。

2) 激光二极管性能

由于光纤接口的损失较高,使装置的发火水平较高,更主要的是激光二极管的低输出性能,使得早期的 LIOS 发展在很大程度上受到了上述因素的限制。对 LIOS 基本可操作性的要求,推动了激光二极管技术在斜度效率、耦合效率、模件连接方法和高可靠性等方面的发展。由于装置要承受高工作应力,因此诸如 COD 等长储效应和特有的失效效应,一直是技术人员主要关注的问题。随着激光二极管技术全方位的重大进展,对激光二极管可靠输出 1W 的 QCW 性能要求已非常易于实现,并成为现货可供的 CW 装置。与此同时,2W 的 QCW 激光二极管也日趋普遍,现在已经有 10W 的 QCW 激光二极管组件可供使用。

3) 斜度效率

激光二极管斜度效率是指在阈值范围内,光输出功率随正向作用的每单位电流的变化量。较早的、只满足 1W 输出指标的激光二极管的斜度效率是 0.3W/A 左右。在膜生长材料以及加工工艺方面取得的成就,将这一特性值提高到 1.0W/A 左右。从图 11-24 中可以看出斜度效率的这种变化。斜度效率改善后的另一个益处是,在目标工作区间内的 P/I 曲线相对线性化,这一线性化使得系统性能成为可预测的,并简化了发火装置的电路结构。具有这种高效率的发火装置,可在远远低于其波动区间的阈值内工作,使得在整个工作环境内的性能更具可预测性。

为了使早期的激光二极管满足 1W 输出功率要求,在提高激光芯片与光纤的耦合效率方面做了大量努力。为了满足光源设计,要求该耦合效率在 80%~90% 之间。要想达到这一指标,必须仔细选用光纤,光纤端面需要进行特殊加工处理;耦合时还要经过繁琐的光纤校准工艺过程。先进的激光二极管有较高的功率输出水平和效率,因而无需再过分关注这类问题。随着激光芯片效率的日益提高,会采用可插拔的光纤接口的激光二极管组件,替代原来尾纤式激光二极管组件。

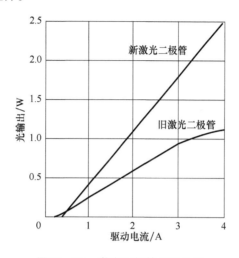

图 11-24 激光二极管 P/I 曲线

4) 热效应

旧技术 LD 的单位驱动电流的光输出,会随着器件温度的升高而明显下降,如图 11-25 所示。因此,光模块的热效应相当关键。在过去,要将光模块与封装电极牢固地连接在一起,同时又要维持良好的热传递效应是很不容易的。这一热效应现象如图 11-25 所示,随着装置的输出,整个发火脉宽内的曲线向下倾斜。然而随着新器件效率的提高,它们造成的浪费(即热损失)随之减少,也使得对热效应的处理更容易些。从图 11-25 中还可以看出器件性能的改善状况,新器件功率下降的程度明显减小了。

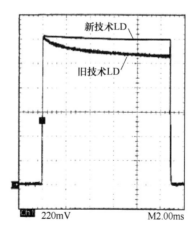

图 11-25 激光二极管输出脉冲曲线

5) 整体效率

激光二极管产生光输出所需的电能量,构成了激光二极管的电效率。在给定驱动电流下,装置两端形成的压降定义了输入功率。随着斜度效率接近 1.0W/A,以及模件连接方法和安装的改进,这种新器件的输出功率变化已明显减小了,激光转换效率也从原来的 18% 提高到现在的30%。

表11-1所列为新、旧两种激光二极管的参数比较,这种改进是针对激光二极管本身的。如果将它与改进后的 LIOS 器件,以及系统设计结合在一起,最终的系统性能将是非常好的。EBAD 正在对这种新的激光二极管进行鉴定,有望成为现在及今后的 LIOS 项目中的基本器件。

表11-1 激光二极管特性参数

参数	条件	典型限制值	
		旧激光二极管	新激光二极管
正向电流/A	$P_0=1.0W, T_C=72℃$	3.0	1.9
斜度效率/(W/A)	$I_F=1\sim3A, T_C=25℃$	0.30	0.85
阈值电流/A	$T_C=25℃$	0.2	0.4
光输出功率/W	$I_F=3.0A\pm0.1A$	1.00	1.80
正向电压/V	$I_F=3.0A\pm0.1A$	2.75	1.70
整体效率 $P_{输出}/P_{输入}$	$I_F=3.0A, T_C=25℃$	18%	30%

2. 激光起爆器

EBAD 在提高激光起爆器性能方面取得了很大进展。为了进一步增强可靠性,并使装置能在低功率电源下工作,该公司围绕降低装置全发火水平这一目标,对起爆器结构展开了分步骤研制。正在进行鉴定的是将 EBAD 技术与光电制造商技术结合在一起的产物。这一新型起爆器,使用了工艺重复性更好、激光敏感的点火药,并采用了特殊装填工艺。将这些优势与性能优异的新技术光纤塞结合在一起构成的起爆器,其所需发火功率水平几乎只是现有起爆器的一半。这种新型激光起爆器还具有以下特点:①在保持良好发火性能不变的情况下,装置可适用于芯径较粗的光纤($\phi200/230\mu m$);②装置对来自光源的光纤终端与入射光纤接口处的间隙钝感;③这种装置本身对电辐射钝感;④装置具有极好的刚度、强度和气密性,可承受30000psi 的发火压力。

对装置按 MIL-STD-1576 进行鉴定,满足所有性能规范要求。将这种起爆器暴露于下述环境中,均在规定的范围内正常作用:①热循环试验,从 $-65\sim+212℉$,24h 循环;②冲击试验,在10000g 下,从2000~10000Hz,总共进行了18次冲击;③随机振动试验,整体水平68g 下,每个轴向持续12min;④在95% 置信度下,可靠度为0.999;在 $-65℉$ 下,全发火水平为358mW。

EBAD 对该装置能否用于特殊项目进行了鉴定。进一步降低这类起爆器全发火水平的研究工作仍在继续进行之中。将这种性能优越的激光起爆器与激光二极管结合在一起,必将构成一种具有卓越性能及发火功率裕度的全新的激光起爆、点火系统。

3. 光能的传递

在 EBAD 所有的 LIOS 应用中,最可预测而又毫无问题的器件之一就是光纤。公司具备多种光缆组件的制造工艺,其中包括光纤采购到货检查、试验工艺、终端处理、打磨抛光、环境试验和光纤坚固性试验等。过去那些一直困扰着 LIOS 合同供应商和用户的问题,根本不会对 EBAD 产生任何负面影响。该公司对技术研究高水准的理解、试验方法和规程的完善发展,以及世界顶级的工艺控制手段等,使得公司可向用户提供无任何问题的光缆组件。迄今为止,该公司已完成了超过 1000 个航天用光纤终端的试验,对全部试验数据进行了记录,并将它们收集到一起建立了性能参数数据库。

由于在光纤内及光纤接口处存在有光损失,较早的 LIOS 研制活动都考虑到这一点并留有余地。随着数据的不断积累和经验的不断获得,连接点处的这种损失变成可预测的。如果需要的话,可以利用这些数据对形成的系统进行预测。由于采用了新器件、新技术,在整个系统的光功率概算中,光损失部分已下降了近 40%。

4. 功率增强型系统设计

LFU 扮演着将电能转换成光能的角色,它通常含有一个控制电路,控制激光二极管的输入电流,以形成波形较好的发火电流脉冲。在较早的 LFU 研制中,驱动激光二极管所需的电压与电流的乘积,实际上就是输入所需的功率。这种较高的功率需求,使得电路体积较大、电路复杂程度较高。同时由于要考虑高功率器件的散热处理问题,使装置的体积和重量也相应增加。新型激光二极管性能的提高,使得发火装置的结构也变得较为轻便。由于形成恒定输出功率所需的电压值和电流值的降低,电路的体积随之减小,激光驱动器件上的功率损耗也得以降低。新型激光二极管较低的输入功率需求,允许对功率进行调节,无需再使用像车载输入电源总线那样来实现全发火电流脉冲。

图 11-26 和图 11-27 所示为具有同样光输出功率的两种电路。图 11-26 所示为适用于早期的激光二极管的电路,图 11-27 所示为适用于新型激光二极管、激光起爆器和光纤等器件的电路。可以看出,对车载总线的电源功率要求大大降低了,甚至可以删减掉目类 Ⅳ 中指明的大电流功率电路。

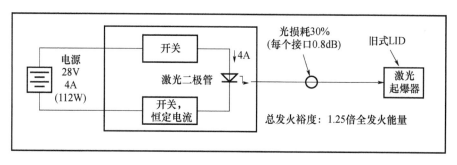

图 11-26 常规激光发火电路

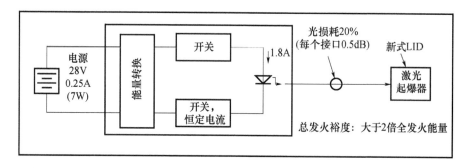

图 11-27 先进的激光发火电路

激光二极管性能的改进对激光发火电路的另一个作用是,可采用电容放电形式的电路。功能增强后的 LID 在较低的功率水平下发火,使激光二极管工作所需的电流和电压值有所降低,允许使用由体积合适的电容器与简单控制电路构成的电容放电(CD)发火电路。

5. LIOS 可靠性和裕度

武器系统的功能可靠性,直接受到起爆系统能量裕度的影响。关于 LID 全发火的算法是一种统计学的方法,是起爆器在感度特性基础上能够正常作用的概率和置信度。在现有常规 LIOS 系统中,系统在给定全发火能量水平(mW)、置信度为 90% 情况下,可靠作用概率为 0.999。考虑到系统性能的不确定性,通常会在全发火水平之上对系统设计裕度进行再加强。尽管随着裕度的增加,会导致可靠度增量的降低,但这样做的最终结果还是增加了发火可靠度(概率)。这一结果可以从起爆概率分布曲线看出,如图 11-28 所示。

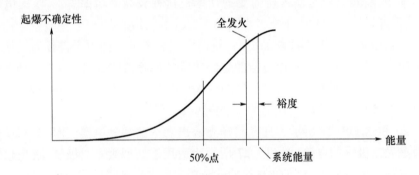

图 11-28 工作裕度和可靠性

长期以来,常规 EED 武器系统都采用 1.5 倍的全发火能量裕度作为系统的设计目标。这样的裕度在美军标和美国国防部规范中均未有过说明。尽管在 EWR127-1 中没有特别指明,但要求执行 ESMCR/WSMCR 规则的射程安全装置(车辆摧毁型)满足 2 倍裕度条件。采用这样的裕度要求,主要是因为要考虑到不确定性因素,比如系统功率(电压)的变化、光缆损耗的变化、起爆器的连接器配接/拆分的可重复性、起爆器生产批次之间的差异以及环境作用等。由于在 LIOS 中,这些差异显得并不太重要,因而认为在现有的 LIOS 系统中采用 1.5 倍的全发火裕度就足够了。例如,在对 LIOS 系统进行光能预算时,会考虑到环境、电池电压、电流、导线损耗和光能传输损耗等变量因素。这一问题的提出,是为了应对已经出现的具有相当的发火水平,采用了激光起爆器系统的需求。而现有系统,最大只能提供 1.25 倍的发火裕度。由于器件性能在当时存在一定的未知性,这一较高的保守估计最初是针对 EBAD 的 LIOS 系统设计而定的,并因此对其进行了说明。

对于在良好环境中工作的 LIOS 系统,允许采用 1.25 倍全发火裕度水平的冗余计算。但如果系统有较高的可靠度、强度要求,以及较高的射程安全装置(车辆摧毁型)要求,就必须采用 2 倍全发火能量的发火裕度。EBAD 正在研制的系统中,汇聚了本节论述中提到的功能增强型器件的全部优势,在任何状态下均可提供最小 2 倍的全发火能量。图 11-29 所示为常规系统和新型系统各自的发火裕度,以及它们提供给激光二极管的输入功率。从图中可以看出,相对于旧型号发火装置而言,在所需发火能量较低的新型号发火装置中,超过 2 倍的发火裕度是很容易实现的。

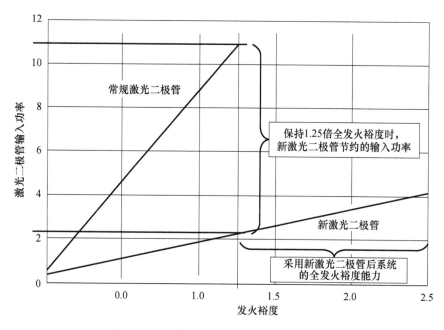

图 11-29　激光二极管输入功率与发火裕度

6. 飞行终止用激光起爆系统

EBAD 正在研制用于试验型车载武器的 LIOS。该试验车载计划被用作高技术试验平台,并要求有一个飞行终止系统(FTS)完成其试验任务的再进入和自动着陆功能。在这一平台上对 FTS 采用激光起爆是很独特的设计,原因有两个:①在 ER/WR 飞行终止系统中,首次采用激光起爆技术;②在使用这样的飞行终止系统时,遵循了常规发射过程,在发射和入轨阶段,LIFTS 是不起作用的,必须在随后的相当长的太空行程内进行在轨驱动和试验。这一系统必须具备在本节中所介绍的器件及系统的全部优势,系统基本构成如图 11-30 所示。

由于这一系统是准备用于飞行终止的,其发火能量裕度必须满足射程安全规范 EWR127-1,并提供 2 倍的全发火裕度。这一系统将采用专为 EBAD 的系统而鉴定的新型激光二极管和激光起爆器,采用这些新器件很容易实现 2 倍发火裕度。

LIFTS 还将采用 EBAD 研制的内置式光检测子系统,以便对激光发火光路的状态进行在轨检测。检测光路的重要性,类似于激光起爆飞行终止系统中工作发火光路的重要性,因为通过这一光路检测到的信息,在离轨前被用作好坏判定。在对内置式光检测系统的持续研究中,其可靠性和可重复性得到了不断增强,这使得该系统能够应用于关键项目计划中。

多数内置式检测机构都包含在最基本的系统里,可用它对激光起爆飞行终止系统进行电源正常状态检测、获取指令接收器解码器(CRD)与发火装置间连接质量的信息;对上行到发火指令的路径进行验证,以及对发火装置与火工品装置间的光连续性进行检测等。有关该系统的研发工作,在总体用户(集总承包方)、系统承包方 EBAD、ER/WR 射程安全办公室以及 Dryden 射程安全办公室的共同合作下进行。这一系统曾在 2002 年作为大气层跌落试验项目的一部分进行了搭载飞行试验。

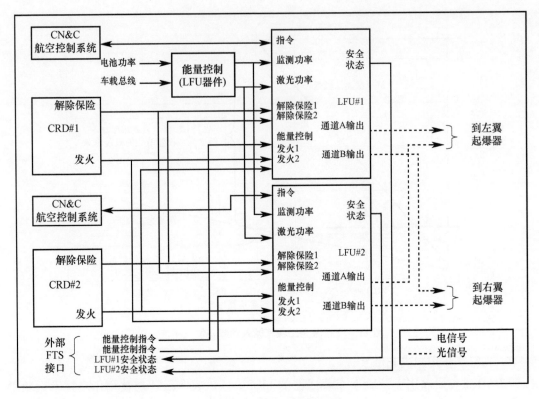

图 11-30　LIFTS 基本框图

EBAD 的激光起爆飞行终止系统,包括新研制成功的一些装置。如高能发火激光二极管、BIT 低能试验二极管、探测器、光编码器、光纤接口器件以及激光起爆雷管等。由于综合了这些器件的优势,这一系统很容易满足最小 2 倍全发火能量的设计裕度。实际上,这一系统能够达到的额定发火能量是全发火能量的 2.3 倍。

EBAD 坚持不断地进行着 LIOS 技术、支撑器件的研究开发工作,并推动这一技术不断向前发展。一些精密器件的最新研制成果已在本节中作了介绍。这些器件用于系统后,使系统的整体性能有了很大改善。随着这项技术的不断进步以及光电领域的不断发展,这些器件将越来越通用化,最终会与商用装置相同,从而降低整个系统的成本。

11.2.3　激光多路点火系统的冗余设计

可以采用激光点火系统冗余设计技术,提高系统的可靠性。用固体激光器/半导体激光器、光纤分束器、合束器、双光纤、BIT 检测与激光火工品等新技术,可以设计出带有自诊断功能的激光多路点火冗余系统。西安庆华公司提出的激光多路点火系统的冗余设计方案如下[12]。

1. 双路冗余激光点火系统

光源、光路双备份激光点火系统设计方案如图 11-31 所示。该系统主要由激光器、光纤两分束器、点火管、监测光纤和光路在线监测器组成。该系统点火光源及光能传输光路采用双冗余设计,但点火管没有备份。

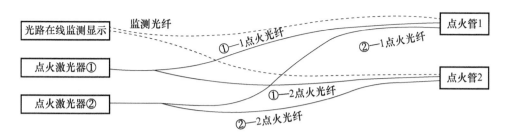

图 11-31　激光点火与光路监测系统示意图

2. 爆炸螺栓的激光 4 路冗余点火系统

从光源到传输光路再到点火管,均采用双冗余设计的激光多路点火系统方案,如图 11-32 所示。该系统主要由激光器、光纤四分束器、点火管、监测光纤和光路在线监测器组成。

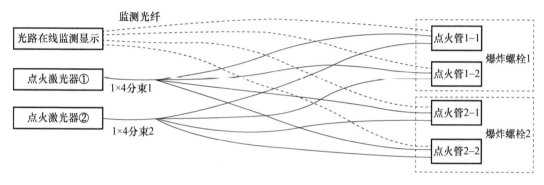

图 11-32　双备份激光点火与光路监测系统示意图

上述两种点火系统原理设计方案中,双备份光纤传输的光能独立进入点火管,在无传输损耗的理想情况下,从每根光纤进入点火管的功率理论值,分别为激光源功率的 1/2(点火管无备份系统)和 1/4(点火管备份系统)。但是在实际使用中,由于光纤分束器熔接点的波导、反射损耗较大,是达不到功率理论值的。

3. 采用光纤分束器与合束器的激光双路冗余点火系统

采用光纤分束器与合束器的激光双路冗余点火系统设计方案如图 11-33 所示。该系统主要由激光器、光纤二分束器、光纤合束器、点火管、监测光纤和光路在线监测器组成。像图 11-31 所示的系统那样,若采用 Y 形光纤分束器与合束器,每根光纤进入点火管(点火管无备份)的功率理论值,分别为激光源①和激光源②的功率的 1/2。如上所述,在实际使用中,是达不到功率理论值的,尤其是合束器对发火激光能量的耦合传输损耗更为明显。

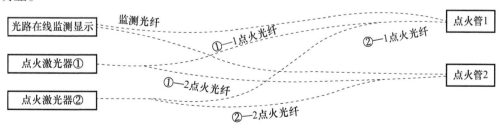

图 11-33　激光点火与光路监测系统示意图

4. 采用 2×2 光纤耦合器的爆炸螺栓的激光 4 路冗余点火系统

采用 2×2 光纤耦合器设计的双爆炸螺栓的激光 4 路冗余点火系统方案,如图 11-34 所示。该系统主要由激光器、光纤 2×2 耦合器、点火管、监测光纤和光路在线监测器组成。在图中采用 2×2 光纤定向耦合器,每根光纤进入点火管(点火管有备份)的功率理论值分别为激光源①和激光源②的功率的 1/4。关于功率理论值与实际值的对比分析,与前面的论述相同。

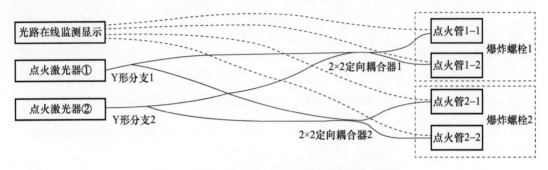

图 11-34 双备份激光点火与光路监测系统示意图

11.2.4 激光火工品系统的可靠性分析

激光火工品系统的可靠性包括设计可靠性和储存可靠性,本节只讨论系统设计可靠性[1]。激光起爆系统的可靠性分析简化模型如图 11-35 所示,主要由激光器、光纤缆传输系统和激光起爆器 3 个部分构成。

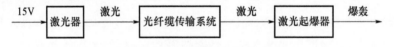

图 11-35 激光起爆系统可靠性框图

图 11-35 所示激光起爆系统是典型的串联系统,所以系统的设计可靠度 R 为激光器的可靠度 R_1、光纤缆传输系统的可靠度 R_2 和激光起爆器的可靠度 R_3 之积,即

$$R = R_1 R_2 R_3 \qquad (11-6)$$

系统可靠工作的过程:在直流 15V 电压驱动下,激光器产生 14mJ 的激光能量,经光纤缆传输系统,在激光起爆器输入端得到一定的激光能量,使激光起爆器可靠作用,为配套装备提供可靠的爆轰输入。

在进行可靠性分析之前,首先限定系统的工作环境为《电子设备可靠性预计手册》(GJB/Z 299)中规定的"剧烈地面移动"(代号 GM2)——安装在履带车辆上,在较剧烈的移动状态下工作。受振动、冲击影响较大,通风及温湿度控制条件受限制,使用中维修条件差,如装甲车内的电子设备,限定其工作温度范围为 -40~60℃。

11.2.5 半导体激光起爆系统的可靠度计算

半导体激光起爆系统主要由半导体激光器、传输光纤缆和激光起爆器 3 个部分构成,本节介绍半导体激光起爆系统的可靠度计算[1]。

1. 半导体激光器的可靠性

半导体激光器的驱动电源主要由电子元器件组成。《电子设备可靠性预计手册》(GJB 299)和 MIL – HDBK – 217F 作为电子设备的可靠性标准,对半导体激光器驱动电路的可靠性分析具有参考价值。但由于在起爆系统中,激光器为单次工作,每次工作持续时间约 10ms,其可靠性具有特殊性。本书利用 GJB 299 和 MIL – HDBK – 217F 探讨半导体激光器的可靠性,所得数据具有很好的对比意义。需对其修正后,才可以作为半导体激光器的可靠度数据。

半导体激光器失效的主要标志是不能产生激光,其故障树如图 11 – 36 所示。没有考虑控制软件故障引起的失效,软件的可靠性是一个较复杂的课题,需专门进行研究,在此暂不论述。事实上,根据积累的试验数据统计,半导体激光器在其近 1000 次的工作过程中,及其温湿度、电磁环境、振动、冲击试验中,从未发生过软件故障引起的失效,其故障概率低,所以在图 11 – 36 所示的故障树中暂不作考虑。

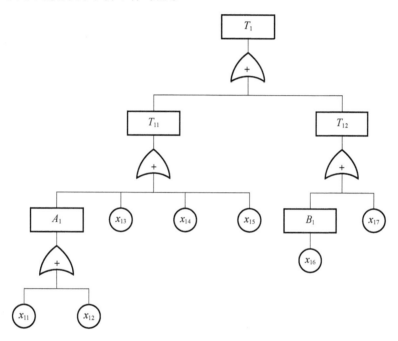

图 11 – 36 半导体激光器的故障树

(1)利用 GJB 299 分析 R_1、R_2、R_3 等元器件的可靠性。激光器电路中,R_1、R_2、R_3 都是金属膜电阻(功率 $P \leq 2W$),按照 GJB 299 中规定,金属膜电阻 R_1 因开路而失效的概率,即如图 11 – 36 半导体激光器的故障树中 x_{16} 的概率:

$$x_{16} = 3.6760 \times 10^{-14}$$

对于电阻 R_2 因开路而失效的概率,即图 11 – 36 半导体激光器的故障树中 x_{12} 的概率为

$$x_{12} = 6.2032 \times 10^{-14}$$

电阻 R_3 的电应力比 $S > 1$,从而无法采用 GJB 299 进行可靠性预计,但是其每次的工作时间为 10ms,因而电流的热累积效应造成的开路失效概率很小。在实际工作过程中,该元件从未出现过故障,具有很高的可靠性,可参照 R_1 及 R_2 估计其失效概率,图 11 – 36 所示的半导体激光器的故障树中 x_{13} 的概率为

$$x_{13} = 1.0 \times 10^{-13}$$

所以 LD 激光器在工作 10ms 内失效的概率，即图 11-36 半导体激光器的故障树中 x_{17} 的概率为

$$x_{17} = 4.8282 \times 10^{-7}$$

(2) 利用 MIL-HDBK-217F 分析 U_1、U_2、U_3 等元器件的可靠性。U_1 为三端稳压器件，属 MIL-HDBK-217F 中的 MOS 型线性门阵列器件，该类器件的失效率计算模型为

$$\lambda P = (C_1 \pi_T + C_2 \pi_E) \pi_Q \pi_L \tag{11-7}$$

这样，在激光器工作 10ms 内，三端稳压器件 U_1 失效的概率即图 11-36 半导体激光器的故障树中 x_{11} 的概率为

$$x_{11} = 4.917 \times 10^{-7}$$

U_2 为 8 位微处理器，MIL-HDBK-217F 中规定，微处理器的失效率计算模型为

$$\lambda P = (C_1 \pi_T + C_2 \pi_E) \pi_Q \pi_L \quad (10^{-6}/h) \tag{11-8}$$

这样，在激光器工作 10ms 内，U_2 失效的概率即图 11-36 半导体激光器的故障树中 x_{15} 的概率为

$$x_{15} = 1.642 \times 10^{-6}$$

U_3 为 NPN 型开关管，其工作失效率的计算模型公式为

$$\lambda P = \lambda b (\pi_T \pi_A \pi_R \pi_S \pi_Q \pi_E) \quad (10^{-6}/h) \tag{11-9}$$

这样，在激光器工作 10ms 内，U_3 失效的概率即图 11-36 半导体激光器的故障树中 x_{14} 的概率为

$$x_{14} = 2.381 \times 10^{-11}$$

表 11-2 是采用 GJB 299 和 MIL-HDBK-217F 计算的半导体激光器故障树中各底事件的概率。

表 11-2　半导体激光器故障树中各底事件的概率

底事件	事件描述	发生概率
x_{11}	稳压器 U_1 损坏	4.917×10^{-7}
x_{12}	调节电阻 R_2 损坏	6.2032×10^{-14}
x_{13}	保护电阻 R_3 损坏	1.0×10^{-13}
x_{14}	开关管 U_3 损坏	2.381×10^{-11}
x_{15}	单片机 U_2 损坏	1.642×10^{-6}
x_{16}	调节电阻 R_1 损坏	3.6760×10^{-14}
x_{17}	LD 损坏	4.8282×10^{-7}

顶事件 T_1 发生的概率公式为

$$\begin{aligned} T_1 &= T_{11} + T_{12} \\ &= (A_1 + x_{13} + x_{14} + x_{15}) + (B_1 + x_{17}) \\ &= x_{11} + x_{12} + x_{13} + x_{14} + x_{15} + x_{16} + x_{17} \end{aligned} \tag{11-10}$$

将已知参数代入式(11-10)，求得：$T_1 = 2.6165 \times 10^{-6}$。

T_1 是电子设备连续工作状态下的失效率数据，半导体激光器的工作方式为单次工作，为使该数据与实际接近，需加以修正。目前这方面的资料较少，暂定修正系数为 10，这样波长为

980nm 的半导体激光器,输出脉冲能量不小于 14mJ 的性能设计的可靠度,估计近似公式为

$$R_1 = 1 - 10T_1 \qquad (11-11)$$

将已知参数代入式(11-11),求得:$R_1 = 0.9999638$。

2. 传输光纤缆的可靠性

光纤传输系统失效的主要标志是在最后一级光纤即产品光纤输出端得不到足够的激光能量。这种失效的原因可能是光纤断纤,也可能是光纤传输系统的耦合效率下降,其故障树如图 11-37 所示。

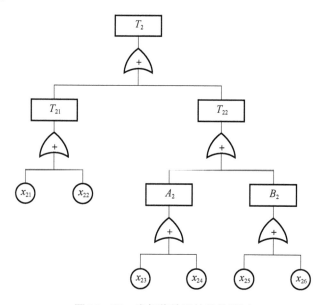

图 11-37 光纤传输系统的故障树

用已知参数求得传输光纤缆的可靠度为:$R_2 = 1 - 1.32 \times 10^{-6} = 0.99999868$。

3. BNCP 激光起爆器的发火可靠性

1) 升降法感度试验

激光起爆器的可靠性,应按照《感度试验用升降法》(GJB/Z 377A—94)进行激光起爆器的感度试验后,采用《火工品可靠性评估方法》(GJB376—87)进行可靠性分析。

按照 GJB/Z 377A—94,在室温条件下,对优化设计后的 BNCP 激光起爆器进行感度试验,在对以往半导体激光起爆试验数据分析的基础上,选定初始刺激激光能量为 $y_0 = 0.6$ mJ,步长 $d = 0.1$ mJ,进行了 20 次试验,取得感度试验数据如表 11-3 所列。对感度数据的统计分析如表 11-4 所列。

表 11-3 BNCP 激光起爆器感度试验数据

i	y_i	1	2	3	4	5	6	7	8	9	10	11	12	13	14	15	16	17	18	19	20
1	0.7																				
0	0.6	1					1				1		1							1	
-1	0.5		1			0		1		0		0		1		1		0			1
-2	0.4			1	0				0						0		0				
-3	0.3				0																

表 11-4 感度试验的统计分析数据

i	i^2	n_{i1}	n_{i0}	in_i	$i^2 n_i$
0	0	5	0	0	0
-1	1	5	4	-4	4
-2	4	1	4	-8	16
-3	9	0	1	-3	9
Σ		11	9	-15	29
			n	A	B

取 $n_i = n_{i0}$

$$M = \frac{nB - A^2}{n^2} = \frac{9 \times 29 - (-15)^2}{9^2} = 0.444$$

$$\frac{A}{n} = -1.667$$

$$b' = 0.2$$

$$b = 0.2$$

根据表 11-4 所列的试验数据可求得

$$\sigma_{\hat{\mu}_y} = \frac{1.046}{\sqrt{9}} 0.077 = 0.027$$

$$\sigma_{\hat{\sigma}_y} = \frac{1.298}{\sqrt{9}} 0.077 = 0.033$$

$$\hat{y}_{99.99\%} = \hat{\mu} + u_{99.99\%} \hat{\sigma}_y$$
$$= 0.483 + 3.72 \times 0.077 = 0.769 \qquad (11-12)$$

$$\hat{y}_{0.01\%} = \hat{\mu} - u_{99.99\%} \hat{\sigma}_y$$
$$= 0.483 - 3.72 \times 0.077 = 0.197 \qquad (11-13)$$

由于激光功率/能量计的读数补偿值为 1.13,所以取 $y_i = x_i/1.13$,由此可以求得

$$\hat{\mu}_x = \hat{\mu}_y \times 1.13 = 0.483 \times 1.13 = 0.546$$

$$\hat{\sigma}_x = \hat{\sigma}_y \times 1.13 = 0.077 \times 1.13 = 0.087$$

$$\sigma_{\hat{\mu}_x} = \frac{G}{\sqrt{n}} \hat{\sigma}_x = \frac{1.046}{\sqrt{9}} 0.087 = 0.030$$

$$\sigma_{\hat{\sigma}_x} = \frac{H}{\sqrt{n}} \hat{\sigma}_x = \frac{1.298}{\sqrt{9}} 0.087 = 0.038$$

下面计算激光起爆器 99.99% 及 0.01% 发火刺激量的估计值 $\hat{x}_{99.99\%}$、$\hat{x}_{0.01\%}$ 为

$$\hat{x}_{99.99\%} = 1.13 \times \hat{y}_{99.99\%} = 1.13 \times 0.769 = 0.869(\text{mJ})$$

$$\hat{x}_{0.01\%} = 1.13 \times \hat{y}_{0.01\%} = 1.13 \times 0.197 = 0.222(\text{mJ})$$

按照《火工品可靠性评估方法》(GJB 376—87),可计算可靠度为 99.99%,在 0.95 置信水平下的最小全发火刺激量的估计为

$$I_{AF0.95} = \hat{\mu}_x + u_{99.99\%} \hat{\sigma}_x + t_\gamma(n-1) \sqrt{\sigma_{\hat{\mu}_x}^2 + u_{99.99\%}^2 \cdot \sigma_{\hat{\sigma}_x}^2} \qquad (11-14)$$

求得 $I_{AF0.95} = 1.204 \text{mJ}$。

2)兰利法感度试验

对优化设计后的 BNCP 激光起爆器,用兰利法进行半导体激光发火感度试验。假定 BNCP 激光起爆器的感度服从正态分布,按《感度试验用数理统计方法》(GJB/Z 377A—94) 进行试验。根据对激光发火药剂掺杂 3% 碳黑的 BNCP 炸药的相关数据积累,选择刺激激光能量上限 $x_U = 0.8 \text{mJ}$、下限 $x_L = 0.1 \text{mJ}$,进行了 10 次试探,取得感度试验数据如表 11-5 所列。

根据兰利法的试验要求,试探结果序列中出现响应($v_i = 1$)与不响应($v_i = 0$)的转换次数应不小于5;且 x_{0U}(对应 $v_i = 0$ 的最大刺激量)$> x_{1L}$(对应 $v_i = 1$ 的最小刺激量),即有混合结果区出现时才能取得有效数据。如表11-5所列,响应与不响应的转换次数为7,$x_{0U} = 0.551$,$x_{1L} = 0.503$,满足兰利法有效性条件。

表 11-5 BNCP 激光起爆器的兰利法感度试验数据

序号	刺激激光能量 x_i/mJ	v_i	x'_i	备注
1	0.450	0	x_U	
2	0.625	1	x_1	
3	0.538	0	x_2	
4	0.574	1	x_3	
5	0.551	0	x_4	$x_U = 0.8$
6	0.563	1	x_5	$x_L = 0.1$
7	0.557	1	x_L	
8	0.329	0	x_l	
9	0.443	0	x_6	
10	0.503	1	—	

经计算机迭代运算,进一步可计算 BNCP 激光起爆器99%及1%发火刺激量的估计值 $\hat{x}_{0.99}$、$\hat{x}_{0.01}$ 为

$$\hat{x}_{0.99} = \hat{\mu} + u_{0.99}\hat{\sigma} \tag{11-15}$$

$$\hat{x}_{0.01} = \hat{\mu} - u_{0.99}\hat{\sigma} \tag{11-16}$$

求得

$$\hat{x}_{0.99} = 0.726(\text{mJ})$$

$$\hat{x}_{0.01} = 0.466(\text{mJ})$$

BNCP 激光起爆器的兰利法感度试验结果,为以后产品设计及可靠性研究提供了基础数据。

3)低温条件下的感度试验

根据热点理论,在激光起爆器发火过程中,环境温度对热点的累积有一定影响。在低温下,可能会造成发火感度降低。为探索激光起爆器在低温条件下的感度变化,采用升降法,分别在20℃和-40℃条件下,进行了 BNCP 激光起爆器的感度对比试验,取得的感度数据结果如表11-6所列。从表中的常温、低温感度数据对比结果可以看出,在低温下,激光起爆器的发火感度变化不明显,证明激光起爆器在低温下具有较高的发火可靠性。

表 11-6 BNCP 激光感度试验结果对比

温度/℃	激光波长/nm	激光脉宽/ms	始发装药	数量/发	50%发火能量/mJ	S	99%发火能量/mJ	0.01%发火能量/mJ
20	980	10	BNCP	29	0.525	0.083	0.719	0.331
-40	980	10	BNCP	30	0.505	0.065	0.656	0.353

4. 半导体激光起爆系统的发火可靠性

1) 系统单路工作时的发火可靠性

经优化设计后的半导体激光器输出能量为 14mJ,传输光纤缆耦合效率不小于 90%,若采用两级传输,可近似估计半导体激光单路起爆系统的发火可靠度为

$$R = R_1 R_2 R_3 > 0.99988$$

2) 半导体激光双路与 3 路起爆系统的发火可靠性

采用半导体激光器输出能量为 14mJ、耦合效率不小于 90% 的传输光缆、双分束器和三分束器分束比指标见表 11-7,若采用激光器 + 分束器 + 传输光纤缆 + 产品的连接方式,按照单路系统的计算方法,即便是 3 路起爆系统中发火激光能量最低的一路,其 $K_U = 26.94$,远大于《火工品可靠性评估方法》(GJB 376—87) 表中 K_U 的最大值 5.24,故可以得到半导体激光双路与 3 路起爆系统的发火可靠度数据,如表 11-7 所列。

表 11-7 多路起爆系统的发火可靠度数据

激光器能量 /mJ	器件种类	端口	分束比 /%	输出端能量 /mJ	发火可靠度	可靠性裕度系数
14	两分束器	A	38.1	4.80	>0.99988	3.99
		B	39.0	4.91		4.08
	三分束器	A	27.2	3.43		2.85
		B	22.9	2.89		2.40
		C	25.8	3.25		2.70

上述研究表明以下几点。

(1) 半导体激光起爆系统在高低温、恒定湿热、电磁干扰、振动、冲击等环境试验过程中,都未出现意外解除保险或作用,环境试验后的起爆试验正常。证明了系统在规定环境条件下具有一定的安全性、可靠性,基本上能够满足应用要求。

(2) 按照《感度试验用升降法》(GJB 377—87) 和《火工品可靠性评估方法》(GJB 376—87),对 20 发激光起爆器进行了感度试验研究,得到在 0.95 置信水平下,刺激量为 1.204mJ 时,BNCP 激光起爆器的发火可靠度为 99.99%,参考 GJB 299、MIL-HDBK-217F 及工程判断法的规定,得到半导体激光器波长为 980nm、输出脉冲能量不小于 14mJ 的性能设计可靠度,估计为 0.9999638;光纤传输系统可正常传输波长为 980nm 激光的性能设计可靠度估计为 0.9999999859。

(3) 参考《引信安全性设计准则》(GJB 373A—97) 的规定,得到系统的安全失效率远小于 $1/10^6$。按照《火工品可靠性评估方法》(GJB 376—87),分析得到半导体激光单路、双路、3 路系统的可靠性裕度系数均不小于 2.40,按查表值计算可得到发火可靠度的估计值均大于 0.99988。

11.3 激光起爆系统的可靠性模拟

激光火工系统是一种新型火工品。由于光纤在能量传递过程中不受电信号的干扰,故

激光火工品能从根本上解决火工品的电磁兼容安全问题。激光火工品系统部件价格昂贵,设计和制造工艺复杂,采用计数法进行系统可靠性设计和验证成本较高。因此,用模拟计算方法作为一种辅助研究手段,对系统影响因素进行研究分析,不但可以节约成本,而且可以加快研发周期。本节论述采用计算机模拟技术,对一种半导体激光起爆系统的可靠性进行分析研究[13],模拟结果可以为激光器的优化和激光火工品可靠性设计与评估提供依据和参考。

11.3.1 激光起爆系统及其可靠性影响因素

半导体激光起爆系统,主要是由半导体激光器、控制系统、光纤传输网络、激光起爆器几部分构成。系统工作时,由半导体激光器作为能源,产生一定的激光能量,通过光纤将激光能量传输到火工品部件上,使系统发生作用完成预定输出功能。在激光起爆系统中,由于半导体激光器的输出能量一定,激光起爆器接收到的能量主要受光纤传输网络的影响。图11-38所示为三分束光纤传输网络的示意图。

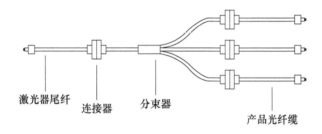

图11-38 三分束光纤传输网络示意图

在光纤传输网络中,光纤插针、光纤类型、光纤连接器和光纤分束器对光耦合、传输效率都有一定的影响。国内外的研究工作表明,光纤传输网络中能量的损耗,主要发生在光纤连接器及其两端,且每路光纤连接器的耦合效率一般为90%~95%,分束器的耦合效率最低可达70%~90%,则分束器每路的耦合效率在23.3%~30%内。

11.3.2 激光起爆系统可靠性建模

1. 数学模型

根据激光起爆系统可靠性影响因素,建立激光多路起爆系统其中一路的发火概率模型,如图11-39所示。虚线框内为激光能量的损耗区。

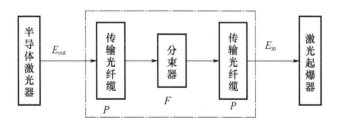

图11-39 激光起爆系统工作原理框图

图11-39中:E_{out}为从激光器输出光纤发出的激光能量;P为传输光纤缆的耦合效率;F为三分束器其中一路的耦合效率;E_{in}为激光起爆器接收的激光能量。

根据激光起爆系统的发火概率模型,建立激光起爆系统实现预期功能关系的数学模型为

$$E_{in} = E_{out} \cdot P^2 \cdot F \tag{11-17}$$

2. 计算方法

用模拟方法计算激光起爆系统的可靠性,首先要构造 3 组服从某种分布的随机数,即连接器的耦合效率 P、分束器每路的耦合效率 F 和激光起爆器的临界刺激量 X_c。

其次,确定随机数的分布状态。火工品的发火感度一般服从正态分布或对数正态分布。假设激光起爆器的临界刺激量符合正态分布,并结合升降法试验结果,构造正态分布 $N(0.546,0.0872)$ 为激光起爆器的刺激量分布。由于光学元件的耦合效率一般符合正态分布,因此根据研究对象的具体使用情况,构造连接器的耦合效率服从正态分布 $N(0.92,0.0162)$;分束器每路的耦合效率服从正态分布 $N(0.27,0.0052)$。

然后,模拟产生随机刺激量序列 P、F 和 X_c,计算在某一可靠度下,激光火工品的最小发火能量或计算不同试验刺激量下系统的可靠度。

同样可以计算模型参数在不同感度分布下,激光火工品的发火能量与系统的可靠度。按提供的计算方法,对计算参数加以修正,便可计算在其他分束的情况下,激光起爆系统的可靠度。

3. 正态分布随机数的生成及正态性验证

开发系统可靠性模拟计算程序,需要产生 3 组服从正态分布的随机数。分别用来模拟激光起爆器的临界刺激量、连接器耦合效率和分束器每路的耦合效率。分 3 步产生所需要的正态分布随机数:首先采用乘同余法产生在 $[0,1]$ 上均匀分布的伪随机数(用该方法产生的均匀分布的随机数的随机性,已通过了各种统计检验);其次采用 Polar 算法产生服从标准正态分布 $N(0,1)$ 的随机数;最后通过变量代换产生所需要的正态或对数正态分布的随机数。

图 11-40 所示为采用 3 步法产生的分别服从正态分布 $N(0.546,0.0872)$ 和 $N(0.546,0.0432)$ 的 50000 个随机数,按区间统计的图形输出结果。

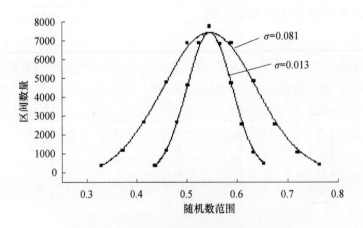

图 11-40　模拟 50000 次的随机数统计曲线

图 11-40 所示的轮廓线和正态分布概率密度曲线的形状吻合较好,从而以图形方式验证了采用该计算方法,所产生的正态分布随机数是正确的、符合要求的。

11.3.3 系统可靠度模拟计算及结果分析

根据上面的计算方法和正态分布随机数的生成算法,采用 Delphi 7.0 语言编制了计算半导体激光三分束起爆系统可靠性的仿真程序,界面如图 11-41 所示。该程序可以提供两种计算结果:由入射激光初始值计算给定参数下系统的发火可靠度;根据系统要求的可靠度,计算给定参数下达到该预定发火可靠度所需要的激光起爆能量下限。

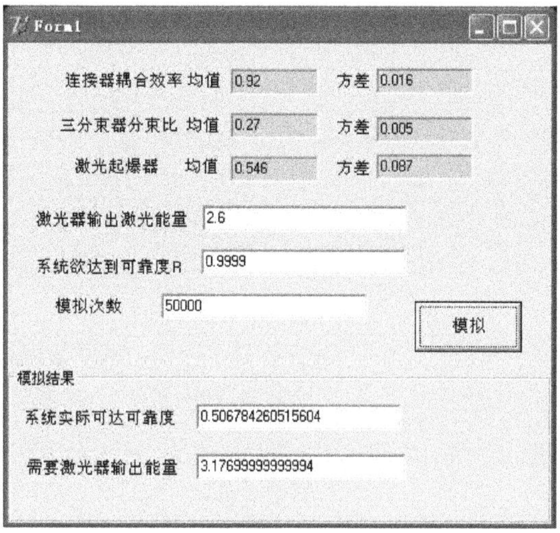

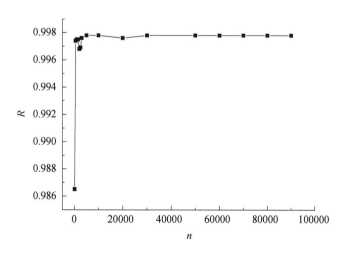

图 11-41 激光起爆系统可靠性仿真程序界面

1. 计算精度检验

系统进行模拟计算时,计算结果的准确性由概率论的大数定律保证。即模拟次数越多,结果越准确。但模拟次数越多,占用的计算机内存资源越多,计算时间越长。图 11-42 所示为在其他参数不变的条件下,模拟次数 n 与计算的系统可靠度 R 之间的关系曲线。

如图 11-42 所示,$n \geqslant 30000$ 时,R 趋于一定值。因此,为保证评估结果精度,对激光起爆系统的计算都是在 $n=50000$ 的条件下进行的。

图 11-42 n 对 R 的影响曲线

2. 方差对系统发火可靠度的影响

在实际的激光起爆系统中,连接器和分束器的制作材料和工艺是一定的;对于固定的起爆器,其药剂的成分和装药量也是一定的。因此,三者的分布函数均值一般是固定的。固定其他参数,重点讨论连接器、分束器和起爆器的方差对系统可靠性的影响。

取连接器、分束器和起爆器三者的方差分别为 σ、0.75σ 和 0.5σ 时,计算激光器输出激光能量 E_{out} 与系统可靠度 R 的关系,计算结果分别如图 11-43～图 11-45 所示。

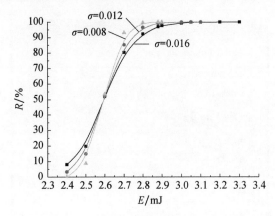

图 11-43　不同的连接器方差下 E_{out} 与 R 的关系

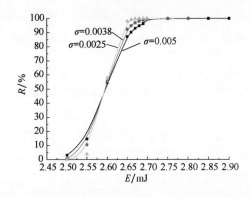

图 11-44　不同的分束器方差下 E_{out} 与 R 的关系

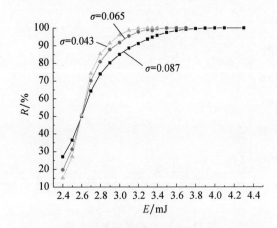

图 11-45　不同的起爆器方差下 E_{out} 与 R 的关系

从图 11-43～图 11-45 可以看出,在激光器输出激光能量相同的情况下,σ 越小,产品的一致性越好。曲线的走向与火工品的感度分布特性和发火可靠性的关系符合,验证了所建立的计算模型的正确性。

固定可靠度为 99.99%,当方差从 σ 变化到 0.5σ 时,由图 11-43～图 11-45 所示可以分别得到连接器、分束器和起爆器所需激光器输出能量的变化范围。其中,连接器的 σ 从 0.016 变化到 0.008 时,激光器输出能量可从 3.2mJ 减少为 2.88mJ,降低了 0.32mJ;分束器的 σ 从 0.005 变化到 0.0025 时,激光器输出能量可从 2.8mJ 减少为 2.69mJ,降低了 0.11mJ;起爆器的 σ 从 0.087 变化到 0.0043 时,激光器输出能量可从 4.1mJ 减少为 3.35mJ,降低了 0.75mJ。这说明在激光起爆系统中,起爆器发火感度的方差对系统可靠性的影响最大;其次为连接器的一致性;分束器的一致性对系统可靠性的影响相对较小。

3. 激光器输出能量计算

采用新开发的激光起爆系统可靠性仿真程序,对不同可靠度下所需的激光器输出能量进行计算,如表 11-8 所列,给出计算参数,图 11-46 所示为表中所给参数的计算结果。

表 11-8 激光器输出能量的计算参数表

激光起爆器		连接器耦合效率		分束器分束比		模拟次数
均值	标准差	均值	标准差	均值	标准差	
0.546	0.087	0.920	0.016	0.270	0.005	50000

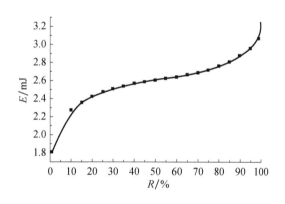

图 11-46 激光器输出能量计算结果

从图 11-46 中可以看出,随系统可靠性要求的提高,所需激光器输出能量增加。计算结果表明,该半导体激光起爆系统中的激光器,输出的最大不发火能量为 1.8mJ、最小全发火能量为 3.22mJ、50% 发火能量为 2.6mJ。在其他可靠度下对应的激光能量值,也可通过计算得到。当半导体激光起爆系统中各部件的分布参数一定时,所开发的程序对半导体激光器的设计及系统优化具有一定的参考价值。

11.3.4 分析与讨论

(1)采用该设计的随机数生成方案,可以产生符合要求的正态分布随机数。

(2)在激光起爆系统中,连接器、分束器和起爆器的方差对系统的发火可靠性有影响,且系统的发火可靠性受起爆器的影响最大,其次为连接器。分束器的一致性对系统的可靠性影响相对较小。

（3）程序提供的对半导体激光器输出能量的模拟计算功能,可以为半导体激光器的设计和系统优化提供参考。

11.4 激光火工品系统的环境安全性与作用可靠性试验

激光火工品系统对环境的适应性能,是系统安全性与可靠性的重要保障之一,为使激光火工品系统在装备上获得应用,需结合不同装备的应用环境进行验证。本节研究了半导体激光双路、3路起爆系统,在高低温、湿热、振动、冲击、电磁等主要环境条件下的性能试验与作用可靠性,并结合美国、法国卫星对激光火工品系统应用关注的性能,论述了在典型力学与热学环境下系统光学性能、设计功能的试验条件、试验方法与相关性能。

11.4.1 半导体激光起爆系统环境性能试验

1. 高低温、湿热环境性能试验

1）半导体激光双路起爆系统试验

对由半导体激光器、光纤二分束器、激光起爆器组成的双路起爆系统,依据相关标准,进行了高温、低温、恒定湿热环境试验。主要试验条件如下。

恒定湿热:在温度40℃、相对湿度90%~95%、试验时间48h条件下,按WJ1883第4章规定的方法进行恒定湿热试验。

高温:在(60±2)℃、2h条件下,按《标准高低温冲击试验箱操作指导书》(GJB 150.3)规定的方法,进行高温与发火试验。

低温:在(-40±2)℃、2h条件下,按《军用设备环境试验方法低温试验检测服务》(GJB 150.4)规定的方法,进行低温与发火试验。

在高温、低温下分别进行了发火试验,试验数据如表11-9所列。试验结果表明,半导体激光双路系统起爆正常。

表11-9 双路起爆系统高低温湿热环境发火试验结果

试验类型	端口号	产品编号	作用时间/μs	钢凹深度/mm
高温发火	A	2009-1 12号	52	0.67
	B	2009-1 11号	166	0.65
低温发火	A	2009-1 14号	144	0.63
	B	2009-1 20号	151	0.65

2）半导体激光3路起爆系统试验

按照《海防导弹环境规范 弹上设备高温试验》(QJ 1184.1—87)、《海防导弹环境规范 弹上设备低温试验》(QJ1184.2—87)的高低温试验要求,在高温60℃、4h;低温-40℃、4h;恒定湿热40℃、相对湿度90%~95%、时间48h等条件下,对由温度补偿半导体激光器、三分束无源耦合器、BNCP LID改进产品所组成的3路起爆系统,进行恒定湿热、高低温环境性能试验。试验后,测定了半导体激光器、三分束无源耦合器的输出激光能量,试验结果表明半导体激光器3路系统工作正常。

在对小型化半导体激光器、多分束无源耦合器、BNCP LID 产品,进行了高低温、恒定湿热主要环境性能试验之后,进行了半导体激光3路系统起爆试验,试验结果如表11-10所列。从表中试验结果看出:①激光输出能量大、功率高,其作用时间较短;②经历高低温、湿热环境试验后,3路系统作用可靠性较高,作用时间小于 500μs、输出钢凹深度不小于 0.57mm;③与2号传爆管的输出钢凹深度相比,认为激光起爆器的底部装药达到了爆轰。

表11-10　高低温、湿热后三路系统试验结果

起爆类型	分束端编号	发火能量/mJ	作用时间/μs	输出钢凹深度/mm
小型化半导体激光3路起爆	1	1.78	261.7	0.57
	2	1.88	261.7	0.66
	3	1.73	461.8	0.58

注:BNCP 装药量为230mg,钢凹直径为 $\phi 5.0mm$。

2. 半导体激光起爆系统振动、冲击试验

对半导体激光双路起爆系统,依据相关标准,进行了冲击、振动环境试验。试验条件如下。

1)冲击

按 QJ1184.8 规定方法(表11-11),进行冲击试验。

2)振动

按 QJ1184.12 规定方法(表11-12),进行振动试验。

3)公路运输随机振动

QJ1184.13 规定方法(表11-13),进行公路运输随机振动试验。

表11-11　冲击试验条件

试验方向	波形	峰值加速度/(m/s²)	持续时间/ms	冲击次数/次
+X	半正弦波	18g	11	3

表11-12　振动试验条件

扫描频率/Hz	15~50	50~2000
振动量级	1.0 mm	10g/(m/s²)
振动方向	输出端向上、向下、产品水平	
扫描时间	每个方向 12 min	

表11-13　公路运输随机振动试验条件

频率范围/Hz	15~200	
振动量级/(g²/Hz)	0.0634~0.0036	0.0883~0.0031
振动方向	Y(横侧轴)	X(纵向轴)
试验时间	每个方向 40min	

半导体激光双路起爆系统在上述环境试验条件下,未出现意外解除保险或发火,结构未出现损坏。证明半导体激光双路起爆系统具有武器系统所需的基本环境适应性能。

3. 系统的电磁环境试验

将半导体激光双路起爆系统置于由光纤智能场强计、IFR 2023B 9K～2.05GHz 信号源、100W 1000B AR 放大器等组成的电磁干扰试验系统中，按 GJB151 5.3.18 RS103 和 GJB152 要求方法，先采用极限值电平为 20V/m 进行电磁干扰试验。若系统在经受试验环境期间和之后，未出现意外解除保险或作用，再用极限值电平为 200V/m 进行电磁干扰试验。试验前、后分别测定激光器输出、二分束器的耦合效率。

1）试验步骤

（1）在系统打开总开关加电状态下，进行电磁干扰试验，用激光功率/能量计测试系统在试验期间是否出现意外解除保险或作用。

（2）在系统打开两道保险开关，处于待触发状态时，进行电磁干扰试验，用激光功率/能量计测试系统试验期间是否出现意外作用。

（3）在系统进行电磁干扰试验之后，用激光功率/能量计测试系统能否正常作用。

2）试验的结果

半导体激光两路起爆系统电磁干扰试验的结果是：在 1MHz～1GHz 的频率范围、20V/m 的场强下，系统未出现意外解除保险或作用；在 1MHz～100MHz 的频率范围、200V/m 的场强下，系统未出现意外解除保险或作用；频率增大到 200MHz 时，在 50V/m 的场强下，系统未出现意外解除保险或作用，但此时激光器的外部供电直流电源及激光功率能量计受到电磁场干扰，无法继续试验。系统的电磁干扰试验后，激光器输出、二分束器的耦合效率和 LID 结构都未出现异常。

3）造成上述现象的原因

（1）半导体激光器和供电电源之间的电缆屏蔽效果差。（2）半导体激光器的壳体材料为铝，抗电磁干扰的效果差。（3）外部供电直流电源及激光功率能量计等设备需要采取屏蔽措施。这些问题有待深入研究解决。

在对小型化半导体激光双路系统，进行高低温、湿热、振动、冲击、电磁干扰等主要环境性能试验之后，进行了双路系统起爆试验，试验结果如表 11-14 所列。

表 11-14 电磁干扰、振动、冲击试验后双路系统起爆试验结果

起爆类型	分束端编号	发火能量/mJ	作用时间/μs	输出钢凹深度/mm
小型化半导体激光两路起爆	A	4.26	197.6	0.72
	B	4.36	447.6	0.62

注：BNCP 装药量为 230mg，钢凹痕直径为 ϕ5.0mm。

从表 11-11～表 11-14 所列双路系统试验结果看出：(1) 激光输出能量大、功率高，能够使系统可靠作用，其作用时间较短；(2) 环境试验后系统的作用可靠度较高，作用时间小于 500μs、输出钢凹深度不小于 0.62mm；(3) 与 2 号传爆管相比，认为激光起爆器的底部装药达到高速爆轰；(4) 系统基本满足环境温度、振动、冲击、电磁干扰等试验规定条件下的一般使用要求；(5) 试验后，系统起爆作用正常。

对半导体激光器采用钢壳体、军品级电缆和接插件等抗电磁加固技术优化设计后，试制出了具有抗电磁干扰功能的半导体激光器。用这种半导体激光器、二分束无源耦合器、FC/PC 标准接头、ϕ100/140μm 传输光缆和 BNCP 起爆器组成半导体激光双路起爆系统。按照《军用设备和分系统电磁发射和敏感度要求》（GJB 151A—97）和《军用设备和分系统电磁发射和敏感

度测量》(GJB 152A—97)中的相关规定,针对可能应用背景,选定200~700V/m、1MHz~18GHz的电磁辐射环境,对半导体激光双路起爆、点火系统进行电磁辐射试验。取得试验结果如下。

(1)在整个试验过程中,激光起爆器未出现意外作用。在系统加电但不进行触发操作时,激光器未出现意外工作情况。

(2)在200~700V/m、1~18GHz的电磁辐射条件下,半导体激光器与程序控制器之间的通信正常,输出激光波形正常。

(3)电磁辐射试验过程中,半导体激光器输出监测略有波动,但不影响系统的安全性、可靠性。

11.4.2 ARTS激光弹药的部件与系统试验

美国海军实验室准备通过发射一架航天飞机试验,进而开发出一种用于卫星弹药系统和释放系统的先进技术。先进释放技术(ARTS)计划,就是为了证明处于轨道内的激光起爆弹药系统和非爆炸释放装置的用途进行的一种探索试验。一个激光起爆弹药系统和三个非爆炸装置将作为独立的试验装备,随DOD卫星进行发射。该试验将在装备经受住发射环境考验之后,在太空中进行。本节将对ARTS激光弹药的部件与系统试验具体内容,包括试验中的失败环节、对失败原因进行的调查,以及所获得的结论进行分析讨论[14]。

1. 激光弹药系统与试验

美国EBAD设计、制造了一个完整的激光弹药系统,并对其进行了试验。该弹药系统由一个激光二极管发火装置、一个光纤缆组件和激光起爆器组成。EBAD和海军实验室将弹药系统结合ARTS试验一起进行。本节所采用的数据均是在取得EBAD许可的前提下,采用其在ARTS试验中所获取的数据。有关EBAD激光起爆弹药系统的全面分析和评论,可参见《海军试验室ARTS试验计划:激光弹药系统》(AIAA 93-2361)。ARTS试验装置由三个包装后的非爆炸释放装置和一个激光二极管起爆弹药系统组成。本节对非爆炸装置不进行讨论,读者可从相关文章中获取。ARTS试验也采用电路板控制卫星的能量分布、命令和遥测等。试验模型允许经过简易的存储、转换和检验。相关材料可参见MIL-STD-1587、MIL-E-5400和MIL-STD-1547的规定。所有印制电路板均根据MIL-P-55110和MIL-STD-275要求进行设计。在LFU和ARTS试验中可作为JANS部件的半导体激光器,则是根据MIL-STD-883/B和MIL-S-19500/JANTXV规定选择的。

1)激光二极管起爆弹药系统

该LIOS为EBAD开发的激光二极管起爆弹药系统,主要部件有LFU、ETS和LIS。LFU含有4个高能激光二极管源,并备有必要控制和检测功能的电解除保险回路。ETS采用石英光纤,将激光能量从LFU传递到LIS。LIS在外形、装配、功能和输出形式上,均与NASA标准电点火管一致。另外,两个断线钳式切割器将由激光系统点火驱动。

(1)ARTS试验的操作。试验由主航天器的命令和遥测系统控制。在发射约两个月后,将会对一个激光断线钳式切割器点火,另一个断线钳式切割器约在发射一年后点火。可根据不同的遥测数据判断试验是否成功。

(2)ARTS系统要求。要求ARTS装置能够在航天器发射和进入轨道后的环境中正常操作。表11-15列出了可能出现的环境。LFU中电子元件的选择和降低定额值应符合《宇宙飞船和发射工具中部件、材料和步骤要求》(MIL-STD-1547A)。考虑到兼容性,ARTS部件的原材料采用低产气作用的材料。

表 11-15 ARTS 环境条件

温度	-8~50℃
湿度	0~100% 相对湿度
压强	高真空(10^{-5}Torr)
振幅	$11g_{RMS}$
EMI	MIL-STD-461

2) 试验方法

LIOS 中独立配件在装配至 ARTS 试验装置之前应进行独立试验。表 11-16 列出了 LIOS 和 ARTS 试验前应进行的试验项目。

表 11-16 LIOS 和 ARTS 装备试验

ARTS 试验器件	性能试验	特性试验	热循环试验	振动试验	EMI 试验	热真空试验
激光二极管	●	●	B	B		S
LFU	●		B	B	●	
ETS	●	●	B	B		S
LIS			●			

注：● 表示进行零部件级别的试验；S 表示系统级别的试验；B 表示零部件和系统级别均要进行试验。

3) LIOS 部件试验

(1) 激光二极管和 LFU 试验。激光二极管在装配至 LFU 装置之前应进行全面的老化试验。将激光二极管装配到一个铜散热器上，从而形成一个子装置，每个子装置都应进行老化试验，按表 11-16 列出的试验：①老化试验初期，绘出能量与电流的曲线，并计算出其比值，即斜率(W/A)，同时指出初始电流；②在水冷却散热器中进行连续振动老化；③老化试验后期，绘出能量与电流的曲线，计算比值(W/A)即斜率，同时测量初始电流；④对其施加 2.3W、10h 的连续振动；⑤对其施加 1.0W、48h 的连续振动。在子装置试验后，将其安装在底架上，并将光纤整齐排列，然后进行封口组成一个包装的部件。除上述连续振动试验外，每个包装的部件均应进行 1.0W、5h 的连续振动试验。

然后将激光二极管安装在 LFU 装置的激光驱动板上。驱动板在电压为 20~34V 范围内、温度分别为 -16℃、25℃、56℃ 条件下进行试验，并对其所有功能参数(如电流、能量等)进行测量。在高温时激光能量下降 10%，在低温时激光能量增加 5%。当输入电压发生改变时，激光输出能量未发生变化。

将激光二极管与光纤拆开，并将驱动板安装在底盘上，之后将底盘密封。扩大温度测量范围，分别在温度 -40℃、30℃、71℃、80℃ 条件下，测定输出能量和脉冲宽度，试验结果如图 11-47 所示。

(2) ETS 试验。

① 对 ETS 连接器进行全面的性能试验。表 11-17 所列为对 MIL-C-38999 系列 3 光纤连接器两次试验所得的损耗数据。MIL-C-38999 连接器在标准公差为 0.185dB 前提下，平均损耗值为 0.650dB，2 倍公差下则为 1.020dB。

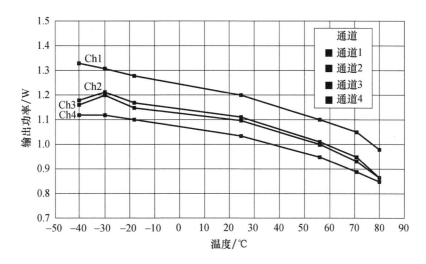

图 11-47 ARTS 试验温度与激光二极管输出功率的关系

表 11-17 MIL-C-38999 系列 3 光纤连接器的损耗值

连接器序号	试验 1 损耗值 /dB*	试验 2 损耗值 /dB*
1	0.669	0.596
2	0.601	0.669
3	0.856	0.952
4	0.502	0.479

注：* 只显示部分数据。

② 随后，EBAD 对 ETS 连接器进行损耗测试。EBAD 在 ETS 连接器性能方面提出了自己的观点，其损耗定义比工业通用要求更佳，有关数据如表 11-18 所列。在标准公差为 0.128dB 前提下，平均损耗值为 0.739dB，2 倍公差下则为 0.995dB。

表 11-18 EBAD 测得 ETS 连接器损耗值

连接器序号	1	2	3	4	5	6	7	8	9	10
损耗值/dB*	0.54	0.75	0.88	0.80	0.80	0.63	0.79	0.62	0.93	0.56

注：* 只显示部分数据。

③ 对 ETS 进行 50 次奇偶变换循环试验。在每次循环后均对光纤连接器进行清洁，每 10 次循环进行一次测量。相关数据如图 11-48 所示。

④ 另外，通过对两种类型连接器（ITT/Cannon 和 Amphenol）进行拉力试验评估，选用光纤连接器为 MIL-C-38999 规定的几种类型。试验结果如图 11-49 所示，从图中可以看出 Amphenol 连接器在拉力为 65lb 时要优于 ITT/Cannon 连接器，而后者在 20lb 时输出能量就已接近于 0。

⑤ 对 ETS 进行静力弯曲试验以确定其最低弯曲半径。试验分别在距轴心 1.0in、1.5in、2.0in，弯曲为 90°、180°、270°、360°条件下进行。在距轴心 1.0in 处进行 360°弯曲未出现额外损失，从而确定 1.0in 为 ETS 的最小弯曲半径。

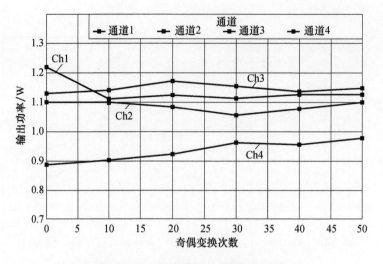

图 11-48 连接器周期变换性能试验

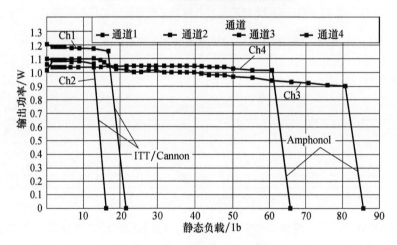

图 11-49 光缆拉力性能试验

⑥ 对 ETS 进行静载荷试验,以确定负载对光缆的影响。如图 11-50 所示,随着负载的增加,输出能量随之降低,且负载越大,衰减量越大。在负载为 60lb 之前,撤除负载时,输出能量可恢复至正常水平。

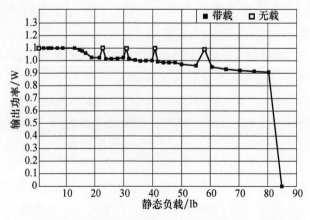

图 11-50 静载与空载条件下光纤拉力对比试验

⑦ 最后,对 ST 连接器进行光洁度试验。在未进行清洁的前提下对 ST 连接器进行 100 次奇偶变换试验,每 10min 测一次衰减值。在 ETS 进行温度周期变化时重复进行该试验,试验结果如图 11-51 所示。在 100 次循环试验之后对连接器进行清洁,恢复其性能。该试验表明了连接器的接点光洁度的重要性。

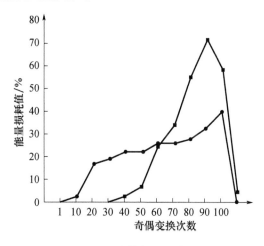

图 11-51 连接器光洁度试验

(3)激光点火器试验。激光点火器根据 NSI 要求制造并达到安装要求,点火器在 ST 型连接器中是作为一种软光纤缆设计的终端元件。LIS 采用与 NSI 相同的推进剂($Zr/KClO_4$),且设计性能与 NSI 性能特性一致。

① LIS 的输出性能如下。

a. $10cm^3$ 容腔、压力$(650 \pm 125)Pa$。

b. 热值$(1395 \pm 55)cal/g$。

② 采用工业标准兰利法确定 LIS 的全发火水平,结果如下。

a. 平均发火能量:335.0mW。

b. 标准偏差:27.6mW。

c. 可靠度 0.999:420.3mW。

d. 可靠度 0.999,置信度 95%:497.0mW。

e. 可靠度 0.9999,置信度 95%:514.2mW。

③ ARTS 系统性能的计算,是在全发火水平为 500mW 基础上进行的。6 组 LIS 的输出压力-时间曲线和作用时的性能试验如下(注:在 LIS 试验时,记录压力-时间曲线和作用时间)。

第 1 组,作用,56℃、25℃、-16℃下,各 5 发全发火。

第 2 组,作用后进行自由振动,56℃、25℃、-16℃下,各 5 发全发火。

第 3 组,作用后进行温度循环,56℃、25℃、-16℃下,各 5 发全发火。

第 4 组,作用后进行自由振动和温度循环,56℃、25℃、-16℃下,各 5 发全发火。

第 5 组,低温下进行 20 发兰利法试验。

第 6 组,高温下进行 20 发兰利法试验。

(4)EMI 试验。在 EMI 试验中采用先进的激光二极管发火装置。具体试验操作如下。

① CS01，易传导，电源线，30～50Hz。
② CS02，易传导，电源线，0.05～400MHz。
③ CS06，易传导，金属片，电源线。
④ 金属片线与线相连，±15V。
⑤ 金属片线与底盘相连，±15V。
⑥ RS03 易辐射电场为 14kHz～10GHz。

经过上述试验后，CS06 改用线性金属片，±30V 电压重复进行试验。该试验导致 LFU 回路遭到持续严重的破坏，从而试验失败。原因是摆放位置不正确，产生了大约 42V 的电压。CS06，±30V 的试验则不再进行重复。

(5) LFU 试验。

① 三轴振动。振动试验分两部分：在三个固定试样上进行 $15g_{RMS}$ 振动试验；在两个飞行试样上进行 $7.5g_{RMS}$ 振动试验。在每个轴上振动试验前后，均应测量输出能量和脉冲持续时间。

② LFU 和 ETS 试验。以下试验均是 ETS 安装在 LFU 上的条件下进行的。

③ 温度循环周期试验。振动试验分两部分：一部分为在固定试样上进行 6 次 -16～56℃ 的温度循环试验；另一部分为在飞行试样上进行 6 次 -50～45℃ 的温度循环试验。在每次循环试验结束后，每发试样均应一次性发火。每次进行输出试验时，均应对输出能量和脉冲持续时间进行记录。在最后一次循环结束后，试验电压应处于最高或最低处。

(6) 累计输出能量。在零部件合格率试验和鉴定试验中，采用不同的 ETS 将所有 LFU 的激光点火器点火。应对每次发火时的输出功率加以记录。图 11-52 所示为合格与鉴定试验中，对 5 个飞行和固定 LFU 进行试验所获取的性能数据。

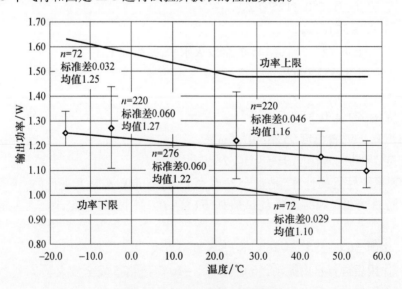

图 11-52 LFU/ETS 累计输出

数据包括试验前后的室温(25℃)、合格温度循环(-5～45℃)、鉴定温度循环试验(-16～56℃)以及室温下合格和鉴定自由振动试验。图 11-52 给出了结合上、下限的试验数据，其上、下限则是根据 LIS 在最恶劣条件下全发火的数据，同时考虑连接器损耗和安全裕度后取得的。该数据可作为上、下限均值范围。对每个数据,均列出了试验总数、均值及标准偏差。图 11-52 所示为在所有环境条件下,激光弹药系统的输出功率(包含损耗)均显著超出了 LIS 500mW 的全发火水平限。

(7) 零部件试验中的故障。在 LFU 试验时,出现了第一次试验故障。在 NRL 进行振动试验后,飞行单元的激光二极管也出现故障。振动试验之前,在 EBAD 进行发火试验时,每个 LFU 的 4 个点火管均可靠发火,并实现其设计功能。振动试验之后,在 EBAD 对所有 LFU 进行试验。两个 LFU 装置中的 1 号激光二极管均失效,输出的能量值均低于正常输出值的 10%。在热循环试验中,一个固定试样的激光二极管在 6 次高温(56℃)循环过程中发生了故障。

发生以上故障后,在拆开 LFU 装置之前,对试验设备、数据和试验步骤均进行检查。通过对 3 个发生故障的二极管进行目测,发现均已烧毁。NRL 和 EBAD 均对电子元件进行了全面的电子分析,未发现有异常现象。通过扫描电镜分析发现,发生故障的二极管,其 LD 模块和散热片之间有脱胶现象(图 11-53)。正是由于脱胶不能正常散热,导致二极管在试验中过热而失效。

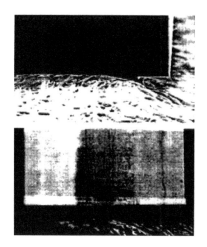

图 11-53 LD 模块和散热片之间有脱胶现象

EBAD 对失效二极管和同类二极管的老化数据进行比较,通过对以下参数进行观察以确定是否存在异同:上下限(A)、斜率(W/A)、阻抗(Ω)、波长(nm)、功率(W)。当以上数据与其他同类二极管进行比较时,未发现差别。

NRL 为确定是否是由于振动导致其失效,对飞行试验的 LFU 中相同结构型号的 6 个激光二极管进行了振动试验。振动试验开始级别是 $11g$,并以 3dB 的增量递增。振动级别每增加一次,均对激光二极管进行检验。在 $11 \sim 17g$ 时,所有的二极管均正常;在 $20g$ 时出现一个二极管失效,将其送往 EBAD 进行分析。分析表明失效原因,仍是由 LD 模块与散热片之间脱胶造成的。通过失效分析表明,激光二极管筛选试验存在不完整性。尽管在以前对二极管进行试验所得结果被认为是完整的,但本试验的失败仍表明存在其他方面的问题,并分析得出以下结论:

第一,连续老化试验用于鉴定存在缺陷的部件,却不能用来鉴定一些有微小缺陷的边缘部件。

第二,仍需进行半波脉冲试验。

脉冲试验将激光二极管暴露在热压条件下进行,而许多连续老化试验未采用该条件。在该试验后再进行连续试验,这样就形成了一个加强型的筛选试验。EBAD 采用了 NASA Pegasus 计划中的脉冲试验方法(包括连续试验),试验过程中未出现失效现象。

由于 ARTS 的 LFU 激光二极管未进行脉冲试验,所以应进行附加试验。拟定一个试验计划,用于指导附加的激光二极管筛选试验的执行。同时应制定另外的筛选标准,以确保在试飞试验中采用的是有效合格的激光二极管组件。

2. ARTS 设备试验

为了确保航天器入轨,设计验收试验计划并制定系统验收试验程序,如图 11-54 所示。

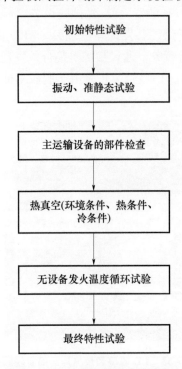

图 11-54 飞行设备验收试验程序

试验要求采用 LIOS 能确保断线钳式切割器发火,应采用传感仪和加速计精确记录发火时间。在验收试验过程中,出现了一个 LIOS 失效现象。因此,又进行了包括重复选择在内的附加试验。以下详细介绍试验过程、试验结果、失效情况以及失效的原因分析。

1) 初始性能试验

在进行任何环境试验之前,先在环境温度下进行初始性能鉴定试验,用以表征激光输出能量和发火时间,并将结果与经历过所有环境试验后 ARTS 设备的性能试验数据相比较。

2) 振动和准静态试验

对试样进行三轴向随机振动和准静态试验。在上述试验之后,将 ARTS 设备装配到主运输设备上。在试验过程中,出现了 LFU 的 2 号通道断线钳式切割器未发火的故障。在证实发火命令的确输出且与 EBAD 商讨之后,决定在后续的操作中打开设备的包装盒,将 ETS 与点火管(与 LFU2 号通道相连的)拆分,并将二者表面擦拭干净,重新装配并进行发火试验。由于 2 号断线钳式切割器仍未可靠发火,所以该项试验仍未成功。在以前的试验中,激光二极管试验失效,是由于 LFU 中存在有缺陷的激光二极管。将未发火的激光点火管拆下,并重新安装在可用的通道(1 号通道)上,进行第二次发火试验。在此次试验中,断线钳式切割器可靠地发火了,由此判定 LFU 的 2 号通道中的激光二极管存在缺陷。将发火通道由 2 号转为 3 号,并采用 3 号通道对点火管进行发火试验,结果可靠发火。因此,决定采用 3 号通道(代替失效的 2 号通道)继续进行后续的温度循环试验。

3) 温度循环试验

在装配到运输设备上进行试验后,对 ARTS 装备进行了 9 次温度循环试验,循环温度为 $-8 \sim 50℃$。在每次循环前后均应对其进行电安全性能检测,在温度循环试验中未出现异常情况。

4) 热真空试验

第一次热真空试验在环境温度、真空压力为 6.5×10^{-5} Torr 的条件下进行,两个点火管均可靠发火。在环境热真空试验之后,采用飞行备用装置取代现用的 LFU,但采用相同的 ETS 装置。这样操作是为了装配在主运输设备上的激光二极管在试验时万一出现失效,可以对其进行检查分析。由于在零部件试验时,已经对飞行备用装置进行了振动和温度循环试验,所以在此无需对备用的 LFU 飞行装置进行附加试验。电热箱的热真空试验温度为 $52℃$,且发火时的真空压力为 5.2×10^{-5} Torr。激光点火器可靠发火,但产生了与期望值相反的传感指示现象。打开箱体进行检查,发现是由于 ETS 与点火管顺序接反所致。低温循环试验温度为 $-11℃$,且发火时的真空压力为 3×10^{-5} Torr,两个断线钳式切割器均可靠地发火。

5) 最终性能试验

进行最终性能试验,是为了将进行环境试验前后的性能数据作比较,以确定在进行环境试验前后其性能未出现变化。试验在大气压强、环境温度下进行,两个断线钳式切割器均可靠发火,表 11-19 所列为该试验的结果。

表 11-19 最终性能试验结果

件号	试验项目			
	初始性能	热真空试验(热)	热真空试验(冷)	最终性能
1 号断线钳式切割器	LD 工作电压 = 29V	LD 工作电压 = 29V	LD 工作电压 = 24V	LD 工作电压 = 29V
	LD 工作电流 = 2.6A	LD 工作电流 = 2.5A	LD 工作电流 = 2.5A	LD 工作电流 = 2.4A
	发火时间 = 3ms	发火时间 = 3.2ms	发火时间 = 2.2ms	发火时间 = 2.7ms
2 号断线钳式切割器	电流 = 2.4A	电流 = 2.1A	电流 = 2.3A	电流 = 2.7A
	发火时间 = *	发火时间 = *	发火时间 = *	发火时间 = 4ms

注: * 表示尽管装置已经发火,但由于示波器出现故障或操作者操作失误,未能记录到数据。

下面详细介绍对发火失败原因的调查,以及为出售装备而进行的附加验收试验。

6) 发火失败原因分析

由于 EBAD 确定不是 LFU 导致试验失败,因此还应进行更深入的试验对故障原因进行调查。激光点火器发火失败,可能是由于以下几个装置存在问题导致:ETS、点火管、ARTS 回路和试验设备。在试验失败时,就对试验设备进行了检查,未出现异常情况,故可排除试验设备因素。由于采用不同的 ETS 通道,点火管可正常发火,因此,激光点火器也可排除在外。对 ARTS 回路进行分析也未发现任何可能导致发火失败的迹象,因此也可以排除。有迹象表明,可能是由于 ETS 和连接器之间的故障导致发火失败。用光电探测器对 ETS 的 1、2 号通道发火情况进行观察。发现 1 号通道发火正常,2 号通道的激光输出比正常值低了大约 30%。将 ETS 连接器的 2 号通道进行拆分,擦拭干净,然后重新安装。重新对 2 号通道进行试验,发现输出值仍低了 30%。最后采用飞行备用装置代替 ETS,并将其送往 EBAD 作进一步分析。

通过 EBAD 的检查,发现在 2 号通道连接器的接头表面存在一些外来的挤压附着物,并且采用通常的异丙醇溶剂不能将其清洗干净。将该附着物刮下并加以保存以作进一步分析,如图 11-55 所示。大部分光纤端面被该外来挤压物质覆盖。

图 11-55 ST 连接器表面的污染物

可以推测出可能有以下几个原因会导致外来挤压物质覆盖在连接器上:①周围环境;②手工处理过程中引入;③在清洁过程中引入;④在振动过程中引入。

由于在其他试验中,连接头同样是暴露在环境中,且经过相同的处理和清洁,却未出现失败现象,因此前 3 种原因可以排除。可能的原因应该是在振动过程中进行擦拭时,导致外来物质掉落并在连接头端面上附着,经连接拧紧挤压形成的。

7) 连接器支架振动试验

为确定是否是由于连接器、支架导致试验失败,将两个惰性点火器(模仿点火管和 ETS 的连接器表面)和 ST 连接装置安装在两个完全相同的飞行支架上。按照试验要求对该装置(点火管、ST 连接器和支架)进行相同的三轴振动试验以及 $10g$ 准静态试验。在每个轴振动结束后采用光学孔径检查仪(10 倍放大率)对连接器和 ST 连接装置进行检查。在检查中未发现碎屑和外来物质。通过连接支架振动试验,并未找到任何可以证明是振动导致试验失败的证据。

在上述试验之后,采用扫描电镜和扫描声学显微镜(SAM)对剥离下来的外来物质进行了检查,分析结果表明该物质与连接器的零部件成分相似。应断定是在连接或振动过程中,由于连接器内的残余物质掉入光纤端面所致。

8) 附加验收试验

由于采用飞行备用装置代替 ETS,因此还应进行附加试验。将替代装置进行拆分,以便对 LFU 进行筛查试验。两个飞行 LFU 要各进行 100 次激光二极管筛选试验。LFU 中的每个通道进行 100 次发火试验,且时间间隔为 2min,并对每次发火的输出能量和发火时间进行记录。两个 LFU 均通过了激光二极管筛选试验,且试验值均在正常变化范围之内。在激光二极管筛选试验之后,将 ARTS 重新安装在飞行备用 ETS 装置上,并重新进行试验。试验内容包括三轴振动试验、3 次温度循环试验和冷热真空试验。在冷真空试验中,1 号通道正常发火,但 3 号通道却未发火。采用光学孔径检查仪对两个通道进行检查,发现在连接器的表面又存在一些某种材料的挤压残留物,与之前的失效原因十分相似。尽管在两个接头的表面均发现了挤压残留物,但只有 3 号通道连接器接头上的残留物覆盖在光纤端面。

9) ARTS 底架振动试验

为避免 ARTS 设备遭遇一些不必要的振动,应采用相同的底架进行底架振动试验。底架由经鉴定过的 LFU/ETS 装置和模仿断线钳式切割器和回路板的模拟器组成。图 11-56 所示为试验底架的构型示意图。将试验底架进行一系列的振动试验,以期望能暴露出某些问题。

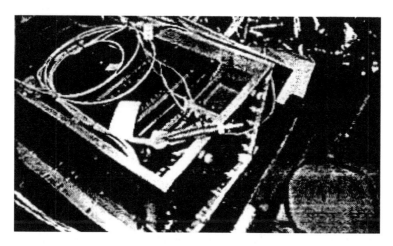

图 11-56　试验用组装底架结构

从试验结果看出,在高级别振动环境下,由于 ETS/点火管连接器的安装问题,导致了连接器的损坏。连接器安装在一个在振动时作为悬臂的支架上,在试验过程中通过安装在支架上的加速计,测得在侧面轴上的加速度为 $50g$。连接器在振动过程中,相互摩擦导致了材料的剥落,并随之掉落在相连接的表面之间。摩擦产生的热量则使材料沉积在连接器的接头界面中。

撤除相连的支架,将 ETS、点火管连接器以及 ST 连接装置安装在底架上,但应与硅胶板隔开。该法是最简单也是最容易的解决途径,并且无需改变设备内部零部件的原设计。执行上述操作后重新进行试验,以验证该方法的有效性。

10) 最终试验

最终有效性试验包括一次三轴振动试验和一次热真空周期试验(冷/热)。在热真空试验中,均可靠发火。发火后对 ST 连接装置进行检查,未发现损坏迹象。对于重装过的设备进行工艺振动试验以检查其完整性,在发火之前进行最后一次通电试验。图 11-57 所示为最终确定的发火单元、传输光缆和连接器的安装构型。表 11-20 所列为振动试验的结果。

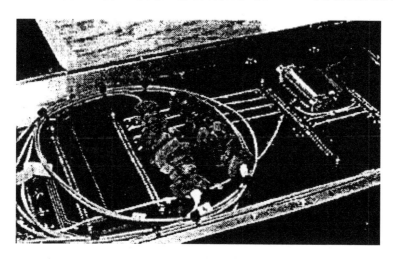

图 11-57　连接器装置的最终结构

表 11-20　ARTS 底架振动试验结果

振动试验	构型	结果
第 1 次	在飞行器结构型号上的 ARTS 底架振动试验	① 在轴向振动后,有两个通道均在正常输出变化范围内发火 ② 在侧向的振动过程中,两个通道均失败。虽然在连接器表面均发现了材料,但只有 4 号通道的材料呈块状附在光纤端头上,并认为 3 号激光二极管失效 ③ 加速度值:在终端配电板输入 $50g$ 至连接支架。EBAD 的研究结果;3 号通道失败,但失败原因未找到
第 2 次	与连接器一同安装在底架上并与硅胶板相连	试验失败,示波器未检测到任何数据
第 3 次	与第 2 次状态相同	各轴振动均未出现失效

11) 经验总结

通过严密的试验和失效分析步骤,总结出很多经验教训。表 11-21 详细列出了 ARTS 激光起爆序列系统的效能和局限性。

表 11-21　各部件的效能和局限性

部件	效能	限制
LFU	电解除保险、重量轻	激光二极管的可靠性
ETS	不受 EMI 影响、排除双绞电线、重量轻	连接器的可靠性、要保持清洁
LIS	不受 EED 干扰,相对安全,如 EMI、静电;功能与 NSI 相当	软光缆设计并不一定适用于所有应用

12) 结论

要使激光火工品新技术能在太空领域中应用,是一件很有挑战性的研究工作,除非技术人员对激光火工品系统硬件环境十分熟悉;否则是很难对每个问题都做到有备无患。在 ARTS 激光弹药的部件与系统试验过程中,产生了很多新的问题,将这些问题产生的原因以及解决方法分析、研究清楚,才是至关重要的。

11.4.3　法国卫星用激光二极管火工品系统试验

本节介绍法国卫星用激光二极管火工品系统试验,主要从试验程序和试验鉴定方法两方面进行论述[15]。

1. 试验程序

为了确认所选元件和 DEMETER 卫星规范的接口,进行 3 个光学链的研究试验,进行辐射试验、振动试验和热真空循环试验,在每次环境试验以前和以后进行光性能检测。

1) 辐射试验

计算的 16krad 总辐射不会对激光二极管的功率输出和光纤缆的传递特性造成影响。

2) 机械试验

(1) 振动试验要求。卫星用激光二极管火工品系统的振动试验按照表 11-22 规定的条件进行。

表 11-22　振动试验条件

正弦振动	随机振动
$5\sim14Hz,19mm(0\sim峰值)$； $14\sim100Hz,15g$； 速度 4 倍频程/mm； 每轴向/1 次～3 轴向	$20\sim100Hz,+3dB/倍频程$； $100\sim400Hz,0.7g^2/Hz$； $400\sim2000Hz,-4dB/倍频程$； 持续时间：1min/每轴向～3 轴向； 加速度量级：$25g_{RMS}$

（2）试验程序和功能试验。振动试验以后，按照表 11-23 的程序记录了 3 个激光器链的 0.3dB 光强度损失，如表 11-23 中的图所示。经验表明，FC/PC 连接器的端面有损伤，光纤接头端面损伤情况如图 11-58 所示。光纤接头端面损伤，将会使激光起爆系统的激光能量传输受到这种异常情况的很大影响。需要通过进一步深入研究，减小这种损失。

表 11-23　光能输出

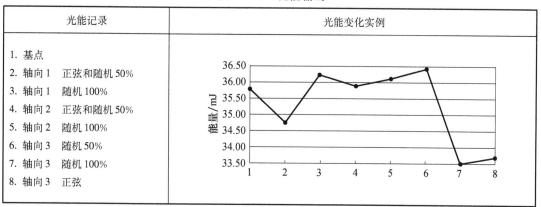

3）热真空试验

热真空循环试验规范符合 DEMETER 卫星的有效载荷技术条件要求，热真空循环试验时间分布显示如图 11-59 所示。图中：①T_E:6h～T_P:4h；②最小发火温度 -25℃至最大发火温度 55℃；③最小不发火温度 -40℃至最大不发火温度 60℃。

对激光二极管组件 1 号、2 号、4 号进行试验，试验结果表明各个激光器链输出能量变化如图 11-60 所示。

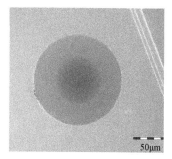
(a)振动前的FC/PC连接器

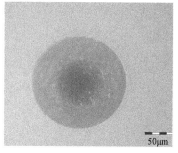
(b)振动后的FC/PC连接器

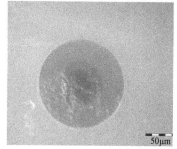
(c)振动后的FC/PC连接器

图 11-58　振动前后的连接器的端面

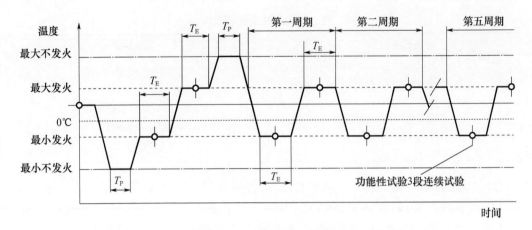

图 11-59　热真空循环试验

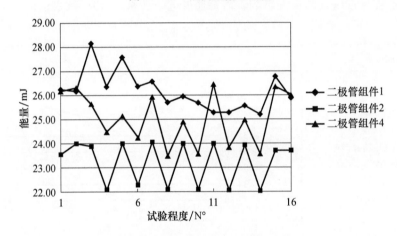

图 11-60　各个激光器链能量输出变化

试验程度和输出功能：当温度从 20℃ 增加至 55℃ 时，光强度损失接近 0.3dB。占 DEMETER 温度范围 7% 的光强度损失，是众所周知的现象。对 PYROLASER 试验，光输出功率裕度非常重要，裕度较大时，这种损失可以忽略不计。

2. 用在卫星上的 LASERPYRO 元件试验鉴定方法

用在卫星上的 LASERPYRO 元件试验鉴定方法，与电引爆系统使用的方法不相上下。由于靶场安全措施要求发射卫星时要有 SAFE&ARM 连接器，所有的试验鉴定都是通过这个界面进行的。BIT 的研制对卫星激光发火系统来说并不需要。

目的是使用"现役"的光学测试仪器。卫星的组装和科学仪器的集成期间所进行的试验如下。

1）光学界面清洁

允许连接器检验人员用放大倍数为 200 倍的手提式视频显微镜，在现场清洁、检验光连接器的端面，如图 11-61 所示。

2）激光能输出

激光能量输出值用卫星上的光学 S&A 连接器记录。将标准光纤缆与激光能量计的热量吸收探头的输入端连接，用卫星上的 EGSE（地面电力辅助设备）指令发火，并且监控激光二极管的输出功率。测定激光能量输出的操作，如图 11-62 所示。

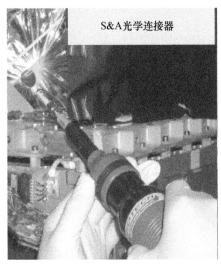
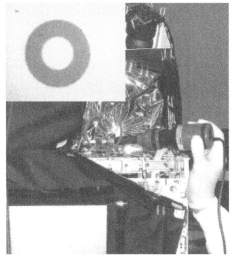

(a) 光学界面清洁　　　　　　　　　(b) 光学界面检测

图 11-61　对 DEMETER 卫星进行光学界面清洁与光学测试

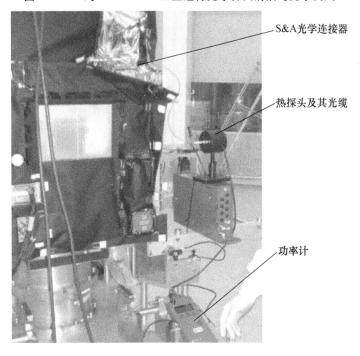

图 11-62　DEMETER 卫星的激光二极管输出功率测试

3）激光起爆器与光学连接器 SAFE & ARM 之间光的连续性

通过反射到激光起爆器内侧双色膜层上光透射的量，进行光路的连续性测试。LED 的两个波长分别为 850nm 和 1300nm。LED 的输出功率为 $20\mu W$，这个值符合光学自诊断试验的不高于不发火能量或功率水平的 1% 的安全性要求。将激光起爆器内侧的双色膜层，规定用于在发火波长 850nm 时的光透射要大于 95% 和在检测波长 1300nm 时的光反射率要大于 90%，作为卫星试验合格以后的无故障鉴定验收值。DEMETER 卫星上的光学测试如图 11-63 所示。

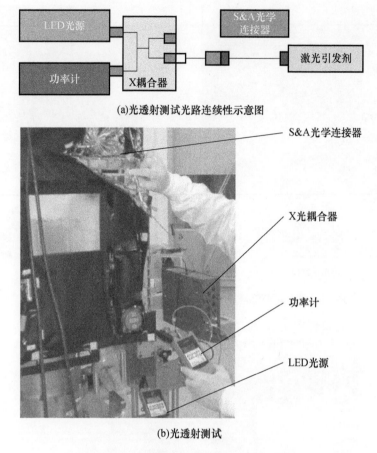

图 11-63 DEMETER 卫星上的光学测试

11.5 激光火工品的质量保证

为了确保激光火工品及系统的质量,对其设计、研制、生产提出了如下相应的建议。

11.5.1 激光火工品组装环境要求

Hi-Shear 技术公司完成了所有激光火工品系统的设计、集成、装配与试验。这包括全部的电子器件设计和制造、软件研制检验和机械加工等。LRS-200 激光点火系统的组装在 Hi-Shear 技术公司的 1500 平方英尺、分类等级为 10000 的洁净工房中进行;光学组件的组装是在等级分类为 500 的滞流净化环境中进行[16]。

激光火工品的光学组件的装配和检测,应在等级分类不低于 500 级的局部环境中进行;激光火工品半成品、成品的检测以及系统的装配与检测,应在等级分类为 10000 级的环境中进行。

11.5.2 质量一致性要求

在设计和生产激光火工品时,系统中使用的主要元器件应控制的技术指标和要求如下。

1. 激光器技术指标

用于激光火工品系统的固体激光器或半导体激光器,应采用稳定输出激光能量技术措施,在使用或用户要求的环境条件下,其输出激光能量或功率波动应不大于10%。

2. 光纤缆器件技术指标

(1) FC/PC 接头、$\phi 100/140 \mu m$、渐变折射光纤缆:传输效率应不小于90%。

(2) FC/PC 接头、$\phi 105/125 \mu m$、阶跃折射光纤缆:传输效率应不小于87%。

(3) SMA905 接头、$\phi 280/308 \mu m$、阶跃折射光纤缆:传输效率应不小于80%。

3. 光纤分束器技术指标

(1) FC/PC 接头、$\phi 100/140 \mu m$、渐变光纤二、三分束器:总传输效率不小于60%,均匀性应不大于5%。

(2) FC/PC 接头、$\phi 105/125 \mu m$、阶跃光纤二、三分束器:总传输效率不小于60%,均匀性应不大于5%。

(3) 输入端为 SMA 接头、$\phi 280/308 \mu m$、阶跃折射光纤,输出端为 FC/PC 接头、$\phi 105/125 \mu m$、阶跃光纤的 8 路光纤分束器:总传输效率应不小于60%,均匀性应不大于8%。

4. 能量型光开关技术指标

(1) FC/PC 接头、$\phi 100/140 \mu m$、渐变光纤光开关:传输效率不小于60%,导通时间不大于10ms。

(2) FC/PC 接头、$\phi 105/125 \mu m$、阶跃光纤光开关:传输效率不小于60%,导通时间不大于10ms。

5. 激光火工品半成品技术指标

(1) 光学窗口式半成品传输效率不小于80%。

(2) 光纤芯径不大于 $\phi 105 \mu m$ 的元件式半成品传输效率不小于80%;光纤芯径不小于 $\phi 200 \mu m$ 的半成品传输效率不小于70%。

(3) 自聚焦式半成品传输效率不小于90%。

6. 激光火工产品技术要求

(1) 激光火工品的设计裕度系数应不小于1.5。

(2) 激光火工产品应满足相关设计规范、通用规范等技术标准及用户提出的技术要求。

(3) 出厂(所)前,具有自诊断功能的激光火工产品,应采用与发火激光波长相差不小于200nm 的光源,至少进行 5 次自诊断检测应合格;不具备自诊断功能的激光火工产品,应采用与发火激光波长相差不小于 200nm 的光源,至少进行 5 次 OTDR 检测应合格。

(4) 激光火工产品的输入端应干净、无杂质、无污染,并有密封保护帽。

7. 光学元器件连接要求

激光火工品系统的光路连接时,各种光学元器件的输入与输出端面应保持干净、无杂质、无污染。

参 考 文 献

[1] 贺爱锋. 小型半导体激光多路起爆系统优化设计[D]. 西安:陕西应用物理化学研究所,2006.

[2] 王凯民,符绿化. 激光点火系统的可靠性检测与安全性分析[G]. 国外火工烟火技术发展研究. 西安:

陕西应用物理化学研究所,1998:42-45.

[3] 朱升成,鲁建存,孙同举. 激光点火与起爆新技术安全性初探[J]. 安全与环境学报,2001(增刊): 32-33.

[4] 贺树兴. 国外微电子火工品技术发展现状和趋势[R]. 西安:陕西应用物理化学研究所,1993:25-93.

[5] USP 5404820. 激光起爆控制器装置保险与解除保险装置[J]. 常红娟,译. 火工情报,1999(3):1-10.

[6] Hi-Shear Technology Corp. 激光起爆的解除保险/发火装置[G]. 许碧英,王凯民,彭和平,编译. 九十年代国外军民用火工烟火产品汇编下册. 西安:陕西应用物理化学研究所,1996:833.

[7] GB 230 288A. 固态激光器解除保险/发火装置[J]. 常红娟,译. 火工情报,1999(3):11-17.

[8] CHENAULT C F,MCCRAE J E JR,BRYSON R R,et al. The Small ICBM Laser Ordnance Firing System[R]. AIAA 92-1328:5-6.

[9] 王凯民,符绿化. 激光点火系统的可靠性检测与安全性分析[G]. 国外火工烟火技术发展研究. 西安:陕西应用物理化学研究所,1998:41-53.

[10] Pacific Scientific Co. 激光发火装置(LFU)(激光二极管型)[G]. 许碧英,王凯民,彭和平,编译. 九十年代国外军民用火工烟火产品汇编下册. 西安:陕西应用物理化学研究所,1996:834.

[11] BARGLOWSKI M J. 激光起爆武器系统在系统性能及可靠性方面的进展[J]. 叶欣,译. 火工情报, 2003(1):33-41.

[12] 郭小斌,沈甫林. 一种基于激光驱动的多点起爆技术探讨[C]. 中国兵工学会火工烟火专业第十六届学术年会论文集. 北京:中国兵工学会,2011:101-105.

[13] 李芳,张蕊,李庚,等. 激光起爆系统可靠性模拟计算[J]. 火工品,2007(4):39-42.

[14] BAHRAIN M,FRATTA M,BOUNCHER C. 海军试验室(NRL)的 ARTS 计划中有关激光弹药的系统试验和集成[J]. 张春婷,译. 火工情报,2007(1):121-136.

[15] DILHAN D,et al. 卫星激光二极管起爆系统[J]. 徐苪,译. 火工情报,2005(2):38-54.

[16] Hi-shear Co. 洲际榴弹炮激光起爆系统[J]. 彭和平,译. 西安:陕西应用物理化学研究所,2008(1):26.

第 12 章

激光火工品试验与检测

激光火工品和普通电火工品一样,除需进行起爆试验、点火试验、输出压力测定、动力源火工品试验、环境试验和性能试验等常规试验外,还需结合激光火工品自身特点,配备必需的激光火工品试验仪器与设备。本章主要从激光火工品试验及工艺所用仪器设备、试验装置、试验方法及感度与性能试验等方面,分别进行论述。

本章对激光源、光学参数检测仪器、激光火工品性能试验设备、光纤工艺设备进行介绍;对激光器光谱分析、激光脉冲宽度测量、激光功率/能量测量、光纤器件传输效率测量等参数的测试方法进行叙述。

根据激光光源的不同,分固体激光火工品试验装置、半导体激光火工品试验装置、锆－氧灯及烟火泵浦激光试验装置等介绍激光火工品试验装置。固体激光火工品试验装置中主要介绍激光发火试验装置、B/KNO_3 飞行时间质谱试验装置、激光工程雷管爆速测定装置、激光点火器输出压力试验装置、钕玻璃激光起爆试验装置、小型 YAG 固体激光发火试验装置、LEBW 起爆试验装置、激光烧蚀毛玻璃起爆炸药试验装置、激光飞片起爆试验系统装置、纳米含能材料的激光点火试验装置、激光点火同步性测试装置、液体推进剂激光点火试验装置、激光隔板发火试验装置等;半导体激光火工品试验装置中主要介绍热电池材料的激光二极管点火试验装置、低能激光二极管起爆 HMX 试验装置、点火延迟时间测试装置、CW/QCW 半导体激光发火试验装置、零体积发火试验装置、半导体激光发火输出试验装置、光诊断激光二极管起爆试验装置、激光点火的微推力试验装置;在锆－氧灯及烟火泵浦激光试验装置中,主要介绍锆－氧灯泵浦激光触发与保险试验装置、锆－氧灯泵及烟火泵固体激光器输出试验装置。

本章还介绍激光感度试验方法、药剂的激光感度试验、激光火工品典型试验等,其中激光火工品的感度试验主要参照火工品的感度试验方法进行,感度试验主要包括感度曲线试验、升降法感度试验、兰利法感度试验、D 优化法、优选－跳步法等,具体试验时可根据产品的特点及试验样本量选择合适的试验方法。

12.1 激光火工品试验仪器与设备

12.1.1 激光源

激光火工品试验用激光源主要有固体激光器、半导体激光器和光纤激光器 3 种类型。

固体激光器中主要有红宝石、钕玻璃、YAG 固体自由振荡激光器和调 Q 激光器;半导体激光器有 CW 和 QCW 两种激光器;光纤激光器则有连续与脉冲两种。在早期的激光起爆、点火技术研究工作中,常用红宝石、钕玻璃固体自由振荡激光器作为发火能源。在第二阶段的激光起爆、点火技术研究与应用中,YAG 固体自由振荡激光器的使用较为广泛。在第三阶段,主要侧重于半导体激光器在激光起爆、点火技术中的应用研究。在第四阶段,随着激光器件技术的迅速发展,在激光火工品技术研究中,除了使用半导体激光器外,还用半导体泵浦的固体激光器作为发火能源;将调 Q 激光器用于激光飞片起爆技术研究。另外,光纤激光器技术逐渐成熟并处于领先地位,逐步开始将光纤激光器用于激光起爆、点火技术研究。

1. 钕玻璃固体激光器

在 20 世纪 70 年代末,由上海无线电十三厂生产的钕玻璃自由振荡固体激光器,如图 12 – 1 所示[1]。钕玻璃固体激光器主要由 $\phi 10mm \times 200mm$ 钕玻璃棒、氙闪光灯泵浦源、分水冷聚光腔、PL – PL 光学谐振腔、储能电容和控制电源等组成。该固体激光器波长为 $1.06 \mu m$,有两种脉冲输出状态:① 激光能量 10J、脉宽 2.2ms;② 激光能量 3J、脉宽 $760\mu s$。主要用于早期激光起爆、点火技术研究。

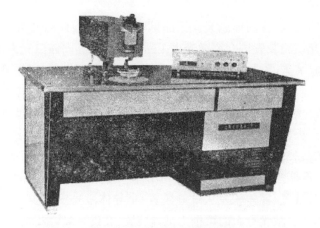

图 12 – 1 钕玻璃固体激光器

2. 高稳 YAG 脉冲激光器

武汉楚天工业激光设备有限公司为激光起爆、点火技术研究,专门设计试制了一种"高稳 YAG 激光器",如图 12 – 2 所示。该 YAG 激光器主要由激光控制电源、冷却机组、激光器三部分构成。激光器内含有 LD 光路准直指示、安全控制光闸、新型全水冷聚光腔、YAG 棒、PL – PL 光学谐振腔、配有 $f = 1200mm$ 透镜窗口输出;可用 45°反射镜、聚焦透镜耦合器切换成光缆输出。该 YAG 激光器主要用于起爆、点火药剂的激光感度测定以及激光起爆、点火技术的研究。

3. SAGA 调 Q 固体激光器

从法国 THALES LASER 公司引进的 SAGA 调 Q 激光器,如图 12 – 3 所示。该激光器主要由控制计算机、电源、冷却水箱、调 Q 器件四部分构成。调 Q 激光器内含有 LD 光路准直指示、2 级灯泵 YAG 激光器串联放大、三级倍频、4 种波长窗口输出及恒温控制器等。该 SAGA 调 Q 固体激光器用于激光起爆、点火感度、冲击片起爆技术等研究。

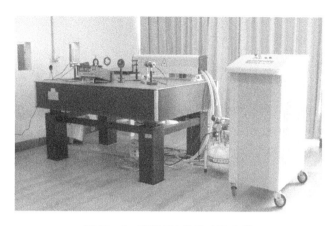

图 12-2　高稳 YAG 脉冲激光器

图 12-3　SAGA 调 Q 固体激光器

4. 半导体 CW/QCW 激光器

2000 年,上海光机所为激光火工品技术研究,专门设计试制了一种 CW/QCW 半导体激光器,如图 12-4 所示。该半导体激光器主要由控制电源、带散热器和输出尾纤的 LD 组件构成。半导体激光器可以按 CW、QCW 两种状态工作,准连续脉宽、工作电流可设置(即输出功率、输出能量可调),芯径 $\phi 100\mu m$ 的渐变光纤缆输出。半导体激光器的电源打开时,LD 组件上施加了不大于 100mA 的直流偏置电流,所以激光器的光纤缆一直有激光荧光输出。该半导体激光器适合于单波长激光自检、起爆、点火技术研究。

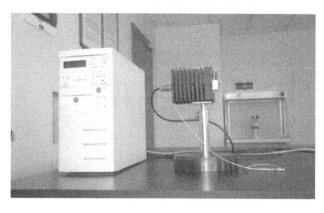

图 12-4　CW/QCW 半导体激光器

12.1.2 检测仪器

在激光火工品技术研究中常用的检测仪器有能量计、功率计、光束分析仪、光谱仪、光时域反射计(OTDR)、测量显微镜、非接触干涉仪、光纤接头对中仪、反射率计、回损/插损仪等。这些仪器主要用来测定激光发火能量、发火功率、光纤传输效率、激光火工品半成品与成品性能参数定量检测以及故障判定等。

1. Rj-7200 激光能量计

美国激光精密仪器公司生产的 Rj-7200 激光能量计如图 12-5 所示[2]。该激光能量计是在 Rk-3200 能量计的基础上,利用微型计算机技术改进后的新产品,由 4 种不同型号的探头和一台 Rj-7200 能量计主机组成。

图 12-5　Rj-7200 激光能量计

能量计的探头分为热电型和硅光电型两类,它由接收表面、热电材料片(或硅光电材料)及前置放大器构成。显示器的心脏是 Intel 8748 单片微型计算机,由中央处理器(CPU)、随机存取存储器(RAM)、电可编程只读存储器(EPROM)、信号计数器、计时器、3 个 8 位输入/输出部件及数字显示部分构成。该能量计可以测定波长 $0.25 \sim 16 \mu m$、脉冲持续时间小于 1ms 的 $5 \times 10^{-13} \sim 10J$ 的光辐射能量。它还可以测定单次能量或 10 次、100 次能量的平均值。

用 Rj-7200 激光能量计对红宝石、钕玻璃和 YAG 激光试验装置光路中的 μJ、mJ、J 级的激光能量测定,证明该仪器测定激光微小能量迅速、准确、方便、工作性能稳定。

2. LPE-1B 激光功率/能量计

中国科学院物理研究所下属北京物科光电技术有限公司,创新设计研制出了 LPE-1 系列激光功率/能量计。该仪器由主机和探测器两部分构成,是一种新型宽光谱响应、高灵敏度、快响应、低温漂移量小,具有峰值保持功能、数字显示的两用测量仪器。其设计和制造工艺具有独创性,在宽波段、高灵敏、快响应方面处于国内领先水平,部分性能优于某些国外同类仪器。激光火工品技术研究中常用的 LPE-1B 型激光功率/能量计如图 12-6 所示。

3. Labmaster Ultima 激光功率/能量计

美国相干公司生产的 Labmaster Ultima 激光功率/能量计,是一种基于微处理器的激光测量系统,如图 12-7 所示[3]。

图12-6　LPE-1B型激光功率/能量计

图12-7　Labmaster Ultima 激光功率/能量计

Labmaster Ultima 激光功率/能量计由主机和探头两部分构成,既可测量连续波激光又可测量脉冲式激光,其特点是实时模拟调节、数字显示与控制精度高、光束对中、光束位置测量与跟踪、测定值统计、计算机界面。主机的双通道设计,给系统添加了双通道测量、比率测量与差异测量功能,使得全部的激光测量可以提供最佳数据。将智能探头插入主机,开机后就能用于所有连续与脉冲、紫外至红外波长的激光测量,其测量功率由 nW 至 kW 级,能量由 mJ 至 J 级。激光测量系统达到3%测量总精度。

4. 虚拟激光功率/能量计

随着计算机技术、软件技术的迅猛发展,出现了虚拟激光功率/能量计仪器新技术[4]。虚拟激光功率/能量计是通过软件将计算机硬件资源与仪器硬件有机地融为一体。从而把计算机强大的计算处理能力和仪器硬件的测量、控制能力结合在一起,缩小了仪器硬件的成本和体积;并通过软件实现对数据的存储、分析、处理及显示。它既有普通仪器的基本功能,又有一般仪器所没有的灵活性、功能自定义、低成本、可自行开发功能的特点。

1) 虚拟激光功率/能量计测量原理

采用 LabVIEW 软件、功率/能量探头、PXI 数据采集仪,可以开发出单通道或多通道的虚拟激光功率计/能量计。单通道虚拟激光功率/能量计的系统原理结构如图12-8所示,虚拟激光功率/能量计操作面板如图12-9所示。

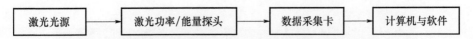

图 12-8　单通道虚拟激光功率/能量计结构框图

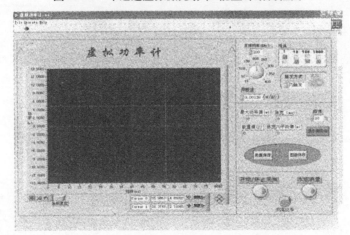

图 12-9　虚拟激光功率/能量计操作面板

为适应瞬态激光信号的采集,采用了光电式激光探头,探头将被测激光功率随时间的变化光信号转换为电压波形信号。数据采集板进行模拟信号放大和 A/D 转换,然后将转换后的数字信号存储于数据采集板上的缓存区中。在计算机软件的控制下通过 USB 接口,将数据传入计算机中存储。计算机软件采用 LabVIEW 软件开发,其功能包括测量参数设置、数据的图形显示、测试结果计算和数据输出以及图形的输出。

2)虚拟激光功率/能量计的优点

虚拟激光功率/能量计与传统的功率/能量计相比,不但基本性能相当,而且还有其独特的优点。虚拟激光功率/能量计采用计算机软件操作,界面友好、操作方便、测试结果清晰直观。采用 USB 标准接口进行通信,可以方便地连接计算机或 PDA,以适应实验室或野外测试的需要。虚拟激光功率/能量计的最大优点,还在于其基于软件的设计,能提供给客户最大限度的灵活性。通过软件设置完成测试参数的选择,其中包括激光器连续/脉冲工作方式、采样频率设置(16~400kHz 连续可调)、信号功率增益(mW 至 10W)等。根据点火激光功率测试的需要且点火激光为矩形单脉冲的特点,自定义以下功能:获取功率峰值数值、自动测量脉冲宽度、自动计算脉冲功率平均值和脉冲能量。虚拟激光功率/能量计自定义功能操作界面如图 12-10 所示。

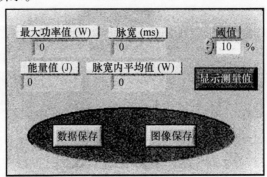

图 12-10　虚拟激光功率/能量计自定义功能操作界面

而传统激光功率/能量计所能实现的只是数据显示和波形输出,激光功率值和脉宽通过屏幕获取,平均功率和能量值则要通过计算才能得到。软件的开放性使得仪器功能更加灵活,进一步的软件开发,将增加对功率密度、能量密度的计算功能,并且可以将一些计算方法添加到软件中。比如:可以将感度试验方法编成子程序,软件自动计算测量值,记录测试结果,测试完成后自动生成感度试验报告。

3) 仪器功能扩展

采用虚拟激光功率/能量计使仪器方式有着良好的功能扩展空间,在对硬件电路进行少量调整或不调整的情况下,通过软件的编程可以得到新的功能。本虚拟功率计只对硬件电路增加电压探测接口,通过对软件的编程,使得瞬态激光功率计实现示波器的功能。将要测试的电压信号,直接接入数据采集板前端的模拟电压信号输入端口,实现信号的采集。再通过软件的控制,就实现了示波器连续、脉冲状态的波形采集与显示。而且基于虚拟仪器的示波器,还可以通过计算机网络实现远距离测控。

基于虚拟仪器的瞬态激光功率/能量计的新技术研究,不仅能够用于瞬态激光功率/能量的测量,也可用于连续激光功率的测量。操作界面友好,能实时显示被测激光功率,更形象、专业、直观、清晰地反映了激光功率的变化情况。数据处理快捷、方便,可自动完成功率、脉宽、能量的计算,为瞬态激光功率测试提供了一种新型的检测技术。

5. 光束观察分析仪

美国相干公司生产的 BeamView™ Analyzer(光束观察分析仪)如图 12-11 所示[5]。该仪器由主机、专用 DELL 笔记本计算机、探头、衰减器和连接管组件等构成。主要用于各种激光器的输出光束模式、光纤与光学元器件传播光束模式分析,能够进行光束参数测量、图像分析、空间强度测量、数据统计处理、显示二维或三维轮廓图。具有 25 种数值分析功能、28 种轮廓观察、13 种图像输入与输出格式。在激光火工品技术中,光纤传输耦合、光纤和药剂界面的耦合效率等,均与光束模式紧密相关。激光模式直接影响到光纤连接耦合、传输效率,火工品的发火感度与作用可靠性等。用光束观察分析仪对激光器输出、传播模式,进行定性、定量分析研究十分重要。也是激光火工品与激光起爆、点火系统检测、失效机理研究必不可少的仪器。光束观察分析仪,不但能够进行激光火工品应用技术研究,而且能够用于激光起爆、点火机理研究,以及失效模式分析。对提高激光起爆、点火系统的作用可靠性与技术水平,有特别重要的意义。

图 12-11 光束观察分析仪

6. 光时域反射计

Bamoski 和 Jensen 发表了一篇描述光在光纤中的后向散射,并说明它在光纤测量中的潜在应用的文章,OTDR 就是在此基础上发展起来的光学仪器。光纤通信系统中长期、广泛使用的仪器是 OTDR,这种仪器除了能确定光纤链路中故障的位置外,它还能测量光纤损耗、光纤长度、连接器与接头损耗以及反射比等参数。OTDR 也常用于激光火工品系统,进行相关光学参数测量。典型的 OTDR 由光源和接收机、数据采集模块、中央处理器(CPU)、用于保存内部存储器和外部磁盘中数据的信息存储单元和显示器组成,如图 12-12 所示。

图 12-12 光时域反射计组成

图 12-13 所示为 OTDR 技术的基本原理[6]。从工作原理上分析,OTDR 就是光雷达。利用直接耦合器或分光器,将周期性的激光窄脉冲入射到待测光缆的一端驱动 OTDR,通过分析后向散射光波形的振幅和时域特性,即可确定光缆链路的特性。

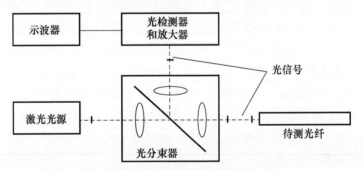

图 12-13 光时域反射计的工作原理

7. 视频测量显微镜

非接触式视频测量显微镜如图 12-14 所示。该系统主要由视频显微测量主机、X-Y 工作台、Z 向深度测量仪、CCD 探头、计算机处理与显示、视频测量软件等构成。该仪器主要用于激光火工品用光学元器件、半成品与火工产品状态检查,获取图像以及尺寸精确测量。

8. 非接触干涉仪

法国 Data-Pixel 公司生产的非接触干涉仪如图 12-15 所示[7]。该仪器由主机、DELL 专用笔记本计算机、连接附件等构成。在激光火工品技术研究中,主要对光纤、光学元件、多种光纤连接器端面进行非接触干涉测量,能够校准 $\phi 2.5mm$ 连接器光缆,以及用于传输光缆端面烧蚀的分析研究。

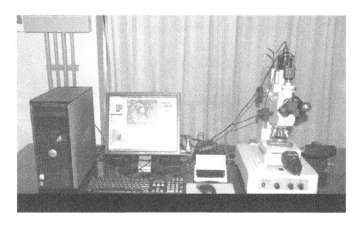

图 12-14　视频测量显微镜

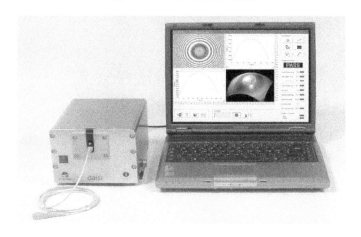

图 12-15　非接触干涉仪

9. 光谱分析仪

对激光器的输出光进行光谱分析测量,最普通的实现途径是利用基于衍射光栅的光滤波器。它的波长分辨率小于 0.1nm。基于 Michelson 干涉原理的波长仪,可以达到更高的波长精度(±0.001nm)。为了测量非常窄的线宽(典型单频半导体激光器的线宽是10MHz),可使用零差和外差检测技术的光谱分析仪,用该仪器测量得到的光功率是波长的函数。日本 YOKOGAWA 公司生产的 AQ6315A 型激光光谱分析仪如图 12-16 所示[8],该仪器由主机与单次脉冲光测量模块构成,是一个通用光谱分析仪(OSA),屏幕上显示的是其典型的测量轨迹。该仪器在激光火工品技术研究中,主要对激光器的单次脉冲、连续和重频输出的激光光谱进行测量与分析。

10. 光纤连接器对中仪

荷兰 Centroc 公司生产的 Centroc GP 型光纤连接器同心度调整对中仪如图 12-17 所示[9]。该仪器主要由对中仪主机、DELL 专用计算机构成。主机内配置有偏心度测试单元、CentrocGP 数据采集卡、自动聚焦子系统、630nm 光源,附件有 ϕ2.5mm FC 连接器和 ϕ1.25mm LC 连接器。能够自动处理偏心度测试数据,以表格形式显示测量结果。该仪器在激光火工品技术中,主要用于传输光缆、光纤分束器、光开关的光缆连接器的光纤偏心度测试。

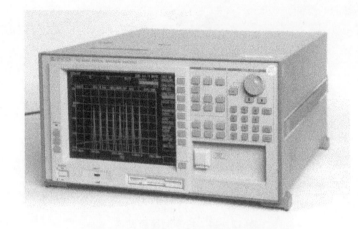

图 12-16　AQ6315A 型激光光谱分析仪

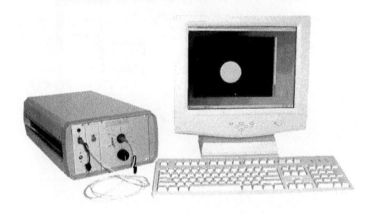

图 12-17　光纤接头对中仪

11. 激光反射率计

200R-4 型激光反射率计如图 12-18 所示[10]。该仪器有 780nm、805nm、980nm、1064nm 4 种波长的光源,利用光电探头检测粉状样品表面对激光的漫反射光强度的原理,采用样品与 MgO 块标准反射率比对测量、微机数据处理、液晶屏数字显示测量结果的方法,进行激光反射率测定。该仪器主要测定激光火工品药剂的激光反射率参数,用于激光固相化学反应机理分析研究。

图 12-18　激光反射率计

12. 回损/插损仪

EXFO 公司生产的 IQS-12001B 型全自动回损/插损测试仪如图 12-19 所示。

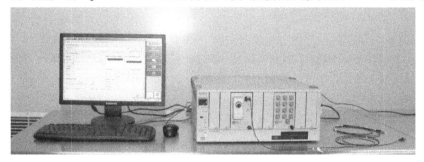

图 12-19　光缆回损/插损仪

该仪器主要由回损/插损主机和显示器构成。主机内配置有损耗测试模块、12 路光开关、IQS-12001B 软件等，附件有 EUI-89 FC 连接适配器、EXFO 通用接口等。可以同时对 12 根光缆进行回损/插损参数测量。该仪器主要用于激光火工品系统的传输光缆回损/插损测量。

12.1.3　试验设备

激光火工品通用试验设备主要有数据采集分析控制系统、高速摄像机、Ⅱ靶信号源和爆炸箱等。数据采集分析控制系统主要用于激光单路、多路起爆/点火波形信号采集，探针信号源与光电信号源提供激光起爆、点火过程的Ⅱ靶信号。高速摄像系统则主要用于激光起爆/点火过程、动力源激光火工品作用过程的实时图像拍摄。爆炸箱为激光起爆、点火试验提供安全防护。

1. 数据采集分析控制系统

1）仪器配置

NI 仪器公司生产的 PXI 数据采集分析控制系统如图 12-20 所示。系统由 PXI 1000B 主机、控制计算机、显示器、中间适配器、彩色打印机、12 路Ⅱ靶信号源/12 路光电信号源、不间断电源与采集分析控制系统软件等构成。

图 12-20　PXI 数据采集分析控制系统

2) 系统功能

PXI 数据采集、分析、控制系统,能够同步监视、采集 12 路各通道的波形,并可以形成文件保存。具有内、外触发功能,其中外触发支持上升或下降沿触发。系统具有单次多通道采集与多次单通道采集两种工作方式,单次方式下可选择 1～12 个通道组合工作;多次方式下,系统默认 1 通道为 I 靶触发通道,2 通道为采集通道。由系统数据测试平台软件面板中的"开始采集"按键,发出起爆或点火指令,中间适配器同步输出 8 位串行 TTL 电平二进制编码 1 路、直流 5V 10μs 方脉冲 2 路、直流 5V 1ms 方脉冲 3 路、继电器开关信号 2 路;同时起动装置中的激光器/发火电路、测压仪器、示波器、计数器等仪器设备,进行激光起爆、点火试验。系统自动完成数据采集,人工确定起始点、终止点、最高点之后,可自动进行数据处理、保存波形与数据。操作"读功率计"按键,还能够读出 LABMASTER 激光功率/能量计测定的功率/能量数值。

3) 应用范围

PXI 数据采集分析控制系统与 YAG 固体激光器、半导体激光器、激光功率/能量计、传输光缆、多分束无源耦合器等仪器、设备,组成激光起爆、点火试验装置。能够进行 1～11 路单次、多通道同步或单通道 30 次激光起爆点火试验数据的采集、分析与处理,测定激光火工品的性能参数。配备测压传感器、压力标定仪器后可测定激光点火器输出 $p-t$ 曲线。配备适当的光电探头,能够观察分析自由振荡激光脉冲、QCW 半导体激光脉冲的波形上升前沿。可以进行激光多路起爆、点火系统技术研究,促进推广和应用。

2. II 靶信号源

1) 12 通道探针信号源

在火工品测试技术中,常用探针与电容放电电路获取起爆器输出 II 靶信号,进行作用时间测量,探针信号源原理电路如图 12 – 21 所示。打开电源开关时,施加的直流 +50V 通过限流电阻 R_1,给电容 C 充电。当激光起爆器爆炸时,输出的等离子体使粘在起爆器底部的探针导通,使电容 C 通过探针对负载电阻 R_2、R_3、R_4 放电,则在电阻 R_4 上可以取得 II 靶信号,用于激光起爆器的作用时间参数测量。将探针与电容放电电路组合设计成 12 个通道,则可构成 12 通道探针信号源,如图 12 – 22 所示。这种多通道探针信号源可以用于激光多路起爆试验。

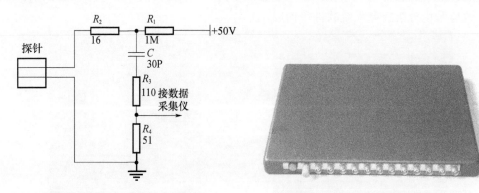

图 12 – 21　探针 II 靶的电路原理　　　图 12 – 22　12 通道探针信号源

2) 12 通道光电信号源

在火工品测试技术中常用光电池、光电二极管与放大电路获取点火器输出 II 靶信号,进行作用时间测量,光电信号源原理电路如图 12 – 23 所示。

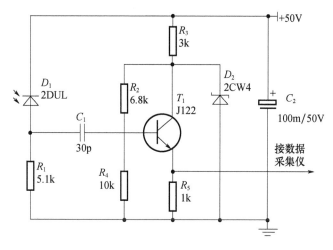

图 12-23　光电探测电路原理

打开电源开关后,当激光点火器发火时,光电池或光电二极管接收到点火器输出的光信号时,输出一个弱电流信号,经放大器放大后输出直流 5V 的 II 靶电信号,用于激光点火器的作用时间参数测量。将光电信号探测电路组合设计成 12 个通道,则可构成 12 通道光电信号源,如图 12-24 所示。这种多通道光电信号源可以用于激光多路点火试验。

图 12-24　12 通道光电信号源

3. 高速摄像仪

日本 NAC 公司生产的 Memrecam fx K4 高速摄像仪如图 12-25 所示[11]。仪器主要由 Digital 高速相机、1XJ-Pad II 手持控制器和外置显示器构成,附件有三脚架和摄像照明灯。该高速摄像仪主要用于激光点火器燃烧过程、激光驱动爆炸螺栓的分离过程的摄像,用手控操作面板远程控制,存储器记录图像数据用于分析研究。

图 12-25　高速摄像仪

12.1.4 工艺设备

1. 光纤接头研磨机

1) 设备

日本 SEIKON GIKEN 公司设计生产的光纤接头研磨机如图 12-26 所示[12],该研磨机由主机 SFP-550 和 4 种夹具构成。能够在夹具四角均匀加压,研磨激光火工品系统常用 SMA905 接头、FC/PC 宽键接头、FC/APC 宽键接头、大斜面接头、$\phi 2.5 mm/\phi 3.5 mm$ 特种光学元件等。

图 12-26 光纤接头研磨机

2) 光纤端头的抛光工艺与质量

光纤端头的表面质量是由光纤端头抛光工艺保障的,本小节主要论述光纤端头抛光工艺与质量[13]。在激光直接起爆系统中,通常要求光纤能传输范围为 $2\sim 3 GW/cm^2$ 的光功率密度。影响光纤耦合高功率密度的最重要参数是光纤端头的表面质量。超过一定直径、宽度和深度的凹坑及划痕,将与激光脉冲形成较高的电场强度。这些缺陷处的电场强度,将是光纤端面与空气界面处平均值的 2～3 倍。当光功率密度为 $2\sim 3 GW/cm^2$ 时,表面缺陷处增加的电场强度,近似于光纤介质的介电场强度极限,将会导致光纤的灾难性损坏。

理论上要求光纤表面最大的缺陷尺寸,不应超过所用激光波长的 1%。对于激光起爆系统所用波长为 $1.06\mu m$ 而言,其对应的最大缺陷尺寸要小于 $0.0106\mu m$。通常采用抛光得到光纤端部的高质量表面。开始,通过使用 180 粒度的 SiC 砂纸,在极低压力下粗抛光纤端面。然后再根据不同工艺,对光纤端面进行抛光。在抛光过程中,认为有最重要的 3 个参数直接影响抛光表面缺陷的大小,它们分别是抛光压力、时间和抛光转速。通过对 3 个参数进行组合,用一种工艺对光纤抛光后,首先对表面宏观参数(除去量、平整度)进行分析研究。其结果表明,抛光的快慢与转速无关,仅与压力和时间有关。而平整度(即中心与边缘的差)仅与时间有关,且时间越短,平整度应越好。但 3 个系统参数对光纤表面的最大影响,是表面底部的光纤介质特性。看似相同平整的两个表面,其表面底部却可能有完全不同的特征。可使用腐蚀技术并放大分析,以便评估光纤抛光后的表面微缺陷的数目及缺陷的总面积。

使用统计分析数据表明,不论缺陷点数量还是与之对应的缺陷点总面积,仅与转速和抛光时间呈现线性关系,而与抛光压力无关。美国 Allied-signal 航空公司 E. P. Klingsporn 等对光纤抛光所用的 4 种工艺进行了对比研究,发现表面完整性最差的一批光纤的峰谷值为 12nm;而表面完整性最好的一批光纤的峰谷值约为 5nm。根据美国桑迪亚国家实验室对激光输入表面损耗试验结果看出,表面质量的提高将会得到较高的损坏阈值。具有 5nm 完整性的一批光纤的 70%,在通过极限光功率密度($5.2GW/cm^2$)时,没有任何表面损耗。由于激光直接起爆系统所用光功率密度水平介于 $2\sim 3GW/cm^2$,所以这一工艺较适合于光纤的抛光处理。有关光纤表面完整性与抛光参数的关系研究仍然是一项重要的工作。有关单位正致力于这一工作,但尚未见到数据报道。较适合于抛光处理的工艺如表 12-1 所列。

表 12-1 适用于光纤抛光的工艺

次序	抛光材料	研磨剂
1	依次用 240 号、400 号、600 号、800 号 SiC 纸	水
2	依次用 $12\mu m$、$9\mu m$ Al_2O_3 纸	水
3	尼龙布	$5\mu m$ 金钢石
4	Chemomct 布	$3\mu m$ 金钢石
5	Selvyt 布	$1\mu m$ 金钢石
6	Selvyt 布	$0.3\mu m$ Al_2O_3

2. 光纤接头清洗机

光纤端面的清洁度也是极为重要的。在光纤端面存在一定尺寸的金属或其他物质粒子时,将导致激光能量在区域吸收热量并产生热应力。当能量积累足够大时,热应力也能损坏光纤。因此,对光纤端头及整个激光起爆系统的连接界面的清洁也是很重要的工艺,NASA 的 Allied-Signal 航空公司报道了这种工艺。美国 Westover 公司生产的 CleanBlast™ 型便携式光纤接头清洗机如图 12-27 所示。该设备由 FCL-P1100 主机、FBP-P505 探测器、显示器构成,配备有清洗和检视用 FC/PC、FC/APC SMA905、$\phi 2.5/\phi 3.5mm$ 等公口适配器附件。

用光纤接头清洗机能够对激光火工品系统常用的 SMA905 接头、FC/PC 宽键接头、FC/APC 宽键接头、大斜面接头、$\phi 2.5/\phi 3.5mm$ 特种光学元件的端头进行清洗,并对端面清洁度进行可视检查,可记录检测图像进行分析。

图 12-27 光纤接头清洗机

12.2 光学参数的测试

12.2.1 光谱分析与测量

光谱分析仪的广泛应用,促使人们对激光火工品系统的光谱特性进行分析与测量。具有不同性能等级(如波长、分辨率)的 OSA,可以用于测量激光输出或器件的传输参数随波长的变化规律。波长分辨率由 OSA 中的光滤波器的带宽决定,分辨率带宽这个术语用于描述光滤波器的带宽。典型的 OSA 中可选择滤波器的波长范围是 0.1~10nm。OSA 通常扫描一个光谱区,并在离散的波长点上进行测量。波长间隔也就是所谓的轨迹点间距,取决于仪器的带宽分辨能力。下面将分析讨论光源的谱域测量[6]。

用于激光火工品技术研究的常用光源有 4 种,分别是 LED、LD、锆-氧灯和固体激光器,每种光源的波长与输出的关系完全不同。进行光谱分析与测量,对激光火工品、自诊断系统优化设计,提高光耦合与利用效率及作用原理分析研究具有重要意义。OSA 是快速、准确测量这些器件输出频谱特性的通用仪器。

1. 发光二极管的发射光谱

发光二极管(LED)常用于固体激光火工品系统的光路自诊断,LED 发射光谱是宽带的连续谱,其 FWHM 频谱宽度是 30~150nm,图 12-28 是中心波长在 1300nm 的 LED 频谱的 OSA 典型轨迹图[6]。对 LED 进行发射光谱试验,取得试验结果如表 12-2 所列。

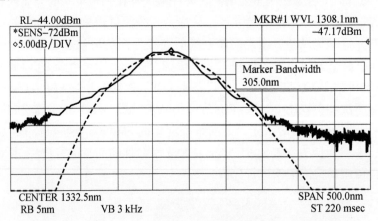

图 12-28 HP-71450 光谱分析仪记录下的发光二极管的频谱

(注:图中显示了测量参数,诸如频谱的 FWHM、平均波长的位置和峰值功率密度等;该光谱分析仪还可以显示高斯和 Lorentzian 曲线)

OSA 可以自动测量和显示的一些值得关注的参数,主要包括以下几个。

(1)输出总功率。它是各轨迹点 z 的归一化输入功率之和,轨迹点间距与分辨率带宽的比值可将输入功率归一化,也就是,如果在频谱区内进行 N 次测量,则有

$$P_{\text{total}} = \sum_{i=1}^{N} \left(P_i \frac{\text{轨迹点间距}}{\text{分辨率带宽}} \right) \qquad (12-1)$$

(2)平均波长。它是大量测量点的中心,即

$$\lambda_{\text{mean}} = \sum_{i=1}^{N} \left(\frac{\lambda_i P_i}{P_{\text{total}}} \frac{\text{轨迹点间距}}{\text{分辨率带宽}} \right) \quad (12-2)$$

(3)峰值波长。它是 LED 频谱峰值处的波长。

(4)半高全宽(FWHM)给出了半功率点,也就是该点处的功率谱密度是峰值处功率谱密度幅度的一半。注意到 $t_{\text{FWHM}} = 2t_{1/2} = 2\sigma(2\ln2)^{1/2}$,假设这是连续的高斯功率分布,则有

$$\text{FWHM} = 2.355\sigma \quad (12-3)$$

式中:σ 为 LED 的均方根谱宽,可以使用 OSA 测量得到,即

$$\sigma^2 = \sum_{i=1}^{N} \left[(\lambda_i - \lambda_{\text{mean}})^2 \left(\frac{P_i}{P_{\text{total}}} \frac{\text{轨迹点间距}}{\text{分辨率带宽}} \right) \right] \quad (12-4)$$

(5)LED 的 3dB 谱宽,其定义是 LED 频谱峰值两边两个波长之间的间距,这两个波长上频谱密度是峰值功率处频谱密度的 50%。

表 12-2 LED 试验结果

中心波长(FWHM)	=1300.00nm	半高全宽	=93.97nm
中心波长(3dB)	=1301.88nm	3dB 谱宽	=70.63nm
峰值波长	=1307.50nm	总功率	=-35.14dBm
σ	=39.91nm	pk dens(1nm)	=-54.17dBm

2. 激光二极管的发射光谱

用光谱仪可以自动测量半导体激光器的参数,包括频谱的 FWHM 或包络带宽、中心波长、模式间距等。图 12-29 是激光二极管光谱的典型轨迹。

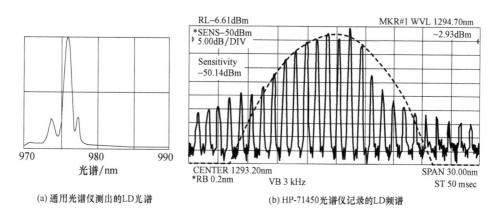

(a) 通用光谱仪测出的 LD 光谱　　(b) HP-71450 光谱仪记录的 LD 频谱

图 12-29 激光二极管光谱

(注:图中显示了一些测量参数,如频谱的 FWHM、中心波长、模式间距和激光器的总功率)

类似于公式(12-1)和(12-2)可以分别计算总功率和平均波长,与之不同的是这里没有归一化因子,因为二极管激光器不像 LED 那样具有连续光谱。FP 激光器试验结果如表 12-3 所列。

表 12-3　FP 激光器试验结果

平均波长	=1292.86nm	半高全宽	=5.26nm
峰值波长	=1294.67nm	峰值功率	=-2.93dB.m
模式间距	=1.13nm dB.m	总功率	=2.32 dB.m
	(202.05 GHz)	σ	=2.23nm

3. 固体自由振荡激光器的发射光谱

应用物理化学国家级重点实验室用激光光谱分析仪,对楚天公司的高稳 YAG 自由振荡激光器的发射光谱进行测定,得到的光谱曲线如图 12-30 所示。

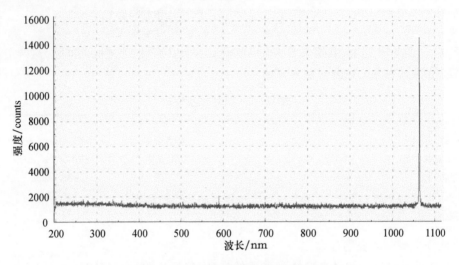

图 12-30　YAG 固体激光器的光谱

4. 调 Q 激光器的发射光谱

应用物理化学国家级重点实验室用激光光谱分析仪,对 SAGA 调 Q 激光器的两种发射光谱进行测定,得到的光谱曲线如图 12-31 所示。

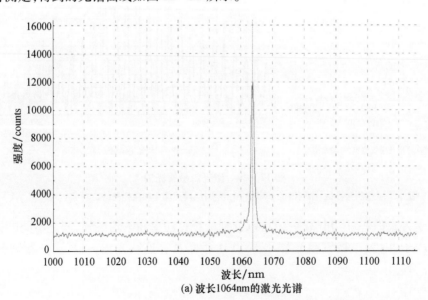

(a) 波长1064nm的激光光谱

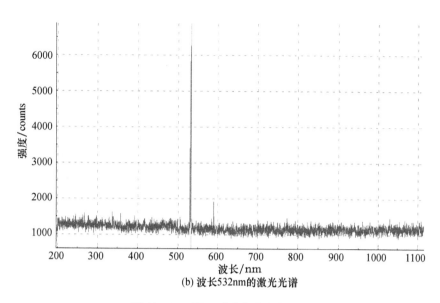

(b) 波长532nm的激光光谱

图 12-31　调 Q 激光器的发射光谱

5. 锆-氧灯激光器的发射光谱

应用物理化学国家级重点实验室用激光光谱分析仪,对锆-氧灯激光器的发射光谱进行测定,得到的光谱曲线如图 12-32 所示。图 12-32 所示为波长 480~870nm 的锆-氧灯的发光光谱;强激光脉冲的光谱谱线为 1064nm,光谱分布范围较窄。

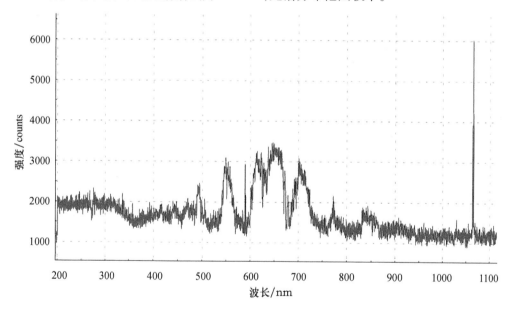

图 12-32　锆-氧灯激光器的光谱

12.2.2　激光脉冲宽度测量

1. 激光脉冲宽度定义

对于激光输出脉冲波形,其定义如图 12-33 所示,输出脉宽通常是指半高全宽[6]。

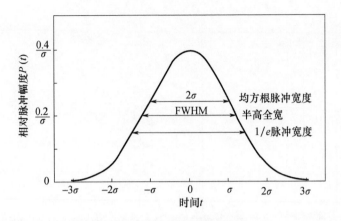

图 12-33　脉冲波形参数的定义

其均方根宽度 σ 可以使用公式计算，即

$$\sigma^2 = \frac{\int_{-\infty}^{\infty}(t-\bar{t})^2 P_{\text{out}}(t)\mathrm{d}t}{\int_{-\infty}^{\infty}P_{\text{out}}(t)\mathrm{d}t} \tag{12-5}$$

如果定义 t_{FWHM} 为激光脉冲的半高全宽，则有

$$t_{\text{FWHM}} = 2t_{1/2} = 2\sigma(2\ln2)^{1/2} \tag{12-6}$$

其中参数 σ 决定脉冲宽度，如图 12-33 所示。此图中也给出了参数 t_{FWHM}，这就是半高全宽，也就是幅度降为最大值一半时的全宽度。

2. 固体激光脉冲宽度测试

1）自由振荡激光脉宽测量

激光能否引爆炸药和引燃烟火剂，不仅与激光能量有关，而且与脉冲宽度有关。例如，用钕玻璃激光起爆 PbN_6，短脉冲 $450\mu s$、激光发火能量为 207mJ；而长脉冲 1.5ms、激光发火能量为 384mJ。所以，激光起爆过程与激光的功率、脉宽都有关系。对此，北京理工大学测量了自由振荡激光脉冲宽度，脉冲宽度测试装置如图 12-34 所示[14]。

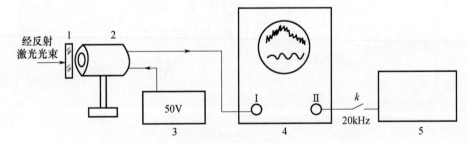

图 12-34　自由振荡激光脉冲宽度测试装置示意图

1—衰减片；2—光电探测器；3—稳压电源；4—SB-11 双线示波器；5—高频信号发生器。

激光器发出的激光脉冲经反射镜、透过衰减片进入光电探测头。光电探测头输出一个与激光强弱相对应的光电信号，送至示波器的Ⅰ路输入插头；同时，由高频信号发生器输出 20kHz 的信号输入至Ⅱ路输入插头，用示波器照相机记录这些波形，如图 12-35 和图 12-36 所示。

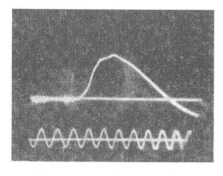
图 12-35　脉冲氙灯发光波形

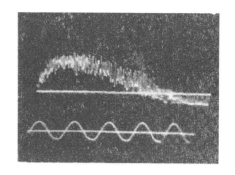
图 12-36　自由振荡激光波形

该图形的试验条件是电容量为 704μF、充电电压为 1300V。为了控制充电电压精度,采用 0~3kV 的静电电压表监视。图 12-35 所示为脉冲氙灯发光波形,上边的曲线为氙灯发光过程,下面时标为 50μs,估计氙灯整个发光时间约为 300μs。图 12-36 所示为自由振荡激光波形,由图形可见,自由振荡激光由许多尖脉冲组成,其整个激光脉冲持续时间约为 200μs。

2) 钕玻璃和 YAG 激光脉冲波形

在早期的研究中,陕西应用物理化学研究所用光电探头、滤色片、示波器等仪器,对钕玻璃和 YAG 激光器输出的激光波形进行了测定,得到激光波形如图 12-37 和图 12-38 所示。从激光波形可测出钕玻璃激光脉冲半高全宽约为 2ms,YAG 激光脉冲半高宽约为 300μs。

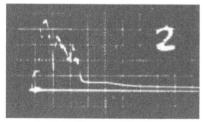
时标:1ms/格

图 12-37　钕玻璃激光脉冲波形

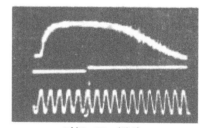
时标:25μs/脉冲

图 12-38　YAG 激光脉冲波形

3. 调 Q 激光脉冲波形测量

应用物理化学国家级重点实验室用光电探头、滤色片、数字示波器等仪器,对调 Q 激光器 4 种波长输出的激光波形进行了测定,得到激光波形如图 12-39 所示。从激光波形图可测出 4 种波长的调 Q 激光脉冲半高全宽在 6~12ns 之间。

4. 半导体激光脉冲宽度测试

用于激光起爆、点火技术的半导体激光器,通常会设计成 CW 或准连续 QCW 工作状态,QCW 激光输出是一个方脉冲波形,脉宽为 10ms。用光电池、光电探头和示波器可以对 QCW 半导体激光器的输出波形进行测量。应用物理化学国家级重点实验室对 QCW 半导体激光器的输出波形进行测定,得到典型的半导体激光波形如图 12-40 所示。从激光波形图可测出 QCW 半导体激光的脉冲宽度为 10ms。

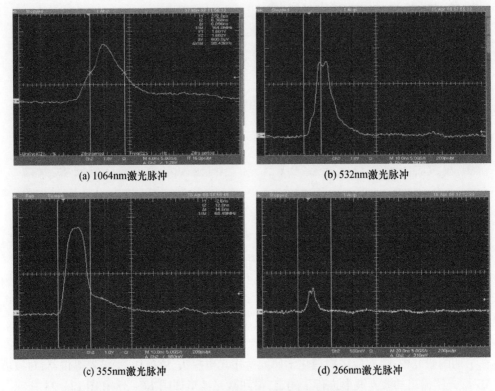

图 12-39 调 Q 激光 4 种波长的脉冲波形

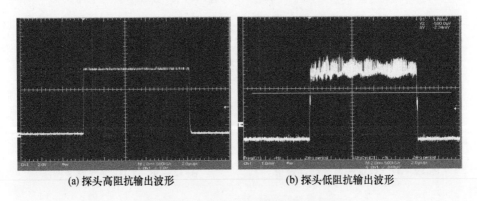

图 12-40 QCW 半导体激光脉冲波形

半导体激光的脉冲上升前沿,对起爆或点火过程中的"热点"形成有一定影响。通常要求用于激光起爆或快速点火的半导体激光器的脉冲上升前沿应不大于 $10\mu s$。一般情况下,激光点火的作用时间在 ms 级,使用的半导体激光器的脉冲上升前沿应不大于 $100\mu s$。

12.2.3 激光功率/能量测定

在早期的激光火工品技术研究中,大多是采用炭斗或快速响应辐射计,配光电式检流计,组成激光功率/能量计。经过计量标定后,用于激光功率/能量测定。在早期的研究中,用炭斗能量计或快速响应辐射计进行测量,得到的监测能量与主光路能量的关系如图 12-41 所示[14]。

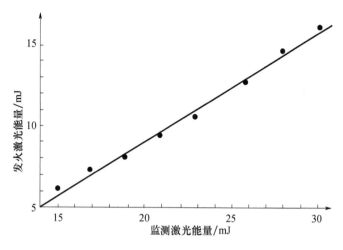

图 12-41 监测能量与主光路能量的关系

随着电子技术的迅速发展,出现了智能化的 Rk-5700 激光功率计、Rj-7600 激光能量计、Labmaster 激光功率/能量计和 LPE-1B 激光功率/能量计等仪器,可以很方便地进行激光功率/能量测定。激光能量是激光引爆炸药中的重要参数之一,用激光引爆炸药、点燃烟火剂或使激光火工品发火时,激光感度主要表示方式是激光发火能量/功率。因而必须严格控制激光功率/能量测量,力求准确。对激光功率/能量测量仪器定期进行标定,是准确测量的前提。

然而,由于激光器内存在的影响因素很多,即使用同样的脉冲电压、电容量或工作电流,输出激光能量也不一定相同。为此,在进行激光发火试验时,应该采用监测激光功率/能量计,以保证试验中取得的激光能量/功率数据的准确性。通常是采用分束镜或二分束器将试验主光路分成双路,其中,一路连接到监测激光能量/功率计;另一路作为发火光路连接到一台激光功率/能量计中。在激光器的输出范围内,先测定出 10 组监测光路与发火光路激光功率/能量数据,每组测定 5 次取平均值。将试验数据做回归处理,求出监测光路与发火光路激光功率/能量的线性系数 K 值。在试验中,根据系数 K 值与监测激光功率/能量值,即可较为准确地计算出施加到激光火工品上的激光发火功率/能量。

12.2.4 光纤缆传输效率测量

1. 插入法

光纤波导中光功率损耗是吸收过程、散射机制和波导效应共同作用的结果。制造商通常对各种因素单独引起的损耗大小感兴趣,而使用光纤的激光火工品系统工程技术人员则更关注的是光缆传输的总损耗。本节只讨论总传输效率的测量技术,将根据光纤、光缆的《纤维光学试验方法》(GJB 915A—1997)、《光缆总规范》(GJB 1428A—1999)的有关规定进行测量,这包括在激光火工品系统中常用的渐变、阶跃折射两类多模光缆。在激光火工品系统技术专业中,常用特定波长或不同波长下的传输效率表示光缆的特征参数。测量光缆传输效率的最基本方法是插入法。使用相同的输入耦合光功率,测量经过一段相同规格的光缆传输后的光功率,计算出传输效率,这就是众所周知的通用方法。这种测量方法在设计激光火工品系统时可以采用。插入法不是破坏性方法,对测量带有连接器的光缆组件很有用,本节将论述这种方法[6]。

使用插入法更适合传输光缆测量,它以百分数形式给出光缆的传输总效率。这种特征参数既直观又便于传输光缆网络设计。插入法的基本方案如图 12-42 所示,其中发射端和检测端的耦合是通过连接器完成的,波长可调的激光器将光功率耦合到一段很短的光纤中,这段光纤与待测光纤有相同的特性。对于多模光纤可以使用扰模器,确保光纤纤芯中具有均衡模式分布。通常还包括波长选择器件(如滤波器),以便得到波长与损耗之间的函数关系。

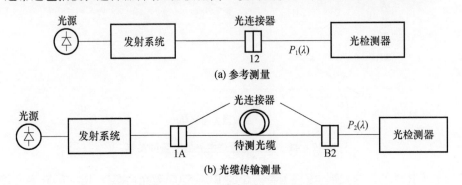

图 12-42　使用插入法测量光缆传输效率的装置
(注:其中发射端和检测端的耦合通过连接器实现)

为了进行传输效率测试,首先将带有一小段发射光纤的连接器与接收系统的连接器相连,并记录下发射光功率 $P_1(\lambda)$;然后将待测光缆插入发射端和接收端之间,并记录下接收光功率 $P_2(\lambda)$。则以百分数形式的光缆传输效率为

$$\eta = \frac{P_2(\lambda)}{P_1(\lambda)} \tag{12-7}$$

式(12-7)给出的总传输效率值是成缆光纤的传输效率、输入端连接器和输出端连接器的多种缺陷导致的损耗之和。

2. 光缆耦合传输效率测定

应用物理化学国家级重点实验室在光缆耦合传输效率测定试验中,建立了常用测定装置。随着试验技术的发展,又优化设计建立了一种测试精度较高的试验装置。

1)常用测定装置

光缆与光缆的耦合效率,是通过测定输入光缆的输出能量和输出光缆的输出能量,求比值而获得。采用如图 12-43 所示传统的测定装置。将传输光缆与激光器输出光纤对接,用激光能量计测出传输光缆输出端的激光能量值,测 3~5 次取平均值作为被测光缆的输入能量值 E_0;然后将传输光缆和被测光缆对接,用能量计测出被测光缆末端的激光能量输出值,测 3~5 次取平均值作为被测光缆的输出能量值 E_1,用式(5-14)计算出耦合传输效率。

常用测定装置的优点:传输光纤网络简单;操作方便;数据处理简捷。其缺点:由于脉冲激光器的固有误差,输出能量值有波动;在光纤输出端头与探头对准时又会引入人为误差,所以测量精度不高。

2)优化测定装置

对上述测定装置与方法的分析研究后,确定了增加监测激光器输出功率措施的方法,建立了一种测试精度较高的试验装置,如图 12-44 所示。该装置增加了两分束器与监测激光能量计。

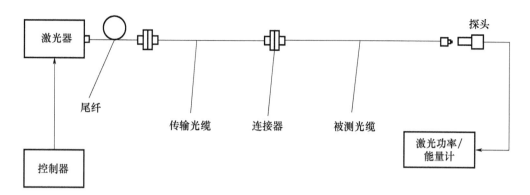

图 12-43　耦合传输效率常用测定装置

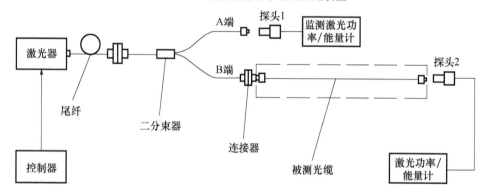

图 12-44　耦合传输效率优化测定装置

试验装置采用了二分束器将激光分为 2 束,其中分束器 A 端激光输出能量,作为参数测定时输入激光能量波动变化的监测;分束器 B 端作为被测光缆参数测定的输入能量。用能量计分别测出 2 束激光的能量值 3~5 次取平均值,计算出监测光路与输入光路能量的校正系数 ξ。根据监测能量 E_A 数值计算出输入能量的实际值 E_B,再根据光缆的输出能量 E_N,用 E_N/E_B 计算出光缆的耦合传输效率。

12.2.5　分束器耦合传输效率测定

1. 测定装置

应用物理化学国家级重点实验室用于测定光纤分束器激光能量分配、耦合与传输效率的试验装置,如图 12-45 所示。该测定装置由小型固体激光器、FC/PC 连接器、二分束无源耦合器和 LPE-1B 激光功率/能量计组成。

2. 测定方法

光纤二分束器耦合、传输效率测定方法,是先将激光功率/能量计的探头对准激光器尾纤的输出端,测出激光器尾纤的输出能量值。用 FC/PC 连接器将激光器尾纤的输出端头/与分束器的输入端头连接,将激光功率/能量计的探头分别对准分束器的各输出端头,测定 3~5 次输出能量值。然后再将激光功率/能量计的探头对准激光器尾纤的输出端,测出激光器尾纤的输出能量值。将试验前后激光器尾纤的两次输出能量平均值,作为二分束器的输入能量;将二分束器的每一端头的 3~5 次输出能量平均值,作为分束端的输出能量值。依据输入、输出能量值,计算出二分束器的耦合、传输效率与分束比参数。

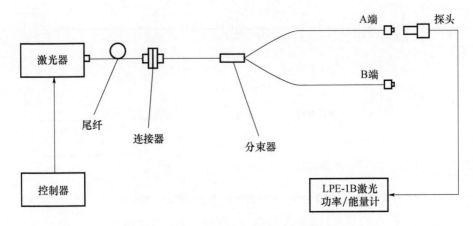

图 12-45　分束器耦合、传输效率测定装置

3. 试验结果

用小型固体激光器、图 12-45 所示装置与上述测定方法,对两件大功率光纤二分束器的耦合传输效率进行了测定,取得试验结果如表 12-4 所列。

表 12-4　1.06μm 波长激光的耦合传输效率试验结果

分束器编号	激光输入/mJ	分束端	输出/mJ	耦合传输效率/%	总耦合效率/%
1	14.52	A	5.88	40.50	81.27
		B	5.92	40.77	
2	14.62	A	5.27	36.05	76.27
		B	5.88	40.22	

注:小型固体激光器输出脉冲宽度 200μs。

从表 12-4 中测定结果可看出:① 1 号二分束器对波长为 1.06μm 的小型固体激光能量分配、传输效率比较高。其分束 A 端为 40.50%、B 端为 40.77%,总效率达到 81.27%,分束比基本均匀;② 2 号二分束器对波长为 1.06μm 的小型固体激光能量分配、传输效率相对偏低。其分束 A 端为 36.05%、B 端为 40.22%,总效率达到 76.27%,分束比相对较差。

为了检测其耐高功率激光的性能,在使用 60 次后,又对其耦合效率进行了测定。试验结果为 1 号二分束器总耦合效率达到 82.57%,2 号二分束器总耦合效率达到 75.79%,与第一次测得的数据基本一致,其上下的浮动在系统误差范围内。

4. 分析与讨论

(1) 该类型二分束无源耦合器,对波长为 1.06μm 的激光能量分配、传输效率较高;分束比也比较均匀。

(2) 影响耦合传输效率测定结果的因素,有激光器输出能量稳定性、连接器重复精度、界面洁净度以及分束端与激光功率/能量计探头对准位置的重复性等。

(3) 通过 60 次试验后,分束器的光纤仍完好无损,传输效率基本稳定,没有烧蚀现象的发生,证明阶跃型纯石英芯光纤可以承受高功率的激光传输。

(4) 采用图 12-44 所示装置增加监测激光器输出功率的方法,可提高分束器的测试精度。

12.2.6 OTDR 测量[6]

激光火工品系统的光路和部分光学元器件可以用 OTDR 仪器进行测量。现在 OTDR 已经成为对光路系统特性,如光纤损耗、连接器和接头损耗、光学元件的缺陷、光路元器件的反射和色度色散进行单端测量的基本仪器之一。测量色度、色散需要 4 波长 OTDR,其他参数的测量只需要单波长设备就能完成。除了能测量这些参数外,OTDR 还能用于光缆线路维护,以便迅速、准确地确定光纤中断裂故障点的位置。

1. OTDR 轨迹

图 12-46 所示为 OTDR 显示屏上能看到的典型轨迹,横轴表示仪器与光纤中测量点之间的距离;纵轴是对数刻度,表示回传(后向反射)信号光功率电平值,单位是 dB。

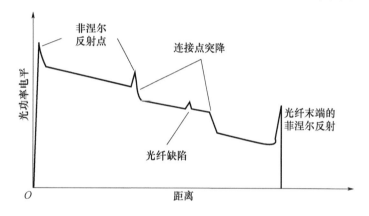

图 12-46　OTDR 屏幕上显示的后向散射光功率的轨迹

后向散射波形有以下 4 个不同的特性。
(1) 由于菲涅尔反射的作用,在光纤输入端产生了一个大的初始脉冲。
(2) 在与输入脉冲传播方向相反的方向上,瑞利散射产生长长的递减拖尾。
(3) 由于光纤线路中接头和连接器的光损耗,曲线中出现突降。
(4) 由于菲涅尔反射的作用,在光纤的末端、光纤接头和缺陷处出现了正向尖峰。

后向散射光主要由菲涅尔反射和瑞利散射产生。光进入具有不同折射率的介质时,就会发生菲涅尔反射。当功率为 P_0 的光束垂直入射到玻璃与空气的界面上时,反射功率 P_{ref} 为

$$P_{ref} = P_0 \left(\frac{n_{fiber} - n_{air}}{n_{fiber} + n_{air}} \right)^2 \tag{12-8}$$

式中:n_{fiber} 和 n_{air} 分别为光纤纤芯和空气的折射率。

理想光纤端面反射光功率约占入射光功率的 4%,然而由于光纤端面不完全光滑,也不完全垂直光纤的轴,反射功率远远小于可能获得的最大值。

动态范围和测量范围是 OTDR 的两个重要性能参数。动态范围是指初始后向散射光功率电平与在测量 3min 之后的噪声电平之差,它是以 dB 为单位的光纤损耗的一种表示方法。动态范围提供了仪器能测量的光纤损耗最大值的信息,指出了测量给定的光纤损耗需要的时间,所以它通常用于表示 OTDR 的测量能力。动态范围与分辨率之间的矛盾,是制约 OTDR 的一个基本因素。要获得高的空间分辨率,脉冲宽度必须尽可能小,然而这样会降低

信噪比,从而减小动态范围。例如,HP-8147 OTDR、100 ns 的脉冲宽度能获得 24 dB 的动态范围,但是当脉冲宽度为 20μs 时,动态范围即可增加到 40dB。

测量范围表征了 OTDR 鉴别光纤链路发生故障的能力,如接头点、连接点和光纤断裂点等。它的定义是使 OTDR 仍能进行准确测量的故障与 OTDR 之间所允许的最大损耗。通常选择损耗 0.5dB 的接头作为测量光纤的标准连接器。

2. 损耗测量

在光纤中瑞利散射把光向各个方向散射,这是大多数高质量光纤中主要的损耗因素,光纤中后向的瑞利散射光功率可以用于测量损耗。

距离输入耦合器之处的光功率可以写成

$$P(x) = P(0)\exp\left[-\int_0^x \beta(y)\mathrm{d}y\right] \qquad (12-9)$$

式中:$P(0)$ 为光纤输入功率;$\beta(y)$ 为光纤的损耗系数(km^{-1}),可能与位置有关,也就是说,在整个光纤中损耗可能不一致。

可以使用自然单位 nepers 度量参数 2β,它与损耗 $\alpha(y)$(dB/km)之间的关系由式(12-10)决定,即

$$\beta(\mathrm{km}^{-1}) = 2\beta(\mathrm{nepers}) = \frac{\alpha(\mathrm{dB})}{10\lg e} = \frac{\alpha(\mathrm{dB})}{4.343} \qquad (12-10)$$

假设沿波导方向所有各点的散射都是相同的,而且与模式分配无关,则点 x 处的反向散射功率 $P_R(x)$ 为

$$P_R(x) = sP(x) \qquad (12-11)$$

式中:s 为由光纤捕获的向后散射光功率与总的传输光功率的比例系数。

因此,光检测器检测到 x 点的后向散射功率为

$$P_D(x) = P_R(x)\exp\left[-\int_0^x \beta_R(y)\mathrm{d}y\right] \qquad (12-12)$$

式中:$\beta_R(y)$ 为反向散射光的损耗系数。

因为光纤中后向散射光与前向入射光激励出的模式不同,所以参数 $\beta_R(y)$ 与 $\beta(y)$ 可能不同。

将式(12-9)、式(12-10)和式(12-11)代入式(12-12)得到

$$P_D(x) = sP(0)\exp\left[-\frac{2\bar{\alpha}(x)x}{10\lg e}\right] \qquad (12-13)$$

式中:平均损耗系数 $\bar{\alpha}(x)$ 的定义为

$$\bar{\alpha}(x) = \frac{1}{2x}\int_0^x [\alpha(y) + \alpha_R(y)]\mathrm{d}y \qquad (12-14)$$

利用式(12-14),根据试验得到图 12-46 所示的半对数曲线,即可求得平均损耗系数。例如,点 x_1 和 x_2($x_1 > x_2$)之间的平均损耗为

$$\bar{\alpha} = -\frac{10[\lg P_D(x_2) - \lg P_D(x_1)]}{2(x_2 - x_1)} \qquad (12-15)$$

3. 光学故障定位

除了能测量光纤损耗和器件损耗以外,OTDR 还能用于确定光纤和光学元器件中的断裂点和缺陷的位置。根据光学元件前端和远端反射回来的脉冲时间差,可以计算出光路长

度(由此确定断裂点和故障点的位置),如果这个时间差为 t,则其长度为

$$L = \frac{ct}{2n_1} \quad (12-16)$$

式中: n_1 为光纤纤芯折射率;因子"2"表示光从光源传播到断裂点(长度为 L),再从断裂点返回到光源(长度为 L)经过的总路程是 2。

因为 OTDR 的工作是以脉冲探测信号为基础的,所以光纤中故障点的空间分辨率或抽样间隔,就要受到光源脉冲宽度的限制,脉冲越窄分辨率越高。空间分辨率 Δx 与脉冲宽度的关系为

$$\Delta x = \frac{c}{2n} \Delta t_s \quad (12-17)$$

式中: Δt_s 为系统响应时间,如果接收机的响应足够快,它就等于脉冲宽度。因为通过提高数据抽样频率,改善分辨率是不切实际的。所以,OTDR 通常采用间插模式,这样能将空间分辨率提高到 cm 量级。用这种方法将各个单独的测量点组合,而每个测量点的延迟抽样时间只有原来的几分之一。例如,发送一系列相互延迟 1/4 抽样时间的脉冲,抽样间隔就能提高 4 倍。

作为商用测试设备可行的距离分辨率的例子,这里给出 Hewlett - Packard 公司 HP - E6000A 迷你型 OTDR 的总距离精确度 D_{BCC} 的计算方法。

$$\begin{aligned}D_{BCC} &= 偏移误差 \pm (标度误差) \times (距离) \pm 抽样误差 \\ &= 偏移误差 \pm (标度误差) \times (距离) \pm 0.5 \times (抽样间隔) \end{aligned} \quad (12-18)$$

于是,给定偏移误差为 $\pm 1m$,标度误差为 $\pm 10^{-4}$(如仪器的时间精确度为 0.01%),抽样间隔为 1m(抽样频率是 100MHz,且不采用间插模式),假设光纤中断点出现在 10km 以后,则距离误差为 $\pm 2.5m$。

12.2.7 光束观察分析

利用光束观察分析仪、分束镜、衰减器和连接附件,可以直接观察分析激光火工品系统中激光器的输出光束经光纤及光学元器件传输后的光束截面上的二维或三维光能量分布。这种检测试验和分析对激光火工品系统的可靠性研究,具有重要意义。典型的激光束二维能量分布如图 12-47 所示,激光束的三维光能量分布如图 12-48 所示[5]。

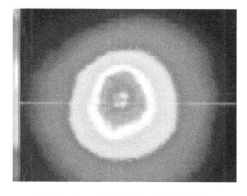
图 12-47 激光束的二维能量分布

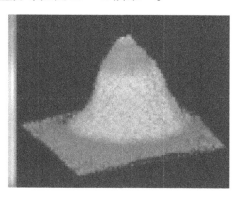
图 12-48 激光束的三维光能量分布

激光束二维或三维光能量分布图,较为直观地显示出光能量分布特征。对比观察分析经光纤网络及光学元器件传输前后的二维或三维光能量分布图,可以看出二者的变化及差异。积累一定的试验数据后,可以判定出对激光火工品发火的影响。

12.2.8 非接触干涉测量

应用物理化学国家级重点实验室利用非接触干涉测量仪,可以观察、测量激光火工品系统中光纤接头及光学元器件端面。对端面的球面 R、平面、光纤的凹凸量及其缺陷深度等参数可以进行定量测量,也可以用于光缆接头传输烧蚀分析研究。典型光纤接头的非接触干涉测量试验结果如图 12-49 所示。

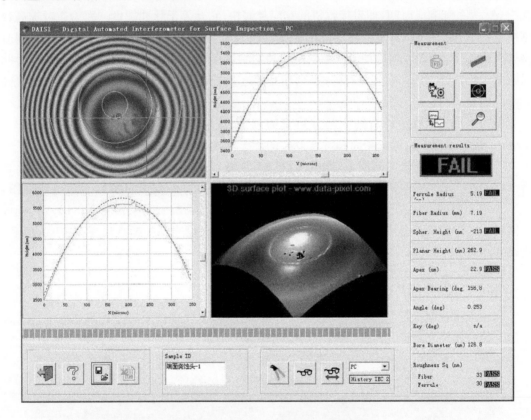

图 12-49　光纤接头的非接触干涉测量

12.2.9 自聚焦透镜镀膜性能试验

应用物理化学国家级重点实验室为了测试自聚焦透镜镀膜的效果,设计了图 12-50 所示试验装置[15]。透镜套筒模拟产品中的透镜固定方式,中间台阶孔的孔径为 $\phi1.2\text{mm}$,套筒的内径为 $\phi1.8\text{mm}$。为了将套筒与输入光缆的 FC/PC 连接器相连,其外径设计为 $\phi2.5\text{mm}$,和 FC/PC 插针的直径相同;传输光缆选择了芯径 $\phi100/140\mu\text{m}$ 的渐变光纤,接头为 FC/PC 标准连接头。

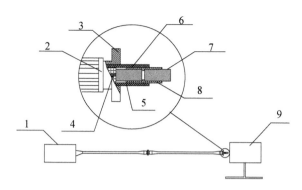

图 12 – 50 镀膜透镜测试装置示意图

1—激光器;2—FC/PC 标准连接器;3—FC/PC 连接器外壳;4—传输光纤;5—准直透镜;6—FC/PC 连接器用陶瓷套管;7—聚焦透镜;8—透镜套管;9—能量探头。

12.2.10 光开关参数测定

应用物理化学国家级重点实验室设计了光开关性能测试装置,分析研究了参数测定方法,对不同种类的激光能量型光开关进行了试验与性能参数测量。

1. 光开关响应时间测定装置

光开关的响应时间是指当被测光开关通电后,光开关的输出上升到稳定值的时间。测定能量型光开关响应时间所用的试验装置如图 12 – 51 所示。该试验装置主要由 CW 半导体激光器、FC/PC 连接器、光开关、光电探头和示波器组成。

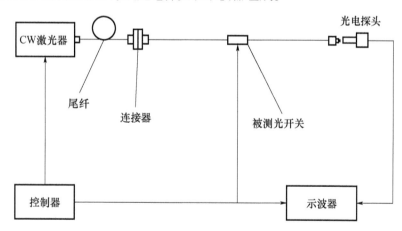

图 12 – 51 光开关导通时间的测定装置

能量型光开关响应时间的测定方法:用 808nm 连续激光作光源,输入到光开关中;以示波器的第一通道,观测给光开关施加的直流 5V 电控制信号;用光电探头接收光开关导通输出的激光信号,转换成电信号后传输到示波器的第二通道。对示波器的输出波形进行分析比较,然后从波形图上读出响应时间参数值。

2. 光开关传输效率测定装置

测定能量型光开关耦合、传输效率所用的试验装置如图 12 – 52 所示。试验装置由激光器、FC/PC 连接器、二分束器、光开关和 LPE – 1B 激光功率/能量计组成。

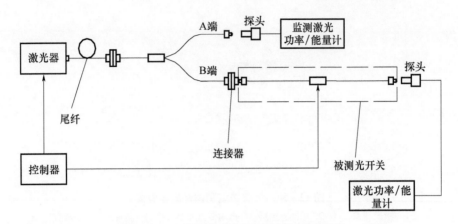

图 12–52 光开关耦合、传输效率测定装置

按试验装置图 12–52 所示结构连接激光器、二分束无源耦合器、被测光开关、激光功率/能量计。二分束器的 A 端输出激光能量,作为参数测定时输入激光能量波动变化的监测;B 端作为光开关参数测定的输入能量;将测得的 5 次输出能量求平均值后,再求出监测系数。将光开关接入二分束器的 B 端光路,测 3~5 次取平均值作为输出能量,计算出光开关的耦合传输效率。

该试验装置与测定方法的优点:可以避免因激光器输出波动所造成的测量误差,提高光开关耦合、传输效率测试精度。

3. 试验结果与讨论

(1)激光能量型光开关响应时间的测定波形如图 12–53 所示,根据示波器所采集的波形,从光开关通电到光电探头信号上升至 100% 时的时间,定义为光开关的响应时间。

(2)用 980nm 半导体激光器,按照图 12–51 与图 12–52 所示的装置与本小节的测定方法,对 5 件激光能量型光开关的耦合、传输效率、响应时间进行测定,试验结果如表 12–5 所列。

表 12–5 光开关耦合、传输效率响应时间试验结果

编号	监测系数	监测能量/mJ		输入能量	测试能量/mJ			耦合、传输效率/%	响应时间/ms	备注
1	1.121	5.42	5.40	5.42	6.07	3.91	3.85	3.97	64.9	6.56	光纤 φ105/125 μm
2		5.38	5.39	5.39	6.04	3.99	4.08	3.98	66.5	6.60	
3		5.45	5.47	5.48	6.13	4.21	4.25	4.19	68.8	6.64	
4	1.110	5.22	5.20	5.26	5.80	4.52	4.51	4.47	77.6	6.48	光纤 φ100/140 μm
5		5.25	5.25	5.26	5.83	4.61	4.62	4.65	79.3	5.48	

注:半导体激光器输出的脉冲宽度 10ms。

(3)从表 12–5 和图 12–53 测定的结果看出:① 用 φ100/140μm 渐变光纤制作的两只光开关的耦合、传输效率较高,分别为 77.6% 和 79.3%;响应时间较短,分别为 6.48ms 和 5.48ms;② 用 φ105/125μm 阶跃光纤制作的 3 只光开关的传输效率偏低,光开关耦合效率不小于 60%,响应时间不大于 7ms;③ 两种光开关的输出波形稳定、响应时间短,均能在激光起爆、点火系统中应用。

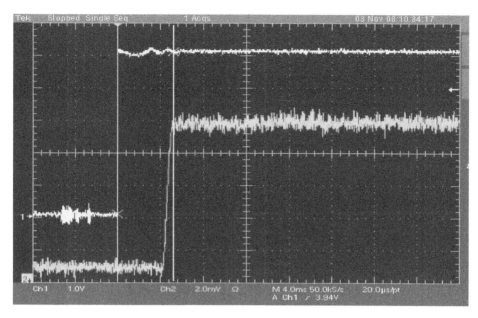

图 12-53 光开关的响应时间测试波形

12.2.11 药剂的激光反射率测定

为了研究分析激光起爆机理,陕西应用物理化学研究所在不同时期研究了药剂表面对激光的反射率测定技术[16]。

1. 起爆药的固体激光反射率测定

研制激光火工品的技术关键是增大药剂表面对激光的吸收率,提高药剂的激光感度。所以,药剂表面对激光的反射率是一个很重要的物理参数。在研究激光起爆机理,从理论上计算点火延迟期、点火温度与发火能量等参数,以及设计激光火工品等工作中,所用药剂表面对激光的反射率参数是必不可少的数据之一。国外相继报道了一些激光反射率测定方法、试验装置与测定结果。从报道的激光反射率参数看出,采用的试验装置不同,测定方法不同,得到的结果也不尽一致,有的差别较大。陕西应用物理化学研究所采用45°定向法,测定5种起爆药对波长1.06 μm的钕玻璃脉冲激光的反射率,介绍如下。

1)测定原理

从光学反射定律可知,当光束照射在平滑的表面上时,反射光束位于入射面内,且反射角等于入射角;当光束照射在粗糙的非光滑表面上时,虽然仍遵循反射定律,但形成的反射是漫反射。某些起爆药是不规则形状的结晶体,压装后的试样表面,宏观上是一个平面,实质上是由许多个小晶体的不规则表面组成的"粗糙"表面。当激光束垂直照射在起爆药试样表面上时,所形成的反射是以光轴为中心在三维空间的漫反射分布。由于受到试样表面状态的不均匀性、激光束的模式是多模、场强分布不均匀、激光束与试样表面不完全垂直等因素的影响,激光束照射在试样表面上形成的漫反射,并不是以光轴为中心的理想对称分布。即反射光强 I_i 是空间位置的函数。反射光总强度 I 是以光轴与试样表面的交点为坐标原点,在以光电探头到原点的距离为半径的半球面区域Σ上,对反射光强 I_i 的二重积分。反射光总强度 I 可以表示为

$$I = \iint_\Sigma I_i(x,y,z)\mathrm{d}s \qquad (12-19)$$

众所周知,MgO 的光反射率为 97%。如果把 MgO 作为标准试样,把起爆药试样的反射光强与 MgO 的反射光强进行比较,就可以求出起爆药试样的反射率。理想反射率计算公式,即

$$\gamma = 0.97 \frac{\iint_\Sigma I_{样品}(x,y,z)\mathrm{d}s}{\iint_\Sigma I_{\mathrm{MgO}}(x,y,z)\mathrm{d}s} \qquad (12-20)$$

假定激光器输出的激光模式是基模、场强分布呈高斯型、场强中心与光轴重合、试样表面状态均匀、光轴与试样表面完全垂直,则认为激光束照射在试样表面形成的漫反射是以光轴为中心对称分布的。这样,起爆药表面对激光的反射率 γ,就可以用图 12-54 所示原理试验装置进行测定。

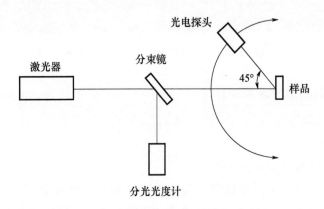

图 12-54 激光反射率测定装置原理示意图

对于波长为 632.8nm 的 He-Ne 连续激光、波长 1.06 μm 的 YAG 脉冲激光或 CO_2 连续激光,用图 12-54 所示试验装置,测定出 MgO 与试样的定向反射光强度 I(能量或功率),便可以算出试样的激光反射率,即

$$\gamma = 0.97 \frac{I_{样品}}{I_{\mathrm{MgO}}} \qquad (12-21)$$

在激光起爆技术研究工作或实际应用中,通常都是采用红宝石、钇铝石榴石或钕玻璃脉冲激光器作为起爆光源。调 Q 器件的激光脉冲持续时间在数十微秒左右,而自由振荡激光脉冲持续时间在数百微秒、数毫秒之间。因此,测定起爆药对脉冲激光束的反射率具有实际意义。

在脉冲激光中,光强度 I 是持续时间 t 的函数,脉冲激光能量 E 为

$$E = \int_0^t I(t)\mathrm{d}t \qquad (12-22)$$

所以,起爆药对脉冲激光的反射率又可表示为

$$\gamma = 0.97 \frac{E_{样品}}{E_{\mathrm{MgO}}} \qquad (12-23)$$

按图12-54所示测定装置,在探头与光轴成45°角的方向上,测出MgO与起爆药对脉冲激光的反射能量,用式(12-23)就可以计算出反射率γ。

2)测定装置与方法

用于测定反射率试验装置的激光器件,要求输出能量稳定、光束横截面上的光强分布均匀;照射在样品表面上的激光能量密度,要远小于临界起爆能量密度。试验所采用的反射率测定装置如图12-55所示。

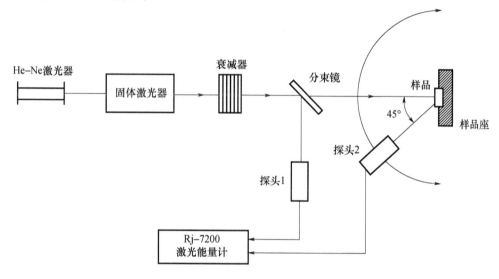

图12-55 激光反射率测定装置

在测定装置中用钕玻璃自由振荡激光器作为光源,全腔水冷聚光腔、工作物质ϕ6mm×80mm、脉冲氙灯KM10mm×75mm;储能电容2000μF、工作电压800V,最大输出能量为1.7J;激光器每隔3min工作一次,输出稳定度优于10%。激光脉冲持续时间约2.2ms,脉冲波形如图12-56所示。输出能量稳定度监测与试样表面反射激光能量测定,采用精密激光仪器公司生产的Rj-7200激光能量计。使用Rj-P-765硅光电探头测反射光,用Rj-P-736探头监测输出稳定度。Rj-P-765探头固定在距离样品40cm处,与光轴成45°。标准试样MgO与起爆药试样都是20mg,以29.42MPa的压力装在口径7.62mm枪弹火帽壳里,测定时放入试样座内固定。

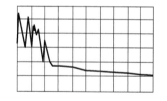

图12-56 钕玻璃激光脉冲波形
(注:时标为1ms/格)

测定样品的激光反射率之前,先打开He-Ne激光器调准光路,在测定时关闭He-Ne激光。分别测定出MgO粉和起爆药样品的反射激光能量,以及无样品时散射光的反射能量。每种样品测定3~5个数据取平均值,从中减去背景散射光能量,然后以MgO粉的反射光能量作为反射率为97%的标准,用式(12-23)计算出每种起爆药对波长1.06μm的钕玻璃脉冲激光的反射率参数。

3)测定结果与分析

用图12-55所示激光反射率测定装置与上述测量方法,分别测定了S·SD、细结晶PbN_6、$CMCPbN_6$、LTNR和D·S共晶5种起爆药的激光反射率,结果如表12-6所列。

表 12-6　钕玻璃激光反射参数

药剂	表面颜色	激光反射能量/J	激光反射率/%	备注
MgO 粉	白色	2.468×10^{-7}	97.00	标准样品
S·SD	白色	2.519×10^{-7}	99.00	
细结晶 PbN_6	白色	2.500×10^{-7}	98.26	
CMC PbN_6	白色	2.391×10^{-7}	93.97	
LTNR	黄色	2.271×10^{-7}	89.26	
D·S 共晶	橘黄色	2.054×10^{-7}	80.73	

注：激光波长 $1.064 \mu m$。

从表 12-6 中数据可知，LTNR 和 D·S 共晶两种起爆药的激光反射率较低；而 S·SD 和细结晶 PbN_6 的激光反射率较高。LTNR 和 D·S 共晶药的表面颜色较深，加之这两种药的结晶尺寸和粒度较大，压药后表面不光滑，有许多微小的空穴，激光光子经过药剂晶体表面的多次反射后容易被吸收，所以这两种药剂的反射率较低。S·SD 与细结晶 PbN_6 表面呈白色，加之药剂本身结晶尺寸和粒度较小，压药后表面较平滑，所以这两种起爆药的反射率较高。

从上述理论分析与测定试验结果看出：①用公式(12-20)计算激光反射率或采用特殊的试验装置，测定以光轴为中心的三维空间反射激光能量参数，计算激光反射率最为理想；②用 45°定向法和公式(12-23)测定起爆药的激光反射率是一种简单可行的测定方法，虽然测出的反射率参数有一定误差，但能够满足一般计算要求；③通常测定反射率使用的激光束的能量密度，远小于起爆药的临界起爆能量密度，因此在静态条件下测出的激光反射率是一个常量。但在激光起爆反应过程中，由于激光能量密度远大于起爆药的临界起爆能量密度，因而在激光束照射的反应区内的起爆药，受到激光光子的作用后产生热分解和光化反应分解，形成等离子体迅速膨胀；药剂的表面状态不断变化，致使反射率是一个动态变量。如何更精确地测定、计算起爆药的动态反射率，有待于今后进一步研究。

2. 药剂的半导体激光反射率参数测定

Graham 公司生产的 200R-4 型激光反射率计，采用了 4 种不同波长的半导体激光器，将激光束垂直入射在粉状样品表面，产生漫反射光。由光探头接收到部分反射光，通过试样与标准样品反射光强度对比进行数据处理，显示出该种药剂的激光反射率数值。用 200R-4 型激光反射率计，对常用激光药剂的反射率参数进行测定，取得激光反射率参数如表 12-7 所列。

表 12-7　常用激光药剂的反射率参数

药剂	颜色	激光反射率/%			备注
		780nm	805nm	980nm	
标准样品	白色	87.1	99.1	99.0	MgO
CP	浅灰色	20.2	16.7	20.9	
BNCP	灰绿色	13.6	10.7	9.6	掺杂3%碳黑
HMX	浅灰白色	12-7	9.3	8.5	
PETN	浅灰白色	9.3	6.9	4.6	
B/KNO_3	深褐色	5.1	1.8	1.2	未掺杂

从表 12-7 中常用激光药剂的反射率测定结果看出,混合药剂的颜色越浅,对激光的反射率越高;在一定范围内,波长对混合药的激光反射率影响不明显。

12.3 激光火工品试验装置

12.3.1 固体激光火工品试验装置

1. 激光发火试验装置

陕西应用物理化学研究所在激光火工品技术的初期研究中,采用了图 12-57 所示的激光发火试验装置[17]。图 12-57(a)所示装置主要由 He-Ne 激光器、YAG 激光器、衰减片、激光雷管构成,采用平行激光束直接照射窗口起爆的方法,进行起爆药的激光起爆探索性试验。图 12-57(b)所示为改进型试验装置,增加了一块聚焦透镜。试验用 YAG 自由振荡激光器波长 1.06μm,最大输出能量 1.6J,电容 300μF、电压 1000V;YAG 棒尺寸 $\phi 5mm \times 55mm$;雷管放在离聚焦透镜约 600mm 的焦点处。试验采用调节衰减片的方法改变激光输出能量的大小,用能量计测定不同衰减条件下的激光能量,确定发火能量水平。

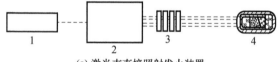

(a) 激光束直接照射发火装置

1—He-Ne激光器;2—YAG激光器;3—衰减片;4—激光雷管。

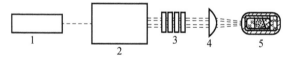

(b) 激光聚焦发火装置

1—He-Ne激光器;2—YAG激光器;3—衰减片;4—聚焦透镜;5—激光雷管。

图 12-57 早期激光发火试验装置

2. B/KNO_3 飞行时间质谱试验装置

用于 B/KNO_3 药剂飞行时间质谱试验的试验装置如图 12-58 所示[18]。该装置主要由激光器、延时控制器、高压电源、积分器、计算机、瞬态记录仪、探测器、爆炸箱等构成。

试验时由 YAG 激光器产生的光束,经二倍频器件产生波长 532nm、脉宽 6ns 的激光,单脉冲能量为 10~20mJ。激光束经焦距 30cm 的透镜聚焦后,从样品表面垂直入射,光束焦点直径约 $\phi 0.8mm$。激光作用于样品后产生的等离子产物,进入离子加速区。由 1kV 的脉冲电源提供双场加速后,经过 1m 长的自由漂移区做无场飞行。最后由微孔多道板探测器(MCP)接收放大,将 MCP 的输出信号送入 100MHz 的瞬态记录仪与计算机连接,实现对信号的累加、平均和储存。该试验装置主要用于药剂激光点火过程的飞行时间质谱试验。

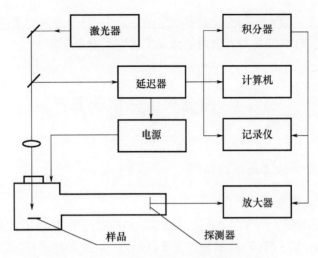

图12-58 飞行时间质谱试验装置原理框图

3. 激光工程雷管爆速测定装置

用于激光起爆工程雷管的爆速测定装置如图12-59所示[19]。该装置由YAG激光器、数字式激光能量计、传输光纤、激光工程雷管、探针与信号源和4台数字示波器构成。YAG激光器发出脉宽1ms、能量6.7J的激光脉冲,经分束镜分成两束光,一路传输到激光能量计,监测激光发火能量,并输出一个电信号输入数字示波器作Ⅰ靶;另一路耦合入光纤,传输到激光工程雷管使其爆炸。在激光工程雷管的输出端装有4个探针,当爆轰波传递到每个探针时,信号源会给出一个脉冲电信号输入数字示波器作Ⅱ靶。根据4个探针的间距与探针信号时间数据,可以测定出激光起爆工程雷管的爆速。

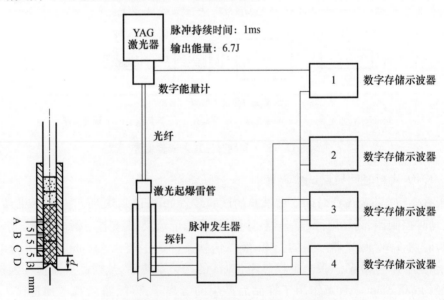

图12-59 激光起爆的爆速测定试验装置

4. 激光点火器输出压力试验装置

激光点火器输出压力是一个重要的特征参数,Centers. Inc 的 Richard Field(ARDEC Project Engineer)设计的激光点火测压试验装置如图 12 – 60 所示[20]。该试验装置由"阿波罗"激光器、滑盖式分束镜、聚焦耦合透镜、$X-Y-Z$ 定位挡板、传输光缆、防爆压力容器、压力传感器、电荷放大器、Nicolet 4094 型示波器和光电探测器等组成。

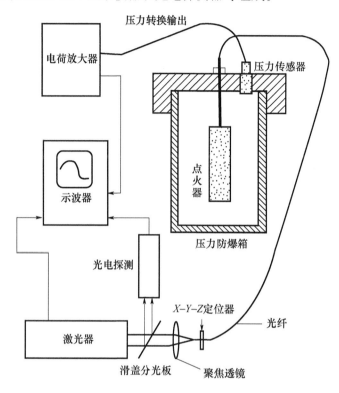

图 12 – 60　激光点火器输出压试验装置

"阿波罗"激光器有一个触发信号输出,将其输入控制器,用于激光脉冲开始前 $100\mu s$ 发射一个脉冲去触发起动 Nicolet 4094 型示波器。用光电探测器收集一些通过滑盖分束的激光能量,在每次发火时监测激光输出脉冲能量大小。将通过聚焦透镜的激光耦合进光纤,光纤送入开孔的防爆压力容器中,连接到激光点火器上。这个防爆压力容器装配有 PCB 压力传感器,将压力传感器输出电缆插入相应的电荷放大器,接着再进入示波仪。测定从光电探测器得到的激光脉冲曲线达到基线以上 100mV 时,与从防爆罐的压力曲线达到基线以上 100mV 时的时间差,即为点火延期。

要确保传输到点火器上的实际激光能量,并考虑到不同类型和尺寸的光纤,其自身效率耦合上的差异造成的影响。将试验数据记录在磁盘上之后,可分析点火延期。也要检查点火装置在任何情况下是否瞎火、药柱是否完全燃尽等。

该试验装置主要用于激光点火器输出压力 – 时间试验。

5. 钕玻璃激光起爆试验装置

陕西应用物理化学研究所为了满足激光起爆技术研究需要,建立了钕玻璃固体激光器为光源的开放光路激光起爆试验装置[21],如图 12 – 61 所示。该试验装置由波长 $1.06\mu m$、脉宽 $2.2ms/780\mu s$ 的钕玻璃固体激光器、分束镜、衰减片、聚焦透镜、光纤连接管、光缆、激光起爆器、爆炸箱、5040 记忆示波器和 Rj – 7200 能量计等组成。

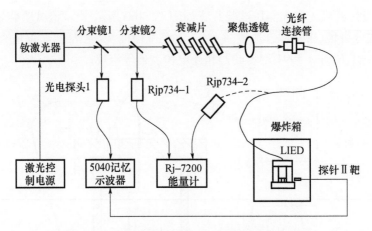

图 12-61　钕玻璃固体激光起爆试验装置示意图

该试验装置中,采用钕固体自由振荡激光器作为发火能源;用不同透过率的介质膜片或介质膜片与光轴的角度调整发火激光能量的大小;连接螺管将光纤插头定位,透镜将激光束聚焦到光纤输入端面上。分束镜1、光电探头采集激光波形信号;分束镜2和能量计、探头监测主光路输出激光能量。起爆试验前,先将传输光缆输出端对准另一个探头将激光输入能量计,测定光纤输入的激光发火能量值;起爆试验时,再将传输光缆输出端连接到激光起爆器上,进行激光发火试验。用探针Ⅱ靶获取爆炸信号,用记忆示波器记录激光波形和Ⅱ靶脉冲信号,测出激光起爆器的作用时间;用钢凹法测定激光起爆器的输出威力。

6. 小型 YAG 固体激光发火试验装置

应用物理化学国家级重点实验室建立了小型 YAG 固体激光器为光源的封闭光路激光发火试验装置,如图 12-62 所示。该装置主要由半导体泵浦的小型 YAG 激光器(波长 1.06μm、脉宽 200μs)、光纤二分束器、连接器、传输光缆、激光火工品、爆炸箱、PXI 数据采集仪和激光功率/能量计等组成。

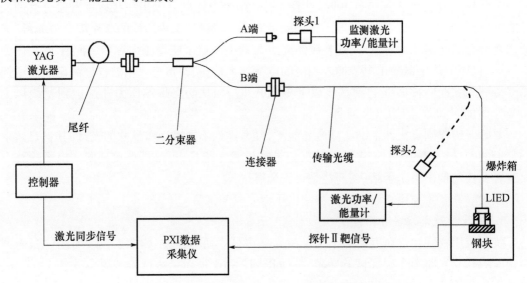

图 12-62　小型 YAG 固体激光火工品试验装置示意图

该试验装置采用 YAG 自由振荡激光器作为发火能源,用二分束器将 YAG 激光器尾纤输出的激光分成两路,其中一路连接到激光能量计的探头 1 上,进行激光输出能量监测或发火能量测定;另一路通过传输光缆,连接到爆炸箱中的激光火工品输入端,进行发火试验。YAG 激光器的控制器在触发时,输出一个与激光波形前沿同步的直流 5V 电信号,输入到 PXI 数据采集仪作为 I 靶信号;在激光起爆器的输出端,加装探针靶与探针信号源相连,将探针信号源输出的信号输入到 PXI 数据采集仪中作 II 靶信号,进行激光起爆器的爆炸作用时间测量。或者在试验激光点火器的输出端的 45°方向,另外加装光电探测器与光电信号源相连,将光电信号源输出的 II 靶信号输入到 PXI 数据采集仪中,可进行激光点火器的发火试验与作用时间测量。

7. LEBW 起爆试验装置

通常用于 LEBW 起爆,进行临界点火试验与作用时间测试的光学装置,如图 12-63 所示[22]。该试验装置中,用于测试 LEBW 雷管的激光能量源,是一个 YQL-102 YAG 激光器,测试的光波长是 1064nm。对于 Neyer™ 系列感度试验,通过使用可变衰减器达到不同的临界能量要求。使用一个 $f'=200$mm 的透镜,将 YQL-102 输出的激光聚集到锥形光纤内部。使用锥形光纤耦合器有两个原因:直接入射到光纤内部的能量非常高,将会导致测试过程的复杂化;1.5m 锥形光纤可以非常好地进行传输光混合,在输出端的空间截面上,形成一个较为均匀能量分布场。锥形光纤的输出将会入射到纤维内部,使光能一起进入激光爆炸箔起爆器中。传输段与一个 He-Ne 激光器相连接,用于每次发火之前去调整、优化传光序列的透光率。当可调衰减器的变化减小时,两个 95/5 光分束器用于把输出光束的一部分直接输入到 PMT 和功率计中。在 Neyer™ 系列测试中的功率计,可以对单次发火功率进行准确测定。

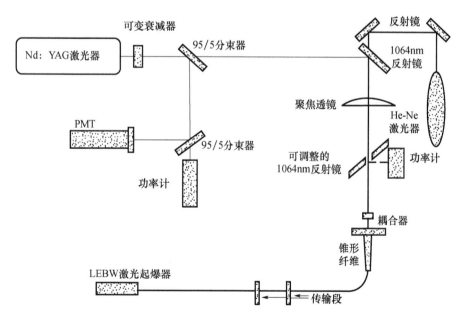

图 12-63 LEBW 起爆试验装置示意图

8. 激光烧蚀毛玻璃起爆炸药试验装置

研究激光烧蚀毛玻璃起爆炸药技术采用的试验装置,主要有激光烧蚀毛玻璃起爆炸药试验装置和 X 光摄影照片观测装置[23]。

1)激光烧蚀毛玻璃起爆炸药试验装置

图 12-64 所示为激光烧蚀毛玻璃起爆炸药试验装置的示意图。该试验装置由延迟控制器、超高速扫描摄影机、YAG 激光器、聚焦透镜、目标试样组成。用 YAG 激光器输出的激光束,经透镜聚焦在毛玻璃输出面及炸药试样上,进行起爆炸药试验;用超高速扫描摄影机(IMACON 790)记录 PETN 爆轰形成的光辐射。

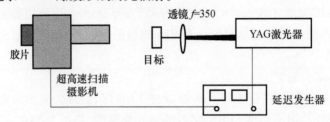

图 12-64　激光烧蚀毛玻璃起爆 PETN 炸药试验装置

2)X 光摄影照片观测装置

为了进行这项研究,使用了两台 Nd:YAG 激光器研究毛玻璃表面的烧蚀过程,试验系统装置如图 12-65 所示。激光器的参数:脉冲宽度 12ns 和 4ns;波长 1064nm;脉冲能量 80~150mJ。激光束穿过试样聚焦到毛玻璃表面,用高速摄影机(Cordin 220)观测毛玻璃片的烧蚀。曝光时间为 10ns,记录任意延迟时间的 6 幅图像。

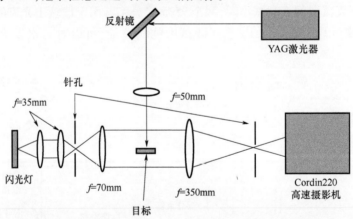

图 12-65　用高速摄影机观测毛玻璃烧蚀的试验系统装置

9. 激光驱动飞片起爆试验系统装置

激光驱动飞片起爆试验装置如图 12-66 所示,图中标示出该系统的主要组成部件有激光器、半波片、偏振分光器、透镜、光纤固定架、光电二极管、能量计与光束分析仪等[24]。

激光器是定制的 Nd:YAG 调 Q 激光器,工作基本波长为 1064nm,具有垂直极化功能,输出能量达到 180 mJ。可通过改变闪光灯电压,调节输出激光脉冲能量,脉宽范围为 8~40ns。利用半波片/分光器/半波片组件,将激光能量调节到所期望的水平,并且显示出没有受影响的激光束剖面。用能量计监控反射能量,使得每次都能精确地计算出发射的激光能量值。随后用平凹透镜聚焦光束,用光电二极管探头记录激光瞬间的波形。该试验装置主要用于激光驱动飞片起爆猛炸药技术研究。

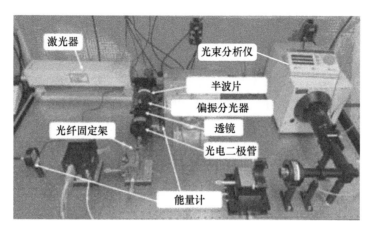

图 12-66　激光驱动飞片起爆试验系统装置

10. 纳米含能材料激光点火试验装置

试验发现 Al/MoO_3 纳米含能材料具有较好的激光点火性能。采用高稳 YAG 脉冲激光器、控制电源和相关的光学系统,对纳米药剂进行激光点火试验。试验条件:激光器工作电压 300V、波长 $1.06\mu m$、脉宽 $700\mu s$;采用 500mm 聚光透镜,激光斑点直径为 $\phi1.5mm$。图 12-67 所示为纳米含能材料激光点火试验装置示意图[25]。

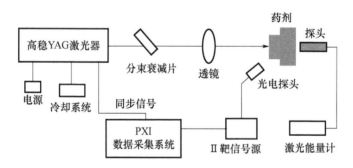

图 12-67　纳米含能材料激光点火装置示意图

利用一系列分束镜对激光能量进行衰减调节,激光束通过透镜聚焦照射到爆炸箱里的纳米药剂试样表面上,进行激光点火试验。由激光控制器给出与激光脉冲同步的起始电信号;用响应纳秒级时间的光电二极管探头,采集药剂燃烧发光,把光脉冲转换成电脉冲传送到数据采集系统。未放置被试药剂样品时,用激光能量计测量出到达药剂表面的激光发火能量。从光电波形信号,可以测量样品点火反应的发光强度、点火作用时间、燃烧时间等。采集系统可以同步地对激光脉冲和反应火焰光进行采集,系统测量误差为 170ns。该试验装置主要用于 Al/MoO_3 纳米含能材料的激光点火试验。

11. 激光点火同步性测试装置

激光点火器的发火同步性测试装置如图 12-68[26]所示,该试验装置由固体激光器、分束镜、聚焦耦合透镜、传输光纤缆、光纤分束器、激光点火器、光纤接收器与外接示波器等构成。

激光器输出 6J、1ms 的光脉冲,一个焦距 10cm 的透镜将激光脉冲耦合入芯径 $\phi1000\mu m$ 光纤与塑料外壳组成的"高能连接光纤缆"中。该光纤缆两端均有标准 SMA 接头,使用这类连接光缆可得到的能量,最多为激光器输出能量的 75%。然后,通过绞接套管将连接光缆与

6 根芯径 $\phi 400\mu m$ 光纤组成的光纤束捆扎连接。光纤捆插入一个标准 SMA 接头中,将被测试的点火器装在光纤捆中的每根光纤的另一端。依据有关保守的计算,从高功率连接光纤缆的总输出能量,经光纤捆绞接后的输出为 46.6%。即从激光器能量传递到各个点火器的约为 $0.75 \times 0.46 = 0.345$,约为激光器输出能量的 35%。使用 1ms 脉宽时,黑药的点火阈值为 0.35J。使用 13J、1ms 的固态激光器完全可以使 6 个激光点火器同时点火。用推进剂进行的 4 组多点点火试验结果表明,所有点火作用的同时性为不大于 5ms,即点火作用时间最短的一个与最长一个的时间差最大为 5ms。

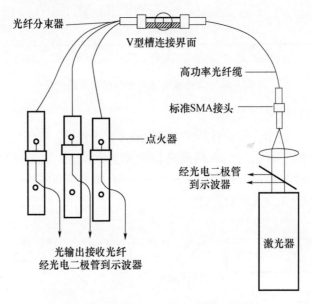

图 12-68 激光点火器同步性测试装置

12. 液体推进剂激光点火试验装置

图 12-69 所示为可提供满足光辐射要求的有双脉冲形式的激光点火装置[27]。在实验室研究的这个项目中使用了两个独立的激光器,以便调整各个激光器的参数,如脉冲能量、脉冲宽度和激光器发火之间的可调延迟。一个激光器产生短持续时间、高峰值能量脉冲,而另一个产生长的、低峰值能量激光。每个激光器的输出都直接射在二色光束组合器上,此组合器可以使两个激光光束的空间重叠和同轴扩展到一个普通聚焦透镜上。用一个短焦距(FL)透镜聚焦时,就可以产生如以上所描述的具有理想燃料点火性能的激光感应击穿火花。

用一种波长 1064nm 的调 Q 开关 YAG 激光器,可提供 12ns 半峰全宽度的短持续时间的光脉冲。这个激光器能够提供 550mJ 的最大脉冲能量,尽管激光器一般在 80mJ/脉冲时作用。但是,当其输出是通过一个短焦距(10cm)透镜聚焦时,该功率可提供足够高的峰值能量,使空气击穿。

用一种调 Q 开关 Cr:LiSAF(掺铬六氟铝锶锂)激光器,可获得长持续时间激光脉冲。这种波长可调激光器,在 850nm 波长作用时,提供输出脉冲的瞬时宽度一般为 85ns(FWHM);最大脉冲能量为 450mJ,而这种激光器名义上的输出脉冲能量是 350 mJ。为了满足所进行的大部分试验要求的输出能量,使用一个中密度滤光板或者一个可旋转偏振器或者二者都使用,对输出光进行衰减。这样做的目的是防止激光-脉冲能量关系,在脉冲宽度上出现变化,还有一种情况是可以通过调节激光泵浦能量而降低激光器脉冲输出能量。本节描述的所有能量值,在激光通过衰减器和双色光束组合器以后,均进行了测量。但是不包括由聚焦透镜产生的 5% 菲涅尔反射损失。这两个激光器都在其输出中,以一个多激光脉冲横模方式传播,所有激光都容纳在一个水平平面中。对只用调 Q 开关的 YAG 激光器输出的那些试验,可以关掉或者断开 Cr:LiSAF 激光器。所以,只会有 YAG 激光器的输出,能够通过光束组合器到达聚焦透镜。一般情况下,用调节闪光灯光泵浦能量,调节这个激光器的输出脉冲能量是可行的。因为,在激光输出能量的全刻度范围以外观察到的激光脉冲宽度没有明显变化。

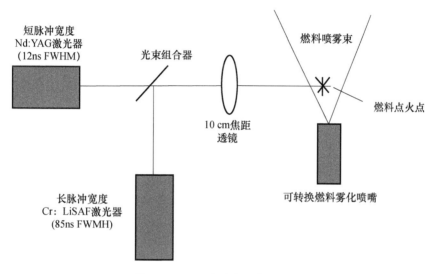

图 12-69 双脉冲激光点火装置

激光通过光束组合器传递到大约 3m 以外的短焦距(一般为 10cm)的透镜上,该透镜位于燃料喷射束防护区附近。这个透镜在聚焦点上,提供了足够的能产生空气击穿火花的激光功率密度。而且,还在离透镜足够长的距离处发射可点火的激光火花,以防止燃料喷射束区域的燃油滴污染透镜表面。用光纤扫描法测量 10cm 短焦距透镜的焦平面中的激光点的直径,YAG 光点直径为 $\phi 65\mu m$(FWHM),Cr:LiSAF 辐射的光点为 $\phi 75\mu m$(FWHM)。

13. 激光隔板发火试验装置

应用物理化学国家级重点实验室建立了小型固体激光隔板发火试验装置,对激光隔板点火器进行单路、双路发火试验。

1) 单路点火试验装置

由于激光隔板点火器是新研制的产品,对其各种性能没有定论,初步设计的结构是否达到指标还需要试验验证。所以先进行单路点火试验,目的是检测结构的可行性。激光隔板单路发火试验装置,由小型固体激光器、FC/PC 连接器、二分束无源耦合器、大功率传输光纤、激光隔板点火器、LPE-1B 激光功率/能量计、PXI 数据采集仪和爆炸箱组成。测定装置如图 12-70 所示。

2) 双路点火试验装置

固体激光双路隔板点火试验装置如图 12-71 所示。试验装置由小型固体激光器或半导体激光器、FC/PC 连接器、二分束无源耦合器、大功率传输光纤、LPE-1B 激光功率/能量计、PXI 数据采集仪和爆炸箱组成。

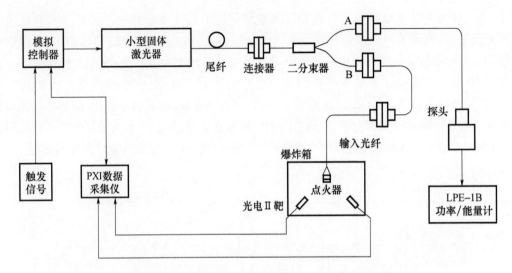

图 12-70 小型固体激光单路隔板点火系统试验装置

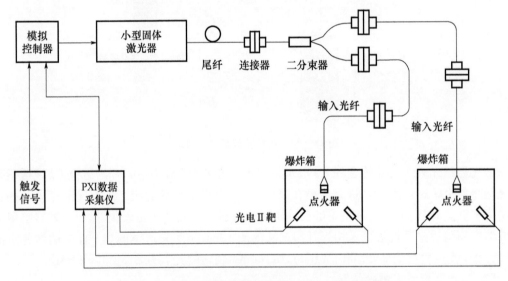

图 12-71 小型固体激光双路隔板点火系统试验装置

12.3.2 半导体激光火工品试验装置

1. 热电池材料的激光二极管点火试验装置

用于热电池材料的激光二极管点火试验装置如图 12-72 所示[28]。该装置主要由 PC 计算机控制器、带光纤输出的激光二极管组件、聚焦双透镜组件、热电池点火试验样件、高速照相机、红外探头等组成。

在进行热电池材料的激光二极管点火试验时,PC 计算机发出控制信号,激光二极管输出激光脉冲,经光纤传输后输出一个发散光束。安装在光学装置上的透镜组将激光束聚焦,透过蓝宝石窗口集中在烟火药的表面,使其燃烧。红外探头采集到开始点火时的光信号,输入到控制计算机中;烟火药燃烧过程发出的光,透过 PMMA 反应器壁与钢壳的狭缝,由高速照相机采集,并输入到控制计算机中,以测定热电池材料的激光二极管点火光斑的直径,可通过变更透镜 L1 加以改变,用这种方式可在药柱的表面聚焦出大小不等的激光斑点进行试验。这种装置能提供激光二极管输出功率为 4W、最大脉冲时间 300ms,药柱表面上的光斑直径 ϕ155~400 μm。

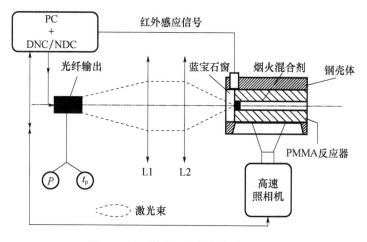

图 12-72　激光二极管点火试验装置

2. 低能激光二极管起爆 HMX 试验装置

图 12-73 是用激光二极管对 HMX 进行起爆的试验装置示意图,装置主要由激光二极管、电源、传输光缆、SMA906 连接器、激光能量计和试验用 HMX 炸药激光起爆器等组成[29]。试验中使用的是 SDL 公司制造的 SDL-2200-H2 型激光二极管。这些二极管是 AlGaAs 阵列,发出约为 820nm 波长的激光,从 ϕ100μm 尾纤输出的功率可达 1W。用 SDL820 激光二极管可产生 10ms 脉冲,所有试验都在常压下进行。在光纤接头与已装好炸药的装置相连之前,插入激光能量计的 SMA906 接头中,测量激光二极管的输出能量。所以,每次试验都能确知激光入射到起爆装置中药剂表面的能量大小。作为接头连接工艺的一部分,绕着套圈外径使用环氧垫圈密封件,防止光纤接头漏气。然后,用可控制的力矩扳手,将 SMA906 接头与试验样品相连,以保证光纤和药面的良好接触。该试验装置主要用于低能激光起爆 HMX 炸药技术研究。

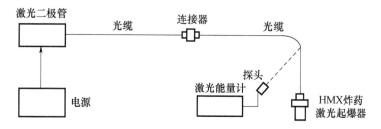

图 12-73　激光起爆 HMX 用发火试验装置

3. 点火延迟时间测试装置

北京理工大学用于点火延迟时间测定的试验装置如图 12-74 所示[30]。该试验装置由驱动电源、二极管激光器组件、光纤及光纤连接器、激光点火器、光电探测器和示波器组成,用该装置进行激光二极管点火试验、延迟时间与作用时间测定等。驱动电源给激光器提供电能的同时,输出 I 靶信号到示波器;激光器输出的激光能量通过光纤传递给激光点火器;

点火器被引燃后输出火焰,由光电探测器接收火焰光信号后,再输出Ⅱ靶电信号给示波器,Ⅰ靶与Ⅱ靶信号的时间差即为激光点火延迟时间。

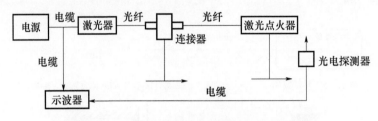

图 12-74 激光点火延迟时间测试试验系统装置

4. CW/QCW 半导体激光发火试验装置

应用物理化学国家级重点实验室用模拟控制器、CW/QCW 半导体激光器、传输光缆、爆炸箱、激光起爆器、探针与信号源、记忆示波器、激光功率/能量计等,组成了半导体激光发火试验装置,如图 12-75 所示。

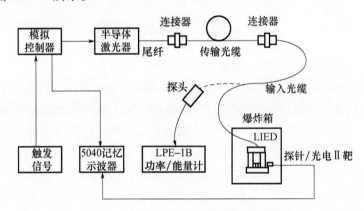

图 12-75 CW/QCW 半导体激光发火试验装置

图 12-75 所示试验装置中为 4W 的 CW 激光二极管,将控制电源设计成 CW/QCW 工作方式,作为半导体激光起爆源,其波长为 808nm、脉冲宽度为 10ms、尾纤输出功率为 2W。传输光缆采用 $\phi 100/140\mu m$ 石英阶跃光纤,连接器采用 FC/PC 标准连接器。在进行半导体激光火工品试验时,先由触发信号输入模拟控制器,使半导体激光器输出激光脉冲。经光缆衰减器调节后,由光缆输入到激光火工品中进行发火试验。在发火前可将输入光缆先连接到激光功率/能量计上,测量选定的激光发火能量。模拟控制器在驱动半导体激光器时,输出一路与激光脉冲前沿同步的直流 5V 电信号,输入到记忆示波器作为Ⅰ靶信号;激光起爆器输出端的探针或光电探测器产生的电信号,输入到记忆示波器作为Ⅱ靶信号,则可进行激光火工品作用时间测定试验。

5. 零体积发火试验装置

芒德研究所采用零体积发火试验装置,对激光点火器进行耐压作用测试[31]。它是一种极限强度试验,元件被约束在有标定传感器和无自由体积的受压块内。零体积发火试验装置如图 12-76 所示,该装置主要由二极管起动器、激光二极管、传输光纤、压力块、传感器、爆炸箱和数据采集仪构成。当激光二极管电源起动时,激光二极管产生脉冲能量输出,通过光纤传输到安装在压力块上的激光点火装置中,使其发火。压力块中产生的压力信号,通过传感器传输到数据采集仪中,记录激光点火器的零体积发火输出 $p-t$ 曲线。从输出 $p-t$ 曲线测定出最大压力及密封耐压性能。

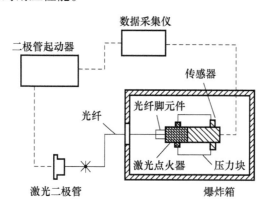

图 12 – 76　零体积发火试验装置

6. 半导体激光发火输出试验装置

应用物理化学国家级重点实验室建立的半导体激光发火输出试验装置,如图 12 – 77 所示。该装置主要由激光驱动电源、激光二极管、光纤缆、光纤连接器、爆炸箱、激光点火器、测压器、电荷放大器和数据采集仪构成。在测试装置中,所用的压力容腔为 $3.5cm^3$;激光点火器被约束在无自由体积的测压器内,测压器上装有一个标定过的压力传感器。用该装置试验激光点火器的发火,测定输出压力 – 时间曲线等参数。当按下激光驱动电源的触发开关时,激光二极管输出脉宽 10ms 的激光脉冲,经光缆传输到安装在测压器上的激光点火器中,使其发火。压力传感器产生的电信号,经电荷放大器放大后输入到数据采集仪中显示并储存。

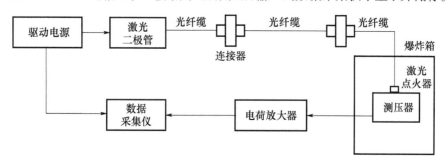

图 12 – 77　半导体激光点火压力 – 时间测试装置

7. 光诊断激光二极管起爆试验装置

对具有光诊断功能的激光二极管起爆试验装置,分别介绍如下[32]。

1) 试验装置

图 12 – 78 所示为光诊断激光二极管起爆试验装置,主要由输入光纤、光纤束、五色高温计、聚焦光学组件、装有点火药和 CP 炸药的起爆装置与多种探测器构成。在激光输出光纤端使用了光纤束结构,周围有 6 条诊断光纤,呈玫瑰花形状。这些诊断光纤可以称为"检测"光纤,收集试验中炸药爆炸产生的不同光信号。6 个诊断信号中的 5 个发送给不同的光探测器。3 个信号直接发送给 3 个不同感度的光探测器,包括 1 个 10MHz 探测器、1 个 125MHz 探测器和 1 个 1GHz 探测器。这些不同感度且最大化地达到强光测试信号的机会,同时避免了信号饱和。

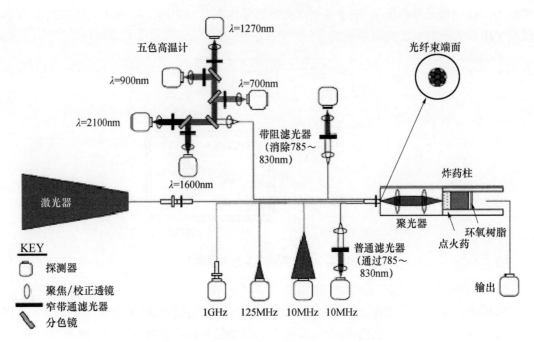

图 12-78 光诊断激光二极管起爆试验装置简图

第 4 个信号通过一个窄带通滤光器,发送给 10MHz 的探测器。该窄带通滤光器通过的波长接近激光器波长;同时第 5 个信号通过带阻滤光器,发送给 10MHz 的探测器,该带阻滤光器消除的波长接近激光器的波长。第 6 个也就是最后一个信号发送给五色高温计装置。高温计是一种非接触式量热计,它能测量表面发出的光,以计算出表面的温度。用相对(或比率)高温计替代了绝对高温计,这主要是因为该装置的光学细节(如反射率、传递损耗、几何形状、光测器的刻度等)是不知道和不易测量的。当然,在试验过程中许多参数可能发生了改变。这不仅包括炸药反应的光信号,还有反射的激光信号。使用专门的诊断设备和方法,对这些信号进行仔细分析,能够对点火现象提供更深入的了解。

下面给出高温计装置的简单描述,另外有关绝对和比率高温计的详细描述参看其他参考资料。用相对或比率高温计在两个或更多波长处,对表面发出的光进行测量。然后把这些信号的比率与 Planck 定律预计的比率进行比较,计算出温度。Planck 定律为

$$e(\lambda,T) = \frac{c_1}{\lambda^5 \left(\exp\left[\frac{c_2}{\lambda T}\right] - 1 \right)} \quad (12-24)$$

式中:e 为表面的黑体热流量;T 为表面温度;λ 为光的波长;$c_1 = 37419 (W \cdot \mu m^4)/cm^2$;$c_2 = 14388 \mu m \cdot K$。Planck 定律的最大波长由 Wien 定律得出,即

$$\lambda_{max} = \frac{2898}{T} \quad (\mu m \cdot K) \quad (12-25)$$

进行温度测量时,如果选择的波长处在最大波长的"蓝色"或短波长端,多色高温计对温度就非常敏感。Planck 定律在更短的波长处迅速跌落至 0,它使得最大波长"蓝色"端的可用波长窗口变窄。这样,波长必须尽可能地接近最大波长,希望的温度变化范围是从室温到大约 2500K。这也就意味着,低温(室温)时 λ 应该接近大约 9600nm;最高温度大约 2500K

时，λ 应该是接近大约 1200nm；其他波长应该理想地散布在这两个值之间。

基于理论的"理想"波长选择，必须能够平衡实际的条件，包括快速探测器的特性。这些探测器包括 Si 探测器（波长为 300～1000nm）、光电倍增管（PMTs，波长为 100～900nm）以及 InGaAs 探测器（波长为 500～2600nm）。每种探测器都有不同带宽和相应的感度。

最后，避免波长接近传递介质（光纤和空气）的吸收频带是重要的。基于所有这些条件，可以选择下面 5 种波长，即 700nm、900nm、1270nm、1600nm 和 2100nm。较短波长（700～900nm）对应光电倍增管 PMTs，而较长波长对应 InGaAs 探测器。

高温计的布置如图 12-78 所示。装置使用了一系列波长的滤光器（分色镜和带通滤光器）区分诊断光纤收集到的所有光信号中 5 个所希望的波长。然后测量每个波长信号的光强度，作为相应探测器的时间函数。

进行的计算是为了估算到达探测器的信号强度，功率变化在 0.1nW～1μW 的范围内。这些非常低的功率，结合相对短的点火延迟（不大于 5μs），使探测器的设计复杂化，尤其是对较长的波长。

对 700～900nm 通道，可能使用 PMTs，优点是它们的高感度和高速度。每个通道的放大器是一个 AC 连接的、低噪声二极电压放大器，它的起始带宽为 100MHz、增益为 40dB。规定的噪声大约为 400pW/Hz$^{1/2}$。认为这种放大器的增益应该完全能探测到大于 1nW 级别的信号，甚至对在 900nm 处 PMTs 有相对低的感度。

对近红外（NIR）通道，由于有长的波长，有必要使用电冷却型 InGaAs 光电二极管。选择探测器时，应努力最优化许多参数，包括探测器的时间常数、噪声、有效功率及放大器尺寸等。供给器件设计使用了一个 AC 连接的、高带宽二极互阻抗放大器。每个阻抗放大器的输入电容和每个 NIR 光电二极管的电容一样，每个通道使用的放大器电压与 PMTs 使用的一样。

计算表明，对于 10nW 输入信号，系统的信噪比 S/N 应该足以抵抗探测器装置中的固有噪声，并还原固体表面的热发射物。进一步，希望当光线达到 1nW 时，系统应该产生可用的数据。当然这种供给器件的设计，在低温时不能产生对温度计算有用的信号，这最大的可能是前置放大器和放大器中不希望有噪声源导致的。

用一条单独的芯径 ϕ1mm 的光纤接收 DDT 药粒的输出光。这条光纤连接 10MHz 的探测器，如图 12-78 所示。在每次试验后这条光纤的输入端有一段会损坏，但重新加工后可重复利用。

2）试验方法

设计了一种试验方法，能精确再现每个试验的功率密度与时间点的关系。用一台 Ophir 能量计测量激光能量，该能量计是专门测量 808nm 光短脉冲能量的。可以发现试验中使用的光纤束组件，能够重现发射给能量计的激光脉冲的形状。在测量脉冲能量的同时，通过使用诊断光纤收集能量计表面的反射激光，完成这项工作。激光光强度与功率成正比，表明源自光电探测器的信号与功率成正比。由于脉冲发出的能量是可知的，可以通过综合光电探测器的信号计算出比例常数，以便计算出不成比例的能量，并把不成比例的能量转换成实际测量能量。

使用这种方法，设计功率或功率密度与时间点的变化曲线（功率密度简单的计算，是功率除以试验中激光点的大小），然后把这条基本曲线与实际试验收集的信号进行比较。

试验使用的激光器是"阿波罗"仪器公司生产的 S35-808-1 型带尾纤的阵列激光二极管。激发激光器所用的电子仪器是定制的，装在与激光二极管元件同一位置的单独的空腔中。这种设计有助于减小线路电感的影响,它考虑到了快速上升时间和跌落时间;脉冲宽度可在 0~5 μs 内连续变化。激光二极管阵列的输出端连着一个聚焦器件及芯径为 φ100 μm 的光纤。从光纤输出端发出的 808nm 波长的激光,能达到功率 70W 的量级,并在低于这个功率量级内具有连续可调性。

8. 激光点火的微推力试验装置

日本东京大学的 Hiroyuki Koizumi 等,在激光点火的微型推冲技术研究中设计了一种激光点火的微型推进剂进给机构装置,并进行了激光点火的微推力试验[33]。

1) 推进剂进给机构装置

激光点火燃烧室每次发火作用之后,为了下一次使用就必须准备另一个烟火剂药柱。推进剂的进给系统应该尽可能简单,以获得高精密度、高可靠性与低能量消耗。在这项研究中,使用了一个螺杆的旋转机构,这种机构也曾用于过去对激光烧蚀推进剂的研究中。叠加堆积的推进剂弹药筒被放置在一个具有螺纹孔的圆盘中,这个带螺孔的圆盘安装在空心螺杆上,将螺杆固定在进给机构的基盘上。二极管激光器的光学系统安装在螺杆顶部的孔上,从内部照射推进剂。通过旋转推进剂弹药筒,烟火药柱也被旋转并改变了轴向的高度。这个机构只需要一个轴向旋转运动,从而达到所有推进剂药柱的使用,图 12-79 显示了推进剂的进给机构装置。

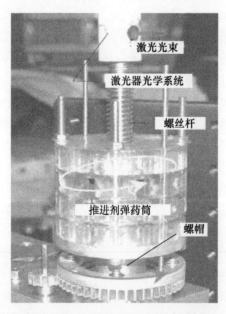

图 12-79 推进剂进给机构试验装置

2) 微推力试验方法

使用一个推力试验台测量通过激光点火燃烧喷射产生的脉冲推力,这个推力试验台的详细描述见相关文献。用长 30cm 的杆与长 10cm 的延伸杆达到水平摇摆扭转的平衡。最初设计的推力试验台是为了非常低推力(μN 数量级)的测量。然而,通过激光点火的推冲器产生的脉冲,远远高于 μN 数量级。所以,这里为了测量推冲器的高脉冲,使用附加弹簧与砝码提高试验台的刚度与量程。通过撞击推力试验台的冲击摆,进行推力试验台的校准。冲击摆撞击黏附在推力试验台臂杆上的测力传感器。测力传感器记录脉冲力的数据,这个脉冲力是脉冲整体产生的。每次推力测量之后,推力试验台都要进行校准。因为每次试验后,进给机构的电子进给线都有一个微小的结构差异,这将导致弹簧系数的微小变化。

12.3.3 锆-氧灯及烟火泵浦激光试验装置

1. 锆-氧灯泵浦激光触发与保险试验装置

国外文献报道了一种锆-氧灯泵浦激光试验装置,如图12-80所示[34]。该装置由压缩弹簧、撞击钢柱、压电晶体、4支锆-氧闪光灯、激光棒、聚焦透镜、安全挡板、B/KNO$_3$激光点火器或光纤分束器构成。

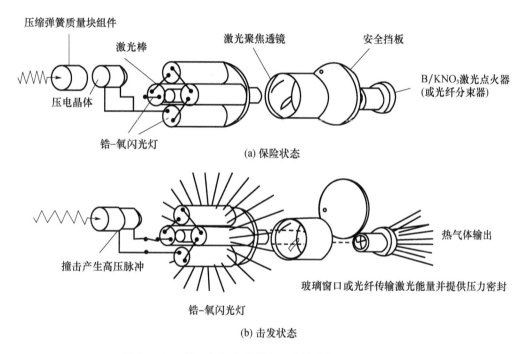

图 12-80 锆-氧灯泵浦激光手动触发与保险试验装置

图12-80(a)是处于保险状态的锆-氧灯泵浦激光试验系统装置,采用压电晶体的电极短路与挡板遮断输出光路的两种保险措施。图12-80(b)是一个解除保险状态的锆-氧灯泵浦激光试验系统装置,压电晶体的电极短路开关打开、与锆-氧闪光灯电路接通,转动安全挡板解除保险。触发锆-氧灯泵浦激光器后,由压缩弹簧推动钢柱撞击压电晶体,产生高压脉冲点燃锆-氧闪光灯。闪光灯泵浦激光棒产生激光,经聚焦透镜耦合直接照射B/KNO$_3$激光点火器,使其发火输出高温高压气体。由锆-氧灯泵浦产生的激光,可以通过耦合进入光纤分束器分成多路激光,用于激光多路起爆、点火。

具有安全和保险机构的锆-氧灯泵浦激光试验装置,如图12-81所示。该装置由压缩弹簧、撞击钢柱、压电晶体、6支锆-氧闪光灯、激光棒、聚焦透镜组、安全与解除保险开关和光纤连接器构成。

图12-81是一个解除保险状态的锆-氧灯泵浦激光试验系统装置,在压电晶体的电极短路开关打开、与锆-氧闪光灯电路接通解除保险后,当手动触发锆-氧灯泵浦激

光器时,由压缩弹簧推动钢柱撞击压电晶体,产生高电压脉冲点燃锆-氧闪光灯,泵浦激光棒产生激光,经聚焦透镜耦合并通过光纤连接器进入传输光缆,用于激光起爆点火技术研究。

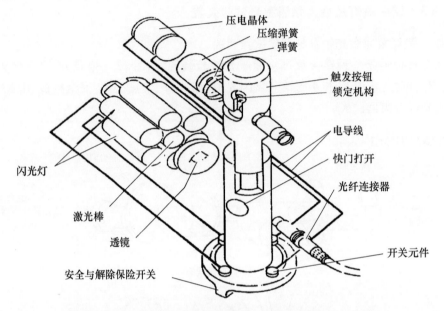

图 12-81 具有安全和保险功能的锆-氧灯泵浦激光试验装置

2. 锆-氧灯泵及烟火泵固体激光器输出试验装置

用于锆-氧灯泵及烟火泵固体激光器输出试验的装置如图 12-82 所示。该装置主要由烟火泵激光器、防护镜、反射分束镜、LPE-1B 激光能量计、光电探头和 PXI 数据采集仪构成。在试验时,手动触发烟火泵固体激光器输出激光脉冲。透过第一个防护镜,由反射镜分出一束光,通过波长 $1.06\mu m$ 滤光镜后进入光电探头,由 PXI 数据采集仪记录输出激光波形;透过反射镜的激光脉冲通过另一个防护镜,进入 LPE-1B 激光能量计的探头,测出烟火泵激光器输出激光能量。该装置主要用于烟火泵激光器或锆-氧灯泵浦激光器的输出能量、激光波形与脉冲宽度等试验。

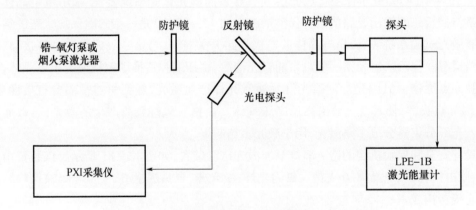

图 12-82 锆-氧灯泵或烟火泵激光器输出试验装置

12.4 激光火工品试验

12.4.1 激光感度试验方法

激光火工品的感度试验主要参照火工品的感度试验方法进行。有关火工品的感度试验方法有多种,美军标《电起爆器通用设计规范》(MIL – DTL – 23659D)、《发射和空间飞行器用爆炸系统和爆炸装置规范》(AIAA – S – 113 – 2005)标准中推荐使用升降法、Langlie(兰利)法和 Neyer D – 最优化法。国军标《感度试验用数理统计方法》(GJB/Z 377A—94)和《引信环境与性能试验方法撞击安全性能试验》(GJB 573.22—89)中,推荐升降法、兰利法和OSTR 法。

1. 感度曲线试验

采用概率单位法测定某种药剂或产品对一种激光的感度曲线,可用样品 200 发,分 10 组,每组 20 发,测定出不同激光能量或功率下的发火百分数,画出感度曲线,用图解法求出 50% 发火能量。用黑相纸在焦点处打出激光斑点,再根据光斑面积计算出能量密度或功率密度。典型的药剂激光感度曲线试验如 6.1.2 节所述。

2. 升降法感度试验

Bruceton 提出的升降法是一种通用的感度试验方法,使用简单、方便。升降法是在药剂或产品对一种刺激的感度为正态分布(对于非正态分布,可用正态变换后进行升降法试验,再还原成原变量)的前提下,以试验范围的发火中值作为起始点,以尽可能接近标准偏差 σ 的值作为试验步长进行试验。若感度是未知的,可以在相似药剂或产品的感度数据的基础上,选择起始点与步长。试验时,若发火则减小一个步长,进行下一次试验;若不发火则增加一个步长,进行下一次试验;直到出现相反结果。用这样的方法连续做 20~30 次试验,有效试验步长应不小于 4,根据试验结果与 11.2.5 节 3 中的升降法感度试验,计算出 50% 发火值、标准偏差 σ。

升降法是国内火工品行业中使用最多的一种序贯性计量法,已制订为《感度试验用升降法》(GJB 377—87)。升降法是一种具有规范化和程序化的试验方法,适用于对试验样品的感度均值和标准差的信息都比较了解的感度试验,能够准确地预计出总体参数。但升降法受初始刺激量和步长的影响较大。初始参数选取不当,会直接影响总体参数的估值精度。

用固体激光器或半导体激光器作发火源,用光衰减器调节激光发火能量,则可以用升降法进行激光火工品的药剂或产品的发火感度试验。

3. 兰利法感度试验

兰利法感度试验是一种变步长的升降法,对初始参数要求比升降法略低,试验是按序贯方式进行的[35]。兰利法与升降法的不同之处,是在试验前要对总体中临界刺激量的取值范围作出估计。一般是估计出试样发火的上限和下限,并对上、下限留出足够的裕度。第一次试验的刺激量,用上、下限的平均值。下一次试验的刺激量,由前一次试验与以前所有试验刺激量决定。一组试验中,不应有两个刺激量完全相同。试验结果用最大似然方程表示,经计算机多次迭代求解,得到临界刺激量平均值和标准偏差的最大似然估计。

在同样条件下,兰利法使试验的刺激量更快地收敛于感度平均值,估计的标准偏差比升降法更准确,参数的估值更稳定。这种方法适用于在已知感度分布类型的情况下,估计总体参数和特定 P 响应点参数。兰利法对样本量要求适中,适用于试验者对试验样品感度均值和标准差都了解不多,特别是试验者只希望通过感度试验得到对感度均值估计的情况下使用。

可以用兰利法进行激光火工品的药剂或产品的发火感度试验。但试验进行到最后时,容易出现激光能量调节精度与激光功率/能量计精度不能满足试验要求的情况。

4. D 优化法

D 优化法[36]以最大似然估计为基础,根据感度数据的特点,建立感度数据的似然函数,并通过 D 最优化理论求解下一刺激量,使得每个刺激量都具有先前试验的信息,这样可以提高感度试验的效率,并且可以减少初始试验参数对感度试验估值精度的影响。

D 优化法基本原理是利用 D 最优化设计理论,把试验安排、数据处理和似然函数方程的精度统一考虑,根据试验目的和数据分析选择试验点,使得在每个试验点上获得的数据含有最大的信息量,而且使数据的统计分析结果较好。该方法从测试样品的数据中获取最大的统计信息量,并将前面全部的测试结果用于计算下一个刺激水平,因此需要利用计算机进行复杂的计算得出刺激水平。

通过对现有的各种序贯性感度试验方法的设计原理进行分析,应用最优化理论,引入 D 优化法。采用 Monte Carlo 模拟仿真方法对 D 优化法的感度试验方法的估值精度进行研究,建立感度试验方法的仿真计算模型,编制计算程序。通过对感度试验方法的仿真计算结果的研究,以及对感度试验方法的估值精度进行比较,得到它们在实际使用中的适用条件;为工程技术人员根据产品的特点,进行感度试验方法的选择提供了科学依据。对 D 优化法中涉及最大似然估计和信息矩阵等关键算法的研究后,编制了相关计算程序,并在 Windows 平台实现了 D 优化法计算,为 D 优化法在实际工程中的推广使用奠定了基础。设计开发了火工品感度试验用便携式计算装置,该装置包含了升降法、兰利法和 D 优化法 3 种感度试验方法,以及正态、对数正态、逻辑斯蒂和对数逻辑斯蒂 4 种分布下的数据处理方法,可以在试验现场完成数据录入、存储、计算和查询等功能,方便了工程技术人员的现场使用。

D 优化法适合在被试激光火工品的药剂、产品的感度均值和标准差了解较少的情况下应用。另外,如果试验者希望通过感度试验获得样品的最小全发火刺激量时,建议使用 D 优化法。由于 D 优化法需要使用专门的计算软件,在试验的全过程中实时进行结果计算和处理。推荐两种 D 优化法试验数据处理方法,用于试验和试验数据处理。即规定的感度试验用便携式计算装置(PSTA)和普通计算机使用的感度试验用 D 优化法计算程序(STA - 213)。

5. 优选 - 跳步法

应用物理化学国家级重点实验室在激光发火感度试验中,为了利用较少的产品数量,得到激光起爆试验的最小发火能量值,创新采用了"优选 - 跳步法"进行试验。这种试验新方法,是在激光火工品进行最小发火能量试验过程中,根据以前的试验数据或经验确定试验区间,即不发火至全发火激光能量范围。在确定试验步长时,利用优选法取试验区间的 0.618 处,先进行一次试验,根据试验结果确定下一试验区间与刺激量,按顺序计算两个步长点,试验时先跳过第一步,用第二个步长点进行试验。根据试验结果判定,再重复上述试验或返回前面的第一个步长点进行试验,这样会很快得到最小发火能量点。为了保证准确性,可以进行 3 次平行试验,用求平均值的方法确定出最小发火能量值。优选-跳步法进行 3 次平行试验消耗产品总数量在 9～15 发之间,目前仅适用于最小发火能量测定试验。若进行深入研究,可以发展完善为一种新的感度试验方法。

12.4.2 药剂的激光感度试验

有关激光火工品常用药剂的感度试验参考第 6、7 章相关内容。

12.4.3 激光火工品试验

1. 固体激光起爆与点火试验

1) YAG 固体激光起爆试验

YAG 固体激光器的输出功率通常在数百瓦到数千瓦之间,脉冲宽度在数百微秒。在同步引爆或要求快速起爆时,常用 YAG 固体激光器作发火能源。应用物理化学国家级重点实验室采用图 12-62 所示的 YAG 固体激光火工品试验装置,对光敏 BNCP 接插式 LID 进行了起爆试验,取得试验结果如表 12-8 所列。从试验结果可看出,接插式 LID 用 YAG 固体自由振荡激光器,在激光发火能量为 4mJ 条件下起爆时,其作用时间较短,不大于 70μs。

表 12-8 接插式 LID 的 YAG 固体激光起爆试验数据

序号	药剂名称	总药量/mg	激光能量/mJ	作用时间/μs	钢凹深度/mm	备注
1	BNCP	202	4.03	70.0	0.67	爆炸
2			3.78	14.0	0.65	

2) 不同粒度 BNCP 激光起爆器的感度对比试验[37]

用高稳 YAG 激光器,对不同粒度的光敏 BNCP 装药的激光起爆器进行了感度对比试验。把 20mg 掺 3% 碳黑的 BNCP 混合药,装入带有机玻璃窗口的铝管壳内,以 30MPa 的压力压药。再装入钢套内压入输出药 RDX 后收口,作为试验样品。每种粒度试验样品 10 发,分别测试 YAG 激光起爆最低能量,取得试验结果如表 12-9 所列。从试验结果可看出,光敏 BNCP 的粒度越小,激光发火能量阈值越小,激光发火感度越高。

表 12-9 不同粒度光敏化 BNCP 的激光起爆能量数据

药粒尺寸/μm	77.29	23.42	11.70	2.29	0.85
最低起爆能量/mJ	3.61	3.12	3.06	3.01	2.17

3) 不同粒度 BNCP 激光起爆器的起爆延迟时间测定

在不同粒度 BNCP 激光起爆器的起爆延迟时间测定中,为了避免激光强度对光敏 BNCP 起爆性能的影响,选定一个适当的激光发火能量是必要的。延迟时间试验选定高稳 YAG 激光发火能量为 5mJ,在同一参数下用 PXI 数据采集仪记录发火延迟时间数据。对不同粒度光敏 BNCP 的激光起爆器的延迟时间进行测定,取得试验结果如表 12-10 所列。从试验结果可看出,光敏 BNCP 的粒度越小,激光起爆延迟期越短。

表12-10　不同粒度光敏化BNCP的激光起爆延迟时间数据

药粒尺寸/μm	77.29	23.42	11.70	2.29	0.85
延迟时间/μs	505.8	521.9	377.4	350.6	326.7

4) 调Q固体激光起爆试验

调Q激光器主要用来进行激光飞片冲击起爆/点火试验,因为冲击片作用过程中影响因素较多,光束聚焦状态一致性调整困难,所以在进行激光飞片冲击起爆/点火试验时,通常是测定飞片速度、激光最小发火能量、起爆/点火作用时间、钢凹输出及冲击片点火器的输出p-t曲线等参数。

5) LEBW起爆作用时间测定

用第6章图6-39、图6-40所示LEBW起爆器及图12-63试验装置,对LEBW起爆器进行YAG激光引爆试验[38],取得作用时间的波形如图12-83所示,测定出作用时间为2.8μs。

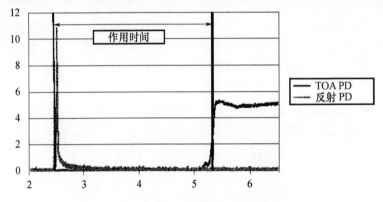

图12-83　LEBW装置输出的作用时间波形
(注:使用TOA与光电二极管获取信号)

正如第6章图6-42所示,到达一次性LEBW起爆装置输出端的起爆光信号,进入(TOA)光纤去确定第一次发光或是第一次作用的时间。有一些预先发光的可能性是由于在反应之前光流穿过炸药晶体头部影响这些测量,但是期望这些影响是极小的。根据以前收集的条纹照相机数据,可以得出在药柱输出表面所测量的预先发光作用,比反应区爆炸提前了几纳秒。收集的作用时间数据,为更好地理解增加药剂密度对DDT过程的影响。图12-83所示为在临界点测试过程中收集的作用时间数据,在那里开始出现火花强度即激光脉冲的瞬间位置。延迟的发光时间点位置,是起爆波在药柱输出表面爆炸的结果。

6) 压力上升的同步性测量

在火炮药室内不同部位压力上升的同时性,能反映点火系统的特征。同时,也可以考察药室各个面的压力差别以探测有无轴向压力波。试验使用了与实际发射相同的推进剂激光多点点火系统布局,如图12-84所示[26]。这个装置模拟的是一个口径120mm加农炮弹外壳,沿平行轴向截去一部分,使其剩余体积为原来的63%。被截去的部分用一个密封在钢板上的聚碳酸酯窗口所代替。该钢板用垫圈固定并开一狭缝,使得发光能通过窗口进入高速摄像机。在圆筒的底部是一圆锥形弹头,其四周用聚碳酸酯密封。模拟装置有两个压力传输孔,一个位于抛射体底部(称前部),另一个位于缺口处(称后部)。用图12-84点火装置所做的多点点火模拟器,测得的两个典型的压力曲线如图12-85所示,取得试验数据如表12-11所列。

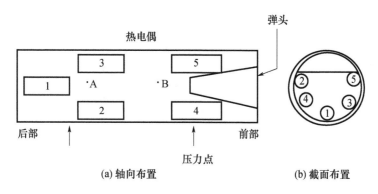

(a) 轴向布置　　　　　　　　　　(b) 截面布置

图 12-84　激光多点点火压力上升同时性测量结构

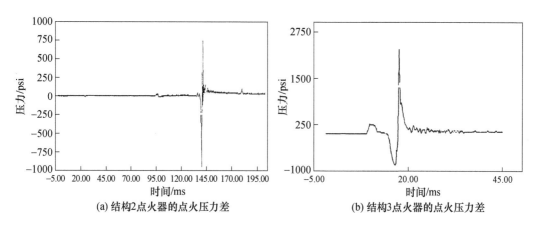

(a) 结构2点火器的点火压力差　　　(b) 结构3点火器的点火压力差

图 12-85　激光多点点火压力曲线测量

(注：1psi = 0.006895MPa)

表 12-11　推进剂激光多点点火模拟试验结果

试验	1	2	3	4	M83
点火器	奔奈	奔奈	Oxite	Oxite	奔奈
推进剂	M30	M30	LOVA	LOVA	M30
峰压 /kpsi	2.5	2.7	3.8	2.0	2.5
峰压上升时间 /ms	130	141	17.6	55	24
上升10% ~90% 时间 /ms	2.7	2.0	0.8	4.0	2.0
(后部~前部)正压力峰差 /kpsi	0.625	0.750	2.600	0.420	—
(后部~前部)负压力峰差 /kpsi	0.250	0.950	0.950	0.250	—

考察这些试验结果可看出：① 前部（弹头底部）和后部（缺口后部）的压力同时上升，即有药床的推进剂同时受到点火作用；② 后部与前部压力差值相差较小，同一时刻的最大轴向压力差仅为 2.6 kpsi，也只相当于使用其他点火器时所出现的峰压值；③ 从时间轴上看，先出现负峰值，接着是正峰值，这说明后部推进剂先起作用，这与实际情况相同；④ 第二组试验出现负峰数值大于正峰数值现象，这表明前部压力还小于后部峰值。这些现象都表明激光多点点火系统不仅消除或减小了轴向压力波的存在，而且还达到了使推进剂同时点火的目的。

7）激光隔板点火器的点火试验

（1）单发激光隔板点火器的发火试验。先将激光能量/功率计的探头对准激光器尾纤的输出端，测出激光器尾纤的输出能量值。用 FC/PC 连接器将激光器尾纤的输出端头与二分束器的输入端头连接，将激光功率/能量计的探头分别对准二分束器的输出 A、B 端头，测定输出能量比率。用 FC/PC 连接器将二分束器的输出 B 端头与 1m 长的传输光缆连接，将激光功率/能量计的探头对准传输光缆的输出端，测定输出能量值。将传输光缆的输出能量值，作为激光隔板点火器的输入能量。然后断开光路及电源，将传输光缆的输出端与激光隔板点火器连接。将光电探头斜对着点火器输出端，并调试 PXI 数据采集仪工作正常，连接好光路及电源，将激光功率/能量计的探头对准二分束器的输出 A 端头监测，然后操作有关按钮进行激光隔板点火试验。用 PXI 数据采集仪采到典型的波形，如图 12 - 86 所示，取得试验结果如表 12 - 12 所列。产品在小型固体激光器的激发下能正常发火，系统的作用时间为 67.8μs。

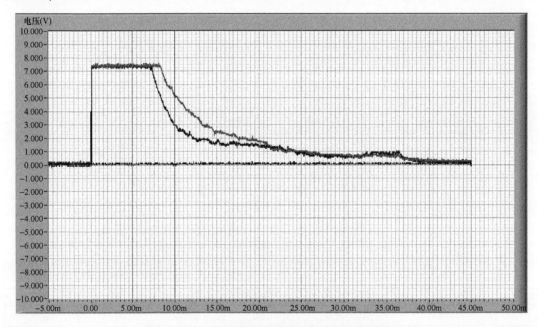

图 12 - 86　小型固体激光隔板单路发火试验波形

表 12 - 12　激光隔板单发点火试验结果

点火器编号	激光器类型	隔板厚度 /mm	输入能量 /mJ	作用时间/μs	备注
29	小型固体	2.90	6.75	67.8	正常发火

注：小型固体激光器输出脉冲宽度 200μs。

（2）两发激光隔板点火器的同时发火试验。对激光隔板点火器的结构经过优化设计改进之后，进行了固体激光双路点火试验。

激光双路隔板点火试验是先将激光功率/能量计的探头对准激光器尾纤的输出端，测出激光器尾纤的输出能量值。用 FC/PC 连接器将二分束器的输出 A 端头和 B 端头分别与 1m 长的传输光缆连接，采用单发激光隔板点火器发火试验相同工作流程，进行激光双路隔板点火试验。用 PXI 数据采集仪采集到的波形如图 12 - 87 所示，试验结果如表 12 - 13 所列。

两发产品在小型固体激光源激发下能正常发火,系统的作用时间分别为 $131\mu s$ 和 $126\mu s$,两发产品的作用时间很接近。

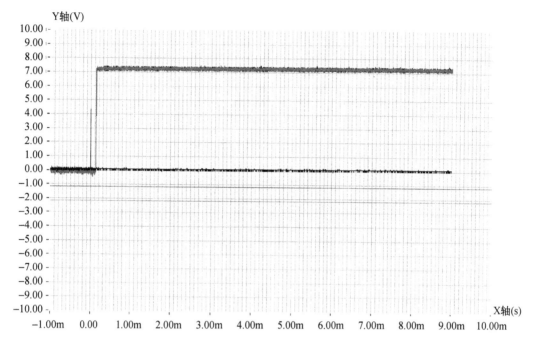

图 12-87　小型固体激光隔板双路发火试验波形

表 12-13　激光隔板双路点火试验结果

点火器编号	激光器类型	隔板厚度 /mm	输入能量 /mJ	发火情况	作用时间 /μs
23	小型固体	2.50	10.0	正常发火	131
24		2.50	10.2		126

注:小型固体激光器输出脉冲宽度 $200\mu s$。

2. 半导体激光起爆与点火试验

应用物理化学国家级重点实验室用图 12-75 所示的半导体激光发火试验装置,对接插式 LID 进行激光起爆试验,对接插式 LIS 进行激光点火试验。

1)半导体激光起爆试验

(1)半导体激光起爆阈值能量试验。在脉宽 10ms 的条件下,对接插式 BNCP LID 进行最小起爆能量试验,试验数据如表 12-14 所列。从试验结果看出,接插式 LID 的最小起爆能量达到 1.46mJ。

表 12-14　半导体激光最小起爆能量试验

序号	药剂名称	激光能量 /mJ	试验结果
1	光敏 BNCP	1.66	爆炸
2		1.46	
3		0.81	未发火
4		0.62	

(2) LID 的半导体激光起爆试验。在半导体激光发火能量 2mJ 与 5mJ、脉宽 10ms 的条件下,对接插式 LID 进行了起爆试验,试验数据如表 12-15 所列。从试验结果看出,在激光发火能量 5mJ 条件下,接插式 LID 的作用时间可以达到不大于 50μs、钢凹深度达到了不小于 0.56mm。

表 12-15 半导体激光起爆试验

批号	药剂名称	激光能量/mJ	作用时间/μs	钢凹深度/mm	备注
2004-3-6 号	BNCP	1.99	450	0.62	爆炸
2004-3-9 号		1.97	200	0.72	
2008-1-16 号		5.32	33	0.56	
2008-1-20 号		5.24	47	0.58	

2) 半导体激光点火试验

在脉宽 10ms 的条件下,对装有 $Ti/KClO_4$、Zr/Pb_3O_4、B/KNO_3 点火药的 LIS 进行点火阈值能量试验,取得试验数据见表 7-11。从试验结果看出,$Ti/KClO_4$ 的发火阈值能量为 6.33mJ、Zr/Pb_3O_4 为 7.63mJ、B/KNO_3 为 2.05mJ。

3. 激光雷管的功能试验

本小节主要论述航天器逃逸用激光雷管的功能试验[39]。

1) 试验方法

试验选择的激光波长为 1.06μm、脉冲持续时间为 11ms。这些数据被认为是大范围研制和设计激光起爆系统的象征。激光信号通过两根芯径为 ϕ200μm 的硬包层石英单光纤传递给雷管,两根光纤的 NA 为 0.37,信号通过第一根光纤从激光器传递给与雷管连接的第二根光纤。确立的试验程序:① 通过光纤系统进行 3 次激光器发火预试;② 记录由光纤线传递的能量和连接雷管的光纤参考能量;③ 进行实际发火试验。

2) Neyer 试验

用 Neyer 感度试验法对 18 发 BNCP 激光雷管进行试验,确定这种雷管和试验结构的 50% 阈值、"全发火"和"不发火"能量水平,试验结果如表 12-16 所列。用 Dr. BarryNeyer 优化的 Neyer 计算机软件代码,从统计学角度确定在不同输入能量水平时的有限试验的能量水平。

表 12-16 Neyer 感度试验系列结果

试验序号	Neyer 的理想值/mJ	计算的实际值/mJ	作用(Y/N)
1	3.0	3.3	N
2	4.3	4.5	Y
3	3.9	3.8	Y
4	3.0	2.9	Y
5	1.8	1.9	N
6	1.4	1.4	N
7	1.8	1.8	N
8	4.1	4.1	Y
9	2.1	2.1	N

续表

试验序号	Neyer 的理想值 /mJ	计算的实际值 /mJ	作用(Y/N)
10	2.2	2.2	N
11	3.9	3.9	Y
12	2.3	2.2	N
13	2.4	2.5	Y
14	3.7	3.7	Y
15	3.6	3.6	Y
16	2.0	2.1	N
17	3.5	3.5	Y
18	3.5	3.4	Y

注：Y—是；N—否。

试验中初始值的最小值选择了 1mJ，最大值选择 5mJ，σ 为 0.50，试验中使用了中性滤光器和玻璃片将激光能量衰减到理想水平。将随机选择的雷管连接到第二根光纤上，并安装到试验容腔中，用离子探针记录作用时间，用在 2024 T351 铝验证块上产生的凹痕深度确定雷管输出。

18 发雷管试验中，有 10 发作用，8 发没有作用，这是 Neyer 感度试验系列的预期结果。用 Neyer 代码计算的雷管 50% 阈值为 2.779mJ，σ 为 0.489，计算的"全发火"能量水平是 4.289mJ，"不发火"能量水平是 1.269mJ。

3）VISAR 试验

用 VISAR（反射物速度干涉仪系统测速法）试验确定雷管底部飞片速度，试验结果表明，在铝材限制下的 DDT，飞片速度是钢材的 90%。在 Lexan 材料限制下的 DDT，飞片速度是钢材的 70%。铝和 Lexan 不适合做 CP 的 DDT 限制材料。为了确定这些雷管的基本性能，用 VISAR 对 6 发 BNCP 激光雷管进行试验，以检测雷管端部的飞片速度。

美国桑迪亚国家实验室用 VISAR 对标准铠装柔性导爆索（SMDC）端部进行若干次试验。研究的内容包括标准药量、16% 减药量和 16% 加药量。所有试验均在相同环境条件下进行。用同一批爆炸材料对相同 SMDC 端部进行凹痕试验，对 BNCP 激光雷管也进行试验，并将其飞片速度与标准 SMDC 端部性能做比较（表 12 – 17）。

表 12 – 17　VISAR 试验结果

类型	平均最大速度 /(mm/μs)	平均凹痕深度/in
SMDC – 标准药量	2.93	0.045
SMDC – 减药量	2.91	0.044
SMDC – 加药量	3.13	0.049
BNCP 雷管	2.91	0.036

4）环境试验

美国国防部和能源部分别在下属的 IHDIV 和太平洋科技公司，对 BNCP 激光雷管进行初审。对 18 发新雷管进行环境应力试验，其中的 12 发雷管，在 IHDIV 公司按照对 CCU –

134/A 激光点火雷管确定的标准,进行程序化环境试验;其余 6 发在太平洋科技公司只进行环境温度试验,试验结果如表 12-18 所列。

表 12-18 作用时间结果

试验号	环境条件*	作用温度/℉	是否发火(Y/N)	作用时间/ms	凹痕深度/in
1	SEQ	70	Y	DL*	0.036
2	SEQ	70	Y	6.91	0.038
3	TEMP	-65	Y	DL*	0.036
4	SEQ	-65	Y	5.68	0.038
5	TEMP	-65	Y	4.89	0.035
6	SEQ	-65	Y	7.85	0.037
7	SEQ	-65	Y	6.50	0.036
8	TEMP	-65	Y	9.59	0.038
9	SEQ	-65	Y	5.01	0.036
10	SEQ	200	Y	3.77	0.038
11	TEMP	200	Y	—	
12	TEMP	200	Y	3.83	0.036
13	SEQ	200	Y	5.56	0.037
14	TEMP	200	Y	2.89	0.035
15	SEQ	200	Y	4.22	0.038
16	SEQ	200	Y	3.37	0.037
17	SEQ	70	Y	2.91	0.034
18	SEQ	70	Y	3.74	0.038

注:表中带有*的"SEQ"指雷管经受的是程序化循环试验;"TEMP"指雷管只经受了 4h 的温度试验;"DL"表示由于试验仪器的原因丢失了数据;Y 为是,N 为否。

程序化试验序列由:冲击、温度/冲击/湿度/高度(TSH&A)循环,低温(-65℉)和振动试验组成。程序化试验系列的结果是,12 发雷管在极端温度时作用,其中分别各有 4 发雷管在 -65℉、70℉和 200℉时作用(表 12-18)。这些试验的"全发火"能级用的是 4.289mJ,脉冲持续时间是 11.3ms。能量通过芯径为 ϕ200 μm、NA0.37 的硬包层石英光纤传递。

从表 12-18 可以看出,18 发雷管中有 17 发按照设计要求作用,有 1 发失效了。雷管的作用时间中值是 (6.26 ± 3.37) ms,凹痕深度中值是 (0.036 ± 0.001) in。凹痕深度与本节前面 VISAR 试验的表 12-17 中 BNCP 雷管的试验值非常一致。但是,这个输出不符合为 CCU-134/A 激光雷管制定的标准,也不符合标准 SMDC 端部的输出性能,这两种标准要求的凹痕深度是 0.040in。

5)试验分析与结论

(1)1 发未爆雷管经自聚焦透镜检测认为:①透镜倾斜使药面的焦点面积增大,光强度降低,导致了雷管发火失效;②从拆开的雷管看到药室中有 2 个燃烧点,一个在透镜面的中心位置,另一个在透镜面边缘附近。药室的显微照片如图 12-88 所示,照片上燃烧点周围的白圈是 GRIN 透镜的相对位置。故对透镜作了进一步检查,发现透镜有一裂缝,这个裂缝使输入能量分裂成 2 个点,这 2 个点的每个点上起爆能级降低大约 50% 就可能导致装置的失效。经分析证明,这发雷管未爆的原因归结于自聚焦透镜裂缝问题。在产品装配中注意自聚焦透镜装配位置、避免应力集中,并加强半成品与成品的光学检测,采取剔除不合格品的方法就能够解决失效问题。

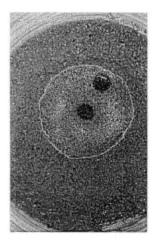

图 12-88 未爆雷管的药室

(2) 凹痕深度均值为 (0.036 ± 0.001) in,这种设计的输出性能只要在系统使用之前,稍加大输出装药量就能满足 0.040in 的要求。

(3) 通过 Neyer 感度试验系列验证 4.289mJ 的"全发火"能量,这种设计耐受极端环境试验条件没有问题。通过 VISAR 试验和验证块凹痕测量功能试验,证明这种雷管设计能够产生一致的冲击波输出,并已证明这种雷管适合用于航天器逃逸系统。

参 考 文 献

[1] 上海无线电十三厂. 固体激光的电气系统[M]. 上海:上海人民出版社,1972.
[2] Laser precision corporation. Rj-7000 Series Riaiometer Instruction Manual,1980.
[3] Coherent Inc. Labmast Ultima laser Power & Energy Measurement System User Manual,1997.
[4] 王智鹏,严楠. 虚拟激光功率计[J]. 火工品,2005(2):52-53.
[5] Coherent Inc. BeamView Analyzer^{TM} User's Guide,1996-2002.
[6] KEISER G. 光纤通信(第三版)[M]. 李玉权,崔敏,蒲涛,等译. 北京:电子工业出版社,2002.
[7] 法国 Data-Pixel Co. DAISI 数字全自动端面检测干涉仪. [EB/OL]. http://www.data-pixel.com.
[8] 日本 Yokogawa 公司. AQ6315A 型激光光谱分析仪. 光纤通讯检测设备,http://www.ando.com.cn.
[9] Netherlands Centroc Co. Geometric Measuring Equipment for Optical Fibre Connectors. http://www. Centro-con.com.
[10] Graham Co. Model 200R-4 Reflectometer User's Manual,2002.
[11] 日本 NAC 公司. Memrecam fx K4 高速摄像机产品样本,2008.

[12] SEIKOH GIKEN. SFP-120A Polisher. Fiber Optics Product Catalogue,2006:29.

[13] 王凯民,符绿化. 激光点火(起爆)系统的设计研究[G]. 国外火工烟火技术发展研究. 西安:陕西应用物理化学研究所,1998:22-24.

[14] 北京工业学院84教研室. 炸药对激光能量的感度试验小结[G]. 激光引爆(光起爆之二). 北京:北京工业学院,1978:37-39.

[15] 陈建华. 自聚焦激光火工品技术研究[D]. 西安:陕西应用物理化学研究所,2010.

[16] 鲁建存. 起爆药的激光反射率[J]. 激光技术,1978,11(1):51-54.

[17] 陕西应用物理化学研究所. 激光起爆初步研究[G]. 激光引爆(光起爆之二). 北京:北京工业学院,1978:33.

[18] 孙同举,张崇伟. B/KNO_3点火药在激光作用下的飞行时间质谱研究[G]. 优秀学术论文集. 西安:陕西应用物理化学研究所,1998:254.

[19] 黑川孝一,田崎阳治. 激光起爆雷管研究[J]. 杜力,译. 火工情报,1998(1):19-20.

[20] FIELD R. 用于自持弹药的弱点火系统[J]. 符绿化,译. 火工情报,1994(1):65-70.

[21] 鲁建存,刘举鹏,刘剑,等. 激光起爆CP炸药[G]. 应用物理化学国家级重点试验室论文汇编. 西安:陕西应用物理化学研究所,2003:160-161.

[22] WELLE E J,FLEMING K J,MARLEY S K. 激光爆炸箔桥丝雷管从爆燃到爆轰的特征[J]. 轩伟,译. 火工情报,2008(2):97-99.

[23] KOTSNKA Y,NAGAYAMA K,NAKAHARA M,et al. 毛玻璃表面的脉冲激光烧蚀及其在猛炸药点火中的应用[J]. 杨志强,译. 火工情报,2006(1):56-58.

[24] BOWDEN M D,DRAKE R C. 利用光纤组合激光驱动飞片起爆高表面积的太安炸药[J]. 陈虹,译. 火工情报,2009(2):77-78.

[25] 薛艳,张蕊,安琪,等. 纳米铝热剂的研究[C]. 中国(国际)纳米科技西安研讨会论文集,2006:264-267.

[26] FIELD R. 用于自持弹药的弱点火系统(下)[J]. 王凯民,译. 火工情报,1994(2):85-94.

[27] OLDENBORG R,EARLY J,LESTER C. 最新点火和推进技术项目(上)[J]. 徐苳. 译,火工情报,2001(1):1-14.

[28] OPDEBECK F. 铁/高氯酸钾烟火药的激光二极管点火试验和参数研究[J]. 彭和平,译. 火工情报,2003(2):132.

[29] EWICK D W. 用低能激光二极管起爆HMX[J]. 王凯民,译. 火工情报,1994(1):113-117.

[30] 严楠,曾雅琴,傅宏. $Zr/KClO_4$的激光点火延迟时间与装药密度的关系[J]. 含能材料,2008,16(5):488.

[31] 王凯民,符绿化. 激光点火系统的可靠性检测与安全性分析[G]. 国外火工烟火技术发展研究. 西安:陕西应用物理化学研究所,1998:41-53.

[32] HAFENRICHTER E S,PAHL R J. 尺寸(激光点大小)和加热速率对激光二极管点火药微量点火判据的影响[J]. 杨志强,译. 火工情报,2006(2):65-67.

[33] KOIZUMI H,INOUE T,KOMURASAKI K,et al. 使用激光点燃烟火药柱的微型推冲器的发展[J]. 轩伟,译. 火工情报,2010(1):40-49.

[34] DALE R J. Laser Ordnance Initiation System[C]. Proceedings - Annual SAFE(Survival and Flight Equipment Association)Symposium, November ,1991:253-257.

[35] 李国新,程国元,焦清介. 火工品试验与测试技术[M]. 北京:北京理工大学出版社,1998.

[36] 付东晓. 火工品感度试验优化方法及估值精度研究[D]. 西安:陕西应用物理化学研究所,2010:1-70.

[37] 陈利魁,盛涤伦,马凤娥,等. BNCP粒度对激光起爆感度和延期时间的影响[J]. 含能材料,2007,15

(3):218.

[38] WELLE E J,FLEMING K J,MARLEY S K. 激光爆炸箔桥丝雷管从爆燃到爆轰的特征[J]. 轩伟,译. 火工情报,2008(2):97-98.

[39] 徐荩,鲁建存. 国外 BNCP 雷管设计研究[R]. 国外火工烟火技术发展情报研究报告文集. 西安:陕西应用物理化学研究所,2005:32-42.

第 13 章

激光火工品技术应用

　　激光火工品具有许多独特的优点,受到国内外广泛关注,该项新技术发展也非常迅速。半个世纪来,经历了激光起爆、点火原理性研究和炸药、烟火药的激光感度测定;设计研制可以应用的激光火工品产品与激光起爆、点火系统;针对飞机逃生系统、小型洲际导弹(SICBM)、空空导弹、自行火炮实际项目的演示验证等几个阶段。目前,在美国、法国等发达国家的激光火工品技术成熟度较高,相继建立了有关标准和验收规范,已经开始小批量生产和应用激光火工品。

　　本章主要介绍激光火工品在飞机逃生系统、商业卫星、探测卫星、战略战术导弹、陆军常规武器及军火销毁处理、石油射孔中的应用,同时介绍激光火工品技术的进展以及发展前景。飞机逃生系统是激光火工系统的一个潜在重要应用,本章结合几种飞机的特点及需求,分别对 F-16A 战斗机弹射逃生系统弹射试验、激光点火逃生系统新概念设计、V-22 鱼鹰倾转旋翼飞机用激光 DDT 雷管的逃生系统、F18 C/D 飞机的舱门切割、T-6A TexanⅡ联合训练基本飞行器等进行介绍。半导体激光火工品系统在商业卫星中的应用,主要是结合 ISL 为 CNES 开展的激光点火技术研究项目,从用途、质量预算、光学计算、技术要求、质量预算比较、降低费用预算、飞行试验等方面介绍半导体激光火工品系统在法国商业卫星中的工程应用情况。结合美国 NRL 探测卫星火工品系统和释放系统用的激光火工品先进技术,介绍用于验证使用激光火工装置和非爆炸释放装置,该项目发射了激光火工品系统装置和 3 个非爆炸释放装置,验证激光火工装置子系统对发射环境和空间环境的适应性。激光火工品在导弹中的应用方面,主要介绍激光火工品在小型洲际弹道导弹、区域反导导弹、战术导弹、运载火箭等导弹武器系统中的应用情况,还介绍激光火工品在热电池的激光点火、硬目标航弹用激光起爆装置设计及应用情况。激光火工品在陆军武器中的应用方面,主要从炸药爆炸产生激光对常规弹药推进剂的点火、车载大口径火箭弹的激光点火发射、火炮的激光多点点火系统、激光点火发射子弹的枪械等方面进行详细介绍。在石油射孔系统中,由于采用耐腐蚀性能优良的光纤作为传能介质,激光起爆装置处在井下具有腐蚀性的高温高压环境中,比其他起爆方式有着更良好的安全性与可靠性。

13.1 激光火工品技术的应用方向

随着激光火工品技术的不断发展、日趋成熟和成本降低,将会在军械装备与民用工业领域等,有以下几个应用方向[1]。

13.1.1 飞机、导弹和航天方面的应用

(1)武器起爆系统(刺激传递)。
(2)宇航火箭发射、卫星。
(3)重复使用的保险/解除保险系统。
(4)舱盖抛放/座椅弹射/开伞。
(5)救生舱门切割/装置释放。
(6)运载火箭级间分离/点火。
(7)导弹发动机点火。
(8)航弹起爆。
(9)逃生系统网络/驱动。
(10)电缆/光缆切割。
(11)回收系统驱动/销毁。

13.1.2 水下武器方面的应用

(1)鱼雷战斗部、排载起爆。
(2)水雷排载上浮/起爆。
(3)浮动装置的起动。
(4)假目标的遥控起动。
(5)拆除、销毁。

13.1.3 地面武器方面的应用

(1)智能地雷。
(2)大口径火炮。
(3)火箭弹发射。
(4)车载导弹。
(5)灵巧武器。
(6)步枪、手枪。
(7)拆除、销毁。

13.1.4 石油工业与矿业方面的应用

(1) 油田勘探、井下射孔作业。
(2) 水下切割。
(3) 工程爆破。
(4) 矿山爆破。

13.1.5 其他用途

激光起爆炸药技术可在大面积引爆、炸药感度测量、化学动力学研究及空间激光爆炸推进等方面应用,分别论述如下[2,3]。

1. 大面积起爆装置

激光起爆炸药技术可以作为大面积起爆装置,应用于结构动力学试验、爆轰波形发生器等。北京理工大学在 20 世纪 70 年代后期,曾经研究过 $\phi 65mm$ AgN_3 的大面积激光起爆技术。

2. 炸药感度测量

将激光作为测量炸药感度的一种方法的有匹加汀尼兵工厂、北京理工大学等。在早期的研究中,由于激光参数的准确计量本身是个复杂问题,用它度量炸药的感度会有很多困难。

3. 化学动力学研究

日本的水岛容二郎将激光作为研究炸药的化学动力学的一种手段,但他没有提出具体研究内容。常用测量化学动力学参数都是低温、长时间的试验,这些参数是否适用于高温、短时间的爆炸反应情况还不得而知。激光引爆炸药的技术正好提供了更适用的试验手段,而且激光束直接照射到炸药表面,影响因素少,便于化学动力学理论分析与数值模拟。

4. 空间激光爆炸推进技术

美国 JPL 实验室的 L. C. Yang 早期设计的一种小型激光雷管如图 8 - 1 所示。进行过的试验内容包括:高低激光能量点火;温度循环和核辐射(约 5×10^6 拉德的 1eV 的 γ 射线)的影响。测量的性能参数有激光发火能量、作用时间。这种微型雷管设计目的是用于空间炸药推进系统的起爆装置,空间激光爆炸推进试验装置如图 13 - 1 所示。因为与常规的化学推进系统相反,炸药推进系统产生的比冲量,随着环境压力的增大而增加,因此它特别适用于凝聚大气空间环境(如金星和木星,其环境压力达 10 ~ 100Pa)。另外,这种推进系统要求以每秒大约 100 次的爆轰次数,至少要爆轰 1×10^4 次,一般的电起爆系统很难满足这种要求,用激光直接起爆 PETN 的方法也未取得成功。因此,最后采用了这种具有起爆药、传爆药和主装药的激光起爆小型雷管。将激光输入窗口、反射镜、光纤、小型激光雷管和助推装药序列组件,制成特殊爆炸索。在空间发动机中,当特殊爆炸索沿直线方向运动时,调制激光脉冲输入到小型激光雷管中,引爆助推装药,产生脉冲式爆炸推进力。

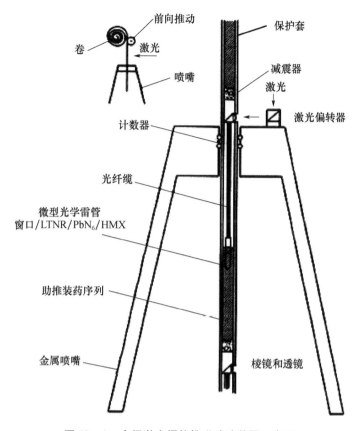

图 13-1 空间激光爆炸推进试验装置示意图

13.2 激光火工品在飞机逃生系统中的应用

13.2.1 F-16A 战斗机弹射逃生系统弹射试验

1. 弹射逃生系统结构

在 F-16A-Ⅱ飞机上起动舱盖抛放与座椅弹射用的 LIOS 装置如图 13-2 所示[4]。在一套完整的 F-16A 救生系统中,需要由第一级双路激光发火装置、传输光缆、安全带、双路冗余光缆、驱动作动器的光起爆器、光机定序器、第二级双路激光发火装置、爆轰组件与 LID、激光点火器、弹射火箭及拉绳等组成。

在紧急逃生时,由飞行员拉动座椅下的弹射起动手柄,起动第一级双路机械热激光器。输出的激光脉冲能量,首先起动光机定序器,确定弹射状态,并经光缆传输到激光驱动的作动器使安全带收紧。另外,输出的两路激光脉冲能量,经双路冗余光缆分别传输到两个 LID 上。起爆器爆炸产生的爆轰波分别由两侧的导爆索传递到舱盖两边的抛放器上,使舱盖飞出。由定序器控制使第二级双路激光发火装置作用,输出的两路激光脉冲能量,经光缆分别传输到两个激光点火器上。激光点火器发火后点燃弹射火箭,使飞行员座椅弹射出机舱。

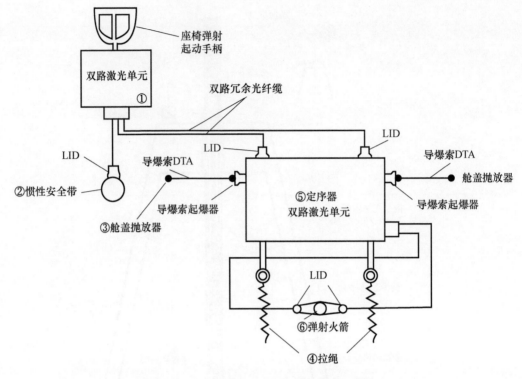

图 13-2　F-16A-Ⅱ飞机用 LIOS 示意图

2. 逃生系统弹射试验

对 F-16A 飞机逃生系统的弹射应用介绍如下[5]。几种烟火泵浦固体激光器主要用于 F-16A 战斗机舱盖抛放、飞行员座椅弹射逃生系统等方面。在 F-16A 飞机的舱盖抛放与座椅弹射试验取得了成功,舱盖抛放与座椅弹射过程如图 13-3 所示。

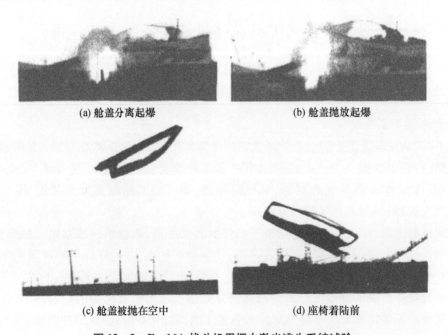

图 13-3　F-16A 战斗机用烟火激光逃生系统试验

舱盖起动释放螺栓、紧急伞释放线和座椅火箭发动机等逃生装置,都按预定功能作用。图 13-3 所示为 LIOS 抛放舱盖与座椅弹射的顺序图像,图 13-3(a)所示为 CARB 和 CRMM 的爆炸气浪;图 13-3(b)所示为推舱盖离开 F-16A 飞机的两个 CRMM 的持续爆炸气浪;图 13-3(c)所示为在半空中的舱盖图像;图 13-3(d)所示为着陆前座椅的图像。试验未提供光纤缆的分离装置,但可以通过座椅弹射力损坏光纤缆之间的连接,应用时推荐使用光纤缆切割分离装置。

13.2.2 激光点火逃生系统新概念设计

国外文献报道了一种激光点火逃生系统新概念设计,从激光点火逃生系统和弹射座椅试验系统两方面介绍如下[6]。

1. 激光点火逃生系统

美国海军水面武器中心的 Mr. Thomas J. Blachowskiden 等在 AIAA-2001-3635 报告中描述了一种采用激光与光纤传输系统的新概念弹射座椅,如图 13-4 所示。

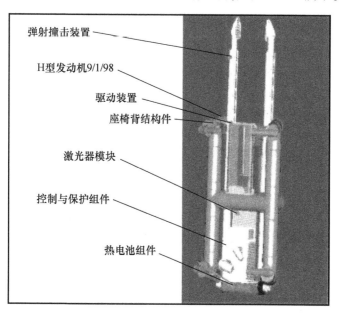

图 13-4 激光点火逃生系统新概念设计示意图

图 13-4 所示的新概念弹射座椅主要由弹射撞击装置、H 型发动机、驱动装置、座椅背结构件、激光器模块、控制与保护组件、热电池组件等构成。在设计中为了降低成本,采用了改进型的 SIIIS(AV-8/B)座椅弹射平台、基于波音飞机 CREST 和 ACES II 技术的飞行控制器、基于 ACES II 和 NACES 牵引喷嘴技术的 H 型发动机,以及空布水雷降落伞和主降落伞。其中,电子控制的激光程控发火装置、激光-光纤能量传输系统和接收到输入信号后产生压力输出的激光起爆、点火装置是新技术。

2. 激光点火的弹射座椅试验系统

采用激光点火的弹射座椅试验系统如图 13-5 所示。图中的控制器/程序器中,采用了波长约 $0.9\mu m$、2W 的激光二极管作发火能源,用带 SMA905/906 接头的光缆传输激光信号,按设定的时序使 7 个激光点火器发火,完成飞行座椅弹射。

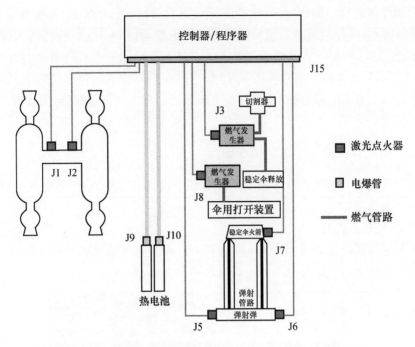

图13-5 采用激光点火的弹射座椅试验系统示意图(彩插见书末)

13.2.3 V-22鱼鹰倾转旋翼飞机逃生系统

V-22鱼鹰倾转旋翼飞机应用激光DDT雷管的逃生系统设计如图13-6所示[7]。在飞机前舱、中舱和后舱3个部位的逃生舱门采用了激光起爆切割系统技术。在飞机驾驶员的前上方,装有激光起爆控制系统,通过光纤缆连接到前舱、中舱和后舱的逃生舱门的激光DDT雷管上。紧急逃生时,由飞机驾驶员按下起爆按钮,完成3个逃生舱门的激光起爆切割。

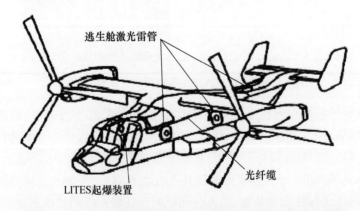

图13-6 V-22鱼鹰倾转旋翼飞机用激光起爆逃生系统示意图

13.2.4 F-18 C/D战斗机的舱门切割

F-18 C/D战斗机上使用的DFIRS,在紧急情况下用于抛射飞行数据记录器(黑匣子)[8]。该系统用线形空心装药的切割索,在后机身上切割出一个长方形孔,黑匣子从此孔抛出。一般情况下，通过应急传感器激发的薄层炸药(TLX)信号传递线起爆V形空心装药切割索。这种切割器组件(SR95，名称BBU-57/A. 海军图号850AS892)是DFS试验用的特殊元件。为了测试用CCU-134/A雷管代替TLX功能的能力，用CCU-134/A雷管代替DFIRS中的TLX输出端进行了2发试验，试验前的装置与试验后的结果如图13-7和图13-8所示。试验结果表明，采用CCU-134/A激光雷管起爆，成功地切割了F-18 C/D的舱门。

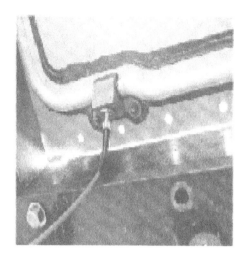

图13-7　装有CCU-134/A激光雷管的F18逃生舱门

图13-8　激光雷管起爆切割出的逃生舱门

13.2.5　T-6A Texan II 联合训练基本飞行器

美国海军水面武器研究中心印第安分部的CAD工程处，进行了一项由激光和含能元件组成的座舱盖分离起爆系统装置的评估。这个系统装置目前安装在T-6A Texan II型联合训练基本飞行系统飞行器上[9]。T-6A Texan II型是作为军队训练飞行员的初级飞行器。座舱盖破裂点火子系统是飞行应急逃逸系统的关键部件，用来削弱弹射座椅通道中舱盖的强度。座舱盖破裂点火系统由激光器产生激光脉冲能量、经光纤传输的3种不同的激光驱动机构组成(内部、外部和座椅运动)。这种激光脉冲激发该系统中的一个爆炸元件,即一发雷管(如 CCU-158/A 型激光雷管)。这种雷管将爆炸传递给其他含能元件,使其进一步作用,以削弱各自座舱盖连接处的强度。座舱盖分离起爆系统所有的激光器类型,均是闪光灯泵浦的钕玻璃固体激光器,安装在飞行器驾驶员区的不同位置。用激光雷管的舱盖分离起爆系统的最初功能测试,是安装在 T-6A Texan Ⅱ 飞行器上,在飞行条件下对这种激光含能元件的使用寿命提供技术验证。

13.3 半导体激光火工品系统在商业卫星中的应用及近期进展

13.3.1 在法国商业卫星中的应用

用激光起爆炸药已经不是一件新鲜事了,对这个领域的研究在美国已经有 50 多年历史了。迄今为止,除了美国国防项目和航天飞机的运载火箭使用以外,很少有武器中使用激光起爆系统,欧洲在 20 世纪 90 年代之前,也没有在这个领域中进行过太空搭载试验。光电技术的进步,将取代使用 EED 的常规武器发火系统成为可能。CNES Toulouse 空间中心报道了激光起爆在宇宙飞船上的应用研究,研究了 LID 和 LIS,并将烟火激光器有效应用在 CNES 的 DEMETER 微型卫星飞行试验中。本节对这些研究状况进行综合性论述[10]。

1. 用途

表 13-1 所列为近 20 年法国卫星应用研究的主要背景,为了将电起爆系统和激光起爆系统进行比较,表中选择了几种卫星作为参考。

表 13-1 系统分析用参考卫星

卫星主要承包商	通讯卫星	地球观测卫星	科技卫星
ALCATEL SPACE	Spacebus 3000B2 (Eutelsat 24)	—	—
	Spacebus 3000B3 (Astra 1K)	—	—
	—	—	Proteus(Jason)
EADS ASTRIUM	Eurostar 2000+ (Hotbird 4)	—	—
	Eurostar 3000 (Intelsat 10)	—	—
	—	(Spot 5) (Helios 2)	—

2. 质量预算

这种质量预算在电爆炸发火装置与 LIOS 之间进行。首先认为在质量分析中,不考虑:①电缆与光缆连接区别,因为卫星结构上电缆的连接点与光缆连接几乎一样;②电爆炸发火装置与激光发火装置区别,因为电爆炸发火装置中所有电子功能和安全功能都与激光发火装置用途一样。诸如激光二极管和光学连接器这样的元件应该加上,并计入总质量预算中。

3. 初步光学预算

主要目的是减少光学界面的数量,这一点与电爆炸系统结构相同,有可能限制的界面:①激光源与卫星光缆之间的一对光学接头;②光学 Safe/ARM 接头的一对光学接头;③卫星光缆与 LID 之间的一对光学接头。

通过累积散射对激光源功率、温度效应、光学接口性能等的影响,为基准条件和最恶劣条件下确定了起爆器界面的最大光损耗和激光二极管输出功率。两种预算数据分别如表 13-2 和表 13-3 所列。

表 13-2 电起爆系统质量预算

卫星	发火通道数	多脚插头质量 /kg	电线长度/质量 /(m/kg)	EEDs 插头质量 /kg	总质量 /kg
SB3000B2	66	1.12	370/4.10	1.65	6.90
SB3000B3	166	1.23	668/7.00	2.90	11.10
PROTEUS	16	0.11	/1.52	0.40	1.67
EUR2000 +	40	0.60	196/2.90	1.16	4.70
EUR3000	68	3.50	550/8.30	1.70	13.40
SPOT5	30	2.25	262/5.30	0.87	8.42
HELIOS2	42	1.65	402/8.10	1.22	11.00

表 13-3 激光起爆系统的光学预算

界面	基准条件下的光损耗/dB	剩余功率/%	最恶劣条件下的光损耗/dB	剩余功率/%
激光源/卫星线束	0.500	89.1	1.000	79.4
SAFE/ARM 接口	0.500	89.1	1.000	79.4
线束/起爆器	0.500	89.1	1.000	79.4
光纤(≤16m)	0.064	98.5	0.064	98.5
设计裕度	0.300	93.3	0.500	89.0
起爆器总接口	1.864	65.0	3.564	43.9

4. 技术要求

1) 可靠性

激光起爆系统的可靠性分析需要对不同参数进行了解。现有的 MIL-HDBK-217F 中用于可靠性目的的数据(FIT = 故障时间 = 10^9 h 作用的失效数)如下。

(1) 光纤:100FIT/km。

(2) 光学接口:100FIT。

(3) 激光二极管:1500~4000FIT,但激光二极管大部分处于关闭状态,可以看作 4000/10 = 400FIT(最大)。

(4) 机电式继电器:0.3FIT。

(5) 电缆 + 接口:0.07FIT。

与电起爆系统相比较,主要的差别是激光二极管是串联加入的,而激光二极管的工作时间非常短(10ms)。因此,可靠性数据比 0.999 好,意思就是与通讯卫星所要求的可靠性相同。

2)安全条件

这一节描述的是光传输线路上的安全屏障问题及其必要性。评定的基础是 USAF – EWR127 – 1,该要求规定与激光二极管驱动系统上的电屏障数量无关。

(1)激光二极管驱动装置的电安全连接器。

(2)安全屏障的要求取决于危险事件的临界状态。

① 灾难性的:必须遵循"军用品"或"光学"保险/解除保险装置安全性要求,如固体推进剂发动机或者迫击炮有爆炸的危险。

② 临界状态:光学通道不需要光学屏障,如卫星的天线或者太阳能帆板的释放等。

对通讯和地球观测卫星,通过靶场安全措施鉴定,没有灾难性的危害,况且带传感器释放或者用于迫击炮的科研项目都要求有光学屏障。

3)EMI/RFI 和 ESD 条件

对卫星上使用的激光起爆系统,在电磁干扰(EMI)、射频干扰(RFI)和静电放电(ESD)环境中的性能分析,均没有超出临界点。

光的透射可能降低电屏障的约束力,适用于设计卫星电子元件的条款,也适用于含激光驱动系统的装置。这种法拉第网状屏蔽结构,可保护系统免遭电磁场和静电放电危害。

5. 与通讯卫星的质量预算比较

减少质量是通讯卫星结构设计的优化因素之一。在传统的电起爆与 LIOS 之间的比较,是建立在"保守"设计的基础上。认为对每个 LID 的点火要求,有下列几点。

(1)1 个激光二极管。

(2)4 个 FC/PC 接口。

(3)1 个适配器。

对通讯卫星与 110 个雷管和备用起爆器的质量预计进行评估,如表 13 – 4 所列。

表 13 – 4 电爆炸/激光起爆系统质量预计比较

部件	电起爆装置	激光系统 (无裕度)	激光系统 (裕度 = 25%)	备注
电子	—	—	—	第一种方法相同
激光二极管/kg	—	1.16	1.45	110 个激光二极管
电缆/kg	6.94	1.53	1.91	760m 电缆
连接器/kg	1.23	—	—	带 EMI 防护
连通线/kg	—	1.16	1.45	代替电插头
烟火插头/kg	2.90	2.08	2.60	
总质量/kg	11.07	5.93	7.41	—

以通讯卫星为例的激光起爆系统,至少会减少 3.7kg 的质量。在研制过程中考虑了设计裕度以后,这个减少值可能达到 5kg。在用有限的几个 2W 激光二极管、光学开关和多通道连接器结合进行设计时,这种质量减少值可能会进一步增加。

不管驱动电路的质量减少与否,将不考虑激光二极管发火所需的电能减少。

6. 降低费用预算

分析的基础依据是通讯卫星,这些数据只能用作参考,因为光学装置的选择及其费用在不断变化。但是这种分析使人们对可能的费用减少有所了解。对卫星的发火装置,假设电起爆装置与激光起爆系统之间的费用差别,是外加了激光二极管、光学连接器和适配器。

在第一次假设中,按照电起爆器的生产费用和激光起爆器的生产费用,系统的冗余费用可能是相等的。要想将激光二极管起爆技术发展到商用卫星上,必须优化系统的工艺结构。光学开关的太空环境鉴定试验,是影响大量减少激光二极管数量与降低费用的一种解决办法;多通道分束器的使用,是减少费用的另一种潜在方法。电起爆装置与激光起爆系统费用预算对比如表13-5所列。

表13-5 电起爆装置/激光起爆系统费用预算对比

名称	电起爆火工品/k€	光学火工品/k€
激光二极管	—	53
电缆	6	4
连接器/适配器	26	14
卷边和焊料	49	40
起爆器	90/30	35/55
总计/k€	171/211	146/166

7. 激光火工品在 DEMETER 微型卫星上的飞行试验

CNES Toulouse 空间中心就激光起爆系统的有效性,在 CNES 的 DEMETER 微型卫星上进行了工艺试验(探测地震带传递的电磁辐射),卫星于 2004 年 6 月 29 日在哈萨克斯坦的拜克努尔航天中心发射,在空间飞行的微型探测卫星如图 13-9 所示。

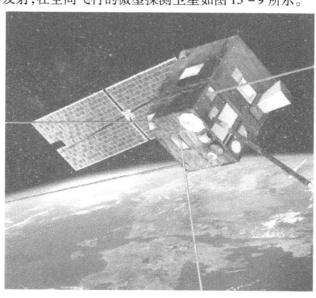

图13-9 DEMETER 微型探测卫星(CNES)

CNES Toulouse 空间中心为这种卫星的有效载荷专门研究了一种试验系统,试验系统的框图如图 13-10 所示。

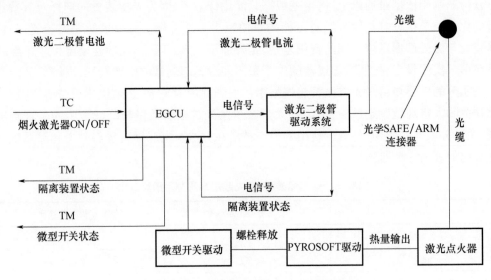

图 13-10 卫星用激光点火分离系统框图

在 DEMETER 卫星有效载荷上,使用的激光点火低冲击分离螺母装置如图 13-11 所示。

Pyrosoft 试验光学链由激光二极管、带光学连接器的两根光缆、光学连接器使用的两个适配器组成。

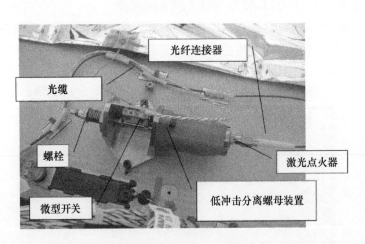

图 13-11 在 DEMETER 卫星有效载荷上使用的激光点火低冲击分离螺母装置

1) 激光火工品系统试验用的光学元件

第一步是选择符合 700mW "全发火"光强度要求的激光二极管,按照生产推荐的 1.4A 电流和恒定 1W 输出功率,选择激光二极管型号为 SDL2364 L2。为了提高脉冲持续时间为 20ms 的输出功率值,CNES 进行了试验,表 13-6 所列为裕度值测定结果和步骤。

表 13-6 激光二极管输出功率裕度与驱动电流数据

I/A	$P_{最小}$/W	$P_{最小}1.5\text{dB}$/W	$P_{最小}1.5\text{dB F.O.S}$/W	裕度(0.7W)/%	裕度(0.25W)/%
2.0	1.54	1.30	1.08	54.0	330
1.8	1.35	1.10	0.95	35.0	280
1.6	1.21	1.00	0.85	21.0	240
1.4	1.05	0.90	0.73	4.6	190

通过试验确定与标准偏差 S 有关的平均光强度"$P_{平均}$"输出;然后计算最小光强度 $P_{最小} = P_{平均} - 3S$。根据 LID 700mW 和 250mW 全发火功率确定 1.5dB 光损失和 120% 安全因素(ISO l4304 推荐)的裕度。

(1) 光纤缆是 NEXANS 的 $\phi62.5/125\mu m$ 多模高温光纤。在 CNES Toulouse 空间中心进行了除气试验,其结果符合太空要求(CVCM < 1%);机械强度试验(大于 2daN)证明没有光衰变。

(2) 根据 NASA GFSC 对太空用光学连接器的限定条件,选择 Johanson 公司的高可靠性 FC/PC 光学连接器。

2) 激光二极管驱动装置

激光二极管驱动装置是 EGCU(卫星有效载荷的监控装置)的子配件。按照规定,这种子配件应向激光二极管传递 2A/20ms 的电流脉冲,其工艺结构是以带 3 个电安全屏障的电爆炸发火装置的原设计为基础,改进设计为 LFU。

以上论述表明,已经完成了 CNES 卫星上的激光起爆系统研究与生产技术项目任务。在系统能级方面,已证明卫星上激光起爆系统的工艺结构,节省了相当大的质量(达 50%),提高了安全性。这些结果是根据激光起爆器的钝感性和 EMI 和 ESD 对光缆的影响得来的。因此,光缆比绞合屏蔽电缆轻得多。用低功率驱动激光二极管使用的小继电器、能量转换器和专用电池也是减少质量的一个办法。这些优点对于带有长电缆线束点火系统或者需要减少质量的大型卫星,是非常有价值的。对欧洲的卫星合同商来说,这种技术可能在重复成本和降低发射成本方面具有竞争力。在激光起爆系统的研制和鉴定投资上的困难仍然存在,促成项目成功的所有元件已经具备。目前的光电市场提供了适合太空用的商品化激光二极管、多通道连接器和光学开关,其竞争会使价格降低,下一步工作将从这方面入手。

激光起爆器的研制和 DEMETER 卫星上的激光火工品试验结果已经证明,激光起爆器和现有的光学元件、激光二极管、光缆适合太空环境。但是 FC/PC 光学连接器在振动环境下的性能,还需进一步研究。这项研究还为确定 AIV(组件-集成-检验)方法和在卫星上使用 Earth Telecom 专用商品化试验仪器的程序提供了机遇。DEMETER 卫星在 2004 年 6 月发射,在轨运行一年后,等到遥控发火指令,对激光火工品子系统进行试验,获得了成功。

13.3.2 法国航天署激光火工品的发展

在 20 世纪 90 年代中期,法国航天署(CNES)下属 ISL 进行了一项关于激光火工品的联合研究开发项目。利用激光二极管或微型固体激光源,进行爆炸材料点火的关键参数特性的一般性研究。后续将进行一种激光烟火点火器(IOP)和一种激光烟火雷管(DOP)的可行性研究。同时,平行进行的还有地球卫星系统研究和 ARIANE 5 运载火箭应用,这也证实了激光火工品技术的吸引力。

ISL 已经研制出与 NASA 的电发火标准起爆器(NSI)相当的一种 LIS,并通过了按照航天项目验收要求进行的全部试验。ISL 还为 CNES 设计出一种不含起爆药的 LID。该雷管基于两段法起爆结构:第一段主要致力于加速飞片的高压燃烧;第二段是飞片撞击相应的雷管中的高能炸药装药,产生爆轰输出。经过对不同的施主作用参数(质量、密度、HMX 药柱直径、内部飞片的入射角度)以及受主作用参数(直径、RDX 的密度)的试验,评估了它们对第一段和第二段冲击到爆轰的转换性能影响。通过配置 ARIANE 5 终极功能的代表(如柔性切割索、隔板点火器、柔性导爆索等)的不同目标靶,经过极端状况的机械和热环境试验后,完成了雷管的爆轰输出性能验证。详细介绍了这些研究结果,说明在运载火箭上实现激光火工品系统技术的可能性。试验结果提到了该技术预期的优势,可减少成本,降低对静电放电和电磁干扰的敏感度,简化装配、集成和试验,需要进行利弊权衡(技术选择与系统规定参数:功能需要、严酷环境、安全规范、试验能力等),还描述了达到技术实用水平要求的通用方法。

CNES 已确定该项激光点火器和激光雷管的发展阶段,2004 年 6 月通过 CNES 的 DEMETER 微型卫星的一项搭载飞行确认试验,验证了完整的火工品系统。当时,激光点火器的技术成熟水平达到了 7 级,激光雷管与激光火工系统的技术成熟水平达到了 6 级。

本节描述这种激光点火器和激光雷管的主要性质,以及为明确定义和改进激光雷管安全方面完成的研究进展[11]。

1. 激光源和光纤缆

LIS 和 LID 的设计,均采用固体激光器或激光二极管作发火源。为了达到空间飞行器、卫星和发射器的应用目的,已经考虑将激光二极管作为研究项目的基准光动力源。此项研究选用了耐高温的 ϕ62.5/125μm 集束光纤缆。

2. 光接口

LIS(图 13 – 12)和后面描述的 LID(图 13 – 13)有相同的光接口。其主要元件是一个 GRIN 自聚焦透镜(专利 ISL 9908717)。这个光学接口确保装置点火前后的密封性和耐受性,可达到 500MPa 的动态压力。另外,1/2 节距的自聚焦透镜在炸药上形成相当于光纤芯直径的光点。通过沉积在位于自聚焦透镜输出端和炸药之间的聚酰亚胺圆片上的分色膜的反射测量,实现光学连续性自诊断检测。

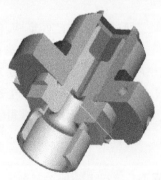

(a) 3D模型图

(b) 产品照片

图 13 – 12　LIS

3. LIS

这种 LIS 的输出和机械接口与 NSI 可以进行互换,其装药为对激光点火敏感的 Zr/KClO$_4$(ZPP)混合烟火药剂,可以满足激光全发火能量要求(1998 年目标:在 250mW 的范围内全发火)。

4. LIS 验证项目

已经通过包括机械和热环境的预审项目试验,证明了这种 LIS 的性能。对一批 LIS 进行了 Bruceton 法感度试验;已经确定在 -160℃ 温度下 250mW 的全发火能量和 15mW 不发火能量,在 95% 置信度下可靠度为 0.999。

同样完成了 ESD 钝感性试验验证(静电放电 25kV/500pF),以及慢速、快速烤燃特性试验。这项设计被认为已达到足够的技术成熟度(TRL5 级)水平,可以进行激光雷管的研制。

5. LID

CNES 适用的雷管,首先要求禁止使用起爆药,以便保护炸药序列设计中的保险和解除保险装置的应用;其次要求使用中等功率激光二极管代替固体激光源,这意味着只有热效应可以起动该雷管的爆炸。ISL 在冲击转爆轰的基础上,成功地设计了一种两段结构的 LID。最初设计包括 HMX 装药的第一段,它的点火是由激光点燃药剂产生高压,推动小金属飞片高速通过短通道(图 13 -13)。在该通道的末端,该飞片撞击第二段的 RDX 装药,从而形成冲击转爆轰。

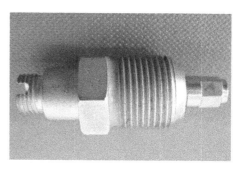

(a) 3D模型图　　　　　　　　(b) 产品照片

图 13 -13　基于冲击转爆轰的两段式 LID

这项设计满足相当于目前的 ARIANE 爆炸传递序列要求的爆炸性能。但是预审项目的一项热试验(在 100℃、5h 试验后,接着在 20℃ 下进行发火试验),结果出现了在 1W 激光输入功率下系统不发火的事件。改进设计增加了一个 ZPP 薄层(15mg)药剂,像激光点火器的一样,安放在 GRIN 透镜和 HMX 装药之间(图 13 -13)。

6. LID 验证项目

CNES 在与 ASTRIUM ST 公司(ARIANE 5 的主要合同商)合作中制订了一个试验计划,其中包括耐热和机械环境试验。开展这个项目是为了确保激光雷管能达到所有必需的设计、性能和安全要求。

进行发火试验所用的标靶是最有代表性的 ARIANE 5 爆轰受主,而且采用了由 CNES 确定的最苛刻的发火条件。激光雷管输出和受主之间的距离(空气间隙)代替了最大飞行值(2~3mm),该距离是作为证明 ARIANE 5 爆轰接口的使用可靠性试验方法的一个证据。

表 13-7 所列为发火试验的标靶间隔。

表 13-7 用作发火试验的标靶间隔

ARIANE 5 功能或元件	受主	间隔间隙/mm
抑制	切割索 17×17CR	$J=6.5$
传爆管分离	切割索 10×10CR	$J=3.6$
级间分离系统	柔性导爆索 ϕ2mm(末端)	$J=6.3$
隔板点火器	RDX 药柱	$J=6.8$

隔板点火器接口要求具有较长的 LID(图 13-14),因此需要增加其第二段(6.1mm)的长度。

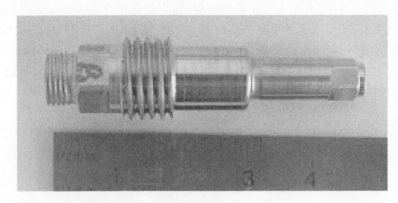

图 13-14 隔板点火所需长 LID

表 13-8 所列为发火试验条件和验证项目的主要试验结果。

表 13-8 LID 发火试验结果

受主	LID 数量	试验环境		
		高温(110℃)	低温	
		数量/发	数量/发	5 发在 -80℃
切割索 17×17CR	16	5	6	5 发在 -20℃
切割索 10×10CR	18	4	9	3 发在 -35℃ 10 发在 0℃
柔性导爆索 ϕ2CR	15	2	0	2 发在 -20℃
隔板点火器	10	2	6	2 发在 -20℃
安全间隙	3	0	3	0
总数	62	13	24	27

通过专项试验也对安全性进行鉴定,试验结果如表 13-9 所列。

表 13-9 LID 安全试验结果

安全试验项目	试验结果
跌落试验 12m	无反应
15mW/5min 不发火,无失效/110℃	
ESD	
慢速烤燃	在 220℃ 爆燃
快速烤燃	700℃ 2min 爆燃
135℃/15min	无反应

7. 补充项目

通过利用 ARIANE 5 爆轰接口,在最坏发火条件下进行 LID 的安全和爆轰性质符合性验证,完成了 TRL4 阶段研制。

然而也不得不进行某些改进,主要是在光学接口处,如根据光连接器的金属箍定位该自聚焦透镜的位置。

CNES 确定完成的项目达到了 TRL5/6 级水平。

1) 寿命期限的鉴定

ISL 和 AKTS(瑞士)根据试验性 DSC 测试,鉴定了包含工作环境的 10 年寿命期限。其后,使用 AKTS 热动力学软件确定反应的动力学特性,用计算出的这些动力学参数预测任意温度下的反应进展。

2) 爆轰传播冲击裕度的鉴定

改进试验重点关注 ISL 的设计裕度,第一段飞片速度大于 700m/s,相比之下 RDX 的冲击转爆轰(SDT)速度阈值接近 480m/s。但是必须考虑到制造工艺对一致性造成的影响。

实施裕度的试验验证,该试验包括以下参数:①不同的弹丸质量(长度修正 ±20%);②加速膛长度(±10%);③第二段内径(±20%);④第一段装药密度减少量(压缩力 -41%);⑤第二段装药密度增加量(压缩力 +60%);⑥飞片入射角度(5°和10°);⑦当两个"最差"参数累积时,第二段全部爆炸。

3) 光接口的改进

高温集束性 $\phi 62.5/125\mu m$ 光纤缆,是 CNES 发展研究中所使用的光缆。最初用的是 NASA 高品质的 Johansson FC/PC 连接器。它的加工精度需要改进,以便符合运载火箭环境(振动-湿度、结霜等)和装配、整合及拉力试验过程的要求。

8. 安全考虑

尽管 LIS 和 LID 当时已经确定达到技术成熟度 TRL5 阶段,但通过对运载火箭进行的系统分析和编制初步的安全项目系列文件后,又提出了额外的要求。

对 LIS 和 LID 因为所有杂散能量源引发,而可能出现的敏感性、意外发火和失效,如对频闪、太阳光线聚焦、电焊弧、闪光灯、闪电的影响都进行了分析。在测试这些干扰光对激光火工品的安全性影响期间,也有能力利用足够强度的光源去辨别瑕疵。曾经认为 15mW 的不发火能量值太低,因此确定了一个增强等级要求。如全发火推荐值应该在 700mW 范围内(代替了 250mW)。

此外,还说明了对点火组分的安全性条件,其对标准化试验的感度应等同于在 ARIANE 5 的输出功能所使用的炸药,如隔板点火器的输出装药 RDX CH($0 \sim 100\mu m$)、Mg/CuO 混合药。

要求 E. LACROIX 公司参考装药的感度特性组成烟火药的配方,以便符合激光点火限定条件(如测量粒度和无结块)和感度规范。尽管 ARIANE 项目中使用的炸药材料,不适用于 STANAG 4170 和 AOP 7。CNES 已经决定还是考虑采用 AOP 7 要求的可用猛炸药作为传爆装药。此项研究结果如表 13-10 所列。

表 13-10 爆炸材料的感度数据

炸药	撞击 /J	摩擦 /N	ESD/mJ
RDX CH(0~100μm)	25	220	148
Mg/CuO	>63.1	>353	680
HMX(M-3批)/碳黑1%	4.1	113	1125
LXT-B1	3.05	>353	1125
LXT-Z1	>63.1	330	>1125
LXT-Z2	8.58	112	74
LXT-Z3	62.6	32.6	217
LXT-Z4	63.1	254.9	1125
LXT-C7	49.05	19.60	1

LXT-C7 是激光点火器和激光雷管始发结构的 ZPP 药,LXT-B1 是一种 B/KNO$_3$ 混合药,而 LXT-Z1~Z4 是锆基混合药。

ISL 已经完成了激光点火试验(表 13-10),使用的是 ϕ62.5/125μm 光纤和 G1 激光器。药剂 LXT-B1 和 LXT-Z4 对激光点火太过于钝感(在 20℃下大于 1W)。按照初步的试验结果,唯一符合要求的组分是 LXT-Z1。

混合物 LXT-Z1/HMX 的稳定性和寿命,已经通过 AKTS 热动力学方法进行验证。与此同时,CNES 也验证和批准了 LXT-Z1 药剂的制备工艺。

CNES 火工品实验室和 ISL 按照 Bruceton 法进行发火感度试验,以确定 160℃、在置信度 95% 下的可靠度为 0.999 的不发火能量和最后的全发火能量。

9. 激光火工品研制计划

在当时,LIS 和 LID 已经确定达到成熟度 TRL5 阶段,实现了得到安全加强型激光火工元件的目的。

ISL 已经开始研制可行性研究关注的高温(HT)/高压(HP)点火器,这种点火器专用于固体火箭发动机点火或气体发生器。在有效期限(900s)内,应该能耐受 HT(500℃)/HP(12.5MPa)技术指标要求。

2004 年 6 月,CNES DEMETER 微型卫星在轨运行 10 天,激光火工品搭载飞行验证试验成功,完成了验证阶段的第一步。在提交 ARIANE 5 环境试验时,CNES 发射董事会(2005/2008)已经与 KDA & ASTRIUM ST 一起完成了激光火工品的光学性能评估。许多商业光学产品能经受住苛刻的发射环境要求。欧洲空间局通过其技术研究项目(TRP)延伸这些项目,一起参与的还有 KDA(Kongsberg 空间防务)和 ASTRIUM 公司,还与 OERLIKON 航空一起开发发射平台和火箭用的两个火工品系统试验样机,其中的大部分研究在2008年年底就已完成。

CNES的LIS和LID(阶段D)的工业化阶段和正式评审在当时仍没有定论,也未决定发射平台或新卫星上将使用的火工品类型。

13.4 激光火工品系统在宇宙飞船中的应用

13.4.1 概述

当前宇宙飞船的弹药系统和释放系统是可靠的,但是太笨重且价格昂贵。NRL的先进分离技术(Advomced Release Technologies,ARTS)的两个最大优点是较低的系统成本和很大程度地减轻质量[12,13]。大多数释放机构使用炸药装药是有效的,但必须满足严格的安全要求。现在使用最普通的起爆器是热桥丝装置(Hot Bridgewire,HBW),因为HBW是低电压装置,需要考虑EMI或RF信号可能产生意外发火,这就对控制配线、屏蔽保护和静电放电保护的安全性提出更高的要求。使用非爆炸装置和激光起爆弹药消除了许多这样的顾虑,因此节约了成本和质量,同时提高了整体的安全性。

1. ARTS实验要求

ARTS试验强加了3个重要的要求:①试验对宇宙飞船材料基质不能造成任何危害;②所有装置的设计和制造,尽可能最大程度地与一个预想的太空合格系统相类似;③ARTS试验基本的安装和接口将不会改变。

2. ARTS试验的描述

ARTS试验是一个机械的腔体,腔内包括三个非炸药释放装置和一个LIOS。该装置也包含在试验内部电能分布的电路板、对宇宙飞船材料基质的指令和遥感勘测接口。试验以模型的形式建造,目的是更容易使用、装配和测试。

13.4.2 非爆炸装置

非爆炸装置为了释放作用减少了炸药的使用,释放作用主要是减少系统安全性成本、电子器件和质量。非爆炸装置的使用,可以很大程度地减少与炸药驱动机械装置相结合的冲击危害水平。因为不使用炸药,所以屏蔽保护、静电放电保护和保险/解除保险装置就不需要了。非爆炸机械装置已经显示,可以通过5个中的一个因素减少冲击输出,减少对宇宙飞船所要求的大多数昂贵的冲击试验。这些机械装置比现在的装置更简单,而且大多数是全部进行试验,使它们更可靠。

试验由以下所列每一种类型的非爆炸释放装置中的两个所组成:由TiNi合金公司开发的防磨损螺栓、由波音公司开发的熔线、由GH技术公司开发的非爆炸分离螺母。

有关非爆炸装置的详细描述,可以通过其他参考文献所列举的公司获得。减少所有弹药装置是很理想化的,一些作用功能仍然需要通过炸药、烟火剂装药传递能量来完成。

13.4.3 激光起爆系统

激光起爆系统提供了一个既安全、质量又小的起爆系统,去替代传统的起爆系统。在传统的起爆系统中,必须使用烟火装置或炸药装置。使用激光能量去起爆,极大地减少了意外起爆的危险,而且可以在很大程度上降低成本和减小质量。目前的热桥丝起爆系统必须使用 EMI 保护和静电放电保护。激光起爆器不包括桥丝与导线,因此免除了由于这些电磁干扰作用引起的意外爆炸。激光弹药系统使用钝感的光纤去传送发火激光脉冲,减少了电屏蔽的要求和大多数 EMI 试验,这就减少了执行这些试验的成本,以及获得必需的安全性许可的成本;减少了电屏蔽的要求,也就减少了实际质量。

激光二极管比固态激光器或是烟火激光器要小很多,对于一个给定的容积,可允许有更多路的点火作用。通常可以实现质量减小至少 50%、体积减小 20%。

13.4.4 ARTS 试验操作

试验是在宇宙飞船的指令和遥感勘测系统的控制下进行的。发射的第一组装置在大约 6 个月之后被激发,遥感探测指示器核实每个装置的运行状态;第二组装置在约一年之后被激发。

1. LIOS 系统

LIOS 是由 EBAD 开发的,它包括 LFU、ETS 和 LIS。ARTS 程序中的 LFU 包括 4 个高功率激光二极管源,利用电子保险/解除保险电路去提供必要的控制和监控作用。当然,为了减少其他构造路线的数量,ETS 使用光纤把激光能量从 LFU 传送到 LIS。LIS 与 NSI 在形状、配合、功能和输出性能上都是相同的,通过激光发火系统点燃两个分离螺栓。

2. LIOS 要求

LIOS 设计的运行环境与典型的宇宙飞船的发射和在轨道运行的环境相吻合。这些环境参数如表 13-11 所列。

表 13-11 LIOS 的运行环境

指标	数据
温度	-5 ~ 45℃
湿度	0 ~ 100% RH
压力	海平面高真空
振动	$5g_{RMS}$
EMI	MIL - STD - 461

LFU 电子元件的选择和降额,是通过 MIL - STD - 1547A《空间和发射装置用元件与材料》进行过程控制的。整个 LIOS 材料的选择与应用相符合,尤其要注意的是材料的除气作用和兼容性。

表 13-12 所列为 LIOS 系统的能量估算。能量估算是一种最差情况的分析,通常用于

决定 LFU 输出所需要的最小激光能。通过试验程序第一阶段中的主要成果,核实这个能量估算。

表 13-12 LIOS 系统能量估算

指标	数据
激光起爆器全发火功率(0.999、95%)/mW	500
连接器损耗(1~2 dB)/dB	2.00
激光二极管降低定额值(15%)/dB	0.71
安全性因素(1.5×)/dB	1.76
整体损耗/dB	4.47
所需激光能(500mW×2.8ms)/W	1.4

13.4.5 LFU 的安全与保险

如前所述,LFU 包含半导体激光器、安全电路和监控电路,用来控制激光电源。图 13-15 所示为电子安全设计方案,它是由激光器电源和监控器电源 2 个输入、1 个主要的解除保险开关、4 个点火开关的每个开关对应 1 个激光二极管(LD_1、LD_2、LD_3、LD_4)所组成的。监控器用于监测每个开关和 2 个电源输入端的状态,基本的安全设计方案如图 13-15 所示。

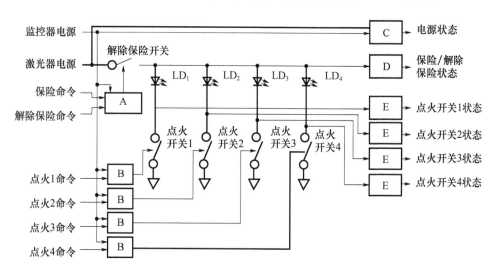

图 13-15 LFU 安全结构示意图

A—保险/解除保险插销;B—脉冲计时器;C—功率监控器;D—状态监控器;E—开关监控器。

安全设计方案的选择意味着在宇宙飞船电源和激光二极管之间,可以提供多重独立的控制约束和监控约束,这对于发火电路是一个标准的做法。

13.4.6 LFU 接口

LFU 设计成与典型的宇宙飞船的指令、遥感探测和供电系统相互连接的装置。输入命令是26V、40ms脉宽的离散信号。遥感探测信号是上拉电阻开漏集电极型,宇宙飞船的供电系统是直流(28±4)V的电源。

13.4.7 LFU的构造

图13-16所示的LFU是一个简单的铝制壳体和一个盒盖构成的装置,机盒中有2个印制电路板(PWB)。3个连接器被用作与LFU的接口,1个电源连接器包含激光器和监控器电源,1个控制/状况连接器包含所有的指令和遥感探测状况信号,1个光学连接器包含4个激光器的输出。密封完全是在盒盖连接边缘的周围使用了1个O形环密封圈。

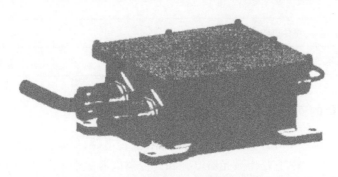

图13-16 激光器二极管发火装置

LFU的基本尺寸是$6.75in \times 4.5in \times 2.75in(L \times W \times H)$、总质量是2.4lb。在PWB集成体里面包含2个PWB、激光源、保险/解除保险逻辑电路、监控电路等,一起固定在盒内的底盘上;第二个PWB集成体被嵌入到盒盖里面,包含激光驱动器和点火控制逻辑电路;配线器与两个PWB集成体和I/O连接器相互连接在一起。

通过使用计算机三维半自动设计(CAD)固体模型系统,对内部整体进行设计。在这个系统中,可以把LFU内部的每个元件进行精确的三维模型造型。内部元件的适当尺寸、间隙确认和公差,全部使用计算机CAD绘制的图形,优于手工绘制的图形。对于有限要素分析,固体模型也可以使用手工绘制图形确保精确度。实际的分析过程包括:① 盒底结构分析,该分析是确认当底盘遭受未预料到的环境时,它的强度和安全要素;② PWB间隙分析,该分析是确认在PWB外围的适当间隙,在配线和PWB之间的间隙,以及集成体与PWB移动之间的间隙;③ 配线器连接器装载,该分析是确认当连接器焊接整体遭受到意外的环境时,它的强度和安全要素;④ 配线器路线和间隙,该分析是确认配线器线路、长度和间隙。

线路的设计是以已经被EBAD航空航天公司测试,并且证实是有效的设计为基础而进行的。通过SPICE模拟线路在输入和输出接口上运行,检验其适用性。这个线路以基本的特性为依据检验很困难,或者是用昂贵的测试方法进行检验,如静电放电、EMI或者是发光产生的能量干扰试验等。

由这种方法产生的设计,直接用非电子的电路试验板或是机械的电路试验板进行制作。实际上,这种设计制作的样机工作性能非常好,所有适合这种设计的元件只需要进行很小的修改。

13.4.8 LFU 用激光二极管

LFU 使用了由 EBAD 生产的高功率激光二极管,具有宽面梯度折射率分别限制 AlGaAs 单量子阱结构(GRINSCH)。激光二极管管芯模块的尺寸是 $600\mu m \times 200\mu m \times 1200\mu m$,具有一个 $200\mu m \times 7.5nm \times 1200\mu m$ 的发光条。EBAD 生产的激光二极管,在常用阈值电流 0.5A 和量子效率 1W/A 的条件下进行操作。

13.4.9 ETS 的结构

ETS 是由一个 4 销钉的、与 LFU 相连接的 MIL-C-38999Ⅲ系列连接器、增强光纤、与 LIS 相连接的 ST 型连接器所组成。光纤使用的是由 EBAD 光学公司生产的 Avioptics 光纤缆(商标名称),这是为了用在飞机和航空电子设备系统中的一种特殊类型的光纤缆。光纤缆的纤芯直径是 $\phi 200\mu m$ 的纯硅纤芯和厚度是 $15\mu m$ 的化学黏结的硬质高分子光学包覆层组成。用 Tefzel 缓冲层包裹着芯/包覆层,使用 Keval 强度材料编织缓冲层,最后使用 Tefzel 作外部保护套管。

每个 ETS 连接器分配的损耗是 1dB,这个损耗是以使用大芯径光纤传输二极管激光的经验为依据而得出的。完整的 10 英尺长的 ETS 包括 MIL-C-38999 连接器、4 根光纤缆和 4 个质量为 0.25lb 的 ST 连接器。

13.4.10 LIS 的结构

LIS 的设计从结构、尺寸和功能上等同于 NSI 的设计。图 13-17 所示的 LIS 有 1 根光缆和 1 个 ST 类型的连接器(ETS 连接使用了 1 个 ST 防水型连接器)。

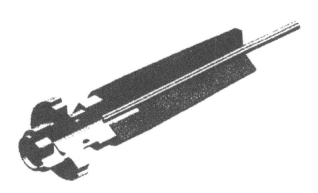

图 13-17 LIS 剖面

在 LIS 中使用的光缆与使用在 ETS 中的光缆是相同的,LIS 的设计与 NSI 完全相同。LIS 采用 Inconel 718 合金材料,输出端为 0.375-24 的 UNJF 螺纹。LIS 使用的 ZPP 与 NSI 是相同的,并且在 $10cm^3$ 的密闭试验弹中,产生相同的输出压力(625 ± 125)psi。完整的 LIS 包括光纤和质量为 0.06lb 的 ST 连接器。使用一个 316L 的不锈钢腔体替代 LIS 结构,用效费比作为评价替代物的成本降低。表 13-13 所列为系统质量的统计值。

表 13-13 系统质量的统计值

LIOS 质量数据汇总			
项目	单件质量/lb	数量	成套质量/lb
LFU	2.4	1	2.4
能量传递系统	0.25	1	0.25
ST 连接器	0.02	4	0.08
LIS	0.06	4	0.24
总计	2.73	10	2.97

13.4.11 LIOS 性能数据

进行阶段 I 原型样机的制作,试验程序保证能够获得系统性能的数据。这个数据将被用作阶段 II 设计的基础。

1. LFU 性能数据

在程序的阶段 I 过程中,制作了 LFU 并进行测试。试验是在室温条件下进行的,4 个通道的平均输出功率为 1.4W、标准偏差是 0.23W。测试的最小输出功率是 1.37W,这个最小功率大于在室温下测试的最小功率 1.33W。除了对输出功率的测试,完成的性能测试如下。

(1)所有功能性的接口装置根据它的切断电压、输入电流等的特征进行了校验,LFU 的功能性校验超出了指定电压的范围。在 LFU 性能的校验中,将电源电压降低到 20.0V,在最小要求值直流 24V 以下进行校验。

(2)测试 LFU 的功率消耗。监控电流-功率曲线图,测出在 36mA 和直流 28V 的输入电压下 LFU 是处于安全状态的。监控电流-功率图达到最大值 44mA 和直流 32V 的输入电压下 LFU 是处于解除保险状态的。

(3)在快速和慢速加电条件下,对 LFU 开电到安全状态进行校验。在超过电压条件和低于电压条件期间,LFU 仍然是处于安全状态的。安全开关的监控性能,就是去发觉校验时短路的安全开关状态。

2. ETS 性能数据

在程序的阶段 I 期间,对制造的 3 个 ETS 进行试验。这些元件是在室温条件下进行的性能测试,结果如下。

(1)MIL-C-38999 连接器显示平均损耗 $\bar{a}$ 为 0.650dB、标准偏差 σ 为 0.185dB。2 倍的标准偏差点是 1.020dB 与 LFU 连接器在能量预算中呈现的 1dB 的损耗相匹配。

(2)ETS/LIS 接口中使用的 ST 类型的连接器,显示平均损耗 $\bar{a}$ 为 0.739dB、标准偏差 σ 为 0.128dB。2 倍的标准偏差是 0.995dB,与 LIS 连接器在能量预算中呈现的 1dB 的损耗相匹配。

3. LIS 性能数据

在阶段 I 期间制造 30 个 LIS 装置,在室温条件下对其中 20 个 LIS 装置进行兰利法试验,试验分析结果如表 13-14 所列。

表 13-14　系统参数的统计值

项目	数据
平均值 $\bar{a}$	335.0mW
标准偏差 σ	27.6mW
0.999 级	420.3mW
0.999 级、95% 置信区间	497.0mW
0.9999 级、95% 置信区间	514.2mW

在装配前,测得 NSI 混合药的热量输出最小值是 1358cal/g,符合 NSI 的指定值。图 13-18 所示为 LIS 在 10cm³ 封闭容腔的输出压力 – 时间($p-t$)曲线。

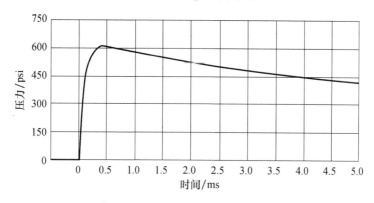

图 13-18　LIS 的输出 $p-t$ 曲线

13.4.12　能量预算确认

对于所获得的 LFU 激光输出功率试验数据、LFU 连接器损耗试验数据、LIS 连接器损耗试验数据和 LIS 全发火有效性等基本功率预算试验数据,如表 13-12 所列。

13.4.13　可靠性预测

如前所述,LFU 元件的选择和降额依据的是 MIL – STD – 1547A。在 LFU 内部的元件上进行初步的电子元件应力分析,被认为有最高的应力水平。这种分析证实在最坏的情况下操作的应力水平,低于 MIL – STD – 1547A 所指定的应力水平。依据这个信息,使用 MIL – HDBK – 217E 所描述的方法进行可靠性预测。因为这是一个初级水平的分析,对于所有元件的实际应力水平并没有进行计算。假设所有元件都是处于允许的最大应力水平,正如 MIL – STD – 1547A 所指定的可允许最大应力水平。为了可靠地进行预测,使用 1% 的导弹发射环境和 99% 的空间飞行环境模拟一枚导弹的发射,然后经一段时间后进入轨道。为了分析,采用的最大预测温度是 45℃。不考虑非操作失效率,对 LFU 和 ETS 进行可靠性分析,每 10^6 h 的失效率是 4.1。经分析,LFU/ETS 的 MTBF 达到 243902h。

在 LFU 的寿命期间,其操作是间歇式的,据估计整个需要的在线时间少于 10h。10h 的任务时间和规定的 MTBF 对于单一的 LFU/ETS 任务的可靠度是 0.99996。

由于兰利分析具有较小的标准偏差,所以在全发火功率以上增加很小的功率,将会对点火可靠性产生明显的提高。根据兰利数据,传递到 LIS 的发火功率增加 10%,将会使它的点火可靠度从 0.999 增加到 0.999999。

13.4.14 阶段Ⅱ的工作

在 NRL 的 ARTS 程序的阶段Ⅱ的过程中,将会安排 6 个系统并进行试验。第一个将会接受一种设计认证试验程序,将系统置于温度、规定的电压范围、电磁环境中进行试验,目的是掌握系统暴露在这样的环境中时的性能特征。这个系统采取阶段Ⅰ的构造。

对于系统中任何一个部件的设计发生改变,都有必要重复进行阶段Ⅰ测试。LFU 将会减小尺寸,目的是适合试验平台所允许的尺寸。对于 LIS 设计进行优化,其结果是为提高可生产性。这些变化不是改变主要的内部设计特征,而是在不牺牲宇航空间类型应用所需要的性能基础上,使用更低价的元器件、材料和方法。

新结构的 5 个系统中,有 3 个接受飞行准备就绪试验程序考核,包括循环温度、振动、冲击和热真空测试。同时进行应力分析,并根据实际应力进行可靠性预测和系统安全性分析。最后两个系统,一个是飞行系统,另一个是飞行备用系统。

ARTS 的优势:①当使用非爆炸装置时,由于取消炸药因而对安全性的危害降低了;②通过使用 LIOS,提高了抗 EMI 的能力;③减少系统的质量;④LIOS 技术提供一种低成本、质量轻的弹药设计,取代传统的弹药设计。从而提高整个系统的安全性,并且保持高可靠性。

13.5 激光火工品在小型洲际弹道导弹中的应用

美国空军(USAF)在小型洲际弹道导弹(Small ICBM)中,应用 LIOS 的研制进展顺利。用设计出的 LIOS 起爆军械组件,从而使传爆管各级点火、使气体发生器起爆,完成推力矢量控制和导弹地面发射、驱动助推飞行器(PBV)上的液体推进剂阀门和航空电池以及完成级间分离等动作。该系统采用脉冲固态激光器用作发火能源、光缆用作引爆激光起爆雷管的能量传输装置等新技术。用机械式光闸主动切断激光束传输,使得系统安全性得到很大程度的提高;而采用端-端 BIT,也提高了系统的作用可靠性。本节主要论述小型洲际弹道导弹用 LIOS 的设计、特性、性能及应用研究进展[14]。

13.5.1 小型洲际弹道导弹(Small ICBM)项目

研制 SICBM 的目的在于掌握有效的战略威慑,可能替代现有的 Minuteman(民兵)导弹。SICBM 是一种采用 LIOS 技术的先进单弹头战略导弹。导弹的发动机由三级固体推进剂装置组成。SICBM 直径为 46 英寸、质量约 37000lb(含 PBV 质量)、长约 53 英尺。该设计用于导弹发射,计划安装在一个自行车辆式发射装置(HML)上或固定的地下发射井内。

空军负责完成 SICBM 项目的竞争性研究阶段以及 FSD 阶段。Hercules 航空公司的导弹、军械及空间小组,为 LIOS FSD 的承制方。FSD 工作开始于 1986 年,当时预计在 10 年内完成。FSD 项目的主要目标如下:

(1) 进行详细的组件设计和分析。
(2) 完成组件的研制及飞行试验。
(3) 对组件及系统进行正式的鉴定试验。
(4) 进行导弹飞行试验。计划共完成 16 项试验,其中两项已完成。

LIOS 用于起爆各级传爆管、起动航空电池及气体发生器,完成各级控制和 PBV 控制、级间分离、护罩分离以及导弹发射等动作。军用点火系统(OFS)采用的是以脉冲激光器作为能量源、光缆作为能量传输线为基础的新技术。之所以采用此项技术,是因为与常规的 EED 为基本组件的军用起爆系统相比,LIOS 有着许多独特的优点,如可重复的内置式自诊断检测、出色的安全控制以及防电磁干扰(光缆完全不受电磁干扰)等。SICBM 采用的 LIOS 技术,也容易被其他种类的导弹和运载火箭应用。

13.5.2 系统构造及功能

图 13-19~图 13-21 所示为安装在导弹上的 LIOS 的基本结构图,LIOS 包括以下组件。

(1) LFU。
(2) 安装在 LFU 内的独特信号设备(USD)。
(3) 光纤缆 ETS。
(4) LID。
(5) 隔板起爆器(TBI)。
(6) ETS 切断装置(SD)。
(7) 军用传爆组件(OTA)。

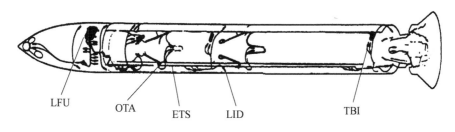

图 13-19 导弹总体结构

LFU 接收来自 GCA 的发火功率输入和控制信号输入。LFU 将电能转换为脉冲激光能量,激光能量经由 ETS 的各个通道被分配给相应的各个 LID,LID 再依次引爆各个军用功能组件。SICBM 要求有两种类型的军用输出,其中一种是爆轰输出,由 LIDs 或 LID/OTAs 提供;另一种是爆燃输出,由 TBIs 提供,TBI 由 LIDs 或 OTAs 引爆。作用时,LID 引爆 OTA,而 OTA 的输出则通过 T 形接头进一步引爆下面两个 OTA。

采用冗余硬件结构可满足导弹的可靠性要求。LTOS 的所有飞行关键元件,如激光器、ETS 通道、LIDs、TBIs 及 OTAs 都是冗余设计的。

USD 是一台提供 LIOS 主动切断控制的安全装置。USD 控制两个光闸,光闸切断 LFU 中的大功率激光脉冲。只有当制导与控制组件测试系统(GCATS)或武器控制系统(WCS)发出经过特殊编码的光信号时,USD 才能解除保险。

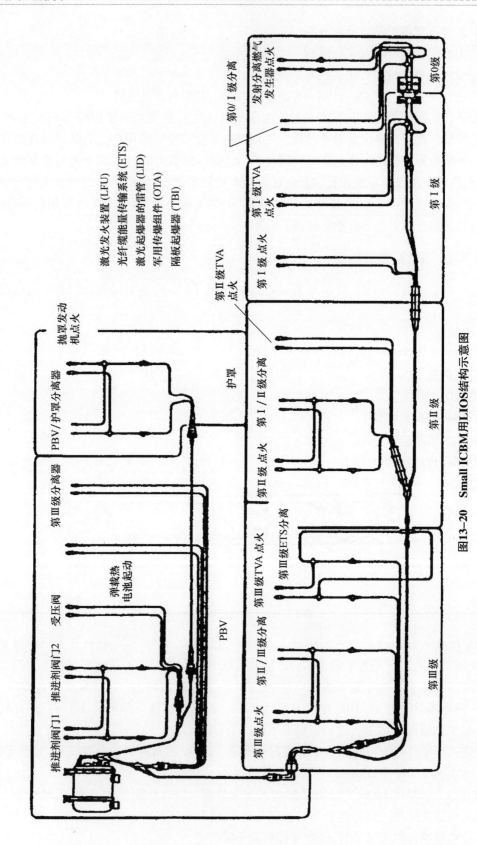

图13-20 Small ICBM用LIOS结构示意图

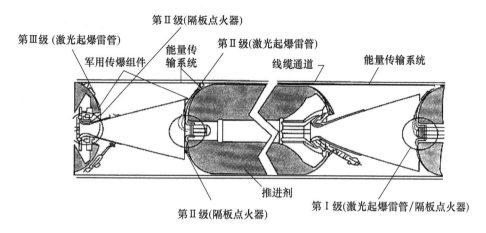

图 13-21 典型的发动机 LIOS 安装结构示意图

13.5.3 LFU 与输出线束

SICBM 用 LFU 上的 22 通道线束,传输驱动导弹工作所需的激光能量。22 通道的其中 12 个终止于一个多通道的光纤分束连接器内,完成第Ⅱ、第Ⅲ级分离。其他的通道则终止于与 LID 连接器相连的 3 通道和与 PBV ETS 连接器相连的 4 通道连接器内。要求 LFU 真空密封。为使这一要求容易实现,光纤缆线束采用 O 形环密封,LFU 的盖片处采用环氧树脂胶密封设计。此外,还加固了 LFU 光纤线束,以增强它在作用过程中的抗损坏能力。

13.5.4 ETS

1. ETS 设计原理

ETS 将大功率激光能量传输给 LID。LIOS 的 ETS 是一个光纤缆系统。由 EBAD 研制的基准光纤包括 $\phi 400\mu m$ 的纯硅酸盐纤芯和一层厚度约 $12\mu m$ 的薄塑料包覆层。Penn 中央集团公司的一家分公司 G&H 技术有限公司,将 ETS 传输线制造成 3 个线束组件,即传爆管线束、PBV 线束和 LFU 线束。

传爆管线束通常被安装在导弹的线槽内,通过多通道光纤分级连接器与 LFU 的输出线束相连。PBV 线束是一种有两个通道的短线束,用于起动发动机点火和护罩分离。带一个分束设计的一个 4 通道(只使用其中两个通道)光纤分束连接器,用在护罩脱离 PBV 的过程中,切断 ETS 的光缆。

ETS 连接器采用美军标中提到的电连接器设计,在此之前其他弹道导弹项目也采用了这种设计。其中电子元件由包括光纤在内的插头和插座替代,对 ETS 的首先要求是对光能的损耗程度低。光能在通过每个连接器接口时的能量损失应小于 1.0dB,这种严格的要求是通过缩小光纤末端的机加公差实现的。光纤的端头被抛光成带适当凹槽的结构,以避免在连接过程中因机械碰撞、摩擦及传输大功率激光能量时导致光纤端面损坏。

ETS 用传统的加固电缆设计,包括一个塑料套、凯夫拉(Kevlar)受力件、连接器外壳以及接头保护用加热收缩套管。为能装进由 OTA 驱动的 SD,传爆管线束有一小段被收缩成一个矩形横截面的小面积,以便在Ⅱ、Ⅲ级分离前脱离。

2. ETS 试验

为保证使用安全,对 ETS 连接器进行环境试验和工程评估。结果在 LIOS 的飞行验证测试(FPT)过程中,每个 ETS 连接器均成功地通过了飞行环境试验。

G&H 公司对 ETS 进行的验收试验包括连接器光学损失测量、微观目检以及 100% 抗张强度拉力试验。ETS 飞行准备状态,通过 BIT 和 OTDR 进行检查。

13.5.5 LIOS 的系统试验

已经对 LIOS 进行了 3 次全面的 FPT。试验 1 是在 Autonetics 进行的端-端试验,检验 LIOS 和 GCA 之间的接口。这次试验取得了圆满成功,所有任务均按 G&C 指令圆满完成。试验 2 和试验 3 是飞行环境试验,在 Wyle 实验室完成。试验中,LIOS 系统完全暴露在飞行环境中接受温度、湿度、振动、加速和冲击的考验。在整个试验的不同时刻,各个任务的功能顺利完成,最终证实每一套 LIOS 均能完成预定功能。这两次试验同样取得了圆满成功。

13.5.6 飞行试验项目

安装在从 Vandenberg AFB 发射的小型洲际弹道导弹上的 LIOS,已经进行了两次飞行试验。在两次试验中,LIOS 系统表现完美。第一次试验时,由于其他非 LIOS 自身的原因,飞行在完全结束前被刻意终止。然而,飞行终止时,LIOS 已成功地完成了 18 项预定功能中的 17 项,有些还是在严酷的环境条件下完成的。第二次试验 100% 圆满成功,LIOS 完成了导弹指定的每一项任务。

在两次飞行试验使用的 LFU 上,配备了 2 台 PFN(脉冲形成网络)电压监控器、2 个加速度计、1 个电阻温度设备(RTD),并为每个冗余定序器配备 4 个定序器位置指示器。位置监控信号,由安装在步进螺线管轴上的 4 个独立的接触开关产生。GCA 内部,有 20 台实时监控功率和状态的监控器。对大多数武器功能事件而言,PFN 充电发生在预定的功能事件作用时间之前 1s。少数武器功能事件的完成,依赖于反馈给 GCA 的导弹动态信号。PFN 完成第一次充电后,等待发火指令,而这一指令的下达可能会有几秒的延迟。

每次飞行试验前,在导弹组装和发射前的检验过程中,LFU 的地面试验均取得圆满成功。数次的 BIT 也取得成功,表明 LIOS 可以进行飞行试验。飞行过程中,测得的 LFU 主要性能参数与地面试验中测得的结果一致,且满足所有要求。这些试验结果证明 LFU 能成功地完成飞行任务。在整个地面试验和飞行试验过程中,安装在 LFU 内的 USD 的表现堪称完美。

值得注意的是,在飞行试验前的整个准备工作中,安装及检查都按常规进行。没有对 LIOS 进行特殊维护,而最终每次飞行试验均成功完成。

13.5.7 可生产性研究

继第二次飞行试验之后,完成 LIOS 主要部件的重新设计。在此之前,任务的同步起爆是通过一个表面镀有多层结构的介质膜的分束器,使 LFU 内发出的激光脉冲分束实现的。分束后的光束随后被聚焦到 LFU 内各根独立的光纤内,进入 ETS 中不同的光学通道,从而引爆各个不同的 LID。尽管系统的机械性能良好,但对激光束分束的控制却是相当困难的。因此,研究决定取消光分束器,而是改成如 OTA 部分描述那样的通过多路输出的传爆组件,实现任务的同步起爆。后一种方法在其他导弹项目的应用中得到了很好的验证。本节所提出的这种混合式系统的可生产性更容易控制,但同时系统的质量也有所增大。此外,还取消了用于Ⅰ、Ⅱ级分离的传爆管线束的切割装置,现在使用的是一个无源光纤分束连接器。

13.5.8 研究成果及重要环节

与 SICBM 全尺寸研制目标相关,以激光器、光纤为基本元件的军用点火系统(OFS)的整个研制过程都非常成功。在技术上取得了多项成果,并完成了导弹、火箭的环境试验。小型洲际弹道导弹是第一种成功使用下列装置或组件的导弹。

(1)脉冲固态激光器。
(2)光缆连接器。
(3)机电定序器。
(4)高能量密度的高压电容器。
(5)激光起爆的雷管。
(6)安全可靠的 BIT。
(7)抗大功率激光损坏的低损耗光纤连接器。

下面列举的是研制 LIOS 的重要环节。
(1)用一个武器系统的 FPT 检验经重新设计后的系统性能。
(2)组件预鉴定和组件鉴定(LFU、ETS、USD 和 LID)。
(3)提供 PBV 用和 FPI 用军械组件。
(4)5 次系统鉴定试验。
(5)14 次导弹飞行试验。

13.6 激光火工品在区域反导导弹中的应用

PSEMC 生产的 LFU、LID 等,已经集成应用到复杂的导弹与空间武器系统中[15]。第一代激光起爆系统的飞行组件(FSA)与终止组件(FTA)在导弹上的应用,如图 13-22 所示。产品包括萨德(THAAD)与 EKV 战略导弹系统用的整个弹药起爆系统。

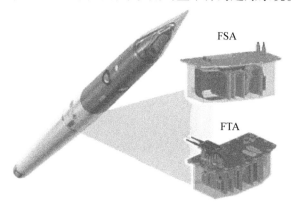

图 13-22 导弹用飞行组件(FSA)与终止组件(FTA)示意图

技术应用包括战略武器、发射装置、靶标与人造卫星的 LIOS 起爆事件以及榴霰弹分离、助推发动机点火、照明弹激活、偏离状态控制系统、助推发动机分离、飞行终止组件等类型的 FSA。上述导弹应用了激光发火装置与激光火工品，如图 13-23~图 13-31 所示。

图 13-23　LFU

图 13-24　激光驱动光缆切割器

图 13-25　LID

图 13-26　通用 LID

图 13-27　LIS

图 13-28　助推 LIS

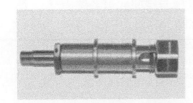

图 13-29　激光驱动切管器

图 13-30　激光驱动阀门

图 13-31　激光气体发生器

13.7　激光火工品在战术导弹中的应用

激光点火系统可应用于战术武器上，图 13-32 所示为一枚应用激光火工品的战术导弹[16]。激光点火系统包括激光发火装置、光纤缆、光纤耦合器、弹舱连接光缆与激光点火器,应急连接电缆和各种军械装置等。除火箭发动机外,其他弹上设备如气瓶、热力电池和爆炸螺栓等,也可用激光点火系统引发。为了消除有破坏性的废弃物喷出,可以采用自耗材料的激光点火器。如上所述,激光发火装置可用于发射多枚任务各异的导弹。激光发火装置还可以重复使用,完成多项任务,直至发射平台损坏或报废为止。

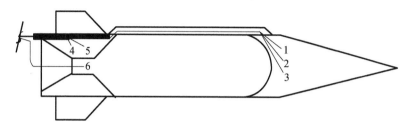

图 13-32　LIOS 在战术导弹中的应用
1,2—热力电池;3~5—气瓶;6—火箭发动机。

为了减少发射导弹所需激光脉冲数量及弹上光缆布线体积,可采用光纤分束器。导弹尾部使用一路到两路光纤耦合器。导弹前部的热力电池和气瓶使用 1 路到 3 路光纤耦合器,进入耦合器的光能几乎毫无损失地被均分为 2 路,同时对电池和气瓶点火,尽管并不需要这种同时性。

虽然这里介绍的是带有 BIT 的系统和机械保险装置的固体激光器,也可以采用二极管激光点火装置。导弹点火程序:①在导弹装载时激光点火系统完成自检;②接收导弹准备发射指令;③脉冲电路充电,机械保险机构解锁,脉冲分配器转向武器前位(50ms);④接收发射指令;⑤前位点火起动;⑥脉冲电路充电,分配器转向后位(50ms);⑦后位点火起动;⑧脉冲电路充电,分配器转向火箭发动机(50ms);⑨导弹起动,接收"导弹完好"指令;⑩火箭发动机点火,机械保险机构闭锁,脉冲产生电路接地,激光点火系统恢复安全状态;⑪导弹起飞。

从发射准备到火箭发动机点火的时间为 150ms,通常导弹的其他操作应与发射时间相配合。对应用于运载火箭、战略武器和一些战术武器的激光点火系统,激光点火器最好装在弹上或装在运载火箭上。如装在弹上,导弹的激光点火系统完全是独立的;由于取消了光纤与弹外接连,发射平台和导弹之间结合大为简化。如果发射平台发射导弹的数量较少,或武器要求发射后点火,那么激光点火系统装在弹上也较为合理。

13.8　LIOS 在运载火箭上的应用

由于激光军用起爆系统及其起爆方法在安全性和可靠性方面有明显改进,因而使实际应用成为可能。本节主要论述激光起爆的军用系统在运载火箭上的应用[17]。

用运载火箭把载荷(如卫星)推入宇宙空间,对于这种用途,都备有像固体和液体燃料这样的能源,电子军用系统(OIS)就典型地用于驱动军用装置点火。运载火箭点火时,有可能发生发射轨迹或飞行控制方面的误作用。考虑到这样的情况,一般在运载火箭上配备自毁装药。这些装药构成一种 FTS,可在飞行中销毁运载火箭。飞行终止的自毁作用,包括了同时起爆自毁装药的方式,这种方式遍及运载火箭及其他军用装置。

由于运载火箭的发射和飞行轨迹控制中存在着潜在危险,发射场的安全措施要求是最关心的问题,这些要求主要涉及 OIS 和 FTS 的可靠性标准问题。军用起爆系统没有完全遵守提倡的发射场安全措施要求。已知的一些系统,如阿特拉斯洲际导弹(Atlas)、德尔塔(Delta)和泰坦导弹(Titan)武器系统,都有需要更换不符合发射场安全措施规定的武器控制系统。因此,研究提高激光军用点火系统的安全性和可靠性是十分必要的。

激光起爆、点火系统技术是明显提高了安全性和可靠性的一种军用起爆系统与方法。在应用中,通过光缆组件(FOCA)传输激光能量,使起爆器爆炸和 DDT 装置发火,这些起爆器和 DDT 装置统称为 LID。与前面提到的爆轰传递组件相比较,FOCA 只有 1/25 的质量、可靠性高一个数量级、1/5 的成本,而且能容易地进行全面无损检测试验。虽然这种 LID 含有中等感度的烟火剂和炸药,但它们对电的隔离性能,使其能抵抗所有因电磁和异常光学环境引起的偶然起爆。

在实际应用中,LIOS 系统每个 LFU 有模块化的 6 个固态激光器,各个 LFU(用于 FTS 时称为自毁发火装置(DFU))通过冗余 LID 接口机构与地面和导弹指令系统相连接。一些用于 LIOS/FTS 的飞行系统接口机构,由发射场安全措施配电箱控制。用于已知德尔塔Ⅱ系统的与典型应用(如装备有固态激光器和 S 水平支撑线路)一致的 LIOS/FTS,其可靠度超过 0.9995、质量比现役 FTS 小 200lb,成本显著比相应的 EED/ETA 系统低。

下面将用于德尔塔Ⅱ系统的一种 FTS 的典型例子作为特别参考,讨论激光起爆系统的应用。

13.8.1 FTS 的一般特性

图 13-33 所示为用于 FTS 和 OIS 典型的最佳 LIOS 结构示意图,该图所展示的是一个由 6 通道 LFU 或标 2 的 DFU 组成的模块化系统。每个 LFU 有 6 个固态激光器,在 4 和 6 两组之间均等地分配。主飞行接口装置 8 和冗余飞行接口装置 10,通过来自导弹和地面保障设备(GSE)界面的连线 12,接收来自运载火箭的信号。接口装置 8 和 10 的输出通过线 14 和 16 直接到达 LFU,每个 LFU 通过线 18 起动军用装置。

至少每一级使用两个 LFU,以实现使每个军用装置可被位于不同 LFU 中的激光器冗余起爆的期望方案。此外,阻止自毁的输入被接到每个 LIOS 接口装置 8、10。在正常级间分离期间,这些输入用以阻止自毁作用。因此,这种阻止功能可源自两个独立的装置,以防止由于错误的阻止自毁操作引起的单点失效。

如图 13-33 所示,DFU 和 LFU 之间唯一明显的差异是所有的 DFU 激光器同时发火(成组发火)而使 FTS 自毁,而 LFU 激光器是根据 OIS 发火顺序,以不同的尺寸组在不同的时间发火(单个发火)的。相同组发火的 DFU 和 LFU 被用于 FTS 和 OIS。然而,技术人员可以通过在 6 通道 LFU 内设计不同的发火时间,从而减少 LFU 的数量。

此外,当 FTS 需要在发射台上解除保险时,可在操作员的选择下,OIS 通过制导计算机(GC)连接电缆控制,在发射台上解除保险,或者通过制导计算机在飞行中解除保险。FTS 的发火指令源包括 CDRs(指令自毁方式)、早炸分离和破碎传感器(自动自毁方式),而 OIS 的发火指令源是制导计算机。

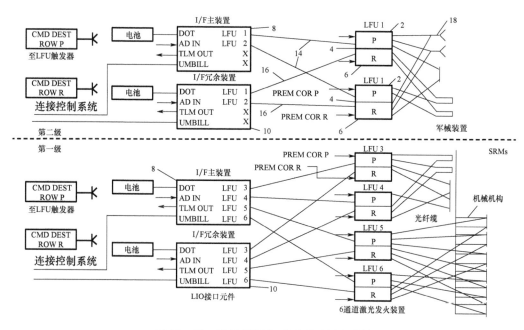

图 13-33 用于 FTS 和 OIS 的 LIOS 结构

LIOS 接口元件 8 和 10,在芯片逻辑方面与 LFU 和 DFU 采用的基本相同。不过它们在运载火箭接口(接导弹和地面系统)方面,以及在发火装置的数量方面有所不同。此外,如果系统接口升级(如利用了母线标准),则通过改变接口元件 8 和 10,留下 LFU、DFU 及内系统导线不动,便能适合 LIOS 系统使用。

在实际应用中,固体 YAG 激光器具有足够的发火能量裕度。但是,技术人员趋向于用激光二极管提供起爆能量。图 13-34(a)展示出一个激光二极管发火子系统的典型结构,主要包括激光二极管、电源、解除保险机构、传输光缆与 LID。与普通军用起爆电路中的情况一样,电解除保险开关 800 把能量传给发火电路。对于在密封的光学接头和级-级接头中的光传输系统存在光功率损失,其激光二极管如果要产生 20W 左右的功率,转换效率为 33%(理论范围是 20%~40%),那么就需要大约 60W 的电功率。如果跨接二极管的电压降为 3V 左右,就需要大约 20A 的电流驱动该二极管。虽然这个电流可以直接取自容量大的电池母线,但多个通道同时发火的要求,导致最好要使用储能电容,积累每个激光二极管的发火能量。因此,解除保险开关被安排在系统电源(电池)801 和储能电容器 802 之间。这种设计类似于众所周知的电起爆装置,如 EBW 和 EFI 中的解除保险开关的位置。固体激光发火子系统如图 13-34(b)所示,主要包括自由振荡的激光器、电源、解除保险机构、传输光缆与 LID 等。

图 13-34 进一步显示如何通过把雷管和点火管设计成具有相同发火性能的混合体,即具有等同感度的混合体。而在激光二极管和自由振荡固体激光系统中,交替使用激光发火的点火管和激光起爆的雷管。点火管用于所有需要爆燃输出的地方,如火箭发机点火、气体发生器的点火、电缆切割等;而雷管用于所有需要爆轰输出的地方,如自毁装药、爆炸螺栓等。

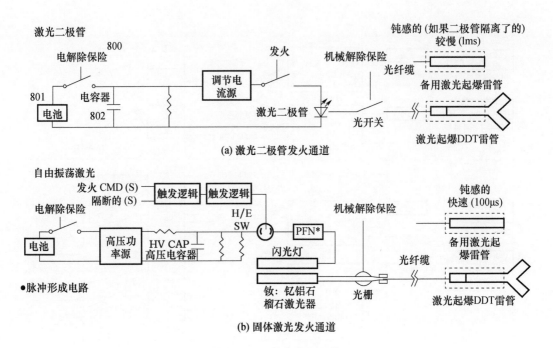

图 13-34 激光发火系统

在典型 FTS 实际应用中，自毁装置在 95% 置信水平下的可靠度为 0.99995。对于给定的实际起爆边界，在所有自然的和感生的环境下，所有现代猛炸药将以接近 1.0 的概率高级爆轰。因此，可靠度的大部分分配给了安全冗余的 LIOS/FTS。除 LID 以外，包含 ETS 的整个 LIOS/FTS，在实际应用中是完全可测试的（与单发爆轰传递线相比）。用足够数量的试验，可以验证在 95% 置信水平下的可靠度。

火工品技术人员将会从性能（安全性和可靠性）、功能（不只是成本）的可生产性、坚固耐久性（故障容限）以及这些与运载火箭的关系（安装的容易性、运载火箭制造、维修性、质量关系等）和风险（性能、成本、时间表）等方面考虑如何应用。这里只是概括性地叙述实际应用考虑到的所有这些方面。

13.8.2　LIOS/FTS 系统的技术途径

1. LIOS/FTS 系统

图 13-35 展示出典型 LIOS/FTS 的一般元器件与系统结构组成。通过光缆组件（FOCA）把装置产生的激光，用光学方法耦合到 LID 中，用于起爆自毁装药。该 FOCA 即为激光发生装置与 LID 之间的能量传输系统（ETS）。激光发生装置和聚焦光学件构成了激光前部组件。每个激光前部组件及其相连的 FOCA 和 LID 构成激光起爆通道。

把能量施加到激光发生装置中，使其产生激光。在固态激光器的情况下，光泵将电能转化为光能激励激光器。在激光二极管的情况下，泵浦能量是电能。通过能量开关或触发开关将电能供给泵浦器件，而能量开关是由触发电路控制的。由来自一个或多个自毁指令传到自毁接收器（CDR）上，连线上的自毁指令信号使触发电路发火。自动自毁装置的发火，可由来自 ADS 或意外分离自毁系统（ISDS）传感器 124 的发火指令完成。另外，ISDS 的作用可以通过爆轰传递组件（ETA）直接起爆自毁装药完成。

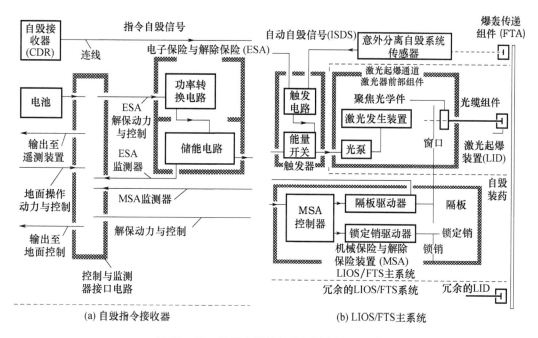

图 13-35 运载火箭的激光起爆自毁子系统

用于泵浦激光器的电解除保险能量,应在发射前就储存在 LIOS/FTS 系统中。如果泵浦需要的是功率形式,而不是由 FTS 电池提供的能量,那么就需要一个功率转换电路,并可能需要一个储能电路。综合起来,这些就代表了电子保险与解除保险(ESA)的一部分。

为了具备要求的地面安全性,可以用一个或多个机械保险与解除保险(MSA)装置隔断激光发生装置和 LID 之间的光学通道。这种隔断可以是一个可移动的光学通道元件或隔板。在光泵浦激光器的情况下,这种隔断也可以有效地放在泵和激光器之间。一个机械保险与解除保险控制器和隔板驱动器控制隔板的移动,独立控制的可验证的隔板锁定装置,即锁定销驱动器使该 MSA 被认为是靶场安全的两道隔断。

通过控制和监测器接口电路使 ESA/MSA 元件与地面和飞行控制系统接合。机内测试部件是额外的元件,在图 13-35 中未显示出。有机地组合所有这些元件,即形成所希望的 LID 数目的 LIOS/FTS 主系统。一套冗余元件有机地组合成一种冗余的 LIOS/FTS 系统,由每个系统的 LID,使每个自毁装药或军械装置发火。虽然图 13-35(b)所示的激光前部组件中包括了光泵、激光器,并通过 FOCA 使 LID 发火,但构成 LID/FTS 系统的元件可以有多种方式组合。

如前面提到的那样,LIOS/FTS 系统在实际应用时,每个自毁发火机构(DFU)中包装有 6 个激光器。如图 13-33 所示,每个 DFU 由两部分组成,一部分由主系统控制,另一部分由冗余系统控制。每部分都包含 3 个激光器及其相关的 ESA 构成的模块、储能及触发电路。每一部分同时控制横跨全部 6 个激光器输出的 MSA。除这些普通模式的 MSA 外,DFU 的各部分是独立的。这种设计提供了完整的冗余功能与主动恢复保持功能。

2. 自毁装置

即使不是全部,也是现存的大多数自毁装药(如那些用在已知的德尔塔Ⅱ系统中的)均存在缺乏密封性问题。因此,在实际应用中,无密封的自毁装药会被密封的自毁装药替代。

为第三级推力防止或终止提供的是一种电缆切割器,这些装置全部由通过 DFU 的 FOCA 发火的 LID 冗余起爆驱动。

德尔塔 Ⅱ 7925 结构使用石墨环氧发动机(GEM)作为固体火箭发动机(SRM),用单个环形线型空心装药(CLSC)组件,通过每个 GEM 的前整流罩切割出一个直径为 8 英寸的孔而自毁。在电起爆 FTS 系统中,CLSC 是由来自机电保险与解除保险(S/A)的两个爆炸输出,通过复杂的 ETS 而冗余起爆的。这个复杂的 ETS 由限制性导爆索(CDF)TLX 索、FCDC 以及多个连接的爆炸固定件和接头组成。

但是,在 LIOS/FTS 系统中,CLSC 接受来自 LID 的输入,同时提供了装药的自动自毁操作。正如前面提到的那样,LIOS/FTS 基本上使用已知的第一级自毁装药。用松装药/飞片起爆自毁器代替电起爆 FTS 系统线型自毁装药,由耦合到 FOCA 上的冗余 LID 直接起爆。沿冗余的 DFU,在第一级的中心体内有两个冗余的 BC/FPD。一个 BC/FPD 面对着 LOX 箱;另一个面对着燃料箱。它们都将产生直径最小为 6 英寸的孔,以把 LOX 和燃料撒入空中。能在其他大型(取决于充填的与空的体积)箱体断裂之前完成。进一步,加接一个断线的 ADS 到第一级自毁发火机构上。

第二级自毁装置类似于第一级自毁装置。不过重新组合了一个 U 形 LSC,以接受 LID(即加两个 LID 窗口),并包括增加的金属-金属封接。进而用 FOCA 代替了 ETS。

对于第三级自毁装置,包括用 FOCA 代替 ETS,消除 ETS 电缆切割的特征。因此,配备分离剪断式的第三级光缆切割器,和分离 PAM(有效载荷助推舱)自毁装置在一起。

这种第三级光缆切割器是气体密封型的,由两个冗余的 FOCA 窗口代替 LID 窗口,因为在别的地方不需要爆轰输出。这个 FOCA 接口在机械上和光学上均与 LID 接口是等同的,以使激光器发火通道能在光缆切割器和自毁装药之间交替使用。

现有 MHSC 在发动机壳体上打孔的销毁方式是可行的。不过在实际应用中,MHSC 需重新改装,以接受 LID(即加了一个 LID 窗口到 MHSCSD 上),并包括额外的金属-金属封接。

13.9 激光点火在火箭发动机自毁中的应用

美国陆军部所属 S. D. Russell 等发表的 AD-DO 14088 报告中,叙述了几种激光点火器,用于点燃火箭发动机推进剂后自毁[18]。而激光点火器的管壳会燃烧且无碎片损伤发动机体,如图 13-36~图 13-40 所示。

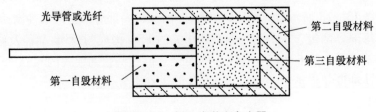

图 13-36 插入式激光点火器

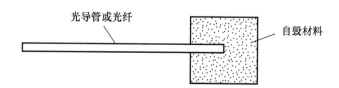

图 13-37 插入式激光点火器

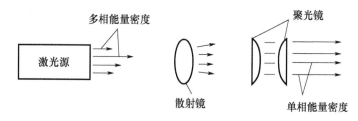

图 13-38 激光能量密度转换器

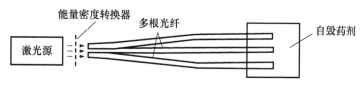

图 13-39 多光纤插入式激光点火器

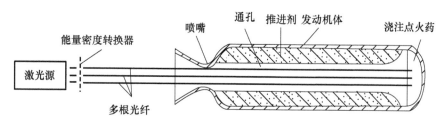

图 13-40 激光点火使火箭发动机自毁示意图

该激光点火器的结构为光纤埋入式,即光纤直接埋置在点火药内。其组成部分有激光源、激光能量密度转换器、光纤或光导管和自毁点火装药。所用装药可选 B/KNO_3、$Al/KClO_4$、推进剂和放热合金丝。

图 13-36 中采用 3 级装药,3 级装药均由 B/KNO_3 药柱、$Al/KClO_4$ 药柱、放热合金丝和固体推进剂组成。也可采用 US 4208967 中陆军所规定的以下三组装药。

第一组,金属燃料-氧化剂:①Mg-聚四氟乙烯,60% Mg、40% 聚四氟乙烯;②B-KNO_3,B 粉$(23.7\pm2)\%$、$KNO_3(70.7\pm2)\%$、黏合剂 5.6%;③Zr-$KClO_4$,Zr 45%(粒度 $10\mu m$)、$KClO_4$ 55%(粒度 $6\sim17\mu m$);④Al-$KClO_4$,Al(粒度 $17\sim44\mu m$)45%、$KClO_4$(粒度 $6\sim17\mu m$)55%。

第二组,起爆药:①PbN_6;②LTNR;③其他药剂。

第三组,推进剂:①任一种双基推进剂;②任一种单基推进剂;③任一种复合推进剂;④黑火药;⑤其他药剂。

13.10 热电池的激光点火

用激光点火起动的热电池如图13-41所示[19]。这项研究验证了用激光二极管,点燃ASB公司提供的铁和高氯酸钾混合药的可行性。试验使用的混合药的比例确定为:铁83%/高氯酸钾17%。可以用这种研究方法,测试热电池燃烧装置中使用的其他烟火混合药;该激光二极管点火技术还可用于热电池的起动。

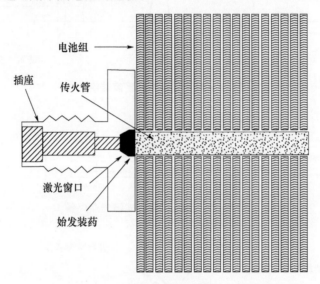

图13-41 用激光点火起动的热电池示意图

13.11 硬目标航弹用激光起爆装置

据英国《简氏防务周刊》报道,美国空军曾经研制了一系列旨在提高穿透和摧毁硬目标能力的航空炸弹[20]。

该项研究包括一种激光引爆装置,这种装置能够独立判明目标种类,并以最佳方式引爆113kg级的穿透弹头。赖特实验室计划在GBU-28飞行试验中,将摩托罗拉公司生产的新型硬目标激光起爆装置,同BLU-113弹头一起进行试验。另一种可能的方案是将激光起爆装置,安装在BLU-109弹头内进行试验。BLU-109是GBU-24和GBU-27炸弹共同使用的弹头,质量226kg。

研制这种硬目标激光起爆装置,旨在通过寻找最佳起爆点,使炸弹(包括GBU-24、GBU-27和GBU-28激光制导炸弹)能够摧毁极其坚固的目标。美国空军计划就单一材料硬目标激光起爆装置,同摩托罗拉公司签署一项为期一年的合同,其中包括加大投放装置和对定型后的25个激光起爆装置进行一系列试验。将为美国空军特种作战部队的AC-130武装攻击机提供一种硬目标激光起爆装置,这种装置能随弹体穿透掩体和建筑,并能按预定时间在选定的层段和空间起爆。这种新的硬目标激光起爆装置带有一个微处理器和相关的系统,能够选择最佳起爆点。对它的点火试验显示,它能使现有的 MK-407 引信和 HEI 射弹中的内部组件的生存能力延长到穿透目标之后。

13.12 激光火工品在陆军武器中的应用

13.12.1 炸药爆炸产生激光对常规弹药推进剂的点火

美国专利 US 5212339 介绍了能源部洛斯阿拉莫斯国家实验室的 M. S. Piltch 等将高能炸药爆轰产生激光的理论应用在弹药点火系统中的技术方案[21]。经美国陆军弹道研究实验室测定,该方案适用于现役所有弹药药筒点火,具有无峰压和冲击波、降低药筒和炮膛质量、提高射程和命中精度等优点。

该点火系统结构如图 13-42 所示,主要由高能炸药 1 及其雷管、药筒 2、发射药 3、空腔 4、5、锥形反射器 6、反光镜 7、8、凹槽 9、输出窗口 10 和激光材料 11 组成。高能炸药 1 是质量约为 1g 及化学反应能量约 5000J/g 的圆盘形药柱。空腔 4、5 内有少量单原子气体,如氩、氪和氖等。反射器 6 为锥体反射面,由铝等材料抛光、镀膜而成,可高效反射光和热。激光材料为棒形或盘形,安装在药筒轴向输出窗口 10 的凹槽 9 内,与反光镜 8 相接,用低浓度有机染料溶解在聚合物基质内,构成的可见光染色塑料制成。其染料颜色要与发射药 3 颜色进行优化匹配。

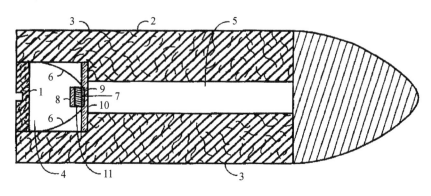

图 13-42 炸药激光器对推进剂的均匀点火
1—高能炸药;2—药筒;3—发射药;4,5—空腔;6—锥形反射器;
7,8—反光镜;9—凹槽;10—输出窗口;11—激光材料。

这种激光点火的基本原理是,高能炸药 1 爆轰时释放的能量,在空腔 4 内产生绝热压缩激发惰性气体发光,泵浦激光工作物质产生激光束照射、点燃发射药。当爆轰波进入邻近惰性气体区域时,其爆速 $v = 7mm/\mu s$,它使空腔 4 内少量惰性气体加热,其黑体温度可达 25000K 以上;并辐射荧光和热,锥形反射器 6 将光聚焦反射在激光材料 11 上,从而引发激光。该激光进入轴向空腔 5,经发射药 3 表面反射,使发射药内表面同时点燃,并充分燃烧。发射药燃烧产生的高温高压气体将弹头推出药筒,发射到目标上。

影响爆炸激光点火可靠性的主要因素,在于最终产生的激光能量密度和适用发射药。

而能量密度值又取决于爆轰波、激光材料和反射率。据测定,该专利所提供的结构,其激光能量密度已大于$1J/mm^2$,足够点燃现有的任何发射药。虽说如此,美国还在研制爆炸激光点火适用的发射药,以减小所需能量密度及高能炸药装药量。

13.12.2 车载大口径火箭弹的激光点火发射

由于激光点火系统是非敏感的,点火器可以直接安装在武器系统中,如火箭发动机上。因而像多级火箭发动机那样,这种多级装置所需的多个机电式点火装置,可由一个激光点火系统取代,显著降低成本。与机电式点火装置相比,即便是一次性使用的激光点火系统,也能节省费用。在许多武器系统的设计中,只要把激光点火系统设置在发射平台上,就可以节省大量费用。安装在大口径火箭弹发射车上的激光点火系统如图13-43所示[16]。

激光点火系统装置

图13-43 大口径火箭弹的激光点火发射车

这样使用激光点火系统,其发火装置可重复利用。激光点火系统一旦安装在发射平台上,就可以作为从这个平台发射的任何武器的发火装置。采用激光点火系统,可使武器点火系统的总体性能大为提高,只需装备一个激光发火装置,就能容易地完成多项点火任务。由于武器系统设备数量减少了,与机电式点火系统相比,激光点火系统节省了质量和费用。采用光纤耦合器,可以实现两路或多路点火任务同时进行。同一个激光点火装置既可用于快速引燃、降压燃烧装药,也可用于引燃爆燃装药。激光点火装置安装在发射平台上,火箭发动机的点火装置就可不装在弹上,也就不存在先要将其从喷管喷出的问题。由于火箭发动机不带点火装置,减少了弹上无效质量和空间,提高了弹药武器装备的性能,消除了喷出废弃物的破坏性。

当暴露在射线中时,掺有离子的激光棒、自聚焦透镜和光纤都会变黑。一旦射线减弱,激光棒、自聚焦透镜和光纤均可恢复大部分原有的光传输能力。经过简单处理,激光点火系统便可以在有核辐射的环境中工作。最后需要指出,由于激光点火器不敏感这个特性,点火器可以用自耗材料制作,并可以安装在火箭发动机内部。

13.12.3　火炮的激光多点点火系统

随着大口径弹药的不断发展,对点火系统提出了越来越高与更多的要求,其最实际、最基本的要求就是点火系统应安全、可靠、快速,且适应于装药设计。激光多点点火系统的研制和发展,就是在这些方面所做的努力[22]。

在常规点火系统中,点火是由中心点火管完成的。中心点火管装在位于弹底中心的点火药剂中,在此点火后容易产生轴向压力波。这种压力波对依赖发射基座运动的整弹运行,会产生不利的影响。对装配在精巧弹药中的电子部件可能造成破坏,极端情况下也可能使炮的后膛损坏。而激光多点点火系统,用按一定规律分布的许多点去点燃发射药。由于有足够多的点火点同时点火,火焰快速扩展将不会产生或很少产生轴向压力波。

另外,在常规中心点火系统中,当炮弹离开炮口时,常常有一半多的点火材料未能完全燃烧。而多点点火系统,则由于有许多点火点,点火材料燃烧较为完全。就可能不需要太多的发射药剂。更重要的是,多点点火系统由于在短时间内,内部压力急剧升高,从而使其作用非常迅速,在同等装药量条件下,可提高炮弹出炮口速度,增加射程。

就整弹的内部几何结构而言,中心系统限制了整弹所包含的任一弹芯的长度。而多点系统能够围绕着任一弹芯成型装药,从而使弹芯几乎能扩展到整弹的基底。

通常意义上的点火刺激是由电脉冲或机械冲击提供的。而现在的点火刺激,是由通过光纤传输的激光能量提供的。由于自然界不会产生激光,于是该系统可做得非常安全。假如采用的药剂只会对所用的激光敏感,那么它对静电、机械冲击、电磁脉冲等影响就可能降低或消除。

通用的石英光纤强度和柔性都很好,能够按照安装的柔性和负载要求,很容易地进行加工处理。新型光纤由于密封包覆,而且寿命超过 20 年,使其变得非常适用。

以上种种因素都预示了激光多点点火系统,是一个可靠的、便于实际工作的系统。从而有可能成为适用性强的通用技术,同时也预示出国外在点火与起爆领域的发展趋势。

1. 美国陆军军械研发工程中心开发的 LIOS

美国陆军军械研发工程中心和 ARL 的技术人员,已经成功地开发出 LIOS[23]。随时准备革新陆军大口径火炮的点火方式,LIOS 不需要底火或点火管发射武器。以前陆军所有大口径火炮都使用底火和点火管点燃发射药,士兵需要将炮弹装入火炮,将底火插入炮栓,然后进行发射,与此同时,还需要士兵在火炮旁边扯动拉火绳发射炮弹。LIOS 使用的激光器由计算机控制,因此不需要士兵站在火炮后面,发射会更安全。激光点火使过去的火炮发射方式在经历了 100 年应用之后,第一次发生重大变化。火炮激光点火系统的 3 种工作方式如图 13 - 44 所示。第一种是将激光器装在炮尾,用透镜组件将激光束聚焦后,直接照射发射药,点火发射炮弹;第二种是采用棱镜将炮尾侧向输入的激光束反射后,沿轴向照射发射药,点火发射炮弹;第三种是采用光缆将激光束传输到炮尾,由炮尾的透镜、棱镜和炮膛内的透镜,将激光束反射、聚焦到增强点火剂上,使发射药点火发射炮弹。

研制 LIOS 的关键是为火炮的炮栓找到一种既不昂贵又能可靠工作的激光透射窗口元件,最重要的是要能够承受发射压力及耐磨损,火炮发射时会在炮管内侧产生 $50000 lb/in^2$ 的压力。研究小组研制出一种能够承受多次射击，而不破裂的蓝宝石窗口。ARL开发的这种窗口的生产成本为100美元，而早期的窗口要3000美元。研究小组开发出的这种窗口，使LIOS的研制工作进展迅速。

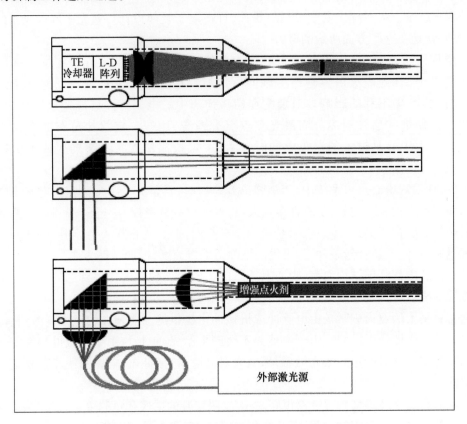

图13-44 火炮激光点火系统的3种工作方式示意图

除了士兵不用站在武器后面进行发射，而具有安全性外，LIOS还为军事应用提供多种其他优点。其效果既保障了任何进行发射的人员安全，又不再需要人工装填底火，LIOS可以提供比普通大口径武器系统更快的发射速度。此外，激光器和自动化火控系统有接口，军事人员可以用计算机完全控制激光器，从而避免偏离目标意外发射。

2. "十字军战士"155mm自行榴弹炮激光点火技术

由于LIOS的效能显著，陆军已经选择其作为"十字军战士"155mm自行榴弹炮的发射点火技术[24]。LIOS将使"十字军战士"的精确射程从5km提升到40km以上，发射速度达到10发/min。"十字军战士"上的多突缘楔式炮栓轻而紧凑，并提供迅速、自动化的起动支持高速发射。LIOS通过集成与炮栓自动化兼容，保障长期快速发射的可靠性。采用这种技术使"十字军战士"具有很好的快速响应、长距离和准确发射能力。下达战斗命令后，在15~30s内"十字军战士"能够发射第一发炮弹，并确保打击敌方所在地。由于LIOS可以改装，所以广泛其作为点火装置似乎可行。带有激光点火装置的炮栓如图13-45所示，采用LIOS的"十字军战士"155mm自行榴弹炮如图13-46所示。

在图13-45所示的炮栓结构中，采用了电容充放电模块、双闪光灯泵浦固体激光器、窗口输出激光作为点火能源。激光点火发射炮弹如图13-47所示。

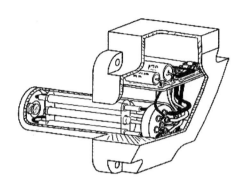

图 13-45 自行榴弹炮用固体激光点火炮栓示意图

图 13-46 "十字军战士"155mm 自行榴弹炮

图 13-47 "十字军战士"155mm 自行榴弹炮用激光点火发射炮弹

由于 LIOS 的许多主要工作已经完成,该系统已送到陆军军械研发工程中心作进一步的开发。在陆军追求更轻、更机动武器系统的趋势下,研究小组正在寻找新的且更有效的材料,减小 LIOS 的体积。

3. "帕拉丁"自行榴弹炮激光点火技术

火炮一直是战场上的主要武器,近来在火炮使用上颇有改进。这些改进大多在瞄准和火力控制上,而不是武器的基本设计。但在最新一代自行榴弹炮上却有重大变革,即在其尾部安装了激光点火装置[25]。

火炮历来都是用底火点燃黑火药发射炮弹。美国陆军武器研发工程中心的火炮激光点火系统项目的 Henry Kerwien 等则研制出一种安装在炮尾用 YAG 激光点火的系统,激光束通过炮尾的光学窗引入火药,使之点火。

此前曾采用过的烟火技术是一种装有高能材料的点火器,它将热气和微粒喷入推进火药中进行点火。这种做法的问题是,每发射一次就要更换一次点火管。因而必须大量供应点火管,才能持续战斗。这对环境影响很大,也增加了后勤工作的负担。

激光点火器能克服这一缺陷,不仅使用时间长,还可承受机械应力。然而火炮的后坐力会产生冲击力和过负荷,这是大多数激光点火技术应用所不曾遇到的。研究人员试验过各种谐振腔和泵浦方式设计,以保证它们能承受住这种冲击。泵浦抽运腔的材料包括 KKl 滤光玻璃,使用漫反射镜腔,使灯与棒之间有较高的耦合效率与激光转换效率。

Kigre 中心的工程师们设计制作了 LIOS 原型样机,进行原理方案论证。试验结果表明,它们可以在改进型 Paladin M284 火炮上可靠地工作。研究了光束的分布情况,得到最佳能量密度。传输光束的光窗需要 10mrad 的低发散度。最后采用 YAG 激光器使用 10J、波长 1064nm 的高斯分布光束,在点火管靶上产生 ϕ5mm 光斑,可得到所需要的点火特性。

最终的设计能承受火炮的冲击与振动,符合军用要求,大大改进了火炮的发射可靠性与发射速率,1min 可发射 8 发炮弹。正在考虑用于轻型 155mm 榴弹炮和轻型火炮系统。[26]

4. XM297 榴弹炮

为了增加火炮的射程,获得更高的炮弹发射速率以及在相同条件下提高炮弹速度,因而发展了 XM297 榴弹炮[27]。带有激光点火装置的 XM297 炮栓模拟图如图 13-48 所示,该炮栓上装有激光器、电源、控制器和光缆等部件。

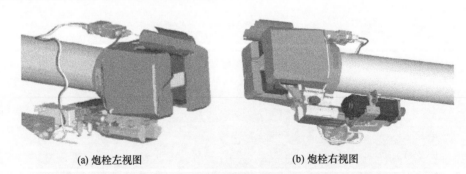

(a) 炮栓左视图　　　　　　　(b) 炮栓右视图

图 13-48　XM297 炮栓与激光点火部件

该炮具有激光点火、炮栓完全自动化操作,并且全部与自动装填机集成等特点。XM297 的部件具有以下特性:①采用激光点火子系统,消除消耗品——点火管的后勤供应负担,减少操作成本实现自动点火,减少了哑炮的危险性,增强了点火可靠性;②实现自动化操作使火炮车内无乘员,炮弹自动装填能减少乘员数,使发射速度最大化,并减小运载车辆的尺寸;③在炮栓上安装激光点火发射装置,可经受炮弹发射时的冲击与震动;④自动化操作证明电动炮栓、激光点火与激光窗口清洁等装置的功能符合要求。

5. 激光点火的小口径火炮

由于 LIOS 可以改装，所以 LIOS 正改进用于"阿帕奇"直升机的 30mm 口径的 M230 自动火炮[23,24]。在 M230 航空机关炮弹中的试验与应用如图 13-49 和图 13-50 所示。

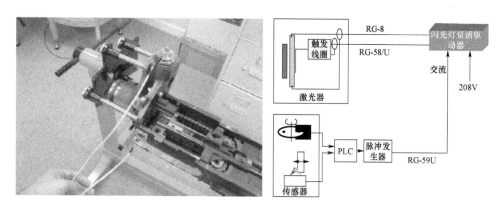

图 13-49　小口径火炮激光点火的试验装置

图 13-50　采用 YAG 激光点火系统的"阿帕奇"直升机的 M230 航空机关炮

"阿帕奇"直升机的这种 30mm M230 机关炮，现在的发射速度为 625 发/min，最高可达 1200 发/min。"阿帕奇"直升机装备的 30mm 火炮使用的炮弹是含有硬壳、弹丸和内部装发射药的整体式炮弹，弹壳用作压力密封。为了使"阿帕奇"直升机装备的 30mm 火炮与使用的 LIOS 能够兼容，ARL 已经成功研制出一种垫圈状的玻璃窗口，作为 30mm 弹筒的一部分。由于窗口实际上是弹筒的一部分，因此只能使用一次，随着使用过的弹筒壳而被抛弃。这种窗口的成本只有几便士，使直升机上 30mm 炮弹采用激光点火具有可行性。有 LIOS 相助，这些武装直升机更加具有杀伤力和作战效能。"阿帕奇"直升机的 YAG 激光点火系统如图 13-51 所示，用激光点火管的 30mm 炮弹底部结构如图 13-52 所示。

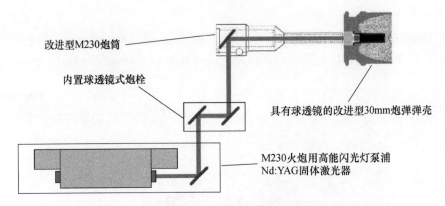

图 13-51　M230 用 YAG 激光点火系统的光学原理图

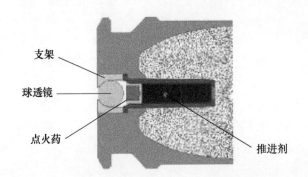

图 13-52　采用激光点火管的 30mm 炮弹药筒底部结构

13.12.4　激光点火发射子弹的枪械

1. 激光激发的手枪

美国专利 USP 5272828 公布了 John T. Petrick 等发明的一种激光点火发射子弹的手枪，如图 13-53 所示[28]。

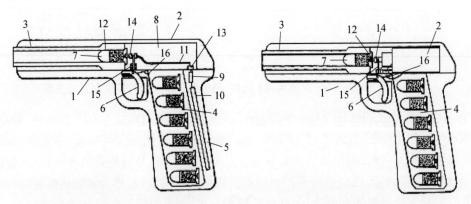

(a) 电池和激光器装在枪柄内的手枪　　　(b) 电池和激光器装在枪栓内的手枪

图 13-53　激光点火激发的手枪

1—手枪壳体；2—枪栓；3—枪管；4—子弹夹；5—手柄；6—扳机；7—激光子弹；
8—发火机构；9—激光器；10—电池；11—传输光缆；12—枪膛；
13—光耦合器；14—聚焦透镜；15—安全光闸；16—开关。

图 13-53(a)所示为一种将电池和激光器装在枪柄内,光耦合器、传输光缆装在枪栓里的手枪结构。当扣动板机时,在安全光闸打开的同时,电源开关闭合,激光器输出激光脉冲能量。光耦合器将激光脉冲能耦合入光缆,经光缆传输到透镜上,聚焦后照射到子弹底部的窗口上,激光脉冲通过窗口点燃火药,将子弹从枪管射出。图 13-53(b)所示为一种将电池和激光器装在枪栓内的手枪结构,激光器输出激光脉冲通过透镜耦合,直接点火发射子弹。

2. 激光激发的驳壳枪

美国专利 US 6430861 B1 公布了 Tyler Ayers 等发明的一种激光点火发射的驳壳枪,如图 13-54 所示[29]。

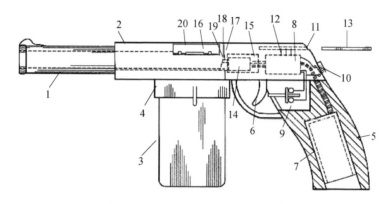

图 13-54 激光点火激发的驳壳枪

1—枪管;2—外壳;3—子弹匣;4—弹匣座;5—手柄;6—扳机;7—电池;
8—控制模块;9—电源开关;10—保险开关;11—插卡槽;12—终端连接器;13—电子识别卡;
14—2W 激光二极管;15—内腔;16—弹膛;17—枪栓;18—激光输出端口;
19—后膛喷气斜壁;20—空弹壳抛出口。

图 13-54 所示为带电子识别控制的激光点火发射子弹的驳壳枪结构。该手枪是将电池和开关装在枪柄内,把激光器、电源、电子识别卡、光耦合器装在枪栓里。在打枪时,先将电子身份识别卡插入,打开电源保险开关,再扣动扳机。打开控制模块的触发开关,激光二极管输出激光脉冲能量,通过激光输出端口,照射到激光子弹底部的铷玻璃窗口上,激光脉冲通过窗口点燃火帽中的点火药。点火药燃烧后产生的火焰再点燃发射药,将子弹从枪管射出。

3. 激光点火的霰弹枪

美国专利公布了 William G. Platt 等发明的一种激光点火的霰弹枪[30],如图 13-55 所示。图 13-55(a)所示为激光点火霰弹枪的结构,电池与保险开关放置在枪托里,电源控制器与激光器放置在枪膛侧面的一个盒子里,反射镜与聚焦透镜安装在枪栓里;图 13-55(b)中显示的是从子弹底部进行激光点火的枪膛局部结构。

在打枪时,先打开枪托上的保险电源开关,再扣动扳机。触发激光器输出激光脉冲能量,通过一组 45°反射镜,将激光束传输到聚焦透镜上,照射到激光子弹筒底部的光学窗口上,通过窗口点燃子弹筒中的点火药与发射药。发射药燃烧后产生的高温高压气体,将弹筒前部装的钢珠霰弹从枪口射出。

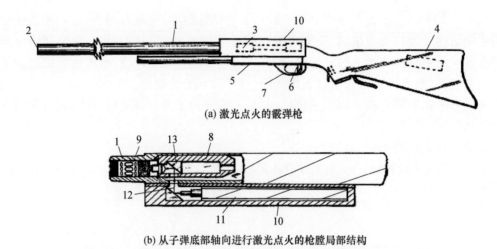

(a) 激光点火的霰弹枪

(b) 从子弹底部轴向进行激光点火的枪膛局部结构

图 13-55　激光点火的霰弹枪

1—枪管；2—枪口；3—弹膛；4—枪托；5—外壳；6—扳机；7—扳机保护圈；
8—枪栓；9—激光子弹筒；10—枪膛侧面的铁盒；11—激光器组件；
12—被反射传输的激光束；13—45°反射镜。

13.13　激光起爆技术在军火销毁处理中的应用

美国桑迪亚国家实验室一直在积极跟踪研究光学爆炸、点火子系统，其主要精力集中在试验性技术研究和光学点火的数值模拟上。从相关参考文献中，还可以获得许多光学武器研制方面的其他信息。开展此项研究工作的最初动机是解决安全问题，具体地讲是减小用电能量点火的 EED 发生意外爆炸的可能性。使用激光光源引爆含能材料，为从装药腔中去除桥丝、导电插针和引线提供了机会，从而使炸药与杂散电点火源（如 ESD 和 EMR）隔绝。有了对杂散点火电流钝感的爆炸装置，就可以在对 EED 有危险的环境中使用这种新技术系统。

美国桑迪亚国家实验室为军火销毁处理（EOD）研制了一种手提式、手动固态激光起爆系统和一种激光雷管[31]。测试并评估了 Whittaker Ordnance 和 Universal Propulsion 公司的激光产品。激光雷管中装 CP 作为 DDT 药柱，HMX 炸药用作输出装药。设计的激光器在脉宽 500μs 时的输出为 150mJ，这个输出可通过 2000m 的长光纤使激光雷管发火。用手提式激光二极管的光源，通过光纤可以使激光雷管发火。

美国桑迪亚国家实验室由 EOD/LIC 项目下属的特种技术办公室指导研制，采用手提式、手动触发的固体激光系统和光学雷管，取代 EOD 中起爆 Comp C-4 炸药或导爆索的电雷管。本节对已测试过的样品系统进行论述，采用 Quantic 和 Universal Propulsion 公司的激光器样品，在桑迪亚国家实验室进行试验。

13.13.1　军火销毁处理系统的组成

EOD 使用的一种光学系统装置，是具有电磁辐射对武器的危害（HERO）性相对安全的系统。该系统的爆轰输出,足以直接起爆 Comp C-4 炸药,或者用无起爆药(如 PbN_6)的光学雷管引爆导爆索。该系统由光学雷管、手提式蓄电池起动激光器,使激光输出耦合传输到激光雷管的光纤缆等组成。下面分别对每个部件进行论述。

1. 销毁用激光起爆器

图 13-56 所示为光学雷管设计结构图,此种雷管依赖的是 DDT。该雷管含约 90mg 的 CP 炸药作为 DDT 药柱,用 1g HMX 猛炸药作输出装药。HMX 输出装药周围的雷管壁很薄,以便减小对 HMX 爆轰产生冲击波的衰减。雷管中装有一根连接标准 SMA 906 光学连接器的光纤,由连接器将光纤置于图 13-56 所示的蓝宝石窗口相接触的位置。该光学界面以及所使用的光纤取代了电阻丝,使雷管中的炸药不与任何电源接触,彻底与杂散电流隔绝,提高了安全性。

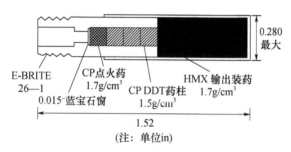

图 13-56 军火销毁用激光起爆器

炸药的光学点火取决于所传输的光能以及炸药吸收的能量。为此,在低能激光作用时,有必要给炸药掺杂一些其他材料,如碳黑或石墨,以提高其对光能的吸收,从而降低炸药的点火阈值。选择使用掺杂 1% 碳黑的 CP。在高能激光时,如海军 EOD 系统所提供的那样,要使炸药点火,就必须给炸药传输最小的发火能量,传输给掺杂 CP 炸药的最小激光发火能量在 0.25mJ 量级。海军 EOD 系统使用一种在几百微秒内,可传递 100~200mJ 光学能量的固体激光器。当使用高能量固体激光器时,激光雷管中的始发炸药不需要掺杂,但必须填满,以使雷管具有更广泛的用途。

用装 9V 电池的固体激光系统和 5 节 9V 电池(总计 45V)充电的手提式半导体激光二极管系统装置,已经使光学雷管成功发火。爆炸系统的作用目的是要求使用一种接近 90% 光学衰减或光损耗的(4.5dB/km 损耗)长光纤,长达 2000m。每千米光纤的损耗越大,光衰减的问题就越严重。手提式激光二极管能够在点火要求的范围内传递 2W 的光能量,但不能解决 2km 光缆传输时内部损耗大的问题。由于这个原因,EOD 系统使用了可提供高光能的固体激光器。这个问题将在下一节继续论述。

2. 激光发火装置

Quantic 公司和 Universal Propulsion 公司已完成了两种激光器发火装置的设计。Whittaker Ordnance 公司的设计是第一代样机,Universal Propulsion 公司的是第二代样机,两种系统均显示了通过 1km 光纤使光学雷管的有效发火。下面将论述这两种激光器的设计。

海军 EOD 激光武器系统使用的第一种激光器发火装置,是由 Whittaker Ordnance 设计完成的,具有手提式、运输期间稳定、防水等功能。该激光器装 1 节 9V 电池,该电池将电能提供给 DC/DC 转换器,使电压上升至约 500V。这个电压使 300μF 的电容器充电,充了电的电容器将电流供给闪光灯,闪光灯的作用是激发掺杂了钕的 YAG 激光棒,从而使激光器输出激光。这种系统在 500μs 脉冲期间,可输出 100~200mJ 的光能,使雷管点火所要求的能量至少增加了两个数量级。激光器的输出耦合到使用 SMA 905 连接头的 ϕ200μm 光纤缆中,传输到光学雷管上引爆需要销毁的弹药。

激光器的现场运输很方便,将激光器装在直径约 ϕ3.5in×6in 的圆柱容器中,包装质量约 907.2g。激光对眼睛有伤害,必须对操作者采取适当的保护措施,以防止激光束对人的偶然伤害。要求操作人员在离激光器或者离光纤缆与激光器耦合的输出端 10 英尺或 3m 以外的地方,并佩戴相应波长、光密度为 46 或更大的激光安全防护镜。操作期间,由一人保持对激光器和光学雷管的安全控制,该操作者有责任确保在 3m 暴露范围内的所有人员都采取适当的眼睛保护措施。一旦符合要求,才可以按下激光发火装置顶部的准备按钮,使激光器进入准备状态。再过 10~30s 后发火灯开始闪烁,此时光纤缆与激光器上光学孔背面的防护盖打开,再按下发火按钮使激光起爆器发火。

第二代激光器是由 Universal Propulsion 公司设计完成的,其包装有所改进。设计时特别考虑到环境保护,激光输出与 Quantic 公司的激光器相当。这种激光器使用的是 6 节 1.5V 的 AA 电池或 3 节 3V 的 AA 电池(总电源为 9V)。给激光器充电,9V 电源可上升至 360V,可使 200μF 的电容器充电。该激光器对环境密封、输出更稳定,壳体、闪光灯与第一代样机类似,长 10.1in、直径 ϕ2.75in,激光器质量 952.6g。该激光器的操作方法与 Quantic 公司的相同,此种激光器的设计利用了一种旋转式发火按钮,将此按钮装在激光器外壳的背面。该激光器在 200μs 脉冲内可输出 200~300mJ 的光能量,使光能耦合到配备有压入配合式的 SMA906 连接器内的 ϕ200μm 光纤缆中,该连接器与激光器外壳的正面出口连接。

3. 光纤及其连接

通过使用光纤将激光器的光能耦合传输到光学雷管中。本节以尺寸和 NA 描述了每种光纤,光纤的尺寸按照玻璃芯直径确定。海军 EOD 系统使用的是直径 ϕ200μm 的光纤,也可以使用较大直径如 ϕ400μm 的光纤。

光缆相对耐用,但是纤芯也可能断裂,应小心避免弯曲至半径小于 0.5in。系统安装期间,光可通过光纤传输以证明其连续性,如果光纤的另一端没有光输出,则说明该光纤中有裂纹。检查光纤连续性时,只能使用对眼睛安全、低功率的光源,不得使用装置的发火激光。因为该激光束对眼睛有害,而且是人眼看不见的一种近红外光,还容易引起意外事故。

光纤的连接可以用标准光学连接器完成,如果需要的话可在现场进行连接。但如果提前准备好的话,会使现场操作更简便。对激光器输出端的光纤,精加工非常重要,需要将光纤接头研磨加工。炸药爆炸时,光纤的后端有一部分会毁掉。因此,建议要提前准备好现场使用的光缆连接线,以减少在现场做光纤连接头的次数。

13.13.2 销毁废旧弹药起爆应用

光学起爆系统使用激光能量引爆光学雷管中的炸药,此种雷管对 HERO 安全,而且产生的爆炸输出足以引爆 Comp C-4 炸药或导爆索。这种光学雷管不含起爆药,激光器是手提式的,用电池充电。激光器产生的光能耦合到与光学雷管连接的标准光缆中。为了因多次销毁废旧弹药起爆时,能够方便地在现场更换一段光纤,而使用了一些接头。该系统通过 1km 长的光纤缆引爆 Copm C-4 炸药时是有效的。

13.14 激光起爆技术在石油射孔系统中的应用

激光起爆是指用特殊频率的光脉冲起爆炸药的方式,在井下具有腐蚀性的高温高压环境中,比其他起爆方式有着更良好的安全性与可靠性[32]。

图 13-57 所示为激光起爆的射孔枪示意图。爆破装置(射孔枪)下到井下,在它的起爆系统里装有一定量的炸药,爆破装置的上部装有能与光纤耦合的光分离器,光纤缆则与地面上的激光源相连。

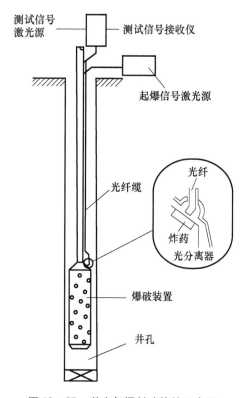

图 13-57 激光起爆射孔枪的示意图

激光起爆源用来产生一个特定频率和能量的光脉冲,这个光脉冲足以起爆炸药,继而使爆破系统做功。用光分离器传输这一特定波长和能量的光脉冲,但能将其他频率的光反射掉。即光分离器允许来自起爆激光源的特定波长和功率的光脉冲通过,并照射到炸药上使之起爆。但是反射其他波长的光脉冲,阻止其照射到炸药上。

激光起爆源最常用的是 YAG 激光器,它能产生波长 1064nm 的光。激光起爆源的输出能量最好在 0.8~5.0J 之间。起爆爆破装置所需的激光能量实际上只需要 10mJ,其余的能量则用来补偿光脉冲沿光缆传输过程中的损耗。传输用光纤最好使用石英光纤,直径为 $\phi 200\mu m$,并具有多模特性,使之易于弯曲及便于与其他装置耦合。

在爆破装置起爆做功之前,需有一个检测信号对光路的完整性进行测试,以确保光缆最终可靠传输起爆光脉冲,使爆破装置做功。检测信号由另一个位于地面上的激光源提供,称此为检测信号激光源。检测信号激光源的功率较小,大约要比起爆用激光源的功率小 5 个数量级。检测信号沿着传输起爆信号的同一根光纤缆传递,由于检测信号的波长不同于起爆信号的波长,因而在照射到光分离器时被反射(不能照射到炸药上),并沿原路返回到检测信号接收仪上。如果测试信号接收仪未接收到返回的检测信号,则表明传输光纤缆出现了故障(如断裂)。

光纤与起爆用激光源、测试信号激光源、光分离器以及检测信号接收仪之间的连接,可以用任何合适的光学或机械耦合装置。为确保炸药有效吸收从光分离器传输的激光脉冲并可靠起爆,还可以在炸药里添加一定量的激光吸收材料,如碳黑、石墨等。

激光起爆系统可以同时起爆 2 个爆破装置。这 2 个爆破装置可以相距很远,但连接在同一根光纤上,因此可以同时起爆。2 个光分离器分别装在光纤与 2 个爆破装置的接口处。如果需要的话,还可以让激光起爆系统带有多个爆破装置。

为了使爆破装置可靠做功,可以在爆破装置的顶部和底部分别装一个激光起爆系统(冗余起爆系统)。这样,如果其中的一条光纤因各种原因不能传输激光能量使爆破装置做功的话,另一条光纤还能继续传输激光能量使爆破装置起爆。

图 13-58 所示为在光纤传输途中增加的激光中继器,当地面上的激光源与井下的爆破装置相距很远时,因为激光能量传输损耗较大,激光中继器就显得特别有用。激光中继器通过光电元件在来自起爆激光源的光脉冲作用下触发。激光中继器包括一个电容和一个放电电路。当光电元件探测到来自起爆激光源的光脉冲信号时,光脉冲触发激光中继器,使之释放出更大的激光能量起爆爆破装置。当地面上的激光源距井下的爆破装置很远时,激光中继器能够补偿光脉冲沿光纤缆传输途中的不可预测的能量损耗。如果有必要的话,可以在光纤传输途中增加多个激光中继器。

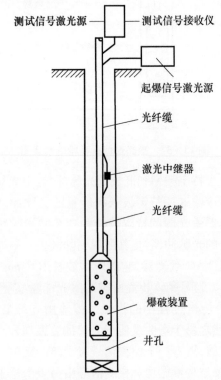

图 13-58　在光纤传输中增加了一个激光中继器的射孔枪的示意图

13.15 激光火工品技术的进展

下面对激光火工品技术的进展进行综合分析论述[33,34]。由于在激光引爆系统装置中使用光纤代替电线,从而实现含能材料与电系统的隔离。对静电曳放、电磁辐射、杂散电流等作用钝感,所以激光起爆、点火装置存在固有的安全性。另外,激光起爆、点火系统装置的其他主要优点有:①可以完成整个系统的光路完整性自检,且不影响系统的可靠性和安全性;②激光起爆器可以设计、制造成直列式,保险装置可设计、制造成全电子型;③ 容易实现多点、远距离同时作用,发火装置可重复使用。从 20 世纪 60 年代起,美国能源部桑迪亚国家实验室一直在进行激光点火、起爆技术的研究工作。国外在 20 世纪 70 年代,主要进行了火工药剂的激光起爆、点火技术基础性研究。从 20 世纪 80 年代开始,随着固体激光器的小型化、激光二极管与低损耗光纤的出现,激光起爆、点火技术逐步进入实用阶段,激光点火技术已成为火箭弹和导弹推荐使用的直列式点火系统。到 20 世纪 80 年代后期,NASA 下属公司或研究中心也开始了激光火工品技术研究工作。EBAD 已生产出供火箭使用的激光点火系统;麦道公司电子系统分公司已完成了激光二极管起爆系统的保险装置设计并申请专利,同时它也完成了激光系统的安全性及要求的试验研究;麦道公司导弹系统分公司完成了用于空空导弹的激光点火子系统设计,主要完成了激活电池、尾翼展开和定序推进系统的功能试验;在 1986—1990 年间,Santa Barsara 研究中心与空军合作,完成了 SICBM 的激光点火装置的工程化生产;马歇尔航天中心已完成了 48in 固体火箭发动机系统用激光点火系统的试验。

早期激光起爆技术的最大缺点是装置体积大、作用时间较长,且多路作用时间偏差较大。因此,仅适合于对体积、作用时间要求不严格的系统,也就是说除战斗部的起爆外,可以执行其他所有的使用功能。这对于航天系统特别有用,原因是它对作用时间要求不太严格,但对可靠性与安全性要求很高。在 20 世纪 90 年代初,美国国防部、能源部和航天部均将激光火工品技术项目列入重点关键技术。国防部和能源部合作,将激光点火子系统用于飞机乘员逃生系统,在 F-16A 飞机成功地进行了舱盖抛放与座椅弹射试验。能源部芒德研究所主要承担激光起爆猛炸药(HMX)雷管的研制工作。在火箭弹和导弹点火系统中,已开始推广应用激光点火装置为基础的直列式点火系统,并建立了有关的标准和规范。作为直接光起爆计划的一个组成部分,研制出一种光起爆系统样机,用于确定在各种武器环境中的工作性能。同时,也完成了对激光二极管起爆技术的探索。它主要集中于对 $Ti/KClO_4$ 和掺碳黑的 CP 药剂进行点火和引爆试验工作。用一个激光二极管可以使 3 个元件(掺碳黑的 CP)同时起爆,用一个阵列激光二极管可以完成 7 个元件的同时起爆,作用时间范围介于 1.0~3.0ms 之间。从 1994 年起,美国桑迪亚国家实验室也开始转向激光直接起爆猛炸药 HMX 雷管的研究,曾致力于降低该雷管作用时间的研究工作,其作用时间已降到 $50\mu s$ 以下。

美国已将 YAG 激光点火技术用于"阿帕奇"直升机的 M230 小口径机关炮,研究了 ϕ20mm 激光点火的无壳弹药。美国陆军计划将其拓展到 155mm 大口径火炮上。对先进的坦克加农炮所用的双管坦克弹药的激光点火试验,也在积极研究之中。对于导弹武器系统而言,已经或正在研究的应用有 SICBM、新型空空导弹、THAAD 与 EKV 战略导弹、德尔塔火箭、自行火炮等系统。美国 PSEMC 已研制出几种激光点火系统,为地面拦截工程研制出了

16路输出的原型点火系统样机。在与韩国公司进行合作的国防计划中，PSEMC已研制出激光点火系统的解除保险/发火装置（LAFD），这满足美军标《火箭弹和导弹发动机点火系统的安全准则》（MIL-STD-1901）规定。要求的LAFD尺寸与海尔法导弹相同，该产品在导弹发动机中进行了试验。

激光起爆技术目前有3种形式：①激光直接起爆炸药；②激光通过炸药表面的金属薄膜起爆炸药；③激光驱动飞片起爆炸药。考虑到直列式引信仅限制于MIL-STD-1316D所规定的钝感炸药，对实际应用而言，在激光起爆装置中可选用HNS炸药。但前两种方式均不能可靠起爆HNS，而试验证明激光驱动飞片能立即成功地起爆HNS。所以，激光驱动飞片起爆HNS是唯一满足现代引信准确定时、快速响应及钝感化要求的一种起爆技术。但在大多数武器系统中，由于所使用的激光器尺寸大、成本较高，而输出激光能量较小，激光驱动飞片起爆技术的应用尚需时日。随着激光器件技术的不断进步，将会使激光起爆、点火技术成为一种实用的技术。根据NASA 1991—1996年规划要求，完成了激光雷管和保险系统的设计、试验工作。这项工作由约翰逊航天中心的B. Wittschen负责，并承担Pegasus火箭激光点火系统的保险装置的鉴定认可。2004年CNES在卫星上成功地搭载试验了激光二极管点火驱动的载荷分离装置。最近，美国BAE系统公司在新生产的M109式"帕拉丁"自行榴弹炮上装备了激光火控系统。

13.16 激光火工品技术发展前景

13.16.1 激光火工品应用技术分析

激光火工品作为一项新技术，一般地讲，该系统必须满足以下几个目标，并且考虑以下几项规定参数：①至少确保相同的功能；②至少保证同等的性能；③系统的规定参数关系；④至少证明一项该技术的实质优势。

在这个考虑中，期望激光火工品技术达到以下几点：①性能等同于现有的那些技术；②达到相同的功能（功能性分析状态）；③应系统、规范地考虑安全性、可靠性、实用性和可维护性，环境、布局配置规定及参数；④投入使用时，能够降低成本与减少某些安全要求（电磁干扰和静电放电）。

即使光学技术多年来一直在武器系统中应用至今，而激光火工品对于武器系统确实是一项新技术。以欧洲为例，激光火工品在欧洲航天领域重要的第一步，是DEMETER卫星搭载激光火工品试验由CNES CST成功完成。但是，即使所提供的技术在卫星方面的应用是适当的，它在运载火箭中的应用也不能够因此而完全确认。由于涉及某些运行环境（振动、冲击与温度等），以及关系到其他系统的要求，如可靠性、安全性/安全装置、试验能力、体系机构规定的参数等，需要结合武器系统的实际进行集成设计与综合验证，逐步实现工程应用。

如上所述，数据传输所需要的光学技术（危险区域监控，如坦克、广播通信宽带信号等）已为人所知。通常的规则，如配置规则、期望的弯曲半径、加工工艺、清洁等，作为激光火工品也同样是有效的。传统光学技术与激光火工品技术两者的本质区别，是后者要求具备更高级别的光能量,这必须在组成传输序列所需用的基本元件中明确考虑到。还有运行环境中的操作:功率预计的裕度可能很差,这取决于选择的体系机构。

13.16.2 发展前景

西方发达国家的激光火工品技术研究起步早、投入巨大、研究内容广泛,加之工业基础水平高,因而该项技术发展非常快。相关的 MIL – STL – 1901、NATO STANAG 4368 和 AIAA – S – 113 标准的颁布,有力地促进了激光火工品技术的发展与应用。目前,国外的激光火工品技术发展较为成熟,在美国达到了 TRL9 级水平,已经开始进行小批量生产和装备应用;在法国已经达到不小于 TRL7 级水平。国内的激光火工品技术正处于应用发展阶段。随着固态激光器小型化和高功率激光二极管技术的发展,激光起爆点火技术将会日益成熟并推广应用。激光火工品还会与 MEMS 技术结合,向小型化、微型化方向发展。可以预料,在未来 3~5 年,激光火工品有望成为武器装备首选的安全型火工品技术,服务于导弹、战斗机等武器平台,提高装备综合性能。

总之,激光火工品技术是火工品领域中的重大成就之一,它具有其他火工品所不具备的突出优点,尽管还存在一些尚待解决的问题,但终将会在激光和火工品研制领域新技术的不断发展中被克服。激光技术的发展不仅将持续推动火工品技术发展,而且以激光技术为核心的光学检测诊断技术设备,也将为火工品测试技术带来极大的便利,其应用前景良好。

参 考 文 献

[1] Talley/Univ Propulsion Co. 激光激武器系统[G]. 九十年代国外军民用火工烟火产品汇编(下册). 许碧英,王凯民,彭和平,编译. 陕西应用物理化学研究所,1996:836 – 838.

[2] 曙光机械厂. 国外激光引爆炸药问题研究概况[G]. 激光引爆(光起爆之二). 北京:北京工业学院,1978:26.

[3] YANG L C. Performance Characteristics and Statistics of A Laser Initiated Microdetonator[C]. 10th Symposium on Explosives and Pyrotechnics,February ,1979:36 – 1 to 36 – 17.

[4] DALE R J. Laser Ordnance Initiation System[C]. Proceedings – Annual SAFE(Survival and Flight Equipment Association)Symposium,November ,1991:253 – 257.

[5] LANDRY M J,et al. 飞机抛放系统使用的激光军械起爆系统[J]. 王凯民,译. 火工情报,1994(1):128 – 133.

[6] BLACHOWSKI T J,OSTROWSKI P P. Update on The Development of A Laser /Fiber Optic Signal Transmission System for The Advanced Technology Ejection Seat(ATES)[R]. AIAA – 2001 – 3635:2 – 3.

[7] KRAMER D P,et al. 火工烟火的激光点火[J]. 王凯民,译. 火工情报,1996(1):101 – 106.

[8] BLACHOWSKI T J,等. 空勤人员逃逸系用光学 BNCP/HNS 雷管的发展[J]. 徐荭,译. 火工情报,2002(1):18.

[9] SPIE Vol. 7795. T – 6A Texan II(联合基本飞行训练系统) – 座舱盖破裂点火系统用激光雷管的运行性能[J]. 陈虹,编译. 动态情报,2011(1):1 – 2.

[10] DILHAN D,WALLSTEIN C,CARRN C. 卫星激光二极管起爆系统[J]. 徐荭,译. 火工情报,2005(2):38 – 54.

[11] DILHAN D,FARFAL P,CAHUZAC F,等. 航天用激光火工品的近期发展概述[J]. 陈虹,译. 火工情报,2010(1):1 – 19.

[12] PURDY B,FRATTA M. NRL 的 ARTS 程序用激光弹药系统[J]. 轩伟,译. 火工情报,2007(1):34-47.

[13] BAHRAIN M,FRATTA M,BOUNCHER C. 海军实验室(NRL)的 ARTS 计划中有关激光弹药的系统试验和集成[J],张春婷,译. 火工情报 2007(1):121-136.

[14] CHENAULT C F,MCCRAE J E JR,BRYSON R R,et al. The Small ICBM Laser Ordnance Firing System[R]. AIAA 92-1328:3-4.

[15] 激光火工品在区域反导导弹与太空中的应用. 太平洋科技含能材料公司产品样本,2007.

[16] WAUGHTAL S P. 激光军械点火系统的应用[J]. 于为重,译. 飞航导弹,1991(4):36-39.

[17] WILLIAMS M S,等. 激光起爆的军械系统(一)[J]. 许碧英,译. 火工情报,1996(2):99-118.

[18] RUSSELL S D. 自毁式激光点火器[J]. 贺树兴,译. 火工动态,1994(1):8-10.

[19] GILLARD P,等. 激光二极管点火:热电池激光点火过程[J]. 徐荩,译. 火工情报,2004(2):42.

[20] 英国《简氏防务周刊》. 美空军发展硬目标激光引爆装置[J]. 许碧英,译. 火工动态,1994(2):23.

[21] PILTCH M S. 常规弹药爆炸激光点火系统[J]. 贺树兴,译. 火工动态,1994(2):21-22.

[22] 符绿化. 激光点火的多点点火系统[J]. 火工动态,1993(3):7-8.

[23] HIRLINGERA J M,BURKE G C,BEYER R A,等. A Laser Ignition System for the M230 Cannon[C]. Proc. of SPIE,2005,vol 5871,SPIE 587101.

[24] HAMLINA S J,BEYERB R A,BURKEC G C,等. Laser Sources for Medium Caliber Cannon Ignition[C]. Proc. of SPIE,2005,vol 5871,SPIE 587102.

[25] 晓晨. 榴弹炮用激光点火[J]. 激光与光电子学进展,2003,40(3):60.

[26] 美最新火炮可精确制导. 环球网//军事//国际军事图//最新图,2011-09-07.

[27] SMITH D C,WILDMAN J E. XM297 Cannon System for the Crusader System:"A Unique Government-Industry Team"[C]. 34th Annual Gun & Ammunition Symposium & Exhibition,26-29 April,1999.

[28] PETRICK J T,COSTELLO R L,WHILDIN E H,Sr. Combined Cartridge Magazine and Power Supply for a Firearm. US 5272828[P/OL],1993-12-28.

[29] AYERS T,MCCARTNEY S. Electronically Controlled Firearm. US 6430861 B1[P/OL],2002-04-13.

[30] PLATT W G. Laser Ignition System for Firearms. US 3631623[P/OL],1972-01-04.

[31] MERSON J A,SALAS F J,HELSEL F M. 军火处理使用的光学武器系统[J]. 徐荩,译. 火工情报,1996(1):30-34.

[32] 叶欣. 石油射孔系统中的新型起爆和传爆装置[G]. 国外火工烟火技术发展研究. 西安:陕西应用物理化学研究所,1998:249-265.

[33] 王凯民,符绿化. 国内外火工烟火装备现状、技术水平分析和发展趋势研究[R]. 国外火工烟火技术发展研究. 西安:陕西应用物理化学研究所,1998.10:356-357.

[34] 王凯民,符绿化. 九十年代美国火工品的发展规划、研究进展和科技政策[R]. 国外火工烟火技术发展研究. 西安:陕西应用物理化学研究所,1998.10:336-338.

后　记

　　刚参加工作时,在申报工种动员会上,研究所筹建组的老技术人员在介绍什么是火工品时,讲解到:火工品就是原子弹起爆时,倒计数口令完第一个作用的元件。他对火工品的精彩描述,深深地吸引我从此步入火工品行业。当年,从西安近代化学研究所来的18位技术人员,负责筹建陕西应用物理化学研究所,曾美誉为"十八棵青松"。其中,杨剑章是我的第一位师傅,郭挺魁是我的第二位师傅。在师傅们的指引与教导下,开始参加火工品研制工作。1968年秋天我到庆华电器厂新品车间实习了近8个月,张保堂、宋玉升和郭芳群3位师傅给我留下了深刻的印象,在他们身边我学习了火工品装配及生产工序操作,这段日子过得艰苦、紧张、短暂而又愉快。我非常热爱火工品事业,在领导的关怀和各位师傅的帮助下,很快成为题目负责人,从事火工品研制工作。

　　刚参加工作不久,由于很年轻,深感才疏学浅、力不从心,所以特别渴望学习火工品专业知识。1973年9月,经考试,我被推荐到北京理工大学一系进行学习。当时在国内火工界有3位女权威,就是北京理工大学的陈福梅教授、西安近代化学研究所的朱玉研究员和南京理工大学的戴实芝教授,她们是专业领域内德高望重的老前辈。我非常崇拜她们的敬业精神和渊博学识,有幸受到其中两位老师的教诲。在校学习期间,教研室的蔡瑞娇、刘伟钦、程国元、劳允亮、曾象志、汪佩兰等老师对我倍加关心和爱护,特别是陈福梅教授对火工品理论的精辟讲解、张保平教授的爆炸力学理论和熊楚才教授丰富的化学知识,给我留下了深刻的印象。陈教授曾单独教给我学习方法,为我翻译的第一篇外文资料校对稿件;所长朱玉对"科研工作方法"的精彩论述,使我记忆犹新,并曾为我的第一篇论文"激光起爆装置"逐字、逐句地进行修改;陕西应用物理化学研究所所长周胜利在激光火工品技术研究最困难的时候,对项目给予了坚定的支持和鼓励。这些都使我受益匪浅、终生难忘。毕业回所后,在一室开始从事激光火工品技术研究工作。回顾自己走过的历程,每一点成长都与领导的关心、老一辈技术人员的教导和同事们的热情相助密不可分。更令人难忘的是,当我不能回家过春节时,大年初一我在室主任韩庆坤、指导员刘师利和主任高守山家里吃过新年饭;每当我工作、生活上遇到难题时,研究员张兴顺师傅总是用他丰富的人生阅历和知识,深入浅出地为我指点迷津。老同学刘彦义高工在半导体激光电源与控制电路设计研制、赵俊锋工程师在激光火工品试验及推广应用研究中,也给予我们大力支持和帮助。

　　在长期从事激光火工品技术研究工作中,我积累了丰富的工作经验和技术知识,也收集整理了大量的国内外技术资料。多年来我一直有两个心愿:第一是在自己退休之前,将激光火工品技术付诸实用;第二是编写一本有关激光火工品技术的书。第一个愿望由于种种原因未能完全实现,但目前在两个应用方向上,已经有了一个好的开端。其中一项进展较为顺利，主要关键技术有所突破，得到第一笔应用研究经费。有关激光火工品技术应用方面的大量工作，还有待青年技术团队继续努力来完成。第二个愿望是从 2010 年 3 月开始的，经过系统、反复阅读大量的国内外技术资料，经过几年的不懈努力，书稿终于完成。编写过程是艰辛的，一开始面对一大堆资料，真有些"老虎吃天无处下爪"的感觉，在编写过程中逐步积累了一些经验。最艰难的是 2011 年国庆节之后，自己在恢复文档时一时操作粗心，导致 30 多篇电子文献资料丢失，好在书稿还在。最后，又向别人第二次索回近 10 篇电子版文章；花了近一个月的时间，还原了 20 多篇文章，才使得书稿撰写工作恢复正常。激光火工品技术这部书能够编成并出版，是值得庆幸的一件事。没有单位内各级领导的关心，没有同行们的热情支持，没有从事这项研究工作的技术人员的大力相助与几位作者的协作及努力，想要完成书稿的撰写和出版是不可能的。在书稿所参考的一些早期资料中，一些插图既不清楚又不规范，经过处理之后虽有改善，但仍不能令人满意，对此希望读者给予谅解。

在这里，我们要衷心地感谢所有支持和帮助过我们的人！特别要感谢重点实验室从事激光火工品研究的技术团队。在编写书稿过程中，在需要资料、应用软件或出现计算机操作困难的时候，他们总是热情、及时地帮助我们解决。

总之，本书的出版，是一件令人高兴的事。但愿此书能对国内从事火工品技术研究、设计、生产、使用和管理的人员，以及相关专业的学生和其他需要者有所帮助。谨以此书，献给为我国火工品事业的发展而奋斗不息的人们！

鲁建存
2021 年 6 月

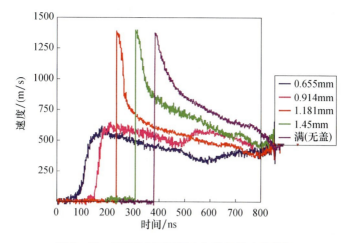

图 2-21　EBW 在不同深度条件下的速度数据

（注：用压装密度 0.9g/cm³ 的 PETN 进行反向冲击试验）

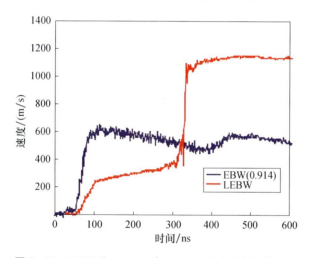

图 2-22　EBW 和 LEBW 在 0.9mm 处速度数据的对比

（注：EBW 与激光起爆均采用密度 0.9g/cm³、长度 0.9mm 的 PETN 装药进行试验）

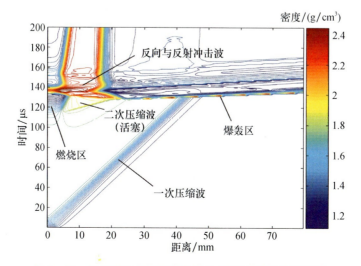

图 2-23　反向冲击 HMX 药粉层的 DDT 过程的密度记录

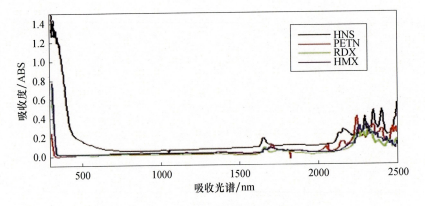

图 2-35 几种含能材料的光学吸收性能

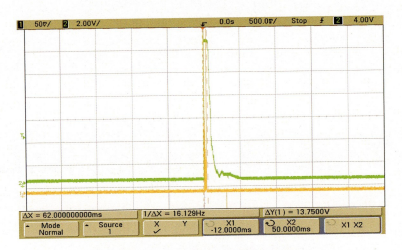

图 3-27 锆氧灯泵浦激光输出波形

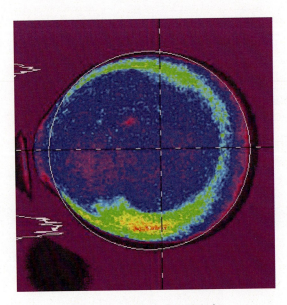

图 4-20 侧发火光纤的光束

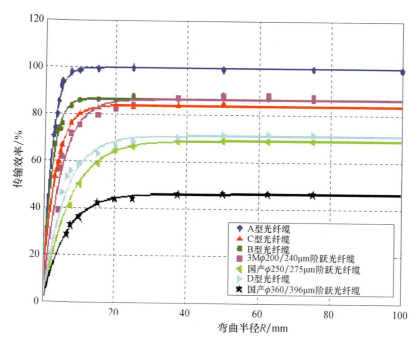

图 5-21　光缆弯曲半径与传输效率关系曲线

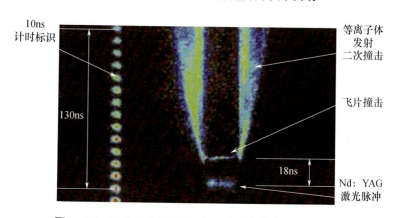

图 6-63　飞片撞击 PMMA 有机玻璃窗的高速条纹照片

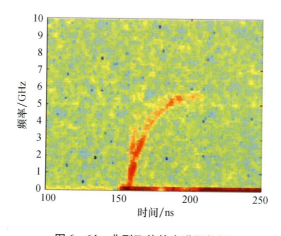

图 6-64　典型飞片的光谱图数据

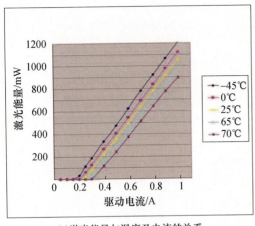
(a)激光能量与温度及电流的关系

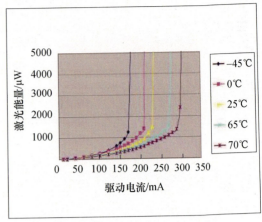
(b)激光能量与温度的关系"拐点试验"

图 10-11 激光二极管输出与温度的关系

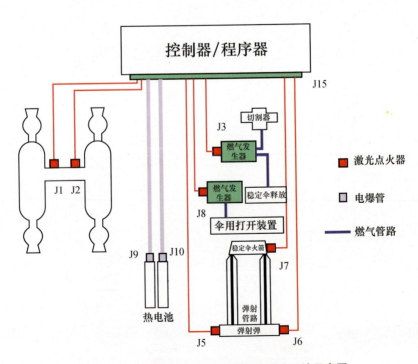

图 13-5 采用激光点火的弹射座椅试验系统示意图